v. Albertini Dekolonisation

Beiträge zur Kolonial- und Überseegeschichte

Band 1

Herausgegeben von
Professor Dr. Rudolf von Albertini,
Universität Heidelberg
und Professor Dr. Heinz Gollwitzer,
Universität Münster (Westf.)

Rudolf von Albertini

Dekolonisation

Die Diskussion über Verwaltung und Zukunft der Kolonien 1919—1960

Springer Fachmedien
Wiesbaden GmbH

ISBN 978-3-322-98233-9 ISBN 978-3-322-98922-2 (eBook)
DOI 10.1007/978-3-322-98922-2

Verlags-Nr. 054101

Ursprünglich erschienen bei Westdeutscher Verlag, Köln und Opladen 1966.
Softcover reprint of the hardcover 1st edition 1966
Grafische Gestaltung: Herbert W. Kapitzki, Stuttgart

Hajo Holborn zum 65. Geburtstag

I believe that there is one subject of enquiry which is of fundamental interest. It is the study of the conceptions which have from time to time determined the outlook of a European Power in its relations with the indigenous peoples of Asia or Africa over whom it exercises political control.

Lord Hailey

Vorwort

Thematik und Fragestellung unserer Arbeit sind im Untertitel enthalten: Wir wollten keineswegs eine allgemeine Geschichte der Dekolonisation vorlegen und nicht die innere Entwicklung zahlreicher Kolonialbereiche in den letzten Jahrzehnten vor der Unabhängigkeit schildern. Uns interessierte die Frage, wie man sich in Europa seit dem Ersten Weltkrieg mit der Zukunft der Kolonien beschäftigt hat, wann und wie man sich auf eine künftige Dekolonisation einstellte und welche Konzeptionen und Doktrinen der Kolonialverwaltung und damit auch der Entkolonialisierung zu Grunde lagen. Wir wollten nicht einen Beitrag zur Geschichte asiatischer und afrikanischer Staaten liefern – was außerhalb unseres Kompetenzbereiches gelegen hätte –, sondern einen uns wichtig erscheinenden Aspekt der europäischen Geschichte untersuchen: Im Moment, da die säkulare Expansionsbewegung Europas mit dem Rückzug aus den kolonialen Herrschaftspositionen zu Ende ging, schien es uns von Interesse, die äußeren und inneren Kräfte, die auf eine Entkolonialisierung drängten, sichtbar zu machen und die Haltung der Kolonialmächte in diesem Prozeß der Dekolonisation einer historischen Betrachtung zu unterziehen. Unsere Arbeit will ein Beitrag zum europäischen Selbstverständnis sein.

Wir haben uns dabei auf eine vergleichende Darstellung eingelassen, um die bis anhin vorherrschende nationale Perspektive zu erweitern und im Vergleich der divergierenden Traditionen, Doktrinen und Konzeptionen die Besonderheit der jeweiligen Maßnahmen und politischen Lösungsversuche zeigen zu können. Wir konzentrierten uns auf Großbritannien und Frankreich, während die kleineren Kolonialmächte nur in kurzen Aufrissen behandelt wurden. Auch so waren Einschränkungen notwendig: Wichtige Regionen (Westindien, Naher Osten) und Kolonien (z. B. Malaya) wurden nicht berücksichtigt, andere (z. B. Kenya, Tunesien) kamen wohl zur Sprache, nicht aber für den ganzen Zeitabschnitt. Die Auswahl ist nicht willkürlich erfolgt und ergab sich durch die Fragestellung: die allgemeinen Ausführungen sollten an konkreten Beispielen erhärtet und veranschaulicht werden.

Bei den Einzelbereichen mußte uns vor allem die Haltung der Kolonialmacht interessieren, während die wirtschaftliche, soziale und politische Entwicklung der Territorien zwar angedeutet, nicht aber in der an sich erwünschten Breite dargestellt werden konnte.

Wir haben die Emanzipationsbewegungen zwar als „challenge" gebührlich berücksichtigt, aber nicht eigentlich in unsere Schilderung einbezogen; wir wären ihnen auch mit einem skizzenhaften Aufriß nicht gerecht geworden und hätten uns dem Vorwurf unstatthafter Vereinfachung ausgesetzt.

Der Leser wird bedauern, daß der russische Kolonialbereich fehlt. Es wäre von großem Interesse gewesen, innerhalb einer vergleichenden Darstellung auch die integrationi-

stische Dekolonisation der Sowjetunion mit ihrer besonderen Problematik zu berücksichtigen. Mangelnde Sprach- und Sachkenntnisse haben es verhindert. Dies gilt ebenso für die japanische Kolonialpolitik.
Es versteht sich, daß wir dem Sachkenner einzelner Bereiche kaum Neues bieten können. Wir hoffen jedoch, daß die vergleichende Betrachtung sein Interesse findet.

Um das literarisch gewonnene Bild durch direkte Anschauung zu ergänzen, haben wir 1961 eine mehrwöchige Afrikareise – Nigeria, Senegal, Marokko – unternommen. Wichtig waren zudem zahlreiche Gespräche mit Politikern, Kolonialbeamten und Publizisten, die an der Kolonialpolitik ihres Landes persönlich beteiligt waren. Ihnen allen sei herzlich gedankt, vor allem aber Miss Margery Perham (Oxford), James Griffiths (London), John Drysdale (London), P. O. Lapie (Paris).
Die Deutsche Forschungsgemeinschaft hat uns die Anstellung wissenschaftlicher Hilfskräfte und zwei Forschungsreisen nach Paris und London ermöglicht. Unser besonderer Dank gebührt der Rockefeller Foundation, die uns ein großzügiges Forschungsstipendium gewährt hat. Wir haben es dazu benützt, um in der Bibliothek der Yale-University ungestört zu arbeiten.

Dusch/Paspels (Schweiz) Heidelberg
Herbst 1965

Inhaltsverzeichnis

Einleitung: Internationale Aspekte

Es liegt nahe, die Epoche der Dekolonisation mit dem Ersten Weltkrieg beginnen zu lassen. Seine historische Bedeutsamkeit ist so offensichtlich, daß auch wir mit unserer Darstellung der Kolonialdiskussion hier ansetzen müssen. Wir sind uns freilich bewußt, daß die Geschichte der Dekolonisation – als Ablösungsbewegung von Kolonien – viel weiter zurückverfolgt werden kann. Ihren Ausgangspunkt hat sie im Unabhängigkeitskampf der englischen Siedlungskolonien in Nordamerika und im Abfall der spanischen Kolonien. Allerdings handelt es sich hierbei um ein Autonomiebestreben eingewanderter Siedler bzw. deren Nachkommen, nicht um das unterworfener Eingeborener. Es waren Europäer, die in der neuen Umwelt ihre eigene Gemeinschaft gegründet hatten und sich nun der Kontrolle durch das Mutterland zu entziehen suchten. Dennoch hat die Unabhängigkeitsbewegung in Amerika mit der Rolle eines immer wieder möglichen Präzedenzfalles das britische Reichsbewußtsein des 19. Jahrhunderts stark geprägt: London suchte künftig einen Bruch mit den Siedlern rechtzeitig zu vermeiden, indem es die Selbstverwaltung ausbaute und später den Weg zum Dominionstatus freigab. Der Liberalismus des 19. Jahrhunderts vertraute zudem auf den freien Verkehr und den Güteraustausch, rechnete mit Emanzipationsbestrebungen und begrüßte sie.

Aber nicht nur Großbritannien, sondern auch Frankreich mußte sich mit der Zukunft seiner Kolonien beschäftigen. Während die Aufklärer noch mit einem künftigen Abfall der beherrschten Gebiete gerechnet hatten, zeichnete sich in der Revolution eine neue, spezifisch französische Konzeption ab: Dekolonisation sollte nicht zur Ablösung und Unabhängigkeit führen, sondern zur Integration in das nationale Territorium mittels Bürgerrecht und Repräsentation im mutterländischen Parlament. Die Verschiedenheit der französischen und britischen Wege, die bereits im ausgehenden 18. Jahrhundert angelegt ist und letztlich auf einem unterschiedlichen Staatsbegriff und Nationalbewußtsein beruht, aufzuzeigen und deren Bedeutung sowohl für die Kolonialdiskussion als auch für die konkrete Verwaltungspraxis nach dem Ersten Weltkrieg nachzugehen, wird ein wichtiges Thema unserer Arbeit sein.

Dekolonisationskonzeptionen und tatsächliche Dekolonisationsvorgänge gingen also der neuen imperialistischen Expansion nach 1870, die zur »Verteilung der Welt« führte, voraus – im Falle der britischen Siedlungskolonien auch parallel –, wurden aber im europäischen Bewußtsein von einem ausgreifenden Machtanspruch überdeckt, der sich in einem übersteigerten Selbstbewußtsein auf die Überlegenheit der eigenen Rasse und Zivilisation berief, sich zur dauernden Beherrschung fremder Völker bestimmt sah und diese als eine »Bürde des weißen Mannes« ideologisierte. Mit den Mitteln der neuzeitlichen Technik wurde ein weltumspannendes Kommunikationssystem errichtet und eine wirtschaftliche Erschließung und Ausbeutung eingeleitet; gleichzeitig wurden diese fremden Völker mit einer modernen Verwaltung und zivilisatorischen Dienstleistungen

konfrontiert, Europa angenähert und in einen Europäisierungs- und Verwestlichungsprozeß einbezogen: Die »Weltgeschichte Europas« (*Hans Freyer*) setzte ein. Um die Jahrhundertwende erreichte die Expansion ihren Höhepunkt und trat in eine Konsolidierungsphase ein, in der es weniger um die Gewinnung neuer Gebiete ging als um eine intensivere, den Gegebenheiten besser entsprechende Verwaltung und um einen regelmäßigen, vorgeblich auf Interessenausgleich beruhenden Güteraustausch zwischen den Rohstoffländern und den Industriestaaten. Von Dekolonisation war kaum mehr die Rede. Da die europäische Kolonialherrschaft, mindestens auf absehbare Zeit, als gesichert galt, wurde sie auch nicht in Frage gestellt.
Und doch setzte bereits vor 1914 die Gegenbewegung ein – sowohl in Europa selbst als auch in den kolonialen und halbkolonialen Gebieten. Nach dem Burenkrieg begann vor allem in England eine akzentuierte Kritik der bisherigen Kolonialverwaltung; 1902 legte *J. A. Hobson* den Grund zu einer sozialistischen Imperialismusinterpretation. Gleichzeitig zeichneten sich in Asien nationale Emanzipationsbewegungen ab. Der Sieg Japans über das europäische Rußland wirkte als Fanal und forderte – allerdings mit der Bedingung einer vorausgegangenen »Verwestlichung« – zur Nachahmung auf. In China kam es bereits 1912 zur Revolution, in Indien, Indonesien und Indochina entstanden neue Organisationen, die nicht nur eine innere Erneuerung und eine schrittweise Emanzipation, sondern bereits die Unabhängigkeit forderten und schon durch ihre bloße Existenz – aber auch durch Propaganda, Sabotage und Terrorakte – die Kolonialmächte herausforderten. Im nahöstlich-muselmanischen Bereich war es vor allem die jungtürkische Revolution von 1908, die eine Besinnung auf die eigene Vergangenheit mit energischer Modernisierung zu verbinden suchte und einen gegen die europäische Vorherrschaft gerichteten arabischen Nationalismus ankündigte.

Der *Erste Weltkrieg* hat diesen Prozeß ungemein beschleunigt. Asien und Afrika wurden in diesen »europäischen Weltkrieg« einbezogen, wenn auch – mit Ausnahme Japans – mehr passiv als aktiv. Die bis dahin als eine Einheit gesehene »Welt des weißen Mannes«, die sich auf eine ungebrochene und unbestreitbare technisch-zivilisatorische und militärische Überlegenheit stützte, spaltete sich und führte einen Bruderkrieg, in dem durch offene wie geheime Propaganda – nicht zuletzt auch durch Versuche, die Untertanen des Gegners zu revolutionieren – die feindliche Macht kompromittiert und mannigfacher kolonialer Verbrechen bezichtigt wurde; man untergrub somit das gemeinsame europäische Prestige. Hunderttausende von Soldaten und Arbeitern wurden nicht nur in den Kolonien, sondern auch auf den europäischen, nahöstlichen und afrikanischen Kriegsschauplätzen eingesetzt, aus ihrer Umwelt herausgerissen und mit neuen Erfahrungen konfrontiert, im Kampf mit einer anderen weißen Macht. Gleichzeitig wurden der Kolonialwirtschaft gesteigerte Leistungen abgefordert; die Forcierung der landwirtschaftlichen und montanen Exportproduktion, zusammen mit gewissen Industrialisierungsbemühungen, mochte einer neuen Mittelschicht zugute kommen, leitete aber auch eine Verstädterung ein und schuf so die Voraussetzungen zu einem agrarischen und industriellen Proletariat. Rekrutierungen, Konfiskationen und steigende Preise für Konsumwaren erzeugten soziale Unzufriedenheit, die von der nationalen Führungsschicht politisch ausgenützt werden konnte: Die Folge waren Unruhen und zunehmende Agitation.

Die Kolonialmächte sahen sich zu Konzessionen und zu teilweise recht weitgehenden Zusagen für die Zukunft gezwungen, um Unruhen zu vermeiden, Kriegsanstrengungen zu aktivieren und bereits erfolgte Leistungen zu honorieren. So hat z. B. Großbritannien 1917 in einer wichtigen Erklärung die schrittweise Gewährung von Responsible Government als Ziel britischer Indien-Politik ausgegeben und setzte 1918 die Montagu-Chelmsford-Kommission ein, die zu den Reformen von 1919 überleitete; im nahöstlichen Bereich wurde 1914 ein Protektorat über Ägypten errichtet und der bestehende Zustand »legalisiert«; Mesopotamien wurde von britisch-indischen Truppen erobert. London hat gleichzeitig die Araber im Kampf gegen das Osmanische Reich unterstützt und ihnen die Schaffung von »unabhängigen arabischen Staaten« versprochen, was einen Kurswechsel Großbritanniens und einen Verzicht auf den bisherigen Herrschaftsanspruch anzukündigen scheint. Auch Frankreich sah sich zu einigen Konzessionen an die Muselmanen in Algerien gezwungen und erklärte 1916 die volle Integration und Assimilation der »Quatre Communes« im Senegal; bezeichnenderweise sollte mit beiden Konzessionen eine verstärkte Rekrutierung von Kolonialtruppen ermöglicht werden.
Die weltpolitische Situation von 1918 unterschied sich grundlegend von der Vorkriegszeit. Erschien der siegreich beendete Krieg für die Alliierten zunächst als letzter Aufschwung der imperialen Expansion, insofern als England und Frankreich nicht nur die Besitzungen der Konkurrenzmacht Deutschland unter sich aufteilen, sondern auch, nachdem das türkische Reich zerschlagen worden war, Gebietszuwachs im Nahen Osten erhielten, so erwies sich dieser Erfolg doch bald als nur scheinbar und als keineswegs gesichert. Europa war erschöpft, wirtschaftlich schwer getroffen und weder fähig noch willens, seine Herrschaftspositionen künftig mit allen Mitteln – auch mit militärischen Großaktionen – aufrechtzuerhalten. Notwendigerweise hat sich daraus eine gewisse Konzessionsbereitschaft in kolonialen Fragen ergeben. Das europäische Staatensystem und die Vorherrschaft Europas waren zudem zusammengebrochen. Seit dem Eingreifen der Vereinigten Staaten 1917 konnte Europa nicht mehr selbständig über sich bestimmen, sondern mußte sich mit den Forderungen und Konzeptionen dieser außereuropäischen Großmacht, die auch wirtschaftlich eine Führungsposition einzunehmen begann, auseinandersetzen.

Die Alliierten haben den Krieg gegen die Mittelmächte als Kampf für Freiheit und Demokratie, gegen Annexions- und Aggressionspolitik und als »Kampf gegen den Krieg« ideologisiert und nannten als Kriegsziel die Errichtung einer neuen, gerechten, auf dem demokratischen Willen der Völker basierenden Weltordnung. Dabei wurden »unterdrückte« Völker aufgerufen, sich gegen ihre Beherrscher zu wenden und ihr nationales Selbstbestimmungsrecht in Anspruch zu nehmen. Es waren vor allem die Vereinigten Staaten unter Präsident *Wilson*, die das Selbstbestimmungsrecht, den Verzicht auf Annexionen und den Völkerbund als übernationale Organisation auf ihre Fahne geschrieben haben und mit den 14 Punkten der Weltöffentlichkeit das Programm für den künftigen Frieden vorlegten. Dieser Aufruf ist auch im kolonialen und halbkolonialen Bereich gehört worden; von China bis Marokko beriefen sich die Nationalisten auf das Selbstbestimmungsrecht und richteten sich damit gegen die Kolonialmächte. *Wilson* hatte allerdings die 14 Punkte in erster Linie auf Europa – vor allem auf Osteuropa – bezogen und keinen anti-kolonialen Aufruf erlassen wollen [1]. In Punkt 5 war zwar auch von den Interessen der Eingeborenen die Rede, im übrigen aber nur von einem »gerechten Ausgleich« der verschiedenen Forderungen, der lediglich eine Annexion auf Grund von Geheimverträgen verhindern sollte. *Wilsons* heftige Auseinandersetzung mit Südafrika und Australien während der Pariser Friedensverhandlungen darf nur bedingt als anti-koloniale Stellungnahme verstanden werden. Dem amerikanischen Präsidenten ging es in erster Linie um das Prinzip der Annexion; eine bloße Annexion Südwestafrikas und der deutschen Pazifikinseln hätte die von *Wilson* proklamierte und in Paris angestrebte Friedenspolitik kompromittiert. Allerdings sollten der angebliche Verzicht auf Annexionen und der Grundsatz, daß Völker nur solchen Obrigkeiten unterstellt werden dürfen, denen sie aus freier Entscheidung zugestimmt haben, auch im kolonialen Bereich Anwendung finden. Jedenfalls haben die Kolonialvölker die Vereinigten Staaten als anti-koloniale Macht verstanden und auf Unterstützung ihrer Emanzipation gehofft, während andererseits die Kolonialmächte das Auftreten Amerikas als »challenge«, als Herausforderung, empfanden und *Wilson* vorwarfen, mit dem von ihm so lautstark proklamierten Selbstbestimmungsrecht ihre nun bereits schon gefährdete Herrschaftsposition in Asien und Afrika zu untergraben.

Die neue weltpolitische Situation und der amerikanische Einfluß, aber auch eine sich abzeichnende Wandlung im europäischen Kolonialbewußtsein wurden wirksam im *Mandatssystem des Völkerbundes*. Hier ist nicht der Ort, auf dessen Vorgeschichte und Entstehung einzugehen [2]. Es ist aber wichtig zu wissen, daß die vorbereitende Diskussion weniger in Amerika als in Großbritannien geführt worden ist. Vor allem waren es britische Pazifisten, Sozialisten und Kolonialreformer, deren Bemühungen nun um einen dauerhaften Frieden dahin gingen, die Kolonial-Rivalität der Großmächte durch eine Internationalisierung der Kolonien zu beenden und dabei gleichzeitig auch neue Formen in der Verwaltung »primitiver«, noch nicht zur Unabhängigkeit befähigter Völker zu entwickeln. Indem die Kolonialmacht zum Mandatsträger einer internationalen Behörde wurde und sich deren Kontrolle unterstellte, sollte eine Ausbeutung der Eingeborenen verhindert werden und die Verwaltung im Sinne eines wirksamen »Trustees« erfolgen.

Was hat das Mandatssystem in Wirklichkeit geleistet? Es ist ungerecht, in Artikel 22 des Völkerbundvertrages nur den heuchlerischen Versuch der Siegermächte zu sehen, eine Annexion deutscher und türkischer Gebiete zu verschleiern, sondern man wird ihn als mühsam ausgehandelten Kompromiß zwischen entgegengesetzten Konzeptionen und Forderungen – zwischen Annexionisten und Anti-Annexionisten, Anhängern und Gegnern des Mandatsprinzips, Amerikanern und Europäern – verstehen müssen, der zwar ein neues Prinzip proklamierte, faktisch aber die Annexion, insbesondere der Gruppe C (Südwestafrika und Pazifikinseln), ermöglichte. Die Mandatsmächte haben die Zuteilung als endgültig verstanden und die Verwaltung der Mandate den benach-

[1] Dazu mein Aufsatz: Die USA und die Kolonialfrage (1917–1945), in: Vierteljahresschrift für Zeitgeschichte 1965, 1.

[2] *David Hunter Miller*, Der Ursprung des Mandatssystems, in: Europ. Gespräche VI, 1928; *H. Duncan Hall*, Mandates, Dependencies and Trusteeship, 1948; *Henry R. Winkler*, The League of Nation Movement in Great Britain 1914–1919, 1952, Kap. VIII.

barten Gebieten anzugleichen versucht. Dennoch hat der Völkerbund mit dem Mandatssystem eine gewisse Wirkung nicht verfehlt. Kolonien sollten künftig keine Beutestücke mehr sein, die dem jeweiligen Sieger zufielen und über die frei verfügt werden konnte. Jetzt war die Kolonialfrage als solche, aber auch die konkrete Verwaltung – ihrer Intention nach – internationalisiert und damit dem Kompetenzbereich des souveränen Nationalstaates entzogen. Die Kolonialverwaltung sollte künftig im Interesse der Bevölkerung erfolgen und gewissen, von der internationalen Organisation festgelegten Bestimmungen entsprechen. Das Völkerbundsmandat hatte zudem nur transitären Charakter, insofern die Herrschaft als zeitlich begrenzte Vormundschaft der »fortgeschrittenen« Nationen erschien und auf Selbstregierung, also Unabhängigkeit, vorbereiten sollte. Artikel 22 verkündet zwar kein allgemeines Selbstbestimmungsrecht, erkannte aber doch »gewisse Gemeinwesen« des ehemals türkischen Reiches bereits als »unabhängige Staaten« an und schränkte die Mandatsverwaltung auf den Zeitpunkt ein, da »sie imstande sein werden, sich selbst zu leiten«. Damit erhielt die Kolonialherrschaft eine Zielsetzung, wie sie von den Kolonialmächten vor 1914 nur selten und auch nach dem Kriege nur widerwillig zugestanden worden ist. Der Völkerbundsrat hat zudem am 4. 9. 1931 bestätigt, daß ein Mandat zur Unabhängigkeit führe, sofern die gegebene Situation anzunehmen erlaube, »que le peuple est capable de se conduire seul dans les conditions difficiles du monde moderne« [3]. Damit stellte sich allerdings die Frage nach den Kriterien der »Befähigung« – und die Kolonialmächte fanden leicht »gute Argumente«, um einen Rückzug als »verfrüht« ausgeben und verweigern zu können. Dennoch ist der Irak als unabhängiges Königreich Mitglied des Völkerbundes geworden. Die unmittelbaren Auswirkungen der Mandatsverwaltung sind schwer abzuschätzen und auch noch wenig untersucht worden. Daß die rechtliche Grundlage der Verwaltung in den Mandatsgebieten eine andere war als in den Kolonien, war sicher nicht entscheidend, obschon sie z. B. einem Gouverneur wie *Donald Cameron* in Tanganjika die gewünschte Handhabe bot, sich der geplanten Föderation Ostafrikas zu widersetzen und eine Politik der Indirect Rule konsequent zu verfolgen (vgl. S. 181). Die ständige Mandatskommission des Völkerbundes [4] überwachte die Einhaltung der Mandatsverträge, gab Direktiven aus und nahm die jährlichen Rapporte in Empfang; an sie waren auch die Petitionen der Eingeborenen gerichtet. Die Richtigkeit der Berichterstattung konnte die Kommission aber nicht überprüfen und auch keine Untersuchungskommissionen entsenden; sie erstattete zudem an den Völkerbundsrat Bericht und konnte nur über ihn an die Regierungen gelangen. Zweifellos ist so eine umfangreiche Dokumentation entstanden und – wenigstens prinzipiell – eine öffentliche Diskussion über Einzelfragen der jeweiligen Verwaltung ermöglicht worden. Es mag auch zutreffen, daß z. B. die Kritik des Völkerbundes an der französischen Politik in Syrien zur Abberufung *Sarrails* beigetragen hat [5]. Im allgemeinen ist aber kaum mehr als eine gewisse Beeinflussung erzielt worden, nicht zuletzt deshalb, weil im

[3] Zit. *G. Fischer*, Un cas de décolonisation. Les Etats-Unis et les Philippines, 1960, p. 50.

[4] *H. Duncan Hall*, a.a.O., 32,49. Dazu auch die Bemerkungen Lord *Lugards*, des langjährigen britischen Vertreters: Das Mandatssystem und die britischen Mandate, in: Europ. Gespräche, 1924.

[5] *H. Duncan Hall*, a.a.O., p. 171. Für *Lugard* ergab sich hier ein eigentlicher Loyalitätskonflikt: *Margery Perham*, *Lugard*, The years of authority 1898–1945, 1960, vol. 2, p. 651.

Völkerbund die Kolonialmächte zwar nicht in der Mehrzahl waren, aber doch keine Staatengruppe den europäischen Kolonialismus in Frage stellte oder der Völkerbund zur Plattform eines Anti-Kolonialismus machen konnte. Die Bedeutung des Mandatssystems liegt vor allem darin, daß als Folge des Ersten Weltkrieges und unter amerikanischem Einfluß das Prinzip einer internationalen Kontrolle nicht nur proklamiert, sondern auch in Ansätzen verwirklicht worden ist, die zu gegebener Zeit weiter ausgebaut werden konnten. Dies ist dann während und nach dem Zweiten Weltkrieg – wiederum unter starker amerikanischer Beteiligung – auch erfolgt.

Die »challenge« kam aber nicht nur von den Vereinigten Staaten, 1917 war auch das Jahr der *russischen Revolution.* In eigenartiger historischer Koinzidenz ging in dem Augenblick, als das europäische Staatensystem zusammenbrach und die bisher unangefochtene Machtposition Europas wenn nicht verloren, so doch gefährdet war, auch von der russischen »Außenmacht« ein ideologisch fundierter Anti-Kolonialismus aus, der die europäische Kolonialherrschaft zu unterhöhlen und die Dekolonisation voranzutreiben suchte. *Wilson* und *Lenin* proklamierten gleichzeitig das Selbstbestimmungsrecht der Völker, sympathisierten mit nationalen Emanzipationsbestrebungen und richteten sich gegen den Kolonialimperialismus der Vorkriegszeit. Während es sich aber bei den Vereinigten Staaten um einen Anti-Annexionismus und eine Verkündung von Prinzipien handelte, die in der Zwischenkriegszeit zwar nicht »vergessen« wurden, in der amerikanischen Außenpolitik aber kaum einen Niederschlag fanden, erkannten *Lenin* und das bolschewistische Rußland im Anti-Kolonialismus ein wirksames Mittel, um die kommunistische Weltrevolution zu beschleunigen. *Marx* allerdings hatte sich begreiflicherweise nur wenig mit dem europäischen Kolonialismus beschäftigt [6]; er interessierte sich aber anläßlich des Sepoyaufstandes für die britische Herrschaft in Indien, analysierte die durch die Konfrontation mit dem europäischen Kapitalismus eingeleitete Zerstörung traditioneller und erstarrter Wirtschafts- und Sozialstrukturen und prophezeite, daß in dieser weltgeschichtlich gesehen notwendigen Modernisierung durch Eisenbahnen und Verwaltung nicht nur die Einheit Indiens geschaffen würde, sondern auch eine Bourgeoisie und ein Proletariat entstünden, die sich eines Tages gegen England richten würden [7]. Die kommunistische Imperialismustheorie hat erst *Lenin* – auf der Grundlage *Hobsons* und *Hilferdings* – geliefert. Die Thesen seiner berühmten Schrift von 1916 sind bekannt: Der koloniale Imperialismus erscheint ihm als »höchstes Stadium des Kapitalismus«, insofern als dieser im Zeichen fortschreitender Monopolisierung der Produktivkräfte seinen immanent notwendigen Zusammenbruch durch massiven Kapitalexport und eine schrankenlose Ausbeutung »kolonialer und halb-kolonialer« Bereiche vorübergehend aufhalten konnte, u. a. weil die Kolonialprofite es erlaubten, das mutterländische Proletariat zu korrumpieren, zumal der Sozialchauvinismus der Arbeiterschaft den Ausbruch der Revolution verzögert habe. Nach vollzogener Aufteilung der Welt aber müsse die Rivalität der imperialistischen

[6] Die frühe Kolonialexpansion des 16.–18. Jahrhunderts erscheint als Beispiel einer »primitiven Akkumulation« von Kapital. Kapital, 1. Buch, 24. Kap.

[7] *K. D. Erdmann*, Die asiatische Welt im Denken von Karl Marx und Friedrich Engels, in: Historische Forschungen und Probleme, Festschrift für Peter Rassow, hrsg. v. *K. E. Born*, 1961.

Mächte zum Weltkrieg führen. Der Krieg oder die Kriege würden die revolutionäre Situation in den kapitalistischen Ländern verschärfen, während gleichzeitig Verkehrsentwicklung und Industrialisierung in den Kolonien ein klassenbewußtes Proletariat erzeugten, das sich sowohl gegen die Kolonialmacht als auch gegen die eigene mit der Kolonialmacht verbündete feudale und bürgerliche Oberschicht wenden werde. Der Verlust von Kolonien werde daher den europäischen Kapitalismus im Kern treffen, seine Krise beschleunigen, den Klassenkampf verschärfen. Das revolutionäre Proletariat habe alles Interesse, den Emanzipationskampf der kolonialen Welt zu unterstützen und die Kolonialvölker gegen ihre Ausbeuter und Unterdrücker aufzurufen. Es ergebe sich notwendigerweise eine Solidarität der bolschewistischen Revolution mit allen nationalen Bewegungen im kolonialen und halb-kolonialen Raum.

Es besteht kein Zweifel, daß die russische Revolution als unerwarteter und geglückter Aufstand der »Unterdrückten« gegen ein autokratisches Regime – zudem in einem vorwiegend agrarischen Land – und der bolschewistische Aufruf an die Völker der Sowjetunion und der europäischen Kolonien eine starke Wirkung hatten und manchen Vertreter der jungen bürgerlichen Intelligenz für die kommunistische Weltrevolution gewannen. *Nehru* z. B. berichtet, wie die russische Revolution auch auf ihn, den vornehm und konservativ erzogenen Inder, starken Eindruck gemacht habe [8].

In den folgenden Jahren sollte es die Aufgabe der Komintern sein, die Revolution in der Kolonialwelt sowohl durch Koordinierung, als auch mit eigenen Aktionen und Organisationen anzufachen. Vor allem auf dem zweiten Kongreß der Internationale von 1920 haben *Lenin* in seinen 12 Punkten und der Inder *Roy* in Ergänzungsthesen Grundsätze und Taktik des kommunistischen Vorgehens dargelegt [9]; Entscheidendes ist später nicht mehr dazugekommen [10]. Eine Frage hat jeweils besondere Schwierigkeiten und schwerwiegende Meinungsverschiedenheiten verursacht: Wie soll sich die Komintern oder auch die Sowjetunion gegenüber den national-bürgerlichen Parteien und Bewegungen verhalten? Sollen sie unterstützt oder ignoriert oder gar bekämpft werden? *Lenin* trat für die Bildung einer anti-imperialistischen Front ein, allerdings unter Voraussetzung einer genauen Analyse der jeweiligen »revolutionären Kräfte« – nur die Parteien, die das Kolonialsystem wirklich bekämpften, galten als »objektiv revolutionär« –, und nur wenn die »Selbständigkeit der proletarischen Bewegung« gewahrt sei. So wurden Mustapha *Kemal*, Schah *Reza Pahlewi* von Persien, der Emir von Afghanistan, die Wafdpartei in Ägypten und später etwa *Abd el Krim* in Marokko unterstützt. Das taktische Vorgehen wechselte jedoch in der Zwischenkriegszeit mehrmals [11], vor allem unter *Stalin*, da es nicht nur von der jeweiligen Einschätzung der weltrevolutionären Situation abhängig war, sondern auch von der innerrussischen Aus-

[8] *Tibor Mende*, Gespräche mit Nehru, 1956, p. 15 f.

[9] Der 2. Kongreß der Kommunist. Internationale, Protokoll der Verhandlungen, 1921, p. 224. *Lenins* Thesen auch in den Ausgew. Werken in 2 Bänden, 1947, Bd. 2, p. 770 f. Auszüge in *Walter Grottian*, Lenins Anleitung zum Handeln. Theorie und Praxis sowjetischer Außenpolitik, 1962, p. 166 f.

[10] Aufsätze *Stalins* in Werke, SED-Ausgabe 1951, Bd. 4, p. 143 f. Fragen des Leninismus, 3. Aufl. 1951.

[11] Eine ausführliche Darstellung bietet *D. Boersner*, The Bolsheviks and the National and Colonial Question (1917–1928), 1957. Für die Zeit *Stalins* fehlt eine entsprechende Darstellung.

einandersetzung zwischen Linken und Rechten, Östlern und Westlern; am bekanntesten sind die Frontwechsel in der China-Politik – sie lassen sich aber auch in den anderen Bereichen nachweisen.

Wichtig für die Diskussion in den europäischen Ländern wurde sowohl *Lenins* wie *Stalins* strikte Aufforderung an die kommunistischen Parteien, ihren Anti-Kolonialismus nicht nur eindeutig und energisch zu propagieren, sondern darüber hinaus den nationalistischen Organisationen »systematische Hilfe zu leisten« und den offenen Aufstand gegen die Kolonialmacht vorbereiten zu helfen [12]. Dies war gleichzeitig eine Kampfansage an den »Sozialchauvinismus« der sozialistischen Parteien der II. Internationalen. Wir werden sehen, daß die Sozialdemokratie in der Tat in einem Dilemma stand zwischen ihrem doktrinär begründeten Anti-Imperialismus und Anti-Kolonialismus einerseits und landesverräterischem Vorgehen und wahlpolitischen Rücksichten andererseits; die sozialistischen Parteien der Kolonialmächte proklamierten ihren Reformwillen und begegneten der kolonialen Emanzipation mit einigem Wohlwollen, lehnten aber Gewaltanwendung und den nationalen Aufstand ab und waren deshalb, vor allem als Regierungspartei, sogar zu Polizeiaktionen und repressiven Maßnahmen gezwungen.

Die Internationale organisierte im September 1920 den »Kongreß der Völker des Ostens« in Baku, an dem etwa 2000 Delegierte, vor allem aus dem Nahen Osten, teilnahmen; sie rief zum »Heiligen Volkskrieg« auf, schuf einen »Rat für Propaganda und Aktion«, eine Propagandaschule in Taschkent, in Moskau ein Institut für orientalische Studien u. a. Von einer kommunistischen Liga gegen den Imperialismus wurde auch der als überparteilich getarnte »Kongreß gegen koloniale Unterdrückung und Imperialismus« in Brüssel 1927 organisiert, an dem z. B. *Georges Landsbury* von der Labourparty und *Nehru* als Vertreter Indiens teilnahmen [13]. In den Kolonien wurden

[12] Für *Lenin* vgl. *Grotians* Auszug aus einer Rede vor dem 2. Kongreß 1920, p. 173 f. *Stalin* auf dem 6. Weltkongreß der Internationale von 1928: »In den imperialistischen Ländern müssen die Kommunistischen Parteien den revolutionären Freiheitsbewegungen der Kolonien und den Bewegungen der unterdrückten Völker überhaupt systematisch Hilfe leisten. In erster Linie ist die aktivste Hilfe Pflicht der Arbeiter jenes Landes, von dem die unterdrückte Nation in finanzieller, wirtschaftlicher oder politischer Hinsicht abhängig ist. Die Kommunistischen Parteien müssen offen das Recht auf Lostrennung der Kolonien anerkennen und dafür Propaganda entfalten, d. h. Propaganda für die Unabhängigkeit der Kolonien vom imperialistischen Staat. Sie müssen das Recht der Kolonien auf bewaffnete Abwehr des Imperialismus (d. h. auf Aufstand und revolutionären Krieg) anerkennen, diese Abwehr propagieren und mit allen zu Gebote stehenden Mitteln aktiv unterstützen. Die gleiche Politik müssen die Kommunistischen Parteien allen unterdrückten Völkern gegenüber verfolgen.
In den kolonialen und halb-kolonialen Ländern selbst müssen die Kommunistischen Parteien einen kühnen und konsequenten Kampf gegen den ausländischen Imperialismus führen und dabei unablässig für die Idee der Annäherung an das Proletariat der imperialistischen Länder und des Bündnisses mit ihnen werben; sie müssen die Lösung der Agrarrevolution offen aufstellen, propagieren und in die Tat umsetzen, um so die breiten Massen der Bauern aufzurufen, das feudale Joch von sich zu werfen; sie müssen dem reaktionären mittelalterlichen Einfluß der Geistlichkeit, der Mission usw. den Krieg erklären.« Protokoll..., vol. IV, p. 95 f.

[13] Das Flammenzeichen vom Palais Egmont. Offizielles Protokoll des Kongresses ... 1927.

kommunistische Parteien gegründet oder nationalistische Organisationen unterwandert und beeinflußt.
Das Schwergewicht der Aktion lag vorerst – von China abgesehen – in den nahöstlichen Ländern von Ägypten bis Persien; später kamen Nordafrika und Südostasien hinzu, während Schwarzafrika auch von Moskau vorerst wenig berücksichtigt wurde. Die Erfolge kommunistischer Infiltration und Organisation waren in der Zwischenkriegszeit noch recht bescheiden, obschon in der Kolonialpublizistik jede nationale Opposition mit kommunistischen Einflüssen in Verbindung gebracht worden ist und somit als Gefahr für das Mutterland verdächtigt werden konnte. Gerade die starken nationalistischen Parteien aber – in Ägypten, Tunesien, Indien und im Irak – stützten sich entweder weiterhin auf die traditionelle Oberschicht oder auf die neue nationale Bourgeoisie der Geschäftsleute, Beamten und Intellektuellen, die wohl auf sozialistische Theorien und Propaganda ansprechbar sein mochte, sich aber den von Moskau geführten und kommunistisch indoktrinierten Organisationen nicht unterordnen ließ. In Algerien stand zwar der »Etoile Nordafricaine« unter kommunistischem Einfluß, rekrutierte sich aber bezeichnenderweise vor allem aus den algerischen Arbeitern im Mutterland. Von Bedeutung waren die kommunistischen Parteien Indonesiens und Indochinas, die die schweren Unruhen von 1926/27 bzw. 1930/31 zwar nicht ausgelöst, aber doch energisch unterstützt und unter den Einfluß ihrer Agitation gebracht hatten. Holland und Frankreich haben sich jedoch keine Konzessionen abringen lassen und mit Todesurteilen, Verbannungen und dem Zerschlagen mühsam aufgebauter Organisationen geantwortet.
Dennoch ist es dem internationalen Kommunismus gelungen, als wirkungsvoller Gegenspieler im kolonialen Bereich aufzutreten, in einigen Organisationen Fuß zu fassen und vor allem einen Teil der jüngeren Generation der nationalen Führer ideologisch-politisch zu beeinflussen – einige wurden sogar in Moskau geschult –, sie in ihrer kompromißlosen Opposition zu unterstützen und damit eine Ausgangsbasis für die Auseinandersetzung nach dem Zweiten Weltkrieg zu schaffen.

Das Erlebnis des »Bruderkrieges« 1914–1918, in dem Europa sein Gesicht verlor und Macht und Einfluß einbüßte, die Infragestellung der bürgerlichen Welt mit ihrem Sinn für Sicherheit und ihrem Glauben an den Fortschritt, aber auch die Einsicht in die wachsende Bedeutung der außereuropäischen Welt, insbesondere Asiens, die sich bereits 1919/20 mit Manifestationen und blutigen Unruhen angekündigt hatte, und nicht zuletzt die doppelte Herausforderung durch den amerikanischen und sowjetischen Anti-Kolonialismus, äußerten sich in einem *Krisenbewußtsein,* das für das europäische Selbstverständnis nach dem Ersten Weltkrieg symptomatisch erscheint und hier – da es um das künftige Verhältnis Europas zu seinen Kolonien geht – wenigstens angedeutet werden muß. Hierbei ist der Name *Oswald Spengler* zu nennen, obschon im »Untergang des Abendlandes« trotz der universalhistorischen Perspektive der weltpolitische Ausblick noch fehlt, da es Spengler hier vor allem um die Frage geht, ob Europa in seiner zivilisatorischen Endphase ins Fellachentum übergehen und seine Geschichtsmächtigkeit verlieren wird oder – als angeblich einzige Alternative – den heraufkommenden Cäsarismus bejaht und die noch möglichen spätzivilisatorischen Schöpfungen imperial-technischen Gepräges zu leisten gewillt ist. Politisch-aktuell wird Außereuropa erst in einer Abhandlung von 1924 [14] und dann in den »Jahren der Entscheidung« (1933) in diese kulturpessimistische Prognose einbezogen. Im nun anhebenden »Zeitalter der Weltkriege«, in dem über das Imperium mundi entschieden werde, kämpfe Europa um seine Existenz; sein Prestige sei geschwächt und seine »Macht einstweilen in die Randgebiete verlegt, nach Asien und Amerika« [15]; die farbigen Rassen seien in einem gewaltigen Aufbruch begriffen und bedrohten von innen wie von außen her die weiße Herrschaft; begonnen habe »der Angriff auf die Weißen überhaupt von seiten der gesamten Masse der farbigen Erdbevölkerung, die sich ihrer Gemeinschaft langsam bewußt wird« [16]. Klassenkampf und Rassenkampf könnten sich verbinden. Durch die kommunistische Revolution habe Asien Rußland zurückgewonnen und agiere nun subversiv gegen die weiße Herrschaft in der Welt; Europa habe zudem im Weltkrieg die Achtung der Farbigen verloren und die Selbstverständlichkeit seiner Herrscherrolle eingebüßt [17]. Als asiatische Führungsmacht hat *Spengler* vor allem Rußland und Japan – nicht aber China oder Indien – im Blick; er sieht die Gefährdung der europäischen Kolonialpositionen, orientiert sich aber nicht an der Dekolonisation, sondern will die weiße Rasse aufrufen, unter Führung des jungen, unverbrauchten und »faustischen« Deutschland die Herausforderung dieser »Entscheidungsjahre« anzunehmen.

Wenn man *Oswald Spengler* – vor allem auch seine Popularität – aus dem deutschen Krisenbewußtsein der Nachkriegszeit verstehen muß, dann könnte man ihm in Frankreich *Paul Valéry* zur Seite stellen, der in seinem oft zitierten Essay »La crise de l'esprit« von 1919 erschüttert festhält: »Nous autres civilisations, nous savons maintenant que nous sommes mortelles ... Et nous voyons maintenant que l'abîme de l'histoire est assez grand pour tout le monde. Nous sentons qu'une civilisation a la même fragilité qu'une vie ... L'Europe va-t-elle garder sa prééminence dans tous les genres? L'Europe deviendra-t-elle ce qu'elle est en réalité, c'est-à-dire: un petit cap du continent asiatique? [18]«; Europa erlebe es, wie die von ihm geschaffene Wissenschaft und Technik von ihrem kulturellen Nährboden gelöst, von anderen Völkern und Rassen übernommen und gegen Europa eingesetzt würden. Was sich mit Japans Aufstieg bereits vor 1914 abzeichnete, aber in Europa nur widerwillig vermerkt worden war, rückte nun nach dem Weltkrieg ins allgemeine Bewußtsein. Der »réveil de l'Asie«, wie der hervorragende französische Asienkenner *René Grousset* 1924 eine

[14] Neubau des Deutschen Reiches, in: Politische Schriften, 1933, Abschn. 8, Zur Weltlage, p. 286 f. Frankreichs Macht und Ansprüche werden dabei maßlos überschätzt und verkannt. Mit seiner »schwarzen Millionenarmee« könne es »Herrin Afrikas« werden, und ein neues Faschoda bereite sich vor. Während Frankreich Afrika in Bewegung bringe und Rußland Asien dynamisiere, werde die britische Herrschaft bedroht.

[15] Jahre der Entscheidung, p. 42.

[16] Ebenda, p. 58.

[17] »Nicht Deutschland, das Abendland hat den Weltkrieg verloren, als es die Achtung der Farbigen verlor. Die Tragweite dieser Verschiebung des politischen Schwergewichtes ist zuerst in Moskau begriffen worden. In Westeuropa begreift man sie noch heute nicht. Die weißen Herrenvölker sind von ihrem einstigen Rang herabgestiegen. Sie verhandeln heute, wo sie gestern befahlen. Sie haben das Bewußtsein der Selbstverständlichkeit ihrer Macht verloren und merken es nicht einmal.« P. 151.

[18] Variété, 1924, p. 11 f. Dazu auch das Vorwort zu »Regards sur le monde actuel et autres essais«, 1945.

Schrift betitelte, gehörte fortan in jede mehr oder weniger pessimistische Gegenwartsanalyse und Zukunftsprognose. Wird Europa seine Hegemonie bewahren? »Ne peut-on deviner que cette situation privilégiée menace de prendre fin?« Nach der »européanisation de l'Asie« zeichne sich nun »la révolution de l'Asie contre l'Europe« ab. *Grousset* beschrieb die mannigfachen Reformbewegungen und Nationalismen von Ägypten bis China, ihren Widerstand gegen die europäischen Mächte und die revolutionären Ansätze, wobei er – bezeichnend für die französische Haltung nach 1919 – gegen den britischen Imperialismus und die angeblich ungeschickte Politik Englands polemisierte, die die Erfolge des Ersten Weltkrieges verspielt und den Haß der asiatischen Völker heraufbeschworen habe. Demgegenüber richtete sich *Maurice Muret*, der in seiner Schrift »Le crépuscule des nations blanches« von 1926 *Valéry* und *Spengler* zitierte, einerseits gegen *Wilsons* Proklamation des Selbstbestimmungsrechtes und den finanziellen Imperialismus der Vereinigten Staaten, andererseits gegen den »dissolvant bolchéviste«. Es waren besonders die Franzosen, die Amerika und Rußland gerne für ihre Schwierigkeiten im Kolonialbereich verantwortlich machten! Im Gegensatz zu *Grousset* rief aber *Muret* zur Solidarität der Europäer, ja der weißen Rasse auf. Auch Frankreich sei an der britischen Herrschaft in Indien interessiert; es sei Zeit, daß die europäischen Staatsmänner in Kontinenten dächten, »mais dans une esprit de défence«. Die Auseinandersetzung der Rassen werde mit »actes libérateurs de la part des nations soumises«, also mit Ablösungsbewegungen, beginnen und möglicherweise der weißen Rasse eine Atempause verschaffen. »En tout cas, l'Occident ne se laisserait pas dépouiller sans se défendre. Rome n'a pas été bâtie en un jour, mais elle n'a pas été démolie nun plus d'un jour à l'autre« [19].

Man erkennt, welche Bedeutung in diesen Analysen des »réveil de l'Asie« der Rassenfrage, den "rising" und "clashing tides of colour" [20] zukommt und wie eine Auseinandersetzung der Rassen prophezeit wird. Die Warnungen vor der »Gelben Gefahr« [21] vor 1914 finden hier ihre Fortsetzung, akzentuiert durch ein Krisenbewußtsein und unter dem Eindruck der zahlreichen Unruhen nach 1918. Es wird vor allem zum Widerstand aufgerufen und nicht etwa die Möglichkeit einer Dekolonisation untersucht oder gar befürwortet. Dies ist symptomatisch für eine Bewußtseinslage der Zwischenkriegszeit, die – vielleicht begreiflicherweise – auf den drohenden Verlust der europäischen Hegemonie mit einem rassisch begründeten Widerstandswillen antwortet, dabei aber auch die positive Forderung stellt, eine noch immer vorwiegend europazentrische Perspektive zu einer weltpolitischen Sicht auszuweiten, in die sich die europäischen Fragen und die Probleme der Kolonien einordnen sollten.

Als britisches Beispiel sei der bekannte Diplomat und Schriftsteller *Harold Nicolson* genannt, der in seinem Curzon-Buch von 1934 auf den paradox erscheinenden, aber für die neue Weltlage bezeichnenden Umstand hinweist, daß ausgerechnet im Augenblick

[19] P. 232.

[20] "We are warned that civilization is endangered by the rising tide of colour ...« *J. W. Gregory,* The menace of colour, 2. ed. 1925, p. 1. Lothrop Stoddard, Clashing tides of colour, 1935.

[21] *Heinz Gollwitzer,* Die Gelbe Gefahr. Geschichte eines Schlagwortes. Studien zum imperialistischen Denken, 1962.

des alliierten Sieges von 1918 kleine Völker wie die Afghanen und Syrer zu rebellieren begannen. Haben sie, fragt *Nicolson,* instinktiv den Zusammenbruch des bisherigen Großmachtsystems und den Aufstieg Amerikas wahrgenommen? Die Proklamation von Selbstbestimmung und Nicht-Annexion durch *Wilson* und *Lenin* habe den europäischen Imperialismus kompromittiert und es sei ein »Gerichtshof« entstanden, »bei dem man gegen die Maschinengewehre der Weltmächte appellieren konnte« [22]. Der Brite bezeichnete es als »Umwertung der bisher anerkannten Werte«, daß ein *Mustapha Kemal* einer Koalition zu widerstehen vermochte, die soeben einen siegreichen Krieg geführt hatte. Und wie kam es, daß das britische Volk, das noch 1898 *Kitcheners* Erfolg im Sudan bejubelt hatte, 20 Jahre später nicht mehr bereit gewesen ist, eine geringfügige Expedition nach Kabul gutzuheißen? Der Krieg habe offenbar das britische Selbstverständnis und Reichsbewußtsein tiefgehend gewandelt.

Bei *Arnold Toynbee* gibt – ähnlich wie bei *Spengler* – die Einsicht in die durch den Ersten Weltkrieg veränderte Welt den Ansatzpunkt für groß angelegte kultursoziologische Untersuchungen. Sie sind erst nach dem Zweiten Weltkrieg bekanntgeworden und erscheinen uns in ihrer sensationellen Publikumswirkung für die geistige Lage und Stimmung einer weiteren Öffentlichkeit ebenso bezeichnend wie die Wirkung von *Spenglers* »Untergang des Abendlandes« für die 20er Jahre. *Toynbee,* dessen Werk von den Fachleuten zwar in seinen philosophischen Grundthesen wie in vielen Einzelanalysen angegriffen, aber doch als großer Wurf bewundert worden ist, glaubt in seinem religiös gestimmten Optimismus an einen schrittweisen Ausgleich von westlicher Welt und Asien; politisch prognostiziert er eine Weltregierung. Diese optimistische Sicht trat dem neuen, wenn auch mehr unterschwellig wirksamen Pessimismus entgegen und wurde dankbar aufgenommen. Ansätze zu seinen späteren Betrachtungen finden sich aber bereits 1925 in der wichtigen Schrift "The World after the Peace Conference" [23]. Im Vergleich zu 1914 habe sich das europäische System – politisch, wirtschaftlich und kulturell – zum Weltsystem ausgeweitet. Neben Japan und den Vereinigten Staaten verlangten zahlreiche Staaten Südamerikas und Asiens Mitspracherecht in eigenen Fragen; die arabische Welt, der sich *Toynbee* besonders verbunden fühlt, sei in Bewegung geraten. Europa – oder besser: die Kolonialmächte –, wirtschaftlich zerrüttet und psychisch in seinem Sicherheitsgefühl erschüttert, könnte oder wollte seine Herrschaft nicht mehr zur Geltung bringen, während andererseits die westliche Zivilisation in steigendem Maße alle fremden Zivilisationen zutiefst ergreife und überlagere. Neue Formen politischer Gestaltung und Friedensbewahrung drängten sich daher auf: an die Stelle einseitiger europäischer Herrschaft und Kontrolle sei der universale Völkerbund getreten, dem sich wiederum der britische Reichsverband des Commonwealth mit seinen lockeren, freiheitlichen Bindungen über die Kontinente hinweg einordne. Damit hat *Toynbee* eine Thematik angedeutet, die von der Empire- und Commonwealth-Diskussion der Zwischenkriegszeit und der Jahre nach 1945 auf-

[22] Nachkriegsdiplomatie, p. 158.

[23] Der Text war gedacht als Einleitung zu den Survey of International Affairs, deren Herausgeber *Toynbee* gewesen ist, erschien aber separat als Buch. Von den Werken nach dem Zweiten Weltkrieg sind neben »A Study of History« (vor allem Bd. VIII und XII) wichtig: Civilization on Trial 1948 (Kultur am Scheideweg); The World and the West, 1953 (Die Welt und der Westen).

genommen und weitergeführt wurde. Der Umbau des Empire in ein Commonwealth konnte als Dekolonisation konzipiert werden und erleichterte es Großbritannien, der »challenge« der neuen Weltlage von 1918 und dann wiederum derjenigen nach 1945 gerecht zu werden.

Zu den internationalen Aspekten der Kolonialfrage, die auf die Diskussion der Zwischenkriegszeit eingewirkt haben, gehörten auch die *weltwirtschaftliche Situation* und deren Implikationen. Leider hat sich die Wirtschaftshistorie bis heute nur der Weltwirtschaft aus der europäisch-amerikanischen Perspektive oder nur der Entwicklung einzelner Kolonien zugewandt, ohne sich sehr für die zunehmende Verflechtung der Kolonien mit der Weltwirtschaft und die Folgen dieser Marktabhängigkeit zu interessieren [24].

Die Bedeutung des Ersten Weltkrieges für die Wirtschaft Außereuropas ist oft geschildert worden: Der Krieg hat das trotz einiger protektionistischen Tendenzen im wesentlichen freie System des weltwirtschaftlichen Austausches gestört oder zerstört. Europa, vor allem Großbritannien, war im Mittelpunkt gestanden, Rohstoffe und Nahrungsmittel sind gegen Industriewaren getauscht worden, wobei sich hauptsächlich europäische Unternehmen beteiligt und auch das Investierungskapital gestellt hatten; ein System, das mit stabilen Währungen und Goldstandard ohne Schwierigkeiten funktionierte. Mit dem Ausbruch der Feindseligkeiten brachen alte Handelsverbindungen ab, und die Mutterländer stellten sich auf Kriegswirtschaft um; der Export an Konsumwaren mußte reduziert und die Rohstoffproduktion gesteigert werden. Dies bereitete Außereuropa Anpassungsschwierigkeiten, bot aber auch manchen Vorteil: einmal einen sprunghaft anwachsenden Markt für Exportprodukte bei steigenden Preisen, zum anderen die Möglichkeit eigener Industrialisierung, vor allem im Bereich der Konsumgüter. Daran haben neben den Vereinigten Staaten und Japan vor allem die britischen Dominions und Indien mächtig profitiert.

Die Vorkriegs-Weltwirtschaft konnte nach 1919 nicht restauriert werden. Strukturprobleme tauchten auf: Europa war verarmt, hatte einen Großteil seiner Auslandsinvestitionen verloren und konnte vorerst nur wenig Kapital exportieren, während die Vereinigten Staaten sich nicht nur zur dominierenden Industriemacht, sondern auch aus einer traditionellen Schuldnerposition zur Gläubigermacht entfaltet hatten; New York trat als Finanzmetropole und Handelszentrum neben London, war aber vor allem auf den inneren Markt ausgerichtet und spielte als internationales »Clearinghouse« nicht die gleiche Rolle wie die Hauptstadt des britischen Empire. Die hohe Verschuldung der europäischen Länder verursachte einen Inflationstrend; Dollarknappheit und Transferprobleme kennzeichneten die Nachkriegssituation. Wir werden sehen, daß die Kolonialmächte sich veranlaßt sahen, die »Mise en valeur« – um das französische Schlagwort zu verwenden – voranzutreiben. Die Erzeugung der für das Mutterland wichtigen Kolonialprodukte und der Austausch innerhalb des eigenen Herrschaftsbereiches sollten intensiviert werden; die Bildung von Wirtschafts- und Währungsblocks auf Kosten einer freien Weltwirtschaft wurde propagiert und erschien als Weg,

[24] Auffallend wenig Anhaltspunkte bieten sowohl *William Ashworth*, A Short History of the International Economy since 1850, 2. ed. 1962, p. 218 f., als auch *Louis Pommery*, Aperçu d'histoire économique contemporaine, vol. I, 1952.

der latenten und ab 1929 offenen Krise Herr zu werden. Wirtschaftliche Überlegungen verbanden sich dabei sehr eng mit weltpolitischen und Prestige-Fragen: die Konzentration auf den kolonialen Markt sollte einer bedenklich erscheinenden Abhängigkeit von den Vereinigten Staaten entgegenwirken und die eigene Großmachtposition erhalten helfen. "The development of the Empire is our economic War of Independence against American domination" hieß es beim »Imperialisten« *Leo Amery*, und er fügte, in treffender Abwandlung eines berühmten Wortes von *Canning* bei: "We have to call a New World of Imperial development into being to redress the wastage of the old [25]."

Nach Überwindung der Nachkriegskrise, die sich nicht nur in den Industrieländern, sondern auch in zahlreichen Kolonien in sozialer Unruhe, Streiks und politischer Radikalisierung ausgewirkt und damit den Emanzipationsbewegungen starken Auftrieb gegeben hatte, machte sich im Zeichen einer Konjunktur in Europa und Amerika ein schneller, z. T. explosionsartiger Wirtschaftsaufschwung bemerkbar. Die statistischen Zahlen sprechen für einzelne Gebiete und Produkte eine eindrucksvolle Sprache: Baumwolle in Ägypten, im Sudan, in Uganda und Indien; Erdnüsse, Palmöl, Kakao und Kaffee in Westafrika; Sisal in Ostafrika; Reis in Burma und Indochina; Zucker auf den Philippinen; Tee in Ceylon; Erdöl im Nahen Osten und Indonesien; Kupfer und Diamanten in Rhodesien und im Kongo; Kautschuk und Zinn in Malaya und Indonesien. Dabei muß man aber die besondere Struktur der Kolonialwirtschaft kennen. Es handelte sich meist um Monokulturen, jedenfalls um eine Konzentration auf wenige Produktionszweige, in denen das westliche Kapital investiert und deren An- und Ausbau vorangetrieben wurde. Daß die Kolonien davon profitiert haben – ihre Einnahmen aus Zöllen, Exportabgaben und Steuern stiegen an und standen für den Ausbau der Verwaltung, der Kommunikationsmittel und für zivilisatorische Leistungen zur Verfügung –, wird man nicht bestreiten können, aber ebensowenig die Tatsache, daß der Wirtschaftsaufschwung oft nur Einzelsektoren betraf und ein ansehnlicher Teil der Produktionserlöse wie der Profite für Reinvestierungen im gleichen Sektor, für den Ausbau der Transportmittel, für die Besoldung des hochbezahlten europäischen oder amerikanischen Fachpersonals und als Kapitalamortisation verwendet wurde; die eingeborene Bevölkerung aber hatte daran nur einen oft erstaunlich geringen Anteil. Die Produktion für den eigenen Bedarf ist zudem mancherorts vernachlässigt worden und hat höchstens aus den bescheidenen Budgetmitteln der Verwaltung einige Förderung erfahren. Die einseitige Konzentration auf die Exportproduktion und die rapide wachsende Bevölkerungszahl, verbunden mit hoher Verschuldung der eingeborenen Produzenten, hatten oft sogar eine Verarmung zur Folge; die Kakaofarmer und Palmöl- oder Erdnußproduzenten in Westafrika oder die Baumwollanbauer im Sudan und in Uganda bildeten eher Ausnahmen als die Regel.

Wichtig war auch die unmittelbare und ausgeprägte Abhängigkeit vom Weltmarkt, vom Umfang des Konsums und des Bedarfes der Industrieländer. Es ist von der Kolonialgeschichte noch wenig beachtet worden, daß infolge einer Erweiterung und Intensivierung des An- und Abbaues und durch die Gründung von Neu- und Konkurrenzunternehmungen in neuen Gebieten die Produktion von Nahrungsmitteln und

[25] *L. S. Amery*, National and Imperial Economies, 2. ed. 1924, p. 57 f.

Rohstoffen schneller anstieg als der Bedarf. Die Rohstoffproduzenten, d. h. die Kolonien, hatten folglich ungünstige »Terms of Trade«[26] und blieben so trotz wachsender Produktion und Erlöse im expandierenden Welthandel anteilmäßig zurück! Bei einzelnen Produkten kam es zu unmittelbaren oder latenten Überproduktionskrisen – z. B. Zucker in Westindien –, die mit Pools, Kartellen, Einschränkungen und internationalen Abkommen nur ungenügend eingedämmt werden konnten. Bekannt ist, wie Großbritannien 1922 den Preiszerfall des Kautschuks in Malaya durch Produktionsbeschränkung aufzuhalten suchte, dadurch aber einen Neuanbau in Indonesien und Liberia veranlaßt hat.

Die Weiterverarbeitung der Rohstoffe in den Kolonien und die eigentliche Industrialisierung blieben trotz eines gewissen Aufschwunges während des Weltkrieges unbedeutend. Die Kolonialmächte zeigten sich daran wenig interessiert, stellten daher auch kein Kapital zur Verfügung oder verhinderten diese Entwicklung durch Zollpolitik. Den zum Aufbau einer Industrie notwendigen Zollschutz gewährte das Mutterland nur in seltenen Fällen. Begreiflich, denn z. B. Indien, das 1921 weitgehende Tarifhoheit erhielt, konnte seine Baumwollindustrie so stark ausbauen, daß sie Lancashire hart traf und nicht unwesentlich zur schweren Strukturkrise der britischen Industrie in der Zwischenkriegszeit beitrug[27]. Diese koloniale Situation machte die junge, westlich geschulte nationale Elite aufgeschlossen für marxistisch-sozialistische Parolen und gab dem Nationalismus einen revolutionären Akzent. Da die neue Elite an der modernen und expandierenden Kolonialwirtschaft kaum Anteil hatte und – wenn überhaupt – nur zu den unteren Stufen der Verwaltung und technischen Kader Zugang erhielt, mußte ihr die Mise en valeur des eigenen Landes durch fremde Unternehmungen, aber auch die Abhängigkeit vom Weltmarkt und die ihrem Zugriff entzogenen Manipulationen, als »Entfremdung« und kapitalistische Ausbeutung erscheinen, die nur durch die nationale Emanzipation und eine gleichzeitige soziale Revolution bekämpft werden konnte.

Die katastrophalen Auswirkungen der Weltwirtschaft haben diese Situation noch verschärft. Die Preise für Rohstoffe brachen völlig zusammen[28]. Der Export schrumpfte und die Produktion mußte eingestellt werden. Plantagen und Bergwerke gingen bankrott, Arbeiter wurden entlassen; die reduzierten Kolonialbudgets zwangen selbst im Schulwesen zu Sparmaßnahmen. Die Blockbildung und die Autarkietendenzen nahmen zu: Frankreich schloß sich zollpolitisch noch mehr als bisher ab, während England den Goldstandard aufgab und sich in Ottawa 1932 mit einem System von Empire-Präferenzen seinen Anteil am Import der Kolonien zu sichern versuchte. Die Auswirkungen waren zwiespältig. Wenn das Mutterland einen steigenden Anteil des

26 *Ashworth*, p. 234.

27 1915 war Lancashire am indischen Baumwollimport mit zwei Dritteln beteiligt, die 40 % der britischen Ausfuhr ausmachten; nur ein Drittel des Bedarfes wurde von indischen Fabriken gedeckt. 1932 waren es bereits 80 %, 10 % stammten aus Japan und nur 10 % aus England. *Hans Schlie*, Die britische Handelspolitik seit Ottawa und ihre weltwirtschaftlichen Auswirkungen, 1937, p. 49. Die britische Eisen- und Stahlausfuhr nach Indien und Ceylon ging zudem von 896 000 t 1913 auf 658 000 1929, 194 000 1932, 301 000 1935 zurück; p. 43.

28 Preise im Januar 1933 im Vergleich zum Januar 1929 (Goldpreisindex): Reis 41 %, Baumwolle 34 %, Kaffee 41 %, Zucker 50 %, Kautschuk 13 %, Kupfer 29 %, Zinn 47 %. New Cambridge Modern History 1960, vol. XII, p. 33.

Exportes der Kolonien übernahm, so konnte es doch in manchen Fällen nicht die gesamte Produktion – z. B. den Kakao Westafrikas oder den Tee Ceylons – abnehmen. Kolonialprodukte konnten außerdem mit denen des Mutterlandes konkurrieren: Frankreich kontingentierte seine Wein- und Weizenimporte aus Nordafrika. Doch als sich die europäische und amerikanische Wirtschaft ab 1933 erholte und der Welthandel einen neuen Aufschwung nahm, blieben die Terms of Trade trotzdem ungünstig: Europa profitierte von den billigen Importen und fand darin eine gewisse Kompensation für den Rückgang der Industrieproduktion [29]. Da die japanische Industrie zudem mit ihren ungemein billigen Textilien den Export des Mutterlandes trotz der Zölle und Präferenzen gefährdete, wurde die japanische Einfuhr in die Kolonien drastisch eingeschränkt, sowohl im französischen und britischen als auch im holländischen Bereich. Damit war die von der Krise schwer betroffene, von den Terms of Trade benachteiligte und ohnehin am Rande des Existenzminimums lebende Kolonialbevölkerung um den Vorteil gebracht, ihre bescheidene Konsumkraft billigen japanischen Waren zuzuwenden. Die Kolonialmächte suchten sich damit zu rechtfertigen, daß Japan seinerseits nur wenig Kolonialprodukte abnähme und die Handels- und Zahlungsbilanz der Kolonien vor schwere Probleme stelle; die psychologischen und politischen Rückwirkungen dieser und ähnlicher Maßnahmen auf die nationalistische Opposition waren damit aber nicht beiseitegeräumt.

Der Strukturwandel der Weltwirtschaft veranlaßte den in Berlin und nach seiner Emigration an der London School of Economics lehrenden Nationalökonomen *M. J. Bonn* zu einer sehr weitsichtigen Konzeption der »Gegen-Kolonisation«, die – heute fast vergessen – in unserem Zusammenhang wenigstens erwähnt werden soll [30]. *Bonn* hat auch den Terminus »Dekolonisation« eingeführt [31]. Er faßte den Begriff der Kolonisierung sehr weit als »transfer of political, economic and cultural institutions from one society to another«; er beschränkte ihn also weder auf die Expansion des 19. Jahrhunderts noch auf eine Expansion in Übersee; der russische Vormarsch in Asien gehörte ebenfalls dazu, womit *Bonn* auch einen kommunistischen Kolonialismus

[29] a.a.O., p. 34. "It is worth noting that in the Indian case, and for all primary-producing countries, the terms of trade worsen during a depression, and improve during a boom, thus exaggerating the effects of the trade cycle. For industrial countries, such as Great Britain, the reverse happens: i. e. changes in the terms of trade tend to moderate the effects of the trade cycle." *Vera Anstey*, The economic development of India, 4. ed. 1952, p. 502.

[30] In der Schrift: Das Schicksal des deutschen Kapitalismus, 1926, 2. Aufl. 1930, ist das Wesentliche bereits gesagt. *Bonn* nahm das Thema wieder auf in einem stark beachteten Aufsatz: The age of Counter-Colonization, in: International Affairs, 1934, vol. XIII, und erweiterte es 1938 in seinem Buch: The Crumbling of Empire. The desintegration of World economy. *Bonn* hatte sich bereits vor 1914 für Kolonialpolitik interessiert, vgl. So macht man Geschichte, 1953, p. 137 f.

[31] "All over the world a period of countercolonization began, and decolonization is rapidly proceeding." Art. Imperialism in der Encyclopedia of the Social Sciences, 1932, p. 613. "I called this process de-colonization" (Intern. Affairs, p. 845, womit *Bonn* das Wort »Antikolonisierung« (Schicksal des deutschen Kapitalismus, p. 41) übersetzte. 1938 heißt es dann: "A decolonization movement is sweeping over the continents", Crumbling of Empire, p. 101. In der wichtigen Publikation des Chatham-House »The Colonial Problem«, 1937, wird der Terminus, unter Hinweis auf *Bonn*, p. 228, und im Hinblick auf Indien, p. 237, verwendet.

in Betracht zog [32]. Nach der Aufteilung der Welt habe die Gegenbewegung eingesetzt und sich zunehmend beschleunigt. "For the time being empire-making has come to a standstill, empire-breaking has been going on an unprecedented scale." [33] Die Emigration nach Übersee und der Kapitalexport seien zusammengeschrumpft, während sich die Vereinigten Staaten »entkolonisiert« hätten und ihrerseits nach außen drängten; die britischen Dominions forderten Schutzzölle, und in Osteuropa hätten neugebildete Staaten weitere Zollgrenzen errichtet. Die koloniale Welt von China bis Nordafrika wehre sich gegen die wirtschaftliche und politische Beherrschung und versuche, sich selbst zu industrialisieren; Großbritannien habe nicht nur den Dominions, sondern auch Indien Fiskalhoheit gewähren müssen und ziehe sich auch aus Irland und China zurück. Unruhen seien an der Tagesordnung, Schulden würden nicht bezahlt, und die Währungen seien inflationär. Jedermann berufe sich dabei auf das Selbstbestimmungsrecht und beanspruchte Statusgleichheit. Europa aber, das diese Ideen in Umlauf gesetzt habe, werde nicht imstande sein, diese Gegen-Kolonisation aufzuhalten. "This mission implies the ultimate liquidation of domination. It may be a task of decades or of centuries." [34] Während sich Wirtschafts- und Währungsblöcke bildeten, forderten nicht-koloniale Mächte freien und gleichberechtigten Zugang zu den Rohstoffen; Japan und Italien seien bereits zur offenen Aggression übergegangen. Wird es möglich sein, fragte *Bonn,* diese Desintegrations- und Autarkietendenzen mit förderativen Lösungen zu überwinden, oder werden diese Konflikte und Spannungen zu einem neuen Weltkrieg führen?

In der Tat, die Krise der Weltwirtschaft mit ihren Zoll- und Währungsblocks gab dem faschistischen Italien, dem imperialistischen Japan und dem nationalsozialistischen Deutschland ein geeignetes und zugkräftiges Argument, die *Kolonialfrage als Problem der internationalen Politik* aufzuwerfen und diplomatisch als Druckmittel zu verwenden. Mit dem Schlagwort der »Have and Have-not Powers« unterschied man die Kolonialmächte England und Frankreich, aber auch Belgien, Holland und Portugal, deren Gebiete z. T. nur dünn besiedelt und schwach entwickelt waren, die aber einen Großteil der kolonialen Rohstoffe kontrollierten, von den »jungen und dynamischen«, dicht bevölkerten und durch hohe Geburtenraten schnell wachsenden Nationen, die über keinen oder nur wenig kolonialen Raum verfügten, ihre Rohstoffe mit Devisen bezahlen mußten und den »Monopolen« der »plutokratischen Mächte« ausgeliefert seien. Japan hat seine Expansion in der Mandschurei und in China, Italien seinen Kolonialanspruch und den Angriff auf Abessinien mit dem Hinweis auf Übervölkerung und Rohstoffmangel als »lebensnotwendige« Erweiterung seines Lebensraumes zu legitimieren versucht und dafür auch im Westen manche Zustimmung gefunden. Zu einem aktuellen Problem der Diplomatie und einem oft erörterten Thema der Publizistik wurde die Kolonialfrage aber erst mit den neuen deutschen Kolonial-

[32] Crumbling of Empire, p. 37. *Bonn* hat 1943 die Amerikaner an den russischen Imperialismus erinnert und sie vor einem einseitigen Anti-Kolonialismus gewarnt. The Future of Imperialism, in: Annals of the American Academy of Political and Social Science, vol. 228, 1943, p. 76.
[33] International Affairs, p. 845.
[34] Crumbling of Empire, p. 423.

ansprüchen. Zur amerikanischen und russischen Herausforderung trat – allerdings nur für kurze Zeit – eine deutsche.

Die Weimarer Republik hatte auf die Rückgabe der in Versailles abgetretenen deutschen Kolonien nie verzichtet [35]. Die »Kolonialschuldlüge«, d. h. die These von der brutalen deutschen Kolonialverwaltung, auf Grund derer die Sieger eine Rückgabe der deutschen Besitzungen verweigerten, hatte die öffentliche Meinung begreiflicherweise aufs höchste erregt und die Nationalversammlung sowie die Friedensdelegation zu Protesten veranlaßt. Ihr Gegenvorschlag, die ehemaligen Kolonien als Völkerbundsmandat zurückzugeben, wurde jedoch abgelehnt [36]. Die Kolonialpropaganda der Weimarer Republik, die von einer Reihe von Vereinigungen und Presseorganen intensiv geführt wurde, fand hier ihre Voraussetzung zum Kampf gegen die »Kolonialschuldlüge« und zur Forderung nach kolonialer Gleichberechtigung, und zwar unter Hinweis auf die Notwendigkeit von Siedlungsland, Rohstoffquellen und Absatzgebieten. Obschon die ehemaligen deutschen Kolonien offensichtlich für die deutsche Wirtschaft nur geringen Wert haben konnten, wurde diese Argumentation dennoch bereitwillig und unkritisch aufgenommen; selbst *Hjalmar Schacht* ist vor und nach 1933 für die Rückgabe der deutschen Kolonien eingetreten [37]! In der parlamentarischen Auseinandersetzung und in der Außenpolitik der Weimarer Republik hat die Kolonialfrage jedoch nur eine geringe Rolle gespielt, obschon sich die bürgerlichen Parteien zum deutschen Kolonialanspruch – als einem Aspekt der Revision des »Versailler Diktates« – bekannten [38]. Außer den Kommunisten und einigen linksbürgerlichen Intellektuellen [39] hat nur die Sozialdemokratie ihr Desinteresse offiziell zum Ausdruck gebracht [40]; Sozialdemokraten waren jedoch an der Interfraktionellen Kolonialvereinigung beteiligt [41]. Stresemann hatte den Kolonialanspruch gutgeheißen und beim Eintritt in den Völkerbund eine Mitarbeit an der Mandatsverwaltung

[35] Nach Abschluß der Arbeit ist uns bekannt geworden: *W. Schmokel*, Dream of Empire: German Colonialism 1919–1945, 1964.

[36] Die Gegenvorschläge der Deutschen Regierung zu den Friedensbedingungen, amtl. Ausg. 1919, p. 45 f. Graf *Brockdorff-Rantzau*, Dokumente und Gedanken um Versailles, 1925, p. 49, 149, 1963. *Hans Poeschel*, Die Kolonialfrage im Frieden von Versailles, 1920.

[37] 1929 vor dem Industrie- und Handelstag, *E. J. Jakob*, Kolonialpolitisches Quellenheft, 1935, p. 93. Oder auch Dr. *Schnee* (DVP) am 24. Juni 1929 im Reichstag: »Es liegt auf der Hand(!), daß es für unsere Währungspolitik schon eine große Entlastung bedeuten würde, wenn wir einen erheblichen Teil dieser überseeischen Rohstoffe aus eigenen Kolonialgebieten erhalten würden ...« Stenographische Berichte, Bd. 425, p. 2839.

[38] Reichstag 14. 3. 1921, Stenogr. Berichte, Bd. 348, p. 2894, 2899 a; 3.–4. März 1922, Bd. 353, p. 6135 f. *Jakob*, Quellenheft, p. 50.

[39] Vgl. die von den »Europäischen Gesprächen« veranstaltete Umfrage: »Soll Deutschland Kolonialpolitik treiben?« Es lehnen u. a. ab: *M. J. Bonn, Albert Einstein, Franz Carl Endres, F. Friedensburg, Thomas Mann*, 1927, XII, p. 609 ff. Zu den Befürwortern gehörte u. a. auch Oberbürgermeister Dr. *Konrad Adenauer:* »Das Deutsche Reich muß unbedingt den Erwerb von Kolonien anstreben. Im Reiche selbst ist zu wenig Raum für die große Bevölkerung ...«, p. 611.

[40] Einige Belege bei *Jakob*, Quellenheft, p. 51. *Breitscheid* im Reichstag 17. 3. 1931, Stenogr. Berichte, Bd. 445, p. 1653.

[41] Vgl. Koloniale Rundschau 1925, 8, p. 253: Der Vorstand bestehe aus Dr. *Bell* (Vizepräsident des Reichstages), Zentrum; Dr. *Dernburg*, Demokratische Partei; Dr. *Quessel* für die Sozialdemokratie; *Sachs*, DNVP; und Dr. *Schnee*, DVP.

gefordert – Deutschland wurde 1927 Mitglied der Mandatskommission, erhielt aber kein Mandat – und hatte in sein Revisionsprogramm auch eine Rückgabe oder Neuverteilung der Kolonien einbezogen, ohne dieser Frage aber besondere Dringlichkeit beizumessen [42].

Hitler hat bekanntlich bereits in »Mein Kampf« mit der wilhelminischen Außenpolitik abgerechnet und die überseeische Expansion eindeutig hinter die Gewinnung von »Lebensraum« im europäischen Osten zurückgestellt. Auch in der Folgezeit hat er sich an Kolonien wenig interessiert gezeigt. Nur als letzte Eroberungsziele – nach einem Sieg über England und Rußland – wurden sie erwogen [43]. Nach dem Erfolg im Westen 1940 hatte *Hitler* gewisse militärisch-administrative Vorbereitungen für eine künftige Kolonialverwaltung treffen lassen [44]. Gleichzeitig wurde aber die Kolonialpropaganda der Weimarer Republik energisch weitergeführt, wobei die bestehenden Organisationen im Reichskolonialbund 1933/36 gleichgeschaltet und unter dem Reichsleiter des Kolonialpolitischen Amtes, Ritter *von Epp*, der Parteiführung direkt unterstellt wurden. Daß sich dabei der Kampf gegen Versailles und die Forderung nach Lebensraum und Rohstoffen mit *Hitlers* angeblicher Verteidigung der weißen Rasse verbanden, lag auf der Hand [45]. »Offiziell« sind die Kolonialforderungen aber erst 1936 und dann 1937 angemeldet worden [46]. Während *Hitler* intern – etwa in der Stellungnahme vom 5. November 1937 (*Hossbach*-Protokoll) – die Kolonien ausdrücklich zurückstellte und britischen Widerstand berücksichtigte, hat er sie diplomatisch als »einzige Differenz zwischen England und Deutschland« auszugeben versucht [47],

[42] *Stresemanns* Stellungnahme im Vermächtnis, 1932, Bd. II, p. 22, 172, 213, 251, 283, 296, 333 ff. Im Kronprinzenbrief werden Kolonien nicht zu den »großen Aufgaben für die nächste absehbare Zeit« gerechnet, II, p. 553. Allgemein für die Diplomatie der Weimarer Republik die Erinnerung von *Kordt:* »In den 20er Jahren gab es in der Wilhelmstraße in einer entlegenen Ecke auch ein Kolonialreferat. Daß seine Existenz selbst von vielen Mitgliedern des Auswärtigen Amtes unbemerkt blieb, war nicht damit zu erklären, daß man tarnen wollte. In der Wirklichkeit erweckte das Kolonialreferat eher den Eindruck einer Liquidationsstelle, in der drei oder vier Herren des alten Kolonialamtes tätig waren. Die Kolonialfragen wurden wohl hin und wieder im Zusammenhang mit Fragen der Rohstoffbeschaffung auch von der Wirtschaftsabteilung behandelt. Im ganzen blieben die Erörterungen bis in die Zeit des Dritten Reiches hinein recht akademisch.« *Erich Kordt,* Nicht aus den Akten, Stuttgart 1950, p. 42 f.

[43] Vgl. Tagebucheintragungen des Generalobersten *Halder* vom 30. 6. 1941, zit. *H. A. Jacobsen,* Der Zweite Weltkrieg in Dokumenten, 1959, p. 225. *Henry Picker,* Hitlers Tischgespräche im Führerhauptquartier 1941–1942, 1951, p. 50, 123. *Günter Moltmann,* Weltherrschaftsideen Hitlers, in: Europa und Übersee, Festschrift für Egmont Zechlin, 1961, p. 213 f.

[44] *Gerhard L. Weinberg,* German colonial plans and policies 1938–1942, in: Geschichte und Geschichtsbewußtsein, Festschrift für Hans Rothfels, 1963. Ausführlicher *Schmokel,* Kap. 4.

[45] In besonderer Weise bei *Wahrhold Drascher,* Die Vorherrschaft der Weißen Rasse, 1936. Dabei erfolgt eine entsprechende Kritik an der britischen und vor allem französischen Eingeborenenpolitik z. B. auch bei *Paul Rohrbach,* Deutschlands koloniale Forderung, 1935, p. 123, 130 f.

[46] Eine Rede von *Goebbels* in Berlin am 17. 1. 1936 bildet den Auftakt (Schulthess' Europ. Geschichtskalender, Bd. 77, p. 8) und löste im Ausland sogleich scharfe Reaktionen aus, vgl. House of Commons, Debates 1936, vol. 308, S. 934. Zudem: *Ribbentrop* in Leipzig am 1. 3. 1936, Dokumente der dt. Politik V, p. 202, *Schmokel,* p. 97 f.

[47] Aufzeichnung des Gespräches zwischen *Halifax* und *Hitler* am 19. 10. 1937 auf dem Obersalzberg (Akten zur dt. ausw. Politik 1918–45, I, 1950, p. 51).

offensichtlich in der Absicht, mit dem Druckmittel der Kolonialfrage von England freie Hand im Osten zu erhalten [48]. Die von *Hitler* angemeldeten Forderungen auf Rückgabe oder Neuverteilung der Kolonien haben in England eine Panik ausgelöst. Die Regierung wurde im Parlament mit Anfragen bestürmt und zu einer ablehnenden Antwort gedrängt [49], während bei den Parteien und in der Publizistik eine lebhafte Diskussion einsetzte. Es zeigte sich dabei eine bemerkenswerte Bereitwilligkeit, dem deutschen Anspruch auf irgendeine Weise zu entsprechen. Zwar konnte die auch von *Schacht* in den »Foreign Affairs« [50] wieder aufgenommene These von der Bedeutung der ehemaligen Kolonien für die deutsche Wirtschaft leicht widerlegt werden, u. a. mit einer Untersuchung des Völkerbundes [51], und es spielte auch das moralische Argument, es sei undenkbar, afrikanische Untertanen dem rassebewußten nationalsozialistischen Deutschland auszuliefern, eine gewichtige Rolle, aber man hielt andererseits auch den deutschen Vorwurf, England kontrolliere einseitig lebenswichtige Rohstoffe, für gerechtfertigt und suchte nach Lösungen [52]. Bereits 1935 hatte sich Außenminister Sir *John Simon* im Völkerbund zu einer internationalen Regelung der Rohstoff-Frage bereiterklärt [53]. Die konservative Partei unter Druck des Diehard-Flügels mit *Leo Amery* als einem wichtigen Sprecher lehnte jede Rückgabe, auch als Völkerbundsmandat, ab – u. a. mit dem Hinweis auf die strategischen Kommunikationen nach Indien –; aber andere Engländer, wie *Noel-Buxton* und *Arnold Toynbee* [54] oder die Pressemagnaten *Rothermere* und *Beaverbrook* [55], erwogen doch ein deutsches Mandat in Tanganjika oder ein internationales Abkommen, demzufolge in einem großen, von mehreren Kolonialmächten freigegebenen Gebiet Afrikas jedermann ungehindert Zugang zu den Rohstoffen haben sollte. Die Labourparty trat von neuem dafür ein, alle Kolonien

[48] *Neville Henderson,* Fehlschlag einer Mission, o. J., p. 102. *Winston Churchill,* The Second World War vol. I. 1949, p. 200. Die ostzonale Darstellung bietet *Horst Kähne,* Zur Kolonialpolitik des faschistischen deutschen Imperialismus, in: Zeitschrift für Geschichtswissenschaft, 1961, 3.

[49] Die Antwort eines Regierungsvertreters, House of Commons, Debates 15. 2. 1937, vol. 320, S. 815. Premierminister *Baldwin* am 22. 3. 1937, Keesing's Archiv der Gegenwart, 2993 c.

[50] Germany's colonial demands, in: Foreign Affairs, Jan. 1937. *Schacht* schließt: 'The German colonial problem is not a problem of imperialism. It is not a mere problem of prestige. It is simply and solely a problem of economic existence. Precisely for that reason the future of European peace depends upon it!", p. 234. *André François-Poncet* behauptet, *Schacht* habe *Hitlers* Aspiration von Osteuropa ablenken wollen. Als Botschafter in Berlin, 1947, p. 268. Zudem *Schachts* Aussage in Nürnberg, IMT, XII, p. 470.

[51] Diese Aspekte faßt zusammen ein von Chatham-House erstellter Report: The Colonial Problem. A report by a study group of members of the RIIA, 1937, zudem ein breiter Abschnitt in: The British Empire, RIIA, 1937.

[52] Zum Beispiel Sir *Arthur Salter* im Unterhaus am 5. 2. 1936, House of Commons, vol. 306, S. 219, der Economist vom 19. 10. 1935 u. a. vgl. auch O. *Louwers,* Le problème colonial du point de vue international, 1936, p. 82 f.

[53] *Louwers,* p. 102.

[54] Rede in Hamburg vom 3. 3. 1936, in: Hamburger Monatshefte für Ausw. Politik, März 1936. Brief an die »Times« von *Vernon Bartlett, Gilbert Murray, Noel-Buxton, Arnold Toynbee* vom 7. 10. 1937, d. Übers. Monatshefte, Nov. 1937, p. 773. Dagegen *Amery* in einem Brief an die »Times«, Monatshefte, p. 774, und *Toynbees* Antwort, p. 784 f.

[55] Keesings Archiv, 8. 3. 1938, 3970 G.

dem Völkerbund zu unterstellen[56]. Die Berücksichtigung deutscher Forderungen verband sich jeweils mit dem Wunsch, »legitimen« Revisionsbestrebungen zu entsprechen und so den Frieden zu erhalten.

Auch die britische Diplomatie, vor allem *Neville Chamberlain*, war in eindeutiger Überschätzung des deutschen Kolonialinteresses zu Konzessionen in der Kolonialfrage bereit, um im Zeichen der Appeasement-Politik *Hitler*, wenn nicht zu einem offenen Verzicht auf Ostexpansion, so doch zu bestimmten Zugeständnissen in der Abrüstung oder zum Wiedereintritt in den Völkerbund zu bewegen. Dabei hatte er Tanganjika, aber auch belgische, portugiesische und französische Gebiete im Auge[57]. Auf französischer Seite zeigte sich Außenminister *Delbos* an einem Kolonialabkommen, vielleicht unter Abgabe von Kamerun, interessiert[58]. England und Frankreich sahen solche Kolonialkonzessionen aber stets nur als Gegenleistung innerhalb eines »general agreement«, das klare Zusagen *Hitlers* voraussetzte. Dieser weigerte sich jedoch, sowohl seine Forderungen als auch seine Zugeständnisse offen darzulegen, da er sich bezüglich seiner Aktionen im Osten nicht festlegen und die Kolonien nur als Druckmittel gegen die Westmächte benutzen wollte. Im Frühjahr 1938 ist dies auch *Chamberlain* und *Henderson* klargeworden[59]; dennoch kamen die kolonialen Fragen in der tschechischen Krise und in den Monaten vor Kriegsausbruch wieder zur Sprache.

Die »deutsche Herausforderung« blieb also eher ein diplomatisches Intermezzo und wurde zu keiner echten Gefährdung der europäischen Kolonialherrschaft. Die deutsche Haltung war ja auch nicht eigentlich antikolonial. Weder die Weimarer Diplomatie noch das nationalsozialistische Deutschland haben den Verlust der Kolonien 1919 mit der Absicht nach wirtschaftlichem und politischem Einfluß im kolonialen oder halbkolonialen Raum zu verwenden versucht. Nur einzelne haben ein solches Vorgehen befürwortet[60]. Deutschland hat zwar vor und während des Zweiten Weltkrieges nationalistische Organisationen in den Kolonien unterstützt und z. B. im arabischen Bereich mit seinem Antisemitismus auch einige Wirkungen erzielt; die Revolutionen wurden aber nicht sehr energisch betrieben – die Erfolge blieben gering. Denn Deutschland forderte selbst Kolonien, und seine Rassethesen stießen bei den farbigen Nationalisten auf Ablehnung. *Gandhi* und *Nehru, Bourghiba* und *Ferhat Abbas,* aber auch *Senghor* haben keinerlei Sympathien für das nationalsozialistische Deutschland gezeigt

[56] *P. J. Noel-Baker* im Unterhaus. Rede publ. v. d. Labourparty. Zudem die Parteibroschüre: The demand for colonial territories and equality of economic opportunity, 1936.

[57] Besuch von *Halifax* in Berlin im Nov. 1937 und auf dem Obersalzberg, Akten zur deutschen auswärtigen Politik 1918–45, I. p. 44 f. *Keith Feiling,* The Life of Neville Chamberlain, 1946, p. 333.

[58] *Bullitt* an den Staatssekretär am 20. 2. 1937 über eine Unterredung mit *Delbos,* Foreign Relations, 1937, I, p. 46 f. *Bullitt* wiederum 6. 11. 1937, p. 153, 22. 11. 1937, p. 158, 1. 12. 2937, p. 181.

[59] Zu den Unterredungen *Hendersons* mit *Ribbentrop* und *Hitler:* Akten zur deutschen auswärtigen Politik, I, 1938, p. 186, 196 f., 201 f. Fehlschlag einer Mission, p. 70, 133. Vgl. auch *Halifax* an *Henderson* am 4. 4. 1938: "There are two kinds of difficulty: British public aversion to giving back colonies to the Nazis at all; and giving back them without a quid pro quo." Documents on British Foreign Policy 1919–1939, I, 622.

[60] Zum Beispiel *M. J. Bonn* und Reichskanzler *Hermann Müller* in ihren Voten zur Umfrage von 1927, Europäische Gespräche XII, 1927, p. 616, 655.

und sich offen für die alliierte Sache erklärt; *Chamberlains* offenkundiger Friedenswille mag gleichfalls dazu beigetragen haben.
Ob die »deutsche Herausforderung« die Kolonialmächte zu politischen Konzessionen an die nationale Opposition veranlaßt hat, ist schwer herauszufinden. Die Eroberung Abessiniens durch Italien hatte einen neuen Vertrag zwischen London und Ägypten zur Folge; aber aus dem gleichen Grunde hat Ägypten auch ein britisches Interventionsrecht akzeptiert. Die in Großbritannien und z. T. auch in Frankreich um 1930 sich akzentuierende Kritik an der Kolonialverwaltung mag mit den italienischen und deutschen Ansprüchen zusammengehangen haben – dies wird in der Publizistik öfter angenommen –, hatte aber doch ihren eigenen Ausgangspunkt. Das Interesse einer breiteren Öffentlichkeit ist durch die Diskussion der Kolonialfrage jedoch geweckt und damit der Boden für eine künftige Reformpolitik vorbereitet worden.

Entscheidend war der *Zweite Weltkrieg*. Er erscheint uns heute in seiner globalen Auswirkung als eine Wiederholung des Ersten und hat den bereits eingeleiteten weltpolitischen Szenenwechsel ungemein beschleunigt. Der mit allen Mitteln geführte Hegemonialkampf brach in Europa los und konnte von Außereuropa als ein neuer »Bruderkrieg« der Europäer verstanden werden, der auch auf den kolonialen Raum übergegriffen und sich mit dem gleichzeitigen Hegemonialanspruch Japans im Fernen Osten verbunden hat. Im Unterschied zum Ersten Weltkrieg jedoch, in dem zwar eine Kolonialmacht (Deutschland) unterlag, die eigentlichen Träger des Kolonialismus aber (Großbritannien und Frankreich) sich militärisch und politisch als Sieger erwiesen und ihre Macht trotz des Prestigeverlustes behauptet hatten, brachte der Zweite Weltkrieg zunächst einen unerwarteten völligen militärischen Zusammenbruch gerade dieser Mächte. Die Niederlage Frankreichs hat sich in Indochina, Nord- und Zentralafrika ausgewirkt. Es kam zwar zu keinerlei Unruhen – in der Folgezeit haben die Franzosen gerne auf die Loyalität ihrer Untertanen verwiesen –, und die Vichy-Regierung konnte sich als Kolonialmacht behaupten und mindestens äußerlich die Kontinuität wahren. Die Tatsache aber, daß die Herrschaftsmacht militärisch besiegt worden war, daß die neue Regierung von den ehemaligen Alliierten nicht anerkannt und propagandistisch angefeindet wurde, und daß darüber hinaus das Freie Frankreich zum Widerstand gegen die Behörden aufgerufen hatte, kam für die Kolonialbevölkerung – vor allem für die organisierten Sprecher – wie ein Schock und hat den Oppositionsbewegungen enormen Auftrieb gegeben. Als sich die Japaner in Indochina festsetzten und die Alliierten in Nordafrika landeten, und da die Franzosen zudem uneinig waren, schien die Gelegenheit günstig, Organisationen und Parteien neu zu bilden, radikale Forderungen anzumelden und die verschiedenen Mächte gegeneinander auszuspielen.
Großbritannien erlitt seine spektakuläre Niederlage nicht in Europa, sondern im eigenen Kolonialbereich: Der Fall Singapurs, dieses mächtig ausgebauten Flottenstützpunktes – der zum Symbol für das wirtschaftliche Interesse, die militärische Präsenz und den Herrschaftswillen Großbritanniens in Asien geworden war –, muß in welthistorischer Perspektive als Ereignis ersten Ranges und als Markstein im Dekolonisationsprozeß gewertet werden. Und zwar nicht nur, weil er den Verlust Malayas und Burmas nach sich zog und die japanische Eroberung Holländisch-Indiens ermöglichte, sondern weil dieser für unmöglich gehaltene Zusammenbruch eines wenn nicht ver-

haßten, so doch als fremd empfundenen Herrschaftssystems diese Völker tief beeindruckt hat. Der bedeutende französische Indochina-Kenner *Paul Mus* hat die »Mutation« in der geistigen Haltung des annamitischen Bauern scharfsinnig analysiert [61]; die Niederlage sei als Verlust des himmlischen Herrschaftsauftrages verstanden worden, der 1945 auch mit einer Retablierung des äußeren Apparates nicht mehr in der alten Weise glaubwürdig gemacht werden konnte. Die religiösen Voraussetzungen mochten in Burma oder Indonesien anders gewesen sein, doch erfolgte auch hier ein psychologischer Einbruch. Es blieb aber nicht nur bei der militärischen Niederlage der Europäer, vielmehr etablierte sich jetzt die asiatische Großmacht Japan, übernahm die Verwaltung und nutzte mit Propaganda und geschickten Maßnahmen den anti-westlichen und anti-kolonialen Affekt aus. Japan förderte die nationalistische Opposition, setzte »nationale« Regierungen ein und proklamierte schließlich die Unabhängigkeit, so daß sich nach Japans Abzug die wieder einrückenden Kolonialmächte vor das Fait accompli bereits unabhängiger Republiken gestellt sahen. Dabei kam eine neue Generation von Nationalisten zum Zuge; die gemäßigten und zur Zusammenarbeit bereiten Führer der Vorkriegszeit wurden von einer jüngeren, radikalen, z. T. marxistisch geschulten Elite abgelöst, die in Kollaboration oder im Widerstand gegen die Besatzungsmacht die Führung der Emanzipationsbewegung übernahm. In dem Moment, da die japanische Herrschaft wegfiel und die europäische noch nicht wieder etabliert war, konnte sie zum Durchbruch kommen und mit ihren Streitkräften und Massenorganisationen den Kolonialmächten entgegentreten.

In den von den Achsenmächten nicht eroberten Ländern von Ägypten bis Ceylon vollzog sich die durch den Krieg beschleunigte Emanzipation auf eine weniger radikale Weise; sie hatte mehr evolutionären Charakter, zwang aber auch hier die Kolonialmächte zu Konzessionen, die vor 1939 undenkbar gewesen waren oder in ferner Zukunft lagen: Frankreich mußte Syrien und dem Libanon die Unabhängigkeit gewähren und in Nordafrika Reformen ankündigen; England stellte Indien, Burma und Ceylon das Dominion-Statut nach Beendigung des Krieges in Aussicht; auch Holland wollte sein Verhältnis zu Indonesien völlig neu regeln. Neu kam Schwarzafrika hinzu, wo die Schicht afrikanischer Produzenten, Mittelsmänner und Intellektueller rasch an Umfang und Bedeutung gewonnen hatte und ihre Forderungen anmeldete. Westafrika wurde für die Alliierten zu einem wirtschaftlich wie militärisch wichtigen Raum: Die Amerikaner errichteten Nachschubstationen für den Nahen Osten, die Produktion wurde forciert, Truppen wurden ausgehoben und auf verschiedenen Kriegsschauplätzen eingesetzt; außerdem gewann General *de Gaulle* in Äquatorialafrika eine territoriale Basis für das Freie Frankreich. In Brazzaville wurde 1944 eine Nachkriegspolitik für das französische Afrika angekündigt, während im britischen Bereich eine Reform der Verfassungen in Gang kam. Wohl rechneten weder die Kolonialmächte noch die afrikanischen Führer mit der baldigen Unabhängigkeit, aber es war offensichtlich, daß nun auch Schwarzafrika in den Emanzipationsprozeß eingetreten war. Der Zweite Weltkrieg hatte für Afrika eine ähnliche Bedeutung wie der Erste für den Nahen und Fernen Osten.

[61] *Paul Mus,* Viêt-Nam, sociologie d'une guerre, 1952, p. 33.

Dem schnell sich ausbreitenden radikalisierten Nationalismus in den Kolonien entsprach in den Mutterländern eine wachsende Bereitschaft, dem »Aufstand der farbigen Welt« nicht nur energisch und notfalls auch mit militärischer Gewalt, sondern auch mit Konzessionen und Reformen zu begegnen; teils, weil man sich dazu gezwungen sah, teils, weil die Grundsätze, nach denen man den Krieg gegen die Achsenmächte führte, mit dem bisherigen Kolonialismus nur schwer in Einklang zu bringen waren. Vor allem sollte die Stagnation der ausgehenden 30er Jahre durchbrochen und ein Ansatz zu einer »Zusammenarbeit in Partnerschaft« gesucht werden. Besonders aktiv waren die sozialistischen Parteien, die sowohl in England als auch im Freien Frankreich bereits während des Krieges an der politischen Diskussion und Willensbildung maßgeblich beteiligt waren und 1945 zur Regierungsverantwortung gelangten. Aber auch die bürgerlichen Parteien suchten sich nun als »anti-imperialistisch« und »anti-kolonialistisch« auszugeben und sich zu Reformen bereit zu zeigen. Wenn im Ersten Weltkrieg die Selbstsicherheit der imperialen Herrschaft verlorengegangen und der Auftrag der »Bürde des weißen Mannes« fragwürdig geworden war, so haben sich diese Aspekte während und nach dem Zweiten Weltkrieg vollends verflüchtigt oder mußten so uminterpretiert werden, daß sie sich als Vorbereitung auf Dekolonisation und endgültige Emanzipation glaubwürdig legitimieren konnten.
Dabei wirkte sich die »internationale Herausforderung«, die sich 1917 angekündigt hatte und in der Zwischenkriegszeit in Erscheinung getreten war, voll aus und beschleunigte die Dekolonisation. Da die weltpolitischen Entscheidungen nun bei den »Außenmächten« Amerika und Rußland lagen, drängte deren Anti-Kolonialismus die Kolonialmächte sowohl in der Phase der gemeinsamen Frontstellung als auch im Antagonismus des Kalten Krieges in die Defensive.

Die *Vereinigten Staaten* unter Führung ihres Präsidenten *F. D. Roosevelt* brachten ihre anti-koloniale Haltung bereits während des Krieges in den interalliierten Konferenzen, aber auch in offiziellen und publizistischen Verlautbarungen deutlich zum Ausdruck [62]. So ergaben sich Meinungsverschiedenheiten in der Interpretation der Atlantic-Charta. Premierminister *Churchill*, der sich in der Zwischenkriegszeit als Empire-Diehard exponiert hatte, wollte den Artikel 3, der ein »right of all peoples to choose the form of government under which they will live« proklamierte, nur für die von den Achsenmächten befreiten Länder Europas gelten lassen; die Atlantic-Charta »does not qualify in any way the various statements of policy which have been made from time to time about development of constitutional government in India, Burma or other parties of the British Empire« [63]. *Churchill* wollte also einem allgemeinen Selbstbestimmungsrecht nicht zustimmen und sich die Reformpolitik der Nachkriegszeit nicht vorschreiben lassen, zweifellos in der Annahme, daß selbst in Indien volles Self-government noch nicht akut sei. *Roosevelt* hingegen betonte mit Nachdruck, daß das in der Atlantic-Charta verkündete Selbstbestimmungsrecht für alle Völker der Erde Gültigkeit habe und daß Amerika sich energisch dafür einsetzen werde. Unter maßgeblicher Beteiligung des republikanischen Präsidentschaftskandidaten von 1940, *Wendell Willkie*, distan-

[62] Die Belege für diesen Abschnitt in meinem Aufsatz: Die USA und die Kolonialfrage, p. 10 f.
[63] H. of C. vol. 374, S. 68 (9. 9. 1941).

zierte sich die amerikanische Publizistik von den Kolonialmächten, sympathisierte mit den nationalen Bewegungen und warnte die Europäer, daß Amerika nicht für die Wiedereroberung der verlorenen Gebiete zu kämpfen gewillt sei. Viele Urteile waren oberflächlich, ungerecht und auch nicht frei von Hypokrisie – nicht zuletzt in bezug auf die eigenen kolonialen oder halb-kolonialen Positionen –, zeigten aber auch die richtige Einsicht, daß die nationale Emanzipation in Asien durch den Krieg mächtigen Auftrieb erhalten habe, so daß gerade die USA daran interessiert sein mußten, sich die Sympathie dieser neuen Staaten zu erhalten und die freigelegten Energien wenigstens zu »kanalisieren«. "Unless the forces of nationalism, which are fast growing more and more powerful in all these vast areas of the earth, are canalized into constructive channels, a devastating state of chaos will ensue. The determination of some of these peoples to secure their freedom cannot longer be thwarted." [64]
Präsident *Roosevelt* polemisierte gegen den »altmodischen« Imperialismus *Churchills*, drängte London zu Konzessionen gegenüber Indien und setzte sich durch Sonderbeauftragte mit den Kongreßführern in Verbindung, ohne allerdings zu verkennen, daß die Entscheidung bei Großbritannien lag und Amerika seinen wichtigsten Allianzpartner nicht vor den Kopf stoßen durfte. Solche Rücksichten fielen gegenüber Frankreich weg; hier konnte sich der amerikanische Anti-Kolonialismus voll entfalten: *Roosevelt* nahm nicht nur in Casablanca ostentativ Fühlung mit dem Sultan auf und trat in Kairo für die Unabhängigkeit Syriens und des Libanon ein, sondern versuchte auch auf den großen Kriegskonferenzen die Retablierung Frankreichs in Indochina zu verhindern. Da aber die meisten Kolonien auch in amerikanischer Sicht noch nicht »reif« für die Unabhängigkeit waren, sollte ein erweitertes Mandatssystem eine Verwaltung im Interesse der Bevölkerung garantieren und diese auf Self-government vorbereiten. Damit verband sich die Hoffnung, die Kolonialfrage der Rivalität der Mächte zu entziehen.

Im Jahre 1945 trat an die Stelle des Völkerbundsmandates das *Trusteeship der Vereinten Nationen. Roosevelt* und das State Department hatten ursprünglich ein Trusteeship für alle Kolonien angestrebt, dann aber dem britischen Widerstand nachgegeben und sich auf die ehemaligen Mandate und einige von den Achsenmächten eroberte Gebiete beschränkt; darauf hatte man sich in Jalta geeinigt. Die die Kolonien betreffenden Artikel der UNO-Charta sind in San Francisco nach langwierigen Verhandlungen zwischen Kolonialmächten und anti-kolonialen Mitgliedern, letztere geführt von China und unterstützt von der Sowjetunion, als Kompromiß hervorgegangen [65]. Der Mandatskommission des Völkerbundes entsprach nun der Trusteeship council, dem gleichviel Mandatsträger wie Staaten ohne Mandat angehören; er nimmt nicht nur Rapporte entgegen, sondern kann eigene Untersuchungskommissionen entsenden, hört Petitionen an und hat die Aufgabe, die betreffenden Gebiete auf »Self-

[64] *Summer Welles,* The Time of Decision, 1944, p. 383.
[65] *Vernon McKay,* The Impact of the UN in Africa, in: Africa today, ed. *C. Grove Haines,* 1955. *Richard J. Kozicki,* The UN and colonialism, in: The idea of Colonialism, ed. *Robert Strausz-Hupé & Harry W. Hazard,* 1958. *J. W. Brügel,* Das Treuhandschaftssystem der Vereinten Nationen, in: Europa-Archiv, 1960, 22. *James N. Murray,* The United Nations Trusteeship system, 1957.

government oder Unabhängigkeit« vorzubereiten. Hinzu kam Artikel 73, den man die »Kolonialcharta« der Non-self-governing territories, d. h. der Kolonien im eigentlichen Sinne, genannt hat: Den Kolonialmächten verbleibt die volle Verfügungsgewalt, sie verpflichten sich aber, bestimmte Bedingungen zu erfüllen und der UNO einen jährlichen Informationsbericht über die wirtschaftlichen, sozialen und zivilisatorischen Fortschritte zu erstatten; nur mit Mühe haben die Kolonialmächte die Verpflichtung auch zur politischen Information verhindern können, und daß die Unabhängigkeit zum Endziel erklärt wurde. Man hat sich auf den Begriff des »Self-government« geeinigt, der weit genug erschien, um auch das Dominionstatut oder – im Falle Frankreichs – die volle Integration und bzw. die Mitgliedschaft in der Union Française zu ermöglichen.

Der Trusteeship council hat eine erhebliche Aktivität entfaltet. Hunderte von Petitionen wurden geprüft; Sonderdelegationen wurden ausgeschickt, deren oft sehr kritische Berichte dem Spezialausschuß der General Assembly vorgelegt wurden, in der Staaten ohne Kolonien über die Mehrheit verfügten, und somit Anlaß zu heftiger antikolonialer Polemik gaben. Der anti-koloniale Block hat zudem versucht, seinen Einfluß in den Non-self-governing territories zu erweitern; so wurde 1946 – auf rechtlich fragwürdige Weise – ein »Committee on Information from Non-self-governing territories« gebildet, um die Kolonialmächte auch zu politischen Informationen und zu »time tables« für die Gewährung von Unabhängigkeit zu zwingen; damit sollten die Kolonien den Trusteeship-Gebieten angeglichen und der UNO ein effektives Mitbestimmungsrecht verschafft werden. Die Kolonialmächte haben – wenn auch nur teilweise erfolgreich – Widerstand geleistet, aus Prinzip, aber auch verärgert über die oft unsachliche Kritik nicht nur der Sowjets und ihrer Satelliten, sondern auch von seiten südamerikanischer und arabischer Staaten, die selbst weit davon entfernt waren, die demokratischen Freiheiten und den wirtschaftlich-sozialen Fortschritt zu gewährleisten, den sie den Kolonialmächten abforderten [66].

Der Einfluß, den die UNO auf die Dekolonisation ausgeübt hat, ist schwer abzumessen; er war zweifellos erheblich. Die Möglichkeit, mit Petitionen an die Vereinten Nationen heranzutreten, das Erscheinen der Untersuchungskommissionen in den Trusteeship-Gebieten, deren kritische Berichte und der Einfluß, den der anti-koloniale Block in den Gremien der UNO auszuüben vermochte, gaben der kolonialen Opposition Gelegenheit genug, möglichst weitgehende Forderungen anzumelden und die Kolonialmächte in die Defensive zu drängen. So mußte Frankreich z. B. Togo und Kamerun nicht nur ein Sonderstatut gewähren, sondern es war auch mit der in den Trusteeship-Gebieten beschleunigten Dekolonisation ein Präzedenzfall geschaffen, der für die anderen Territorien des französischen West- und Äquatorialafrika den Weg über die Autonomie zur Unabhängigkeit vorzeichnete. Die UNO hat dem von Italien als Trustee verwalteten Somaliland – dem vielleicht unterentwickeltsten Gebiet Afrikas – Unabhängigkeit auf das Jahr 1960 zugesagt und damit mindestens indirekt die Entwicklung in Ostafrika beschleunigt. Der Vorwurf an Belgien, es vernachlässige in Ruanda-Urundi die Hochschulbildung für Afrikaner und gewähre nur wenig politisch-

[66] Vgl. die Stellungnahme des ehemaligen Kolonialgouverneurs und britischen Vertreters im Treuhandschaftsrat von 1947–1956, Sir *Alan Burns,* In defence of colonies, 1957, Kap. 5.

administrative Mitsprache, soll zur Errichtung von Universitäten im Kongo beigetragen haben [67]. Entscheidend aber war, daß – von den Sonderagenturen der Vereinten Nationen abgesehen – die Generalversammlung und der Sicherheitsrat sich in zahlreichen Fällen mit kolonialen Fragen beschäftigt und in ihren Resolutionen mehr oder weniger scharf gegen die europäischen Kolonialmächte Stellung genommen haben. Der Anti-Kolonialismus der asiatischen und afrikanischen Staaten hat, mit Unterstützung durch den Sowjetblock, in den Vereinten Nationen ein Forum gefunden, vor dem an die Weltöffentlichkeit appelliert und die Kolonialmacht der Verletzung von Freiheit und Selbstbestimmung bezichtigt werden konnte. Die Betroffenen haben sich zwar gegen ihrer Ansicht nach unstatthafte Einmischungen in innere Angelegenheiten verwahrt, sind den Verhandlungen oft auch ferngeblieben oder haben vor fragwürdigen kommunistischen Manövern, sich der Sympathien der »farbigen Welt« zu versichern, gewarnt – trotzdem konnten sie nicht umhin, den Verhandlungen und Resolutionen der UNO Beachtung zu schenken.
Die Vereinigten Staaten sahen sich in einem Dilemma [68]. Sie verstanden sich als antikoloniale Macht und waren willens, diese Haltung auch in der Nachkriegszeit energisch zu vertreten. Kolonial-Charta und Trusteeship-System der Vereinten Nationen gingen wesentlich auf ihre Initiative zurück und wären ohne sie nie zustande gekommen. Andererseits war man sich bewußt, daß die eigentlichen Bündnispartner Amerikas die Kolonialmächte waren. Wie sollte man sich verhalten? Der britische Imperialismus allerdings, der für *Roosevelt* der Stein des Anstoßes gewesen war, erledigte sich von selbst, und zwar schneller und gründlicher, als es sich die Amerikaner vorgestellt hatten: Indien, Burma und Ceylon wurden bereits 1948 unabhängig. In der indonesischen Frage hielt Washington sich zunächst eher zurück oder versuchte zu vermitteln; erst 1948 nahm es eindeutig gegen Holland Stellung; dabei verärgerte man die Holländer, ohne die Asiaten, vor allem die Inder, zufriedenzustellen. Mit dem Indochinakrieg rückte die Kolonialfrage zudem in die Perspektive des Kalten Krieges. Die USA hatten 1945 Frankreich militärische Hilfe versagt und frühzeitig Verbindung zum Vietminh aufgenommen, sahen sich aber nach der Machtergreifung *Maos* und dem Koreakrieg gezwungen, den bisherigen »Kolonialkrieg« in einen anti-kommunistischen Abwehrkampf umzudeuten und den Franzosen nun massive militärische und finanzielle Unterstützung zu gewähren. In den Konflikt zwischen seinem Anti-Kolonialismus und der Hoffnung, sich die Sympathien der asiatisch-afrikanischen Welt zu erhalten, einerseits, dem atlantischen Bündnispartner und eigenen strategischen wie wirtschaftlichen Interessen andererseits, geriet Amerika wiederum in den 50er Jahren, als die Behandlung der marokkanischen, tunesischen und schließlich algerischen Frage in den Vereinten Nationen eine Stellungnahme verlangte. Offener konnte man dagegen für die Emanzipation Schwarzafrikas eintreten.
Holland, Frankreich und Portugal mögen in verständlicher Einseitigkeit dazu neigen, die USA für den Verlust ihrer Überseepositionen verantwortlich zu machen und dabei den amerikanischen Einfluß überschätzen; doch es besteht kein Zweifel, daß der prononcierte Anti-Kolonialismus der führenden westlichen Macht, der bei den euro-

[67] *McKay*, p. 374.
[68] Mein Aufsatz und die dort angeführte Literatur.

päischen Regierungen und in den Kolonien offen oder verdeckt zur Geltung gebracht worden ist, den Prozeß der Entkolonialisierung nach 1945 beschleunigt hat. Die Frage mag unbeantwortet bleiben, wie diese Beschleunigung zu bewerten ist; ob sie sich sowohl für die jungen Staaten wie für Europa nachteilig auswirkte oder ob der unwillig akzeptierte Druck des amerikanischen Verbündeten einen gerade noch rechtzeitigen Rückzug aus nicht mehr haltbaren Positionen erleichterte – und so, wenigstens in den meisten Fällen, der blutige Konflikt vermieden werden konnte.

In jedem Fall hätten die Emanzipationsbestrebungen Rückhalt bei der *Sowjetunion* gefunden. Sie konnte ihre Propaganda gegen die Kolonialmächte voll entfalten und die Unterstützung der asiatisch-afrikanischen »Revolution« in die eigene globale Auseinandersetzung mit dem »imperialistischen Westen« einschließen. Sie hatte jedoch ihr eigenes, ideologisch wie taktisch schwerwiegendes Problem, nämlich die alte Frage nach der Funktion nationalbürgerlicher Organisationen und der kommunistischen Parteien im Kampf um die Unabhängigkeit. Eine dogmatische Haltung hat *Stalin* daran gehindert, die ihm nach 1945 zufallenden Chancen voll zu nutzen. Der ehemalige Spezialist für die »nationale und koloniale« Frage, der in den 20er Jahren die Notwendigkeit eines Bündnisses mit der kolonialen Opposition nachdrücklich betont hatte, zeigte während und nach dem Zweiten Weltkrieg erstaunlich wenig Interesse für Asien und Afrika. Nach dem Mißerfolg in China 1927 konzentrierte er sich auf den industriellen Ausbau der Sowjetunion und später auf eine unmittelbare territoriale Ausweitung des eigenen Machtbereiches. Das von neuem zum Träger der Weltrevolution proklamierte Proletariat war in den Kolonien noch schwach und wenig organisiert; selbst *Maos* kommunistische Erfolge wurden anfangs nicht ernst genommen.

Moskau hat erst Ende 1947 neue Direktiven ausgegeben [69]. Im Kriege waren die kommunistischen Parteien gezwungen worden, an die Seite der Alliierten zu treten und gegen Japan zu kämpfen; dies hatte im japanisch besetzten Bereich, wie in Indochina, Indonesien und Burma, die Möglichkeit zu einer »antifaschistischen« Front geschaffen – mit Erfolgen vor allem in Indochina –, hatte aber auch einen Konflikt mit der indischen Kongreßpartei zur Folge, der die KP Indiens für lange Jahre kompromittiert hat. In den alliierten Kriegskonferenzen unterstützte *Stalin* natürlich *Roosevelts* Anti-Kolonialismus und befürwortete, doch ohne besonderen Nachdruck, das Trusteeship-System. Wenn sich die Sowjetunion in San Francisco hinter den anti-kolonialen Block stellte und sich als der »wahre Freund der unter dem Kolonialjoch schmachtenden Völker« pries, so hat sie es doch zu keinem Bruch kommen lassen, vielmehr bei Kriegsausgang ein russisches Trusteeship für Tripolitanien beansprucht – offensichtlich mit dem strategischen Ziel, eine Machtposition im Mittelmeer zu gewinnen [70]. Mit Mühe haben Großbritannien und Amerika in Potsdam verhindern können, daß Rußland Kolonialmacht in Nordafrika geworden ist! *Stalin* war im übrigen vor allem an der Errichtung der Volksdemokratien in Osteuropa interessiert und hegte die Hoffnung, mit einer Volksfronttaktik in einigen westeuropäischen Ländern »legal« an die Macht

[69] *J. H. Brimmel,* Communism in South-East-Asia, 1959, p. 172.
[70] *G. H. Becker,* The disposition of the Italian Colonies 1941–1951, 1952, p. 77, 81.

zu kommen. *Thorez* war stellvertretender Premierminister jener französischen Regierung, die 1945 die Unruhen von Sétif (Algerien) mit brutaler Repression beantwortete; und auch die Union Française hat die Zustimmung der KPF gefunden [71]! *Stalin* hat an *Lenins* These festgehalten, daß der westliche Imperialismus niemals freiwillig seine kolonialen Positionen aufgeben werde, da der Kapitalismus ohne Kolonien zusammenbrechen müsse, und daß die Unabhängigkeit infolgedessen nur mit Gewalt und in blutiger Auseinandersetzung gewonnen werden könne. Nachdem aber die britische Labourregierung bereits 1947 Indien, Burma und Ceylon die – von den Sowjets offensichtlich nicht erwartete – Unabhängigkeit gewährt hatte, mußten die Sowjets diese als »unecht« und »scheinbar« interpretieren. In diesem Sinne wurden dann *Nehru* oder *U Nu* zu »Handlangern des britischen Imperialismus« und zu Verrätern der nationalen Revolution gestempelt. Die Dekolonisation in Asien erfolgte – mit Ausnahme Indochinas – zwar unter agitatorischer Mitwirkung, aber nicht unter der Führung der kommunistischen Parteien. Als *Stalin* 1947/48 nach dem Ausscheiden der kommunistischen Parteien aus der französischen und italienischen Regierung mit revolutionären Streiks, der Berliner Blockade und dem Prager Putsch eine gewaltsame Lösung in Europa erzwingen wollte, wurde im Zeichen des Kurswechsels in Asien eine kommunistische Aufstandsbewegung ausgelöst, vor allem in Burma und Malaia und in etwas anderer Form auf den Philippinen und in Indien. Diese Aufstände sind, wenn auch erst nach langwierigen Bürgerkriegen, gescheitert, die kommunistischen Parteien wurden verboten und verfolgt oder gerieten in die Isolation.

Chruschtschow hat *Stalins* Politik in Asien und Afrika grundlegend revidiert [72]. Die Zwei-Lager-Konzeption wurde durch eine Drei-Welten-Vorstellung ersetzt, in der die ehemaligen und noch verbleibenden Kolonien die Rolle einer »neutralen Friedenszone« spielten [73]; die nationalbürgerlichen Regierungen wurden anerkannt, diplomatisch und propagandistisch umworben und mit Entwicklungshilfe unterstützt. Die Genfer Konferenz von 1954 und die Konferenz von Bandung 1955, *Chruschtschows* Reisen nach Asien, die »Rehabilitierung« *Gandhis* und das Umwerben *Nassers* – trotz des Verbotes der kommunistischen Partei in Ägypten –, aber auch Handelsverträge, die momentanen Absatzschwierigkeiten der Entwicklungsländer entgegenkamen, bezeichnen in Stichworten den neuen Kurs. Die Unabhängigkeit oder das Streben nach Unabhängigkeit dieser Länder galt nun als »echt«, sofern sich diese zu einer blockfreien Außenpolitik ohne westliche Stützpunkte bekannten und somit Hoffnung bestand, ihre Sympathien zu gewinnen, sie wirtschaftlich zu binden oder an einer »anti-imperialistischen Einheitsfront« gegen den Westen, vor allem gegen die USA, zu beteiligen. Dieser Kurs-

[71] Vgl. p. 470.

[72] Wir nennen nur einige Literatur in deutscher Sprache: *Boris Meissner*, Die marxistisch-leninistische Lehre vom »Staat der nationalen Demokratie«, und *Richard Loewenthal*, Kommunismus und nationale Revolution, in: Aus Politik und Zeitgeschehen, Beilage zum »Parlament«, B. 10 v. 6. 3. 1963. *Fritz Schatten*, Nationalismus und Kommunismus in Afrika, in: Ostprobleme 1962, 16. *Lazar Pistrak*, Die Strategie der Sowjets in Afrika, in: Außenpolitik 1962, 1. Die sowjetische Afrikapolitik, in: Neue Zürcher Zeitung v. 20. 4. 1962.

[73] *Chruschtschow* am XX. Parteitag der KPdSU. Auch der Anspruch der Entwicklungsländer, ihren wirtschaftlichen Aufbau unter Mitwirkung des Privatkapitals zu vollziehen, wurde nun anerkannt, vgl. Grundlagen des Marxismus und Leninismus. Lehrbuch, 1960, p. 482, 490 f.

wechsel sollte sich besonders in Afrika auswirken, dessen Dekolonisation in die entscheidende Phase trat. Die Sowjets hatten bis dahin Afrika nur wenig Beachtung geschenkt. Selbstverständlich war man bestrebt gewesen, entweder direkt oder über die europäischen kommunistischen Parteien in Afrika Fuß zu fassen, Intellektuelle zu gewinnen, junge Leute auszubilden und Gewerkschaften zu unterwandern, aber die führenden nationalen Organisationen wurden – wie in Asien – als »kleinbürgerlich« und als Werkzeuge im Dienste britischer oder französischer Interessen angesehen. Dies galt für *Nkrumah* und seine CPP noch 1954, ebenso wie für die Nigerianer *Azikiwe* und *Awolowo* oder *Houphouet-Boigny*, der die Zusammenarbeit seines Rassemblement Démocratique Africain mit der kommunistischen Partei Frankreichs 1950 aufgekündigt hatte und Minister in der Regierung des Mutterlandes geworden war. Ab 1955 jedoch setzte in der Sowjetunion wie in den Satellitenstaaten eine intensive Afrikaforschung ein, bisher vertretene Thesen wurden aufgegeben, die nationalbürgerlichen Organisationen wurden »legitimiert«. Diese Umstellung kam aber zu spät, um in der Dekolonisation Afrikas noch eine wesentliche Rolle zu spielen. Marokko und Tunesien, ebenso die Kolonien Britisch- und Französisch-Westafrikas wurden zwischen 1955 und 1960 unabhängig, ohne daß die kommunistischen Parteien einen entscheidenden Beitrag geleistet hätten. Im algerischen Krieg hat sich die FLN trotz Waffenhilfe und diplomatischer Rückendeckung deutlich von der kommunistischen Partei distanziert, nicht zuletzt, weil die Erinnerung an Sétif noch lebendig war. Im Kongo war nach der Meuterei der Force publique ein politisches Vakuum entstanden, in das die Sowjets hineinzustoßen versuchten; die UNO-Aktion konnte ein Übergreifen des Kalten Krieges vorübergehend verhindern. Auch in Ostafrika waren unabhängige nationalistische Organisationen am Werk, obschon auch *Kenyatta* in der Zwischenkriegszeit unter kommunistischem Einfluß gestanden hatte.

Möglicherweise werden in der Endphase der Dekolonisation – etwa in Südrhodesien oder Portugiesisch-Afrika –, wenn die Auseinandersetzung radikale Formen annimmt, die kommunistischen Gruppen mit ihrer Politik der Infiltration und des Terrors die Oberhand gewinnen. Ob es dem Kommunismus gelingen wird, in der nachkolonialen Ära in einzelnen Entwicklungsländern die Macht zu ergreifen, bleibt abzuwarten; gewisse Erfolge sind unbestreitbar, obwohl die jungen Staaten ein unerwartetes Maß an innerer Abwehrbereitschaft gezeigt haben und auch entschlossen sind, ihren »eigenen Weg zum Sozialismus« zu gehen und ihre neu gewonnene Unabhängigkeit und eine neutralistische Außenpolitik gegen eine drohende Satellisierung zu verteidigen. Für uns ist wichtig, daß sich *Lenins* und *Stalins* These, daß eine Entkolonialisierung in Asien und Afrika nur unter kommunistischer Führung möglich sei und der kapitalistische Westen einen Rückzug aus den Kolonien nicht überstehen werde, nicht bewahrheitet hat.

Dem West-Ost-Konflikt allerdings wird man sehr große Bedeutung zumessen dürfen, insofern als er die koloniale Frage und die Emanzipation der Farbigen in den Bereich der weltweiten Auseinandersetzung gerückt hat, wobei beide Machtblocks nicht nur ein anti-koloniales Credo ablegten, sondern gleichzeitig auch um politischen und wirtschaftlichen Einfluß im »Tiers-Monde« rivalisierten und es dadurch den Kolonialmächten erschwerten oder gar unmöglich machten, ihre Positionen zu halten. Die Dekolonisation ist durch den West-Ost-Konflikt aber nur beschleunigt, nicht etwa ausgelöst worden. Die Auslösung erfolgte – so wichtig die hier skizzierten internationalen Aspekte auch gewesen sind – durch den Kolonisationsvorgang selbst. Die »Erschließung der Welt« durch Europa hat notwendigerweise einen Emanzipationsprozeß in Gang gebracht, der traditionelle Gesellschaftsstrukturen zerstörte und die Bildung »neuer« Gesellschaften und Nationen einleitete, die sich zu gegebener Zeit gegen die europäische Fremdherrschaft auflehnen und das von ihren Lehrmeistern proklamierte Selbstbestimmungsrecht in Anspruch nehmen mußten.

Europa hat nicht aus freiem Entschluß dekolonisiert, obwohl es mancher Historiker und Publizist heute so sehen möchte, sondern es wurde durch den zunehmenden Widerstand der kolonialen Bevölkerung dazu herausgefordert; Europa hat sich selbst in zwei großen Kriegen erschöpft, es hat Gegenbewegungen wachgerufen und war nicht mehr willens, seine Herrschaft mit allen Mitteln zu halten. Rückzugsgefechte konnten nur vorübergehend verschleiern, daß sich Europa seit dem Ersten Weltkrieg immer mehr bewußt geworden ist, daß die als »Bürde des weißen Mannes«, als Trusteeship oder zivilisatorische Mission verstandene und ideologisierte koloniale Herrschaft zu Ende ging und in der Entkolonisierung ihren unvermeidbaren Abschluß fand.

I. Großbritannien

Das „Dritte“ Britische Weltreich (1919-1939)

Der Begriff des »Third British Empire« wurde von *Alfred Zimmern*, Professor für Internationale Beziehungen in Oxford, im Jahre 1926 kurz vor der Reichskonferenz geprägt [1]. Die britische Reichsgeschichte lasse sich in drei Perioden einteilen: Die erste umfasse das frühe Ausgreifen nach Übersee und reiche bis 1776/83; die zweite, vom amerikanischen Unabhängigkeitskrieg bis zum Ersten Weltkrieg, sei gekennzeichnet durch den Aufbau eines neuen Weltreiches, das auf Seemacht und Handel basierte und dessen Teile zwar schrittweise innere Autonomie erhalten hätten, aber doch in politischer Abhängigkeit zum Mutterland verblieben seien. Während und nach dem Weltkrieg aber habe sich das Empire zum »British Commonwealth of Nations« gewandelt. Damit kündige sich etwas Neues an. Das Commonwealth als »the largest single political community in the world« könne – General *Smuts* und Sir *Robert Borden* zufolge – am besten beschrieben werden als »a procession. It consists of a large variety of communities at a number of different stages in their advance towards complete self-government«. Im Kriege seien große Reiche untergegangen, während das britische, das auf freien Institutionen beruhe, sich bewährt, aber auch gewandelt habe. Die Einheit des Reiches sei manifestiert worden, aber die Hoffnungen, diese Einheit lasse sich neu institutionalisieren – ein Hinweis auf die Bestrebungen zu einer Föderation –, hätten sich als verfehlt erwiesen, da in allen britischen Reichsteilen die Idee der Nation im Vorschreiten sei. London müsse dieser neuen Situation Rechnung tragen. Was aber für die Siedlerkolonien gelte, könne den »farbigen« Reichsteilen nicht vorenthalten werden. *Zimmern* bezeichnet die Indienerklärung von 1917, die dem Subkontinent Responsible government in Aussicht stellte, als »a landmark«, denn sie beinhalte »the definite repudiation of the idea that there can be, under the British flag, one form of constitutional evolution, for the West and another for the East; or one for the white races and another for the non-white«. Indien sei aber kein Einzelfall; was man Indien gewähre, müsse man – zu gegebener Zeit – auch den anderen nichtweißen britischen Völkerschaften zugestehen [2]. Eine solche Entwicklung dürfe nicht als Desintegration des Empire verstanden werden, da eine Reihe von – juristisch allerdings nur schwer faßbaren – Bindungen weiter beständen und die Weltpolitik zu internationaler Zusammenarbeit dränge; letzteres zeige sich im Flottenabkommen von 1922, in der neuen weltwirtschaftlichen Verflechtung und vor allem im Völkerbund. Das Commonwealth ordne sich als engerer Bund dem Völkerbund ein und bilde ein weltweites Instrument zur Sicherung des Friedens. Das britische Reichsbewußtsein müsse sich auf diese neue Lage einstellen; das Wort »british« dürfe fortan keine

[1] The Third Empire, 1926. (Ich benutze 2. ed. 1927.)
[2] p. 14.

bestimmte Rasse, Nationalität oder Territorialität mehr bezeichnen, die »white supremacy« sei nicht aufrechtzuerhalten, auch wenn es den Angelsachsen – im Unterschied zu den Lateinern – schwer falle, ihr Rassenbewußtsein aufzugeben. Dominions seien nicht etwa Nationen, die keine oder noch keine volle Souveränität erhalten hätten, sondern die Mitgliedschaft im Commonwealth gehe noch über die bloße Unabhängigkeit hinaus. Die Theorie, die Nation und Staat gleichsetze, sei »ungesund«; »the movement for cultural self-determination which we find springing up within the British Empire is perfectly sound, healthy, and indeed inevitable«. London unternehme keinen Versuch zur Assimilation, sondern habe die Nationalität depolisiert – vor allem den Begriff »british« – und so die Verbindung von »equal self-respecting communities« möglich gemacht [3].

Alfred Zimmern formuliert prägnant Thematik und Problematik des britischen Reichsbewußtseins in der Zwischenkriegszeit; wir werden seine Thesen in der Diskussion der Politiker und Publizisten verschiedentlich wiederfinden. Es geht um den Versuch, die durch den Krieg ausgelösten oder beschleunigten Tendenzen und Bewegungen zu verarbeiten und in einer Reichskonzeption fruchtbar zu machen, die den Wandel vom Empire zum Commonwealth nicht als Verlust an Herrschaft und Macht, sondern als beabsichtigten Umbau interpretiert. Die Dominions stehen im Vordergrund, aber auch die Dekolonisation in den Kolonien wird einbezogen, insofern als sie dann nicht mehr aufzuhalten sei, wenn sich die Existenz des britischen Reiches und seine künftige Einheit nicht mehr durch einen stolzen, ungebrochenen Herrschaftsanspruch, sondern durch Gewährung von Self-government rechtfertigen wird. Die Frage, ob, wann und wie die den Dominions bereits zugestandenen Freiheiten auch den Kolonien – also den Gebieten ohne europäische Besiedlung – gewährt werden sollen oder gewährt werden können, stellte sich nach 1919, obwohl sie an politischer Aktualität erst nach dem Zweiten Weltkrieg gewann. Damit ist unser Thema, die britische Kolonialdiskussion in der Zwischenkriegszeit, vorgezeichnet.

Der Übergang zu einem neuen imperialen Selbstverständnis und zu neuen Thesen in der Kolonialpolitik wurde durch den Ersten Weltkrieg beschleunigt, erfolgte aber nicht abrupt. Ansätze waren lange vor 1914 vorhanden [4]. Die expansive und aggressive Phase des britischen Reiches, repräsentiert durch Männer wie *Joseph Chamberlain* und *Cecil Rhodes*, war – wie bereits in der Einleitung angedeutet – mit dem Burenkrieg abgeschlossen. Der Krieg in Südafrika mit seinen militärischen Niederlagen, den bedenklichen Methoden und enormen Kosten hatte ernüchternd gewirkt; der durch die neue Massenpresse propagierte Jingoismus flaute ab. Außenpolitisch isoliert und durch die deutsche Flotte in seiner Sicherheit und seiner Weltmachtposition sich bedroht fühlend, begann Großbritannien traditionelle und imperiale Rivalitäten abzubauen; das Kolonialabkommen mit Frankreich 1904 und der Vertrag mit Rußland 1907 zeigten einen neuen Kurs an. Innenpolitisch rückten nach dem Mißerfolg der von *Chamberlain* geführten Kampagne für einen imperialen Schutzzoll und nach dem Wahlsieg der Libe-

[3] p. 155.

[4] Es fehlt leider eine Untersuchung über imperialistische und anti-imperialistische Strömungen vor 1914. Hinweise bei *Elizabeth Monroe,* Britain's moment in the Middle East 1914–1956, 1963, p. 136 f. *A. P. Thornton,* The Imperial idea and its ennemies, a study in British power, 1959.

ralen 1905 andere Probleme in den Vordergrund; *Campbell-Bannerman* und *Lloyd George* gehörten zum antiimperialistischen Flügel der Liberalen und hatten gegen den Burenkrieg opponiert. Die liberalen Regierungen konzentrierten sich auf die Sozialreform. Berichte von den Kolonialkriegen in Indien, im Sudan oder in Afrika mochten das Leserpublikum weiterhin interessieren, aber die großen Prokonsuln wie *Curzon, Cromer* und *Milner* wurden bereits vor 1914 aus ihren Schlüsselpositionen verdrängt. Als Reaktion auf den Burenkrieg setzte zudem eine Entmystifikation des kolonialen Imperialismus ein, vor allem durch *Hobson,* der 1902 auf die wirtschaftlichen Sonderinteressen verwies und zu zeigen versuchte, daß die Nation von der kolonialen Expansion nicht profitierte und die Kapitalien ebensogut oder besser im Mutterland investiert werden könnten. Kolonialreformer wie *E. D. Morel* und *Sydney Olivier* schilderten die Methoden kolonialer Ausbeutung, deren krasseste Formen in der Kongo-Debatte die britische Öffentlichkeit erregten und zur Gewissensfrage auch für den eigenen Herrschaftsbereich wurden. Die Einwanderung chinesischer Kulis nach Südafrika stieß im Parlament auf unerwartet starken Widerstand. *Hobson* und die Kolonialreformer wirkten auf die Diskussion in der Fabian Society und damit auf die junge Labour Party ein. Reformen schienen angezeigt, verschärfte Kontrollen, neue Methoden der Verwaltung, aber auch Konzessionen im politischen Bereich. Es genügt hier, auf die Südafrika-Politik der Liberalen und die Morley-Minto-Reformen in Indien (1909) hinzuweisen. Ein wachsendes Selbstbewußtsein der Dominions verlangte zudem eine Überprüfung und rechtzeitige Anpassung der gesamten Reichsstruktur; *Milner* und sein »Kindergarten« haben mit der »Round Table« einen neuen Glauben an das Empire zu propagieren begonnen, wobei die geplante Föderation keine weiteren Bereiche der Welt der »Red map« hinzufügen, sondern eine Desintegration des Empire verhindern sollte und als Konsolidierung des Bestehenden gedacht war. An diese mannigfachen Tendenzen der Kritik und Neuorientierung konnte während und nach dem Ersten Weltkrieg angeknüpft werden.

1914 allerdings sah sich Großbritannien zunächst in seiner bisherigen Politik bestätigt. Die Dominions bekannten sich zum Mutterland und beteiligten sich aktiv am Kriege, obschon ihre Weigerung oder gar ihr Bruch mit London nicht hätte verhindert werden können; selbst Indien stellte Truppen und Geld zur Verfügung. Kurz vor Kriegsausbruch hatte Lord *Curzon,* der ehemalige Vizekönig und ein Repräsentant des Vorkriegsimperialismus, erklärt:

> "An Empire like our own, which has overrun the world, which embraces hundreds of races and scores of States, many of which were claiming, and rightly to be counted as nations themselves – that such an Empire should voluntarily hold together when there is no force to compel it to do, when the forces that are working in the direction of separation are so strong, when separation itself is so easy – will be an unparalleled and magnificent achievement." [5]

Die Voraussage hat sich bewahrheitet, und in unzähligen Verlautbarungen in Parlament und Publizistik wurde in den folgenden Jahren diese Einheit des Reiches, die die Belastung des Krieges erfolgreich bestanden hatte, gepriesen. Man dachte dabei vor allem an die Dominions; sie waren es, die vor, während und nach dem Kriege im

[5] The cement of Empire, 25. 5. 1914, in: Subjects of the day 1915, p. 19.

Mittelpunkt der britischen Reichsdiskussion standen und die Umwandlung des Empire in das Commonwealth prägten. Ähnlich wie in der zitierten Äußerung *Curzons* werden dabei oft die nicht-britischen und nicht-weißen Gebiete, also Indien und die Kolonien, kurzerhand mit den Dominions zusammen gesehen, obschon deren militärische Hilfeleistung an das Mutterland ja keineswegs – oder nur bedingt – freiwillig erfolgt war und gerade *Curzon* sich geweigert hatte, sie in ihrem nationalen Anspruch den Dominions gleichzustellen. Diese Angleichung war aber von Bedeutung und drängte letztlich zu den Thesen *Zimmerns*. Die weißen Siedlungskolonien waren den Weg vom Representative zum Responsible government gegangen und hatten den Dominionstatus erhalten; dabei haben die Briten diesen Weg aber nicht als eine gefährliche und erzwungene Auflockerung des Reichsverbandes, sondern als die vom Mutterland befürwortete und der englischen Freiheitstradition allein entsprechende Politik verstanden und glaubten nun während des Krieges, in dieser Gewährung von Self-government das wahre Wesen und den Sinn des Empire zu erkennen. Daher mußte jetzt – wenn auch zunächst mehr in Versprechungen und ohne den Willen zur Realisation – auch für Indien und das »dependent Empire« eine Politik, die auf den Dominion-Status hinführte, mehr und mehr akzeptiert werden.
Der Erste Weltkrieg erscheint vorerst aber nicht nur als großartige Bestätigung bisheriger Reichspolitik, sondern auch – jedenfalls äußerlich – als neuer Höhepunkt und Abschluß britischer imperialer Expansion. Denn zwei der bisherigen Konkurrenzmächte, Rußland und Deutschland, waren ausgeschaltet, wodurch der Alptraum eines russischen Vorstoßes über Afghanistan nach Indien oder über Persien zum Indischen Ozean, wie auch die Herausforderung durch die deutsche Flotte und den deutschen Anspruch auf Weltpolitik für die britischen Reichsverbindungen beseitigt waren. Die alten Bestrebungen, diese Kommunikationslinien strategisch-politisch zu sichern, sind – wenn auch mehr scheinbar als tatsächlich – zum Abschluß gelangt. Indem man die deutschen Kolonien nicht zurückgab, sondern dem britischen Reichsverband eingliederte, war die von einigen Imperialisten erträumte Kap-Kairo-Linie hergestellt, und gleichzeitig war mit der Zerschlagung des Osmanischen Reiches und einer Etablierung Großbritanniens in Palästina und im Irak der Weg nach Indien unter britische Kontrolle gelangt. Diese Politik ist natürlich von den Exponenten des Vorkriegsimperialismus *Curzon, Kitchener, Milner*, aber auch von *Winston Churchill* – alle waren zeitweise Mitglied des britischen Kriegskabinettes – energisch betrieben und als Erfüllung alter Hoffnungen begrüßt worden. Lord *Curzon* gab diesem stolzen Reichsbewußtsein am 18. November 1919 in einer Adresse an den König zur Feier des Waffenstillstandes mit den pathetischen Worten Ausdruck:

> "... at least we may say this – that the British Flag never flew over a more powerful or a more united Empire than now; Britons never had better cause to look the world in the face; never did our voice count for more in the councils of the nations, or in determining the future destinies of mankind. That that voice may be raised in the times that now lie before us in the interests of order and liberty, that that power may be wielded to secure a settlement that shall last, that that Flag may be a token of justice to others as well as a pride to ourselves, is our united hope and prayer..." [6]

[6] House of Lords, Debates, vol. 32, S. 162.

Die anti-imperialistischen Gruppen und Tendenzen waren während des Krieges zurückgedrängt und kamen in der offiziellen Politik wenig zum Zuge. Trotzdem haben sie in der Öffentlichkeit eine breite Resonanz gefunden und blieben als Gegenkräfte lebendig. Für den Kriegsausbruch wurden die überkommenen Methoden der internationalen Politik, Geheimdiplomatie, Rüstungswettlauf, Interessensphären und die Balance of power verantwortlich gemacht, was aber gleichzeitig auch die Grundlagen traditioneller Außen- und Reichspolitik in Frage stellte. In Zukunft sollte der Frieden mit anderen Mitteln gesichert werden. Es mehrten sich die Stimmen, die sich öffentlich gegen Annexionen und gegen eine Ausweitung der Herrschaftsverpflichtungen wandten und mit den *Wilson*schen Friedenszielen sympathisierten. Sozialisten sprachen vom imperialistischen Krieg. An der Diskussion um den künftigen Völkerbund waren die Briten sehr aktiv beteiligt [7]. Die Kolonialfrage ordnete sich dabei dem Kampf gegen Nationalismus und Militarismus ein; eine Internationalisierung der Verwaltung und das Prinzip des Völkerbundsmandates schienen eine neue Rivalität der Mächte zu verhindern und den Interessen der Eingeborenen-Bevölkerung am besten zu entsprechen. Die Union of Democratic Control mit *E. D. Morel, Hobson, Brailsford, Norman Angell, Bertrand Russell* vertrat diese Thesen energisch und mit erheblicher Wirkung; aber nicht nur liberale Intellektuelle – wie etwa *Gilbert Murray* – und Labourvertreter, sondern auch Konservative wie Lord *Cecil* nahmen an der Diskussion teil. Der gewandte Premierminister *Lloyd George* glaubte dieser Stimmung und diesen Forderungen entgegenkommen zu müssen und bekannte sich in seiner berühmten Ansprache an die Gewerkschaften vom 5. Januar 1918 zum Recht auf Selbstbestimmung, das in Zukunft auch für die Kolonialvölker zu gelten habe: Der »consent of the governed« müsse die Basis für die Friedensverhandlungen abgeben [8]. Das Imperial War Cabinet nahm am 28. November 1918 das Mandatsprinzip an [9]. In Paris bezeichnete *Lloyd George* die britische Politik als eine Politik der Nicht-Annexion: Für die ehemals türkischen Gebiete und einige deutsche Kolonien werde das Völkerbundsmandat akzeptiert, während die Annexionsforderungen der Südafrikanischen Union und Australiens aus Solidarität und im Interesse der künftigen Beziehungen zu den Dominions unterstützt würden. *Amery*, der Sekretär *Milners* berichtet, wie sich *Lloyd George* den strategischen Erwägungen und Forderungen der Imperialisten nicht verschloß, sich aber gehemmt sah durch die idealistischen Erklärungen *Wilsons* und der britischen Regierung während des Krieges; der Premierminister wollte jedenfalls den Anschein, ein Annexionist und Imperialist alten Stiles zu sein, vermeiden [10].

Großbritannien wurde sich zudem bewußt, daß trotz der äußeren Erfolge seine weltpolitische Position geschwächt war. Kriegsverluste, die Liquidierung von Auslandsguthaben und eine große innere Verschuldung hatten wirtschaftliche Schwierigkeiten zur

[7] *Henry R. Winkler*, The League of Nation Movement in Great Britain 1914–1919, 1952.

[8] Documents and Statements relating to Peace Proposals and War Aims, Dez. 1916–Nov. 1918, ed. *Dickinson*, 1919. Über *Wilson* hinausgehend erklärte *Lloyd George:* "The general principle of national self-determination is therefore as applicable in their cases (Eingeborene der deutschen Kolonien) as in those of occupied European territories." P. 114.

[9] *Lloyd George*, War Memoirs, I, 1933, p. 118, 123, mit Ausnahme für Südwestafrika und die Pazifikinseln.

[10] My political life, 1953, vol. II, p. 104, 160 f.

Folge. Überhaupt hatte sich Englands Stellung in der Weltpolitik entscheidend gewandelt: Die Vereinigten Staaten waren zur führenden Macht aufgestiegen, die Vormachtstellung zur See, insbesondere im Pazifik, bestand nicht mehr, und im Nahen und Fernen Osten stellte sich das Problem der Emanzipationsbewegung. Im arabischen Raum hatte man diese sogar gefördert und Verbindung mit den arabischen Scheiks aufgenommen, wobei ihnen die Errichtung unabhängiger Staaten versprochen worden war. Unmittelbar nach Kriegsende geriet außerdem die irische Frage in ein kritisches Stadium, während in Indien der nationale Widerstand aktiv wurde. Zu Aufständen kam es in Ägypten und in Mesopotamien. 1919 griff sogar Afghanistan Indien an, und Persien kündigte die Vorkriegsverträge, während die durch den Krieg und die alliierte Politik hart getroffene Türkei durch ihren eindrucksvollen nationalen Aufschwung die britischen Pläne zum Scheitern brachte.

Das waren die Gegebenheiten, mit denen sich Großbritannien um 1919 auseinanderzusetzen hatte. Die verantwortlichen Politiker versuchten, dieser Probleme mit traditionellen Mitteln Herr zu werden. Die britische Nahost-Politik 1919–1920, die sich in einem Durcheinander sich widersprechender Zusagen und Absichten kaum mehr zurechtfand, hatte in Versailles und auch später noch imperialistischen Anstrich. Gegen Unruhen und Aufstände gab es vorerst kein anderes Mittel als massive Militäraktionen. Gleichzeitig begannen aber wichtige Repräsentanten des bürgerlichen, ja »imperialistischen« Lagers die Probleme des Empire neu zu überdenken und eine der veränderten Weltlage und der gewandelten geistigen Haltung entsprechende imperiale und koloniale Politik zu konzipieren. Es zeigte sich, daß das stolze Selbstbewußtsein, in dem man vor dem Kriege – trotz der laut werdenden Kritik – die britische Herrschaft mit Pax Britannica und zivilisatorischer Leistung identifizieren oder gar glorifizieren konnte, im Kriege und in der unmittelbaren Nachkriegszeit geschwächt war. Es darf als symptomatisch gelten, daß man sich nur noch ungern als Imperialist bezeichnete; der Imperialismus war anrüchig, der Begriff zum Schimpfwort geworden. Wer noch an das Empire glaubte, mußte sich von allen Aggressions- oder Expansionsabsichten distanzieren, mußte das herrschaftliche Element weitmöglichst in den Hintergrund stellen und die Verteidigung kolonialer Positionen freiheitlich zu legitimieren versuchen. An dieser Suche nach einer neuen Empire-Konzeption war bemerkenswerterweise *Milners* »Kindergarten« aktiv beteiligt, der mit Persönlichkeiten wie *Lionel Curtis, L. S. Amery, Geoffrey Dawson* (Chefredakteur der Times) und *Philip Kerr* (später Lord *Lothian*) auch in der Empire- und Kolonialpolitik der Zwischenkriegszeit eine wichtige, wenn auch schwer abzuschätzende Rolle spielen sollte.

Philip Kerr, der Herausgeber der »Round Table«, mag uns hier als Beispiel dienen. Bereits 1916 wollte er einen Mittelweg zwischen Jingo-Imperialismus und einer Politik des Laissezfaire beschreiten [11]. Worte wie »Empire« und »Imperialism« würden mißbräuchlich verwendet; *Kerr* distanzierte sich – natürlich – von einem ausbeuterischen Imperialismus, wendet sich aber vor allem gegen einen falsch verstandenen Liberalismus, den koloniale Fragen nicht interessieren und der bereit sei, die »backward peoples«

[11] *Ph. H. Kerr*, Political relations between advanced and backward peoples, in: An introduction to the study of International relations, ed. *A. J. Grant*, 1916. Zudem: Commonwealth and Empire, in: The Empire and the future, 1916.

sich selbst zu überlassen, ohne zu sehen oder sehen zu wollen, daß deren Konfrontation mit den zerstörerischen Kräften der modernen Wirtschaft katastrophale Folgen gezeitigt habe; denn »the backward people is unable to resist, not the virtues, but the vices of civilisation«. Die koloniale Herrschaft finde ihre Legitimierung gerade in der Möglichkeit oder jedenfalls in der Aufgabe »of putting an end to intolerable sufferings among backward peoples«. Die Mission des Empire bestehe in der Aufrechterhaltung von Ruhe, Gesetz und Good government, aber auch in der Vorbereitung auf »eventual self-government« für 400 Millionen Menschen »who are his fellow citizens« [12] Der Krieg habe nicht nur gezeigt, daß »autonomy« noch kein »full self-government« sei und daß die Dominions volle Gleichberechtigung erhalten müßten, sondern habe auch eine entsprechende Politik für die Dependencies aktuell werden lassen. »Things can never be after the war what they were before« [13]. Das Tempo müsse beschleunigt und »the growing demand for full self-government among the peoples who are still under the tutelage of some more civilised power« berücksichtigt werden [14]. Britische Erziehung führe zur Selbstverantwortlichkeit. »The desire for self-government is essentially healthy«, und zwar nicht nur in den Dominions, sondern auch in Indien und Ägypten; darin erfülle Großbritannien seine Aufgabe und Funktion. Selbstverständlich könne diesen Forderungen nur schrittweise entsprochen werden: "The ruling people ought to govern the dependency as trustees for all mankind, having as their ultimate aim the raising of the inhabitants to the level at which they can govern themselves and share in the greater responsibilities of the world." Mit diesen und ähnlichen Äußerungen distanziert sich der »Imperialist« *Kerr* von der geläufigen Vorstellung der Vorkriegszeit und findet Anschluß an die von Reformern vertretenen Thesen. Dabei gibt ihm der Begriff des Trusteeship, von dem noch oft die Rede sein wird, die Möglichkeit, gegen Tendenzen zum Desinteressement und zu einem voreiligen Rückzug vorzugehen und mit dem Hinweis auf die unausweichbare Verantwortung eine Intensivierung des imperialen und kolonialen Einsatzes zu fordern. Was in den folgenden Jahren an britischer Kolonialkonzeption erscheint, ist bei *Kerr* bereits enthalten und vorgezeichnet. Labourpolitiker, Liberale und Konservative werden dabei die gleichen oder ähnliche Formeln wie Trusteeship und »schrittweise Gewährung von Self-government« verwenden; die Differenzen liegen im Ton und in der geistigen Haltung, in der konkreten Anwendung und nicht zuletzt in der Zeitfrage: die einen werden Konzessionen im politischen Bereich als notwendig erachten, während sie den anderen als »verfrüht« erscheinen.

Wie sich *Philip Kerr* auf die neue weltpolitische Konstellation einzustellen versucht, zeigt sein Aufsatz »Harvest of Victory« 1919 [15]. Er warnt nicht nur vor russischen und japanischen Aggressionstendenzen, die den Westen weiterhin zur Aktivität zwängen, sondern schildert auch den Emanzipationswillen im Nahen und Fernen Osten, der

[12] "Intervention is also the only method of providing for the orderly progress towards self-government", insbesondere für Gebiete eigener Zivilisation wie Indien; Commonwealth and Empire, p. 80.

[13] A.a.O., p. 87.

[14] Political relations . . ., p. 143.

[15] in: Round Table, Sept. 1919. Die Angabe, daß *Kerr* der Verfasser des ungezeichneten Aufsatzes war, bei *J. R. M. Butler*, Lord *Lothian (Philip Kerr)* 1882–1940, 1960, p. 323.

von bolschewistischer Seite zwar einige Unterstützung erfahren möge, aber doch als »genuine grievance« verstanden und akzeptiert werden müsse. *Kerr* macht dafür sogar die oligarchische Führungsschicht Großbritanniens vor 1914 verantwortlich: Man habe sich zu wenig um Self-government bemüht und den leichteren Weg der »efficiency« gewählt! Die Demokratisierung Englands durch den Krieg, die auch im neuen Wahlrecht von 1918 zum Ausdruck gelange, werde die Dinge in Fluß bringen und Großbritannien zur Erfüllung seiner Aufgabe verhelfen, für Selbstbestimmung und demokratische Regierungen einzutreten. Denn »unless Great Britain learns, and learns soon, what democracy means, so that she may be able to teach self-government to the peoples for whom she is responsible, the creation of that Commonwealth of which we have dreamed, may never come into being« [16]. Dem neuen Nationalismus, den *Kerr* auf eigene Fehler zurückführt, solle England also umfassende politische Reformen entgegensetzen – man darf dies als beachtliche Anpassungsbereitschaft eines »Imperialisten« bezeichnen! *Kerrs* Thesen ordnen sich dabei der von der Round-Table-Gruppe vertretenen Empire-Konzeption ein: Soll das Empire in ein Commonwealth umgewandelt werden mit autonom regierenden Partnern, die sich ihrerseits föderativ verbinden und die Einheit neu konstituieren, und soll der entscheidende Schritt über die bisherigen Siedlungskolonien hinaus gewagt und die freiwillige Mitarbeit auch nicht-weißer Bereiche – Indien, Burma, Ceylon, eventuell Ägypten – möglich gemacht werden, so muß diesen potentiellen Commonwealth-Mitgliedern rechtzeitig Self-government gewährt werden; anderenfalls wird sich der wachsende und unvermeidbare Selbstbehauptungswille dieser Nationen gegen Großbritannien wenden und den Weg zu diesem »erträumten« neuen Reichsverband verstellen.

Die Einbußen Großbritanniens an weltpolitischer Macht und der Aufstieg der Vereinigten Staaten zur »potentially most powerful nation in the world« veranlassen *Kerr* außerdem, Amerika und die Dominions an den künftigen Aufgaben und Verpflichtungen Englands zu beteiligen. Er weist auf die bolschewistische Gefahr in den »unterentwickelten Gebieten« [17] und die »destructive forces« hin, die der Krieg ausgelöst habe und denen Asien und Afrika nur wenig Widerstand leisten könnten; hier zu helfen sei eine dringliche Aufgabe der »western powers«, eine neue »Bürde des Weißen Mannes«, die für alle Siegermächte – auch die Vereinigten Staaten – gelte [18]. *Kerr*, der 1940 seine Karriere als britischer Botschafter in Washington beendete, befürwortet – als Ergebnis einer bemerkenswerten Analyse der neuen Machtverhältnisse – eine enge Zusammenarbeit der beiden angelsächsischen Länder. Er begrüßt auch trotz seines Mißtrauens gegenüber *Wilsons* Plänen einer internationalen Kolonialverwaltung den

[16] A.a.O., p. 668. Ganz ähnlich auch *T. E. Lawrence*, The outlook in the Middle East, in: Round Table, Dez. 1919. Er spricht ebenfalls von einem »genuine nationalism« in Ägypten, der Problematik der britischen Okkupation Mesopotamiens und der Notwendigkeit, den Nationalisten Self-government zu gewähren, um sie als Partner im Commonwealth zu gewinnen. Ein »Oriental Dominion« wäre ein »achievement« von größter Tragweite, da es als Alternative eines möglichen Konfliktes zwischen British Commonwealth und der »Oriental World« erscheint, p. 97.

[17] *Butler*, a.a.O., p. 69.

[18] "The extent of this work after the war, sometimes known as the white man's burden, will be so vast that it will never be accomplished at all unless it is shared in proportions equal to their strength by the four allies now united in fighting the Germans." P. 69.

Völkerbund [19], und zwar »as the alternative to the balance of power« [20]. Völkerbund und Commonwealth schlössen sich keineswegs aus, sondern ergänzten sich bei der Aufgabe, eine Welt, die zwar kulturell und wirtschaftlich mehr denn je von Europa beeinflußt, aber nicht mehr von den europäischen Großmächten beherrscht werde, im Zeichen des Selbstbestimmungsrechtes in die politische Entscheidung einzubeziehen und an Stelle einer sich als fragwürdig erweisenden Gleichgewichtspolitik ein multi-laterales System der Friedenssicherung zu errichten. Die britische Reichsordnung werde dabei zum Vorbild des Völkerbundes, weil sie u. a. Nationen verschiedener Rasse verbinde und damit einem Konflikt der Rassen vorbeuge. *Kerr* trifft sich hier mit *Lionel Curtis*, dem bedeutendsten Mitglied der »Round Table« [21], aber auch mit *Arnold Toynbee* [22], während *Milner* mit einiger Sorge beobachtet haben soll, wie seine »Jünger« – allerdings keineswegs alle – auf den Völkerbund bauten, statt auf das machtvolle und als Pax Britannica die Welt umspannende Empire [23]. Hier zeigt sich der Generationenunterschied zwischen *Milner* und dem »Kindergarten«: Während der Prokonsul sich noch an der ungebrochenen Macht Großbritanniens der Vorkriegszeit orientiert, hat der Krieg bei den Jüngeren dieses selbstverständliche Machtbewußtsein erschüttert, so daß sie – in der gewandelten Konstellation der Nachkriegszeit – auf das friedenstiftende und -sichernde Instrument des Völkerbundes hoffen!

Um diesen Unterschied der Generationen zu verdeutlichen, aber auch um die erstaunliche Anpassungsfähigkeit eines britischen Prokonsuls der Vorkriegszeit zu zeigen, sei hier kurz auf Lord *Milner* selbst hingewiesen. In seiner »Key to my position« aus dem Jahre 1923 [24] – seinem »politischen Testament« – heißt es: "I am a Nationalist and not a Cosmopolitan"; die Pflicht gegenüber der eigenen Nation und der Einsatz für deren Größe gelte ihm weiterhin als »Divine order of the world, the law of Life and Progress«. Als »britischer Nationalist« sei er aber kein Klein-Engländer und beschränke sich nicht auf die britischen Inseln, er sei ein Imperialist, dessen Patriotismus keine geographischen, sondern rassische Grenzen habe. "I feel myself a citizen of the

[19] Brief v. Oktober 1918, zit. *Butler*, a.a.O., p. 68. Auf Veranlassung *Kerrs* schreibt *Curtis* den wichtigen Artikel »Windows of freedom« in der Round Table, Dez. 1918, wo er die Rolle der USA betont, aber die amerikanische Konzeption eines Völkerbundes als Kolonialverwalter ablehnt. Erst wenn der Völkerbund als Weltregierung institutionalisiert sei, könnten ihm solch schwere Aufgaben übertragen werden.

[20] p. 663.

[21] Vgl. den Aufsatz »Windows of freedom«. Weder die USA noch Großbritannien könne sich in die Isolation zurückziehen »which was never splendid«. Der Nationalismus und die Balance of power hätten zum Krieg geführt, letztere »has outlived its time«. Sofern der Völkerbund seine Aufgabe wirklich erfüllt, könne das Commonwealth nur gewinnen »by using its naval power as the agent of the League to check aggression«. "The British Commonwealth is a genuine League of Nations, and a good deal more. It is a League and more than a League, a State and less than a State." (p. 17.)

[22] Siehe p. 24.

[23] *Vladimir Halperin*, Lord Milner et l'évolution de l'impérialisme britannique, 1950, p. 192 f. *Milner* selbst: "Those who, in their enthusiasm for a wider world-embracing League, are indifferent to the maintenance of the League of British Nations, run the risk of throwing away the substance for the shadow." Questions of the Hour, 1923. Ich zitiere nach der 2. Aufl. 1925, p. 200.

[24] Im Anhang zu Questions of the Hour. Zudem die Ansprache als Kolonialminister v. 10. 4. 1919, The British League of Nations, in: United Empire, 1919/20, p. 223 f.

Empire. I feel that Canada is my country, Australia my country." Die Gemeinschaft von Rasse, Sprache und Zivilisation kennzeichnet sein imperiales Bewußtsein. Eine solche Basis des Empire und des Commonwealth schließt für Indien und die Kolonien ein den bisherigen Dominions entsprechendes Statut aus. Hier unterscheidet er sich also ebenfalls von den »Jüngern«, wie etwa *Philip Kerr*, die bereits mit »farbigen Dominions« rechnen und im künftigen Übergang zum »multiracial Commonwealth« die große Aufgabe und Chance des britischen Reichsverbandes sehen. Allerdings, auch *Milner* erkennt und anerkennt, daß das bisherige Herrschaftsverhältnis auf die Dauer nicht aufrechterhalten werden kann, denn »the more important units of the Dependent Empire will not be content, as they grow up, to remain Dependent«. Dabei denkt er nicht an die Unabhängigkeit oder den Dominionstatus, sondern an »a new form of organization«, und zwar nicht mit hierarchischer Struktur, sondern als »Britannic Alliance of nations of equal status« ohne »formal bond«, die durch mannigfache Beziehungen und Bindungen und durch ein Präferenzsystem als weitgehend autarke Einheit zusammengehalten wird. In seinen konkreten Forderungen geht *Milner* von den ungeheuren wirtschaftlichen Einbußen Großbritanniens im Weltkrieg aus: Es habe einen Großteil seiner Auslandsinvestierungen verloren und 1000 Milliarden Schulden, die Exportmöglichkeiten nach Europa seien schlecht, eine baldige Sanierung stehe nicht in Aussicht. Aber »we are living in a new world, and we must learn to accomodate ourselves to the new conditions«. Politisch werde sich England Europa annähern müssen, wirtschaftlich gelte es, die »almost immeasurable ... potentialities« des Empire zu nutzen. Großbritannien möge in den Kolonien tüchtige administrative Arbeit leisten, aber die wirtschaftliche Rückständigkeit in »Our undeveloped Estate« sei betrüblich. Hier liege die große Aufgabe der Zukunft [25]! *Milner*, der in der Tradition des »constructive Imperialism« eines *Joseph Chamberlain* steht, postuliert einen »Imperial Development Fund« und nimmt eine koloniale Wirtschaftspolitik vorweg, die Großbritannien erst 1929 und 1940 einleiten und in größerem Umfange nach 1945 realisieren wird. So verbinden sich beim Empire-Builder und Empire-Apologeten *Milner* auf beeindruckende Weise das stolze imperiale Selbstverständnis der Vorkriegszeit mit den durch den Krieg aktuell gewordenen Problemen; er glaubt weiterhin an die hohe Sendung des Empire und die Möglichkeit von dessen Einheit, akzeptiert aber gleichzeitig auch die Dekolonisation – und er hat in der ägyptischen Frage bewiesen, daß er es nicht bei Erklärungen bewenden ließ. Wirtschaftlich knüpft er an *Chamberlains* Kampagne für einen Reichszoll an und leitet über zu den Abkommen von Ottawa von 1932 und zum Colonial Development Fund von 1929. In der Zwischenkriegszeit wird vor allem sein »Schüler« *L. S. Amery* sein Erbe antreten und es parlamentarisch wie publizistisch zur Geltung zu bringen versuchen.

Unmittelbar nach Kriegsende sieht sich Großbritannien – von Indien abgesehen – in erster Linie mit dem Widerstand und den Emanzipationsbestrebungen Ägyptens konfrontiert. Es lohnt sich, die britische Politik und die innerbritische Diskussion zu skizzieren, da an diesem konkreten und wichtigen Problem die divergierenden Positionen um 1920 anschaulich gemacht werden können, die für die ganze Zwischenkriegszeit relevant bleiben.

[25] Der Aufsatz: The Aftermath of War, in: Questions of the Hour.

London hatte sich während des Krieges wenig um die Meinung der Ägypter und deren Zukunft gekümmert. Als 1914 der Khedive nach Konstantinopel floh und die Türkei sich den Mittelmächten anschloß, hatte Großbritannien die türkische Souveränität annulliert und Ägypten zum Protektorat erklärt. Ägypten wurde zur wichtigen Militärbasis. Zwangsrekrutierungen, Requisitionen, steigende Preise und Mangel an Konsumwaren, aber auch das taktlose Benehmen von Beamten und Offizieren haben unter der ländlichen und städtischen Bevölkerung eine erbitterte anti-britische Stimmung geschaffen, die den Nationalisten der Oberschicht den bisher kaum vorhandenen Auftrieb und Rückhalt verlieh [26]. Die Opposition unter Führung *Zaghloul Paschas* (1906–1912 Erziehungsminister unter *Cromer*) radikalisierte sich, verlangte die Unabhängigkeit und erwartete eine Aufhebung des Protektorates nach Kriegsende. Über den Umfang dieses Widerstandes ist sich weder London noch die britische Administration in Ägypten rechtzeitig klargeworden, und so dachte man nicht daran, einen wesentlichen Schritt über das bisherige, scheinbar bewährte System des hinter der Fassade eines Sultans und einer ägyptischen Regierung fest etablierten »benevolent autocratism« hinauszugehen – trotz früherer Zusagen und trotz der Unabhängigkeitsversprechen an arabische Scheiks während des Krieges [27]. In diesem Sinne schrieb Lord *Balfour* dem Hochkommissar *Wingate* am 27. November 1918: "... the stage has not been reached at which self-government is possible"; die britische Regierung habe nicht die Absicht »of abandoning their responsibilities ...« [28]. Die These, Ägypten habe unter britischer Kontrolle mächtigen Aufschwung genommen, besitze aber noch nicht die inneren Voraussetzungen für Self-government, schien keiner weiteren Diskussion zu bedürfen und diente dazu, ungenehme Forderungen als »verfrüht« zurückzuweisen. Faktisch ging es um den Suezkanal, die »Lebensader« des Empire. Großbritannien glaubte wenig Veranlassung zu haben, ausgerechnet im Moment des endlich errungenen Sieges Positionen in Ägypten aufzugeben und die Kontrolle über den Suezkanal zu gefährden. London war unvorbereitet, als Ende 1918 *Zaghloul* eine Unterredung mit der britischen Regierung verlangte und eine Delegation zu den Pariser Friedensverhandlungen zu entsenden gedachte, um – unter Berufung auf das Selbstbestimmungsrecht *Wilsons* – die ägyptische Unabhängigkeitsforderung zur Geltung zu bringen. Obschon sich der Ministerpräsident hinter *Zaghloul* stellte und der Hochkommissar *Wingate* den Antrag befürwortete, hat der amtierende Außenminister *Curzon* eine Besprechung in London abgelehnt. Der ägyptische Ministerpräsident trat daraufhin zurück und die Agitation wurde verschärft, aber die Verwaltung hat weiterhin beruhigende Berichte nach London geliefert. Erst als im März 1919 schwere Unruhen – Streiks, Demonstrationen und Sabotageakte – ausbrachen und die nationalistischen Führer, darunter *Zaghloul*, verhaftet wurden, begann sich die britische Regierung mit Ägypten zu beschäftigen. Sie

[26] *George E. Kirk*, Kurze Geschichte des Nahen Ostens, o. J. (1958), p. 160 f. *Elizabeth Monroe*, Britain's Moment in the Middle East, 1914–1956, 1963, p. 55 f. *Elie Kedouri*, Sa'-ad Zaghloul and the British, in: Middle Eastern Affairs, No. 2, ed. *A. Hourani*, St. Antony's Papers, No. 11, 1961.

[27] Angaben über einen Verfassungsentwurf der Protektoratsbehörden bei *Kirk*, p. 161.

[28] *Lord Lloyd*, Egypt since Cromer, 1933, vol. I, p. 293. *Balfour* im Unterhaus am 17. 11. 1919: "British supremacy exists, British supremacy is going to be maintained, and let nobody either in Egypt nor out of Egypt make any mistake upon this cardinal principle of HMG." H. of C., vol. 121, S. 771.

ersetzte *Wingate* durch *Lord Allenby*, den Sieger des Palästinafeldzuges, der einerseits hart zugriff, anderseits aber *Zaghloul* aus der Haft entließ und sich zu Verhandlungen bereit erklärte.

London bestellte eine Expertenkommission unter Vorsitz des Kolonialministers Lord *Milner*, die über die Lage berichten und Vorschläge zu einer Verfassungsreform »unter dem Protektorat« machen sollte; ihre Abreise verzögerte sich aber, und *Milner* traf erst im Dezember 1919 in Kairo ein. Die Situation hatte sich unterdessen zugespitzt, und die Kommission wurde sabotiert. *Milner*, der die Intensität der nationalen Bewegung erkannte und ein Entgegenkommen für notwendig hielt, formulierte daraufhin eigenmächtig seinen Auftrag um und erklärte sich – die Bedingung »unter dem Protektorat« weglassend – zu einem Ausgleich zwischen ägyptischen Forderungen und britischen Interessen bereit [29]. In seinem bemerkenswerten Bericht [30] legte er die britischen Fehler während des Krieges offen dar und trat für eine Beendigung des Protektorates und die Gewährung von Unabhängigkeit an Ägypten ein; dieses habe nie zum Britischen Empire gehört, London habe die Okkupation stets als nur vorübergehend ausgegeben, der ägyptische Nationalismus sei legitim und müsse berücksichtigt werden. Damit aber hat ausgerechnet ein Prokonsul der Vorkriegszeit und erwiesener Ägypten-Experte den Bruch mit der bisherigen Politik und deren Thesen vollzogen und von London einen teilweisen Rückzug aus Ägypten gefordert – und das offensichtlich in der Einsicht, daß die nationalistische Opposition gegen das Protektorat und die britische Oberhoheit während des Krieges so stark angewachsen war, daß mit Gewalt allein keine Lösung mehr erzwungen werden konnte, sondern in bilateralen Verhandlungen auf der Basis einer Gleichberechtigung eine Verständigung gesucht werden mußte. *Milner* übersah keineswegs die Frage des Suezkanals; er wies mit aller Deutlichkeit auf die imperialen Verbindungswege hin, derentwegen Großbritannien den Einfluß einer fremden Macht in Ägypten niemals dulden dürfe, war aber überzeugt, in einem Allianzvertrag entsprechende Reservationsrechte, eine privilegierte Stellung Großbritanniens und damit eine indirekte Kontrolle der ägyptischen Außenpolitik zugesichert zu bekommen; den Nationalisten gehe es vor allem um das Prinzip der Unabhängigkeit, nicht unbedingt um eine anti-britische Politik. *Milner* ging noch einen Schritt weiter, verhandelte in London mit *Zaghloul* und erreichte ein beiderseits akzeptiertes Memorandum, in dem Großbritannien die Unabhängigkeit Ägyptens und selbst das Recht auf diplomatische Vertretung anerkannte; Ägypten erklärte dafür den Verzicht auf jede anti-britische Außenpolitik, u. a. sollten britische Truppen zur »Verteidigung der imperialen Verkehrswege« in Ägypten stationiert bleiben.

Milners Vorgehen und sein Bericht dokumentierten nicht nur die trotz aller Erfolge gefährdete Position Großbritanniens im Nahen Osten, sondern auch eine erstaunliche

[29] vgl. den Brief *Milners* an *Lloyd George* vom 28. 12. 1919, zit. in: *A. M. Gollin*, Proconsul in Politics, 1964, p. 590.

[30] Report of the Special Mission to Egypt. Cmd. 1131 (1921). Zudem *Milner* im Oberhaus am 4. 11. 1920, vol. 42, p. 212 f. "My intimate conviction is that, while there is undoubtedly an element of Egyptian nationalism which is anti-British, the better and stronger elements of it are not anti-British but simply pro-Egyptian, that between the honest pro-Egyptian nationalist and a British imperialist statesman there can be a good and permanent alliance, and that here is no permanent conflict of interests."

Flexibilität dieses global denkenden Staatsmannes. Das Kabinett und ein Teil der Öffentlichkeit zeigten sich jedoch über das eigenmächtige Vorgehen schockiert und lehnten *Milners* Vorschläge ab [31]. Zustimmung fand *Milner* aber ausgerechnet bei den für Ägypten unmittelbar Verantwortlichen und im Kreis der »Asienspezialisten«: bei Hochkommissar Lord *Allenby* und beim Ägyptenreferenten des Foreign Office, aber auch bei *Montagu,* dem Staatssekretär für Indien. Bei ihnen scheint die Einsicht geherrscht zu haben, daß in Anbetracht der revolutionären Gefahr und der kritischen Situation in Asien weitreichende Konzessionen nötig waren und daß London – nach Amritsar und der indischen Boykottbewegung und angesichts der Schwierigkeiten in Persien und Afghanistan – ein militärisches Engagement mit seinen schwerwiegenden Folgen vermeiden mußte; dies sei weder innen- noch außenpolitisch zu verantworten. Selbst *Curzon* konnte sich solchen Überlegungen nicht verschließen, obschon er seine Meinung im Kabinett nicht besonders energisch vertreten zu haben scheint [32]. Der bedeutende Indienkenner der »Times«, Sir *Valentine Chirol,* ging nicht ganz so weit wie *Milner,* kritisierte aber ebenfalls die bisherige Vernachlässigung Ägyptens und forderte jetzt eine ähnliche Erklärung, wie sie 1917 Indien gegeben worden war; in einem Allianzvertrag solle man nach dem Vorbild der Dyarchy auch an Ägypten einen Teil der Verwaltung abtreten, für Außenpolitik, Verteidigung und Währung sollten jedoch britische Minister verantwortlich bleiben [32]. Die imperial gesinnte Round Table und der liberale »Economist« haben sich positiv zu den Milner-Vorschlägen geäußert [34]. Der Hauptgegner im Kabinett war – neben *Bonar Law* – *Winston Churchill,* der in seiner brüsken Art jede Konzession energisch bekämpfte, die ägyptischen Nationalisten nicht ernst nahm und – optimistisch – mit einer Machtdemonstration die Sache zu »regeln« gedachte [35]. Innerhalb der konservativen Partei standen der gewichtige *Austin Chamberlain,* Lord *Salisbury,* Lord *Selbourne* und der Sohn Lord *Cromers* – Männer aus Familien also, die an der britischen Expansion des 19. Jahrhunderts maßgeblich beteiligt gewesen waren – auf seiner Seite. "We feel as if we were approaching a period of disintegration ... we are not tired of Empire", sagt in der bezeichnenden Sprache der Diehards Lord *Salisbury* [36]. Premierminister *Lloyd George,* der 1918–1920 opportunistisch zwischen anti-imperialistischen Erklärungen und einer aggressiven Haltung in der Frage der Türkei schwankte, zeigte sich wenig engagiert und schien sich der konservativen Mehrheit im Kabinett gefügt zu haben.

Als Exponent einer ausgesprochenen konservativen Denkweise kann auch Lord *Lloyd,* der Hochkommissar in Ägypten 1924–1929, genannt werden, der rückblickend das britische Vorgehen 1919–1922 einer scharfen Kritik unterzog: Die Verwaltung sei

[31] Dazu die Tagebuchaufzeichnungen *Duff Coopers,* damals junger Mitarbeiter in der Ägypten-Abteilung des Foreign Office, Old men forget, 1954, p. 102 f.

[32] Außer *Duff Cooper* auch *Halperin,* Milner, p. 63 f. *Nicolson* erwähnt ein Memorandum *Curzons* vom 11. 10. 1920, in dem dieser den Vorschlägen *Milners* zustimmt, Nachkriegsdiplomatie, a.a.O., p. 176.

[33] The Egyptian Problem, 1920, p. 302 f.

[34] Egypt a Nation, Round Table X, 1920, p. 43 f. Economist v. 28. 8. 1920. Ähnlich auch *W. Ormsby-Gore* (Unterstaatssekretär für Kol. 1922–1929), Egypt and the Milner proposals, in: Nineteenth Century, Dez. 1920.

[35] *Duff Cooper,* a.a.O., p. 103.

[36] House of Lords, 4. Nov. 1920, vol. 42, S. 180, 190.

1919 unvorbereitet und schlecht informiert gewesen und hätte den Kontakt mit den Massen verloren; indem man zwischen Härte und Nachgeben geschwankt habe, hätte man jede Glaubwürdigkeit eingebüßt. Verhandlungen mit ägyptischen und asiatischen Nationalisten seien ohnehin zwecklos und führten zwangsläufig zu immer neuen Kapitulationen [37]. *Lloyd* sah sich in der Tradition *Cromers*, d. h. er akzeptierte die britische Präsenz in Ägypten, verstanden als »good government« im Interesse der Massen. Unabhängigkeit zu gewähren und trotzdem Reservatsrechte zu beanspruchen sei unwürdig, da Großbritannien damit die einzige Legitimation einer britischen Kontrolle Ägyptens, nämlich seine Rolle als Trustee, aufgebe, der Verantwortung entfliehe und gleichzeitig einen Vorteil beanspruche: gerade auf diese Weise setze man sich der Kritik aus. Unabhängig, Self-government, Democracy seien westliche Schlagworte, die in Asien wenig Sinn hätten und gerade die konkreten Probleme nicht lösten; nur eine fragwürdige Oberschicht feudaler Prägung betreibe solche Forderungen, nicht aber die Masse, denn »good administration is their only desire and concern – and it is because we have allowed administration to be obscured by political issues that we have brought such heavy troubles upon the shoulders of all concerned« [38].

Lord *Lloyd* repräsentierte eindrucksvoll das stolze Selbstbewußtsein des Prokonsuls, der auch in der Zwischenkriegszeit von der Legitimität britischer Herrschaft zutiefst überzeugt ist, das Interesse der Kolonialmacht mit dem der beherrschten Völker zu identifizieren neigt, die Nationalisten nicht ernst nimmt und sich im Konflikt zwischen Good-government und schrittweiser Gewährung von Self-government mit dem Hinweis auf die britische Welfare-Politik offen zu ersterem bekennt. Britische Konzessionsbereitschaft erschien *Lloyd* als Schwäche und als fragwürdiger Versuch, den Schwierigkeiten der Nachkriegszeit auszuweichen, und er bedauert, daß »the days of our strength and beneficence were gone. *Cromer* and *Kitchener*, whose word was power, were but dim memories« [39]. Die entscheidende Frage war aber, ob eine solche Konzeption des »benevolent despotism« mit ihrer bewußten Entpolitisierung, die zwar vor 1914 als Grundlage der positivsten Leistungen imperialer Politik gerechtfertigt werden konnte, jetzt, nach dem Weltkrieg, noch angemessen war und Aussicht auf Erfolg haben konnte. Lord *Lloyd* hat diese Frage bejaht, der weiter blickende Lord *Milner* hat sie verneint. Es scheint mir eine Verkennung *Milners* zu sein, in ihm lediglich ein Beispiel für den durch den Weltkrieg geschwächten Herrschaftswillen der britischen Führungsschicht zu sehen [40].

Lord *Lloyd* ist kein Einzelfall; sein Selbstbewußtsein, seine Haltung, seine Argumentation sind repräsentativ für den Diehard-Flügel innerhalb der konservativen Partei, der sich unter Führung *Churchills* vor allem in der indischen Frage Geltung verschaffen wird. Eine ähnliche Haltung galt für viele Mitglieder des Colonial Service, die in ihrer

[37] Egypt since Cromer, vol. I, p. 312 f., 560 f., vol. II, Einleitung. Die gleichen Argumente auch bei *Lord Salisbury*, House of Lords, 4. 11. 1920, vol. 42, S. 183.

[38] A.a.O., Einleitung, p. 4 f. Er fährt fort: "In all these countries the real problem has been administrative, and we have chosen to regard it as political. What was the reason? Was it simply the hypnotism exercised over us by the disastrous cry of 'self-determination?' or were we also the victims of a growing indifference to responsibilities which did not appear to concern our purely material welfare?"

[39] A.a.O., p. 8.

[40] *Kedouri*, Sa'ad Zaghloul, p. 154.

Arbeit eine moralische Selbstversicherung brauchten, wobei sie sich in der Auseinandersetzung mit den Emanzipationsbewegungen auf ihre Welfare-Leistungen zugunsten der Massen beriefen und in deutlicher Distanzierung gegenüber der neuen oppositionellen Intelligenz die Funktion eines »guardian« auf eine noch unbestimmte Zeit für notwendig erachteten. Es wird aber später von entscheidender Bedeutung sein, daß die Opposition gegen die Diehards nicht nur von den Liberalen und der Labourpartei ausging, sondern auch innerhalb der konservativen Partei und deren Führungsschicht Anhänger hatte, die ihre Bereitschaft zu Reformen und Konzessionen zum Ausdruck brachten. Neben Lord *Lloyd,* stand – sozusagen – Lord *Milner,* und die meisten seiner »Schüler« bewiesen denn auch eine bemerkenswerte Anpassungsfähigkeit, mit der sie die Kolonialpolitik der Zwischenkriegszeit mitbestimmten.

Die Verhandlungen mit gemäßigten Vertretern Ägyptens im Jahre 1921 verliefen ergebnislos; die britische Regierung fühlte sich nicht an die Vorschläge *Milners* gebunden und glaubte auf die ägyptischen Forderungen – vor allem den Rückzug britischer Truppen – nicht eingehen zu können. Lord *Allenby* allerdings drängte auf weitere Konzessionen, und es war schließlich – paradoxerweise – der Hochkommissar, der im Februar 1922 mit der Drohung seines Rücktritts London vor ein Ultimatum gestellt und *Lloyd George* zur »Kapitulation« gezwungen hat [41]. Bereits am 28. Februar gab die Regierung in einer Erklärung bekannt, daß sie die Aufhebung des Protektorates und die Unabhängigkeit Ägyptens anerkenne, sich jedoch wichtige Reservatsrechte vorbehalte: Sicherung der Verbindungswege des Empire, d. h. des Suezkanals, die Verteidigung Ägyptens gegen jeden Angriff oder eine fremde Einmischung, d. h. also eine Kontrolle der ägyptischen Außenpolitik, den Schutz der europäischen Bevölkerung und die Herrschaft über den Sudan. Damit akzeptierte London 1922, was die ägyptischen Nationalisten Ende 1918 gefordert hatten und *Milner* 1919/20 hatte zugestehen wollen; was damals in einem Vertrag mit *Zaghloul* und aus einer gewissen Position der Stärke heraus hätte gewährt werden können, erschien 1922 als eine von der nationalistischen Agitation erzwungene Konzession und mußte so als einseitige Deklaration erfolgen, die nur vorübergehend die britisch-ägyptischen Beziehungen beruhigen konnte.

Auf ähnliche Weise hat Großbritannien auch die mesopotamische Frage zu »lösen« versucht. Hier war der innerbritische Widerstand schwächer, da das strategische Interesse davon weniger betroffen war. Auch hatten hier die Arabophilen (Sir *Cox, Gertrud Bell, T. E. Lawrence*) schon vorgearbeitet, und Versprechungen mußten eingelöst werden; ein blutiger Aufstand unterstrich die Dringlichkeit, so daß sich 1921 selbst *Churchill* fügen mußte. In der parlamentarischen Debatte kam dabei ein weiterer Gesichtspunkt zur Sprache: Großbritannien habe nun genug »Verantwortlichkeiten«, es solle

[41] *Churchill,* verärgert, daß auch *Curzon* nachgegeben hatte, reichte diesem während der Kabinettssitzung einen Zettel über den Tisch: "Surely you cannot realise how very seriously an Egyptian surrender will be attached to your own great reputation in the British Empire. It leaves me absolutely baffled to comprehend why you should be in this side or why you should have insisted on keeping Egyptian affairs in your hands, only to lead us to this melancholic conclusion. It grieves me to see what is unfolding." Zit. *Leonhard Mosley,* The Glorious Fault. The Life of Lord Curzon, 1960, p. 247 f. Zur Haltung *Curzons* 1921–1922 auch *Nicolson,* a.a.O., p. 177 f.

keine weiteren »Bürden« mehr auf sich nehmen. So erklärte etwa der Marquess of *Crewe* im Oberhaus:

"I cannot help feeling, that in undertaking the responsibility for the whole of this vast area (Mesopotamien) we are doing too much. After all, the time is passed when the people of this country will be prepared to play the fairy godmother to all undeveloped parts of the world, and to hold themselves responsible for introducing a higher standard of administration in uncivilized countries. We simply cannot afford it." [42]

Man kann diese Äußerung, die den Anschein erwecken will, Großbritannien habe sich in Übersee engagiert, um den betreffenden Völkern eine gute Verwaltung und »Entwicklungshilfe« zu geben, nur als ideologische Verschleierung einer konkreten Macht- und Interessenlage verstehen: England will oder kann sich in Mesopotamien machtpolitisch und militärisch nicht mehr zur Geltung bringen und gibt daher den Weg frei zu einer »liberalen« Regelung. Aber gerade dies charakterisiert einen Aspekt der britischen Nachkriegssituation: In London wird man sich bewußt, daß Großbritannien trotz des Kriegserfolges geschwächt ist und wenig daran interessiert sein kann, neue Unruheherde unter direkte Kontrolle zu bringen. Diese Einsicht erleichterte dann in der Zwischenzeit eine Politik der Konzessionen, vor allem, wenn die strategisch-militärischen Positionen und wirtschaftlichen Interessen mit anderen Mitteln sichergestellt werden konnten. London hat zwar Aufstände und Unruhen energisch, oft auch brutal unterdrückt, aber trotzdem versucht, rechtzeitig nachzugeben und ein Minimum an Konzessionen zu machen, um einen offenen Konflikt und seine unübersehbaren Folgen zu vermeiden. Im Vergleich etwa zu Frankreich, das die neuen Gebiete – auch Syrien und den Libanon – trotz ihres Mandatsstatuts seiner Konzeption der »Plus grande France« einzugliedern neigte und sie damit als untrennbare Teile des nationalen Territoriums betrachtete, in dem die Souveränität mit allen Mitteln verteidigt werden mußte, zeigte sich Großbritannien flexibler und duldete verschiedenartige Regierungsformen, die sich bis zur formellen Unabhängigkeit entwickeln konnten. Auch der Irak wurde bereits 1922 »unabhängig«, bis 1932 allerdings im Rahmen des Völkerbundmandates; London konnte jedoch seinen militärischen, wirtschaftlichen und politischen Einfluß zur Geltung bringen. Frankreich hingegen errichtete auch in den Mandatsgebieten eine weitgehende direkte Administration, und die Versuche der Volksfrontregierung, nach britischem Vorbild Syrien und dem Libanon eine vertragliche eingeschränkte Unabhängigkeit zu gewähren, sind am bürgerlich-konservativen Widerstand gescheitert und standen bis 1939 »außer Frage«.

Diese einleitenden Hinweise sollten einen ersten Einblick in den durch den Ersten Weltkrieg ausgelösten oder beschleunigten Wandel des britischen imperialen Bewußtseins vermitteln, einige Probleme andeuten, vor die sich Großbritannien gestellt sah, aber auch die innerbritischen Meinungsverschiedenheiten und parteiinternen Spannungen sichtbar machen, die der Kolonialkonzeption und -politik Großbritanniens in der Zwi-

[42] Zit. *Elie Kedouri,* England and the Middle East. The destruction of the Ottoman Empire 1914–1921, 1956, p. 189. Ähnlich auch der ehemalige liberale Premierminister *Asquith* im Unterhaus am 23. 6. 1920: "Whatever may be its possibilities of ressurection, reconstruction or revitalisation, it is certainly not a duty which is incumbent upon us to take upon our already overburdened shoulders." Vol. 130, S. 2236.

schenkriegszeit zugrunde lagen. Indem wir *Alfred Zimmerns* Vorstellung von der »Prozession« der verschiedenen Teile des Empire auf dem Wege zum Self-government aufnehmen, ergibt sich folgende Thematik und Fragestellung:
Obschon die weißen Dominions kaum mehr als Kolonien angesprochen werden können, da deren Dekolonisation im wesentlichen abgeschlossen ist, müssen wir doch dem Commonwealth einen ersten Abschnitt widmen. Das Verhältnis der Dominions zum Mutterland steht bis 1930 im Mittelpunkt der Diskussion und beeinflußt nachhaltig die Dekolonisation in Indien und im »Dependent Empire«.
Indien ist das zentrale Reichsproblem der Zwischenkriegszeit; es geht dabei nicht mehr um bloße Reformen, sondern um die Frage, ob, wie und wann das Dominionstatut gewährt werden soll.
Im Unterschied zu Frankreich erscheint hierbei die eigentliche Kolonialpolitik eher sekundär. Welche Ziele setzt sich Großbritannien und was wird während der Zwischenkriegszeit erreicht? Wir sind auf die Leitbegriffe »Trusteeship« und »Self-government« bereits gestoßen und müssen nun klären, was sie im einzelnen meinen und in welchem Maße sie verwirklicht werden konnten. Am Beispiel Westafrikas einerseits und Kenyas andererseits werden wir nicht nur wichtige Varianten britischer Afrikapolitik, sondern gleichzeitig auch die Vieldeutigkeit und die Problematik der Begriffe »Trusteeship« und »Self-government« verdeutlichen können.

Das „British Commonwealth of Nations“

Der Umbau des Empire zum Commonwealth während und nach dem Ersten Weltkrieg, eine der großen politischen Leistungen Großbritanniens, muß als Abschluß eines Dekolonisationsprozesses verstanden werden. Es geht um eine Neukonstituierung der Beziehungen zwischen Kolonien, die seit langem auf Eigenstaatlichkeit, Nationwerdung und weitgehende Unabhängigkeit drängen, und dem Mutterland, das sich als Empire fühlt und den umfassenden Reichsverband zu erhalten versucht; dabei gelingt es, eine Formel zu finden, die divergierende Interessen berücksichtigt und beide Partner zu befriedigen vermag.
Es handelt sich dabei vorerst nur um die britischen »Tochterstaaten«. Die Siedler sind britische Bürger, die sich seit jeher auf britisches Recht berufen und die lokale Selbstverwaltung schon in weitem Umfange erhalten haben. In Erinnerung an den Abfall der amerikaischen Kolonien hat Großbritannien es auf keinen offenen Konflikt mehr ankommen lassen; und als die Siedler in Kanada sich mit dem Legislative Council, ihrem Lokalparlament, nicht mehr begnügten und mit dem von London eingesetzten Gouverneur als Träger der Exikutivgewalt zusammenstießen, wies der berühmte Report des »radikalen Jack« Earl of *Durham* 1839 den Weg in die Zukunft: die Kanadier sollten Responsible government erhalten, damit die Spannungen zwischen Siedlern und Mutterland nicht zur Ablösung führten. Indem man die Kolonien als werdende Nation anerkannte, konnte damit gleichzeitig – das darf nicht übersehen werden – den Annexionstendenzen der USA Einhalt geboten werden. »Responsible govern-

ment« bedeutete dabei eine dem gewählten Parlament verantwortliche Regierung, d. h. Autonomie im eigenen kolonialen Bereich bei klarer Abgrenzung gegenüber der »imperial sphere« (vor allem Außenpolitik, Überseehandel und »verfassungsgebende Gewalt«), für die das Mutterland kompetent blieb. Was die amerikanischen Kolonisten vor 1776 erstrebt hatten – nämlich die volle Autonomie innerhalb des Empire –, wurde nun den Kanadiern gewährt; zunächst den einzelnen kanadischen Kolonien und dann 1867 der Föderation Kanada. Responsible government erhielten auch Neuseeland 1856, die australischen Kolonien ab 1855/69 und 1901 das »Commonwealth of Australia« und schließlich 1909/10 Südafrika. Mit der Kolonialkonferenz von 1907 bürgerte sich der Begriff des »Dominion« ein. Die Einheit des Empire war durch die »unteilbare Krone« gewährleistet, die in den Dominions durch den Generalgouverneur repräsentiert wurde. Vor allem blieb die diplomatische Einheit gewahrt, obschon z. B. Kanada sehr früh die Fiskalautonomie und ein Mitspracherecht bei Handelsverträgen erhalten hatte und Mitglied bei internationalen Organisationen für technische Belange geworden war.

War diese Auflockerung des Reichsverbandes unaufhaltsam, und führte sie notwendigerweise zur Unabhängigkeit der Kolonien? Es ist bekannt, daß es den britischen Imperialisten nach 1880 zunächst nicht so sehr um eine Ausbreitung des Herrschaftsbereiches über neue Länder Asiens und Afrikas ging als um die brennende Frage, trotz der Autonomie der Siedlungskolonien die Einheit des Empire zu retten oder eventuell neu zu konstituieren. Es wurde eine »organic union« mit eigenen föderativen Institutionen erwogen, wobei etwa an einen Reichsrat oder ein Reichsparlament gedacht wurde, das neben und über dem Parlament von Westminster stände und über Außenpolitik, Verteidigung u. a. entscheiden würde. Dafür traten Lord *Rosebery* und die Imperial Federation League ein, dafür kämpfte auch *Joseph Chamberlain* mit seiner Reichszollkampagne, die ein »Empire Free Trade« oder ein Präferenzsystem zur Konsolidierung des Empire im Auge hatte. Lord *Milner* und sein »Kindergarten« hofften das in Südafrika gelungene Werk auf das Empire übertragen zu können [43]. Sie bezeichneten sich selbst als Imperialisten und sahen im Empire das Instrument britischer Macht und britischen Einflusses in der Welt. Mit dem Aufstieg des Wilhelminischen Reiches aber tauchte die Frage auf, ob das Mutterland den Rüstungswettlauf, vor allem im Flottenbau, allein bestreiten und durchhalten konnte. War es nicht angebracht, die aufstrebenden Dominions daran zu beteiligen? Dies aber schien nicht möglich, ohne ihnen eine Mitsprache an der britischen Außenpolitik zu gewähren. Man sah sich vor einem unausweichlichen Dilemma: Entweder ging der Auflockerungsprozeß weiter, oder man schuf mit einer Föderation eine neue Einheit; britische Herkunft, gemeinsames Recht, Sprache und Sitten schienen kein ausreichendes Integrationsmoment, um die Handlungsfähigkeit des Empire als führende Weltmacht zu gewährleisten. Unter Führung von *Lionel Curtis,* dem eifrigsten Propagandisten der Föderationsidee, und mit *Philip Kerr* als erstem Herausgeber der »Round Table« wurden im Mutterland und ebenso in den Dominions Studiengruppen maßgeblicher Persönlichkeiten organisiert, mit dem Ziel – wie es in einem Memorandum vom 23. Januar 1910 heißt – einer »organic union ... by the establishment of an Imperial Government constitutionally responsible

[43] *Halperin,* Lord Milner, p. 189 f.

to all the electors of the Empire, and with power to act directly on the individual citizens« [44]. Die internen Meinungsverschiedenheiten waren aber nicht zu übersehen; jedoch schien mehr als ein Ausbau der Kooperation vorerst ohnehin nicht erreichbar zu sein [45].

Eine entgegengesetzte Position vertrat *Richard Jebb* in seinen stark beachteten »Studies in Colonial Nationalism« 1905 [46]. Während einer Weltreise war er auf den wachsenden Nationalismus der Dominions aufmerksam geworden, der jedoch als ein erstarkendes Selbstbewußtsein, als »national self-respect« mit einer deutlichen Ablehnung britischer Kontrolle und Bevormundung, nicht aber als »disloyal« und separatistisch zu verstehen sei. Die Dominions dächten keineswegs an einen Bruch, sondern strebten nach Eigenständigkeit; dieser Trend sei natürlich, gesund und unaufhaltbar. Großbritannien müsse sein »colonial view« aufgeben und die Dominions auf der Basis der Gleichheit zu den (außenpolitisch-)militärischen Aufgaben des Empire heranziehen. *Jebb*, »the first publicist who thoroughly understood Dominion loyalties« [47], lehnte aber föderative Institutionen ab und begnügte sich mit einer »Allianz der Partnerschaft«, verstärkt durch ein offen ausgehandeltes Präferenzsystem.

Diese beiden Konzeptionen standen sich vor und während des Krieges gegenüber, ließen sich aber nicht auf einen Gegensatz zwischen Mutterland und Dominions festlegen; die Fronten überschnitten sich. So forderte der Premierminister Neuseelands, Sir *Joseph Ward*, auf der Imperial Conference von 1911 einen gewählten Reichsrat, der über die Verteidigungskräfte bestimmen und eigene Steuern erheben sollte; andererseits haben diesen Vorschlag nicht nur Kanada und Südafrika mit ihren nicht-britischen Minderheiten abgelehnt, sondern auch der britische Premier *Asquith*, der die alleinige Entscheidung Londons in außenpolitischen Fragen nicht einschränken wollte, um so mehr, als die Hauptlast der Verteidigungskosten ohnehin von Großbritannien aufgebracht werden mußte [48]. In den Jahren vor dem Krieg wurden die Dominions zwar stärker zu den militärischen Planungen herangezogen und über diplomatische Vorgänge besser informiert, die Entscheidungsgewalt blieb jedoch in London, während sich die Dominions die Entscheidung vorbehielten, ob sie im Kriegsfalle Truppen zur Verfügung stellten.

Die kritische Frage stellte sich 1914. Die britische Kriegserklärung vom 4. August 1914 galt automatisch für das ganze Empire, denn der britische König konnte sich nicht mit einem Lande gleichzeitig im Kriegs- und im Friedenszustand befinden. Die Dominions entschieden aber selbständig über Kriegskredite und Truppenaufgebote und gewährten sie trotz des Widerstandes der nicht-britischen Bevölkerungsgruppen in großzügiger Weise. Die Loyalität der Dominions, und damit die Einheit des Empire, wurde vor der Welt demonstriert, als *Laurier*, der Premierminister Kanadas, vor dem Parlament am

[44] Zit. *Butler*, Lord Lothian, p. 40, Anm.

[45] Darüber *Butler*, a.a.O., Kap. III. *Kerr* z. B. meint, daß *Curtis*' Organic union Kanada zur Ablösung treiben werde, Brief Nov. 1909, p. 39. *Carroll Quigley*, The Round Table groups in Canada, 1908–1938, in: The Canadian Historical Review, Sept. 1962.

[46] *J. D. B. Miller*, Richard Jebb and the problem of Empire, 1956.

[47] *W. K. Hancock*, Survey of British Commonwealth Affairs, vol. I, 1937, p. 41.

[48] Selected Speeches and Documents on British Colonial Policy 1763–1917, ed. *A. B. Keith*, Ausgabe 1953, p. 247 ff.

19. August 1914 erklärte: "We are British subjects, and to-day we are face to face with the consequences which are involved in that proud fact. Long we have enjoyed the benefits of our British citizenship; to-day it is our duty to accept its responsibilities and its sacrifices [49]."

Die Dominions stellten Truppenkontingente und lieferten Rohstoffe, Nahrungsmittel und selbst Kriegsmaterial. Es zeichnete sich eine Gewichtsverlagerung innerhalb des Empire ab, der London 1917 mit dem Imperial War Cabinet Rechnung trug; dieses erhielt zwar nur beratende Kompetenzen, wurde aber trotzdem zu einem politisch wichtigen Führungsgremium des Empire; außerdem war der Südafrikaner *Smuts* Mitglied des britischen Kriegskabinetts.

Die Föderalisten hatten Auftrieb erhalten und sahen nun die Gelegenheit für den ersehnten Neubau des Reiches gekommen; die spontane Einheit des Empire sollte institutionell für die Zukunft gesichert werden. Eine besondere Aktivität entfaltete natürlich die »Round Table«: die Kriegserklärung von 1914 habe erwiesen, daß die Außenpolitik nicht gemeinsam von mehreren Regierungen geführt werden könne und daß die Dominions automatisch in den Krieg eintreten mußten, trotz ihres »autonomous national Government in their own und our esteem« [50]. Das Empire sei als »one state« aufgetreten und dies auch im Interesse der gemeinsamen Sache und des Weltfriedens geblieben. Es wurde dabei der Versuch gemacht, auf Grund der »British nationality« aller Untertanen der Krone einen Nationalgedanken des Empire wachzurufen und diesen den Dominions gegenüberzustellen; das Empire, als Inbegriff von Werten, die allen Teilen gemeinsam seien, stehe über den Dominions. Die Inkongruenz jedoch zwischen der Einheit des Empire gegen außen und dem berechtigten Anspruch auf Mitsprache von seiten der Dominions könne nicht bestehen bleiben; sie verlange nach einer Empire-Regierung, die nicht dem britischen Parlament, sondern einer imperialen Körperschaft und damit den Völkern des Empire verantwortlich sei.

Lionel Curtis führte dabei – vor allem mit seiner Schrift »Problem of the Commonwealth«, 1916 – für das Empire der Zukunft den Begriff des »Commonwealth« ein; dieser wurde zur Zeit *Cromwells* im Sinne von Res publica verwendet, 1884 von *Rosebery* auf das Empire übertragen [51], und sollte nun programmatisch die Verbindung von Freiheit und Einheit dokumentieren. Empire bedeute eine Herrschaft, die den Dominions außenpolitische Verpflichtungen auferlege, die mit Self-government nicht vereinbar seien. Die Dominions hätten ein Recht auf Mitsprache und Kontrolle, aber auch die Pflicht, die gemeinsame Verantwortung mitzutragen; unüberhörbar ist hier die Sorge, Großbritannien könnte in Zukunft die Lasten der gemeinsamen Verteidigung nicht mehr allein tragen und müsse sie auf die Mitglieder des Commonwealth verteilen [52]. *Curtis* war konsequent – wenn nicht doktrinär – und entwarf eine von den Vereinigten Staaten beeinflußte Föderativverfassung; mit ihr wäre das Parlament von

[49] A.a.O., p. 358.

[50] The Dominions and the settlement, in: Round Table, 5/325.

[51] *Hans E. Bärtschi*, Die Entwicklung vom imperialistischen Reichsgedanken zur modernen Idee des Commonwealth im Lebenswerk Lord Balfours, 1957, p. 135.

[52] "It will then be plain that the liberties which have been saved cannot be secured for the future, unless the burden involved is recognized as a first charge on the revenues, not of one, but of all the free communities of the Commonwealth in peace as well as in war." The problem of the Commonwealth, 1916, p. 7.

Westminster zum »lokalen« Parlament des »Dominion Großbritannien« degradiert worden, während ein imperiales Parlament ein Reichskabinett mit zentralen Behörden, einen Zwangsapparat und den Steuerapprat aufzustellen gehabt hätte.
Die Gedankengänge *Lionel Curtis'* haben in den an Empirefragen interessierten Kreisen während des Krieges einigen Anklang gefunden. Lord *Milner,* Mitglied des Kriegskabinetts, sah 1916 im britischen Empire das potentiell mächtigste Staatsgebilde der Welt, dem es nur an einer geschlossenen Führung fehle, und das Imperial War Cabinet erschien ihm als Ausgangspunkt eines verfassungsrechtlichen Umbaues im föderativen Sinne [53]. Ähnlich dachten Lord *Cromer* [54], die Round Table und *Philip Kerr,* der 1916 Privatsekretär *Lloyd Georges* geworden war [55]. Selbst der Premier wurde vom Empire-Enthusiasmus angesteckt und wollte im Reichskabinett den Anfang einer neuen Epoche in der Geschichte des Empire sehen [56]. Der liberale Parteiführer und Minister *Herbert Samuel* machte einen eigenen Vorschlag: Da *Curtis'* Pläne kaum die Zustimmung der Dominions finden würden, sah er in einem Imperial Cabinet und einer Imperial Assembly, die von den Dominions bestellt werden, aber nur beratende Funktion erhalten sollten, einen möglichen Weg in föderativer Richtung [57]. Dieser Entwurf hatte auch die Zustimmung von Lord *Bryce gefunden* [58]. Die Meinungen waren aber geteilt; im Kabinett wandten sich Lord *Balfour* und *Bonar Law* – aber auch der Privatsekretär *Milners, L. S. Amery* – gegen föderative Institutionen, weil sie den Widerstand der Dominions kannten und gerade in expliziten Verfassungsplänen die angestrebte Reichseinheit bedroht sahen [59]. Selbst innerhalb der »Round-Table«-Gruppe setzte sich gegen *Curtis* eine realistische Ansicht durch [60]. In der Tat: wollten die Dominions überhaupt eine Föderation? Drängte nicht das im Kriege angestiegene Selbstbewußtsein zu einer weiteren Lockerung der Beziehungen und zur Inanspruchnahme von Souveränitätsrechten auch im Bereich der Außenpolitik? Traf die von den Föderalisten in den Vordergrund gerückte Alternative zwischen Föderation und Auflösung des Empire überhaupt?
Als einen Repräsentanten der von *Jebb* beeinflußten Anti-Föderalisten wird man den Verfassungsrechtler *A. B. Keith* nennen dürfen [61]. Er bestritt keineswegs die Notwendigkeit verstärkter Zusammenarbeit, »but the difficulties of any federal system . . . are both numerous and formidable« [62]. Die Dominions seien völkerrechtlich noch immer »dependencies of the United Kingdom«, und diese Situation sei nicht länger haltbar.

[53] *Hancock,* a.a.O., I, p. 52 f. *S.A.de Smith,* The Vocabulary of Commonwealth Relations, 1954. *Nicholas Mansergh,* The Name and Nature of the British Commonwealth, 1955. *Alfred Zimmern* hatte zudem 1911 ein berühmtes Werk »The Greek Commonwealth« veröffentlicht.
[54] Earl of *Cromer,* Imperial Federation, in: *Cromer, Haldane, Marshall* u. a., After-War Problems, ed. *W. H. Dawson,* 1917.
[55] "The growing necessity of Constitutional Reform", in: Round Table, 7. 12. 1916.
[56] *Bärtschi,* a.a.O., p. 137.
[57] The Organisation of the Empire, a suggestion, in: The Nineteenth Century, März 1917.
[58] *John Bowle,* Viscount Samuel, a biography, 1957, p. 153.
[59] *Bärtschi,* a.a.O., p. 140.
[60] Round Table Dez. 1920, p. 12, Anm. 2., distanziert sich ausdrücklich von *Curtis.*
[61] Imperial Unity and the Dominions, 1916. Letters on Imperial Relations, 1935.
[62] Imperial Unity, p. 7.

Die Teilnahme am Kriege dürfe nicht falsch interpretiert werden; sie sei nicht nur im Geiste der Loyalität erfolgt, der zum Zusammenschluß dränge, sondern ebensosehr mit dem Willen zur Freiheit und zu vollem Self-government. Großbritannien müsse dieser Forderung nach Eigenständigkeit voll entsprechen: "All possible steps must be taken to further the national life within the Empire of the self-governing Dominions. Nor is it doubtful that this end is to be obtained in one way only, the encouragement of the greatest autonomy in self-government with the creation of closer bonds of union between the several parts of the Empire as a whole." [63] Die »Dekolonisation« könne man also nicht aufhalten, sie müsse sogar vorangetrieben werden, wenn das Mutterland die Kolonien an sich binden wolle. Eine Föderation biete keine Lösung, da die Unterschiede zwischen England und den Dominions – politisch, wirtschaftlich und militärisch – allzu groß seien. Weder Kanada und Australien noch das Mutterland seien bereit, Kompetenzen an die Föderation abzutreten; das protektionistische Interesse der Dominions laufe ebenfalls einer Föderation zuwider. Eine Form der Union müsse gesucht werden, »which has no existing parallel« [64]. *Keith* machte praktische Vorschläge für die künftige Stellung der Generalgouverneure, den Privy Council, das legislative Supremat des Parlaments von Westminster, und schlug eine bessere Reform der Dominions in außenpolitischen Fragen vor. Die Zukunft vorausnehmend schrieb er:

"The natural solution for the position of the Dominions, suggested by the result of the Conference of 1911, is that each Dominion should proceed to attain complete independence as a unit of international law, and that the Empire should be reconstituted on the basis that on the one hand should stand the United Kingdom in political control of the Crown Colonies and of India, and on the other hand the self-governing Dominions, each as an independent state ... It is not suggested that this independence need be separation: the Dominions might still under its new status remain a kingdom closely allied with the United Kingdom in sentiment and under the same monarch, but nevertheless as an independent unit in international law, and therefore internationally not responsible for or involved in the blunders of British foreign policy." [65]

Das Imperial War Cabinet ermöglichte wohl eine wirksame Koordination von Mutterland und Dominions, war aber ein improvisierter und kriegsbedingter Behelf für ein dringliches Problem, der keine dauerhafte Lösung bot. Daß die Dominions in der Mehrheit nicht bereit waren, auf irgendwelche Föderationspläne einzugehen, und das Imperial War Cabinet keineswegs als Vorstufe zu einer Reichsregierung verstanden, hat die Reichskonferenz von 1917 deutlich gemacht. In ihrer wichtigen Resolution wurde die Klärung konstitutioneller Fragen zwar einer späteren Sonderkonferenz vorbehalten, aber doch bereits präjudiziert:

"They (die Dominions) deem it their duty, however to place on record their view that any such readjustment, while thoroughly preserving all existing powers of self-government and complete control of domestic affairs, should be based upon a full recognition of the Dominions as autonomous nations of an Imperial Commonwealth, should recognize their right to an adequate voice in foreign policy and in foreign relations, and should provide effective arrangements for continuous consultation ..." [66]

[63] A.a.O., p. 24.
[64] A.a.O., p. 25.
[65] A.a.O., p. 510.
[66] Selected Speeches and Documents, p. 376.

Damit war der Weg zu einer Föderation verbaut; die Dominions beanspruchten volle Kontrolle in ihrem Bereich und weigerten sich, irgendwelche Kompetenzen wieder abzugeben. Unklar war dabei noch, was »adequate voice« bedeuten sollte; die Einheit der Außenpolitik und eine Präponderanz der britischen Regierung wurden mindestens implizite noch anerkannt. Bemerkenswert für die Übergangszeit ist auch der Begriff »Imperial Commonwealth«! Der Kanadier *Borden* lehnte es ausdrücklich ab, sich in einem Imperial Council majorisieren zu lassen – nicht zuletzt im Hinblick auf die Frankokanadier; die Zukunft liege in einem »increasingly equal status between the Dominions and the Mother Country [67], die Alternative »Föderation oder Unabhängigkeit« entspreche nicht der komplexen Situation. Der Neuseeländer *Massey* hingegen bezeichnete sich als »Imperialist«, hielt Reichskonferenzen für ungenügend und forderte die Gründung eines »representative Imperial Council«; das Empire habe »the freest and most progressive form of government that the world has ever seen« [68]. General *Smuts* nahm dieses Lob des Empire geschickt auf, betonte aber, daß die konstitutionelle Entwicklung der Tochterstaaten vom Kolonialstatus über die »self-governing Dominions« zur vollen Eigenstaatlichkeit führen müsse, »setting aside the Federal solution as not applicable to this Empire, which is not merely a State but a system of States« [69]. In seiner Schrift »The British Commonwealth« hat er den durch *Curtis* bekanntgewordenen Begriff in seinem eigenen Sinne – also gegen *Curtis* – interpretiert: die Freiheit der Tochterstaaten müsse vollständig sein und selbst der Zusatz »british« könne nicht mehr voll anerkannt werden. Der Begriff »Empire« sei unzutreffend – auch hier ähnlich wie *Curtis* argumentierend –, denn Deutschland, Rom oder Indien seien »Reiche«, die Dominions aber konstituierten ein »Commonwealth«, das den Welt-Völkerbund vorausnehme [70]. Als verbindendes Element verblieben nur die Krone und regelmäßige Konferenzen, auf denen die Dominions ihren Einfluß auf die britische Außenpolitik ausüben könnten.

In England berief man sich in der Folgezeit gern auf *Smuts,* wenn es um die Apologie von Idee und Bedeutung des Commonwealth ging. Mit Stolz konnte man auf den Burengeneral verweisen, der im Laufe weniger Jahre zu einem guten Freund Großbritanniens und zu einer Stütze des Commonwealth geworden war; dabei übersah man jedoch gern, daß dieser den Integrationsplänen institutioneller Art entschiedenen Widerstand geleistet und die volle Eigenstaatlichkeit vorangetrieben hatte, gleichzeitig aber seine Verbindung in London durchaus für das nationale Interesse Südafrikas einzusetzen verstand.

[67] A.a.O., p. 379.

[68] A.a.O., p. 391.

[69] A.a.O., p. 397.

[70] "We are not a State but a community of States and nations. We are far greater than any Empire which has ever existed, and by using this ancient expression we really disguise the main fact that our whole position is different, and that we are not one State or nation or Empire, but a whole world by ourselves, consisting of many nations, of many States, and all sorts of communities, under one flag ... We are a system of States and not a stationary but a dynamic and evolving system, always going forward to new destinies." Rede vor dem britischen Parlament vom 15. 5. 1917, zit. *W. K. Hancock,* Smuts. The sanguine years, vol. I 1870–1919, 1962, p. 431.

Die Auflösung des Empire als völkerrechtliche Einheit fand ihren Abschluß nach 1919. Die Dominions wollten an der britischen Friedensplanung wie an den Pariser Verhandlungen beteiligt sein; London mußte nachgeben. Das Ergebnis war ein Kompromiß: *Lloyd George* handelte für das ganze Britische Empire, aber die Dominions – und Indien – unterzeichneten den Frieden von Versailles separat und wurden selbst Mitglieder des Völkerbundes. "A diplomatic unity had declared war: a diplomatic multiplicity proposed to conclude Peace [71]."

Die Entwicklung der folgenden Jahre braucht nicht von neuem geschildert zu werden [72]. Die Entscheidung war 1917 gefallen und hat 1919 ihre ersten Folgen gezeitigt. Die Dominions haben jedoch nur langsam die Konsequenzen aus der neu gewonnenen, völkerrechtlich anerkannten Unabhängigkeit gezogen. Kanada erhielt 1920 zwar die britische Zustimmung für eine eigene Botschaft in Washington, entsandte aber den ersten Botschafter erst 1926; in der Chanakkrise opponierten einige Dominions energisch gegen den Alleingang *Lloyd Georges* und zwangen diesen zum Rückzug. Auf der Reichskonferenz von 1923 erhielten sie das Recht, Staatsverträge zu schließen und spätestens seit Locarno mußte ein von England unterzeichnetes Abkommen von den Dominions ratifiziert werden, um auch für sie gültig zu sein. Die Dominions benutzten aber weiterhin die diplomatischen Dienste des Mutterlandes – Kanada hatte 1939 nur in den Vereinigten Staaten, Japan und Frankreich Botschafter –, sie hielten sich außenpolitisch zurück und akzeptierten Großbritannien als Führungsmacht oder »Seniorpartner« im Commonwealth. Sie fühlten sich von der See her nicht bedroht, interessierten sich nicht für Europa und vertrauten auf die Verteidigungskräfte des Mutterlandes. Das Verhältnis kehrte sich in gewisser Hinsicht sogar um: während London die Verteidigungslasten trug, maßten sich die Dominons eine Art Vetorecht an, dem sich die britische Regierung nicht entziehen konnte, wenn sie die Einheit des Commonwealth nicht aufs Spiel setzen wollte. In der München-Krise 1938 z. B. haben die Dominions die Appeasementpolitik energisch befürwortet; man hat hier von »Power without responsibility« gesprochen [73].

Der Aufstieg Irlands zum Dominion 1921, die Auseinandersetzung um die Stellung des Generalgouverneurs in Kanada 1924 und die gleichzeitige Ablösung *Smuts'* durch den »Nationalisten« *Hertzog* in Südafrika haben Großbritannien trotz heftigen Widerstandes gezwungen, sich auf eine »legale« Fixierung des Dominionstatuts einzulassen. Auf der Reichskonferenz von 1926 hat es Lord *Balfour* »in almost athanasian terms« [74] verstanden, die divergierenden Konzeptionen auf die berühmte Formel zu bringen:

"They (die Dominions) are autonomous Communities within the British Empire, equal in status, in no way subordinate one to another in any aspect of their domestic or external(!)

[71] *Patrick Gordon-Walker*, The Commonwealth, 1962, p. 98.

[72] *R. MacGregor Dawson*, The development of Dominion Status 1900–1936, 1937. *E. A. Walker*, The British Empire, its structure and spirit, 2. ed. 1953, p. 150 f. *Gordon-Walker*, a.a.O., p. 98 f. Speeches and Documents on the British Dominions 1918–1931, ed. *A. B. Keith*, 1932.

[73] *J. D. B. Miller*, The Commonwealth in the world, 1958, p. 42.

[74] *E. A. Walker*, a.a.O., p. 152.

affairs, though united by a common allegiance to the Crown, and freely associated as members of the British Commonwealth of Nations .. -
"The British Empire is not founded upon negations. It depends essentially, if not formally, on positive ideals. Free institutions are its life-blood. Free Cooperation is its instrument. Peace, security, and progress are among its objects... While equality of status is thus the root principle of our Inter-Imperial Relations the principles of equality appropriate to status do not universally extend to function ... in the sphere of defence the major share of responsibility rests now and must for some time continue to rest with HMG in Great Britain." [75]

Die Konferenz von Westminster 1930 gab dazu die »Ausführungsbestimmungen« und hob die letzten Reste einer mutterländischen Vorherrschaft auf: die Generalgouverneure wurden zu »Vizekönigen«, sie waren jetzt nicht mehr Vertreter der britischen Regierung in den Dominions; die Dominion-Parlamente wurden souverän und dem Parlament von Westminster völlig gleichgestellt; die Verbindung zwischen den Regierungen erfolgte durch Hochkommissare; die Colonial Laws Validity Act von 1865 wurde aufgehoben und das britische Veto gegenüber der Dominiongesetzgebung entfiel. Als institutionelle Klammer verblieb nur die Krone, die als verfassungsmäßiges Oberhaupt eines jeden einzelnen Dominions die Einheit symbolisierte [76]; im übrigen aber sollte das Commonwealth nicht auf »Gesetz«, sondern auf Loyalität, Gewohnheit, freien Institutionen, Rasse, Religion und Sprache beruhen. Der Umbau vom Empire zum Commonwealth war damit vollzogen, auch wenn sich unterdessen der von *Lionel Curtis* popularisierte Begriff völlig gewandelt hatte und nun im Sinne von *Smuts* verwendet wurde!
Dem Westminster-Statut von 1931 entsprachen die Ottawa-Verträge von 1932. *Joseph Chamberlains* große Konzeption, mit einem reichsinternen Freihandel bei gleichzeitigem Zollschutz nach außen die Einheit des Empire wirtschaftlich zu untermauern, wurde – wie wir bereits erwähnten – von Lord *Milner* in der Nachkriegskrise wieder aufgenommen. 1930 hat der Pressemagnat Lord *Beaverbrook* eine neue Empire-Free-Trade-Kampagne ausgelöst, die zwar parlamentarisch nur wenig Erfolg hatte, jedoch bei einigen »Imperialisten« – ich nenne *L. S. Amery* und den Diehard Lord *Lloyd* – Unterstützung fand. Es ging einerseits um den Versuch, die Wirtschaftskrise »national«, d. h. innerhalb des Empire, zu lösen, andererseits um eine neue Straffung des Reichsverbandes, wobei wiederum auf die Weltmächte USA, Rußland, Japan, aber auch ein vereinigtes Europa hingewiesen wurde, die Großbritannien vor die Schicksalsfrage stellten, ob es sich als sekundäre Macht dem einen oder anderen Block anschließen oder durch Konzentration auf das Empire eine selbständige und weitgehend autarke

[75] Speeches and Documents on the British Dominions 1918–31, p. 161 f. *H. Duncan Hall*, The genesis of the Balfour declaration of 1926, in: Journal of Commonwealth Studies, 1962, I, 3. *Hall* zeigt u. a., wie Memoranden von *Smuts* und *L. S. Amery* die Formel von 1926 vorbereitet haben und wie *Hertzog* schließlich noch Konzessionen macht, u. a. auf das Wort »Independence« verzichtet, weil *Mackenzie King* (Kanada) dies nur als Sezession verstehen kann. Über *Balfour* außerdem *Bärtschi*, a.a.O.

[76] Premierminister *Baldwin* nannte die Krone »The last link of Empire that is left«, zit. *N. Mansergh*, The Commonwealth at the Queen's accession, in: Internationl Affairs, Juli 1953, p. 279.

Weltmacht bleiben solle [77]. Es ist kein Zufall, daß die Befürworter des »Empire Free-Trade« dem Völkerbund mißtrauisch gegenüberstanden, wenig Interesse für Europa zeigten und sich auf die Splendid Isolation der Vorkriegszeit zurückziehen wollten. Ottawa brachte aber nicht die angestrebte Reichswirtschaftseinheit auf der Basis eines internen Freihandels, denn das Ergebnis eines mühsam ausgehandelten Kompromisses widerstrebender Interessen war lediglich ein System bilateraler Präferenzverträge, deren unmittelbare wirtschaftliche Bedeutung beachtlich sein mochte, die jedoch bald wieder durch einen Preisauftrieb und durch Sonderabkommen, wie dasjenige zwischen Kanada und den USA 1935, ausgehöhlt wurden. Die Unabhängigkeit der Partner wurde in keiner Weise berührt, aber ein Netz von Interessen leistete doch für die Dauerhaftigkeit und die spätere Ausweitung auf nicht-weiße Bereiche eine nicht unwesentliche Hilfestellung, insofern als es die Dominions mit dem Mutterland verband und das nur noch lose und im wesentlichen durch Imponderabilien zusammengehaltene Gefüge des Commonwealth konkret-wirtschaftlich verstärkte.

In Großbritannien hat man sich mit dem Wandel des Empire zum Commonwealth ohne Schwierigkeiten abgefunden. Föderationspläne wurden zwar noch ab und zu vorgebracht, aber meist in abgeschwächter Form und stets unter Betonung der außenpolitischen Einheit des Empire [78]. *Winston Churchill,* in Empire-Fragen ein Diehard, wandte sich in der parlamentarischen Beratung über das Westminster-Statut am 20. November 1931 recht scharf gegen *Amerys* optimistische Sprache und gegen die Preisgabe noch bestehender legislativer Kompetenzen – wobei er vor den Auswirkungen auf Indien warnte (!) –, verzichtete aber auf eine eigentliche Opposition [79]. Scharfe Kritik an der Balfour-Declaration von 1926 wurde etwa von *Robert Stokes* in seinem Buch »New Imperial Ideals« (1930) vorgebracht: ohne eine wenigstens rudimentäre imperiale Exekutive sei eine Auflösung des Reiches unvermeidbar. Lord *Lloyd*

[77] Als Beispiel diene Lord *Lloyd,* Vorsitzender der Navy League und einer Empire Economic Union, der in einem Interview mit einer australischen Zeitung erklärte: "The United States of America, following a policy of mutual economic co-operation over a vast and rich territory, have built up a position as the dominating power in the economic world. In Europe, farseeing men realise that the day of small economic units is passing away, and our former allies and enemies are being forced to consider some sort of closer economic union for a continent. In the coming realignment of world economic forces the nations of the Empire cannot afford to remain isolated economic units. They will be compelled, unless they are to fall behind in the whole progress of world-development to combine to make the Empire one economic unit. I do not admit that the problem is one incapable of solution. The British Empire, so largely peopled by men of common origin and common tradition, naturally dependent on one another for food, raw materials, and manufactured good, should be able to find ways and means for promoting the greater interchange of their products. This is surely within the capacity of men of knowledge, ability, and goodwill, meeting in conference together." Zit. *Colin Forbes Adam,* Life of Lord Lloyd, 1948, p. 247. Ähnlich auch *Robert Hadfield,* Economic organisation and development of Empire, in: Contemporary Review, Nov. 1929, p. 575; *Robert Stokes,* New Imperial Ideals, 1930, p. 49. *L. S. Amery,* The Empire in the new Era, 1948, p. 10: "We are face to face with the gradual emergence of a new type of greater unity, economic and political, in the world's affairs."

[78] Außer einer Reihe von Aufsätzen in der Round Table z. B. auch *Viscount Sandon,* The problem of the British Empire, in: Nineteenth Century, Oktober 1920.

[79] House of Commons, vol. 259, p. 1188 f.

stimmte ihm in einem Vorwort zu, doch hat eine solche ablehnende Haltung eher als Ausnahme zu gelten.
Da die Dominions sich außenpolitisch wenig aktiv zeigten oder aber die Interessen der Dominions sich mit denjenigen des Mutterlandes weitgehend deckten, trat die Auflösung der außenpolitischen Einheit zunächst auch kaum in Erscheinung; damit blieb sie akzeptabel, so daß man weiterhin von einem Ganzen sprechen konnte und mit einigem Recht den Anspruch Großbritanniens auf Weltmacht bestätigt sah. Auch die gemeinsame Mitgliedschaft im Völkerbund hat den Übergang erleichtert: *Alfred Zimmern* sprach von einem »deus ex machina« [80]. Wie *Lionel Curtis* oder *Philip Kerr* Völkerbund und Commonwealth in Einklang zu bringen versuchten, wurde weiter oben skizziert [81]. Andererseits glaubten *L. S. Amery* und Sir *Edward Grigg*, der spätere Gouverneur Kenyas, eine Art Konkurrenz festzustellen insofern, als die Verteidigung, für die Großbritannien weiterhin aufkomme, scheinbar vom Völkerbund geleistet werde; in Genf könnten die Dominions ihren internationalen Status zur Geltung bringen, ohne konkrete Verantwortung zu tragen [82]. Es war für »Imperialisten« ein verständliches Anliegen, den Dominions die Vorteile bewußt zu machen, die sie aus ihrer Zugehörigkeit zum Empire genossen – schließlich werde ihre Sicherheit noch immer von der britischen Flotte und nicht von einer internationalen Organisation wie dem Völkerbund garantiert! Andererseits aber war *Amery* auch an der Entstehung der Balfour-Declaration beteiligt; zwar sah er mit einiger Sorge das Risiko, das damit für die Einheit des Empire verbunden war [83], aber er akzeptierte sie als eine den Gegebenheiten entsprechende Lösung und versuchte daher – wie viele andere auch –, sie als beabsichtigten und begrüßenswerten Abschluß der bisherigen britischen Kolonialpolitik »from colonial self-government to full nationhood« auszulegen [84]. Wir haben auf *Alfred Zimmerns* »Third Empire« hingewiesen, in dem dieses Sich-Abfinden durch Umdeutung und ideologische Überhöhung einen repräsentativen Ausdruck gefunden hat: Das Commonwealth sollte nicht als Auflösung des Reiches, sondern als »fulfilment« einer Konzeption und Idee verstanden werden, die von ihrem Ursprung, vom Abfall der amerikanischen Kolonien, über den Durham-Report zur Partnerschaft gleichberechtigter Nationen britischer Herkunft geführt habe, die souverän und unabhängig waren, jedoch unter der gemeinsamen Krone und mit gemeinsamen Idealen

80 "The League of Nations is the deus ex machina of the British Commonwealth. That Commonwealth, if it is to survive, must survive as a League within the larger League, a society within that larger society." Third British Empire, p. 71. Irland habe sich britischen Sanktionen 1935 gegen Italien angeschlossen, nicht in Unterstützung Großbritanniens, sondern als Verpflichtung gegenüber dem Völkerbund. Lord *Elton*, Imperial Commonwealth, 1945, p. 488.

81 Vgl. p. 55.

82 U. a. My political life, vol. II, p. 163 f. »easy pretext ... to shirk its real responsibilities for common defence«, *Edward Grigg*, The faith of an Englishman, 1936, p. 326.

83 *Amerys* Tagebuch-Kommentar: "It is true it leaves the way equally clear to dissolution. That is a risk we have got to run, and if the will to unity is there we shall overcome it." My political life, vol. II, p. 394. Über *Amery W. F. Gutteridge*, L. S. Amery and the Commonwealth, in: Political Science (Neuseeland) 8/1956, 2. *Kerrs* Haltung bei *Butler*, Lord Lothian, p. 108.

84 Empire in the New Era, 1928, p. 2.

und Institutionen eine Einheit bildeten – eine Einheit in Freiheit und der Welt zum Vorbild! Das Commonwealth sei kein Staat, sagte der bedeutende Jurist *Ernest Barker*, doch auch »nicht etwa kein Staat; denn es fühlt, glaubt und handelt einheitlich (!). Im Grunde bleibt es etwas, was jenseits und über aller Politik steht. Aber wie gut ist es, daß es etwas derartiges in der Welt gibt – besonders in unseren Tagen« [85]!

Es lohnt sich in unserem Zusammenhang, auch auf die allmähliche Wandlung der Begriffe hinzuweisen. Wir sagten schon, daß die Wörter »Imperialism« und »Imperialist« kompromittiert waren und nur noch im negativen Sinne – als Herrschafts- und Aggressionswille – gebraucht wurden; die »Schüler« *Milners* bezeichneten sich im Unterschied zu ihrem Lehrmeister nicht mehr als »Imperialisten« – eine Verschiebung, die sowohl den Generationswechsel als auch die neue Situation nach 1919 deutlich macht. Hingegen hielt Großbritannien am Begriff »Empire« und dem entsprechenden Adjektiv »imperial« fest. In der offiziellen Sprachweise, die einer eher konservativen Haltung entsprach, bezeichnete »Empire« den umfassenden Reichsverband, der das Commonwealth, Indien, die Kronkolonien und Protektorate gleichermaßen einschloß [86]. Es zeigte sich aber die Tendenz, Commonwealth, Indien und das Colonial bzw. Dependent Empire nebeneinanderzustellen [87] oder den weiteren Schritt zu tun, das Wort »Commonwealth« für den Reichsverband überhaupt zu verwenden, obwohl Indien und die Kolonien sich erst auf dem Wege zum Dominionstatut befanden.

Die Uminterpretation des Empire in ein Commonwealth und das Bestreben, die Idee des Self-government in der anti-imperialistischen Ära ideologisch neu zu legitimieren, ließ auch an die Entwicklung der asiatisch-afrikanischen Kolonien zu Dominions denken. Ansätze zu dieser entscheidenden Wendung haben wir bei *Philip Kerr* [88] und *Lionel Curtis* gezeigt. Ähnliches gilt auch für *H. Duncan Hall*, der in den Verfassungsfragen des Commonwealth eine wichtige Rolle spielte [89]. Deutlicher wird die Tendenz bei *Zimmern* mit seinem Bild der »Prozession«, an der auch die Kolonien beteiligt sind. Wichtig ist ebenfalls *J. Coatman*, der in seinem Buch »Magna Britannia« – der Titel soll wohl an *Dilkes* »Greater Britain« aus dem Jahre 1868 anspielen! – eine philosophische Begründung des Commonwealth versucht und diese in der welthistorischen Transformation vom Stadtstaat über den Nationalstaat zum Weltstaat findet; er bezeichnet dabei das Commonwealth nicht nur als »the greatest achievement hitherto recorded in human organisation«, sondern er schafft auch den Begriff des »expanding Commonwealth«, da über kurz oder lang auch Indien, Ceylon, Burma und »even

[85] *Ernest Barker*, Ideen und Ideale des britischen Weltreiches, dt. Ausg. 1941, p. 80.

[86] Z. B. Balfour-Declaration: "They (die Dominions) are autonomous Communities *within* the British Empire."

[87] "... we have since (1926) tended to use Commonwealth for the whole, whenever the emphasis has been on the steady extension of self-government, and Empire when emphasizing its complex variety or the great tradition of the past." *Amery*, My political life, vol. II, p. 389 f.

[88] "The creation of that Commonwealth of many nations, many races, and many colours, of which we have dreamed." Harvest of Victory, Round Table, Sept. 1919, p. 668.

[89] "Extension ultimately to the rest of the Empire with its 370 millions of coloured peoples ... will gradually assimilate the position of the dependencies to that of the United Kingdom and of the Dominions." The Government of the British Commonwealth of Nations, 1921, p. 10.

less familiar names« Dominionstatus erhalten würden. "We shall, in fact, see Empire continually transforming itself into Commonwealth." [90]
Wenn in solchen Äußerungen eine künftige Ausweitung des Dominionstatuts auf die nicht-weißen Gebiete als möglich erachtet und ein »multiracial Commonwealth« vorformuliert und vorbereitet wurde, so ist doch zu beachten, daß sie mehr beiläufigen Charakter hatten und den Zeitgenossen ungewohnt oder abwegig erschienen. *T. E. Lawrence* rechnete mit einer solchen Reaktion, wenn er 1920 in einem Brief an die »Times« schreibt: "I shall be told that the idea of brown Dominions in the British Empire is grotesque. Yet the Montagu scheme (Indien) and the Milner scheme (Ägypten) are approaches to it, and the only alternative seems to be conquest, which the ordinary Englishman does not want and cannot afford." [91] Und ähnlich stellte Prof. *Coupland* in seinem repräsentativen Buch »Empire in these days« die bezeichnende Frage: "A Dominion of Nigeria, for example, why not?" [92] Dabei rechneten auch diese wenigen Befürworter einer Ausweitung des Dominionstatuts mit solch langen Fristen, daß die Frage jede Aktualität verlor. Das Commonwealth hieß nicht umsonst »British Commonwealth«! Noch immer galt es als selbstverständlich, daß der Status eines »self-governing Dominion« nur den Siedlerkolonien zukam und die Gemeinsamkeit der Herkunft, Rasse, Sprache und Zivilisation zur Voraussetzung hatte [93]. Der Widerstand von seiten der Frankokanadier und Buren konnte diese überlieferte These nur bestätigen; das Commonwealth hatte in der Tat in der gemeinsamen Herkunft und Tradition sein stärkstes Integrationsmoment. Die Konzeption eines Multiracial Commonwealth erschien vor 1939 bei einigen Autoren als weitgestecktes Fernziel, hatte aber weder einen festen Umriß noch die allgemeine Zustimmung gewinnen können.
Eine Ausnahme allerdings drängte sich bereits 1919 auf: Indien. Die Diskussion über die Zukunft Indiens konfrontierte nicht nur die britische Öffentlichkeit mit der Dekolonisation bereits in der Zwischenkriegszeit, sondern führte auch zu der Überlegung, ob Responsible government und Dominionstatut auf den »farbigen« Bereich übertragen werden sollte oder konnte, und zwang dazu, den Begriff des Commonwealth seinerseits nach und nach auszuweiten und neu zu formulieren.

[90] *J. Coatman,* Magna Britannia, 1936, p. 62.
[91] The Letters of *T. E. Lawrence,* ed. *D. Garnett,* 1938, p. 308, Großbritannien möge seine Truppen aus dem Irak zurückziehen und die Verwaltung den Arabern übergeben: "We should hold of Mesopotamia exactly as much (or as little) as we hold of South Africa or Canada. I believe the Arabs in these conditions would be as loyal as anyone in the Empire, and they would not cost us a cent."
1928 orientierte sich *Lawrence* allerdings an bilateralen Verträgen, die Großbritannien eine privilegierte Position in der Verteidigung einräumen würden; p. 578.
[92] Empire in these days, 1935, p. 179.
[93] *Amery* berichtet, wie bei der Abfassung der Balfour-Declaration eine Abgrenzung von Dominions zum restlichen Empire bewußt angestrebt und an eine schrittweise Ausweitung nicht gedacht worden ist. My political life, vol. II, p. 389. Dazu auch *N. Mansergh,* Name and Nature, p. 5.

Dominionstatus für Indien (1917-1939)?

Noch bevor sich die britische Herrschaft über den ganzen Subkontinent ausgedehnt und diesen administrativ organisiert hatte, richteten einige weitsichtige Briten ihren Blick auf die Zukunft, wobei sie eine künftige Ablösung für unumgänglich hielten [94]. War es denkbar, daß das kleine Großbritannien auf die Dauer Millionen Menschen fremder Rasse und Zivilisation beherrschen konnte? Würde nicht die Begegnung mit der Kolonialmacht einen Prozeß der Verwestlichung einleiten, der den Willen zur Selbstbestimmung in sich trug und sich eines Tages gegen den British Raj richten würde? Konnte und durfte England eine solche Verwestlichung verhindern? War imperiale Herrschaft mit dem liberalen Credo vereinbar und würde nicht ein »zivilisiertes« und unabhängiges Indien zum besten Handelspartner Großbritanniens werden? Der britische Liberalismus war so sehr von der Überlegenheit und Allgemeingültigkeit der westlich-christlichen Zivilisation überzeugt, daß die rassische und kulturelle Verschiedenheit kaum in Rechnung gezogen wurde und fremde Völker für Self-government nach britischem Muster befähigt erschienen, womit sich eine zeitliche Begrenzung der europäischen Herrschaft ergab. Ganz ähnlich hat auch Frankreich im beginnenden 19. Jahrhundert an die Allgemeingültigkeit und Übertragbarkeit der Ideen von 1789 geglaubt und – auf seine Weise – durch Integration und Assimilation die Zukunftsfrage zu beantworten gesucht. Zugegeben, es handelte sich um, allerdings wichtige, Einzelstimmen, aber selbst der »Imperialist« *Seeley* hat seine Leser in faszinierender Weise mit der Möglichkeit eines unabhängigen Indien konfrontiert; wenn eines Tages die zerstörende und aufbauende Wirkung des britischen Einflusses in Indien eine nationale Bewegung auslösen werde, sei der Moment zum Rückzug gekommen [95].
In der Epoche des Imperialismus hat sich die Argumentation verschoben. Der Sepoy-Aufstand erschütterte das bisherige Credo; die Eröffnung des Suez-Kanals intensivierte zwar die politischen und wirtschaftlichen Beziehungen, brachte aber auch eine zunehmende Distanzierung zwischen Europäern und Indern, während ein naturwissenschaftlich orientiertes Rasse-Denken und das imperiale Bewußtsein des späten 19. Jahrhunderts eine Herrschaftskonzeption ergaben, die fremdrassischen Völkern wohl kulturelle und religiöse Leistungen zugestand, nicht aber die Befähigung zu einer modernen Verwaltung, sozialer Verantwortung und politischer Selbstbestimmung. Der »benevolent despotism« Großbritanniens verhindere einen Rückfall in die Anarchie, leiste positive Aufbauarbeit, schütze die bäuerlichen Massen vor feudaler Ausbeutung und

[94] Bekannt ist vor allem der Ausspruch Sir *Thomas Munros*, des bedeutenden Gouverneurs von Madras aus dem Jahre 1824: England müsse regieren bis Indien »abandoned most of their superstitions and prejudices, and become sufficiently enlightened to frame a regular government for themselves, and to conduct and preserve it. Whenever such a time shall arrive, it will probably be best for both countries that the British control over India should be gradually withdrawn«. The Concept of Empire, ed. *G. Bennett,* 1953, p. 70 Macaulay nannte 1833 den Tag, da britisch-westliche Zivilisation Indien zur Unabhängigkeit führe, »the proudest day in English history« a.a.O., p. 74. Vgl. auch *George D. Bearce,* British attitudes towards India 1784–1858, 1961.

[95] Vgl. Die Ausbreitung Englands, d. Aus. 1954, p. 192 f., 231.

erfülle somit eine zivilisatorische Mission in Asien. An eine schrittweise Gewährung von Self-government war nicht zu denken, höchstens an eine gewisse Mitsprache im lokalen Bereich, die Ernennung von Indern in die Legislative Councils und die – beschränkte – Aufnahme in den Indian Civil Service. Für Imperialisten wie Lord *Curzon* war dies eine Selbstverständlichkeit [96], aber auch *Richard Jebb*, der 1902 das wachsende Selbstbewußtsein der Dominions geschildert hat, wies eine Parallele zwischen britischen Siedlungskolonien und Indien entschieden zurück [97].
Die antibritische Agitation, die *Curzons* Innenpolitik ausgelöst hatte, und die durch die Kongreßpartei repräsentierten nationalen Emanzipationsbestrebungen ließen nach dem Wahlsieg der Liberalen 1905 einen Kurswechsel notwendig erscheinen und führten zu den Morley-Minto-Reformen von 1909 [98]. Neu war – neben der Communal representation im Interesse der Moslems – die Einführung der Wahl, wenn auch mit hohem Zensus und indirekt, während gleichzeitig die bestehenden gesetzgebenden Versammlungen erweiterte Befugnisse, u. a. auch die Budgetberatung, erhielten. Damit war ein erster Schritt zum Representative government und zur Parlamentarisierung getan. London wollte dies aber keineswegs so verstanden wissen. Nicht nur der konservative Vizekönig Lord *Minto* [99], sondern auch der Staatssekrtär für Indien, *John Morley*, ein Schüler von *John Stuart Mill* und ehemaliger Mitarbeiter *Gladstones*, erklärten mit Nachdruck, daß die Reformen nicht als erste Etappe zur Parlamentarisierung gedacht seien und diese nicht ein Ziel britischer Indienpolitik sein könne [100]. Beide waren auch überzeugt, daß sich die indischen Verhältnisse nicht zur Übertragung britischer Repräsentationselemente eigneten, obschon der alte Liberale *Morley*, der sich intensiv in der irischen Frage engagiert hatte, den britischen Raj für »unnatürlich« hielt und pessimi-

[96] "It is vain, however, to pretend that India can be granted self-government on the colonial lines. It would mean ruin to India and treason to our trust. The Empire cannot apply the same policy to the Colonies and to India ... Were India to be lost, she herself would reel back into chaos, and the British Empire, at any rate in Asia, would perish ..." Concept of Empire, p. 355 f.

[97] *J. D. B. Miller*, Richard Jebb and the Problem of Empire, 1956, p. 33.

[98] *M. N. Das*, India under Morley and Minto. Politics behind revolution, repression and reformes, 1964, vor allem, Kap. VI. Für dies und das Folgende *Dietmar Rothermund*, Die politische Willensbildung in Indien 1900–1960, 1965, p. 50 f.

[99] Z. B. Brief an *Morley*, 28. 5. 1906, Das p. 66. Vor dem Imperial Legislative Council am 25. 1. 1910: "We have distinctly maintained that the representative Government in its western sense is totally inapplicable to the Indian Empire and would be uncongenial to the traditions of Eastern peoples – that Indian conditions do not admit of popular representation – that the safety and welfare of this country must depend on the supremacy of British Administration ... We have aimed at the reform and enlargement of our Councils but not at the creation of parliaments." Zit. *Marquess of Zetland*, Self-Government for India, in: Foreign Affairs, Okt. 1930, p. 2.

[100] Vor allem die bekannte Erklärung *Morleys* im Oberhaus vom 17. 12. 1908: "If I were attempting to set up a Parliamentary system in India, or if it could be said that this chapter of reforms led directly or necessarily up to the establishment of a Parliamentary system in India, I, for one, would have nothing at all to do with it ... If my existence, either officially or corporeally were prolonged twenty times longer than either of them is likely to be, a Parliamentary system in India is not the goal to which I for one moment would aspire." H. o. L. vol. 198 S. 1983 f. zit. The Evolution of India and Pakistan 1858–1947, ed *C. H. Philips*, 1962, p. 85.

stisch an seiner Dauerhaftigkeit zweifelte [101]. Die Reformen sollten vor allem die britische Bereitschaft zu einer entgegenkommenderen Haltung unter Beweis stellen und Organe schaffen, in denen die Inder ihre Wünsche und Forderungen zur Geltung bringen konnten; auf diese Weise glaubte er einen offenen Ausbruch der nationalen Agitation verhindern und wenigstens den gemäßigten Flügel der Kongreßpartei zufriedenstellen zu können.

War es aber möglich, auf dem einmal eingeschlagenen Weg stehenzubleiben? Es lag auf der Hand, daß auch ein Gemäßigter wie *Gokhale,* der die Morley-Minto-Reformen nur als eine Etappe zum Representative government ansah, sich auf den Durham-Report berief und die schrittweise Gewährung von »Self-government within the Empire« forderte [102]. Die indische Regierung und der liberale Unterstaatssekretär Montagu hielten es 1911 für notwendig, die indischen Forderungen »for a larger share in the Government of the Country« zu befriedigen; bürokratisches Good government genüge nicht mehr, und es sei Zeit, daß England sich Klarheit verschaffe über das Ziel, das es in Indien verfolge [103]. Die Konservativen aber reagierten scharf, so daß der Staatssekretär Lord *Crewe* dem Vorwurf, die Regierung orientiere sich an einer indischen Home Rule, energisch entgegentreten mußte und die Erklärung abgab, daß jeder Vergleich zwischen Indien und den Dominions unangebracht sei: er, *Crewe,* sehe »no future for India on those lines« [104]. Das Self-government der Dominions beruhe auf der britischen Herrschaft der Bevölkerung, während Indien mit seinen unzähligen rassischen und religiösen Gruppen dazu nicht die Voraussetzung besitze; Dominionstatut sei »as remote as any Atlantis... we believe that the maintenance and perpetual continuance of British rule in India is the best way of securing the happiness of the Indian people« [105]. Das offizielle England hielt also bis zum Ersten Weltkrieg an seinem »benevolent despotism« fest und dachte nicht daran, Self-government oder gar volles Dominionstatut zum Ziel britischer Politik zu proklamieren. Man hielt an *Milners* »Two Empires« fest, d. h. an der These, daß die konstitutionelle Entwicklung der weißen Dominions nicht für den asiatischen Bereich gelte [106].

Die Emanzipationsbewegung in Asien und das Anwachsen des indischen Nationalismus ließen aber doch Zweifel an der bisherigen Haltung aufkommen [107]. Ausgerechnet im »Schülerkreis« *Milners,* in der Round-Table-Gruppe, stellte man sich die Frage, ob mit einem schrittweisen Rückzug Europas aus Asien gerechnet werden müsse. So hat z. B.

[101] Für dies und das Folgende der ausgezeichnete Aufsatz von *S. R. Mehrotra,* The politics behind the Montagu declaration of 1917, in: Politics and Society in India, ed. *C. H. Philips,* 1963, p. 72. Dazu die interessante Briefstelle bei *Das,* p. 66 f., und die Bemerkung zu *Minto:* "As time goes on, Indian discontent or alienation ... will be sure to run into the same channels of violence as Italian, Russian, Irish discontent." 8. 7. 1909, *Das,* p. 21.

[102] Evolution of India, p. 162.

[103] *Mehrotra,* p. 77.

[104] H. of L. 24. 6. 1912, S. 156.

[105] H. of L. 29. 7. 1912, S. 745.

[106] *Milner,* The Nation and the Empire, 1913. Auch Lord *Bryce,* der berühmte Verfasser von »The American Commonwealth« meinte 1914: "Everyone admits in his heart that it is impossible to ignore the differences which make one group of races unfit for the institutions which have given energy and contentment to another more favourably placed." Zit. *Hugh Tinker,* Ballot Box and Bayonnet, 1964, p. 10 f.

[107] Siehe die Belege bei *Mehrotra* p. 77.

Sir *James Meston*, Mitglied des Indian Civil Service, 1912 die These abgelehnt, daß Indien dauernd als »subject country« behandelt werden könne. "Self-government must become one of the ideals at which our rule in India is to aim [108]." Auch *Philip Kerr* und *Lionel Curtis* kamen zu einem ähnlichen Ergebnis, und zwar – bemerkenswerterweise –, weil Indien in dem von ihnen diskutierten Reichsparlament nur dann vertreten sein könnte, wenn es wie die Dominions Responsible government besaß. "If we manage to create in India a self-governing, responsible Dominion, and if India, when it is responsible and self-governing, elects to remain within the British Empire, we shall have solved the greatest difficulty which presents itself to the world to-day [109]." Das war groß gesehen und umriß eine Problematik, die England nicht nur in der Zwischenkriegszeit, sondern auch noch unmittelbar vor der Unabhängigkeit Indiens beschäftigte: Nur indem man rechtzeitig das Dominionstatut oder gar die Unabhängigkeit gewährte, bestand einige Aussicht – die Annahme hat sich 1947 als richtig erwiesen –, Indien zum Verbleiben bzw. Eintritt ins Commonwealth zu bewegen. Es wird gleichzeitig sichtbar, wie Indien schrittweise den Siedlungskolonien angenähert wurde und daß England gar nicht anders konnte, als auch für Indien das Dominionstatut in Aussicht zu nehmen. Wohl wurden keine Termine genannt, und noch handelte es sich um das Dominionstatut von vor 1914, das formell nur innere Autonomie und keine Verfügungsgewalt über die Außenpolitik bedeutete, aber der Neuansatz war nicht zu übersehen und leitete über zur Erklärung von 1917 und zu den Reformen von 1919. Der Erste Weltkrieg hat die Entwicklung ungemein beschleunigt und London zu Konzessionen veranlaßt, wie man sie bis dahin kaum für möglich gehalten hätte. England förderte die Industrialisierung und rekrutierte gegen 1,3 Millionen Soldaten und Arbeiter, die in Ostafrika, im Nahen Osten und auf den westeuropäischen Kriegsschauplätzen eingesetzt wurden. Das Versagen der indischen Truppen in Mesopotamien 1916 hat das britische Prestige geschwächt und scharfe Kritik an den bisherigen Verwaltungsmethoden ausgelöst. Gandhi, der nach dem Kriege die Führung der indischen Nationalbewegung übernahm, erwartete eine Honorierung des indischen Einsatzes für das Empire. Im Kongreß wurde eine Erklärung der englischen Regierung über das Self-government für Indien gefordert: andernfalls würden radikalere Gruppen die Führung übernehmen [110]. Kongreßpartei und Moslem-Liga einigten sich zudem im Lucknow-Pakt und legten einen eigenen Verfassungsvorschlag vor [111].

Die Regierung konnte sich der neuen Situation nicht verschließen, nachdem Premierminister *Asquith* bereits 1914 erklärt hatte, daß »henceforth Indian questions would have to be approached from a different angel of vision« [112] und Vizekönig *Hardinge* im August 1915 in einem Memorandum die Notwendigkeit von Reformen darlegte; die Beamten müßten sich auf ihre neue Aufgabe einstellen, Indien zur Selbstregierung

[108] Memorandum zit. bei *Mehrotra* p. 76.

[109] *S. R. Mehrotra*, Imperial Federation and India 1868–1917, in: Journal of Commonwealth Political Studies 1961/1, p. 38.

[110] Presidential Address Sinhas auf dem Kongreß in Bombay 1915, *Mehrotra*, The politics ... p. 81.

[111] Text in Evolution of India p. 171 f. Der englische König wird gebeten, »to issue a proclamation that it is the aim and intention of British policy to confer self-government on India at an early date«.

[112] Zit. *Smith*, Oxford History of India, 1961, p. 780.

vorzubereiten, als »the true friend of the Empire and not merely as dependent« [113]. Die Round-Table-Gruppe diskutierte die Zukunft Indiens, wobei *Lionel Curtis* den Begriff Self-government ausdrücklich als Responsible government interpretierte. Der neue Vizekönig *Chelmsford* bat die Gruppe um ein Memorandum, beriet das weitere Vorgehen mit dem Exekutivrat und sandte im November 1916 dem Staatssekretär seine Vorschläge, in denen er u. a. zur Abgabe einer Erklärung riet, daß die Zukunft Indiens in »einer Form von Self-government« liege, was nicht ausschließe, daß Indien institutionell von den Dominions abweichen würde. Da auch der konservative Staatssekretär *Austin Chamberlain* die Notwendigkeit einer solchen Erklärung einsah [114], beschränkte sich die Diskussion im Kabinett auf deren Formulierung, d. h. auf die Art und Weise, wie Self-government umschrieben werden sollte. Selbst *Curzon* war einverstanden, jedoch nicht, weil England Indien zu Dank verpflichtet sei, sondern weil England unter dem Leitwort der Freiheit Krieg führe und überall der Ruf nach Nationalität und Selbstbestimmung ertöne; die von der russischen Revolution ausgehende Unruhe habe auch Indien erfaßt und drohe revolutionäre Bewegungen auszulösen. Im April 1917 beschloß das Imperial War Cabinet die Zulassung Indiens zur Reichskonferenz, aber erst am 20. August konnte Staatssekretär *Montagu* seine berühmte Erklärung abgeben: Ziel der britischen Politik in Indien sei neben einer beschleunigten Indianisierung der Verwaltung »the gradual development of self-governing institutions with a view to the progressive realisation of responsible government in India as an integral part of the British Empire« [115].

Welche Bedeutung kommt der Erklärung vom 20. August zu? Sie ist das erste offizielle Statement über das Endziel der britischen Herrschaft in Indien und über die Methode zur Erreichung dieses Ziels. Was noch vor einigen Jahren völlig undenkbar war, hat der Weltkrieg erzwungen: Das außenpolitisch und militärisch geschwächte England mußte auf die Forderung nach Selbstregierung eingehen und eine Art Entkolonialisierungsprogramm für Indien proklamieren! Gleichzeitig hat London seine bisherige These, der britische Parlamentarismus komme für Indien nicht in Frage, aufgegeben – was selbst die Liberalen *Morley* und *Crewe* für unmöglich hielten, wurde nun als Programm verkündet, denn Responsible government konnte in der englischen Sprechweise nur eine einem gewählten Parlament verantwortliche Regierung bedeuten [116]. Paradoxerweise hat ausgerechnet Lord *Curzon* die von *Montagu* vorgesehene allgemeine Formel »Ultimate Self-government« in das spezifischere »Responsible government« abgeändert [117]!

Responsible government hieß aber gleichzeitig und vor allem Dominionstatut. Von

[113] Ich folge wiederum *Mehrotra*, p. 82 f.

[114] *Chamberlain* an *Chelmsford* im Frühling 1917, Ziel der brit. Politik müßte sein »free institutions with a view to ultimate self-government within the Empire«, zit. Sir *Charles Petrie*, The life and letters of the right Honorable Sir Austin Chamberlain, 1940 vol. 2, p. 76.

[115] U. a. Evolution of India, p. 264.

[116] Der Hindu-Moslem-Verfassungsplan von 1916 hatte keine verantwortliche Regierung vorgesehen und sich an einem anderen Verhältnis zwischen Legislative und Exekutive orientiert! *Rothermund*, p. 75.

[117] *Ronaldshay* (später Lord *Zetland*), The life of Lord Curzon, 1928 vol. III., p. 164 f. *Mehrotra*, p. 95. Es ist nicht abgeklärt, was *Curzon* mit dieser Abänderung bezweckte und von welchen Vorstellungen und von welchem Begriffs-Verständnis er ausging.

diesem war in der Erklärung von 1917 nicht die Rede, und 1924 hat sich z. B. der Home-Minister in Indien *Malcolm Hailey*, der spätere Lord *Hailey* des »African Survey«, auf eine Anfrage hin dahin geäußert, daß Responsible government als bloße Vorstufe zum Dominionstatut zu interpretieren sei [118]. Diese These blieb zwar inoffiziell, hat aber das Mißtrauen der Inder geweckt. Wie man den Begriff »responsible government in India as an integral part of the British Empire« 1917 im Kabinett verstanden hat, ist schwer auszumachen, man wird aber davon ausgehen dürfen, daß an eine Abgabe der Verfügungsgewalt über Außenpolitik, Verteidigung, Währung u. a. nicht gedacht war. Im Jahre 1917 fiel aber auch die Entscheidung über die künftige Entwicklung des Dominionstatutes, die zur Balfour-Deklaration von 1926 führte. Sollte diese Entwicklung auch für Indien gelten? Wurde dieses wirklich den weißen Dominions gleichgestellt?

Formeln wie »Self-government within the Empire« und »a sister nation in the British Empire« wurden verwendet.

Indien unterzeichnete als Quasi-Dominion 1919 den Friedensvertrag von Versailles und wurde 1920 selbständiges Mitglied des Völkerbundes. Indienminister *Montagu* erklärte zudem im August 1918 im Unterhaus:

"Could you say that in every other part of the British Empire Self-Government was right, but that in India you were going to deny opportunity for access to self-government... We cannot devote more than a century to the tilling of the soil and then refuse to plant the seed..." [119]

Das war eine energische Antwort an die Zweifler und konservativen Kritiker im Mutterland und eine Aufforderung, mit Reformen ernst zu machen. *Montagu* hat gleichzeitig das zugkräftigste Argument für die Abgrenzung zwischen Siedlungskolonien und Indien, nämlich die These, daß das Dominionstatut auf der Bevölkerung »of british stock« beruhe, zu widerlegen versucht, wenn er darauf hinwies, daß

"the Empire which includes the French of Canada and the Dutch of South Africa – to go no further – cannot in any case be based on ties of race alone. It must depend on a common realisation of the ends for which the Empire exists, the maintenance of peace and order over wide spaces of territory, the maintenance of freedom and the development of the culture of each nation entity of which the Empire is composed. These are aims which appeal to the imagination of India, and tin proportion? As self-government develops patriotism in India we may hope to see the growth of a conscious feeling of organic unity with the Empire as a whole" [120].

Von hier führte der Weg – wenn man will – zu den Thesen eines *Alfred Zimmern* (vgl. S. 47) und zum Multiracial Commonwealth. Diese Formulierungen mögen rückblickend recht vage anmuten und sich auf noch ferne Zukunft beziehen, doch wird man

[118] "If you analyse the term 'full Dominion Self-Government', you will see that it is of somewhat wider extent, conveying that not only will the Executive be responsible to the Legislature, but the Legislature will in itself have the full powers which are typical of the modern Dominion. I say there is some difference of substance, because responsible government is not necessarily incompatible with a Legislature with limited or restricted powers. It may be that full Dominion self-government is the logical outcome of responsible government, nay, it may be the inevitable and historical development of responsible government, but it is a further and a final step." *Gwyer-Appadorai*, p. 220.

[119] H. of C. 6. 8. 1918, vol. 109 S. 1147.

[120] Report on Indian Constitutional Reforms, Cmd. 9109 (1918), Art. 180.

im französischen oder holländischen Kolonialbereich kaum eine Parallele dazu finden: Von einem künftigen Self-government und einem Patriotismus Indochinas oder Indonesiens war in der Zwischenkriegszeit nie die Rede! Allerdings wird sich die britische Regierung lange weigern, offen von Dominionstatut zu sprechen, und sich damit den Weg zu einem Ausgleich mit der Kongreßpartei versperren. *Montagu* begab sich nach Indien, verhandelte mit dem Vizekönig und erstattete im Sommer 1918 den »Report on Indian Constitutional Reforms«; *Lionel Curtis* von der Round-Table-Gruppe hat dabei als Berater in Verfassungsfragen mitgewirkt. Auf diesem Bericht basierten dann die Montagu-Chelmsford-Reformen von 1919, die laut Präambel einer dieser »progressive steps« in Richtung Responsible government sein sollten. Die Provinzen erhielten nicht nur erweitertes Wahlrecht und eine Mehrheit gewählter indischer Abgeordneter, sondern auch verantwortliche Minister in bestimmten Bereichen (Erziehung, Lokalverwaltung, Gesundheit, wirtschaftliche Entwicklung), während Polizei, Finanzen, Presse u. a. beim Gouverneur verblieben. Diese eigenartige Trennung von verantwortlicher Regierung und Verwaltung durch den Gouverneur hatte *Curtis* als »Dyarchy« bezeichnet. In der Zentrale traten an die Stelle des bisherigen kleinen Rates zwei mehrheitlich gewählte Kammern, und in den Exekutivrat wurden neben vier Briten drei Inder aufgenommen – die Regierungsgewalt aber blieb fest in britischer Hand. Bemerkenswert sind die Überlegungen und Argumente, die diesen Reformen zugrunde lagen. Die Schwierigkeiten eines parlamentarischen Regimes in und für Indien wurden keineswegs bagatellisiert, und es wurde auf den »kommunalen« Antagonismus, die Unwissenheit der Bauern, das Problem der Kasten u. a. ausführlich hingewiesen. *Montagu* und *Curtis* wollten aber gleichzeitig bei der schrittweisen Überwindung dieser Schwierigkeiten Hilfe leisten. Curtis sprach von der indischen Nation, die eines Tages über ihre Geschicke selbst entscheiden werde, polemisierte gegen die Europäer in Indien, die den Kontakt mit der Weltöffentlichkeit verloren hätten, und gegen jene, die »Responsible government« einschränkend zu interpretieren versuchten[121]. Er ging von den Erfahrungen mit den amerikanischen Kolonien aus, bezog sich auf den Durham-Report und wollte mit der »Dyarchy« einen Ausweg aus dem unfruchtbaren und unvermeidbaren Konflikt zwischen einem gewählten Parlament und einer unabsetzbaren Regierung finden: London müsse der indischen Elite vertrauen und ihr eine reale Verantwortung und nicht nur die Möglichkeit zur Kritik verschaffen. Selbstverständlich stand 1918/19 ein Self-government für ganz Indien noch nicht zur Diskussion, und wohl handelte es sich dabei um eine Art Kompromißlösung, aber es zeigt sich darin doch deutlich, wie sich Konzeption und geistige Haltung gegenüber 1909 gewandelt haben: Alle Reformen sollten nun ein Schritt sein zur Selbstregierung Indiens! Damit wurde die Auseinandersetzung mit den indischen Nationalisten, aber auch die Diskussion in England im wesentlichen zu einer Diskussion über das »timing«, d. h. über das Tempo und die zeitliche Fixierung der »progressive steps« bis zur Erreichung des Zieles. Es lag dabei auf der Hand, daß London diese in mehr oder weniger weite Ferne rückte, während die Inder eine kurzfristige Einlösung gegebener Versprechen erwarteten und forderten.

[121] In den »Letters to the people of India on Responsible Government« 1918 bezeichnet *Curtis* die Erklärung von 1917 als »in substance the most important ever made on the place of India in the British Commonwealth ... The Pronouncement is binding on the Secretary of State in all its terms«, p. 13.

Gandhi hat bei Kriegsende, als die Alliierten so vernehmlich von Selbstbestimmungsrecht und demokratischen Freiheiten sprachen, auf sehr weitgehende Konzessionen an Indien und auf eine großzügigere Honorierung der Kriegsanstrengungen gehofft, als London sie ankündigte. Er hat aber dennoch den Report von 1918 und die Reformen von 1919 trotz kritischer Einwendungen nicht abgelehnt; der Kongreß akzeptierte sie als Übergangslösung und sagte widerwillig seine Mitarbeit zu [122]. Die Rowlatt-Acts, die dem Vizekönig nach dem Ausfall der Kriegsvollmachten legale Handhaben gegen Unruhestifter einräumen, die dadurch ausgelösten schweren Unruhen im Panjab und das Blutbad von Amritsar, aber auch die britische Reaktion darauf, hatten jedoch in Indien einen Entrüstungssturm ausgelöst und den Bruch zwischen der indischen Regierung und der Kongreßpartei vorbereitet: Gandhi schloß sich der Kaliphat-Protestbewegung an und rief zur Non-Cooperation auf: die Kongreßpartei sabotierte die Provinzparlamente. Die Indien 1919/21 gewährte Fiskalhoheit, die trotz Währungsmanipulationen einen rapiden Aufschwung der Industrie einleitete, und die beschleunigte Indianisierung von Verwaltung und Armee boten keinen Ersatz für den Verlust an Vertrauen in die britische Reform- und Verhandlungsbereitschaft. Die Atmosphäre war vergiftet, die Partner mißtrauten einander.

In der Tat war die britische Haltung gegenüber Indien nach Kriegsende ausgesprochen zwiespältig. Die Reformen von 1919 waren vom Parlament ohne längere Diskussion und ohne Abstimmung angenommen worden, und in der Publizistik wurde von anerkannten Indien-Kennern mit Nachdruck auf die nationale Welle, die Indien erfaßt habe und Konzessionen in Richtung Self-government notwendig mache, hingewiesen [123]. Widerstand und Reaktion kamen aber ebenfalls zu Wort. Die britischen Beamten haben zwar die Erklärung von 1917 gutgeheißen, die »Dyarchy« von 1919 aber abgelehnt, mit dem nicht unberechtigten Hinweis auf die sich ergebenden Schwierigkeiten, aber auch aus Abneigung dagegen, den Indern Verwaltungs- und Entscheidungskompetenzen zu überlassen. Die Anglo-Indian Association, die als repräsentativ für die nicht beamteten Europäer in Indien gelten darf, hat sogar eine Agitation gegen die Verfassungsreformen in die Wege geleitet. Der wichtige Lord *Sydenham* (Gouverneur von Bombay 1907–1913) polemisierte gegen Konzessionen an die angeblich repräsentative Intelligenzschicht der Kongreßpartei: "A Government which shows weakness is doomed [124]." Der für Amritsar Verantwortliche, General *Dyer*, wurde zwar seines Postens enthoben, aber die Europäer in Indien, ein Teil der Londoner Presse und zahlreiche Parlamentsabgeordnete hielten sein Vorgehen für gerechtfertigt und sympathisierten offen mit ihm. Diese rassizistisch-imperialistische Reaktion in der britischen Öffentlichkeit, die psychologisch erklärbar sein mochte und sich auch nur als vorübergehend erwies, hat jedoch einen Mann wie *Gandhi* stark betroffen und anti-britischen Gefühlen Nahrung gegeben. *Montagu* als liberaler Staatssekretär für Indien wurde

[122] Vgl. Speeches and Documents on the Indian constitution 1921-1947, ed. *Gwyer* und *Appadorai*, 1957, vol. I, p. 1.

[123] Z. B. *Lord Meston*, Quo vadis in India, in: Contemporary Review, Okt. 1920. *Valentine Chirol*, India old and new, 1921.

[124] The Indian Annual Register, ed. Mitra 1919 p. 16. *Sydenham* hatte die Reformen von 1919 abgelehnt, während sie Außenminister Lord *Curzon* verteidigt hatte. H. of L., 12. 12. 1919, vol. 37, S. 993 f.

zudem zum Rücktritt gezwungen [125]. In einer Publikation der Indo-British Association fehlte es dabei nicht an Hinweisen auf die jüdische Herkunft *Montagus*; *Dyer* habe einen allgemeinen Aufstand in Indien verhindert, die Regierung und der Vizekönig jedoch hätten nachgegeben, statt gegen *Tilak* und *Gandhi* rigoros einzuschreiten [126]. Auch Lord *Curzon* verlangte im Oberhaus eine energische Repression [127]. Unter dem bezeichnenden Titel »The lost Dominion« erschien eine imperialistische Schrift, die brillant und sarkastisch den Weg zur »Auflösung« des Empires beschrieb: Diese sei eine Folge liberaler Prinzipien und eines Verlustes an Herrschaft- und Machtwillen; anstatt mit einer »Politik konstruktiver Unterdrückung« die soziale Wirksamkeit zu steigern, habe man verantwortungslos die Macht an die Nationalisten abgegeben und die indischen Massen verraten. »Wenn die Zukunft sich für England und Indien günstig entwickelt, dann wird man uns Weise nennen, wenn nicht, Feiglinge [128].« *Birkenhead*, der Nachfolger *Montagus*, sah sich veranlaßt, im Oberhaus auf diese Schrift Bezug zu nehmen:

> "I am not able in any foreseeable future to discern a moment when we may safely, either to ourselves or India, abandon our trust. There is, my Lords, no 'lost Dominion', there will be no 'lost Dominion' until that moment, if ever it comes(!) when the whole British Empire, with all that it means for civilisation, is splintered in doom." [129]

Indien sei infolge seiner unüberbrückbaren »kommunalen« Probleme zur Selbstregierung nicht fähig. Dies war die Position eines Diehard, der die Erklärung von 1917 offiziell nicht desavouieren konnte, sie aber persönlich für unsinnig hielt und – überzeugt von der Minderwertigkeit der indischen Rasse – die Hebel der Macht nicht aus der Hand zu geben bereit war [130].

Paradoxerweise war es *Birkenhead*, der Ende 1925 Lord *Irwin* – den späteren Lord *Halifax* und britischen Außenminister – zum Vizekönig ernannte und 1927 vorzeitig die in der Akte von 1919 vorgesehene Kommission für indische Verfassungsprobleme einberief; sein Oxford-Freund Sir *John Simon* übernahm den Vorsitz [131]. Die taktische Absicht, mit einer Indien-Kommission einer eventuellen Labour-Regierung zuvorzukommen, hat *Birkenhead* zu diesem Schritt veranlaßt [132]. Die parlamentarische Simon-Kommission, in der *Clemens Attlee* die Labourpartei vertrat, wurde

[125] *Hancock*, Survey of Commonwealth Affairs I, 170 f. *Robert Blake*, The unknown Prime Minister. The life and times of Andrew Bonar Law 1858–1923, 1952, p. 421.

[126] The crumbling of an Empire. Sept. 1916–March 1922, a chronological statement of the decline of British authority in India, 1922.

[127] H. of. L., 7. 2. 1922, vol. 49, S. 33.

[128] D. Übersetzung: Verlorene Herrschaft (mit einem Vorwort von K. Haushofer), 1924. Der Verfasser *A. Carthill* ist ein Pseudonym.

[129] H. of L., 7. 7. 1925, vol. 61, S. 1092.

[130] *Birkenhead* sei – berichtet sein Sohn – von Anfang an den Montagu-Chelmsford-Reformen kritisch gegenüberstanden, denn Indien sei »not capable of Dominion Status for centuries ... All the conferences in the world cannot bridge the unbridgeable«. P. 506 f. "It does not do to take these people too seriously; indeed I find it increasingly difficult to take any Indian politician very seriously." The life of *F. E. Smith*, First Earl of Birkenhead, by his Son, 1960, p. 419.

[131] Restrospect. The Memoirs of Viscount Simon, 1952, p. 144 f.

[132] *Birkenhead*, p. 512.

von den Indern sabotiert, da sie selbst nicht daran beteiligt wurden[133]; die Kommission erstattete ihren umfangreichen Bericht im Juni 1930. Von Dominionstatut war darin nicht die Rede, und ebenso war auch an der Zentrale noch kein Responsible government vorgesehen. Unterdessen war jedoch die Labourpartei an die Macht gekommen, die zwar seit Jahren für Self-government an Indien eintrat, als Regierungspartei aber auf liberale Unterstützung angewiesen war und im Interesse einer überparteilichen Indienpolitik auf ein selbständiges Vorgehen verzichtete; der reformfreudige Lord *Irwin* entsprach zudem ihren Erwartungen und Vorstellungen. *Irwin*, der mit der Kongreßpartei und *Gandhi* wieder ins Gespräch zu kommen und eine Vertrauensbasis für Verhandlungen zu schaffen wünschte, konnte, gedeckt durch die Labourregierung, am 31. Oktober 1929 eine neue wichtige Erklärung abgeben: "I am authorized on behalf of HMG to state clearly that in their judgement it is implicit in the declaration of 1917 that the natural issue of India's constitutional progress, as there contemplated, is the attainment of Dominion status[134]."

Damit hat London über die Erklärung von 1917 hinaus erstmals das Dominionstatut als Ziel der britischen Indienpolitik proklamiert und das Tabu, das bis dahin diesen Begriff umgab, durchbrochen. Es war fortan nicht mehr möglich, Responsible government und Self-government anders zu verstehen als Dominionstatut! Dabei umfaßte der Dominion-Begriff seit der Balfour-Deklaration auch die Außenpolitik und die Verteidigung, bedeutete also faktisch die Unabhängigkeit und ging über das hinaus, was Liberale wie *Montagu* während und unmittelbar nach dem Ersten Weltkrieg hatten zugestehen wollen. *Irwin* akzeptierte jedoch die Gleichstellung Indiens mit den weißen Dominions und sah ein, daß jeder Versuch, für Indien ein Sonderstatut in Aussicht zu nehmen, scheitern und Verhandlungen mit der Kongreßpartei unmöglich machen würde[135]. Die Erklärung wurde in Indien gut aufgenommen – der Historiker *Gopal*

[133] Auch ein liberaler indischer Politiker wie *Sapru* muß sich am 27. 12. 1927 distanzieren: "... if our patriotism is a prejudice and if the patriotism of the seven Members of Parliament is to be treated as impartial justice, then we Liberals feel justified in telling the Government here and in England: You may do anything you like in the assertion of your rights as supreme power, but we are not going to acquiesce in this method of dealing with us. Neither our self-respect nor our sense of duty to our country can permit us to go near the Commission." *Gwyer-Appadorai*, p. 210.

[134] Text bei *Gwyer-Appadorai*, p. 225 f., oder Evolution of India, p. 286. Die Entstehung der Erklärung ist noch nicht ganz geklärt. Sie basierte auf Gesprächen zwischen *MacDonald*, *Benn* und *Irwin*, während *Baldwin* die Zustimmung der konservativen Partei gegeben haben soll unter der Bedingung, daß *Simon* zuvor gefragt werde; diese Befragung ist nicht erfolgt, vgl. *Simon*, Restrospect, p. 150 f.

[135] *Irwin* berichtete rückblickend: "Indian opinion professed itself greatly outraged by what in several quarters was described as a denial of India's right to Self-Government, and the reaction in nationalist circles was sharp. While there were of course many responsible and wise persons in India, as in this country, who did not at all like the straightforward declaration I proposed to make, to me and, I think, to most people in India the case for it appeared overwhelming, since the dilemma seemed inescapable. It was surely hard to say what the 'progressive realisation of responsible government' could mean except the ultimate achievement of status equivalent to that enjoyed by the Dominions, to which they had moved by precisely the same road as that now marked out for India. Moreover the Governor-General's Instrument of Instructions used a language that could hardly bear any other interpretation. 'For above all things it is Our will and pleasure that the plans laid by Our

spricht von einem »revival of trust« –, und selbst Gandhi scheint zu Konzessionen bereit gewesen zu sein[136]. Die Inder stellten allerdings die Bedingung, daß bereits jetzt über das Dominionstatut verhandelt würde, eventuell mit der Festsetzung von Fristen. Die Kongreßpartei hat im Nehru-Report, der einen konkreten Verfassungsentwurf enthielt, das Dominionstatut als »next immediate step« bezeichnet und dann unter dem Druck des linken Flügels am 31. Dezember 1929 ihre »Independence Resolution« angenommen: »Swaraj« sollte künftig nicht nur allgemein Self-government, sondern Unabhängigkeit und damit den Bruch mit Empire und Commonwealth bedeuten. *Gandhi* eröffnete im Frühjahr 1930 einen neuen Feldzug des zivilen Ungehorsams und wurde im Mai verhaftet.

Die erste Round-Table-Konferenz fand daher ohne Beteiligung des Kongresses statt. Lord *Irwin* gelang es allerdings, *Gandhi* zu einem Agreement (5. Mai 1931) zu bewegen: die Gefangenen wurden frei gelassen, während *Gandhi* den zivilen Ungehorsam abbrach und an der zweiten Round-Table-Konferenz im September teilnahm. Eine Einigung kam in London jedoch nicht zustande. Als im Januar 1932 eine neue Kampagne ausgelöst wurde, griffen Sir *Samuel Hoare* als Indienminister und Lord *Willingdon* als neuer Vizekönig energisch durch: Zehntausende von Indern – darunter *Gandhi* und *Nehru* – wurden verhaftet. *Willingdon* bestätigte zwar die Irwin-Erklärung, fügte aber bei, daß das Dominionstatut in weiter Ferne liege. Die Bestrebungen *Irwins* und der Labourregierung, Inder an den Verhandlungstisch zu bringen, wurden nicht mehr ernsthaft weitergeführt; die unter konservativem Druck stehende Koalitionsregierung glaubte mit oktroyierten Reformen auskommen zu können. Sie mußte im August 1932 den sogenannten Communal Award, d. h. die mühsam erarbeitete Vertretung der Minderheitsgruppen bekanntgeben und veröffentlichte im März 1933 das White Paper mit der geplanten Verfassungsreform, die anschließend von einem Joint Select Committee durchberaten wurde. Indienminister *Samuel Hoare* mußte dabei, unterstützt von *R. A. Butler* und *Malcolm Hailey*, einem Ansturm kritischer Fragen standhalten[137]. Der Bericht des Komitees vom November 1934 wurde zur Grundlage der neuen Verfassung Indiens, die nach nochmaliger heftiger Debatte trotz Ablehnung sowohl der Diehards wie der Labour Party am 5. Juni 1935 mit 386 gegen 122 Stimmen vom Parlament verabschiedet wurde. Ihr Inhalt ist bekannt: In den Provinzen wurde die Dyarchy von verantwortlichen Regierungen abgelöst, während in Zentrum eine Föde-

Parliament for the progressive realisation of responsible government in British India as an integral part of Our Empire may come to fruition to the end that British India may attain its due place among Our Dominions.' But if the words 'progressive realisation of responsible government' could or did mean something less than this, then it was not strange that Indians should recoil from the idea of second-class membership in a graded Imperial society, and turn their thoughts, as they were beginning to do, in the direction of independence. To anyone at the Indian end this seemed the great danger which had to be forestalled, and which indeed could probably be forestalled without too much difficulty, if quite groundless suspicions and misunderstandings could be removed." Lord *Halifax*, Fullness of days, 1957, p. 120.

[136] *Gopal* zitiert eine Äußerung *Gandhis:* "I can wait for the Dominionstatus constitution, if I can get the real Dominion Status in action, if today there is a real change of heart." *S. Gopal*, The viceroyalty of Lord Irwin 1926–1931, 1957, p. 51, 110.

[137] *Samuel Hoare*, Neun bewegte Jahre, d. Übers. 1955, p. 82.

ration von British-Indien und den Fürstenstaaten entstehen sollte, mit einer Regierung im Sinne der Dyarchy. Beim Vizekönig verblieben die Reserved subjects und zusätzliche »safeguards« für den Notstand. Wir interessieren uns nicht für diese oft geschilderten Ereignisse, sondern für die Haltung und Argumentation der Parteien, mit einem besonderen Augenmerk auf die Frage des Dominionstatutes.

Irwins Erklärung vom 31. Oktober 1929 hat einen heftigen Protest der Diehards ausgelöst [138]. Sie erschien ihnen als Desavouierung der Simon-Kommission und als Konzession der Labourregierung an die indischen Nationalisten, denen im Zeichen einer »neuen Politik« das Dominionstatut als Verhandlungsbasis in Aussicht gestellt werde. Dies sollte verhindert werden. Die Sprecher der Labour Party mußten darauf in der Tat bestätigen, daß die Regierung keinen Kurswechsel beabsichtige und *Irwins* Erklärung eine bloße Wiederholung von derjenigen von 1917 und der Präambel von 1919 sei. Innerhalb der konservativen Partei übernahm *Winston Churchill* die Führung der Diehards, unterstützt von den ehemaligen Indienministern Lord *Reading* und Lord *Birkenhead,* den wichtigen Parteiführern Lord *Salisbury* und *Austin Chamberlain,* dem ehemaligen Hochkommissar in Ägypten Lord *Lloyd* und dem ehemaligen Gouverneur von Kenya, Sir *Edward Grigg,* aber auch von *Lloyd George,* den Pressemagnaten *Beaverbrook* und *Rothermere* und – last but not least – von der Baumwollindustrie Lancashires. Bereits Mitte 1930 wurde eine Indian Empire Society ins Leben gerufen, zu deren Mitgliedern zahlreiche ehemalige Beamte des Indian Civil Service gehörten. Die Diehards waren im Indienausschuß der konservativen Partei gut vertreten und konnten die Parteiführung unter Druck setzen – analog zur innerparteilichen Auseinandersetzung über die rhodesische Föderation 1960 (vgl. S. 267). *Stanley Baldwin* konnte sich zwar als Leader der Partei behaupten, mußte aber doch um Konzessionen an den rechten Flügel besorgt sein und bei der Ausarbeitung der Verfassung die »safeguards« verstärken [139].

Der konservative *Irwin* fand Unterstützung nicht nur bei der Labour Party, sondern auch bei *Baldwin* [140] und bei *Geoffrey Dawson,* dem als ehemaligem Mitglied des *Milner*schen »Kindergartens« an Indien sehr interessierten Chefredakteur der »Times« [141],

[138] H. of C., 7. 11. 1929, vol. 231, S. 1303 f.
H. of L., 5. 11. 1929, vol. 75, S. 372 f. Die Kritiker suchten mit Erfolg die Regierung auf eine Antwort festzunageln, die Erklärung inauguriere keine neue Politik, und Dominionstatut gelte weiterhin als ein nur »in the fullness of days« zu erreichendes Ziel. Amüsant der Bericht des polit. Vertrauten König *Georg V.,* Lord *Stamfordham,* der am 2. September 1929 an den Vizekönig schrieb: »Oh, was für ein Lärm wird wegen Ihrer Erklärung über den gleichberechtigten Dominion-Status gemacht und wieviel wird in beiden Häusern des Parlamentes darüber geredet. Ich habe Reading, Birkenhead, Parmoor und Passfield sprechen hören. Der arme, alte Parmoor – er war völlig durcheinander und sprach von Ramsay MacDonald als von ›Lord MacDonald‹ und mehrmals sagte er ›Ihrer Majestät Regierung‹, was mich zutiefst gerührt hat, da ich mir vorstellen kann, daß seine Gedanken ebenso wie meine, oft zu jenen vielgeschmähten Viktorianischen Zeiten zurückwandern.« *Harold Nicolson,* Georg V.,d. Übers. 1954 p. 550.

[139] Mein Schüler *Dietrich Klautke* bereitet eine Dissertation über die britische Indienpolitik 1927–1947 und die Parteien vor. Ich verdanke ihm manche Hinweise.

[140] *Samuel Hoare,* Neun bewegte Jahre, p. 43 f.

[141] *John Evelyn Wrench,* Geoffrey Dawson and our times, 1955, p. 266 f. History of the Times, 1952, vol. II., p. 872 f.

außerdem – um nur wenige Namen zu nennen – bei *L. S. Amery* und *Philip Kerr*[142], beim »Economist« und beim »Spectator«. Sie alle waren überzeugt von der Unzeitgemäßheit des Diehard-Standpunktes und der Notwendigkeit, in Indien zu einem »settlement« zu kommen. Die Unruhen in Asien und die sich zusehends radikalisierende indische Nationalbewegung konnten nicht mehr bagatellisiert werden, um so mehr als Großbritannien selbst durch die Wirtschaftskrise in Anspruch genommen war und sich auf keine Repressionspolitik einlassen konnte, die zu einem militärischen Engagement hätte führen können. Was die britische Öffentlichkeit und Wählerschaft vor 1914 vielleicht noch akzeptiert hätte, wurde in der Zwischenkriegszeit abgelehnt und fand keinen nationalen Konsensus mehr. Wohl mußten Ruhe und Ordnung auch mit Polizeimethoden erzwungen werden, aber gleichzeitig suchte man eine Kompromißlösung in Form einer Verfassung, die die britische Kontrolle gewährleistete, aber doch indischen Wünschen so weit entgegenkam, daß sich die Lage beruhigte. "Rightly or wrongly we have done with the old India; there's a new afoot and we must make the best of it", so umschrieb *Baldwin* die allgemeine Situation[143]. Im gleichen Sinne forderte der »Spectator« »a new mental outlook«[144], während der »Economist«, gegen *Churchill* gewendet, das Ende des Empire in Indien proklamierte[145].

[142] *Butler,* Lord Lothian, p. 179 f.

[143] Im Gespräch zu *Thomas Jones,* A Diary with letters 1931–1950, 1954, p. 29. In einer Ansprache am 4. Dez. 1934 an die Konservative Partei sagte *Baldwin:* "You must remember that in many parts of the Empire there is sympathy with the ideals of India ... It is my considered judgement in all the changes and chances of this wide world to-day that you have a good chance of keeping the whole of that sub-continent of India in the Empire for ever. You have a chance, and a good chance, but I say to you that if you refuse her this opportunity, if you refuse it to her, you will infallibly lose India, whatever you do, before two generations are passed. That, to my mind, is the choice. Believing that, I can do no other than give you the advice I do ... so convinced am I that I am right in this matter – as convinced as some of my friends are that I am wrong – that if I stood alone I would put these views before you ... He reviewed the whole Indian question again over the radio on the 5th February, 1935, and reminded the critics of the Bill that if they argued, as they did, that Parliamentary government was not suited to the East, then the conclusion must be ›that for a hundred years we have been on the wrong track in our Indian policy; that we should now reverse our steps and set out again in the direction of autocracy and despotism. Those who use this argument cannot pretend that they stand by the pledge we gave in the Preamble of the Act of 1919 ... In accordance with our historic policy and with the object of keeping our Empire together, we have given India certain pledges. Those pledges must be fulfilled!" aus: *A. W. Baldwin,* My father: The true story, p. 176 f.
Im gleichen Sinne auch: *Marquess of Zetland* (Gouverneur Bengalens 1917–1922 u. Biograph *Curzons),* Self-Government for India, in: Foreign Affairs Okt. 1930: "But whether the extreme nationalists come to London in October or whether they do not, matters cannot rest where they are. Great Britain is pledged to go forward with an experiment fraught with momentous consequences, whether for better or for worse, to peoples numbering not less than one fifth of the human race; and she cannot now withdraw from the furrow which she has set forth to plough." P. 12. Dergl. After the India Conference, in: Foreign Affairs, April 1932.

[144] The Indian tragedy 19. 4. 1930. *Gandhi* »is a supreme symbol of the relentless urge for unimpeded self-expression, which is the strength and force of awakened India«. Die Inder erwarteten eine baldige Einlösung des Versprechens von 1917 und seien zu Recht mißtrauisch.

Auf dem Weg zu parlamentarischen Institutionen könne nicht plötzlich Halt gemacht werden.

"I do maintain" – sagte *Samuel Hoare* – "that the old system of paternal government, great as have been its achievement on behalf of the Indian masses in the past, is no longer sufficient. However good it has been, it cannot survive a century of Western education. A long period of free speech and of free press and our own deliberate policy of developing Parliamentary Government." [146]

Die Dyarchy hat die Erwartungen nur teilweise erfüllt, aber die Reform konnte nicht in der Zurücknahme von Konzessionen, sondern nur in der Gewährung von umfassenderer Verantwortung liegen, wobei die Hoffnung mitspielte, auf diese Weise die Obstruktion der Kongreßpartei zu brechen und diese zur Mitarbeit zu gewinnen [147]. Reformen in den Provinzen, auf die sich die Diehards beschränken wollten, genügten dazu nicht; wenn Indien nicht auseinanderfallen, sondern eines Tages Self-government erhalten sollte, mußte ein energischer Schritt in Richtung Föderation und Responsible government getan werden. Der Dominionstatus mochte noch in weiter Ferne liegen, aber jede Absicht, Indien einen niedereren Status als den weißen Dominions zu geben, wäre eine Illusion gewesen. *Stanley Baldwin* hat dies schön formuliert:

"Nobody knows what Dominion status will be when India has responsible government, whether that date be near or distant, but surely no one dreams of a self-governing India with an inferior status. No Indian would dream of an India with an inferior status, nor can we wish that India should be content with an inferior status, because that would mean that we had failed in our work in India ... Our work must be done in faith, but let us build for the generations(!) to come, there are men who will be putting the coping stone upon this building, they may, haply, not be unforgetful of those of us who build in faith among the foundations." [148]

Nur so aber, auf der Grundlage der »equality« bestand berechtigte Hoffnung, daß ein freies Indien im Commonwealth verbleiben würde, während gerade die Diehards mit

[145] "The proceedings of the Round-Table-Conference have awakened people in this country to the dominating fact that, with whatever transitional safeguards you please, real responsibility in the Central Government, as in the Provinces, is demanded by all shades of »moderate« Indian opinion, without distinction of race, faith or caste, and is also supported by the rulers of the States. It is a demand which the great majority of British citizens both in this country and in the Commonwealth as a whole are disposed to recognise as just in principle. We have no interests, moral or material, in India which would warrantably lead us to contemplate, as an alternative to co-operating in the realization of that demand, the intolerable prospect of repression and revolution which refusal of it would inevitably entail. With all respect to Mr. Churchill, who has suggested that »it is not yet too late ... The key to Indian government ist still in our hands«, we venture to assert that there can be no going back. This country has heard the case stated in the capital of the Empire by India's spokesmen, and the opinion of the country has conceded the essential principles for which they asked. The rest is for the lawyer or the expert. The Indian Empire is ended, the day of the Indian Federated Commonwealth has begun. It is useless for Mr. Churchill to moan for the past." The Conference on the future, 24. Jan. 1931, Nr. 4561 p. 155.

[146] Ansprache am Radio 1. 1. 1935 in: Evolution in India, p. 316.

[147] So schreibt *Philip Kerr* – typisch britisch – an *Dawson:* "To take responsibility of government which converts every Radical into more or less a Conservative ..." *Butler,* Lothian, p. 182.

[148] H. of C., 7. 11. 1929, vol. 231, S. 1312 f.

ihrem hartnäckigen Widerstand die Vertrauensgrundlage zerstörten und damit die Möglichkeit eines endgültigen Bruches heraufbeschwörten.

"If our Empire today is loyal, as it is, it is largely because we have conceded with good judgment and in good time, the reasonable claims of the units of that Empire gradually to become the controllers of their own affairs. The principle applied elsewhere equally applies to India ... let us welcome into our Commonwealth of Nations the Indian people." [149]

Damit war aber – zunächst natürlich bloß in der Konzeption – der Übergang zum Multiracial Commonwealth vollzogen und akzeptiert.

Die Intensität des indischen Nationalismus und die zentrale Position der Kongreßpartei sind allerdings unterschätzt worden. Lord *Irwin* hat ausdrücklich vor einer solchen Selbsttäuschung gewarnt[150]. Man sprach etwa von einer bloßen Hindu-Reaktion[151] oder behauptete, nur eine Minderheit trete für einen radikalen Kurs ein und sei nicht repräsentativ für die indische Führungsschicht. Die Figur *Gandhis* war schwer zu fassen, und die Non-Cooperation-Bewegung wurde mehrmals für bankrott erklärt: hatte man es mit einem unzeitgemäßen Asketen zu tun oder mit einem Agitator ohne Substanz oder aber mit einem gewiegten Politiker, dem nicht zu trauen war [152]? Die Kongreßleute erschienen als »lawless«, ehrgeizig, nicht um das Wohl der indischen Masse besorgt, die gemäßigten Nationalisten und die Liberalen hingegen als »practical patriots« – wobei selbstverständlich die Herrschaftsmacht die »Noten austeilte« und den Charakter eines echten indischen Patriotismus bestimmte. Auf diese Weise konnte man die Illusion einer »Zusammenarbeit« mit den Indern aufrechterhalten und brauchte sich das Scheitern der ursprünglich intendierten Reformpolitik nicht einzugestehen; darauf beruhte z. B. die vermittelnde Haltung der »Times«.

Auf den Round-Table-Konferenzen standen vor allem zwei Fragenkomplexe zur Diskussion: die Stellung der rassisch-religiösen und sozialen Minderheiten und die Rolle der Fürsten. Während sich *Gandhi* und die Kongreßpartei als Sprecher für die überwiegende Mehrheit der Inder ausgaben und nur ungern auf die »communal representation« eingingen, berief sich London auf seinen Trust für die verschiedenen Gemeinschaften, fürchtete innere Kämpfe und verlangte einen vorherigen Ausgleich als Conditio sine qua non. Diese Haltung war zwar im Hinblick auf die Moslem-Liga verständlich, doch hat das traditionelle Bild eines in kämpferische Gemeinschaften aufgespaltenen Indien ohne ein gemeinsames nationales Bewußtsein nur allzu leicht dazu geführt, durch »Hochspielen« der Nicht-Hindus, insbesondere der Moslems, und durch be-

[149] H. of C., 11. 2. 1935, vol. 297, S. 1719/1722. Ähnlich auch *Amery:* "Undoubtedly the conditions of India are not such as to make equal status possible to-day"... aber "...recognition of equality in co-operation within the British Empire as between Asia and Europe may mean a great deal not only to the British Empire but to the world." 5. 6. 1935, zit. My political Life III, 108.

[150] In einer Rede vor der »European Association« in Calcutta sagte er: "However emphatically we condemn the civil disobedience movement ... whatever powers we find necessary to take to combat it, so long as it persists we should ... make a profound mistake if we under-estimate the genuine and powerful feeling of nationalism that is to-day animating much of Indian thought. And for this no simple, complete, or permanent cure has ever been or can be found in strong action by the Government." Times, weekly ed. 1. 1. 1931.

[151] Z. B. *Lord Meston,* Nationhood for India (Vorträge in den USA), 1931.

[152] Z. B. der Bericht aus Indien, in: Round Table XII, 1922.

sondere Berücksichtigung bestimmter sozialer Gruppen – Unberührbare einerseits, Grundbesitzer andererseits – eine Mehrheitsposition der Kongreßpartei in den künftigen Parlamenten zu verhindern und ihren Vertretungsanspruch zu leugnen. Die zweite Round-Table-Konferenz ist hauptsächlich an dieser Frage gescheitert, wobei der Kongreß natürlich London den Vorwurf des Divide et impera machte und der Unaufrichtigkeit beschuldigte. Ähnliches galt für die Fürstenfrage. London sah sich den Fürsten gegenüber verpflichtet, fühlte sich auch an alte Verträge gebunden und glaubte über wenig Handhaben zu verfügen, sie zur Mitarbeit an der neuen Verfassung und zum Eintritt in die Föderation zu veranlassen. Gleichzeitig versprachen die Fürsten im Interesse ihrer autokratischen Herrschaft eine Rückendeckung gegen die Kongreßpartei. Die konservative Publizistik zeigte daher besondere Sympathie für die Fürsten, und die Diehards werden hier anzuknüpfen wissen. Die politische Abteilung der britisch-indischen Regierung hat den Fürsten den Rücken gestärkt [153], obschon Indienminister *Hoare* und selbst König *Georg V.* über die Hartnäckigkeit verärgert waren, mit der die Fürsten ihre Sonderinteressen verteidigten [154]. Die Verfassung kam ihnen recht weit entgegen und konnte nicht zuletzt deshalb den Kongreß nicht befriedigen. Dieser zielte bereits auf volles Responsible government im Zentrum und wandte sich gegen die vielen »safeguards«, um so mehr als im Verfassungstext von Dominionstatut nicht die Rede war und die Diehards ihn hartnäckig bekämpften.

Die Diehards gingen in der Tat von anderen Voraussetzungen aus und waren an der Glaubwürdigkeit der britischen Reform- und Konzessionsbereitschaft nicht interessiert. Als Beispiel sei hier zunächst das Buch »The dilemma in India« von Sir *Reginald Craddock* aus dem Jahre 1929 genannt. Der ausgezeichnet informierte Verfasser hatte 40 Jahre beim Indian Civil Service gedient, war Gouverneur mehrerer Provinzen und Mitglied des Exekutivrates gewesen und gehörte u. a. auch dem Joint Select Committee an. Er darf als repräsentativ gelten für die konservativ-reaktionäre Haltung der pensionierten ICS-Leute, die in und außerhalb der konservativen Partei einen ansehnlichen Einfluß ausübten, obschon ihnen bereits 1910 ein konservativer Vizekönig wie Lord *Minto* die Qualifikation als »Experten« abgesprochen hatte [155], weil sie nicht mehr in direktem Kontakt mit der Lebenswirklichkeit Indiens standen und rückwärtsgewandt den »benevolent despotism« vergangener Zeiten vertraten. *Craddock* bringt bereits im Vorwort ein beliebtes Argument vor: "With whom should we sympathize most? With the millions who are poor and helpless or with the few who have always exploited them [156]?" Diese Wenigen sind aber nicht etwa die autokratischen Fürsten oder die reichen Grundbesitzer, sondern die Politiker des Kongresses, mit denen London nun verhandeln will, obschon sie sich ohne Legitimation als Sprecher des indischen Volkes ausgeben. Dabei will dieses nur Ruhe und die gesicherte Rechtsordnung, die Großbritannien ihm gewährleistet. Hier spricht der ehemalige Kolonialbeamte, der stolz auf seine eigene Tätigkeit in Indien zurückblickt, von der Überlegenheit der westlichen Zivilisation und der britischen Verwaltung überzeugt ist und sich nun durch die nationalistische, anti-britische Agitation herausgefordert fühlt. Wir werden diese Argumen-

[153] *Rothermund,* p. 157.
[154] *Hoare,* Neun bewegte Jahre, p. 79, *Nicholson,* Georg V., p. 552.
[155] *Das,* India under Morley and Minto, p. 70.
[156] P. VI.

tation in der späteren Afrika-Diskussion wiederfinden: Der Kolonialbeamte steht – vielleicht begreiflicherweise – der kleinen und oft arrogant auftretenden Gruppe der »educated natives« mißtrauisch oder ablehnend gegenüber, stellt sich aber kaum die Frage, ob es nicht stets in der Geschichte kleine Eliten aus der aufsteigenden Mittelschicht sind, die die Führung einer nationalen Emanzipationsbewegung übernehmen und eines Tages als Sprecher der Gesamtbevölkerung akzeptiert werden müssen. *Craddock* polemisierte auch – mit einigem Recht – gegen die geringen Indien-Kenntnisse der Parlamentsabgeordneten und Business-Kreise, gegen die Tendenz, Fakten zu übersehen und »to worship phrases«. Es sei lächerlich, von einer indischen Nation zu sprechen – ein beliebtes Argument der Diehards –, die nie existiert habe und vielleicht nie existieren werde; dementsprechend werden der religiöse Atagonismus, das Kastenwesen, die Armut und Unwissenheit ausführlich geschildert.

Mit der britischen Politik seit 1917 wird scharf ins Gericht gegangen. Seit der Ernennung *Montagus* zum Indienminister lasse sich Großbritannien immer neue Konzessionen entreißen, die doch nur neue Forderungen auslösten und die Ruhe in Indien nicht wieder herstellen würden. Die Reformen von 1919 hätten sich als ein völliger Mißerfolg erwiesen: in den Provinzversammlungen herrsche Konfusion, die Position der Distriktbeamten sei unterhöhlt und das administrative Niveau bedroht; Geld werde verschleudert und die Regierung »is perpetually humiliated«. *Craddock* zitiert Memoranden der indischen Handelskammer und der »European Association«, die eine Stärkung der Regierungsgewalt forderten und vor der Abgabe der Polizeigewalt an indische Minister warnten [157]. Es sei lächerlich, von Selbstbestimmung zu sprechen [158], und Responsible government bedeute keineswegs volles Dominionstatut, jedenfalls nicht dasjenige von 1926 [159]. Als Alternative entwirft *Craddock* ein »Indo-British Dominion... a task committed to our nation by a Divine Providence« (!). Er denkt dabei an beratende Gremien und Offizialmehrheiten und an Regierungen mit europäischen und indischen Ministern. Im Zentrum sollte ein »Durbar« stehen mit Prinzen, ehemaligen Ministern, Großgrundbesitzern, Richtern, ehemaligen Beamten [160]. Unnötig, den konservativen, ja reaktionären Charakter dieser Thesen zu betonen: Der Schritt sollte nicht nach vorwärts, sondern nach rückwärts getan werden – dies ist der Standpunkt eines pensionierten ICS-Mannes, der sich auf seine Kenntnisse Indiens beruft, die nationale Emanzipationsbewegung aber nicht zur Kenntnis nehmen will und an den göttlichen Auftrag des Imperialismus glaubt [161].

[157] Im Memorandum der European Association heißt es u. a., das Ministerium für Polizei dürfe an Inder erst übergeben werden, wenn »local European opinion considers this safe« (!), p. 249.

[158] "If these 300 millions had been really determinded against British rule, they would never have accepted it." P. 259.

[159] Indien gleich zu behandeln wie die weißen Dominions wäre »absurd, and nothing of the kind has ever promised ... Dominions are bound by those loyalities of blood, language, religion, history and literature to the mother country«. P. 283, 285.

[160] P. 319.

[161] Vgl. auch der Leserbrief eines andern pensionierten ICS-Mannes als Antwort auf den Artikel »The Indian Tragedy« im Spectator (vgl. p. 88 Anm. 144), 3. 5. 1930. Die jüngeren und aktiven Mitglieder des ICS waren zweifellos aufgeschlossener. Über ihre Position, Schwierigkeiten und geistige Haltung ausgezeichnet *Philip Woodruff (Philip Mason)*, The men who ruled India, vol. II, 1954, p. 220, 244 f.

Die Diehards als Imperialisten alter Schule sind nicht bereit, Indien ein Recht auf das Dominionstatut zuzugestehen – daher ihr Protest gegen *Irwins* Erklärung vom Oktober 1929. *Birkenhead* als Indienminister kritisiert 1928 den Vizekönig, *Motilal Nehru* und *S. Jyengar* anläßlich eines Besuches der Nordwest-Provinz als Gäste der Regierung behandelt zu haben:

"Both of these politicians publicly advocate complete separation from Great Britain as India's ultimate goal. To receive advocates of this policy as guests of Government cannot fail to give it a sort of recognition as a legitimate policy to pursue. This, in my opinion, it is not. You will remember that in dealing with the question of the Indianisation if the Indan Army, HMG were averse from using the phrase 'Dominion status' to describe even the ultimate and remote goal of Indian political development because it has been laid down that Dominion Status means 'the right to decide their own destinies'. And this right we were not prepared to accord to India at present, or in any way to prejuge the question whether it should ever(!) be accorded." [162]

Hier wird die Diskrepanz der Positionen greifbar, nicht nur zwischen Labour Party und der Konservativen Partei, sondern auch innerhalb der Konservativen Partei selbst, ja zwischen Indienminister und Vizekönig. Lord *Irwin* möchte durch eine konziliante Haltung gegenüber den Führern der Kongreßpartei – wie hier beim Besuch in der Grenzprovinz –, durch die Erklärung vom Oktober 1929 und seinen Versuch, mit *Gandhi* wieder ins Gespräch zu kommen, eine Grundlage für Verhandlungen und, wenn irgend möglich, für eine Art Kompromiß in der Verfassungsfrage schaffen, während der Diehard *Birkenhead* den Männern des Kongresses distanziert, wenn nicht feindlich gegenübersteht, die Zukunft nicht präjudizieren will und mit dem Worte »ever« andeutet, daß er im Grunde nicht bereit ist, den Dominionstatus als das Ziel einer britischen Indienpolitik zu akzeptieren. In der Diskussion um die Irwin-Erklärung hat wiederum der Earl of *Birkenhead* unmißverständlich formuliert:

"... I have only this observation to make after considerable study of these problems. No man who has or who ought to retain a character for sanity or responsibility can assign any proximate period to the date at which you can conceive of India becoming of Dominion status. We are not dealing with the case of a daughter nation of our own creed and of our own blood. We are dealing with a case of a vast multiplication of races, of languages, of religions. Even in the case of the younger daughter communities the process of development was a slow and gradual one. No man has a right to indicate to the Indian people that they are likely in any near period to attain to Dominion status who does not believe that within a near period they will be capable of assuming the same degree of control over their Army, Navy, and

[162] *Birkenhead,* p. 518. Eine ähnliche Position vertritt Lord *Winterton* (konservativer Unterstaatssekretär für Indien 1922–1929) in einem Brief an die »Times«: es gelte eine Unterscheidung zwischen Responsible Government und Dominionstatut, wie Süd-Rhodesien zeige. "As a result of the Imperial Conference of 1926 Dominion-status has attained a very special meaning which is inapplicable in all particulars to India. Dominion-status obviously confers on the countries within the Empire which possess it both the right and the obligation to undertake their own military defence. Should India, as a result of the amendment of the Government of India Act receive Dominion Status, it will involve the withdrawal of the British Army; if, on the other hand, Parliament decides to grant a further or full measure of Responsible Government, the British Army can remain in India ... Before the advent of the present administration the phrase 'Dominion Status' was carefully avoided when reiterated promises were made that the British goal in India was Responsible Government within the Empire." Weekly Edition 24. 7. 1930, p. 120.

Civil Service that is assumed by the self-governing Dominions today. What man in this house can say that he can see in a generation, in two generations, in a hundred years any prospect that the people of India will be in position to assume control of the Army, the Navy, the Civil Service, and to have a Governor-General who will be responsible to the Indian Government and not to any authority in this country . . .?" [163]

Die Gegner der Oktober-Erklärung haben demzufolge wiederum versucht, die angebliche Unklarheit des Dominion-Begriffes zu betonen, um eine potentielle Gleichstellung Indiens mit den weißen Dominions für unmöglich zu erklären. Für einen Mann wie Lord *Crewe* konnte oder durfte »the ultimate stage of things in India« nicht über eine Form der inneren Autonomie hinausgehen – bei möglichst wenig Einmischung von seiten Londons –, wobei – und das ist ebenfalls bezeichnend – die Existenz der Fürstenstaaten als Argument verwendet wurde [164]. *Winston Churchill* versuchte spitzfindig zwischen »Dominion status« und »Dominion rights« zu unterscheiden; den ersteren habe man Indien im Weltkrieg gewährt, nicht aber die letzteren – und der Führer der Diehards ließ durchblicken, daß er diese auch in Zukunft nicht zu gewähren bereit sei [165]. Alle ihre – an sich nicht unberechtigten – Hinweise auf die anders gelagerten Voraussetzungen in Asien, die besonderen Probleme Indiens und die Schwierigkeiten, britische Institutionen zu verpflanzen, können nicht darüber hinwegtäuschen, daß es den Diehards in erster Linie darum ging, die imperiale Herrschaft in Indien aufrechtzuerhalten und Self-government ad Calendas Graecas zu verschieben.

Um die imperialen Positionen Großbritanniens ging es vor allem *Winston Churchill*. Unermüdlich hat er während dieser Jahre in der Partei, im Parlament und in der Öffentlichkeit die britische Indienpolitik bekämpft, indem er mit brillanter Polemik die Schwierigkeiten der Reformen darlegte, auf Widersprüche in offiziellen Verlautbarungen hinwies, aber auch die Tatsachen verdrehte und vor persönlichen Anschuldigungen nicht zurückschreckte. Eine Alternativlösung hat er nicht anzubieten vermocht, es sei denn eine Verteidigung des Status quo. Die Kongreßpartei war für ihn eine äußerst gefährliche Organisation von Unruhestiftern und Rebellen unter Führung des

[163] H. of L., 5. 11. 1929, vol. 175, S. 404 f.

[164] "To me it has been a matter of deep regret that the term has ever been used in relation to India . . .There is no accepted definition of Dominion status . . . I should have preferred to put it in this way, that the goal that we have in view as the ultimate in this way, that the goal that we have in view as the ultimate state of things in India is one by which all Indian affains should, so far as is compatible with the contiuance of British India as part of the British Empire, be managed by Indians in India with the very minimum of interference by Parliament here . . . The existence of Indian States and Indian Princes creates a state of affairs so entirely different from that which obtains in any part of the Empire." H. of L. 5. 11. 1929, vol. 75, S. 410.

[165] "Take the hackneyed phrase 'Dominion Status'. During the Great War India obtained Dominion-status so far as rank, honour and ceremony were concerned. The representatives of the Government of India attended the Imperial War Conference, they attended the Peace Conference, and they are included among the British Dominions who serve on the League of Nations . . . but I did not contemplate India having the same constitutional rights and system as Canada in any period which we could foresee . . . I do not admit that the sense in which the expression 'Dominion Status' was used 10 or 15 years ago implied Dominion structure or Dominion rights. . . . I do not admit that it means structure or rights. The word 'status' means rank – not necessarily rights or structure." H. of C., 3. 12. 1931, vol. 260, S. 1287/8.

»halbnackten Fakirs *Gandhi*«, die kein Vertrauen verdiente und mit der nicht verhandelt werden durfte. Auch *Churchill* erklärte sich zum Protektor der indischen Massen, die nicht der wirtschaftlichen und politischen Unterdrückung durch eine angeblich nicht repräsentative Minderheit ausgeliefert werden dürfe. Es sei allein Sache des britischen Parlamentes, über das Tempo der indischen Reformen zu entscheiden. *Churchill* berief sich auf den Simon-Report und wollte nicht mehr als eine erweiterte Autonomie der Provinzen konzedieren; Föderation und Responsible government im Zentrum hingegen erschienen ihm als »verfrüht«. Was das White Paper und die Verfassung in Aussicht stellten, werde in absehbarer Zeit die Evakuation und damit das Ende der britischen Herrschaft in Indien nach sich ziehen [166]. Und was soll die Erwähnung des Dominionstatuts, der seit 1926 implizite das Recht der völligen Ablösung bedeutete? *Churchill* hielt folglich am »benevolent despotism« fest und berief sich auf dessen paternalistische Leistung: "Our rule in India is as it were a sheet of oil spread over and keeping free from storms a vast and profound ocean of humanity [167]"; die britische Herrschaft »is incomparably the best Government that India has ever seen or ever will see [168]«. *Churchill* anerkannte demzufolge kein indisches Recht auf Self-government – und sei dies auch nur als »ultimate goal« –, ja er konnte sogar behaupten, die Briten seien in Indien »no more aliens« als die Moslems und Hindus und hätten daher bei ihrem Vorsatz, in Indien zu bleiben, auch ein legitimes Recht [169].
Manchem Diehard, der Mitglied des ICS, vielleicht Provinzgouverneur, gewesen war oder ein Amt im Indienministerium innegehabt hatte, mochte es ehrlich um das britische Aufbauwerk in Indien gehen, *Churchill* hingegen war nicht an Indien selbst und seiner Bevölkerung interessiert, sondern daran, daß das »kostbarste Juwel in der Krone des englischen Königs« nicht verlorenging oder aus der Hand gegeben wurde, denn Indien war für ihn »the touchstone of our fortunes in the present difficult time« [170]. Ein Rückzug aus Indien würde nicht nur das Ende des britischen Prestiges in Asien bedeuten, sondern – viel mehr – »would mark and consummate the downfall of the British Empire. The great organisme would pass at a stroke out of life into history. From such a catastrophe there would be no recovery« [171]. Für ihn war die Frage die, ob Großbritannien Weltmacht bleiben wollte oder durch angeblich unnötige Reformen und Konzessionen seinen Abstieg zur »minor power« selbst sanktionierte. Seinem Kampf gegen das »Appeasement« in der europäischen Politik ging gewissermaßen seine Auseinandersetzung mit dem Appeasement in der Indienpolitik voraus! *Churchill* war in der indischen Frage »Imperialist«, dies aber – so paradox dies klingen mag – im Geiste des »Little England«. Er ging nicht wie *Milner* und seine »Schule« von einer Reichskonzeption aus, die ihre Erfüllung im Commonwealth sah, sondern vom Mutterland, dessen wirtschaftliche und politische Macht in der Verfügungsgewalt über das Empire beruhte. Er war überzeugt, dem indischen Nationalismus mit repressiven Mitteln begegnen zu kön-

[166] "... the moment you set up responsible Government at the Centre, you begin to make effective the transfer of sovereignty." H. of C., 11. 2. 1935, vol. 297, S. 1655.
[167] India Speeches, 1931, p. 40.
[168] H. of C., a.a.O., S. 1653.
[169] S. 1651.
[170] India Speeches, S. 87 f.
[171] A.a.O., p. 47.

nen, »Wenn England nur will«, und weigerte sich, eine innere Gefährdung der britischen Herrschaftsposition in Indien einzugestehen und den Versuch zu machen, durch rechtzeitige Konzessionen sowohl einen möglichen blutigen Konflikt zu vermeiden, als auch die Voraussetzungen für ein Verbleiben Indiens im Multiracial Commonwealth zu schaffen.

Und die Labour Party, der Gegenpol zu den Diehards? Eine Resolution des Parteikongresses von 1918 enthielt »Home Rule for India ... equally along with South Africa, Australia and other British Dominions« [172], während 1920 die Anerkennung und Anwendung des Rechtes auf Selbstbestimmung gefordert wurde, jedoch nicht ohne dabei der Hoffnung Ausdruck zu geben, daß die unabhängig gewordenen Völker im Commonwealth verbleiben werden; es sei aber ihre Sache, darüber zu entscheiden [173]. Mit betont antiimperialistischen Thesen wollte sich die Labour Party gegen Liberale und Konservative abgrenzen und schien eine baldige Liquidation des Empire zu befürworten. In den folgenden Jahren hat die Partei jedoch – im allgemeinen Kapitel wurde darauf hingewiesen – differenziert, sie wollte Self-government ebenfalls in Etappen realisieren und schränkte die Gewährung des Dominionstatus auf »the earliest possible moment« ein [174]. Und wenn sie auch am Selbstbestimmungsrecht Indiens festhielt, so orientierte sie sich dennoch am »full responsible Government within the Empire«, womit sie ab 1929 hinter den Forderungen der Kongreßpartei zurückblieb!

Die Labour Party hat die Reformen von 1919 als einen Schritt in der richtigen Richttung gutgeheißen, ohne es verständlicherweise zu unterlassen, eigene Wünsche anzumelden und für eine erweiterte Wahlberechtigung, verantwortliche Regierungen in den Provinzen und eine indische Mitsprache im Zentrum einzutreten [175]. Sie lehnte selbstverständlich die Rowlatt-Bills ab und nahm in der Amritsar-Frage scharf gegen *Dyer* und die Indienverwaltung Stellung [176]; in den folgenden Jahren polemisierte sie gegen die zahlreichen Verhaftungen und anderen Repressionsmaßnahmen und kritisierte energisch die Behandlung der Gewerkschaften durch die Administration, die Presse-

[172] Annual Conference 1918, p. 64 f.

[173] "The conference therefore demands the full and frank application of this principle (democratic self-determination) in the reorganisation of the Government of India that is now in progress, in such a way as to satisfy all the legitimate aspirations of the Indian people; it asks that corresponding measures may be taken in Burma, Ceylon, and other parts of the British Empire in which Self-Government is demanded. It emphatically protests against the militarist and repressive methods adopted by the present British Government, and expresses its sympathy with the peoples now held in subjection. It denies the right of any Government to govern a country against the will of the majority; and while expressing the hope that all the peoples of the British Empire will prefer to remain as parts of that Empire so soon as their aspirations have been dealt with in a thoroughly conciliatory manner by the granting of adequate measures of autonomy, it declares that the final decision must rest with those people themselves." Annual Conference, 1920, p. 156.

[174] Zum Beispiel Annual Conference 1927: "We reaffirm the right of the Indian peoples to full self-government and self-determination, and therefore the policy of the British Government should be one of continous cooperation with the Indian people, with the object of establishing India, in the earliest moment, and by her consent, as an equal partner with the other members of the British Commonwealth of Nations." Ähnlich auch im Parteiprogramm, Labour and the Nation, 1928, p. 43.

[175] H. of C., 5. 12. 1919, vol. 122, S. 817.

[176] H. of C., 22. 5. 1919, vol. 116, S. 671. Annual Conference 1920, p. 157 f.

politik u. a. Die Indienpolitik der ersten Labourregierung von 1924 unterschied sich aber kaum von der konservativen, und zwar nicht nur, weil sie parlamentarisch über wenig Bewegungsfreiheit verfügte, sondern weil auch sie Indien noch nicht für ein Selfgovernment befähigt hielt. *Sydney Olivier,* Staatssekretär für Indien, spottete privat über die Kongreßführer[177], und selbst *Harald Laski* vom linken Flügel der Partei mußte feststellen: "There is nothing near the necessary degree of moral unity in India to enable us to withraw[178]." Die Partei kritisierte die Zusammensetzung der Simon-Kommission, die keine indischen Mitglieder hatte, beteiligte sich aber mit *Attlee* an ihr. *Macdonald* sprach zwar auf der Commonwealth Labour Conference am 2. Juli 1928 die Hoffnung auf ein bald neu etabliertes Dominion aus, beschränkte sich jedoch als Premierminister der zweiten Labourregierung auf eine Unterstützung Lord *Irwins*; damit hat diese zwar die Erklärung vom 31. Oktober 1929 ermöglicht, den *Irwin-Gandhi*-Pakt gedeckt und eine günstige Atmosphäre für die erste Round-Table-Konferenz zu schaffen versucht[179], nicht aber eigene Initiative oder gar eine eigene Konzeption entwickelt.

Kein Wunder, daß die Parteiführung kritisiert wurde, und zwar sowohl von Außenseitern wie Mrs. *Besant*[180] und *Josia C. Wedgwood,* der weitreichende Konzessionen und zeitlich fixierte Etappen forderte[181], als auch von der marxistisch orientierten Independent Labour Party, die für eine Anerkennung der Kongreßpartei als Sprachrohr Indiens und eine verfassunggebende Versammlung eintrat[182]. *Fenner Brockway* brachte auf dem Parteikongreß von 1930 eine Resolution ein, die nicht nur das Recht auf Unabhängigkeit enthielt, sondern auch den indischen Nationalismus als Massenbewegung begrüßte und der Labourregierung den Vorwurf machte, auf der Round-

177 "I would dearly like to be able to withdraw the English tissue from Bengal and give the Swarajists Swaraj there just for the fun of seeing results." Priester (Gandhi) und Advokaten könnten nicht regieren! Brief an *H. G. Wells* vom 25. 4. 1925, Letters and selected writings, ed. *M. Olivier,* 1948, p. 157.

178 Brief vom 1. 7. 1924 an *Holmes-Laski Letters,* 1916–1935, ed. *M. de Wolfe Howe,* 1953, p. 628.

179 Staatssekretär *Wedgwood Benn:* "We are entering upon a new era, we are attempting to enter what may be the greatest chapter in the history of the British Commonwealth, namely a free and voluntary association of a great self-respecting nation in partnership with the British Commonwealth for the promotion of the good of the world. We have tried to prove the sincerity of our faith when we say that we desire to see India reach Dominion Status ..." H. of C., 18. 12. 1929, vol. 233, S. 1555–1558.

180 Mrs. *Besant* protestiert, daß die Reformen von 1919 noch keine verantwortliche Regierung enthalten. *Ph. Snowden* (Finanzminister 1924) spreche vom Hunger in Osteuropa, nicht aber von Indien: "... give them freedom and their people would not starve", Annual Conference 1920, p. 152.

181 Bereits im Juni 1917 schreibt er an einen indischen Nationalisten: "The British Government should lay it down that Colonial Home Rule is the end they have in view, though it may taken even fifty years to complete the process. They should lay down the stages and the dates ..." *Josia C. Wedgwood,* Memoirs of a fighting life, 1940, p. 130.

182 Die »Socialist Review« bezeichnet z. B. die Indienpolitik der Labourregierung als »the one great failure in the Labour Government«. *Richard W. Lyman,* The first Labour Government, 1924, o. J. (1957), p. 215. Kommunistischen Akzent hat *John Beauchamp,* British Imperialism in India, prepared of the Labour Research Department 1934, wo *Gandhi* und die anderen nationalistischen Führer als Kollaborateure der Bourgeoisie und als Verräter geschildert werden.

Table-Konferenz nicht »full responsible government« als Diskussionsgrundlage proklamiert zu haben und weiterhin als »policemen of Imperialism« zu fungieren; sofortige Gewährung des Dominionstatus würde einen Rückzug der Truppen und eine freie Verfügungsgewalt der Inder im wirtschaftlichen Bereich bedeuten [183]. Britischer Pragmatismus setzte sich aber ohne Schwierigkeiten gegen *Brockways* radikale Haltung durch: Folge eines »hasty, ill-considered departure from India« wäre ein Bürgerkrieg und Massenmord – ganz abgesehen davon, daß bei Annahme der vorgebrachten Resolution die Labourregierung jede Chance, die nächsten Wahlen zu gewinnen, verlieren würde [184]! Aber auch *Laski,* der 1930 ein Memorandum an den Premierminister richtete und im Jahr darauf mit dem Lordkanzler *Sankey* einen Verfassungsentwurf ausarbeitete, mußte das Problem Indien als »the biggest crisis in our colonial affairs since 1776« und als das Irland der kommenden Generation bezeichnen, »a ghastly problem of which the real essence is that we can't govern it and it really is not fit to govern itself [185]«. Da er aber der Regierung den Vorwurf machte, daß sie den richtigen Ton nicht finde und daher bei den Indern kein Vertrauen genieße, glaubte er allerdings – im Dezember 1931 – er, *Sankey* und *Gandhi* könnten in einer Woche eine Lösung finden.
Nach der Bildung des National Government und nach dem Bruch mit *Macdonald* nahm die Labour Party ihre Oppositionshaltung wieder auf. Sie verurteilte die Repressionen 1932–1934, und wenn sie sich auch am Joint Select Committee beteiligte, so lehnte sie dessen Bericht doch ebenso ab wie die Indienverfassung von 1935 – vor allem deshalb, weil sie in ihrer Präambel das Recht auf Dominionstatus nicht anführe und in ihren Bestimmungen zu wenig klar auf dieses Ziel hin orientiert sei und weil sie außerdem in ihrem Wahlrecht viel zu konservativ und gegen die Kongreßpartei gerichtet sei [186]. In den Parlamentsdebatten vom Februar und Juni 1935 brachte vor allem *Clemens Attlee* die Position seiner Partei zur Geltung: Es sei paradox, daß die Regierung die Gültigkeit der Irwin-Erklärung anerkenne, den Ausdruck Dominionstatus aber nicht in den Verfassungstext aufgenommen habe, dies um so mehr, als gerade Indien besonders status-interessiert sei; "the keynote of the Bill is mistrust." Die Ver-

[183] Annual Conference 1930, p. 216.

[184] A.a.O., p. 218.

[185] *Holmes-Laski Letters,* p. 1261, 1264. Vgl. auch *Beatrice Webb,* Diaries 1924–1932, ed. *M. Cole,* 1956, p. 266: "For Dominion Status has been promised to India over and over again during and after the Great War. But in how near or how distant a future? Next year or fifty years hence? And how can any one kind of uniform status be given to the whole of India, broken up as it is, into native states and British India, with different races, languages, castes and religions. The problem seems to be to put the several ruling native cliques and communities into the position of refusing instead of claiming powers from the British Government; to make those who claim to govern India on behalf of the people of India distrust their capacity to combine in order to do it so as to delay Self-Government until some sort of common will has been evolved."

[186] Vgl. Annual Conference 1932, p. 95, mit der Resolution Landsburys, p. 178 f., und Annual Conference 1933, p. 79. Als jedoch auf dem Parteikongreß 1934 *Krishna Menon* eine Resolution zugunsten eines »sofortigen« Responsible government und einer verfassungsgebenden Versammlung fordert, lehnt *Henderson* entschieden ab und verweist auf die Resolution von 1933. Die Labour-Thesen gut im Artikel: »The future of India« (Attlee), in: New Statesman and Nation, 25. 3. 1933, p. 377 f., und »The India Report«, a.a.O., 24. 11. 1934, p. 744 f. Entsprechend auch *Jones Morgan MP,* Wither India? Labour Party Pamphlet, Februar 1935.

fassung suche die Wirksamkeit der Kongreßpartei zu schmälern, und man übersehe dabei, daß diese »one of the dominating factors of the situation« sei; das ganze zeuge von einer »one-sided partnership«[187]. Dieser Kritik wird man rückblickend ihre Berechtigung nicht absprechen können, obschon es fraglich erscheint, ob es einer Labourregierung gelungen wäre, ihrer eigenen Konzeption zum Durchbruch zu verhelfen und mit *Gandhi* oder *Nehru* eine von beiden Seiten akzeptierte Übergangslösung auszuhandeln. Parteiführer *Attlee* kam jedenfalls 1937 in seiner Schrift »The Labour Party in perspective« nicht daran vorbei, festzustellen, daß Self-government in einem so vielfältigen Kontinent wie Indien schwer zu realisieren sei und der Slogan »India for the Indians« dem Problem nicht gerecht werde[188].

Die Indienverfassung von 1935 ist 1937 nur in dem die Provinzen betreffenden Teil in Kraft getreten und hat – nach anfänglicher Obstruktion durch den Kongreß – die Bildung verantwortlicher Regierungen erlaubt. Daß die Inder hier Verwaltungserfahrung sammeln und sich in einer parlamentarischen Regierungsform schulen konnten, wird man nicht bestreiten können. Die Etablierung der Föderation aber ist am Widerstand der Fürsten gescheitert; ob es die britische Regierung an Energie hat fehlen lassen, sie zur Mitarbeit zu »zwingen«, muß hier dahingestellt bleiben.

Indien hat in der Zwischenkriegszeit den wichtigen Schritt von einer noch weitgehend autokratischen Herrschaftsstruktur kolonialer Prägung zu einem Semi-responsible government nach britischem Muster getan. Mit der Erklärung vom 20. August 1917 hat Großbritannien die Dekolonisation proklamiert und explizite oder implizite den Dominionstatus akzeptiert, so sehr sich auch die Diehards dagegen sträubten. Zunächst war dies allerdings nur »the ultimate goal«, ein Fernziel, dessen Erreichung noch lange auf sich warten lassen würde. London konnte dabei mit inneren Problemen Indiens argumentieren, die es verbieten würden, anders als nur sehr langsam etappenweise vorzugehen, und die daher gute Dienste leisteten, die Fristen hinauszuschieben und ein Fortbestehen der britischen Herrschaft zu rechtfertigen. Dabei hatte der Versuch, das »communal problem« durch eine angemessene Berücksichtigung der einzelnen Gemeinschaften und Gruppen zu lösen und gleichzeitig eine Vorherrschaft der Kongreßpartei zu verhindern, die Spannungen eher vertieft als überbrückt. Es ist jedoch daran zu erinnern, daß dieses Problem existierte und daß es gerade deshalb so schwer anzugehen war, weil London sich an einem geeinten Indien orientierte und Teilungspläne überhaupt nicht in Erwägung zog.

Die Reformen von 1919 und die Verfassung von 1935 bedeuteten wichtige Etappen in Richtung Self-government und konnten als Ausweis britischer Liberalität stilisiert werden, obschon ein Transfer of power noch in weiter Ferne lag und die britische Öffentlichkeit in der Zwischenkriegszeit dazu auch noch nicht bereit gewesen wäre. Der natürliche Stolz auf das in Indien Geleistete verband sich mit wirtschaftlichen und machtpolitisch-strategischen Interessen: Mußte nicht ein Verlust Indiens die ohnehin in einer Krise befindliche britische Wirtschaft tödlich treffen? Konnte sich ein freies Indien gegen eine fremde Großmacht verteidigen: Ein zugkräftiges Argument für konservative Empirepolitiker, die allerdings übersahen, daß ein japanischer Angriff wenig wahr-

[187] H. of C., 6. 2. 1935, vol. 297, S. 1167 f.; 4. 6. 1935, vol. 302, S. 1824 f.
[188] P. 245 f. Dazu auch: As it happened, 1954, p. 64 f.

scheinlich war, daß auch Australien und Neuseeland nicht gerüstet waren und daß andererseits ein bilaterales Verteidigungsabkommen den Schutz Indiens hätte gewährleisten können.

Die britische Reformbereitschaft konnte den indischen Nationalismus, d. h. die Kongreßpartei nicht befriedigen, und es ist nicht gelungen, gemeinsam die Etappen der Verfassungsentwicklung bis zur Erreichung des Dominionstatus festzulegen. Dies war an sich durchaus »normal«, denn im Prozeß der Entkolonisierung ging und geht die nationale Emanzipation mit ihren z. T. radikalen Forderungen immer einen Schritt weiter als die Kolonialmacht. Dennoch haben die Diehards eine verhängnisvolle Rolle gespielt: Ihre Reaktion auf Amritsar und ihre feindselige Haltung gegenüber *Gandhi*, die Agitation gegen Lord *Irwin*, die Oktober-Erklärung und das Abkommen mit *Gandhi* und schließlich die Opposition gegen die Indienverfassung haben indisches Mißtrauen erregt, der radikalen Agitation Auftrieb gegeben und die parlamentarische Beschlußfassung verzögert. Wäre die Politik *Irwins* durchgehalten worden, so wäre Indien vielleicht schon vor Kriegsausbruch von einem Semi-responsible government auf Föderationsebene regiert worden, und möglicherweise wäre es dann nicht zur Teilung gekommen. Über die Existenz des Diehard-Widerstandes allerdings wird man sich nicht wundern dürfen, denn schließlich ging es um die »Perle des Empire« und den Inbegriff britischer Weltmacht; die traditionsreiche britische Führungsschicht war begreiflicherweise nicht bereit, ohne zwingende Not auf Indien zu verzichten! Erstaunlich ist eher, daß der Widerstand nicht hartnäckiger war und daß selbst innerhalb der konservativen Partei und bei den am Empire besonders interessierten Politikern und Publizisten soviel Reformbereitschaft vorhanden war [189]. Man wird das gleiche weder von den französischen Rechtskreisen in bezug auf Indochina und Nordafrika, noch vom holländischen Bürgertum in seiner Haltung gegenüber Indonesien sagen können.

Die Zwischenkriegszeit erscheint rückblickend in der Geschichte des britisch-indischen Verhältnisses als eine Periode des Überganges, gekennzeichnet durch gegenseitiges Mißtrauen, nationalistische Agitation, repressive Maßnahmen, aber auch durch wichtige Reformen. Großbritannien anerkannte das Recht auf Self-government, etablierte verantwortliche Regierungen in den Provinzen und schickte sich an, den Begriff des Dominionstatus neu zu interpretieren, um den Weg zum Multiracial Commonwealth freizulegen. Die neue Konzeption des Commonwealth, die die Gewährung von Self-government für »farbige« Kolonien nicht als Ablösung und Zerreißen imperialer Bindungen, sondern als notwendigen und ideell vorweggenommenen Abschluß britischer Reichspolitik verstand [190], hat es Großbritannien erleichtert, sich während und nach dem Zweiten Weltkrieg relativ kurzfristig auf eine neue Situation einzustellen und 1947 Indien in die Unabhängigkeit zu entlassen.

[189] Man lese den höchst bemerkenswerten Briefwechsel zwischen Lord *Lothian* und *Nehru*, 31. 12. 1935 / 17. 1. 1936, in: *Nehru*, A bunch of old letters, 1958, p. 217 ff.

[190] Neben bereits erwähnten Äußerungen sei *R. Coupland* genannt, der die Indienverfassung von 1935 als »penultimate stage« vor dem vollen Dominionstatus bezeichnet und mit Kanada 1868 und Südafrika 1910 parallel setzt; p. 115, 157. Indien als Dominion »would mean that its circumference has been extended beyond the world of European race and civilization to embrace a part of Asia – that all the gulf which nature set between them and all that has done to deepen it has not prevented their final in a common cause«. The Empire in these days, 1935, p. 135. Ebenfalls: The British Empire, RIIA, 1937, p. 132.

Trusteeship und Self-government in den Kolonien

Die Dominions waren dekolonisiert, Indien war auf dem Wege zu Responsible government; welche Ziele verfolgte Großbritannien in den eigentlichen Kolonien? Welches Selbstverständnis lag der britischen Kolonialpolitik der Zwischenkriegszeit zu Grunde, welche Begriffe und Vorstellungen konstituierten es?

Das »Colonial Empire« – als Unterbegriff des »British Empire« – umfaßte geographisch, kulturell und politisch sehr verschiedene Teile: Neben den muselmanischen Protektoraten und Mandatsgebieten im Nahen Osten die asiatischen Kolonien Ceylon, Malaya, Borneo u. a., in Westafrika Nigeria, die Goldküste, Sierra Leone und Gambia, andererseits die ostafrikanischen Territorien Nord-Rhodesien (Süd-Rhodesien erhielt bereits 1923 eine verantwortliche Regierung), Nyassaland, Uganda und Kenya, aber auch das Mandatsgebiet Tanganyika und den unter einem Sonderstatut stehenden Sudan; deutliche Minderheiten britischer Siedler schufen in Ostafrika – vor allem in Kenya – eigene Probleme. Schließlich gehörten zu den »dependencies« wichtige strategische Positionen wie Gibraltar, Malta, Cypern, Aden, Hongkong. In der amerikanischen Hemisphäre lagen die westindischen Besitzungen, vor allem Jamaica. Die britische Publizistik liebte es, auf diese Vielfalt des Kolonialreiches hinzuweisen; das Charakteristikum des Empire liege weder in seiner territorialen Geschlossenheit noch in der rassischen oder kulturellen Gemeinsamkeit, sondern in der weltweiten Streuung dieser Millionen Menschen, die unter der britischen Krone lebten und von London aus regiert würden. Vorstellungen oder Fiktionen im Sinne der »Plus grande France« finden sich in England nicht, denn »Empire« sollte nicht ein vergrößertes Mutterland oder ein »Großbritannien jenseits der Meere« bezeichnen, sondern einen weltweiten Bereich, dessen einzelne Teile der britischen Herrschaft unterstanden, wobei Großbritannien als »trustee«, als Sachwalter, fungierte.

Der uns bekannte *Milner*-»Schüler« und langjährige, konservative Kolonialminister *L. S. Amery* lobte in einer programmatischen Unterhausrede vom 30. Juli 1919 die großen, von den Kolonien im Kriege gebrachten Opfer und Leistungen. Diese verpflichteten Großbritannien zu neuen Anstrengungen. "It must mean that we must set up a new and more positive standard of our duty and obligation towards the peoples to whom this house is in the position of a trustee. . ." [191]

So lautete in der Folgezeit die stehende Formel, die in gewisser Hinsicht mit der kolonialen »mission civilisatrice« Frankreichs verglichen werden könnte. Was bedeutet dieses Trusteeship, das vom britischen Parlament ausgeübt werden sollte? Der Begriff stammte aus dem englischen Privatrecht und basierte – wenn wir *Barker* folgen – auf dem Common Law und dem Billigkeitsrecht der englischen Gerichte [192]. Es sollte einen Anspruch auf bestimmte Freiheiten zum Ausdruck bringen. Wichtiger war jedoch der staatsrechtliche Begriffsinhalt: Mindestens seit 1688 ist in England die staatliche

[191] H. of C., vol. 118, S. 2174.

[192] *Ernest Barker*, Ideen und Ideale des britischen Weltreiches, 1941, p. 63 f. Dazu ausführlich *Robert Schneebeli*, Die zweifache Treuhänderschaft. Eine Studie über die Konzeption der britischen Kolonialherrschaft, 1958, p. 25 f.

Gewalt als die vom Volk ausgehende Gewalt verstanden worden, die daher auch im Interesse des Volkes ausgeübt werden mußte; König und Parlament wurden »Treuhänder, die ihre Macht zum Wohle des britischen Volkes, des Nutznießers, ausübten[193]. *Locke* und *Burke* haben den Begriff des Trust verwendet, um spezifisch britische Vorstellungen über das Verhältnis von Volk, König, Parlament und Regierung zum Ausdruck zu bringen.

Es war auch *Edmund Burke,* der diese »legal metaphor« in die Diskussion um die Kolonialpolitik eingeführt hat. In seiner berühmten Rede über die Charter der ostindischen Kompanie 1783 erinnerte er das Parlament daran, daß die politische Macht nur im Interesse der Untertanen ausgeübt werden dürfe; Rechte und Privilegien würden hinfällig, wenn sie dem Trust widersprächen. Die ostindische Kompanie sei vom Parlament als Treuhänder eingesetzt und habe sich in Indien dementsprechend zu verhalten[194]. Im Kolonialbereich war also das Parlament Treuhänder, obschon es seine Kompetenzen an die Regierung und die Gouverneure delegierte, die eingeborene Bevölkerung als »backward peoples« – heißt es in der Folgezeit – bedürfen des Schutzes, um gedeihen und sich entwickeln zu können; sie könnten nicht oder noch nicht wissen, was für sie von Nutzen sei. Thesen und Argumentationen ergaben sich im Moment der kolonialen Überlagerung ohne Schwierigkeit, da sich die moralische Legitimierung im allgemeinen europäischen Überlegenheitsbewußtseins des 19. Jahrhunderts – basierend auf dem effektiven technisch-zivilisatorischen Vorrang –, verbunden mit moralisierender Selbstgerechtigkeit, von selbst verstand. Nicht nur wohlmeinende Kolonialreformer, sondern auch *Joseph Chamberlain* sprachen von einem Trust, um die Expansion – in Konkurrenz mit anderen Mächten als notwendige wirtschaftliche Erschließung – zu rechtfertigen. *J. A. Hobson* hat in seiner Imperialismus-Kritik von 1902 die faktische Situation mit ihren höchst fragwürdigen Erscheinungen der imperialistischen Ideologie gegenübergestellt. Da er aber im Interesse der Eingeborenen, deren soziale Strukturen durch die Begegnung mit Europa zerstört worden oder im Umbruch begriffen seien, einen bloßen Rückzug nicht befürworten konnte, nahm auch er das Prinzip des Trusteeship auf, um eine sachgemäße und moralisch vertretbare Kolonialverwaltung zu rechtfertigen[195]. Diese sollte von einer internationalen Behörde beauftragt und kontrolliert werden. *Hobson* machte als erster – wenn wir von der gelegenheitsbedingten Kongo-Akte absehen – die Unterscheidung zwischen nationalem und internationalem Trusteeship.

Hier hat die britische Diskussion während des Krieges eingesetzt (siehe S. 51). Es ging zunächst um die Zukunft der deutschen Kolonien Afrikas; um sie der künftigen Rivalität der Mächte zu entziehen, drängte sich die Internationalisierung auf; die Unterstellung unter den Völkerbund sollte eine Open-door-Politik, aber auch den Schutz der Eingeborenen vor Ausbeutung sicherstellen. Mit dem Begriff des »Trusteeship« und mit einer internationalen Überwachung glaubten *Hobson* und die Kolonialreformer *Morel, Buxton* und *Olivier,* denen sich die Labour Party anschloß, den Ansatzpunkt zu einer

[193] *Barker,* a.a.O., p. 65.

[194] Auszüge, gedruckt in: The Concept of Empire, Burke to Attlee, 1774–1947, ed. *George Bennett,* 1953, p. 50 f.

[195] *Hobson,* Imperialism, ed. 1905, p. 210–213.

Kolonialdoktrin gefunden zu haben, die sich gegen den angeblich ausbeuterischen Imperialismus der Vorkriegszeit absetzte und der zivilisatorischen Aufgabe der Zukunft gerecht wurde. Präsident *Wilson* und seine Berater konnten ihrerseits an die britische Diskussion anknüpfen und das Mandatsprinzip übernehmen, das im Artikel 22 des Völkerbundes institutionalisiert wurde.

Nach 1919 wurde der Begriff des Trustee und Trusteeship zum eigentlichen Schlagwort, das jedermann in Anspruch nahm, der sich über Wesen und Prinzipien britischer Kolonialpolitik äußerte. Großbritannien verstehe seine koloniale Herrschaft als »Trusteeship« und stelle damit seine moralische Verantwortung, ja seine Uneigennützigkeit unter Beweis. Was Artikel 22 zum Ausdruck bringe und als eine Forderung des Weltgewissens formuliert habe, entspreche alter englischer Tradition und bringe für Großbritannien im Grunde nichts Neues: eine britische Doktrin sei allgemeingültig geworden und diene somit den anderen Mächten als Vorbild [196]!

Zur Popularisierung des Trusteebegriffes hat der ehemalige Gouverneur Nigerias, Sir (später Lord) *Frederick D. Lugard,* entscheidend beigetragen, und zwar mit seinem umfangreichen Werk »Dual Mandate in Tropical Africa«, das 1922 erstmals erschien und in der Zwischenkriegszeit sowohl bei der Kolonialverwaltung in London wie bei den Administrationen Westafrikas eine uneingeschränkte Autorität genossen hat [197]. Mit dem Begriff des »dual mandate« meinte *Lugard,* daß die Kolonialmächte in doppelter Hinsicht als Trustees fungierten: im Interesse und zum Schutz der eingeborenen Bevölkerung, aber auch im Interesse der ganzen Welt. Weil die zivilisierten Nationen, und insbesondere die europäischen, ohne tropische Rohstoffe und Nahrungsmittel nicht mehr existieren könnten, stände ihnen ein moralisches Recht zu, diese Produkte dort zu gewinnen und abzubauen, wo sie erhältlich sind – während die primitiven Völkerschaften den Zugang und die Ausbeutung nicht verhindern dürften, nur weil sie in den betreffenden Gebieten wohnten. "Viewed from this standpoint, the tropics are the heritage of mankind, and neither has the suzerain Power a right to their exclusive exploitation, nor have the races which inhabit them a right to deny their bounties to those who need them [198]." Es wird so ein legitimes Recht auf koloniale Herrschaft stipuliert unter der Voraussetzung, daß die Kolonialmacht den gewonnenen Zugang anderen nicht wiederum versperrt und für sich monopolisiert. Daraus kann Großbritannien seine alte Forderung nach »Open door« ableiten und zu einer Kritik z. B. an der kolonialen Wirtschaftspolitik Frankreichs ansetzen, die fremde Mächte diskriminiere und sich weiterhin am Kolonialpakt orientiere. Die Thesen *Lugards* waren keineswegs originell; man könnte seine Argumentation auf *Francesco Vittoria* zurück-

[196] *Amery* in der angeführten Unterhausrede vom 30. 7. 1919. *Zimmern,* Third Empire, p. 89. Ein weiteres Beispiel: "The standard of administration so imposed are no higher than those which His Majesty's Government have imposed upon themselves ... The declarations of HMG have made it clear that the fundamental principles of policy laid down for both the British dependencies and the mandated area are the same." Report of the Commission on Closer Union in Eastern and Central Africa, Cmd. 3234 (1929), p. 34 f.

[197] Zusammenfassend *Lugard,* in: The White man's task in tropical Africa, in: Foreign Affairs, Okt. 1926. Über *Lugard Schneebeli,* a.a.O., und die große Biographie *Margery Perhams,* Lugard, 2 vol. 1960.

[198] P. 60 f.

führen, näher liegt aber die britische Freihandelspolitik des 19. Jahrhunderts, die im Bewußtsein der eigenen Überlegenheit die Öffnung aller tropischen Gebiete forderte. *Lugard* konnte sich auf eine Äußerung *Chamberlains berufen:* "We, in our colonial policy, as fast as we acquire new territory and develop it, develop it as trustees of civilisation for the commerce of the world [199]." In abgewandelter Form haben sich auch Frankreich und die übrigen Kolonialmächte dieser Argumentation bedient, um sich nicht nur historisch, sondern auch moralisch zu legitimieren. Die Begründung mag einleuchten – die Industrieländer bedürfen der tropischen Produkte –, erscheint uns heute jedoch höchst fragwürdig; denn wer soll entscheiden, ob ein Land seine Quellen in ausreichendem Maße ausbeutet und der Welt zur Verfügung stellt? Daß diese Thesen in der Zwischenkriegszeit vor allem von kolonial Interessierten und den Konservativen vertreten wurden, liegt auf der Hand [200]. Sie besagen zudem, daß die tropischen Gebiete primär Rohstofflieferanten waren und dies auch bleiben sollten. Eine gewisse Zollbelastung oder Exportabgaben standen zwar mit dem Prinzip der Open door nicht im Widerspruch, sofern das Mutterland keine privilegierte Stellung genoß, aber an eine eigenständige wirtschaftliche Entwicklung oder gar an eine Industrialisierung wurde kaum gedacht; man orientierte sich an einem angeblich komplementären Verhältnis zwischen mutterländischer und kolonialer Wirtschaft, das auf Vorstellungen einer liberalen internationalen Arbeitsteilung beruhen mochte, faktisch aber eine »Ausbeutung« der Kolonie im Interesse der Herrschaftsmacht ermöglichte und legitimierte.

Die »Ausbeutung« tropischer Produkte – also die koloniale Wirtschaft – sollte gleichzeitig dem Wohle der Eingeborenen dienen, oder diesen jedenfalls möglichst geringen Schaden zufügen [201]. Es dürfe nicht frei über die Arbeitskraft der Eingeborenen verfügt werden, und es sei Aufgabe der Kolonialmacht, private Interessen zu überwachen und den Eingeborenen einen »fair share« zukommen zu lassen. Was dies bedeutet und wie weit hier zu gehen sei, bestimmt allerdings die Mandatsmacht! Trusteeship muß sich folglich in der konkreten Verwaltung im Hinblick auf Bodenrecht, Arbeitsrecht, Steuer- und Schulpolitik erweisen. *Lugard* bestritt als erfahrener Administrator keineswegs, daß eine koloniale Herrschaft primär wirtschaftlich interessiert sei [202], war aber mit den meisten seiner Zeitgenossen überzeugt, daß zwischen den wirtschaftlichen Interessen des Mutterlandes und den Interessen der Eingeborenen keine

[199] P. 60.

[200] Zum Beispiel Sir *Edward Grigg* (später Lord *Altrincham)*, Gouverneur von Kenya 1925–31: »... the supply of raw materials is even now a subject of acute anxiety to many civilised Powers. The growth of markets is equally important to all«. Wenn der Markt ausfällt oder die Rohstoffpreise steigen, würden die Reallöhne fallen. Daher »where a native people cannot clear the jungle and develop the talent confided to them in the wealth of their soil, the task shall be undertaken for them by the civilised Powers«; ein erschlossenes Gebiet dürfe nicht wieder zum »Jungle« werden. Hier hätte das Prinzip der Selbstbestimmung seine Grenzen. Es könne nicht überall Anwendung finden. "There are peoples to whom self-determination is nothing better than a means of rapid suicide." The greatest experiment in History, 1924, p. 196 f.

[201] "Evolution and progress are a law of nature, and since the necessities of his existence compel civilised men to share the produce of the tropics, let us see to it that the progress is accompanied by a much benefit and as little injury to the natives as may be." P. 91.

[202] P. 617.

grundsätzliche Diskrepanz bestehe und, wenn das Prinzip des Dual Mandate ernst genommen wird, beide Teile zufriedengestellt werden könnten [203].

Es liegt nahe, in der Doktrin des Dual Mandate eine Prinzipienerklärung zu sehen, die für die tatsächlichen Verhältnisse wenig zu besagen hat und als wohlfeile Verbrämung kolonialistischer Interessen »entlarvt« werden kann. Man wird in der Tat dem moralisierenden Selbstlob britischer Redner und Publizisten mißtrauen, die mit einem Hinweis auf das Prinzip des Trusteeships das Wesentliche gesagt zu haben glauben und mit der Unfähigkeit der »backward peoples«, die Verantwortung selbst zu tragen und ihre eigenen Interessen wahrzunehmen, die eigene Herrschaft auf noch unbestimmte Zeit hinaus legitimierten; die Beurteilung wird zudem – wie gesagt – vor allem von der jeweiligen konkreten Situation ausgehen müssen, und da ergab sich oft ein ganz anderes Bild!

Eine solche Interpretation wird jedoch der Problematik nicht gerecht. Auch eine ideologiekritische Beurteilung wird den moralischen Impuls nicht übersehen dürfen, der den britischen Imperialismus und die koloniale Administration mitbestimmt hat. Dies galt sowohl für die großen Prokonsuln der Vorkriegszeit als auch für viele Gouverneure und zahllose District Commissionaries und Verwaltungsfachleute der Folgezeit. Die Idee des »service«, als Dienst und Einsatz für eine Sache, und »fairness« – nicht zuletzt ein Produkt der traditionsreichen Public Schools – haben die britische Verwaltung geprägt. Das Trusteeship – die Kolonialmacht als Treuhänder für die Untertanen – gründete sich auf dieser Gesinnung und gab ihm die Legitimation. Der Colonial Service mochte sich primär an der Sicherung der Herrschaft und am direkten oder indirekten Interesse Großbritanniens orientieren, er mochte in engerer Beziehung zur jeweiligen »European Community« stehen und sich stärker als im französischen Bereich gesellschaftlich von den »Natives« absondern, aber er hat doch auch immer wieder versucht, eine Identifikation mit privaten Interessen zu vermeiden und im Geiste der »fairness« seiner Aufgabe als Treuhänder gerecht zu werden.

Lord *Lugard*, der hohes Ansehen genoß, hat in seinem »Dual Mandate« zu zeigen versucht, wie in den einzelnen Bereichen der kolonialen Verwaltung Bedürfnisse und Interessen der Eingeborenen mit denjenigen der Schutzmacht wenigstens einigermaßen in Einklang gebracht werden könnten. Das Verbot von Zwangsarbeit – im Unterschied

[203] In diesem Zusammenhang mag die bemerkenswert realistische Sicht *J. H. Oldhams,* des langjährigen und sehr aktiven Sekretärs des internationalen Missionsrates, erwähnt sein: "Two cautions are perhaps in place if in the discussion of the principle of trusteeship exaggeration and unreality are to be avoided. The first is that it must not be supposed that the government of subject peoples is undertaken, or in existing circumstances can be expected to be undertaken, from purely philanthropic motives. There is no such thing as a missionary nation. Individuals may become missionaries, but the day is far distant when this may be expected from a nation. The European Powers are in Africa primarily from economic, not humanitarian motives. Their object is the development of their own industries and trade, but the benefit may be reciprocal. All that need be insisted on is that the advantage should always be mutual; and that if and when interests conflict, the issue should be decided not through the arbitrary and selfish exercise of superior power, but on the basis of impartial justice. And this, as we have seen, is not the quixotic demand of an impossibile idealism, but the declared aim of responsible statesmen. It is a policy to which the governments of the leading Powers are publicly commited." Christianity and the Race Problem, 1924, zit. in: Lord *Altrincham,* Kenya's Opportunity, 1955, p. 37.

zu Frankreich – und der Verzicht auf Plantagen zugunsten des eingeborenen Produzenten in Westafrika – im Unterschied zu Belgisch-Kongo – ergaben sich aus dem Treuhandschaftsverhältnis. Lord *Hailey* glaubte 1943 sagen zu können: "Again and again it has exerted its influence when issues have arisen in which native interests have been at stake, and has often done so with decisive effect." [204] Im Verlauf der problematischen Ostafrika-Politik hat das Prinzip des Trusteeship in der berühmten Devonshire-Erklärung für Kenya vom Dezember 1923 seinen Niederschlag gefunden, mit der die britische Regierung in der Auseinandersetzung zwischen weißen Siedlern und indischer Minderheit die »paramountcy of Native Interests« proklamiert (siehe S. 174). Die britische Publizistik liebte es, diese Erklärung herauszustreichen, zu ideologisieren und als Beweis auszugeben, daß Großbritannien die von ihm in Anspruch genommene Politik der Treuhänderschaft ernst nahm und in die Realität umzusetzen gewillt war. Dem kann der kritische Historiker zwar entgegenhalten, daß diese Erklärung der Paramountcy afrikanischer Interessen in erster Linie als improvisierte Lösung in einer ausweglos erscheinenden Konfliktsituation erfolgte und in den Jahren darauf die Eingeborenenpolitik Kenyas nur wenig beeinflußt hat, aber ihren prinzipiellen Charakter wird er dennoch nicht abstreiten können. Kein geringerer als der ehemalige Kommunist und Freund *Nkrumahs*, *George Padmore*, hat sie die Magna Charta Afrikas genannt [205]. Wer immer in der Zwischenkriegszeit die Kenya-Siedler kritisierte und eine pro-native Politik forderte, berief sich auf die Erklärung von 1923; und da die britische Regierung sich als Treuhänder für die afrikanische Bevölkerung verstand – sei es aus eigenem Antrieb, sei es unter dem Druck der Reformer, zu denen auch Lord *Lugard* gehörte –, weigerte sie sich, der weißen Minderheit Self-government oder gar Dominionsstatut zu gewähren.

Ein Aspekt dieser britischen Doktrin darf jedoch nicht übersehen werden. Das Prinzip der Trusteeship, wie es *Lugard* formuliert hat und im Völkerbundsmandat institutionalisiert wurde, hatte in erster Linie defensiven Charakter. Es ging hauptsächlich um eine Schutzfunktion, um Verhinderung von Mißbrauch und Ausbeutung, um Beseitigung von Übelständen, nicht aber, oder nur sekundär, um positive Maßnahmen einer Entwicklungspolitik. Eine königliche Instruktion an die Kolonialgouverneure aus dem Jahre 1922 mag dies veranschaulichen. Die Aufgabe des Repräsentanten des Imperial Government »is, to the utmost of his power, to promote religion and education among the native inhabitants (diese positive Aufgabe ist aber weitgehend den Missionen überlassen worden!), and he is especially to take care to *protect* them in their person and in the free enjoyment of their possessions, and by all lawful means to *prevent* and *restrain* all violence and injustice which may in any manner be practised or attempted against them« [206].

Diese rechtsichernde, ordnungstiftende und Ausbeutung verhindernde Konzeption fußte auf dem Liberalismus des 19. Jahrhunderts und entsprach sowohl britischer Staatsauffassung als auch einer Freihandelspolitik, die die politische und wirtschaftliche Initiative dem einzelnen überließ und sich darauf beschränkte, den »Rahmen« für die freie individuelle Entfaltung zu sichern und höchstens gegen offensichtliche Übergriffe

[204] The future of colonial peoples, 1943, p. 16.
[205] Pan-Africanism or Communism?, 1956, p. 228.
[206] Zit. *Martin Wight*, The Development of the Legislative Council (1606–1945), 1946, p. 146.

und Mißbräuche einzuschreiten. »Law and Order« waren denn auch die zentralen Begriffe, auf die sich die britische Kolonialverwaltung berief; und sie war besonders stolz darauf, gerade das geschaffen und gewährleistet zu haben. Es charakterisierte zudem die britische Herrschaft, daß sie mit wenig Personal auskam, lediglich ein lockeres Netz an Kontrolle unterhielt, möglichst wenig in die bestehenden Gesellschaftsstrukturen eingriff und vor Zwangsmaßnahmen zurückschreckte. Sie war somit weniger paternalistisch als die belgische Herrschaft im Kongo oder die holländische in Indonesien. Das heißt allerdings nicht, daß die Ergebnisse stets positiv waren und dem angestrebten Ziel entsprachen; vor allem der Brite *J. S. Furnivall* hat in seinem bedeutenden Werk »Colonial policy and practice«, 1948, gezeigt, daß eine Beschränkung auf Law and Order, die den von außen eindringenden kapitalistischen Kräften freien Spielraum gab und sogar rechtlich sanktionierte, in Unterburma eine katastrophale Desintegration der traditionellen Sozialstruktur zur Folge hatte, während der mit einigem Zwang arbeitende Paternalismus Hollands in Java seiner Schutzaufgabe besser nachgekommen ist und den sozialen Umbruch in Grenzen zu halten vermochte. Erst in den ausgehenden 30er Jahren setzte auch in Großbritannien die Kritik an einer solch liberal-negativen Haltung ein, und man versuchte, die bisherige Trusteeshipkonzeption in eine positive Entwicklungspolitik umzudeuten.

Noch etwas anderes ist im Begriff der Treuhänderschaft enthalten: Sie hat nur vorläufigen Charakter und muß deshalb eines Tages zu Ende gehen. Wer sich wie Großbritannien auf sie berief und sich als Trustee verstehen wollte, mußte auch eine zeitliche Befristung dieses kolonialen Abhängigkeitsverhältnisses akzeptieren. Die Kolonialmacht konnte legitimer Treuhänder für die »backward peoples« nur bis zu jenem Zeitpunkt sein, da diese selbst fähig waren, ihr Schicksal in die Hand zu nehmen und keines Vormundes mehr bedürfen. *Ernest Barker* schrieb 1941:

»Wenn der Minderjährige volljährig wird, wird die Vormundschaft zu ihrem Ende kommen, er wird seine Angelegenheiten selbst besorgen und sich selbst um sein Wohlergehen kümmern. Dasselbe kann sich im Bereich öffentlicher Angelegenheiten und des öffentlichen Rechtes ereignen; so darf man diese Analogie auf die abhängigen Kolonien anwenden, die durch Eroberung oder Abtretung gewonnen wurden. Solch ein abhängiges Gebiet ist ja wirklich gleich einem Minderjährigen, der nur für die Dauer seiner Minderjährigkeit unter der Obhut seines Vormundes steht. Wird solch eine Kolonie erwachsen und reif, so wird sie sich mit dem Treuhänder in der Verantwortung teilen, so daß dieser von seiner Bevormundung Abstand nehmen kann: sie wird sich selbst verwalten und an der Seite anderer sich selbst verwaltender Staaten in einer Gemeinschaft derartiger Staaten stehen.« [207]

Man wird noch ergänzen müssen: zur Pflicht und Aufgabe des Treuhänders gehört es, seinen Schutzbefohlenen auf den Zeitpunkt, an dem das Abhängigkeitsverhältnis gelöst werden soll, vorzubereiten und ihn zur Selbstverantwortung zu erziehen. Er wird dabei die Entscheidungsgewalt und Verantwortung in immer weiteren Bereichen etappenweise an sein Mündel abgeben, gemäß dessen Alter, Reife und Befähigung. In dieser Analogie wurde die Vorbereitung und schrittweise Gewährung von Self-government zur britischen Kolonialdoktrin erklärt; die britische Herrschaft habe Self-government als Ziel und finde darin ihre Erfüllung, wobei selbstverständlich der Treuhänder Großbritannien allein zuständig war und in voller Souveränität ent-

[207] Ideen und Ideale, a.a.O., p. 66.

schied, wie diese »Erziehung« zu erfolgen hatte und wann der Zeitpunkt der »Reife« gekommen war!

Die Analogie zur privatrechtlichen Vormundschaft läßt allerdings auch eine andere Schlußfolgerung zu: im Falle, daß der Mündel konstitutiv behindert ist und somit den Status des selbstverantwortlichen Erwachsenen gar nicht erreichen kann, muß die Vormundschaft zeitlebens aufrechterhalten werden. Waren Kolonien zum Self-government befähigt? Bis 1914 waren die Meinungen geteilt. Den Siedlungskolonien wurde die Befähigung selbstverständlich nicht abgesprochen; der britische Bürger nahm die Selbstregierung sozusagen mit sich nach Übersee. Die Dominions hatten ihre Lebensfähigkeit bewiesen, und nur bei den kleineren Einheiten, wie etwa Malta und Cypern, die zwar eine weiße, aber nicht-britische oder multinationale Bevölkerung hatten, konnte sie angezweifelt werden. Aber im farbigen Bereich? Nicht nur die eigentlichen Jingo-Imperialisten und Rassenfanatiker, sondern auch die Prokonsuln der Vorkriegszeit, wie *Curzon* und *Cromer*, haben diese Frage verneint; für sie bestand kaum ein Zweifel, daß selbst Indien und Ägypten einer bleibenden britischen Verwaltung oder Kontrolle bedurften, sollten sie nicht ins »Chaos« zurückfallen. Und was für diese Länder mit großer eigener Kultur und einer bereits westlich geschulten Führungsschicht galt, traf noch viel eindeutiger bei den »primitiven Völkerschaften« zu. Vor dem Krieg hat man nicht gezögert, diese Meinung – auch in offizieller Stellungnahme – offen darzulegen.

Nach 1919 jedoch wurde diese These kaum mehr vertreten. Der Imperialismus stand nun in der Defensive, Großbritannien hatte einen Krieg für die Rettung der Freiheit geführt und wollte oder konnte sich des rassischen Arguments nicht mehr bedienen. Der Aufbau des »Third Empire« sollte – wie *Alfred Zimmern* sagte – nicht mehr an Rasse oder Nationalität gebunden sein. Selbstverständlich hatten viele Diehards ihre Meinung nicht geändert, und ein Großteil der Kolonialbeamten mochte weiterhin an der Befähigung nicht-weißer Völker für Self-government zweifeln – ganz abgesehen von den zeitlichen Fristen, die zur Erreichung dieses Zieles notwendig erschienen. Aber es war nun offensichtlich unschicklich geworden, dies offen auszusprechen oder gar in mehr oder weniger offiziellen Verlautbarungen zu verkünden. Regierungserklärungen und die Stellungnahme von Kolonialfachleuten zeigen deutlich: Großbritannien mußte das Self-government als Ziel seiner Politik proklamieren. Auch die Berufung auf das »goodgovernment« reichte nicht mehr aus. Der Kolonialbeamte mochte auf den Unterschied zwischen Self-government und Good-government pochen und sich damit rechtfertigen, daß Großbritannien nicht nur »Law and Order« garantiere, sondern sich auch sonst um das Wohl der Massen sorge, während sowohl die alte feudale Oberschicht als auch die junge Intelligenz weder eine ordentliche Verwaltung gewährleisten noch über den sozialen Verantwortungssinn verfügen konnten, der es erlaubte, ihnen die Massen »auszuliefern«. Nach außen hin aber mußte man von Self-government sprechen, wenn auch mit gebührlicher Zurückhaltung und Einschränkungen. So betonte etwa Unterstaatssekretär *Amery* in der bereits erwähnten Parlamentsdebatte vom 30. Juli 1919, das Prinzip des Mandates führe zum »Self-government ... in so far as they are capable of it« [208]. Die Reichskonferenz von 1926

[208] H. of C., vol. 118, S. 2176.

beschäftigte sich zwar nur nebenbei mit dem Dependent Empire, bezeichnete es aber doch als Aufgabe der Zukunft, »preparing them also, by low degress, even for the opportunities of a greater measure of self-government« [209]. Und 1938 faßte Kolonialminister *Malcolm Macdonald* die offizielle britische Haltung in der Zwischenkriegszeit zusammen:

"The great purpose of the British Empire is the gradual spread of freedom among all His Majesty's subjects in whatever part of the world they live. That spread of freedom is a slow, evolutionary process. In some countries it is more rapid than in others. In some parts of the Empire, in the Dominions, that evolutionary process has been completed, it is finished. Inside the Colonial Empire the evolutionary process is going on all the time. In some colonies like Ceylon the gaining of freedom has already gone very far. In others it is necessarily a much slower process. It may take generations, or even centuries(!), for the peoples in some parts of the Colonial Empire to achieve self-government. But it is a major part of our policy, even among the most backward peoples of Africa, to teach them and to encourage them always to be able to stand a little more on their own feet." [210]

Ausführlicher waren die nicht-offiziellen Erklärungen. Wir haben Lord *Milner* genannt, der nach dem Kriege von der Voraussetzung ausging, daß die Kolonialvölker den Status der Abhängigkeit nicht für immer akzeptieren werden, und im Gespräch mit dem Amerikaner *Shotwell* die Frage stellte, zu welchem Zeitpunkt Self-government gewährt werden müsse. Er meinte, daß dieser Moment gekommen sei, wenn die Eingeborenen eine Verfassung und bestimmte Institutionen in abstrakten Termini verlangten [211]. Deutlicher war sein »Schüler« *Philip Kerr:*

"Great Britain is now commited to the development of self-government in all other parts of the Empire, as rapidly as the inhabitants can take over responsible control. The process which has been in India is beeing extended in various ways to Egypt, Palestine and Malta, and its gradual development everywhere is inevitable." [212]

Als Quintessenz seines repräsentativen »African Survey« stellte *Lord Hailey* 1938 fest:

"The political future which British policy has assigned to the African colonies must be understood to be that of self-government based on representative institutions. The pursuance of this policy has involved the devolution of as large a share of authority as possible to the executive government of the colony and the recognition of local legislation as the source of law." [213]

Und schließlich sei noch Lord *Lugard* angeführt, der – wie wir sehen werden – der Übernahme britischer Repräsentativinstitutionen mißtraute und der sich als »Imperialist« bezeichnete, 1939 aber die britische Herrschaft prinzipiell nur als zeitlich begrenzte »tutelage« verstand:

"The Imperialist" – *Lugard* grenzt sich ab gegen Anti-Kolonialismus und Desinteressment – "clings to his belief that the time has not come to abdicate British sovereignty and its policy of

[209] Appendices to the Summary of proceedings, Ottawa, 1927, p. 92.
[210] H. of C., 7. 12. 1938, vol. 342, Sp. 1246 f. Entsprechend auch 1939 in Oxford vor 180 Kolonialbeamten, zit. *Charles R. Buxton,* The Government of Crown Colonies, in: Political Quarterly, 1939, p. 516.
[211] *James T. Shotwell,* At the Peace Conference, 1937, p. 171.
[212] From Empire to Commonwealth, in: Foreign Affairs, 1922,2, p. 97.
[213] Ausgabe von 1938, p. 1639.

tutelage and guidance, but the trust must be so administered that at some distant day even the most backward may take their place in the world as free self-governing nations as the Dominions have done." [214]

Was besagten diese Äußerungen, denen andere, ähnlich lautende zur Seite gestellt werden könnten? Es ging um Self-government, besser um schrittweise Gewährung von Self-government. Daß die Betonung auf »schrittweise« lag und die eigentliche Selbstregierung noch lange nicht erreicht war, braucht uns hier nicht weiter zu beschäftigen; auch nicht die Tatsache, daß dieser Verweis auf die Zukunft manche Fragen als noch nicht aktuell erscheinen ließ und doch gleichzeitig die gewünschte Rechtfertigung der kolonialen Herrschaft lieferte. Wichtiger erscheint uns in diesem Zusammenhang, daß Großbritannien spätestens seit dem Ersten Weltkrieg über eine Doktrin der Dekolonisation verfügte. Sie mochte im Bereich der konkreten Verwaltung noch wenig aktuell sein, aber das künftige Ende der britischen Kontrolle war nicht nur akzeptiert, sondern sollte sogar Ziel der Kolonialpolitik sein. Schon jetzt wurde diese von ihrem Ende her gerechtfertigt und legitimiert! Diese These sollte die britische Politik bereits in der Zwischenkriegszeit nachhaltig beeinflussen und nach dem Zweiten Weltkrieg die Ablösungsbewegung erleichtern und auch in psychologischer Hinsicht erträglicher machen. Großbritannien nahm damit – wenn wir von den Vereingten Staaten absehen – eine Sonderstellung unter den Kolonialmächten ein. Belgien im Kongo und Holland in Indonesien hielten ihre Herrschaft nicht nur für gesichert, sondern schlossen auch in ihrer Doktrin und in der Diskussion die Frage nach der Zukunft weitgehend aus; Frankreich andererseits hatte zwar eine Doktrin der Dekolonisation, orientierte sich jedoch nicht am Self-government und hatte deshalb später Mühe, sich darauf einzustellen.

War der Begriff »Self-government« aber – eindeutig? Verstanden Konservative, liberale Reformer und Sozialisten darunter dasselbe, und war Self-government in den verschiedenen Bereichen des Colonial Empire gleichermaßen anwendbar? Folgt man den britischen Publizisten und Historikern, scheint die Eindeutigkeit des Begriffes erwiesen und die Kolonialdoktrin der Zwischenkriegszeit klar formuliert. Aber nur dadurch, daß sie den Begriff selbst nicht untersuchten und eventuelle Meinungsverschiedenheiten und Bedeutungsunterschiede in offiziellen Verlautbarungen und in der Diskussion unberücksichtigt ließen und ihn in einer feststehenden Formel zum Leitmotiv der britischen Kolonialpolitik seit dem Ersten Weltkrieg gemacht haben, konnten sie eine geschlossene Haltung und klare Doktrin postulieren, die den liberalen Kurs Großbritanniens nach 1919 unter Beweis stelle. Dies gesagt oder suggeriert, können sie auf weitere allgemeinen Erörterungen verzichten und sich der Schilderung der politischen und wirtschaftlichen Situation einzelner Territorien zuwenden, um hier die mannigfachen Fortschritte aufzuzeigen, die im Sinne des gemeinsamen Zieles erreicht wurden.

Prüft man aber die Erklärungen und geht man der Diskussion in Parlament und Publizistik nach, so zeigt sich, daß der Begriff Self-government weder eindeutig noch einheitlich war. Schon die eben zitierten Äußerungen zeigen bei näherem Zusehen, daß Self-government nicht unbedingt Übernahme der vollen administrativen und

[214] The case for Imperialism, in: Spectator, 13. 10. 1939, p. 497.

politischen Gewalt bedeutete und sich auf Formen der Autonomie oder auch nur auf eine effektive Mitbeteiligung der kolonialen Bevölkerung beschränken konnte; zudem ist es noch keineswegs klar, ob Self-government mit Responsible government, d. h. mit Dominionstatut gleichzusetzen war und die Übernahme eines demokratischen und repräsentativen Systems nach britischem Vorbild einschloß. In Gebieten mit willkürlich gezogenen Grenzen stellte sich die Frage nach dem Bereich, dem Self-government gewährt werden sollte, und in den Siedlungsgebieten Ostafrikas mußte entschieden werden, ob die weiße Minderheit oder die afrikanische Mehrheit für ein künftiges Self-government legitimiert war. Diesen Fragen werden wir unsere besondere Aufmerksamkeit schenken müssen.

Zunächst müssen wir etwas näher auf die Verwaltungsstruktur der Kronkolonie eingehen. Bemerkenswert war die weitreichende Selbständigkeit der einzelnen Kolonien, deren »Autonomie« sich nicht auf den administrativen Bereich beschränkte, sondern den legislativen einschloß. Nur die »Verfassung« als solche, die u. a. die Stellung des Gouverneurs und seine Beziehungen zu den repräsentativen Organen, deren Kompetenzen und Zusammensetzung festgelegt, wurde in London vom Colonial Office ausgearbeitet und meist ohne besondere Billigung durch das Parlament – der formal höchsten Instanz des Empire – als Order im Council erlassen. Der Gouverneur und seine Organe waren aber, mehr als im französischen Bereich, an der Vorbereitung beteiligt: Die Initiative und konkreten Vorschläge gingen oft von der Kolonie aus. Im Innern hatte diese ihre eigene Rechtsordnung und ihre eigene legislative Gewalt, eine Zuständigkeit, die die französische Kolonie nicht besaß. London hatte zwar ein Vetorecht, übte es aber nur selten aus. Es gab keine allgemeinen Kolonialgesetze, und die Gesetzgebung des Mutterlandes wurde nicht auf das Kolonialreich übertragen. Im Unterschied zu Frankreich wurde keine Vereinheitlichung angestrebt, da jeder Bereich seine »Entwicklung« den eigenen Traditionen, Voraussetzungen und Möglichkeiten anpassen sollte. Der Gouverneur als Repräsentant der Krone und die ihm unterstellte Verwaltung reichten aus, um die Kontrolle durch das Mutterland zu gewährleisten. Während das zentralistische Frankreich auch die Kolonien zentral verwaltete, spiegelte sich im Empire die spezifisch englische Verbindung von traditioneller dezentralistischer Verwaltung und weitreichender Lokalautonomie mit einheitlicher Legislative; die Kolonien waren weitgehend »autonom« und dennoch einer straffen imperialen Struktur eingeordnet. Großbritannien war stolz auf diesen »Pragmatismus«, mit dem es die Individualität der einzelnen Kolonien nicht nur anerkannte, sondern zu fördern gewillt war. Kolonialminister *Amery* erklärte auf einer Konferenz der Gouverneure 1927:

"The whole system, with its haphazard complexity and lack of coordination on any structural basis, would be fancy, not to be tolerated for a moment by our more logical neighbours across the Channel. For all that, I believe that our system, or lack of system, has certain advantages. Each Colonial Government and each Colonial Service has grown up on the spot by a continual process of local evolution from the days of our first historical connection with the Colony, the days of the first treaty cession, the first conquest, the original peaceful trading penetration, as the case may be. Each Government and each Service, therefore, is autochthonous, racy of the soil, adapted to local conditions and instinctive in its understanding of those conditions and in its sympathy with the population it administers." [215]

[215] 10. 5. 1927, zit.: *Wight,* The Development of the Legislative Council, p. 2.

So eigenständig die einzelne Kolonie auch sein mochte, so zeigte sich doch eine Ähnlichkeit der »Verfassungen«, insbesondere in der »Verfassungsentwicklung«. Man könnte von einem Prinzip oder einem »roten Faden« sprechen, von einer bestimmten Stufenfolge, die die Territorien im Ausbau ihrer repräsentativen Institutionen durchlaufen – zu jeweils verschiedenem Zeitpunkt, den Verhältnissen mit mannigfachen Variationen so gut wie möglich angepaßt, aber doch einem gemeinsamen Muster folgend. Als Vorbild diente sowohl die Entwicklung des Mutterlandes als auch diejenige der Dominions, insofern als die legislative und exekutive Gewalt des Königs bzw. des Gouverneurs schrittweise zugunsten der Legislative abgebaut wurde, bis die volle Parlamentarisierung – bei gleichzeitiger Demokratisierung – und die Verantwortlichkeit der Exekutive gegenüber dem gewählten Parlament erreicht waren.

Wir müssen von der Beziehung des Legislative Council zum Gouverneur als dem Inhaber der exekutiven Gewalt ausgehen [216]. In der ersten Phase, im Status der eigentlichen Kronkolonie, bestand eine »Official majority«: Der gesetzgebende Rat setzte sich mehrheitlich aus höheren Kolonialbeamten zusammen, die über die Gesetzesvorschläge des Gouverneurs zu beraten hatten. Die Officials waren aber weisungsgebunden und konnten nicht gegen den Gouverneur stimmen; die Beratung sollte vor allem ein sachgerechtes und rechtmäßiges Vorgehen sicherstellen. Der Legislative Council war folglich noch kein repräsentatives Organ, auch abgesehen davon, daß die Eingeborenen darin nur in seltenen Fällen vertreten waren. Entsprechend war der Exekutivrat nur ein beratendes Gremium, an dessen Beschlüsse der Gouverneur nicht gebunden war; Mitglieder konnten ihre abweichende Meinung »on record« geben.

Relativ früh wurden vom Gouverneur ernannte Non-Officials in den Legislative Council aufgenommen, und zwar nicht nur Weiße – als Vertreter vor allem der wichtigsten Wirtschaftsgruppen –, sondern auch »natives«: In Ceylon breits 1833 (drei Europäer und drei Ceylonesen), auf Barbados 1843, an der Goldküste 1889, während dieser Schritt in Kenya bezeichnenderweise erst 1944 erfolgte. Da die Mitglieder ernannt wurden, verblieb die effektive Entscheidung natürlich beim Gouverneur. Mit der Einführung der Wahl erfolgte der nächste Schritt, in Ceylon 1910, Nigeria 1922, in Sierra Leone und Nordrhodesien 1924, an der Goldküste 1925. Die gewählten Non-officials blieben vorerst in der Minderheit, konnten zwar der Regierung opponieren und eigene Forderungen anmelden, aber keinen direkten Einfluß auf die Exekutive ausüben [217]. Die Tendenz ging folglich – unter dem Druck der weißen und nicht-weißen gewählten Mitglieder – dahin, eine »non-official elected majority« und damit Representative government zu erlangen, wobei als Zwischenstufe ein »Semi-representative government« eingefügt werden konnte, in der die Mehrheit weder von den Offizialmitgliedern noch von den gewählten Vertretern

[216] Vgl. die allerdings vornehmlich juristische Arbeit von *Wight*.

[217] Die Problematik dieser Situation beschreibt der ehemalige Gouverneur von Jamaica, *Olivier:* "What is the use", they protest, "of our coming here to talk and to urge what we, as representative men of the Colony, know to be expedient and just for our constituents when the Governor has made up his mind beforehand or the Colonial Office has given him his orders? The official automatons of the mechanical majority do not even take the trouble to attend to what we are saying, but its silent, bored and yawning till the time comes for them to vote, not as they may think, but as they are bid." Lord *Olivier*, Crown Government, in: The Crown Colonist, April 1932, p. 205.

gebildet wurde, sondern von einer Verbindung der Officials mit den ernannten Non-officials, die zwar nicht weisungsgebunden waren, aber der Regierung nahestanden. Jamaica hat dieses halb-repräsentative System bereits 1884, Ceylon 1920 und Guiana 1928 erreicht. Das eigentliche Representative government, das etwa unserem »konstitutionellen«, d. h. noch nicht parlamentarisierten System entspricht, wurde Cypern 1882, Malta 1887 und Ceylon als der ersten nicht-weißen Kolonie 1924 gewährt; der Legislativrat setzte sich hier zusammen aus 12 Officials, 2 ernannten und 34 gewählten Mitgliedern. Der Gouverneur behielt allerdings weitgehende »reserved powers« und konnte sich in Fragen »of paramount importance« über die Stellungnahme der Mehrheit hinwegsetzen. Formal ging die legislative Gewalt aber auf das Parlament über, während die Exekutive weiterhin beim Gouverneur verblieb, auch wenn bereits Eingeborene in den Exekutivrat ernannt worden sind; das System der »Crown-colony« war jedoch damit bereits verlassen.
Wenn wir mit anderen Kolonialmächten vergleichen, erfolgten diese Schritte in Richtung Self-government recht frühzeitig, obschon die imperiale Macht die eigentliche Entscheidungsgewalt nicht aus der Hand gab und in der Beamtenschaft über das effektive Herrschaftsinstrument verfügte. Am Anfang dieser Prozession standen die weißen Kolonien Malta und Cypern, es folgten die alten Besitzungen in Westindien, denen sich in Asien Ceylon anschloß; Westafrika und vor allem Ostafrika standen am Schluß, sie behielten den Status der Kronkolonie bis nach dem Zweiten Weltkrieg. Da im Legislativrat legifiziert und wirklich diskutiert wurde, z. T. auch recht wichtige Beschlüsse gefaßt wurden, war hier – im Unterschied zu den unbedeutenden oder nur als Interessenvertretung fungierenden Gremien des französischen Bereichs – ein Ort gegeben, wo Eingeborene mit der Funktionsweise westlich-britischer Repräsentativinstitutionen vertraut gemacht und an der politischen Willensbildung beteiligt werden konnten. Andererseits fehlte selbstverständlich die unmittelbare Vertretung der Kolonien im britischen Parlament.
Das Representative government zeigte jedoch seine inhärente Problematik, so daß es seine Funktion höchstens als Übergangsregierung erfüllen konnte: die Mehrheit der gewählten »Volksvertreter« verfügte zwar über legislative Gewalt, Budgetrecht und Kontrollbefugnisse, hatte aber keinen direkten Zugang zur Macht. Sie konnte Regierungsvorschläge ablehnen und eigene Anträge einbringen, nicht aber die Regierung zur Annahme ihrer parlamentarisch gefaßten Beschlüsse zwingen. Die Regierung konnte nicht gestürzt werden, ein Mißtrauensvotum führte nicht zur Übernahme der Verantwortung durch die Opposition. Friktionen zwischen Legislative und Regierung waren nicht zu vermeiden, was eine Tendenz zu Obstruktion und Demagogie, Mißtrauen und gegenseitige Verdächtigung zur Folge hatte. Im Falle Ceylons hatte sich die Auseinandersetzung zudem in den Finanzausschuß verlagert und eine offensichtlich nicht-sachgemäße Vermischung von Gesetzgebung und Verwaltung ergeben. Diese an sich allgemeine Problematik einer konstitutionellen und nicht-parlamentarischen Regierungsform verschärfte sich im kolonialen Bereich. Die gewählten Parlamentsmitglieder waren in der Mehrheit Angehörige des Kolonialvolkes, Vertreter also der nicht-weißen Elitesschicht und Sprecher der nationalen Emanzipationsbewegung, die mit ihren weitreichenden Forderungen die bestehende »Verfassung« in Frage stellten und das koloniale Regime zu beenden wünschten Das angestrebte Ziel, wenigstens den

gemäßigten Flügel der nationalen Eliteschicht zufriedenzustellen, in die politische Mitverantwortung mit einzubeziehen und ein Vertrauensverhältnis auf der Basis geteilter Aufgaben herzustellen, wurde nicht erreicht. Es entstand ein gefährlicher Konflikt, der entweder zur Blockierung der Regierungstätigkeit oder zu einer Kapitulation der Regierung führen konnte, sofern diese es nicht zu einer offenen Krise kommen lassen wollte. Dieser Konflikt war allerdings nicht neu. Die Spannung zwischen dem vom König ernannten Gouverneur als dem Inhaber der Exekutivgewalt und dem von der Bevölkerung gewählten Rat war die wesentliche Ursache der amerikanischen Unabhängigkeitsbewegung gewesen. Kanadas Verfassungsentwicklung drängte im 19. Jahrhundert zu einer ähnlichen Entscheidung, wurde aber im Durham-Report rechtzeitig analysiert und durch die Gewährung von Responsible government in die Bahn des Dominion-Status geleitet.
Selbstverständlich richteten sich die Bestrebungen der gewählten Parlamente auch der nicht-weißen Kolonien auf Responsible government, sobald einmal die »Etappe« des Representative government erreicht ist. Responsible government bedeutete aber den entscheidenden und kritischen Schritt, denn London gab damit seine Kontrolle aus der Hand und überließ sie den »Eingeborenen«. Diese kritische Situation war in der Zwischenkriegszeit in Asien erreicht, vordringlich in Indien. Sollte und konnte Großbritannien Responsible government gewähren? Wir haben gesehen, daß London zwar Versprechungen machte, diese aber mit dem Stichwort »verfrüht« noch nicht einzulösen gewillt war. Der Übergang zum Multiracial Commonwealth galt noch als Auflösung des Empire. London versuchte daher, mit der »Dyarchy« der Problematik des Representative government zu entgehen, zunächst in den indischen Einzelstaaten. Eine bloße Erweiterung der Morley-Minto-Reformen – sagte *Lionel Curtis* – werde zwangsläufig zu einem »deadlock« zwischen Exekutive und Legislative führen und beide Teile zur Verzweiflung bringen. Als Alternative dazu bleibe nur die Kapitulation [218]. Man könnte die Dyarchy als »Semi-responsible government« bezeichnen, da ein Teil der Exekutivgewalt parlamentarisiert wurde. Dieses ausgeklügelte System ist aber in Indien wenig erfolgreich gewesen und hat auch in Malta nicht befriedigt; die Verfassung von 1921 mußte 1930 und wiederum 1933 suspendiert werden. Ähnlich in Cypern [219]. Malta und Cypern sind daher in der »Prozession« vorübergehend zurückgesetzt worden!

Eine ähnliche Situation wie in Indien 1919 zeichnete sich mit der Gewährung von Representative government nach 1923 in Ceylon ab. Da Ceylon innerhalb der asiatisch-afrikanischen Kolonien an der Spitze der »Prozession« stand und seine Verfassungsentwicklung in der Zwischenzeit interessante Aspekte von allgemeiner Bedeutung aufweist, soll hier etwas ausführlicher darauf eingegangen werden.
Die Problematik ergab sich zunächst aus der einfachen Tatsache, daß London den Ceylonesen noch kein Responsible government gewähren wollte. Die wirtschaftliche und strategische Bedeutung der Insel war groß, ein Präzedenzfall sollte vermieden werden, kurz: britische Präsenz und britische Kontrolle waren tabu und mußten

[218] Letters to the people of India on responsible Government, 1918, p. 18, 23, 32.
[219] *Wight*, a.a.O., p. 79 und p. 92.

gewahrt bleiben. Nachdem aber in den von uns skizzierten Etappen Representative government erreicht worden war, stellte sich die Frage nach der weiteren Entwicklung. Was konnte konzediert werden, wenn vorerst Respensible government und damit Dominion-Status indiskutabel blieben?

Die innere Situation Ceylons warf weitere Fragen auf. Ceylon bildete keine »nationale« Einheit mit einem Volkskörper gleicher Rasse, Religion, Sprache und Tradition, sondern gliederte sich in mehrere »communities«: buddhistische Singhalesen und Hindu-Tamilen, aber auch Moslems und Christen. Die Gemeinschaften lebten getrennt, ohne aber geographisch eindeutig lokalisiert werden zu können. Dieses »Communal«-Problem, das mit demjenigen Indiens, aber auch mit dem Nationalitätenproblem Osteuropas verglichen werden kann, warf die Frage auf, ob und wieweit westliche Verfassungsmuster einer Situation gerecht werden konnten, in der zwischen den Gemeinschaften kein »nationaler Consensus« bestand, Parteifronten sich als «communal fronts« erwiesen, die Minderheit eine Majorisierung fürchtete und sich weigerte, einem solchen Repräsentationssystem britischer Art einzuordnen. Der Versuch, einen weiteren Schritt in Richtung Responsible government zu tun und gleichzeitig die »kommunale Frage« wenn nicht zu lösen, so doch zu berücksichtigen, führte zum Verfassungsexperiment von 1931.

Im Spätherbst 1927 besuchte eine der üblichen Parlamentskommissionen unter dem Vorsitz des Earl of *Donoughmore* Ceylon mit dem Auftrag, über die Funktionsfähigkeit der Verfassung von 1924 zu berichten und Reformvorschläge zu unterbreiten; sie erstattete ihren Report im Juni 1928 [220]. Nach einem ausdrücklichen Hinweis auf die nur transitorische Regelung von 1924 folgte eine prägnante Kritik des Representative government. Die Problematik liege – wie wir oben ausführten – in der »divorce of power from responsibility« [221], die das parlamentarische System ad absurdum geführt, die Macht von einer »responsible Executive to an irresponsible Legislature« verlagert und die Stellung von Gouverneur und Verwaltung ungebührlich untergraben habe, ohne daß andererseits die Ceylonesen zur Verantwortung herangezogen worden wären. Den Schaden habe dabei die Kolonie, da positive und notwendige Maßnahmen nicht hätten getroffen werden können. Diese Situation sei aber nicht dem ceylonesischen Parlament zur Last zu legen, sondern im System selbst begründet.

Ein Rückschritt zur Kronkolonie, zur Offizialmehrheit, sei politisch untragbar und auch nicht angezeigt, denn Großbritannien wolle vorwärtsgehen »in giving responsibility as well as power«. Da aber der ceylonesische Nationalkongreß volles Responsible government im Hinblick auf den Dominionstatus forderte, London dies aber noch nicht zugestand, mußte diese Weigerung begründet werden. So wird denn gesagt, daß die Ceylonesen noch keine ausreichende Erfahrung besäßen und die nicht-homogene Bevölkerung zur Übernahme der Verantwortung ungeeignet erscheine:

"A condition precedent to the grant of full responsible government must be the growth of a public opinion which will make that grant acceptable, not only to one section, but to all

[220] Report of the special commission on the Constitution, Cmd. 3131 (1928). Dazu u. a. *Lennox A. Mills*, Ceylon under British Rule 1795–1932, 1933. *S. Namasivayan*, The Legislatures of Ceylon 1928–1948, 1951.

[221] P. 18.

sections of the people; such a development will only be possible if under a new constitution the members of the larger communities so conduct themselves in the reformed Council as to inspire universal confidence." [222]

Außerdem fehle es an den für ein parlamentarisches Regime notwendigen politischen Parteien, und durch den noch hohen Zensus drohe die Gefahr einer oligarchischen Herrschaft von Minderheiten.

"It seems hardly neccessarily to observe that HMG is the trustee not merely of the wealthier and more highly educated elements in Ceylon but quite as much of the peasant and the coolie, and of all those poorer classes which form the bulk of the population. To hand over the interests of the latter to the unfettered control of the former would be a betrayal of its trust." [223]

Die Kommission bringt also auf prägnante Weise vor allem drei Argumente gegen eine Gewährung von Responsible Government vor:
Es fehle an administrativer Erfahrung.
Es fehle die nationale Einheit.
London könne seine verantwortliche Macht nicht an die Minderheit der »educated« abgeben, denn es verstehe sich als Treuhänder für die ungebildete und politisch noch nicht organisierte Masse der Bevölkerung.

Es sind dies, kurz zusammengefaßt, die wichtigsten Kriterien, mit denen Großbritannien die jeweilige koloniale Situation und die möglichen Reformen beurteilt oder zu beurteilen vorgibt. Wir kennen diese Argumente aus der Indien-Debatte und werden ihnen wieder in der Afrika-Diskussion begegnen. In der historischen Betrachtung zeigen sie ihren ambivalenten Charakter. Man kann sie leicht als »kolonialistische« Scheinargumente abtun und sich auf das Prinzip der Selbstbestimmung berufen; jedenfalls erscheint die Kolonialmacht nicht als die geeignete Instanz, über »Reife und Befähigung« ihrer Untertanen zu befinden. Wie sollen »Eingeborene« administrative Erfahrung gewinnen, da doch die Kolonialmacht die Schlüsselpositionen innehat, eine gesellschaftliche Diskriminierung aufrechterhält und die Entscheidung aus eigener Machtvollkommenheit trifft? Man kann sagen, das »kommunale« Problem werde bewußt »hochgespielt«, nach dem Grundsatz »divide et impera«. Wer anders könne denn Sprecher der Massen sein, wenn nicht die westlich geschulte Führungsschicht? Und während Großbritannien konkrete Interessen verteidigt, gebe es vor, über Wohl und Wehe der Bevölkerung zu befinden. Ein solches Mißtrauen ist zweifellos gerechtfertigt. Die obengenannten Argumente müssen in der Tat dazu dienen, das Vorgehen der Kolonialmacht zu rechtfertigen und die Weigerung, auf bestimmte Forderungen der nationalen Opposition einzugehen, zu begründen. Die Formel »verfrüht« ist dehnbar. Man kann eine liberale Haltung verkünden und in Wirklichkeit den Status quo verteidigen; man stellt Bedingungen, die von unabhängigen Staaten nicht erfüllt werden und verweigert dann die Reform. Dabei bleibt es erst noch fraglich, ob diese Bedingungen innerhalb des Kolonialsystems jemals erfüllt werden können.

Andererseits wird man den Argumenten ihre innere Berechtigung nicht absprechen können. Wollte man ein Territorium nicht einfach sich selbst überlassen, so drängte

[222] P. 21.
[223] P. 32.

sich die Frage auf, ob ein Land ohne europäische Zivilisation die Voraussetzungen für Self-government im westlichen Sinne besaß. Die Treuhänderschaft wurde ernst genommen, die Verpflichtung zum »good government« war keine leere Phrase. In der Zwischenkriegszeit konnte man mit Recht eine Auflösung von »Law and Order« befürchten und eine »Re-Feudalisierung« erwarten, die eben das zu vernichten drohte, worauf die Kolonialmacht einen berechtigten Stolz zu haben glaubte. Die erwähnten Argumente sollten zwar den Eindruck vermitteln, daß Großbritannien freiwillige und keine erzwungenen Konzessionen gewähre; dies traf aber bereits in der Zwischenkriegszeit nicht mehr zu. Konzessionen und weitere Schritte in Richtung Self-government standen in unmittelbarer Beziehung zur nationalen Emanzipation, sie wurden unternommen, sei es, um eine offene Krise zu vermeiden, sei es, um die Opposition zu gewinnen, sie zu spalten oder vorübergehend zu neutralisieren. Aber dennoch ging es um den Versuch, die »Eingeborenen« schrittweise an der administrativen und politischen Verantwortung zu beteiligen.

Dies galt auch für die Ceylon-Kommission. Die konservative Regierung wollte Reformen nicht verweigern und keineswegs im Status quo verharren. Die Energie, mit der die Donoughmore-Kommission einen Kompromiß anstrebte, war bemerkenswert. Sie schlug vor, den Legislativrat in einen Staatsrat umzuwandeln, der sich seinerseits in Komitees aufgliederte; die gewählten Vorsitzenden dieser Komitees sollten als Chefs der administrativen Departments fungieren und eine Art Ministerrat bilden. Jeder Minister sollte einzeln dem Staatsrat verantwortlich sein und durch ein negatives Votum zum Rücktritt gezwungen werden können. Auf diese Weise würden die Ceylonesen die Möglichkeit erhalten, verantwortlich über die Exekutivorgane zu befinden und dabei Erfahrungen zu sammeln, ohne daß ein Kabinettssystem britischer Prägung oder in Form der Dyarchy geschaffen wurde. Der Vorschlag lehnte sich an den County Council Londons an und sollte »kommunale« Reibungen abbauen helfen.

Die Kommission machte weitere Vorschläge. Sie kritisierte das Zensuswahlrecht, das nur 4 % der Bevölkerung erfaßte, und schlug das allgemeine Wahlrecht vor. Die bisherige soziale Herkunft der Wähler und Repräsentanten habe u. a. zur Folge gehabt, daß Ceylon in Fragen des Arbeitsrechts und der sozialen Wohlfahrt zurückgeblieben sei; die politische Erziehung müsse zudem mit der Ausübung des Wahlrechtes erfolgen. Selbst wenn man in Rechnung stellt, daß durch die Ausweitung des Wahlrechtes die Machtstellung der oligarchischen Opposition untergraben werden sollte, war der Vorschlag bemerkenswert: die Kolonialmacht vollzog den entscheidenden Schritt zum allgemeinen Wahlrecht und leitete damit die Demokratisierung ein!

Die Kommission wollte außerdem die »Communal Representation« abschaffen. Seit langem hatte sich die britische Regierung mit der problematischen Frage beschäftigt, wie in einer »Plural Society« *(J. S. Furnivall)* eine »gerechte«, d. h. die verschiedenen Gemeinschaften zufriedenstellende Repräsentation möglich sei [224]. Das Problem war nicht nur in Asien akut (Indien, Burma, Ceylon, Malaya, Fidschi-Inseln), sondern auch in Westindien, Ostafrika, Malta und Cypern. Da die übliche Territorialrepräsentation von den Minoritäten entschieden abgelehnt wurde, hatte man eine »kommunale«

[224] Allgemein darüber: Problems of Parliamentary Government in Colonies, Spezialnummer der Parliamentary Affairs VI, 1, 1952/53, p. 55 f. *Wight,* a.a.O., p. 87 f.

Repräsentation eingeführt; jede Gemeinschaft bildete einen eigenen Wahlkörper und wählte aus ihrer Mitte ihre Repräsentanten in den Legislative Council. Eine Untervertretung oder gar Verdrängung der Minderheits-Gemeinschaften konnte so vermieden werden. Der Rat selbst war hingegen nicht in getrennt beratende Kollegien geteilt wie im französischen Bereich, sondern handelte geschlossen als Vertretung. Während die Franzosen die getrennten Wahlkörper – »Collèges« – einführten, um der kleinen Zahl von Kolonialfranzosen eine Interessenvertretung zu gewähren, diente im britischen Bereich die »Communal Representation« – mit Ausnahme Ostafrikas – dazu, die verschiedenen nicht-weißen Gemeinschaften angemessen zu berücksichtigen [225]. Man hoffte, die rassisch und religiös bedingten Spannungen zu entschärfen und eine Versöhnung oder »Nationalisierung« der Bevölkerungsgruppen anzubahnen. Die Möglichkeit, die Gemeinschaften gegeneinander auszuspielen oder jedenfalls die Minderheiten gegen die Mehrheits-Community zu unterstützen, mochte in einzelnen Fällen eine wichtige Rolle gespielt haben und hat dann nicht eine Versöhnung, sondern eine Konservierung der Gegensätze bewirkt: wir erinnern an die noch heute umstrittene Frage der Hindu-Moslem-Beziehungen in Indien. Man darf in den kommunalen Wahlkörpern jedoch kein bloßes Instrument einer Divide-et-impera-Politik sehen. Ein »communal vote« drängte sich ganz einfach auf: Cypern (Moslems und Nicht-Moslems) und Indien (1909) gingen voran, 1910 folgte Ceylon; das Problem der indischen Minderheit in Kenya stellte sich 1919, und 1924 wurden in den Straits Settlements die Europäer, Malayen, Inder, Chinesen und Eurasier mit Communal Representation ins »Gleichgewicht« gebracht.

Die erwartete Entspannung der rassisch-religiösen Gegensätze trat aber nur teilweise ein. Bereits 1918 hatte der Montagu-Chelmsford-Report eine Abschaffung der »Communal Representation« in Indien befürwortet. Die Ceylon-Kommission nahm diese Kritik wieder auf [226]. Das Ziel, demokratische Institutionen mit der »plural society« in Einklang zu bringen und »to promote unity« sei nicht erreicht worden; die gegenseitige Verdächtigung sei geblieben, ja die Abkapselung der Gemeinschaften durch die gesonderten Wahlkörper noch deutlicher geworden. Nachdem schon die Verfassung von 1923 neben den »Kommunal«-Mandaten auch Abgeordnete, die auf territorialer Basis gewählt wurden, eingeführt hatte, schlug die Kommission eine reine Territorialvertretung vor. Die zusätzliche Ernennung einiger Mitglieder des Staatsrates sollte dazu dienen, bestimmte Gemeinschaften, darunter auch die Europäer, künftig besser zu berücksichtigen.

Die Vorschläge der Donoughmore-Kommission sind von der britischen Regierung gebilligt worden, Ceylon erhielt 1931 eine entsprechende Verfassung. Bericht und Ver-

[225] Großbritannien kannte die Sondervertretung der Europäer auch, aber als Corporate Representation. Den »Interests«, wie Banken, Handel, Schiffahrt, sind Unofficial-Mandate reserviert, in Indien in relativ geringem Ausmaß, vor allem in Hongkong und den Straits Settlements, Nigeria 1922, Goldküste 1925. Auf den oberen »Stufen« des Self-government verschwinden sie schrittweise, *Wight*, p. 85 f.

[226] Es heißt u. a.: “In surveying the situation in Ceylon we have come hesitatingly to the conclusion that communal representation is, as it were, a cancer on the body politic, eating deeper and deeper into the vital energies of the people, breeding self-interest, suspicion and animosity, poisoning the new growth of political consciousness, and effectively preventing the development of a national or corporate spirit.” P. 39.

fassung haben eine erstaunliche einheitliche Zustimmung gefunden. Die Konservativen konnten nicht gut gegen die Vorschläge einer von der konservativen Regierung eingesetzten Kommission opponieren. Die »Times« verhielt sich zwar zurückhaltend, sprach von einem »courageous attempt« und bezeichnete das allgemeine Wahlrecht als »bold step« und die Reform als »experimental«, lehnte sie aber nicht ab [227]. Die »Round Table« trat energisch für sie ein [228]; und wenn in einem ihrer Artikel scharfe Kritik geübt und das Funktionieren der neuen Verfassung angezweifelt wurde, so geschah das, um das parlamentarische System zu verteidigen und nicht etwa, um die Notwendigkeit zu bestreiten, einen neuen Schritt in Richtung Responsible government zu tun [229]. Der liberale »Manchester Guardian« hatte bereits im Februar 1928 den Übergang zur verantwortlichen Regierung in Erwägung gezogen, und zwar mit der bezeichnenden Frage: "Is there a half-way house between representative government and responsible government?" Die Dyarchy habe sich nicht bewährt, und ein Schritt vorwärts müsse getan werden; unter den asiatischen Kolonien eigne sich Ceylon am besten für ein solches Experiment [230]. Auch die Labour-Opposition begrüßte die Beteiligung der Ceylonesen an der Verwaltung, das allgemeine Wahlrecht und die Aufhebung der Communal Representation [231]. Somit konnte die Labour-Regierung von 1929 auf eine eigene Initiative verzichten und sich mit der Verwirklichung der konservativen Vorschläge begnügen.

Ceylon blieb mit der neuen Verfassung an der Spitze der »Prozession«. Ein entscheidender Schritt vom Representative government zum Responsible government war getan, wenn auch nicht im parlamentarischen Sinne. Ceylonesen übernahmen Regierungsämter und waren gegenüber gewählten Abgeordneten verantwortlich. Die Außenpolitik verblieb allerdings bei Großbritannien, und der Gouverneur verfügte mit seinen »reserved powers« und den ihm unterstellten Beamten weiterhin über wichtige Entscheidungsbefugnisse. Dennoch: Großbritannien hatte die Dekolonisation nicht nur eingeleitet, sondern auch bereits in jene kritische Phase gebracht, in der sie einen Teil der Exekutivgewalt abgegeben und einen Konflikt, wenn irgend möglich, verhindern mußte. Nun konnte die britische Herrschaft nur noch im Einvernehmen mit der ceylonesischen Führungsschicht aufrechterhalten werden, sofern ein »deadlock« mit seinen unabsehbaren Folgen vermieden werden sollte. Daß der Weg zum vollen Responsible government führte, war abzusehen, obwohl man in Großbritannien dieser Tatsache auffallend wenig Beachtung schenkte und sie weiterhin als unaktuell behandelte, sei es, weil der britische Pragmatismus sich mit der vermeintlich fernen Zukunft nicht befassen mochte, sei es, weil die indische Frage im Vordergrund stand und die

[227] Leitartikel vom 19. 12. 1929, Weekly Edition.
[228] Round Table, vol. 18, 1928, p. 711 f.
[229] The Ceylon Report, in: Round Table, vol. 19, 1928.
[230] Manchester Guardian 23. 2. 1928: "There would appear to be no place in our Eastern possessions where the experiment of responsible Government may be tried with greater safety than in Ceylon."
[231] Colonel *Wedgwood* spricht von einem »most courageous Report which I should never had dreamed of expecting from a Conservative Government. That Report shows that England is acting honestly when she says she is anxious to put subject races in a position to govern themselves, and that we really do desire to keep all these free peoples within our Empire«. H. of C., 30. 4. 1929, vol. 227, S. 1475.

für das Empire wichtigen Entscheidungen dort ausgetragen wurden. Man muß aber die Entwicklung in Ceylon mit derjenigen in Indochina und Indonesien vergleichen, wo sich die institutionellen Strukturen in der Zwischenkriegszeit kaum verändert haben, wo die Repräsentationskörperschaften unbedeutend und die Zahl der Wahlberechtigten gering blieb, wo nur wenige »Eingeborene« in den oberen Verwaltungsdienst aufsteigen konnten und die Kolonialmacht ihre Herrschaft in keiner Weise zu lockern bereit war.

Der Donoughmore-Report und die Ceylon-Verfassung von 1931 waren zudem ein interessanter Versuch, ein der Plural Society gemäßes Verfassungssystem zu finden. Ein wichtiger Passus des Reports lautet:

"It must be our aim not slavishly to follow the forms and practice of the British model which was not designed to meet conditions similar to those obtaining in Ceylon, but to devise a scheme in consonance with local circumstances, a scheme which will be concerned not to reflect an alien philosophy but to give free play to the peculiar genius of the Ceylonese themselves and above all a scheme which may bring about a resolute handling of social and economic questions before, as in most Western lands, they have grown too complicated to remedy."

Martin Wight, der ausgezeichnete Kenner kolonialer Institutionen, sagt über diesen Absatz: "There is not a more representative statement of the aims of British colonial policity in the twentieth century!" [233] Dies mag überspitzt sein, muß aber beachtet werden. *Wight* will sagen, daß hier erstmals »offiziell« die allgemeine Verwendbarkeit des britischen Regierungssystems angezweifelt, seine Bedeutung als Modell in Frage gestellt und die Notwendigkeit postuliert wurde, nach anderen Möglichkeiten demokratischer Institutionen zu suchen. Self-government oder Responsible government seien nicht ohne weiteres mit Parlamentarismus gleichzusetzen.

Die Frage nach der Tragfähigkeit europäischer Regierungssysteme, die in der nachkolonialen Ära eine neue Aktivität erhalten hat, war allerdings nicht neu. Es wäre lohnend, gesondert zu untersuchen, wie sie zu verschiedenen Zeiten in Großbritannien und Frankreich beantwortet worden ist. Wir haben bereits darauf hingewiesen, daß vor 1914 die asiatisch-afrikanischen Völker als unfähig für Self-government betrachtet wurden. Dadurch, daß man die rassisch-religiösen Probleme der »farbigen« Welt, die Diskrepanz zwischen einer schmalen Oberschicht und den ungebildeten Massen, das Fehlen eines Mittelstandes und das angeblich nicht vorhandene politische Verantwortungsgefühl in den Vordergrund stellte, war es leicht möglich, die liberale »Illusion« bloßzustellen und vor der Beglückung der Asiaten oder gar Afrikaner durch die hochentwickelten, komplizierten und traditionsreichen britischen Institutionen zu warnen. Die These, daß die Übernahme des britischen Repräsentativsystems mit seinen Wahlen, Parlamenten und verantwortlicher Regierung in nicht-weißen Gebieten unmöglich sei, richtete sich dabei gegen jegliches Self-government und diente somit einer Rechtfertigung der eigenen Herrschaft.

Nach 1919 wurde die Argumentation ambivalent und erhielt neue Aspekte. Konservative mochten an den alten Thesen festhalten, während liberale Administratoren, Publizisten und Politiker die Frage aufwarfen, ob im kolonialen Bereich wirklich das

[232] P. 45.
[233] A.a.O., p. 95.

britische Repräsentationssystem als Modell für die Verfassungsentwicklung dienen konnte. Erfahrungen in der Kolonialverwaltung, die einsetzende ethnographische Forschung, die die Strukturen nicht-europäischer Gesellschaften untersuchte, die besonderen Autoritätssysteme beschrieb und sowohl auf deren Alter als auch auf deren Komplexität hinweisen konnte, ließen Zweifel an der Richtigkeit überkommener Meinungen aufkommen. Der Begriff »self-government« war zu differenzieren; Wahlen und parlamentarisches System nach westlichem Muster mochten für Gesellschaften mit anderen Strukturen und Traditionen unbrauchbar erscheinen; es galt ihnen gemäße Institutionen zu entwickeln – nicht um ein anderes Ziel als Self-government zu erreichen, sondern um es mit geeigneten Mitteln anzustreben. Self-government sollte nicht ein künstlich aufgepfropftes Repräsentativsystem britischer Prägung sein, das nicht oder nur sehr unzureichend funktionierte, es sollte vielmehr die Übernahme der Regierungsverantwortung und Formen der Willensbildung ermöglichen, die den Traditionen und Problemen der jeweiligen Bevölkerung entsprachen, ohne deswegen undemokratisch oder unzeitgemäß zu sein. Die Donoughmore-Kommission hat einen solchen Versuch unternommen, und in Westafrika zeigten sich entsprechende Bestrebungen. Die Indirect Rule diente ihren Protagonisten dazu, Afrika auf »afrikanischen Wegen« zum Self-government zu führen und ein »afrikanisches« Regierungssystem zu begründen.

Es handelte sich allerdings mehr um Ansätze als um einen charakteristischen Grundzug britischer Kolonialpolitik der Zwischenkriegszeit. Sie mögen in unserem Zusammenhang einiges Interesse verdienen, da sie neue Tendenzen nach dem Ersten Weltkrieg, die pragmatische britische Haltung und auch die Autonomie, die den Kolonien innerhalb des Empire zukam, bezeugen: in der französischen Kolonialdiskussion läßt sich nichts Entsprechendes nachweisen. Die Bestrebungen wurden aber weder konsequent vorangetrieben noch sind sie erfolgreich gewesen; auch das Ceylon-Experiment erwies sich bald als ungenügend und wurde nicht weitergeführt. Den Briten mußte es schwer fallen, andere Systeme als das eigene zu akzeptieren oder gar im eigenen Bereiche einzuführen, denn sie waren von der Vorzüglichkeit britischer Institutionen überzeugt und kannten diejenigen anderer Länder nur schlecht. Selbst wenn sie, wie die Dyarchy, Sondereinrichtungen oder indirekte Wahlen oder Föderationen schufen, waren diese in das parlamentarische System britischer Prägung eingebaut. Die Frage etwa, ob das amerikanische Präsidialsystem oder der schweizerische Bundesrat der kolonialen Situation besser entsprechen und die gewünschte Stabilität gewähren würde, hat man sich nur selten gestellt. Man hat später von britischer Seite – mit einigem Recht – darauf hingewiesen, daß Großbritannien gar nicht anders konnte, als sich an britischen Institutionen zu orientieren. Theoretisieren und Verfassungen entwerfen sei leicht, etwas anderes sei es aber, diese in die Wirklichkeit umzusetzen und zum Funktionieren zu bringen; ein kolonialer Verwaltungsapparat könne am besten solche Institutionen einführen, die jedem einzelnen Beamten vertraut seien. Es darf zudem nicht übersehen werden, daß auch die Sprecher der Emanzipationsbewegungen britische Institutionen forderten, sei es, weil sie das Mutterland beim Wort zu nehmen gedachten, sei es, weil auch sie praktisch und theoretisch nur das britische System kannten und dessen Vorbildlichkeit und Wirksamkeit nicht bestritten. Ein Großteil der nationalen Führer hatte eine britische Universitätsausbildung, meist ein juristisches Studium, hinter sich und oft auch praktische Erfahrungen mit den eigenen Legislative Councils. Bereits der Nehru-Report von 1928 z. B. orientierte sich am britischen System. Versuchte die Kolonialmacht, ein andersartiges System oder besondere Institutionen vorzuschlagen oder einzuführen, so wurde dies als Diskriminierung ausgelegt und abgelehnt; eine solche Kritik traf auch die Ceylon-Verfassung von 1931.

In einer eigenartigen, für die koloniale Überlagerung vielleicht aber symptomatischen Übereinstimmung orientierten sich folglich sowohl die Verfassungsexperten des Colonial Office als auch die Nationalisten in den Kolonien am britischen Regierungssystem. Responsible government als Endziel der Verfassungsentwicklung wurde als volle Parlamentarisierung gemäß dem britischen Modell verstanden. In der spezifisch britischen Verbindung von konservativer Grundhaltung und Prinzipientreue mit pragmatischer Anpassungsfähigkeit in der konkreten Situation erfolgten die Einzeletappen in den verschiedenen Kolonien mit einer großen Variation von Sonderregelungen, im Wahlsystem, in der Zusammensetzung der Councils oder in deren Kompetenzen. Jede Kolonie, selbst wenn sie geographisch benachbart waren, wie etwa Nigeria und die Goldküste, wurde für sich behandelt und erhielt im Laufe der Jahrzehnte eine Reihe von Verfassungen, die jeweils mühsam vom Gouverneur und Kolonialamt – oft mit Hilfe parlamentarischer Untersuchungskommissionen – ausgearbeitet wurden; in einem späteren Stadium wurde in London mit Abordnungen der nationalistischen Parteien verhandelt – wenn auch manchmal erfolglos –, um einen Kompromiß zu ermöglichen und wenigstens vorübergehend die Mitarbeit der nationalen Opposition zu erwirken. Für Ägypten und Indien galt dies bereits in der Zwischenkriegszeit, für Ceylon während des Weltkrieges, für Westafrika in den ausgehenden 40er Jahren, für Ostafrika um das Jahr 1960. So vielfältig aber die Einzelregelungen waren und flexibel sich Großbritannien in der Behandlung der institutionellen Probleme der einzelnen Kolonien zeigte, so blieb doch immer der »rote Faden« sichtbar, mit dem London als »Trustee« die Teile seines Empires von der Krone zum Self-government führte.

Colonial Development 1929-1940

Auch in der Reichswirtschaftspolitik standen nach 1919 zunächst die Dominions im Mittelpunkt. Während Frankreich im Ersten Weltkrieg sich der wirtschaftlichen Bedeutung seiner kolonialen Überseegebiete bewußt wurde und in den 20er Jahren ein *Albert Sarraut* die Mise en valeur der Kolonien zum Programm erhob, bezogen sich in Großbritannien die entsprechenden Erwägungen und Postulate weniger auf das Dependent Empire als auf das Commonwealth [234]. Die Kolonien mochten wichtige Rohstoffe und Nahrungsmittel liefern, aber als Wirtschaftspartner, die britische Industriewaren abnahmen und britischem Kapital Investierungsmöglichkeiten boten, waren Indien und die Dominions ungemein wichtiger. Diese besaßen zudem Fiskalhoheit und

[234] Dies wird z. B. noch deutlich in dem wichtigen Buch, The British Empire, RIIA, 1937, dessen wirtschaftlicher Teil fast ausschließlich die Dominions behandelt.

begannen sich zu industrialisieren, während Großbritannien, durch den Krieg wirtschaftlich geschwächt, einer Strukturkrise gegenüberstand [235]. Daher hatte man sich vor allem mit den Dominions auseinanderzusetzen. Wir haben Lord *Beaverbrooks* Empire-Free-Trade Kampagne und die Ottawa-Verträge von 1932 bereits kurz erwähnt (siehe S. 71). Dieser Ansatz zu einem Reichswirtschaftssystem basierte aber bezeichnenderweise auf den Dominions und erfaßte die Kolonien nur indirekt.

Die Parole einer »mise en valeur« im Dependent Empire, als Ausdruck eines neuen Kolonial- und Reichsbewußtseins und als Antwort auf die wirtschaftlichen Schwierigkeiten des Mutterlandes, findet sich daher – im Unterschied zu Frankreich – im Nachkriegs-England nur selten. Während des Krieges hatte sich zwar ein »Empire Resources Development Committee« gebildet, das in einer rücksichtslosen Intensivierung der kolonialen Produktion eine baldige Abzahlung der britischen Kriegsschulden in Aussicht stellte. Der Plan wurde aber – ganz abgesehen von seinem zweifelhaften Realitätswert – von der britischen Regierung abgelehnt und von Männern wie Lord *Lugard* heftig kritisiert: er bedinge ein Plantagensystem, führe zur hemmungslosen Ausbeutung der eingeborenen Arbeitskraft und sei mit Treuhänderschaft unvereinbar [236]. Die wirtschaftliche Entwicklung nach dem Ersten Weltkrieg wurde daher – anders als nach 1945 – von London weder geplant noch unterstützt. Sie basierte auf den Möglichkeiten des jeweiligen Territoriums einerseits und des Weltmarktes andererseits. Auf den z. T. erstaunlichen Aufschwung einzelner Produktionszweige ist weiter oben hingewiesen worden: Kakao an der Goldküste, Erdnuß- und Palmöl in Nigeria, Baumwolle im Sudan und in Uganda, Kaffee in Kenya, Kupfer in Nord-Rhodesien, Zinn und Rohgummi in Malaya. Die Kolonien wurden dabei nicht an das Mutterland gebunden, denn dieses übernahm weder eine Abnahmeverpflichtung noch privilegierte es seine Exporte in die Kolonien durch zollpolitische Maßnahmen. Im Unterschied zu Frankreich hielt Großbritannien seine alte Freihandelspolitik aufrecht: Import- oder Exportabgaben waren Fiskalzölle zugunsten des kolonialen Budgets und enthielten bis 1932 keine oder nur geringe Präferenzen für das Mutterland.

Die Finanzierung der Kolonie mußte aus eigenen Mitteln erfolgen. Wie im französischen Bereich galt auch im britischen Empire das Prinzip der »financial self-sufficiency«: die Kolonie leistete keine finanzielle Abgaben an das Mutterland – auch die Beiträge zu ihren eigenen Verteidigungskosten waren meist gering und wurden von London getragen –, erhielt andererseits aber auch keine direkte Finanzhilfe. Das Colonial Office drängte sogar auf Self-sufficiency und zahlte nur noch in wenigen Gebieten Beiträge an deren reguläres Budget [237]. Man war stolz auf das so geregelte Verhältnis, das scheinbar jeden Vorwurf der Ausbeutung Lügen strafte und die autonome Stellung der Kolonie gegenüber London unterstrich. Die Kolonialverwaltung mußte folglich für zivilisatorische Leistungen wie Schulen, Sanitätsdienste und wirtschaftliche Entwicklung selber aufkommen und war dadurch in ihren Möglichkeiten eingeengt. Die

[235] Noch immer lesenswert: *André Siegfried*, Die englische Krise, 1931.

[236] Lord *Lugard*, The Crown colonies and the British War debt, in: Contemporary Review, 1920. Dazu *Schneebeli*, p. 117 f.

[237] Sir *George V. Fiddes*, The Dominions and Colonial Offies, 1926, p. 69. Die Grants-in-aid betrugen 1926 nur noch 684 000 Pfund (Cypern, St. Helena, Somali, Nyassaland, Tanganyika und Nord-Rhodesien).

Administration mußte »unproduktive« Ausgaben zurückstellen und widmete sich deshalb neben einiger Forschung und Hilfeleistung im Agrarsektor vor allem dem Ausbau der Infrastruktur. Die Erweiterung des Eisenbahnsystems, der Häfen und Straßen stand im Vordergrund; sie schien notwendig und gerechtfertigt zu sein nicht nur durch die direkten britischen Wirtschaftsinteressen, sondern auch im Hinblick auf das koloniale Budget [238]. Die wirtschaftlich stärkeren Kolonien allerdings waren im Vorteil. An der Goldküste z. B. konnte Gouverneur *Guggisberg* in den 20er Jahren ein großzügiges Entwicklungsprogramm einleiten und aus den schnell steigenden Kakao-Einnahmen das vorbildliche Achimota-College [239] finanzieren. Die ärmeren Kolonien hingegen, die in besonderem Maße der »Entwicklungshilfe« bedurft hätten, blieben zurück. Ein ähnlicher Circulus vitiosus ergab sich auch bei den in London aufgelegten Anleihen für bestimmte Projekte: Da Zinsendienst und Rückzahlung das Budget belasteten, konnten die reicheren Territorien von dieser Möglichkeit der Entwicklungsfinanzierung besser Gebrauch machen als die ärmeren.

Diese traditionelle Finanzpolitik zwang die Kolonialadministration, der Steigerung der Einnahmen besondere Beachtung zu schenken. Diese konnte einerseits durch Erhöhung der Einkommensteuer erfolgen, die gleichzeitig die Eingeborenen zur Arbeit zwang, um den nötigen »cash« zu erhalten, und somit eine Art Arbeitszwang schuf, andererseits durch Forcierung der Exportproduktion, die aber zur Folge hatte, daß die Nahrungsmittelerzeugung für den lokalen Bereich und langfristige Projekte vernachlässigt wurden [240]. Da die private Investierung der Kolonialfirmen sich ohnehin auf die Stapelprodukte konzentrierte, wäre es gerade Aufgabe der Administration, der traditionellen Landwirtschaft besondere Sorgfalt zu schenken und eine ausgeglichenere Wirtschaftsentwicklung zu fördern.

Die Auswirkungen der Weltwirtschaftskrise waren katastrophal und führten in den 30er Jahren zu Streiks und Unruhen in Nord-Rhodesien, an der Goldküste und in Westindien. Ottawa konnte keine Abhilfe schaffen. Internationale Verträge verunmöglichten Präferenzen in wichtigen Kolonien (u. a. Goldküste, Nigeria, Nord-Rhodesien, Tanganyika); in vielen Fällen überstieg die Produktion ohnehin die Aufnahmefähigkeit des britischen Marktes. Die Produzenten von Zucker, tropischen Früchten und Tabak – also vor allem Westindien, Mauritius, Nyassaland, Cypern – haben von den Präferenzen des Mutterlandes profitiert, während die Privilegierung britischer Importe Kolonien wie Gambia, Sierra Leone, Ceylon und Malaya eher zum Nachteil gereichte. Das Präferenzsystem hat im übrigen den Konzentrationsprozeß auf bestimmte Exportprodukte noch gefördert, obschon die Diversifikation längst als dringende Aufgabe erkannt worden war [241].

Da die kolonialen Budgets zusammenschrumpften, konnte nur wenig für die von der Krise betroffenen Wirtschaftszweige getan werden. Konservative Regierungen, die auch im Mutterland zu interventionistischen Eingriffen kaum bereit waren, überließen die koloniale Wirtschaft weitgehend der freien Konkurrenz, obschon hier mangels Ge-

[238] Vgl. den Bericht *Amerys* im Parlament 1929, H. of C. vol. 227, S. 1409.
[239] *F. M. Bourret*, Ghana. The road to independence 1919–1957, 1960, p. 22 f.
[240] Darauf legt Nachdruck *W. M. Macmillan*, Africa Emergent, Pelican Books, 1949, p. 208.
[241] *F. V. Meyer*, Britain's colonies in world trade, 1948, p. 126.

werkschaften und Verbänden von Konkurrenz nur bedingt gesprochen werden konnte; meist beherrschten einige wenige Großfirmen den Markt. In die Preis- und Lohnstruktur griff die Verwaltung selten ein. Selbst als die afrikanischen Kakao-Pflanzer der Goldküste 1937 ein Abkommen der Handelsfirmen zur Tiefhaltung der Preise mit einem Produzentenstreik und einem Konsumboykott beantworteten, versuchte sich der Gouverneur »neutral« zu verhalten, obschon eine Untersuchungskommission die afrikanische Protestaktion weitgehend rechtfertigte; der Cocoa Marketing Board wurde erst 1947 ins Leben gerufen [242].
Die Verwaltung hat eine Industrialisierung kaum gefördert, andererseits aber in den 30er Jahren den Import billiger japanischer Waren kontingentiert (vgl. S. 28). Die Malayen, Ceylonesen und die gewählten Mitglieder der Goldküste und Nigerias haben in den Legislative Councils protestiert, aber ohne wesentlichen Erfolg. Auch der Empire-Historiker *Coupland* sah sich veranlaßt, gegen diese und ähnliche Maßnahmen zu protestieren: Der Regierungssprecher *Runciman* spreche von »our markets« und gebe zu, daß ein Schutz Lancashires beabsichtigt sei. Großbritannien behaupte, Trusteeship im Sinne einer Partnerschaft zu verstehen; man habe zwar die Präferenzverträge den Legislativräten zur Annahme vorgelegt, aber solange diese noch nicht eigentlich repräsentativ seien und da man letztlich den Anweisungen Londons folgen müsse, sei diese »Partnerschaft« doch eine recht fragwürdige; es sei kein Zufall, daß ausgerechnet Ceylon abgelehnt habe. "To talk of 'co-operation' unless we are sure it is voluntary goes far to justify what is said abroad of our national hypocrisy [243]."
Diese Politik hatte ihre Wurzel im Laissezfaire des 19. Jahrhunderts und verstand sich als Trusteeship, das wohl Schutz- und Ordnungsfunktionen übernahm, nicht aber »Entwicklung«. Konnten aber so die einzelnen Kolonien lebensfähig gemacht und dem Self-government nähergebracht werden? Konnten sich Gebiete, die an Naturschätzen arm und durch Klima, Tropenkrankheiten, primitive Lebensbedingungen, rudimentäre Schulverhältnisse und geringes Kapital behindert waren, die seit und mit dem Eindringen des kapitalistischen Wirtschaftssystems und westlichen Rechtsbegriffen unter sozialen Gleichgewichtsstörungen litten und sich dazu noch mit einer steigenden Bevölkerungszahl konfrontiert sahen, aus eigener Kraft »entwickeln« und eine neue Stabilität gewinnen?
Es fehlte nicht an Kritik. Kolonialreformer und Labour Party schilderten die Armut der eingeborenen Bevölkerung, sprachen von Ausbeutung, verwiesen auf besonders krasse Fälle und hoben völlig unzulängliche Leistungen im zivilisatorischen Bereich hervor; die Sozialgesetzgebung müsse ausgebaut, das Schulwesen gefördert und der hygienische Standard gehoben werden. Es wurde aber kaum je die Frage beantwortet, wer die geforderten Maßnahmen zahlen sollte. Die Tatsache, daß ein wesentlich verstärkter Einsatz – vor allem in den ärmeren Kolonien – finanzielle Zuschüsse aus dem Mutterland-Budget erforderte, wurde entweder nicht erkannt oder verschwiegen. Ähnliches galt für die Industrialisierung: während liberale Administratoren und die aus Missionskreisen stammenden Reformer eine Industrialisierung eher hintertreiben woll-

[242] *Bourret*, a.a.O., p. 66 f. Report of the Commission on the marketing of West African Cocoa, Sept. 1938. Cmd. 5845 (1938).
[243] The future of colonial trusteeship, Round Table, Sept. 1934, wiederabgedruckt in: Empire in these days, 1935, p. 256 f.

ten – wenn nicht in der Absicht die traditionellen Gesellschaftsstrukturen zu konservieren, so doch um diese nicht vorschnell in gefährliche Bewegung zu bringen –, mußten die Vertreter der Labour Party auf ihre Anhänger Rücksicht nehmen, die begreiflicherweise kein Interesse an kolonialer Konkurrenz zeigten.

Nur langsam bahnte sich eine neue Einstellung an. Wir haben als Vorläufer Lord *Milner* genannt (siehe S. 56), dessen Interesse an den Kolonien zwar nicht von der eingeborenen Bevölkerung ausging, der aber die »almost immeasurable economic potentialities« zur Überwindung der britischen Nachkriegskrise benutzen wollte. Die wirtschaftliche »backwardness« sei betrüblich. "What have we to show comparable to the wonderful development of Marocco under the brilliant and energetic guidance of General *Lyautey*?" In Ostafrika habe man die deutschen Pflanzer vertrieben, Plantagen eingehen lassen und damit außerdem noch die materielle Basis der Eingeborenen gefährdet. "Do not let us starve Kenya and Tanganyika!" Viele Territorien könnten Rohstoffe liefern, brauchten aber Straßen, Eisenbahnen und Bewässerungsanlagen. Das Kolonialamt sei die »Cinderella of the great Public Departments«, und zwar weil bei den anderen Ministerien die Wählerschaft und ihre Parlamentsabgeordneten dafür sorgten, daß Kredite gewährt und Ausgabenkürzungen vermieden werden! Es sei paradox, daß die Dominions ihren wirtschaftlichen Aufstieg beschleunigen, wenn sie Selfgovernment erreicht haben. Für das Dependent Empire komme diese Aufgabe dem Mutterland zu. Ein »Imperial Development Fund« müsse den Kolonien den notwendigen Kredit eröffnen »which is all they need to start them on the path of progress« [244]. Diese Forderung war neu und in die Zukunft weisend, auch wenn sie sich primär an den Interessen des Mutterlandes orientierte und in erster Linie eine wirtschaftliche Expansion und nicht einen Ausbau der zivilisatorischen Leistungen anstrebte.

Einen Schritt weiter ging der Bericht einer Ostafrika-Kommission unter Leitung von *Ormsby-Gore* 1925 [245]. Zur Zeit könne nur Kenya Anleihen unter dem Colonial Stock Act erhalten, während das für die Mandate und Protektorate schwierig sei und vom guten Willen des Finanzminsters abhänge. In Tanganyika seien die Kriegszerstörungen noch nicht behoben und der Vorkriegsstandard noch nicht erreicht; eigentliche Grants würden in Zukunft voraussichtlich nicht mehr notwendig sein, so oder so dürfe der Ausbau »of the necessary service« nicht am Geldmangel scheitern. Anleihen müßten jedenfalls zu möglichst günstigen Bedingungen gewährt werden. Langfristige Entwicklungsprojekte könnten aus eigenen Mitteln nicht bestritten werden und setzten voraus, daß man von bisherigen Gepflogenheiten abweiche. Abschließend hieß es: "The outstanding problem is the finance of such undertakings. It is clear to us that unless the Imperial Government is prepared to assist literally in this matter, little or nothing can be done [246]." Der Liberale *F. C. Linfield* schlug in einem ergänzenden Memorandum sogar ein »Imperial Development Board« vor – ob eine Beeinflussung durch *Milner* erfolgt ist, können wir nicht entscheiden –, das, ausgestattet mit 3 Mill. £ pro Jahr, die notwendige Forschung betreibe und langfristige Projekte plane [247]. Da diese Mittel

[244] Questions of the Hour, 2. Aufl., 1925, p. 181.
[245] Report of the East Africa Commission, Cmd. 2387 (1925).
[246] P. 182.
[247] P. 190 f., vgl. auch *Linfield*, Empire Development, in: Contemporary Review, März 1926, p. 321.

und Investierungen gleichzeitig der britischen Industrie Aufträge verschaffen sollten, hat man diesen Ansatz zu einer neuen Haltung mit »enlightened self-interest« bezeichnet [248].

Erst die Wirtschaftskrise machte solche Vorschläge reif für die öffentliche Diskussion. Mise en valeur wurde zu einem Thema der Wahlen von 1929. Der Konservative *Stanley Baldwin* erklärte in einer Rede vom 18. April:

"We are not quite satisfied with the progress we have made in the development of the Colonies. We shall provide out of Imperial funds such sums as are required to pay the interest for the initial years of fruitful schemes in the Colonies, which would otherwise be postponed. We propose to establish an independent commission for this purpose [249]."

Es sollten also nicht nur wie bisher Anleihen gewährt, sondern Kredite unmittelbar aus dem Budget zur Verfügung gestellt werden. Die Konservative Partei nahm dies in ihr Wahlprogramm auf: "A Colonial Development Fund will be created to assist Colonial Government in financing approved projects of development [250]." Die »Times« stellte sich hinter das Programm und polemisierte gegen Labour und Liberale, die die Arbeitslosigkeit nur im Mutterland bekämpfen wollten oder wie *Snowden* und *Lloyd George* an Empire-Fragen uninteressiert seien. Sie rief *Joseph Chamberlain* in Erinnerung, betonte die koloniale Konsumkraft und nahm die Formel *Leo Amerys* auf: "Here indeed is the new economic world which may be called into redress the balance of the old [251]." Die Konservative Partei, die sich in den 20er Jahren nicht sonderlich um die Entwicklung der Kolonien gekümmert hatte, berief sich jetzt, in der Krise, auf ihre imperiale Vergangenheit und glaubte mit dem Colonial Development ein Mittel zur Krisenbekämpfung gefunden zu haben.

Die Labourregierung hat diesen Programmpunkt der Konservativen Partei aufgenommen und in die Tat umgesetzt. Im Juli 1929 verabschiedete das Parlament die Colonial Development Act, die jährlich aus Budgetmitteln 1 Mill. £ zur Verfügung stellen sollte »for the purpose of aiding and developing agriculture and industry in the colonies and territories and thereby promoting commerce with or industry in the United Kingdom« [252]. Landwirtschaft, Transportwesen und Wasserversorgung wurden u. a. ausdrücklich aufgeführt, zudem »promotion of public health« und das landwirtschaftliche und technische Erziehungswesen – nicht aber das Erziehungswesen, also etwa Bau von Schulen, im allgemeinen! Der Sonderfonds soll nicht laufende Ausgaben der Verwaltung decken, sondern produktive Werke finanzieren helfen. Die notleidende Industrie des Mutterlandes soll gleichzeitig Aufträge erhalten, der Colonial Development Fund also direkt und indirekt die britische Arbeitslosigkeit bekämpfen [253]. In der parlamentarischen Diskussion wurde diesem Argument großes Gewicht beigemessen, und die Regierung benutzte es, um die Vorlage durchzubringen [254]. Diese wurde zwar

[248] *Roland Olivier – I. D. Fage*, A short History of Africa, 1962, p. 211.

[249] Times, Weekly Edition, 25. 4. 1929, vgl. auch Gleanings and Memoranda (Organ der Kons. Partei), Juni 1929.

[250] A.a.O., 16. 5. 1929.

[251] A.a.O., 16. 5. und 23. 5. 1929.

[252] Colonial Development. Cmd. 3357 H. of C., 12. 7. 1929, vol. 229, S. 1255.

[253] Unterstaatssekretär für Kolonien, *Lunn*, sagt am 17. Juli: "It will no doubt mean a good deal in prosperity to some industries at home." Vol. 230, S. 475.

[254] Wird betont auch von *Charles Jeffries*, The Colonial Office, 1950, p. 150.

von beiden Parteien unterstützt, stieß aber auf mancherlei Mißtrauen. Die Rechte fürchtete staatliche Interventionen auf Kosten der Privatinitiative, Verschleuderung von Geldern, unkontrolliertes Vorgehen des Colonial Office, während der ehemalige Liberale und nun Labourabgeordnete Colonel *Wedgwood* einwandte, in Afrika herrsche im Unterschied zum Mutterland keine Arbeitslosigkeit, sondern Arbeitermangel, und die Arbeitskraft der Farbigen werde ausgebeutet; man fördere dies noch, wenn man mit Budgetmitteln Eisenbahnen und Brücken baue, die vor allem den Exportfirmen und den ostafrikanischen Siedlern dienten. Nur ein geringer Teil der Gelder werde im Lande selbst ausgegeben. Eine große Brücke über den Zambesi gab mehrmals Anlaß zu Diskussion und Polemik. Indem neue Kohlenfelder mit billiger schwarzer Arbeitskraft ausgebeutet würden, konkurriere man mit dem ohnehin schwer getroffenen britischen Kohlenbergbau [255]. Andererseits konnte der künftige Kolonialminister der Labour Party, *Griffiths*, sagen: "I understood the whole object of the Bill was to promote work in this country [256]."

Die Mittel sind in den folgenden Jahren vorzüglich in diesem Sinne eingesetzt worden [257]. Zweifellos wurden zahlreiche Projekte finanziert, die dem Territorium selbst und damit auch direkt den Eingeborenen zugute kamen, die Blickrichtung aber blieb weitgehend »kolonialistisch« und orientierte sich nur bedingt an der Idee der Treuhänderschaft. *MacMillan* weist – vielleicht allzu kritisch – darauf hin, daß die Eingeborenen nicht so sehr Eisenbahnen als vielmehr Schulen, Spitäler und eine Modernisierung der lokalen Nahrungsmittelerzeugung benötigt hätten, während die tatsächlich geförderten Projekte oftmals – da nur ein Teil der Gelder als Grant gegeben werden konnte – die lokalen und kolonialen Budgets schwer belasteten, ohne den Standard und die Kaufkraft der Eingeborenen zu heben [258].

Man muß ferner auch beachten, wie gering die Summe war, die 1929 zur Diskussion stand und bewilligt wurde. Was bedeutete schon eine Million Pfund jährlich für den riesigen Bereich des Dependent Empire! Dies hat jedoch den »Economist« – aber auch Parlamentsredner und eine weitere Publizistik – nicht gehindert, von einer Act »on generous lines« zu sprechen, die »a wide range of activities« erlauben werde [259]. Der liberale Parteiführer *Samuel* behauptete sogar, die Kolonien seien »highly prosperous«, während der britische Steuerzahler seit dem Kriege überlastet sei, und verlangte von der Regierung »that the burden ought not to be laid solely (!) upon the shoulders of the British taxpayer of promoting these further developments«; die eine Million Pfund

[255] H. of C., 1929, 19. 7., vol. 230, S. 871 f. Ähnlich auch der Manchester Guardian, 13. 7. 1929.
[256] A.a.O., S. 706.
1929.
[257] *Macmillan* zitiert einen Bericht des Colonial Development Committee aus dem Jahre 1934, a.a.O., p. 209. Im gleichen Sinne auch Sir *Bernard Bourdillon*, Colonial Development and Welfare, in: International Affairs, 20, 1944. *Bourdillon* erwähnt eine Stellungnahme des Committee on National Expenditure 1931, das die Arbeitsbeschaffung betont und auf die Politik des Colonial Development Fund Einfluß gehabt habe. Unter der Akte von 1929 sind 8,8 Mill. £ ausgegeben worden, davon 3,2 als Anleihen und 5,6 als Grants. 30 % wurden verwendet im Transportwesen, 10 % in der Wasserversorgung, 16 % im öffentlichen Gesundheitswesen. *Creech-Jones* in: Fabian Colonial Essays, 1945, p. 72 f.
[258] *Macmillan*, a.a.O., p. 210.
[259] 26. April 1930, p. 939.

soll kurzfristig Investierungen erleichtern und dann neu zur Verfügung stehen [260] – als ob dieser jährliche Betrag für das Mutterland und damit für den Steuerzahler eine entscheidende Belastung darstellte! In solchen Äußerungen wurde nicht nur eine kleinliche Gesinnung gegenüber den Kolonien und ihrer Bevölkerung, sondern auch eine Unkenntnis der konkreten Probleme und Schwierigkeiten sichtbar, die in eigenartigem Widerspruch zu dem Stolz auf das Empire stand und schwer mit dem Anspruch auf eine Treuhänderrolle in Einklang zu bringen war. Kolonien waren der allgemeinen Meinung nach immer in erster Linie Objekte der »Ausbeutung«, insofern als die Administration zwar für Law und Order sorgte, wirtschaftlich aber nur wenige Verpflichtungen übernahm und die Mise en valeur der Initiative privater Firmen überließ. Die Bedeutung der Colonial Development Act von 1929 lag weniger in den durch sie eröffneten Krediten als in der Durchbrechung des traditionellen Prinzips der »colonial self-sufficiency«. Daß es sich um etwas Neues handelte, zeigten sowohl das Mißtrauen, mit dem die Vorschläge aufgenommen wurden, als auch das uns heute reichlich übertrieben anmutende Lob, das dem gelungenen Projekt gespendet wurde. Wohl war nur bedingt an »Entwicklungspolitik« in unserem heutigen Sinne gedacht, aber dennoch war ein neues Prinzip akzeptiert und ein neues Verständnis der kolonialen Problematik angebahnt: Kolonien benötigten direkte finanzielle Zuwendungen, die Erwartung einer künftigen Konsumkraft setzte Investierungen voraus, die insbesondere ärmere Kolonien von sich aus nicht zu leisten vermochten; Entwicklung verlangte von London vermehrte Aktivität, eine gewisse Planungsarbeit und langfristige Projekte. Die Zuwendungen an den Colonial Development Fund von 1929 mochten gering sein, war dessen Aufgabe einmal akzeptiert, so konnten die Beträge schrittweise erhöht werden. Großbritannien hat dies 1940 getan und bereitete damit die Nachkriegspolitik vor. Die theoretische Vorbereitung aber beginnt bereits in den 30er Jahren.

Das Colonial Office hat seinen Tätigkeitsbereich schrittweise ausgedehnt. Der höhere Beamtenstab mit der Aufstiegsmöglichkeit zum Gouverneur rekrutierte sich weiterhin hauptsächlich aus der englischen Oberschicht, die ihre Erziehung in den Public Schools und in Oxford oder Cambridge erhalten hat und positiv wie negativ durch sie geprägt wurde. Die Universitäten interessierten sich dabei nicht sonderlich für Kolonialfragen und vermittelten nur Spezialkurse, nicht aber eine Spezialausbildung. Großbritannien kannte keine der französischen Ecole coloniale vergleichbare Institution! 1937/38 begannen *Margery Perham* und *Reginald Coupland* Sommerkurse über koloniale Verwaltung [261]. In *Malinowski* besaß die London School of Economics einen führenden Ethnologen, dessen Forschungen über eingeborene Sozialstrukturen nicht nur in akademischen Kreisen Beachtung fanden. Stand bis zum Ersten Weltkrieg der Indian Civil Service in höherem Ansehen als der Kolonialdienst, so scheint sich in der Zwischenkriegszeit eine gewisse prestigemäßige Gleichwertigkeit ergeben zu haben, die dem Colonial Office die Rekrutierung besonders qualifizierter junger Leute erleichterte.
Die Laissezfaire-Politik vor 1914 hatte sich für wirtschaftlich-soziale Fragen, Planung, systematische Erfassung bestimmter Probleme und Expertenberichte wenig interessiert.

[260] H. of C., 17. Juli 1929, vol. 230, S. 491.
[261] *Perham, Lugard,* a.a.O., II, 662.

Das Kolonialamt war nach Regionen gegliedert, stellte den Schriftverkehr zwischen London und den einzelnen Territorialen her und verfügte über ein nur unzulänglich ausgerüstetes »General Department«.

Amery, Ormsby-Gore, Wilson und *Cunliffe-Lister* haben hier in der Zwischenkriegszeit einige Anpassungen vollzogen. Die allgemeine Abteilung wurde erweitert und spezialisiert, obschon eine eigene Wirtschaftsabteilung erst 1934 gebildet wurde [262]! Die Beamten des Colonial Office reisten mehr als bisher in die Kolonien, um einen direkten Einblick in die konkreten Probleme zu gewinnen. Beratende Experten für Erziehung, Medizin, Landwirtschaft und Finanzen wurden eingestellt, »Advisory Committees« gebildet. So hat etwa die Erziehungskommission mit *Hans Vischer* – ehemaliger Schweizer Missionar und erster Direktor für Erziehungswesen in Nord-Nigeria – als Sekretär 1925 einen wichtigen Report über das Erziehungswesen im tropischen Afrika vorgelegt, der u. a. der Kolonialverwaltung die Aufgabe zuwies, die bis dahin den Missionen überlassenen Schulen finanziell zu unterstützen und zu überwachen [263]. Es folgten 1938 ein Labour Adviser und eine Abteilung für wirtschaftliche Entwicklungsfragen; die Zahl der speziellen Labour Departments in den einzelnen Kolonien wurden vermehrt, die ihrerseits Labour Ordinances vorbereiteten, die noch vor oder dann während des Krieges in Kraft traten [264]. Beamtenstab und Finanzmittel blieben allerdings äußerst bescheiden: einem Tropical Desease Bureau wurden z. B. anfänglich ganze 1000 Pfund im Jahr zugebilligt [265]; für die Special Adviser mußten größtenteils die Kolonien selbst aufkommen!

1938 wurde erstmals ein großer, allgemeiner Report über die Kolonien publiziert, der als Unterlage für die Parlamentsdebatte über das Colonial Budget diente, Probleme und Forderungen des Dependent Empire ausführlich schilderte und auch in einer weiteren Öffentlichkeit aufklärend wirken sollte. Im gleichen Jahr erschien aber auch der monumentale African Survey Lord *Haileys*. General *Smuts* hatte 1929 in seinen Rhodes-Lectures auf die noch immer mangelhaften Kenntnisse der konkreten Probleme Schwarz-Afrikas hingewiesen; vier Jahre später hat sich ein Komitee unter Vorsitz von *Philip Kerr* gebildet und Lord *Hailey*, der zu den führenden Indien-Fachleuten gehörte, aber über keine Afrika-Erfahrung verfügte, zum Leiter eines wissenschaftlichen Arbeitsteams bestellt [266]. Es war bezeichnend für das noch geringe Interesse an einer weit angelegten Forschung, daß nicht das Kolonialamt, sondern neben dem Royal Institute of International Affairs die amerikanische Carnegie-Stiftung für die Kosten aufkommen mußte! Der African Survey, der eine detaillierte Bestandsaufnahme über die geographischen Voraussetzungen, die rassischen und sprachlichen Verhältnisse, über Landwirtschaft, Transport und Industrie, aber auch über das Erziehungswesen, die sanitären Dienste, die Verwaltung und das Rechtswesen bot und neben den britischen

[262] Sir *Charles Jeffries*, The Colonial Office, 1956, p. 42, 110 f. Dazu auch *Fiddes*, Dominions and Colonial Offices, a.a.O., Sir *Cosmo Parkinson*, The Colonial Office from within 1909–1945, 1945, *Amery*, My political life II, p. 340, *Kenneth Robinson*, The Dilemmas of Trusteeship, 1965, p. 29 ff.

[263] Education Policy in British Tropical Africa. Cmd. 2374 (1925), *Perham, Lugard*, vol. II, p. 657 f.

[264] *J. I. Roper*, Labour problems in West Africa, 1958, p. 59.

[265] *Fiddes*, a.a.O., p. 33.

[266] *Butler*, Lord Lothian, p. 138, Survey, Vorwort.

Territorien auch die anderen Afrika-Mächte berücksichtigte, ist sofort als bahnbrechende Leistung anerkannt und als Ansporn zu verstärktem Einsatz in Schwarz-Afrika verstanden worden. *John Harris* z. B. hat das Werk in der »Contemporary Review« als »an historic event for the African continent« bezeichnet [267]. Professor *Coupland* zeigte den Survey in der Zeitschrift »Africa« an und bemerkte, daß man sich in Großbritannien seit dem Weltkrieg zwar für die Dominions und Indien interessiert habe, nicht aber für die afrikanischen Kolonien. Der Begriff des Trusteeship sei zu vage und zu traditionell, um die eigentlichen Probleme dieses Kontinents ins allgemeine Bewußtsein zu rücken; dabei seien die nächsten 10–50 Jahre von entscheidender Bedeutung [268]! *Hailey* seinerseits betonte, daß in manchen afrikanischen Gebieten jetzt erst die Grundlagen – wirtschaftlich und administrativ – gelegt worden seien, ein »spirit of humanity« und eine Routine-Administration könne nicht mehr genügen; man bedürfe genauer Kenntnisse aller Gegebenheiten und müsse dem Ausbau der Sozialdienste künftig den Vorrang einräumen [269]. *Hailey* kritisierte u. a., daß die großen Handelsfirmen und Bergbaukonzerne bedeutende Summen an Dividenden und Steuern ins Mutterland abführten, die eigentlich der Investierung in Afrika und den lokalen Budgets zukommen sollten. Neben die politische müsse nun die wirtschaftliche Aktion treten, diese sei aber ohne Direkthilfe der Kolonialmacht nicht möglich:

"The British people must realise that we ought to be more liberal in our attitude to the need for financing colonial development. I do not question that we are serious in speaking, as we so often speak, of our spirit of trusteeship. But I sometimes wish that we could place our hands on our hearts a little less, and set them to explore our pockets a little more. It is all very well for Great Britain to hold out to the African the priceless boon of Self-Government. We had to fight for our liberties ourselves, and perhaps we find it difficult to believe that the path to health, happiness, or perhaps even heaven, does not lie in the possession of a vote. But political advance is not enough. Africa needs a great deal of money spent on it before its inhabitants can attain reasonably satisfactory standards of nutrition, of health and of social life. It is clear that in many cases the money for development can only come from Imperial grants." [270]

Die neue Perspektive wurde hier gut sichtbar. Es erfolgte einerseits eine Gewichtsverlagerung von administrativ-politischen zum wirtschaftlich-sozialen Bereich. Law and Order und ein selbstgerechtes, aber zunächst nicht sehr verpflichtendes Versprechen eines künftigen Self-government reichten nicht mehr aus, um die Berufung auf die Treuhänderschaft zu rechtfertigen. Dieses mußte ins Positive umgedeutet werden, wenn man der konkreten Situation Afrikas gerecht werden wollte. Mise en valeur mit Hilfe von Budgetmitteln sollte künftig als eigentliche Entwicklungspolitik verstanden werden und sich nicht mehr, wie noch 1929, weder direkt noch indirekt, auf das Mutterland beziehen. Colonial Development im Sinne von Lord *Hailey* hatte nicht mehr die Aufgabe, britische Exportsorgen zu lindern und britische Arbeitslose zu beschäftigen, sondern die einzelnen Territorien auf der Grundlage ihrer eigenen Voraussetzungen und Möglichkeiten zu »entwickeln« und wirtschaftlich-sozial zu stärken.

[267] Contemporary Review, 155/1939, p. 140.
[268] The *Hailey* Survey, in: Africa, Jan. 1939, p. 6 f.
[269] P. XXIV.
[270] Lord *Hailey*, Some problems dealt with in the "African Survey", in: International Affairs, März 1939, p. 201.

1938 erschien zudem das ebenfalls bahnbrechende Werk »Capital investment in Africa« *S. H. Frankels*, das ein umfangreiches statistisches Material verwertete und die Abhängigkeit Afrikas von auswärtigem Investierungskapital herausstellte, gleichzeitig aber auch die hohe Belastung der kolonialen Budgets durch die Anleihen und die Problematik einer forcierten wirtschaftlichen Entwicklung aufzeigte: man dürfe nicht einseitig Produktionszweige wie den Bergbau fördern und müsse dem Problem der Arbeitskraft und der eingeborenen Nahrungsmittelversorgung größere Beachtung schenken. Es gelang *Margery Perham*, *Frankel* nach Oxford zu berufen, allerdings nur gegen Widerstand, da zahlreiche Fachkollegen das Spezialgebiet »Koloniale Wirtschaftspolitik« nicht anerkennen wollten [271]!

Die Dringlichkeit, die bisherige Haltung des Gewährenlassens zu überprüfen und die Treuhänderschaft positiv als wirtschaftlich-soziale Hilfeleistung zu verstehen, wurde 1939 durch den »Report on Nutrition in the Colonial Empire« bestätigt, der die bedenkliche Unterernährung – oder falsche Ernährung – eines Großteils der Kolonialbevölkerung statistisch belegte und der bisherigen Tendenz, die konkreten Nöte der Kolonien zu bagatellisieren und die Situation in den einzelnen Territorien mit dem Hinweis auf allerlei Fortschritte zu beschönigen, die harte Wirklichkeit gegenüberstellte. Gleichzeitig wurde eine breitere Öffentlichkeit mit den Kolonialproblemen durch die schweren Unruhen in Westindien konfrontiert.

Die westindische Wirtschaft, die wesentlich auf der Zuckerindustrie beruhte, befand sich seit Jahren in einer schweren Krise. Bereits 1929 hatte eine parlamentarische Kommission unter dem Vorsitz von Lord *Olivier* über die kritische Lage in der Zuckerindustrie berichtet und die erbärmliche Lebensweise der farbigen Farmer und Zuckerarbeiter geschildert. Ihren Reformvorschlägen aber – erhöhte Präferenzen für westindischen Zucker, garantierte und höhere Preise, Errichtung einer Agentur für den Ankauf der Produktion – sind aber weder die Labourregierung noch die Konservativen gefolgt [272]. Ab 1934 kam es zu Streiks und Demonstrationen – in Trinidad 1937 mit zahlreichen Todesopfern – und im Mai 1938 zum Generalstreik und eigentlichen Unruhen. Am 14. Juni 1938 kündigte Kolonialminister *Malcolm Macdonald* im Unterhaus eine Untersuchungskommission an und stellte sofortige Maßnahmen zur Besserung der unhaltbaren Situation in Aussicht. Erst jetzt begann sich Parlament und Öffentlichkeit mit der Lage in Westindien zu beschäftigen. Dieses war bis jetzt weit außerhalb der großen Ereignisse gewesen, war wirtschaftlich nicht allzu wichtig und daher von der Publizistik nur selten zur Kenntnis genommen. Da diese alten Besitzungen zudem einen recht hohen Grad von Self-government besaßen und über mehrheitlich gewählte Assemblies die Exekutive wenn nicht beherrschten, so doch in Schranken halten konnten, glaubte das Mutterland seine Pflicht als Treuhänder erfüllt zu haben. Streiks und Unruhen bedeuteten daher einen »rude shock to public opinion in England« [273].

Das Unterhaus diskutierte die Lage [274]. In Zeitschriften erschienen Berichte über die Krise in Westindien. Vor allem trat dabei Lord *Olivier* hervor, der frühere Gouverneur

[271] Letzteres mündlich zum Verfasser.

[272] *Annette Baker Fox*, Freedom and Welfare in the Caribbean, a colonial dilemma, 1949.

[273] Imperial Responsibilities in the West Indiens, by a correspondent, in: Round Table, 1938, p. 643.

[274] H. of C., 14. 6. 1938, vol. 337, S. 79 f.; 23. 2. 1939, vol. 344, S. 635 f.

und aktive Reformer. In »Nineteenth Century« schrieb er z. B. einen Aufsatz über den »recent outcry about the failure of British Government in the West Indian Colonies«; die Untersuchungskommission sei an sich völlig überflüssig, da das Kolonialamt längst über die miserable Lage orientiert sei. Da aber die meisten Parlamentarier – und die Wähler ohnehin – »exceedingly ignorant about Westindian affairs« seien und Zahlungen von seiten des Mutterlandes nicht zu vermeiden sein würden, müsse nun der Report die notwendige Rückendeckung gewähren – und zwar nicht nur gegen die liberale und konservative Opposition, sondern auch gegen gewisse Kreise innerhalb der Labour Party, die öffentliche Mittel lieber in den Slums und den Arbeitslosengebieten des Mutterlandes als in den kolonialen Territorien einsetzen möchten! Und da die Krise ihre Ursache vor allem in den zu niedrigen Zuckerpreisen habe, könne die Kommission ohnehin wenig ausrichten [275]. Bemerkenswert war die Haltung der Round Table: Sie führte den »serious discontent« nicht, wie es in der Zwischenkriegszeit in der konservativ-kolonialistischen Presse üblich war, auf politische oder gar kommunistische Agitation zurück, sondern auf die Krise in der Zuckerindustrie, die nur minimale Löhne bezahlen könne – nicht zuletzt deshalb, weil das Mutterland mit staatlichen Subventionen einen Zuckerrübenanbau im Mutterland gefördert habe. Die Krise der Kakao-Pflanzer in Trinidad beruhe auf einem Produktionsüberhang im Empire, dem auch mit Präferenzen nicht beizukommen sei. Die Round Table schlug als Hilfe den Aufbau von Gewerkschaften und die Anstellung von Arbeitsinspektoren vor [276]!

Hier muß auf eine Schrift des Historikers *W. M. Macmillan* hingewiesen werden, der für die Kolonialdiskussion vor Ausbruch des Zweiten Weltkrieges symptomatische Bedeutung zukommt. »Warning from the West Indies, A tract for the Empire«, ist erstmals 1936 erschienen, ohne aber große Beachtung zu finden. 1938 jedoch war das Interesse bereits so geweckt, daß die Schrift ergänzt und mit einem neuen Vorwort versehen in die Penguin-Taschenbuch-Reihe aufgenommen werden konnte! *Macmillan* beschreibt ausführlich die geographisch-klimatischen Voraussetzungen, die Bevölkerungsverhältnisse und die wirtschaftlich-soziale Struktur Westindiens; deren Problematik liege darin, daß in dem von Europäern geleiteten Plantagensystem mit überreichlich vorhandenen Arbeitskräften eine Exportproduktion forciert, der Anbau von Nahrungsmitteln aber vernachlässigt worden sei. Während in der Zuckerindustrie eine Überproduktionskrise herrsche, müßten die Inseln Nahrungsmittel einführen, Trinidad 1934 sogar 80 %! Löhne unter dem Existenzminimum, Arbeitslosigkeit, Proletarisierung in den Städten, trostlose Wohnungs- und Hygieneverhältnisse kennzeichneten seit langem die westindische Situation. Eine Anpassung an neue Produkte sei z. T. erfolgt – etwa in Jamaica mit Bananen –, aber nur schwer durchzuführen, da auch die Preise für Kaffee und Kakao auf dem Weltmarkt gefallen seien. Was tun? *Macmillan* fordert eine Landreform, die Neuordnung des Pachtwesens, Verbesserung des Schulwesens, Aufbau von Genossenschaften und Kleinindustrien, vor allem aber energische Verbesserung der sanitären Verhältnisse, sozialen Wohnungsbau und öffentliche Arbeiten großen

[275] The truth about the West Indiens, in: Nineteenth Century, 124/1938. The scandal of West Indian Labour Conditions, in: Contemporary Review, 153/1938.

[276] Imperial Responsibilities, a.a.O. Der Biograph *Stafford Cripps* berichtet, wie dieser auf einer Erholungsreise im Sommer 1938 in Jamaica die kritische Situation in Westindien kennenlernte. *Colin Cooke,* The life of Richard Stafford Cripps, 1957, p. 200 f.

Stils. Dies aber wäre nur durch eine großzügige Unterstützung von seiten des Mutterlandes möglich.
Macmillan kommt zu allgemeinen Überlegungen und Thesen, die auf eine Entwicklungspolitik abzielen, für die der Colonial Development Act von 1929 einen neuen Ansatz biete. Die Doktrin der Treuhänderschaft bedürfe einer zeitgemäßen Interpretation, um glaubwürdig zu bleiben und nicht als Alibi bloßer Inaktivität zu erscheinen:

"The doctrine that these backward countries are our sacred trust under tutelage till capable of standing by themselves is comfortably vague. It may be used to justify decent paternalism, where the trustee protects, but by taking all the responsibility stifles real progress ... It is that in the first place the executive Government, the 'trustee', must show greater courage than has been at all usual in its exercise of authority on their behalf. The only rational way of preparing these colonies to stand by themselves is to strengthen the lower strata of society by such measures as we have been discussing. The difficulties are many. The cost of health services and education must far exceed the resources of most colonies, in any case till their benefits have had time to take effect. Tenant rights and other disturbances of old tradition must provoke the opposition of powerful minority interests – hitherto dominant – which are likely to oppose also a more equitable distribution of the burden of taxation. But if trusteeship means anything it means development in the interest of the weaker classes and a firm exercise of authority on their behalf – without second thoughts for British industry, for the precarious state of white colonists, or even for the interests of a black upper class. It must not be as in South Africa, where Great Britain herself made 'the great refusal'." [277]

Ähnlich wie Lord *Haily* will auch *Macmillan* die Treuhänderschaft nicht mehr ausschließlich oder vorwiegend »negativ«, d. h. im Sinne der Schutzfunktion oder im Interesse bestehender Autoritäten und traditioneller Sozialstrukturen, sondern »positiv« verstanden wissen insofern, als die Kolonialmacht künftig eine vielfältige Aktivität zugunsten der Unterschichten entfalten müsse. Dies bedinge eine neue Haltung des Mutterlandes, die in der Einsicht gründet, daß mit Laissezfaire »backward peoples« nicht »entwickelt« und zur Übernahme von Verantwortung geführt werden können. Die Entwicklungspolitik müsse dabei finanziell vom Mutterland getragen werden, da in der Übergangsphase die Mittel der lokalen Budgets niemals ausreichen können. Diese Wirtschafts- und Finanzhilfe dürfe nicht im Hinblick auf Aufträge an die Industrie des Mutterlandes erfolgen, sondern müsse von der Sonderlage jedes Territoriums ausgehen und deren spezifische Probleme zu lösen suchen. Treuhänderschaft bedeute das Gegenteil von Abbau an imperialer Verantwortung!
Auch der andere Pol der britischen Kolonialdoktrin, die Gewährung von Self-government wurde von *Macmillan* aus der Perspektive der konkreten wirtschaftlich-sozialen Problematik kritisch analysiert. Die westindischen Territorien besäßen seit langem Repräsentativkörperschaften mit recht großen Machtbefugnissen. Das Parlament von Barbados z. B. sei eine Art Kopie Großbritanniens, »complete with established Church, two Chambers, a Court of Grand Sessions« u. a.; die Exekutive bleibe zwar beim Gouverneur, doch könnten sich die Assemblies in wichtigen Fragen gegen ihn durchsetzen. Die Ergebnisse dieses weitgehenden Self-government aber seien äußerst fragwürdig, da das Zensuswahlrecht nur die Minderheit weißer Siedler und eine kleine farbige Bourgeoisie zu Wort kommen lasse; die Erfahrung habe gezeigt, daß diese »Volksvertretung« ihre Positionen hartnäckig verteidige, Vetos gegen bestimmte Aus-

[277] P. 170–172.

gaben einlege, die der Gouverneur im Interesse gerade der minderbemittelten Bevölkerung vorgeschlagen habe. Beamte würden schlecht bezahlt, sanitäre Maßnahmen sabotiert, eine wirtschaftliche Hilfe unmöglich gemacht. Und auf solches Self-Government sei Großbritannien erst noch stolz! Der Begriff Self-government bot sich somit unter einem neuen Aspekt dar: es war nicht gleichgültig, wem es in Wirklichkeit zukam; sein Sinn konnte nicht sein, eine Minderheit zu privilegieren. Nur wenn Gewährung von Self-government sich mit einer Demokratisierung der Willensbildung verband, konnte ein Konflikt mit der Treuhänderschaft verhindert werden. Dies aber hieß, daß das Kolonialproblem nicht durch bloße Gewährung von politischen Rechten und Kompetenzen an eine Minderheit gelöst wurde, sei diese weiß oder farbig. Westindien habe gezeigt, daß ein solches liberales Credo in Wirklichkeit Ergebnisse zeitige, die alles andere als »liberal« seien. Politische Rechte hätten einer Minderheit dazu verholfen, den wirtschaftlichen Reichtum zu monopolisieren und die Massen auf einem inferioren Status zu halten. Die Kolonialmacht dürfe nicht weiterhin – im Zeichen von Self-government – die bedauerliche Situation der Bevölkerungsmehrheit übersehen und vernachlässigen, sondern müsse mit Hilfeleistungen, Sozialgesetzgebung und Wahlrechtserweiterung eine Demokratisierung vorantreiben. Die »colonial democracy must be helped to its birth« [278]. Daraus ergibt sich eine neue Prioritätsordnung: An Stelle politischer Konzessionen trat die »Entwicklungspolitik«, die unter Umständen einen massiven Druck auf den gewählten Legislative Council erforderte und den privilegierten Schichten als »kolonialistisch« erscheinen mußte!

Macmillan hatte nicht nur Westindien im Auge. Auch andernorts könnten über kurz oder lang Unruhen das Ungenügen der bisherigen britischen Politik und Haltung erweisen. Westindien müsse Großbritannien als Warnung dienen:

"The tragedy of the West Indies now needs no emphasis as a warning of the dangers of a complacent neglect which threatens the very foundations of the British Empire all over the world. We cannot afford to allow it to continue to be a habit to wait until there is riot and bloodshed before taking notice of the grievances of our fellow subjects in any of these Dependencies." [279]

Das häufige Selbstlob verdecke nur Unwissen und Vernachlässigung, Großbritannien könne nur durch positiven Einsatz seiner hohen Verantwortung gerecht werden.

"By nature and definition colonies are colinies just because they are poor and backward; to allow them to remain so reflects no credit on the colonizing power. The few of British origin, the Dominions, which have shown that maturity can be achieved, now stand with us in the Commonwealth. The majority remain as they were, and are to be brought to self-dependence only by positive work well done. When I went to the West Indies I was told by men of all shades of opinion that I should find everything ideal and I fully expected to. My doubts when I returned were received coldly by many who are strong critics of our policy in Africa. The nominal freedom and supposed independence of the West Indian peoples had blinded those who should have been most watchful. In fact the root of the trouble lies in lack of knowledge and of sympathetic imagination in the British public reponsible for imperial policy." [280]

Diese Worte stehen im Vorwort zur Ausgabe von 1938. *Macmillan* glaubte gegenüber 1936 einen gewissen Wandel in der britischen Einstellung feststellen zu können. Die

[278] P. 172.
[279] Vorwort der Ausgabe von 1938, p. 6.
[280] P. 13.

Unruhen in Westindien und die Krise in Palästina, aber auch die Herausforderung durch die deutschen Kolonialansprüche hätten ein verstärktes Interesse des Mutterlandes an den bisher vernachlässigten Kolonien ergeben. Der African Survey habe ebenfalls seine Wirkung gehabt. Andererseits darf man annehmen, daß die Warnung und Forderungen *Macmillans* ihrerseits die Westindien-Kommission beeinflußt haben, die ihren Bericht Ende 1939 erstattete [281]. Dieser Report schilderte rückhaltlos und detailliert die schwere wirtschaftliche und soziale Krise Westindiens als Folge einer forcierten Konzentrierung auf Exportprodukte und forderte in seinen Empfehlungen einen speziellen West Indies Welfare Fund in Höhe von jährlich einer Million Pfund, der für Agrarreform, im Kampf gegen die Arbeitslosigkeit, für Wohnbauten, Gesundheitswesen und zum Ausbau der Schulen verwendet werden soll; eine eigene Dienststelle soll den Fonds verwalten, Entwicklungspläne ausarbeiten und in Einzelprojekten beraten. Auch das politische Problem wurde erörtert: die bisherige Wahlrechtsqualifikation habe die Begüterten begünstigt und müsse bald durch das allgemeine Wahlrecht ersetzt werden; Unofficial-Mehrheiten sollten die Legislative erhalten und mit einem Committee-System an der Verantwortung beteiligt werden: »more and not less participation by the people in the work of government is a real necessity for lasting social advancement« [282].

Was Lord *Hailey* und *Macmillan* kritisch erörterten und als »neue Politik« postuliert haben, wurde damit von der Untersuchungskommission für Westindien »offiziell« gutgeheißen. Wirtschaftshilfe einerseits, weitere Schritte zum Self-government, aber nur mit gleichzeitiger Demokratisierung andererseits – das war die Antwort Großbritanniens auf die schweren Unruhen von 1938. Verglichen mit entsprechenden Reaktionen anderer Kolonialmächte wird man sie als ausgesprochen liberal bezeichnen dürfen.

Die Wirtschaftshilfe an Westindien und die Bereitstellung eines besonderen, aus Budgetmitteln gespeisten Fonds wurde folgendermaßen begründet: "We do not think the interest of the maintenance of British export trade, or employment in Great Britain should be allowed to stand in the way of certain suggested industrial developments in Jamaica." [283] Mit diesem Zusatz distanzierte sich London ausdrücklich vom Colonial Development Act von 1929! Die Priorität sollte also nicht mehr der englischen Wirtschaft, sondern der Kolonie zukommen; selbst eine mögliche Konkurrenz im Mutterland sollte London künftig nicht mehr hindern, das zu tun, was den Möglichkeiten des betreffenden Territoriums entsprach und seine Entwicklung förderte.

Wie sehr diese neue Haltung auch in der britischen Öffentlichkeit kurz vor dem Kriege Platz griff, zeigt eine Stellungnahme des wichtigen »Economist« vom November 1938. Während er 1929 den Kredit von einer Million noch als »generous« bezeichnet hatte, wurde nun die Bereitstellung weit größerer Summen mit erweiterter Zielsetzung als dringlich erachtet. Die imperiale Macht müsse intensiver als bisher Informationen sammeln und Forschung treiben, vor allem aber

[281] West India Royal Commission Report, Cmd. 6607, 1945. Der Report wurde mit der Erwägung, er könne der deutschen Kriegspropaganda Unterlagen geben, erst 1945 veröffentlicht.

[282] West India Royal Commission 1938–1939, Recommendations, Cmd. 6174, 1940, p. 25.

[283] Cmd. 6607, p. 249.

»furnish generous funds for development and evolve a centrally directed colonial policy. In the British possessions too much has been left to the devoted labours of the man on the spot, and too little has been known or done in London. Troubles in the West Indies have disclosed the dangers of this negligence, and they are implicit in the details of the African Survey. The future of Africa depends, as the survey shows, upon the natives' own enterprise and social development. It ist for the Imperial powers to provide the conditions and resources; to see to social welfare and agricultural regeneration; to furnish knowledge, guidance and financial aid. These are Britain's tasks to-day« [284].

Von hier führte der Weg zur Colonial Development and Welfare Bill von 1940. Sie ist zwar von der Administration noch vor Kriegsausbruch vorbereitet worden, stand dann aber doch in einem gewissen Zusammenhang mit dem Zweiten Weltkrieg: im Moment der äußeren Bedrohung besann sich Großbritannien auf das Empire und war an seiner wirtschaftlichen Entwicklung wie an seiner politischen Stabilität in besonderem Maße interessiert. Statt der einen Million Pfund sollten in den nächsten zehn Jahren 5 Millionen jährlich zur Verfügung stehen, zudem ein Spezialkredit für Forschung und der bereits genannte für Westindien. Die Erhöhung des Betrages war – wenn man an die Widerstände von 1929 denkt – recht beträchtlich, auch wenn er noch immer minimal erscheint im Hinblick auf die effektiven Bedürfnisse und im Vergleich zu den nach 1945 bewilligten Mitteln. Wichtiger für uns ist die neue Konzeption, die der Akte von 1940 zugrunde lag. Es hieß: "The primary aim of Colonial policy is to protect and advance the interests of the inhabitants of the Colonies" [285]; der Zusatz »and welfare« sollte denn auch besagen, daß die Kredite auch für Erziehung und Gesundheitsdienst verwendet werden können, obschon dem Budget der Kolonie daraus nicht Einnahmen, sondern neue Belastungen erwuchsen und die britische Wirtschaft davon nicht profitierte. Laufende Ausgaben und selbst Schulden könnten u. U. vom Fonds übernommen werden. »Our object under this legislation is to develop the Colonies so that as far as possible they become self-supporting units«, erklärte Minister *Macdonald* im Unterhaus [286]. Dieses Ziel sei aber mit den bisherigen Mitteln nicht zu erreichen:

"... if full and balanced development is to be obtained... some assistance from outside is necessary at the stage. Few of the colonies have the good fortune to posses substantial mineral wealth, and in comparatively few are there manufacturing industries of any magnitude. The majority are wholly, or almost wholly, dependent on the more limited resources derived from agriculture. The value of agricultural products varies widely from year to year as conditions fluctuate in the world markets, with the result that colonial revenues provide an unreliable basis for a policy of steady development. In some cases the position is aggravated by the heavy burden of indebtedness ... many colonies cannot finance out of their own resources the research and survey work, the schemes of major capital enterprise, and the expansion of administrative and technical staffs are necessary for their full and vigorous development. Nor can they always afford, in the absence of such development, an adequate standard of health and education services." [287]

Dieser Passus zeigt schön, wie sich die Einsichten *Haileys* oder *Macmillans* kurz vor Ausbruch des Krieges in den offiziellen Kreisen Großbritanniens durchgesetzt haben.

[284] Africa's Need, in: Economist, 12. Nov. 1938, p. 312 f.
[285] Statement of Policy on Colonial Development and Welfare, Cmd. 6175, Febr. 1940, p. 4.
[286] Am 21. 5. 1940, H. of C., vol. 361, S. 47.
[287] Statement of Policy, p. 4.

Noch wenige Jahre zuvor wäre er kaum denkbar gewesen. Erstaunlich offen wurde die konstitutionelle Schwäche der meisten Kolonien zum Ausdruck gebracht, womit mindestens implizite ein bloß »negatives« Verständnis der Treuhänderschaft offiziell aufgegeben wurde. Die Entwicklung zur lebensfähigen Eigenständigkeit konnte in den meisten Fällen nicht aus eigener Kraft erfolgen und bedurfte eines neuen Systems von »Grants in Aid« von seiten des Mutterlandes; Self-sufficiency genügte nicht mehr, Hilfe von außen war notwendig. Die bisherige nach Law and Order ausgerichtete Verwaltung bedurfte des aktiven Einsatzes im wirtschaftlich-sozialen Bereich. Self-government als Ziel der britischen Politik auszugeben, war so lange sinnlos oder unglaubwürdig, als nicht auch die Voraussetzungen dazu geschaffen wurden. Der Kolonialminister wollte denn auch die Vorlage in diesem Sinne verstanden haben: "The Bill which we are discussing this afternoon breaks new ground. It establishes the duty of taxpayers in this country to constribute directly and for its own sake towards the development in the widest sense of the world of the colonial peoples." [288]

Diese »neue Politik« bedeutete aber nicht nur eine Bereitstellung von Budgetmitteln für »Entwicklungshilfe«, sondern auch eine allgemeine Aktivierung der staatlichen Tätigkeit; »Planung« und Forschung, Errichtung staatlicher oder halbstaatlicher Finanzierungsinstitute u. a. m. sollte künftig neben dem Bau von Schulen und Krankenhäusern zu ihren Aufgaben gehören. Es versteht sich, daß dieser Haltungswechsel zur Kolonialpolitik in mannigfacher Beziehung zur britischen Wirtschafts- und Sozialpolitik stand. Unter dem Einfluß der Wirtschaftskrise, der Keynesschen Ökonomik und der Labour Party wurde das traditionelle Laissezfaire zu einer Kombination von Privatinitiative und staatlicher Intervention, die der Komplexität des modernen Wirtschafts- und Soziallebens besser entsprach.

Wichtig war zudem die bereits genannte Prioritätsänderung. An Stelle der Mise en valeur trat allmählich die Entwicklungshilfe. Investitionen aus privater und öffentlicher Hand sollten sich künftig primär am Nutzen des jeweiligen Territoriums orientieren, um nicht bloß Rohstofflieferanten und Absatzmärkte, sondern wirtschaftlich lebensfähige Gebilde zu schaffen. Eine Art Self-government auch im wirtschaftlichen Bereich drängte sich auf. Der Unterschied zur Haltung und Konzeption der Jahre vor und nach 1919 ist deutlich. Wenn Lord *Lugard* von der These ausging, daß die zivilisierten, d. h. industrialisierten Völker ein naturrechtlich begründetes Verfügungsrecht über die tropischen Rohstoffe besitze, sofern dies nicht ausschließlich auf Kosten der Eingeborenen gehe, so kehrte sich das Verhältnis nun um: Es soll primär um die Entwicklung der einzelnen Gebiete und deren Bevölkerung gehen, obschon – sozusagen sekundär – die britisch-europäische Wirtschaft von der steigenden Produktion und der Bildung neuer Konsumkraft ebenfalls profitierte.

Es mochte sich hier vorerst mehr um ein Postulat handeln, die Diskussion der Kriegszeit konnte aber an die neuen Thesen anknüpfen und zur Kolonialpolitik nach 1945 überleiten.

[288] A.a.O., p. 45. Im Oberhaus erklärte Lord *Lloyd* im Namen der Regierung am 2. Juli: "The Bill embodies new principles which constitute a landmark in colonial policy... I am bound personally to say that I have always felt that there was a degree of truth in the reproaches directed at us by our rivals that, whilst we controlled so vast a colonial empire, we did mighty little to develop it." H. of L., vol. 116, S. 725 f.

Die Kolonialdoktrin der Labour Party

Die Labour Party hat sich stets als sozialistische, aber nur bedingt als marxistische Partei verstanden. Organisatorisch wie doktrinär hat sie ihren Ursprung in der pragmatisch orientierten Gewerkschaftsbewegung Englands und in einer alten humanitär-christlichen Reformbewegung, die sich zeitweise zu einem sozialen und politischen Radikalismus verdichtete und das Erbe des Liberalismus antrat. Diese für die britische Arbeiterbewegung charakteristische Tradition, die auch in der Folgezeit trotz der Aufnahme einiger marxistischer Thesen lebendig geblieben ist, hat auch die Kolonialdoktrin der Labour Party geprägt. Sie hat vor 1914 keinen doktrinären Anti-Kolonialismus vertreten und sich damit von den sozialistischen Parteien des Kontinentes recht deutlich unterschieden. Unter Führung von *Bernard Shaw* und *Sidney Webb* hat die Fabian Society 1900 sogar ein offenes Bekenntnis zum Imperialismus abgelegt und sich gegen die Pro-Buren-Haltung führender Liberaler abgegrenzt [289]. In den folgenden Jahren machte sich der Einfluß der Reformer – *E. D. Morel, Mary Kingsley, Ch. R. Buxton, Sidney Olivier* – geltend, die in der liberalen oder radikalen Tradition standen und weniger an einer Theorie des Imperialismus als an den konkreten Verhältnissen und Problemen der Kolonien interessiert waren und nicht den Rückzug der Kolonialmacht, sondern einen verstärkten reformerischem Einsatz zugunsten der eingeborenen Bevölkerung postulierten. Mit *Hobson* erhielt die Labour Party zwar ihren »Doktrinär«, insofern der koloniale Imperialismus wirtschaftlich interpretiert wurde, aber *Hobson* war nicht Sozialist oder gar Marxist, sondern ein Radikaler und Reformer, der in seiner Forderung nach einer »aufgeklärten« Kolonialpolitik die Konzeption der Treuhänderschaft vorausnahm.

Wir haben weiter oben bereits darauf hingewiesen, daß die Labour Party während des Krieges sich das Mandatsprinzip des künftigen Völkerbundes zu eigen machte und die internationale Kontrolle in den Mittelpunkt ihrer Kolonialkonzeption stellte. Zwei Ziele sollten damit erreicht werden: einerseits sollte eine neue Rivalität der Weltmächte um Kolonialbesitz verhindert werden, andererseits wollte man die kapitalistische Ausbeutung durch eine Reformpolitik ersetzen, die die »backward peoples« wirtschaftlich und zivilisatorisch »entwickelte« und auf Self-government vorbereitete. Die Vertreter der Labour Party wollten dabei nicht nur das Mandatsprinzip durchformulieren und die internationale Kontrolle betonen, sondern vielmehr alle Kolonien dem Völkerbund unterstellen. Die Internationalisierung der Verwaltung wurde allerdings nach einiger Diskussion aufgegeben, und man stimmte der Mandatserteilung an die bisherige Kolonialmacht zu [290]. An der Ausweitung des Mandatsprinzips auf

[289] Fabianism and the Empire, vgl. *Bernard Semmel,* Imperialism and Social Reform, 1960, p. 67. Zudem: *Tingfu Tsiang,* Labour and Empire, 1923.

[290] Labour Party Executive tritt im August 1917 noch für eine internationale Verwaltung ein, während die Independent Labour Party opponiert. Die Inter-Allied Labour and Socialist Conference in London Febr. 1918 übernimmt die These der ILP. *Henry R. Winkler,* The League of Nations Movement in Great Britain 1914–1919, 1952, p. 200 f. *Leonhard Woolf* habe die internationale Verwaltung unter dem Einfluß von Lord *Lugard* später ebenfalls abgelehnt, *Perham,* Lugard, vol. II, p. 643.

alle europäischen Kolonien hat die Labour Party jedoch auch in der Folgezeit – wenn auch nur als Postulat – festgehalten[291]. Die Bedeutung, die dem internationalen Mandat zugemessen wurde, war spezifisch britisch und charakterisierte vor allem die Politiker der Labour Party; die französische SFIO z. B. hat dafür wenig Interesse gezeigt. Das Mandat zielte auf Self-government ab, während sich die Sozialisten Frankreichs an der Assimilation orientierten.

Im neuen, von *Sidney Webb* ausgearbeiteten Parteiprogramm von 1918 hieß es in bezug auf die Kolonialpolitik:

"If we repudiate, on the one hand, the Imperialism that seeks to dominate other races, or to impose our own will on other parts of the British Empire, so we disclaim equally any conception of a selfish and insular 'non-interventionism' unregarding of our special obligations to our fellow-citizens overseas; of the corporate duties of one nation to another; of the moral claims upon us of the non-adult races; and of our own indebtedness to the world of which we are a part... With regard to that great Commonwealth of all races, all colours, all religions and all degrees of civilisation that we call the British Empire, the Labour Party stands for its maintenance and its progressive development on the lines of Local autonomy and 'Home Rule All Round'; the fullest respect for the rights of each people, whatever its colour, to all the democratic Self-Government of which it is capable, and to the proceeds of its own toil upon the resources of its own territorial home; and the closest possible co-operation among all the various members of what has become essentially not an Empire in the cold sense, but of Britannic Alliance..." [292]

Dieses Statement grenzte sich eindeutig gegen linkssozialistische und kommunistische Thesen ab. Mit dem Bekenntnis zum Empire wollte man sich gleichzeitig von einem kolonialen »Isolationismus« und einem Desinteressement an den Überseegebieten distanzieren, obschon diese Tendenzen in der Partei, vor allem in den Gewerkschaften latent vorhanden waren und auch in der Zwischenkriegszeit lebendig blieben. Der neue Begriff des Commonwealth erleichterte dabei der Labour Party die Stellungnahme insofern, als er eine Reichsordnung auf der Basis von Self-government implizierte. Dabei wurden aber in der eigenartigen Verwischung der konkreten Problematik Dominions und Kolonien kurzerhand auf eine Stufe gestellt und einander unmittelbar angenähert; das gleiche galt für den Imperial Council, der die Dominions, Indien »and eventually other Dependencies« zu gemeinsamer Beratung zusammenführen sollte. Im übrigen bekannte sich die Labour Party zur »progressiven Gewährung von Self-government« und zur Treuhänderschaft, ohne vorerst die Begriffe näher zu spezifizieren.

In der Parteiführung wurde man sich der Notwendigkeit bewußt, sich mehr als bisher mit den konkreten Problemen des Kolonialreiches zu befassen. Die Kolonialpolitik einer künftigen Labourregierung mußte vorbereitet werden. Ein Advisory Committee on International Affairs, unter Vorsitz von *Sidney Webb* und mit *Leonhard Woolf* als Sekretär, sollte sich mit kolonialen Fragen beschäftigen und bildete 1920 ein Unterkomitee »for Crown colonies and dependencies«. 1919/20 wurde ein Memorandum »The Empire in Africa: Labour's policy« veröffentlicht. Die Dringlichkeit einer eigenen Stellungnahme wurde betont: "Labour must now have an imperial policy,

[291] Z. B. der Report Colonial Empire, 1933, p. 6.

[292] Parteiprogramm "Labour and the New Social Order", zit. *Rita Hinden,* Empire and after, 1949, p. 115.

springing from Labour principles and applicable in each locality." West- und Ostafrika werden einander gegenübergestellt: während Großbritannien dort sein Trusteeship einigermaßen erfülle, lasse es hier – gemeint ist vor allem Kenya – die Ausbeutung zu. Denn die Boden-, Steuer- und Arbeitspolitik erfolge im Interesse der weißen Siedler. Das Memorandum verlangt den Rückruf von Konzessionen, befürwortet »tribal-Self-Government«(!) und setzt als Ziel den Aufbau von Legislative Councils mit repräsentativem Charakter, ohne aber deren Problematik in einer »plural society« zu erörtern.

Der Einfluß *Hobsons* zeigte sich in der wichtigen Schrift von *Leonhard Woolf*, »Empire and Commerce in Africa«, 1920[293]. In einem historischen Rückblick wird die Landnahme in Afrika geschildert, die von bestimmten Interessengruppen unter nationalen Parolen vorangetrieben worden sei. Profitiert habe aber nicht die Nation, sondern lediglich eine kleine Schicht. Das Gerede von Zivilisation und Treuhänderschaft im Zeitalter des Imperialismus wird als widersinnig entlarvt und das unter Hinweis auf die zerstörerischen Auswirkungen: Enteignung afrikanischen Bodens, Zwangsarbeit, Krieg und Zerstörung traditioneller Sozialstrukturen – also »effects almost wholly evil«[294]. Die Kolonialmächte könnten sich aber nicht einfach zurückziehen, da dadurch, ganz abgesehen von der möglichen Intervention anderer Mächte, dem privaten Profitinteresse erst recht freier Spielraum gewährt würde[295]; der wirtschaftliche Imperialismus »has itself created conditions in which the control must inevitably continue«. Es bleibt auch *Woolf* nichts anderes übrig, als das Prinzip der Treuhänderschaft zu übernehmen: "The white man must become the trustee for the interest of Africans."[296] Konkret müsse dies heißen, den Boden für die Eingeborenen zu reservieren, das Land der Siedler schrittweise zu enteignen und das Schulwesen systematisch auszubauen. *Woolf* erwartet allerdings nicht allzuviel von einer Reformpolitik, solange das europäische Wirtschaftssystem kapitalistisch bleibt; und selbst wenn dieses sozialistisch würde, werde die europäische Ausbeutung Afrikas nicht aufhören »until the inevitable Nemesis«, d. h. bis zum Aufstand der »beneficeries against their guardians and benefactors«[297]. Damit sind die Positionen der Labour Party umrissen.

Trotz mancherlei Schriften, Memoranden und Pamphlete blieb das Interesse der Partei an Kolonialfragen gering. Das zeigte sich deutlich auf den jährlichen Parteikongressen. Erst 1920 wurde in der Adresse des Chairman das Empire kurz erwähnt; Irland, Indien und Ägypten mögen Mitglieder des Commonwealth werden, sofern sie sich dazu entschließen können[298]. Eine Resolution des Kongresses bestätigte das Selbstbestimmungsrecht mit dem besonderen Hinweis auf Indien, Ägypten und Ceylon.

[293] Die Schrift *Woolfs*, "Economic Imperialism", 1920, ist nur eine Zusammenfassung von "Empire and Commerce in Africa".
[294] P. 352.
[295] "It is true that for Europe to withdraw to-day from Africa and to leave these nonadult races to manage their own affairs is impossible... no change for the better would be brought about by the European State withdrawing its control." P. 357.
[296] P. 364.
[297] P. 367.
[298] Annual Report, 1920, p. 113.

Im übrigen wurde gegen ein Pressegesetz und die trostlosen sozialen Verhältnisse in Westindien protestiert. Ähnliche Resolutionen wurden auf den nächsten Parteikongressen eingebracht und meist ohne lange Diskussion angenommen. Zu einer kurzen, aber intensiven Diskussion kam es nur dann, wenn die linksradikale Imperialismusthese vorgetragen und der Kongreß zur Stellungnahme herausgefordert wurde [299]. Der linke Flügel forderte eine aktive Zusammenarbeit der britischen Arbeiterklasse mit dem kolonialen Proletariat, um sich in gemeinsamer Front gegen den imperialistischen Kapitalismus die Freiheit zu erkämpfen; er verlangte sofortige Unabhängigkeit und interpretierte das Trusteeship wie das Völkerbundsmandat als ideologische Verbrämung kapitalistischer Ausbeutung [300]. Solche Anträge wurden aber energisch bekämpft und mit großer Mehrheit abgelehnt [301].

Die erste Labourregierung *Macdonalds* 1924 hat wenig getan oder wenig tun können, um ihren Reformwillen in die Tat umzusetzen. Der Kolonialminister *J. H. Thomas* war für seine Aufgabe nicht vorbereitet und außerstande, einen neuen Kurs zu steuern. Nur in der ägyptischen Frage hat *Macdonald* versucht, den Regierungskurs auf die Parteiresolutionen auszurichten. Von der Partei wurde seit 1919 das Dominionstatut oder Unabhängigkeit für Ägypten gefordert, und *Macdonald* hatte die konservativen Regierungen öfter scharf kritisiert; dieser versuchte nun mit dem ägyptischen Premier ins Gespräch zu kommen und die einseitige Deklaration von 1922 durch einen Vertrag zu ersetzen, sah sich aber allzu weitgehenden Forderungen – Preisgabe der Reservation von 1922, also Rückzug aus Ägypten, Verzicht auf den Sudan – gegenüber. Auch ein Labourminister mußte das britische Interesse an den imperialen Kommunikationslinien – vor allem am Suezkanal – in Rechnung ziehen: "... no British Government can divest itself wholly, even in favour of an ally, of its interest in guarding such a vital link in British communications"! [302]

Der Parteikongreß von 1925 umreißt in einer längeren Resolution eine Kolonialpolitik der Labour Party [303], und im folgenden Jahr wurde – mit reichlicher Verspätung – das Memorandum von 1919 parteioffiziell bestätigt [304]. Neues wurde nicht geboten. Das gleiche galt für das Parteiprogramm von 1928 »Labour and the Empire«, das einen Abschnitt über das Commonwealth enthielt. Die Probleme des Empire blieben am Rande parteiinterner Erörterungen. Ähnlich bei den Gewerkschaften. Der Trade Union Congress von 1925 nahm z. B. trotz gegenteiliger Meinung des Kolonialministers *Thomas* eine betont anti-imperialistische Resolution fast einstimmig an,

[299] Z. B. Annual Report, 1923, p. 239 f.

[300] "They had either to be whole-hearted Imperialist or else give the whole thing up." Annual Report, 1926, p. 253.

[301] "The job of their Party for the moment was to watch over the interests of their fellow subjects in all parts of the Empire", sagt *Clyness MP* im Namen der Parteiexekutive, Annual Report, 1926, p. 253. Ähnlich Annual Report, 1925, p. 231 f. und 1939, p. 312.

[302] Dispatch an den Hochkommissar *Allenby*, 7. 10. 1925, zit. *Monroe*, Middle East, p. 142. Über *MacDonald* ausführlicher *B. J. Sacks. J. Ramsay, MacDonald* in thought and action, 1952, p. 444 f.

[303] Dazu *Robert G. Gregory*, Sidney Webb and East Africa. Labour's Experiment with the doctrine of Native Paramountcy, 1962, p. 84.

[304] The Empire in Africa. The Labour's policy 1926, daß der Text weitgehend übereinstimmt mit dem Memorandum von 1919/1920, übersieht *Rita Hinden*, a.a.O., p. 119.

brachte seine Haltung auf den Parteikongressen aber kaum zur Geltung [305]. Sie war auch weniger eine Befürwortung linksradikaler Thesen als der Ausdruck eines Desinteresses. So fällt es auch auf, daß die Kolonialdoktrin der Labour Party nicht von den Parteiführern – *Sidney Webb* ist eine Ausnahme –, sondern von Außenseitern, wie *Buxton, Wood, Wedgwood* und *Olivier*, formuliert wurde, die in der Tradition der liberal-radikalen Reformbewegung der Vorkriegszeit standen und enge Beziehung zur Anti-Slavery and Aborigines Protection Society unterhielten; sie haben sich nach 1918 der Labour Party angeschlossen und deren Haltung in kolonialen Fragen zu beeinflussen vermocht [306].

Die Stellungnahme zu konkreten Fragen war wenig originell und braucht hier nicht weiter erörtert zu werden. Für Indien, Ägypten und den Irak forderte Labour Self-government und eventuelle Unabhängigkeit, während in der Closer-Union-Frage Ostafrikas (siehe S. 169 f.) die Gewährung von Self-government oder gar Responsible government an die weiße Minderheit abgelehnt wurde. Nur ungern ließ man sich dabei auf die an sich notwendige Differenzierung der Begriffe ein, und auch vieles andere blieb vage [307]. Parteiprogramme, Kongreßresolutionen, Memoranden und Interventionen im Parlament stellten natürlich neben Fragen des Boden-, Arbeits- und Steuerrechts einen Ausbau des Schulwesens und der sanitären Dienste in den Vordergrund. Es wurde aber nicht gesagt, wer die dazu notwendigen, offenbar sehr umfangreichen Finanzmittel aufbringen würde. Hinweise auf allzu hohe Unternehmergewinne oder die Feststellung, daß für Polizei mehr ausgegeben werde als für Erziehung, können als Antwort nicht genügen. Wir finden nicht einen Hinweis, daß neben Anleihen und privater Investierung das Mutterland künftig auch mit Krediten aus dem Budget einspringen müsse, wie es an sich einer sozialistischen Politik entsprochen hätte!

Eine eigene Konzeption der »Entwicklungshilfe«, die über eine Reform der bisherigen Verwaltungsmethoden hinausgehen würde, hatte die Labour Party nicht. Eher finden sich Hinweise auf eine künftige Konkurrenz durch koloniale Industrien. So bereite die indische Jute- und Textilindustrie der des Mutterlandes Schwierigkeiten und verschärfe die Arbeitslosigkeit [308]. Die »kolonialistische« Perspektive wurde nur schwach verdeckt durch eine Kritik an den extrem niedrigen Löhnen für farbige Arbeitskräfte, die den Kapitalisten hohe Gewinne brächten; Industrialisierungsanstrengungen im Kolonialreich forderte die Labour Party jedenfalls nicht. Auch sie verstand die Treuhänderschaft vorwiegend »negativ«, obschon im Bereich der Sozialpolitik dem Staat neue Aufgaben übertragen wurden. Es ist kein Zufall, daß der Colonial Development Fund von der Konservativen Partei in die Diskussion gebracht wurde.

Auch die Kolonialpolitik der zweiten Labourregierung 1929–1931 hatte keine »sozialistische« Prägung und wenig Originalität. *Sidney Webb*, der als Lord *Passfield* das Kolonialministerium übernahm, gehörte zum gemäßigten Flügel der Partei, und die »Times« konnte sich denn auch nach anfänglichem Mißtrauen beruhigt erklären. Der Special Adviser der Partei für Kolonialfragen, *Charles R. Buxton*, hatte zwar

[305] Report of Proceedings of the 57th Annual Trade Union Congress, 1925, p. 553 f.
[306] Individuelle Charakterisierung dieser Persönlichkeiten bei *Gregory*, p. 88 f.
[307] *Gregory*, p. 87.

die Labourpolitik als ein »distinct break with the past« und als »new departure« angekündigt [308], aber einige Monate später versicherte der parlamentarische Unterstaatssekretär *Shiels* den versammelten Gouverneuren, daß die neue Regierung nichts Umstürzendes getan habe und auch nichts dergleichen beabsichtige, da sie es für ungut erachte, wenn dem Kurswechsel im Mutterland ein solcher in der Kolonialpolitik entspreche [310]! Weder in Ostasien, wo u. a. der Donoughmore-Report zur Grundlage für die neue Verfassung Ceylons von 1931 wurde, noch in Westafrika zeigten sich neue Ansatzpunkte. *Passfield* berief zwar ein besonderes Komitee für Labourfragen und forderte die Gouverneure auf, der Arbeitsgesetzgebung mehr Beachtung zu schenken und die Gewerkschaften zu fördern [311]; Verfassungsänderungen aber wurden keine eingeleitet. Dem Westindienbericht Lord *Oliviers* wurde nicht Folge geleistet, da dem britischen Konsumenten – also den Labour-Wählern – erhöhte Zuckerpreise nicht zugemutet werden sollten [312]. In der wichtigen Kenya-Frage allerdings führte Lord *Passfield* die Föderationsbestrebungen *Amerys* und *Griggs* nicht fort und bestätigte ausdrücklich die »Paramountcy« von 1923. Dadurch verbitterte er zwar die Konservativen und die Siedler Kenyas und Nordrhodesiens, doch handelte *Passfield* im engen Einvernehmen mit den Beamten des Colonial Office und strebte einen Kompromiß an. Damit setzte er sich aber der Kritik des linken Parteiflügels aus, und Kenya-Experten – *Leys, Ross, Buxton, Oldham* – drängten ihn, energischer gegen die Siedler vorzugehen und die Interessen der Eingeborenen zu verteidigen [313]. Der »New Statesman« gab sich allerdings zufrieden [314].

Von einem Bruch mit der Vergangenheit kann also nicht gesprochen werden, und die Reformpolitik der Labourregierung mutet recht bescheiden an. Allerdings wird man in Rechnung stellen müssen, daß *Macdonald* auf den liberalen Koalitionspartner Rücksicht nehmen mußte. Dazuhin wurde jede sozialistische Regierung von der Kolonialadministration, die weitgehende Autonomie besaß und eine ihr nicht genehme Politik des Colonial Office blockieren konnte, mißtrauisch beobachtet. Ein Personalwechsel verlangte Zeit, so daß der Kolonialminister auf Zustimmung, jedenfalls aber

[308] Presidential Address, Annual Report, 1922, p. 170. Resolution des linken Flügels, 1925, p. 232, 1926, p. 252.

[309] H. of C., Debate on the Address, 3. 7. 1929, vol. 229, S. 194 f.

[310] "I think that governors will agree that since we came into office we have not issued any revolutionary edicts or urged any extreme reversal of local policy... We realize it would not be wise – even if it were possible or desired – to have the lines of policy in our overseas territories changed about in response to political changes at home. Times, weekly ed. 17. 7. 1930.

[311] Colonial Office Conference 1930, Text in: Documentation coloniale comparée 1930/III, p. 35 ff.

[312] Sidney Olivier, ed. *Margaret Olivier,* 1948, p. 166, 177, 182.

[313] "So he has to pick his way warily to some compromise which would safeguard native interests as far as they can be safeguarded with the white settlers in possession of land and capital. Anyway he will be denounced by idealists and no one will be satisfied". Beatrice Webbs diaries 1924–1932, ed. *Margaret Cole,* 1956, p. 223 f. *Lugard* bei *Webb,* p. 214 f. "The left wing is in revolt-dermined to have the blood of the settlers to make them feel that they are beaten." P. 229. Dazu Vorwort, p. XIII.

[314] New Statesman and Nation. 16. 3. 1929, 27. 9. 1930. "Lord *Passfield* is pursuing a sound policy in his efforts to solve it." 15. 11. 1930, p. 165.

auf die Mitwirkung der Administration angewiesen blieb und in seiner Bewegungsfreiheit eingeschränkt war. Ein Premierminister stellte im übrigen die noch immer als sekundär erachteten Kolonialfragen zurück, wenn er seine Regierung nicht aufs Spiel setzen wollte. Wir werden sehen, daß sich selbst die Volksfront in Frankreich 1936–1937, trotz ihres entschiedenen Linkskurses, in einer analogen Situation befand; auch sie konnte eine deutliche Diskrepanz zwischen ihrem Oppositionsprogramm und dem Resultat ihrer Regierungspolitik nicht vermeiden.

Auf dem Parteikongreß von 1933 wurde der neue Report »The Colonial Empire« diskutiert und gutgeheißen. Man war sich offenbar bewußt geworden, daß die Partei noch immer zu wenig Interesse für das Empire zeigte. Labour müsse sich energisch einsetzen – hieß es etwa –, obschon diese »very big question« bei den Wählern keinen Enthusiasmus wecke und man damit keine Parlamentsmehrheit gewinnen könne! *Charles R. Buxton* stellte die Bedeutung des Reports heraus: Die nächsten 50 Jahre würden in der Kolonialpolitik wichtige Entscheidungen bringen. Noch immer erschien Nigeria als Vorbild, obschon die Indirect Rule einen ausgesprochen konservativen Akzent trug. Daß die notwendigen Reformen im wirtschaftlichen und sozialen Bereich skizziert wurden, versteht sich: "Trusteeship must be a reality." Weitere Konzessionen in Richtung Self-government müßten von einer Demokratisierung begleitet sein [315]. Natürlich wurde der Ausbau des Erziehungswesens verlangt, und zwar unter Einschluß der Hochschulen. "In considering the future of the Colonial Dependencies Labour's object, therefore, will be to develop the empire into a Commonwealth of self-governing socialist units." Diese Zukunft lag aber auch für die Labour Party in noch weiter Ferne.

Einen doktrinären Anti-Kolonialismus vertrat die »Socialist League«, die in Reaktion auf die Labourregierung 1929/31 und die Wahlniederlage von 1931 den linken Flügel neu aktivierte und innerhalb der Labour Party einen verschärften Linkskurs propagierte. Ihrer Volksfrontthesen wegen ist die Liga, der u. a. *Cripps, Harold Laski, Brailsford* und der an Kolonialfragen besonders interessierte *Fenner Brockway* angehörten oder nahestanden, 1937 aus der Labour Party ausgeschlossen worden. In einem programmatischen Sammelband der Liga befaßte sich *J. F. Horriban* mit dem »break with Imperialism«. Ähnlich wie auch *Cripps* [316] bezeichnete er in marxistischer Terminologie das britische Reich als »the supreme expression of British capitalism«. Eine sozialistische Regierung »should admit fully the right of everyone of those peoples, not merely to Self-government but to complete Self-determination« [317]. Der Verfasser konnte allerdings nicht leugnen, daß gewisse Gebiete und Völkerschaften zur Unabhängigkeit noch nicht befähigt waren und weiterhin der britischen Treuhänderschaft bedurften. Zu einem gleichen Ergebnis kam auch *Leonhard Barnes* in seinem wichtigen Buch »Empire

[315] "The transfer of responsibility must be made to a democratic community, and not to one controlled by vested interests or with a restricted franchise." P. 4.

[316] Vgl. seinen Artikel "If I were foreign secretary" in der World Review of Reviews, Juni 1936, zit. *Eric Estorick, Stafford Cripps,* Prophetic Rebel, 1941, p. 266 f. Zudem: "We all realise that Empire, like his blood brother capitalism, is built upon the exploitation of a depressed class, and can only thrive so long as that exploitation and suppression can continue." 13. 7. 1938.

[317] Problems of a Socialist Government, 1933.

or Democracy, a study of colonial question«, 1939. Er geht von den Kolonialforderungen Deutschlands, Italiens und Polens aus und meint, daß es nicht zu einer internationalen Konfliktsituation gekommen wäre, wenn man rechtzeitig alle Kolonien einer Mandatsverwaltung unterstellt hätte. Die Frage nach dem Nutzen der Kolonien wird im Sinne von *Hobson* beantwortet: Nicht die Gesamtwirtschaft, sondern nur einzelne Interessengruppen hätten Profite erzielt. Obschon die Kolonien eigene Industrien benötigten, werde das Mutterland nie darauf eingehen; Trusteeship sei hier utopisch. Auch die Indirect Rule wird kritisiert, da sie eine bereits desintegrierte Gesellschaft künstlich erhalten wolle. Die politischen Freiheiten im Dependent Empire seien gering, Unruhen würden blutig bekämpft. Indien, Ceylon, Burma und Westindien seien reif für die Unabhängigkeit, und es sei Aufgabe der Labour Party, die Emanzipationsbewegungen zu unterstützten und – im Hinblick auf die internationale Lage – mit einem freien Indien ein gemeinsames Verteidigungssystem aufzubauen. Das tropische Afrika allerdings sei noch nicht soweit: Zu wenig Afrikaner seien dafür geschult, die Verwaltung zu übernehmen, und es beständen noch keine Parteiorganisationen. "The immediate question for Africa is not independence but the quickest possible progress towards independence." [318] Man möge zwei 10-Jahres-Perioden vorsehen, um dieses Ziel zu erreichen [319]. Auch der anti-kolonialistische *Barnes* sah sich also kurz vor dem Zweiten Weltkrieg gezwungen, die britische Herrschaft in Afrika zu akzeptieren.

Es werden aber bei *Barnes* neue kritische Ansätze sichtbar, die die Labour Party nach und nach übernahm. Wenn die Westafrika-Politik der Indirect Rule lange als positive Methode im Sinne der Treuhänderschaft erschien, so wird sie nun als Instrument einer konservativen Politik interpretiert, mit dem die traditionelle Feudalherrschaft der Educated Africans den Zugang zur Macht versperre. Auch der Begriff des Trusteeship wurde zusehends fragwürdiger. 1938 unterzog z. B. *Harald J. Laski* – der allerdings zum linken Flügel der Partei gehörte – den Kolonialdienst einer herben Kritik. Das schöne Wort »trusteeship ... is too flattering to the results obtained«, und die Kolonien seien noch immer »the slums of Empire« [320]. Der wohl integere, aber allzu »public school mined Colonial Civil Service« mißtraue Reformen und stehe unter dem Einfluß der Kolonialfirmen. England habe versucht, »to run the Empire on the cheap« und bemühe sich in positivem Sinn erst nach Ausbruch von Unruhen. "The only way to justify colonial possessions is to make the principle of trusteeship so plain a living reality that the record is not open to question. No one can read that record today and claim that this is the case." [321] Es wurde allerdings nicht gesagt, daß die Labour Party mit diesem »run on the cheap« bis jetzt durchaus einverstanden war und keine Anstrengungen oder gar Vorschläge zu einer »positiven« Entwicklungspolitik gemacht hatte; auch *Lasky* selbst zog nicht die naheliegende Schlußfolgerung, daß künftig Mittel aus dem Budget des Mutterlandes zur Verfügung gestellt werden müßten. In

[318] P. 281.
[319] P. 283.
[320] The Colonial Civil Service, in: The Political Quarterly, IX, 4, 1938 (Empire-Sondernummer), p. 541.
[321] P. 551.

der gleichen Nummer des Political Quarterly nahm allerdings *Charles R. Buxton* die Thesen *Haileys* und *Macmillans* auf:

"First of all, it should endeavour to shorten to the utmost the period of tutelage. The pace of this must vary in each dependency, but in every part of the world the period could be shortened by a more active policy of economic development, especially in the matter of native agriculture. This in its turn would necessitate, for the time being, the abandonment of the principle that each colony must 'pay its way' year by year. If we are 'trustees', as we claim, we should surely be prepared to spend some money on our 'wards'. The acceptance of this priniciple would render possible an increased expenditure on 'nationbuilding' services, such as health and education. These are cramped by the present lack of taxable capacity which so severely restricts the annual revenue of a colony." [322]

Das ist der neue Ansatz, wie wir ihn für die allgemeine britische Kolonialdiskussion kurz vor Kriegsausbruch aufgezeigt haben. Man würde solche Sätze aber sowohl in den Parteidiskussionen als auch in den Spezial-Reports vergeblich suchen; die Initiative dazu ist nicht von der Labour Party, sondern von kolonialinteressierten Kreisen und Außenseitern ausgegangen. Auch in der wichtigen Schrift *Clemens Attlees* »The Labour Party in perspective« von 1937 ist ein Haltungswechsel noch nicht sichtbar [323]. Ein wachsendes Interesse für das Empire zeigten hingegen der Gewerkschaftsführer *Ernest Bevin* und damit der Trade Union Congress überhaupt. Bereits 1930 ist *Bevin* für den imperialen Freihandel eingetreten, nicht ohne zu betonen, daß auch die Sowjetunion ein Empire sei. Das britische Reich solle mithelfen, die eigene Wirtschaftskrise zu überwinden [324]; der TUC trat demnach ein für »as full a development as possible of the economic relations between the constituent parts of the British Commonwealth«; Die Neuorientierung in Außenpolitik und Rüstungsfragen, an der *Bevin* maßgeblich beteiligt war, hatte also ihre Entsprechung in einem neuen Empirebewußtsein. Im Hinblick auf Abessinien und Sanktionen erklärte *Bevin* vor dem Gewerkschaftskongreß: "If we go on being merely anti-imperial where does it lead? It leads to a scramble in the world. It will lead to wars all over the world." [325] Vergleicht man diese Haltung etwa mit der Resolution von 1921 oder 1925, ist ein fast völligs Umschwenken nicht zu übersehen, mit dem sich *Bevin* gleichzeitig gegen den linken Flügel absetzte [326]. Der TUC setzte 1938 zudem eine »special advisory committee« für koloniale Fragen ein, zu dessen Mitgliedern auch *Arthur Creech-Jones*, der Kolonialminister der Labourregierung nach 1945, gehörte; die Gewerkschaftsführung begann sich also für die Arbeitsverhältnisse in den Kolonien zu interessieren [327]. *Bevin* war außerdem Mitglied des Colonial Development Advisory Committee und wurde hier mit den konkreten Auf-

[322] The Government of Crown Colonies. The development of Self-Government, a.a.O., p. 525.

[323] Sehr stereotyp, wenn auch gegen den linken Parteiflügel, heißt es etwa: "Simple surrender of all ill-gotten gains was undesirable and unpractical." P. 229; "In large areas the peoples are not ready." P. 241.

[324] "I am no imperialist but an Empire exists in the world... let us begin on firm ground", eine Resolution für das Empire Free Trade wird allerdings mit 1,8 gegen 1,4 Millionen Stimmen abgelehnt, Report des TUC 1930, p. 257. Bereits 1929 hat der Präsident in seiner Adresse daran erinnert, daß "the British Empire has a greater potential home consumption than the US." Report des TUC, 1929, p. 64.

[325] Report des TUC 1935, p. 178.

[326] Die Resolution 1921, auch im Anhang zum Annual Report der Labour Party 1922, p. 5.

[327] Empire, Juli 1938, p. 15.

gaben der Kolonialadministration konfrontiert [328], insbesondere mit den Problemen Westindiens [329]. Der bedeutende Arbeiterführer kam zu dem für einen Sozialisten erstaunlichen Ergebnis: "Our crime isn't exploitation, it's neglect." [330]
Mit dieser Formel wird man ganz allgemein die Haltung der Labour Party in der Zwischenkriegszeit charakterisieren können. Das Interesse der Partei an kolonialen Fragen war gering. Einige anti-imperialistische Resolutionen scheinen genug, um sich von den Konservativen abzusetzen; die dringenden Probleme des Mutterlandes hatten den Vorrang. Die Labourabgeordneten übten aber doch eine wichtige Kontrollfunktion aus, indem sie mit ihrer Kritik nicht nur auf konkrete Mißstände hinwiesen und Reformen postulierten, sondern auch konservative Regierungen und die Administration daran erinnerten, daß die bloße Inanspruchnahme der Treuhänderschaft und die Berufung auf künftiges Self-government nicht genügten, um der neuen »Bürde des weißen Mannes« gerecht zu werden. Es kam zudem zu organisatorischen und persönlichen Kontakten mit den Emanzipationsbewegungen innerhalb und außerhalb der Partei. Es sei nur an die London School of Economics und an *Harald J. Laski* erinnert oder an *Fenner Brockway*, der die koloniale Opposition offen unterstützte und am Aufbau der afrikanischen Studenten-Union in London beteiligt war, die zu einer wichtigen Organisation des frühen afrikanischen Nationalismus wurde und unter ihren Mitgliedern spätere Führer Afrikas besaß. Die Labour Party mochte im ganzen den asiatischen und afrikanischen Nationalisten zu gemäßigt sein und ihren Hoffnungen nicht entsprechen, aber die persönlichen Beziehungen und das Bewußtsein, daß innerhalb der großen Oppositionspartei eine schnelle Dekolonisation befürwortet und der Emanzipation einige Sympathie entgegengebracht wurde, haben doch mitgeholfen, eine wenigstens minimale Vertrauensbasis zwischen Mutterland und nationalistischer Führungsschicht aufrechtzuerhalten, die Großbritannien nach dem Zweiten Weltkrieg zugute gekommen ist und nicht zuletzt auch das Multiracial Commonwealth ermöglicht hat.

Indirect Rule in Westafrika

Über das »Prinzip« oder das »System« britischer Kolonialpolitik in Westafrika ist viel geschrieben und diskutiert worden. Großbritannien war stolz auf seine Politik und überzeugt, eine Konzeption und Methode gefunden zu haben, die sowohl seinen eigenen staatlichen Traditionen entsprach als auch der proklamierten Treuhänderschaft und dem neuen Mandatsprinzip gerecht wurde und somit den Übergang von der »Ausbeutung« zur Schutzverpflichtung und zivilisatorischer Förderung der Eingeborenen

[328] *Allan Bullock,* The life and times of Ernest Bevin, vol. I, 1960, p. 435.
[329] *Bevin* in seiner Presidential Address von 1937: "News is coming through that all is not well regarding Labour matters in our colonies. . ." mit einem Hinweis auf die Unruhen in Westindien. Report des TUC 1937, p. 74. Eine entsprechende Resolution im Report des TUC 1938, p. 433.
[330] *Bullock,* p. 632.

dokumentierte. Die Indirect Rule ist dabei untrennbar verbunden mit der Person Sir *Frederick* (später Lord) *Lugards*, der zu den britischen Repräsentanten imperialer Ausdehnungspolitik und prokonsularischer Herrschaft gehört. Da *Lugard* und seine Indirect Rule in der Zwischenkriegszeit als Inbegriff britischer Kolonialherrschaft erschienen und da das »System« über Westafrika hinaus auch in anderen Bereichen des Dependent Empire Anwendung fand oder finden sollte, mußte ihnen in unserem Zusammenhang besondere Bedeutung zukommen.

Kolonialgeschichtlich war die indirekte Herrschaft allerdings nichts Neues. Frankreich hat sich im 18. Jahrhundert auf indische Fürsten gestützt und mittels Protektoratsverträgen den Übergang zur Territorialherrschaft vollzogen. Großbritannien ist dem französischen Beispiel gefolgt, und die Stellung der indischen und malayischen Fürstenstaaten innerhalb des Empire kann als Indirect Rule verstanden werden. Auch Holland hat sich in Indonesien um die Erhaltung feudaler Herrschaften bemüht und sich diese dienstbar gemacht. Indirect Rule in Afrika im Sinne *Lugards* war auch nicht vorausgeplant und in einer Konzeption angelegt, sondern entwickelte sich unmittelbar aus der Situation, im Augenblick der kolonialen Etablierung. Die üblichen Protektoratsverträge mit afrikanischen Königen und Häuptlingen wird man allerdings nur bedingt anführen dürfen, da es sich um mehr oder weniger fiktive Verträge handelte, die oft von einer direkten Verwaltung abgelöst wurden. Höchstens in Uganda, an dessen Inbesitznahme *Lugard* mitgewirkt hatte, war man auf einen größeren durchorganisierten afrikanischen Herrschaftsbereich gestoßen, der als solcher anerkannt wurde und bestehen blieb. Die Situation Nordnigerias aber war derjenigen Ugandas nicht unähnlich. Als *Lugard* um 1900 aus dem tropischen Süden nach Norden vordrang, stieß er im Savannengürtel des westlichen Sudan auf die großen Emirate von Sokoto, Kano, Kaduna und Benue. Diese Herrschaften beruhten zwar auf Fulani-Eroberungen recht frischen Datums, waren aber doch staatliche Gebilde muselmanischer Prägung, mit zahlreicher Bevölkerung, städtischen Zentren und einer Steuer- und Gerichtsverwaltung, die durch Beamte der Emire ausgeübt wurde. *Lugard* gelang die Eroberung in kurzer Zeit, er verfügte aber nicht über einen ausreichend großen Stab, um die Verwaltung in diesem großen Gebiet unmittelbar zu übernehmen: Es lag also nahe, mit den Emiren Verträge abzuschließen, sich die wichtigsten Autoritätskompetenzen zu sichern und im übrigen die Verwaltungs- und Sozialordnung bestehen zu lassen, um sie als Basis oder Mittel der britischen Herrschaft zu benutzen.

Aus diesen gelegenheitsbedingten Protektoraten entwickelte sich in den folgenden Jahren das »System« der Indirect Rule. Als *Lugard* 1914 zum ersten Generalgouverneur Nigarias ernannt wurde, kamen die Kronkolonie Lagos, die südnigerianischen und die rassisch und kulturell ganz anders strukturierten Protektorate des Nordens unter gemeinsame Verwaltung. Er hat die Indirect Rule im Norden ausgebaut und auch auf den Süden auszudehnen versucht, obschon man sich hier nur im Südwesten auf einige größere und einigermaßen organisierte Herrschaftskörper stützen konnte, während im Südosten – im Gebiet der Ibos – nur kleine Dorf- und Klangemeinschaften vorhanden waren, die recht künstlich und nicht ohne Willkür zu größeren Einheiten verschmolzen werden mußten, um als Basis für die Indirect Rule dienen zu können. Deren Prinzip legte *Lugard* 1918 in Memoranden fest, die als Leitfaden für Residenten und Distriktkommissare dienten. Vor allem aber ist hier noch einmal sein

Buch »Dual Mandate« aus dem Jahre 1922 als die wichtigste Abhandlung über britische Afrikapolitik aus der Zwischenkriegszeit zu nennen [331].

Die Funktionsweise der Indirect Rule hat *Lugard* 1919 klar umrissen:

"The system of Native Administration ... had been based on a recognition of the authority of the Native Chiefs. The policy of the Government was that these Chiefs should govern their people, not as independent but as dependent Rulers. The orders of Government are not conveyed to the people through them, but emanate from them in accordance, where necessary, with instructions received through the Resident. While they themselves are controlled by Government in matters of policy and of importance, their people are controlled in accordance with that policy by themselves. A Political Officer would consider it as irregular to issue direct orders to an individual native, or even to a village head, as a General commanding a division would to a private soldier, except through his commanding officers." [332]

Hier wird deutlich, daß die Originalität und Bedeutung der Indirect Rule nicht in der bloßen Benutzung bestehender Institutionen und Autoritäten lag. Auch eine »direkte« und letztlich assimilatorisch orientierte Herrschaft, wie diejenige Frankreichs, konnte darauf nicht verzichten, weil niemals der umfangreiche weiße Beamtenstab zur Verfügung stand, um bis ins letzte Dorf hinunter den einzelnen Eingeborenen »regieren« zu können; jede Kolonialverwaltung bedarf der Häuptlinge, Dorfchefs, Klanführer usw. Indirect Rule sollte heißen, daß diese nicht nur als Werkzeug und Sprachrohr verwendet wurden, sondern wirklich regierten. Die vorgefundene Gesellschaft mit ihren Institutionen, Autoritäten, Rechten und Sitten wird akzeptiert, schrittweise modernisiert, um die Funktionen der Lokalverwaltung erfüllen zu können [333]. Der Eingeborene soll seiner Umgebung nicht entfremdet werden, sondern in ihr neue Entwicklungsmöglichkeiten finden, die Eingriffe der Kolonialmacht sollen »along indigeous lines« erfolgen. Ziel ist nicht eine Angleichung an das Mutterland, sondern eine Förderung der Bevölkerung im Rahmen der eigenen afrikanischen Zivilisation. "Our desire is to make the native 'a good African'." [334]

Träger und Repräsentant der traditionellen Autorität ist der Häuptling, der nicht nur politisches Oberhaupt seines Stammes oder Dorfes ist, sondern auch wichtiger soziologischer Integrationsfaktor, insofern als er die Einheit von Vergangenheit und Gegen-

[331] Vgl. oben S. 103. Von *Margery Perham*, wichtig zudem: Native Administration in Nigeria, 1937. Gute Zusammenfassungen bei *Lucy Mair*, Native Policy in Africa. Neuerdings z. B. bei *D. A. Low* und *R. C. Pratt*, Buganda and British Overrule 1900–1955, 1960, p. 163 f., p. 118 f.

[232] Zit. *Perham*, Lugard, vol. II, p. 469.

[333] Vgl. die bekannte »Definition« *Donald Camerons*. "The system of native administration generally adopted in the Protectorate of Nigeria is known as 'Indirect Administration', and, based on several principles, is designed to adapt for the purpose of local government the tribal institutions which the native peoples have evolved for themselves, so that the latter may develop in a constitutional manner from their own past, guided and restrained by the traditions and sanctions which they have inherited, moulded or modified as they may be on the advice of British Officers and by general control of those officers. It is an essential feature of the system that, within the limitations and in the manner which will be discussed below, the British Government rules through these native institutions which are regarded as an integral part of the machinery of government." Principles of Native Administration and their Application, 1934, p. 1.

[334] A.a.O., p. 4. "We endeavour to purge the native system of its abuses, to graft our higher civilisation upon the soundly rooted native stock." P. 5.

wart, von Verstorbenen und Lebenden verkörpert und somit sakralen Charakter trägt. Daher stand und fiel die Indirect Rule mit der richtigen Wahl des Chiefs; er durfte nicht aufgezwungen werden, sondern mußte von der Gemeinschaft – sei es durch Erbfolge oder Wahl – eingesetzt sein. Nur wenn seine Untertanen ihn anerkannten, konnte das System funktionieren, denn sie hätten sonst seine Befehle und Anweisungen als bloße Befehle der Kolonialmacht verstanden und der Zweck, freiwillige und eigene Mitarbeit zu ermöglichen, wäre verfehlt worden [335]. Die Legalisierung des Chiefs durch die Administration durfte keine willkürliche Ernennung, sondern mußte vielmehr eine De-facto-Anerkennung sein, die ihn in das Regierungssystem einfügte und ihm die Hoheitsrechte zusicherte [336].

Stellung und Autorität des Chiefs mußten gewahrt bleiben, Befehle erfolgten in seinem Namen und sollten weitmöglichst von ihm selbst ausgehen, die Häuptlinge waren keine bezahlten Beamten wie im französischen Kolonialbereich [337]. Das System der Indirect Rule verlangte vom britischen Personal, vor allem vom District Commissioner, Vorsicht, Takt und Geduld; oft mußte auf eine wirksame Verwaltung verzichtet, mußten Mißstände und Unregelmäßigkeiten in Kauf genommen werden. Der Versuchung, alles selbst zu tun, müsse man entgegentreten – sagt *Lugard* –, denn die Folge davon sei eine Passivität der Dorfgemeinschaft [338]. Direktes Eingreifen oder eine Absetzung des Chiefs sollte möglichst selten sein. Die Häuptlinge, die nur in einem Protektoratsverhältnis zu Großbritannien standen, waren aber auch nicht »unabhängig«. Sie und ihre Organe wurden »beraten«, also überwacht, und erhielten Anweisungen, die sie zu modernen Verwaltungsmethoden und zur Verantwortung »erziehen« sollten.

Die Administration hatte sich bestimmte Bereiche reserviert: neben Armee und bewaffneter Polizei vor allem die allgemeine Gesetzgebung, Besteuerung und Bodenzuteilung. Die »Native Authorities« unter Leitung des Chiefs sollten aber nicht fiktiven Charakter haben, sondern in einem eigenen Verwaltungsbereich weitgehend selbständig entscheiden können. Dies unterschied die Indirect Rule von der Politik in anderen Kolonialgebieten, wo die Häuptlinge als bloße Exekutivorgane benutzt wurden.

Zunächst die Native Treasuries. Art und Höhe der Steuern, die die bisherigen vielfältigen Abgaben ersetzten, bestimmte zwar die Verwaltung, aber der Steuereinzug erfolgte durch den Chief, in größeren Gebieten durch seine Beauftragten. Nur ein Teil der Steuern mußte an die Verwaltung abgeliefert werden; ein ansehnlicher Rest von 25 bis 70 % blieb zur Verfügung des Chiefs und diente für lokale Aufgaben, wie Gehälter des Chiefs und seiner Beamten, Polizei, Gefängnisse, religiöse Festlichkeiten, z. T. Schulen. Die Einnahmen der Native Treasuries Nordnigerias sind dabei von 197 000 Pfund im Jahre 1911 auf 1,7 Millionen im Jahre 1929 gestiegen [339]. Dabei kam ein eigenes Finanzwesen nicht nur dem Prestigebedürfnis der Chiefs entgegen,

[335] Das Wichtigste sei "The allegiance of a people to a tribal head freely given and without external cause, a.a.O., Vorwort, p. 3, p. 9.

[336] A.a.O., p. 17.

[337] A.a.O., p. 28. Betont wird, daß "there are not two sets of rulers – British and native – working either separately or in co-operation, but a single government ..." Dual Mandate, p. 203.

[338] The white man's task in tropical Africa, in: Foreign Affairs, Okt. 1926, p. 64.

[339] *Perham*, Native Administration, p. 120.

es half auch die traditionellen Institutionen modernisieren; Steuern sollten zudem nicht als von außen auferlegte Verpflichtungen erscheinen.

Neben den Native Treasures standen die Native Courts. Die bestehende Gerichtsbarkeit wurde ausgebaut und Gewohnheitsrecht kam zur Anwendung. Chiefs oder 15 Offizialmitglieder 14 Non-officials gegenüber, 9 davon waren gewählte Afrikaner. Ältestenrat wurden zur Rechtsprechung nicht nur beigezogen – wie etwa in den französischen Kolonien –, sie blieb ihnen vielmehr selber überlassen. Allerdings stand die Jurisdiktion wie die Rechnungsführung unter Kontrolle; Todesurteile z. B. bedurften der Bestätigung durch den britischen Residenten. Im Süden mußten kleine Native Authorities zu Native Courts zusammengefaßt werden, die aber oft nicht zufriedenstellend arbeiteten.

Auch *Lugard* kannte die großen Schwierigkeiten und die unvermeidlichen Fehlgriffe des Systems: Die »standards of wright and wrong« – d. h. Moral- und Rechtsvorstellungen der Kolonialmacht – seien noch nicht akzeptiert. Entscheidend aber war für *Lugard*, daß eine direkte Verwaltung die afrikanische Gesellschaft nicht weiterbringe und in ihrem »primitiven« Zustand belasse, während die schmale europäisierte Elite bereits zur Agitation übergehe. Indien war für ihn das negative Beispiel insofern, als die an sich ausgezeichnete britische Verwaltung eine alte Ordnung unnötig zerstört und den Indern nichts als Gehorsam beigebracht habe. Die Fürstenstaaten beurteilte *Lugard* dementsprechend positiv.[340] Hier zeigt sich – rückblickend – bereits die Problematik der Indirect Rule: Dem ernsthaften Anliegen, innerhalb der traditionellen Gesellschaft zu wirken und die Eingeborenen an der Verwaltung zu beteiligen, entsprach eine konservative Tendenz, sich einseitig auf die Native rulers zu stützen, wobei die neue Bildungsschicht vernachlässigt wurde.

Die Indirect Rule kam jedoch nicht nur in Nigeria zur Anwendung. An der Goldküste verstärkte Gouverneur *Guggisberg* 1927 die Autorität der Chiefs und der Native Councils und erweiterte deren jurisdiktionelle Kompetenz; Versuche, die Chiefs zur Errichtung von Native Treasuries mit regelmäßiger Besteuerung zu veranlassen, waren aber nur teilweise erfolgreich[341]. Bereits 1921 wurde ein ethnologisches Department unter *R. S. Rattray* errichtet, das eingehende Untersuchungen über die Struktur der Ashanti durchführte, deren »demokratische« Aspekte beschrieb und die Bedeutung des Goldenen Stuhles aufzeigte. Die Briten hatten sich des Goldenen Stuhles während der Ashantikriege zu bemächtigen versucht; als er 1921 unerwartet zum Vorschein kam, überließen sie ihn jedoch den Ashantis als Symbol ihrer »Nation«. Dem 1896 verbannten König wurde zudem 1924 die Rückkehr erlaubt, und 1935 wurde das Ashanti-Königsreich offiziell anerkannt und ein Confederacy Council errichtet.

Interessant war ein Versuch, die Chiefs in das Repräsentationssystem des Legislative Councils einzugliedern. In der neuen Verfassung der Kolonie von 1925 standen 15 Offizialmitglieder 14 Non-officials gegenüber, 9 davon waren gewählte Afrikaner. Drei vertraten die Städte (gewählt mit hohem Zensus), die übrigen sechs aber waren »paramount chiefs«, die von den Chiefs und ihren Räten auf Provinzebene gewählt wurden. Diese Provinzräte hatten allerdings nur geringe Kompetenzen und sollten vor

[340] Dual Mandate, p. 196, 226.

[341] Darüber *Bourret*, a.a.O., p. 36–81.

allem erzieherische Funktionen ausüben: kleinere Einheiten wurden zu größeren zusammengefaßt, die Häuptlinge mit den Problemen der modernen Verwaltung, wie Erziehung und Maßnahmen für die Landwirtschaft, vertraut gemacht. Gleichzeitig bezweckte die Administration auch eine Stärkung des Chiefs als Gegengewicht gegen die einsetzende Opposition der westlich erzogenen Afrikaner. Der konservative Aspekt der Indirect Rule wurde auch hier deutlich [342]. Die Ziele, die sich der bedeutende Gouverneur *Guggisberg* gesteckt hatte, nämlich nicht nur die wirtschaftliche Entwicklung und das Erziehungswesen energisch voranzutreiben und die Verwaltungskader langsam zu afrikanisieren, sondern auch – ohne einen Bruch mit der traditionellen Sozialstruktur zu vollziehen – den gesetzgebenden Rat und die Lokalverwaltung zu demokratisieren, sind nur teilweise erreicht worden: Zwar wurde mittels des indirekten Wahlsystems erstmals die Indirect Rule mit dem Repräsentationssystem britischer Prägung in Verbindung gebracht und die bisherige Ernennung afrikanischer Vertreter durch die Wahl abgelöst, aber weder die Native Authorities und Provincial Councils noch die Stadtverwaltungen haben befriedigend funktioniert; die Spannungen zwischen der traditionellen Schicht mit ihren Häuptlingen und der heraufkommenden Bourgeoisie und Intelligenz hatten sich zudem verschärft [343].

Wichtig war auch die Tätigkeit *Donald Camerons* in Tanganjika (1925–1931), der seine langjährige Erfahrung aus Nigeria auf Ostafrika übertrug [344]. Bereits 1926 gestaltete er die aus deutscher Zeit stammende direkte Verwaltung, die u. a. auch Afrikaner arabischer Herkunft (Akidas) eingesetzt hatte, in ein System der Indirect Rule nach nigerianischem Vorbild um. Ernennungsformen und Kompetenzen der Häuptlinge wurden genau geprüft, Native Treasuries und Native Courts eingeführt. Die zahlreichen Native Authorities wurden zu »Föderationen« zusammengeschlossen, deren Rat jährlich zusammentrat, um sich in den Fragen der Besteuerung, Bodenerosion, Aufforstung, Tsetseplage, Marktwesen u. a. zu beraten.

Camerons Gouverneurzeit war noch in anderer Hinsicht von Bedeutung. Das dünnbesiedelte und arme Tanganjika ist in einzelnen Gegenden für weiße Siedler geeignet: in deutscher Zeit wie in den ersten Nachkriegsjahren wurde denn auch Boden zur Errichtung von Sisal- und Kaffee-Plantagen ausgegeben. Tanganjika hätte also ein zweites Kenya werden können. *Cameron* benutzte aber das Mandatsstatut dazu, diesen Weg zu verbauen. Die Treuhänderschaft verlangte nach seiner Ansicht eine andere Bodenpolitik. *Cameron* schloß zwar weiße Siedler nicht aus – die zweifellos eine wichtige Funktion erfüllten –, übte aber mit einem entsprechenden Bodenrecht eine scharfe Kontrolle aus und suchte Enteignungen zu verhindern. In erster Linie sollte

[342] "The formation of the Provincial Councils provides the people with the machinery for the preservation and development of their national institutions." Die Regierung "whose policy it has always been to maintain native institutions" werde die Chiefs gegen die Opposition von seiten der Educated stützen. Sir *F. Gordon Guggisberg,* The Gold Coast. A review of the events of 1920–1926 and the prospects of 1927–1928, 1927, p. 4, 18. Dazu: *David E. Apter,* The Gold Coast in transition, 1955, p. 133.

[343] Neben *Bourret* und *Apter* auch *J. D. Fage,* Ghana, a historical interpretation, 1959, p. 80, und *David Kimble,* A political history of Ghana. The rise of Gold Coast nationalism 1850 to 1928, 1963, p. 440 f., 493 f.

[344] Sir *Donald Cameron,* My Tanganyika service and some Nigeria, 1939. *Mair,* Native policies, p. 138 f. *Hailey,* African Survey 1938, p. 435 f.

der afrikanische Produzent gefördert werden. Das gleiche gilt für das Arbeitsrecht: Der Gouverneur lehnte die Forderungen der Siedler ab, mit administrativer Hilfe oder durch erhöhte Besteuerung die Eingeborenen zur Tagelöhnerarbeit auf den Farmen zu zwingen. Auch auf die Forderung der Weißen nach Self-government ging *Cameron* nicht ein. Die Treuhänderschaft wurde ernst genommen und sollte den Weg zum Self-government der afrikanischen Bevölkerung nicht verbauen. Kein Wunder, daß die Siedler gegen den energischen und eigenwilligen Gouverneur, der seine Ernennung einer Labourregierung verdankte, opponierten und daß sich der ehemalige Gouverneur Kenyas, Sir *Edward Grigg*, zu der spöttischen Bemerkung veranlaßt sah: "The paramountcy of native interest governed everything." [345]

Donald Cameron wurde 1931 Generalgouverneur Nigerias und hat 1934 in seinen »Principles of Native Administration and their Application« die neuen Richtlinien für die Indirect Rule festgelegt. Dies schien notwendig, nachdem *Lugards* Konzeption und Methoden in den 20er Jahren in einem Dogma zu erstarren drohten, was Tendenzen zeitigte, die der ursprünglichen Indirect Rule nicht mehr entsprachen. Dies traf vor allem bei Sir *C. L. Temple* zu, der 1910–1913 Chief Secretary und 1914–1917 Gouverneur Nordnigerias gewesen war und 1918 die Schrift »Native races and their rulers« publiziert hatte [346]. *Temple* orientiert sich ausschließlich an den Emiraten des Nordens, behandelt sie als »quasi-unabhängige« Staaten und möchte die administrative Intervention soweit wie nur möglich abbauen. Nur so könnten die »native races« ihrem eigenen Entwicklungsgesetz folgen. "You must shut your eyes up to a certain point, to great many practices which though not absolutely repugnant to humanity, are nevertheless reprehensible to other ideas" [347]; *Temple* ist bereit, eine sehr weitgehende Zurückhaltung zu üben und die feudal-autokratische Struktur der Emirate unberührt zu lassen. Als Ideal erscheint ihm ein »thoroughly able, well-meaning, liberalminded Emir ruling over a unit untouched by foreign influence« [348]. Dem entspricht eine energische Ablehnung des Educated African, der seinem Stamm entfremdet sei und nur gerade als kleiner Angestellter in Verwaltung und Wirtschaft verwendet werden könne. *Temple* richtet sich daher scharf gegen europäische Erziehung im Norden Nigerias, übt Kritik an den Missionen und glaubt mit einem Ausbau der Moslemschulen auskommen zu können [349]. Bezeichnend ist die Bemerkung: "We may even(!) give him, in very limited numbers, the keys of learning of art, of science. But what are all these things compared to fellowship, companionship, the society of equals, price of race, patriotism?" [350] An Stelle der europäisch-modernen Zivilisation tritt also eine Idealisierung der nordnigerianischen Gesellschaftsstrukturen, die *Temple* nicht nur erhalten,

[345] Lord *Altrincham*, Kenya's opportunity, 1955, p. 224.

[346] Dazu: *Mary Bull*, Indirect Rule in Northern Nigeria 1906–1911, in: Essays in Imperial Government, presented to Margery Perham, 1963.

[347] P. 50.

[348] P. 67.

[349] "The policy which I have outlined certainly does not admit of the institution of schools where young natives are to be taught to read and write English, and as a natural corollary European habits and customs. Nothing could be more subservient of the policy than this ... I hotly oppose the extension of the system of European education to the great majority of natives who are still untouched." P. 219–221.

[350] P. 54.

sondern auch von Kontakten mit der modernen Welt möglichst fernhalten möchte. Er stellt sich dabei nicht die Frage, ob das noch angezeigt war, nachdem sich durch den Bau von Straßen und Eisenbahnen, durch den Handel und den Anbau von Exportprodukten die Beziehungen zur Küste ständig erweiterten und nicht mehr rückgängig gemacht werden konnten. Die Konfrontation der afrikanischen Bevölkerung mit der Moderne wurde nicht vermieden, die Anpassung nicht erleichtert. Mit dem Ziel, die Afrikaner möglichst hermetisch gegen äußere Einflüsse abzuschließen, um ihnen eines Tages die Autonomie im Rahmen der Native Authorities – vor allem der Emirate des Nordens – zu überlassen, wurde die Indirect Rule reaktionär und verlor die Zukunftsdimension, die sie bei *Lugard* ohne Zweifel besaß.

Im Süden funktionierten viele der künstlich geschaffenen Native Authorities schlecht, und auch die Bestrebungen, sie nach ausgedehnten anthropologischen Studien zu reformieren, haben nicht die erwarteten Ergebnisse gezeitigt [351].

Cameron wandte sich in einer großen Rede vor dem Legislative Council am 6. März 1933 [352] und in seinen »Principles« gegen die Dogmatisierung der Indirect Rule. Unberührte feudale Monarchie und ein gegen äußeren Einfluß abgeschlossenes Nordnigeria könnten nicht das Ziel der britischen Politik sein. Die Zeit sei gekommen, den Vorhang aufzuziehen! Man dürfe die Moslem-Emirate nicht mit den indischen Fürstenstaaten, die formal eigene Souveränität besitzen, vergleichen. Nicht weniger, sondern mehr Kontrolle und Einflußnahme seien heute angezeigt. *Cameron* weist auf die Tatsache hin, daß die »primitiveren« Ibo-Stämme die Bevölkerung des Nordens zivilisatorisch bereits überholt hätten. Wenn die Native Authority nicht vorgegeben sei und der Chief nicht von unten getragen werde, ziehe er eine direkte Verwaltung vor, denn die Native Administration sei nur Mittel und nicht Selbstzweck: "The end to be sought is, in brief, just government according to civilised standards and the moral and material well-being and the social progress of the people." [353] Alles müsse getan werden »to prevent the old native constitutions from becoming frozen in and thus reactionary« [354]«. Eingriffe dürften nicht an Prinzipien oder Prestigegründen scheitern. Die wirtschaftlich-soziale Aufgabe der Kolonialmacht gerate in Vergessenheit [355], es sei aber von größter Wichtigkeit »to ensure that by the use of proper channels the fabric of native political organization shall not be brocken down under the pressure of modern demands, and that, whenever possible, for the sake of the future, development shall be carried out executively by the native organization« [356].

Man erkennt ein ganz anderes Anliegen als bei *Temple*. Die Indirect Rule soll die afrikanische Bevölkerung weder sich selbst überlassen noch ihr die Begegnung mit der

[351] Auch *Perham*, Lugard, vol. II, p. 464 f. gibt dies zu. 500 Native Authorities mit 13 verschiedenen Typen seien konstituiert worden, wobei das "find the Chief" nur allzu oft zu einem "to make the Chief" geworden sei. Zudem seien die kleinen Einheiten des Südostens für ihre neuen Funktionen ungeeignet gewesen.

[352] Zit. *Perham*, Native Administrations, p. 331–332.

[353] Principles, p. 8.

[354] Tanganyika Service, p. 99.

[355] "I doubt sometimes whether we have done a great deal to impress on the minds of the Native Authorities concerned that the amelioration of the social and economic conditions of a people is one of the primary duties of an Administration." A.a.O., p. 332.

[356] Principles, p. 16.

modernen Welt ersparen, sondern sie soll auf die Konfrontation vorbereiten und ihr auf der Basis der traditionellen Gesellschaft die Anpassung erleichtern.
Generalgouverneur *Cameron* kam mit seiner Neuinterpretation der Indirect Rule, mit der er allerdings an die Intentionen *Lugards* anknüpfen und dessen Thesen fortführen konnte, der vielfältigen Kritik entgegen, die in den 30er Jahren an den Verwaltungsmethoden in Nigeria geübt wurde [357]. Die Auseinandersetzung um die Indirect Rule gehörte zu den interessantesten Aspekten der britischen Kolonialpolitik der Zwischenkriegszeit und verdient in unserem Zusammenhang besonders berücksichtigt zu werden, um so mehr, als sie zu den neuen Positionen nach 1945 überleitete.
Ein Mann der Praxis wie *W. R. Crocker* [358] polemisierte gegen die Tendenz eines *Temple* und seiner Nachfolger, aus der Indirect Rule eine »Geheimwissenschaft« zu machen [359], die unsinnige Anweisungen zur Folge gehabt habe. Die Realität sehe anders aus als die Theorie [360]. Viele Native Authorities hätten sich als unfähig erwiesen – oft waren die Chiefs und Ältestenräte Greise und Analphabeten –, sie hätten zuviel Korruption in der Steuereinziehung und Rechtsprechung erlaubt und so ein ständiges Eingreifen der Verwaltung notwendig gemacht; die Indirect Rule werde damit zur Fiktion. "Indirect Rule worked to bolster up effecte and corrupt chiefs at the expense of their people." Oft wären Institutionen erhalten oder gar künstlich geschaffen worden, die dies nicht verdienten.
Die Missionare hatten ihrerseits ein gewisses Interesse, auf eine Diskrepanz zwischen Doktrin und Realität hinzuweisen, da ihnen im Norden Nigerias wenig Entfaltungsmöglichkeiten eingeräumt worden waren. *Lugards* Prinzipien seien »shibboleths« geworden und »sentimental nonsence« [361]. Die feudalen muselmanischen Emire wendeten sich gegen eine moderne Erziehung in ihrem Herrschaftsbereich und erhielten dabei von der Verwaltung Unterstützung. Man fördere die ökonomische Entwicklung, verhindere jedoch die Erziehung; dies aber sei nicht Entwicklung »along their own lines«, sondern ein fragwürdiger Versuch, eine Gesellschaft künstlich zu erhalten.
Die konservativen Tendenzen und fragwürdigen Ergebnisse der Indirect Rule wurden bloßgestellt. Die Routine-Administration, aber auch die in Mode gekommene Anthropologie und Ethnologie hätten wenig oder überhaupt kein Interesse daran gezeigt, die alten Institutionen und Autoritäten zu modernisieren und neuen Gegebenheiten anzupassen. Die Native Authorities wären zu »Arcadian for the anthropologists ...

[357] Eine glänzende Auseinandersetzung mit der Kritik gibt *Margery Perham*, A re-statement of Indirect Rule, in: Africa VII/1934. Dieselbe: Some problems of Indirect Rule in Africa, in: Anhang zu Journal of the African Society, vol. 34/1935. Native Administration, p. 350 f.

[358] Nigeria, a critique of British Colonial Administration, 1936.

[359] "Indirect Rule became a formula as hieratic and as dead of reactive development as an outworn theology." P. 215. Bereits 1926 heißt es in einem Memorandum, das die kleine Nigerianische Demokratische Partei dem Unterstaatssekretär *Ormsby-Gore* unterbreitet: Indirect Rule "has practically been elevated to the sacrosanct heights of an administrative fetish, the criticism of which implied official excommunication", in: West Africa, 10. 4. 1926, p. 417.

[360] Vgl. die lebendigen Tagebuchnotizen *Crockers*, z. B. 16. 3. 1934: "The so-called financial autonomy is pure pretence."

[361] *A. Victor Murray*, The School in the bush, 1929; dergl.: Education under Indirect Rule, in: Journal of the African Society, April 1935. Sir *James Currie*, The educational experiment in the Anglo-Egyptian Sudan 1900–1933, in: Journal of the African Society, Jan. 1935.

model for barbaric or medieval sovereignties« [362] geworden. Die Indirect Rule habe die Emire und Chiefs keineswegs demokratisiert, sondern deren Autokratie noch gestärkt. Während sie früher von den Stammesgenossen kontrolliert und in Schranken gehalten, im Konfliktfalle sogar abgesetzt oder verdrängt worden seien, hätten sie nun in der Kolonialmacht einen Rückhalt gefunden, um ihre Untertanen auszubeuten. "In other words, the Indirect Rule of the British has established the Direct Rule of the Fula Emirs." [363] Eine Unzahl von Mißständen und Verbrechen würden der Verwaltung gar nicht bekannt, und so sei es kein Zufall, daß diese von den Unruhen 1929 überrascht wurde [364]. Dabei aber erfolgten Korruption und Unrecht im Namen der europäischen Macht, denn die Chiefs würden trotz einer angeblich nur indirekten Kontrolle weitgehend als Sprachrohr und Instrument der Administration angesehen, weshalb ihnen oft nur eine mehr oder weniger gezwungene Gefolgschaft geleistet werde [365]. Dies aber widerspreche der Treuhänderschaft. Es versteht sich, daß diese Kritik von der Labour Party aufgenommen worden ist, allerdings erst in den Jahren vor Kriegsausbruch [366].

Das für die Zukunft wichtigste Argument der Indirect Rule richtete sich jedoch gegen die in der Tat problematische Stellung der »educated Africans« innerhalb des Systems. Die heranwachsende Generation der auf europäischen Schulen erzogenen und ausgebildeten Afrikaner, die meist nicht der traditionellen Oberschicht entstammten und eine neue Intelligenz darstellten, fänden in den Native Authorities keine Verwendung und würden vernachlässigt. Die ohnehin bestehende Spannung zwischen alter Stammesordnung und junger Bildungsschicht werde verschärft, beide Seiten ständen sich miß-

[362] *R. S. Rattray*, Present tendencies of African Colonial Government, in: Journal of the African Society, Jan. 1934. Dagegen *Richmond Palmer*, Some observations on Capt. R. S. Rattray's paper, ebenda. Nordnigeria entwickle sich gut ... Eine Kritik dieser Art brachte bereits 1924 Lord *Raglan* vor: Die Emire Nordnigerias seien Autokraten geworden und korrupt; sie erpreßten von ihren Untertanen Gelder, ohne daß die Verwaltung eingreifen könne oder eingreifen wolle. H. of L., 17. 12. 1924, vol. 60. Lord *Olivier* übernahm die Verteidigung mit einem Hinweis auf die Erfolge *Lugards* und *Cliffords*.

[363] *Murray*, School in the bush, p. 278.

[364] Z. B. *Tracy Philipps*, The New Africa, in: Nineteenth Century 122/1937, p. 575 f.

[365] Der ghanesische Soziologe *K. A. Busia* bestätigt dies im kritischen Rückblick. Ein ehemaliger Beamter der Nigeria-Verwaltung, *H. Cooper*, verweist gleichzeitig auf die Tendenz, die Chiefs eben doch in erster Linie als Exekutivorgane zu behandeln und "to measure a chief's usefulness by his devotion to British rule and his belief in British infallibility. The true yardstick – his willingness to speak out frankly in the interests of his people, even if this meant opposing official policy – tended to get lost in an eager exchange of courtesies". The Gold Coast and Nigeria on the road to Self-government, in: Africa to-day, ed. *Haines*, 1955, p. 293, 307 f. Die Gefahr der Autokratisierung auch bei *Perham*, Re-statement, p. 327.

[366] Z. B. Colonel *Wedgwood* im Unterhaus am 7. 6. 1939: "There is another matter which everyone interested in colonial politics has always before his mind, and that is the question of direct or indirect rule. I wonder what the goal, or the pole star as it has been called, of the Colonial Office is about direct or indirect rule in our colonial Empire. I and all my friends on these benches wish for direct rule as a natural step towards responsible Government. Indirect rule is the bolstering up of landlord and aristocrat domination in these countries. Their own chiefs have become landlords. Expropriation takes place as it took place long ago in this country. The chief is becoming the owner of the land, just as the land of the highlands became the property of the clan chiefs." H. of C., vol. 348, S. 527.

trauisch gegenüber. Die gebildeten Afrikaner würden nicht in die Verwaltung und Verantwortung einbezogen, sondern in die Opposition getrieben.
Es kann kaum ein Zweifel an der Abneigung der Verwaltung – und ganz allgemein der Europäer in Afrika – gegen diese angeblich arrogante, im Grunde jedoch um ihren Ort in der Gesellschaft ringende Schicht bestehen, und die Verachtung wurde auch offen gezeigt. "The dislike of many Indirect Rule administrators for this class of men often passes all bounds, but they cannot be ignored." [367] Der britische Kolonialbeamte verstand mit den traditionellen Führern umzugehen und war sich auch seiner Verantwortung gegenüber den Massen bewußt, er hielt aber im Verkehr mit der jungen Bourgeoisie und Intelligenzschicht auf Distanz und war nur selten bereit, sie als die kommende Elite zu akzeptieren. Diese Abneigung und diskriminatorische Haltung schien sogar in der Indirect Rule gerechtfertigt, wodurch die ohnehin vorhandene und im System begründete Tendenz zum Konservativen noch deutlicher hervortrat. Bereits *Lugard* hatte der Hafenstadt Lagos das von der europäischen Zivilisation noch wenig berührte Kaduna im Norden vorgezogen [368]. Die von ihm nicht geschätzten educated Africans hat er kurzerhand auf den Verwaltungsdienst, auf die Erziehung, auf technische Berufe und auf die Wirtschaft verwiesen. Eine politische Funktion hat er ihnen nur in den Munizipalitäten eingeräumt [369]. *Cameron* machte zwar den Vorschlag, den Native Authorities einen gemischten Rat beizugeben, in dem auch die westlich Geschulten vertreten sein sollten, äußerte sich aber eigenartigerweise – oder besser bezeichnenderweise – nicht weiter über die Bildungsschicht [370].
Es zeichnete sich denn auch eine paradoxe Situation und Entwicklung ab. Es wurde schon erwähnt, daß die Indirect Rule eine Form des Local Government sein sollte, die, im Unterschied zur direkten Verwaltung, der afrikanischen Bevölkerung innerhalb der eigenen traditionellen Ordnung weiterhin die lokalen Aufgaben überließ, um sie dann schrittweise mit modernen Verwaltungsmethoden vertraut zu machen. Daß dabei aber die westlich geschulten Afrikaner weitgehend ausgeschlossen wurden, bewirkte nun gerade das Gegenteil. Die »Erziehung« im Local Government im Sinne einer demokratisierten Selbstverwaltungseinheit nach westlicher Art erwies sich als ungenügend. Es hat sich auch gezeigt, daß die Native Authorities den technischen Aufgaben und zivilisatorischen Dienstleistungen nur selten gewachsen und dadurch ständig auf die Hilfe der Verwaltung angewiesen waren. Diese Aufgaben hätten besser bewältigt werden können, wenn die neuen Schichten an der Verwaltung beteiligt worden wären. Eine mehr direkte Administration wäre wohl in vielen Fällen eine bessere Vorbereitung für die Zukunft gewesen als die Native Authority der Häupt-

[367] *Murray*, Education under Indirect Rule, p. 229.
[368] *Perham*, Lugard, vol. II, p. 420. "The Europeanised African is indeed separated from the rest of the people by a gulf which no radical affinity can bridge. He must treated as though he were of a different race." Dual Mandate, p. 81. "Native lawyers are not representative of the people by a gulf which no radical affinity can bridge. He must be treated as though
[369] Dual Mandate, p. 86 f. "There is abundant opportunity for the educated African."
[370] 1939 glaubt *Cameron*, die Gebildeten in die Native Authorities einbeziehen zu können. "Room must be left for the gradual introduction of educated Africans as members of the Chiefs customary Council of Advisers, although they may not occupy any office which by native custom entitles them to a seat." Tanganyika Service, p. 99.

linge und Ältesten [371]. Es ist kein Zufall, daß die ursprünglich viel besser organisierten Emirate des Nordens vom Süden überholt wurden. Obschon Großbritannien stets darauf bestanden hatte, daß, ähnlich wie im Mutterland, ein Self-government zuerst im lokalen Bereich ausgeübt werden müsse, beschleunigte sich die politische Emanzipation Westafrikas durch den Zweiten Weltkrieg so sehr, daß die Lokalverwaltung dem nicht mehr Schritt halten konnte. Es waren deshalb nach 1945 große Anstrengungen nötig, diesen Rückstand noch rechtzeitig, d. h. bevor das Self-government auch in der Spitze gewährt wurde, aufzuholen.

In Großbritannien wurde man sich in den späten 30er Jahren dieser Problematik bewußt. Die Indirect Rule hat in gewisser Hinsicht das Gegenteil davon gebracht, was ursprünglich beabsichtigt und worauf man so stolz war. Sie hat zwar die traditionellen Führer und Autoritäten »regieren« lassen, aber gleichzeitig gerade die aufsteigenden Schichten politisch neutralisiert, die für die Zukunft wichtig sein mußten. Diese wurden aber mehr und mehr zu den Sprechern der afrikanischen Bevölkerung, sosehr sich auch die Administration dagegen sträubte, ihnen als einer kleinen Minderheit, die sich aus den Stammestraditionen und -ordnungen gelöst hatte, einen Repräsentativcharakter zuzugestehen. So warnte Prof. *Coupland* bereits 1935: "Already indeed, it appears that some of the West African intelligentsia suspect our motives and imagine that we want to hold them down to their African past, almost to keep them primitive, for fear last the they become like ourselves and challenge our superiority." [372] Die 1937 vom Chatham-House herausgegebene Schrift »British Empire« weist auf die inhärente Schwäche der Indirect Rule hin: "Generally spoken, it is impossible for the educated native (unless he is a chief or the son of a chief) to rise to a post in which the initiation of policy is required and expected." [373] Sogar *Margery Perham,* die Lord *Lugard* nahestand, räumte ein: "Indirect Rule may indeed stand or fall according to the expression it affords to policital energies of the educated class" [374]; allerdings verwies sie diese noch 1937, ähnlich wie *Lugard,* auf die Munizipalitäten und die Native Authorities [375]. Damit wollte sich Lord *Hailey* nicht mehr begnügen. Wenn die neuen Aufgaben im lokalen Bereich bewältigt und die neuen Schichten rechtzeitig gegliedert werden sollte, so setzte das eine Anpassung der Institutionen voraus:

"Its (der Indirect Rule) real test will come when the traditional native authorities are faced with the necessity of introducing social services on something more than the rudimentary scale to which they are now accustomed ... Up to present time the fact that the system makes little provision for recognizing educated opinion has not resulted in open opposition to it; in the future however it will inevitably have to meet pressure due to this cause ... One of the gravest problems will be the development of a legal and administrative system which will provide for the rapidly growing class whose social life is not assimilative to that of the Europeans but which cannot be suitably regulated by tribal institutions." [376]

Hailey betonte mit Recht, daß die »educated Africans« sich künftig mit den bisherigen Verwaltungsmethoden nicht mehr begnügen würden. Sie stünden der Indirect Rule

[371] *Busia,* in: Africa to-day, a.a.O., p. 293.
[372] Empire in these days, 1935, p. 170.
[373] P. 147. Ähnlich auch der vom RIIA hrsg. Band The Colonial Problem, 1937, p. 259.
[374] Re-statement, p. 324.
[375] P. 361.
[376] African Survey 1938, p. 1648.

ablehnend gegenüber, denn diese sei für sie keineseswegs ein löblicher Versuch, afrikanische Institutionen und Traditionen zu erhalten, sondern eine Verwaltungsmethode, die sich auf feudale Autoritäten stütze und diese korrumpiere, außerdem eine Kluft aufreiße zur neuen Bildungsschicht und das Self-government hintertreibe [377]. Diese Opposition zeigte sich in Nigeria wie an der Goldküste, obschon gerade hier *Guggisberg* Anstrengungen machte, die im Achimota-College erzogenen Afrikaner zu administrativen Aufgaben heranzuziehen und ihnen den Zugang zu den Native Councils zu verschaffen [378]. Es genügt hier, eine Stelle aus der wichtigen »Charter of the Nigerian Youth Movement« von 1938 anzuführen:

We are opposed to the term Indirect Rule literally as well as in principle. Honest trusteeship implies direct British Rule with a view to ultimate Self-government. We shall therefore strive for the complete abolition of the indirect rule system. Native Administration should be a form of local Government, and it is for that reason that we will encourage and support it." [379]

Die Emanzipationsbewegung der gebildeten Afrikaner berief sich also auf die Treuhänderschaft, um die Forderung nach der direkten Verwaltung zu begründen. Und das offensichtlich in der Vorstellung, daß eher die Treuhänderschaft als die Indirect Rule zum Self-government im Sinne einer parlamentarischen Regierung führen könne. Damit stellt sich für uns eine wichtige Frage, nämlich die Frage nach dem Fernziel der Indirect Rule, d. h. nach den Vorstellungen der britischen Kolonialdiskussion der Zwischenkriegszeit um die Zukunft der westafrikanischen Kolonien.
Dabei wird man wieder von Lord *Lugard* ausgehen müssen. Im Sinne der Prokonsuln der Vorkriegszeit hielt er es für verfehlt, das europäische Regierungssystem mit seinen Wahlen, Repräsentativkörperschaften und parlamentarischen Mehrheitsentscheidungen auf afrikanische Verhältnisse zu übertragen. Die Erfahrung – u. a. auch in Indien – hätte gezeigt, daß die farbigen Völker mit ihren andersartigen Traditionen und ihrer autokratischen Vergangenheit auf Generationen hinaus dafür noch nicht geeignet seien:

"The ultimate goal of our political teaching must be suited to the genius and temperament of the people or it will lead to failure. Must we not admit that history and modern experience alike contradict the assumption that an educated minority with no tradition of rule can successfully govern kingdoms composed of diverse and warlike races, with ancient feuds, and mutually intolerant creeds? In the larger dependencies of Africa more especially, where the great diversity of race and language, no less than the prohibitive distances render effective representation in any case impracticable, it seems open to doubt whether the path which leads to representative government is conditioned by a certain choice of rulers, primitive tribes which have not yet evolved the rudiments of social organization must in any case be subjected to many years or generations of bureaucratic rule before they can be fitted for representative institutions [380]."

Der Anspruch der »educated Africans« auf Repräsentativinstitutionen oder auf eine stärkere Vertretung innerhalb des bestehenden Legislative Councils wies *Lugard* als

[377] Indirect Rule from a Native's Point of View (Aug. 1936) in: Negro Year Book, 1937, p. 376; Afrikaner in der Diskussion mit *Perham,* Some Problems, p. 19 f.; ganz radikal natürlich *George Padmore,* How Britain rules Africa, 1936, p. 322 f.
[378] *Bourret,* a.a.O., p. 38, 49, 76.
[379] *Zit. J. S. Coleman,* Nigeria, Background to Nationalism, 1960, p. 165.
[380] The growth of Empire, Ansprache vor dem Royal Colonial Council, in: United Empire, 1922, p. 743.

ungerechtfertigte Forderung einer nicht-repräsentativen Minderheit zurück. Über den Legislativrat von Lagos vor 1914 äußerte er sich spöttisch [381], und der von ihm selbst 1913 konstituierte Nigerian Council, dem auch sechs Afrikaner angehörten, hatte lediglich die Funktion, *Lugards* Jahresbericht entgegenzunehmen [382]. Die Indirect Rule bedürfe solcher Institutionen nicht; das System der Verbindung von britischer Administration mit den Native Authorities entspreche den afrikanischen Gegebenheiten mit ihrer Vielfalt von Stämmen besser und werde noch lange ausreichen; die Erziehung sollte Sache der Native Authorities und nicht die westlicher Institutionen sein. Die Indirect Rule bietet für ihn zudem einen wichtigen Vorteil: "A native ruler can be guided and controlled and if necessary replaced. An oligarchy of so-called representatives which proves itself unfit to govern is much more difficult to deal with, or, once established, to get rid of." [383] In dieser Äußerung verrät sich der Prokonsul, der sich in seinem Amt nicht einschränken lassen will, der der jungen Elite seine Verachtung zeigt und sich deshalb lieber auf Häuptlinge stützt, die sich führen lassen und notfalls auch abgesetzt werden können.

Lugard erkannte zwar bereits 1922, daß »the coloured races of the world are awakening to self-consciousness under Western influence. In Africa tribal rule is disintegrating« [384]. Dieser westliche Einfluß sollte aber so wirksam wie möglich abgebremst und mit der Indirect Rule aufgefangen werden. Großbritannien müsse jedenfalls seine Treuhänderschaft noch über Jahrzehnte, wenn nicht über Generationen aufrechterhalten, selbst wenn es damit keinen Dank ernten sollte. Es sei gefährlicher, zu schnell vorzugehen als zu langsam [385]. Die Zukunft der Indirect Rule, das Problem der nigerianischen Einheit oder eine Erweiterung des Legislative Councils waren für *Lugard* noch gar nicht aktuell.

In den 30er Jahren änderte sich seine Position allerdings merklich. Die Einführung des Repräsentativsystems hielt er zwar noch immer für verfrüht, aber er sah sich doch durch den allgemeinen Gang der Ereignisse gezwungen, dieses deutlicher als bisher in seine Zukunftsperspektive einzubeziehen [386]. Und 1939 erklärte auch er den Dominionstatus als Ziel britischer Kolonialpolitik [387].

Dafür, wie man sich in den frühen 20er Jahren die Indirect Rule vorgestellt hat, bietet uns *Temple* einige Anhaltspunkte. Er distanziert sich von der landläufigen Meinung, daß eine Rasse auf unbestimmte Zeit »can remain subject to another« [388]; es sei unver-

[381] *Perham*, Lugard, vol. II, p. 416.

[382] A.a.O.

[383] *Lugard*, The growth of Empire, in: United Empire 1922, p. 743.

[384] Dual Mandate, p. 205.

[385] "The danger of going too fast with native races is even more likely to lead to disappointment, if not to disaster, than the danger of not going fast enough." P. 198.

[386] "Election by secret ballot, government by debate and decisions by majority votes, is not a form of government which, so far as we know has ever been evolved by coloured races, nor has it proved very successful in Europe... With the spread of education they will learn the system adopted by Europe and America and, if suitable, they can adopt them. But let us not forget how many centuries were needed to evolve this system in Europe." *Lugard* 1933, zit. in: *Robert Schneebeli*, Die zweifache Treuhänderschaft, 1958, p. 217, Anm. 95.

[387] Vgl. oben S. 109.

[388] Native races, p. 78.

meidbar, daß »they will some day recapture their liberty« [389]. Die Indirect Rule müsse dazu die Voraussetzungen schaffen. In einer oder zwei Generationen könnten die nordnigerianischen Emirate und die Yoruba-Einheiten durchaus ihre inneren Angelegenheiten besorgen. "I do not see why in due course, if proper use is made of native institutions, those races which are now subject should not take their places in the ranks of that groupes of allied nations, as they may I think rightly be called, which form the British Empire." [390] Es entspricht *Temples* Vorstellung von der Indirect Rule, daß er einzelne Native Authorities, vor allem natürlich die Emirate, als fähig erachtet, sich autonom zu regieren. Er stellt sie dabei bemerkenswerterweise auf die gleiche Stufe wie die Dominions, da er offenbar annimmt, daß diese nur über die innere Verwaltung und nicht auch über die Außenpolitik bestimmten. Diese verbliebe also im Falle Nigerias bei Großbritannien; zudem würden ja nur die größeren Einheiten innerhalb des Landes Autonomie erhalten. *Temples* Vorstellungen zielen nicht auf eine Einheit Nigerias ab und auch nicht etwa auf ein separates Nord-Nigeria; er erwägt nicht, ob die 1912–1914 von London aufgebaute nigerianische Zentralverwaltung die Grundlage für einen künftigen Staat abgeben könnte, und mit einem Representative oder gar Responsible government rechnet er schon gar nicht. *Temple* schwebt also nicht der Dominionstatus für Nigeria vor, sondern eine Erweiterung der Native Authorities zu autonomen Bezirken innerhalb der britischen Kolonie Nigeria. Zwar verwendet er den Begriff Self-government nicht, glaubt aber offenbar – da er ja von einer Rückgewinnung der Freiheit spricht –, daß dieses mit der Autonomie auf der Basis der Indirect Rule schon gewährt sei, ohne daß ein parlamentarisches System oder ein volles Dominionstatut damit impliziert wäre.

Ähnliche Thesen vertritt auch Generalgouverneur Sir *Hugh Clifford* in seiner öfter zitierten Ansprache vor dem Nigerian Council am 29. Dezember 1920 [391]. Er polemisiert gegen die in Accra entstandene West African National Conference, die im Herbst jenes Jahres eine Delegation nach London entsandte und Kolonialminister Lord *Milner* ein Memorandum mit heute recht gemäßigt erscheinenden Forderungen überreichte. Die Mitglieder dieser Organisation seien »a self-selected and self-appointed congregation of educated African gentlemen«, die sich ihren Pflichten gegenüber den Natural Rulers entzögen und politische Theorien übernommen hätten, die dem afrikanischen Zivilisationsniveau nicht entsprächen. Das Gerede von einer westafrikanischen Nation sei lächerlich; selbst ein nigerianischer Staat – sofern das Unmögliche überhaupt einmal möglich würde – sei abzulehnen, da er den Verlust der überlieferten Ordnungen bedeute. Die Regierung fördere die Stammesorganisationen »which are to be regarded as the natural expressions of (African) political genius ... It is the task of the Government of Nigeria to build up and to fortify these national institutions«. »Real national Self-government« beziehe sich auf diese »self-contained and mutually independent Native States«.

Nun gab es freilich um 1920 noch keine nigerianische Nation, zwischen Süden und Norden bestanden nur wenige Beziehungen, und die Anhängerschaft dieser ersten nationalafrikanischen Bewegung reicht kaum über die Hafenstädte hinaus. Für uns ist

[389] P. 23.
[390] P. 78.
[391] Längere Auszüge bei *Coleman*, p. 192–194

aber wichtig, daß die Administration auch nicht die Absicht hatte, so etwas wie einen Staat Nigeria und eine nigerianische Nation zu schaffen. Die Zukunftsaspekte beschränkten sich auf eine gewisse Autonomie der Native Authorities, für die *Clifford* die Begriffe »national«, »self-government« und »independent« verwendet. Ihre Vieldeutigkeit wird hier ersichtlich; jedenfalls brauchte die »schrittweise Gewährung von Self-government« nicht unbedingt den Dominionstatus zu bedeuten, sondern war eher in einem viel begrenzteren Sinne als erweiterte lokale Autonomie gemeint.

Donald Cameron geht 1934 einen Schritt weiter. Er betont nicht nur die klare Zielsetzung – »we must know where we are going and what are our aims« –, sondern fordert auch eine Vereinigung von Norden und Süden; die einzelnen Regionen Nigerias könnten keine »separate self-containing units« abgeben [392]. Mit dieser Feststellung wendet er sich gegen *Temple*, vielleicht auch gegen *Clifford*, auf jeden Fall aber gegen die vorherrschende Meinung. *Cameron* befürwortet also eine nigerianische Einheit, obschon auch er keine Anstrengungen in dieser Richtung unternimmt. *Clifford* hatte 1922 keinen neuen Legislative Council konstituiert und das Prinzip der Wahl eingeführt: in Lagos und Calabar wurden vier der afrikanischen Mitglieder mit hoher Zensusqualifikation gewählt. Diese an sich bescheidene Reform hat das politische Bewußtsein der Afrikaner gesteigert und erste Parteien mit eigenen Presseorganen entstehen lassen [393]. Das bedeutete einen Schritt über *Lugard* hinaus. Dieser Rat blieb aber bis 1947 auf den Süden beschränkt; bis dahin verfügte Nigeria über kein zentrales »Parlament«. Die rassisch, religiös und wirtschaftlich so verschiedenen Bereiche wurden nicht zusammengeführt, sondern als separate Einheiten behandelt, die nur durch das Verkehrs- und Nachrichtennetz, den Warenaustausch und durch die Kolonialverwaltung – vor allem durch die technischen Abteilungen – zusammengehalten wurden. Bezeichnend ist auch, daß *Cameron* sowohl die Emire des Nordens als auch die Chiefs der Yarubastämme zu Konferenzen einberufen hat, die deren Blickfeld erweitern sollten; eine engere Verbindung von Süden und Norden aber hielt er entweder für unzweckmäßig oder für verfrüht. Das gleiche gilt für die Goldküste, wo die Verwaltung in der Kolonie, wie im Ashanti-Gebiet – wo der Begriff »Nation« Anwendung findet –, eine gewisse regionale Einheit anstrebt, beide Teile aber weiterhin getrennt verwaltet. »Nationhood« sollte sich über die obengenannten Provinzräte und somit über die Native Authorities entwickeln [934]. Dieser Aspekt der britischen Westafrika-Politik der Zwischenkriegszeit scheint vor allem im Vergleich mit Frankreich wichtig. Die großen administrativen Einheiten der AOF und AEF, die in sich nur wenig Autonomie gewährten, schienen starke afrikanische Einheiten anzukündigen,

[392] Principles, p. 4. Noch *Lugard* hatte Norden und Süden bewußt getrennt und sogar eine Reihe von Departments der Administration doppelt bestellt. *Perham*, Lugard, vol. II, p. 416.

[393] *Kalu Ezera*, Constitutional development in Nigeria, 1960, p. 27 f.

[394] "Nationhood, which the opponents of the Provincial Councils have taken as their slogan and which they accuse us of deliberately retarding, will surely be the more rapidly achieved by uniting the chiefs, and through them their people... Provincial Councils." seien "breakwaters defending our native constitutions and customs against the desintegrating waves of western civilisation. They are the chief means by which the nationality of the Africans of the Gold Coast will be built up out of the many scattered tribes". Sir *Guggisberg*, A review of events, p. 21–24.

während die Indirect Rule der britischen Verwaltung eher zu einem Separatismus neigte, dessen Devise Divide et impera heißen könnte. Bis zum Zweiten Weltkrieg bestand jedenfalls die Tendenz zur Balkanisierung Afrikas eher im britischen als im französischen Kolonialbereich.

Die Vorstellungen *Camerons* von der Zukunft sind unklar. Er nennt zwar als Ziel der Indirect Rule »free institutions in the dependent countries and ultimate autonomy« [395], ohne aber näher zu erläutern, was er darunter versteht. Der Begriff »autonomy« wird in der britischen Kolonialdiskussion selten gebraucht, da man auch dann meist gleich von Self-government spricht, wenn bloß eine gewisse autonome Verwaltung gemeint ist. An ein Dominionstatut denkt *Cameron* offenbar nicht. Im Falle Tanganjikas allerdings ist eine künftige Ablösung zu berücksichtigen, da schon das Mandat dazu verpflichtet, denn dieses besitzt nur Geltung »until the people can stand by themselves« [396]. Auch hier soll dieses Ziel nicht über Wahlen und über ein parlamentarisches System, sondern über die Native Authorities erreicht werden. Die Vorbereitung dazu werde sich über Jahrzehnte erstrecken, bis eines Tages Afrikaner und Europäer gleichberechtigt nebeneinander stehen und gemeinsam Tanganjika regieren. Wie dies möglich sein wird, bleibt der Zukunft überlassen. Wichtig ist aber, daß *Cameron* die Konzeption des White man's country ablehnt und sich an einer mehrrassischen Gemeinschaft orientiert [397].

Aufschlußreich für uns sind die Äußerungen *Margery Perhams*, die als Mitarbeiterin Lord *Lugards* und anerkannte Westafrika-Expertin immer wieder ein gewichtiges Wort in der britischen Afrikadiskussion gesprochen hat, und zwar im Sinne einer liberalen Reformpolitik. Sie akzeptiert 1934 offen eine künftige Selbstregierung für die afrikanischen Territorien: Nachdem man dies Kanada im 19. Jahrhundert gewährt habe, könne man die Afrikaner nicht daran hindern, »to take their place in the world as self-governing nations« [389]. »There comes a time when the most liberal rulers can no longer help a dependent people«, und es sei Aufgabe Großbritanniens, Nigeria auf seine Zukunft als »a stable member of the society of nations« vorzubereiten [399]. Sie fordert damit – in den 30er Jahren – ein einheitliches Nigeria, und zwar als einen

[395] Tanganyika Service, p. 107.

[396] P. 86.

[397] Ganz ähnlich wie *Cameron* äußert sich auch *Philip Mitchel*, sein Secretary for Native Affairs 1924–1934. In einem Brief an einen Kritiker der Indirect Rule will er diese als eine Form des Local Government verstehen, das modernisiert und »zivilisiert« werden müsse; vor allem die Söhne der Chiefs sollen eine sorgfältige Erziehung erhalten. Die Councils of Chiefs könne man dann zu Provincial Councils zusammenfassen. "Ultimately we may have a dual legislature for a generation or so; and then some arrangement which will allow the people of all races who live in Tanganyika to govern themselves through common institutions. But all this is a very long way off." Zit. in: African Afterthoughts, 1954, p. 131.
Ob man Repräsentativinstitutionen einführen solle, wollte *Cameron* den Afrikanern selbst überlassen: "As far as I am concerned I would leave that to their genius. I would not force it upon them... Whether the native... will turn to western system of government with the vote and the ballot I do not know. Again I saw that that must be left to his own genius." Vor dem Joint Select Committee on Closer Union in East Africa, 1931, zit. *Low-Pratt*, p. 168.

[398] Re-statement, p. 334.

[399] Native Administration, p. 363.

»sound united state« [400]. Auf welchem Wege aber? *Perham* will die Indirect Rule konsequent zu Ende führen. Die Native Authorities sollen weitere Kompetenzen und Aufgaben erhalten und dann föderativ zusammengefaßt werden, vorerst regional und dann interregional. Den autokratischen Tendenzen der Emire und Chiefs dürfe man nicht zu leicht nachgeben, vielmehr müsse man sich um eine Verbindung von Norden und Süden bemühen. Da sich zudem die educated Africans mit den Native Authorities nicht befreundeten, sondern westliche Repräsentationsinstitutionen forderten – was an sich durchaus verständlich sei –, müßten sie, wie bereits *Cameron* vermerkt habe, mehr Gelegenheit zu praktischer Betätigung in der Administration erhalten. Dabei könnten aber nur die städtische Verwaltung, die technischen Abteilungen der Zentralverwaltung und die Native Authorities in Frage kommen, nicht aber der Administrative Service [401]: Die Afrikaner dürften nicht als District Commissioners, Residenten oder gar als Gouverneure eingesetzt werden. Diese Ämter müßten ja eines Tages abgebaut werden, und das wäre dann schwer möglich, wenn sie mit Afrikanern besetzt worden seien. Damit ist in der Tat die These – oder besser Fiktion – der Indirect Rule von einer bloß beratenden Aufgabe der britischen Verwaltung konsequent weitergedacht. Der Unterschied zur direkten Verwaltung, wie sie Frankreich handhabte, wird hier besonders deutlich. Diese müßte nämlich – in der Konsequenz – die Afrikaner in den oberen Verwaltungsdienst mit einbeziehen, da im Zeichen der Integration und Assimilation der schwarze Staatsbürger gleichberechtigt als »Präfekt« und »Unterpräfekt« eingesetzt werden kann und soll; erste Ansätze dazu – ich erinnere an *Eboué* – sind vor 1939 erfolgt.

Das gleiche gilt für den Legislative Council. Dieser habe seine Aufgabe erfüllt – sagt *Magery Perham* –, und auch die gewählten Afrikaner hätten sich bewährt, aber trotzdem schien ihr ein Ausbau des Legislative Council zum Representative und später Responsible government nicht angezeigt. Nigeria könne wohl eines Tages »some form of representative parliamentary government« erhalten [402], aber erst in ferner Zukunft und als Abschluß einer Entwicklung, die vorläufig ausschließlich innerhalb der Native Authorities vorangetrieben wird [403].

Perham hat also die meist nur am Rande gestreifte Frage nach der Zukunft der britischen Westafrika-Politik zu beantworten versucht, wobei sie die Berufung auf Trusteeship und Self-government durchaus ernst genommen hat. Liberaler Paternalismus und Self-government schließen sich bei ihr nicht aus, sondern bedingen sich gegenseitig.

[400] "Among many doubts and uncertainties, however, one thing is certain, that it is both our duty and our interest to assist the Africans of Nigeria to build a sound united state." Native Administration, p. 363.

[401] "There is, however, one branch into which I believe Africans should not enter, that is the Administrative Service. This should aim at being increasingly advisory in its functions." P. 361.

[402] P. 360.

[403] "This depreciation of the Legislative Council is directed towards its unsuitability as the future focus of political development, and not to its conduct of affairs hitherto." P. 360. *Margery Perham* wendet sich auch gegen den Vorwurf »sentimental«; auf lange Sicht seien die Afrikaner Nordnigerias und Tanganyikas besser vorbereitet als die zur Zeit vielleicht besser geschulten Massen Südafrikas. Sie richtet dies gegen *Philip Kerr,* der der Indirect Rule kritisch gegenübersteht und als ungeeignet erachtet für eine Eingliederung der Afrikaner in die moderne Welt. Vgl. *Butler,* Lord Lothian, p. 140 f.

Zwei Aspekte sind für uns besonders wichtig: *Perham* hält einmal das System der Indirect Rule für so wandlungs- und ausbaufähig, um auch künftigen Ansprüchen an das Local Government gerecht zu werden – eine optimistische These, die bereits damals von anderen Afrikakennern bezweifelt wurde. Zum anderen glaubt sie, daß es gegen die wachsenden Forderungen der westlich geschulten Afrikaner standhalten könne, ohne einen Konflikt zwischen Kolonialmacht und nationaler Emanzipationsbewegung hervorzurufen; denn nur unter dieser Voraussetzung hätte der von *Perham* vorgesehene Weg überhaupt Aussicht auf Erfolg. Dies zeigt gleichzeitig, daß man noch so viel Zeit zu haben glaubte, um in London die Leitlinien einer Politik festsetzen zu können, die die afrikanische Opposition und die neuen aufsteigenden Schichten nicht ernsthaft berücksichtigte. Die liberal denkende Afrikaexpertin schließt zwar Responsible government und Dominionstatus in ihre Überlegungen ein, hält es aber für undenkbar, daß dieses Fernziel in den nächsten Jahrzehnten erreicht werden könne. *Perham* verdeutlicht damit, was wir über *Lugard* gesagt haben: Wenn noch um 1920 weder eine Einheit Nigerias noch ein britisches Repräsentativsystem als wünschenswert oder geeignet erschienen, so hatte sich hier in den 30er Jahren doch ein Wechsel in der Beurteilung vollzogen, der einer allgemeinen britischen Kolonialdoktrin besser entsprach, auch wenn er vorerst nur »akademisch« blieb und für die Administration wenig Bedeutung hatte.

Rückblickend scheint Lord *Hailey* die Grenzen der Indirect Rule und die Notwendigkeit einer rechtzeitigen Umstellung frühzeitiger und klarer erkannt zu haben als Lord *Lugard* und *Margery Perham.* Er ist keineswegs ein Gegner der Indirect Rule, auch er kann den Versuch nur begrüßen, Afrika von innen, d. h. aus seinen eigenen Traditionen und Organisationen heraus, auf die Moderne vorzubereiten; und er bestreitet auch nicht die offensichtlichen Erfolge. Er wendet sich aber gegen eine Überschätzung und den »theological fervour«, mit dem die Kontroverse für oder gegen die Indirect Rule geführt werde [404]. Es gehe schließlich um die Frage, welche Methode »more gradual adjustment of native life to the requirements of modern civilisation« erlaube... Die eigentliche Bewährungsprobe stehe aber noch aus, da von der Wirtschaft mit ihrer Cashcrop-Produktion, Lohnarbeit, Verkehr und Geldwirtschaft die eigentliche »challenge« ausgehe und die Native Authorities bereits heute überfordert würden. *Perham* sieht diese Schwierigkeiten selbst ein, glaubt aber an die Tragfähigkeit des bisherigen Systems, wogegen *Hailey* auf die Notwendigkeit hinweist, eine Methode aufzugeben, wenn sie den Anforderungen nicht mehr entspricht. Es sei gefährlich, sich einseitig für die »primitiven« Schichten der Bevölkerung zu interessieren und sich so eine realistische Sicht auf die Zukunft zu verstellen. Die Afrikaner müßten Zugang zum Höheren Schulwesen und zur politischen Mitsprache erhalten. Großbritannien sei »unduly slow to realise the necessity of educating Africans not merely to take the routine of administration off the shoulder of the European officer, but to take part, in a more real sense in the actual work of administration«. Im Konflikt zwischen den traditionellen Autoritäten und der modernen Bildungsschicht werde schließlich letztere siegreich sein. Man hat den Eindruck, als ob sich *Hailey* hier direkt gegen *Margery Perham* wende

[404] Some problems dealt with in the African Survey, in: International Affairs, März 1939, p. 210 f.

und eine beschleunigte Aufnahme der Afrikaner in die leitenden Funktionen der Administration befürworte. Er warnt also vor einer Unterschätzung des Zeitfaktors und kritisiert denn auch, daß man sich über die künftige Beziehung von parlamentarischen Institutionen und Indirect Rule noch keine Gedanken gemacht habe. Diese seien nicht unbedingt unvereinbar, doch müsse man sich über die Art und Weise, wie beide Systeme zu integrieren seien, klarwerden. Lord *Hailey* ist offenbar der Meinung, daß die Indirect Rule im lokalen Bereich weiterhin wertvolle Dienste leiste und daß ein indirektes Wahlsystem – ähnlich wie es *Guggisberg* an der Goldküste anstrebte – die Native Authorities berücksichtigen müsse, andererseits könne Großbritannien aber nicht anders, als auch in Westafrika Repräsentativinstitutionen westlicher Prägung einzuführen, und zwar nicht in ferner Zukunft, sondern bald. *Hailey* trifft sich hier mit *Charles R. Buxton* von der Labour Party und *W. M. Macmillan* [405]. Indem sie die Erfüllung moderner Verwaltungsaufgaben einerseits, Berücksichtigung und Hinzuziehung der educated Africans zur Administration und zur politischen Verantwortung andererseits als die beiden dringenden Probleme der unmittelbaren Zukunft erkannten, war für sie die Indirect Rule als eine tragfähige Lösung für die Zukunft fragwürdig geworden.

Die Indirect Rule darf als die offizielle Afrikapolitik Großbritanniens in der Zwischenkriegszeit bezeichnet werden. Sie entsprach der proklamierten Trusteeship, deren Aufgabe es war, die noch nicht zur Selbstregierung fähigen Völker innerhalb ihrer eigenen Zivilisation zu »entwickeln« und mit der modernen Lebensform vertraut zu machen, ohne daß bestehende Institutionen und traditionelle Verhaltensweisen kurzerhand über Bord geworfen und die sozialen Strukturen unnötig desintegriert wurden. Sie entsprach damit einem evolutionären Denken, aber auch der Abneigung der Engländer, fremden Völkern die eigenen Institutionen aufzuzwingen oder eine gezielte Integration oder Assimilation anzustreben. Sie war zudem billig, denn sie verlangte nur einen kleinen, wenn auch qualifizierten Beamtenstab – ein Aspekt, der für das Mutterland von nicht geringer Bedeutung war, da die britische Oberschicht zwar weiterhin Personal für den Kolonialdienst lieferte, Regierung, Parlament und Öffentlichkeit aber auf Sparsamkeit drängten. Indien war dafür seit jeher ein Vorbild gewesen, denn hier hatte sich gezeigt, wie vorteilhaft es war, wenn man ohne die problematische Schicht des »kleinen Weißen« auskam. In bemerkenswerter Übereinstimmung von konservativen »Imperialisten«, Kolonialreformern und Vertretern der Labour Party konnte so die Indirect Rule gutgeheißen werden, und auch unter ausländischen Afrikaspezialisten hatte sie große Anerkennung gefunden [406]. Schien sie den einen ein vorteilhaftes Herrschaftssystem abzugeben, das nicht vorschnell britische Institutionen auf fremde Völker übertrug und auf lange Sicht angelegt war, so begrüßten die anderen die darin eingeschlossene »paramountcy of Native interests«, die die Eingeborenen in boden-, arbeits- und steuerrechtlichen Fragen gegen Enteignungen und Ausbeutung zu schützen erlaubte. Die konservativen Tendenzen der Indirect Rule dagegen wurden ebenfalls von den einen begrüßt und von den anderen wenigstens in Kauf genommen, da auch ihnen an einer langfristigen Entwicklung gelegen sein

[405] The Government of Crown Colonies, The development of Self-Government, in: Political Quarterly, 1938, p. 521 f.

[406] Z. B. *D. Westermann*, Der Afrikaner heute und morgen, 1937, p. 193 f.

mußte, weil die Konfrontation mit der modernen Welt möglichst schmerzlos erfolgen und die Afrikaner nicht schutzlos dem kapitalistischen Wirtschaftssystem ausgeliefert werden sollten. So erschien die Indirect Rule als ein Versuch »to hold the ring, to preserve a fair field within Africas can strike their own balance between conservatism and adaption« [407].

Nur eine Verkennung der Situation Afrikas in den 20er und 30er Jahren und nur doktrinärer Anti-Kolonialismus können die positiven Leistungen und Erfolge der Indirect Rule in Zweifel ziehen. Sozialstrukturen, afrikanische Institutionen und Lebensformen, religiöse Traditionen und Rechtsvorstellungen sind nicht voreilig zerstört und desintegriert worden; zu kleine Gemeinschaften wurden in größere überführt oder doch an größere Ordnungssysteme gewöhnt; im traditionellen Bereich wurde manches aus eigener Veranlassung unter afrikanischer Mitarbeit geleistet, und das nicht nur auf Grund einer administrativen Anweisung. Viele Native Authorities haben sich als anpassungsfähig genug erwiesen, um auch neue Aufgaben zu übernehmen und den Anforderungen des Local Government gerecht zu werden. Ein Erziehungsprozeß ist hier in Gang gekommen, der für die Zukunft von Bedeutung sein mußte.

Andererseits ist nicht zu verkennen, daß man den retardierenden Faktoren der Indirect Rule – so z. B. die autokratischen Tendenzen der Emire und Chiefs oder deren Widerstand und oft auch Unvermögen gegenüber modernen Vorstellungen und Aufgaben – zu wenig Beachtung geschenkt und das Tempo, mit dem Afrika in den Strudel der modernen Zivilisation hineingerissen wurde, unterschätzt hat. Es genügt hier, an die Verstädterung, die Entstehung einer Lohnarbeiterschaft oder an die aufsteigende Bourgeoisie und Intelligenzschicht zu erinnern. Oft hat hier die direkte Verwaltung eine schnellere Anpassung erlaubt als die Indirect Rule, die auf Eingriffe verzichtete, nicht auf Efficiency drängte und die Native Authorities gewähren ließ.

System und »Doktrin« der Indirect Rule basierten auf der Annahme, daß »we had indefinite time ahead« – so urteilt kritisch ein erfahrener Kolonialbeamter rückblickend [408]. Wir haben dies an repräsentativen Äußerungen der Zwischenkriegszeit zu zeigen versucht. *Lugard* und seine Nachfolger gingen davon aus, daß der Prozeß der »Zivilisierung« innerhalb der traditionellen Ordnung und unter Führung der Chiefs erfolgen konnte. Sie hatten den Einfluß von außen keineswegs übersehen und vor der Desintegration gewarnt, waren aber der Hoffnung hingegeben, die Anpassung über einen sehr langen Zeitraum hinaus mittels der Native Authorities bewältigen zu können. Diese Anpassung sollte im kleinen Bereich beginnen, ja sie konnte nur von dort ausgehen. Die neuen Schichten in den Städten mußten aus diesem Grund vernachlässigt werden. Jedoch hat man ihren wirtschaftlichen und sozialen Aufstieg nicht wie in Süd- oder Ostafrika oder in Belgisch-Kongo bewußt zu verhindern versucht, wenn man ihn auch nicht mit gezielten Maßnahmen gefördert hat. Mit dem Verzicht auf Plantagen und europäische Siedler, mit der mächtigen Expansion der afrikanischen Produktion an Exportgütern war der Weg für den Aufstieg einer Bourgeoisie freigegeben, und wenn die Anstrengungen im Erziehungswesen im Vergleich zur Zeit nach 1945 noch bescheiden anmuten, so war die Zahl der Westafrikaner mit Mittel- und Hoch-

[407] *Perham*, Re-statement, p. 331.
[408] Sir *Andrew Cohen*, British policy in changing Africa, 1959, p. 25.

schulausbildung doch ständig gewachsen. Deren Forderungen aber glaubte man zunächst nicht entsprechen zu müssen, eingreifende Reformen schienen verfrüht und keineswegs dringlich. So bleibt etwa die institutionelle Ordnung Nigerias im großen ganzen diejenige von 1922; nur die Zahl der ins Legislative Council ernannten Afrikaner wurde von 7 auf 10 erhöht. Das Wahlrecht wurde nicht ausgedehnt und beschränkte sich weiterhin auf Lagos und Calabar. In den Executive Council wurde erst nach 1943 ein Afrikaner ernannt. In die Zentralbehörden und die zahlreichen Spezial-Boards wurden ebenfalls nur wenige Nigerianer aufgenommen [409]. Auch die Integration von Norden und Süden wurde nicht vorangetrieben. Die Afrikanisierung der Verwaltungs- wie des Wirtschaftspersonals war gering, obschon in den 30er Jahren qualifizierte Afrikaner zur Verfügung gestanden hätten.

Für diese Tendenz, am Status quo festzuhalten, ist allerdings nicht nur die Indirect Rule allein verantwortlich. Sie mochte nur allzuoft bloß den Vorwand abgeben, um Reformen als »verfrüht« zu bezeichnen. Geringen Reformeifer – vor allem was die politischen Institutionen anbelangt – finden wir auch anderswo, und für die anderen Kolonialmächte gilt das noch in verstärktem Maße. Paternalismus verband sich gut mit der unbedingten Autorität der Herrschaft. Die Administration wollte sich in ihrer Routine nicht stören lassen; sie fürchtete mit der Einbeziehung von Afrikanern die Geschlossenheit ihres »Korps« zu gefährden und glaubte so auf die faktische Rassensegregation in der kolonialen Gemeinschaft nicht verzichten zu können. Nicht nur die Indirect Rule, sondern auch die Angst vor der unruhigen, anspruchsvollen oder auch arroganten Bourgeoisie und Intelligenz ließen weitere Schritte in Richtung auf ein Self-government als »verfrüht« erscheinen.

Wir haben aber auch gezeigt, daß sich die Afrikakenner in London der neuen Probleme und Aufgaben bewußt wurden. Kein geringerer als Lord *Hailey* schrieb im März 1939:

> "Prudence seems to lie therefore in securing the early association of educated Africans with our administrative institutions. If we do not do so, there will inevitably arise a state of tension, which, sooner or later, we shall have to meet by large-scale political concessions. And in that case, they will not necessarily be made either in the right way, or in to the right class, or with the best result for all the people concerned." [410]

Ostafrika: Kenya und »Closer Union«

Das tropische Westafrika war wegen seines Klimas für britische Siedler nicht geeignet. Verwaltungsbeamte, Missionare und Geschäftsleute – die Mehrzahl davon Angestellte einiger großer Handelsgesellschaften – waren die einzigen Weißen in diesem riesigen Gebiet. Viele von ihnen sind jung nach Afrika gekommen und haben hier ihr Leben verbracht, jedoch immer nur als »Gast« des Landes, denn die Europäer blieben fast niemals ansässig; die Kinder wurden nach England auf die Schule geschickt, den Lebensabend verbrachten sie – bei sehr früher Pensionierung – in Europa. Die britische

[409] *Coleman*, p. 153 f.
[410] Some problems. . ., p. 204.

Verwaltung hat zudem anfangs den Bodenerwerb durch Europäer erschwert, später weitgehend unterbunden. Die Indirect Rule duldete weder Plantagenanbau noch Einzelsiedler. Kakao, Erdnüsse und Palmprodukte lieferten die afrikanischen Farmer.

In Ostafrika hingegen hatten sich weiße Siedler niedergelassen. Auf den Hochplateaus boten sich trotz der tropischen Breitengrade Möglichkeiten dazu: das Klima war angenehm, und es gab Wasser. Und da Ostafrika zudem nur dünn besiedelt war, schien es für die Einwanderung von Weißen besonders geeignet. Siedlungen zu gründen bedeutete aber den ständigen Aufenthalt in Afrika, Rodungsarbeit zum Aufbau einer Existenz mit der Absicht, sich und seinen Nachkommen eine neue Heimat zu schaffen, und die Notwendigkeit, eine politische Gemeinschaft zu bilden. Der Unterschied in der Behandlung der afrikanischen Bevölkerung war damit gegeben. In Westafrika waren die Eingeborenen »Objekte« des Beamten und Missionars, Produzenten und Konsumenten für den europäischen Kaufmann, Untertanen der Krone, denen der Weiße mit Distanz, Verachtung oder Wohlwollen begegnete, deren Existenz aber unproblematisch war. In Ostafrika hingegen mußten sich ähnliche Konflikte wie bei den Buren einstellen. Zwei rassisch und zivilisatorisch verschiedene Gemeinschaften beanspruchten denselben Boden und betrachteten dasselbe Territorium als ihre Heimat. Durch die dünne Besiedlung weiter Gegenden konnte dieser Konflikt nur eine Zeitlang verborgen bleiben und mußte zu gegebener Zeit akut werden. Zwei Rechtssysteme stießen aufeinander: Nach afrikanischen Vorstellungen konnten die Stammesansprüche auch auf unbenutzte Gebiete nicht erlöschen, während die Weißen sich auf die Unbewohntheit des Landes und das durch die Siedlung konstituierte Eigentum beriefen. Die Bestrebungen der Siedler gingen dahin, die für die Weißen geeigneten Gebiete territorial abzugrenzen und für sich zu beanspruchen. Als Gegenstück dazu entstanden – nach südafrikanischem Vorbild – die Reservationen für die afrikanische Bevölkerung.

Damit aber nicht genug: Der weiße Siedler konnte sein Land nicht mit eigener Hand bebauen und war auf die Arbeitskraft der Eingeborenen angewiesen, wenn er die großflächigen Farmen einigermaßen rentabel bewirtschaften wollte. Bei dem akuten Mangel an Arbeitskraft genügte es deshalb nicht, die Afrikaner einfach in die Reservate zu verweisen, sondern es mußten Mittel und Wege gefunden werden, um die Eingeborenen zur Annahme von Arbeit auf den europäischen Farmen des Hochlands zu veranlassen. Die Eingeborenenpolitik war damit vorgezeichnet, die Administration sollte bei der »Rekrutierung« helfen, Steuern sollten so angesetzt werden, daß die Afrikaner die notwendigen Barmittel auf den Farmen verdienen mußten, ein Verlassen des Arbeitsplatzes sollte überdies unter Sonderstrafe gestellt werden. Und da die Weißen an einer Steigerung der Agrarproduktion der Eingeborenen nicht interessiert waren, wurde diesen der Anbau bestimmter Produkte – z. B. Kaffee in Kenya – untersagt.

Eine ähnliche Problematik mußte sich im politisch-zivilisatorischen Bereich ergeben. In Westafrika konnte die Indirect Rule als Vorbereitung für ein künftiges Selfgovernment der Afrikaner gelten, in Ostafrika aber – vor allem in Kenya – verstanden sich die britischen Siedler als die Herren des Landes und versuchten, dieses als »White man's country« auszubauen. Es mußte in ihrem Interesse liegen, die Kolonialverwaltung durch eine eigene Regierung zu ersetzen, wobei sie sich auf das Self-government berufen konnten, das den Kolonisten in Kanada, Australien und Neuseeland, ja selbst den Buren zugestanden worden war. Damit aber stellte sich für London die wichtige Frage: Konnte dieser Forderung nachgegeben werden? Was würde mit der afrikanischen Bevölkerung geschehen? Was hieß in diesem Falle Self-government?

Die Hochlandgebiete Kenyas waren nach 1900 besiedelt worden. Unter den Siedlern ist vor allem der spätere Lord *Delamere* zu nennen, eine starke Pionierpersönlichkeit, den man mit *Cecil Rhodes* verglichen hat. Experimentier- und risikofreudig hatte er große Gebiete erworben und erschlossen und darüber hinaus auch die soziale und politische Führung der Siedlergemeinschaft übernommen [411]. Bereits 1906/08 bestätigte Kolonialminister Lord *Elgin* die weitgehende Reservation des Hochlandes für die weiße Bevölkerung [412]. Im Ersten Weltkrieg sahen sich die Siedler – mangels Schiffraum für Export und Import, durch Tierseuchen und finanzielle Verluste – nicht nur wirtschaftlich schwer bedrängt, sie waren gleichzeitig auch durch die Mobilisierung und durch den ostafrikanischen Feldzug stark in Anspruch genommen worden. London mußte ihnen entgegenkommen und 1916 das Wahlrecht für den beratenden Legislative Council versprechen. Auf diese Weise versuchten die Siedler vor allem die Bodenpolitik, das Arbeitsrecht und das Erziehungswesen in die Hand zu bekommen.

Neben der weißen Minderheit aber gab es die indische Gemeinschaft. Inder waren von altersher an der ostafrikanischen Küste als Händler tätig gewesen, Inder waren als Arbeiter für den Bau der Ugandabahn ins Land gekommen und dann geblieben und sozial aufgestiegen. Kleinhandel, Handwerk und die untere Verwaltung befand sich weitgehend in ihrer Hand. 1921 zählte man 10 000 Europäer, 23 000 Inder und 2,5 Mill. Afrikaner.

1919 erhielten die Europäer von Lord *Milner* das versprochene Wahlrecht und 11 Vertreter im Legislativrat; zwei ernannte Inder vertraten die Interessen ihrer Gemeinschaft, die Official Majority blieb aber bestehen. Sobald jedoch die Weißen eine gewählte Repräsentation erhielten und eine politische Kontrolle der Kolonie anstrebten, mußten sich die Inder zurückgesetzt und in ihrer Zukunft bedroht fühlen; sie wollten sich nicht diskriminieren lassen wie in Südafrika und beanspruchten den gleichen Status wie die europäischen Einwanderer. Vier Fragen standen dabei im Vordergrund:

Die Europäer beriefen sich auf die Elgin-Erklärung von 1908 und beanspruchten weiterhin eine Reservation des Hochlandes, unter Ausschluß der Inder.

Die indische Einwanderung sollte eingeschränkt werden.

Die Inder opponierten gegen die seit 1913 bestehende rassische Trennung der Wohn- und Geschäftsviertel in den Städten.

Die Inder beanspruchten eine proportionale, gewählte Vertretung im Legislative Council und »Common Roll«, also eine gemeinsame Wahlliste; für beide rassischen Ge-

[411] *Elspeth Huxley,* White man's country. Lord Delamere and the making of Kenya, 2 vols., 1935, 2. ed., 1953. Ausgezeichnet *George Bennett,* Kenya a political history, 1963.

[412] Text im Anhang zu Lord *Altrincham,* Kenya's opportunity (1955), p. 246. Über die Meinungsverschiedenheiten zwischen Siedlern und Colonial Office in Boden- und Arbeitsfragen jetzt ***Bennett,* p. 12 f.**

meinschaften sollte die gleiche Wahlqualifikation gelten. Die Europäer hingegen hielten an einer »Communal electorate« fest, d. h. an getrennten Wahllisten, und an einer proportionalen Untervertretung der Inder, um eine Majorisierung zu verhindern.
Wir gehen nicht näher auf die indische Frage ein. Sie ist für uns nur interessant im Hinblick auf die allgemeine Problematik, daß in dem Augenblick, in dem eine Minderheit Self-government anstrebt, sie die anderen Gemeinschaften legal diskriminieren muß; sie nimmt ihr Recht auf Repräsentation in Anspruch und muß es verfälschen, um die eigene Herrschaft sicherzustellen. Auch eine schrittweise Anpassung ist schwierig, da das Prinzip »one man one vote«, einmal akzeptiert, die Entwicklung unaufhaltsam auf eine Majorisierung durch die stärkere Gemeinschaft hinzuführen droht. Getrennte oder gemeinsame Wahlliste wird damit für beide Gemeinschaften zur Lebensfrage.
Die Argumente, mit denen die weißen Siedler ihr Herrschaftsprivileg begründeten, liegen auf der Hand. Sie beriefen sich auf ihre Qualifikation als Pioniere, ihre höhere Zivilisation, ihre britische Herkunft. Kenya sei ein Außenposten der britisch-europäischen Zivilisation und stehe am Beginn einer großen Entwicklung: Die Weißen behaupteten zudem, die Afrikaner vor der Ausbeutung durch die Inder und vor deren demoralisierendem Einfluß zu bewahren [413].
Die Diskriminierung der Inder in Kenya stellte London vor schwere Entscheidungen. Sie wurde zudem zu einem imperialen Problem, denn die Inder Kenyas erhielten Unterstützung und Rückendeckung nicht nur von der Kongreßpartei, sondern auch – in einer eigenartigen Überschneidung der Fronten – von der britischen Regierung in Indien, dem India Office in London und nicht zuletzt vom House of Lords, dem zahlreiche ehemalige Vizekönige, Gouverneure und Beamte des Indian Civil Service angehörten. Indien, das sich 1919 ohnehin in einer kritischen Situation befand, erschien ihnen wichtiger als die kleine weiße Minderheit in Kenya. Diese erhielt ihrerseits eine gewisse Unterstützung von seiten Südafrikas.
Die britische Regierung suchte eine Kompromißlösung. 1920 stellte Lord *Milner* die Wahl zweier Inder in den Legislative Council in Aussicht und anerkannte damit ein Wahlrecht der Inder; die Einwanderung soll nicht eingeschränkt werden; andererseits wurde die Reservation des Hochlandes bestätigt. Damit waren die Inder, aber auch die britische Regierung in Indien nicht zufrieden. Die Siedler sandten zudem Lord *Delamere* nach London und erhielten im Januar 1922 von Kolonialminister *Churchill* neue Zusagen nicht nur auf die Reservation des Hochlandes, sondern auch auf eine neue Einwanderungsgesetzgebung [414]. In bezug auf das Wahlrecht hieß es:

"We shall apply broadly and comprehensively Mr. *Rhodes*' principles of equal rights for all civilised men. That means Natives and Indians alike who reach and conform to well-marked

[413] "In every direction the sphere of the Indian in this country is not complemental but competitive with those of the European and the African..." Die Inder seien unsauber, moralisch fragwürdig und leiteten die Afrikaner zu Verbrechen an. Die Inder in Afrika seien "quite obviously inimical to the moral and physical welfare and the economic advancement of the native". London müsse entscheiden zwischen "the vital interest of the African and the ambition of India". Zit. *Huxley*, p. 113 f.

[414] *Huxley*, p. 130 f.

European standard shall not be denied the fullest exercise and enjoyment of civic and political rights. The standard to be adopted is obviously a matter of the greatest importance, and is certainly a matter in which the European community have a right to be fully consulted."

Rein äußerlich wurde damit eine legale Diskriminierung auf rassischer Basis abgelehnt, im Prinzip sollten auch Afrikaner und Inder wahlberechtigt sein. Dies entsprach alter britischer Reichspolitik; man erinnert sich an die Kapkolonie, wo im Unterschied zu den Burenrepubliken, gemäß der Formel von *Rhodes*, die Afrikaner wahlberechtigt waren. Faktisch aber kam Churchill den Siedlern entgegen. Es war klar, daß nur eine kleine indische Minderheit der Bedingung entsprach; zudem erhielten die Europäer ein Mitspracherecht bei der Festsetzung des »European standard«, und das Beispiel Südafrikas bewies, daß dieser recht willkürlich ausgelegt werden konnte, womit eine geeignete Handhabe geschaffen war, um die Herrschaft der Weißen nicht zu gefährden. Dies um so mehr, als *Churchills* Erklärung den Zusatz enthielt, daß London den Weg Kenyas zum Dominion nicht zu verbauen gedenke, »looking forward in the full fruition of time to complete responsible Self-Government«. Hatten die Siedler einmal eine Mehrheit im Legislative Council, konnten auch gesetzliche Maßnahmen getroffen werden, um den Aufstieg der Inder und Afrikaner zum »europäischen Zivilisationsstandard« zu verhindern. *Churchills* Zusagen akzeptierten also implizite Kenya als White man's country. Der Anspruch der britischen Siedler auf Self-government wurde anerkannt, Kenya schien auf dem Wege zum Dominionstatus.

Dabei blieb es jedoch nicht. Noch im gleichen Jahr wurden die Zusagen unter dem Druck des India Office wieder zurückgenommen und in einer Stipulation zwischen der britischen und indischen Regierung folgendes festgelegt: Einführung der Common Roll; Vergrößerung der Zahl wahlberechtigter Inder und deren Vertreter auf vier Mitglieder im Legislative Council (gegenüber sieben Europäern); Verzicht auf die getrennten Wohnviertel; keine Änderung der Einwanderungsbestimmungen; dafür aber Reservation des Hochlandes. Innerhalb eines Jahres also gibt London zwei völlig verschiedene Direktiven für die künftige Kenyapolitik aus, ein deutliches Zeichen für die Problematik der ostafrikanischen Situation. Offensichtlich fiel es London schwer, sich für die eine oder die andere Politik zu entscheiden, und ein Kompromiß war in einer Frage, mit der über die Zukunft entschieden wurde, kaum möglich. Die konservative Regierung wäre den Siedlern zweifellos gerne entgegengekommen, sah sich aber durch die Rücksichtnahme auf Indien und den indischen Nationalismus in ihrer Bewegungsfreiheit eingeschränkt; Forderungen britischer Bürger wurde nicht entsprochen, weil die britische Herrschaft in Indien keiner zusätzlichen Belastung ausgesetzt werden sollte – man ist geneigt, eine Verbindungslinie zu ziehen zum Problem Südrhodesien 1964 und der schwierigen Lage Londons innerhalb des Multiracial Commonwealth.

Die Wood-Winterton-Vorschläge [415], die vom britischen Kabinett gutgeheißen worden waren, hatten die Siedler natürlich in höchste Erregung versetzt. In Kenya herrschte Rebellionsstimmung, ein Staatsstreich wurde vorbereitet. Die Situation läßt sich mit derjenigen Algeriens 1936 vergleichen: Die Siedler protestierten gegen die Entscheidung

[415] *Ed. Wood* (der spätere Vizekönig in Indien, Lord *Irwin*) vertritt als Unterstaatssekretär für Kolonien die britische, Lord *Winterton* die indische Regierung. Text u. a. in: Indians in Kenya, Memorandum Cmd. 1922 (1923), p. 7.

der Metropole und drohten, ihre Sache selbst in die Hand zu nehmen. Demonstrative Erklärungen wurden erlassen, Delegationen nach London entsandt, die britische Presse bearbeitet. Als Ergebnis von Agitation und Verhandlungen erfolgte im Juli 1923 die berühmte – von uns auch bereits erwähnte – Devonshire-Deklaration:

Primarily Kenya is an African territory, and His Majesty's Government think it necessary definitely to record their considered opinion that the *interests of the African natives must be paramount,* and that if, and when, those interests and the *interests of the immigrant races should conflict, the former should prevail* ... In the administration of Kenya, HMG regard themselves as exercising a trust on behalf of the African population, and they are *unable to delegate or share this trust,* the object of which may be defined as the protection and advancement of the native races ...
This paramount duty of trusteeship will continue, as in the past, to be carried out under the Secretary of State for the Colonies by the agents of the Imperial Government, and *by them alone.*
HMG cannot but regard the grant of *responsible Self-Government as out of the question* within any period of time which need now be taken into consideration. Nor, indeed, would they contemplate yet the possibility of substituting an unofficial majority in the Council for the Government official majority [416].

Die Interessen der anderen Gemeinschaften – der Europäer, Inder, Araber – »must generally be safeguarded«. Auf Common Roll wird jedoch verzichtet. Den Indern werden fünf Sitze im Legislative Council (gegen elf Europäer) zugestanden. Die Reservation des Hochlandes bleibt bestehen, eine Beschränkung der indischen Einwanderung soll unterbleiben.

Der amerikanische Historiker *Gregory* hat das Zustandekommen dieser Erklärung zu rekonstruieren versucht [417]: Der konservative Kolonialminister *Devonshire,* der keine Kolonialerfahrung besaß, sah sich einem vielseitigen Druck ausgesetzt und strebte einen Kompromiß an. Dabei wurde der Vorrang der Native Interests zuerst von den Indern und ihren Vertretern in London vorgebracht: Um dem Anspruch der Siedler auf eine Kontrolle Kenyas entgegenzutreten und den Weg zum Responsible government unter weißer Führung zu verbauen, brachten sie die afrikanische Bevölkerung ins Spiel, die nicht der weißen Minderheit ausgeliefert werden dürfe; die Siedler wiederum behaupteten, die schwarzen Eingeborenen vor Ausbeutung durch »fragwürdige Orientalen« zu schützen. Die Gruppe der Missionare und Kolonialreformer, denen es nicht um die Inder, sondern um die Afrikaner ging, konnte dieses Argument aufgreifen und die Aufgabe des Mutterlandes als Trustee für die schwarze Bevölkerung herausstellen. Die Führung übernahm Dr. *J. H. Oldham,* der energische und »diplomatische« Sekretär des Internationalen Missionsrates, der bereits 1919/20 in London den Widerstand gegen die Zirkulare des Gouverneurs von Kenya Northey organisiert hatte, in denen die District Commissioners in den Reservaten verpflichtet worden waren, die Eingeborenen zur Annahme von Arbeit auf den Farmen der Weißen zu »veranlassen« [418]. *Oldham* war es, der in seinen Memoranden das Prinzip der Paramountcy entwickelt,

[416] Indians in Kenya, p. 10–11. (Unsere Hervorhebungen).
[417] *Robert G. Gregory,* Sidney Webb and East Africa. Labour's experiment with the doctrine of Native Paramountcy, 1962, p. 22 f.
[418] *Roland Oliver,* The Missionary factor in East Africa, 2. ed., 1963, p. 253 f.

doch findet sich dieses auch in einem Aufsatz der »Round Table« [419]. Indem sich die Rücksichtnahme auf die britisch-indischen Beziehungen mit dem »Missionary factor«, der natürlich von der Labour Party – aber auch von Lord *Lugard* – Rückendeckung erhielt, verbinden konnte, bildete sich eine Pressure group, die sich gegen die Agitation *Delamares* durchsetzte und die zögernde Regierung veranlaßte, eine Grundsatzerklärung abzugeben, die die britische Politik in Ostafrika auf eine neue Basis stellte. Indem London die Ansprache der Europäer und Inder zurückzuweisen versuchte, proklamierte es eine Politik des Trusteeship für die afrikanischen Eingeborenen – d. h. eine Verlegenheitslösung. Die konservative Regierung hatte dabei nicht einmal die Absicht, einen radikalen Kurswechsel einzuleiten, sondern wollte in erster Linie Zeit gewinnen und als »desinteressierte Instanz« zwischen den erregten Parteien vermitteln. Selbstverständlich hat dies Großbritannien in der Folgezeit nicht daran gehindert, die Erklärung von 1923 als reiflich überlegten Entschluß im Zeichen des Trusteeship auszugeben.

An der eminenten Bedeutung der Devonshire-Deklaration kann allerdings nicht gezweifelt werden. London bezeichnete Inder und Europäer gleichermaßen als »immigrants« und lehnte damit deren These ab, ebenfalls »natives« in Afrika zu sein. Im Konfliktsfalle soll sogar den Afrikanern ein Vorrang zukommen. Ein White man's country war damit nicht mehr vereinbar. Den Siedlern konnte kein Responsible government gewährt werden, jedenfalls so lange nicht, als die Mehrheit der Afrikaner noch keine soziale und politische Gleichberechtigung besaßen. Es wird zusätzlich betont, daß allein das Mutterland Trusteeship ausüben und dieses nicht etwa auf die Siedler übertragen könne. Diese Entscheidung ist aber nur dann richtig zu verstehen, wenn man sich die britische Reichsgeschichte vor Augen führt. Spätestens seit dem Durham-Report von 1839 galt es ausgemacht, daß eine britische Siedlergemeinschaft zu gegebener Zeit Anspruch auf Self-Government – im Sinne einer verantwortlichen Regierung – besaß, dem sich das Mutterland nicht entziehen konnte. Rücksichtnahme auf die Eingeborenen war kein ausreichendes Argument, die innere Autonomie zu verweigern, obschon die Problematik im Falle Neuseelands bereits deutlich sichtbar geworden war: Ein Versuch Londons, die Verwaltung der Maoris in der Hand zu behalten, war früh gescheitert – sie mußte an die Siedler abgegeben werden, ähnlich wie bei der Südafrikanischen Union 1906–1910. Kritische Einwendungen, man lasse sich die Verfügungsgewalt über die afrikanische Bevölkerung nehmen, konnten nicht berücksichtigt werden, sofern man sich mit den Buren-Republiken versöhnen wollte. In der Folgezeit ist die Gewährung des Dominionstatus an die Buren als Zeichen einer liberalen und großzügigen Haltung Großbritanniens interpretiert worden; nicht zu Unrecht, aber es wurde verschwiegen oder übersehen, daß die Afrikaner die Kosten

[419] 'Kenya belongs, as already stated, to tropical Africa. The existence of this White island has made complex what would otherwise have been a simple situation... The welfare of the native African, the original inhabitant of the country, must come first. This, then is the paramount principle. In its light difficulties do not disappear, but things fall more naturally into their place... It is, however, our trust here in Great Britain. We cannot hand it over to ten thousand white colonists or to 22 000 Indians, or to the two together ..." Kenya, in: Round Table, vol. 13, 1923, p. 523.

dieser Großzügigkeit zu zahlen hatten [420]. London hat diese Politik in Südrhodesien fortgesetzt: Nachdem die Siedler einen Anschluß an die Union abgelehnt hatten, erhielten sie ein Responsible government und ein Quasi-Dominionstatut. London hatte sich zwar wiederum ein Einspruchsrecht in Eingeborenenfragen vorbehalten, hatte es aber in den folgenden Jahren nicht in Anspruch genommen oder nicht mehr in Anspruch nehmen können und damit den Weg freigegeben zu einer südrhodesischen Eingeborenenpolitik, die sich mehr und mehr derjenigen der Union anglich.
Die Devonshire-Erklärung bedeutete daher einen Bruch mit der Tradition und einen neuen Ansatz. Der Anspruch der Siedler auf Self-government wurde nicht mehr anerkannt und der Begriff selbst – wenn auch vorerst nur unausgesprochen – erweitert: Anrecht auf Self-government haben nicht nur die britischen Bürger »overseas«, sondern alle Untertanen der Krone. Solange die Gesamtbevölkerung die Regierung nicht übernehmen konnte, fungierte London als Trustee, und das System der Kronkolonie blieb bestehen. Auch ein Representative Government der Siedler konnte nicht gewährt werden, da die Erfahrung gezeigt hatte, daß dies die Eingriffsmöglichkeiten Londons ungebührlich schmälern und über kurz oder lang zur verantwortlichen Regierung führen würde. In der Argumentation ergab sich dabei eine für den Unterschied von West- und Ostafrika bezeichnende Verschiebung der Fronten: Wenn London in Westafrika mit der These, die kleine Minderheit der educated Africans sei nicht repräsentativ für die Massen, die Aufrechterhaltung der britischen Kontrolle auf vorläufig unbestimmte Zeit zu rechtfertigen versuchte, so richtete man sich nun in Kenya mit dem gleichen Argument gegen die weißen Siedler!
Im Jahre 1923 wurden in Südrhodesien und Kenya zwei entgegengesetzte Entscheidungen gefällt, in beiden Fällen zweifellos aus Zweckmäßigkeitserwägungen. Hinter diesen Entscheidungen standen aber gleichzeitig zwei Traditionen der britischen Kolonialpolitik des 19. Jahrhunderts, und zwar beide intendiert als liberale Reformpolitik: die Durham-Tradition einerseits, die auf das Dominionstatut der Siedler abzielte, die Tradition der Anti-Sklavereibewegung andererseits, die sich der afrikanischen Eingeborenen annahm und sich dabei auf das Prinzip des Trusteeship berufen konnte.

Der unmittelbare Zweck der Devonshire-Erklärung, einen Ausweg aus der höchst gespannten Situation in Kenya zu finden, wurde zunächst erreicht. Die Parteien besänftigten sich. Während die Europäer wenigstens die Reservation des Hochlandes und die Communal Representation bestätigt bekommen hatten, war für die Inder die Gefahr einer baldigen Siedlerregierung gebannt. Beide Gemeinschaften haben allerdings ihre Ziele nicht aufgegeben: den Zugang zum Hochland, Common Roll und bessere Vertretung im Legislative Council die Inder, die Siedler das Self-government, d. h. vor allem Ausschaltung des Colonial Office und damit Verfügungsgewalt in Boden- und Eingeborenenpolitik. Die indische Frage wurde nun allerdings von der afrikanischen Frage abgelöst. Es scheint, daß erst die Diskussion über die rechtliche Stellung der Inder Kenya ins Bewußtsein der britischen Öffentlichkeit gerückt und die Problematik der bisherigen Eingeborenenpolitik offenbart hat. Die Deklaration von 1923 und die offizielle Inanspruchnahme des Trusteeship boten der Labour Party und

[420] *Nicholas Mansergh,* South Africa 1906–1961, The price of magnanimity, 1962.

den Kolonialreformern humanitär-christlicher Prägung die Gelegenheit zu einer Kritik an der Verwaltung [421]. Man diskutierte über die Struktur der Siedlungskolonie und unterzog sie einer kritischen Analyse. Zwei repräsentative Bücher müssen hier genannt werden: *Norman Leys*, Kenya, 1924, und *W. McGegor Ross*, Kenya from within, 1927. Im Mittelpunkt steht selbstverständlich die Bodenfrage: durch freie Landnahme oder fragwürdige Enteignung sei das beste Land für eine kleine Minderheit weißer Siedler reserviert worden. 2000 Europäer hätten etwa die Hälfte des bebauten Bodens in Besitz [422], und trotz anderslautender Erklärungen werde weiterhin Land zum reservierten Hochland geschlagen, obschon nur ein Teil angebaut sei, während sich andererseits die Herden der Massai stark vergrößerten. Die Beschäftigung von schwarzen Arbeitern ergebe eine neue Form der Sklaverei: geringe Entlöhnung, spezielle Strafen bei Vertragsbruch, ungenügende Rechtssicherheit für die Afrikaner; die Verwaltung zwinge zudem die Chiefs in den Reservaten, ihre Leute den Siedlern zur Verfügung zu stellen. Diesem Zweck diene auch die hohe Steuer, die um so ungerechter sei, als die Siedler selbst keine Einkommensteuer zahlten [423] und die von den Eingeborenen aufgebrachten Staatseinnahmen nur zu einem geringen Teil für die Reservate verwendet würden [424]. Für die Schulung der Afrikaner werde kaum etwas getan. Die Produktion der Reservate werde niedrig gehalten, um die notwendigen Arbeitskräfte zu bekommen; Äußerungen von Siedlern können dazu zitiert werden [425]. Großbritannien unterstützte oder decke also eine Ausbeutung und eine rassische Diskriminierung, die mit »paramountcy« und Trusteeship unvereinbar seien.

Von den Siedlern in Kenya und den Konservativen in England wurden Gegenargumente vorgebracht und die statistischen Zahlen anders interpretiert: das Hochland sei ursprünglich leer gewesen und mache nur einen kleinen Teil des Gesamtterritoriums aus; den Eingeborenen stehe genügend Boden zur Verfügung. Die Herden der Massais seien unwirtschaftlich und müßten reduziert werden. Die britische Regierung habe –

[421] Z. B. *E. D. Morel*, Two african policies, in: Contemporary Review, Sept. 1923, West- und Ostafrika werden einander gegenübergestellt. Die Erklärung von 1923 sei höchst dringlich gewesen, da “the practices which have been allowed to grow up in Kenya during the past fifteen years are both repugnant to natural justice and a grave reflection upon our recent Tropical African record”. P. 310; Ähnlich *John H. Harris*, British justice and Native races, a.a.O., Okt. 1924.

[422] *Leys*, p. 67, 144. 1934 verfügten 2027 Siedler über 5,1 Mill. acres, jeder also ca. 1000 ha. *Hailey*, African Survey, p. 821. Nur etwas über 10 % war kultiviert!

[423] *Ross*, p. 145 f.

[424] Kritik an der Steuerpolitik auch im Unterhaus 1925, H. of C., vol. 187, S. 132.

[425] “That heartcry of Kenya's leading statesman, worthy to be inscribed in letters of brass on a tablet of mud in the Council-House: ‘If the policy was to be continued that every native was to be a landowner of a sufficient area on which to establish himself, then the question of obtaining a sufficient labour supply would never be settled.” *Olivier*, The European problem in Africa, in: Contemporary Review, Okt. 1928, p. 458; “If the natives are induced to go in for cottongrowing in the reserves on a large scale, what is going to be the labour position in the European areas where millions of capital have been sunk? Our present labour difficulties will be intensified to such an extent that we should be ruined, as you may be sure that once the native had tasted comparative luxury from his cottongrowing he would not be prepared to come back to work on our farms at the present rate of wages when the boom was over and cotton was no longer what it is to-day.” Aus einer Siedler-Wahlrede, April 1924, zit. *Leys*, p. 380.

noch nach dem Weltkrieg! – die Besiedlung durch Weiße gefördert und könne diese nun nicht im Stich lassen. Die Eingeborenen fänden auf den europäischen Farmen Arbeit und Verdienst; der direkte Kontakt sei besser als eine bloße Verwaltung durch Beamte und Missionare. Die wirtschaftliche Lage Kenyas erlaube es nicht, große Summen für die Erziehung der Afrikaner zur Verfügung zu stellen; es werde aber mehr dafür ausgegeben als in Tanganjika und Uganda. London berufe sich zwar auf ein Imperial Trusteeship, zahle aber nicht einmal den afrikanischen Veteranen versprochene Gelder aus [426]. Die weiße Rasse habe ein Anrecht darauf, ja sogar die Aufgabe, Afrika zu erschließen und sich dafür das Hochland zu reservieren. Die Siedler verstünden besser mit den Eingeborenen umzugehen als die Bürokratie in London. Sie seien keineswegs anti-afrikanisch, könnten sich aber nicht von einer Masse unzivilisierter Afrikaner und Inder majorisieren lassen. Es sei ungerecht, die Siedler zu Sklavenhaltern zu stempeln – sie seien Pioniere, die auf einem schwierigen Posten hart arbeiteten und eine Unterstützung durch das Mutterland verdienten [427].

Beide Seiten konnten gewichtige Argumente vorbringen, die aus der jeweiligen Perspektive wohlbegründet erschienen und sich durch die komplexe Situation einer Siedlungskolonie und der mehrrassischen Gesellschaft ergaben: eine Diskussion ohne Ende [428]. Sie ist für uns aber wichtig, weil Kenya in der publizistischen und parlamentarischen Auseinandersetzung der Zwischenkriegszeit, aber auch wieder nach 1945, eine große Rolle spielte.

Kolonialreformer und Labour Party fanden den Ansatzpunkt ihrer Kritik und Reformen vor allem in Kenya. Konkrete Probleme der kolonialen Situation und Verwaltung wurden zur Sprache gebracht und einer interessierten Öffentlichkeit vor Augen geführt – so wie andererseits die Konservativen sich zur Verteidigung der Siedler aufgerufen fühlten und einer polemischen Kritik »kolonialistische« Thesen entgegenstellten.

Die britische Regierung versuchte weiterhin einen mittleren Kurs zu steuern. Eine Ostafrika-Kommission unter der Leitung von *Ormsby-Gore* erstattete 1925 ihren Bericht [429], der ein detailliertes Bild der konkreten Probleme gab und einige Verhaltungsregeln für die Zukunft formulierte. Der Report berief sich zwar auf die Erklärung von 1923 und forderte eine Intensivierung der eingeborenen Landwirtschaft, hob aber die Pionierleistung der Siedler und die Bedeutung ihrer wirtschaftlichen und zivilisatorischen Aufgaben deutlich hervor. »In order to be pro-native it is not necessary to be anti-white«, da Ostafrika nur durch die Zusammenarbeit der rassischen Gemeinschaften gedeihen könne. Die europäisch-weiße Führung sei zur Zeit noch notwendig, müsse aber durch ein Trusteeship zugunsten der Eingeborenen ergänzt werden. Die Paramountcy wird umgedeutet: sie gelte nicht nur für eine einzelne Gruppe (also die Afri-

[426] Argumente bei *Huxley*, p. 288 f.

[427] "Nothing should be done or said to hurt the feelings of those white men who go out to these countries and extend the bounds of our Empire, or that would tend to hamper in any way their devotion to this country." *Royce* im Unterhaus am 25. Februar 1924. H. of C., vol. 170, S. 210.

[428] Alle Argumente finden sich wieder – nach dem Zweiten Weltkrieg – im Briefwechsel zweier hervorragender Sachkennerinnen: *Elspeth Huxley* and *Margery Perham*, Race and politics in Kenya, 1944, 2. erw. Aufl. 1956.

[429] Report of the East Africa Commission, Cmd.2387 (1925).

kaner), sondern für die Gemeinschaft als solche: "The devolpment of the community sense is one of its (der Regierung) paramount tasks." [430]
Von hier führte der Weg zur sogenannten »Dual Policy« des Kolonialministers *Amery* und des von ihm ernannten Gouverneurs von Kenya, Sir *Edward Grigg*. *Amery* legte sie im White Paper »Future Policy in regard to Eastern Africa« [431] dar. Als Ausgangspunkt diente die wirtschaftliche Struktur Ostafrikas mit ihrer »combination of non-native and native production«. Weiße und Schwarze seien aufeinander angewiesen, und die agrarische Produktion beider Gemeinschaften müsse gefördert werden [432]. Die politische Entwicklung müsse diesem angeblich komplementären Verhältnis entsprechen. Zwischen dem weißen Hochland und den Reservaten müsse eine unverrückbare Grenze gezogen werden. Die Stammesorganisationen sollten im Sinne der Indirect Rule ausgebaut und über Native Councils später zu einem »Self-government in local affairs« erweitert werden [433]. Dieser Verweis auf Indirect Rule und Native Authorities hatte dabei einen ausgesprochenen konservativ-paternalistischen Akzent und rechtfertigte eine Sonderbehandlung der Afrikaner in den Reservaten [439]. Im Hochland und in der Kolonie als ganzes sei die gewählte Mehrheit im Legislative Council nicht aufzuhalten. In diesem sollten in Zukunft auch die Reservate vertreten sein; wann und wie blieb jedoch unklar – sicher nicht mit Common Roll und nur als Minderheit [435]. Die Verantwortung für die Eingeborenenpolitik solle vorerst beim Imperial Government bleiben,

[430] P. 21.
[431] Cmd. 2904.
[432] "For these reasons (dünne Besiedlung u. a.) East Africa has already been committed to what is known as the Dual policy – that is, to a combination of non-native and native production." Konferenz der Gouverneure in Nairobi 1926, zit. *Gregory*, p. 59. "The Dual policy of increasing the quality and quantity of production on the native lands pari passu with the development of European cultivation is accordingly necessary." East Africa Report, p. 181.
[433] Cmd. 2904, p. 5.
[434] "I do not wish to exaggerate the dangers latent in one association (Kikuyu Central Association) of this kind; they are not serious, at present. But the existence of this tendency amongst the younger men shows that any promise of political advancement and influence outside the normal lines of tribal development is bound to prove a strong attraction and certain to increase the difficulties by which progress on tribal lines is already beset. Amongst the counter-attractions nothing can be more potent than the promise of adding native voters to a common electoral roll. It means that the abler young men will endeavour to qualify as voters and politicians under our institutions rather than the leaders of their tribes under the institutions which are natural to them. It means, that the influence of our institutions will permeate the tribal reserves or finally destroy all hope for evolution under the tribal system. Instead of educating the Africans to a better African, as we are now striving to do, it will turn all its natural leaders into inferior Europeans, with most of our faults and few of our virtues, a danger to themselves and all other communities." Aus einem Dispatch *Griggs* an Lord *Passfield* am 11. 9. 1930, in: Papers relating to the Closer Union of Kenya, Uganda and the Tanganyika Territory, 1931 (Colonial Nr. 57), p. 14.
[435] "Although in some places it may be many years before the native can take a direct part in the central Legislature..." Cmd. 1904, p. 5. "Bringing the African people, when fit for it, into the central Legislature of the Colony through their own institutions and in harmony with them rather than outside their own institutions and in conflict with them." Dispatch *Griggs*, p. 15. Also wohl in ferner Zukunft einige Chiefs oder von Native Councils indirekt bestellte Vertreter im Legislative Council Kenyas, in dem die Siedler längst die Mehrheit haben!

aber unter Mitwirkung der Siedler, die sie dann eines Tages übernehmen könnten [436]. Es versteht sich, daß die Dual policy [437] mit der Erklärung von 1923 nicht vereinbar war. *Amery* verwendete denn auch den Begriff der Paramountcy nicht. Der Versuch, die Dual Policy als eine Interpretation der Devonshire-Deklaration auszugeben oder sie mit dem Dual Mandate *Lugards* zu begründen, überzeugt nicht. Die Konservativen haben die neue Doktrin nicht oder nur widerwillig akzeptiert und versuchten nun, deren Bedeutung abzuschwächen. Man konnte sie zwar nicht offen verleugnen, hoffte aber, sie mit dem Hinweis auf die separate Entwicklung beider Gemeinschaften umgehen zu können, wobei man gleichzeitig den Siedlern entgegenkam. Es ist auch kein Zufall, daß *Grigg* eine Erhöhung der Siedlerzahl für notwendig erachtete [438]. Die Formel Dual Policy schloß zwar äußerlich eine White man's country aus, faktisch aber akzeptierten und begrüßten *Amery* und *Grigg* ein Self-government der Siedler; im besten Falle handelte es sich um *Rhodes*' »equal rights of all civilised men«, da diese Formel keine legale Diskrimination enthält, die Herrschaft der Weißen aber doch nicht gefährdet. [439]

Dual Policy aber war nur ein Teilaspekt einer umfassenderen Auseinandersetzung. Es ging um die »Closer Union« in Ostafrika, d. h. um eine Föderation Kenyas, Tanganjikas und Ugandas. Diese war das eigentliche Ziel *Griggs* und *Amerys*. Die wirtschaftlichen Vorteile eines solchen Zusammenschlusses lagen auf der Hand: der Eisenbahnbetrieb verlangte eine Koordination, Produktion, Währung, Finanzen, Zollpolitik und Verteidigung drängten zu einem großen Wirtschaftsraum unter gemeinsamer Exekutive. Jedes Territorium war bisher ohne besondere Rücksichtnahmen auf die Nachbarn seinen eigenen Weg gegangen; Doppelspurigkeiten legten ein gemeinsames Vorgehen, aber auch das Zusammenlegen gewisser technischer Verwaltungszweige nahe.

Amery und *Grigg* verfolgten darüber hinaus ein politisches Ziel – beide stammten aus *Milners* »Kindergarten«! Mit der Gewinnung Deutsch-Ostafrikas war der Traum *Cecil Rhodes* von einem neuen Dominion vom Zambesi bis zum Sudan in greifbare

[436] "While these responsibilities for trusteeship must for some considerable time rest mainly (!) on the agents of the Imperial Government, HMG desires to associate more closely in this high and honorable task those who as colonists or residents have identified their interests with the prosperity of the country." Cmd. 2904, p. 7. Diese Formulierung richtet sich eindeutig gegen das »alone« in der Erklärung von 1923!

[437] Die Definition *Amery's* sei hier zitiert: "By the Dual policy is meant a policy which recognizes our trusteeship towards the native population, whom we found on the spot and whom it is our duty to bring forward and develop in every possible way – but also our trusteeship to humanity at large for the fullest development of these territories and towards those in particular (!) of our own race who have undertaken the task of helping forward that development." Zit. *Huxley*, p. 193.

[438] "It needs more consideration than it has received." *Grigg*, Dispatch, p. 17. "The first is that the white population should be either steadily reinforced or else removed and compensated." (!) *Grigg*, The constitutional problem of Kenya, 1933, p. 17, H. of C., 25. Juli 1935, vol. 304, S. 2081.

[439] *Amery* gibt selbst als Ziel an Responsible Government "on the basis of *Rhodes*' principle. . ". Problem and development in Africa, in: Journal of the African Society, Juli 1929, p. 332; ähnlich auch Lord *Lothian*, The new Problem of Africa, in: Round Table, June 1927; *Butler*, Lord Lothian, p. 133 f.

Nähe gerückt [440]. *Amery* hatte in den Mandatsvertrag des Völkerbundes für Tanganjika eine Klausel aufnehmen lassen, die eine Eingliederung Tanganjikas in eine ostafrikanische Föderation möglich machte [441]. Nachdem sich aber die »große Lösung« nicht erreichen ließ, beschränkte man sich auf den Zusammenschluß der drei Territorien, die geographisch und wirtschaftlich in der Tat aufeinander angewiesen waren. Aus ihnen sollte eines Tages ein mindestens vorwiegend weißes Dominion entstehen.

1926/1927 begannen *Amery* und *Grigg* mit Sondierungen, Konferenzen und ersten Vorschlägen. Dabei wurde rasch klar, daß die Siedler Kenyas nur zu gewinnen waren, wenn ihnen London in der Frage der Unofficial Majority im Legislative Council Konzessionen einräumte. Wegen seines Trusteeship »for the weaker part of the population« – man wird ergänzen dürfen: vor allem im Hinblick auf die parlamentarische Opposition! – könne Großbritannien ein Self-government vorerst zwar nicht gewährren, aber

»the day will come when, with the growth of a large settled community (!) no government in this House can utilimately resist the demand for Self-government. What we want to do is to make sure that the white settlers are conscious of the destiny of East Africa as a great country which they are called upon to lead and inspire (!); that they should be equally conscious of their responsibility towards other communities and should desire to bring these communities, in the fullness of time (!) into association with themselves on every matter affecting the development on the country« [442].

Diese Zusage entsprach der Dual Policy: Entgegen der Erklärung von 1923 haben die Siedler Anrecht auf Self-government, während die »association« der Inder und Afrikaner unverbindlich formuliert und auf eine noch ferne Zukunft verwiesen wurde.

Amerys und *Griggs* Pläne stießen aber auf Widerstand, und zwar – ähnlich wie die britische Kenyapolitik 1922 – von sehr verschiedener Seite. Lord *Delamere*, als Sprecher der Siedler, wollte sich mit vagen Zusagen für die Zukunft nicht begnügen und forderte volle Selbstverwaltung. Nur wenn Kenya Verfügungsgewalt über Boden-, Arbeits- und Eingeborenenpolitik erhalte, könne es sich einer Föderation anschließen [443]. »Safeguards« gegen einen neuen Kurswechsel der britischen Regierung seien notwendig. *Delamere* fürchtete eine Ausdehnung der gehaßten »westcoast-policy« auf die Föderation, die mit dem White man's country unvereinbar war [444]. Kenya benutzte also seine Mitwirkung in der Closer Union als Erpressungsmittel gegenüber London. Aus ganz anderen Gründen wandte sich *Donald Cameron* als Gouverneur von Tan-

[440] *Altrincham*, Kenya's Opportunity, p. 191. *Grigg* spricht von den Idealen *Rhodes*' und *Milners*, p. 214.

[441] My political life, vol. II, 360.

[442] Zit. *Huxley*, p. 220.

[443] Bereits im Dez. 1926 heißt es in einem Manifest: "Consideration of any such scheme (Closer Union) is conditional on an elected majority having been granted and that the following essential safeguards are included. . ." *Huxley*, p. 215; "It is a vital necessity to any scheme of co-ordination based on the radiation of civilization from Kenya that we should have a free Council here." Die Verfassung Süd-Rhodesiens erscheint als Vorbild, da sich die britischen Reservationen in der Eingeborenenpolitik als wenig wirksam erwiesen hätten ... Rede *Delameres* über die Verfassung Kenyas 1927, im Anhang zu: *Altrincham*, Kenya's Opportunity, p. 258 f.; *Delamere* vor der Hilton-Young-Kommission, *Huxley*, p. 226 f.

[444] The first thing, that we started to do, was to try and help to kill the spread of the West Coast policy in the East." Zit. *Huxley*, p. 206.

ganjika gegen eine Föderation[445]. Persönliches war im Spiele: Der autoritätsbewußte *Cameron* hatte kein Interesse, sich einem Generalgouverneur oder Hochkommissar – *Grigg* war der dazu vorgesehene Mann – unterzuordnen und so die eigene Handlungsfreiheit aufzugeben. Vor allem aber war seine Politik der Indirect Rule, die die Native Authorities auf Self-government vorbereiten sollte, mit *Delameres* Position unvereinbar, um so mehr als zu erwarten war, daß die Föderation unter dem Einfluß Kenyas stehen werde. Die beiden Zukunftskonzeptionen für Ostafrika stießen also in der Closer-Union-Frage aufeinander: Indirect Rule und afrikanisches Self-government einerseits, White man's country andererseits.

In Großbritannien opponierten Reformer und Labour Party. Wiederum brachte *Oldham* die Gegenaktion in Gang. Lord *Lugard* schloß sich mit einem eigenen Vorschlag an: Den Siedlern auf dem Hochland soll Selbstverwaltung gewährt werden, während die Reservate separat entwickelt würden; über beiden Gemeinschaften stände eine Koordinierungskommission unter imperaler Leitung[446]. *Lugard* versuchte also das Dilemma – Self-Government für die Weißen und Trusteeship im Sinne von Paramountcy – durch eine Trennung Kenyas in zwei Gemeinschaften mit eigenen Regierungen zu überwinden. Diese Vorschläge, denen auch *Grigg* sich annäherte, wurden aber von *Delamere* abgelehnt[447].

Der Widerstand *Camerons,* die geteilte Meinung im Kabinett und die zu erwartende Opposition im Parlament veranlaßten *Amery* zur Ernennung einer Kommission unter dem Vorsitz *Hilton-Youngs. Oldham* wurde Mitglied und war an dem anfangs Januar 1929 erstatteten Report maßgeblich beteiligt[448]. Die Kommission lobte *Camerons* Native Authorities und forderte eine ausgedehntere Mitarbeit der Afrikaner in Kenya; sie sprach sich gegen ein Responsible government aus und forderte einen Common Roll für die Europäer und Inder. In der Closer Union sollte ein Generalgouverneur weite Kompetenz erhalten und für die gesamte Eingeborenenpolitik verantwortlich sein. Der Hilton-Young-Report stellte sich also recht deutlich gegen die Siedler und versuchte, die Dual Policy wieder auf die Basis von 1923 zurückzuführen.

In Großbritannien kam es zu einer lebhaften Diskussion. Die Siedler[449] sahen sich ebenso wie *Amery* und *Grigg*[450] in ihren Erwartungen getäuscht und protestierten gegen die Vorschläge und Thesen der Kommission, während *Cameron*[451] und *Oldham* – mit Rückendeckung *Lugards* – eine regelrechte Kampagne begannen. *Lugard* akzeptierte in einer stark beachteten Rede im Oberhaus den Hilton-Young-Report als Aus-

[445] Tanganyika Service, p. 225 f.; *Altrincham,* p. 211 f.

[446] *Perham,* Lugard, vol. II, p. 679.

[447] *Altrincham,* p. 211 f.

[448] Report of the Commission on Closer Union of the Dependencies in Eastern and Central Africa, Cmd. 3234 (1929); dazu *Gregory,* p. 69 f., *Bennett,* p. 67 f.

[449] Z. B. der Brief Lord *Scotts* (zweiter Mann in Kenya) an die Times, in dem es u. a. heißt: "One thing, however, must be clear, and that is that the Government of each country must be responsible for the administration of the native affairs in its own territory. This cannot be taken out of their hands, or else Government would be impossible." Times, 14. 11. 1929; zudem: *Altrincham,* Anhang F, p. 271 f. *Gregory,* p. 73.

[450] *Altrincham,* p. 217.

[451] *Philip Mitchel, Camerons* Sekretär für Native Affairs spricht von einer "privy conspiracy", African Afterthoughts, 1954, p. 117.

gangsbasis und verlangte ein Joint Select Committee zur weiteren Abklärung; eine neue Konzeption müsse formuliert werden, wenn man in Zukunft schwere Rassenkonflikte vermeiden wolle [452]. Der Erzbischof von Canterbury, *Charles R. Buxton* und Lord *Olivier,* aber auch die Lords *Cecil, Reading* und *Lugard* richteten eine entsprechende Erklärung an die »Times«. Die Empire-Experten *Reginald Coupland* und *Ernest Barker* erinnerten an die »conception of trust« als einen Grundgedanken des Reiches und warnten vor einer eiligen Entscheidung, die nicht nur für Ostafrika, sondern auch für das ganze Empire von großer Bedeutung sein werde [453]. »Times« [454], »Economist« [455] und die »Round Table« [456] beurteilten den Report positiv und wandten sich mit z. T. scharfen Worten gegen Haltung und Forderungen der Siedler. Die Fronten ließen sich also nicht auf einen bloßen Gegensatz von Konservativen und Labour Party zurückführen, denn die Sozialisten und Liberalen erhielten Zugang zu dem konservativen Lager, und zwar nicht zuletzt von Persönlichkeiten aus der Kolonialverwaltung. Bemerkenswert war vor allem Lord *Lugard,* der seine Indirect Rule zwar konservativ verstand und ein afrikanisches Self-government noch in weiter Ferne sah, aber doch den Weg dazu nicht verbauen wollte und sich durch das Prinzip des Trusteeship moralisch gebunden fühlte.

Die Diskussion 1928–1929 zeigte auch, daß man sich in Großbritannien viel deutlicher als bisher der besonderen Problematik mehrrassischer Gemeinschaften bewußt geworden war. Parallel zur Closer Union lief die Vorbereitung einer neuen Verfassung für Ceylon. Hier handelte es sich zwar um asiatische Gemeinschaften und nicht wie in Kenya um die Minderheit britischer Siedler, in beiden Fällen aber war die Einführung und Weiterführung des Repräsentativsystems britischer Prägung problematisch geworden. Man möchte den Siedlern mit großem Wohlwollen begegnen und das noch tiefe Zivilisationsniveau der afrikanischen Massen kennen, das es als unmöglich erscheinen ließ, die weiße Minderheit der Gefahr einer politischen Majorisierung auszusetzen, aber man glaubte es ebensowenig verantworten zu können, die Afrikaner der Verfügungs-

[452] 13. 3. 1929, H. of C., vol. 73, S. 458 f.

[453] Times weekly ed., 31. 10. 1929.

[454] Leitartikel "The future of East Africa" stimmt im wesentlichen dem Hilton-Young-Report zu und betont: "The power to define and interpret the term of trust – the principles of native policy – must remain with the Imperial Government." So vage Begriffe wie Trusteeship und Dual Mandate müßten geklärt werden. Wie in Ceylon gehe es auch in Ostafrika darum, ein Regierungssystem für mehrrassische Gemeinschaften zu finden. Weekly ed., 24. 1. 1929; am 1. 8. 1929: "There is a particular need for taking great care that the protection of essential native interests is not handed over, in the interests of immediate harmony, to any hands but those of the Imperial Government."

[455] Der Economist vom 26. 1. 1929 spricht in einem Artikel: "The future of East Africa" von den "constructive proposals for dealing with the problem of two intermingled communities differing greatly ..." Das britische Empire sei auf dem Wege, wie es bereits die Ceylon-Kommission gezeigt habe, nach der »Erfindung« des Dominionstatuts eine entsprechende Lösung zu finden. Am 2. 3. 1929 wird der Aufruf *Lugards* u. a. zu einem Joint Select Committee begrüßt, am 23. 3. die Rede *Lugards* als "detached observer" im Oberhaus gelobt. Am 25. 10. 1930: "It is as natural for the settlers to cherish this desire (Änderung der Kenya-Verfassung) as it is impossible for the Imperial Government to satisfy it."

[456] Das Mißtrauen gegenüber den Siedlern sei gerechtfertigt, der Communal Roll abzulehnen, East Africa, in: Round Table, Bd. 19, 1928–1929, p. 506.

gewalt der Siedler auszuliefern. Man rief nach neuen Lösungen, um dem Dilemma gerecht zu werden; auf jeden Fall aber sollte London die ihm noch verbleibenden Kompetenzen nicht aus der Hand geben. Gegenüber den Jahren um 1920, als von den Afrikanern Ostafrikas noch kaum die Rede war, bedeutete die Diskussion um die Closer Union einen entscheidenden Wandel.

Kolonialminister *Amery* versuchte die Initiative durch die Entsendung seines Unterstaatssekretärs Sir *Samuel Wilson* nach Ostafrika zurückzugewinnen. – Wenn London in Verlegenheit gerät und sich einer hartnäckigen Opposition gegenübersieht, werden Kommissionen ausgeschickt; wie in Indien, so nun auch in Ostafrika! *Wilson* konnte jedoch einen Kompromißvorschlag vorlegen. Allerdings müßten Konzessionen an Kenya gemacht werden: die Eingeborenenpolitik soll nicht der Zentrale der Föderation, sondern den einzelnen Territorien übertragen werden; auf die Official-Mehrheit in Kenya werde verzichtet [457].

Unterdessen aber hatte die zweite Labourregierung ihr Amt angetreten (siehe S. 143). Lord *Passfield* war zwar an der Formulierung der Kolonialdoktrin der Labour Party beteiligt, verfügte aber über keine eigene Konzeption der Closer-Union-Frage; *Grigg* blieb Gouverneur. Erst im Juni 1930 gab die Labourregierung ihre Erklärung ab [458]. Sie beruhte auf dem Hilton-Young-Report und übertrug die Native Policy wiederum dem Hochkommissar, während Kenya einen Common Roll für Inder und Europäer auf der Grundlage einer Bildungsqualifikation erhalten sollte.

Lord *Passfield* veröffentlichte gleichzeitig ein »Memorandum on Native Policy in East Africa« [459]. Im Unterschied zu den Verlautbarungen der konservativen Regierungen wurde die Deklaration von 1923 mit allen ihren Implikationen bestätigt und durch ein »corollary« ergänzt: "All proposals designed to promote the well-being or the interests of any non-native race must be carefully examined, at the outset, from the standpoint of their effect on the native races." [460] Der Begriff Paramountcy sollte also bedeuten, daß in Zukunft die Forderungen und Interessen der Europäer und Inder im Hinblick auf das Wohlergehen der Afrikaner beurteilt und berücksichtigt würden! Es wurde zudem von neuem bekräftigt, daß die Verantwortung für das Trusteeship dem Imperial Government zukomme. Die Siedler wurden als »immigrant communities« bezeichnet. Die Reservation des Hochlandes wurde – erstmals – nicht eindeutig bestätigt, andererseits aber betont, daß die energische Entwicklung der Eingeborenen (in Politik, Erziehung, Wissenschaft) die primäre Aufgabe der Kolonialmacht sei. Einige weitere Formulierungen, die die Paramountcy mit Dual Policy in Einklang zu bringen versuchten, können nicht darüber hinwegtäuschen, daß *Passfield* sich klar gegen seinen Vorgänger im Amt, *Amery*, absetzen wollte. Mit der Devonshire-Deklaration von 1923 richtete sich die Labourregierung gegen ein White man's country!

Die »Black Papers«, wie man die beiden Labour-Memoranden in Ostafrika bezeich-

[457] Report of Sir Samuel Wilson on his Visit to East Africa, 1929, Cmd. 3378 (1929); dazu *Gregory*, p. 105 f.

[458] Statement of the conclusions of HMG as regards Closer Union in East Africa, Cmd. 3574 (1930).

[459] Cmd. 3573 (1930).

[460] P. 6.

nete, wurden in Kenya natürlich mit Entrüstung aufgenommen [461], aber auch Gouverneur *Grigg* protestierte in einem Dispatch beim Kolonialminister und ging mit allen Mitteln gegen den Common Roll an [462]. Im Mutterland bekam die Kenya-Frage nun parteipolitisches Gewicht: Die Konservative Partei stellte sich hinter *Amery*, lehnte das neue Memorandum ab und erklärte sogar, daß sie sich künftig nicht daran gebunden fühle. Polemisch gegen die Labourregierung gewendet, sagte *Neville Chamberlain:*

"You cannot force constitutional changes upon any British colony or dependency unless those changes command the confidence and goodwill of the people who have got to live with them and operate them. And it is for that reason that I so deeply regret what I regard as the unnecessarily pro-native character of the papers that have been presented." [463]

Die Labourregierung hat die Konservativen daran gehindert, auf dem durch den Wilson-Report vorgezeichneten Weg zur Föderation weiterzugehen, ohne aber die Möglichkeit zu einer politischen Aktivität zu haben, die ihren eigenen Memoranden entsprochen hätte. Die Diskussion über die Closer Union wurde allerdings nicht mehr weitergeführt, obschon das von der Opposition verlangte Joint Select Committee noch zahlreiche Personen anhörte und einen umfangreichen Bericht erstattete [464]. Dieses stellte dann das Scheitern der Bemühungen um eine ostafrikanische Gemeinschaft fest. Die Prinzipien der Paramountcy von 1923 und 1930 wurden wieder verwässert und umgedeutet, und von neuem war von einer Dual Policy die Rede; der Common Roll wurde abgelehnt. Der Report sprach sich aber auch gegen ein Responsible government für die Siedler Kenyas aus, womit in dieser wichtigen Frage eine Entscheidung gefällt war [465].

Wir möchten – mit dem »Economist« [466] – meinen, daß darin das eigentliche Ergeb-

[461] Ein Telegramm *Delameres* an den Kolonialminister gibt nochmals ein gutes Bild von Konzeption, Argumentation und Forderungen der Siedler: "Attitude of Imperial Government as now expressed involves breach of previous pledges. East African colonists stand on principle that the white race is the only people which has proved its capacity to govern mixed races.
We must challenge the doctrine of political and economic paramountcy of natives as interpreted in these documents, and claim the closer association in trusteeship foreshadowed in the 1927 white paper.
White settlers permanently domiciled in East Africa cannot accept designation "immigrant community", as applied to themselves, or the right of Indian immigrants to participate on same basis as Europeans in the government of East Africa. They regard Indian representation on local legislatures desirable only as a convenient method of enabling Indian sectional views to be voiced. They also consider it imperative that closer union should be accompanied by an unofficial majority in at least one territory.
The principles of a common electoral roll and a racially mixed federal council cannot be accepted. Although closer Union involving constitutional changes is still considered desirable the conference regrets that the retrogressive spirit of the new proposals has definitely antagonised European opinion". Zit. *Huxley*, p. 279–280.

[462] Papers relating, p. 11. Eine scharfe Rede, auch im Legislative Council, *Bennett*, p. 73.

[463] Zit. *Gregory*, p. 121.

[464] Über die vorgetragenen Meinungen und Thesen ausführlich: *Gregory*, p. 127 f.

[465] Dies wird eigenartigerweise von *Gregory* übersehen.

[466] "... the Committee's recommendations are conservative in the good sense and not in the bad. While they leave the door open for economic co-operation, within the limits that are at present practicable, between the several territories under British administration or control

nis der langwierigen Diskussion um Paramountcy, Dual Policy und Closer Union zu sehen ist. Die Formel von der »paramountcy of African interest« war zweck- und situationsbedingt entstanden und in den folgenden Jahren von keiner britischen Regierung – mit Ausnahme der Labourregierung 1930 – voll bestätigt oder gar zur Richtschnur ihrer Kenyapolitik gemacht worden. Man berief sich zwar darauf, interpretierte sie aber so, daß man den Forderungen der Siedler weitgehend nachgeben konnte; man prägte neue Begriffe wie Dual Policy, Cooperative Policy oder Partnership, ohne diese aber näher zu definieren. In den konkreten Fragen der Verwaltung – beim Bodenrecht, bei Steuer- und Finanzfragen, im Arbeitsrat, im Erziehungswesen – berücksichtigte London weiterhin in erster Linie die Siedler und orientierte sich nicht an einem »Vorrang der Afrikaner«. In den Reservaten mag in der Zwischenkriegszeit manches getan und erreicht worden sein, es fehlten jedoch die Kredite für eine durchgreifende Entwicklungspolitik. London stellte sie nicht zur Verfügung, und in Kenya sorgten die Siedler dafür, daß der Gouverneur sich einer allzu »pro-native«-Politik enthielt.

Berichte britischer Untersuchungskommissionen haben eine Privilegierung der Siedler in Steuer- und Bodenfragen dargelegt – die Europäer agierten während Jahren erfolgreich gegen die Einführung einer Einkommenssteuer (!) –, und die alte Spannung zwischen Kolonie und Colonial Office blieb bestehen [467]. Die weißen Farmer waren zudem weiterhin auf die schwarze Arbeitskraft aus den Reservaten angewiesen, und die Wirtschaftskrise hat Kenya erst noch schwer getroffen. Die afrikanische Bevölkerung nahm zu, die Viehherden wurden größer und die Landfrage wurde akut. Die schmale afrikanische Mittelschicht erweiterte ihre Organisationen und konnte den Anspruch auf das Hochland in den Mittelpunkt ihrer Agitation stellen; *Kenyatta* veröffentlichte 1938 seine berühmte Schrift »Facing Mount Kenya«. Das vor allem von den Missionaren geforderte Verbot der »Circumcision« lockerte nicht nur das komplizierte Gefüge der eingeborenen Sozialstruktur, sondern wurde zudem als gezielter Angriff der Weißen gegen die Stammestradition aufgefaßt. Von hier führte der Weg zum Mau-Mau-Aufstand von 1954 [468].

Im institutionellen Bereich folgten keine Änderungen, die Afrikaner erhielten keine

in East Africa, they do close the door – and this presumably for a long time to come – upon a very dangerous political vision. This vision was the prospect of a United East Africa enjoying dominion status as 'a White man's Country'. Those who dreamed this dream cherished the hope that, if East Africa were once united, the white settlers in the highlands of Kenya Colony would leaven the lump. The result would have been a latter-day reproduction of 'the South' of the United States as it was before the American Civil War. Indeed, it would have been far worse; for, even if the white settlers were to succeed in occupying the Highlands in Tanganyika as well as in Kenya, they would remain an infinitesimal minority in the total population of British East Africa; and to hand the government of this great region over to this dominant caste would have been equivalent to handing India over to a brahman raj. This possibility, which has never (we believe) come within the range of practical politics has been finally ruled out by the combined effect of common sense at Westminster and financial stringency in East Africa." Common Sense on East Africa, 7. Nov. 1931, p. 854.

[467] *Bennett*, p. 77 f.

[468] Vgl. u. a. *Wilhelm E. Mühlmann*, Chiliasmus und Nativismus, 1961, p. 118 f.

eigene Vertretung im Legislative Council; die Interessen der afrikanischen Bevölkerung wurden mit mehr oder weniger Erfolg lediglich von ernannten europäischen Beamten wahrgenommen.

Dennoch darf man die eminente Bedeutung der Devonshire-Deklaration von 1923 und der Diskussion um die Closer Union innerhalb der britischen Afrikapolitik nicht übersehen, 1919 galt Kenya – ohne daß darüber viel diskutiert worden wäre – als ein potentielles White man's country, in dem den Interessen der Weißen der Vorrang gebührte. Der Gouverneur von Kenya, Sir *Northey*, konnte vor der Indian Association erklären:

"The principle has been accepted at home, that this country is primarily for European development, and whereas the interest of the Indian will not be lost sight of, in all respects the European must predominate ... His Excellency believes, that though Indian interest should not be lost sight of, European interest must be paramount throughout the Protectorate." [469]

Nachdem in der Auseinandersetzung mit der indischen Gemeinschaft die Paramountcy proklamiert worden war, konnte von britischer Seite ein Interessenvorrang der Europäer offiziell nicht mehr bestätigt werden, so sehr die Siedler dies von London verlangten und obschon die Konservativen im Mutterland auch dazu bereit gewesen wären.

Die Paramountcy war den Weißen abgesprochen und auf die afrikanische Bevölkerung übertragen worden! Damit war aber auch der Weg zum White man's country verbaut; jedenfalls hätte London dies Ziel nur auf Umwegen und unter Mißachtung eigener Erklärungen weiter verfolgen können. Hier konnte – wie wir gesehen haben – die innerbritische Opposition einsetzen. Die öffentliche Meinung – so klein der Kreis der an Kolonialfragen Interessierten auch sein mochte – wurde mehr als bisher zu einem ernst zu nehmenden Faktor, der von der Administration berücksichtigt werden mußte. "There is a very live and very critical body of opinion in the country, both in and out the Parliament, which is intensively interested in the native policy of Kenya administration and which seems to become more so every day." [470] Dabei ist zu beachten, daß dieses neue Interesse, die kritische Haltung gegenüber der Regierung und das Mißtrauen gegenüber deren Zielen und Absichten nicht durch eine afrikanische Oppositionsbewegung oder gar durch Unruhen ausgelöst worden sind und daher nicht als Reaktionen auf Emanzipationsbestrebungen angesehen werden können, sondern innerbritische Ursachen hatten. Es zeigte sich auch hier, daß das imperiale Herrschaftsbewußtsein Großbritanniens zwar nicht gebrochen, aber doch geschwächt war; während und nach dem Kriege waren ihm Gegenkräfte erwachsen, die sich nicht mehr wie vor 1914 auf missionarische Organisationen und einige Intellektuelle beschränkten, sondern in der nun starken Labour Party Rückhalt fanden und an eine interessierte Öffentlichkeit appellieren konnten.

Die Erklärung von 1923 und die sich darauf stützende Agitation gegen die Closer Union haben ein weißes Dominion in Ostafrika verhindert. Im gleichen Jahr sind zwei entgegengesetzte Entscheidungen gefallen: Gewährung von Responsible government an die Siedler Südrhodesiens, und die Erklärung der Paramountcy of African interests im Falle Kenyas. In der Auseinandersetzung zweier Traditionen und Prinzipien, zwi-

[469] Zit. *Huxley*, p. 115.
[470] Brief *Wilsons* an *Grigg* vom 18. 2. 1930, zit. *Perham*, Lugard, vol. II, p. 691.

schen Durham-Tradition und Trusteeship, erwies sich das letztere als zeitgemäßer für die Problematik einer Siedlungskolonie. Dies hat sich in den folgenden Jahren gezeigt. Eine Entscheidung wie im Fall Südrhodesien wurde nicht wiederholt. Die Closer Union scheiterte, eine Distanzierung gegenüber Südafrika begann sich abzuzeichnen. Die britische Regierung lehnte die Rassenpolitik der Union »offiziell« ab [471] und weigerte sich, in Nordrhodesien und Nyassaland Reservate zu errichten; sie weigerte sich auch, trotz energischer Vorstellungen der Union, die noch unter britischer Verwaltung stehenden Protektorate Swaziland, Basutoland und Betchuanaland preiszugeben. Und als Pläne auftauchten zu einer rhodesischen Föderation, verwies die Bledisloe-Kommission von 1939 auf das Trusteeship Großbritanniens und verhinderte den Zusammenschluß zu einem großen zentralafrikanischen weißen Dominion.
Zwar hatten die Paramountcy-Erklärung und das Ergebnis in der Diskussion um die Closer Union wohl nur geringen Einfluß auf die konkreten Entscheidungen und Maßnahmen der Kolonialverwaltung in Ostafrika und verbesserten die Situation der afrikanischen Massen nicht unmittelbar, aber der Weg zu neuen White man's countries war damit doch verbaut. Indem London ein Self-government verweigerte und sich selbst die Entscheidungs- und Verfügungsgewalt vorbehielt, hatte es noch andere Möglichkeiten für die Zukunft der ostafrikanischen Territorien offengelassen. Die Begriffe erhielten eine neue Bedeutung, Self-government wurde neu interpretiert, indem man es von der Minderheit weißer Siedler auf die Gesamtheit der vorwiegend schwarzen Bevölkerung als deren gerechtfertigten Anspruch übertrug; was noch im Falle Südrhodesiens als »liberal« gegolten hatte, wurde nun als »imperialistisch« interpretiert und somit für Großbritannien untragbar – während andererseits die »kolonialistische« Verweigerung des Self-government in Kenya fortan als »liberal« erschien! Die Gewährung eines Responsible government für Südrhodesien entsprach einer Politik der Entkolonialisierung, während in Kenya eine imperialistische Politik fortgesetzt wurde – um eine Entkolonialisierung unter anderem Vorzeichen zu ermöglichen: Nichts zeigt deutlicher, wie in der Diskussion um Kenya und die Probleme der mehrrassischen Gemeinschaften bisherige Traditionen, Konzeptionen und Begriffe bereits in der Zwischenkriegszeit fragwürdig geworden waren und sich eine neue Haltung mit ganz anderen Zukunftsperspektiven aufdrängte.

Die Diskussion im Zweiten Weltkrieg

Erst im Zweiten Weltkrieg sind die mannigfachen Ansätze zu einer neuen Haltung, Konzeption und Doktrin, die in den ausgehenden 30er Jahren sichtbar wurden, zur Wirkung gelangt. Angesichts der Gefahr erlebte Großbritannien von neuem die »Einheit« seines Commonwealth und Empires, es war dankbar für die großzügige Hilfeleistung in politischer, militärischer und wirtschaftlicher Hinsicht und sah sich nicht nur als imperiale Macht, sondern auch als Repräsentant der Freiheit bestätigt. Es erlitt aber gleichzeitig auch eine epochale Niederlage und einen Prestigeverlust im Fernen Osten, die es notwendig machten, den Blick auf die Kolonien zu richten, das Verhalten und die Politik der Zwischenkriegszeit kritisch zu überprüfen und die Frage nach der Zukunft zu stellen. Die unerwartete Besetzung Hongkongs, Malayas, Borneos und Burmas durch Japan und der beinahe kampflose Fall Singapores, der Zitadelle britischer Macht im Osten, rüttelten die gelassenen Briten auf und »launched through the Empire an impulse of self-questioning and self-reform« [472]. Der Schock war um so peinlicher, als es sich offenbar nicht nur um eine militärische Niederlage handelte. In der britischen Presse wurde berichtet, daß die eingeborene Bevölkerung – mit Ausnahme der Chinesen – zwar nicht offen mit den Japanern sympathisiert hatte, aber doch passiv geblieben war und wenig Interesse gezeigt hatte, die britische Macht zu verteidigen [473]. Kaufleute und Verwaltungsbeamte sind, ohne energisch Widerstand zu leisten, geflüchtet; sie waren von den Ereignissen überrascht und verwirrt, weil sie die britische Herrschaft für selbstverständlich und unangreifbar gehalten und sich, geprägt durch die Mentalität des Kolonialen, illusionären Vorstellungen über die Haltung der Bevölkerung und die Verwurzelung britischer Herrschaft in Asien hingegeben hatten.

In der Folgezeit wurden zwar manche der unter dem Eindruck der Katastrophe erhobenen Vorwürfe zurückgewiesen, etwa mit dem Hinweis, daß auch Holland und Dänemark kampflos kapituliert hätten, daß die Malaien unbewaffnet gewesen seien und den Japanern erstaunlich wenig aktive Hilfe geleistet hätten; die schwachen britischen Kräfte seien der brutalen japanischen Aggression in keiner Weise gewachsen gewesen. Dennoch: der Schock hat seine Wirkung nicht verfehlt. Der Fall Singapores wurde als Ende einer Epoche verstanden, das Großbritannien nicht erlaubte, nach dem Kriege zurückzukehren und seine koloniale Herrschaft wieder anzutreten, als ob nichts geschehen sei. So schrieb der »Economist« im März 1942:

"For the time, the curtain has rung down on Britain's colonial holding in the Far East, and whenever it is rung up again it will certainly be on a radically different scene... There can be no return to the old system once Japan has been defeated... The need is for entirely new principles, or rather, the consistent application of principles to which lip service has long been paid. For the Colonies – Malaya, Indochina and Netherlands-India – there can be only one goal, the creation of independent nations linked economically, socially and culturally with the old mother country, but leaving to stand firmly on their own feet." [475]

[471] *Eric A. Walker*, The British Empire, 2. ed. 1953, p. 194.

[472] Lord *Elton*, Imperial Commonwealth, 1945, p. 516.

[473] Die Diskussion wurde ausgelöst durch einen Bericht der »Times« aus Batavia vom 18. Februar 1942 über die letzten Tage Singapores und einen entsprechenden Kommentar. Der linksliberale »News Chronicle« meinte am 19. Februar dazu: "What does this mean? It means that for 100 years the British administration in Singapore sat there as an occupying force. It never attempted ... in identifying itself with the asiatic population, still less with encouraging their active loyalty and support. Our failure has been largely due to the attitude of complacent superiority towards coloured peoples that has marked British colonial administration in the East, and for which we are now paying the price... If this last chance is not seized history may write of British rule in the East that it received the fate it deserved." Am 28. Februar wird auf *MacArthurs* Widerstand in Batam verwiesen, der im Unterschied zu den Briten in Malaya Rückendeckung bei den Eingeborenen gehabt habe! Vgl. auch *Rita Hinden*, Empire and after, p. 144.

[474] Für Burma der Bericht und Kommentar von *Michael Collis*, Last and First in Burma (1941 bis 1948), 1958.

[475] Economist, 21. März 1942, p. 386 f.

Labour Party und Kolonialreformer konnten ähnlich argumentieren, da gerade sie in den Jahren vor dem Kriege die »imperialistische und kolonialistische« Haltung der Konservativen angeprangert, gegen die Routine der Administration und die Diskrepanz zwischen proklamierten Prinzipien und konkreten Maßnahmen, zwischen großzügigen Versprechen und nur geringen Konzessionen polemisiert und auf eine baldige Gewährung von Self-government gedrängt hatten. Aber auch ein Diehard wie der konservative Parlamentsabgeordnete *Gammans* fühlte sich durch den Fall Singapores herausgefordert, obschon er eine »imperiale« Schlußfolgerung zog: Singapore bedeute nicht das Ende des Kolonialsystems, und das Empire habe seine Aufgabe durchaus erfüllt; aber »we cannot go back to Malaya and Borneo as if nothing happened«. Es sei unhaltbar, daß man den so wichtigen Posten eines Kolonialministers stets sekundär und – innerhalb des Kabinetts – als Abstellplatz behandelt habe. Großbritannien müsse seine moralisch-politische Führung zurückgewinnen, z. B. mit einem Reichsrat für Wirtschaft und Planung, mit einer Reichsluftwaffe und einem Reichsbürgerrecht [476]. *Gammans* war eher Außenseiter und nur bedingt für die konservative Partei repräsentativ; er ist aber doch ein Beispiel dafür, wie die Niederlage im Osten zur Kritik an der Vorkriegszeit zwang und den Blick auf die Zukunft lenkte.

Hinzu kamen die Einwirkungen von außen. Die Vereinigten Staaten traten in den Krieg ein, übernahmen innerhalb der atlantischen Allianz die Führung und verlangten die Berücksichtigung ihrer Thesen und Forderungen. Selbst *Churchill* konnte sich dem nicht ganz verschließen. Wir haben *Roosevelts* Anti-Kolonialismus geschildert, der von Großbritannien als »challenge« empfunden werden mußte. Das von Amerika getragene Befreiungsprogramm fand seinen Niederschlag in der Atlantic Charta, die auch für die Kolonialvölker galt. Es hat auf die Emanzipationsbewegungen seinen Eindruck nicht verfehlt und die ohnehin in Gang befindliche Revolution beschleunigt. Großbritannien beendete den Krieg siegreich, aber geschwächt; es suchte fortan Konflikten auszuweichen und mußte sich deshalb zu Konzessionen bereit erklären. Nach 1945 machten sich neben dem amerikanischen Einfluß und den innerbritischen Schwierigkeiten – vor allem wirtschaftlicher Art – die Vereinten Nationen geltend, und gleichzeitig zeichnete sich mit dem Aufstieg der Sowjetunion eine neue Weltsituation ab, die auch die britische Reichs- und Kolonialpolitik vor ungeahnte Aufgaben stellte.

Die Auseinandersetzung mit der Vergangenheit, das Suchen nach neuen Formeln und der Wille, sich der Herausforderung gewachsen zu zeigen, ohne mit der Tradition zu brechen, fanden ihren Niederschlag in der Publizistik. Unter den für Kolonialfragen maßgebenden Persönlichkeiten ist hier wiederum Lord *Hailey* zu nennen, der seit dem Erscheinen des »African Survey« ein besonderes Ansehen genoß, den man in Parlamentsdebatten, Büchern und Zeitschriftenaufsätzen zitierte, und der sich während des Krieges selbst mehrfach zu den Problemen der Zukunft geäußert hat. Sein Einfluß – gerade auch in konservativen Kreisen – war ohne Zweifel beachtlich [477].

Hailey geht jeweils kurz auf die Geschichte des Empire ein, schildert die koloniale Expansion – die nicht nur wirtschaftlich zu erklären sei – und verweist auf die gei-

[476] Cpt. *L. D. Gammans,* A creed for the colonies, The Imperial outlook and the new deal, Times, 15. 3. 1943.

[477] The position of colonies in a British Commonwealth of Nations. Romanes Lecture, 1941. The future of colonial peoples, RIIA, 1943. World thought on the colonial question, 1946.

stigen Gegen- und Reformbewegungen: auf die humanitäre Tradition des beginnenden 19. Jahrhunderts, in der der Begriff des Trusteeship stehe, auf die wirtschaftliche, z. T. marxistische Interpretation, die das Problem der »Ausbeutung« und die Fragen des Arbeits- und Bodenrechtes ins Bewußtsein gerückt habe, aber auch auf das Mandatssystem des Völkerbundes, das der Unabhängigkeit des Irak zugrunde liege. Die unzähligen Erklärungen, in denen sich Großbritannien zum Trusteeship und Self-government bekannte, reichten für die Zukunft nicht mehr aus. Die Kolonialvölker seien damit nicht mehr zufriedenzustellen und würden mit einigem Recht darauf hinweisen, daß das Mutterland die Schwierigkeiten in der Realisierung von Self-government einseitig und zweckbestimmt überbetone. Sie verlangten »for something more explicit« – die bisherigen Verlautbarungen seien »not very informative«. Der Begriff des Trusteeship habe wohl in der britischen Kolonialverwaltung eine wichtige Rolle gespielt und auch zusehends an positivem Inhalt gewonnen, aber

"The use of the term is irritating to the Colonial people. It was intensely unpopular in India. It is becoming equally unpopular in the Colonies, for it has implications on which it is unnecessary to enlarge but which, if I were a native of the Colonies, I should equally resent. If we need to express ourselves in a formula at all, let our relations be of those senior and junior partners in the same enterprise, and let it be said that our contract of partnership involves the progressive increase of the share which the junior partners have in the conduct of the undertaking." [478]

Hailey hat sich zwar bereits 1938/39 recht kritisch und unkonventionell über gängige Formeln und Doktrinen geäußert, aber wir möchten doch meinen, daß diese Infragestellung des Begriffes »Trusteeship«, der Grundlage der britischen Kolonialdoktrin der Zwischenkriegszeit, durch die Selbstbesinnung und Neuorientierung der Kriegszeit bedingt ist und vor 1940 kaum denkbar gewesen wäre, vor allem nicht aus dem Mund eines Konservativen! Erst jetzt wurde nicht nur die paternalistische Haltung, die im Trusteeship enthalten ist, dargelegt – und zwar kritisch –, sondern auch Verständnis für jene Eingeborenen gefordert, die sich dadurch in ihrem Selbstbewußtsein verletzt fühlten. Um solche Reaktionen hatte man sich bis dahin wenig gekümmert, und auch in der britischen Diskussion war stets der Anschein erweckt worden, als ob Großbritannien – seiner moralischen Verpflichtung bewußt – etwas aus eigenem Antrieb gewähre, ohne Rücksicht auf Meinung und Stimmung der von den Konzessionen Betroffenen. Der Krieg zwang Großbritannien, der nationalen Emanzipation stärkere Beachtung zu schenken als bisher und dies auch zuzugestehen. Die Reformen der Kriegs- und Nachkriegszeit wurden denn auch um so weniger »wohlwollend« gewährt, als sie durch die nationale Opposition und die internationale Lage notwendig geworden oder sogar erzwungen waren.

Vorerst ginge es um »a more constructive interpretation of the obligation of trusteeship« [479], denn

"the objective of colonial policy could no longer be viewed merely as the protection of the native peoples from exploitation; the emphasis now lay on the necessity for the active and systematic promotion of native welfare" [480].

[478] House of Lords, 20. 5. 1942, vol. 122, S. 1095.
[479] The future, p. 52.
[480] The position, p. 11.

Dem Staat komme künftig, wie im Mutterland, eine größere Aufgabe zu; er dürfe nicht warten, bis ein gewisses Entwicklungsstadium erreicht ist, sondern müsse aktiv eingreifen und die Entwicklung vorantreiben. Die sich gegen Ende der 30er Jahre abzeichnende Umdeutung des Trusteeship, und damit der kolonialen Aufgabe überhaupt, von einer bloßen Schutzfunktion in positive Entwicklungspolitik, verdeutlichte sich im Kriege und brachte neue Forderungen für die Zukunft mit sich. Die Kolonialdiskussion ging dabei der innerbritischen parallel, insofern, als der Staat – auch von konservativer Seite – neue Aufgaben zugewiesen bekam, indem statt des überlebten Liberalismus der Wohlfahrtsstaat konzipiert und akzeptiert wurde. *Hailey* betonte dabei, daß die Entwicklungspolitik nicht nur eine Verbesserung des eingeborenen Lebensstandards anstreben dürfe, sondern »must be viewed as an essential preparation for the enjoyment of Self-Government« [481]. Institutionen bedürften einer wirtschaftlichen und sozialen Basis und seien nur relevant, wenn die Eingeborenen die Verwaltung übernehmen könnten und die bisherige, beinahe absolute Abhängigkeit gegenüber dem Ausland gelockert werde.

"The objective cannot therefore be merely to increase the cash resources of the natives of the dependencies or to enlarge their power of purchasing imported commodities. Social progress must be directed along lines which will foster the spirit of enterprise and self-reliance. It must seek the substitution of local for imported personnel, not only in the administrative but the technical services. Economic progress involves the growth of local industries and the organization of local marketing with the view to increasing the participation of natives in the major enterprises now under external control. It must seek to preserve the balance between export production and subsistence cultivation, for it is the latter which is the basis of nutrition and therefore of resistance to disease." [842]

Hier sind die Ergebnisse des »African Survey«, der Westindien-Diskussion und des Nutrition-Reports von 1939 zum Programm einer künftigen Kolonialpolitik verarbeitet, das über den bisherigen Paternalismus hinausging und neue Perspektiven eröffnete. Man bemühte sich nun ernstlich um die Vorbereitung des jeweiligen Territoriums auf seine wirtschaftliche, soziale und politische Selbständigkeit; auch die Industrialisierung wurde als Forderung gestellt, um eine wirtschaftliche »self-reliance« zu ermöglichen. Das gleiche gilt für die Produktion für den lokalen Bedarf, die nicht für den Export geopfert werden dürfe. Einsichten der Vorkriegszeit wurden hier aufgenommen, erweitert und in konkrete Forderungen umgesetzt. Konzessionen im politischen Bereich seien kein Ersatz für Entwicklungspolitik [483]. Dadurch, daß *Hailey* die Bedeutung des wirtschaftlich-sozialen Bereiches und eine gewisse wirtschaftliche Selbständigkeit als Conditio sine qua non politischer Eigenständigkeit hervorhob, wollte er keineswegs von

[481] The future, p. 24.

[482] A.a.O., p. 25.

[483] "They (die Kolonien) will know that social advance can in the long run be secured only by a material development sufficient to provide the funds which the social services require, and that the possibility of achieving this depends as much on the introduction of foreign capital as on the more systematic organization of native production. Looking at the present conditions in some of the colonies, they might feel called upon to remind their colleagues that, in building up a political future the stunted body is no less an obstacle than the dwarfed mind, and they might not unreasonably express a hope that we should not give our native population cause to complain that when they ask for bread, we had offered them a vote." The position, p. 40 f.

politischen Reformen ablenken und die koloniale Emanzipation »entpolitisieren« – eine Tendenz, die bei manch anderen britischen Äußerungen und auch in der französischen Nachkriegspolitik nicht von der Hand zu weisen ist. *Hailey* nahm die Formel der »schrittweisen Gewährung von Self-government« ernst und richtete die Entwicklungspolitik, wie sie sich mit dem Colonial Development and Welfare Fund ankündigte, unmittelbar auf dieses Ziel aus.

Dies heißt aber keineswegs, daß er die Schwierigkeiten in der Realisierung des Programmes übersah: Oft seien die Grenzen künstlich gezogen oder die Territorien zu klein; manche Völkerschaften seien noch zu »primitiv«; in anderen Fällen müsse man mit Feudalherren rechnen (Buganda, Barotseland, Malaya), die sich auf ihre von Großbritannien anerkannten Rechte beriefen und nicht einfach übergangen werden könnten. Wie war das Problem der weißen Siedler zu lösen? Der Zeitpunkt, in dem eine Kolonie für Responsible government reif genug war, konnte nicht im voraus bestimmt werden. Es sei auch schwer, sagt *Hailey*, allgemeine Richtlinien auszugeben, und es bestehe offensichtlich eine Spannung zwischen der nationalen Opposition, die auf »more political independence« drängte, und der Regierung, die sich zum Schutz der Minderheiten verpflichtet fühle. In Westafrika dürfe die Macht nicht den Emiren überlassen bleiben, sondern man müsse auf die neue, allerdings noch schwache Führungsschicht vertrauen. Es sei noch nicht erwiesen, ob in Asien und Afrika die Voraussetzungen für das parlamentarische System gegeben seien. »Good administration« müsse garantiert sein und dürfe nicht vorzeitig durch Parteikämpfe und Unerfahrenheit gefährdet werden.

"The problem of finding an executive which can hold the confidence of the public, while it is at the same time independent of the majority of the Legislature, is admittedly one of extreme difficulty. But if a solution could be found, it might prove of greater assistance to the cause of Self-Government than a dogmatic insistence of the attempt to develop parliamentary institutions of a normal form." [484]

Also wieder das alte Problem des Representative government! Die vordringliche Aufgabe scheint in der Einbeziehung der Eingeborenen in den Verwaltungsdienst zu liegen [485], sicher mit Recht, da dieser Frage vor dem Kriege viel zu geringe Beachtung geschenkt worden war. Auch hier gewann *Hailey* einen neuen Ansatz, und zwar nicht zuletzt unter dem Zwang, daß sich die Zukunftsfrage dringlicher stellte als bisher, daß die Emanzipationsbewegung wuchs und daß mit kürzeren Zwischen- und Übergangsphasen gerechnet werden mußte, als man noch 1939 geglaubt hatte.

"What then is to be the final issue of the process, which I can best describe as one of decolonization?" [486] *Hailey* verwendete als einer der ersten den uns heute geläufigen Begriff und unterstrich damit, daß die künftige Kolonialpolitik mehr als eine bloße Reformpolitik innerhalb eines festgefügten Ganzen sein mußte; es handle sich um eine epochale Entwicklung, die akzeptiert werden müsse und an der sich die eigenen Zielsetzungen zu orientieren und zu bewähren hätten – eine Einsicht, die in Äußerungen der Zwischenkriegszeit wohl bereits durchschimmerte, sich aber jetzt erst durchsetzte und als aktuelles Problem erkannt wurde. Als einer der ersten sah *Hailey* auch, daß der

[484] The position, p. 32.

[485] "Real test lies in our readiness to appoint natives of the country to the Administrative Service." House of Lords, 6. 5. 1942, vol. 122, S. 914.

[486] World thought, p. 11.

Begriff Self-government keineswegs so eindeutig war, wie man gemeinhin glaubte, und nicht immer mit Dominionstatus gleichgesetzt wurde. Diesen habe Großbritannien Indien und Ceylon – wir werden noch Burma hinzufügen – versprochen, in anderen Fällen aber werde unterstellt, daß auch bei Erreichung von Self-government die Außenpolitik und Verteidigung beim Mutterland verbleibe, so daß hier also nur die innere Autonomie gemeint sei. Dieser wichtigen Frage dürfe man nicht länger ausweichen, wenn die bisherigen Zusagen ihre Glaubwürdigkeit behalten sollen.

"In the end, however, we must definitely face the question whether we do in truth contemplate for the dependencies the final stage to which Self-Government points, namely the attainment by them of the equivalent of Dominion status. There are doubtless some who could regard this as a vision, so distant as to be unsubstantial. But it is the logical outcome of Self-Government. It is the goal to which we have allowed and indeed encouraged the people of the dependencies to look forward. It is an ideal which we could not now abandon without a radical departure from all our past tradition." [487]

Dies ist deutlich gesagt und trifft in der Tat einen kritischen Punkt der bisherigen Verlautbarungen. Vor 1939 war oft von Self-government als Ziel britischer Kolonialpolitik die Rede, aber nur selten – mit Ausnahme Indiens – vom Dominionstatut. Es erschien nur am Rande und selbst dann nur als Möglichkeit einer fernen Zukunft. Von einer Ausweitung des Commonwealth auf asiatische und afrikanische Völker war höchst selten die Rede. Der Begriff Self-government blieb ambivalent insofern, als man sich zwar bewußt war, daß er im britischen Selbstverständnis nur Responsible government und damit Dominionstatut bedeuten konnte, dies aber nicht gerne »offiziell« bestätigte, da man sich der Illusion hingab, Self-government könne in manchen Fällen auf die innere Autonomie beschränkt bleiben. *Hailey* durchbrach hier eine Art Tabu und forderte Großbritannien auf, die Konsequenzen der bisherigen Doktrin und Proklamationen zu akzeptieren.

Allerdings spricht auch *Hailey* von einem »equivalent of Dominion status«. Es sei noch keineswegs sicher – sagt er an anderer Stelle –, ob die asiatischen und afrikanischen Kolonien als neue Dominions dem Commonwealth beitreten werden. Möglicherweise würden sie sich doch zu regionalen Organisationen mit eigener Außenpolitik zusammenschließen, die nur lose mit dem Commonwealth verbunden wären; diese Lösung könne sich vielleicht als »a lesser evil« erweisen als die Hereinnahme von Gliedern, die die Solidarität des Commonwealth gefährden [488]. Er wollte zwar eine solche Mitgliedschaft keineswegs ausschließen [489], stelle sich aber doch die Frage, ob der Weg zum Multiracial Commonwealth möglich sei, ohne das Commonwealth selbst aufzulösen. Jedenfalls wurde es nicht als das große Ziel britischer Nachkriegspolitik ausgegeben!

In dem Augenblick, in dem die Gewährung des Dominionstatuts in den Bereich der Möglichkeiten rückte, stellte sich eine bis dahin kaum diskutierte Frage: was soll mit

[487] Ansprache vor der Royal African Society am 12. 4. 1943, in: Journal of the Royal African Society, Juli 1943, p. 116.

[488] The position, p. 36 f.

[489] "The prospect of admission to membership of that Commonwealth of free peoples should afford to the British colonial peoples an ideal which should inspire them to create for themselves the conditions which justify the grant of independence; it should no less serve to guide them in the use which they may determine to make of the independence they have achieved." The future, p. 63.

den kleinen und wirtschaftlich schwachen Territorien geschehen? Dominionstatut für die westindischen Inseln oder einzelne afrikanische Territorien schien sinnlos [490]. Die Föderation versprach einen Ausweg. Durch Zusammenschluß einzelner Kolonien könnten lebensfähige Einheiten geschaffen werden. Wohl waren bereits vor dem Kriege Föderationen erwogen worden – nicht nur in Ost- und Zentralafrika, sondern auch in Westindien, und Indien erhielt 1935 eine föderative Verfassung, aber erst nach 1945 schuf London energisch größere Einheiten. Auch hier zeigte sich also bei *Hailey* der neue Ansatz.

In Großbritannien wie in den Vereinigten Staaten war zudem in den Jahren 1942 bis 1945 viel von regionalen Organisationen die Rede. Es waren Koordinierungsstellen für die militärischen und wirtschaftlichen Anstrengungen geschaffen worden: ein anglo-amerikanischer Rat in Mittelamerika, das Middle East Supply Center, ein britisches Hochkommissariat für Westafrika. Hier glaubte man anknüpfen zu können. Mit dem Vorschlag von Regionalkommissionen hoffte Großbritannien gleichzeitig der von den Amerikanern befürworteten Internationalisierung aller Kolonien entgegentreten zu können: mit der Bereiterklärung zu westindischen oder pazifischen Regionalbehörden, in denen auch die Vereinigten Staaten vertreten wären, gebe London »imperialistische« Ansprüche auf und zeige, daß es ihm nur um den wirtschaftlich-sozialen Fortschritt der betreffenden Gebiete gehe. Solche Regional Councils, die allerdings nur beratende Kompetenzen hätten, seien wirksamer als eine internationale Verwaltung durch die UNO [491]. Der Südafrikaner *Smuts* verfolgte noch eine Nebenabsicht. In einem stark beachteten Aufsatz in »Life« vom 28. Dezember 1942 richtete er sich gegen den amerikanischen Antikolonialismus und erhob dabei gleichzeitig für die Union den Anspruch, an der Gestaltung der britischen Ostafrikapolitik beteiligt zu werden [492]. Ein solcher im Zeichen des Regionalismus erfolgter Zusammenschluß würde dann in enger Beziehung zur Union stehen und somit die Basis für ein weiteres weißes Dominion abgeben!

Noch einige weitere Stimmen sollen zur Sprache kommen. Als der vielleicht beste Kenner politischer wie wirtschaftlicher Reichsprobleme galt der Australier *W. K. Hancock*, dessen Survey of British Commonwealth Affairs eine ähnliche Bedeutung zukam wie dem African Survey Lord *Haileys*. Durch die amerikanische Kritik an Großbritannien fühlte er sich herausgefordert und publizierte 1943 eine Schrift mit dem bezeichnenden Titel »Argument of Empire«, die als Penguin-Book einen breiten Leserkreis erreicht hat [493]. Dem amerikanischen Unverständnis hielt er die freiwillige Hilfeleistung der Dominions entgegen, denn diese sei in ihrer für den Ausländer nur schwer faßbaren Verbindung von voller Unabhängigkeit und gleichzeitiger Zugehörigkeit zum britischen Reich ein Ansatzpunkt zur Überwindung des bloß nationalen und auf dem Be-

[490] "I do not see how it is possible that we can ever expect these units, situated as they are, small in resources, and with little political balance, really to attain to responsible Government or eventually to the position of a Dominion. I ask myself how I could see Sierra Leone with a responsible Government or as a Dominion." House of Lords, 6. 5. 1942, vol. 122, p. 194; the position, p. 33.

[491] Z. B. The International Interests in Colonies, in: Round Table, vol. 35, 1944/45.

[492] Vgl. auch *Smuts'* berühmte Rede vor der Empire Parliamentary Association am 25. 11. 1943, Documents and Speeches on British Commonwealth Affairs 1931–1952, ed. *Mansergh*, vol. I, 1953, p. 573 f.

[493] Deutsche Übersetzung: Für und wider das Weltreich, 1946.

griff der Unabhängigkeit basierenden Denkens, was für die Zukunft wegweisend sein werde. *Hancock* erinnerte – wie auch *Hailey* – an *Alfred Zimmerns* Bild einer Prozession auf dem Wege zur Selbstregierung; dieses habe einem optimistischen und auch einseitigen Interesse an Verfassungsfragen entsprochen, das der Korrektur und Ergänzung bedürfe. Es hätte Rückschläge in Malta und Palästina gegeben, während sich das Problem Kenya, also der weißen Siedlerminderheit, neu gestellt habe; erst wenn die schwarze Bevölkerung eine ihr zustehende Vertretung im Legislative Council erhalte, dürfe man deren Befugnisse erweitern [494]. In Westafrika seien viele Beschwerden berechtigt: die Eingeborenen müßten mehr zur Verwaltung herangezogen werden, London gehe zu langsam vor, die Indirect Rule dürfe der neuen Elite, die zur Macht dränge, nicht entgegenstehen. Zwischen den Kriegen habe das allzu passive Großbritannien »vom Kapital vergangener Zeiten gezehrt« [495]. Wäre die Administration wirtschaftlich stärker engagiert gewesen, hätte auch die Selbstverwaltung bessere Forschritte erzielt. Wie *Hailey* sagt auch *Hancock,* daß in den Kolonien nicht zu viel, sondern zu wenig investiert worden sei; die Privatinitiative bedürfe aber der Kontrolle und müsse, bei aktiver Mitwirkung des Mutterlandes, durch öffentliche Unternehmungen ergänzt werden. Die Industrialisierung sei nicht mehr zu umgehen.

Impulsiv und kritisch äußerte sich *W. M. Macmillan,* der Verfasser von »Warning from the West Indies« [496]. Weder die Liberalen noch die Labour Party hätten eine positive Politik formulieren können. Der viktorianische Glaube an die Demokratie und das Laissezfaire reiche nicht aus, um Passivität und Unbeweglichkeit zu überwinden; die »anaemic doctrine of trusteeship« hätte als »check on naked power« einigen Wert besessen, sei aber als »one-sided relationship« verstanden worden, der die Kolonien Partnerschaft, Westindien bereits das Dominionstatut entgegenstellten [497]. Diese Kritik am Trusteeship traf sich also durchaus mit derjenigen *Haileys.* Und auch MacMillan betonte, daß Self-government die Hebung des sozialen Niveaus verlange, was aber wiederum von der Entwicklungshilfe des Mutterlandes abhänge. »The prime need of the Colonies is a whole series of Development Commissions«, vielleicht nach dem Vorbild der TVA. Das Kolonialamt habe eher abgebremst, weil im Bereich des Bergbaues soziale Schwierigkeiten auftauchten; notwendig sei die Überwachung der Investitionen und eine Sozialpolitik, die ein seßhaftes Proletariat akzeptiere. Eine viel intensivere Förderung der Erziehung sei sowohl in der Grundschulung als auch auf Universitätsebene unumgänglich; bis jetzt hätten lediglich Hongkong und Ceylon eine eigene Universität.

Macmillan übte auch scharfe Kritik an der Indirect Rule, die trotz einiger Erfolge allzuoft als Alternative zu demokratischen Reformen gedient und die aufsteigenden Schichten in Lagos, an der Goldküste oder in Freetown in die Opposition gedrängt habe. Da die lokale Verwaltung nicht mehr genüge, seien übergeordnete Instanzen notwendig geworden. Die Vertreter der Indirect Rule »have been shy of larger problem of representation« [498], und seit Jahren sei keine Wahlrechtserweiterung mehr erfolgt.

[494] P. 87; die Formulierung ist aber noch recht unbestimmt.
[495] P. 230.
[496] Democratise the Empire, a policy of colonial reform (The democratic Order No. 6), 1941.
[497] P. 46.
[498] P. 42. "Having lost faith in democracy ourselves we did, more or less consciously, design this

"We want in the first place a clearer formulation of the old creed that Self-Government is the eventual and not too distant goal" [499], und zwar als Partnerschaft innerhalb eines »democratic Commonwealth«.

Die Round Table brachte im Dezember 1942 einen programmatischen Aufsatz »Future of the Colonies« [501]. Das »imperiale« Organ sah sich zu der Bemerkung veranlaßt, die japanische Eroberung Malayas habe gezeigt, wie schwach die britische Herrschaft verankert sei und daß sie in der Bevölkerung auf nur geringe Sympathie stoße. Auch die Round Table hält den Begriff des Trusteeship für unzulänglich, weil er keine Richtlinien für einen aktiven Einsatz biete; dieser sei aber dringend erforderlich [502]. Man versuchte deswegen »to find a basis for this new conception by re-defining our relationship in terms of ›partnership‹ or ›common citizenship‹«. Und im politischen Bereich? Die vielen offiziellen Verlautbarungen hatten den Eindruck aufkommen lassen, daß Responsible government nur als parlamentarisches System zu verstehen sei und die Kolonien folglich den Weg der Dominions zu gehen hätten; Gebieten wie Malaya fehlten aber die Voraussetzungen dazu, und in Ostafrika hätte das zunächst nur eine Herrschaft der Siedler zur Folge. Vor allem stellte sich die Frage, ob Self-government stets Dominionstatut und damit Gleichberechtigung innerhalb des Commonwealth bedeute [503]. Es sei zu überlegen, ob »the substance of Self-Government could not be assured by some other method than that which are now pursuing«. Das Commonwealth sei eine Einheit mit bestimmten Idealen; es müsse »the most suitable type of relationship« zwischen den alten und neuen »self-governing units« ausfindig gemacht werden. Die Round Table befürwortete somit eine Sonderregelung, die den Kern des alten Commonwealth unangetastet ließ und die neuen asiatisch-afrikanischen Glieder mehr affiliierte als integrierte. Im Hintergrund stand dabei – wie es scheint – die Hoffnung, sich durch einen Kompromiß gewisse Befugnisse reservieren zu können. Jedenfalls stellte sich die für die Propagierung der Commonwealth-Idee maßgebende Zeitschrift die gleiche Frage wie Lord *Hailey;* auch sie warnte vor einem Multiracial Commonwealth.

Andere Autoren wollten auf eine solche Unterscheidung zwischen alten und neuen Dominions nicht eingehen. *Alfred Zimmern* etwa nahm die Thesen seines Buches von 1926 wieder auf, verwies auf Indien, das kurz vor Erreichung des Dominionstatus stehe, und meinte, daß auch die Kolonien »finally attain equal freedom of Dominion Status« [504].

system as an escape from the complications and dangers of popular government. Because of that arrière pensée Indirect Rule has failed to be the constructive force it might have been if it had really formed a training ground where all young and able men might be learning in their own locality the practice of politics and civil administration. The Victorian axiom was not overtly repudiated, only out of fashion, but by our own backsliding we left our subjects with no clear prospect of ever attaining an effective voice in control of the government that still effectively enough controls their new Native Authorities."

[500] P. 64.

[501] Vol. 33, Nr. 129.

[502] "More effective intervention on our part to promote their development than the traditions of a previous generation had contemplated."

[503] P. 15 f.

[504] From the British Empire to the British Commonwealth, 1941, p. 50.

Ähnlich *Ernest Barker* in seiner bereits genannten Schrift aus dem Jahre 1941; es sei wahrscheinlich, daß diese Gesellschaft im Laufe der Zeit nicht bloß Indien, sondern auch Teile des abhängigen Weltreiches in ihren Bestand aufnehmen werde [505]. Das Wort »wahrscheinlich« zeigt aber, daß er die Frage noch offen lassen wollte und im übrigen offenbar noch nicht als dringlich erachtete. Das gleiche gilt für den ehemaligen Kolonialminister *L. S. Amery*, der von einer »eventuellen« Aufnahme Afrikas ins Commonwealth sprach [506]. Solche Äußerungen hätte man vor 1939 unter das Stichwort »liberal« einordnen können, nun aber wirkten sie bereits etwas verstaubt und beinahe reaktionär. In die Zukunft gerichtet war hingegen ein Pamphlet junger Konservativer, zu dem der spätere Minister *R. A. Butler* das Vorwort schrieb [507]. Als gute Tories bekannten sie sich zum »Imperialismus« als dem Inbegriff freiheitlicher Ideale. Das traditionelle Bewußtsein der eigenen Überlegenheit sei aber nicht mehr länger haltbar, und Indien solle »full Dominion Status« erhalten. Die Kolonien seien »hopelessly starved of capital«, der Colonial Development Fund von 1940 sei völlig unzureichend, außerdem habe man das Erziehungswesen vernachlässigt. "In due time we may hope to see many Colonies enjoying the rights of full Self-Government, and the benefits of full Dominion Status will become available in the form of Colonial Federation in the West Indies, East Africa and elsewhere." Hier grenzte sich die nachfolgende Generation der konservativen Partei gegen diejenige der Zwischenkriegszeit ab, übernahm Thesen Lord *Haileys* und versuchte, sich auf die neue Weltsituation einzustellen.

Diese Hinweise müssen genügen, um die neuen Ansätze in der Diskussion der Kriegszeit zu zeigen. Recht lebhaft war die Kritik an der allzu passiven Haltung Großbritanniens vor 1939. Weder die Regierung noch die Öffentlichkeit hätten ein ausreichendes Interesse am Empire gezeigt oder ihren Reformwillen unter Beweis gestellt [508]. Es sei bedenklich, sagte *Hailey*, daß das Parlament der Kolonialbevölkerung mit ihren 60 Millionen Menschen nur einige wenige Stunden im Jahr gewidmet habe.

"If there is a complaint of the apathy of some of the colonial peoples towards our rule it is nothing compared with the British people towards their own Colonial possessions." [509]

In Zukunft müsse das Mutterland seinen Einsatz im Kolonialreich steigern, und zwar unter einer neuen Perspektive: Kolonien sollten nicht mehr nur Außenposten sein, die direkt oder indirekt der britischen Wirtschaft Erleichterungen schaffen und England als Großmacht erscheinen ließen, sondern sie müßten als selbständige Bereiche akzeptiert werden, die der Entwicklungshilfe bedürfen, um später aus eigenem Vermögen leben zu können. Kolonialpolitik wurde, wenn auch zunächst mehr potentiell, zu einem Mittel der Entkolonialisierung! Die neuen Einsichten der 30er Jahre kamen zum Durchbruch: die Kolonien könnten sich aus eigener Kraft nicht schnell genug entfalten, um für die Selbstverwaltung reif zu werden. Was sich mit dem Colonial Development and Welfare Fund angebahnt hatte, mußte nach dem Krieg in großem Ausmaß weitergeführt werden. Die Leitidee des Trusteeship schien überlebt, zu passiv und zu paterna-

[505] The ideas and ideals of the British Empire, dt. Übers.: Ideen und Ideale des britischen Weltreiches, 1942, p. 79.

[506] The framework of the future, 1944, p. 10, 25.

[507] Forward from victory... by four young conservatives, 1944, p. 67.

[508] "Had been marked by slowness, reluctance and indecision." *Elton*, p. 516.

[509] House of Lords, 20. 5. 1942, vol. 122, S. 1096.

listisch und sollte durch den neuen Begriff der »Partnerschaft« abgelöst werden. Und ebenso soll die Indirect Rule durch ein den modernen Anforderungen gemäßes Local government ersetzt werden.

Im übrigen bedurfte Großbritannien keiner neuen Begriffe und Formeln. Während Frankreich eine neue Verfassung vorbereitete, die auch das Kolonialreich umfassen sollte, und Holland eine Art föderative Personalunion zwischen Mutterland und Indonesien in Erwägung zog, konnte sich Großbritannien weiterhin auf seine alte Formel der »schrittweisen Gewährung von Self-government« berufen. Die Begriffe mußten allerdings geklärt werden – hieß es –, um weiterhin glaubwürdig zu sein, womit dann die Frage auftauchte, ob Self-government in jedem Fall Dominionstatus beinhalte und künftig asiatisch-afrikanische Glieder ins alte Commonwealth aufgenommen werden sollten. Die Antworten fielen keineswegs einheitlich aus: die einen hielten den Übergang zum Multiracial Commonwealth – dieser Begriff war noch nicht in der Diskussion – als unvermeidbar und als logischen Abschluß der britischen Reichsgeschichte, während andere sich dagegen sträubten und Sonderlösungen befürworteten.

Großbritannien hat sich von dem Schock, den der Fall von Singapore ausgelöst hatte, ziemlich rasch erholt. Es stellte sich zweifellos – im Gegensatz zur Vorkriegszeit – auf eine Entkolonialisierung ein und wußte auch, daß Indien bald nach Kriegsende seine Selbstverwaltung erhalten würde. Es sah sich aber im übrigen nicht gedrängt und glaubte noch immer, mit recht langen Fristen rechnen zu können. Auf Time-tables nach Art der amerikanischen Philippinenpolitik wollte London sich dabei nicht einlassen [510]. Die Dekolonisation sollte zudem »within the British Empire« erfolgen, selbst wenn man zögerte, asiatische oder afrikanische Dominions zu akzeptieren. Die Formel mochte vage sein und bleiben, hatte aber ansehnliche Bedeutung. Dadurch, daß man die Einheit von Empire und Commonwealth überbetonte, konnte Self-government als bloßer Statuswechsel innerhalb der Gemeinschaft interpretiert und brauchte nicht als Ablösung gesehen zu werden. Es ist kein Zufall, daß man das Wort »Independence« höchstens beiläufig verwendete, daß es im übrigen aber bewußt vermieden wurde.

Es stellt sich die Frage, ob sich die publizistische Diskussion, die manche neuen Ansätze gezeitigt hat, auf einen kleinen Kreis der an Kolonialfragen interessierten Personen und Gruppen beschränkt oder auch die Politik der Regierung beeinflußte. Wie lauteten die »Statements« für die Nachkriegszeit? Die Kolonialminister innerhalb der Koalitionsregierung waren Konservative: Lord *Moyne*, Viscount *Cranborne* und *Oliver Stanley*. Wie weit die Minister der Labour Party ihren Einfluß geltend machen konnten, ist aus den uns heute zur Verfügung stehenden Dokumenten kaum ersichtlich; die Politik der Kriegszeit hat – trotz *Churchills* dominierender Stellung – weitgehend überparteilichen Charakter.

Wir müssen vorerst *Churchills* vehementen Protest gegen den amerikanischen Anti-Kolonialismus in Erinnerung rufen, der in den Worten "I have not become the King's First Minister in order to preside over the liquidation of the British Empire" einen

510 Zu den Ausnahmen gehört *W. B. Mumford,* der "a definitive 20-40-60 years plan, leading ultimately even in the more backward areas to Dominion Status" vorschlägt. The future of the colonies. Independent member-states in a greater Commonwealth, in: Time and Tide, 10. 2. 1940, p. 133. Man beachte die Fristen innerhalb eines »liberal« gemeinten Programms!

so prägnanten Ausdruck gefunden hat [511]. *Winston Churchill*, der ehemalige Diehard in der Indien-Frage, fühlte sich als Sachverwalter britischer Macht und Größe – einer Macht, die im Empire ihren Rückhalt hat und sich mit und durch das Empire als Weltmacht legitimiert – und sträubte sich gegen die von den Amerikanern erwartete »liquidation«; er weigerte sich, das in der Atlantic Charta proklamierte Selbstbestimmungsrecht auch für die Glieder des Empire anzuerkennen [512]. Über deren Zukunft habe allein London und nicht etwa eine internationale Organisation zu befinden. *Churchill* mußte allerdings Konzessionen machen und Indien das von ihm früher strikt abgelehnte Dominion-Statut in Aussicht stellen. Er tat dies aber nur widerwillig unter dem Druck der militärischen Lage in Südostasien, der konfliktgeladenen Atmosphäre in Indien und auf Drängen des Kolonialkabinettes. *Churchill* war auch kein »Imperialist« im Sinne *Milners*, sondern ein stolzer und nationalistischer Klein-Engländer, der die Empire-Frage aus der Perspektive des Mutterlandes sah und an den wirtschaftlichen oder politischen Problemen der einzelnen Kolonien wenig Interesse zeigte. Eine Initiative zu Reformen in der Nachkriegszeit ist von ihm kaum ausgegangen und nur dann gebilligt worden, wenn imperiale Positionen nicht gefährdet waren.

Wir wissen nicht, wie das Kabinett auf *Churchills* provozierende Äußerungen reagiert hat. Daß die amerikanischen Zumutungen als ungerechtfertigt auch von liberalen und reformerisch gesinnten Kreisen abgelehnt, gleichzeitig aber auch als »challenge« empfunden wurden, haben wir gesehen [513]. »Liquidieren« und die Verfügungsgewalt den Vereinigten Staaten oder einer internationalen Behörde übertragen, wollte in London niemand. Andererseits hat sich aber die Labour Party gegen *Churchills* Interpretation der Atlantic Charta verwahrt [514] und ist *Roosevelt* gefolgt. Auch der liberale »Economist« distanzierte sich von einem bloßen »to hold our own« und wollte *Churchills* Äußerung durch eine Bereitschaft zu Reformen ergänzt wissen; er betonte – ganz im Sinne der von uns geschilderten publizistischen Diskussion – die Notwendigkeit, »to recognize and carry out the responsibilities of Empire more largely, more boldly, and more quickly than in the past«. Neue Zielsetzungen seien nicht notwendig, aber den Worten müßten Taten folgen. In der Vergangenheit habe sich das Parlament uninteressiert gezeigt, das Schatzamt sei kleinlich gewesen, Rassenvorurteile seien akzeptiert worden, und die Armut – ja Unterernährung – in Indien, Afrika und Westindien

"have stirred no popular indignation... If the war does awaken a wide sense of Imperial responsibility among the British people it will have done a great good" [515].

Einen Monat später stellte auch Lord *Bledisloe*, der Vorsitzende der Ostafrika-Kommission von 1938/39 fest: "It must be admitted that there was very little vitality and

[511] Ansprache vom 10. 11. 1942, Times, 11. 11. 1942.

[512] Vgl. oben S. 36.

[513] Als weiteres Beispiel darf ein Artikel *Margery Perhams* in der Times vom 2./21. 11. 1942 genannt werden mit dem Titel: "America and the Empire. The aftermath of Mr. *Willkie's Broadcast*". Perham distanziert sich zwar von der amerikanischen Kritik, wirbt aber gleichzeitig für Verständnis und meint: "Taken broadly and at best, the American challenge to us to hasten the work of deimperializing the Empire can lead only to good."

[514] "We mean to hold our own" sei ein Tory-Argument. "Labour does not think of the British Commonwealth in terms of 'Empire'... is not the sort of phrase the British public would chose as an accurate expression of its postwar aims." Daily Herald, 11. 11. 1942.

[515] War and Empire, 14. 11. 1942, p. 597 f.

constructive progress in our present colonial policy", während der liberale Lord *Samuel* ein »standing joint select committee on colonial affairs« befürwortete, weil sich das Parlament zu wenig für die Kolonien interessiere [516].

Die Regierung suchte in ihren Erklärungen dem in der Publizistik geäußerten Reformwillen entgegenzukommen, ohne sich allerdings irgendwie festzulegen. Eine erste wichtige Stellungnahme erfolgte – erstaunlich spät – am 24. Juni 1942 im Unterhaus durch den Unterstaatssekretär *Harold Macmillan:* Seit Juni 1939 habe keine Debatte über Kolonialfragen stattgefunden, stellte der Minister fest, wobei er sich ironisch über die früheren Debatten äußerte, in denen bestenfalls über einige Schulen und Eisenbahnen berichtet und diskutiert worden sei. Jetzt aber, nach dem Verlust der meisten Kolonien, werde in den noch verbliebenen Gebieten die Produktion »on an immense scale« vorangetrieben, sowohl für den Export als auch für den eigenen Konsum; die Industrialisierung werde nun gefördert. Das Empire müsse sich anpassen, doch treffe die These, daß Kolonien sich wie reife Früchte von ihrem Baum lösten, nicht zu:

"The war has shown us certain inescapable facts, of which we will learn the lesson Self-Government without security means nothing. Independence without defense is vain. The future of the world is in larger organizations and not in breaking up into a large number of small countries. It is in the light of these events that we should think of our future relationship with the Colonies as a permanent and not a transitory thing. The governing principle of the Colonial Empire should, therefore, be the principle of partnership between the various elements composing it. Out of partnership come understanding and friendship. Within the fabric of the Commonwealth lies the future of the Colonial territories. According to different needs and different conditions there will be the greatest divergence of local responsibility, but, however far these may be developed, there were broad Imperial problems which only admit of corporate resolution. Trade, currency, and monetary questions, defense, transport by sea, land and air – all these are Imperial questions. Capital development itself, on which the future of the territories depends, must be thought of as a whole." [517]

Diese Erklärung richtete sich natürlich gegen die Vereinigten Staaten, *Macmillan* zitierte dann auch *Churchills* Äußerung und kommentierte sie: "We are not liquidators. We are going on with the job." Die Zukunft der Kolonien liege im Rahmen des Commonwealth und nicht, wie die Amerikaner postulieren, im Status der Unabhängigkeit; dabei sollte die im Zweiten Weltkrieg geläufige These, die Entwicklung dränge auf die Bildung größerer Einheiten, als Argument dazu dienen, die britische Lösung als vorteilhaft erscheinen zu lassen. Der Hinweis auf die Sicherheit, die eben nur das Commonwealth gewähren könne, wirkt nicht gerade überzeugend, nachdem kurz zuvor Großbritannien weder Malaya und Borneo noch Burma dem Zugriff der Japaner entziehen konnte! Die imperialistische Argumentation war deshalb allzu durchsichtig. Die Regierung wollte sich aber reformerisch zeigen und führte daher offiziell den Begriff der Partnerschaft ein. Auf eine Anfrage von Labourseite antwortete *Macmillan,* es werde sich vorerst um ein Verhältnis von Senior- und Juniorpartner handeln, wobei er noch hinzufügte: "I never used – I carefully avoided using – the word Trusteeship at any point in my speech." [518] Er berücksichtigte damit die kritischen Äußerungen Lord *Haileys* im Oberhaus! Auch den wirtschaftlichen Forderungen kam er entgegen:

[516] House of Lords, 3. 12. 1942, vol. 125, S. 388.
[517] House of Commons, 24. 6. 1942, vol. 380, S. 2017.
[518] S. 2121.

"We need large-scale public investment on public needs." [519] In Westindien sei damit begonnen worden. Im übrigen jedoch blieb die Erklärung recht unbestimmt. Der Begriff der Partnerschaft ist vage und von Dominion-Status war nicht die Rede – und dies sicher mit Absicht; »the greatest divergence of local responsibility« konnte im besten Fall innere Autonomie bedeuten, aber wohl nicht parlamentarische Verantwortung. Auf diese Weise glaubte die Regierung den Reformwillen mit der imperialen Tradition in Einklang bringen zu können. Dabei ging sie von der Voraussetzung aus, daß die Kolonien diese Form der Partnerschaft akzeptieren und sich damit begnügen würden.
Einen Schritt weiter ging Viscount *Cranborne* in einer Erklärung vom 3. Dezember 1942:

"... I said the other day in this House that the British Empire is not static but dynamic. That I believe to be profoundly true. The process of development which I have tried to describe has no fixed limits. It is a continuing process. There is no so far and no further in our policy. We have seen how the old Colonies in Canada, Australia, New Zealand and South Africa have grown into great self-governing nations, on an absolute equality with Greath Britain and responsible for their own affairs, but linked to her by the enduring bond of loyalty to the Crown ... I see the territories of the Colonial Empire moving along the same road, not perhaps in their present isolation but more closely associated in wider groups, playing an ever growing part in the British Commonwealth of free nations. That is a noble conception which will, I hope and believe, in the fullness of time be realized... But this can be said – and I would repeat it – all the British Colonies at the present time are moving in the right direction. In some cases progress is rapid; in some it is inevitably slow, and to attempt to go too fast would upset existing institutions before the population was ready for others. Of one thing I am sure – the British Colonial Empire is not coming to an end. The work that we have to do is only beginning. We, the citizens of the British Empire, whatever our race, religion, or colour, have a mission to perform, and it is a mission that is essential to the welfare of the world. It is to ensure the survival of the way of life for which the United Nations are fighting, a way of life based on freedom, tolerance, justice and mutual understanding, in harmony with the principles of the Atlantic Charter. In that great mission we must not, and we shall not, fail." [520]

Es war dies – soweit wir sehen – das erste Mal, daß die britische Regierung »offiziell« das Dominionstatus als Ziel ihrer Kolonialpolitik ausgab, indem sie die Kolonien den bisherigen Mitgliedern des Commonwealth gleichstellte. Allerdings, auch jetzt gebrauchte sie den Begriff »Dominionstatus« nicht, ja sie umging ihn sorgfältig und mit Absicht. Warum? London wollte sich wohl, obschon mitten im Kriege, nicht endgültig festlegen und auch den Nationalisten keine Möglichkeit geben, sich auf eine klare Stellungnahme der Regierung berufen zu können; im übrigen sollte dieses Ziel in einer noch fernen Zukunft liegen. Wahrscheinlich bestand noch immer Hoffnung, den letzten Schritt nicht gehen zu müssen und, »along the road«, es bei innerer Autonomie belassen zu können. Die Regierung kam also der Aufforderung Lord *Haileys*, klar auszusprechen, was sie unter Self-government verstehe, nur ungern und zögernd nach! Das Statement zeigte zudem eine durch die amerikanische Kritik ausgelöste Tendenz, die Entkolonisierung in eine neue Mission des Empire umzudeuten, um diesem so eine neue Legitimation zu geben [521]. Es ist leicht, gegen diese Hypokrisie zu polemisieren, mit der

[519] S. 2019.
[520] House of Lords, vol. 125, S. 415 f.
[521] Deutlich z. B. im Kommentar des konservativen Daily Telegraph vom 3. 12. 1942.

die Aufrechterhaltung der Kolonialherrschaft als Dienst an der Menschheit und als Kampf für die Freiheit ausgegeben wurde. Man wird aber auch sagen können, daß die Entkolonialisierung um so leichter und mit sozialpsychologisch weniger Reaktion möglich war, als man sie nicht von vornherein als »abandon« interpretierte, wie es einer französischen Konzeption des größeren Frankreich entsprechen mußte, sondern als Aufgabe und Mission. Denn die in den folgenden Jahren durch die Umstände erzwungenen Konzessionen konnten somit als eine Erfüllung dieser Mission und als Einlösung von Freiheitsversprechen ausgelegt werden.

Die für die Kriegszeit abschließende Erklärung gab Colonel *Stanley* am 13. Juli 1943 ab:

"The central purpose of our colonial administration has often been proclaimed. It has been called the doctrine of trusteeship, although I think some of us feel now that the word "trusteeship" is rather too static in its connotation and that we should prefer to combine with the status of trustee the position also of partner [522]. But we are pledged to guide colonial people along the road to self-government within the framework of the British Empire. We are pledged to build up their social and economic institutions, and we are pledged to develop their natural-resources. It is no part of our policy... to grant self-government to those who are not yet trained in its use, but... it is up to us to see that circumstances as soon as possible justify political advances and to ensure that as quickly as possible people are trained and equipped for eventual Self-Government. Therefore the real test of sincerity and succees of our Colonial policy is twofold: It is not only the actual political advances that we make, but it is also, and I think more important, the steps that we are taking, economic and social as well as political, to prepare the people for further and future responsibilities." [523]

Dazu gehöre, sagte *Stanley* andernorts,

"to see the various peoples of the various territories develop themselves along the lines of their own national aptitude, their own culture, and their own tradition." [524]

Dieses oft zitierte Statement brachte an sich keinen neuen Gesichtspunkt, sondern faßte nur zusammen, was schon seine Vorgänger gesagt hatten und in der publizistischen Diskussion als Forderung für die Nachkriegszeit zur Sprache gekommen ist: Verzicht auf den Begriff des Trusteeship zugunsten der Partnerschaft [525]; Notwendigkeit der wirtschaftlichen und sozialen Hilfe, um die Voraussetzungen für Self-government zu schaffen; Distanzierung gegenüber Amerika und Bekenntnis zur Zukunftsaufgabe des Empire [526], als Ziel also nicht Unabhängigkeit, sondern Self-government innerhalb des

[522] Im Laufe der Debatte sagte ein Redner, es sei das erste Mal, daß die Regierung von Partnerschaft rede. *Harold Macmillan* ist aber vorausgegangen.

[523] House of Commons, vol. 391, S. 48.

[524] Britain looks ahead, II/1943, p. 72, zit. *Coleman,* Nigeria, p. 238.

[525] Der Vergleich mit dem Trust im Privatrecht genüge nicht, da dieses nur die Schutzfunktion, nicht aber die Verpflichtung enthalte, bei einem mangelhaften Einkommen des Schutzbefohlenen aus eigener Tasche aufzukommen. *Stanley* in einer Rede in Oxford v. 5. 3. 1943, zit.: Concept of Empire, ed. *Bennett,* 1953, p. 414.

[526] A.a.O., p. 415. Zudem z. B. "throughout the greater part of the Colonial Empire, it is, for the present, at any rate, the British presence alone which prevents a disastrous disintegration and British withdrawal today would mean for millions a descent from nascent nationhood into the turmoil of warring sects." *Stanley* vor der Foreign Policy Association in New York am 19. 1. 1945, zit. *Coleman,* Nigeria, p. 238.

Empire, ohne sich aber offen auf den Dominion-Status festzulegen [527]; Reformbereitschaft – auch im politischen Bereich – und Akzeptierung der Dekolonisation, wenn auch mit einem paternalistischen Unterton. Man beachte jedoch, wie sich die Zeitbegriffe gegenüber 1938 gewandelt haben: betonte der Kolonialminister damals den langsamen Prozeß, der sich über Generationen hinziehen werde (vgl. S. 109), so hieß es nun, 1943, daß der Dekolonisationsprozeß beschleunigt werden und »as soon as possible« und »as quickly as possible« erfolgen solle! Wobei sich Großbritannien erst noch verpflichtete, jene als Bedingungen gestellten Voraussetzungen zu schaffen, d. h. durch konkrete Reformmaßnahmen den Übergang von der Kolonialregierung zum Selfgovernment vorzubereiten.

Die Regierung hat es nicht bei bloßen Statements bewenden lassen, sondern die angekündigte Reformpolitik bereits während des Krieges unter Beweis zu stellen versucht [528]. Da wir einige Bereiche gesondert behandeln, können wir uns hier mit kurzen Angaben begnügen. Die Krise in Westindien hatte die Diskussion der ausgehenden 30er Jahre ausgelöst, worauf nun auch hier die energischsten Anstrengungen erfolgt sind. Es galt vor allem, die wirtschaftliche, soziale und politische Stagnation zu durchbrechen und mit Hilfeleistungen von außen die eigenen Energien der Territorien freizulegen. Dabei dienten die Vorschläge der Westindien-Kommission von 1938 als Ausgangspunkt [529]. Der jährliche Kredit von 1 Million Pfund wurde gewährt, und man beauftragte Sir *Frank Stockdale*, mit einem Stab von Mitarbeitern wirtschaftlich zu planen, die Anbau- und Absatzmethoden zu verbessern und den Ausbau des Gesundheitswesens, des sozialen Wohnungsbaus und des Schulwesens in die Wege zu leiten. Dabei wurde der Sozialgesetzgebung und der Errichtung von Labour Departements besondere Aufmerksamkeit gewidmet und die Gewerkschaftsbewegung intensiv gefördert. Die bis zu den Unruhen der 30er Jahre nur schwachen Gewerkschaften entwickelten sich rasch und wurden zur Basis neuer Parteien; die Zahl ihrer Mitglieder stieg z. B. in Jamaika von 1089 im Jahre 1938 auf 57 700 im Jahre 1947 [530]. Eine Demokratisierung der Legislative Councils sollte ihnen den oligarchischen Charakter nehmen und den Weg zum Self-government erleichtern. Jamaika erhielt 1944 das allgemeine Wahlrecht und ein Semi-responsible government, das sich an die Verfassung Ceylons von 1931 anlehnte, d. h. also ein Komitee-System, dessen Vorsitzende Minister wurden und exekutive Verantwortung übernahmen; drei britische ex-officio-Beamte blieben zwar im Amt, waren aber in der Minderheit. In den Wahlen von 1944 setzte sich *Bustamente*, gestützt auf

527 Bezeichnend für die britische Begriffsverwendung ist die Äußerung *Stanley's* an die amerikanische Adresse: »Das Ziel für das ganze koloniale Empire bilde es, ein Maximum von Selbstregierung im Rahmen des Empires so bald als möglich zu erreichen. Selbstregierung, nicht Unabhängigkeit liege im tatsächlichen Interesse sowohl dieser Gebiete als auch der gesamten Welt. Es könne aber keine Selbstregierung geben, solange die wirtschaftlichen und sozialen Verhältnisse sich nicht bessern und solange eine finanzielle Abhängigkeit besteht.« *Keesing's* Archiv der Gegenwart, 20. 3. 1945.

528 Einen Überblick mit detaillierten Angaben bietet der von der Verwaltung herausgegebene Bericht: The Colonial Empire (1939–1947), 1947, Cmd. 7167.

529 West India Royal Commission 1938–1939. Recommendations, 1940, Cmd. 6174. Dazu *Anette Baker Fox*, Freedom and Welfare in the Caribbean, a colonial dilemma, 1949; *J. H. Parry* and *P. H. Sherlock*, A Short History of the West Indies, 1960. New Era in the West Indies, in: Round Table, 34/1943–1944.

530 *Parry/Sherlock*, p. 282.

die Arbeiter der Zuckerindustrie, durch. Trinidad, Barbados und British-Guayana folgten. Der Dominionstatus sollte jedoch nicht den einzelnen Kolonien, sondern einer westindischen Föderation zukommen. Diese kam nach langwierigen Verhandlungen 1958 zustande, ist aber 1962 wieder auseinandergebrochen [531]; London hat eine »Balkanisierung« Westindiens nicht verhindern können.

In Asien hat sich die Diskussion natürlich auf Indien konzentriert, während Malaya und Burma als von Japan besetzte Gebiete vorerst nicht besonders aktuell erschienen; dagegen hat London 1943 Ceylon »full responsible Government« in Aussicht gestellt und die ceylonesischen Minister aufgefordert, eigene Vorschläge zu unterbreiten. Man war sich darüber klargeworden, daß nicht nur Indien, sondern auch Burma und Ceylon nach dem Kriege der Dominionstatus nicht mehr verweigert werden konnte, obschon man sich noch immer der Hoffnung hingab, eine längere Zwischenphase einschieben zu können.

In Afrika konzentrierten sich die Reformen vorerst auf die Lokalverwaltung; an der Goldküste etwa erhielten mehrere Stadträte afrikanische Mehrheiten. Außerdem gab der Kolonialminister im September 1942 die Direktive aus, in größerem Umfange als bisher Afrikaner in den oberen Verwaltungsdienst aufzunehmen. Erstmalig wurden zwei Ghanesen – darunter *Busia,* der bekannte Soziologe und spätere Führer der Ashanti-Opposition gegen *Nkrumah* – zu Assistent District Commissioners ernannt; außerdem wurden erstmals zwei Ghanesen in den Executive Council aufgenommen. Verfassungsänderungen für die Goldküste und Nigeria wurden vorbereitet, Labour Departments auch in Afrika errichtet, wobei die Regierung – vermutlich unter dem Druck der Labour Party in der Koalitionsregierung – britische Gewerkschaftler entsandte, die beim Aufbau afrikanischer Organisationen Hilfestellung leisten sollten. Einschneidende Reformen bereitete Großbritannien im Erziehungswesen vor [532]. Daß die Unterstufen erheblich ausgebaut werden mußten, und zwar mit größeren Zuwendungen von seiten des Mutterlandes, stand von vornherein fest. Die Hochschulausbildung sollte neu dazukommen. Eine Kommission unter dem Vorsitz des Richters *Asquith* veröffentlichte 1945 einen Bericht über die Hochschulfrage in den Kolonien, der in den folgenden Jahren – z. T. sogar noch für die unabhängigen Staaten – als Grundlage diente und die Richtlinien lieferte. Eine besondere Kommission unter *Elliot* befaßte sich mit den Universitäten Afrikas und schlug die Gründung mehrerer afrikanischer Hochschulen vor [533], wobei eine vorübergehende Verbindung zur London University den Aufbau erleichtern und die Einhaltung des Niveaus gewährleisten sollte. Es wurde dabei mit bemerkenswerter Konsequenz betont, daß der Aufbau von Universitäten unumgänglich sei, wenn die britische Politik auf Self-government abziele; lokalen Hochschulen wurde als »focus of the intellectual self-expression of the people« der Vorrang eingeräumt. Der Unterschied zur französischen Konzeption wird hier wieder-

[531] Guten Aufriß bietet *Charles H. Archibald,* The failure of the West Indies Federation, in: The World to-day, Juni 1962.

[532] Einen guten Überblick bietet *Helmut Peets,* Die Rolle des Erziehungswesens in der englischen Kolonialpolitik in Nigeria, in: Erziehung und Politik in Nigeria, hg. *H. N. Weiler,* 1964.

[533] Asquith-Report, 1945, Cmd. 6647. Elliot-Report, 1945, Cmd. 6655. *Haily,* African Survey, Ausgabe 1956, p. 1180 f.

um deutlich: Dekolonisation soll nicht zu Integration und Assimilation führen, sondern zu Self-government, d. h. zur Nationwerdung der Kolonien auf der Basis ihrer eigenen kulturellen Voraussetzungen und Traditionen.

Die mit dem Colonial Development and Welfare Act von 1940 angekündigte Entwicklungspolitik ist während des Krieges nicht voll zur Auswirkung gelangt, da die britische Industrie auf Kriegsproduktion umstellen mußte und auch der notwendige Schiffsraum nicht zur Verfügung stand. Die 1940 bewilligten Kredite sind nicht voll ausgegeben worden. Wie sich das Colonial Office aber bemühte, die Kriegsanforderungen des Mutterlandes mit den Interessen der Kolonien und ihrer eingeborenen Bevölkerung in Einklang zu bringen, zeigt eine Anweisung vom Juni 1941 [534]. Die Kolonialverwaltungen wurden aufgefordert, den Import lebenswichtiger Güter durch Importverbote bzw. Restriktionen oder erhöhte Steuern soweit wie möglich einzuschränken; diese Maßnahmen – vor allem die Steuererhöhungen – sollten aber die wohlhabenden Schichten, nicht zuletzt auch die Europäer, treffen und nicht die Masse der eingeborenen Bevölkerung. Im Gegenteil: es solle alles getan werden, um trotz der notwendigen Einschränkungen auch während des Krieges ihren so erschreckend niedrigen Lebensstandard zu heben. Aktionen, zu denen man keine oder nur wenig Importgüter benötige, müßten energisch vorangetrieben werden. Die Administration möge Pläne vorbereiten und afrikanisches Personal ausbilden; London werde sich bemühen, die dafür notwendigen Ausbildungskader zur Verfügung zu stellen. Bemerkenswert war auch die Anweisung, daß Überschüsse des Budgets nicht nach London geleitet werden sollten; dies sei zwar sehr löblich, aber nicht vorteilhaft. Das Ministerium ziehe es vor, daß diese Mittel zurückgehalten würden, um nach Kriegsende sogleich für Wiederaufbau und Entwicklung zur Verfügung zu stehen. Es ist tatsächlich den meisten Kolonien gelungen, während des Krieges z. T. sehr umfangreiche Reserven anzuhäufen, mit denen nach 1945 die rapide Entwicklung bezahlt und sogar noch der Start in die Unabhängigkeit erleichtert werden konnte.

London hat sich aber mit dieser Reservenbildung nicht begnügt und war bereit, aus dem Budget des Mutterlandes eine bedeutend größere Kredithilfe bereitzustellen als noch 1940 vorgesehen war. Im Februar 1945 bewilligte das britische Parlament einen neuen Colonial Development and Welfare Fund in Höhe von 120 Millionen Pfund, verteilt auf 10 Jahre; davon wurden 23 Millionen für Forschung und Hochschulbildung reserviert [535]. Regierung und Parlament haben damit die Anregungen und Forderungen aus der Publizistik aufgenommen und gutgeheißen.

Die Regierung Großbritanniens hat also bereits während des Krieges mancherlei Vorsorge getroffen, um dem Dependent Empire wirtschaftlich und sozial, aber auch politisch auf dem Weg zum Self-government voranzuhelfen. Manches mag uns heute bescheiden und auch schwerfällig anmuten – vor allem die Afrikanisierung der Verwaltung. Zweifellos war man sich aber darüber klargeworden, daß man in der Nachkriegszeit mit zum Teil radikalen Forderungen der im Kriege sehr stark gewordenen

[534] Dispatch from the Secretary of State for the Colonies to the Colonial Governments regarding aspects of colonial policy in war-time, 5. 6. 1941 (1941), Cmd. 6299.

[535] Colonial Development and Welfare, Dispatch des Staatssekretärs an die Kolonialverwaltungen (1945), Cmd. 6713. Diskussion im Unterhaus am 7. 2. 1945, House of Commons, vol. 407, S. 2092 f.

Emanzipationsbewegung rechnen mußte. Jedoch hat man sie wohl immer noch unterschätzt und nicht daran geglaubt, daß man künftig einmal unter Druck stehen oder gar in Zeitnot geraten könnte. Es war klar, daß man die bisherigen Versprechen konkretisieren und erweitern mußte, um noch glaubwürdig zu sein, aber man hat weiterhin gezögert, den Begriff des Dominionstatus oder gar der Unabhängigkeit in die offiziellen Proklamationen aufzunehmen. Und so sehr auch Politiker und Publizisten die Bedeutung des Empire für Großbritannien herausstellten – das Interesse des durchschnittlichen Wählers für koloniale Fragen blieb dennoch gering; jedenfalls hielten es weder konservative noch Labour-Kandidaten für nötig, in ihren Wahladressen zu Fragen des Empire ausführlicher Stellung zu nehmen [536]. Es war jedoch die Basis für eine Nachkriegspolitik geschaffen, die sich wesentlich von der Passivität in den Jahren zuvor unterschied, und die Labour-Regierung konnte daran unmittelbar anknüpfen. Es sollte sich allerdings zeigen, wie sehr sich London in seiner Annahme getäuscht hatte, daß man noch über reichlich Zeit für die Reformen verfüge und die Zusagen auf Selfgovernment erst in recht ferner Zukunft einlösen müsse. Die Begriffe und Formeln, mit denen Großbritannien sein Einverständnis für eine Dekolonisation gab, erwiesen sich als tragfähig, nicht aber die vorgeplanten oder erhofften Termine und Fristen. London hat sich jedoch als anpassungsfähig genug erwiesen, um auch dieser veränderten Situation gewachsen zu sein, die Termine zurückzunehmen und die Fristen zu verkürzen, um den Übergang zum Multiracial Commonwealth ohne blutige Konflikte zu vollziehen.

Die Labour Party während und nach dem Zweiten Weltkrieg

"What is the long-term policy?" fragte Captain *Macdonald* in der wichtigen Kolonialdebatte vom 24. Juni 1942 [537].

"For many years I have been trying to find out the long-term policy of the Colonial Office, but so far without success... We want a new conception of Empire... The end of this war leads to demands from the Colonial Empire, or from some parts of it, for greater responsibility and a greater voice in their own affairs."

Und *Arthur Creech-Jones,* Sprecher der Labour Party und Kolonialminister der kommenden Labour-Regierung, fügte hinzu:

"Imperialism of the old order passes, toughest perhaps in its economic grips... The challenge of Russia, the renaissance of China, the demand for independence by India, are all symptoma-

[536] Die Kronkolonien z. B. erscheinen nur in 14 % der konservativen und 9 % der Labour-Erklärungen, Indien sogar nur in 2 % der konservativen und 9 % bei Labour-Kandidaten. Die Erklärungen enthielten außerdem meist nur einige Gemeinplätze. *R. B. McCallum* and *Alison Readman,* The British General Election of 1945, 1947, p. 98 f., 112.
Geradezu unglaubwürdig wirkt das Ergebnis einer Umfrage von 1948: 51 % der Befragten konnten nicht eine Kolonie nennen, 77 % glaubten, daß die Kolonien Steuern an Großbritannien zahlten. U. K. Social Survey, Public Opinion on Colonial Affairs 1948, zit.: *S. A. Haqe Haqqi,* The colonial policy of the Labour Government (1945–1951), 1960, p. 5, Anm. 7.

[537] House of Commons, vol. 380, S. 2027.

tic of the ferment that is going on in the minds of men the world over. We cannot estimate the effects of the dynamics of new political ideas, economic doctrines and social creeds on the Colonial peoples to-day... Even trusteeship must be transformed into a positive principle of cooperation of equals in the forward march of men... the word is beginning to wear, perhaps because, besides achievement, it has been associated with a certain amount of cant and failure to fulfil the hopes of the Colonial peoples. Nor has this word 'trusteeship' the same meaning everywhere. It is irritating in some places and it is unpopular in others. Lord *Hailey* has admirably expressed [538] what some of us have been saying for a long time on this matter. Indeed, some of us want a new relationship with the Colonial peoples which conveys the idea of equality and fellowship, the idea of service and practical assistance and which expresses it in dynamic and constructive terms... We must formulate a positive policy in place of a weak negative one." [539]

Wir haben gesehen, daß die Regierung sich bemühte, der Aufforderung der Opposition nachzukommen, und daß *Harold Macmillan* in seiner Antwort die kritischen Einwände gegen das Trusteeship berücksichtigte, ohne im übrigen jedoch konkrete Angaben zu machen und wesentlich Neues zu sagen. Hat aber die Labour Party ihrerseits die gewünschte »long-term policy« zu formulieren verstanden und dann als verantwortliche Regierungspartei nach Kriegsende auch in die Tat umgesetzt?

Die theoretische Vorarbeit wurde wiederum von der Fabian-Society geleistet. Bereits im Oktober 1940 wurde auf Anregung von *Rita Hinden* ein Fabian Colonial Bureau gebildet, das sich mit den konkreten Kolonialproblemen befassen und Richtlinien für eine Nachkriegspolitik der Labour Party herausgeben sollte. Unter den ersten Mitgliedern finden wir *Leonhard Woolf, W. M. Macmillan, Margery Perham, Julian Huxley; Arthur Creech-Jones* übernahm den Vorsitz, während *Rita Hinden* als Sekretärin fungierte [540]. Diese Zusammensetzung lag ganz in der Tradition der Fabier insofern, als auch hier Fachleute und Reformer – und nicht etwa Parteifunktionäre oder gar sozialistische Doktrinäre – die Diskussion führten und Vorschläge unterbreiteten [541]. In Memoranden und Pamphleten sollte nicht nur ein Programm für die Labour Party formuliert werden, sondern man wollte damit auch den Parlamentariern Hilfestellung geben, Material für Anfragen im Unterhaus zur Verfügung stellen und das immer noch geringe Interesse der Abgeordneten und Parteimänner für die Probleme des Empire fördern. Die Fabian Society wirkte außerdem als eine Art Pressure group innerhalb der Labour Party. Das Colonial Bureau nahm Verbindung zu den kolonialen Emanzipationsbewegungen auf, bemühte sich um Kontakte mit den afrikanischen Studenten in London und gründete z. B. bereits 1941 eine nigerianische Sektion. Das Schwergewicht lag auf Afrika, und *Rita Hinden* brachte als ersten Report einen »Plan for Africa« hinaus.

Die Partei selbst zeigte allerdings zunächst nicht viel mehr Interesse als zuvor und stellte auf ihren Kongressen die koloniale Frage nur am Rande. Der programmatische Report von 1942 »The Old World and the New Society», für den *Harold Laski* verantwortlich gewesen ist, griff lediglich die alten Thesen und Forderungen wieder auf, ohne die politischen Ziele klar zu formulieren. Auf dem Parteikongress brachte der Parlamentsabgeordnete *Guest* den Antrag ein, die Labour Party möge eine Freiheitscharta

[538] Votum im Oberhaus, siehe oben S. 191.

[539] House of Commons, vol. 380, S. 2046.

[540] *Margeret Cole,* The story of Fabian Socialism, 1961, p. 267 f.

[541] *Julian Huxley* z. B. nicht Mitglied der Labour Party, sondern Kolonialspezialist der Liberalen.

für die Kolonialvölker ausgeben, die u. a. den Status der Kolonie aufhob und einen besonderen Rat aus Vertretern der abhängigen Gebiete etablierte [542]. Eine entsprechende Resolution wurde aber erst auf dem Kongreß des folgenden Jahres angenommen [543], ohne dabei von der Parteiexekutive sonderlich ernst genommen zu werden. Das Pamphlet »The Colonies« [544] und die wichtigen »Fabian Colonial Essays« von 1945 konzentrierten sich auf konkrete Fragen, ohne neue Gesichtspunkte zu bieten.

Auch die Fabier mußten das geringe Interesse des britischen Volkes an der Kolonialbevölkerung betonen; die allgemeine Haltung sei wohl liberal und reformbereit, aber vor allem indifferent. Im Parlament werde selten und dann noch dazu vor leeren Bänken verhandelt. Die Labour Party sei an dieser Indifferenz ebenfalls beteiligt [545]. Auf beiden Seiten höre man weniger pathetische Prinzipienerklärungen: die Konservativen sprächen nicht mehr so oft von »some providential sacred trust«, auf der Labour-Seite halte man sich zurück in »uncritical denunciation about the inquiries of imperialism« [546]. Damit hat sich die Labour Party einmal mehr gegen einen doktrinären Anti-Kolonialismus abgesetzt.

Die neue weltpolitische Lage und die Emanzipationsbewegungen wurden eindringlich in Erinnerung gerufen. »A world emerges in which areas hitherto treated as 'non-adult' must share in the general life of mankind." [547] Die Herausforderung durch die Kriegsereignisse, der Aufstieg von Rußland und Amerika, aber auch die Bewegung, die

[542] "This Conference considers that the time has arrived for a restatement of the principles of the Labour Party as applied to the government of the colonies and to the status of colonial peoples.

This sould be a charter of freedom for colonial peoples abolishing all forms of imperialist exploitation and embodying the following main principles:

1. All persons who are citizens of the colonial commonwealth should be considered to possess and be allowed to enjoy equality of political, economic, and social rights in the same way as the citizens of Great Britain.
2. The status of colony should be abolished and there should be substituted for this that of States named according to the country in which they are situated and having an equal status with the other nations of the Commonwealth.
3. In all colonial areas there should be organized a system of democratic government, using the forms of indigenous institutions in order to enable the mass of the people to enter upon self-government by the modification of existing forms of colonial administration in conformity with these principles.
4. In all colonial areas, in Africa and elsewhere, where the primitive systems of communal land tenure exist, these systems should be maintained and land should be declared inalienable by private sale or purchase. All natural resources should be declared public property and be developed under public ownership.
5. A commonwealth council of colonial peoples should be set up on which each former colonial state should be represented in accordance with the number of its population, but giving also special attention to the representation of national groups within each state." Annual Conference 1942, p. 155.

[543] Annual Conference 1943, p. 207.

[544] The Colonies. The Labour Party's Post-War Policy for the African and Pacific Colonies, 1943. Der Report knüpft an den von 1933 an.

[545] Plan for Africa, p. 29. "We cannot escape the charge of neglect and indifference." *Creech-Jones,* in: Colonial Essays, p. 69.

[546] Vorwort *Creech-Jones,* a.a.O., p. 11.

[547] A.a.O., p. 10.

von Indien ausgehe, dürften nicht übersehen werden. Bei der jungen Elite in den Kolonien greife ein Gefühl der »frustration« um sich, das sich in offener oder latenter Opposition gegen England äußere. Großbritannien sei selbst daran schuld, da die Reformen viel zu langsam erfolgten, da es die soziale Umschichtung zu wenig berücksichtige und den Eingeborenen den Zutritt zu Verwaltung und Politik weitgehend verwehre [548]; dazu komme die rassische Diskriminierung, auf die die Labour Party öfter mit Nachdruck hinwies. Die Labour Party werde es sich angelegen sein lassen, nicht einfach zu dekretieren, sondern die Repräsentanten der nationalen Opposition zur Planung heranzuziehen und im Einvernehmen mit diesen Reformen auszuarbeiten. "Let them feel that it is a war of liberation, the travail of the world for a new order." [549]

Mit der Atlantic Charta und dem amerikanischen Anti-Kolonialismus erhielt die alte Labour-Forderung nach einer Internationalisierung der Kolonialfrage neuen Auftrieb. *Churchills* Interpretation fand bei der Labour Party natürlich keine Zustimmung [550]. Diese begrüßte im Gegensatz zu den Konservativen die Bemühungen um einen Ausbau des Mandatssystems des Völkerbundes und nahm auf ihrem Parteitag 1943 eine entsprechende Resolution an [551]. Sie ist allerdings in ihren hochgespannten Erwartungen enttäuscht worden, und 1953 übte auch der ehemalige Kolonialminister *Creech-Jones* scharfe Kritik am Trusteeship-Council der UNO [552]. Mit der Internationalisierung verband sich der erwähnte Vorschlag, als Ergänzung zur Atlantic Charta eine eigene britische Colonial Charta zu proklamieren, um die Weltöffentlichkeit und auch die Eingeborenen von der Ernsthaftigkeit der britischen Dekolonisation zu überzeugen, das Mißtrauen abzuschwächen und gleichzeitig das Mutterland auf einen bestimmten Kurs festzulegen [553]. Dieser Vorschlag wurde von der Liberalen Partei unterstützt und von Lord *Hailey* – wenigstens teilweise – gutgeheißen [554]. Eine demonstrative Erklärung hätte zweifellos einigen Eindruck gemacht, obschon die Kritiker mit Recht darauf hinwiesen, daß die allgemeinen Richtlinien dieser Charta in den Statements der Regierung bereits enthalten seien und nähere Angaben oder gar eigentliche time-tables infolge der großen Unterschiede der Kolonien nicht gemacht werden könnten.

[548] "Often their natural leaders are ignored. There seems indifference in high places to the popular movements. Our replies to their offers are often half-hearted and disdainful"; *Creech-Jones*, House of Commons, 24. 6. 1942, vol. 380, S. 2044. "Colonial peoples are also in a critical mood. They want action"; House of Commons, 13. 7. 1943, vol. 391, S. 72.

[549] *Creech-Jones*, 26. 6. 1942, a.a.O., S. 2045.

[550] A.a.O., S. 2044.

[551] *Noel-Baker* unterstützt im Namen des National Executive Committee die Resolution, Annual Congress, 1943, p. 208. Vgl. auch International Action in the Colonies, Report of a Committee of the Fabian Research Bureau, Sept. 1943.

[552] Control of Dependent Territories, in: New Commonwealth, 2. 3. 1953, p. 214 f. Im "Statement of policy on colonial affairs" von 1954 ist denn auch von der UNO nicht mehr die Rede. Anhang VIII zu Annual Conference, 1954, p. 199.

[553] *Creech-Jones*, House of Commons, 24. 6. 1942, a.a.O., S. 2044: "A supplementary charter." Wieder 13. 7. 1943, vol. 391, S. 72.

[554] Einige Angaben über den möglichen Inhalt einer solchen Charter bei *J. Huxley* and *Ph. Deane*, Future of the Colonies. Target for tomorrow, Nr. 8, 1944. Lord *Hailey*, The Colonies and the Atlantic Charter (Ansprache vor der Royal Central Asian Society) 1943, p. 242.

Neben Indien und Ceylon, die bereits vor 1939 als reif für Self-government gegolten haben, traten nun außer Malta auch Burma und Westindien, vor allem Jamaika, wobei der Labour Party unter Self-government den Dominionstatus verstand. Vereinzelt treffen wir auf die Forderung, Hongkong an China und Zypern an Griechenland zurückzugeben [555]. Asien hatte dabei an Interesse verloren, da mit der Zusage des Dominionstatus nach dem Kriege die Probleme gelöst schienen. In der indischen Frage berief sich die Labour Party auf die Cripps-Offerte und verlangte neue Verhandlungen. In Afrika waren längere Übergangsperioden notwendig [556]; es sei daher Pflicht Großbritanniens, die Flinte nicht ins Korn zu werfen [557].

Es versteht sich, daß die Labour Party in die Kritik an der Indirect Rule einstimmte und diese als antidemokratische Methode interpretierte. Sie sei

"a powerfull instrument of policy for those who hold that the African is incapable of democratic Self-Government of the western type." [558]

Sie habe das Aufkommen regierungsfähiger Eliten verhindert und Native Authorities künstlich vom Central Government getrennt, anstatt eine demokratische Form des Self-government von unten nach oben aufzubauen. Modernes Local Government sei ebenso notwendig wie eine Beschleunigung des Überganges von ernannten und beamteten zu gewählten Mitgliedern im Legislative Council [559]. 1945 wird die Labour-Regierung diesen Prinzipien folgen.

Die mehrrassigen Kolonien – sowohl Malaya und Guayana als auch Kenya – mußten die Labour Party besonders stark beschäftigen. Die Homogenität der Bevölkerung müsse ebenso wie das Verständnis für die Minderheiten bewußt gefördert werden; getrennte Wahlkörper seien keine Lösung, eher schon reservierte Sitze im Parlament. Im Falle Kenyas äußerte sich die Fabian Society scharf gegen die Siedlerminderheit und verlangte die Hereinnahme der Afrikaner in den legislativen und exekutiven Rat, den Übergang zum Common Roll und die Aufhebung der Hochland-Reservation [560]. Der Begriff der Partnerschaft wurde aufgenommen, wobei die Demokratisierung zu einem immer größeren Übergewicht der Afrikaner führen würde; die Labour Party orientierte sich gezwungenermaßen an afrikanischen Mehrheiten, scheute sich aber, dies offen auszusprechen! Ihre Kolonialspezialisten wußten, daß Kenya und Rhodesien »test cases« einer britischen Nachkriegspolitik sein würden, sahen sich aber andererseits noch zu keinen endgültigen Entscheidungen gedrängt; noch 1950 konnte Kolonialmini-

[555] Annual Conference, 1943 (*Freeman*), p. 207. *Brailsford* in den Colonial Essays, p. 24.

[556] "Everywhere the goal should be political self-government, but attainment of that goal in many instances cannot be near at hand." Annual Conference, 1943, p. 4. "It would be ignorant, dangerous nonsense to talk about grants for full self-government to many of the dependent territories for some time to come." *Herbert Morrison* am 10. 1. 1943, Times, 11. 1. 1943.

[557] "Socialist at the same time because of their dislike of imperialism and control of one people by another, they cannot stop their ears to the claims of the colonial peoples and renounce responsibility towards British territories because of some sentimental inclination to 'liberation' or international administration. To throw off the colonial Empire in this way, would be to betray the peoples and our trust." *Creech-Jones* im Vorwort zu Colonial Essays, p. 13.

[558] *Leonhard Woolf* in Fabian Colonial Essays, p. 92.

[559] P. 98.

[560] Kenya: White man's country? Report to the Fabian Colonial Bureau, Jan. 1944.

ster *Creech-Jones* sagen: "As yet the issues of majority rule or ultimate independence are almost irrelevant." [561]
Wirtschaftliche und soziale Fragen wurden natürlich sehr ausführlich behandelt. Es lag auf der Hand, daß einmal mehr die Bodenpolitik der Siedler in Ostafrika oder die enormen Gewinne gewisser Bergbauunternehmungen einer polemischen Kritik unterzogen wurden. Hier sei eine Verstaatlichung unumgänglich, vor allem aber sei außer einer verstärkten Planungsarbeit auch der Ausbau von Genossenschaften und Gewerkschaften und die schnelle Erweiterung des Erziehungswesens notwendig. Die Kolonien bedürften dazu der direkten Finanzhilfe des Mutterlandes; die Colonial Development Act von 1940 müsse erweitert werden. In dieser Frage hatte sich die Haltung der Partei merklich gewandelt. Sie machte nun auch keine Vorbehalte mehr im Hinblick auf lokale Industrien; in den folgenden Jahren waren es eher konservative Parlamentarier, die vor zu schneller Industrialisierung warnten. Dieser Frontwechsel ist nicht zuletzt durch das Verschwinden der britischen Arbeitslosigkeit während und nach dem Kriege zu erklären.
Die Labour Party trat energisch für das Commonwealth ein und wandte sich mit ähnlicher Vehemenz wie die Konservativen gegen die amerikanische Kritik und Verdächtigung. *Herbert Morrison,* Minister im Kriegskabinett, bezog 1943 sehr pointiert Stellung: Das Commonwealth sei nicht nur eine britische Angelegenheit, sondern diene als stabilisierender Faktor der ganzen Welt [562].

"The growth of that association is a model for a world long afflicted by problems arising from the unequal development of different lands and peoples."

Jedes Dominion habe als »dependency« begonnen und sich zu voller Freiheit entwikkelt. Mit dem Dominionstatus sei die Dekolonisation erreicht, »freedom and independence« seien eine Realität – dies müßten die Vereinigten Staaten endlich einsehen! Der Sozialist *Morrison* konnte sogar – gegen Amerika gerichtet – die britische Kolonialpolitik der Vergangenheit erstaunlich positiv beurteilen:

"On the whole, and with some exceptions, I would credit us with a human, decent, fair-minded attitude towards the less advanced peoples in our charge!"

Die Vorstellung eines autarken Empire habe sich als Illusion erwiesen, und das britische System sei – auf lange Sicht gesehen – durchaus im Interesse der internationalen Völkerfamilie. Originalität konnte die Dekolonisationskonzeption der Labour Party nicht beanspruchen, und auch später haben sich kaum neue Gesichtspunkte ergeben [563]. Im Vergleich zur Vorkriegszeit traten doktrinäre Thesen zurück, während das Interesse an den konkreten Problemen einzelner Kolonien zunahm. Standen sich noch während und nach dem Ersten Weltkrieg die Repräsentanten des prokonsularischen Imperialismus und ein marxistisch beeinflußter Anti-Kolonialismus einzelner Sozialisten scharf gegenüber, so haben sich im Zweiten Weltkrieg die Positionen angenähert. Der Unterschied zwischen Konservativen und Labour Party lag weniger in bestimmten

[561] British colonial policy with particular reference to Africa. Ansprache im Chatham House, 30. 11. 1950, in: International Affairs, 1951, p. 180.
[562] Rede vom 10. 1. 1943. Die Times v. 11. 1. 1943 gibt den Text im Auszug wieder und erklärt sich damit einverstanden!
[563] Vgl. Annual Conferences, New Fabian Colonial Essays, 1959.

Thesen und Forderungen als in der Divergenz der »attitude«: man näherte sich von verschiedenen Ausgangspunkten einer gemeinsamen Linie. Während die Konservativen mehr oder weniger widerwillig Konzessionen machten und auf einen reformerischen Kurs einschwenkten, sah sich die Labour Party ihrerseits gezwungen, auf doktrinäre Positionen zu verzichten und eine schrittweise Dekolonisation zu akzeptieren. Sie wollte sich besonders reformfreudig zeigen und das Tempo beschleunigen, obwohl auch sie die Emanzipationsbestrebungen unterschätzt und mit längeren Übergangsfristen gerechnet hatte, als dann faktisch zur Verfügung standen. *Rita Hinden* schilderte im Schlußkapitel ihres Buches »Empire and after« von 1949 das Dilemma, vor das sich Reformer und Labour Party gestellt sahen: Self-government könne beim besten Willen nicht sofort gewährt werden, weil die Basis noch zu schwach sei, weil Minderheiten geschützt und nationale Einheiten noch gefördert werden müßten – andererseits dränge die Opposition und verweigere die Kooperation. Eine Politik des Time-target – also die Festlegung eines bestimmten Zeitpunktes der Ablösung – lehnte *Rita Hinden* aber ab, wenn auch mit nicht sehr überzeugenden Argumenten[564]. In den Philippinen hatte sich ein solches Vorgehen als recht erfolgreich erwiesen, und die Frage lag nahe, ob es nicht auch in Afrika wertvolle Dienste hätte leisten können, indem das Mißtrauen der nationalen Opposition beschwichtigt und die Verwaltung zu einer Beschleunigung der Afrikanisierung der Kader veranlaßt worden wäre. *Rita Hinden* schlug als Ausweg gemischte Gremien vor, um so die nächsten Reformen und Verfassungsänderungen gemeinsam mit afrikanischen Repräsentanten auszuhandeln und diese zur Mitarbeit zu bewegen. Die Labour-Regierung hat um 1948 diesen Weg eingeschlagen – zunächst in Westafrika, später in Ostafrika.

Die Labour Party hat nach ihrer Regierungsübernahme 1945 auch im kolonialen Bereich eine große Aktivität entfaltet. Das Colonial Office hat sein Personal wesentlich vermehrt und vor allem seine technisch-wirtschaftlichen Abteilungen stark ausgebaut. Das Erziehungswesen wurde energisch gefördert, Studenten aus den Kolonien wurden mit Stipendien eine Ausbildung im Mutterland ermöglicht, man forcierte die Sozialpolitik und unterstützte die Gewerkschaftsbewegung. Vom Willen zur Zusammenarbeit zeugte eine Konferenz von afrikanischen Vertretern kolonialer Legislativversammlungen im September 1948, um persönliche Kontakte herzustellen und die konkreten Probleme und Aufgaben der Verwaltung vor Augen zu führen; im Zentrum stand dabei eine Reform des Local Government (vgl. S. 253). Unzählige Kolonialverfassungen sind revidiert worden, und die Partei konnte sich in der Folgezeit auf diese Reformen berufen[565]. Es läßt sich hierbei allerdings kritisch einwenden, daß die entscheidenden Schritte nicht so sehr aus eigenem Antrieb oder einem »Plan« entsprechend erfolgten als vielmehr auf Grund demonstrativer Forderungen und um einen offenen Konflikt zu vermeiden. Wir werden dies vor allem im Falle Burmas zeigen können: die sozialistische Regierung hatte keine eigene Konzeption und glaubte, das White Paper

[564] P. 184. Man wisse nicht, wie die Dinge laufen würden, und ob dann die Situation wirklich günstig sei...

[565] Z. B. Unterstaatssekretär *Ivor Thomas* am 29. 7. 1947: Zwanzig Verfassungen seien zur Zeit in Bearbeitung, House of Commons, vol. 441, S. 370. Nähere Angaben im Bericht The Colonial Empire (1947–1948), Cmd. 7433. *Creech-Jones* in den New Essays, p. 51 f. Hinweise über die Aktivierung des Colonial Office auch bei *Cohen*, Changing, p. 84.

der Koalitionsregierung übernehmen zu können. Nicht zuletzt war es Lord *Mountbatten,* der schließlich Premierminister *Attlee* zum Handeln zwang. Ähnliches geschah später bezüglich der Goldküste: die 1944 vorbereitete Verfassung wurde in Kraft gesetzt und das Local Government sollte ausgebaut werden [566]; erst die Unruhen von 1948 haben jedoch die Labour-Regierung dazu veranlaßt, Responsible government zu gewähren. Wo aber die Emanzipationsbewegungen noch schwach waren und die Administration nicht unter Druck setzen konnten, blieben die Reformen der Labour-Regierung in bescheidenem Rahmen. In Kenya etwa hat der bereits 1944 ernannte Gouverneur Sir *Philip Mitchell,* ehemaliger Mitarbeiter *Donald Camerons,* nach mühsamen Verhandlungen 1948 einen neuen Legislative Council eröffnet, dessen Unofficial Majority den »Farbigen« eine Parität mit den Europäern einräumte (vier ernannte Afrikaner vertraten die Natives); die Hoffnung jedoch, auf diesem Wege die rassischen Gemeinschaften zusammenzuführen, ist gescheitert: Die Weißen opponierten – von Ausnahmen abgesehen –, während auf afrikanischer Seite der Sturm des Mau-Mau heraufzog [567].

Selbst eigentliche Mißgriffe wie die Absetzung des Häuptlings *Seretse Khama* von Betschuanaland (1950) wird man anführen können, von den Vorbereitungen zur rhodesischen Föderation abgesehen. Wenn man sich an die heftige Kritik an der Ostafrika-Politik der Konservativen erinnert, so zeigte sich von neuem – trotz wertvollen Bemühungen – eine deutliche Divergenz zwischen weiterreichenden Verlautbarungen in der Opposition und dem behutsamen Vorgehen als verantwortliche Regierungspartei!

Die Konservativen, vor allem der Diehard-Flügel, beschuldigten zwar die Labour-Regierung der Liquidation des Empire und bezichtigten sie vorschneller Konzessionen, aber gleichzeitig drängte der linke Flügel der Partei auf eine Beschleunigung der Dekolonisation. So wurde *Creech-Jones* etwa vorgeworfen, es bestünde nur ein geringer Unterschied zwischen der Politik der Labour-Regierung und der Koalitionspolitik der Kriegszeit [568]. Als *Herbert Morrison* anfangs 1946 erklärte, »we are great friends of the jolly old Empire and are going to stick to it«, wandte sich auch das Fabian Colonial Bureau gegen solch »taktlose« Formulierungen [569]. Die vom Bureau herausgegebene Zeitschrift »Empire« nahm im Sommer 1946 die Regierung in Schutz und bestritt nicht den Reformwillen des Colonial Office, vermißte aber einen wirklichen Neuansatz; die Labour-Regierung möge die Erklärung abgeben, daß alle Völker ein Recht auf Selbstbestimmung hätten, und verfassungsgebende Versammlungen berufen [570]. *Harald Laski* hingegen sah sich zu einem Lob *Creech-Jones* veranlaßt und wies 1947 die Amerikaner

[566] Z. B. *Creech-Jones* im Unterhaus am 29. 7. 1947, House of Commons, vol. 441, S. 270, Cmd. 7433, p. 9.

[567] *Bennett,* p. 99 f.

[568] *Dr. Morgan,* 9. 7. 1946, House of Commons, vol. 425, S. 287. *Guest,* 29. 7. 1947, vol. 441, S. 301.

[569] New Statesman and Nation, 19. 1. 1946, p. 46. Brief *Horrabins* als Vorsitzender und *Rita Hindens* als Sekretärin des Fabian Colonial Bureaus.

[570] Empire, Mai/Juni 1946, p. 2, Juli 1946, p. 2. Kritik auch am mangelnden Interesse der Partei: "The Party itself does not maintain a single official to deal with colonial affairs, its members show only the most cursory interest in them and spare only a few minutes to discuss them at its Annual Conference." August 1946, p. 2.

darauf hin, daß noch keine afrikanische Kolonie reif für Self-government sei[571]. In den 50er Jahren konstituierte sich unter Führung des linksgerichteten Labour-Abgeordneten *Fenner Brockway* ein »Movement for Colonial Freedom«, dem viele Gewerkschaften und lokale Parteiorganisationen, aber auch etwa hundert Parlamentarier angehörten, und das zahlreiche Anfragen im Unterhaus einbrachte und selbst Protestdemonstrationen organisierte[572]. Die Kommunisten sprachen natürlich vom »kolonialen Imperialismus« der Labour Party[573].

Die Labour-Regierung forcierte die Dekolonisation keineswegs. Ihre historische Bedeutung liegt nicht darin, daß sie nach einem vorbereiteten Plan überfällige und der weltpolitischen Situation nicht mehr entsprechende koloniale Herrschaftspositionen abgebaut und klarsichtig den rapiden Übergang zum Multiracial Commonwealth gegen innerbritischen Widerstand erzwungen hätte, sondern in dieser Bereitschaft zur »Reaktion«. Sie war bereit, die koloniale Emanzipationsbewegung zu akzeptieren, hat sich in vielen Fällen um eine neue Vertrauensbasis mit der nationalen Opposition bemüht und ist im kritischen Moment auch vor schwerwiegenden Entscheidungen nicht zurückgeschreckt – so in Indien, Burma und Westafrika. Ihr ist der Übergang zu einer mehr oder weniger reibungslosen Entkolonialisierung zu verdanken. Zwar waren liberale und auch konservative Kolonialspezialisten an der ideellen Vorbereitung während des Krieges beteiligt, und nicht zuletzt hatten sie den Rückhalt geschaffen, den die Labour-Regierung in der Öffentlichkeit gefunden hat, aber die politische Entscheidung hatte die Labour-Regierung zu fällen und zu verantworten. Man wird bezweifeln dürfen, ob eine konservative Regierung unter Führung von *Winston Churchill* blutige Konflikte hätte vermeiden können. Zweifellos mußten auch die Konservativen mit den wirtschaftlichen Schwierigkeiten im Mutterland und der Abneigung der Nation gegen militärische Abenteuer und Repressionsaktionen rechnen – aber Frankreich und Holland entschieden sich trotz Nachkriegskrise und innenpolitischer Opposition zum Kriege. In der aufs äußerste gespannten Situation in Indien oder Burma, nach 1948 auch an der Goldküste und in Nigeria, hätten wirkliche Unruhen genügt, um größere »Polizeiaktionen« notwendig zu machen, die sich leicht zu einem weiteren Engagement erweitern und dann den rechtzeitigen Rückzug aus Prestigegründen verbauen konnten.

1951 aber konnte die konservative Regierung die bereits gefällten Entscheidungen nicht mehr zurücknehmen und mußte an die Politik der Labour-Regierung anknüpfen. Wenn die Konservativen vielleicht noch 1945–1947 gewillt waren, der Ablösungsbewegung in Asien Widerstand zu leisten, so waren sie 1951 nicht mehr bereit, in Westafrika militärisch zu intervenieren. Ostafrika war aber noch nicht »aktuell«; erst in den ausgehenden 50er Jahren sollte sich hier den Diehards Gelegenheit bieten, ihren nicht unbeträchtlichen Einfluß innerhalb und außerhalb der Partei gegen eine »überstürzte« Entkolonialisierung zur Geltung zu bringen. Bis dahin aber machten sich die allgemeine Weltlage und die neue Problematik des Multiracial Commonwealth so fühlbar, daß

[571] Britain without Empire II, in: The Nation, 12. 4. 1947: "No one seriously supposes that any one of our African colonies is ripe for self-government, or can be permitted to embark upon it." P. 416.

[572] *Fenner Brockway*, Outside the right, 1963, p. 168 f.

[573] Z. B. *R. Palme Dutt*, Britain's crisis of Empire, 1950.

sich Premierminister *Macmillan* zu einer Anpassung an den »wind of change« gezwungen sah und den beschleunigten Rückzug aus Ostafrika einleitete.
Hier muß die Wirtschaftspolitik der Labour-Regierung noch kurz erwähnt werden. Im Kriege war man sich allgemein der dringenden Aufgaben bewußt geworden, die auf Großbritannien warteten und ohne direkte Kredithilfe des Mutterlandes nicht zu lösen waren. Die Koalitionsregierung hatte noch den erweiterten Colonial Development and Welfare Fund gutgeheißen. Entwicklungspläne waren bereits während des Krieges vorbereitet worden, und 1948 hatte das Kolonialamt siebzehn koloniale Zehnjahresprogramme mit einem voraussichtlichen Kostenaufwand von 180 Millionen Pfund genehmigt; davon sollten 59 Millionen aus britischen Budgetmitteln bereitgestellt werden, der Rest aus Anleihen und den Eigenmitteln der Kolonien. 82 Millionen waren für den Ausbau der Sozialdienste vorgesehen [574]. Mit Kriegsende wurden die mannigfachen Einschränkungen und Hindernisse der Kriegszeit aufgehoben, und der Weg schien frei zu der längst angekündigten Entwicklungspolitik.
Es zeigten sich aber neue und unerwartete Schwierigkeiten. So hatte etwa das Mutterland selbst einen sehr großen Nachholbedarf, weshalb zunächst nur wenig Mittel für die Investierung in Übersee zur Verfügung standen. Vor allem aber war Großbritannien äußerst knapp an Dollar-Devisen, aber auch an Rohstoffen und bestimmten Nahrungsmitteln. Da es unmöglich war oder unzweckmäßig erschien, letztere aus Ländern des Dollar-Blocks zu beziehen, ergab sich der naheliegende Wunsch, den An- und Abbau innerhalb des Empire, d. h. innerhalb der Sterling-Zone, zu forcieren. Für die Labour-Regierung mit ihrer Austerity-Politik traf das in ganz besonderem Maße zu. Die Kolonien wurden zu »Dollar earners«, deren Produktion so schnell wie möglich gesteigert werden mußte, um die Krise des Mutterlandes überwinden zu helfen. Sogar der ehemals linksorientierte und eindeutig anti-imperialistische Sir *Stafford Cripps* unterstrich auf einer Konferenz der Gouverneure im November 1947 die Dringlichkeit der »mise en valeur« in Afrika:

"The whole future of the sterling group and its ability to survive depends in my view upon a quick and extensive development of our African Resources." [575]

Das britische Interesse am Kolonialreich konzentrierte sich in auffallender Weise auf dessen Beitrag zur »Dollar shortage« [576]. Außenminister *Ernest Bevin* erklärte sogar unverblümt:

"I am not prepared to sacrifice the British Empire, because I know that if the British Empire

[574] Cmd. 7433, p. 6.
[575] Zit. *Richard Gray,* The two nations. Aspects of the development of race relations in the Rhodesians and Nyassaland, 1960, p. 198. Ganz ähnlich auch der spätere Premierminister *Harold Wilson,* damals Präsident des Board of Trade: "It is in the future development of the Colonies that so many of us pin our hopes of a great contribution towards a longterm balance between the Sterling Era and the rest of the world." Zit. Don *Taylor,* The year of challenge, 1960, p. 100.
[576] Den Bericht über die Jahre 1947/48 leitet das Colonial Office mit der Frage ein: "What contribution had the Colonies to make to the problem of dollar shortage? What new enterprise could be introduced?", The Colonial Empire, Cmd. 7433, p. 1.

fell ... it would mean that the standard of life of our constituents (!) would fall considerably", [577]

womit der ehemalige Gewerkschaftsführer die Argumentation eines *Joseph Chamberlain* übernahm: ohne Empire wird der Lebensstandard der britischen Massen absinken! Daß auch die konservative Presse nach »Dollars aus Afrika« rief, wundert nicht [578]; für die Labour Party aber war bis dahin gerade dieser Ruf nach Ausbeutung kolonialer Quellen im Interesse des Mutterlandes der Inbegriff imperialistisch-kapitalistischer Wirtschaftspolitik gewesen. Die Formel »The world's need became the colonial Empire's opportunity« [579] war zwar an sich nicht unrichtig und kennzeichnete die Kriegs- und Nachkriegssituation insofern, als relativ hohe Preise gezahlt wurden und das Mutterland sich aus eigenem Interesse bereit erklärte, große Mittel in den Kolonien zu investieren; man setzte dabei aber ein komplementäres Verhältnis von mutterländischen und kolonialen Bedürfnissen voraus, das in so vereinfachter Weise zweifellos nicht bestand [580]. Diese angebliche Interessengemeinschaft gehörte zur »imperialistischen« Argumentation, war aber gerade von Reformern und Sozialisten angezweifelt und abgelehnt worden, da sie eine einseitige Konzentration auf die Exportproduktion bedinge und Abhängigkeit vom Ausland zur Folge habe. Wie sollte die in vielen Verlautbarungen angekündigte wirtschaftliche und soziale Eigenständigkeit der verschiedenen Kolonien – als Voraussetzung für Self-government – erreicht werden, wenn ihre wirtschaftliche Entwicklung wiederum im Hinblick auf die Dollarbilanz und die Bedürfnisse des Mutterlandes erfolgte?

Als exemplarisches Beispiel muß das viel genannte Ground-nuts-Scheme in Tanganjika gelten. Um dem akuten Fettmangel in Großbritannien begegnen zu können, hatte die United Africa Company, die zum Unilever-Konzern gehört, ein Großobjekt ausarbeiten lassen: Im Hinterland von Tanganjika sollte mehr als 2 Millionen Hektar Land gerodet, von der Tsetseplage befreit, bewässert und gegen Bodenerosion geschützt werden; unter Einsatz von Maschinen wäre dann der Großanbau von Erdnüssen erfolgt. Das Projekt wurde der Regierung vorgelegt, von einer Kommission gutgeheißen und vom Staat übernommen [581]. Durch Parlamentsbeschluß wurde 1947 die Overseas Food Corporation ins Leben gerufen, die – vom Staat finanziert und kontrolliert – die Pläne realisieren und weitere Unternehmen vorbereiten sollte [582]. Riesige Summen sind investiert worden, aber ohne Erfolg. Die Schwierigkeiten waren viel größer als

[577] House of Commons, 21. 2. 1946, vol. 419, S. 1365. Wiederum 16. 5. 1947: "HMG must maintain a continuing interest in the area if only because our economic and financial interests in the Middle East were of vast importance to us ... If these interests were lost to us, the effect on the life of this country would be a considerable reduction in the standard of living." House of Commons, vol. 437, S. 1964.

[578] More dollars from Africa, Sunday Times v. 16. 5. 1948.

[579] Cmd. 7433, p. 1.

[580] Die Labour-Regierung erklärte: "The purposes of colonial development are complementary with those of European recovery." Zit. *Taylor,* a.a.O.

[581] A plan for the mechanized production of groundnuts in East and Central Africa, Cmd. 7030.

[582] Die Overseas Food Corporation "was established to undertake schemes for the production of foodstuffs to meet UK needs (!)" The Colonial Empire (1947–1948), Cmd. 7433 (1948), p. 64.

erwartet; die Fettknappheit in England ging auch so vorüber. Aber selbst wenn ein Erfolg erzielt worden wäre, wäre er vorwiegend dem Mutterlande zugute gekommen; in jedem Fall stand eine solche Konzentration der Investierungen in krassem Gegensatz zu den bisherigen Erklärungen der Labour Party. Es versteht sich, daß das Scheitern des Ground-nuts-Scheme den Konservativen außerdem als Beweis für das Versagen staatlicher Unternehmungen gedient hat.

Es wäre aber doch verfehlt, Entwicklungs- und Investierungspolitik der Labour-Regierung nur nach dem Erdnuß-Projekt beurteilen zu wollen. Selbst wenn die Bedürfnisse des Mutterlandes in den kritischen Nachkriegsjahren weit im Vordergrund gestanden haben, so wurden doch die Kredite des Colonial Development and Welfare Fund für sehr verschiedenartige Projekte verwendet, was der kolonialen Wirtschaft wertvolle Impulse verliehen hat; ein ansehnlicher Teil davon wurde für »welfare« – vor allem für das Schulwesen – eingesetzt. Wenn *Creech-Jones* in der Parlamentsdebatte vom Februar 1945 die neue Vorlage – scharf gegen Amerika gerichtet – als ein Instrument darlegte, mit dem Großbritannien bewußt sein Empire auflöse, weil das den Kolonien die Möglichkeit verschaffe, auf eigenen Füßen zu stehen [583], so war dies zwar ein reichlich euphemistisch anmutendes Selbstlob, traf aber in Wirklichkeit bis zu einem gewissen Grade zu. Denn die Kredithilfe aus dem Budget des Mutterlandes, die 1929 bescheiden begann, 1940 erweitert wurde und nach 1945 einen ansehnlichen Umfang annahm, hat zweifellos den Kolonien den Weg in die Unabhängigkeit geebnet und die Entkolonialisierung beschleunigt.

Indien auf dem Wege zur Unabhängigkeit 1939—1947

Der Zweite Weltkrieg hat, wie bereits der Erste, die Dekolonsiation Indiens ungemein beschleunigt, wenn auch der Umbruch nicht mit jener Radikalität erfolgte, wie dies bei der Entwicklung Indochinas und Holländisch-Indiens der Fall war. Mit der India Act von 1935 war der Weg abgesteckt, der zu gegebener Zeit zum Dominionstatus führen mußte; die Verbindung jedoch von indischen Regierungen in den Provinzen und britischer Verwaltung im Zentrum hat neue Schwierigkeiten heraufbeschworen, die möglicherweise zu neuen Unruhen und Verhaftungen, Agitation und Verhandlungen hätten führen können, ohne daß ein Ende des britischen Raj kurzfristig zu erwarten gewesen wäre. Der Krieg schuf aber eine neue Ausgangssituation: Großbritannien brach zwar als Kolonialmacht nicht zusammen wie Frankreich und Holland, und Indien wurde nicht wie Singapore und Burma von Japan besetzt, aber die prekäre Lage in Europa und der beängstigende Vormarsch Japans gaben einerseits der indischen Nationalbewegung die Möglichkeit, ihre Unabhängigkeitsforderungen mit besonderem und herausforderndem Nachdruck zu stellen, und zwangen andererseits London zu neuen Konzessionen. Die britischen Verlautbarungen und Versprechungen vermochten die Inder nicht zu befriedigen, gingen aber über bisherige Zusagen hinaus und mußten nach 1945 eingelöst werden.

[583] House of Commons, 16. 2. 1945, vol. 408, S. 541 f.

Die britische Indiendiskussion während und unmittelbar nach dem Kriege knüpft an diejenige um 1930 an und ist konzeptionell nicht sonderlich interessant: Es geht nur noch um die Frage des »timing«, um den Zeitpunkt also, da Indien aus der britischen Herrschaft entlassen werden soll, wobei die Communal Question, d. h. der sich ausweitende und verhärtende Konflikt zwischen Kongreßpartei und Moslemliga, in den Mittelpunkt der Diskussion sowohl in Indien als auch in England rückt.
Unmittelbar nach der britischen Kriegserklärung an Deutschland hat der Vizekönig *Linlithgov* am 3. September 1939 den Kriegszustand Indiens proklamiert – da dieses noch kein volles Dominion war, galt die Kriegserklärung des englischen Königs automatisch auch für Indien. Britisches Herrschaftsbewußtsein und die etwas »verstaubt« anmutende Überzeugung, das »gute Volk in Indien« stehe treu an der Seite des für die Freiheit kämpfenden Mutterlandes, erwiesen sich stärker als die taktische Überlegung, zunächst maßgebende Inder wie *Gandhi* und *Nehru* zu informieren und mindestens den Versuch zu machen, eine gemeinsame Kampffront »gegen den Faschismus« zu schaffen. Der Vizekönig hat so dem Kongreß, der die deutsche Agressionspolitik scharf verurteilte und die Notlage des Mutterlands keineswegs rücksichtslos auszunützen gewillt war, ein Argument geliefert, gegen das britische Vorgehen zu protestieren und Gegenforderungen zu stellen: nur als gleichberechtigt anerkannter Partner könne Indien an der Kriegsführung aktiv mitwirken; London müsse daher eine Erklärung »of India's freedom« abgeben, d. h. jetzt schon die Unabhängigkeit Indiens proklamieren, und den Exekutivrat des Vizekönigs durch eine nationale indische Regierung ersetzen, die einem indischen Parlament verantwortlich wäre – was nicht ausschließe, daß die Armee weiterhin dem britischen Generalstab unterstellt bliebe [584].
London war dazu nicht bereit. Nicht nur die Konservativen, die in der Koalitionsregierung dominierten, sondern auch die Labour Party hielten es für unangebracht, jetzt im Kriege die Regierungsgewalt an die Inder abzugeben, da man diesen eine energische Haltung im Interesse der britischen Kriegführung nicht zutraute und zudem überzeugt war, daß die Verfügungsgewalt über die indische Armee eine unmittelbare Kontrolle auch der Verwaltung implizierte. In einem Statement des Vizekönigs vom 18. Oktober 1939 hieß es daher nur, daß die britische Politik darauf abziele »that India may attain its due place among our Dominions«; die Regierung sei bereit, nach Kriegsende über Verfassungsänderungen zu beraten »in the hope of contributing to the ordered and harmonious progress of India towards her goal«; die Minderheiten sollten dabei besonders berücksichtigt werden [585]. Dies war recht wenig und recht vage: Wohl war die Reformbedürftigkeit der India Act von 1935 anerkannt und eine Art Round Table in Aussicht gestellt, aber es wurde nicht gesagt – und zwar geflissentlich –, daß diese Verhandlungen bereits den Dominionstatus zum Ziel haben sollten; von einer verfassunggebenden Versammlung, wie sie die Inder forderten, war nicht die Rede. In den folgenden Monaten wurde – über bisherige Verlautbarungen hinaus – der Dominion-

[584] Außer den allgemeinen Darstellungen der indischen Geschichte nennen wir: *R. Coupland*, Indian Politics 1936–1942, 1943. *R. P. Masani*, Britain in India, 1960. *V. P. Menon*, The Transfer of Power in India, 1957. *Leonhard Mosley*, The last days of the British Raj, 1961. *Dietmar Rothermund*, Die politische Willensbildung in Indien 1900-1960, 1965, p. 183 ff.
[585] Cmd. 6121 (1939), Speeches and Documents on the Indian Constitution 1921–1947, ed. *M. Gwyer* und *A. Appadorai*, 1957, vol. 2, p. 490 f.

status für Indien so präzisiert, daß es nun mit einem »full Dominionstatus erstmals offiziell den anderen Mitgliedern des Commonwealth gleichgestellt wurde[586]; außerdem wurde in einer neuen Erklärung vom 8. August 1940 über diejenige vom Oktober 1939 hinaus ein konkreter Vorschlag gemacht: Repräsentative Inder sollten dem Exekutivrat beitreten und einen beratenden Kriegsrat bilden; die neue Verfassung nach Kriegsende »should be primarily the responsibility of the Indians themselves« und nicht wie bisher mehr oder weniger oktroyiert werden; ein Transfer of power komme aber so lange nicht in Frage, als diese Verfassung nicht die Unterstützung der großen Gemeinschaften, also der Hindus und der Moslems oder besser der Kongreßpartei und der Moslemliga habe[587].

Die britische Regierung hatte damit ihre Position für die Jahre 1939–1941 bezogen: Sie weigerte sich, bereits jetzt irgendwelche Erklärung über die Unabhängigkeit oder das Selbstbestimmungsrecht Indiens abzugeben und wollte erst nach dem Kriege auf Verfassungsänderungen eingehen – ohne dabei an bestimmte Fristen gebunden zu sein. Mit dem Hinweis, die Inder müßten eigene Vorschläge machen und es sei primär ihre Sache, die Verfassung auszuarbeiten, kam London den entsprechenden Forderungen entgegen und distanzierte sich damit von dem Vorgehen der 30er Jahre, betonte aber den Schutz der Minderheit und behielt sich somit seine Zustimmung vor; die Inder müßten zunächst unter sich zu einem Agreement gelangen, bevor London Machtbefugnisse aus der Hand geben könne[588]. Dies war »vernünftig« und erschien wie eine Anerkennung der Selbstbestimmung, hatte aber auch den Vorteil, daß die Lösung der großen Schwierigkeiten auf den Partner übertragen war, ohne daß man selbst auf eine Mitsprache verzichtete; man kannte in London zudem die Spannungen zwischen den Communities zur Genüge und konnte annehmen, daß eine Einigung nicht so bald erfolgen werde!

Hier zeigten sich einige Differenzen zwischen den Konservativen und der Labour Party. Letztere warf der Regierung ein zu langsames Vorgehen vor, machte sie für den »deadlock« verantwortlich und forderte sie auf, durch Konzessionsbereitschaft das Vertrauen der Inder zu gewinnen; konkrete Vorschläge machte sie jedoch keine, da auch sie sich dem Argument, während des Krieges sei es unmöglich, die effektive Kontrolle aus der Hand zu geben, nicht verschloß. Im Unterschied zu den Konservativen war aber die Labour Party – vor allem ihr linker Flügel – eher bereit, die Kongreßpartei *Gandhis* und *Nehrus* als alleinigen Repräsentanten der indischen Nationalbewegung – und nicht nur als Sprecherin der Hindus – zu akzeptieren. So forderte z. B. Sir *Stafford Cripps* bereits im Oktober 1939 Neuwahlen mit anschließender Regierungsbildung der »majority parties«, also faktisch der Kongreßpartei[589]. *Sorensen* sagte im August 1940 dasselbe: Die Rechte der Minderheiten müßten zwar gewahrt

[586] Der Vizekönig in Bombay am 10. 1. 1940, zit. *K. P. Bhagat*, A decade of Indo-British relations 1937–1947, 1959 (Dokumente), p. 90.
[587] Cmd. 6219 (1940), *Gwyer-Appadorai*, p. 504.
[588] Sehr deutlich der Staatssekretär für Indien, *L. S. Amery:* "There can be no agreement on a Government responsible to the Legislature until there is agreement on the nature of the Legislature, and upon the whole structure of the Constitution." H. of C., 14. 8. 1940, vol. 364, S. 875.
[589] H. of C., 26. 8. 1939, vol. 352, S. 1666.

werden, es sei aber undemokratisch, ihnen eine Art Vetorecht einzuräumen; »the majority party must govern«, wobei er bezeichnenderweise der nicht-genannten Moslemliga feudalistische und faschistische Tendenzen zuschreibt [590]. Auf dem Parteikongreß von 1941 hat der Abgeordnete *Gordon Macdonald* die Moslems als »a very small minority in India« (!) gegen den Kongreß, der die »sentiments of India« repräsentiere, ausgespielt [591]. Einige Labour-Führer hatten persönliche Beziehungen zu Politikern des Kongresses und fühlten sich den demokratischen und sozialistischen Parolen eines *Nehru* natürlich näher als dem religiösen Anspruch und den konservativen Tendenzen der Moslemliga; der linke Flügel mochte die Regierung und die Konservativen der Verzögerungsmanöver verdächtigen, machte sich aber die Lösung allzu einfach, wenn sie die Stärke der »kommunalen« Rivalitäten und die Rolle der Moslemliga bagatellisierte. Der Parteiführer *Attlee* sah sich als Mitglied der Regierung veranlaßt, *Amery* den ehrlichen Willen zuzugestehen und auf die Schwierigkeiten hinzuweisen, die London auch von seiten des Kongresses gemacht würden [592].

Bei den Konservativen dominierte die entgegengesetzte Tendenz. Ihre Sprecher beriefen sich zwar auf die liberalen Verlautbarungen der Regierung und die Bereitschaft, nach dem Kriege neu zu verhandeln, riefen aber die traditionelle Aufgabe der imperialen Macht in Erinnerung, die Rechte der Minderheiten und der Fürsten zu gewährleisten. Als Beispiel diene die Entgegnung des Lordsiegelbewahrers *Samuel Hoare* auf eine Kritik *Wedgwood Benns:*

"It is these divisions that have made so difficult the task of setting up responsible Government at the Centre and achievement of the great ideal of an All-India Federation. The Princes are afraid of domination by British India; Muslims are firmly opposed to an Hindu majority at the Centre; the Depressed Classes and other minorities genuinely believe that responsible Government dependent upon a Hindu majority, will sacrifice their interests. These anxieties still exist. I wish that they did not. But, as long as they exist it is impossible for the Government to accept a demand for immediate and full responsibility at the centre on a particular date." [593]

Man wird dieses imperiale Verantwortungsbewußtsein ernst nehmen müssen, selbst dann, wenn man den taktischen Hintergedanken, den »Schwarzen Peter« den Indern zuzuschieben, um Zeit gewinnen zu können, berücksichtigt. Auch die alte Abneigung der Konservativen gegen den Kongreß hat eine Rolle gespielt, zumal die Moslemliga, die die britischen Kriegsanstrengungen eher zu unterstützen bereit war als die Kongreßpartei, gegen die Non-Cooperation Aktionen opponierte und nach dem Ausscheiden des Kongresses aus den Provinzregierungen im Oktober 1939 besondere Beachtung

[590] H. of C. 14. 8. 1940, vol. 64, S. 904.

[591] Annual Conference 1941, p. 171, Die linke Parteiopposition wieder: Annual Conference 1942, p. 161.

[592] *Attlee* als Lordsiegelbewahrer hat am 16. Nov. 1940 *Harold Laski,* der offenbar Staatssekretär *Amery,* kritisiert hatte, geantwortet: "Thanks for your letter on *Nehru.* The position is very difficult. It is no use assuming that the fault is all on one side. *Amery* did his best to try to get Indian Leaders to make a fresh start, but there was no response. *Gandhi* has entered on a policy of deliberately courting arrest of his followers which puts the Government of India in a dilemma. They could not ignore *Nehrus* activities ..." (Mrs. *Laski* hat uns diesen Brief freundlicherweise zur Kenntnis gebracht).

[593] H. of C. 26. 10. 1939, vol. 352, S. 1637.

beanspruchen konnte. *Amery* argumentierte außerdem mit der Einheit Indiens: Wenn Großbritannien den Subkontinent als Einheit aus der imperialen Kontrolle entlassen wollte, so gefährde ein ohne vorheriges Agreement der Gemeinschaften erfolgter Transfer of power diese Einheit und löse einen Bürgerkrieg aus [594].

In dieser Auseinandersetzung wurden divergierende Demokratie-Begriffe in Anspruch genommen: Während die Kongreßpartei sich auf das reine Mehrheitsprinzip (Allgemeines Wahlrecht ohne getrennte Wahlkörper, proportionale Vertretung in einer verfassunggebenden Versammlung u. a.) beruft und die Labour Party in die gleiche Richtung tendiert, versucht *Amery* als Sprecher der Regierung und der Konservativen vom Agreement und Konsensus auszugehen, als »the foundation of all free government, of all democracy«; Majoritätsbeschlüsse seien nicht die Essenz, sondern nur eine praktische Regel des demokratischen Prozesses, der eine gemeinsam akzeptierte Basis voraussetze – die von London verlangte Übereinkunft dürfe daher nicht als Veto im üblichen Sinne interpretiert werden. Die Kongreßforderungen nach einer verfassunggebenden Versammlung mit dem allgemeinen Wahlrecht kann er so als »impossible demand« ablehnen, da die besser organisierte Kongreßpartei die Minderheiten majorisieren würde [595]. Aus durchsichtigen Gründen folgt die Moslemliga der Argumentation *Amerys* [596]. Handelte es sich nicht um eine weitgehend taktisch bedingte Interpretation, so könnte man den Konflikt zwischen Kongreß und Moslemliga, aber auch die Divergenzen zwischen Konservativen und Labour Party auf die dem Begriff der Demokratie in der Tat innewohnende Ambivalenz von Mehrheitswillen und individuellem Rechtsanspruch zurückführen!

Großbritannien und Indien haben sich während des Krieges auf keinen Modus vivendi einigen können: Sprachen die Inder von britischen Verzögerungsmanövern und imperialistischer Unterdrückung, so glaubte London ein ausreichendes Entgegenkommen gezeigt zu haben und verwies auf die sture Agitation des Kongresses, der es an Realisationswillen fehlen lasse. Als der Kongreß im Herbst 1940 eine Kampagne individueller Non-cooperation organisierte, wurde eine große Zahl von Kongreßpolitikern verhaftet. Die Moslemliga hat ihrerseits unter Führung *Jinnahs* am 23. März 1940 die berühmte Resolution von Lahore angenommen, in der nicht nur die Föderationskonzeption von 1935 endgültig verurteilt, sondern auch der Anspruch der Moslem-Provinzen auf Selbstbestimmung und Eigenstaatlichkeit proklamiert wurde; die Zwei-Nationen-Theorie *Jinnahs* zielte auf eine Teilung Indiens in Hindustan und Pakistan. Als Voraussetzung für eine Zusammenarbeit mit der britischen Regierung galt fortan die Anerkennung dieses Anpruchs, das Prinzip der Parität mit dem Kongreß in allen gemeinsamen Gremien – vor allem in einer künftigen verfassunggebenden Versammlung – und schließlich der Anspruch, die gesamte muselmanische Minderheit zu vertreten. Die britische Regierung befand sich in einem Dilemma, da sie weder die Forderungen des Kongresses noch diejenigen der Moslemliga akzeptieren konnte.

Die Kriegslage, vor allem der japanische Angriff auf Pearl Harbour am 7. Dezember 1941 hat eine gewisse Annäherung britischer und indischer Positionen herbeigeführt:

[594] Rede am 21. 11. 1940 in: India and freedom, 1942, p. 27.

[595] Rede in Manchester 19. 11. 1941, a.a.O., p. 45 und H. of C. 14. 8. 1940, a.a.O., S. 68.

[596] Die Position von Kongreß und Moslemliga gut bei Coupland, The future of India 1943, p. 32 f.

Die Kongreßführer wurden aus der Haft entlassen, andererseits ist die zivile Gehorsamsverweigerung abgebrochen worden; *Gandhi* trat aus dem Führungsgremium der Partei zurück. Der Zeitpunkt für neue Verhandlungen schien gekommen. Erst der Fall Singapores (15. Februar 1942) aber hat die britische Regierung veranlaßt, ihre bisherige Indienpolitik zu überprüfen. Innerhalb des Kabinettes wurde ein spezieller Ausschuß, bestehend aus *Attlee, Amery, John Simon* und *Stafford Cripps,* gebildet und eine »Draft Declaration« ausgearbeitet [597]. Diese konkretisierte die bisherigen Verlautbarungen in einigen Punkten: So sollte »unmittelbar« nach Kriegsende eine gewählte verfassunggebende Versammlung, für die erstmals eine Wahlmodus vorgeschlagen wurde, eine neue Verfassung ausarbeiten, zu deren Annahme sich London verpflichtete; ein Vertrag mit Großbritannien werde den Transfer of power festlegen. Die Deklaration sah eine indische Union unter Einschluß der Fürstenstaaten vor, enthielt aber den Zusatz, daß eine Provinz, die sich gegen eine »integration« aussprach, eine eigene, der Union entsprechende Verfassung erhalten könne. Dieser Zusatz war notwendig, um eine Zusage der Moslemliga zu ermöglichen, hat aber gleichzeitig das Recht auf Teilung und Sezession implizite anerkannt [598]. Die Erklärung anerkannte gleichzeitig auch das Recht eines freien Indien, aus dem Commonwealth auszutreten: "HMG will not impose any restriction on the power of the Indian Union to decide in the future its relationship to the other Member states of the British Commonwealth." Dies war notwendig, weil die Kongreßpartei sich längst auf »Independence« festgelegt hatte, und ergab sich aus dem Begriff des vollen Dominionstatus, bedeutete aber doch einen Schritt über frühere Erklärungen hinaus insofern, als bis dahin ein »within the Empire« als selbstverständlich vorausgesetzt worden ist.

Wir haben wenig Anhaltspunkte über die Diskussion innerhalb des Ausschusses und im Kabinett, d. h. wir wissen nicht, ob die Deklaration ein Kompromiß zwischen verschärften Forderungen der Labour-Seite und konservativen Thesen gewesen ist. Als sicher kann gelten, daß neben dem amerikanischen Druck nur der japanische Vormarsch und die Bedrohung Indiens Premierminister *Churchill* zu diesen neuen britischen Zusagen und Konzessionen veranlaßt haben [599]! Das gleiche gilt für die Cripps-Mission, die *Churchill* im Unterhaus am 11. März, also drei Tage nach dem Fall von Rangun, ankündigte. In der kritischen militärischen Situation mußte der Diehard *Churchill* sogar *Cripps* vom linken Flügel der Labour Party mit dieser wichtigen Mission betrauen, da dessen »antiimperialistische« Vergangenheit und persönlichen Verbindungen zu Kon-

[597] Cmd. 6350 (1942) *Gwyer-Appadorai* p. 520; Dazu *Coupland,* The Cripps Mission, 1942; *Colin Cooke,* The life of Richard Stafford Cripps, 1957. *Winston Churchill,* The Second World War, vol. IV, p. 12.

[598] *Amery* erläuterte im Unterhaus: Ideal und Ziel der britischen Politik sei die Einheit Indiens, »but we would sooner see India divided and free than keep the various elements for ever chatting against us and against each other under a sense of impotent frustration«. H. of C., 28. 4. 1942, vol. 380, S. 908.

[599] *Churchill* bestätigte dies indirekt selbst, wenn er am 16. Mai 1946 erklärte: "These proposals were made by us at a moment when the danger of Japanese invasion threatened India in a terrible manner and I personnally, was induced to agree to them by the all-compelling war interest, as it seemed, of trying to rally all the forces in India to the defence of their soil against Japanese agression and all the horrors that would follow therefrom." H. of C., vol. 422, S. 2121.

greßführern Londons Konzessionsbereitschaft glaubwürdig machen sollten – wie sehr der Weltkrieg England zum Nachgeben zwang, macht allein schon diese Tatsache ersichtlich. Der Cripps-Mission war der Erfolg allerdings versagt. Die britischen Vorschläge auf der Grundlage der »Draft Declaration« wurden von Indien abgelehnt, vor allem von der Kongreßpartei, die nicht nur an den Zusicherungen gegenüber den Fürstenstaaten und den Moslems Anstoß nahmen, sondern auch den Kriegsminister, den sich England für die Zeit des Krieges vorbehielt, stellen wollte. Ob ein Kompromiß an einer – rückblickend beurteilt – unnachgiebigen Haltung Londons gescheitert ist oder in der gegebenen Situation so oder so nicht erwartet werden konnte, bleibe dahingestellt.

Kongreßpartei und Moslemliga legten sich auf radikale Positionen fest: Forderten die einen nun den sofortigen Rückzug der Briten – selbst wenn dies für Indien Anarchie bedeuten sollte [600] –, so bestanden die andern auf der Akzeptierung von »Pakistan« als Conditio sine qua non. In der Annahme, die militärische Situation werde Großbritannien zur Kapitulation zwingen, hat der Kongreßausschuß die »Quit India«-Resolution angenommen und eine neue Bewegung des »gewaltlosen«, aber konsequenten zivilen Ungehorsams ausgelöst; Manifestationen, Sabotageaktionen und Zusammenstöße mit der Polizei ließen sich nicht mehr vermeiden und zwangen die Regierung zu repressiven Maßnahmen: Ende 1942 waren 60 000 Verhaftungen offiziell bestätigt.

Das Scheitern der Cripps-Mission, aber auch das Schwinden einer militärischen Bedrohung Indiens durch Japan haben wiederum die britische Haltung versteift und eine neue Polemik gegen den Kongreß ausgelöst. *Churchill* erklärte am 10. September 1942 im Unterhaus:

"The Indian Congress Party does not represent all India. It does not represent the majority of the people of India. It does not even represent the Hindu masses. It is a political organisation built around a party machine and sustained by certain manufacturing and financial interests." [601]

Der instrumentale Charakter der Argumentation ist offensichtlich. Die Labour Party mochte die Polemik *Churchills* als provozierend ablehnen und eine Wiederaufnahme des Gesprächs fordern, konnte aber selbst keine neuen Vorschläge machen; nicht nur *Amery*, sondern auch *Attlee* hat von den »totalitären Aspekten« der Kongreßpartei gesprochen [602] und die Verhaftung der Kongreßführer gutgeheißen [603]. Die britische Regierung bezog sich fortan auf die Vorschläge der Cripps-Mission und machte für den »deadlock« die Intransigenz der Inder verantwortlich. Eine Erklärung von Lord *Halifax*, damals Botschafter in Washington, die das Recht Indiens, aus dem Common-

[600] Bekannt ist *Gandhis* Ausspruch: »Überlaßt Indien der Hand Gottes, oder in moderner Ausdrucksweise, der Anarchie«, zit. *Caspar Schrenck-Notzing*, Hundert Jahre Indien, 1961, p. 90. Dieser Satz war Wasser auf die Mühlen der Konservativen, die selbstverständlich nicht verfehlten, ihn als Ausweis der Unverantwortlichkeit der Kongreßführer hinzustellen.

[601] H. of C. 10. 9. 1942, vol. 383, S .302.

[602] H. of C. 30. 3. 1943, vol. 388, S. 81.

[603] Annual Conference 1943, p. 40. Auf dem Kongreß von 1944 wird das Verhalten der Parteiführer kritisiert: die Atlantic Charter müsse ernst genommen, Dominion-Status sofort proklamiert werden. *Gordon-Walker* vom Exekutivkommittee der Partei verteidigte die Mitglieder der Regierung *(Attlee, Bevin, Morrison)*, p. 186, 189.

wealth auszutreten, ausdrücklich bestätigt, wurde von *Churchill* gutgeheißen [604], brachte aber an sich nichts Neues.
Erst im Frühsommer 1945 machte Großbritannien einen neuen Versuch, mit Indien wieder ins Gespräch zu kommen. Während der Krieg in Europa zu Ende ging, bereitete London mit Hilfe des Vizekönigs – es war dies Lord *Wavell* seit Oktober 1943 – ein White Paper vor [605]. Als Interimslösung wurde ein aus Indern bestehender Exekutivrat vorgeschlagen, und zwar mit paritätischer Vertretung von Hindus und Moslems; erstmals sollten die Ministerien für Auswärtiges, Inneres und Finanzen an Inder abgegeben werden – nur das Oberkommando der Streitkräfte würde weiterhin ein Engländer ausüben. Kongreßführer wie *Nehru, Patel* und *Azad* wurden aus der Haft entlassen, eine Konferenz in Simla wurde angekündigt. Diese Konferenz ist zwar in England und in Indien als Versuch, den »deadlock« zu überwinden, begrüßt worden, jedoch am Anspruch der Moslemliga, alle Moslemvertreter in der vorgesehenen Regierung vorschlagen zu können, gescheitert: Der Kongreß konnte darauf nicht eingehen, weil er sich selbst als nicht-religiöse Partei verstand und im Hinblick auf die große Zahl von Moslems in der Partei und Parteiführung nicht auf eine Vertretung der Hindus abgedrängt werden wollte.
Unterdessen aber trat die Labour-Regierung *Attlees* ihr Amt an. In der Thronrede mit dem Regierungsprogramm hieß es: "In accordance with the promises already made to My Indian peoples, My Government will do their utmost to promote in conjunction with the leaders of Indian opinion the early realisation of full Self-Government in India." [606] Die Labour Party hatte die Koalitionsregierung kritisiert und war zu Konzessionen bereit, besaß aber zunächst kein konkretes Reformprogramm; auch sie konnte sich auf keinen Transfer of power einlassen, ohne ihn sorgfältig vorbereitet und ein Agreement mit den indischen Partnern getroffen zu haben. Sie war jedoch, wie wir bereits sagten, eher bereit als die Konservativen, dem Kongreß entgegenzukommen und sich nicht auf die Communal question zu versteifen; sie schätzte zudem die Frage des »timing« anders ein und drängte auf Abkürzung der vorgesehenen Übergangsfristen [607]: bereits der nächste Schritt sollte vollen Dominionstatus bringen.
Am 21. August wurden Neuwahlen angekündigt, London wollte sich von neuem mit *Wavell* beraten und gab am 19. September die Einberufung einer verfassunggebenden Versammlung bekannt. Die britische Regierung entsandte zudem eine aus Indienminister Lord *Pethick-Lawrence* und *Stafford Cripps* gebildete Kabinettsmission, die, wie *Attlee* es im wichtigen Statement vom 15. März 1946 sagte, Indien helfen sollte, »to attain her freedom as speedily and fully as possible«. Es sei Sache Indiens, seine Regierungsform zu bestimmen, doch hoffe Großbritannien »that the Indian people may elect to remain within the British Commonwealth ... if she does so elect, it must be by her

[604] "The British Government would not overrule any decision taken by India not to remain in the British Commonwealth after the war if the people of India had established an agreed constitution." Bhahat, p. 253.
[605] *Gwyer-Appodarai*, p. 557 f.
[606] H. of C., 15. 8. 1945, vol. 413, S. 57.
[607] Dies wird deutlich auch etwa in der Erklärung, die *Wavell* nach seiner Rückkehr in Indien abgab: "... to promote the *early* realisation of full self-government in India ... to convene *as soon as possible*, a constitution-making body ..., bringing India to Self-Government at the *earliest possible date* ..." Bhagat, p. 324.

own free will« [608]. Es wurde also auf schnelle Entscheidungen und auf den freien Willen Indiens gedrängt. *Attlee* fügte bei: "We cannot allow a minority to place a veto on the advance of the majority" – also eine deutliche Warnung an die Moslemliga, die neuen britischen Anstrengungen, zu einem Agreement zu kommen, nicht zu sabotieren und sich auf Konzessionen einzulassen.

Nach intensiver Beratung mit indischen Politikern und einer neuen Konferenz in Simla [609] wurden die Vorschläge der Kabinettsmission, die sich auf das Memorandum *Azads*, des muselmanischen Präsidenten der Kongreßpartei, stützten [610], am 16. Mai bekanntgegeben [611]. Die Pakistan-Forderung der Moslemliga wurde abgelehnt, andererseits eine lockere Union mit nur geringen zentralen Kompetenzen (Außenpolitik, Verteidigung, Verkehr) vorgeschlagen, wobei »communal questions« der Zustimmung der beiden großen Religionsgemeinschaften bedurften und die Provinzen sich zu Gruppen mit eigener Verfassung und eigenen Parlamenten zusammenschließen durften. Eine verfassunggebende Versammlung sollte möglichst bald gewählt und eine Interimsregierung gebildet werden. Diese Vorschläge, die in der Tat einen Kompromiß diamentral entgegengesetzter Positionen darstellten, wurden zunächst – wenn auch wiederstrebend – von beiden Parteien angenommen [612]. Die Bildung einer indischen Regierung scheiterte jedoch in ähnlicher Weise wie schon im Mai 1945, und nachdem *Nehru* am 10. Juli in ungeschickter, ja herausfordernder Weise die Vorschläge der Kabinettsmission nur als Diskussionsbasis gelten ließ und sich gegen eine Gruppierung der Provinzen wandte [613], hat die Liga am 29. Juli ihre Zustimmung zurückgezogen und eine Politik der »direkten Aktion« angekündigt, die sich weniger gegen Großbritannien als gegen den Kongreß richtete. Das Massenmorden in Kalkutta (16.–19. August) war mindestens eine indirekte Folge davon. Der Vizekönig hat daraufhin auf Drängen *Attlees* am 2. September mit dem Kongreß eine Regierung unter Führung *Nehrus* gebildet und im Oktober auch die Liga zum Eintritt zu bewegen vermocht. Diese weigerte sich jedoch, an der konstituierenden Versammlung teilzunehmen; ein neuer Versuch der britischen Regierung, auf einer Konferenz in London einen Ausgleich zu erzielen, ist gescheitert. Beide Parteien haben ihre Positionen ausgebaut – die Ausschreitungen in einzelnen Provinzen wurden fortgesetzt.

Der neue »deadlock« und »the growing deterioration of the situation demanded courageous and drastic steps« [614]. Am 20. Februar 1947 gab der Premierminister im Unterhaus die überraschende Erklärung ab, daß die britische Regierung beschlossen habe, sich spätestens im Juni 1948 – also innerhalb von 14 Monaten – aus Indien zurück-

[608] H. of C., vol 420, S. 1421 f.

[609] Darüber u. a. auch *Cooke*, Cripps, p. 342 f.

[610] Mosley, p. 22 f.

[611] *Gwyer-Appodarai*, p. 577 f.

[612] *Gandhi:* »it is the best document the British could have produced in the circumstances« zit. *Bhagat*, p. 356.

[613] Kritisch ist sogar der sonst Nehru-freundliche *Michael Brecher* in seiner bekannten Biographie Nehrus, d. Übers. 1963, p. 127. Kritisch auch der wichtige *Azad*, India wins freedom, 1959, p. 160.

[614] So der Staatssekretär für Indien der Labour-Regierung Lord *Pethick-Lawrence* im Oberhaus am 25. 2. 1947, vol. 145, S. 944.

zuziehen[615]. Die Hoffnung, den Transfer of power im vorgesehenen Sinne zu vollziehen und die Macht an die auf der Grundlage einer neuen Verfassung gewählten indischen Behörden abgeben zu können, habe sich nicht erfüllt, und es bestehe auch keine Aussicht auf deren baldige Konstituierung. *Attlee* teilte gleichzeitig die Ernennung Lord *Mountbattens* zum Nachfolger *Wavells* mit.

Das Sensationelle dieser berühmten Erklärung liegt auf der Hand: Großbritannien setzte ein »time-limit«, ein bestimmtes Datum für die Unabhängigkeit fest, ohne vorher das verlangte Agreement zwischen den streitenden Parteien erreicht und ohne mit einem allseitig anerkannten Übergangsregime die Modalitäten der Machtübergabe ausgehandelt zu haben. Die »deadline« war somit nicht der formelle Abschluß einer erfolgreichen Ablösungsoperation – wie es in den kommenden Jahren das Festsetzen eine Unabhängigkeitstages sein sollte –, sondern die Annahme einer einseitig proklamierten und zudem willkürlichen Frist, die es ohne Rücksicht auf die zu diesem Zeitpunkt vorhandene Situation einzuhalten galt. Großbritannien hat es vorher und nachher stets abgelehnt, sich eines solchen »time-limiting« zu bedienen, um die eigene Politik glaubwürdig zu machen, die Nationalisten zum Einlenken zu bewegen und auf der Grundlage eines Fait accompli, nämlich der im voraus akzeptierten Ablösung, die Übergabebedingungen festzusetzen. London ließ sich nicht auf dieses Vorgehen ein, weil man durch Fixierung eines Datums die wenigen noch verbleibenden Druckmittel aus der Hand zu geben glaubte und es außerdem unstatthaft zu sein schien, eine Kolonie in die Unabhängigkeit zu entlassen, bevor die Bedingungen eines geordneten Transfer of power geregelt waren. Mehrere Überlegungen haben die Labour-Regierung zu diesem ungewöhnlichen Schritt veranlaßt[616]: London war verärgert über das Scheitern aller bisherigen Verhandlungen, Vorschläge und Einigungsversuche; anstatt sich um ein Agreement zu bemühen, hatten die indischen Politiker nicht nur radikal den sofortigen

[615] *Gwyer-Appodarai*, p. 667.

[616] Es ist von der Literatur nicht beachtet worden, daß die Forderung nach einem »time-limiting« im »New Statesman« bereits am 8. Februar auftaucht – und zwar als Antwort auf den Boykott der verfassunggebenden Versammlung durch die Moslem-Liga. Von neuem der alte, linksgerichtete Indienkenner *H. N. Brailsford* am 15. Februar: "It is to announce at once that we shall complete our withdrawal from India by a specified date, not more than twelve months hence. That said, we should call on Pandit *Nehru* to form a re-modelled Interim Government, to which full powers will be granted to act in the new circumstances. We should add to our announcement the recommendation that before the Viceroy leaves New Delhi, the Constituent Assembly shall appoint a provisional President of the Indian Union to take his place. Such an announcement would transform Indian politics. As troopship followed troopship homewards, and one barracks after another was emptied, Indian doubts in our sincerity would vanish, and the Muslim League would have to revise its tactics. How quickly it would adjust itself one cannot say. What is reasonably certain is that it could not for very long maintain its refusal to negotiate directly with Congress, or to enter the Constituent Assembly. The same considerations apply to the Princes. The key to a peaceful settlement is to treat the Constituent Assembly as the legitimate fountain of power. What solution Congress and League will hammer out, when they face each other without the presence of a foreign power, we need not try to guess. Conceivable, they may adopt the Mission's compromise with a few modifications. So soon as Hindus and Muslims realise that it lies with them alone to determine how they shall live as neighbours in their own land, their instinct of self-preservation will bring them together. The best service we can render to peace is to leave them with the friendliest of farewells, alone." P. 127 f.

Abzug der Briten gefordert, sondern auch für das Nichtzustandekommen eines Agreement die Kolonialmacht verantwortlich gemacht; sie hatten Kompromißvorschläge angenommen, dann wieder abgelehnt oder sabotiert, ohne selber konkrete Alternativen vorzulegen. Großbritannien bemühte sich ehrlich, die Einheit Indiens zu erhalten, konnte aber offensichtlich eine solche nicht erzwingen. Mit der Festsetzung eines Rückzugdatums sollten daher die Führer Indiens gezwungen werden, von ihrer bloß negativen Haltung abzurücken und die Verantwortung für die Zukunft zu übernehmen – vielleicht würden sie sich unter diesem Druck zu einer Einigung bereitfinden[617]! Konnte und durfte London aber noch lange warten und seinen längst in Aussicht gestellten Abzug weiter hinauszögern? Die »kommunalen« Spannungen nahmen zu, während der Vizekönig an Macht und Einfluß verlor: Der Exekutivrat, also die bisherige Verwaltungsspitze, bestand nicht mehr, und die Interimsregierung war kein britisches Regierungsinstrument und zeigte sich überdies funktionsunfähig. Die Disziplin der Administration lockerte sich zusehends, da sich sowohl Inder wie Europäer auf den Abzug der Herrschaftsmacht einzustellen begannen. Die Armee verblieb zwar in der Hand des Vizekönigs, zeigte aber ebenfalls erste Zeichen der Auflösung, und es mußte, falls eine neue Kampagne des zivilen Ungehorsams oder ein »kommunaler« Bürgerkrieg zur Aufrechterhaltung von Ruhe und Ordnung – und damit zu Repressionen zwangen, mit ihrer Unzuverlässigkeit gerechnet werden; die britischen Streitkräfte wollten nach Kriegsende entlassen werden. Die Labour-Regierung hatte weder die Absicht, noch war sie militärisch bereit, ein größeres Engagement durchzuhalten, um so mehr als auch die britische Wirtschaftslage bedenklich war und der Entschluß zum Rückzug nicht nur gefaßt, sondern auch von einer breiten Öffentlichkeit im Mutterland gutgeheißen wurde[618]. Lord *Mountbatten* machte zudem die Annahme des schweren Amtes von einer zeitlichen Limitierung abhängig[619]. *Mountbatten* mußte der Labour-Regierung als besonders geeigneter Mann zur Liquidierung der britischen Herrschaft in Indien erscheinen, da er sich als Oberkommandierender in Südostasien durch Energie und geschickten Umgang mit Menschen ausgezeichnet hatte, für seine Linkstendenzen bekannt war und bereits in Burma den Nationalisten weitgehendes Entgegenkommen gezeigt hatte. Besser als ein Mann der Labour Party konnte ein Mitglied der königlichen Familie in der schwierigen Übergangsphase die Disziplin des Offizierkorps und des Beamtenstabes

[617] "We took the view that the fixing of a definite term ... should provide the strongest inducement to them to sink the differences and to act together." H. of C., 5. 3. 1947, vol. 434, p. 506. "The fixing of an early date is designed to impress on the Indian parties, first of all, the complete sincerity of HMG in their promise to transfer power and authority, and secondly, a sense of the urgency of finding solutions to their outstanding difficulties, themselves, without the assistance and control of this country." Lord *Pethick-Lawrence* im H. of L., 25. 2. 1947, vol. 145, S. 949; ebenso Lord *Listowel*, S. 985, *Attlee* im Rückblick: "They would talk and talk and talk, and as long as they could put the responsibility on us they would continue to quarrel among themselves. Therefore I concluded the thing to do was to bring them right up against it and make them see they'd got to face the situation themselves." *Francis Williams*, A Prime Minister remembers, 1961, p. 208.

[618] Der Labour-Minister *Dalton* faßt die Situation zusammen, wenn er rückblickend schreibt: "If you are in a place where you are not wanted, and where you have not got the force, or perhaps the will, to squash those who don't want you, the only thing to do, is to come out." *Hugh Dalton*, High life and after. Memoirs 1945–1960, 1962, p. 211.

[619] *Williams*, p. 209; *Dalton*, p. 211.

gewährleisten und gleichzeitig den zu erwartenden Widerstand des Königs und der Konservativen – nicht zuletzt *Churchills* [620] – abschwächen helfen.
In der Tat ist *Attlees* Erklärung vom 20. Februar 1947 von der konservativen Opposition zum Anlaß genommen worden, energisch gegen die Indienpolitik der Labour-Regierung zu protestieren. In beiden Häusern wurde ein Mißtrauensantrag eingebracht. Die konservative Argumentation ging von den Vorschlägen der Cripps-Mission 1942 aus, also vom vollen Dominionstatus nach dem Kriege. Insofern hat sich der Spielraum gegenüber den 30er Jahren verengt. Die Diehards mochten persönlich denken wie damals, durften jedoch parlamentarisch die Möglichkeit von Self-government für Indien nicht mehr in Frage stellen oder offen eine klare Abgrenzung zwischen weißen und farbigen Dominions postulieren. Was blieb war die Tendenz, alle jene Voraussetzungen herauszustellen, die erfüllt sein mußten, bevor London den Transfer of power einleitete. In der Cripps-Offerte seien diese Bedingungen klar fixiert: zunächst ein Agreement zwischen den Parteien, aber auch ein Schutz der restlichen Minderheiten, nicht zuletzt der Prinzen. Großbritannien habe »obligations« zu erfüllen und sei verpflichtet, für den »orderly« Abgang Vorsorge zu treffen. *Churchill* berief sich auf diese Verpflichtungen ebenso wie etwa Lord *Salisbury,* der der Labour-Regierung vorwarf, die 50 Millionen der »depressed classes« – der Kastenlosen – der Herrschaft der Kongreßpartei auszuliefern. Faktisch ging es der konservativen Opposition darum, den Abgang hinauszuschieben. Daher die Entrüstung, die das fixierte Datum auslöste! Zweifellos konnten stichhaltige Argumente gegen das »time-limit« vorgebracht werden: ohne vorherige Übereinkunft zwischen Kongreß und Moslemliga und ohne anerkannte Übergangsregierung drohe der Abgang der Briten ins Chaos zu münden, und die Hoffnung, trotz allem doch die Einheit Indiens zu erhalten, würde schwinden; die Konservativen sprachen von einer Fragmentierung des Subkontinentes, die mit der Fixierung des Unabhängigkeitsdatums drohe, da nicht abzusehen sei, wer alles sich auf das Selbstbestimmungsrecht berufen würde. Lord *Templewood* faßte sein Urteil über die Erklärungen vom 20. Februar zusammen: »morally wrong, practically unworkable, politically unwise« [621]. Es brach aber doch deutlich das imperiale Bewußtsein durch, das sich mit der Ablösung Indiens nicht abfinden wollte und mißmutig und mit Entrüstung das Ende glorreicher britischer Herrschaft erleben mußte. “It is with deep grief I watch the clattering down of the British Empire, with all the glories and all the services, it has rendered to mankind” – sagte Churchill [622]. Die 200jährige Pax Britannica gehe zu Ende und überlasse Indien der »human misery«, meinte Lord *Selborne* [623], während Lord *Cranborne Attlees* Erklärung als die Totenglocke der britischen Verbindung mit Indien bezeichnet [624].
Die konservative Partei nahm jedoch nicht geschlossen gegen die Erklärung *Attlees* und damit gegen die Indienpolitik der Labour-Regierung Stellung. Wohl finden wir unter den Opponenten neben den eigentlichen Diehards auch Lord *Templewood* – als *Samuel Hoare* Indienminister der 30er Jahre – und Lord *Simon,* außerdem *R. A. Butler,*

[620] *Attlee* gibt die Rücksichtnahme auf *Churchill* indirekt zu, *Williams,* p. 209.
[621] H. of L. 25. 2. 1947, vol. 145, S. 935.
[622] H. of C. 6. 3. 1947, vol. 434, S. 678.
[623] H. of L., a.a.O., S. 968.
[624] H. of L., a.a.O., S. 1048.

den Repräsentanten der jüngeren Generation und reformerisch gesinnten Konservativen, der allerdings in der Argumentation gemäßigter war und sich offenbar nicht in Gegensatz zum Parteiführer *Churchill* stellen wollte (!), aber Lord *Halifax*, der frühere Vizekönig Lord *Irwin*, weigerte sich, den Parteidirektiven Folge zu leisten und unterstützte die Labour-Regierung. In seinem sorgfältig abwägenden Votum versuchte er den Diehards klarzumachen, daß für die gegenwärtige kritische Situation nicht die Labour Party verantwortlich gemacht werden könne, sondern daß diese die Folge alter Zusagen, der Kriegsereignisse und innerindischer Spannungen sei; nachdem einmal die Unabhängigkeit in Aussicht gestellt worden sei, hätte das Dilemma akut werden müssen, ob man weiter auf ein Agreement warten könnte ob man, unter Verzicht darauf, den entscheidenden Schritt tun sollte. "I gain the impression that the position is rapidly becoming intolerable, for the fundamental reason that at the present moment the Government of India ... is in a most distasteful condition – namely, a position in which its responsibility is greater than its power." [625] Er übersah die Gefahren nicht, wollte aber ein Agreement nicht überschätzen – schließlich bleibe dann noch die Frage, ob dessen Bestimmungen auch eingehalten würden. Es sei falsch, von Evakuation zu sprechen, als ob man ein feindliches Land verlasse, denn zahlreich seien jene Inder »who, once suspicion and the old order are removed, will be willing to accept a great deal by way of help and general influence that they would never have accepted in the shape and under the guide of controlling power«. Damit traf sich Lord *Halifax* mit den Überlegungen eines *Attlee:* Da man zu keiner Übereinkunft gelangte und die britische Macht in Indien immer mehr schwand, war ein baldiger Rückzug – trotz der Probleme, die sich daraus ergaben – nicht nur notwendig geworden, sondern auch vorteilhaft, da er ein erträgliches, wenn nicht freundschaftliches Verhältnis zwischen Indien und Großbritannien in der nach-imperialen Aera zu ermöglichen versprach. Die Stellungnahme von Lord *Halifax* hat im Oberhaus seinen Eindruck nicht verfehlt, denn Lord *Templewood* hat sein Mißtrauensvotum zurückgezogen und auf eine Abstimmung verzichtet. Im Unterhaus ist es mit 337 gegen 185 Stimmen abgelehnt worden. Wenige Tage später hat kein geringerer als *Amery* Premierminister *Attlee* zur Annahme der Indian Independence Act im Parlament gratuliert [626]!

Es läßt sich heute diskutieren, ob Lord *Mountbatten* allzu schnell die Notwendigkeit einer Teilung akzeptiert und die letzte Chance vertan hat, sie zu verhindern, und man kann ebenfalls diskutieren, ob die am 4. Juni vom Vizekönig selbständig und ohne Wissen der Labour-Regierung deklarierte Zurücknahme des »time-limit« auf den 15. August zweckdienlich und ob bei besserer und längerer Vorbereitung des Transfer of power die Massaker vom August-September 1947 hätten vermieden werden können ... [627]. Lord *Mountbatten* kam jedenfalls nach wenigen Tagen zu der Einsicht, daß die Einheit Indiens nicht zu erreichen war und die Teilung vorbereitet werden mußte. Es ist ihm auch gelungen, in freundschaftlichem Umgang *Nehru* für diese »Lösung« zu gewinnen. *Nehru* mochte ähnliche Überlegungen angestellt haben, denn auch er war der

[625] H. of L. 26. 2. 1947, vol. 145, S. 1016 f.

[626] *Wiliams*, p. 202. Ein weiterer Gratulationsbrief von *Edward Cadogan*, konservatives Mitglied der Simon Commission, a.a.O., p. 203.

[627] Die pointierte, gegen Lord *Mountbatten* persönlich gerichtete Darstellung *Mosleys* wird der schwierigen Frage zweifellos nicht gerecht.

ergebnislosen Verhandlungen müde und wollte endlich an das Ziel seines Lebens, zur Unabhängigkeit Indiens gelangen; die Zusammenarbeit mit der Moslemliga innerhalb der Interimsregierung hatte sich als unmöglich erwiesen – wie aber sollte Indien seine schwere Zukunftsaufgaben meistern ohne starke und funktionsfähige Zentralregierung? *Mountbatten* hat zudem das Problem der Fürstenstaaten zu lösen vermocht und in der Frage des Dominionstatus einen Ausweg gefunden: Am 15. August sollten beide Teile Indiens zu Dominions erklärt werden, mit dem Recht, anschließend selbständig über ein Verbleiben im Commonwealth zu entscheiden. Innerhalb sehr kurzer Zeit waren die Modalitäten des Rückzuges auszuarbeiten – unter anderem mußte die britisch-indische Armee geteilt werden; die Radcliffe-Kommission hat die Grenzen der zu teilenden Provinzen festgelegt. In der Annahme, es werde nicht zu schweren »kommunalen« Unruhen kommen [628], sah sich der Vizekönig allerdings getäuscht.

Das britische Parlament hat die Indian Independence Bill vom 4.–12. Juli diskutiert, und am 18. Juli wurden ihr die königlichen Siegel erteilt. Am 14. und 15. August 1947 ist in Indien der Union Jack eingezogen worden!

Premierminister *Attlee* bezeichnete am 4. Juli im Unterhaus die »Independence Act« »as not the abdication but the fulfilment of Britains mission in India, a sign of strength and vitality of the British Commonwealth«, und auch der englische König sprach in seinem Message vom 15. August von »the fulfilment of a great democratic ideal« [629]. War dies eine bloße Selbstglorifizierung, die den notwendig gewordenen Rückzug aus der imperialen Position beschönigen sollte? In der historischen Beurteilung wird man diesen selbstbewußten Worten eine innere Berechtigung nicht absprechen dürfen. Die stolze britische Herrschaft in Indien war auf Self-government angelegt und hat dieses Ziel schrittweise verfolgt, oft widerwillig und gegen Widerstände, gedrängt von der weltpolitischen Lage und unter massivem Druck der nationalen Emanzipationsbewegung, aber doch mit einer erstaunlichen Folgerichtigkeit. Was die Liberalen des frühen 19. Jahrhunderts postulieren oder als Möglichkeit kommen sahen, was *Seeley* in Erwägungen gezogen hatte und was die Reformen bereits vor 1914 – wenn auch mehr ungewollt – einleiteten, hat die britische Regierung 1917 als »ultimate goal« ihrer Indienpolitik verkündet und 1947 gewährt. Seit Ausgang des Ersten Weltkrieges hat Großbritannien sich auf ein unabhängiges Indien einstellen müssen, auch wenn es weiterhin mit langen Zeiträumen rechnete und erst im Zweiten Weltkrieg zur Abänderung des »Zeitplanes« gezwungen worden ist. Man muß jedoch mit anderen Kolonialmächten vergleichen: Ein unabhängiges Indochina und ein unabhängiges Indonesien waren für die breite Öffentlichkeit im Mutterland noch 1939, ja selbst noch 1945 undenkbar; die Dekolonisation kam unvermittelt und mußte dann auch auf heftigen Widerstand stoßen. Der bis zuletzt verteidigte Versuch, die ehemaligen Kolonien institutionell an das Mutterland zu binden, ist trotz militärischem Einsatz gescheitert und hat dazuhin den geregelten Transfer of power vereitelt. Großbritannien konnte vom Commonwealth ausgehen, da es längst auf föderative Bindungen ver-

[628] "I shall give you complete assurance. I shall see to it that there is no bloodshed and riot. I am a soldier, not a civilian. Once partition is accepted in principle, I shall issue orders to see that there are no communal disturbances anywhere in the country ..." *Azad*, India wins freedom, p. 190.

[629] *Bhagat*, p. 419.

zichtet hatte. Hoffte London in der Zwischenkriegszeit, einen Unterschied zwischen Siedlungskolonien und Indien machen zu können, so hat sich diese Abgrenzung mehr und mehr als nicht möglich erwiesen; und da man Indien den Dominionstatus von 1926 in Aussicht stellen mußte, war eo ipso auch die Möglichkeit des Austritts aus dem Commonwealth gegeben – seit den Cripps-Vorschlägen von 1942 mußte sich selbst ein Diehard wie *Winston Churchill* auf diese rechtliche Situation einstellen.

Die Labour Party hat hier »einhaken« können. Konzeption und Realität des Commonwealth erlaubten es ihr, ihren sozialistischen Anti-Kolonialismus mit einem britischen Nationalismus und Reichsbewußtsein in Einklang zu bringen. Nachdem die Koalitionsregierung unter Führung *Churchills* Indien weitgehende Zusagen hatte machen müssen, war die britische Öffentlichkeit bei Kriegsende bereit, »den großen Schritt zu tun« und die Politik der Labour-Regierung zu akzeptieren. Eine in den Wahlen vom Mai 1945 erfolgreiche konservative Partei unter *Churchill* hätte ohne Zweifel den Transfer of power hinausgeschoben und damit vielleicht den rechtzeitigen Abgang verpaßt. So aber konnte die sozialistische Regierung die etappenweise Gewährung von Self-government zu einem guten Ende führen, in der nicht unberechtigten Hoffnung, daß ein freies Indien an guten Beziehungen zu Großbritannien interessiert sei und sich zum Verbleib im Commonwealth entschließen würde. Die India Independence Bill war insofern wirklich »not the abdication but the fulfilment of Britains mission in India, a sign of strength and vitality of the British Commonwealth«.

Burma - Ceylon

Burma ist innerhalb der britischen Reichspolitik stets im Schatten Indiens gestanden. Erobert wurde es im 19. Jahrhundert zur Verteidigung Indiens, verwaltet als Teil Indiens, aber auch der indischen Immigration geöffnet; zahlreiche Inder leisteten Dienst in den Streitkräften und in der britischen Verwaltung. Indische Händler, Geldverleiher und Grundbesitzer waren an der wirtschaftlichen Entwicklung – vor allem Unterburmas – beteiligt, wobei sich ein Großteil der burmesischen Reisbauern verschuldete und sein Land in indische Hand geben mußte [630]. Die britische Verwaltung, »based upon law and individual freedom«, hat Burma einer kapitalistischen Kolonialwirtschaft ausgeliefert, an der die Burmesen nur in geringem Maße beteiligt waren, während sich gleichzeitig ihre Sozialstruktur und ihre buddhistisch geprägte Zivilisation desintegrierte oder stagnierte. Ein ungenügend ausgebautes Erziehungswesen hat die junge burmesische Generation nicht auf die Begegnung mit der modernen Welt vorbereitet [631]. Die Verfassungsentwicklung ging derjenigen Indiens parallel, so daß Burma 1923 die Dyarchy und 1935–1937 – nach der Trennung von Indien – Semi-responsible

[630] Allgemein sei hingewiesen auf die große Darstellung von *John F. Cady*, A History of Burma, 1958. Zum Agrarproblem auch *M. Zinkin*, Asien und der Westen, 1953, p. 127.

[631] *J. S. Furnivall*, Twilight in Burma: Reconquest and Crisis, in: Pacific Affairs, 22/1, März 1949. *Furnivalls* Thesen vor allem in seinem grundlegenden Werk Colonial policy and practice. A comparative study of Burma and Netherlands India, 1948/1956.

government erhalten hat: Der Gouverneur behielt zwar Reserved powers und verfügte über die Verwaltung, aber das mehrheitlich burmesische Kabinett war jetzt einem gewählten Parlament verantwortlich. London gab zudem dem Gouverneur Anweisung, Minister mit Rückhalt im Parlament zu ernennen und seine Macht im Sinne einer »partnership« zu gebrauchen, »to the end that Burma may attain its due place among our Dominions« [632]. Da die indische Föderation scheiterte, stand Burma nach 1937 – zusammen mit Ceylon – an der Spitze der »Prozession« auf dem Wege zum vollen Self-government [633]; parteipolitisches Leben gewann es im Kampf um die Macht zwischen Fraktionen und den Gefolgschaften führender Burmesen, und auch die Einbeziehung von Burmesen in die Verwaltung machte einige Fortschritte. Die Wirtschaft allerdings wurde weiterhin fast ausschließlich von Europäern und Indern kontrolliert.

An der Universität Rangoon wuchs gleichzeitig eine neue Generation von Nationalisten heran, die – organisiert im All Burma Student Movement – sich deutlich gegen die aus der Oberschicht stammende Führungsgruppe absetzte und scharf antibritische und antikapitalistische Parolen aufnahm; Beziehungen zu Indien, China und Japan wurden geknüpft. Diese kleine Minderheit von Intellektuellen, die unter Führung von *Aung San* (geb. 1915) im Februar 1936 zum Studentenstreik aufrief, wäre aber noch auf Jahre hinaus der britischen Herrschaft nicht gefährlich geworden, hätte sie nicht mit dem Zweiten Weltkrieg und der japanischen Besetzung ihre große Chance erhalten.

Wie die indische Kongreßpartei haben auch die burmesischen Politiker versucht, eine aktive Beteiligung am Kriege von weitreichenden Konzessionen Großbritanniens abhängig zu machen. So nahm das Repräsentantenhaus am 23. Februar 1940 eine Motion an, in der die sofortige Anerkennung Burmas »as an independent nation entitled to frame her own constitution« gefordert wurde [634]. Die britische Regierung verwies in ihrer Antwort auf ein Dominionstatut in der Nachkriegszeit, war aber nicht bereit, sich schon jetzt näher festzulegen oder bestimmte Zeitangaben zu machen. Premierminister *U Saw* – persönlich eine recht fragwürdige Figur – verlangte anläßlich eines Besuches in London im Oktober und November 1941 eine eindeutige Zusage für volles Dominionstatut unmittelbar nach Kriegsende [635]. Der Gouverneur *Dorman-Smith* hat den Staatssekretär für Indien und Burma, *L. S. Amery*, gedrängt, einen Zeitpunkt zu fixieren; es scheint, daß *Amery* zu einigem Entgegenkommen bereit gewesen wäre, aber auf das energische Veto *Winston Churchills* gestoßen ist [636]. Dem britischen Premier fehlte auch im Falle Burmas jedes Verständnis für nationale Emanzipationsbestrebungen [637]! Die Erklärung der Regierung fiel daher vage aus und

[632] *Maung Maung*, Burma's constitution, 2. ed. 1961, p. 32.

[633] Vom indischen Nationalisten *K. M. Panikkar* stammt aus dem Jahre 1943 folgendes Urteil: "... while still subject to British control (Burma) was no longer a colony, and practically governed itself." The future of South-East Asia. An Indian view, 1943, p. 13.

[634] *Nicholas Mansergh*, Survey of British Commonwealth Affairs. Problems of Wartime Co-operation and Post-War Change 1939–1952, 1958, p. 241.

[635] Wichtig für das Folgende: *Maurice Collis*, Last and First in Burma (1941–1948), 1956, p. 26 f., *Cady*, p. 430 f.

[636] *Collis*, p. 35.

[637] *U Saw* berichtete über sein Gespräch mit *Churchill*: "Churchill said, closely studying my face: Tell me, Mr. Prime Minister, are not the Burmese happier under British rule than under *Thibaw*?" *U Saw* antwortete mit einem Vergleich Englands unter deutscher Herrschaft,

konnte die Burmesen nicht befriedigen [638]. Es ist fraglich, ob eine großzügige Konzession ausgereicht hätte, um die burmesische Unterstützung im Kampf gegen Japan zu gewinnen; für uns ist wichtig, daß London – vor allem der alte Diehard *Churchill* – zwar vom Dominionstatus sprach, ihn aber erst nach dem Kriege gewähren wollte und außerdem bestimmte Bedingungen daran knüpfte. Die Kriegssituation zwang Großbritannien zu einer zeitlichen Fixierung und Abkürzung der Übergangsfristen, insofern als die Verhandlungen nicht erst in unbestimmter Zukunft, wie man noch 1939 anzunehmen gewillt war, sondern schon »unmittelbar nach Kriegsende« aufgenommen werden sollten; aber durch die Kriegssituation konnten auch die Nationalisten ihre Forderungen erhöhen und jeweils einen Schritt über das von London Gewährte hinausgehen.

Mit der japanischen Invasion schlug die Stunde für den revolutionären Nationalismus der jungen Generation. Sie war ansprechbar auf das Schlagwort »Asien den Asiaten« und verfolgte mit wachsendem Selbstbewußtsein die japanischen Erfolge. Der junge *Aung San* hatte sich mit Kameraden aus der Studentenorganisation den Japanern angeschlossen und marschierte mit einer Burma Independency Army in Burma ein. Mit der japanischen Okkupation war das Prestige der Kolonialmacht schwer getroffen, und die ganze britische Verwaltung fiel aus; mit den Briten zogen sich außerdem die älteren burmesischen Politiker zurück oder wurden ausgeschaltet, während gleichzeitig die indische Minderheit fluchtartig das Land verließ. In die so entstandene Lücke rückte die junge Generation nach. Die Besatzungsmacht Japan stieß zwar mit ihrem autoritären Charakter, ihren Übergriffen, Ablieferungsverpflichtungen und Zwangsarbeit bald auf Ablehnung und wachsenden Widerstand, spekulierte aber geschickt mit der burmesischen Unabhängigkeit: nationale Organisationen wurden gefördert und Burmesen in die Verwaltung einbezogen; Japan anerkannte *Aung San* als General einer burmesischen Nationalarmee und proklamierte im August 1943 sogar die Unabhängigkeit Burmas. *Aung San* und seine Mitstreiter kollaborierten, erkannten aber sehr wohl, daß diese Unabhängigkeit keine echte war und ein siegreiches Japan Protektoratsmacht innerhalb der angekündigten »co-prosperity« sein würde. Deshalb haben sie auch bereits im Dezember 1943 Verbindung mit dem britischen Geheimdienst aufgenommen und sich darauf vorbereitet, zu gegebener Stunde gegen Japan vorzugehen, um die volle Unabhängigkeit Burmas zu erringen.

Wie hat sich London auf diesen Zeitpunkt eingestellt? Hat man erkannt, daß die japanische Okkupation mit ihrer national-burmesischen Politik eine völlig neue Ausgangssituation schuf? Gouverneur *Dorman-Smith* zog sich mit der Burma-Regierung nach Simla in Indien zurück und erhielt den Auftrag, Pläne für den Wiederaufbau des durch den Krieg so schwer getroffenen und auf weite Strecken zerstörten Burma vor-

worauf *Churchill* "did not reply at once but got up in anger and paced the room for a few minutes without further speech. He then said in sorrow rather than in anger: I do not know what has come over you young people nowadays." Zit. *Maung Maung*, A Trail in Burma, 1962, p. 7 f. Der Bericht kann nicht auf seine Authentizität geprüft werden, wirkt aber echt.

638 "It is to that high position of Dominion status ... that we wish to help Burma to attain as fully and completely as may be possible under certain contingencies immediately after the victorious conclusion of the war." Zit. *Cady*, p. 431.

zubereiten. Dabei stellten sich zwei wichtige Fragen: sollten die burmesischen Nationalisten, die mit Japan zusammengearbeitet hatten, als Kollaborateure und Verräter vor Gericht gestellt oder bloß als Nationalisten behandelt werden, deren Unterstützung bei der militärischen Rückeroberung nützlich sein konnte, da ohne sie eine Retablierung der britischen Herrschaft nur mit inneren Kämpfen möglich erschien. Außerdem glaubte man den Wiederaufbau nur dann energisch vorantreiben zu können, wenn Burma während einer gewissen Übergangsfrist von Großbritannien direkt verwaltet würde. *Dorman-Smith* und das britische Personal in Simla waren vom Selbstvorwurf geplagt, Burma infolge ungenügender Verteidigungsmaßnahmen der Zerstörung ausgeliefert zu haben und hofften auf starke finanzielle Hilfe von seiten des Mutterlandes. Es schien angezeigt, Verfassungsfragen, Wahlen und die Übergabe der Macht an eine burmesische Regierung vorerst noch zu verschieben. Man darf hier wohl von einem echten Dilemma sprechen. *Amery* schrieb am 16. Dezember 1942 an *Dorman-Smith:*

"The biggest difficulty is where to strike the right mean between the necessities of a perfectly free hand for reconstruction and our general pledges to Burma and the world for the restoration of self-government." [639]

Gouverneur und Staatssekretär dachten an eine Übergangsfrist von 5 bis 7 Jahren; *Churchill* und das Kabinett haben aber eine Fristsetzung abgelehnt. *Dorman-Smith* drängte auf ein klares Statement, das die Burmesen für die Kooperation gewinnen sollte, fand aber bei der britischen Regierung kein Gehör. Der Gouverneur erklärte im Sommer 1943, kurz vor seiner Abreise nach London, in New Delhi:

"We must recognize this as an unexampled opportunity to correct abuses and defects which were apparent under our 'prewar' administration ... Burma belongs to the Burmese and when the time (shall) come for full self-government, we must try to hand over (a) country for which we have done a good job of work." [640]

Abgesehen von dieser bemerkenswerten Kritik an der Vorkriegsverwaltung unterstrich die Erklärung den Willen zum Wiederaufbau und die Notwendigkeit einer Zwischenphase mit direkter Verwaltung, enthielt aber nichts, was Burma nicht bereits 1939 schon besessen oder seit Kriegsausbruch versprochen bekommen hätte. Dennoch hat *Churchill* die Formulierung, vor allem die Worte »hand over«, als zu weitgehend empfunden und *Dorman-Smith* bei einem Lunch in Chequers mit den Worten begrüßt: "You're the man, I hear, who wants to give away the Empire!" [641] Diese Äußerung zeigt nicht nur die konservative und unnachgiebige Haltung *Churchills* in imperialen Fragen, sondern offenbart auch die Divergenz der Perspektive zwischen der britischen Regierung, die mitten im großen Abwehrkampf stand und zu keinen vorschnellen Konzessionen bereit war, und dem liberalen Kolonialgouverneur, der sich dem von ihm verwalteten Gebiet verpflichtet fühlte und der nationalen Emanzipation so weit wie möglich entgegenkommen wollte.

Trotz Ablehnung eines Statement kam nun aber in London doch eine gewisse Burma-Diskussion in Gang. So bezog z. B. die burmesische Handelskammer, die die britischen Wirtschaftsinteressen vertrat, eine eindeutig konservativ-kolonialistische Position:

[639] *Collis*, p. 189.
[640] Zit. *Cady*, p. 491.
[641] *Collis*, p. 210.

politische Entscheidungen sollten zurückgestellt und die Emergency Powers des Gouverneurs auf unbestimmte Zeit ausgedehnt werden; man müsse Beamte, die kollaboriert haben, bestrafen, den britischen Firmen eine Kompensation zahlen und beim Wiederaufbau eine privilegierte Stellung einräumen, aber auch die indischen Land- und Hypothekaransprüche anerkennen und die Einwanderung indischer Arbeitskräfte wieder erlauben [642]. Die Handelskammer wandte sich somit gegen politische Konzessionen und wollte jene uneingeschränkte Bewegungsfreiheit der indisch-britischen Wirtschaftsgruppen wiederherstellen, die die Wirtschaftsstruktur Burmas vor dem Kriege charakterisierte und gegen die der junge burmesische Nationalismus so energisch protestierte! Man wird annehmen dürfen, daß eine so reaktionäre Stellungnahme in der konservativen Partei und vor allem bei denjenigen Parlamentariern, die mit britischen Firmen und Finanzinteressen in Burma in Verbindung standen und sich deshalb mit der Zukunft Burmas befaßten, breite Zustimmung fand. Innerhalb der konservativen Partei bildete sich aber gleichzeitig auch eine Gegengruppe jüngerer Parlamentarier, die sich Reformen nicht verschloß und Ende 1944 das programmatische Pamphlet »Blue Print for Burma« an die Öffentlichkeit brachte [643]. Darin wird mit kritischer Offenheit geschildert, wie die burmesische Wirtschaft von Fremden beherrscht werde, ohne daß die Burmesen selbst von der Expansion profitiert hätten, daß die Zahl der Pächter in erschreckendem Maße gewachsen sei und auch die Importe vorwiegend den Nicht-Burmesen zugute gekommen seien. Eine solche Selbstkritik, die den vielgepriesenen Nutzen des Kolonialregimes für die eingeborene Bevölkerung in Zweifel zog, wäre wohl vor 1941 von konservativer Seite kaum denkbar gewesen! Die Autoren des Pamphletes sprachen sich für eine Fristsetzung (time limit) aus: Nach spätestens 6 Jahren solle Burma Dominionstatus gewährt werden, allerdings mit einigen Reservationen im Hinblick auf die strategischen und wirtschaftlichen Interessen Großbritanniens. Der Wiederaufbau aber müsse unter der Verantwortung des Gouverneurs erfolgen, dem ein Rat repräsentativer Burmesen beizugeben sei. Die neue Verfassung solle vorbereitet und nach Ablauf der Zwischenphase von einer auf breiter Basis gewählten burmesischen Versammlung ratifiziert werden. Die »Burmanisation« der Verwaltung und Wirtschaft müsse energisch betrieben, indischer Landbesitz kontrolliert und wenn möglich ausgeschaltet werden, z. B. durch Ablösung mit den Mitteln einer Sonderanleihe. Die britischen Firmen sollten nicht von der Regierung Burmas, sondern vom Mutterland entschädigt werden.

Dieses konservative Programm mochte den neuen Machtverhältnissen in Burma, über die man in London nur ungenügend unterrichtet war, bereits nicht mehr entsprechen, nahm aber die wesentlichen Forderungen der älteren Nationalisten auf und bot eine erstaunlich großzügig konzipierte und auch realisierbare Basis für weitere Diskussionen und Verhandlungen. Die »Times« allerdings ging sogar noch einen Schritt weiter und lehnte die Übergangsfrist überhaupt ab, da jeder Versuch, Burma weniger zu gewähren als Indien, früher gegebenen Zusagen widerspreche und auch keine Aussicht biete, die Burmesen zur unbedingt notwendigen Zusammenarbeit zu gewinnen [644]. Auch die

[642] *Cady*, p. 494.
[643] Blue Print for Burma, ed. National Union of Conservative and Unionist Associations, Nov. 1944.
[644] Times, 15. 11. 1944.

»Times« betonte den nationalistischen Widerstand »to the restoration of the old economy« [645] – was die interessierten Wirtschaftsgruppen veranlaßte, sich sowohl von der »Times« als auch vom Blue Print zu distanzieren [646].

In der Parlamentsdebatte vom 12. Dezember 1944 verteidigten die Mitglieder der konservativen Studiengruppe ihre Vorschläge: Großbritannien, dessen Prestige seit dem japanischen Einmarsch schwer geschädigt sei, müsse seine zahlreichen Versprechungen einlösen; nachdem die Japaner Burma die Unabhängigkeit versprochen haben, müsse auch die britische Regierung eine Erklärung abgeben, wenn die alliierten Truppen beim Wiedereinmarsch als Befreier begrüßt werden wollten. Formeln wie »as soon as possible« würden nicht mehr genügen und den Burmesen als Wortbruch erscheinen [647]. Während anderen Konservativen die sechsjährige Übergangszeit als zu kurz erschien, hielt sie *Creech-Jones* als Sprecher der Labour Party für zu lange: "The Burmese will ask us, by what right do we assert our sovereignty over them without their consent." Die Vorbereitungen für das Responsible government müßten sofort beginnen, und zwar soweit als möglich durch die Burmesen selbst [648].

Obschon auch die »Times« zeitlich fixierte Zusagen für notwendig erachtete, ging die Regierung nicht darauf ein; sie war auch nicht bereit, den Übergang zum Dominionstatus bereits nach der Wiedereroberung einzuleiten [649]; die indischen Chettyars sollten sogar ihr Land wiederbekommen. Nicht nur der »New Statesman and Nation« (23. 12.) und der »Economist« (16. 12.), sondern auch die »Times« (13. 12.) waren enttäuscht. Reaktionäre Vorstellungen, konkrete wirtschaftliche Interessen und nicht zuletzt der persönliche Einfluß *Winston Churchills* haben sich als stärker erwiesen. Die Regierung hat damit auf den Versuch, mit einer großzügigen Erklärung den militärischen Vormarsch politisch zu unterstützen, verzichtet, offenbar in der Meinung, daß man mit den burmesischen Nationalisten leicht fertig werde und die britische Kontrolle wieder errichten könne, ohne sich vorzeitig festlegen zu müssen und die künftige Entscheidung zu präjudizieren.

Weder London noch der Gouverneur haben hier einen neuen Vorstoß unternommen, sondern – paradoxerweise – der Oberkommandierende in Südostasien Lord *Mountbatten*. Es waren militärische Überlegungen, die ihn die Initiative ergreifen ließen. Die schwierige Wiedereroberung Burmas sollte Unterstützung von burmesischer Seite erhalten. Dies verlangte aber die Anerkennung der Burman National Army *Aung Sans*, ja sogar die Bereitschaft, ihr Waffen zu liefern und sie an den alliierten Operationen zu beteiligen. *Mountbatten* hat diese Forderung gegen den Widerstand der eigenen politischen Berater, der Simla-Verwaltung und der britischen Regierung durchgesetzt!

[645] "But economic development must proceed, even at the risk of slowing down the process, on lines which appeal to national sentiment and tradition. Nothing else will give reality to the pledges which Britain must honour."

[646] Leserbriefe in der Times, 24. 11. und 2. 12. 1944.

[647] House of Commons, vol. 406, S. 1078 f.

[648] S. 1099. Für die Vorbereitungen innerhalb der Labour Party vgl. z. B. *E. E. Dodd*, Reconstruction in Burma and Malaya, in: Four colonial questions, hrsg. v. Fabian Colonial Bureau, Dez. 1944. Es ist darin aber nur sehr unbestimmt von einem künftigen Dominionstatus die Rede!

[649] "... unwise at this stage to commit ourselves to publicly announced programmes." Staatssekretär *Amery*, House of Commons, vol. 406, S. 1127.

Er hatte dabei sogar eine persönliche Unterredung mit *Aung San*, dem jungen revolutionären Führer, und traf am 16. Mai 1945 mit ihm die Vereinbarung, nach der die Burman National Army als alliierte Streitkraft anerkannt, aber unter britisches Oberkommando gestellt wurde. *Mountbatten* war weitblickend genug, auch die neuen nationalistischen Organisationen – vor allem die Anti-Fascist People's Freedom League – zu berücksichtigen und sie eventuell sogar an der Regierung zu beteiligen, da nur so eine einigermaßen reibungslose Regierungsübernahme gewährleistet und der Wiederaufbau ohne innere Störungen eingeleitet werden konnte. Ob er bereits damals erkannt hatte, daß man nur damit Burma im Commonwealth halten konnte, muß dahingestellt bleiben; jedenfalls hat er die völlig neue Situation in Burma schneller durchschaut und richtiger beurteilt als London und selbst der liberale Gouverneur *Dorman-Smith*. An der Siegesparade in Rangoon am 15. Juni 1945 hat die Burman National Army als eigener Truppenteil und mit burmesischen Fahnen teilgenommen – nichts konnte besser dokumentieren, daß nach der japanischen Okkupation nicht einfach die Administration und Politik von vor 1941 wiederaufgenommen werden konnte.

Ein Monat zuvor, am 17. Mai 1945, hatte die britische Regierung endlich in einem Burma White Paper die längst fällige Erklärung abgegeben [650]. Die ersten drei Jahre sollte die Regierungsgewalt beim Gouverneur liegen, anschließend würde die Verfassung von 1935–1937 in Kraft treten; die Burmesen könnten dann eine neue Verfassung ausarbeiten, deren Ziel zu gegebener Zeit Dominionstatus – als »complete self-government within the British Commonwealth« – sein würde. Voraussetzung dazu wäre allerdings der Abschluß von Verträgen, durch die gewisse britische Interessen gewahrt bleiben müßten; die Shan-Staaten und Stammesgebiete (Karen, Hügel-Völker) sollten selbst über ihren Anschluß an Burma bestimmen. Was London noch im Dezember 1944 abgelehnt hatte, bewilligte es nun im Mai 1945, wobei außerdem die im Blue Print vorgesehenen sechs Jahre auf drei verkürzt wurden. Für den Übergang zum Dominionstatus war aber keine Frist gesetzt, dieser blieb weiterhin nur »ultimate objective«. Dieses viel zu spät abgegebene Statement war durch die Verhältnisse, nicht zuletzt auch durch das Vorgehen *Mountbattens*, bereits überholt und lieferte den jungen Burmesen ein zusätzliches Argument, ihre Forderungen zu erhöhen und auch mit Nachdruck zu vertreten. Der »Economist« (26. 5. 1945) fand die Erklärung »not an inspiring document« und nicht dazu geeignet, burmesisches wie indisches Mißtrauen zu beschwichtigen, sah aber keine Alternative. Der »New Statesman and Nation« wollte die Interimsphase auf ein Jahr verkürzen, da die Gefahr bestünde, daß die britische Verwaltung ohne burmesische Mitwirkung die neue Wirtschaftspolitik festlege. Selbst die politische Linke hielt es offenbar nicht für angezeigt, das Dominionstatut sofort zu gewähren.

Dies zeigte sich auch in der kurzen Unterhausdebatte vom 1. Juni 1945. Staatssekretär *Amery* gab sich Mühe, das Statement »liberal« zu interpretieren, versprach Finanzhilfe für den Wiederaufbau und verwies auf *Dorman-Smith*, der nicht verfehlen werde, die Burmesen am Aufbauwerk zu beteiligen [651]. *De Chair* als Sprecher der Blue Print-

[650] Gedruckt in: Documents and Speeches of the British Commonwealth, ed. *Mansergh*, 1953, p. 760 f.

[651] House of Commons, vol. 411, S. 495.

Gruppe stimmte dem – aber doch vorsichtiger – zu. Aber auch *Stafford Cripps* und *Creech-Jones* lobten das White Paper; *Cripps* nannte es sogar »a most admirable presentation of the facts as regards Burma ... all friends of Burma will be satisfied« [652]. Nur einige Außenseiter der Labour Party, wie z. B. *Sorensen*, kritisierten es scharf und lehnten es ab: die Burmesen würde man damit nicht befriedigen; die Philippinen seien ebenfalls zerstört, und man benutze dort nicht den Wiederaufbau als Vorwand für eine Direct Rule. Die »Times« zeigte einmal mehr ihre Weitsicht und stellte die Bedeutung der britischen Burma-Politik heraus: Die Alliierten – also die Amerikaner – beobachteten das Vorgehen Großbritanniens im ersten von den Japanern befreiten ehemals britischen Bereich. Es sei entscheidend

"to convince the people of the Far East that the Western powers recognize of a new situation created by the national movements now in process of emerging into self-consciousness."

Es folgte eine bemerkenswerte Schilderung der neuen nationalistischen Generation, die sich von den »older leaders of the parliamentary type« unterscheide und deren Programm sich an die »agrarian democracy« in Nordchina anlehne.

"It is essential that Burmese nationalism should be taken into partnership from the earliest possible moment if its co-operation, essential for the success of British policy is to be secured." [653]

Liberalgesinnte Kenner Burmas wie *Maurice Collis* und *J. S. Furnivall* – beides ehemalige Kolonialbeamte – zogen daraus die Konsequenzen und erkannten, daß weitergehende Zusagen notwendig seien und der junge burmesische Nationalismus unmittelbar nach der Wiedereroberung zur politischen Verantwortung herangezogen werden müsse; *Collis* schlug vor, sogleich mit den Sprechern Burmas die Dominionverfassung zu diskutieren [654], während *Furnivall* einen Burmesen als Gouverneur in Erwägung zog, dem ein britischer Hochkommissar zur Seite stehen sollte – auf diese Weise könne die notwendige starke Regierung und gleichzeitig die neue Vertrauensbasis geschaffen werden [655].

Die Burmesen selbst haben natürlich das White Paper abgelehnt, auch die eher konservative Burma Association in London, die einen klaren und frühzeitigen Termin für Dominionstatus und baldige Wahlen verlangte. *Aung Sans AFPFL* mißtraute den einschränkenden Bestimmungen des White Paper, sah in ihm eine Divide-et-impera-Politik und forderte die Wahl einer verfassunggebenden Nationalversammlung und eine provisorische Regierung als Vorstufe zur vollen Unabhängigkeit. Die Guerillakämpfer, die Offiziere der nationalen Armee und die Politiker und Beamten eines zwar von Japan protegierten, formell aber doch unabhängigen Burma waren begreiflicherweise nicht bereit, nun im Moment des Sieges ihre Macht- und Entscheidungsbefugnisse wieder an britische Beamte oder an die alten burmesischen Politiker abzugeben! Um die Stellung der *AFPFL* ging es in den folgenden Monaten. Sie behauptete,

[652] S. 403.
[653] Times, 2. 6. 1945.
[654] *Collis* schrieb bereits im Dezember im »Observer«, daß selbst die Annahme der Blue Print-Vorschläge kaum mehr genüge. "Our Burmese critics, let us hope, will be indulgent be slow to distrust us, be patient and co-operate. But my own frank opinion is that chance of a happy issue in Burma remains faint." p. 230.
[655] The future of Burma, in: Pacific Affairs, 1945, p. 158 f.

die Bevölkerung Burmas zu repräsentieren, und wollte als provisorische Regierung anerkannt werden, wenigstens aber im Exekutivrat des Gouverneurs die Mehrheit der Minister stellen; diese sollten dabei ihre Weisungen von der Partei erhalten und somit ihr verantwortlich sein. Gouverneur *Dorman-Smith* konnte und wollte auf solch radikale Forderungen nicht eingehen, da er sich der Simla-Verwaltung verpflichtet fühlte, an das White Paper gebunden war und es ablehnte, die kommunistisch infiltrierte *AFPFL* als Alleinvertretung Burmas anzuerkennen. Lord *Mountbatten* hat sich als Vermittler bemüht und versucht, *Aung San* zur Annahme des Dominionstatus, d. h. zum Verzicht auf die Unabhängigkeitsforderung zu bewegen, mußte aber im Oktober seine Verwaltungsbefugnisse an die Zivilregierung abgeben. Die hochbezahlten Kolonialbeamten der Vorkriegszeit aber zeigten wenig Verständnis für die jungen und revolutionär gesinnten Nationalisten, und unbegreiflicherweise sind dann auch noch die alten Schulden und Landansprüche wieder anerkannt worden, womit man die Bauern in die revolutionäre Opposition trieb; ähnliches gilt für Offiziere und Soldaten, die man nicht für den Wiederaufbau einsetzte, sondern größtenteils entließ [656].

Die Regierungsübernahme der Labour Party bedeutete vorerst keinen Kurswechsel in der britischen Burma-Politik. Die Partei hatte sich wenig mit Burma beschäftigt und das White Paper gutgeheißen, das denn auch für die neue Regierung Gültigkeit besaß. *Dorman-Smith* erhielt entsprechende Instruktionen: er solle Sorge tragen, daß die *AFPFL* nicht vorzeitig und ohne Wahlen zur Macht gelange – ja, er solle vorerst nichts über Dominionstatus verlauten lassen [657]! Die Politik der Labour-Regierung war damit konservativer als diejenige Lord *Mountbattens.*

Wir können die komplizierte Situation in Burma während der folgenden Monate nicht schildern. Trotz der guten persönlichen Beziehungen zwischen *Dorman-Smith* und *Aung San* verschärften sich die Spannungen zwischen Administration und *AFPFL* zusehends, *Aung San,* der junge Nationalheld des befreiten Burma, vermochte die *AFPFL,* die bis dahin eine Art Sammelbewegung verschiedener Gruppen gewesen war, zu einer modernen Massenpartei mit Zweigstellen in der Provinz und Nebenorganisationen (Jugendverbände und Gewerkschaften) umzuformen; daneben stellte er aus Veteranen eine Art Parteitruppe – die People's Volunteer Organization – auf. Gestützt auf diesen Rückhalt konnte er behördliche Maßnahmen boykottieren und mit Rebellion und Aufstand drohen. Angesichts dieser Zwangslage forderte *Dorman-Smith* im April 1946 seine Regierung auf, das White Paper zu überprüfen; nur durch Miteinbeziehung der League in die Regierung, baldige Wahl einer verfassunggebenden Versammlung und ein Dominionstatus im Jahre 1948 sei die Lage noch zu meistern [658]. Der Gouverneur erkannte damit die *AFPFL* als die maßgebliche Partei Burmas an, die den Großteil der Bevölkerung repräsentierte, und bezog die von *Mountbatten* bereits seit Monaten vertretene Position. Ein offener Konflikt mußte auf jeden Fall vermieden werden, da man nicht mehr über genügend Truppen verfügte, um einen Aufstand niederzuwerfen; indische Streitkräfte konnte man nicht einsetzen ...

[656] *Furnivall,* Twilight, a.a.O.

[657] *Collis,* p. 257, 262.

[658] "It is very difficult to see how anything short of handing over complete power to a provisional Government could ease it." *Collis,* p. 277.

Auch die »Times« hat wiederum zur Aktion gedrängt: Die gespannte Situation in Burma bedrohe den Wiederaufbau, die Burmesen hätten Angst, daß die neue 80-Mill.-Pfund-Anleihe als Ausrede dienen werde, eine britische Kontrolle aufrechtzuerhalten; *Attlees* Indien-Erklärung vom 15. März habe großen Eindruck gemacht – in ähnlicher Weise solle man Burmas Recht auf Unabhängigkeit akzeptieren und die jüngeren Nationalisten-Führer an einer Interimsregierung beteiligen, und zwar unter Abgabe von Verteidigung und Außenpolitik [659]!

Erst jetzt ergriff die Labour-Regierung die Initiative. *Dorman-Smith* wurde nach London beordert, in nicht gerade korrekter Weise entlassen, und durch Sir *Rance*, einen früheren Mitarbeiter *Mountbattens*, ersetzt; *Mountbatten* selbst hatte ihn *Attlee* vorgeschlagen und zur Aktion gedrängt! Die Entscheidungen fielen nun in rascher Folge. *Rance* formte seinen Exekutivrat um, wobei *Aung San* als zweiter Vorsitzender Verteidigung und Außenpolitik (!) übernahm; und da er gleichzeitig über die *AFPFL* die Mehrheit der Minister kontrollierte, nahm er faktisch die Stellung eines Ministerpräsidenten ein. Am 10. November stellten die Burmesen eine Art Ultimatum: im April sollten die Wahlen für die verfassunggebende Versammlung stattfinden, London müsse zudem bis spätestens 31. Januar 1947 die Zusage geben, daß Burma innerhalb eines Jahres die volle Unabhängigkeit erhalte [660]. Der britische Premierminister sah sich gezwungen, das Tempo zu beschleunigen, und erklärte am 20. Dezember im Unterhaus, daß er eine Delegation des burmesischen Exekutivrates nach London geladen habe, um mit ihr über Verfassungsfragen zu beraten; das White Paper müsse ersetzt werden und wie Indien müsse auch Burma innerhalb kürzester Zeit Self-government erhalten.

"We do not desire to retain within the Commonwealth and Empire any unwilling peoples. It is for the people of Burma to decide their own future, but we are certain that it will be to their interest, as it will be to ours, if they decide to remain within the Commonwealth ... it is the desire and intention of HMG to hasten forward the time when Burma shall realise her independence, either within or without the Commonwealth." [661]

Großbritannien hatte bereits in den *Cripps*-Vorschlägen an Indien 1942 die bis dahin als selbstverständlich geltende These, daß volles Self-government nur als Dominionstatus innerhalb des Commonwealth gewährt werden könne, aufgeben müssen; nun akzeptierte *Attlee* auch für Burma die Möglichkeit, unabhängig zu werden. Der Premier mochte damit die Hoffnung hegen, mit dieser unerwarteten Konzessionsbereitschaft das Mißtrauen *Aung Sans* und seiner Kollegen, die sich bereits auf Unabhängigkeit festgelegt hatten und unter kommunistischem Druck standen, zu beschwichtigen und ihnen trotz allem ein Verbleiben im Commonwealth zu erleichtern.

Eine Debatte im Unterhaus war nicht mehr möglich. *Churchill* ergriff aber die Gelegenheit zum Protest und erklärte in der ihm eigenen großartig-polemischen Weise:

"It was said, in the days of the great administration of Lord *Chatham*, that one had to get up very early in the morning in order not to miss some of the gains and accessions of territory

[659] Times 6. 4. 1946, Tension in Burma. Wiederum am 6. 6. 1946: Bei den jungen Burmesen herrsche ein Gefühl der Frustration, der Wiederaufbau verlange eine Kooperation. "Burmese want their country reconstructed in their own way and not in ours." Am 5. 8. wird wieder betont, daß ein Recht auf Ablösung akzeptiert werden müsse!

[660] *Cady*, p. 539.

[661] House of Commons, 20. 12. 1946, vol. 431, S. 2342 f.

which were then characteristic of our fortunes. The no less memorable administration of the right hon. Gentleman opposite is distinguished for the opposite set of experiences. The British Empire seems to be running off almost as fast as the American loan. The steady and remorseless process of divesting ourselves of what has been gained by so many generations of toil, administration and sacrifice continues. In the case of Burma it is hardly a year since, by the superb exertions of the Fourteenth Army and enormous sacrifices in life and treasure – sacrifices in British blood and in Indian blood – the Japanese were forced to surrender, destroyed, or driven out, and the country was liberated. And yet, although barely a year has passed away, there is this extraordinary haste that we should take the necessary measures to get out of Burma finally and forever."

Attlees Vorgehen erfolge überstürzt, ohne vorausgehende Wahlen und opfere alte Freunde: "This haste is appalling. 'Scuttle' is the only word that can be applied".[662] Während sich der konservative »Daily Telegraph« (21. 12.) und die »Yorkshire Post« (21. 12.) mit *Churchills* Kritik identifizierten und böse Folgen prophezeiten, stimmten die »Times« (21. 12.), der »Manchester Guardian« und z. B. auch der »Economist« der Erklärung *Attlees* zu; nur mit so weitgehenden Konzessionen könne die britische Politik glaubwürdig gemacht und vielleicht noch eine Verständigung gefunden werden.

Dem Statement des Premiers und dem polemischen Kommentar *Winston Churchills* möchte man – so sehr sie auch auf eine konkrete Situation bezogen sind – repräsentativen Charakter zusprechen: hier sprach der alte Diehard, der im Bewußtsein einer großen Tradition die »Liquidation des Empire« erleben mußte und das Rad der Geschichte aufzuhalten suchte, dort der Führer der bisherigen Opposition, der unerwartet in eine Zwangslage geraten war und mit einem entscheidenden Schritt versuchte, den Anschluß an die sich überstürzenden Ereignisse zu gewinnen und durch großzügiges Entgegenkommen den endgültigen und folgenschweren Bruch mit der nationalen Emanzipation zu verhindern.

Während Vorbereitungen für einen Aufstand im Falle eines Scheiterns der Verhandlungen getroffen wurden, flog eine burmesische Delegation im Januar 1947 nach London. Sie kam mißtrauisch und erwartete Verzögerungsmanöver, überzeugte sich dann aber von der echten Bereitschaft *Attlees*[663]. Ein Agreement wurde getroffen: die Interimsregierung wurde wie diejenige eines Dominions anerkannt, während das bald zu wählende Parlament die neue Verfassung ausarbeiten und dem britischen Parlament zur Annahme vorlegen sollte; für die wirtschaftlichen Fragen und die Hügel-Stämme wurden Sondervereinbarungen in Aussicht gestellt. *Aung San* hat dieses Abkommen bei seiner Anhängerschaft nur mit Mühe durchsetzen können. Über die Mitgliedschaft

[662] House of Commons, vol. 431, S. 2343, 2350.

[663] Vgl. *Attlees* Bericht in: As it happened, 1954, p. 188. Dazu der Kommentar des New Statesman: "The political life of Asia no longer moves at a leisurely tempo. The Western Powers, after a century or more of imperialist rule, now face politically minded people who, in many cases, helped to win the war against Japan, and now demand their independence. Nothing can stem the tide of their conscious maturity; the real problem is whether we, the French and the Dutch are willing to move peacefully in the same stream of history ... The delegation, expected in London this week, includes some of the ablest of Burmese statesmen. It will be warmly welcome, and it will meet many friends here who have the highest respect and affection for the Burmans, and who fully accept the case for Burmese independence. If the Burmans can believe this and overcome suspicions, often unhappily justified in the past, they will find the Government willing to meet their demands and to rebuild Burmese-British relations on a new foundation of friendship." 11. 1. 1947, p. 23.

im Commonwealth war in London nicht entschieden worden; es scheint, daß sich der burmesische Führer zu einem Verbleiben durchgerungen hatte, daheim aber unter starkem Druck stand und sich nicht allzusehr exponieren konnte. Im Mai 1947 sprach sich der Kongreß der *AFPFL* endgültig für die volle Unabhängigkeit aus, offenbar in der Annahme, daß auch Indien aus dem Commonwealth austreten werde!
Die Labour-Regierung hat sich dadurch nicht in eine defensive Position abdrängen lassen, sie hat der Drohung von konservativer Seite, die versprochene Finanzhilfe zu kündigen, widerstanden und ein recht großzügiges Abkommen über den Transfer of power unterzeichnet; sie bekundete damit ihren Willen, auch im Falle einer Separation gute Beziehungen zu Burma aufrechtzuerhalten. Nach der tragischen Ermordung *Aung Sans* und mehrerer seiner Minster (19. Juli) hat *U Nu* die Regierung übernommen und am 17. Oktober 1947 mit *Attlee* den eigentlichen Unabhängigkeitsvertrag unterzeichnet. Anläßlich der Proklamation der Unabhängigkeit am 4. Januar 1948 sagte der burmesische Premierminister:

“We lost our independence without losing our self-respect; we clung to our culture and our traditions and these we now hold to cherish and to develop ... We part without rancour and in friendship from the great British nation which held us in fee.” [664]

Was ergibt dieser kurze Bericht für unsere Fragestellung? Man hat in London nicht rechtzeitig erkannt, daß sich mit dem militärischen Zusammenbruch Großbritanniens und der japanischen Okkupation in Südost-Asien die innere Situation Burmas grundlegend gewandelt hatte; das britische Prestige war abgewertet und die Kolonialverwaltung vorübergehend ausgefallen; es war zu einem politischen, sozialen und psychologischen Erdrutsch gekommen, bei dem unter japanischer Oberhoheit eine völlig neue Schicht von Nationalisten hervortrat und sich als legitime Vertretung des burmesischen Volkes etablieren konnte. Mit ihr mußte 1945 gerechnet werden. Die Verhältnisse in Burma waren völlig verschieden von jenen in anderen Bereichen, wo die britische Herrschaft zwar angefochten, aber nicht unterbrochen wurde. Man sprach zwar in London viel mehr als noch vor 1941 von der asiatischen Emanzipationsbewegung, die durch den Krieg und den Kampf gegen Japan Auftrieb erhalten habe, glaubte aber doch als Befreier ins Land zurückkehren zu können und die von den »Verrätern« *Aung San* und seinen Gefolgsleuten aufgestellte Armee sowie die neuen politischen Organisationen ohne allzu große Schwierigkeiten ausschalten zu können. Man glaubte, daß die Versprechung des Dominionstatus den Reformwillen Großbritanniens ausreichend dokumentiere. Das Argument, daß man vorerst den so dringlichen Wiederaufbau energisch fördern müsse und erst nach einer Übergangsphase das Verfassungsproblem angehen könne, war zweifellos ehrlich gemeint und mochte »sachlich richtig« gewesen sein – selbst wenn man die innere Desorganisation nach Erreichung der Unabhängigkeit nicht als Beweis dafür anführen kann (die Ermordung der Führungsgruppe konnte nicht vorhergesehen werden!) –, entsprach aber nicht mehr der inneren Situation Burmas nach der japanischen Okkupation. Burma wollte keine »wohlwollende Verwaltung«, sondern den Abzug der Kolonialmacht, es wollte nicht Good-government, sondern Self-government! Die im Kriege erprobte junge Generation revolutionärer Nationalisten war nicht bereit zu warten, bis London »zu gegebener Zeit« seine Versprechen

[664] *Cady*, p. 572.

einzulösen gewillt war, sondern drängte auf sofortige Unabhängigkeit und war entschlossen, die britische Schwäche voll auszunutzen und die neugeschaffene Massenorganisation als Druck- und Erpressungsmittel einzusetzen.
Wahrscheinlich hätten auch frühzeitigere Statements mit großzügigen Zusagen und genauen Terminen keine tragfähige Vertrauens- und Verhandlungsbasis schaffen können. Das White Paper von 1945 kam jedenfalls zu spät und war viel zu konservativ. Vielleicht wäre die Politik Lord *Mountbattens* erfolgreicher gewesen und hätte Burma im Commonwealth halten können, wenn *Aung San* rechtzeitig in eine Interimsregierung aufgenommen und seine Partei als wichtigste Vertretung Burmas akzeptiert worden wäre.
Es hat sich im Falle Burmas gezeigt, daß von einem bestimmten Augenblick an die bisherigen allgemeinen Zusagen auf »ultimate self-government« nicht mehr genügten. Da London sich weigerte, seine Zusagen zu spezifizieren und Time-tables zu setzen – wie die Amerikaner in den Philippinen –, büßten die britischen Erklärungen an Glaubwürdigkeit ein und verloren ihre Wirksamkeit. Großbritannien hatte sich zwar nicht auf einen bloßen Widerstand versteift und es zu keinem offenen Bruch kommen lassen, wurde aber von den Ereignissen überrollt, geriet in die Defensive und konnte in der Schlußphase nur noch re-agieren. London hat sich in der Annahme getäuscht, daß es noch immer über volle Entscheidungsfreiheit verfüge und Konzessionen erst dann gewähren müsse, wenn sie ratsam erschienen; so kam es schließlich in eine Zwangslage, in der ihm die Entscheidungen kurzfristig aufgezwungen worden sind.
Die Labour-Regierung unterschied sich darin keineswegs grundlegend von der konservativ orientierten Koalitionsregierung der Kriegsjahre. Es war aber die Labour Party, die im letzten noch möglichen Augenblick das Steuer herumwarf und *Aung San* an den Verhandlungstisch führte. Es ist ihr zwar nicht gelungen, Burma zu einem Verbleiben im Commonwealth zu bewegen, aber sie hat den offenen Konflikt vermeiden können. Durch jede weitere Verzögerung – wie sie vermutlich eine konservative Regierung versucht haben würde – wäre die letzte Chance verpaßt worden, und es wäre zu schweren burmesischen Unruhen gekommen; es ist sehr wohl denkbar, daß dann die linksradikal-kommunistischen Elemente innerhalb der *AFPFL* zur Macht gekommen wären. Der gerade noch rechtzeitige »Abgang« der Kolonialmacht hingegen, den *Attlee* erreicht hat, erlaubte es der burmesischen Regierung, 1947/48 in ihrem Kampf gegen kommunistische Aufstände die militärische und wirtschaftliche Unterstützung Großbritanniens in Anspruch zu nehmen und sich dadurch in der gefahrvollen Auseinandersetzung zu behaupten.

Während Burma nach dem Zweiten Weltkrieg die volle Unabhängigkeit forderte und erhielt, begnügte sich *Ceylon* mit dem Dominionstatus. Dieser Unterschied ergab sich nicht zufällig, sondern war in den ganz anderen Voraussetzungen begründet, unter denen sich die Entkolonialisierung in ihrer Schlußphase vollzog. Wir meinen dabei nicht die Verschiedenheit in Rasse, Sprache und geschichtlichen Traditionen und auch nicht die jeweils besondere Problematik der Plural-Society, sondern die Tatsache, daß Ceylon nicht unmittelbar vom Krieg betroffen und nicht von den Japanern besetzt war; insofern hat die Situation Burmas viel mehr Ähnlichkeit mit der Indonesiens und Indochinas als mit der Ceylons. Während dort die Kolonialmacht ausfiel und unter der japanischen Okkupation ein junger sozialrevolutionärer Nationalismus die alte Führungsschicht ablöste und eine Massenbasis gewann, die es ihm erlaubte, 1945 die zurückkehrende Kolonialmacht vor ein Fait accompli zu stellen und die volle Macht zu beanspruchen, verlief hier die Entwicklung in den durch die Verfassung »vorgezeichneten« Bahnen und wurde von einer älteren Politiker-Generation getragen, die sich aus der britisch geschulten Elite rekrutierte, über keine Massenbasis verfügte, zu Kompromissen bereit war und der Revolution die Evolution vorzog [665].

Ceylon hatte 1931 Semi-responsible government erhalten, nicht wie Burma 1937 nach dem Vorbild Westminsters, sondern in Anlehnung an den Londoner County Council – ein mit dem allgemeinen Wahlrecht bestellter Staatsrat, dessen Ausschußvorsitzende eine Art Ministerrat bildeten. Wieweit diese Verfassung funktioniert und positive Ergebnisse gezeitigt hat, ist umstritten. Ceylon hat zweifellos Erfahrungen in politischer Entscheidung und administrativer Verantwortung machen können, aber das Hauptziel der etwas eigenartigen Sonderregelung, eine Milderung der »kommunalen« Friktion, ist nicht erreicht worden [666]. Die Opposition gegen die Verfassung ist nicht verstummt, sei es, daß die ceylonesischen Politiker bereits vollen Dominionstatus forderten, sei es, daß sich die Minderheiten – vor allem die Tamilen – benachteiligt glaubten und eine stärkere Vertretung in Verwaltung und Ministerrat beanspruchten. Die Kritik am Ausschuß-System wurde dabei als Diskriminierung interpretiert: Großbritannien habe den Ceylonesen das eigene, vielgepriesene, britische parlamentarische System verweigert! Der Gouverneur Sir *Andrew Caldecott* schloß sich 1938 der Kritik an und riet London zur Einführung eines »cabinet of the normal type«, allerdings ohne Einschränkung der Kompetenzen des Gouverneurs. Der Staatsrat lehnte diese Vorschläge ab, die Minoritäten verlangten zusätzliche Sicherheiten.

Der Zweite Weltkrieg gab Gelegenheit, London neue Konzessionen in Richtung auf volles Self-government abzufordern. Am 1. September 1941 erkannte der Kolonialminister »the urgency and importance of reform of the constitution« an, wollte aber erst nach Beendigung des Krieges darüber diskutieren [667]. London weigerte sich – wie im Falle Indiens und Burmas –, eine Verfassungsreform schon im Kriege einzuleiten, machte aber auch keine konkreten Angaben oder Zusagen; es war weder von Dominionstatus noch von einer Time-table die Rede. Anläßlich der Cripps-Mission in Indien verlangte der Staatsrat, daß auch Ceylon der Dominionstatus in Aussicht gestellt werde und daß die Mission auch Ceylon besuche; beides wurde nicht gewährt [668].

Erst im Mai 1943 ließ sich die britische Regierung herbei, eine spezifizierte Erklärung zur Ceylon-Politik abzugeben, und zwar auf Drängen nicht nur der ceylonesischen

[665] Vgl. den Lebensbericht von Sir *John Kotelawala*, An Asian Prime Minister's Story, 1956.

[666] Das Urteil fällt im allgemeinen negativ aus. Z. B. *Lennox A. Mills*, Government and social Services in Ceylon, in: Far Eastern Survey, 25. 8. 1943. Soulbury-Report, Cmd. 6677 (1945), p. 22; The Soulbury-Report, in: Round Table, vol. 36 1945–46, p. 57; *Ivor Jennings*, The Dominion of Ceylon, 1952, p. 40 f. Positiv hingegen der Ceylonese *S. Namasivayam*, The Legislatures of Ceylon 1928–1948, 1951, p. 29 f. Er verweist auf eine schnelle Ceylonisation der Verwaltung, den Ausbau der Sozialdienste u. a.

[667] *Namasivayam*, p. 120.

[668] Für dies und das Folgende: Sir *Ivor Jennings*, The Constitution of Ceylon, 1949, p. 3 f.

Führer und Minister, sondern auch des Gouverneurs und des Oberkommandierenden: nach dem Fall Hongkongs und Singapores war Ceylon zu einer militärischen Basis und einem Rohstofflieferanten ersten Ranges geworden! Ceylon sollte »full responsible Government under the Crown in all matters of internal administration« erhalten, während sich Großbritannien Außenpolitik, Verteidigung, Außenhandel und Währung vorbehalten werde; nach Kriegsende sei London bereit, Vorschläge der ceylonesischen Minister zu diskutieren[669]. Großbritannien stellte 1943 also nicht den Dominionstatus, sondern nur die innere Autonomie in Aussicht.

Psychologisch geschickt war die Aufforderung an die Minister, eigene Vorschläge zu unterbreiten. London bekundete damit einen gewissen Willen zur Zusammenarbeit und verzichtete auf die bisherige Forderung, eine neue Verfassung nur auf der Basis eines britischen Kommissionsberichtes zu oktroyieren. Es muß dahingestellt bleiben, ob sich dahinter die Hoffnung verbarg, daß die Ceylonesen – ähnlich wie die Inder – ihre »kommunalen« Probleme nicht zu lösen vermögen und keinen Vorschlag zustande bringen würden, der die Zustimmung der rivalisierenden Gemeinschaften fand. Man könnte den Zusatz zur Mai-Erklärung, die ceylonesischen Vorschläge müßten im Staatsrat eine Dreiviertelmehrheit erlangen, in diesem Sinne interpretieren; er war aber an sich gerechtfertigt als Aufforderung an die singhalesische Mehrheit im Ministerrat, einen Kompromiß auszuarbeiten, der wenigstens einen Teil der Minderheiten befriedigte. Im Februar 1944 sind die Vorschläge, an deren Formulierung der bedeutende britische Verfassungsrechtler *Ivor Jennings* – damals Rektor der Universität Colombo – wesentlich beteiligt gewesen war, dem Gouverneur übergeben worden. Sie hatten allerdings nicht die erwünschte Zustimmung des Staatsrates gefunden und wurden von den Minderheiten heftig kritisiert.

Dieses Manko hat die britische Regierung zum Vorwand genommen, eine Kommission unter Vorsitz von Lord *Soulbury* zu bilden, die die ceylonesischen Vorschläge prüfen und im Lande selbst die Meinung der verschiedenen Gemeinschaften anhören sollte. Die Politiker Ceylons haben diesen Schritt begreiflicherweise als Verzögerungsmanöver ausgelegt und die Kommission – wenigstens offiziell – boykottiert. Der Bericht der Kommission vom September 1945 hat sich jedoch eng an jene Vorschläge angelehnt, forderte aber eine zweite Kammer und eine verstärkte Position des Gouverneurs. Dabei wurde der Vorschlag, Ceylon als einem »Eastern people« das britische Regierungssystem zu geben, ausdrücklich begründet: Man gebe etwas, was man kenne! Die Mehrheit der politisch bewußten Ceylonesen befürworte zudem eine Verfassung nach britischem Muster und sei mit Sprache, Geschichte und Recht Großbritanniens wohl vertraut. Die Masse der Bevölkerung habe zwar noch nicht die politische Reife wie das englische Volk, doch »we think it better to devise a Constitution somewhat in advance of the stage already reached rather than behind it»[670]. Früher hieß die Devise des Kolonialamtes: besser zu langsam als zu schnell – jetzt im Kriege hingegen war man daran interesisert, sich reformfreudig zu zeigen! Gleichzeitig war damit die alte Frage, ob man einem asiatischen Volk das britische Repräsentativ-System übertragen könne und dürfe oder ob man ein passenderes System der verantwortlichen Regierung aus-

[669] Die Erklärung vom 26. Mai 1943 in: Documents and Speeches, p. 714 ff.
[670] Documents and Speeches, p. 719 f.

findig machen müsse, entschieden. Bereits in Indien hatte es sich gezeigt, daß London gar nicht anders konnte als schrittweise das britische Regierungssystem einzuführen; solange die Vorschläge – etwa für ein Präsidialsystem amerikanischer Prägung – nicht von den Nationalisten ausgingen, erschien jede andere Lösung als Verzögerung oder Diskriminierung.

Der Report fand seinen Niederschlag im White Paper vom 31. Oktober 1945 [671], das seinerseits der neuen Verfassung von 1946 zugrunde lag [672]. Für uns ist wichtig, daß trotz des Ministerrats und des persönlichen Einsatzes von Premierminister *Senanayake* noch kein Dominionstatus gewährt worden ist: "It is clearly not possible to reach that goal in a single step"; London verwies nachdrücklich auf seine strategischen Interessen. Im White Paper wurde nur gesagt, daß die britische Regierung dem letzten Schritt »in sympathy« gegenüberstehe und ihn vom Funktionieren der Verfassung abhängig mache. Dies mag mitgeholfen haben, daß der Staatsrat im November der Verfassung mit 51:3 Stimmen zugestimmt hat. Dieses Ergebnis unterstreicht die besondere Situation Ceylons und den gemäßigten Nationalismus seiner Führer, insbesondere des Premierministers. Denn weder Indien noch Burma wären Ende 1945 bereit gewesen, sich mit weniger als dem vollen Dominionstatus zu begnügen!

Es versteht sich, daß die Forderungen Ceylons weiter gingen. Bereits im Februar 1947 verlangte *Senanayake* in einem Brief an den Kolonialminister den Dominionstatus. Im Herbst 1946 war es zu Streiks gekommen; der Premier baute im Hinblick auf die kommenden Wahlen seine Partei aus; neue Unruhen waren möglich und hätten die Forderung nach voller Unabhängigkeit gebracht. Interessiert an einem Wahlsieg des gemäßigten *Senanayake,* unterstützten Gouverneur, Kolonialminister und Kolonialamt dessen Forderungen, während die Regierung zögerte, da sie Ceylon als strategische Basis zu halten wünschte [673]. Massiver Druck von seiten der Ceylonesen hat die Labour-Regierung schließlich zum Einlenken veranlaßt; weiteres Zögern hätte das bisher Erreichte in Frage gestellt, das Prestige Großbritanniens in Asien geschwächt und außerdem noch die Stellung der Extremisten gestärkt. Am 18. Juni 1947 gab *Creech-Jones* im Unterhaus die Erklärung ab, daß man – sobald die neue Regierung im Amte sei – mit den Verhandlungen beginnen würde und Ceylon »fully responsible Government« erhalten werde [674]. Im Abkommen vom 11. November erhielt Ceylon Dominionstatus, willigte aber in britische Flotten- und Flugbasen (bis 1956) und militärische Assistenz ein. Die Ceylon Independence Bill wurde am 4. Februar 1948 wirksam [675].

Ceylon hat den Weg zum Self-government in »exemplarischer Weise« demonstriert, die Dekolonisation ist so erfolgt, wie sie seit langem implizite oder explizite in britischen Verlautbarungen angekündigt worden war. Ohne Bruch zwischen Mutterland und

[671] Statement of Policy on Constitutional Reform, Cmd. 6690; Auszüge in Documents and Speeches, p. 721 f. Dazu auch *Ivor Jennings,* Peaceful Island in a troubled Ocean, in: Listener 5. 5. 1949.

[672] A.a.O., p. 723 f.

[673] Sir *Charles Jeffries,* Ceylon, the Path to Independence, 1962, p. 113 f., der an diesen Verhandlungen maßgeblich beteiligt war.

[674] Documents and Speeches, p. 748.

[675] A.a.O., p. 749 f.

Kolonie erhielt Ceylon in mehreren Etappen schließlich das Dominionstatut, also »Self-Government within the British Empire«. Trotz Reibungen und Spannungen, trotz nationalistischen Forderungen und britischem Widerstand zeigten sich beide Partner zu stets neuen Verhandlungen und Kompromissen bereit. So hatte man sich in England die Entkolonialisierung vorgestellt! Man war denn auch sehr stolz darauf – wir meinen mit Recht –, daß im Falle Ceylons die Emanzipation im beiderseitigen Einvernehmen, ohne Unruhen, Boykotte und Aufstandsdrohungen, aber auch ohne Repressionen und Blutvergießen gelungen ist. So konnte z. B. Lord *Addison* – ehemaliger Dominion-Minister – am 4. Dezember 1947 im Oberhaus erklären:

"This is the first occasion in our history upon which a Colony, developing this system of Self-Government of its own accord, has deliberately sought to become a Dominion State in our Commonwealth ... but we hope and expect that it will not be the last." [676]

Unsere kurze Darstellung sollte aber auch zeigen, daß London die einzelnen Schritte nicht eigentlich plante, sondern zu einem bestimmten Moment Forderungen erfüllte und Konzessionen machte. London hatte keine fixierten Zeitvorstellungen, sondern orientierte sich an viel längeren Zwischenphasen, die nur unter Druck schrittweise abgekürzt werden mußten. Als Beschleunigungsfaktoren wirkten dabei neben der nationalen Emanzipationsbewegung, die ihre Forderungen ständig höher schraubte und ihre Parteiorganisation ausbaute, die allgemeine Situation Asiens nach dem Kriege: Singapore, der amerikanische Druck, das Vorbild Indiens. Hier bahnte sich eine bezeichnende Neuorientierung in der britischen Beurteilung an; hatte bis dahin durch den Widerstand gegen Emanzipationsbewegungen und ein Verharren auf den Herrschaftspositionen die Macht des Empire und die Entschlossenheit Großbritanniens dokumentiert werden sollen, in Asien ein gewichtiges Wort mitzusprechen, so sollte nun durch ein bereitwilliges Einschwenken auf die Entkolonialisierung das britische Prestige in Asien erhalten werden. Der Goodwill, den sich Großbritannien mit seinem Rückzug aus Indien erworben hatte, durfte nicht durch allzu hartnäckigen Widerstand in einem anderen, ohnehin minder wichtigen Bereich verspielt werden. Nichts dokumentiert das neue Verhältnis zwischen Europa und Asien nach 1945 besser als diese bis dahin unbekannten Prestigerücksichten. London hatte selbstverständlich Interesse daran, seinen Rückzug aus den kolonialen Positionen zu verzögern, wobei die militärischen Überlegungen uns gewichtiger erscheinen als die wirtschaftlichen, und blieb dabei stets etwas hinter den Ereignissen zurück, war aber anpassungsfähig genug, um noch rechtzeitig einzulenken und es auf keine offene Auseinandersetzung ankommen zu lassen. Im Falle Ceylons fiel diese Anpassung relativ leicht, da London gemäßigten Nationalisten gegenüberstand, die keine sozialrevolutionären Ziele verfolgten und an guten Beziehungen zu Großbritannien interessiert waren. Dies aber beschleunigte – paradoxerweise – wiederum den britischen Rückzug: London mußte nachgeben, um die Gemäßigten zu unterstützen und damit »Schlimmeres zu verhüten«. In der rapid anschwellenden revolutionären Bewegung Asiens – und später Afrikas – mußte die Kolonialmacht froh sein, wenn sie ihre Macht an eine gemäßigte nationale Bewegung abgeben und sich günstige Ausgangspositionen für die nach-koloniale Ära verschaffen konnte!

[676] A.a.O., p. 756 f.

Ein weiterer Aspekt wäre zu erwähnen: Indem die Ceylonesen nicht die Unabhängigkeit forderten – wie die Inder und die burmesischen Nationalisten nach 1945 –, sondern lediglich den Dominion-Status, kamen sie damit ungewollt britischer Empfindlichkeit entgegen und erleichterten es London, auf ihre Ansprüche einzugehen. Es ist kein Zufall, daß die Dekolonisation Ceylons im Mutterland wenig Anlaß zur Diskussion oder gar zu Protesten gegeben hat. Gewährung von Dominion-Status war nicht so sehr eine »Liquidation des Empire« als dessen Umbau in ein erweitertes Commonwealth.

Vom Legislative Council zur Unabhängigkeit: Goldküste und Nigeria

Es geht uns hier nicht darum, die Emanzipationsbewegung in Westafrika zu schildern, die der Zweite Weltkrieg in Gang gebracht hat. Bereits die Atlantic-Charta und die zwiespältige Reaktion Londons haben die Westafrican Students Union zu einer Erklärung veranlaßt, in der u. a. ein »United Nigeria« mit einer föderativen Verfassung gefordert wurde. Nach dem Fall Singapores und Malayas wurden die unmittelbaren Ziele konkretisiert und ein »Internal Self-government« verlangt, dem fünf Jahre nach Kriegsende volle Selbstregierung folgen sollte [677]. Nach der Blockade des Mittelmeeres und dem Verlust Malayas erhielt Westafrika zudem große strategische und wirtschaftliche Bedeutung für die Alliierten. Nach Kriegsbeginn hatte London geglaubt, aus Mangel an Schiffsraum die westafrikanischen Produkte (z. B. Kakao) nicht im vollen Umfange abnehmen zu können, und mit Krisenerscheinungen gerechnet; ab 1942 aber wurde die Produktion energisch gesteigert. Im Juni ernannte *Churchill* Lord *Swinton* – den ehemaligen Kolonialminster *Cunliffe* – zum Ministerresidenten für Westafrika und unterstrich damit die eminente Bedeutung der Goldküste und Nigerias für die alliierte Kriegführung [678]. London übernahm die gesamte Produktion an Kakao, Palmöl, Palmkernen, Erdnüssen, Baumwolle, Zinn, Diamanten und Bauxit und förderte selbst die lokale Industrialisierung. Nach kurzer Zeit überwachten staatliche Stellen einen Großteil der westafrikanischen Wirtschaft. Die afrikanischen Produzenten und Mittelsmänner machten Gewinne, die Zahl der Lohnarbeiter stieg an, und die Zuwanderung in die Städte nahm einen bedenklichen Umfang an. London entsandte 1942 einen Labour-Officer nach Nigeria, und bereits im Juli schlossen sich die Gewerkschaften zum Nigeria Trade Union Congress zusammen, der in der Folgezeit auch politisch wirksam wurde [679]; in Nigeria wurde 1945 sogar ein »Generalstreik« aus-

[677] *Coleman,* Nigeria, p. 240; vgl. auch *Awolowo,* Path to Nigerian freedom, 1947, p. 30.

[678] Lord *Swinton,* I remember, 1948. Dazu auch *M. Forbes,* The impact of the war on British West Africa, in: International Affairs, 1945, p. 206 f.; *Coleman,* p. 251; *Bourret,* Goldcoast, p. 142 f.

[679] Die Zahl der Unions stieg in Nigeria von 9 im Jahre 1941 auf 91 Ende des Krieges, die Zahl der Gewerkschaftsmitglieder von 30 000 1944 auf 91 000 1948. *J. I. Roper,* Labor problems in West Africa, 1958, p. 61, 107.

gerufen. Der Krieg hat somit die »social disintegration und social mobilization« ungemein gefördert. Ein Kaufkraftüberschuß, der Mangel an importierten Konsumwaren und steigende Preise, aber auch die vielen behördlichen Regelungen schufen gleichzeitig Unzufriedenheit und gaben – vor allem nach Kriegsende – Stoff für die politische Agitation.

Westafrika wurde außerdem zu einem Nachschubzentrum für den Mittleren und Fernen Osten. Alliierte Truppen bauten mit Hilfe afrikanischer Arbeiter Flugplätze – dreißig allein in Nigeria –, vergrößerten Hafenanlagen, montierten Flugzeuge und errichteten Reparaturwerkstätten. Unzählige Afrikaner kamen erstmals mit Weißen aller sozialen Schichten zusammen. Zudem wurden Afrikaner militärisch ausgebildet; mehrere Divisionen kämpften in Nord- und Ostafrika und in Burma.

Der Zweite Weltkrieg hat als Katalysator gewirkt. Nationale Organisationen waren zwar bereits in der Zwischenkriegszeit entstanden, beschränkten sich aber auf die noch recht dünne Bildungsschicht. Die wirtschaftliche Expansion mit ihren sozialen Auswirkungen erweiterte die politisch ansprechbaren Schichten; afrikanische Soldaten, die nach dem Krieg entlassen wurden, boten Parteien und Organisationen ein neues Wirkungsfeld. Neue Führer traten in Aktion: *Azikiwe* und *Awolowo* in Nigeria, *Danquah* und *Nkrumah* an der Goldküste. Dies waren Persönlichkeiten, die – in England und Amerika geschult – nicht mehr als Einzelne der Kolonialverwaltung gegenüberstanden, um in loyaler Mitarbeit in den Councils und Komitees afrikanische Forderungen anzumelden, sondern die Massen anzusprechen vermochten, radikale Parolen aufnahmen und durch Organisationen, Parteien und Demonstrationen das Mutterland zu Konzessionen zu zwingen versuchten.

Die Administration, auch während der Labour-Regierung, hat zunächst den Umfang und die Intensität der westafrikanischen Emanzipationsbewegung unterschätzt. Trotz der Bereitschaft zu beschleunigten Reformen glaubte man noch immer, die »educated Africans« nicht allzu ernst nehmen zu müssen und sie auf den lokalen Bereich verweisen zu können. Der so unerwartet rasche Übergang vom Legislative Council zum vollen Self-government wurde der britischen Regierung weitgehend aufgezwungen: die Reformen nach 1945 erfolgten stets als Antwort auf den Widerstand und den Druck, die von der nationalen Opposition ausgingen. Allerdings zeigte sich Großbritannien nach anfänglichem Zögern wiederum der »challenge« gewachsen und ging den einmal eingeschlagenen Weg konsequent zu Ende. Was die Labour-Regierung begonnen hatte, wurde von der konservativen Regierung fortgesetzt.

Margery Perham kann uns wiederum Aufschluß geben, wie man sich in London während des Krieges und unmittelbar danach die unmittelbare Zukunft Westafrikas vorgestellt hat. In einer Broschüre, die sich vor allem an afrikanische Studenten richtete, stellte sie 1941 auf sehr sympathische Weise die britische Haltung den afrikanischen Forderungen gegenüber [680]. Sie verteidigte die Indirect Rule, legte den Afrikanern das Studium der Anthropologie nahe und betonte auch die Rolle der Gewerkschaften. Aber:

> "One thing is certain: that you must have foreign rulers, and for a long time to come ... to-day you have more need of the British nation than we have of you."

Wohlmeinend, aber mit deutlich paternalistischem Unterton wurde also die junge Bil-

[680] Africans and British rule, 1941.

dungselite aufgefordert, sich mit der Kolonialherrschaft abzufinden! Im Oktober 1945 richtete sich *Margery Perham* in den »Foreign Affairs« an die amerikanischen Leser [681]. Afrika sei nicht mit den Philippinen oder Puerto Rico zu vergleichen und »unready for anything approaching independence«. Langdauernde Kontakte zwischen Mutterland und Kolonie ergäben eine politische und geistige Gemeinschaft, »develops close ties of interest and sentiment«, und stärke damit auch die Bereitschaft, zu gegebener Zeit in freier Partnerschaft als Dominion im Commonwealth zu verbleiben. Dies war gegen den amerikanischen Anti-Kolonialismus gerichtet und sollte Sinn und Bedeutung des Commonwealth verständlich machen, zeigte aber auch, wie die bedeutende Afrika-Kennerin nicht nur mit vielen Jahren kolonialer Bindung rechnete, sondern auch mit einem uns eigenartig anmutenden Optimismus annahm, daß ein Verbleiben Großbritanniens in Afrika nicht zu einem Konflikt mit der Emanzipationsbewegung, sondern zu immer besserem Einvernehmen führen würde. Zwei Jahre später allerdings, im Vorwort zu *Awolowos* Buch »Path to Nigerian Freedom«, tritt an Stelle des wohlwollenden Paternalismus eine offene Diskussion mit nigerianischen Nationalisten. Großbritannien müsse wissen, wie diese jungen Leute dächten, und sich die Frage stellen »have we really accepted this change of purpose?«. *Margery Perham* meinte aber noch immer, es handele sich bloß um die Intransigenz einiger hundert Leute; *Awolowo* bestätige selber, daß eine nigerianische Nation noch nicht vorhanden sei. Die Zeit, da Nigeria sich föderativ zusammenschließe oder gar eine Nation werde, »is still far away«. Der Dominionstatus sei zwar das Ziel britischer Politik, liege aber noch in weiter Ferne. Die politische Entwicklung müsse vorerst innerhalb der Stammesorganisationen und in den einzelnen Regionen erfolgen, während »Britain may for long be required to provide the framework which holds these groups together until they are able to fuse into unity or federation« [682]. Die liberale Mrs. *Perham*, die sich vor allem an den Massen und nicht an den Trägern der Emanzipation orientierte, rechnete also noch 1947 mit einer langen Übergangsphase, in der die Kolonialmacht mehr oder weniger ungestört ihren zivilisatorischen Aufgaben nachkommen könne. Diese Annahme, die auf einem umfassenden Wissen über afrikanische Sozialstrukturen und Traditionen basierte und um die Problematik einer Einheit Nigerias wußte, mag nur allzu verständlich sein, übersah aber offenbar die katalysierende Wirkung des Zweiten Weltkrieges und die schnell wachsende Ungeduld der städtischen Intelligentsia und Bourgeoisie.

Ebenso bemerkenswert wie die Stellungnahme *Margery Perhams* ist die von *W. R. Crocker,* der 1936 mit seiner polemischen Kritik an der doktrinären Erstarrung der Indirect Rule Aufsehen erregt hatte [683]. Der ehemalige Kolonialbeamte gab sich wiederum betont unabhängig und polemisierte gegen das Selbstlob und den »cant«, wie er in den Reden zum Empire-Day Ausdruck fände. Er wandte sich aber energisch gegen die »heroic schemes of economic development«, von denen zur Zeit die Rede sei. In den kommenden fünf bis zehn Jahren müsse Sorge getragen werden, daß eine

681 Education for Self-government, in: Foreign Affairs, Okt. 1945.

682 P. 16. Ähnlich auch im Vorwort zu *Martin Wight,* The Development of the Legislative Council, 1946, p. 9 f.

683 On governing Colonies, 1947 (das Buch scheint aber ca. 1945 geschrieben worden zu sein).

einseitige Entwicklungspolitik die afrikanische Gesellschaft nicht völlig desintegriere; es wäre bedauerlich, wenn die afrikanischen Massen in die Fabriken marschierten und ungeschützt der Konfrontation mit den fragwürdigsten Produkten westlicher Zivilisation ausgesetzt würden. Viel wichtiger sei die afrikanische Landwirtschaft, und zwar als »organic policy« nach dem Vorbild der amerikanischen TVA. Das gleiche gelte für die politischen Reformen; *Crocker* äußerte sich nun positiv über die Indirect Rule im Sinne *Lugards*, erörterte Reformen und kritisierte – erstaunlicherweise – eine zu einseitige Berücksichtigung der städtischen Minderheit.

"The colonial powers have indeed pushed too far. Their great duty today is not to 'develop' Africa but to slow down the 'development' and to safeguard for Africans a way of life..." [684]

Diese Thesen waren nicht »kolonialistisch« gemeint, denn es ging *Crocker* nicht um die Aufrechterhaltung der kolonialen Herrschaft, sondern um eine den afrikanischen Verhältnissen angepaßte wirtschaftliche, soziale und politische Entwicklung. Er erkannte die Problematik der »Entwicklung«, und seine soziologische Argumentation ist höchst beachtenswert. Aber es mutet – rückblickend – eigenartig an, daß er durch einen »slow down« und eine Konzentration auf die Native Authorities und auf die Agrarproduktion der Afrikaner der kritischen Situation gerecht zu werden und eine allzu schnelle Emanzipation aufzuhalten hoffte. Vielleicht kommt hier die traditionelle Perspektive des Kolonialbeamten zum Ausdruck, der »im Busch« gearbeitet hat und sich den Massen gegenüber verpflichtet fühlte, der städtischen Bevölkerung aber distanziert gegenüberstand und dem emanzipierten Afrikaner mißtraute.

Im Vergleich zu *Perham* und *Crocker* wirkt Lord *Hailey* bedeutend realistischer: Schöne Worte über Self-government genügten nicht mehr und würden allzu sehr mit »mental reservations« verknüpft [685]. Der Faktor Zeit dürfe nicht länger außer acht gelassen werden: "the time within which we conceive that this future can be, or may be, realized is in fact an all important factor." Das Tempo der Entwicklung habe sich ungemein gesteigert und erscheine den Kolonialmächten als anomal, aber man müsse die Weltöffentlichkeit, die UNO, die Ereignisse in Asien berücksichtigen: "Suggest that we are likely to see in Africa a rapidly growing process of decolonization." Die wirtschaftliche Entwicklung und die politische Erziehung müsse energisch vorangetrieben werden. Es sei wohl möglich, daß die Afrikaner nicht im Commonwealth verblieben, aber man könne nichts anderes tun, als ihnen eine künftige Mitgliedschaft vorteilhaft erscheinen zu lassen. *Hailey* gab sich also keiner illusionären Hoffnung hin, man verfüge noch über ausreichend Zeit, um die afrikanische Emanzipation auf lange Frist planen und leiten zu können, und warnte vor der Gefahr, hinter den Ereignissen zurückzubleiben.

Man könnte die britische Westafrika-Politik nach dem Kriege, auch die der Labour-Regierung, dahingehend interpretieren, daß sich London zunächst von den Thesen

[684] P. 109.

[685] "Many of our troubles in India arose from the fact that though the goal of self-governing was for long the common place of political declaration they were made with too many mental reservations..." Native Administration in Africa, in: International Affairs, 1947, p. 339.

Margery Perhams leiten ließ, nach 1948 aber sich für die Ermahnungen Lord *Haileys* aufgeschlossen zeigte.

Im Vordergrund stand eine Reform der Native Administration. Wir sahen, daß die in den 30er Jahren einsetzende Kritik an der Indirect Rule allgemein akzeptiert wurde und in der Diskussion um die Nachkriegspolitik eine wichtige Rolle spielte. Die Native Authorities erfüllten ihre Funktion als Lokalverwaltung und »training ground« für Self-government nur noch teilweise. Die wirtschaftliche Entwicklung, aber auch der Ausbau der sanitären Dienste und des Schulwesens stellten neue Aufgaben, denen die Chiefs und Ältestenräte, die oft nicht lesen und schreiben konnten, nicht gewachsen waren. Der Colonial Development and Welfare Fund stellte besondere Mittel für den lokalen Bereich zur Verfügung und erforderte eine Verwaltung, die zügig arbeitete und modernen Ansprüchen entsprach. Die Schicht der jungen gebildeten Afrikaner gewann außerdem schnell an Bedeutung, begann sich außerhalb der Native Authorities zu organisieren und kam mit den traditionellen Autoritäten in Konflikt. Der Aufbau einer effektiven Lokalverwaltung nach europäischem Vorbild wurde zum dringenden Problem.

Bereits 1943 erklärte der konservative Kolonialminister *Stanley* im Unterhaus:

"I regard the extension of local government as one of the quickest and certainly the surest methods of making certain of the extension of central government." [686]

Die Labour-Regierung hat sich um diese Form der Native Authorities besonders bemüht. In einer wichtigen Instruktion an die Gouverneure im Jahre 1947 hieß es:

"I believe that the key to success lies in the development of an efficient and democratic system of local government. The African governments are now beginning to put their ten-years development programs into execution. The stage has been reached when paper plans must be translated into action and it is in the townships and villages among the people themselves that much of this action must take place. There are many development schemes where success in whole, or in part, depends on the active co-operation of the people and that co-operation can best be secured through the leadership of local authorities. Without an efficient system of local government the great mass of the African population will derive only partial benefits from the monies granted for development by the Colonial Legislatures." [687]

Das enge Verhältnis zwischen der groß angekündigten Entwicklungspolitik und der Notwendigkeit, die Native Authorities mit ihrem traditionellen und bescheidenen Wirkungskreis in eine moderne Lokalverwaltung umzubauen, wird hier gut sichtbar. Parallel ging die politische Zielsetzung:

"An efficient and democratic system of local government is in fact essential to the healthy political development of the African territories; it is the foundation on which their political progress must be built." [688]

Die demokratisch bestellten Lokalbehörden sollten nicht nur als Wahlkörper für die Repräsentativkörperschaften dienen und politisches Personal für die zentrale Legis-

[686] Zit. *L. Gray Cowan*, Local Government in West Africa, 1958, p. 62.

[687] Dispatch vom 25. 2. 1947. Dazu *Cowan*, p. 63. *Creech-Jones* im Unterhaus: "A growth of local government and municipal life, an adaptation of native administration to carry increasing burdens of services." 29. 7. 1947, House of Commons, vol. 441, S. 270. Das Interesse der Labour Party an Fragen der Lokalverwaltung zeigt auch: Local Government and the Colonies, ed. *Rita Hinden* (A Report to the Fabian Colonial Bureau) 1950.

[688] *Cowan*, p. 63 f.

lative liefern, sondern auch eine politische Erziehungsfunktion erfüllen, indem sie die Afrikaner mit dem Wahlsystem, parlamentarischen Gepflogenheiten und administrativer Verantwortung vertraut machten. Es sei notwendig – sagte 1949 der Staatsminister für Kolonien –, auch im ländlichen Bereich nicht nur den »traditional elements« eine Repräsentation zu verschaffen,

"but also of the rising middle classes, the farmers, industrial workers and the educated minority all of whom have an important part to play in the growth of these institutions in their home areas." [609]

Mit dieser Demokratisierung und Politisierung des Hinterlandes mochte sich die Hoffnung verbinden, den städtischen Organisationen und prononcierten Nationalisten gemäßigte Repräsentanten der afrikanischen Emanzipation entgegenzustellen und so die radikalen Elemente für einige Zeit zurückdämmen zu können [690]. Die Administration berief sich dabei auf die eigene englische Geschichte und die seit jeher vertretene These, daß Demokratisierung und Selbstregierung im lokalen Bereich einsetzen müßten, um eine tragfähige Grundlage für Repräsentativinstitutionen zu schaffen. Glaubte man vor 1939, dies mit der Indirect Rule innerhalb der Native Authorities leisten und mit langen Anpassungsfristen disponieren zu können, so wurde man sich nach 1945 der Dringlichkeit der »Modernisierung« bewußt und suchte diese energisch nachzuholen. Der Labour-Regierung kam dies sehr gelegen, da die schrittweise Ausschaltung traditioneller Schichten ihrem demokratischen Credo entsprach und man »reformieren« konnte, ohne daß bereits entscheidende Eingriffe im Zentrum notwendig erschienen.

Die britische Kommunalverfassung diente als Vorbild, auch wenn die Institutionen des Mutterlandes nicht direkt übernommen wurden. Frankreich dekolonisierte im lokalen Bereich, indem es afrikanischen Städten und Dörfern den Rechtsstatus einer »commune« gewährte; London dagegen schickte Expertenkommissionen in die Kolonien und versuchte – experimentierend – den lokalen Strukturen entsprechende Regelungen zu treffen. Es ging darum, an die Stelle von Chiefs und Councils, die ernannt bzw. bestätigt worden waren und sich fast ausschließlich aus den traditionellen Autoritäten des Stammes und Dorfes rekrutierten, einen gewählten Rat zu setzen, der damit repräsentativ wurde, größere administrative Kompetenzen erhielt und von oben nur noch locker kontrolliert werden sollte. Das traditionelle Element wurde nicht einfach eliminiert, sondern eingebaut, die Macht aber auf die »educated middle classes« verlagert. Einige Beispiele mögen dies veranschaulichen: In Südost-Nigeria wurde nach sorgfältigen Vorbereitungen 1950/51 ein »county(!)-council« mit untergeordneten Dorf- und Distriktsräten eingeführt; die Dorfräte wurden direkt von allen Steuerzahlern, die Distriktsräte indirekt gewählt. Die Grenzen mußten neu gezogen werden, kleinere Native Authorities wurden zusammengelegt; das Steuersystem wurde neu geregelt und das Schulwesen der Lokalverwaltung übertragen. Als Übergangslösung wurde der Vorsitzende der Native Authorities gewählt [691]. In Südwest-Nigeria wollte man die tradi-

[689] Earl of *Listowel*, The modern conception of Government in British Africa, in: Journal of African Administration, vol. I/1949, p. 104.

[690] *Bryan Keith Lucas*, The dilemma of local Government in Africa, in: Essays in Imperial Government, presented to *M. Perham*, 1963, p. 200.

[691] *Cowan*, p. 66 f.

tionellen Obas berücksichtigen und teilte dementsprechend die Councils in gewählte und traditionelle Mitglieder; oft fungierten Obas als Vorsitzende des Rates. Da die neue Generation der Native Rulers ohnehin meist eine europäische Schulung genossen hatte, ergab sich hier eine gewisse Annäherung zwischen traditionellen Autoritäten und der neuen Bildungsschicht. Viel langsamer vollzog sich der Prozeß im Norden, da die in ihrer Feudalstruktur festgefügten Moslem-Emirate Widerstand leisteten. Die Native Authorities blieben bestehen, wurden aber durch die Einführung von Räten mit gewählten Mitgliedern »modernisiert«; der Council nahm dabei die Stellung eines Kabinetts des Emirs ein. Die Zahl der Native Authorities wurde jedoch stark reduziert, z. B. erhielt Kano einen eigenen Town Council [692].
An der Goldküste erfolgte die erste Reform bereits 1944: die Jurisdiktion wurde eigenen modernisierten Behörden übertragen, in den Native Authorities wurde das Ernennungsrecht betont und mehr als bisher davon Gebrauch gemacht [693]. Diese Reform verblieb innerhalb der Indirect Rule und zeitigte wenig Erfolg, denn die »destoolments«, also die Absetzung der Chiefs durch die eigenen Räte, häuften sich und dokumentierten eine offene Krise. Aber erst 1951, nach dem Wahlsieg der Partei *Nkrumahs*, wurde der Übergang zum eigentlichen Local government vollzogen: die gewählten Räte bekamen jetzt einen gewählten Vorsitzenden, während der Chief nur noch bei zeremoniellen Veranstaltungen präsidierte [694]. Die Überwachung der Lokalverwaltung wurde einem eigenen Ministerium übertragen.
In wenigen Jahren ist also nach dem Kriege die Indirect Rule, auf die Großbritannien so stolz gewesen war, außer Kurs gekommen und sind die in der Zwischenkriegszeit mühsam errrichteten Native Authorities durch eine modernisierte Lokalverwaltung ersetzt worden. Die Reformen waren – bezeichnenderweise – vor allem dort tiefgreifend, wo die Indirect Rule schlecht funktioniert hatte und die Native Authorities einen künstlichen Charakter besaßen. Chiefs und Älteste wurden aus ihren dominierenden Positionen verdrängt, und in den gewählten Councils erhielten die »educated Africans« Zugang. Trotz eines latenten Konfliktes zwischen den Alten und Jungen, den traditionellen Autoritäten und der aufstrebenden Bourgeoisie und Intelligentsia hat sich aber in der Folgezeit – ähnlich wie auch im französischen Westafrika – doch manche Kooperation und Interessenverbindung ergeben. Denn die Chiefs genossen im ländlichen Bereich weiterhin großes Ansehen und konnten sich somit auch politisch zur Geltung bringen; einige haben sich sogar aktiv in die Administration und die Parteipolitik eingeschaltet – wir nennen als bekanntestes Beispiel den Sadauna von Sokoto, Parteiführer des Northern People's Congress, Premier der Nordregion und »graue Eminenz« des unabhängigen Nigeria. Andererseits mußten die Parteien auf die Mitwirkung und Unterstützung der Chiefs und traditionellen Honoratioren bedacht sein, um ihre Massenbasis »im Busch« ausbauen zu können [695].
Die Labour-Regierung hat im lokalen Bereich positive Reformarbeit geleistet, obwohl sie natürlich den weiteren Forderungen der Nationalisten nicht entsprechen konnte und

[692] A.a.O., p. 77 f.
[693] *Bourret*, p. 158; *Rita Hinden*, Local Government, p. 96 f., 112 f.
[694] *Bourret*, p. 181.
[695] *Philip Garinge*, Changing political Leadership in West Africa, in: Africa 1954/3.

interessiert war, defensiv und im Sinne eines Gegengewichtes zur nationalen Opposition die traditionellen Autoritäten zu berücksichtigen und in die neue Lokalverwaltung einzubauen. Ob die proklamierten Ziele – »efficiency« und demokratische Erziehung – erreicht wurden, ist eine andere Frage [696]. London rechnete aber mit einer längeren Übergangsfrist, bevor an der Zentrale die Machtbefugnisse aus der Hand gegeben werden sollten. Auch die Labour-Regierung glaubte sich zunächst auf das Local government konzentrieren zu können, die Afrikaner damit zufriedenzustellen und die Basis für ein demokratisches Self-government zu legen. Da sich diese Annahme als irrig erwies und die Entkolonialisierung beschleunigt werden mußte, konnte Großbritannien nachträglich von afrikanischer Seite der Vorwurf gemacht werden, im Widerspruch zu allen früheren Verlautbarungen an der Spitze Self-government gewährt zu haben, bevor im lokalen Bereich die Selbstverwaltung richtig funktionierte [697].

Wir kommen damit zur Verfassungsentwicklung Westafrikas. Nach der Stagnation der 30er Jahre ist die Reformbewegung im Zweiten Weltkrieg in Gang gekommen, wobei die Labour Party an die Vorbereitung der Koalitionsregierung anknüpfen konnte. An der Goldküste wurden 1942 die beiden ersten Afrikaner in den beratenden Executive Council ernannt, und im Oktober 1944 hatte Gouverneur *Burns* eine neue Verfassung angekündigt, die aber erst im März 1946 in Kraft trat. Für uns ist wichtig: die Ashanti wurden darin einbezogen, und der Legislative Council, der bis dahin nur die »Gold Coast Colony« repräsentierte, wurde zu einer gesamtstaatlichen Institution, obwohl die Nord-Territorien zunächst noch außerhalb blieben und nur einen eigenen Rat der Häuptlinge erhielten; London beschritt damit den Weg der »Amalgamierung« innerhalb der größeren kolonialen Verwaltungseinheit. Die Goldküste erhielt zudem im Legislative Council eine gewählte Mehrheit und vollzog damit als erstes afrikanisches Territorium den Übergang zum Representative government. Die Wahl erfolgte allerdings indirekt über die Stadt- und Provinzräte einerseits und die Ashanti-Föderation andererseits, womit – sozusagen als Abschluß der Indirect Rule – sowohl die Chiefs und Notabeln als auch die »educated Africans« in die politische Entscheidung einbezogen wurden. Die Exekutive hingegen wurde nicht verändert und verblieb beim Gouverneur; eine beschleunigte Afrikanisierung der Administration war vorgesehen. Die *Burns*-Verfassung, die einen wichtigen Schritt in Richtung Self-government bedeutete und den durch den Krieg ausgelösten Reformwillen unterstrich, hat allgemeine Zustimmung – auch von afrikanischer Seite – gefunden [698].

In Nigeria hat Gouverneur *Richards* 1944/45 eine neue Verfassung vorbereitet, die ein Jahr darauf in Kraft trat. London gab folgendes Ziel an:

"The object of the proposed reforms is to set up a framework within which development towards responsible Government can be planned and carried out on practical lines – a purpose

[696] Vgl. den Aufsatz von *Lucas*, a.a.O.

[697] Der Ghanese *K. A. Busia* spricht von einem »culpable neglect of the development of local Councils«. London und die nationalistischen Führer hätten ihr Interesse zu sehr auf den Legislative Council im Zentrum gerichtet, so daß die Goldküste Self-government erlangt habe »without a single local authority mature enough to be able to perform all the function expected of a modern government authority«. The prospects for parliamentary democracy in the Gold Coast, in: Parliamentary Affairs, V, 4, 1952, p. 440 f.

[698] *Bourret*, p. 162 f.; *Apter*, p. 143 f.

for which it has become apparent that the existing political organisation is inadequate. The proposals have been designed to bridge the gulf between the people and the Government by a measure of decentralisation and by a widening of the basis of representation which will bring the established Native Authorities within the legislative machine. At the same time they provide, by a grant of unofficial majorities on the Legislative and Regional Councils, for an immediate advance along the road to responsible Government." [699]

Die Situation und die unmittelbaren Aufgaben bei Kriegsende sind hier schon gekennzeichnet. Responsible government als Fernziel britischer Afrika-Politik wird »offiziell« bestätigt, die Reformen werden daraufhin ausgerichtet; von Dominionstatut ist zwar nicht die Rede – im Gegensatz zu gleichzeitigen Verlautbarungen in Asien –, faktisch konnte aber zwischen Responsible government und Dominionstatut oder gar Unabhängigkeit kaum mehr unterschieden werden. Bis zu einem gewissen Grade bedeutete Responsible government sogar mehr als Dominionstatus, da es die Dekolonisation nicht an ein Verbleiben im Commonwealth knüpfte und die Möglichkeit der Unabhängigkeit oder einer Sonderregelung offen ließ. Das Statement zeigt aber, wie die Ausweitung von den Siedlungskolonien über Indien, Burma und Ceylon nach Afrika schrittweise erfolgte, ja sich aufgedrängt hat. Auch der »rote Faden« wird wieder sichtbar, insofern als vom System der Kronkolonie zur Unofficial Majority übergegangen wird, die keine Dauerlösung bot und zur Parlamentarisierung führte. Gleichzeitig wird deutlich, wie London erkennen mußte, daß die bisherige scharfe Trennung zwischen Native Authorities und kolonialer Verwaltungsstruktur keine Basis für ein Repräsentationssystem schaffen konnte; die Native Authorities sollten aber nicht einfach eliminiert, sondern am Legislative Council beteiligt werden und den bruchlosen Übergang zu einem modernen Regierungssystem gewährleisten.

In dem Augenblick, in dem man dem Self-government näher rückte, stellte sich zudem die Frage nach der Einheit Nigerias. Wir sahen, daß vor 1939 eine Amalgamierung von Süden nach Norden noch wenig dringlich erschien, ja, daß Tendenzen vorhanden waren, die Entwicklung innerhalb einzelner Regionen voranzutreiben. Erst während des Krieges setzte sich ein Denken in größeren Einheiten durch. Es war oft die Rede von regionaler Kooperation und der Notwendigkeit größerer Einheiten, da nur solche als wirtschaftlich und politisch lebensfähig erschienen. Administrative Erwägungen mochten zunächst im Vordergrund stehen, beeinflußten aber die politische Gesamtkonzeption. Gouverneur *Richards* bezeichnete bereits im Dezember 1944 die bestehende Ordnung als »by its nature unsuited for expansion on a Nigerian basis«; seine Verfassungsvorschläge hätten u. a. das Ziel »to promote the unity of Nigeria« [700]. Über die Art und Weise einer Vereinigung von Süden und Norden scheinen allerdings Meinungsverschiedenheiten bestanden zu haben: die Administration Nordnigerias drängte auf eine föderative Lösung, während Gouverneur *Bourdillon* und Lord *Hailey* eine mehr unitarische Verfassung befürworteten [701]. Das Ergebnis war ein schrittweiser Übergang von einer »regionalistischen« Konzeption zur Föderation, die sowohl vom selbstbewußten, aber konservativen Norden als auch von den Nationalisten *Azikiwe* und

[699] Proposals for the Revision of the Constitution of Nigeria, Cmd. 6599 (1945), Introductory Note.
[700] A.a.O., p. 5 f (Dispatch vom 6. 12. 1944).
[701] *Coleman*, p. 273.

Awolowo, die ihre Parteien auf regionaler Basis aufgebaut hatten, gefordert wurde. Während die Administration mit einem Einheitsstaat, kombiniert mit einer dezentralistischen Verwaltung, verhindern wollte, daß die noch immer lockere Einheit Nigerias auseinanderbrach, drängten die Nigerianer zur Föderation und haben diese schließlich auch erzwungen [702]. Noch 1947/48 haben *Awolowo,* der politische Führer des Südwestens, und *Balewa,* der spätere Premier der Föderation, Großbritannien vorgehalten, seit langem eine künstliche Einheit Nigerias anzustreben; die Völker Nigerias seien aber allzu verschieden, und eine Nation Nigeria bestehe nicht [703]! Während die Nationalisten sonst schnell bei der Hand waren, der Kolonialmacht das Divide et impera vorzuwerfen, opponierten sie in diesem Fall gegen den von London geschaffenen Staat Nigeria; diese eigenartige Überschneidung der Fronten verdeutlicht den Kurswechsel, den London im Laufe des Zweiten Weltkrieges vollzogen hat.

Die *Richards*-Verfassung von 1946 brachte wichtige Neuerungen: In Ibadan, Enugu und Kaduan entstanden drei regionale Parlamente mit Non-official majorities, indirekt gewählt durch die Native Authorities; diese Legislativen erhielten einen Anteil an der allgemeinen Gesetzgebung und die Kontrolle über die regionalen Budgets. Sie wählten außerdem die Abgeordneten für den Legislative Council Nigerias. Der Executive Council, dem auch zwei Nigerianer angehörten, blieb – wie an der Goldküste – zunächst unverändert und hatte weiterhin nur beratende Funktion.

Im Unterschied zur Goldküste haben die afrikanischen Nationalisten Nigerias die neue Verfassung entschieden abgelehnt [704]. London habe sie nicht zur Beratung beigezogen und die neue Ordnung einfach oktroyiert; ihrer Forderung, mindestens ein Verwaltungsdepartement zu besetzen, sei nicht entsprochen worden. Die starke Berücksichtigung der Native Authorities und das indirekte Wahlsystem lehnten sie ab, da die traditionellen Autoritäten neue Macht gewännen und gegen die emanzipierten Schichten der Städte ausgespielt würden. London mochte vielleicht in der neuen Verfassung einen interessanten Versuch sehen, die Indirect Rule mit Repräsentativinstitutionen zu verbinden, hoffte aber ohne Zweifel, den Einfluß des agrarischen Hinterlandes zu stärken und über die Native Authorities die Mehrheit der »Gemäßigten« in den Parlamen-

[702] Gouverneur *MacPherson* rief die Nigerianer mehrmals zur Einheit auf, und Kolonialminister *James Griffiths* erklärte 1950: "any tendency to break up Nigeria into separate parts would in the view of HMG be contrary to the interests of the peoples of all three Regions and of Nigeria as a whole." *Coleman,* p. 469, Anm. 5. *Azikiwe* und das *NCNC* orientierten sich an einem »federal Commonwealth of Nigeria«, *Coleman,* p. 324.

[703] *Awolowo* 1947: "Since the amalgamation (also seit 1914) all the efforts of the British Government have been devoted to developing the country into a unitary state ... This is patently impossible." Zit. *Coleman,* p. 324. "Nigeria is not a nation. It is a mere geographical expression. There are no 'Nigerians' in the same sense as there are 'English', 'Welsh' or 'French'. The word 'Nigeria' is merely a distinctive appellation to distinguish those who live within the boundaries of Nigeria from those who do not." Path to Nigerian Freedom, p. 47. *Balewa* 1948: "Since 1914 the British Government has been trying to make Nigeria into one country, but the Nigerian people themselves are historically different in their backgrounds, in their religious beliefs and customs and do not show themselves any sign of willingness to unite ... Nigerian unity is only a British intention for the country." Zit. *Coleman,* p. 320.

[704] Z. B. die Kritik *Awolowos* in Path to Nigerian Freedom, p. 119.

ten zu erhalten; dies aber trieb die jungen Führer mit ihrem parteipolitischen Anhang in die Opposition [705].

Sowohl an der Goldküste wie in Nigeria rechnete die britische Regierung mit einer längeren Übergangsphase [706]. Die beiden Verfassungen von 1946 schienen einen guten Schritt in Richtung Self-government zu bedeuten und den Reformwillen zu bezeugen; auch die Labour-Regierung glaubte sich damit zunächst begnügen zu können. Daß das nun erreichte Stadium des Representative government die Gefahr der »power without responsibility« heraufbeschwor und die neuen Assemblies der afrikanischen Opposition ein Forum schufen, um ihre radikalen Forderungen anzumelden und sich parteipolitisch Rückhalt zu verschaffen, war zu erwarten, obschon sich etwa Sir *Bourdillon* der Hoffnung hingab, daß das System der indirekten Wahl einen Konflikt verhindern würde. Der Übergang zur Responsible government war zwar als Ziel britischer Politik proklamiert worden, schien aber in noch recht weiter Ferne zu liegen.

Bereits 1948 aber kam es an der Goldküste zu schweren Unruhen [707]. Kriegsveteranen organisierten eine Demonstration und stießen mit der Polizei zusammen, und gleichzeitig entlud sich eine angestaute Unzufriedenheit über die steigenden Preise und die ungenügende Versorgung mit Konsumwaren sturmartig auf europäische und syrische Geschäfte; die zweitägigen Unruhen, die sich von Accra aus auf andere Städte ausdehnten, haben 29 Tote und 237 Verletzte gefordert. Die Verwaltung mußte energisch eingreifen; sie verhaftete sechs Führer der 1947 gegründeten United Gold Coast Convention, darunter Dr. *Danquah* und den vor kurzem zum Sekretär der Partei ernannten *Kwame Nkrumah*.

Die »Gold Coast Disturbances« haben die Administration überrascht, da sie sich durch die Zustimmung, die die *Burns*-Verfassung gefunden hatte, hatte täuschen lassen und sich offenbar über die schnell wachsende Opposition nicht genügend Rechenschaft gab. Die Unruhen von 1948 lösten daher einen Schock aus, insbesondere bei der Labour-Regierung, die sich in ihrer Annahme, die Reformen zunächst im lokalen Bereich durchführen zu können und an der Spitze noch keine Macht abgeben zu müssen, getäuscht sah. Diese Unruhen »changed our mood from one of supreme confidence to utter dismay overnight« [708]. Ein Zurück war nicht mehr möglich und ein scharfer Kurswechsel schien notwendig zu sein, wenn der Circulus vitiosus von Repression und wachsender Opposition vermieden werden sollte. Die Emanzipationsbewegung hatte Westafrika offenbar früher und heftiger überflutet, als man erwartet hatte; man mußte sich umstellen, bisherige Terminvorstellungen aufgeben, um die Entscheidung in der Hand behalten zu können.

Die neue Einstellung zeigte sich im Bericht der Untersuchungskommission unter dem

[705] Vgl. die Kritik *Harold Coopers* (Engländer mit 20 Jahren Kolonialdienst), Political preparedness for Self-Government, in: Annals of the American Academy of Political and Social Science, Juli 1956, p. 73.

[706] So hatte z. B. *Richards* in seinen Vorschlägen eine 9jährige Übergangsfrist postuliert, nach deren Ablauf die Verfassungssituation neu überprüft werden sollte, Proposals p. 13.

[707] *Bourret*, p. 165 f. Jetzt vor allem *Dennis Austin*, Politics in Ghana 1946–1960, 1964 p. 58 f.

[708] So, etwas überspitzt, *Cooper*, a.a.O., p. 72. Selbst der New Statesman vom 24. 2. 1951 stellte rückblickend fest: "Officials (also auch die Labour-Regierung) have repeatedly under-estimated this pace of African development." P. 208.

Vorsitz von *A. K. Watson* [709]. Mit erstaunlicher Freimütigkeit wurden die Ursachen der Unruhen dargelegt: viele der afrikanischen Veteranen hätten »a political and national (!) consciousness« entwickelt und seien unzufrieden; es bestehe

"a feeling of political frustration among the educated Africans who saw no prospect of ever experiencing political power under existing conditions and who regarded the 1946 Constitution as mere window-dressing designed to cover but not to advance their natural aspirations";

man habe in der Verwaltung die Auswirkungen westlicher Schulung, die Spannungen mit den konservativen Häuptlingen, aber auch den Eindruck der Ereignisse in Indien, Burma und Ceylon verkannt; Afrikanisierung und Erziehungsmöglichkeiten seien ungenügend. Die Korruption sei zwar umfangreich, doch dürfe sie unter keinen Umständen als Vorwand dienen, weitere Schritte in Richtung Self-government zu verzögern. Die Verfassung von 1946 habe Vorkriegsbedingungen entsprochen und sei daher bereits überholt. Eine »substantial« Reform dränge sich auf, und zwar »not only to gain political experience but also to experience political power«. Der Übergang zum Responsible government müsse eingeleitet werden: der bis jetzt beratende Executive Council solle zu einem Minsterrat umgebaut werden, der dem Legislative Council verantwortlich ist; von den neun Ministern sollten fünf Afrikaner sein; der Gouverneur solle zumindest den Vorsitz, Vetorecht und »Reserved Powers« behalten.

Damit war der Durchbruch erfolgt. London sah sich durch die Unruhen in Accra herausgefordert, begnügte sich aber nicht mit Repressionsmaßnahmen, sondern akzeptierte die »nationale« Emanzipation und vollzog den Schritt zur verantwortlichen Regierung mit afrikanischer Mehrheit. Dabei hat die *Watson*-Kommission *Nkrumah* und seine Partei sehr kritisch beurteilt und deren Ziele als kommunistisch bezeichnet!

Kolonialminister *Creech-Jones* nahm den Bericht an [710] und bestellte im Januar 1949 eine ausschließlich aus Afrikanern bestehende Kommission, um Verfassungsvorschläge auszuarbeiten. Obschon *Nkrumah* im Gefängnis saß und die Chiefs in der Kommission konservative Positionen vertraten, bedeutete es doch ein Novum, Afrikaner in dieser Weise zur Mitarbeit heranzuziehen. London wollte die Gemäßigten zu Wort kommen lassen und gleichzeitig dem Vorwurf begegnen, es oktroyiere auch die neue Verfassung. Der *Coussey*-Report [711] stimmte im wesentlichen den *Watson*-Vorschlägen zu, wurde von der Regierung [712] und der britischen Presse im allgemeinen gut aufgenommen und dann auch der Verfassung von 1951 zugrunde gelegt.

Die gemäßigte afrikanische Presse akzeptierte die Vorschläge, während *Nkrumah* »full Dominion status« – also ein ausschließlich aus Afrikanern bestehendes Kabinett

[709] Report of the Commission of Enquiry into Disturbances in the Gold Coast, 1948. Colonial No. 231 (1948).

[710] Statement by HMG on the Report ... Colonial No. 232 (1948).

[711] Gold Coast. Report to His Excellency the Governor by the Committee on Constitutional Reform, 1949, Colonial No. 248 (1949). Es wird u. a. betont »the complexity and stress of modern life, the desire for change and the progressive outlook, which are now pervading even the remote village ...«, p. 9; "There is a popular cry throughout the country for universal adult suffrage." p. 10. Die Zusammensetzung der Kommission zeigt sich jedoch darin, daß eine bessere Berücksichtigung der Chiefs gefordert wird.

[712] Statement by HMG on the Report ... Colonial No. 250 (1949). "The desire of African to bear responsibility for the initiation and execution of policy has the fullest sympathy of HMG." p. 8.

und die Beseitigung der Reservatsrechte des Gouverneurs – verlangte. Er brach mit seiner Partei und gründete die Convention People's Party, die nun keinen »bürgerlichen« Charakter mehr hatte, sondern zu einem Instrument in der Hand ihres Führers wurde und sich insbesondere auf die schnell wachsende Schicht jener Ghanesen stützte, die nur über rudimentäre Schulbildung verfügten und im offenen oder latenten Konflikt zu den traditionellen Autoritäten standen [713]. Als *Nkrumah* 1950 zur »positive action«, also zu Boykotts und Streiks überzugehen drohte, wurde er von neuem verhaftet, erzielte aber in den ersten allgemeinen Wahlen vom Februar 1951 einen durchschlagenden Erfolg. Dem Gouverneur blieb nichts anderes übrig, als *Nkrumah* aus dem Gefängnis zu entlassen und mit der Kabinettsbildung zu betrauen. Sir *Arden-Clarke* begründete später sein Vorgehen folgendermaßen:

"I do not know whether it would have been possible to slow things down and still retain that good will; and if that good will had been lost, I wonder whether Ghana would still be a member of the Commonwealth? That is as far as I will go in answering my own question." [714]

Indem der Gouverneur mutig die Konsequenzen aus der neuen Politik zog und 1951 auf Verzögerungsmanöver verzichtete, konnte er in der Tat einigen Goodwill sichern und sogar *Nkrumahs* Mißtrauen beschwichtigen [715], um die letzte Phase der Dekolonisation ohne offenen Konflikt abzuschließen. Bereits im März 1952 erhielt *Nkrumah* auch offiziell die Stellung eines Premierministers, 1954 wurden die britischen Offizial-Minister durch Afrikaner ersetzt; die Afrikanisierung der Kader machte rapide Fortschritte. Verzögerungen brachten die schweren inneren Spannungen, insbesondere zwischen *Nkrumahs* CPP und der Ashanti-Opposition. Im Mai 1956 erklärte sich der Kolonialminister bereit, ein Datum für die Unabhängigkeit festzulegen, sofern ein neu gewähltes Parlament eine entsprechende Motion gutheiße. 1957 wurde die Goldküste – umbenannt in Ghana – als erste afrikanische Kolonie unabhängig.

Auch in Nigeria setzte 1948 eine beschleunigte Dekolonisation ein [716]. Der von den Afrikanern stark angefeindete Gouverneur *Richards* wurde durch Sir *John Macpherson* ersetzt. Die Afrikanisierung der Verwaltung kam in Gang; eine vom Gouverneur eingesetzte Kommission klärte die Lage und stellte den Grundsatz auf: "No non-Nigerian should be recruited for any Government post except where no suitable and qualified Nigerians is available." Mangel an eigenem Nachwuchs hat es dem Kolonialamt erleichtert, dem Drängen der Afrikaner nachzugeben, und die Zahl der Nigerianer im

[713] Dies zeigt eindrücklich *Austin*, p. 51 f. Dazu auch *Hans N. Weiler*, Legislative Council und Indirect Rule. Eine Untersuchung zur britischen Kolonialpolitik an der Goldküste, in: Kulturen im Umbruch, Studien zur Problematik und Analyse des Kulturwandels in Entwicklungsländern, hg. v. *G. K. Kindermann*, 1962. In der Ausschaltung der bisherigen, direkt und indirekt gewählten Afrikaner will *Weiler* einen eigentlichen Bruch sehen, der im Gegensatz stehe zum Bild einer kontinuierlichen Verfassungsentwicklung.

[714] Sir *Charles Arden-Clarke*, Eight years of transition in Ghana, in: African Affairs, 1958, p. 36.

[715] *Nkrumah* und der Gouverneur haben eine kurze, aber aufschlußreiche Schilderung ihrer ersten Begegnung im Moment der Entlassung aus der Haft und Beauftragung mit der Kabinettsbildung gegeben: *Nkrumah*, Schwarze Fahne, 1958, p. 135 f. – *Arden-Clarke*, Gold Coast into Ghana, in: International Affairs, Jan. 1958.

[716] Ich folge im wesentlichen *Coleman*, Kap. 14 und 18. Dazu auch: *Kalu Ezera*, Constitutional Developments in Nigeria, 1960.

oberen Verwaltungsdienst stieg von 23 im Jahre 1939 auf 182 1947, 628 (von 3679) 1951 und 786 1953. Der Zehnjahresplan lief an und schuf neue Posten für Afrikaner. Der Gouverneur trieb die Demokratisierung der Native Authorities und den Umbau zum Local government voran und stellte ab 1948 größere Mittel für den rapiden Ausbau des Erziehungswesens zur Verfügung [717]; im gleichen Jahr wurde das University College of Nigeria in Ibadan eröffnet. Der vorzeitig eingeleiteten Verfassungsrevision sollte eine Diskussion mit Vertretern aus dem lokalen, provinzialen und regionalen Bereich vorausgehen, angeblich um die afrikanische Meinung zu berücksichtigen und von innen her reifen zu lassen, aber auch um die konservativen Kräfte zu stärken und gegen die städtischen Organisationen der nationalistischen Parteien Rückhalt zu gewinnen. Die Verfassung von 1951 brachte, wie an der Goldküste, die Umwandlung des Exekutivrates in einen Ministerrat – 6 Engländer und 4 von den Regionen ernannte Afrikaner – und gab den Regionen erweiterte Befugnisse, hielt aber am indirekten Wahlsystem fest und war daher von Anfang an Gegenstand einer scharfen afrikanischen Kritik. Das Verhältnis von Süden und Norden rückte dabei in den Vordergrund: während der bevölkerungsmäßig wohl starke, in der zivilisatorischen und politischen Emanzipation aber zurückgebliebene Norden eine Vorherrschaft des nichtmuselmanischen Südens befürchtete und daher sowohl eine längere Übergangsphase bis zum Self-government als auch eine seinem äußeren Gewicht entsprechende Repräsentation verlangte, sah sich der Süden auf dem Wege in die Freiheit gehemmt und warf dem Norden Zusammenarbeit mit der Administration vor. In der Tat verfügte der Norden über eine 50 %-Vertretung im Legislative Council, und seine Minister konnten, zusammen mit den Offizial-Mitgliedern des Kabinetts, den Süden in die Minderheit versetzen. Es erregte Aufsehen, daß im März 1953 der Sardauna of Sokoto, der Führer des Northern People's Congress, sich gegen eine Motion des Südens, das Self-government Nigerias im Jahre 1956 zu proklamieren, aussprach und die präzise Terminsetzung durch ein »as soon as practicable« ersetzte. Im Mai kam es sogar zu einem schweren Zusammenstoß zwischen Süd- und Nordländern in Kano.

Die sich zuspitzende Lage, die eine Sezession des Nordens befürchten ließ, gab den Anlaß für die Konferenz in London im Juli und August 1953, die die Basis für die Verfassung von 1954 ausarbeitete. Um dem Norden entgegenzukommen und die Einheit Nigerias zu retten, gab London seine »regionalistische« Einheitskonzeption zugunsten einer Föderation auf. Die Regionen erhielten afrikanische Regierungen mit eigenen Premierministern und konnten 1956 volle Autonomie verlangen. London ließ sich aber – trotz energischen Drängens von seiten der Nationalisten des Südens – auf keinen Termin für die Unabhängigkeit Nigerias ein und sagte nur Beratungen innerhalb der nächsten drei Jahre zu.

Mit diesen Zugeständnissen war der Weg geebnet: die Beziehungen zwischen Kolonialmacht und Nationalisten verbesserten sich. Die Nationalisten gaben Bekenntnisse zum Commonwealth ab und verhalfen der Reise der britischen Königin nach Nigeria zum Erfolg. 1957 erlangte die Ost- und Westregion innere Autonomie, während im Zentrum *Alhaji Abubakar Tafawa Balewa* – ein Mann aus dem Norden – an die Stelle des

[717] Die Grants-in-aid für Erziehung steigen von 281 000 Pfund 1944/45 auf 520 000 1946/47 und 1,3 Millionen 1948/49, *Ezera*, p. 48.

Gouverneurs trat und erster Premierminister Nigerias wurde. Zwei Jahre später war auch der Norden bereit, die volle Selbstverwaltung in Anspruch zu nehmen, womit die letzte Voraussetzung für die Unabhängigkeitserklärung Nigerias 1960 erfüllt war.

Wir haben in Stichworten die Verfassungsentwicklung skizziert, die an der Goldküste und in Nigeria in den Jahren 1945 bis 1960 von einer nur schwachen Vertretung im Legislative Council über das Representative government zum vollen Dominionstatut geführt hat. Das Tempo hat sich zusehends beschleunigt, Übergangsfristen mußten gekürzt werden, und weitreichende Zugeständnisse mußte man viel früher gewähren als geplant war. Glaubte auch die Labour-Regierung anfänglich noch, viel Zeit für mancherlei Reformen zu haben und sich weiterhin vorwiegend auf die traditionellen Führungsschichten stützen zu können, so wurde sie mit den Unruhen von 1948 eines besseren belehrt; es war die afrikanische Emanzipationsbewegung, die London veranlaßt hat, den großen Schritt zum Responsible government zu tun. Dann aber waren Regierung und Administration konsequent genug, großzügig zu handeln, den Kontakt mit den afrikanischen Parteien nicht mehr abbrechen zu lassen und die Entkolonialisierung kurzfristig und ohne weitere unnötige Verzögerung zu Ende zu führen. Allerdings hat man auch nach 1948 mit größeren Etappen gerechnet, auf ein »vernünftiges« Verhalten der afrikanischen Führer vertraut und die Ungeduld sowie die schnelle Radikalisierung des Nationalismus unterschätzt [718]. So glaubte auch *Margery Perham* noch 1951, daß die letzte Etappe erst in vielen Jahren erreicht werden würde; die Wahlen an der Goldküste und die Bildung einer afrikanischen Regierung seien zwar historische Ereignisse, und man müsse sich die Frage stellen, ob Europa noch genügend Zeit bleibe, um seine zivilisatorische Gestaltungskraft zur Geltung zu bringen, es sei aber

"not a very bold speculation to believe that they (die afrikanischen Kolonien) may become fully self-governing-nation-states by the end of the century (!). It almost seems as though future African writers of history books may thus be able very netly to sum up the first half of the twentieth century as the age of imperialism, and the second as the age of liberation!" [719]

Es versteht sich, daß Mrs. *Perham* nicht die möglichst lange Aufrechterhaltung britischer Herrschaft anstrebte, sondern überzeugt war, daß die afrikanischen Kolonien noch nicht »reif« seien, Regierung und Verwaltung zu übernehmen: es gab nur wenig geschultes Personal, die Afrikanisierung der Kader war noch gering, die wirtschaftliche Struktur ungesichert und von außen überfremdet, die bäuerlichen Massen waren noch kaum erfaßt. Konnte sich ein Staat, der noch so sehr auf äußere Hilfe angewiesen war, aus eigener Kraft entwickeln? War ein überstürzter Rückzug zu verantworten? Ein echtes Dilemma also [720]! Wichtig war zudem die Frage nach der inneren Einheit der

[718] Z. B. *Barbara Ward Jackson* (aus dem Stab des »Economist«), The Gold Coast. An experiment in Partnership, in: Foreign Affairs, 1954. *Arden-Clarke*, Eight years ... p. 36.

[719] The British Problem in Africa, in: Foreign Affairs, Juli 1951, p. 637.

[720] *Margery Perham*, The Colonial Dilemma, in: The Listener 14. 7. 1949. Alles dränge auf eine schnelle wirtschaftliche und politische Entwicklung in Afrika. Aber sind die Voraussetzungen dazu vorhanden? "Political development is in danger of outrunning economic development." p. 52. – In der gleichen Reihe *Kenneth Bradley* über Political Leadership and Devolution: "Above all, there is so little time. In the political as well as in the economic

Kolonie: alle Bemühungen um koloniale Entwicklung und reibungslose Dekolonisation mußten sinnlos erscheinen, wenn der in die Unabhängigkeit entlassene Staat nicht ausreichend integriert war und in Einzelteile auseinanderbrach. Es fällt auf, daß die Verfassungsdiskussion der letzten Jahre weniger von Reservatsrechten der Kolonialmacht oder von anderweitigen Versuchen, gewisse imperiale Positionen in Westafrika aufrechtzuerhalten, beherrscht ist als von einem Bestreben, die divergierenden Bereiche, Stämme und Gruppen innerhalb der Kolonie zu koordinieren, wenigstens einigermaßen untereinander zu versöhnen und erst dann aus der imperialen Kontrolle zu entlassen, wenn das institutionelle Gehäuse, das sie alle umschließen sollte, von allen Partnern akzeptiert worden ist. Die Bemühungen, das Ashanti-Problem zu lösen und den Anschluß Nord-Nigerias sicherzustellen, waren nicht einfach Verzögerungsmanöver. Die alte britische These, London dürfe seine Treuhänderschaft nicht vorzeitig an die Minderheit der städtischen Bildungsschicht abgeben, mochte lange Zeit das Verständnis für die koloniale Emanzipation erschwert und die Tendenz mit sich gebracht haben, sich auf die traditionellen Schichten zu stützen; in der Schlußphase der Dekolonisation erhielt sie eine innere Berechtigung: wäre an der Goldküste und in Nigeria die Macht vorzeitig an die nationalistischen Sprecher abgegeben worden, dann wäre die Einheit beider Länder vielleicht nie zustande gekommen – oder nur mit Gewalt und ohne Dauer. Wir haben die Änderung in der britischen Haltung nach 1940 beschrieben: London war bestrebt gewesen, größere Einheiten zu schaffen und hat eine »Balkanisierung« Westafrikas – jedenfalls eine weitere Aufgliederung bereits bestehender administrativer Einheiten – zu verhindern verstanden. Ähnliches gilt für das Funktionieren der Institutionen und die Afrikanisierung der Kader. Die schrittweise Erweiterung der Kompetenzen, die Ausweitung des Wahlrechtes und die Übernahme von Regierungsposten haben Afrikaner in die politische Verantwortung hineinwachsen lassen; die Hereinnahme von Afrikanern in die Verwaltung erfolgte zweifellos zu spät und nur zögernd [721], aber doch noch rechtzeitig, um den Transfer of Power fast reibungslos vollziehen zu lassen.

Zur Ergänzung seien noch einige Stimmen angeführt, die zwar nicht für die offizielle Haltung der beiden Parteien repräsentativ sind – die Politik *Creech-Jones* wurde im Parlament im wesentlichen von den Konservativen gedeckt, die ihrerseits die von der Labour-Regierung begonnene Dekolonisation fortsetzten –, aber einen Einblick in interessierte Kreise gewähren. Die 1948 inaugurierte Westafrika-Politik stieß bei den Diehards auf Mißtrauen und Widerspruch. So wandte sich in der Parlamentsdebatte vom 29. Juli 1949 der Abgeordnete *Cooper* gegen zu weit gehende Konzessionen an der Goldküste und gegen die *Coussey*-Kommission [722]. Die wirtschaftlichen Probleme

and social development of these backward peoples we are always up against the perhaps quite insoluble problem of trying to do the work of a thousand years in one generation. If we succeed, even partially, it will be one of the finest achievements in the history of mankind; and if we fail, the attempt itself will, I think, have been our vindication." 4. 8. 1949, p. 180.

[721] Dies stellen rückblickend sowohl Sir *Arden-Clarke*, a.a.O., p. 35, als auch *Margery Perham*, The Colonial Reckoning, 1962, p. 77, fest.

[722] "I hope this committee will not go wild and go all native and suggest immediate Self-government." House of Commons, vol. 467, S. 2889.

müßten gelöst werden »and then the political difficulties will start to fall into place«. London lasse den Eindruck aufkommen »too soon and too quickly that Self-Government should come and that is just around the corner«. Nur »a few intellectuals« verlangten so weitgehende Verfassungsreformen; es sei lächerlich, von kolonialer Ausbeutung zu sprechen, da gerade diese Minderheit ihre Landsleute ausbeute. Sie habe noch nicht »reached the standard of morality and capacity to handle Self-government effectively«. Die Masse der Afrikaner wolle nicht Selbstregierung »at an early date«, sondern »good, effective and thoroughly understanding leadership«. Wichtige Sprecher der Partei betonten mit Vorliebe den Ausbau der Lokalverwaltung und die Bedeutung der traditionellen Autoritäten. *Lennox-Boyd* z. B., der spätere konservative Kolonialminister, lobte den *Coussey*-Report, der – im Unterschied zu dem Bericht der *Watson*-Kommission – die Chiefs zu berücksichtigen gedenke; es könne so eine »paramount duty«, die Herrschaft einer oligarchischen Minderheit, wie etwa in Liberia, verhindert werden – wobei das »demokratische« Argument natürlich dazu dienen soll, auf längere Übergangsfristen zu drängen und die Notwendigkeit britischer Herrschaft herauszustellen [723]. Es gebe »no such thing as a Nigerian people«, meint in der gleichen Debatte *Selwyn Lloyd*, und die Extremisten dürften nicht die »time schedule for constitutional development« umstoßen [724].

In der »Round Table« fragte ein konservativer Autor, ob die Indirect Rule wirklich ausgespielt habe und Großbritannien die Macht an eine »small group of westernized Africans« abzugeben gedenke. Die Ausschaltung der Chiefs und die vorzeitige Gewährung von Self-government »on a western constitutional model« bedeute einen Verrat an der betroffenen Bevölkerung. Die Emire seien fortschrittlich geworden, die Verfassung von 1946 sei ein Erfolg und die »educated Africans« fänden Aufgaben in den Natives Authorities. Die politische Entwicklung schreite bereits zu schnell voran und das Colonial Office

"seems to have become infected with its African pupils' belief in the ritual of the ballot-box ... What then can now be done? It is not too late to indulge in some clear thinking and to refuse to give way before a movement that can only end in a disastrous lowering of the standards of administration and an abandonment of all hope of those higher standards of life to which all, African und European alike, aspire. The trouble is that the West African politician regards democracy as a means to power, not as a means to opportunity. He sees the power that the chiefs used to wield and the immense power and prestige of democratic Britain and America, and he wants to cash in on his Western education by succeeding to that power himself. He conceives power as an end in itself, not as a means to an end. When one reflects upon the complexity of modern national life, the need for true leadership and a high standard of intelligence and integrity in a wide circle of those concerned with the administration, the prospect of too sudden a surrender of the controls into untried and untrained hands is very gloomy. The gloom is not lightened by our knowledge that the blame for any consequent chaos will be attributed to the British Government, and that amongst those claiming power are admirers of the Soviet, who are anxious to found a totalitarian State on the ruins of democracy." [725]

Schon drei Jahre später aber nahm die »Round Table« die entgegengesetzte Haltung

[723] House of Commons, 12. Juli 1950, vol. 477, S. 1478, auch *Duncan-Sandys* an die »Times« 7. 8. 1948.

[724] A.a.O., S. 1456.

[725] Indirect Rule in Westafrica. Is Democracy safe for the Negro World?, in: Round Table, vol. 39, 1948/49, p. 129 f.

ein und verzichtete auf jede »kolonialistische« Argumentation. Der Labour-Regierung wurde sogar der Vorwurf gemacht, den Entwicklungsgrad der Goldküste nicht rechtzeitig erkannt zu haben; die »modest constitutional advance« von 1946 habe der Situation bereits nicht mehr entsprochen; der Bericht der *Watson*-Kommission, der früher kritisiert worden war, wurde nun gelobt; der *Coussey*-Report habe eine neue Vertrauensbasis geschaffen; sogar *Nkrumah* und seine Partei wurden objektiv beurteilt. Es lohnt sich, auch hier den letzten Absatz zu zitieren:

"In the first instance, it seems that the granting of the very full self-governing powers contained in the present Constitution were necessary, having regard to the state of the Gold Coast in 1948. It is also true that if more had been granted earlier it might not have been necessary to concede so much now. As to the desirability of what has been done, it is obviously desirable that all British colonies should proceed to Dominion status as soon as they are fit, and should be actively encouraged to that end, but it is difficult to avoid the conclusion that to place a country in the position where success and failure are so evenly set in the balance as they are in the Gold Coast is not really desirable having regard to the irreparable psychological damage that would be done should there be a set-back. Succes will depend largely on two things, which rest almost wholly in the hands of the Africans. One is whether they can reconcile themselves quickly to accepting European help in order to accomplish the political and material developments which they require, and make the terms attractive enough for Europeans to accept them. The other is the formation of a properly organized parliamentary opposition – which is now being attempted through the coalition of Dr. *Danquah's* and Mr. *Ollemhu's* groups – which will break the present vicious circle by which political groups outflank each other by going to extremes. What the Gold Coast in fact wants just now more than anything else is a Conservative party.
Only time can bring about these changes. Although the list of outstanding problems requiring solution may seem formidable, there are certain grounds for optimism. One is that in spite of the doubters the experiment has gone up till now far better than many of the doubters prophesied; the other is the view that Gold Coast Africans are by nature among those who have to find things out for themselves the hard way, but that they possess remarkable qualities of sterling common sense which will ultimately see them through." [726]

Mehr als nur die Argumentation, auch der Stil hat sich gewandelt. Unterschied sich der Aufsatz von 1948 noch kaum von solchen der Vorkriegszeit, so wurde nun die Dekolonisation voll akzeptiert, und man verzichtete auf alle Formeln wie »Trusteeship« und »moral standard«; die neuen afrikanischen Führer wurden ernst genommen und die Situation offen diskutiert [727]. Dieser Haltungs- und Stilwechsel der »Round Table« scheint mir symptomatisch zu sein, da er in einem weiteren Sinn die Bedeutung der Jahre 1948–1950 deutlich macht: die Unruhen an der Goldküste, *Watson*-Report und *Coussey*-Bericht kennzeichnen einen Kurswechsel in der britischen Westafrika-Politik, auf den sich auch die konservativen Kreise in London – wenn auch zunächst wider-

[726] Self-government in the Gold-Coast. Progress of a constitutional experiment, in: Round Table, vol. 42, 1951/52, p. 332.

[727] Im gleichen Ton ist auch ein weiterer Aufsatz über die Goldküste drei Jahre später gehalten. Die Wahlen von 1954 seien eine letzte Etappe zu »full Self-government«. Die neue Verfassung arbeitet »with the maximum of consent«, die Afrikanisierung sei fortgeschritten und die Regierung *Nkrumah* habe Fortschritte erzielt, insbesondere in der schwerwiegenden Frage der kranken Kakaopflanzen. Das Problem der Ashanti sei zwar noch nicht gelöst, aber es sei eine Illusion, an die Möglichkeit eines »two-thirds« Dominionstatus zu glauben. A Nascent Dominion. African Self-government in the Gold Coast, in: Round Table, vol. 45, 1954/55, p. 154.

willig – einstellen mußten. Die allgemeine weltpolitische Situation darf dabei nicht übersehen werden: Großbritannien war nach 1945 geschwächt, Indien, Burma und Ceylon waren erfolgreich dekolonisiert, die asiatisch-afrikanische Emanzipationsbewegung konnte nicht mehr länger bagatellisiert werden. England war zudem innerlich nicht bereit, sich auf eine Politik der Repression einzulassen, die einen größeren Einsatz von Streitkräften erfordert hätte. Es blieb also nur der Versuch – wie es Gouverneur *Arden-Clarke* formulierte –, durch rechtzeitiges Einschwenken sich den Goodwill der neuen Führer zu sichern und ein Verbleiben der emanzipierten Kolonien im Commonwealth anzustreben. War die Umstellung aber einmal erfolgt, so waren auch Konservative und »Imperialisten« bereit, die Konsequenzen zu ziehen und »to make the best of it«. Ressentimentgeladene und haßerfüllte Polemik gegen die Labour-Regierung oder der Vorwurf, vorschnell das Empire liquidiert zu haben, finden sich – im Gegensatz zur entsprechenden Reaktion der französischen Rechtskreise – in der britischen Publizistik auffallend wenig. Es ist vielleicht kein Zufall, daß in der »Round Table« bereits 1955 ein Aufsatz erschien, der sich mit den Problemen nach der Unabhängigkeit beschäftigt [728]: die innere Einheit der neuen Staaten wird diskutiert (z. B. die Schwierigkeiten des Sudan mit den südlichen Stämmen) und die Notwendigkeit von Verwaltungskadern oder auch die Gefahr kommunistischer Infiltration, aber ohne polemischen Ton und bei voller Anerkennung der neuen Lage.

«Partnership« in der Rhodesischen Föderation?

Es war vorauszusehen, daß in der »Prozession« auf dem Wege vom Kolonialstatut zur Unabhängigkeit – von einigen kleinen Territorien, strategischen Positionen und den Öl-Scheiktümern Arabiens abgesehen – die Gebiete Ostafrikas ihr Ziel zuletzt erreichen würden. In Westafrika bot es keine Schwierigkeit, Self-government und Dominionstatus als Ziel britischer Politik auszugeben und Reformen nach bewährtem Muster einzuleiten: die Diskussion mußte sich dabei auf die Frage des »timing«, die zeitliche Abfolge der verschiedenen Etappen in Richtung Unabhängigkeit, zuspitzen; unter Druck gesetzt und durch innere wie äußere Ereignisse gedrängt, konnte London die Fristen abkürzen, vorgesehene Etappen überspringen und die Kolonie »vorzeitig« aus der imperialen Kontrolle entlassen. In Ostafrika aber mußte mit den Siedlerminderheiten gerechnet werden, insbesondere in Kenya und den beiden Rhodesien. Während in Westafrika Trusteeship und Self-government konzeptionell eine Einheit bildeten und unmittelbar aufeinander bezogen waren, insofern als sich die Kolonialherrschaft mit der Vorbereitung auf Selbstregierung legitimierte, hat sich in Ostafrika bereits in der Zwischenkriegszeit die schwerwiegende Frage gestellt: wem sollte Self-government zukommen? Den weißen Siedlern, die sich auf die Durham-Tradition berufen konnten, oder der schwarzen Bevölkerung, deren Interessen zu vertreten London sich verpflich-

[728] African Independence and after. Some reflections on Self-government, in: Round Table, vol. 46, 1955/56.

tet hatte? Eine endgültige Antwort hat Großbritannien vor 1939 nicht zu geben vermocht. Es war weder bereit gewesen, die Siedler zu »opfern« – auch nicht in ferner Zukunft – noch hatte es die südafrikanische »Lösung« akzeptiert und sich offen zum White man's country bekannt. Die Aussagen über die künftige britische Politik in Ostafrika blieben notwendigerweise vage. Man sprach von einer mehrrassigen Gemeinschaft, wobei man – der jeweiligen politisch-ideologischen Position entsprechend – entweder konservativ-imperial die Sonderstellung der weißen Siedler mit ihrem berechtigten Anspruch als Führungsschicht und Träger moderner Zivilisation, oder progressiv und »pro-native« das Prinzip des Trusteeship und die Interessen der Eingeborenen hervorgehoben hat. In der Frage der Closer Union sind beide Positionen bezogen worden, eine Entscheidung ist aber nur insofern gefallen, als der Status quo vorerst beibehalten wurde und beide Möglichkeiten offen blieben. In der zweiten Nachkriegszeit entspann sich eine entsprechende Auseinandersetzung in der Frage der zentralafrikanischen Föderation; diesmal aber mußte eine Entscheidung fallen.

Innerhalb einer Föderation von Süd-Rhodesien, Nord-Rhodesien und Njassaland nahm Süd-Rhodesien eine ähnliche Position ein wie Kenya in der Closer Union Ostafrikas. London hatte ihm 1923, nachdem dieses in einem Referendum den Anschluß an die Südafrikanische Union abgelehnt hatte, Responsible government gewähren müssen [729]. Da man sich in Eingeborenenfragen ein Vetorecht reservierte, glaubte man, dem Trusteeship Genüge getan zu haben, um so mehr als eine gewisse Hoffnung bestand, daß die vorwiegend britischen Siedler Süd-Rhodesiens sich gegenüber der Rassenpolitik der Buren in der Union distanzieren würden. London hat aber in der Folgezeit auf eine Inanspruchnahme seiner Reservatsrechte verzichtet. Kolonialminister *L. S. Amery* etwa, der auch in Kenya den Siedlern entgegenzukommen bereit war und die Devonshire-Deklaration nicht sonderlich ernst nahm, hat 1926/27 zwei die Eingeborenen hart treffende Gesetze gutgeheißen; ebensowenig ist die konservative britische Regierung 1936 gegen eine Registration Act, die sich an ein Gesetz der südafrikanischen Union anlehnte, eingeschritten [730]. Die rhodesische Eingeborenenpolitik orientierte sich an einer zunehmenden und auch legal fixierten Segregation und näherte sich – wenn auch mit ideologischer Verbrämung – derjenigen der Union. So hat z. B. die Land Apportionment Act von 1931 die Reservate und »native areas« gegen das Siedlungsgebiet der Weißen abgegrenzt und den Afrikanern den Bodenerwerb in Städten untersagt. Die rassische Diskriminierung im täglichen Leben, in den Dienstbetrieben und in der Verwaltung verstand sich von selbst. Das Schulwesen für Farbige blieb primitiv, und noch 1938 gab es in Süd-Rhodesien für sie keine Secondary School.

Nord-Rhodesien und Njassaland wurden weiterhin von London aus regiert. Im Legislative Council waren die Siedler zwar vertreten, verfügten aber nicht über die Mehrheit. Die Segregation wurde bedeutend weniger scharf gehandhabt, sei es, daß die kleine Zahl von Weißen auf schwarze Hilfskräfte angewiesen war, sei es, daß die Verwaltung ihr entgegenstand. Reservate wurden keine errichtet, und 1936 erklärte Njassaland den gesamten Boden zum Native Trustland, auf dem sich dann die Landwirt-

[729] Vgl. S. 187.

[730] Ausführlich *Richard Gray*, The Two Nations. Aspects and development of race relations in the Rhodesias and Nyasaland, 1960, p. 43 f.

schaft der Eingeborenen recht gut entwickelt hat [731]. In Nord-Rhodesien konzentrierte sich die europäische Bevölkerung auf die Städte und den Kupfergürtel. Die in den 20er Jahren erschlossenen Kupferminen mußten den weißen Technikern und Arbeitern hohe Löhne und andere Vergünstigungen bieten, die in der Folgezeit von den Gewerkschaften mit einer akzentuierten Colour-Bar verteidigt wurden. Berufsschulung und sozialer Aufstieg der Afrikaner wurden verhindert, selbst Berufe wie Lastwagen-, Kran- oder Lokomotivführer blieben für Weiße reserviert [732].

Die britische Politik in der Closer-Union-Frage wurde von den Weißen Nord- und Süd-Rhodesiens als Bedrohung und Gefährdung ihrer White supremacy empfunden und hat die Bewegung für einen Zusammenschluß in Gang gebracht: gemeinsam konnte man sich besser sowohl gegen Südafrika und die Politik der Buren abgrenzen, als auch gegen die angeblich »pro-native« Politik Londons verteidigen. »Amalgamation« schrien fortan als das geeignete Mittel, um den Einfluß des Colonial Office »unterlaufen« und ausschalten zu können, und mit dem Responsible government, das ohnehin nur Vorstufe des vollen Dominionstatus sein konnte, die Zukunft Rhodesiens als »White man's country« zu sichern. Lord *Passfields* »memorandum on Native Policy« von 1930, das die Paramountcy von 1923 bekräftige und außerdem noch die Regierung Nord-Rhodesiens konkret zu »immediate steps to ensure conformity« aufforderte, hat einen vehementen Protest der Siedler ausgelöst [733]. Das Joint Select Committee von 1931 und der Gouverneur von Nord-Rhodesien haben zwar die Paramountcy »verwässert« und zugunsten der Siedler uminterpretiert – die Interessen der Weißen dürften nicht den Interessen der Eingeborenen untergeordnet werden [734] –, aber bereits 1936 hat eine Konferenz in Victoria Falls die »amalgamation« mit »complete self-government« befürwortet; hier drängten nun bezeichnenderweise die bisher eher zurückhaltenden Nord-Rhodesier zum Zusammenschluß, während die Opposition von der Rhodesia Labour Party des Südens betrieben wurde, der die nord-rhodesische Eingeborenenpolitik zu lau erschien [735]. Die britische Regierung lehnte die Forderung jedoch ab, ernannte aber eine Kommission unter Leitung Lord *Bledisloes*, die 1938 die Territorien bereiste und 1939 Bericht erstattete [736]. Obwohl dieser einen Zusammenschluß an sich für richtig und wirtschaftlich vorteilhaft hielt, lehnte er ihn ab, da die Eingeborenenpolitik im Süden und Norden allzu verschieden sei. Lord *Bledisloe* bestätigte im Oberhaus, daß Segregation und Trusteeship zwei »inherently different and divergent« Konzeptionen seien [737]. Auch die konservativen Kommissionsmitglieder waren also nicht bereit, die politische Entscheidung in den Kolonien an die Siedler abzugeben, jedenfalls so lange nicht, als Siedler und Eingeborene nicht »Partner« seien und beide Teile die Implikationen dieser Tatsache anerkannt hätten. Die Kom-

[731] 1952 gab es in Njassaland nur 3,8 % des Gesamtbodens als Privatbesitz, *Gray*, p. 83.
[732] P. 103 f.
[733] P. 41 f. Dazu und für das Folgende auch *Robert I. Rotberg*, The Federation Movement in British East and Central Africa 1889–1953, in: Journal of Commonwealth Political Studies, vol. II, 2, 1964, p. 151 f.
[734] *Gray*, p. 182.
[735] A New Deal in Central Afrika, ed. Colin *Leys & Cranford Pratt*, 1960, p. 9.
[736] Report of the Rhodesia and Nyasaland Royal Commission, Cmd. 5949 (1939).
[737] 31. 7. 1939, *Gray*, p. 193.

mission stellte zudem fest, daß die afrikanischen Sprecher in Nord-Rhodesien und Njassaland einen Zusammenschluß mit dem Süden eindeutig ablehnten.

Der wichtige *Bledisloe*-Report entsprach der allgemeinen Politik Londons zwischen den Kriegen: Verzicht auf die Reservatsrechte und Entgegenkommen gegenüber den Siedlern – die getrennten Siedlungsgebiete und eine legale Segregation wurden ja akzeptiert –, aber strikte Weigerung, Nord-Rhodesien oder einer größeren Einheit Self-government zu gewähren [738].

Erst nach dem Zweiten Weltkrieg ist die Föderation der beiden Rhodesien und Njassalands zustande gekommen. Eine Labour-Regierung hatte sie vorbereitet und von einer konservativen wurde sie zum Abschluß gebracht. Welche Absichten, Interessen und Hoffnungen haben sich damit verbunden?

Der wirtschaftliche Vorteil eines Zusammenschlusses lag auf der Hand. Nord-Rhodesien mit seinem gewaltig expandierenden Bergbau und das vorwiegend agrarische Süd-Rhodesien, das sich jedoch zu industrialisieren begann, schienen sich zu ergänzen; beide waren in ihrem Kommunikationssystem aufeinander angewiesen und konnten gemeinsam leichter die notwendigen Investierungsmittel erhalten. Während und nach dem Kriege war ohnehin viel von den größeren Wirtschaftsräumen der Zukunft dic Rede, und bereits 1945 entstand ein Central African Council als wirtschaftliche Koordinationsstelle. Die wirtschaftliche Dringlichkeit eines Zusammenschlusses wurde zwar von einigen Spezialisten bezweifelt, im allgemeinen aber – auch von der Labour Party – bejaht. Süd-Rhodesien, das sich bis zu diesem Zeitpunkt eher reserviert verhalten hatte, erwartete außerdem einen Vorteil aus dem nord-rhodesischen Kupferexport als der wichtigsten Einnahmequelle einer zukünftigen Föderation. Wirtschaftliche Erwartungen verbanden sich mit der politischen Zielsetzung. Sir *Roy Welensky*, dem ehemaligen Gewerkschaftler und Führer der Weißen in Nord-Rhodesien, und Sir *Huggins*, dem Premierminister Süd-Rhodesiens, ging es um die Schaffung eines wirtschaftlich starken zentralafrikanischen Dominions unter weißer Führung. Mit einer Föderation hoffte Nord-Rhodesien endlich sein Ziel, »to get away from Colonial Office rule«, zu erreichen, und bereits 1946 warnte *Welensky*,

> "that by 1968 if the present policy continues, there will be an elected African majority in this Chamber ... I don't think, and I want to stress that as strongly as I can, that the next 15 or 20 years will see the black man ready for our form of government. I think it will be a tragedy if that should happen, and I want that on record. I say that for 50 or possibly 100 years the African has an important part to play here, but he has to play that part as a junior partner,

[738] Die Ambivalenz der britischen Haltung zeigt sich schön in der Erklärung des Staatssekretärs im Oberhaus: "If there is one thing which trusteeship involves ... it is the right of the African to have a free chance ... to learn a skilled trade and to operate that skilled trade"; ohne daß aber die Verwaltung versucht hätte, gegen das Gentlemen-Agreement zwischen Gewerkschaften und Minengesellschaften einzugreifen. Lord *Bledisloe* mußte am gleichen Tage bestätigen: "The trusteeship of the UK is ideal in theory and on paper, but the state of Northern Rhodesia and Nyasaland illustrates in somewhat glaring colours the extreme difficulty of exercising that trusteeship efficiently 'longa manu' at a distance of 6000 miles." 31. 7. 1939, zit. *Gray*, p. 185. Damit hat aber *Bledisloe* faktisch zugegeben, daß London auf seine Funktion als Trustee weitgehend verzichtet hat und die Entscheidungen den Siedlern überließ!

and I am prepared to accept him as such. I want some form of self-government and only amalgamation gives us that possibility." [739]

Self-government hieß also in erster Linie Verfügungsgewalt über die Eingeborenenpolitik und damit die Möglichkeit, den sozialen und politischen Aufstieg der Afrikaner bestimmen und aufhalten zu können. Die Unruhen an der Goldküste 1948 und der *Coussey*-Bericht bestätigten nur, daß London die bereits in der Zwischenkriegszeit verfemte »Westafrika-Politik« voranzutreiben gedachte und sich auf afrikanische Regierungen einstellte; über kurz oder lang würde das Mutterland die weißen Siedler in Ostafrika »verraten«. Im eigenen Bereich war 1943 der African National Congress Njassalands entstanden, dem 1948 eine entsprechende Organisation in Nord-Rhodesien folgte. Große Streiks haben 1945 und 1948 – wie bereits 1935 – heftige Defensivraktionen der Weißen ausgelöst, um so mehr als sich unter Mitwirkung der von der Labour-Regierung entsandten Gewerkschaftsexperten eine afrikanische Trade Union im Kupfergürtel konstituiert hatte! Andererseits hat der Wahlerfolg der Burenpartei Dr. *Malans* jene Weißen, die an Stelle einer Vereinigung mit dem »schwarzen Norden« eine Anlehnung an Südafrika befürworteten, mindestens vorübergehend zum Schweigen gebracht, obschon *Huggins* und später *Welensky* in den Verhandlungen mit London einen möglichen Anschluß an die Union als Droh- und Erpressungsmittel verwendet haben.

Die Argumente der Weißen in Rhodesien galten in einer etwas differenzierteren Form auch für die Konservativen des Mutterlandes. Die großen Investierungen im Kupfergürtel schienen in einem konsolidierten Rhodesien besser angelegt und versprachen einen ähnlichen Industrieboom, wie ihn die südafrikanische Union erlebt hatte. Persönliche Beteiligung an Bergbau- und Finanzierungsunternehmen oder familiäre Beziehungen zu Siedlern in Ostafrika mochten sich geltend machen; die Siedler als Stützen des Empire gehörten zum traditionellen Bild von britischer Größe und britischem Einfluß in der Welt, dem sich der Konservative verpflichtet fühlte. Als Pioniere und Minderheit bedurften sie des Schutzes durch die imperiale Macht, der um so legitimer erschien, als sich auch die Konservativen von den Buren und ihrer Rassenpolitik distanzierten. Mit Reservatsrechten, einem Verzicht auf offen proklamierte Apartheid und einer wenigstens minimalen afrikanischen Vertretung im Föderations-Parlament schien dem Trusteeship Genüge getan [740]. Im Moment, da Großbritannien sich aus Asien und dem Nahen Osten zurückziehen mußte, und sich eine Entkolonialisierung sogar in Westafrika ankündigte, mußte es als Genugtuung erscheinen, wenn in Zentralafrika – in einem Bereich mit unabsehbaren wirtschaftlichen Möglichkeiten – ein neues Dominion entstand. Nicht umsonst sprach der konservative Staatsminister *Hopkinson* (später

[739] Zit. *Harry Franklin*, The failure of the Central Africa Federation, 1963, p. 28. Einen anschaulichen Bericht gibt *Welensky* in seinem Buch *Welensky's* 4000 days. The life and death of the Federation of Rhodesia and Nyasaland, 1964.

[740] Bezeichnend etwa die Stellungnahme der Round Table: "The British Government may have to sacrifice, as trustee, some measure of ultimate African self-rule (!) in return for greater security and prosperity. The Europeans of Southern Rhodesia, on the other hand, will have to yield some measure of their resolve to confine the development of each race in separate channels. A mixed assembly is part of the price they would have to pay for federation." Greater Rhodesia, in: Round Table, vol. 39, 1948/49, p. 233.

Lord *Colyton*) in Salisbury von einer »great new bastion of British power in Central Africa« [741].

Der wirtschaftlichen Argumentation hat sich auch die Labour Party nicht verschließen können, vor allem als es nach 1945 galt, die Dollarkrise und den Mangel an Rohstoffen und Nahrungsmitteln durch eine Expansion der kolonialen Produktion zu überwinden. Ein zentralafrikanischer Staat schien zudem »lebensfähiger« zu sein und auch der schwarzen Bevölkerung mehr zu bieten als drei separate, angeblich komplementäre Bereiche; Njassaland war ohnehin Zuschußland, zu klein und zu schwach für künftiges Self-government, lieferte aber Arbeitskräfte nach Rhodesien. Kam man den Siedlern nicht entgegen, so drohten diese dem Beispiel Südafrikas zu folgen, während eine Föderation sich mit der Hoffnung verband, daß sich in ihr die mildere Form der Segregation des Nordens durchsetzen werde.

Siedler, konservative Imperialisten und Labour Party rechneten also nach 1945 mit den gleichen Faktoren, wenn auch mit unterschiedlichen Zielsetzungen, Erwartungen und Hoffnungen. Die Labour Party kannte wohl das Mißtrauen der Afrikaner gegen eine Föderation, wollte sich aber nicht von vornherein festlegen und zeigte sich zu Kompromissen bereit. Die Auseinandersetzung konzentrierte sich daher auf die Frage, ob und wie in der zukünftigen Föderation die Rechte und eine politische Emanzipation der schwarzen Bevölkerung gewährleistet werden konnten.

Auf »amalgamation« im engeren Sinne hat Sir *Huggins* bereits 1948 verzichtet und an Stelle der Union nach dem Vorbild Südafrikas eine Föderation akzeptiert, in der Nord-Rhodesien und Njassaland zunächst ihr Kolonialstatut behielten und sowohl Bodenpolitik wie Eingeborenenpolitik im Zuständigkeitsbereich der Territorien verblieben, so daß London weiterhin verantwortlich zeichnete. *Welensky* bekam aber gleichzeitig vier Minister aus dem Kreis der Siedler zugesprochen und dazu noch die Zusage, daß der Gouverneur – trotz einer weiter bestehenden Mehrheit von Offizialmitgliedern und afrikanischen Sprechern im Legislative Council – nichts gegen den geschlossenen Willen der gewählten Siedler-Abgeordneten unternehmen werde; damit wurde diesen eine Art Vetorecht eingeräumt. Als Ergebnis langwieriger Verhandlungen wurden zur Vertretung afrikanischer Interessen in der Föderation ein vom Gouverneur ernannter spezieller Minister und ein African Affairs Board vorgesehen, die bei Gesetzen und Maßnahmen, die die Afrikaner betrafen, mitwirken sollten, wobei im Konfliktsfall die britische Regierung zu entscheiden hatte. *Huggins* erklärte offen, daß solchen Reservatsrechten – wie die Erfahrungen in Südafrika und Süd-Rhodesien gezeigt hätten – wenig Bedeutung zukäme und eine White supremacy dadurch nicht verhindert werde [742]. Die Labour-Regierung war den Siedlern weit entgegengekommen – über das Wahlrecht zum Föderationsparlament sollte z. B. dieses selbst befinden (!) – und war bereit, die Föderation zu bilden; sie wollte sich aber absichern und ihr Plazet nur mit Zustimmung der Afrikaner geben. Diese aber war nicht zu bekommen, denn die Häuptlinge, Parteiorganisationen und Vertretungsgremien in Nord-Rhodesien und Njassaland wandten sich energisch gegen die Föde-

[741] Zit. House of Lords, 6. Juli 1953, vol. 183, S. 230.

[742] "Once the Imperial Government have granted this constitution they have lost all control – don't forget that." 16. 7. 1951, zit. *Leys-Pratt,* p. 28.

rationspläne, wobei sie sich auf alte Verträge und ihren Status als »protected persons« beriefen und ein Trusteeship des Colonial Office in Anspruch nahmen; sie mißtrauten den »safeguards« und sagten ein Dominieren Süd-Rhodesiens in der Föderation voraus. Die dritte Konferenz in Victoria Falls im September und Oktober 1951 ist an dieser Frage und an südrhodesischen Verzögerungsmanövern gescheitert [743].

Im Oktober war aber die Konservative Partei an die Regierung gekommen. Im Kabinett gehörte neben dem Premierminister Winston *Churchill* auch der für Süd-Rhodesien zuständige Minister für Commonwealth-Beziehungen, Lord *Salisbury,* zu den Diehards, während Kolonialminister *Lyttelton* über Verbindungen zur City verfügte. Dieser erklärte bereits im November, die Föderation auch gegen afrikanischen Widerstand zustande bringen zu wollen. Die Vorschläge wurden zugunsten der Siedler abgeändert: so wurde der Minister für Eingeborenenfragen – dieses »Kuckucksei« (*Huggins*)! – fallen gelassen. Nur mit Mühe konnte in der Präambel festgehalten werden, daß Großbritannien Dominionstatus nur gewähren werden, »when the inhabitants – also auch die Afrikaner – of the Territories so desire« [744]. Das Unterhaus hat die Vorlage am 24. März 1953 mit 304 : 260 Stimmen angenommen, während Süd-Rhodesien die Föderation im April mit einem Referendum akzeptierte. Man zählte bei einer Bevölkerung von 2 Millionen Afrikanern und 150 000 Europäern nur 46 355 Wähler, davon 380 Schwarze! In den Legislaturen Nord-Rhodesiens und Njassalands haben die Siedler und Offizialmitglieder der Vorlage zugestimmt, während sie die Afrikaner und die ernannten Sprecher der Afrikaner ablehnten [745].

In einer heftigen Debatte inner- und außerhalb des Parlamentes kamen die divergierenden Positionen zur Sprache. Kolonialminister *Lyttelton* bagatellisierte die Argumente der Opposition: Im Norden bliebe das Kolonialregime bestehen, und es sei nicht Sache der Föderation, über die politische Entwicklung in Nord-Rhodesien und Njassaland zu befinden; Verfassungsänderungen bedürften – im Sinne der Präambel – künftig der Zustimmung der Mehrheit [746]. Die Labour Party habe die Föderation vorbereitet, und ihre jetzige Opposition sei bloß parlamentarische Obstruktion. Der Minister leugnete den Widerstand der Afrikaner nicht, berief sich aber auf die Pflicht des Mutterlandes, eine Maßnahme, die es als richtig erachte, durchzuführen; das Trusteeship wird also angerufen, um die Föderation gutzuheißen [747]. Konservative

[743] Wie weit der linke Flügel der Partei auf die Labour-Regierung eingewirkt und z. B. den gemäßigten und Siedler-freundlichen Minister *Gordon-Walker* unter Druck gesetzt hat, kann hier nicht ausgemacht werden. Vgl. z. B. New Statesman and Nation v. 15. 9. 1951: "It is difficult to see how Mr. *Griffiths* (Nachfolger von *Creech-Jones* als Kolonialminister) and Mr. *Gordon-Walker* can do other than conclude against federation at this time. For otherwise they will cast away not only every principle of colonial policy for which the Labour Policy has stood, but also the friendship for Britain of many million Africans." P. 273. Über die Konferenz ausführlich *Franklin,* Kap. 4–6. Die Konferenz sei »degenerated into a Native Benefit Society«, kritisierte Huggins, *Leys-Pratt,* p. 32.

[744] Leys-Pratt, p. 33 f.; *Franklin,* p. 67 f.

[745] *Leys-Pratt,* p. 39. Auszüge aus der Verfassung in Documents and Speeches on Commonwealth Affairs 1952–1962, ed. Mansergh. 1963, p. 115 f.

[746] House of Commons, 27. 7. 1953, vol. 518, S. 900 f., 16. 12. 1953, vol. 522, S. 413 f.

[747] "I will accept that the beneficiaries do not agree with it. That does not take away from the trustee the obligation to carry out his responsibility, and we are the trustees at the present time." Sir *I. Fraser,* 4. 5. 1953, House of Commons, vol. 515, S. 117.

Abgeordnete polemisierten in der üblichen Weise gegen die »Minderheit von Agitatoren«, die sich als Repräsentanten der Afrikaner ausgaben, ohne dazu legitimiert zu sein. »African opinion does not exist« [748]! Man dürfe den Siedlern, denen die wirtschaftliche und zivilisatorische Entwicklung der Territorien zu verdanken sei, nicht mißtrauen. Die rassische Diskriminierung und Segregation beruhe auf der Verschiedenheit des Entwicklungsniveaus und sei gerechtfertigt. Eine bleibende Dominanz der Europäer lehne London allerdings ab – die weißen Rhodesier seien aber nicht Buren, sondern Briten, also »eigene Leute«! Ein »new British Dominion founded on a partnership of all the races« gab *Julian Amery*, ein Sohn *L. S. Amerys*, als Ziel der britischen Politik aus, und auch *Lyttelton* bezeichnete am 24. März 1953 die Föderation als »turning point in the history of Africa ... it will solve the question of partnership between the races« [749]. Die britische Regierung vertraue *Huggins* und *Welensky* als »liberal minded Englishmen«, daß sie auf der Basis von *Cecil Rhodes'* Formel der »equal rights for all civilized men« mehrrassische Gemeinschaften errichten würden [750].

»Partnership« und »multiracial communities« waren die neuen Schlagworte, die von jedermann zur ideologischen Legitimierung der eigenen Position verwendet wurden. Partnerschaft trat an die Stelle nicht nur von Trusteeship, sondern auch von Paramountcy, obschon dies den Herrschaftsanspruch der Weißen in Frage stellte und mindestens implizite die künftige Errichtung von »African states« enthielt. Da aber selbst die Labour Party 1945 nicht mit dieser Möglichkeit rechnete, andererseits aber den Haß der Siedler gegen die Erklärung Lord *Passfields* von 1930 kannte und die konservative Opposition zu neutralisieren gedachte, hat sie 1949 offiziell auf die »Paramountcy« verzichtet und diese durch »Partnership« ersetzt [751]. Im wichtigen Labour-Statement vom 13. Dezember 1950 hieß es denn auch, »that all persons who are concerned with the future of these Territories (Ostafrika) will work together towards the goal of true partnership« [752]. Den Begriff und das Schlagwort der Partnerschaft haben aber auch die Konservativen und selbst die Weißen in Rhodesien für sich in Anspruch genommen. Sir *Huggins* erklärte z. B. im Dezember 1950:

"We are anxious to build up this country on the basis of a partnership between the various races, not to use colour as a test of a man's ability and culture; we can only develop and hold this country as partners." [753]

Was aber wurde konkret unter Partnerschaft verstanden und wie sollte sie erreicht werden?

Auf konservativer Seite konnte man an den Begriff der »Dual Policy« der 20er Jahre anknüpfen, der sich gegen die Apartheid Südafrikas wie gegen die »Westafrika-Poli-

[748] *Baldwin* im Unterhaus 4. 5. 1953, vol. 515, S. 99. Lord *Altrincham* (ehemals Sir *E. Grigg*, der frühere Gouverneur von Kenya): "I regard African opinion as negligible." House of Lords, 7. 7. 1953, vol. 183, S. 278.

[749] House of Commons, 24. 3. 1953, vol. 513, S. 675.

[750] House of Commons, 27. 7. 1953, vol. 518, S. 943.

[751] 1949 kam Staatsminister Lord *Listowel* konservativem Drängen entgegen und erkannte die Siedler als gleichberechtigte Gemeinschaft an: "What we want is a partnership between all who have made their homes in these Territories." House of Lords, 30. 11. 1949, vol. 165, S. 118. Ähnlich der Gouverneur von Nord-Rhodesien, *Leys-Pratt*, p. 9.

[752] House of Commons, vol. 482, S. 1168 f.

[753] Zit. *Franklin*, p. 53.

tik« wandte, die rassische Segregation und auch die Dominanz der Weißen faktisch akzeptierte und eine langsame Integration von Afrikanern durch Vertretung im Legislative Council, Zensuswahlrecht und die Lockerung der Colour-Bar postulierte, womit man eines Tages in eine mehrrassische Gemeinschaft einmünden würde. Common Roll, verbunden mit der Formel von *Cecil Rhodes*, schien dafür das geeignete Instrument zu sein, insofern als die schrittweise Ausweitung des Wahlrechtes der eigenen Tradition Großbritanniens entsprach, einen liberalen Anstrich hatte und doch auf lange Sicht die White supremacy nicht gefährdete, ohne daß man gezwungen gewesen wäre, der Forderung der Siedler nach offizieller Anerkennung des White man's country zu entsprechen. Auch Meinungsverschiedenheiten innerhalb der Partei konnten damit leicht verdeckt werden: während die einen mehr oder weniger ausdrücklich den Standpunkt der Siedler übernahmen und Partnerschaft dementsprechend interpretierten [754], waren andere bereit, die afrikanische Emanzipation als potentiellen Faktor in Rechnung zu stellen und einen gewissen Druck auf die Weißen auszuüben oder über die eigene Politik hinaus auch die nördlichen Territorien zu Konzessionen zu veranlassen. Die Parole »Partnerschaft« versprach vor allem einen Ausweg aus dem schwerwiegenden Dilemma, weder den Siedlern Self-government noch den Afrikanern volles Wahlrecht und damit die Mehrheitsvertretung in den Legislative Councils geben zu können. Liberal interpretiert konnte Partnerschaft paritätische Vertretung im legislativen und exekutiven Rat bedeuten, womit die »Gleichheit der Partner« nicht auf die Individuen, sondern auf die beiden rassischen Gemeinschaften bezogen wurde. Die nord-rhodesische Regierung hat dies 1952 in einem gegen die Segregation gerichteten »Statement on Partnership« zum Ausdruck gebracht [755]. Die ganze Problematik der britischen Ostafrika-Politik war darin begründet: selbst wenn eine solche paritätische Regierung als Fernziel – »ultimate« – deklariert wurde, mußte es den Siedlern als Bedrohung ihrer privilegierten Stellung und als Verlust der White supremacy erscheinen, während die Afrikaner über kurz oder lang das demokratische Prinzip des »one man one vote« in Anspruch nehmen mußten und sich mit einer bloß paritätischen Repräsentation nicht begnügten. In der Zwischenkriegszeit oder unmittelbar nach Kriegsende hätte vielleicht eine so verstandene Partnerschaft, die auch offiziell als Ziel britischer Politik in den Territorien mit starken weißen Minderheiten proklamiert worden wäre, eine tragfähige Lösung ergeben oder angebahnt; als aber in den 50er Jahren Westafrika bereits der Unabhängigkeit entgegenging und *Nkrumah* 1951 eine afrikanische Regierung bildete, bestand wenig Aussicht, die afrikanischen Nationalisten auf eine solche Entkolonialisierung festzulegen.

London – auch die Labour Party – hat es vorgezogen, die Formel »Partnership« nicht näher zu spezifizieren. Als Oppositionspartei hat die Labour Party allerdings 1953 die Föderation abgelehnt: Großbritannien büße damit das Vertrauen der Afrika-

[754] Etwa *Baldwin:* "It is not for us in this House to say what is meant by partnership. The people who have to work the partnership are those in Central Africa ... Partnership does not necessarily mean advancement in the political field (!) ... I suggest that Southern Rhodesia have done more to further partnership than has been done in any of the Colonial Territories." House of Commons, 27. 7. 1953, vol. 518, S. 931. *Baldwin* spricht denn auch Sir *Huggins* sein Vertrauen aus!

[755] Text in: Parliamentary Affairs, VI, 1, 1952, p. 133; *Leys-Pratt*, p. 37.

ner ein – auch der Liberale *John Moffat* in Nord-Rhodesien hat davor gewarnt [756] –, verrate das Trusteeship und gebe den Weg zur Herrschaft der Siedler frei. Der afrikanische Nationalismus aber sei die neue »challenge«, der sich England gewachsen zeigen müsse [757]; die Afrikaner seien zu den Konferenzen und Verhandlungen nicht zugezogen worden, und es sei kein Wunder, wenn radikale Gruppen immer mehr die Oberhand gewännen; London müsse seine Kontrolle aufrechterhalten, bis die Afrikaner sich wirkungsvoll vertreten könnten und gleichberechtigt seien. Diese Gleichberechtigung sollte durch energischen Ausbau des Erziehungswesens und eine Erweiterung des Wahlrechtes erreicht werden, in der Hoffnung, daß so die Rassenfrage an Wichtigkeit verlieren und sich eine politische Parteibildung nach Klasseninteressen ergeben würde. Die »equal rights for all civilized men« sollten ernst genommen werden und als Handhabe dienen, die Partnerschaft zu erreichen. Dies aber verlangte sehr lange Übergangsfristen und setzte die Mitarbeit der Siedler voraus – mit beiden Voraussetzungen aber war kaum mehr zu rechnen, und die Hoffnung der Labour Party, dem Problem der Siedlerminderheiten auf diese Weise gerecht zu werden und eine Dekolonisation zu ermöglichen, wirkt reichlich irreal.

Zu den Gegnern der Föderation gehörten 1953 auch *Margery Perham,* die schottische Mission in Njassaland, der Erzbischof von Canterbury und die bedeutenden Empire-Historiker *Hancock* und *Harlow* – eine Gruppe mit ähnlicher Zusammensetzung war bereits 1930 gegen die Closer-Union-Pläne der damaligen konservativen Regierung in Aktion getreten. Sie waren bereit, die afrikanische Opposition gegen die Föderation zu berücksichtigen und stellten sich auf die afrikanische Emanzipation ein. Es schien angezeigt, nicht so sehr auf einen dem europäischen vergleichbaren Zivilisationsstandard der afrikanischen Massen zu warten, als in relativ kurzer Zeit Afrikaner an der politischen Macht zu beteiligen, in der Hoffnung, durch diese Konzessionsbereitschaft eine Atmosphäre der Zusammenarbeit zu schaffen, die ein allmähliches Vorgehen erlaubte und den Weißen ihre wirtschaftliche Führungsposition zu halten versprach. Mrs. *Perham* [758] z. B. und der Erzbischof von Canterbury [759] orientierten sich bereits an afrikanischen Mehrheiten; jedenfalls drohte die Föderation die künftige politische Entwicklung zu präjudizieren, indem sie die politische Entwicklung den weißen Minderheiten überließ. Es scheint, daß auch die Kolonialbeamten von Nord-Rhodesien und Njassaland keine Begeisterung für die Föderation zeigten, wobei ihr Mißtrauen gegenüber den Siedlern von einer noch stark paternalistischen Haltung bestimmt wurde [760].

[756] "The Government both here and in England must accept the fact that millions of Africans will consider themselves abandoned and their trust unjustified, and that this fact will not be forgotten." Zit. *Franklin,* p. 81.

[757] Vor allem etwa der ehemalige Kolonialminister *Griffiths* im Unterhaus, 27. 7. 1953, House of Commons, vol. 518, S. 921; 4. 5. 1953, vol. 515, S. 47; 16. 12. 1953, vol. 522, S. 406 f.

[758] "Power must eventually pass into the hands of the immense African majority." Brief an die Times vom 1. 3. 1953, zit. *Leys-Pratt,* p. 45.

[759] "I would define partnership as ... first, a settled purpose to do everything possible with mutual good will for the progressive social, intellectual and moral advancement of the African peoples ... secondly ..., the proportionate place held by Europeans will steadily diminish, and the place occupied by Africans will steadily increase." House of Lords, 2. 4. 1953, vol. 181, S. 600.

[760] *Franklin,* damals selbst Kolonialbeamter in Nord-Rhodesien, p. 57.

In den folgenden Jahren hat sich die Diskussion um die »Partnerschaft« auf die Frage nach der Verfassungsentwicklung in Ostafrika und des Wahlrechts zugespitzt. Mußte und konnte Großbritannien das allgemeine Wahlrecht der Afrikaner – »one man one vote« – akzeptieren? War man bereit, die Vorherrschaft der Siedler in Frage zu stellen? Die Konservativen haben lange versucht, dieser so schwerwiegenden Entscheidung auszuweichen, indem sie etwa den Zivilisationsunterschied und die Führungsaufgabe der Weißen in den Vordergrund stellten und sich an einer so langsamen Ausweitung des Wahlrechtes orientierten, daß die Zukunftsfrage irrelevant wurde, womit sich eine Annäherung an die Position der Siedler ergab. Dabei mußte aber der Begriff der Partnership vollends vage werden und an Glaubwürdigkeit verlieren. Die Labour Party, der als Oppositionspartei eine klare Stellungnahme ohnehin leichter fiel, ging mehr und mehr zu einer offenen Anerkennung des allgemeinen Wahlrechtes über; was für Westafrika gelte, könne Ost- und Zentralafrika nicht verweigert werden; Übergangsstufen würden notwendig sein, das Endziel seien aber notwendigerweise afrikanische Regierungen [761]. Die Partei hat damit – mindestens in der Doktrin – ihr bisheriges Zögern aufgegeben und war bereit, die weißen Minderheiten, denen sie seit jeher kritisch und oft polemisch-abwertend gegenübergestanden hatte, zu »opfern«.

Ob die in der Präambel der Föderationsverfassung genannte Partnership realisiert werden und eine tragfähige Basis für eine Entkolonialisierung schaffen konnte, hing nach 1953 zunächst von der Haltung der Weißen in Süd- und Nord-Rhodesien ab und mußte sich in einem Abbau der Colour Bar und einer Liberalisierung des Wahlrechtes für Afrikaner dokumentieren. Einige Stichworte müssen hier genügen: Wirtschaftlich war die Föderation zweifellos erfolgreich, obschon sie die wachsende Prosperität vor allem der gewaltigen Nachfrage nach Kupfer zu verdanken hatte und der Bau des großen Kariba-Dammes umstritten ist [762]. Die Befürchtung der Afrikaner aber, daß die Föderation unter dem maßgebenden Einfluß Süd-Rhodesiens stehen werde, hat sich bewahrheitet. Die nördlichen Territorien erhielten zwar neue Verfassungen mit einer erweiterten afrikanischen Vertretung, blieben aber hinter der Entwicklung in Westafrika weit zurück und konnten die afrikanischen Nationalisten nicht befriedigen; Wahlboykotte, Streiks und Demonstrationen folgten [763]. Süd-Rhodesien hat die Bestimmung der Colour-Bar etwas gelockert, keineswegs aber – auch nicht legal – abgeschafft. Sir *Huggins* vermochte die neue Parole der Partnerschaft geschickt auf-

[761] "Full democracy ... no less valid in the plural societies than in any other type of society ... by universal adult suffrage, on the prinicple of one person one vote." Labour's Colonial Policy, The Plural Society (Labour Research Dep.), Juli 1956, p. 30 f.; zudem *Griffiths* im Unterhaus am 4. 6. 1957, House of Commons, vol. 571, 1190 f.; *Gaitskell* 27. 7. 1959, vol. 609, S. 1292. Das National Executive Committee der Partei hat im März 1958 gefordert: "an unequivocal statement that the objective of the Federation is complete democracy and equal rights for every citizen." Zit. *Leys-Pratt,* p. 172.

[762] Vgl. *Franklin,* p. 105 f., 160 f.

[763] Vgl. den Bericht *Anthony St. John Woods,* Northern Rhodesia, the human Background, 1961. Wood war lange Jahre Kolonialbeamter in Nigeria gewesen und hat sich trotz Erreichung des Pensionierungsalters noch nach Nord-Rhodesien versetzen lassen. Er zeigt die Schwierigkeiten des Kolonialdienstes in einem Siedler-Territorium und nimmt scharf gegen die diskriminierende Haltung der Europäer Stellung. Zudem *Kenneth Kaunda,* Zambia shall be free, an Autobiography, 1962.

zunehmen, umschrieb sie aber als das Verhältnis vom »Roß und Reiter« [764]! Den Siedlern Rhodesiens diente die Formel »equal rights for all civilized men« als geeignetes Mittel, um eine Beteiligung der Afrikaner an der politischen Willensbildung für »the foreseeable future« zu verhindern [765]. Das alte Argument, die Masse der Afrikaner sei in erster Linie an einer Verbesserung der wirtschaftlichen Lage interessiert, mochte konservative Kreise in England beeindrucken, entsprach aber offensichtlich nicht mehr der Situation. Sir *Huggins* hat zwar darauf verzichtet, nach dem Vorbild Südafrikas die Common Roll aufzuheben, erhöhte dafür aber 1951 die Wahlrechtsqualifikation [766]. Die Zahl der Wahlberechtigten blieb minimal, und das südrhodesische Parlament »all-white«! Die Capricorn African Society mochte sich zwar um eine liberale Haltung bemühen, aber 1958 wurde Ministerpräsident *Todd* wegen seiner angeblich zu afrikanerfreundlichen Politik (er machte u. a. den Vorschlag zu einer bescheidenen Ausweitung des Wahlrechts) durch eine parteiinterne Rebellion verdrängt und durch *Edgar Whitehead* ersetzt, der seinerseits von der Dominion Party *Fields* hart bedrängt wurde. Die Errichtung etwa einer mehrrassischen Universität in Salisbury 1957 wurde zwar stets gebührend hervorgehoben, konnte aber nicht darüber hinwegtäuschen, daß die Weißen Süd-Rhodesiens keineswegs auf die Partnerschaft einschwenkten, sondern ihre privilegierte Minderheitsposition, die auf einer »patriarchalisch und wohlfahrtsstaatlich stark gemilderten Helotenwirtschaft« [767] beruhte, bedroht fühlten und jeden Versuch einer Liberalisierung mit einer Radikalisierung ihrer Positionen beantworteten.

Auf der Ebene der Föderation wurde durch Wahlrechts- und Verfassungsänderungen 1957/58 ein kompliziertes System von zwei Common Rolls errichtet, das äußerlich den Vereinbarungen von 1953 entsprach und eine afrikanische Repräsentation im Parlament ermöglichte, faktisch aber diese einschränkte und dazu noch die Nationalisten auszuschalten versprach [768]; an Stelle der erhofften Annäherung der beiden Rassen hat

[764] *Franklin*, p. 14.

[765] Als Beispiel diene *Welensky* am 2. 3. 1956: "We Europeans have no intention of handing over the Federation to anyone, because we have no intention of getting out. We believe that the African should be given more say in the running of his country, as and when he shows his ability to contribute more to the general good, but we must make it clear that even when that day comes, in a hundred or two hundred years' time, he can never hope to dominate the partnership. He can achieve equal standing but not beyond it." Ähnlich auch Lord *Malvern* (der ehemalige Sir *Huggins)*, der erste Premierminister der Föderation: "In the distant future Africans may earn the right to become equal partners, which means that they could have a half share in the partnership but never more than that." Zit. *Philip Mason,* Year of decision. Rhodesia and Nyasaland 1960, 1960, p. 69.

[766] Sein Vorschlag wurde 1948 durch die Wahlen gutgeheißen, von ihm aber nicht mehr verwirklicht, um der Opposition gegen die Föderation nicht zusätzliche Argumente zu liefern. Dabei waren im März 1948 unter den 47 000 registrierten Wählern nur 258 Afrikaner. Sir *Huggins* Kommentar zum Wahlgesetz war bezeichnend: sein Ergebnis werde sein »almost as much as closing the Roll for fifteen years«, *Gray*, p. 309.

[767] Reisebericht *Eric Mettlers* in der Neuen Zürcher Zeitung v. 5. 3. 1960.

[768] Das Parlament zählte 59 Abgeordnete, davon wurden 44 von den Europäern gewählt, 9 Afrikaner wurden gewählt in Wahlbezirken mit europäischen Mehrheiten und mußten folglich der United Federal Party genehm sein! 4 indirekt gewählte Afrikaner vertraten Nord-Rhodesien und Njassaland, 2 Europäer wurden ernannt. *Mason*, p. 86. 1961 bestand die Bevölkerung der Föderation aus 8,2 Millionen Schwarzen und rund 300 000 Weißen (Bevöl-

sich eine klare Polarisierung ergeben. Der Zutritt in die Verwaltung konnte den Afrikanern legal nicht verwehrt werden, wurde aber manipuliert und auf die untergeordneten Stellungen beschränkt. Die britische Regierung hat zudem darauf verzichtet, ihre Reservatsrechte in Anspruch zu nehmen. Zwei umstrittene Gesetze wurden gutgeheißen, und als der African Affairs Board gegen das Wahlrecht der Föderation 1957 Einspruch erhob, hat Kolonialminister *Lennox-Boyd* nicht eingegriffen, um *Welensky* (seit 1956 Premierminister) gegen die Dominion Party zu unterstützen. Der African Affairs Board war damit völlig diskreditiert, und die Afrikaner sahen sich in der Hoffnung, London werde als Trustee zu ihren Gunsten auftreten, getäuscht. *Lennox-Boyd* gab *Welensky* sogar die Zusage, daß London in der Föderation kein Gesetz erlassen werde, ohne von der rhodesischen Regierung dazu aufgefordert zu sein. *Huggins* hatte somit mit seiner Vorhersage, die Reservatsrechte würden einen Fetzen Papier wert sein, offenbar Recht bekommen.

Der sich verschärfende Widerstand der Afrikaner wurde zunächst in Njassaland spürbar, als Dr. *Banda* nach seiner Rückkehr aus London im Juli 1958 die Führung der nationalen Opposition übernahm; er drängte nun auf den Austritt aus der Föderation, forderte eine afrikanische Mehrheit im Legislative Council und löste eine Welle von Streiks, Manifestationen und gegen die Weißen gerichteter Feindseligkeiten aus, die in den Unruhen vom März 1959 kulminierten. Der Gouverneur erklärte den Ausnahmezustand, rief Bundestruppen herbei (unter den 52 Toten waren aber keine Weißen!) und verhaftete die Führer der afrikanischen Opposition. Der britische Premier sah sich gezwungen, eine Expertenkommission unter dem Vorsitz des Richters *Devlin* zu entsenden, dessen ausgezeichneter Bericht im Juli erschien: er stellte fest, daß der von den Rhodesiern »hochgespielte« Plan einer Verschwörung und eines Massenmordes an Weißen nicht nachgewiesen werden konnte, bezeichnete Njassaland als »Polizeistaat« und kritisierte die Verhaftung Dr. *Bandas;* der Afrikanische Kongreß habe die Mehrheit der Bevölkerung hinter sich und gebe einer allgemeinen Abneigung gegen die Föderation Ausdruck [769]. Der *Devlin*-Report, der *Welensky* diskreditierte und manche Thesen der britischen Konservativen als unhaltbar erwies, wurde von der Labour Party im Wahlkampf propagandistisch ausgewertet, während er die Regierung in Verlegenheit setzte und *Macmillan* gegen *Welensky* und die Siedler aufgebracht haben soll. Jedenfalls aber hat er den Kurswechsel des britischen Premiers 1960 mit verursacht.

Macmillan hat die neue Politik unmittelbar nach den Oktoberwahlen eingeleitet: an Stelle von *Lennox-Boyd* erhielt der junge, aktive *MacLeod,* der zu den Reformern zählte, das Kolonialministerium, Gouverneure wurden nach London zitiert, und der neue Minister begab sich auf Afrika-Tournee; bereits im Dezember 1960 kündigte der Gouverneur von Tanganjika Neuwahlen an, um dem Legislative Council eine afrikanische Mehrheit zu geben; ähnlich für Uganda 1961. Damit wurde in den beiden ostafrikanischen Territorien, in denen kein eigentliches Siedlerproblem bestand, auf den

kerungsverhältnis 1960 in Süd-Rhodesien 1 : 33, Nord-Rhodesien 1: 42, Njassaland 1 : 588). Von 91 767 registrierten Wählern waren 1164 Afrikaner. *Patrick Keatley,* The Politics of Partnership, 1963, p. 223.

769 Report of the Nyasaland Commission of Inquiry, Cmd. 814 (1959). Die Neue Zürcher Zeitung kommentierte am 25. 7. 1959: »Es gibt noch Richter in England!« Dazu *Mason,* p. 203 f.

westafrikanischen Kurs eingeschwenkt; eine rapide Dekolonisation kündigte sich an. Noch wichtiger war *MacLeods* Kenya-Politik: der Minister ließ die Öffnung des weißen Hochlandes vorbereiten, hob den 7 Jahre alten Ausnahmezustand auf, amnestierte Mau-Mau-Verdächtige und hielt im Januar/Februar 1960 in London eine Kenya-Konferenz ab [770]. Das White Paper sah eine mit Common Roll und stark erweitertem Wahlrecht gewählte afrikanische Mehrheit im Legislative Council und eine afrikanische Beteiligung im Exekutivrat vor. *MacLeod* tat damit den entscheidenden Schritt: er erkannte Kenya als einen potentiellen afrikanischen Staat an, verzichtete nicht nur auf die White supremacy, sondern auch auf eine paritätische Lösung und steuerte auf eine mindestens mehrheitlich afrikanische Regierung zu! Großbritannien nahm keine Rücksichten mehr auf die protestierenden Siedler und verzichtete auf eine Sonderbehandlung der Kolonien mit weißen Minderheiten – im Zeichen der asiatisch-afrikanischen Emanzipation, die vom Westen das demokratische Prinzip übernommen hatte und von der Kolonialmacht die Realisierung des »one man one vote«-Prinzips forderte, war der Versuch, der weißen Führungsschicht eine privilegierte Stellung zu sichern, gescheitert. Wollte London die durch den Mau-Mau-Aufstand und die nachfolgende Repression verworrene Situation normalisieren und die Dekolonisation einen Schritt weiter bringen, so mußte es den entscheidenden Sprung zum Representative government wagen und damit seine »Westafrika-Politik« auf Ostafrika übertragen. Der Premierminister unterstützte seinen Kolonialminister mit einer Afrikareise vom Januar und Februar 1960 [771]. Bereits in Ghana sprach er vom »wind of change blowing through Africa«, der besonderen Stellung der afrikanischen Dominions innerhalb des Commonwealth und der Bereitschaft des Mutterlandes, die Entkolonialisierung voranzutreiben. Auf einer Pressekonferenz in Lagos gab *Macmillan* zudem die Erklärung ab, daß

"the Government of the United Kingdom have made it clear – abundantly clear – that we will not remove the protection of the British Government to either of the northern Territories – Northern Rhodesia or Nyasaland – until it is clear that the expressed wish of these peoples is to enter into a full and independent federation."

Dieses Statement, das von der Weltpresse sogleich als Markstein britischer Ostafrikapolitik interpretiert wurde, enthielt an sich nur eine neuerliche Bestätigung der Präambel der Föderationsverfassung von 1953, deutete aber an, daß London die politische Entwicklung in den Protektoraten in Richtung eines afrikanischen Self-government voranzutreiben gewillt war und die Föderationsregierung mit einem möglichen Ausscheiden des Nordens konfrontierte. *Macmillan* unterhielt sich in Nord-Rhodesien mit kurz zuvor aus der Haft entlassenen afrikanischen Nationalisten, forderte die Weißen Süd-Rhodesiens auf, ihre Rassenpolitik zu liberalisieren [772] und richtete dann am 3. Februar seine wohlvorbereitete, höflich formulierte, aber dennoch höchst

[770] Vgl. den spannenden Bericht Sir *Michael Blundells,* des angesehenen Führers der Liberalen Kenyas, in So rough a wind, 1964, p. 267 f.

[771] *C. E. Carrington,* Mr. Macmillan in Africa, in: The World today, März 1960.

[772] Z. B. "Your University College of Salisbury is giving a first-class education to men and women of all races. I look forward to the day when the same spirit will inspire your technical colleges and your secondary schools (!)". Zit. *Mason,* p. 234.

entschiedene Rede an das südafrikanische Parlament[773]. Er unterließ es nicht, die bedeutende Rolle des britischen Marktes und Kapitals für Südafrika in Erinnerung zu rufen, und verwies auf »the strength of this African national consciousness«, das in der weltpolitischen Auseinandersetzung die entscheidende Frage aufwerfe, ob die asiatischen und afrikanischen Völker sich dem Osten oder dem Westen anschlössen. Die britische Dekolonisation seit dem Kriege erfolge im Interesse des Commonwealth, und Großbritannien nehme die Verantwortung dafür in Anspruch – auch in Ostafrika; die Apartheid Südafrikas sei mit britischen Konzeptionen nicht vereinbar.

Was hat *Macmillan* veranlaßt, *MacLeod* – trotz parteiinterner Gegensätze – freie Hand zu geben, sich persönlich zu engagieren und sowohl die rhodesische Regierung als auch Südafrika vor den Kopf zu stoßen? Die Prinzipienfrage hat zweifellos nur eine sekundäre Rolle gespielt. Entscheidend waren für den britischen Premier – abgesehen von der kritischen Zahlungsbilanz, die ein weitreichendes Engagement in Ostafrika untunlich erscheinen ließ – die weltpolitische Lage und die Problematik des Commonwealth. London war offenbar zu der Überzeugung gelangt, daß der bis jetzt erfolgreichen Entkolonialisierung auch in Ostafrika nicht Einhalt geboten werden konnte. Großbritannien lief Gefahr, das gewonnene Prestige zu verlieren, ohne den Prozeß auf die Dauer aufhalten zu können; denn der Ostblock und die Neutralen innerhalb und außerhalb der UNO gewährten den afrikanischen Nationalisten Unterstützung, wodurch mit einer weiteren Radikalisierung gerechnet werden mußte. Die USA drängten auf Dekolonialisierung. Mit der Unabhängigkeit Belgisch-Kongos war außerdem die bisherige Rückendeckung weggefallen. Frankreich kämpfte in Algerien, und ein offener Konflikt in Ostafrika lag im Bereich der Möglichkeiten. In diesem Fall wären dann die gut ausgerüsteten Truppen der weißen Föderationsregierung eingesetzt worden. Das aber wäre innenpolitisch untragbar gewesen und hätte das Commonwealth gefährdet, in dem die farbigen Dominions – aber auch Kanada – gegen die rassische Diskriminierung protestierten und London unter Druck setzten. Das Verbleiben Südafrikas im Commonwealth stand außerdem zur Diskussion, was dessen Existenz ohnehin schon bedrohte. Es schien unumgänglich geworden – so schwer dies einer konservativen Regierung auch fallen mußte –, aus der bisher geübten Zurückhaltung herauszutreten, in Ostafrika die Initiative zu ergreifen und sich gegenüber Südafrika zu distanzieren. Nur so bestand Aussicht, im Commonwealth und bei den Nationalisten der ostafrikanischen Territorien wieder glaubwürdig zu werden, ein Kongo-Chaos zu vermeiden und auf dem Verhandlungswege die britischen Interessen wenigstens einigermaßen verteidigen zu können. Je länger man wartete, desto stärker wurden die radikalen Kräfte innerhalb der nationalistischen Bewegung; die jetzigen Führer – insbesondere *Kaunda* in Nord-Rhodesien –, denen London einiges Vertrauen entgegenbrachte, durften nicht in die Illegalität gedrängt werden. Ähnliche Überlegungen haben auch die großen Bergbau-Unternehmungen Nord-Rhodesiens angestellt: es schien vorteilhaft zu sein, die enge Bindung zu den weißen Minderheiten zu lösen, sich auf den »wind of change« einzustellen, den Abbau der Colour-Bar u. a. zu unterstützen und sich auf eine künftige Zusammenarbeit mit afrikanischen Regie-

[773] Längerer Auszug in: Documents and speeches on Commonwealth Affairs 1952–1962, ed. *N. Mansergh,* 1963, p. 347–351.

rungen vorzubereiten[774]. London mochte sich gleichzeitig der Hoffnung hingegeben haben, über die Nordterritorien einen Druck auf die Weißen Rhodesiens ausüben und sowohl Süd-Rhodesien als auch die Föderation zu einem Kurswechsel veranlassen zu können. Jedenfalls sah sich London in einem Dilemma: entweder man verteidigte die Siedler und gefährdete das Commonwealth, oder man gehorchte der staatspolitischen Notwendigkeit und »opferte« die weißen Minderheiten. *Macmillan* hat im Sinne der Staatsräson entschieden!

Die britische Regierung sah sich allerdings in ihrem Vorgehen durch die *Monckton*-Kommission bestätigt, die für die auf 1960 vorgesehene Revision der Föderationsverfassung über die Lage in Rhodesien berichten und Vorschläge unterbreiten sollte; dieser Bericht wurde im Oktober erstattet[775]. Nachdem der Kolonialminister im Sommer Dr. *Banda* aus der Haft entlassen und mit ihm in London einen Verfassungsentwurf ausgehandelt hatte, der Njassaland für 1961 Wahlen und eine maßgebliche afrikanische Repräsentation im Legislative Council zusagte, hat auch die *Monckton*-Kommission mit ihrer Kritik an der Föderation nicht zurückgehalten. Diese habe wirtschaftlich zwar große Bedeutung und solle nicht aufgegeben werden, werde aber von einer überwältigenden Mehrheit der Afrikaner abgelehnt und müsse deshalb weitgehend revidiert werden (vorgeschlagen war eine mindestens paritätische Vertretung der Afrikaner im Föderations-Parlament); London müsse das Recht zum Austritt in Betracht ziehen und in Nord-Rhodesien einen weiteren Schritt in Richtung auf volles Self-government machen; die Föderation sei nicht zu halten, wenn die Rassendiskriminierung in Süd-Rhodesien weiter bestehe.

Macmillans und *MacLeods* Afrikapolitik der Jahre 1960/61 hat – wie zu erwarten war – die volle, ja begeisterte Zustimmung der Liberalen und der Labour Party gefunden, in Rhodesien aber einen Sturm der Entrüstung und in der konservativen Partei eine schwere Krise ausgelöst. Die Unruhen in Njassaland 1959 und der Umschwung in London veranlaßten Süd-Rhodesien jedoch zu einer gewissen Lockerung der Colour-Bar: Hotels wurden Afrikanern geöffnet, die getrennten Postschalter aufgehoben, das Alkoholgesetz liberalisiert, die Gewerkschaften nahmen ab 1961 schwarze Mitglieder auf, und die Regierung hob die legale Colour-Bar in der Verwaltung auf. Premierminister *Welensky* verzichtete auf einen Dominionstatus für die Föderation. Die Siedler jedoch organisierten den Widerstand gegen den von London propagierten neuen Kurs und erließen neue Gesetze zur Unterdrückung der Nationalisten[776]; aus Protest trat der oberste Richter der Föderation, Sir *Robert Tredgold*, zurück. Die

[774] Die Neue Zürcher Zeitung berichtete am 3. 12. 1959, daß die Montangesellschaften im Laufe des Jahres ihre finanzielle Hilfe an die United Federal Party einzustellen begonnen hätten. Der Kurswechsel betraf vor allem den Rhodesian Selection Trust, an dem amerikanisches Kapital stark beteiligt ist.

[775] Report of the Advisory Commission on the Review of the Constitution of Rhodesia and Nyasaland, Cmd. 1148 (1960). Dabei hat *Macmillan* in der Zusammensetzung der Kommission und in der Umschreibung ihres Auftrages einigen Forderungen *Welenskys* entsprochen. *Keatly*, p. 443 f., vgl. auch Some reflections on the Monckton Report, in: The World to-day, Dez. 1960, *Mason*, p. 231 f.

[776] Unlawful Organization Bill, Preventive Detention Bill u. a. Bereits im Februar 1959 wurde der 1957 gegründete African National Congress verboten und 500 führende Afrikaner verhaftet.

Stimmung der Weißen läßt sich etwa aus der in London erscheinenden, aber mit der Partei *Welenskys* in Verbindung stehenden Zeitschrift »East Africa and Rhodesia« ersehen, die im Januar/Februar 1960 stürmisch gegen *MacLeods* Kenya-Konferenz protestierte: der völlig unerfahrene Minister habe die Weißen verraten, alle bisherigen Prinzipien verleugnet und dafür den Mau-Mau-Führern Konzessionen gemacht [777]; im November 1962 wurde *MacLeod* als »incomparatibly the worst Secretary of State of living memory« unter einem »cynical Prime Minister« bezeichnet [778]; das allgemeine Wahlrecht sei unhaltbar, es sei Unsinn und Verrat und Ausdruck eines Defätismus, der seit 15 Jahren das Empire ruiniere und das Commonwealth gefährde.

Etwas weniger schroff, aber nicht weniger offen und deutlich opponierte der Tory-Flügel der konservativen Partei gegen den neuen Kurs *Macmillans.* So warnte etwa Lord *Salisbury* im März 1960 vor der neuen Verfassung Kenyas: Großbritannien habe es als seine Aufgabe betrachtet, die Kolonien für Self-government vorzubereiten; Kenya aber sei dazu noch nicht bereit. Was werde geschehen, wenn ein *Mboya* oder gar *Kenyatta* regiere? "The first Elizabethan age was one of expansion, of seeking new worlds to conquer, and ours is becoming more and more an age of retreat." Als die Römer sich aus den Außenposten zurückzogen, seien dort die »dark ages« angebrochen: "Do not let that happen to us – do not let us rashly abandon the outworks until we know that we are handing them into safe and dependable hands." [779] Wer allerdings diese sicheren und vertrauenswürdigen Hände sein sollten und ob sie sich bei längerem Zuwarten einstellen würden, hat Lord *Salisbury* nicht gesagt! Dem stereotypen Argument des zu schnellen Vorgehens hielt die Regierung das zweifellos stichhaltigere entgegen, daß bereits die radikalen Kräfte zur Macht drängten. Nach dem Rückzug aus Asien und Westafrika war 1960 Ostafrika für die Repräsentanten der imperialen Tradition und die Tory-»back benchers« zur letzten Bastion des Empire geworden, die es zu verteidigen galt. Es war auch kein Zufall, daß sich personelle Überschneidungen mit den Suez-Rebellen und z. T. mit der Opposition gegen den Beitritt Großbritanniens zum Gemeinsamen Markt ergaben. Lord *Salisbury* hat aus Protest gegen *Macmillans* Cypern-Politik den Vorsitz der Konservativen im Oberhaus niedergelegt und wurde nun zu einer zentralen Figur im Rhodesian Lobby innerhalb der Partei [780]. Wirtschaftliche Interessen spielten dabei eine nicht zu unterschätzende Rolle. Zu den Widersachern *MacLeods* zählten nicht nur ehemalige Siedler oder Konservative mit Familienbeziehungen zu Siedlern in Ostafrika, sondern auch Direktoren und Aufsichtsratsmitglieder der großen in Rhodesien und Südafrika engagierten Bergbau- und Finanzgesellschaften, vor allem Lord *Robins,* der Vorsitzende der British South Africa Company, die bei einer Unabhängigkeit Nord-Rhodesiens mit dem Verlust ihrer gewaltigen Einnahmen aus den Konzessionsgebühren des Kupferbergbaues rechnen mußte. Das Rhodesian Lobby hat mit Hilfe einer Werbeagentur einen Propagandafeldzug zugunsten der Föderation und ihres Premiers *Welensky* inszeniert. Die konser-

[777] Z. B. Matters of Moment 28. 1. 1960. Ähnlich 25. 2. 1960.

[778] 22. 11. 1960, p. 255. "It ought, however, to be clearly understood that the Europeans of Southern Rhodesia will on no account submit to the fate inflicted upon Kenya by a defeatist Government in the UK", 8. 11. 1962, p. 213.

[779] House of Lords, 28. 3. 1960, vol. 22, S. 360.

[780] Darüber *Keatly,* p. 446 f.

vative Oppositionsgruppe war sowohl im East and Central Africa Committee als auch im Commonwealth Council der Partei gut vertreten und konnte ihre Position bereits auf dem Parteikongreß vom Oktober 1960 zur Geltung bringen. *MacLeod* hielt dabei die britische Konzessionsbereitschaft einer UNO-Aktion entgegen und verteidigte den neuen Kurs mit den bemerkenswerten Worten:

„Ich kann euch keine populäre Kolonialpolitik versprechen. Es wird bestimmt Mühsal, Schweiß und Tränen geben, aber ich hoffe kein Blut und keine Bitterkeit... Aber wir müssen diesen Weg beschreiten – es gibt keinen anderen.“ [781]

Eine Tory-Gruppe unter Vorsitz von Lord *Colyton*, dem ehemaligen Staatsminister für Kolonien 1952–1955 (als *Henry Hopkinson*) und Chairman des Joint East and Central Africa Board, griff mit einem Memorandum in die parteiinterne Diskussion ein [782]. In politisch kluger Weise wurde die Bildung mehrrassischer Gemeinschaften ohne Diskriminierung und ohne Colour Bar als Aufgabe des Commonwealth bezeichnet, wobei dem Mutterland die Funktion zukomme »to hold the ring until there is assurance that within such communities minority rights will be respected«. Der Bericht verzichtete auf die gängigen und offenbar nicht mehr sehr wirksamen Argumente von Lord *Malvern* (Sir *Huggins*) und Lord *Robins* und polemisierte auch nicht gegen die angeblich nicht repräsentativen Nationalisten und »Saboteure«, sondern forderte offen die Common Roll und einen Abbau der rassischen Segregation – Kenya sei für die Unabhängigkeit bestimmt, und auch Njassaland müsse ein »self-governing African State« werden. Die Opposition gegen *Macmillan* und *MacLeod* wurde nur indirekt vorgebracht: es sei verfehlt, schon bald ein allgemeines Wahlrecht zu gewähren [783]; eine Kolonie dürfe erst unabhängig werden, wenn ein gewisser politischer Reifegrad erreicht und die Rassenfrage als politisches Problem »verschwunden« sei [784]; ein Self-government Njassalands dürfe nur innerhalb der Föderation erfolgen. Nach außen hin hat man also die Herausforderung durch den »wind of change« nicht geleugnet und Ballast abgeworfen, faktisch aber wurde eine Politik des Status quo befürwortet; die Formel »equal rights for all civilized men« leistete dabei gute Dienste, um eine Ausweitung des Wahlrechtes und den Übergang zu afrikanischen Mehrheiten als »verfrüht« ausgeben zu können [785]. Auf eine Entspannung des Rassenkonfliktes zu warten, war illusionär. *MacLeod* indessen schlug mit seiner Politik großzügiger Konzessionsbereitschaft den allein noch gangbaren Weg ein, um das Mißtrauen der Afrikaner zu beschwichtigen und die relativ gemäßigten Nationalisten für eine Zusammenarbeit zu gewinnen. Es fällt – nebenbei bemerkt – auf, daß in der Endphase der Entkolonialisierung die

781 Bericht über den Parteikongreß in der Neuen Zürcher Zeitung v. 13. 10. 1960.

782 Wind of change, The challenge of the Commonwealth. By a conservative Group, ed. Lord *Colyton*, 1960. Vgl. auch »East Africa and Rhodesia«, 5. 5. 1960, 26. 5. 1960.

783 Ein anderes Beispiel: "The truth is that democracy and multi-racialism are incompatible." *Worsthoren*, Perils of Premature Democracy in Africa, eine Artikelserie des Daily Telegraph, Auszüge in: East Africa and Rhodesia, 7. 4. 1960, p. 752 f.

784 "By the disappearance of race differences as the predominant feature of politics." Ähnlich argumentierte auch der ehemalige Gouverneur von Nigeria und Unterstaatssekretär für Kolonien Sir *John MacPherson* in einer Ansprache vor der Royal Commonwealth Society, in: East Africa and Rhodesia, 5. 5. 1960, p. 832 f.

785 Die Parole »too far and too fast« gab auch Lord *de la Warr* vor dem Joint East and Central Africa Board aus, in: East Africa and Rhodesia, 5. 5. 1960, p. 909.

Begriffe »partnership« und »multiracial communities« eine bezeichnende Uminterpretation erfahren, indem sie nicht mehr – wie bisher – ein Entgegenkommen gegenüber den Afrikanern und deren Mitbeteiligung an einer vorwiegend weißen Herrschaft bedeuten, sondern den Anspruch der weißen Minderheit auf Gleichberechtigung oder wenigstens Mitsprache innerhalb eines afrikanischen Staates zum Ausdruck bringen sollen!

Die Opposition des Tories gegen *Macmillan* und *MacLeod* hat die BOW-Gruppe jüngerer Konservativer auf den Plan gerufen, die sich um eine Erneuerung und Modernisierung der Partei bemühte und sich mit eigenen Vorschlägen auch in die aktuelle Kolonialfrage einschaltete. Sie bezeichnete die Dekolonisation in Afrika als ehrenvolle Aufgabe Großbritanniens und befürwortete für Kenya eine Time-table: Responsible government solle für 1965, Unabhängigkeit für 1970 in Aussicht genommen werden. Es sei angezeigt, in Njassaland den Ausnahmezustand aufzuheben und Dr. *Banda* aus der Haft zu entlassen; ein neues Wahlrecht müsse etwa 100 000 Afrikanern zugute kommen. Gegenüber der Föderation verhielt man sich distanziert. Diese Vorschläge vom reformerischen Flügel der konservativen Partei erregten einiges Aufsehen und auch den Widerspruch der Tories, wurden aber von der Regierung weitgehend übernommen – wobei diese die geforderten Fristen sogar noch verkürzte. Die BOW-Gruppe hat jedoch wiederum den Monday-Club der jungen Konservativen des rechten Flügels unter dem Patronat von Lord *Salisbury* veranlaßt, mit Pamphleten an die Öffentlichkeit zu treten und die Thesen *Welenskys* zu verteidigen. Häuptlinge und gemäßigte Afrikaner repräsentierten die Masse der Schwarzen, während die radikalen Nationalisten als unbedeutende Minderheit die mehrrassische Einheit der Föderation gefährdeten [786].

Die Tory-Rebellion erreichte ihren Höhepunkt Mitte Februar 1961, und zwar in der Auseinandersetzung um die Verfassungsänderung in Nord-Rhodesien. Das White Paper *MacLeods* ließ im Legislative Council eine Anti-Föderations-Mehrheit erwarten und bedrohte daher die Existenz der Föderation als solcher. Das Rhodesian Lobby und die Tory-Gruppe innerhalb der Partei haben versucht, diese Entwicklung mit allen Mitteln zu verhindern, *MacLeod* zu Fall zu bringen und *Macmillan* zu einem Kurswechsel – wenn nicht zum Rücktritt – zu zwingen. Die *Turton*-Motion vom 11. Februar 1961, die sich scheinbar harmlos »nur« gegen eine rassische Repräsentation, d. h. eine der Bevölkerungszahl einigermaßen proportionale Vertretung richtete und ein Wahlrecht auf der Basis der »equal rights for all civilized men« beantragte, erhielt kurzfristig 102 Unterschriften aus der konservativen Fraktion und drohte – wenigstens scheinbar – die Partei zu spalten [787]. Wie weit die übliche Fraktionsdisziplin, ein ungeschicktes Eingreifen *Welenskys* in die nord-rhodesischen Angelegenheiten und die Einsicht in die Unvermeidbarkeit der Regierungspolitik oder aber ein bloßes Desinteresse der Masse der konservativen Parlamentarier den Bruch verhindert haben, bleibe dahingestellt. Die Rebellion hat jedenfalls schnell an Virulenz verloren – u. a. auch, weil *MacLeod* dem vielfältigen Druck etwas nachgab und Änderungen am Verfassungs-

[786] *Keatly*, p. 459.
[787] A.a.O., p. 456.

entwurf vornahm [788] –, äußerte sich aber weiterhin in der Opposition einzelner Lords gegen die Regierungspolitik – vor allem Lord *Salisburys* – und bekam nochmals Auftrieb durch die neue Diskussion um die Verfassung Nord-Rhodesiens im Januar/Februar 1962 [789] und beim Ausscheiden Südafrikas aus dem Commonwealth. Zweifellos war auch die Ablehnung der Kandidatur *MacLeods* als Nachfolger *Macmillans* nicht zuletzt durch seine Afrikapolitik bedingt.

Während die Tory-Rebellen, ein großer Teil der »back benchers« und der konservativen Parteileute sich gegen den »wind of change« stemmten und der Regierung einen überstürzten Rückzug aus Ostafrika vorwarfen, hat etwa die »Times« *Macmillan* und *MacLeod* gedeckt. Sie betonte z. B. am 29. Januar 1960 die Bedeutung der Unabhängigkeit des Kongo, lobte *Macmillans* Rede in Kapstadt [790] und unterstützte den Kolonialminster in seinem Versuch, die Zustimmung und Mitarbeit eines Teiles der afrikanischen Nationalisten zu gewinnen:

"One of the illusions that will have to go is that Europeans can continue to work towards partnership at the same pace as before, without regard to the accelerated speed of events in West Africa, East Africa, the Belgian Congo..." [791]

Womit die »Times« dem »too much and too fast« der Tories ein »nicht genug und nicht schnell genug« entgegensetzte! Im Unterschied zu 1953 könne man jetzt die Meinung der Afrikaner nicht mehr übergehen,

"this shift in balances does not alter the basic argument for or against federation. But it marks a radical change in the equilibrium of forces at the conference table." [792]

Die »Times« begrüßte den *Monckton*-Report und trat in die Nord-Rhodesien-Debatte am 13. Februar mit einem Artikel »No going back« energisch für *MacLeods* Pläne ein – und erhielt auch prompt eine Reihe verärgerter und protestierender Zuschriften, darunter einen Leserbrief Lord *Salisburys* [793].

Der liberale »Economist« ging über den *Monckton*-Bericht noch hinaus. Die Konferenz zu einer Verfassungsrevision der Föderation müsse das zentrale Problem, nämlich Süd-Rhodesien, ebenfalls zur Diskussion stellen; wenn dort die weiße Vorherrschaft bestehen bleibe, sei die Sezession des Nordens nicht zu verhindern. Dr. *Banda, Kaunda* und *Nkomo* könnten die Föderation nur akzeptieren, wenn die afrikanische Repräsentation stark erweitert werde und ein schrittweiser Übergang »into black hands« erfolge. Alle bisherigen Argumente gegen eine solche Übertragung der Macht seien überholt. Mit rücksichtsloser Offenheit gegenüber den Siedlern, jedoch außerordentlich eindrücklich wird das Dilemma, vor das sich London gestellt sah, formuliert:

"If the settlers cannot govern by consent, the settlers will not be able to go on governing. Fitness or unfitness to govern is ceasing to be relevant. Either the Africans are going to be set now on the road to power, or they are going to reach for power themselves. The white man

[788] *Franklin*, p. 210 f. Über die umstrittenen Staatsstreichpläne *Welenskys*, p. 200 f.

[789] Die Neue Zürcher Zeitung meldet am 8. Februar 1962 neue Auseinandersetzungen in der Partei.

[790] Times, 4. 2. 1960.

[791] 23. 3. 1960.

[792] 5. 12. 1960.

[793] Lord *Salisbury*, 14. 2. 1961, Lord *Robins* am 21. 2. und Lord *Selborne*, Direktor einer britischen Gesellschaft mit Verbindungen zu Katanga, am 22. 2. 1961.

has no real choice but to accept this and, having done so, to bargain for the best deal he can get." [794]

Der »Economist« charakterisierte damit Inhalt und Bedeutung von *MacLeods* Ostafrikapolitik. Der »wind of change« wehte mit solcher Stärke, daß alle Versuche, die afrikanische Emanzipation aufzuhalten oder wenigstens zu verlangsamen und eigenen Zeitvorstellungen anzupassen, unwirksam geworden sind. Bisherige Formeln wie »partnership« und »multiracial community« haben sich nicht als tragfähig erwiesen, sei es, daß die Weißen sich dagegen stemmten, sei es, daß das Zahlenverhältnis zwischen den russischen Gruppen irgendwelche Formen auch nur annähernd paritätischer Repräsentation verzerrte [795], sei es, daß die Afrikaner ihrerseits ein rassisches Selbstbewußtsein entwickelten und zur vollen Macht drängten. Wollte Großbritannien den offenen und blutigen Konflikt vermeiden, mußte es die afrikanischen Territorien als potentiell »afrikanische Staaten« akzeptieren und den Afrikanern kurzfristig die Regierungsverantwortung zugestehen. In dieser Zwangslage schien kein anderer Weg mehr möglich. Die alte Frage, wem Self-government zukomme – den europäischen Siedlern oder der afrikanischen Bevölkerung –, ist durch die afrikanische Emanzipation entschieden worden: London war gezwungen, sich gegen die Siedler zu stellen und die Paramountcy of African interests mit all ihren schwerwiegenden Implikationen zu akzeptieren. Treffend sagte der »Economist«, daß selbst das Argument der »fitness« irrelevant geworden sei, und er betonte auch, daß die Afrikaner noch lange auf europäische Hilfe angewiesen seien, sah aber keine Möglichkeit mehr, deswegen den Afrikanern das Self-government zu verweigern. Was noch blieb, war »to bargain the best deal«, also gewissermaßen bilateral über die Interessen der Weißen in Afrika zu verhandeln und den Siedlern eine Existenz innerhalb der afrikanischen Staaten zu ermöglichen.

Dieser Weg war in Uganda, Tanganjika und selbst in Kenya verhältnismäßig leicht zu gehen und hat alsbald auch bemerkenswerte Erfolge gezeitigt, erwies sich aber im Falle der Föderation als außerordentlich schwierig und mühsam. Die zahlreichen Verhandlungen, Konferenzen und neuen Verfassungen der Jahre 1961 bis 1964 können wir hier nicht einzeln anführen [796]. Die britische Regierung suchte sich mit einer »Seiltänzer-Politik« mit wechselnden Ansätzen und Vorstößen – aber auch mit Verzögerungsmanövern – einen Weg zu bahnen. London sah sich dem Widerstand Süd-Rhodesiens und der Föderations-Regierung gegenüber, mußte aber gleichzeitig bestrebt sein, die United Federal Party *Welenskys* und *Whiteheads* nicht der Dominion Party *Fields* auszuliefern. Während die farbigen Dominions und Kanada, aber auch die UNO und Amerika zu Konzessionen an die Afrikaner drängten, mußte London mit der Tatsache rechnen, daß die Föderation und Süd-Rhodesien über eigene Streitkräfte verfügten und nicht so leicht unter Druck gesetzt werden konnten. Die britische Regierung hatte

[794] 3. 12. 1960, p. 999 f.

[795] Vgl. Economist v. 18. 2. 1961: bisherige Phrasen und Formeln müßten endlich überprüft werden. Es sei wenig sinnvoll, von »multiracialism« zu sprechen, wenn, wie in Nord-Rhodesien, 250 Afrikanern nur 8 Europäer gegenüberständen.

[796] Einen kurzen Überblick bietet u. a. auch *J. J. B. Somerville,* The Central African Federation, in: International Affairs, Juli 1963.

außerdem rechtlich wenig Handhaben und wurde darüber hinaus noch vom Tory-Flügel der eigenen Partei mißtrauisch beobachtet und gebremst.
Die 1957 in Aussicht genommene Konferenz für eine Revision der Föderations-Verfassung im Dezember 1960 ist ergebnislos verlaufen und mußte vertagt werden, während andererseits London die im Februar 1961 angekündigte Verfassung Nord-Rhodesiens zugunsten der Weißen abgeändert hat. Das überaus komplizierte Wahl- und Repräsentationssystem, das die Verlegenheit Londons deutlich widerspiegelt, wurde von den afrikanischen Nationalisten unter Führung *Kaundas* und der weißen liberalen Partei *John Moffats* abgelehnt. Da Unruhen mit Verhaftungen beantwortet wurden, schrieb der »Economist« am 1. Juli 1961 nicht ohne Recht: "The most that can now be hoped for is that the political struggle will stay non-violent." Gleichzeitig kam eine neue Verfassung für Süd-Rhodesien zustande. *Whitehead*, der sich auf eine afrikanische Emanzipation einzustellen begann und sich London gegenüber liberal zeigen wollte, inszenierte eine »build-a-nation«-Kampagne und akzeptierte eine afrikanische Parlamentsvertretung: von den 65 Abgeordneten sollten 15 Afrikaner sein. London verzichtete dabei auf die ohnehin nur geringen Reservatsrechte, während Süd-Rhodesien einen speziellen Verfassungsrat und eine Bill of Rights zugestand, wobei es sich jedoch mit Hilfe einer Dringlichkeitsklausel über diese legalen Schranken hinwegsetzen konnte. Großbritannien hat damit die letzten Konsequenzen aus der 1923 eingeleiteten Politik gezogen!
Der uns bekannte Unterschied zwischen den Territorien unter Kolonialverwaltung und dem Quasi-Dominion Süd-Rhodesien trat von neuem in Erscheinung, als im Februar 1961 in Kenya die entscheidenden Wahlen stattfanden, im April eine afrikanische Regierung und die Haftentlassung *Kenyattas* vorbereitet wurde, als Uganda, Sansibar und Njassaland afrikanische Mehrheiten im Legislative Council erhielten und Tanganjika zum Jahresende seine Unabhängigkeit gewann, *Whitehead* aber im Dezember die National Democratic Party verbot und im Herbst 1962 die Unlawful Organisation Act verschärfte und gegen die nationalistische Ersatzpartei zur Anwendung brachte. Als sich in den Wahlen vom Dezember 1962 die Rhodesian Front (Nachfolgepartei der Dominion Party) *Winston Fields* durchsetzte, schwand jede Hoffnung, daß die Siedler noch rechtzeitig einschwenken würden.
Der zum Sonderminister für Zentralafrika ernannte *Butler* mußte gleichzeitig Njassaland inneres Self-government ab 1. Februar 1963, das Recht auf Austritt aus der Föderation und außerdem noch britische Finanzhilfe gewähren. *Butler* hoffte zunächst, wenigstens Nord-Rhodesien zu einem Verbleib in der Föderation umzustimmen, sah sich aber nach einer Informationsreise im März 1963 gezwungen, die afrikanische Koalitionsregierung, die sich nach den Wahlen im Herbst 1962 gebildet hatte, zu akzeptieren. Damit war das Schicksal der Föderation besiegelt, auch wenn ihre Auflösung erst Ende des Jahres erfolgte. Njassaland wurde am 6. Juli 1964 und Nord-Rhodesien am 24. Oktober 1964 unabhängig.
Ein Problem aber war noch nicht gelöst: Süd-Rhodesien. Die Ambivalenz der Begriffe zeigte sich dabei von neuem. So hat Minister *Butler* am 12. April den Territorien der Föderation das Recht auf »the normal process to independence« zugesprochen, und die beiden Kolonien Njassaland und Nord-Rhodesien sind in den folgenden Monaten diesen »normalen« Weg gegangen. Was aber hieß »normal« im Falle Süd-Rhodesiens?

Für die weißen Siedler, die bereits 1923 verantwortliche Regierung und Semi-Dominionstatus erhalten hatten, lag es nahe, nun in der Endphase der Dekolonisation die volle Unabhängigkeit zu beanspruchen – selbstverständlich als White man's country. London hingegen sah sich in einer paradoxen Umkehr der Fronten gezwungen, eben diese Unabhängigkeit, die es den Kolonien gewährte, Süd-Rhodesien zu verweigern. »Normal« bedeutete nicht mehr Self-government für die Siedler, sondern schrittweise Etablierung des »one man on vote« und damit Übergang zu afrikanischen Mehrheiten! Wenn Großbritannien noch 1953 die Opposition der afrikanischen Sprecher gegen die Föderation bagatellisieren konnte, so war es nun im Zeichen des Wind of change nicht mehr möglich, 3 Millionen Schwarze den 250 000 Weißen »auszuliefern«. Ein solcher Schritt hätte nicht nur einen Entrüstungssturm der Asiaten und Afrikaner ausgelöst und die britische Position in der UNO geschwächt, sondern auch den Goodwill, den die bisherige Entkolonialisierung eingebracht hatte, zerstört; vor allem aber wäre das Multiracial Commonwealth gefährdet worden. Wie aber sollte und konnte London im Falle Süd-Rhodesiens »handeln«, nachdem es diesem seit langem Responsible government gewährt und sogar militärische Kräfte zugestanden hatte? Die Situation war um so komplexer, als Großbritannien die letzte »Responsibility« weiterhin in Anspruch nahm und sich die Entscheidung über die Unabhängigkeit vorbehielt – London hatte die Responsibility, nicht aber die Power, um die rhodesische Regierung zu einer bestimmten Entscheidung zu zwingen.

Was sollte geschehen, wenn Rhodesien ohne britische Zustimmung einseitig die Unabhängigkeit erklärte? Im April 1964 hat der rechte Flügel der Rhodesian Front den Premierminister *Winston Field* zum Rücktritt gezwungen, weil er angeblich in London nicht energisch genug aufgetreten war und vor übereilten Schritten zurückschreckte. Sein Gegenspieler und Nachfolger *Ian Smith* hingegen, der bereits zur Generation der in Rhodesien geborenen »weißen Afrikanern« gehörte, drängte zur Entscheidung und versprach die »Independence before Christmas«; die Verhaftung des Nationalistenführers *Nkomo* nur wenige Tage nach Regierungsübernahme zeigte auch innenpolitisch einen verschärften Rechtskurs an. *Smith* scheint im September 1964 von der konservativen Regierung eine Zusage auf Unabhängigkeit erhalten zu haben, sofern er den »general consent« der rhodesischen Bevölkerung nachweisen könne. Als er sich jedoch damit begnügte, auf den 5. November ein Referendum über die Unabhängigkeit anzukündigen, an dem nur die bisherigen Wähler teilnahmeberechtigt waren, und die Zustimmung der Afrikaner mit einer Versammlung von 600 beamteten Stammeshäuptlingen, die – hinter einem Polizeischirm – eine einstimmige Resolution zugunsten der Unabhängigkeit abgaben, nachzuweisen versuchte, weigerte sich London, diese fragwürdige Methode der Meinungsbefragung anzuerkennen.

Mit dem Wahlerfolg und der Regierungsbildung der Labour Party verschärften sich die Spannungen zwischen London und Salisbury. Um der erwarteten einseitigen Unabhängigkeitserklärung zuvorzukommen und den »gemäßigten« Elementen unter Führung *Whiteheads* den Rücken zu stärken, hat die Labour-Regierung am 27. Oktober 1964 die unmißverständliche Erklärung abgegeben, daß sie ein Ausrufen der Unabhängigkeit als »offenen Akt der Herausforderung und Rebellion« verstehe und auf den katastrophalen wirtschaftlichen Schaden aufmerksam machen müsse, d. h. London warnte vor einem Verfassungsbruch und drohte mit wirtschaftlichen Sanktionen, die

Rhodesien um so härter treffen mußten, als Großbritannien die Einfuhr von rhodesischem Tabak und Zucker durch Präferenzen begünstigte [797]. Das scharfe Auftreten Londons hat seine Wirkung nicht verfehlt, und die einseitige Unabhängigkeitserklärung erfolgte zunächst nicht, obschon *Smith* in den Neuwahlen vom Mai 1965 einen durchschlagenden Erfolg erzielte. London und Salisbury verhandelten und suchten nach einem Kompromiß; da aber Großbritannien an seiner Bedingung – Übergang zu afrikanischen Mehrheiten in absehbarer Zeit – festhalten mußte, die Siedler andererseits ihre Vorherrschaft zu verteidigen gewillt waren, war ein solcher Kompromiß schwer zu finden. Die britische Regierung wurde zudem von den farbigen Mitgliedern des Commonwealth zur Aktion gedrängt und hat nur mit Mühe eine Verlängerung der Verhandlungsfristen erlangen können. Das Dilemma Londons blieb daher akut: Konnte sich Großbritannien im Falle einer Unabhängigkeitserklärung mit wirtschaftlichen Sanktionen begnügen oder mußte es militärisch gegen die Weißen Rhodesiens vorgehen? War letzteres innenpolitisch möglich?

Am 11. November 1965 hat Süd-Rhodesien den großen Schritt getan und eigenmächtig seine Unabhängigkeit erklärt. London betrachtete dies als »Rebellion« und brach die Beziehungen ab, beschränkte seine Gegenmaßnahmen jedoch auf wirtschaftliche Sanktionen. Ob diese Süd-Rhodesien zum Nachgeben veranlassen können, ist noch nicht ersichtlich.

Vom British Commonwealth of Nations zum Multiracial Commonwealth

Im Unterschied zu 1914 implizierte die britische Kriegserklärung an Deutschland 1939 noch nicht den Kriegseintritt der Dominions. Die Reichskonferenz von 1937 hatte ihnen ausdrücklich das Recht bestätigt, trotz der »common allegiance« zur Krone über Krieg und Frieden selbst zu bestimmen, wobei vor allem die Premierminister Kanadas und Südafrikas sich ihre Entscheidungsfreiheit gegenüber London vorbehielten [799]. An der Garantie-Erklärung für Polen waren die Dominions nicht beteiligt; dennoch haben sie im September 1939 dem Mutterland Gefolgschaft geleistet: Australien und Neuseeland fühlten sich bereits durch die Kriegserklärung Englands gebunden, das kanadische Parlament beschloß am 9. September einstimmig den Kriegseintritt, während in Südafrika General *Hertzog* wegen seines Versuches, eine Art Nicht-Kriegführung zu erklären, gestürzt wurde, wonach dann die neue Regierung *Smuts* in den Krieg eintrat; nur Irland – seit jeher ein Sonderfall – blieb neutral. Nach dem Fall Frankreichs waren die Dominions die einzigen Verbündeten Großbritanniens – dessen Stolz auf die Solidarität und Loyalität, mit der die Reichsteile die »Einheit in Freiheit« bestätigten und dem Mutterland das Bewußtsein der Weltmacht vermittelten, war daher begreiflich.

[797] *Keesing's* Archiv der Gegenwart 7. Nov. 1964, S. 11 520. Dazu die Berichte der Neuen Zürcher Zeitung vom 27. und 29. Oktober 1964.

[799] *Gordon-Walker*, The Commonwealth, p. 114.

Wie im Ersten Weltkrieg hat die gemeinsame Kriegführung die Dominions gestärkt. Die Produktion von Kriegsmaterial wurde intensiviert; der Konsumgüterstrom aus dem Mutterland war unterbrochen und neue Handelsverbindungen – vor allem zu den Vereinigten Staaten – mußten angebahnt werden. Kanada stellte Kredite zur Verfügung und wurde zum Gläubiger des Mutterlandes! Die Truppenkontingente der Dominions kämpften auf den verschiedenen Kriegsschauplätzen. Innerhalb der alliierten Kriegsführung, die im Ersten Weltkrieg ihr Zentrum in Europa gehabt hatte, übernahmen diesmal nach 1941 die Vereinigten Staaten die Führung. Die Dominions mußten sich darauf einstellen: Kanada etwa traf mit den USA direkte Vereinbarungen, während Australien und Neuseeland von Washington informiert wurden und militärisch-politische Unterstützung gegen die japanische Bedrohung erhielten. Die Dominions sahen sich so zu einer Ausweitung ihres Blickfeldes und zu einer Neuorientierung gezwungen; sie erweiterten ihren ›diplomatischen Dienst und bemühten sich um die Formulierung einer eigenen Außenpolitik. Dies bahnte sich während des Krieges an – obwohl *Winston Churchill* als überragender Führer des Commonwealth durchaus anerkannt wurde – und zeigte sich 1945 in San Francisco, wo die Dominions selbständig auftraten und u. a. ein Mitspracherecht der kleineren Mächte anmeldeten. In den folgenden Jahren trat an Stelle der bisherigen Anlehnung an Großbritannien eine eigene Politik, die durch die geographische Lage bedingt war und sich notwendigerweise auf die Vereinigten Staaten ausrichten mußte.

Ein Imperial War Council entstand im Zweiten Weltkrieg nicht, da vor allem die kanadische Regierung, aber auch *Winston Churchill* solche Bestrebungen energisch ablehnten [800]. Für die notwendige Koordination und Kooperation sorgten Telefon und Telegraf, die Hochkommissare und Sonderkomitees; weilten die Premiers der Dominions in London, so nahmen sie an den Sitzungen des britischen Kriegskabinetts teil. Dennoch hat man sich in London und in den Dominions – ähnlich wie in den Jahren 1916/17 – die Frage gestellt, ob nicht die Konsultierung der Dominions ausgebaut und so eine gewisse außenpolitische Einheit des Commonwealth erlangt werden könne, ohne die Unabhängigkeit der Partner zu beeinträchtigen. Es ging diesmal allerdings weniger um eine Beteiligung der Dominions an der britischen Außenpolitik als um den Versuch, die Macht des Commonwealth den eigenen Interessen dienstbar zu machen. Es war der Labour-Premierminister *Curtin* von Australien, der mit seiner Forderung nach »some Imperial authority« – wenigstens konsultativer Art – und einem selbständigen Sekretariat die Diskussion in Gang brachte [801]. Australien fühlte sich in der strategisch-politischen Gesamtplanung nicht genügend berücksichtigt; es wollte an den Entscheidungen selber mitwirken und war – im Blick auf die Nachkriegszeit – an einem engeren Gremium interessiert, in dem es eigene Ansprüche anmelden und den Rückhalt des Commonwealth gewinnen konnte. *Smuts* hatte andererseits in seiner berühmten Rede vom November 1943 vom Machtverlust Europas und der russischen Bedrohung gesprochen; Großbritannien werde mit Ruhm überdeckt, aber wirtschaftlich

[800] *Nicholas Mansergh*, Survey of British Commonwealth Affairs, Problems of Wartime Co-operation and Post-War Change 1939–1952, 1958, p. 90 f.; *Francis Williams*, A Prime Minister (*Attlee*) remembers, 1961, p. 54.

[801] Documents and Speeches on British Commonwealth Affairs 1931–1952, ed. *N. Mansergh*, vol. I, 1953, p. 562 f.; *Survey*, p. 165 f.

und machtmäßig geschwächt aus dem Kriege hervorgehen. Es sei dessen Aufgabe, sich enger an Westeuropa anzulehnen und sich als Sprecher des Commonwealth zu behaupten; eine bloß angelsächsische Allianz sei keine Lösung. Gleichzeitig postulierte *Smuts* eine regionale Aufgliederung des Kolonialreiches, wobei Südafrika natürlich in erster Linie an einem maßgeblichen Einfluß in Zentral- und Ostafrika interessiert war [802].
Um die Stellung des Commonwealth innerhalb der sich abzeichnenden neuen weltpolitischen Machtkonstellation ging es auch Lord *Halifax*, damals britischer Botschafter in Washington, der sich im Januar 1944 in Toronto über eine wünschenswerte Verbesserung der Zusammenarbeit innerhalb des Commonwealth äußerte [803]. Im September 1939 seien die Dominions trotz Information und Konsultation wiederum vor eine britische Entscheidung gestellt worden; diesem Dilemma werde man künftig nur durch die Isolierung der einzelnen Partner oder durch eine neue Form gemeinsamer Außenpolitik im Sinne der Interdependence entgehen können.

"Not Great Britain only but the British Commonwealth and Empire must be the fourth power in that group upon which, under Providence, the peace of the world will henceforth depend."

Lord *Halifax* war also vor allem an der Weltmachtposition Großbritanniens interessiert und glaubte dessen Anspruch, zu den Supermächten der Nachkriegszeit zu gehören, durch die Einheit des Commonwealth unter britischer Führung legitimieren zu können. Den Machtverlust durch das Commonwealth wettzumachen und sich so als Weltmacht zu behaupten, dies gehörte zu den – allerdings weitgehend illusionären – Hoffnungen Englands während und nach dem Zweiten Weltkrieg.
Die Vorschläge von *Curtin* oder *Halifax* haben wenig Zustimmung und viel Kritik gefunden, vor allem von seiten des wichtigen kanadischen Premiers *Mackenzie King*. Kanada komme seinen Commonwealth-Verpflichtungen nach und sei an einem Imperial Council, der an frühere Föderationspläne erinnere, nicht interessiert; es lehne die Blockbildung ab und werde künftig dieser Konzeption von dominierenden Supermächten die Vereinten Nationen und die eigene freie Aktivität im Kampf um den Frieden entgegenstellen [804]. Die britische Regierung dagegen hielt sich zurück, weil sie die Opposition gegen eine institutionelle Neuordnung – und sei dies auch nur ein konsultatives Gremium – kannte und keinen Konflikt mit den Dominions heraufbeschwören wollte. Die Thesen eines *King* und *Smuts* haben sich bei der Zusammenkunft der Premierminister 1944 und 1946 durchgesetzt [805].
Ein letzter Versuch erfolgte 1948. Im Oberhaus begründete Lord *Bruce*, ehemaliger Ministerpräsident Australiens, am 17. Februar eine Motion zur Schaffung eines Imperialen Rates, da die bisherige Information, Konsultation und Kooperation nicht mehr genüge [806]. Ähnlich wie *Halifax* hoffte *Bruce* durch eine Straffung des Commonwealth

[802] Documents, p. 568 f.; *Survey*, p. 173 f.
[803] Documents, p. 575 f.; *Survey*, p. 176 f.
[804] Z. B. Rede vor dem Parlament am 31. 1. 1944, Documents, p. 579 f., ähnlich wiederum am 11. 5. 1944, Documents, p. 587 f.
[805] Im Kommuniqué v. 23. 5. 1964 heißt es: "The existing method of consultation have proved their worth ... they are peculiarly appropriate to the character of the British Commonwealth ... it is a creed that the methods now practised are preferable to any rigid centralized machinery." Documents, p. 596.
[806] Documents, p. 597.

die Weltmachtposition Großbritanniens zu behaupten und den Supermächten ein eigenes System entgegenzustellen. Dies galt auch für *H. V. Hodson,* den ehemaligen Herausgeber der »Round Table« und Professor in Oxford, wenn er 1948 in seinem wichtigen Buch »The Twentieth Century Empire« schrieb:

"No one of the member nations of the British Commonwealth can aspire to be a great power on its own . . . true independence of policy is possible for the British Commonwealth as a whole, but not for its members separately." [807]

Vorstellungen einer »Third Power« zwischen Amerika und Rußland werden sichtbar, wenn *Hodson* meint, ein Commonwealth unter britischer Führung könne verhindern, daß Europa »a cockpit of struggle between East and West« werde – eine These, die damals sowohl bei konservativen Imperialisten als auch bei der Labour Party einigen Anklang finden mochte. *Hodson* schlug einen Rat des Commonwealth – Indien und Pakistan hätten darin gleich viele Vertreter wie Großbritannien, Kanada und Südafrika etwas weniger – und den Posten eines ständigen Generalsekretärs vor. Die Diskussion von 1948 verband sich dabei mit der aktuellen Frage, ob England einer europäischen Union beitreten solle. Die Föderation im Commonwealth erschien als Alternative zu einem engeren Anschluß an Westeuropa – eine These, die um 1960 in der Auseinandersetzung um den Gemeinsamen Markt wieder aufgelebt ist.

Repräsentativer als diese letzten Föderalisten waren für die Commonwealth-Konzeption der 40er Jahre jedoch die uns wohlbekannten Sir *Edward Grigg* [808] und *L. S. Amery* [809]. Auch sie hatten die Supermächte und deren Tendenzen zur Föderalisierung oder Satellitenbildung im Auge, mißtrauten der UNO – wie früher dem Völkerbund – und glaubten an das Commonwealth als einer Weltmacht, die zwischen den Vereinigten Staaten und Europa, aber auch zwischen dem Westen und dem an Bedeutung gewinnenden Asien stand und somit eine besondere Funktion zu erfüllen habe. Beide dachten in den Kategorien einer imperialen Tradition und warnten sowohl vor einem engeren Verhältnis mit Amerika als auch vor einer Mitgliedschaft in einer europäischen Föderation: »Auf keinen Fall ... eine radikale Abkehr von dem Prinzip: an erster Stelle die britische Familie.« [810] Föderationspläne aber seien irreal, das Commonwealth beruhe auf dem Prinzip der »free and equal co-operation«, und keine Nation sei bereit, Souveränitätsrechte abzugeben. Die informelle Einheit sei zudem wirksamer als die »mechanical unity of structure« – eine allzu durchsichtige Uminterpretation einer Zwangslage, deren Moral an den Fuchs und die sauren Trauben erinnert! Allerdings halten auch *Grigg* und *Amery* einen Ausbau der Kooperation für notwendig, obschon etwa einem Sekretariat als einem Informationszentrum »that curious survival of an older anti-Downing-Street-complex« der Dominions entgegenstände [811]. Jährliche Reichskonferenzen, Ausbau der technischen Organisationen, wirtschaftliche Entwick-

[807] P. 7.
[808] The British Commonwealth, its place in the service of the world, 1942. Britische Außenpolitik, 1945.
[809] The British Commonwealth and the world, in: India and Freedom, 1942; The Framework of the Future, 1944; Thoughts on the Constitution, 1947; The British Commonwealth, in: World Affairs, 1948.
[810] *Grigg,* Außenpolitik, p. 190.
[811] *Amery,* Thoughts on the Constitution, p. 146.

lung und Präferenzsystem waren alte Forderungen. Während *Grigg* regionale Organisationen postulierte, versuchte *Amery* einer traditionellen Konzeption, derzufolge die Dominions wie Planeten um den Kern des vereinigten Königreiches kreisen sollten, eine wirklich »imperiale« Konzeption entgegenzustellen, in der die Dominions »Imperial status« erhielten, größere Verantwortung übernähmen und Großbritannien höchstens die Stellung eines Seniorpartners zukäme. Jedenfalls sei das Commonwealth »still only in its first experimental stage« [812]. Mit dieser Formulierung versuchte man in England die Lockerung des Reichsverbandes zu vertuschen und in eine bloße Vorstufe zur neuen Wirksamkeit des Commonwealth umzudeuten.

Der Begriff des Commonwealth beschränkte sich weiterhin auf die »alten« Dominions und erweiterte sich nur langsam auf Völker nicht-britischer Herkunft. Während des Krieges mehrten sich zwar die Stimmen, die eine Ausweitung zum Multiracial Commonwealth befürworteten; da man die Reformbereitschaft beweisen mußte und Responsible government als Ziel der britischen Nachkriegspolitik ausgab, akzeptierte man eo ipso »farbige« Dominions. Der eine oder andere Publizist mochte sich dabei der Hoffnung hingeben, daß sich Großbritannien auch in der Endphase der Dekolonisation gewisse Kompetenzen reservieren könne und der Dominionstatus keine faktische Unabhängigkeit implizierte. Oder aber es schien das Dominionstatus so sehr mit britischen Traditionen verknüpft und an das Self-government britischer Siedler gebunden zu sein, daß ein Sonderstatus angezeigt war. Jedenfalls wurde dieser Frage keine große Bedeutung beigemessen; sie wurde auch nur am Rande erörtert. Von einer bewußten Zielstrebigkeit und einer »Planung« des Multiracial Commonwealth kann keine Rede sein. Es ist kein Zufall, daß z. B. *Amery* 1942–1944 die Koinzidenz von Empire und Commonwealth prophezeit [813] und damit die Hoffnung verbindet, einen Rassenkrieg zu vermeiden, den Gedanken aber in den »Thoughts on the Constitution« von 1947 nicht wieder aufgreift, obschon Indien und Pakistan, Burma und Ceylon unmittelbar vor der Unabhängigkeit standen. Ähnlich auch Lord *Hailey* 1946 [814].

Dennoch ist der Übergang ohne Schwierigkeit gelungen. Er war implizite in der bisherigen Konzeption und Politik enthalten und erfolgte schrittweise, wobei Indien das Verbindungsglied bildete und die Erweiterung auf neue Mitglieder erleichterte. So war Indien nicht nur bereits 1917 Responsible government und 1929 offiziell Dominionstatus in Aussicht gestellt worden, sondern es besaß auch bereits 1917 einen Vertreter im Imperial War Cabinet. Die konkreten Fragen der künftigen Außenpolitik, Verteidigung, Wirtschaft, Migration usw. standen zudem im Vordergrund und ließen das strukturelle Problem, das sich mit der Aufnahme neuer und farbiger Mitglieder ins Commonwealth stellte, als sekundär erscheinen. Dies war außerdem bereits so »in-

[812] *Amery*, Framework ..., p. 16.

[813] India and Freedom, p. 115; Framework ..., p. 25.

[814] "Many of us would, I think, depreciate the idea that the political evolution of the colonies should take the form of Dominion status, such as has recently been held out to Ceylon. We find it difficult to believe that this form of relationship, involving as it does an independent sovereign status, would be appropriate to the majority of the colonies as we know them, or would be to the benefit either of the colonies themselves or the empire or indeed the world." British Colonial Administration, in: Colonial Administration by European Powers, RIIA, 1947, p. 91 (Text einer Tagung Ende 1946).

formell«, daß institutionelle Fragen nicht akut erschienen[815]. Der Begriff des »Commonwealth« nahm die Entwicklung bis zu einem gewissen Grade sogar voraus, da er sukzessiv an die Stelle von »Empire« trat und die self-governing Dominions nicht mehr wie früher scharf gegen das Colonial Empire abgegrenzt wurden. Der Wandel vom British Commonwealth of Nations zum Multiracial Commonwealth war weder geplant noch dessen Implikationen diskutiert und geklärt worden, wie das rückblickend oft erscheinen mag, sondern erfolgte als konkrete Antwort auf eine konkrete Herausforderung. Britischem Pragmatismus ist es gelungen, kurzfristig die neuen Formeln zu finden und sich auf die neue Situation einzustellen.

Wir haben die Übertragung der Macht in Indien skizziert. Die Gesetze, nach denen Indien und Pakistan, aber auch Burma und Ceylon aus der Kolonialherrschaft entlassen wurden, trugen den Titel »Independence Act«. Bis dahin hatte man das Wort Independence sorgfältig vermieden – auch in der *Balfour*-Deklaration von 1926. Als 1929 die Kongreßpartei sich nicht mehr mit Dominionstatus begnügte und »Swaraj« mit Unabhängigkeit übersetzte, wurde das in London als Affront empfunden und konnte der konservativen Opposition als zusätzliches Argument gegen eine Politik der Konzessionen dienen. Nach dem Kriege schien den Indern und Burmesen der Begriff »Dominion« noch immer mit Herrschaftselementen verbunden zu sein und vermochte einem nationalen Emanzipationsanspruch nicht zu genügen – selbst wenn die Führer genau wußten, daß er faktisch Unabhängigkeit bedeutete und London damit auch die Möglichkeit eines Austritts aus dem Commonwealth zugestand. Die Anerkennung der »Unabhängigkeit« wurde damit zu einer Bedingung sine qua non für die letzten Verhandlungen vor der Machtübergabe. Die Labour-Regierung ist auf diese Bedingung eingegangen, um ihr eigentliches Ziel – den neuen Staaten ein Verbleiben im Commonwealth zu ermöglichen – zu erreichen. Die Fronten kehrten sich damit um. Bis jetzt hatte das »within the Empire« stets zu den unausgesprochenen Voraussetzungen gehört, wenn von einer künftigen Gewährung von Self-government oder Responsible government die Rede war. Man wußte zwar, daß das ehemalige Mutterland nur noch über wenige Möglichkeiten verfügte, auf ein Dominion einzuwirken, aber man pflegte die Illusion, daß der Übergang zum Dominionstatus nicht den Bruch mit dem Empire, sondern bloß eine Art Statuswechsel innerhalb des Reichsverbandes bedeutete. Auf eine Forderung nach »Unabhängigkeit« brauchte sich Großbritannien gar nicht einzulassen und konnte auf ein Verbleiben im Commonwealth vertrauen, obwohl man gerne auf die Freiwilligkeit der Mitgliedschaft verwies und das Recht auf »Sezession« mindestens implizite akzeptierte, wenn auch nie offiziell bestätigte. Die Umstellung in der britischen Haltung zeichnete sich 1942 ab, als London in der *Cripps*-Offerte die Möglichkeit einräumte, sich gegen das Commonwealth zu entscheiden. Nur noch so konnte Großbritannien sein Versprechen, Indien die Selbstverwaltung zu geben, glaubhaft machen. Die Gewichtsverlagerung wurde vollends sichtbar, als *Attlee* den Burmesen in seiner Erklärung vom 20. Dezember 1946 die Freiheit der Entscheidung offen zusprach und sie dann auch im November 1947 in leidlichem Einvernehmen in die Unabhängig-

[815] Sehr deutlich etwa in The British Commonwealth and World Society. Proceedings of the third unofficial conference on British Commonwealth Relations. London 17. 2.–3. 3. 1945. ed *R. Frost*, 1947.

keit entließ, obwohl Burma sich gegen ein Verbleiben im Commonwealth entschieden hatte. Wir sahen, daß sich die Tories diese Gelegenheit nicht entgehen ließen, um gegen die »Liquidierung des Empire« zu protestieren.
Entscheidend war jedoch nicht Burma, sondern Indien. Würde es nachfolgen? Man hat damals allgemein mit einem solchen Schritt gerechnet, weil sich die Kongreßpartei längst festgelegt zu haben schien und weil sich mit der Entscheidung eine weitere Frage verband: konnte eine Republik Mitglied des Commonwealth werden? Als die konstituierende Nationalversammlung Indiens am 22. Januar 1947 eine Resolution guthieß, nach der Indien eine »sovereign, independent republic« werden sollte, schien sie – und vor allem auch *Nehru* – den Willen zu bekunden, aus dem Commonwealth auszuscheiden; ein republikanisches Dominion war nicht in Einklang zu bringen mit der Krone als integralem Bestandteil der Dominion-Verfassungen, zumal diese als einzig noch verbleibendes institutionelles Element des Commonwealth stark in den Vordergrund gerückt worden war – vor allem von konservativer Seite. Die Republik aber verband sich für die Inder und Burmesen sehr eng mit dem Begriff der Independence als Inbegriff für Nationwerdung, Modernisierung und Demokratisierung, während eine monarchische Staatsform zu Konflikten mit den Fürstenstaaten führen konnte und als noch-nicht-erreichte Unabhängigkeit verstanden wurde [816].
Weder Großbritannien noch Indien haben zur Entscheidung gedrängt und damit ein Verbleiben im Commonwealth ermöglicht. Das rechtzeitige Einschwenken der Labour Party, der gute »Abgang« der Briten, die britische Hilfe während der Teilungskatastrophe und beim Neuaufbau, aber auch die Freundschaft, die *Nehru* mit Lord *Mountbatten* verband, haben wesentlich dazu beigetragen. *Nehru* konnte am 19. Oktober 1948 in London erklären:

"A remarkable change occurred in India after a conflict lasting through generations. There is now very little ill feeling towards Britain." [817]

Noch wichtiger aber waren die indische Beurteilung der Weltlage und die technisch-wirtschaftlichen Vorteile, die eine Mitgliedschaft im Commonwealth in Aussicht stellte. Als Moskau im Sommer 1948 Unruhen in Malaya und Burma und auf den Philippinen auslöste und es auch in Indien zu schweren Zusammenstößen kam, erschien eine Isolierung als wenig vorteilhaft. Das erste Treffen der Premierminister des Commonwealth im Oktober, an dem Indien, Pakistan und Ceylon teilnahmen, weckte zudem das Interesse an einer Mitgliedschaft im »Club«. Bereits auf dem Heimweg von London erklärte der Premier Ceylons am 5. November 1948 in Madras: "Ceylon has no intention of seceding from the Commonwealth. The conference was a family gathering"; ähnlich auch *Ali Khan*, der Premier Pakistans [818]. Und im Dezember faßte die Kongreßpartei die Resolution, daß der »Congress would welcome India's free association with independent nations of the Commonwealth for their common weal and the promotion of world peace« [819]. Die Entscheidung über Indiens Verbleiben im Commonwealth – als

[816] *Survey*, p. 249. Eine ausgezeichnete Zusammenfassung bietet auch *Mansergh* in Commonwealth Perspectives, 1958, p. 24.
[817] *Gordon-Walker*, p. 136.
[818] Ebenda, p. 138.
[819] Zit. *Mansergh*, Perspectives, p. 28.

Republik – lag damit bei Großbritannien und den alten Dominions und fiel auf der Zusammenkunft der Premierminister im April 1949. Im Schlußkommuniqué vom 29. April wurde die Absicht Indiens, Republik zu werden, zur Kenntnis genommen, aber es wurde auch festgehalten, daß

"the Government of India have, however, declared and affirmed India's desire to continue her full membership of the Commonwealth of Nations and her acceptance of the King as the symbol of the free association of its independent member nations, and as such Head of the Commonwealth." [820]

Die Republik Indien wurde damit Mitglied des Commonwealth und erkannte die Krone nur noch als Symbol der freien Vereinigung und als Oberhaupt des Commonwealth an, während die »alliance to the Crown« und die Krone als Bestandteil der Verfassung ausfielen. Großbritannien hat es verstanden, sich mit einer neuen ingeniösen Formel der Situation anzupassen und den Übergang vom British Commonwealth of Nations zum Multiracial Commonwealth zu vollziehen. Die Formel widersprach zwar der bisherigen Interpretation der Commonwealth-Struktur und lockerte das seitherige Gefüge, lag aber durchaus in der Linie von 1839, 1917 und 1926 und ließ die Einbeziehung asiatischer Mitglieder in den »Club« als konsequente Fortsetzung der bisherigen Politik erscheinen.

Die Erklärung von 1949 war an sich nur für Indien bestimmt und sollte – ähnlich wie die Zugeständnisse an Irland in der Zwischenkriegszeit – einen Sonderfall regeln; in der Folgezeit sind jedoch die asiatischen und afrikanischen Staaten dem indischen Beispiel gefolgt und haben nach einer gewissen Übergangszeit die Umwandlung zur Republik vollzogen; Nord-Rhodesien wurde es 1964 sogar unmittelbar. Andererseits ist 1957 mit der Föderation Malaya eine Monarchie Mitglied des Commonwealth geworden. Entscheidend aber war, daß Indien 1948 beschlossen hatte, im Commonwealth zu verbleiben. Wäre Indien ausgeschieden, wären ihm unweigerlich auch die anderen »farbigen« Dominions über kurz oder lang nachgefolgt. Etwas überspitzt könnte man sagen, daß nicht London, sondern Indien das Multiracial Commonwealth ermöglicht hat – und mit einigem Recht kann ein Inder auf den großen Dienst verweisen, den Indien damit Großbritannien geleistet hat [821]!

Der Übergang zum Multiracial Commonwealth 1947–1949 wurde sogleich als »Wasserscheide« in der Geschichte des britischen Reichsverbandes empfunden, und man hat ihn – obwohl er nicht eigentlich »geplant« gewesen war – nicht nur voll akzeptiert, sondern umstilisiert und ideologisiert. Die Hereinnahme nicht-britischer Mitglieder konnte als erfolgreicher Versuch interpretiert werden, eine Brücke zwischen Asien und dem Westen zu schlagen, eine Partnerschaft der Rassen zu demonstrieren und der Welt ein Vorbild zu geben. Stellvertretend für viele ähnliche Äußerungen sei *P. C. Gordon-*

[820] P. 30. *Attlee* berichtet am 2. 3. 1949 dem König, wie er die Zustimmung *Churchills* und anderer Konservativer gesucht und gefunden habe, durch Akzeptierung der Republik ein Verbleiben Indiens im Commonwealth zu ermöglichen. Bei dem Treffen der Premierminister stimmten die Dominions zu. *Peter Fraser* aus Neuseeland soll dabei auf *Nehru* einen besonderen Eindruck gemacht haben. *Williams,* A Primeminister remembers, p. 218 f.

[821] *M. S. Rajan,* The Post War transformations of the Commonwealth, reflection on the Asian-African contribution, 1963, p. 10.

Walker, der Minister für Commonwealth-Beziehungen in der ersten Labour-Regierung der Nachkriegszeit und spätere Außenminister, zitiert:

"One possibility is that the nationalism of Asia may range itself against the nations of the West. That, I think, would be the greatest calamity that could befall the world. It would carry in its train very grave problems and difficulties for the next century or two, and I think the Commonwealth, which includes great Asian as well as great Western nations, is the world's best hope that Asia and the West will develop in friendship and co-operation instead of hostility and suspicion. This, as I see it, is a task that history has confided to the British Commonwealth. There is no other force in the world so well fitted to discharge it, no other association of nations in which the best of Asia and the West is equally represented and intimately united." [822]

Im Jahre 1962, nachdem sich die Gemeinschaft um afrikanische Mitglieder erweitert hatte, konnte *Gordon-Walker* hinzufügen:

"The Commonwealth will complete its fulfilment and maximize the co-operation of its members for its inherent moral ends when it becomes in truth and without inhibition an Europ-Afro-Asian Commonwealth." [823]

So sprach und schrieb ein maßgebender Politiker der Labour Party, die sich in ihrem traditionellen Anti-Imperialismus bestätigt sah und bereitwillig einschwenkte, als sich das alte Dilemma von moralischem Anspruch und machtpolitischer Realität aufzulösen schien [824]. Den Konservativen ist die Umstellung schwerer gefallen; sie haben länger als die Labour Party den britischen Charakter des Commonwealth betont und weiterhin die »alten« Dominions als Kern des Reichsverbandes bezeichnet, haben sich dann aber in die neue Situation gefunden und sogar das Ausscheiden Südafrikas – das so eng mit der Persönlichkeit des viel gefeierten *Smuts* verknüpft war – hingenommen. Die Beaverbrook-Presse mochte protestieren, die »Times« jedoch hielt den Schritt für unvermeidbar, wenn London den Bruch mit den farbigen Dominions vermeiden wollte; der Hinweis auf den »Multiracialism« des Commonwealth diente dabei zur Legitimierung des schwerwiegenden Entschlusses [825]. Nichts hat aber die Gewichtsverlagerung innerhalb des Commonwealth und die defensive Position, in die das ehemalige Mutterland gedrängt worden war, deutlicher demonstriert als die Tatsache, daß die »neuen« Mitglieder des ehemaligen Colonial Empire ein »altes« und für die Geschichte des Commonwealth so wichtiges Dominion zum Ausscheiden aus dem »Club« zwingen konnten.

[822] Aus einer Ansprache vor der Royal Empire Society am 12. 10. 1950, Documents ..., p. 1217 f.

[823] The Commonwealth, p. 382. Ders. auch Policy for the Commonwealth, in: Fabian International Essays, 1956/57.

[824] Deutlich auch bei *John Strachey* (Kriegsminister in der Labour-Regierung) in seinem Buch The End of Empire, 1959, p. 253, 262.

[825] Am 29. 4. 1960 schrieb die Times, daß, sofern Südafrika »continue in their present extremist rigour then the Commonwealth partnership will suffer still greater shock and disillusionment«, am 10. 5.: "In the long run the Commonwealth must rest upon truth and not on fiction. It is a multi-racial Commonwealth." Am 8. 10. polemisiert die Times gegen die »Clique« in der südafrikanischen Regierung, wendet sich aber gegen einen Ausschluß aus dem Commonwealth. Nach der Entscheidung aber heißt es am 16. 3., daß ohne den Rückzug Südafrikas »the unity of the Commonwealth would have been gravely threatened ... We can now see the Commonwealth without equivocal reservation as being firmed on a secure multiracial basis«.

Auch die Begriffe haben sich während dieses Prozesses gewandelt [826]. Noch 1939 war die Formel »Commonwealth within the Empire« üblich gewesen, wobei »Empire« die übergeordnete Reichseinheit bezeichnete, die die »self-governing Dominions« deutlich vom Colonial Empire unterschied. *Winston Churchill* hat während des Krieges den Ausdruck »Commonwealth and Empire« verwendet und damit beide Bereiche nebeneinander oder auch gegeneinander gestellt – mit einem klaren Herrschaftsanspruch innerhalb des Empires. Der Begriff »Empire« wurde aber schrittweise durch »Commonwealth« ersetzt, das nun auch die Protektorate und Dependencies einschloß. Auch *Amery* übernahm die Neu-Interpretation, nicht – wie er sagte – weil er sich des Begriffes Empire schäme, sondern um anzudeuten, daß sich das Empire in ein Commonwealth umwandle [827]. Selbst das Wort »Dominion« kam – mindestens in der offiziellen Sprechweise – außer Gebrauch. Der kanadische Premier *Laurier* glaubte im Begriff »Dominion« nicht nur den Rest eines Herrschaftsanspruches, sondern auch eine Ungleichheit der Partner zu erkennen, weil das Vereinigte Königreich nicht als Dominion bezeichnet wurde. An Stelle von »Dominion« bürgerten sich die Ausdrücke »Realm«, »Commonwealth-country« oder »Member« ein [828]. Dementsprechend wurde 1947 das Dominion Relations Office in Commonwealth Relations Office umbenannt. Auch das Wort »British« mußte wegfallen. Es hatte seit langem bei den Frankokanadiern und den Afrikanern Anstoß erregt – trotz aller Verlautbarungen, daß mit dem »British« nicht eine rassisch-nationale, sondern übernationale Gemeinschaft gemeint sei. Mit dem Verbleiben der Asiaten und Afrikaner wurde es vollends überholt. Bereits 1948 erhielten in der neuen Nationality Act alle Bürger des Commonwealth den Status von »Commonwealth subjects«, so wie sie bis dahin – ohne Ansehen der Rasse – »British subjects« gewesen waren. Im Schlußkommuniqué der Premierminister-Konferenz von 1949 war nur noch von »Commonwealth« die Rede, und auch der König gebrauchte die Wendung »Our Commonwealth«.

Professor *Hodson* hat das im Kriege entstandene Commonwealth als das »Fourth British Empire« bezeichnet [829] im Anschluß an das Third British Empire von *Alfred Zimmern*. Diese Benennung war allerdings bereits 1943 von dem Inder *Panikkar* eingeführt worden, und zwar für den Zeitpunkt, zu dem das nicht-europäische Indien als gleichberechtigter Partner aufgenommen werden würde [830]. Der Kanadier *Underhill* hat neuerdings von einem »Second Commonwealth« gesprochen, um die Aufnahme asiatischer und afrikanischer Mitglieder hervorzuheben [831]. Durchgesetzt hat sich jedoch

[826] *Gordon-Walker,* The Commonwealth, p. 188 f.; *Martin Reiser,* Das Commonwealth of Nations. Begriff, Rechtsnatur, Wesen, 1961, p. 2.

[827] India and freedom, p. 108. Sir *Ivor Jennings,* The British Commonwealth, 1948, 4. ed. 1961, p. 13. *Hodson:* "The British Commonwealth, then includes both independent and dependent countries ... it is the rightful name of the whole British Empire." p. 154.

[828] Eine Polemik gegen den Begriff des »Dominions« auch bei *Hodson,* p. 152 f.

[829] P. 158 f.

[830] *K. M. Panikkar,* The Future of South-East Asia, 1943, p. 49, 55: "When that is given effect, a fourth British Empire will have come to existence ... an Indo-British partnership which creates such a non-racial conception of freedom will in itself constitute the justification of Britain's history in the East!"

[831] *Frank H. Underhill,* The British Commonwealth, an experiment in co-operation among nations, 1956, p. XXI und ein spezielles Kapitel.

der Begriff des »Multiracial Commonwealth«. Wenn Namen und Begriffe »symbols of aspiration« [832] sind, dann läßt sich mit diesen Namensänderungen und dem Bedeutungswechsel der Weg vom »British Commonwealth of Nations« zum »Multiracial Commonwealth« deutlich machen.

Worin besteht der innere Zusammenhalt und die Wirksamkeit des heutigen Commonwealth? Sicher nicht in den Institutionen; auch die »britischen« Dominions Australien und Neuseeland haben seit dem Kriege die trotz Westminster-Statut noch bestehenden Bindungen gelöst [833], und auch Kanada bereitet eine entsprechende Verfassungsänderung vor. Die Krone mag für die Menschen britischer Herkunft noch einigen Symbolwert haben, kaum aber für Nicht-Briten, Asiaten und Afrikaner. Von Bedeutung ist zweifellos das von der Kolonialmacht hinterlassene Erbe: die englische Sprache, britische Erziehung und Schulung, ein gewisser moralischer Standard, Verwaltungsmethoden, Gemeinsamkeiten im Justizwesen und der britischen Rechtsüberlieferung. Die früher stark betonte Verbindung durch Repräsentativsystem und Parlamentarismus hat sich jedoch bereits als brüchig erwiesen, auch wenn Westminster als Vorbild gedient hat und äußerlich nachgeahmt worden ist.

Diese Imponderabilien, die trotz Kolonialherrschaft nicht nur Kanadier, Australier und Neuseeländer, sondern auch Asiaten und Afrikaner – vor allem aus der älteren Generation – an das ehemalige Mutterland binden, dürfen nicht unterschätzt werden. Wichtiger sind aber die konkreten Interessen und Vorteile, die für einen Verbleib im Commonwealth sprechen und in der Diskussion um ein eventuelles Ausscheiden ins Gewicht fallen: das Commonwealth hat vom Empire eine Unzahl von Agreements, Boards, Komitees, Koordinierungsstellen und Forschungszentren im Bereich der Wirtschaft und des Verkehrs, aber auch der Universitäten, der Presse und des Rundfunks übernommen, die London weiterhin mit Konferenzen, Informationsaustausch, technischer Hilfe und einem gut ausgebauten Stipendienwesen zu fördern bestrebt ist. Hier ergeben sich Gemeinsamkeiten im technischen Kader und persönliche Beziehungen, die außerhalb offizieller Organisationen und Kontakte wirksam sind. Die Rechte eines englischen Bürgers, die ein Angehöriger des Commonwealth in England genießt und die ihn gegen »foreigners« abgrenzen, bringen manchen Vorteil, obschon die bis jetzt freie Einwanderung – nicht zuletzt auf Druck der Gewerkschaften – eingeschränkt werden mußte.

Alle Mitglieder des Commonwealth – mit Ausnahme Kanadas – gehören zum Sterling-Block, der zwar nicht mehr die frühere Bedeutung hat, aber doch die Konvertierbarkeit der nationalen Währung in ein internationales Zahlungsmittel ermöglicht und einen Zugang zu den gemeinsamen Gold- und Dollar-Reserven verschafft. Für manche ehemaligen Kolonien blieb Großbritannien der wichtigste Abnehmer ihrer Produkte, und es gewährt außerdem eine Reihe von Präferenzen. Zum britischen Kapitalmarkt haben nur die Regierungen des Commonwealth Zugang. Die geborgten Kapitalien sind zwar weniger umfangreich als die amerikanische Auslandshilfe und die private Investierung, bleiben aber von Bedeutung – ja, die Gefahr, durch Dollarhilfe in eine Abhängig-

[832] *N. Mansergh,* The name and nature of the British Commonwealth, 1955, p. 6.

[833] *Gordon-Walker,* Teil III; *Miller,* p. 58 f.; *P. F. Gonidec,* Métamorphose du commonwealth, in: Revue juridique et politique de l'Union française, 1950/1952, p. 232 f.

keit von den Vereinigten Staaten zu geraten, verstärkt das Interesse am Commonwealth. Wie hoch dessen Mitglieder die Vorteile einer privilegierten Stellung auf dem britischen Markt einschätzen, hat ihr Widerstand gegen den Eintritt Großbritanniens in die Europäische Wirtschaftsgemeinschaft gezeigt. Man könnte – leicht übertrieben – von einer neuerlichen Umkehr der Fronten sprechen: hat das Mutterland früher die unabhängig werdenden Kolonien »gebeten«, im Commonwealth zu verbleiben, so fordern diese nun ihrerseits Großbritannien auf, sie »nicht im Stich zu lassen«!

Was aber bietet die Zugehörigkeit zum Commonwealth im letztlich entscheidenden Bereich der Außenpolitik? Hier hat sich die Situation gegenüber der Vorkriegszeit grundlegend geändert. Die Dominions hatten 1926–1931 Statusgleichheit und volle Verfügungsgewalt auch in ihren Beziehungen nach außen erhalten, die funktionelle Ungleichheit jedoch akzeptiert und die Außenpolitik weitgehend London überlassen. Seit dem Kriege aber haben die alten und vor allem natürlich die neuen Glieder des Commonwealth ihre eigene »Außenpolitik« entwickelt und sich der Führung Londons entzogen. Eine Einheit besteht nicht mehr. Es genügt, auf die Anlehnung der alten Dominions an die Vereinigten Staaten und auf den afro-asiatischen Neutralismus hinzuweisen. Das Commonwealth bietet demgegenüber vorwiegend »Consultation« und »Information«. Der Begriff der Konsultation ist allerdings unklar: er enthält die Verpflichtung, die Partner vor einer Aktion soweit wie möglich auf dem laufenden zu halten, ohne daß sich daraus aber ein Einspruchsrecht oder gar eine »joint responsibility« ergeben würde. London hat jedoch vor der Suez-Krise – sehr zum Ärger Indiens – die Dominions nicht konsultiert! Die Informierung im weiteren Sinne geschieht durch das Commonwealth Relations Office [834], die Hochkommissare, persönliche Botschaften des britischen Premiers und die regelmäßigen Treffen der Premierminister. Die Konferenzen gestatten einen informellen und oft sehr persönlichen Gedankenaustausch – »exchange of views« –, der um so freier erfolgen kann, als keine strikte Tagesordnung besteht, keine Resolutionen gefaßt werden und nicht protokolliert wird; der britische Premier ist Gastgeber, aber nicht Vorsitzender. Ohne daß ihre Bewegungsfreiheit irgendwie eingeschränkt wird, erhalten die Mitglieder des Commonwealth Zugang zu wertvollen Informationsquellen und die Möglichkeit, um Verständnis für die eigenen Positionen zu werben und Forderungen anzumelden, die zu berücksichtigen nicht zuletzt Großbritannien ein besonderes Interesse haben muß. Ein wirkungsvolles Auftreten in London verschafft außerdem den Führern kleinerer Staaten innenpolitisch einen nicht zu unterschätzenden Prestigegewinn.

Man hat von der »Independence plus ...« gesprochen, um deutlich zu machen, daß die Zugehörigkeit zum Commonwealth keine Einschränkung der Souveränität oder eine Einbuße an Entscheidungsfreiheit, sondern einen Gewinn an Einflußmöglichkeiten und Sicherheiten bedeutet. Man kann mit dem »Economist« zusammenfassen:

"Strong though the bond of sentiment remains in particular cases, the determining factor in their general agreement not to separate is one of tangible advantage. Their association has become one from which no nation stands to gain by resigning, while each would find that resignation meant a certain loss. For several of them, to resign would amount to becoming

[834] So ist z. B. die Zahl der vom Office ausgesandten Telegramme von 5600 im Jahre 1938 auf 26 000 im Jahre 1955 gestiegen.

isolated in a world full of pressures which their membership helps them to withstand; for all of them, it would amount to enjoying less influence in the world's concils." [835]

Europäer und Amerikaner mögen im Commonwealth nur das »auseinandergebrochene« Empire sehen und seine Kohäsion und Wirksamkeit unterschätzen, während in Großbritannien die verständliche Tendenz vorherrscht, die ideelle Basis dieses so eigenartigen Gebildes über Gebühr zu betonen, eine Einheit im Denken und Handeln zu behaupten und sich illusionären Hoffnungen auf künftige Entfaltungsmöglichkeiten hinzugeben. Das Commonwealth gilt als Ausweis und Legitimierung des britischen Anspruches, noch immer Weltmacht zu sein. »The necessity of the Commonwealth to Britain's continuing greatness« [836] kann aber nur glaubwürdig gemacht werden, wenn sein innerer Zusammenhalt gegen die bloß freundschaftlichen Beziehungen von Allianzpartnern abgehoben wird. London reagierte scharf, als *Dean Acheson,* der ehemalige Staatssekretär und Berater Präsident *Kennedys* im Dezember 1962 diese Kohäsion in Frage stellte und gegen den Versuch Großbritanniens polemisierte, die Rolle einer dritten Macht zwischen Europa und USA zu spielen [837]. Denn gerade dies sollte das Commonwealth ermöglichen! Weil England über das Commonwealth »verfüge«, stehe es als Weltmacht zwischen Amerika und Rußland und gleichzeitig auch außerhalb eines kontinentalen Europa-Blocks. Besonders die konservative Partei, die sich noch 1951 als »Party of the Empire« bezeichnet hat [838], nährt solche Hoffnungen und Illusionen, indem sie auf die potentiellen Möglichkeiten des Commonwealth verwies, die selbst diejenigen Amerikas oder Rußlands übersteigen würden [839]. Eine besondere Studiengruppe hat 1956 ein »Expanding Commonwealth«-Programm veröffentlicht, um die Empire-Tradition fortzuführen [840]. Wenn aber die Partei 1949 proklamierte, »this structure must be fortified by positive acts of statesmanship« [841], so hat sie dieser etwas

[835] Commonwealth fallacies, 14. 7. 1956, p. 108.

[836] *Oliver S. Franks* (ehemaliger britischer Botschafter in Washington), Britain and the tide of world affairs, Reith Lectures, 1954, p. 14.

[837] Ansprache vor der Westpoint Militärakademie am 5. 12. 1962: Großbritannien habe ein Empire verloren und noch keine passende Stellung in der Weltpolitik gefunden; das Commonwealth sei keine politische Einheit und nicht geeignet, um Großbritannien eine Mittelstellung zwischen Europa und den USA einnehmen zu lassen. Premierminister *Macmillan* hat am 7. 12. scharf geantwortet: *Acheson* scheine die Rolle des Commonwealth in der Weltpolitik völlig mißzuverstehen, Keesing's Archiv der Gegenwart, 1962, p. 10287/8.

[838] Parteiprogramm von 1951: Britain strong and free, p. 11.

[839] "It is the most successful experiment in international relations which the world has ever known. We believe that if the British Empire were to break up Britain would become a third-class power, unable to feed or defend herself. The same fate would quite certainly befall every other country of this family of nations, one by one, and thus would crumble to ruin the world's greatest bulwark of Liberty and Democracy." "... its role as a leader of free peoples against the encroachments of world communism ... It is sometimes forgotten that the potential strength of the British Empire and Commonwealth is greater than that of either the United States of America or the USSR." Imperial Policy, a statement of conservative Policy for the British Empire and Commonwealth, 1949, p. 1, 8, 9.

[840] "It has only to develop its resources to match the power of the US of America or the USSR. If the Commonwealth ceases to expand then will mankind be in danger of ultimate catastrophe. Millions throughout the world look to the Commonwealth for leadership and the Commonwealth looks to London." The Expanding Commonwealth, 1956, p. 3, 23.

[841] The right Road for Britain, Parteiprogramm 1949, p. 56.

verstaubt wirkenden Erklärung wenig Taten folgen lassen; über die geplante Suez-Aktion sind die Dominions weder konsultiert noch informiert worden [842]! In den letzten Jahren hat sich sogar eine Art Frontwechsel ergeben: Es war – neben dem Tory-Flügel der konservativen Partei – die Labour Party, die sich gegen einen britischen Anschluß an den Gemeinsamen Markt und an Europa wandte, den Konservativen Verrat am Commonwealth vorwarf und programmatisch eine Intensivierung der wirtschaftlichen und politischen Beziehungen zu den überseeischen »Partnern« vertrat; *Gordon-Walker* argumentierte dabei ähnlich wie ein Tory [843]! Andererseits hat ein Konservativer in einer aufsehenerregenden Artikelserie der »Times« das Commonwealth kurzerhand als »a gigantic farce« bezeichnet, insofern als es faktisch keine Realität mehr besitze, Großbritannien verführe, an wertlosen Positionen und Verpflichtungen (Aden, Verteidigung Malaysias) festzuhalten und ihm die Anpassung an die noch verbleibenden machtpolitischen Möglichkeiten verbaue [844]. Der konservative *Macmillan* hat sich, aus vorwiegend wirtschaftlichen Gründen, Europa angenähert, und es bleibt abzuwarten, wie sich die Labour-Regierung verhalten wird.

Es mag richtig sein, daß sentimentale Bindungen an die Empire-Tradition und illusionäre Vorstellungen über Kohäsion und Wirksamkeit des Commonwealth Großbritannien die Einsicht in seinen derzeitigen Status als Mittelmacht erschweren – es bleibt in jedem Fall aber die historische Leistung. Es ist den Briten gelungen, in wenigen Jahrzehnten – und meist ohne Blutvergießen – den Übergang vom British Empire der imperialistischen Ära über das British Commonwealth of Nations der Zwischenkriegszeit zum lockeren Verband des heutigen Multiracial Commonwealth zu vollziehen. In ihm hat die britische Dekolonisation ihren Abschluß gefunden. Selbst Asiaten und Afrikaner sind im »Club« verblieben und pflegen noch immer recht enge Beziehungen zur ehemaligen Kolonialmacht. Konzeption und Wirklichkeit des Commonwealth haben sich verändert und angepaßt, wodurch sich die Mitgliedschaft asiatischer und afrikanischer Staaten in der »Nachfolgeorganisation« des Empire ermöglicht hat, gleichzeitig aber wurde Großbritannien als der imperialen Macht par excellence dadurch auch die Entkolonialisierung erleichtert und psychologisch erträglich gemacht. Das Commonwealth hat den Verlust einer Weltmachtsposition verschleiert, insofern als die Gewährung von Self-government und Dominionstatus nicht als Bruch und Ablösung, sondern als eine von Großbritannien längst eingeplante und vorangetriebene Statusänderung innerhalb des Empire erschien, die leicht umstilisiert werden konnte und es so dem nationalen Selbst- und Sendungsbewußtsein erlaubte, sich auf den weltweiten Prozeß der Entkolonialisierung einzustellen und den Anschluß an die nachkoloniale Ära zu finden.

[842] *James F. Tierney*, Britain and the Commonwealth: Attitudes in Parliament and Press in the UK since 1951, in: Political Studies 6/1958, p. 228 f.

[843] *Gordon-Walker* kann von einer »real force in the world«, einer »economic entity« und sogar von einem »considerable approach to a Commonwealth strategic pattern« sprechen und die Verteidigungsfragen im Pazifik und Vertragssystem skizzieren, ohne die besondere Rolle der USA auch nur zu erwähnen! The Commonwealth, p. 324 f.

[844] A party in search of a pattern, II. Patriotism based on reality not on dream, by a Conservative, »Times« v. 2. 4. 1964, p. 13.

Frankreich

«La plus grande France » und « Mise en valeur»

« L'idée coloniale à laquelle l'opinion française était demeurée avant la guerre à peu près indifférente, s'affirme et s'élargit chaque jour dans l'esprit public depuis le rétablissement de la paix. Nous prenons conscience de plus en plus clairement du supplément de force et de prestige qu'apporte à notre pays l'immense et magnifique domaine acquis par l'élan de foi prophétique de quelques inspirés, trop longtemps incompris et jadis presque désavoués. Nous commençons, comme l'Angleterre deux siècles avant nous, à « penser impérialement ».
Heureuse évolution; trop incomplète et trop lente cependant. La France ne se représente pas encore assez ce que ses colonies lui offrent de perspectives de grandeur, d'éléments de puissance et de prospérité pour son rétablissement matériel, d'occasions de rayonnement et de splendeur pour la diffusion de son génie. Aucune de nos préoccupations nationales n'a l'importance de celle-là. Toutes, qu'il s'agisse de notre sécurité, de notre relèvement financière, des problèmes de la natalité, du renforcement de notre influence dans le concert universel des peuples, – toutes ne prennent que sous cet angle leur pleine signification et leur exacte portée. A y bien réfléchir, on est en droit de dire: la France sera une grande puissance colonisatrice, ou elle cessera d'être la France. » [1]

Mit diesen Worten leitete der Radikalsozialist *Léon Archimbaud* seine parlamentarische Berichterstattung des Kolonialbudgets von 1930 ein. Sie besaßen keinerlei Originalität. Ähnliche Formulierungen finden sich in unzähligen Zeitschriftenaufsätzen, in Büchern über Kolonialfragen und in Parlamentsvoten. In ermüdender Wiederholung wurde behauptet, im Laufe des Weltkrieges sei sich Frankreich der Bedeutung seines Kolonialreiches bewußt geworden. « La France au cours de cette guerre a appris qu'elle a des colonies » [2]. Vor 1914 habe sich das Mutterland wenig um seine überseeischen Gebiete gekümmert; Kolonialpolitik – Eroberung, Pazifikation, Verwaltung und wirtschaftliche Erschließung – sei Sache eines eng umgrenzten Personenkreises und einiger direkt interessierter Gruppen, nicht aber eine Angelegenheit des ganzen Volkes gewesen. Hunderttausende von Kolonialsoldaten hätten jedoch zusammen mit ihnen den Sieg erfochten: Frankreich sei sich eines « facteur nouveau de puissance française: La Force noire » bewußt geworden [3]. Die Kolonien hätten zudem ungeheure Mengen an Rohstoffen und Nahrungsmitteln geliefert und die Versorgung der schwer gefährdeten Metropole sichergestellt.
Die Publizistik verschwieg geflissentlich die mannigfachen Unruhen während des Krieges und feierte die angebliche Treue der kolonialen Untertanen, die die zivilisatorische Leistung Frankreichs dokumentiere und ein Gefühl der Zusammengehörigkeit zwischen

[1] 31. Juli 1929 Journal Officiel, Chambre des Députés, Documents parlementaires 1929 Annexe 2262, p. 526.
[2] *Joseph Cailley*, L'avenir de nos colonies, in: Revue des Sciences Politiques, 1917, p. 215.
[3] *Alfred Guignod*, Les troupes noires pendant la guerre, in: Revue des deux mondes. 15. 6. 1919, p. 878. Genannt werden 518 638 Soldaten und 183 928 Arbeiter, *René La Bruyère*, Le problème de la mobilisation d'Outre-Mer, in: Revue des deux mondes, 1. 5. 1933, p. 173.

Mutterland und Kolonien erzeugt habe. Beide Teile seien sich dieser Interessengemeinschaft bewußt geworden und stolz darauf, einem größeren Ganzen anzugehören.

« L'idée, l'image, peu à peu s'est précisée dans les esprits d'une entité nouvelle où la Patrie continentale et les Frances d'outre-mer, sinon confondues, du moins étroitement solidarisées, composeraient la force réelle d'une plus grande France appuyant sa sécurité non plus sur 40 millions, mais sur 100 millions d'êtres humains, et pouvant demander toutes les nourritures de sa vie à l'ensemble d'un domaine vingt fois grand comme la Patrie maternelle. » [4]

Andere ähnliche Formeln tauchten in der Publizistik auf und wurden zum Gemeinplatz: « La France des cinq parts du monde » oder « La France des cent millions ». Wir werden von ihnen ausgehen müssen, da sie das spezifische Selbstverständnis sichtbar machen. Die These, daß weitere Kreise im Mutterland erst während des Krieges die Bedeutung der Kolonien erkannt hätten, fand sich – wie wir gesehen haben – allerdings auch in Großbritannien. Wer sich über das Kolonialreich äußerte und das Interesse der Öffentlichkeit auf die Überseegebiete lenken wollte, konnte hier einsetzen, obschon es schwer auszumachen ist, ob die These auch zutraf und das Interesse an den Kolonien wirklich breitere Kreise im Mutterland erfaßt hatte. Die Formulierungen zeigten aber eine Verschiedenheit der Grundkonzeptionen: Großbritannien orientierte sich primär an den Dominions, die über Self-government verfügten, sich »freiwillig« dem Mutterland anschlossen und einen lockeren Reichsverband konstituierten. Frankreich hingegen lehnte die Begriffe «France » und « Patrie » aus und bezog so auch die koloniale Bevölkerung darin ein. Es postulierte die Einheit eines größeren Frankreichs, das die Kolonien umschloß. Während Großbritannien die Self-governing Colonies dem Mutterland durch Akzeptierung ihrer Eigenständigkeit und Eigenstaatlichkeit annäherte und das Commonwealth auf ein partnerschaftliches Verhältnis der zur Autonomie gelangten Siedlergemeinschaften gründete, denen zu gegebener Zeit auch die Kolonien nachfolgen sollten, ging Frankreich von einem übergeordneten Begriff des »Franzosen« aus, der die Bürger der Metropole ebenso wie die Untertanen der Kolonien umfaßte und somit auf eine integrierte Gesamtbevölkerung von hundert Millionen abzielte, die das auf die Kolonien erweiterte nationale Territorium bewohnte und eine unaufbrechbare Einheit bildete oder künftig bilden sollte. Wenn sowohl Großbritannien wie Frankreich nach dem Ersten Weltkrieg ihre künftige Kolonialpolitik als schrittweise Gewährung von Freiheit ausgaben, so erhielt der Begriff »Freiheit« von vorneherein verschiedene Bedeutung: während er im britischen Empire auf Territorien und politische Gemeinschaften bezogen wurde, die Self-government erhalten sollten, konnte »Freiheit« innerhalb der französischen Grundkonzeption nur die individuelle Freiheit innerhalb der Plus grande France bedeuten, also Gleichstellung der Kolonialbevölkerung mit derjenigen der Metropole.

Um 1930 kam auch der Begriff »Empire« auf [5], und selbst einen französischen Imperialismus konnte man in Anspruch nehmen. Während die Briten das bereits kompromittierte Wort »Imperialism« kaum mehr gebrauchten und auch den Begriff »Empire« immer mehr durch »Commonwealth« ersetzten, glaubten die französischen

[4] *Albert Sarraut*, La mise en valeur des colonies françaises, 1922, p. 17.

[5] Z. B. L'Empire colonial français, hg. von verschiedenen Autoren, mit einem Vorwort von *Gabriel Hanotaux*, 1929. *Pierre Lyautey*, L'Empire colonial français, 1931, eine breit angelegte Darstellung mit detaillierten Angaben.

Publizisten, mit diesen Begriffen die untrennbare Einheit von Mutterland und Kolonien und die wirtschaftliche und politische Bedeutung von Übersee für das Mutterland propagandistisch wirksamer vertreten zu können. So hat z. B. 1934 unter dem Patronat der « Société de Géographie commerciale et d'études coloniales » sich eine « Ligue de la République Impériale Française » konstituiert, die eine « mystique impériale collective » propagieren wollte und die Notwendigkeit einer wirtschaftlichen Erschließung im Sinne der « France totale » herausstellte [6]. Die Tatsache, daß ein « jeune député radical-socialiste » wie *Pierre Mendès-France* zwei Artikel über das « Empire français « veröffentlichte, ohne daß der Terminus »Empire« Anstoß erregte, zeigt ein wachsendes imperiales Bewußtsein in Frankreich [7]. Die koloniale Wirtschaftskonferenz von 1934 hat Begriffe wie »Empire« und « politique impériale » in der Tat popularisiert und selbst für die gemäßigte Linke akzeptabel gemacht, die durch eine Mise en valeur der Kolonien die eigene Wirtschaftskrise überwinden wollte oder im Interesse der Kolonialbevölkerung ein erweitertes Engagement der Metropole in Übersee forderte. Vertreter der jüngeren nationalistischen Rechte *Maurras*'scher Prägung übernahmen die imperiale Forderung, jedoch nicht ohne kritisch darauf hinzuweisen, daß die republikanischen Erziehungsmethoden den Eingeborenen Argumente für die eigene Emanzipation lieferten [8].

Ähnlich wie in England sollte das Kolonialreich den Anspruch auf eine Großmacht- und Weltmachtposition rechtfertigen; mit dem Weltkrieg zeichnete sich eine Blockbildung ab, und dieser Situation, glaubte man, könne Frankreich nur mit seinem Überseebesitz begegnen. "In the face of such giants as the United States, the British Commonwealth of Nations, the reorganized Russia of to-morrow, European France would count for little. . .but there is a Greater France" [9]. Selbst in Europa stehe Frankreich mit seinen 40 Millionen Einwohnern den 65 Millionen Deutschen gegenüber und sei außerdem durch eine sinkende Geburtenrate potentiell geschwächt. Die « Sécurité » wurde mit dem Kolonialreich in Verbindung gebracht, insofern als dieses dem Mutterland eine erweiterte Machtbasis schuf und gegen den Widerstand *Wilsons* und *Lloyd Georges* durchgesetzt worden war, daß Frankreich sogar in den Mandatsgebieten Soldaten rekrutieren durfte – angeblich nur zur Verteidigung, aber doch mit der Zusage, die Kolonialtruppen auch in Europa verwenden zu können [10]. Nicht nur Deutschland, sondern auch Großbritannien und Amerika haben in der Folgezeit gegen diese offensichtliche Verfälschung des Mandatsprinzips Einwände erhoben. Frankreich hingegen

[6] Revue Economique française, publiée par la Société de Géographie commerciale et d'études coloniales, 1935, p. 262 f. Der Ausdruck »France totale« findet sich auch in der Eröffnungsrede des Kolonialministers Louis Rollin anläßlich der Conférence impériale, vgl. L'Afrique française, 1934, p. 699.

[7] Gemeint sind zwei Aufsätze in »Le Capital«, August 1934.

[8] *Robert Francis, Thierry Maulnier, Jean-Pierre Maxence,* Demain la France, 1934; vgl. *Karl Epting,* Das französische Sendungsbewußtsein im 19. und 20. Jahrhundert, 1952, p. 94 f.

[9] *Henri Hauser* (Wirtschaftshistoriker an der Sorbonne), Greater France, in: Foreign Affairs, Dez. 1923, p. 211. *Pierre Lyautey,* a.a.O., p. 521.« Une nation sans impérialisme... est condamnée à une décadence... Le XXe siècle semble devoir être celui du triomphe des empires, de cinq ou six empires qui se partageront le monde», *Jean Vidailhet,* La démocratie française et son impérialisme, in: Revue Economique française, April 1935, p. 346, 551.

[10] *R. St. Baker, Wilson,* Dokumente I, p. 335 f.

war stolz auf die von General *Mangin* bereits 1910 propagierte Force Noire und baute sie aus; es hat die Tirailleurs sénégalais – die keineswegs nur aus dem Senegal stammten – in Algerien, Marokko, Syrien, im Rheinland und im Ruhrgebiet eingesetzt. Ein beliebtes Argument war, daß das Mutterland sich dank seiner farbigen Streitkräfte mit kürzeren Dienstzeiten begnügen und sich dem Wiederaufbau widmen könne; in der Tat konnte die Dienstzeit für französische Bürger 1922 auf 18 Monate reduziert werden, während die « sujets » einen dreijährigen Militärdienst zu leisten hatten. « Hier, la France a eu besoin, pour le combat, des contingents coloniaux. Elle en aura besoin demain pour reforger son instrument militaire. Sa sécurité est désormais tributaire de ses colonies » [11]. Eine solch offensichtliche Überschätzung der farbigen Streitkräfte mochte zweckbestimmt sein und die Force Noire als solche rechtfertigen helfen, machte aber gleichzeitig auch die für die 20er Jahre kennzeichnende Ambivalenz des nationalen Selbstverständnisses sichtbar, in dem sich aufdringlicher Nationalismus und Großmachtanspruch eigenartig mit innerer Unsicherheit und nur selten offen eingestandener Schwäche verbanden. Während die britischen Imperialisten mit ihrer Forderung, sich mehr als bisher dem Empire zuzuwenden, die durch den Aufstieg der Vereinigten Staaten gefährdete weltpolitische Position als Seemacht zu retten hofften, glaubte Frankreich die Kolonialtruppen für seine Sécurité zu benötigen und nur mit diesen dem – trotz Niederlage und Versailler Friede – potentiell stärkeren deutschen Nachbarn mit einiger Aussicht auf Erfolg entgegentreten zu können. Das Schlagwort einer « France de cent millions » half, das beklemmende Gefühl effektiver Unterlegenheit zu überwinden und sich auch im Hinblick auf die Zukunft als Führungsmacht des Kontinents ausgeben zu können.

Es fällt auf, daß die Fragwürdigkeit einer Verwendung von Kolonialtruppen nur selten gesehen oder zugegeben wurde. In einer Unzahl von Zeitschriftenartikeln und Büchern berichteten nationalgesinnte Autoren von den Taten der farbigen Soldaten, den Ordensverleihungen und den großen Opfern, die die koloniale Bevölkerung für die Verteidigung der Mère Patrie während des Krieges brachten. Daß die Rekrutierung mit strittigen Methoden erfolgt war, stellenweise auf offenen Widerstand stieß und der vielgefeierte Generalgouverneur Westafrikas *van Vollenhoven* seinen Rücktritt 1917 mit der forcierten Aushebung begründete, verschwieg man meist [12]. Die These von den 100 Millionen Franzosen gab die ideologische Rechtfertigung für die Rekrutierung und die Verwendung von schwarzen Truppen in Europa: diese standen im Dienst der gemeinsamen « Patrie » – aber man verschwieg, daß die afrikanischen Soldaten nicht Bürger, sondern bloß « sujets » waren und daß gerade den Afrikanern ein nationales Bewußtsein abgesprochen wurde. Der Radikalsozialist *Sarraut* hat die deutsche Polemik gegen die Stationierung von »Schwarzen« im Rheinland in ein deutsches Rassenbewußtsein umgedeutet, demgegenüber Frankreich seine afrikanischen Soldaten als gleichberechtigt, als « frères » anerkenne und damit seine innere Überlegenheit dokumentiere [13]. Nur

[11] *Sarraut,* a.a.O., p 17. « L'évolution et l'organisation méthodiques de l'appoint indigène sont la préface nécessaire du statut nouveau à envisager pour l'armée française», p. 62.

[12] Eine Ausnahme ist z. B. der im übrigen konservative Professor an der Ecole Coloniale, *Louis Vignon,* der die »hostilités sourdes«, die zahlreichen Unruhen, die oft einen Belagerungszustand notwendig machten, erwähnt. Un programme de politique coloniale, 1919, p. 246.

[13] Mise en valeur des colonies, 1923, p. 100.

selten wurden auch die wirtschaftlichen, sozialen und psychologischen Rückwirkungen der Aushebung geschildert, die junge Afrikaner unvermittelt mit einer völlig anderen Umgebung konfrontierte, fremdem Klima und gefährlichen Krankheiten aussetzte, und die andererseits den latenten Mangel an Arbeitskräften in Afrika verschärfte und den wirtschaftlichen Fortschritt erschwerte. Die kritischen Einwände hatten zudem entgegengesetzte Beweggründe: Während ein anerkannter Afrikaspezialist wie *Delafosse* das Wohl der Afrikaner im Auge hatte [14], ging es den »Kolonialisten« um die unmittelbaren wirtschaftlichen Einbußen und um die Gefahr, mit der Rekrutierung von Farbigen die Emanzipationsbewegung und die »widerspenstige Haltung« der Untertanen zu fördern [15].

Auch wirtschaftlich sei Frankreich – so wurde gesagt – auf die Kolonien angewiesen. Seit dem Kriege sei die Außenhandelsposition defizitär, die Währung schwach und die Überseegebiete könnten dem Mutterland die sonst nur mit Devisen erhältlichen Rohstoffe und Nahrungsmittel liefern und gleichzeitig einen großen Absatzmarkt ergeben, der die Finanzen sanieren und Frankreich seine wirtschaftliche Unabhängigkeit zurückgeben würde. Die Kolonien erlaubten « ne plus être victime des appétits de lucre de fournisseurs étrangers » [16]. Dies richtete sich vor allem gegen die Vereinigten Staaten, in deren Abhängigkeit Europa durch den Weltkrieg geraten war; ein Anti-Amerikanismus ist in der Publizistik immer wieder greifbar. Eine Konzentration auf das Kolonialreich und Autarkietendenzen entsprachen den auch in Großbritannien gehegten Hoffnungen, den weltpolitischen Auswirkungen des ersten Weltkrieges entgegenzutreten und sich die Handlungsfreiheit einer Weltmacht zu sichern. Die potentiellen Möglichkeiten des Empires wurden dabei – wie bei der Force Noire – weit überschätzt: « sans lui, quelque jour nous irons à des catastrophes » [17]. Die Mise en valeur der Kolonien hingegen erschien als Rettungsanker, als einziger, um den Verlust an Macht aufzuhalten, um das Bewußtsein nicht eingestandener Schwäche kompensieren zu können. Es war mehr als nur rhetorische Übertreibung oder das Bestreben, Leser und Hörer für die große Sache zu gewinnen, wenn selbst Fachleute ein geradezu groteskes Bild der wirtschaftlichen Möglichkeiten der Kolonien entwarfen und illusionäre Vorstellungen erweckten [18]. Man wird auch diese Äußerungen nur als Ausdruck eines zutiefst getroffenen nationalen Selbstverständnisses richtig verstehen können.

[14] *M. Delafosse,* Les points sombres de l'horizon en Afrique Occidentale, in: Afrique française, 1922, p. 276.

[15] Z. B. eine Stellungnahme der Ligue Maritime et Coloniale, in: L'Afrique française, 1922, p. 109.

[16] *Sarraut,* p. 75.

[17] *Albert Sarraut,* Nationalisons l'idée coloniale, in: L'Europe nouvelle, 1. 5. 1926.

[18] «La mise en valeur intensive de nos ressources d'outre-mer domine tout le problème de notre vie matérielle de demain. Elle seule(!) assainira définitivement(!) nos finances... elle seule atténuera la cherté de la vie, prémunira nos industries contre la disette des matières premières et leurs ouvriers contre les misères du chômage», a.a.O., p. 580. Der Rapporteur des Kolonialbudgets Léon Archimbaud in der Kammer am 4. 12. 1931: « Nos colonies peuvent nous fournir toutes les matières dont nous avons besoin(!). Elles sont le réservoir et le débouché de nos industries nationales. Aucun élément de notre activité ne peut rester étranger aux grands courants d'échanges qui vivifient l'un par l'autre l'apport de la métropole et celui des ses possessions lointaines». Documentation coloniale comparée 1931/II, p. 6.

Die zahlreichen Abhandlungen zur Mise en valeur nahmen ihren Ausgangspunkt in der umfangreichen Darstellung « La mise en valeur des colonies », die *Albert Sarraut* 1922/23 publizierte. *Sarraut* gehörte zu den einflußreichsten Politikern der radikalsozialistischen Partei der Vorkriegszeit und war 1911 bis 1914 und wieder 1916–1919 erfolgreicher Generalgouverneur Indochinas gewesen, von 1920 bis 1924 auch Kolonialminister; in der Folgezeit griff er immer wieder in die Kolonialdiskussion ein. Man wird sein Buch in gewisser Hinsicht mit dem gleichzeitig erschienenen »Dual Mandate« Lord *Lugards* vergleichen können. Es ging zwar um die wirtschaftliche Erschließung der Kolonien und weniger um Verwaltungsmethoden, aber sowohl *Sarraut* wie *Lugard* sahen diese Bereiche als Einheit und bemühten sich, einen neuen Ansatzpunkt für die künftige Kolonialpolitik zu finden und eine Konzeption zu entwerfen, die den wirtschaftlichen Interessen des Mutterlandes und den Interessen der Eingeborenen entsprach; beide schufen sie ein Kompendium, das der Kolonialpublizistik, der parlamentarischen Diskussion, aber auch den Ministerien und der Kolonialverwaltung als eine Art Anleitung diente und somit die Haltung und Diskussion in Kolonialfragen nachhaltig beeinflußt hat.

Sarraut legitimierte die Kolonialherrschaft mit Argumenten, die dem Dual Mandate sehr ähnlich sind [19], im übrigen geht er aber von der faktischen Situation aus und orientiert sich an der Bedeutung der Kolonien für das Mutterland. Frankreich braucht die farbigen Truppen für seine Sicherheit und das wirtschaftliche Potential der Kolonien für die finanzielle Sanierung:

« La France, qui connaît les périls de sa situation financière, peut-elle espérer l'améliorer si elle se condamne à rester sous la dépendance de l'étranger pour l'acquisition des matières premières, denrées ou marchandises qui sont l'aliment de sa vie industrielle et commerciale? Or, nos colonies produisent ou peuvent fournir les cotons, les laines, les soies, les caoutchoucs, le bois, les matières grasses, les minéraux que, par milliards de francs, le marché français demande chaque année aux entrepôts étrangers. Nos territoires d'outre-mer regorgent de ressources qu'il ne tient qu'à nous d'utiliser avec méthode, en accroissant les rendements actuels. Sait-on que, dans l'état présent de son développement, le domaine extérieur de la France brasse un mouvement d'affaires dont la valeur totale dépasse 12 milliards de francs? Beau chiffre, certes, mais qui semblera faible lorsque, dans quelques années, si nous savons vouloir, le rendement colonial aura été triplé par l'exécution du grand outillage économique dont ce livre soumet au public le plan d'ensemble et le programme. Mais il y a mieux encore. Et voici que l'incorporation de l'action coloniale à la vie nationale apparaît désormais comme la préface et la préparation du rôle essentiel que la France peut et doit jouer dans la solution des graves problèmes que l'évolution de l'humanité imposera demain aux préoccupations du monde. » [20]

Das nationale « redressement » verlange eine großzügige Erschließung des « territoire national », wofür der Kolonialbereich beinahe unbegrenzte Möglichkeiten biete [21]. Man erkennt wiederum, wie sich die wirtschaftlichen Schwierigkeiten nach dem Ersten Weltkrieg mit einem nationalen Anspruch verbanden und von einer illusionären Mise en valeur der Kolonien die Rettung erwartet wurde; ähnliche Thesen fanden sich auch in der britischen Diskussion, aber keineswegs zentral und mit mäßigeren Erwartungen.

[19] Z. B. « La France qui colonise ne travaille pas que pour elle; son avantage se confond avec l'avantage du monde ...», p. 18.

[20] P. 17 f.

[21] P. 27, « des moyens en quelque sorte illimités ...»

Bezeichnend ist auch, daß die Kolonien kurzerhand zum « territoire national » gerechnet wurden – eine Integration, wie sie die britische Reichskonzeption niemals vornehmen konnte: Der Begriff »national« bezog sich auf das Vereinigte Königreich, nicht aber auf das Dependent Empire; während in Frankreich das Wort Empire für die um die Kolonien erweiterte Nation steht, trennt die englische Sprachweise Nation und Empire deutlich.

In der von *Sarraut* postulierten Mise en valeur stehen die Bedürfnisse des Mutterlandes im Vordergrund, « fournir, dans le moindre delai, aux besoins de la vie nationale la plus grande somme des produits principaux qu'elle réclame, tel est le but » [22]. Im großen Investierungsprogramm ist denn auch von einer Industrialisierung nicht die Rede, höchstens von einer Verarbeitung lokaler Rohstoffe (z. B. Zucker). Es entspricht der allgemeinen Situation nach dem Ersten Weltkrieg, daß *Sarraut* eine solch intensivierte Erschließungspolitik gegen die »Ausbeutung« des 19. Jahrhunderts absichern will; bereits der Begriff Mise en valeur deute das Neue an, nämlich eine systematische Entwicklung, die dem Mutterland und der Kolonialbevölkerung Vorteile einbringen soll. « Ainsi l'opération coloniale française, conçue pour le bien des deux parties, n'est-elle plus spoliation d'une race par une autre, mais bien association, suivant la formule heureuse qui est devenue la devise de notre politique coloniale » [23]. Auch hier ist die Ähnlichkeit mit Lord *Lugard* frappant. Indem man ein Komplementärverhältnis und eine Interessenharmonie zwischen Mutterland und Kolonien postulierte, glaubte man die Problematik einer an den Bedürfnissen der Metropole orientierten Mise en valeur beseitigt zu haben [24]. Die Frage, wie sich der forcierte Anbau von gewissen Exportprodukten wirtschaftlich und sozial auswirkt, ob dadurch eventuell bestehende Strukturen zerstört und die einzelnen Kolonien in ihrer wirtschaftlichen Entwicklung ungünstig beeinflußt werden, wurde nicht gestellt und war auch noch nicht akut. Mit der Beteuerung, die Kolonien seien nicht nur Märkte, sondern « entités vivantes », um deren zivilisatorische Entwicklung Frankreich sich bemühe, glaubt *Sarraut* mit der Politik der Vorkriegszeit gebrochen und die Basis für eine Reformpolitik gelegt zu haben.

Die neue Politik der Mise en valeur messe – im Unterschied zur bloßen »Ausbeutung« – dem zivilisatorischen Bereich große Bedeutung bei und sei bereit, für den Ausbau der Hygiene, Schulung, Versuchsstationen usw. Kredite zur Verfügung zu stellen. *Sarraut* trägt dieser Forderung in seinem analytischen Programm Rechnung. Er verschweigt auch nicht, daß die AEF hoffnungslos vernachlässigt worden sei, so daß z. B. in Brazzaville nur ein Krankenhaus, das 16 Europäern und 44 Eingeborenen Platz biete, zur Verfügung stehe [25]. In einer für die 20er Jahre charakteristischen Weise wird bei *Sarraut* eine utilitaristische Argumentation sichtbar, die zwischen »Ausbeutung« und moderner »Entwicklungspolitik« steht. Eingeborenenpolitik ist primär eine Funktion der Mise en valeur. « Question de main – d'œuvre: c'est la clef de voûte de l'édifice économique qu'il faut bâtir. » Der Ausbau der Infrastruktur, Planung auf lange Frist und der Neuanbau von Exportprodukten sind abhängig von ausreichenden Ar-

[22] *Sarraut,* a.a.O., p. 339.
[23] Ebd. p. 19.
[24] Der Begriff »complémentaire« z. B. auch bei *Henri Lorin,* Ce que doivent être nos colonies, in: Revue des deux mondes, 15. 9. 1919, p. 432.
[25] *Sarraut,* a.a.O., p. 433.

beitskräften, « d'où la nécessité d'organiser... la lutte énergique contre les maladies » [26]. Selbst das Erziehungswesen wird zunächst direkt auf den wirtschaftlichen Nutzen bezogen, insofern die Schulung den Zweck habe, zeitig « d'améliorer largement la valeur de la production coloniale... il importe d'envisager de prime abord l'utilité économique de l'instruction de la masse » [27].

Mise en valeur will also besagen, daß die Kolonien wirtschaftlich mit einiger Systematik entwickelt werden, um künftig deren »ungeheuren« potentiellen Möglichkeiten auszuschöpfen und der mutterländischen Wirtschaft dienstbar machen zu können. Das Werk *Sarrauts* soll auf dieses Ziel hinführen, und es bietet auch in seinem Hauptteil eine detaillierte Bestandsaufnahme der einzelnen Kolonien und Hinweise auf die künftigen Möglichkeiten. Der Verfasser hatte bereits am 27. Februar 1920 im Senat ein ausführliches Exposé abgegeben und im April 1921 einen Gesetzesantrag eingebracht, « portant fixation d'un programme général de mise en valeur des colonies françaises » [28]. Das 15-Jahr-Programm sah umfangreiche öffentliche Arbeiten und den Ausbau der zivilisatorischen Dienste vor und sollte durch staatliche Subventionen, Anleihen und privates Kapital finanziert werden. Der Antrag hat einiges Aufsehen erregt und wurde an die zuständige Kommission überwiesen, ist dann aber aus der parlamentarischen Arbeit verschwunden und nie zur eigentlichen Beratung gelangt...

Die parlamentarische Initiative und das Buch *Sarrauts* wurden in den folgenden Jahren von Publizisten und Abgeordneten immer wieder zitiert und dienten als Vorbild; wer an Kolonien interessiert war, sprach von der Mise en valeur und drängte zur Realisierung [29]. Die breite Dokumentation wurde bewundert und als Beispiel der notwendigen Detailforschung ausgegeben. Mit Bedauern mußte man aber feststellen, daß die französischen Regierungen den Ermahnungen *Sarrauts* nicht folgen wollten und nicht daran dachten, mit staatlichen Mitteln und großzügigen Anleihen die Mise en valeur in die Hand zu nehmen.

Die koloniale Wirtschaftspolitik Frankreichs in der Zwischenkriegszeit wurde weiter-

[26] Ebd., p. 94. *Sarraut* betont selber den utilitaristischen Gesichtspunkt: « Si l'on analyse, en effet, tels éléments essentiels qui composent ce que l'on appelle notre politique indigène, par exemple l'assistance médicale et l'instruction, on est frappé de la tradition essentiellement utilitaire de chacun d'eux. » P. 93.
Eindeutig kolonialistischer Akzent wird in einem Votum des Abgeordneten *Marcel Habert* sichtbar: Die Kolonien sollen zum Nutzen Frankreichs entwickelt werden und die Produkte liefern, die man sonst aus dem Ausland beziehen müsse, «... on vous a montré tout à l'heure comment nous devons tourner avec affection nos regards vers les indigènes pour nous assurer cette main d'œuvre ... ayant sauvé la vie matérielle de ces indigènes, nous devons leur donner l'instruction. Laquelle? ... Ne perdons pas notre temps en leur donnant une instruction primaire qui ne leur sert à rien, ne faisons pas à ces enfants, dont nous avons besoin pour en faire des travailleurs, des cours d'histoire ou de littérature, donnons-leur l'enseignement technique ... *J. O. Chambre*, 29. 6. 1920, p. 2561.

[27] Zit. *P. F. Gonidec*, Droit d'outre-mer. I. 1959, p. 225.

[28] *J. O. Doc.* parl. Annexe 2449, 1921, p. 1571–1665.

[29] Polemisch, aber nicht ohne Berechtigung kommentierte ein Engländer: "Journalists and politicians become lyrical when they write about the magnificence of this discovery." *Denis Gwyan*, France and her colonial resources, in: Contemporary Review, Sept. 1923, p. 340.

hin durch den traditionellen « Pacte colonial » bestimmt, der die Überseegebiete als »Besitzungen« des Mutterlandes behandelte, auf die Wirtschaft der Metropole ausrichtete und gegen äußere Konkurrenz absicherte. Ihm entsprach die Zollpolitik, die sich vom britischen Freihandelssystem deutlich unterschied. Die neue Zollordnung von 1928 basierte auf derjenigen von 1892 und bestätigte eine weitgehende wirtschaftliche »Assimilation« einerseits und die Abgrenzung nach außen andererseits: die Vieilles Colonies (also vor allem Westindien) und Algerien, aber auch Madagaskar und Indochina sind dem Mutterland gleichgestellt, insofern als der Handel mit der Metropole frei erfolgt, Einfuhren aus dem Ausland aber dem französischen Zoll unterliegen; Westafrika hat eigene Tarife, gewährt dem Mutterland aber Präferenzen; Tunesien ist mit Frankreich durch eine eingeschränkte Zollunion verbunden, während in Marokko und den Mandatsgebieten die Metropole infolge internationaler Verträge keine Sonderstellung genießt. Die Kolonien besaßen also den Vorteil eines freien Zugangs zum französischen Markt, waren aber in bezug auf die Fertigwaren weitgehend auf den Import aus dem Mutterland angewiesen; Einfuhren aus dem Ausland waren nicht verboten und stiegen nach dem Weltkrieg auch stark an, unterlagen aber einem hohen Zoll. Es handelte sich um einen Protektionismus zugunsten der Kolonialmacht [30].

Die Erzeugung von Exportprodukten ist in den Jahren 1919 bis 1929 – ähnlich wie im britischen Bereich – rapid angestiegen: Erdnüsse im Senegal und Sudan (von ca. 200 000 auf 6 Millionen t) Kaffee und Kakao an der Elfenbeinküste, Gummi in der AEF, Reis und Bergbauprodukte in Indochina, Weizen und Phosphate in Marokko, Wein in Algerien und Tunesien u. a. Eine Industrialisierung erfolgte nicht [31]. In der Krise brachen Absatz und Preise und damit die Erzeugung zusammen, während die

[30] Der Senator Albert Lebrun (der spätere Präsident der Republik) beurteilt als Rapporteur des Kolonialbudgets im Senat positiv: «Elle constitue pour les producteurs coloniaux une précieuse garantie pour l'écoulement de leur production en France. Grâce à elle également, l'industrie française est assurée de trouver dans les colonies assimilées l'aide protectrice qui lui est nécessaire. »(!)Documentation coloniale comparée, 1930/II, p. 17.
Sehr kritisch hingegen der Gouverneur honoraire, Camille Guy: die französische Zollpolitik sei immer noch eine solche des Pacte colonial, das Parlament z. B. reglementiere die Rumproduktion zugunsten der Metropole; die Gouverneure seien alle gegen die assimilatorische Zollpolitik. Indochina z. B. produziere 1,7 Millionen Tonnen Reis, Frankreich nehme aber nur 150 000 Tonnen auf. Wie soll Indochina aber in andere Länder exportieren können, wenn die Einfuhren aus diesen Ländern einem hohen Zoll unterliegen? Die Assimilation «condamne les colonies à la stagnation ou même à la régression». La politique coloniale de la France, in: La politique coloniale de la France. Conférences organisées par la Société des Anciens Elèves de l'Ecole libre des Sciences Politiques, 1934, p. 260.

[31] Vgl. z. B. die »offizielle« Stellungnahme Louis Mérats (Directeur des affaires économiques im Kolonialministerium): «Le plus simple et le plus efficace des remèdes temporaires contre l'industrialisation de nos colonies consiste à prolonger, autant que se peut, par la politique de soutien et les accords commerciaux, l'ère de la production agricole, pastorale, forestière et minière. Nos colonies ont incontestablement le droit de s'industrialiser pour leurs besoins propres ou la conquête de débouchés étrangers, parce que c'est, pour elles, une forme d'enrichissement qui, d'ailleurs, dans l'ensemble, ne doit point préjudicier à l'industrie française. Il en va autrement quand il s'agit de bouleverser le marché métropolitain, voire certains marchés coloniaux. » La loi douanière coloniale de 1928 et l'évolution économique des colonies, in: Revue politique et parlementaire 172/ 1937, p. 466.

Fertigwaren des Mutterlandes preislich über dem Weltmarktniveau lagen [32]. Das Mutterland sah sich zudem einer Konkurrenz der Kolonien ausgesetzt: der Zucker aus den Antillen konkurrierte mit der Zuckerrübenerzeugung Nord-Frankreichs, Getreide und Wein Nordafrikas bedrängten den Bauern der Metropole. Koloniale und mutterländische Produktion stießen in Form von Interessengruppen aufeinander und verlangten in Paris entsprechenden Schutz: die Landwirtschaft Frankreichs forderte Kontingentierung und Zollschutz, während die Kolonien – Siedler, Importeure und Administration – auf die Notwendigkeit des Absatzmarktes verwiesen, die prekäre Finanzlage betonten und soziale Unruhen prophezeiten [33]. Die Colons Algeriens und Tunesiens drohten gar mit Sezession [34] und polemisierten ihrerseits gegen den Pacte colonial! Ein Kontingentierungssystem und finanzielle Zuschüsse an die kolonialen Produzenten suchten einen gewissen Ausgleich zu schaffen.

Die Kolonien und das Mutterland waren nach 1930 noch mehr als bisher aufeinander angewiesen. Während die ersteren infolge überhöhter Preise und Importbeschränkungen ihren ausländischen Absatz verloren, war der Export des Mutterlandes in kontinentale Länder zusammengeschrumpft und stärker als bisher am überseeischen Markt interessiert. Der Anteil der Kolonien am französischen Außenhandel nahm daher stark zu [35], 1932 war Algerien der wichtigste Abnehmer französischer Produkte [36].

Die zunehmende Bedeutung, die der koloniale Absatzmarkt für die Metropole erhielt, und der Konflikt der divergierenden Interessen brachte nach 1931 eine Bewegung in Gang, die Koordinierung innerhalb des Empire zu organisieren, die Erzeugung zu verteilen und zu reglementieren, die Preise zu stabilisieren und die Konkurrenz zu regulieren. Als Vorbild diente die britische Reichskonferenz von Ottawa. 1934–1935 tagte eine mit viel Aufwand organisierte und in der Presse lebhaft diskutierte Conférence économique de la France métropolitaine et d'outre-mer, die Absprachen zwischen den einzelnen Wirtschaftsgruppen treffen und eine Produktionssteigerung der vom Mutterland benötigten Rohstoffe vorbereiten sollte [37]. Wiederum war von einem auf 15 Jahre verteilten großzügigen Investierungsprogramm in der Höhe von 11,2 Mrd. die Rede,

[32] Einen eindrucksvollen Bericht über Lage und Problematik der Kolonialwirtschaft nach der Krise gibt Kolonialminister *Paul Reynaud:* Die Preise für viele Produkte lägen auf Weltmarktniveau, nicht aber die Importe aus Frankreich. Entweder müsse man den Kolonien bessere Produktionspreise sichern, oder ihnen den Import aus Nicht-Frankreich ermöglichen, Documentation coloniale comparée 1935/I, p. 46.

[33] Die Franzosen wiesen u. a. auf die angeblich niederen Gestehungskosten in Nordafrika hin, oder es wurde gar dahin argumentiert, daß Kolonialprodukte die agrarische Erzeugung der Metropole ersetzten, Bananen anstatt Früchte, Reis gegen Getreide, Kaffee gegen Wein. *René Hoffherr,* ein anerkannter Spezialist für koloniale Wirtschaftsfragen, berichtet polemisch von solchen Thesen, Comment organiser une économie française d'Empire? in: Politique étrangère 1938/3, p. 185 f. Andererseits z. B. *Pierre Mille,* La Conférence impériale, in: Le Temps 2–3. 1. 1935; « répétons pour la millième fois que l'indigène ne peut acheter que s'il a vendu ».
Die Position der Kolonialfranzosen bei *E. Guernier,* Pour une Politique d'Empire, 1938.

[34] Die Resolution der Vereinigung tunesischer Siedler von 1934 bei *Hoffherr,* p. 185.

[35] 1913: 12,5 %; 1927: 13 %; 1932: 25 %; 1937: 26 %; *C. J. Gignoux,* L'économie française entre les deux guerres, 1919 à 1939, 1942, p. 188.

[36] *Gignoux,* a.a.O., p. 189.

[37] *H. J. Priestley,* France overseas, 1938, p. 428 f.

wobei ein Fonds National pour l'outillage public des colonies vorgeschlagen wurde, dem der Staat aus Budgetmitteln innerhalb von 7 Jahren 150 Millionen zuschießen sollte; der Colonial Development Fund von 1929 diente hier als Vorbild. Im Unterschied zu diesem kam jedoch der französische Plan nicht zustande, obschon der staatliche Beitrag geringfügig war und allein die Subvention der Zuckerrübenindustrie Subventionen in vierfacher Höhe erforderte [38]. Trotz schöner Reden [39] und viel Propaganda haben sich die innenpolitische Rücksichtnahme, die Verständnislosigkeit für koloniale Belange und ein ohnehin gestiegener Finanzbedarf der Metropole als stärker erwiesen!

Als eine Variante dieser wirtschaftlich orientierten Pläne zu einer engeren Koordinierung innerhalb des Empires und einer energisch propagierten Mise en valeur kann auch das eurafrikanische Programm verstanden werden. Bereits 1904 hatte *Onésime Reclus* die Formel « Lâchons l'Asie, prenons l'Afrique » geprägt: während in Asien die nationale Emanzipationsbewegung bereits eingesetzt habe und die europäische Herrschaft bedränge, sei in Afrika noch Raum und Möglichkeit für eine europäische Kolonisation vorhanden. *Albert Sarraut* hat sein Interesse vorwiegend auf Afrika gerichtet und *Georges Valois* gab 1931 nach einer Afrikareise die Parole aus: « L'Afrique chantier de l'Europe »; unter dem Patronat eines « Comité national pour l'organisation française » legte er im Juli einen 10-Jahres-Plan zur Erschließung Afrikas vor, und ein Verein »Eurafrika« wurde gegründet [40]. Diese Pläne fanden einige Resonanz, als 1933 *Eugène Guernier*, der Präsident der marokkanischen Handelskammer und Repräsentant kolonialinteressierter Wirtschaftskreise [41] eine Schrift mit dem Titel « L'Afrique, champ d'expansion de l'Europe » publizierte. Seine Argumentation hat symptomatischen Charakter. Das von Überproduktion und Arbeitslosigkeit geplagte Europa suche nach Absatzmärkten und Auswanderungsmöglichkeiten; ein großzügig entwikkeltes Afrika könne beides gewähren: während eines Jahrhunderts (!) könne Europa seine überschüssige Bevölkerung – er rechnete mit 15–20 Millionen Menschen – dahin lenken. In Asien durch Nationalismus und Boykottbewegungen bereits bedrängt und durch den amerikanischen Protektionismus benachteiligt, erhalte Europa in Afrika die Möglichkeit « pour alimenter ses industries, mais encore pour les faire vivre » [42]. Den Finanzbedarf schätzte *Guernier* auf 100 Mrd., die vorzüglich für die Infrastruktur Verwendung finden würden. Was sollte mit der afrikanischen Bevölkerung geschehen? Sie werde zivilisatorisch profitieren, wobei der Verfasser sich auf *Sarraut* bezieht, von

[38] *Louis Pichat*, L'outillage public de la France d'outre-mer, in: Revue politique et parlementaire 163/1935, p. 279. *Pierre Mille*, Démonstration par l'absurde, Le Temps 10. 11. 1937.

[39] Reden des Präsidenten der Republik *Lebrun* und des Kolonialministers *Rollin* in: L'Afrique française, 1934, p. 696 f.

[40] *Gérard Barget*, Le problème de la redistribution, ses modalités, in: Esprit 1935, p. 423.

[41] Vgl. Angaben in Marchés coloniaux 8. 4. 1950, p. 743.

[42] P. 156. Ähnlich auch *Vidailhet* in dem bereits genannten Aufsatz:« Certes, nous n'ignorons pas qu'en Asie et en Amérique nous ne trouverons pas ce que nous cherchons. Mais l'Afrique est à nos portes: C'est un continent neuf où bien des espoirs sont permis et dont la France possède, à elle seule, le tiers de l'étendue ... Il faut intégrer l'Afrique à l'Europe, graduellement. . .» La démocratie française et son impérialisme, in: Revue économique française, April 1935, p. 444.

der Erhaltung bestehender Sozialstrukturen spricht und die « condition de l'indigène » zu berücksichtigen vorgibt. Die koloniale Erschließung werde Europa erlauben « faisant à son tour l'Afrique à son image » [43]. Die Problematik von Großinvestierungen, Masseneinwanderung und Massenkolonisation wurde bagatellisiert, wobei *Guernier* ausgerechnet *Lyautey*, der die europäische Einwanderung nach Marokko einzuschränken versucht hatte, als seinen Lehrmeister bezeichnete! Das Buch zeigt eindrücklich, mit welch illusionärer »Großzügigkeit« ein führender Vertreter der Kolonialwirtschaft und eifriger Propagandist für ein französisches Reichsbewußtsein mit Afrika umsprang. Man wundert sich nicht, daß *Guernier* die italienische Abessinienpolitik rechtfertigte, gleichzeitig aber Frankreich mittels eines Völkerbundmandates an der »Entwicklung« dieses Landes beteiligen wollte [44]. Die Pläne eines Eurafrika spielten in den Jahren 1933 bis 1935 eine ansehnliche und uns heute eigenartig anmutende Rolle. *Guerniers* Buch wurde von der Académie française mit einem Preis ausgezeichnet [45] und in der Kolonialdiskussion öfters erwähnt; allerlei Comités bildeten sich, und der sonst skeptische und in Wirtschaftsdingen versierte *Joseph Caillaux* glaubte sich veranlaßt, auf der Internationalen Wirtschaftskonferenz von 1934 in London die Ausbeutung der angeblich immensen Möglichkeiten Afrikas als europäische Aufgabe zu bezeichnen [46]. So wie die Mise en valeur der eigenen Kolonien, so erschien nun eine gemeineuropäische Entwicklung als Rettung aus der Wirtschaftskrise und als Versuch, den Machtblöcken Amerikas und Rußlands ein nach Afrika erweitertes geschlossenes europäisches Wirtschaftsgebiet entgegenzustellen – wobei allerdings Frankreich ein besonderes Interesse daran zeigte, da es über weite dünnbesiedelte und schwach entwickelte Gebiete in Afrika verfügte und ein europäisches Engagement weitgehend ihm selbst zugute kommen würde. Man ist geneigt, an den erfolgreichen Versuch Frankreichs in der zweiten Nachkriegszeit zu erinnern, über die Europäische Wirtschaftsgemeinschaft und dessen Entwicklungsfonds umfangreiche Mittel dem eigenen oder ehemals eigenen Bereich zuleiten zu können.

Von der afrikanischen Bevölkerung war in den eurafrikanischen Projekten wenig die Rede, sei es, daß deren Autoren aus »kolonialistischen« Kreisen stammten und in der Eingeborenenfrage nur ein Problem der Arbeitskräfte sahen, sei es, daß man von dem komplementären Verhältnis zwischen Mutterland und Kolonien ausging und folglich annahm, daß die Erschließung Afrikas auch dessen schwarzer Bevölkerung zugute kam. Es ist aber kein Zufall, daß der erfahrene Administrator und Afrikakenner *Robert Delavignette* sich veranlaßt sah, gegen solch weitschweifende eurafrikanische Pläne anzugehen; es sei paradox, daß Europa nun plötzlich Hilfe von Afrika erwarte, die wirkliche Situation werde völlig verzeichnet; Afrika sei arm und für Kolonisation ungeeignet; das offenbar intendierte Klein-Siedlertum verletze unweigerlich die Rechte der Eingeborenen und sei mit der zivilisatorischen Aufgabe Frankreichs unvereinbar [47].

[43] P. 5.
[44] Pour une politique d'Empire, 1938 (Artikel aus marokkanischen Zeitungen 1934–35), p. 57 f.
[45] Marchés coloniaux a.a.O.
[46] Esprit 1935, p. 425.
[47] Idées blanches sur L'Afrique noire, in: L'Afrique française, 1935, p. 13 f. Action colonisatrice et Paysannat indigène, in: L'Afrique française, 1935, p. 526. In beiden Artikeln finden sich weitere Hinweise auf eurafrikanische Aufsätze und Comités.

Aus diesen Eurafrika-Projekten ist allerdings nichts geworden, ebenso wenig wie aus der vieldiskutierten Sahara-Bahn und dem Entwicklungsfonds *Sarrauts*.
In der Kolonialpublizistik und im Parlament mochte also immer wieder von einem durch den Weltkrieg ausgelösten und wachsenden Interesse an den Kolonien, von der Notwendigkeit ihrer Mise en valeur und der nationalen Bedeutung eines französischen Empire die Rede sein, im Grunde wußte man aber, daß das postulierte Reichsbewußtsein nur schwach entwickelt war. Die Kolonialkreise trieben eine aktive Propaganda; Aufsätze in Zeitschriften und popularisierte Darstellungen der Geschichte des Kolonialreichs und seiner aktuellen Probleme sollten das französische Volk mit seinem Empire vertraut machen. Ähnlich wie auch in England wurde Kritik an der Schule geübt, da sie in ihren Lehrbüchern die Kolonien kaum berücksichtige und keine »Kolonialerziehung« biete. Der Erziehung und Propaganda dienten auch die Kolonialausstellungen von 1922 in Marseille und 1931 in Paris. Es gelang, den Marschall *Lyautey* für das Ehrenpräsidium der Weltkolonialausstellung zu gewinnen, und mit großem Aufwand und viel Rhetorik wurden die großartigen Erfolge und Leistungen des « génie civilisatrice » Frankreichs gefeiert. Der äußere Erfolg – was etwa die Besucherzahl anbelangt – konnte als Interesse für die Kolonien gebucht werden. Der Generaldelegierte für die Weltausstellung von 1931 *Olivier* – Gouverneur von Madagaskar – bezeichnete es als deren Aufgabe, « de montrer le vrai visage de la colonisation à ceux qui l'ignorent » [48]. Man müsse sich der weltpolitischen Situation bewußt werden: während die europäischen Staaten miteinander im Streite lägen, bereiteten 1200 Millionen Menschen nicht-weißer Rasse den Gegenstoß vor: Europa, dessen Prestige seit dem Kriege angeschlagen sei, sei abhängig von außereuropäischen Rohstoffen und müsse sich um eine Annäherung der Rassen bemühen; in sechs Monaten habe die Idée coloniale dank der Ausstellung mehr Boden gewonnen als in den vergangenen 50 Jahren. Und doch wird die Frage, ob Frankreich einen « sens impérial » besitze – stets mit Blick auf Großbritannien – verneint [49]. Auch *Lyautey* mußte zwei Jahre später enttäuscht feststellen, daß die Ausstellung « n'a eu en rien modifié la mentalité des cerveaux adultes, ni de ceux des gens en place qui n'étaient pas, par avance, convaincus » [50].
Zweifellos stand eine kleine Elite jüngerer Franzosen für Verwaltung, Kolonialarmee und Missionen zur Verfügung, und in Paris vertrat eine Unzahl von Vereinigungen und Komitees die Interessen der Kolonien [51], und es besteht auch kein Zweifel, daß die

[48] Les origines et les buts de l'exposition coloniale, in: Revue des deux mondes, 1. 5. 1931, p. 54.
[49] Philosophie de l'exposition coloniale, a.a.O., 15. 11. 1931, p. 283 f.
[50] Après l'exposition coloniale, a.a.O., 1. 1. (od. 1. 4.) 1933, p. 53.
[51] Wir geben eine Aufzählung des Direktors der politischen Abteilung im Kolonialministerium wieder, ohne auf die einzelnen Organisationen eingehen zu können. Die genannten Namen zeigen deutlich eine – auch für England geltende – Kombination von Repräsentanten eines konservativen Nationalgedankens mit solchen der Wirtschaft:
«On peut citer l'Union française, l'Institut français, l'Académie des Sciences coloniales. L'Union coloniale a pour but de grouper les intérêts commerciaux de nos possessions; ses présidents successifs ont été MM. Mercet et le Neven. Créé depuis la guerre, l'Institut Colonial se propose de défendre les intérêts généraux de la colonisation; il a eu pour présidents MM. de Rouvre et l'amiral Lacaze; son secrétaire générale est M. Gheerbrandt. Enfin, depuis cinq ans environ qu'elle existe, l'Académie des Sciences coloniales, qui est reconnue d'utilité publique, s'est placée au rang des compagnies de même ordre. Elle a eu

Kolonialfirmen und die mit diesen liierten Finanzinstitute einen ansehnlichen Einfluß auf Regierung, Parlament und Parteien auszuüben vermochten, die breitere Öffentlichkeit zeigte sich jedoch trotz aller Propaganda an kolonialen Fragen nur wenig interessiert. Ähnlich wie in England waren die Parlamentsdebatten selten und jeweils schlecht besucht; nur die Behandlung des Kolonialbudgets gab Anlaß, die überseeischen Probleme kurz zu erörtern, wobei die Abgeordneten der Kolonien und die Spezialisten der Parteien mehr oder weniger »unter sich« diskutierten. Oft wurde polemisch darauf hingewiesen, daß offenbar nur die militärischen Operationen – Marokko, Syrien – oder dann Unruhen die Aufmerksamkeit der Parlamentarier und Presse fänden und dann erregte Debatten und Schlagzeilen brächten – für die wirtschaftliche Entwicklung und die konkreten Anliegen der eingeborenen Bevölkerung zeige aber niemand sonderliches Interesse. Ähnliches galt auch für die politischen Parteien: Kolonialpolitik wurde auf den Jahreskongressen nicht oder nur am Rande verhandelt – was u. a. die Folge hatte, daß entweder die Vertreter der überseeischen Sektionen oder Repräsentanten der Kolonialwirtschaft den Kurs und die Stellungnahme der Parteien festlegten oder jedenfalls stark beeinflußten.

Das mangelnde Interesse der Parlamentarier war aber nicht zuletzt eine Folge optimistischer Äußerungen von Regierungsseite. So erklärte der Kolonialminister in der großen Indochinadebatte vom Januar 1930: « A la vérité, la situation politique de notre domaine colonial est, dans l'ensemble, excellente » [52]. Und wenige Monate später lobte der parlamentarische Berichterstatter *Albert Lebrun*, der spätere Präsident der Republik, einmal mehr die zivilisatorischen Leistungen Frankreichs im Bereich der öffentlichen Arbeiten, der Schule und des Sanitätsdienstes, ohne auf die eigentlichen Probleme auch nur einzugehen [53]. In der Indochinadebatte vom 13. Juni 1930 hielt der Kolonialminister – als Antwort auf die Kritik des Sozialisten *Moutet* – die politischen Vertretungskörperschaften für völlig ausreichend. « Assemblées de représentation fonctionnent actuellement dans tous les pays du protectorat. Ces assemblées se prononcent sur presque tous les chapitres du budget, notamment sur ceux qui intéressent les travaux publics et les conditions de vie des indigènes. En Cochinchine, le conseil colonial se réunit au moins une fois par an (!) . . . » [54].

Dies hieß allerdings nicht, daß die Kolonialpolitik außerhalb der Parteipolitik stand. Gute Kenner der parlamentarischen Praxis haben darauf hingewiesen, daß wichtige Entscheidungen im Interesse der stets instabilen Regierungsmehrheit verzögert wurden und daß auch die Ernennung bzw. Absetzung von Generalgouverneuren nach partei-

pour présidents successifs MM. Gabriel Hanotaux, le maréchal Franchet d'Espérey, Paul Doumer et Lacroix; elle a pour secrétaire perpétuel M. Paul Bourdarie, et se recrute par cooptation. Il ne faut pas davantage oublier, à un point de vue plus spécial, l'action féconde du Comité de l'Afrique française, dont les présidents successifs ont été le prince d'Arenberg, MM. Jonnart et Roume, et dont M. Terrier, secondé par M. Ladreit de Lacharrière, est, depuis plus de trente ans, le dévoué secrétaire général. Le Comité de l'Asie française et celui de l'Océanie française, où le rôle de MM. Sénart, Robert de Caix et Froment-Guieysse a si souvent été judicieux et perspicace, méritent également tous les éloges. » *Albert Duchêne*, La politique coloniale de la France, 1928, p. 314.

[52] *J. O. Chambre*, 30. 1. 1930.

[53] *J. O. Chambre*, 25. 3. 1930.

[54] *J. O. Chambre*, 13. 6. 1930.

politischen Gesichtspunkten erfolgte [55]. Die Abberufung *Lyauteys* durch die Kartellregierung 1925 mochte gerechtfertigt sein, die Art und Weise des Vorgehens und der klanglose Empfang des bedeutenden und gefeierten Prokonsuls in Marseille waren beschämend. 1934 wurde der Polizeipräfekt von Paris, *Chiappe*, der durch seine enge Verbindung zu den rechtsradikalen Ligen Anstoß erregt hatte, abgesetzt und zum Generalresidenten von Marokko ernannt, obschon er keine Kolonialerfahrung besaß und die »Strafversetzung« den hohen kolonialen Verwaltungsposten kompromittieren mußte! Andererseits haben die Parlamentarier ein so starkes Interesse an Gouverneursämtern gezeigt, daß mit einem Sondergesetz dagegen eingeschritten werden mußte [56]. Symptomatisch für diese Inkongruenz zwischen Postulat und Realität ist die polemisch gegen das Regime der Dritten Republik in der Zwischenkriegszeit gerichtete Frage *André Tardieus:* « Nous avons l'Empire, où est la conscience? » Und die resignierte Feststellung: « Nous pourrions, pour nous épanouir, nous concevoir 100 millions, que nous sommes. Nous préférons rester 40 millions à nous entre – dévorer. Cela se paie ... » Frankreich habe sein Empire, das ihm eine Quelle moralischer Erneuerung, aber auch wirtschaftlicher und politischer Macht bedeuten könnte, vernachlässigt [57]. Das waren Worte durchaus im Sinne der Kolonialideologie *Albert Sarrauts* – sie kontrastierten aber eigenartig mit der Tatsache, daß *Tardieu* sich weder als Parlamentarier noch als Ministerpräsident sonderlich um die Kolonien gekümmert und sein Empire-Bewußtsein durch entsprechende Initiativen unter Beweis gestellt hat!

Es verwundert denn auch nicht, daß alle Anstrengungen zu einer Reform der zentralen Kolonialadministration und vor allem die zahlreichen Versuche, alle außereuropäischen Gebiete einem einzigen und dementsprechend auch aufgewerteten Kolonialministerium zu unterstellen, gescheitert sind. 1920 brachte zwar eine Reform des Kolonialministeriums – ähnlich wie in England – eine Departementsaufteilung nach Sachgebieten an Stelle der geographischen Aufgliederung, und das Parlament setzte einen

[55] Z. B. die Ersetzung Weygands durch Sarrail in Syrien 1924, *Ed. Bonnefous,* Histoire politique de la troisième République, 1960, IV, p. 87.

[56] Es wurde die Auslandsabwesenheit eines Parlamentariers auf 6 Monate beschränkt, was die Annahme eines Gouverneursposten nicht verhinderte, aber doch erschwerte, da der Abgeordnete auf sein Mandat verzichten mußte. *J. Paul-Boncour,* Entre deux guerres, Souvenirs sur la IIIe République, 1945, II, p. 408.

[57] « Deux notions à créer ou à restaurer: la notion de l'Empire et la notion de l'Etat. L'Empire, d'abord, fait de territoires, mais fait aussi de moyens réels ou virtuels, que recèlent ces territoires d'Europe et d'outre-mer; fait plus encore de la conscience collective de ceux qui les habitent; l'Empire, notion matérielle et notion morale, qui, conçue et exploitée, peut être la plus féconde des garanties pour une politique positive d'organisation de la paix. L'Etat, ensuite, expression de cette conscience au service de l'action; centre éternel de l'histoire de France; force supérieure – parce qu'elle traduit l'ensemble et s'exerce à son service – aux forces individuelles qui, si hautes soient-elles, divisent. L'Empire a été négligé par la France de 1918, ivre du salut de son sol métropolitain. Fidèle à la destinée de sa vie comme à l'esprit contemporain, Clemenceau a vécu passionnément la paix européenne sans serrer de près les exigences de notre vie impériale. D'elle pourtant nous viendrait le salut en cas de menace, soit aux heures de 1935 qui verront nos effectifs nationaux s'étioler des saignées de la guerre, soit dans une hypothèse possible de solitude internationale. La conscience impériale est à naître. Elle serait une cause de sang-froid, non de psychose impérialiste; car ce dernier état est une maladie de la pensée, dont la saine réalité suffit à nous préserver. » L'épreuve du pouvoir, 1931, p. XVIII.

Sonderausschuß für die Angelegenheiten Algeriens, der Protektorate und der Kolonien ein; gleichzeitig schlug eine auf Drängen *Sarrauts* gebildete Kommission ein Ministerium « de la France extérieure » vor. Dieser Vorschlag wurde aber nicht weiter verfolgt, da nicht zuletzt die Algerien-Franzosen opponierten [58]. *Daladier* hat bei der Kabinettsbildung im Januar 1934 ein Überseeministerium unter *Henri de Jouvenel* mit einem Staatssekretariat für Nordafrika (Algerien, Tunesien und Marokko) erwogen, mußte aber unter dem Druck der Algerien-Franzosen Algerien beim Innenministerium belassen und auf das Projekt verzichten [59]. *Paul Reynaud* hat es im Namen der Finanzkommission 1935 wieder aufgenommen, aber ohne Erfolg [60]. Weder der reorganisierte Conseil supérieur des Colonies noch das 1935 von *Flandin* ins Leben gerufene Haut Comité Méditerranéen, das die Politik in Nordafrika und in der Levante koordinieren sollte, haben effektive Bedeutung erlangt; eine gewisse Rolle hat erst die Koordinierungskonferenz für Nordafrika unter Vorsitz von *Albert Sarraut* 1937–1938 gespielt [61]. Die Conférence impériale kritisierte zudem die ungenügende Ausrüstung des Kolonialministeriums; es fehle an Spezialabteilungen, Statistik und Dokumentation; das Personal sei jetzt sogar kleiner als 1894, denn den damaligen 148 Beamten ständen 1935 nur noch 59 gegenüber; die Kolonien hätten zwar zusätzliches Personal nach Paris abgegeben und teilweise auch selbst bezahlt, was aber – wie *Paul Reynaud* betont – eine unbefriedigende Situation darstelle; die zentrale Kolonialverwaltung Belgiens sei besser ausgebaut als die französische [62].

Obschon also nach 1919 mit der Parole der « Plus grande France » eine Einheit von Mutterland und Kolonien proklamiert wurde, mit der sich Frankreich als Großmacht legitimierte, und eine Mise en valeur als Ausweg aus wirtschaftlichen Schwierigkeiten erschien, blieben die Kolonien weiterhin sich selbst überlassen und erhielten von der Metropole kaum wirtschaftliche und finanzielle Unterstützung. Das war in Großbritannien nicht viel anders; aber wenn die britische Konzeption und Politik auf einer bewußten Dezentralisation des Empire beruhte – der auch die Freihandelspolitik entsprach –, so verstand Frankreich seine überseeischen Gebiete als Teile des nationalen Territoriums und verwaltete sie zentralistisch von Paris aus. Der Kontrast zwischen Anspruch und Realität war dementsprechend größer und mündete im politischen Bereich in einen Immobilismus ein, da der Konzeption der Plus grande France keine Reformpolitik und Zukunftsperspektive entsprach, die auf die inhärenten Implikationen der Konzeption ernsthaft einging und die postulierte Annäherung der Kolonien an das Mutterland schrittweise zu realisieren bereit war.

[58] *Robert Raynaud,* Un ministère de la France extérieure, in: Revue politique et parlementaire 137/1928, p. 421 f.

[59] *Robert Montagne,* Comment organiser politiquement l'Empire français, in: Politique étrangère 3/1938.

[60] J. O. 28. 6. 1935 (Annexe No. 5601).

[61] *Montagne,* a.a.O.

[62] Annexe No. 5601. Es wurde behauptet, ein Bau des Kolonialministeriums sei auf Kosten des indochinesischen Budgets erfolgt, unter dem Vorwand eines Besuches des Kaisers von Annam. XXX, Réalités coloniales 1934, p. 50. Der Verfasser polemisiert auch gegen die Kolonialausstellungen, da die ohnehin geringen Mittel des Ministeriums besser für andere Aufgaben eingesetzt würden.

Assimilation oder Assoziation?

Unserem eigentlichen Thema, der innerfranzösischen Diskussion über Kolonialpolitik und die Zukunft der Kolonien in der Zwischenkriegszeit soll ein kurzer Aufriß der Verwaltungsstruktur vorangestellt werden [63].
Während die Abgrenzung in Dominions und Colonies innerhalb des britischen Empire – mit Ausnahme der besonderen Stellung Indiens – im wesentlichen auf dem Unterschied zwischen Siedlungskolonien und Herrschaftsbereichen mit fremdrassischer Bevölkerung beruhte, die staatsrechtlich als Gebiete mit Selbstverwaltung und als solche unter kolonialer Kontrolle fixiert waren, war die eigenartige Status-Verschiedenheit der einzelnen Teile des französischen Kolonialreiches vor allem historisch bedingt. Kronkolonien konnten Dominions werden, während ein Statuswechsel im französischen Bereich weder erfolgte noch intendiert war. Dominions und Kolonien wurden konsequenterweise ab 1925 zwei verschiedenen Ministerien unterstellt, während in Paris eine willkürliche und unzweckmäßige Unterstellung bestehen blieb: Die Vieilles Colonies (Antilleninseln, Guyana, Réunion, Faktoreien in Indien) und das 1830 hinzugekommene Algerien besaßen Departementsstruktur und einen der Metropole angenäherten administrativen Aufbau und wurden vom Innenministerium verwaltet; für die im späten 19. Jahrhundert eroberten Gebiete in Schwarzafrika (AOF 1904, AEF 1910), Madagaskar und Indochina war das 1894 gebildete Kolonialministerium zuständig, während Tunesien und Marokko, wo die französische Herrschaft formal auf Protektoratsverträgen beruhte und die Fiktion von selbständigen Staaten aufrechterhalten wurde, dem Außenministerium unterstanden; das gleiche galt für die Völkerbundsmandate der Levante, nicht aber für Togo und Kamerun, die das Kolonialministerium verwaltete. Entsprechende Divergenzen zeigten sich sogar innerhalb eines geschlossenen Bereichs wie Indochina: die 1887 geschaffene Föderation umfaßte die ältere und direkt verwaltete Kolonie Cochinchina, das Kaiserreich Annam und die Königreiche Laos und Kambotscha, wo formell die traditionellen Autoritäten, faktisch aber der Generalgouverneur regierte; Tongking besaß ein weiteres Sonderstatut, da es zu Annam gehörte, aber weitgehend direkt verwaltet wurde.
Die dem Innen- und Kolonialministerium unterstehenden Gebiete gehörten juristisch zum nationalen Territorium der République une et indivisible, und ihre Bewohner besaßen dementsprechend die französische Nationalität, während die Protektorate Nordafrikas »fremde Staaten« blieben, deren Bürgern der Status des «protégé» zukam. Mit der französischen Nationalität war aber nicht das französische Bürgerrecht verbunden, und zwischen « sujets » und « citoyens » wurde klar unterschieden. Bürger im vollen Sinne waren außer den Kolonial-Franzosen jene Eingeborenen, die entweder in globo naturalisiert worden waren oder durch administrativen Erlaß das Bürgerrecht erhalten hatten. Zu den ersteren gehörten – neben den altansässigen Juden Algeriens, die 1870 durch Sonderdekret Bürger geworden waren – alle Einwohner der Vieilles Colonies und der vier Gemeinden im Senegal (Gorée, St. Louis, Dakar und Rufisque);

[63] Aus der umfangreichen Literatur seien genannt: *Arthur Girault:* Principes de Colonisation et de Législation coloniale, 4. ed. 1921. *Louis Rolland, Pierre Lampué,* Précis de droit des pays d'outre-mer, 1949. *P. F. Gonidec,* Droit d'outre-mer, vol. I, 1959.

den afrikanischen Bürgern im Senegal war 1916 dabei die Beibehaltung ihres privatrechtlichen Sonderstatuts zugestanden worden. Die Einzel-Naturalisation stand grundsätzlich jedem Eingeborenen offen, mußte aber bei der Administration beantragt werden und war an eine Reihe von Bedingungen geknüpft: Kenntnis der französischen Sprache, Absolvierung des Militärdienstes u. a.; vor allem aber bedeutete sie den Verzicht auf den besonderen Personalstatus und die Unterstellung unter französisches Recht d. h. Austritt aus der durch Herkommen, Religion und Recht bestimmten Gemeinschaft und Übertritt in die französische [64].

Mit Ausnahme der Vieilles Colonies und der senegalesischen Gemeinden, die verwaltungsmäßig und im Bürgerrecht integriert und »assimiliert« waren, galt also für die überwiegende Mehrzahl der Eingeborenen der Status des « sujet », und zwar nicht nur in den Kolonien, sondern auch in Algerien, das staatsrechtlich integriert und keine Kolonie war [65]. Die « sujets » genossen nicht die durch das Bürgerrecht gesicherten politischen Rechte und persönlichen Freiheiten und besaßen demzufolge auch kein Wahlrecht für das französische Parlament. Sie blieben einer Sonderregelung in Dingen des Steuerrechts, der Militärdienstpflicht und des Gerichts, aber auch der Zwangsarbeit für öffentliche Arbeiten unterworfen und unterstanden dem Indigénat, einer Sonderjustiz der Administration, die zwar ein beschleunigtes Verfahren erlaubte, aber auch die Internierung, Konfiskation und Kollektivstrafen gestattete. Mit dieser Abgrenzung zwischen Citoyens und Sujets innerhalb der Republik, die durch das Indigénat noch unterstrichen wurde, konnten die Sonderstellung der europäischen Minderheiten – vor allem in Algerien – und die koloniale Herrschaftsgewalt sichergestellt werden.

Der Unterschied zum britischen Reich liegt auf der Hand. Wohl gab es dort für alle Untertanen der Krone den Status des »British subject« – der mit der französischen Nationalität verglichen werden könnte –, und der Eingeborene war als »native« einer Sonderregelung unterworfen; die Möglichkeit aber, in den Kolonien das engere Bürgerrecht des Mutterlandes – also des Vereinigten Königreiches – zu erwerben, bestand nicht und wäre einem Briten absurd erschienen. In dieser Citoyenneté des Eingeborenen im französischen Kolonialbereich ist die für Frankreich spezifische Konzeption der Assimilation, aber auch die innere Problematik der französischen Kolonialpolitik der Zwischenkriegszeit enthalten. Wir werden darauf zurückkommen. Bürgerrecht hieß Wahlrecht. Im Unterschied zu Großbritannien, das keine koloniale Vertretung im Parlament von Westminster kannte, wählten einige französische Kolonien ihre Repräsentanten ins Pariser Parlament: nämlich die Vieilles Colonies und indischen Faktoreien, die vier Gemeinden im Senegal, Cochinchina und Algerien; dieses z. B. stellte acht Députés und drei Senatoren. Der rassischen Zusammensetzung der Bürger ent-

[64] *Auguste-Raynold Werner,* Essai sur la réglementation de la nationalité dans le droit colonial français, 1936.

[65] Eine vollständige Liste der Zahl der Citoyens Français (allerdings nicht getrennt nach Bürgern europäischer Herkunft und naturalisierten Eingeborenen) innerhalb der Gesamtbevölkerung gibt für das Jahr 1938 *Michel Devèze,* La France d'outre-mer, 1948, p. 16. Wir geben einige Beispiele: Guadeloupe 247 000 – 247 000, Martinique 304 000 – 304 000, Franz-Indien 323 000 – 323 000, Algerien 7,2 Mill. – 988 000, AOF 14,9 Mill. – 90 000 (darunter natürlich die Einwohner der vier Gemeinden!), AEF 3,4 Mill. – 5000, Madagaskar 3,7 Mill. – 31 000, Indochina 25 Mill. – 42 000.

sprach die parlamentarische Vertretung: entsandten die alten Kolonien und der Senegal auch farbige Abgeordnete – z. B. *Gaston Monnerville* aus Guayana, den späteren Präsidenten des Conseil de la République, oder *Blaise Diagne,* den schwarzen Bürgermeister von Dakar –, so bestanden die Abordnungen Cochinchinas und Algeriens aus Europäern, die eine Art Interessenvertretung der Kolonial-Franzosen bildeten [66].
Zentralistisch wie die Verwaltungsstruktur der Metropole war auch diejenige der Kolonien. Der Generalgouverneur oder Gouverneur verfügte über die Administration, die Polizei und die Streitkräfte, besaß aber auch Kontrollfunktionen in der Rechtsprechung, vor allem was das Indigénat betraf. Die Gesetzgebung jedoch erfolgte in Paris durch das Parlament, das besondere Kolonialgesetze erlassen oder Gesetze des Mutterlandes durch zusätzliche Erklärung auch als für den Überseebereich gültig erklären konnte. Diese « spécification » der legislativen Gewalt war praktisch notwendig, aber auch Ausdruck der kolonialen Herrschaftsposition und zeigte eine Diskrepanz zwischen der postulierten République une et indivisible und der konkreten Situation. Dem Präsidenten der Republik, d. h. faktisch dem Kolonialministerium, stand eine Gesetzgebung auf dem Dekretwege und dem Gouverneur ein Reglementierungsrecht zu; die Legislative erfolgte somit weitgehend in den Bureaus und war der parlamentarischen Kontrolle nicht unterworfen. So wie die Präfekten der Metropole beliebig von der einen Provinz in die andere versetzt wurden, wechselten die oberen und unteren Kolonialbeamten ihren Tätigkeitsbereich: eine Spezialisierung für einen bestimmten Bereich oder gar ein »Aufstieg am Ort« waren – im Unterschied zum britischen Reich – nicht üblich: das administrative Kader wurde häufig versetzt und zwar auch von Schwarzafrika nach Indochina oder von Algerien nach Marokko und umgekehrt. Zentralistischen Charakter hatten auch die Kontrolle der Verwaltung durch Kolonialinspektoren, die von Paris aus die Kolonien bereisten.
Etwas anders lagen die Verhältnisse in Tunesien und Marokko, wo Frankreich – im Sinne des Protektorats – durch einen Generalresidenten vertreten war und formell nur eine beratende Funktion ausübte. Wir werden jedoch am Beispiel Marokkos zeigen, wie dieses »indirekte« System seinen ursprünglichen Charakter verlor und sich Methoden der direkten Verwaltung durchsetzten.
Dem Generalgouverneur war ein “Conseil de Gouvernement”, bestehend aus den wichtigsten Beamten und einigen ernannten Mitgliedern als Vertreter der Bevölkerung, beigegeben, der aber nur konsultative Funktionen hatte und sich mit dem Executive Council im britischen Bereich vergleichen ließe.
Wichtiger waren die General- bzw. Kolonialräte in den Vieilles Colonies, Algerien und Cochinchina, die in Analogie zu den Conseils généraux der Departements ein Budgetrecht ausübten. Derjenige von Cochinchina z. B. enthielt zwar auch Vertreter der Sujets, war aber faktisch eine Lokalvertretung der Kolonialfranzosen und vertrat

[66] *R. A. Winnacker,* Elections in Algeria and the French colonies under the Third Republic, in: The American Political Science Review 32/1938. Winnacker macht u. a. darauf aufmerksam, daß das wichtige Amendement Wallon von 1875, das mit nur einer Stimme Mehrheit angenommen worden ist, von 12 der 15 Kolonialabgeordneten gutgeheißen worden ist; ähnlich bei den hart umkämpften Krediten für Tongking 1885: Stimmte das Parlament knapp mit 273 gegen 263 zu, so sprachen sich 15 der 16 Abgeordneten der Kolonien dafür aus, p. 265.

in erster Linie deren wirtschaftliche Interessen [67]. Ähnliches galt für die Finanzdelegationen Algeriens, die als Vorbild für analoge Körperschaften in Indochina, Madagaskar, Tunesien und Marokko dienten, die in zwei oder drei Sektionen die französischen Bürger, die Wirtschaftsgruppen und die Sujets vertraten, in ihrer Kompetenz aber auf Budgetfragen und wirtschaftliche Angelegenheiten beschränkt waren; durch die Trennung in Sektionen, durch ihr zahlenmäßiges Übergewicht und durch die indirekte Bestellung der Eingeborenenvertretung war eine eindeutige Dominanz der Kolonialfranzosen sichergestellt [68]. Diese Körperschaften unterschieden sich daher grundlegend von den Legislative Councils in den britischen Kolonien, sowohl in ihrer Zusammensetzung als auch in ihrer Kompetenz: Die Legislative Councils mochten im Stadium der Kronkolonie infolge der Offizialmehrheit keine allzu große Bedeutung besitzen, waren aber mehr Sprachrohr der Verwaltung und nicht eine Interessenvertretung wie die französischen Institutionen; die Abgrenzung zwischen Briten und Eingeborenen erfolgte weitgehend durch die Trennung in Offizialmitglieder und gewählte Mitglieder, nicht durch Bürgerrecht bzw. Wahlrecht oder separat beratende Sektionen. Die sich abzeichnenden Konflikte entstanden im Übergang zum Representative Government und zwar zwischen der Kolonialverwaltung und den gewählten Eingeborenen, während sich im französischen Bereich der Gouverneur oder Resident einer repräsentativen Körperschaft gegenübersah, die sich zwar parlamentarische Kompetenzen anmaßte, aber nicht die Eingeborenen, sondern die Kolonialfranzosen vertrat; der Depolitisierung der Briten bei zunehmender Politisierung der Eingeborenen in den britischen Kolonien entsprach in den französischen Herrschaftsgebieten eine Politisierung der Kolonialfranzosen unter weitgehender Ausschaltung des Eingeborenenelements. Frankreich konnte dabei auf die Naturalisierung verweisen, die einen Erwerb des Bürgerrechts und damit – wenigstens im Prinzip – den Zutritt zur politischen Interessenvertretung ermöglichte.

Damit stellte sich die Frage nach der künftigen Entwicklung. Während sie im britischen System gewissermaßen vorgezeichnet war als schrittweiser Übergang von der Official-Majority der Kronkolonie zum Representative Government, waren in den

[67] Man beachte, wie der rechtsbürgerliche *Paul Reynaud* als Rapporteur des Kolonialbudgets am 28. Juni 1935 die Assemblées indochinoises beurteilt hat:
Il y a peu à en dire si ce n'est qu'elles ne représentent absolument rien, ni par leur mode de désignation, ni par la compétence de leurs membres.
Leur mode de désignation est une tromperie qui engendre les conséquences les plus néfastes. Comment admettre que les conseillers annamites du Conseil colonial de la Cochinchine représentent vraiment la masse de leurs compatriotes (4 millions) alors qu'on sait qu'ils sont élus par un collège électoral de 1.200 à 1.800 électeurs!
Pour les éléments français, l'expérience montre que les affaires sont si dures que les quelques éléments pondérés et sérieux ne veulent pas en faire partie (seraient-ils élus, d'ailleurs?) Mais un colon qui n'a pas réussi, a le temps de se présenter à une chambre d'agriculture ou de commerce pour avoir un titre qui lui donnera le moyen de mieux défendre ses intérêts. On sait ce que cela veut dire." Documentation coloniale conparée 1935 vol. II.

[68] Der 1928 etablierte Grand Conseil des intérêts économiques et financiers Indochinas z. B. zählte 54 Mitglieder; davon waren 31 Franzosen bzw. Citoyens, 11 gewählte und 20 von den Wirtschaftskammern bestellte Vertreter; die 23 Eingeborenen wurden von den lokalen Versammlungen der Einzelstaaten ernannt, also vorwiegend Notabeln. Im Grand Conseil von Tunesien standen 1922 sich in zwei getrennten Sektionen 41 Tunesier und 57 Franzosen, bzw. Citoyens gegenüber.

französischen Gebieten verschiedene Wege denkbar: entweder eine energische Naturalisierungspolitik, die die emanzipierte Eliteschicht »absog« und in die Gemeinschaft der Kolonialfranzosen integrierte, oder aber ein Umbau der Vertretungskörperschaft zugunsten des Eingeborenenelements, so daß sie mit der Zeit zu einer Art lokalem Parlament wurde. Beide Wege stießen auf Schwierigkeiten: in jedem Fall mußte mit dem Widerstand der Kolonialfranzosen gerechnet werden, die in einer »Liberalisierung« eine Majorisierung durch die Eingeborenen befürchteten und ihre Kontrolle in der Interessenvertretung verteidigten; damit ergab sich eine gewisse Parallele zur britischen Politik in Ostafrika, außerdem drohte auch hier, selbst nach einigen Reformen in den Jahren nach dem ersten Weltkrieg, die Gefahr einer Blockierung der weiteren Entwicklung. Genauer gesagt: ähnlich wie London in den ostafrikanischen Kolonien den Siedlern eine Mitsprache im Legislative Council zugestand und in der Folgezeit den Eingeborenen – im Unterschied zu Westafrika und Asien – politische Mitsprache nur gegen den Widerstand der europäischen Minderheit gewähren konnte, sah sich auch Paris der hartnäckigen Opposition der verschiedenen Interessenvertretungen ausgesetzt, die zwar nur konsultative Kompetenzen hatten, aber ihre «situations acquises» verteidigten, im Mutterland von kolonialinteresssierten Gruppen Unterstützung erhielten und Reformen zugunsten der Eingeborenen zu verhindern verstanden.
Im französischen Bereich kam die Schwierigkeit hinzu, den Weg zu einem kolonialen Parlament auch nur als Möglichkeit der Zukunft ins Auge zu fassen. Es war kein Zufall, daß die Repräsentativkörperschaften keine legislativen Kompetenzen hatten, denn innerhalb einer »Plus grande France« als der nach Übersee erweiterten République une et indivisible konnte die gesetzgebende Gewalt nur dem Parlament von Paris zukommen. Mehr als eine Interessenvertretung mit konsultativen Befugnissen oder eine administrative Dezentralisation zu gewähren, schien die Einheit des Ganzen zu gefährden und stand mit der zentralistischen Tradition Frankreichs im Widerspruch. Man hat sich diesem Dilemma in der Zwischenkriegszeit durch Immobilismus entzogen: nach der Errichtung der genannten Körperschaften, zuletzt in Indochina 1928, wurden die »Verfassungen« nicht mehr – oder nur in geringfügigen Details – geändert, obgleich die Emanzipationsbewegung in Indochina und Nordafrika rapid wuchs und energisch Reformen und Konzessionen forderte. Der Unterschied zwischen dem britischen und französischen Bereich wurde immer deutlicher: läßt sich die Situation um 1920 – trotz divergierender Grundkonzeption – noch als analoges Entwicklungsstadium vergleichen, so gilt dies nicht mehr für 1939. Während London in Indien, Burma und Ceylon den Schritt zum Semi-responsible Government machte, verharrte Paris in Indochina beim Grand Conseil von 1928, und während Ägypten und der Irak formelle Unabhängigkeit bekamen, hielt Frankreich am Protektoratsstatus in Tunesien und Marokko fest, ja verstärkte noch die Elemente »direkter« Herrschaft.
Uns interessiert vor allem die Frage, wie man sich in Paris die künftige Entwicklung vorstellte und wie man sich den Emanzipationsbewegungen gegenüber verhielt. Welcher »Methode« wollte sich Frankreich bedienen und mit welchem Endziel? Gab es ein Dekolonisationsprogramm, das mit der britischen »schrittweisen Gewährung von Selfgovernment« zu vergleichen wäre, und welche Konzeption lag ihm zugrunde?
Im Unterschied zur britischen Publizistik, die sich ungern theoretischen Erörterungen

hingab, oder sich kurzerhand der Begriffe Trusteeship und Self-government bediente, pflegte die französische verschiedene mögliche Methoden der Kolonialpolitik zu unterscheiden: « Refoulement » oder « Assujettissement », « Autonomie », « Assimilation » und schließlich « Association ». Diese Begriffe müssen kurz umrissen werden, da sich die Diskussion mit ihnen beschäftigt und die jeweilige Haltung stets an Hand dieser »Modelle« entwickelt wird.

Refoulement und Assujettissement werden wesentlich der Vergangenheit zugeordnet und dienen als geeigneter Hintergrund, um die »positive« Seite gegenwärtiger Methoden gegenüber reiner Gewaltanwendung ins rechte Licht zu rücken. Mit Refoulement ist die Vertreibung oder schrittweise Ausrottung der ursprünglich ansässigen Bevölkerung gemeint, wie sie von England in den nordamerikanischen Kolonien, in Australien und in Neuseeland praktiziert worden sei. Daran knüpft sich oft eine polemische Kritik an den Vereinigten Staaten und Großbritannien. Es sei billige Hypokrisie, ein Selbstbestimmungsrecht zu postulieren oder sich gar anti-kolonial zu gebärden, nachdem man das Problem – das Vorhandensein einer fremdrassischen und zivilisatorisch primitiven Bevölkerung – durch Refoulement »gelöst« habe. Frankreich hingegen habe von jeher auf solche Methoden verzichtet und z. B. in Algerien im 19. Jahrhundert die muselmanische Bevölkerung weder ausgerottet noch einfach verdrängt, sondern in ihren Ansprüchen anerkannt. Es sehe sich deshalb – anders als Amerika und einige Dominions – mit den Schwierigkeiten einer mehrrassischen Bevölkerung konfrontiert. Im übrigen sei ein solches Vorgehen ohnehin obsolet und stehe außer Betracht.

Ähnliches gilt auch für die Assujettissement als einer bloßen Herrschaft der Gewalt, die die Eingeborenen zwar nicht ausrottet oder verdrängt, aber niederdrückt und als Arbeitskraft ausbeutet, Unruhen blutig niederschlägt und sich um zivilisatorische Aufgaben nicht kümmert. Dies mochte im ausgehenden 19. Jahrhundert das europäische Vorgehen mancherorts kennzeichnen, treffe aber für die Gegenwart kaum mehr zu und sei mit dem « esprit généreux » Frankreichs ohnehin unvereinbar. Die Diskussion konzentriert sich deshalb auf die Begriffe Autonomie – Assimilation – Assoziation.

Unter Autonomie verstehen die französischen Publizisten weniger administrative Dezentralisation und ein gewisses Eigenleben der Kolonie als Selbst-Regierung. Eine « politique d'autonomie » zielt letztlich auf Auflösung und Unabhängigkeit. Die Kolonialmacht begnügt sich mit einem Minimum an eigener Verwaltung, gibt frühzeitig politische Rechte und parlamentsähnliche Institutionen und verzichtet von vornherein auf eine zivilisatorische Assimilation der Eingeborenen. Es versteht sich, daß man hier vor allem Großbritannien im Auge hat, das seinen Siedlungskolonien bereits im 19. Jahrhundert politische Selbständigkeit gewährt hat und nun dabei sei, diese Methode auch auf die nicht-britischen Bereiche auszudehnen. Indien steht natürlich im Vordergrund, aber auch Ägypten und der Irak werden genannt und später Westafrika. Es kennzeichnet nun die französische Haltung, daß sich die Publizistik energisch gegen das britische Vorgehen wendet und die eigene Doktrin entschieden gegen die britische absetzt. Die grundsätzlichen Erörterungen sind zwar meist kurz und die Kenntnisse des britischen Bereiches dürftig; es genügt jeweils die Feststellung, daß die Dominions einen Sonderfall darstellen, da es sich um Siedler britischer Herkunft handle, die zuvor die meist nicht sehr zahlreiche Eingeborenenbevölkerung vertrieben oder ausgerottet hätten und auch nach der Erreichung der Selbständigkeit durch viele Fäden mit dem Mutterland verbunden blieben. Oder es wird einfach gesagt, Autonomie sei Unabhängigkeit oder führe zur Ablösung und komme daher für Frankreich nicht in Betracht. Autonomie in diesem Sinne ist tabu, das Gegenteil von dem, was erreicht werden soll: nämlich eine bleibende und wenn möglich noch engere Verbindung zwischen Kolonien und Mutterland. Autonomie ist unvereinbar mit einer Konzeption der « Plus grande France », bedeutet so oder so Ende der « mission civilisatrice », Machteinbuße, nationales Unglück. Eine Diskussion dieser Möglichkeit erübrigt sich deshalb ebenfalls. Die französischen Publizisten glaubten sich zudem in ihrer strikten Ablehnung einer « politique d'autonomie » durch die Krisenerscheinungen im britischen Empire nach dem ersten Weltkrieg bestätigt. Die Unruhen in Indien und Ägypten, die in krassem Gegensatz ständen zur Ruhe und dem angeblich guten Einvernehmen zwischen Kolonialmacht und Eingeborenen in Indochina, Tunesien und Marokko, zeigten ein Scheitern der britischen Kolonialpolitik an. Wir werden sehen, daß sich dieses Urteil in der Folgezeit immer mehr wandelt: die anfänglich polemische Kritik wird abgelöst von einer wohlwollenden Anerkennung eines möglichen, wenn auch nicht für Frankreich geltenden Vorgehens, das dann in der Schlußphase der Dekolonisation oft als Vorbild erscheint. In der Zwischenkriegszeit jedoch ist Frankreich stolz auf seine eigene Konzeption künftiger Kolonialpolitik, die nicht zur Autonomie und Ablösung führen werde.

Wir stoßen damit auf den Begriff der Assimilation. In seiner allgemeinen und nicht näher spezifizierten Bedeutung bezeichnet er eine bereits vollzogene oder schrittweise zu realisierende Integration der Kolonien ins nationale Territorium. Die Kolonien sind potentielle »Provinzen« in Übersee, die eine ähnliche Verwaltungsstruktur wie die Metropole erhalten und den gleichen Gesetzen unterstehen. Die Eingeborenen sind damit potentielle Franzosen, die ungeachtet ihrer Hautfarbe, Religion und kulturellen Eigentradition von der übernationalen französischen Zivilisation erfaßt werden, Bürgerrecht erhalten und über die eigene parlamentarische Repräsentation demokratisch von Paris aus regiert werden. Die Selbstregierung erfolgt nicht im lokalen Bereich – so wenig wie in den Departements –, und die Dekolonisation ist identisch mit der vollständigen Integration und Gleichstellung.

In der historischen Perspektive könnten assimilatorische Tendenzen bereits in der französischen Kolonialpolitik des Ancien Régime aufgezeigt werden; da solche auch für Spanien und Portugal galten, hat die Publizistik von einem Charakteristikum der lateinischen Mächte oder Rasse gesprochen und Vergleiche mit dem antiken Rom angestellt. Wichtiger war die französische Revolution. Die Pflanzer auf den Antilleninseln verlangten Autonomie und entsandten ihre Vertreter zu den Generalständen; in der Konstituante standen sich Colons, Repräsentanten des Kolonialhandels und die Reformer gegenüber. Der entscheidende Einbruch war aber erfolgt: die Kolonien wählten ihre Vertretung für Paris. Der revolutionäre Konvent hat dann nicht nur die Sklaverei aufgehoben und alle Bürger der Kolonien, unbesehen ihrer Rasse zu französischen Bürgern mit vollen Rechten erklärt, sondern auch in der Verfassung des Jahres 1795 die Kolonien zu « parties intégrantes de la République ... soumises à la même loi constitutionelle » (Art. 6) proklamiert. Die Frage, wie die Existenz von

Kolonien mit den revolutionären Parolen der Egalité und Liberté in Einklang zu bringen sei, ist somit nicht durch politische Autonomie oder gar Unabhängigkeit, sondern durch Integration und Assimilation gelöst worden. Die zentralistische Tradition der alten Monarchie, die von der Revolution übernommen wurde und in der Formel La République une et indivisible ihren Niederschlag fand, verband sich mit den aufklärerischen Glauben an die Einheit der Menschheit und die allgemeinen Menschenrechte, wobei sich Frankreich als Träger des humanitär-republikanischen Credos und einer Zivilisation verstand, die nicht national bedingt, sondern potentiell allgemeingültig war und durch Erziehung, Rechtswesen und kulturelle Prägungskraft Menschen anderer Herkunft assimilierte und in die nationale Gemeinschaft intergrierte.

Als liberal und fortschrittlich erschien in der Folgezeit die Assimilation – so wie in Großbritannien Gewährung von lokaler Selbstverwaltung mit dem Ziel eines Self-government die liberale Haltung im 19. Jahrhundert konstituierte. Wenn die britischen Radikalen und Reformer 1839–48 den entscheidenden Schritt zum Responsible Government wagten, so knüpfte die Republik von 1848 an die Revolutionszeit an, befreite endgültig die Sklaven Westindiens, stellte die Repräsentation im Parlament wieder her – Guadeloupe vertrat ein schwarzer Abgeordneter – und gewährte sie zusätzlich den vier Gemeinden im Senegal. Auch Algerien erhielt – neben einer Aufteilung in Departements und Arrondissements – die parlamentarische Vertretung, allerdings mit einem auf die französischen Siedler eingeschränkten Wahlrecht. Nach dem Zwischenspiel des Zweiten Kaiserreiches nahm die Dritte Republik die Politik der Zweiten wieder auf, und es war kein Zufall, daß bald nach dem endgültigen Sieg der Republikaner von 1879 die Verwaltung Algeriens unmittelbar den einzelnen Ministerien in Paris unterstellt wurde. Dieses « rattachement » (1881) zeigte allerdings auch die Ambivalenz des Begriffes »Assimilation«; er umfaßte sowohl die politisch-administrative Integration der Kolonie als Teil des nationalen Territoriums mit parlamentarischer Repräsentation und der Übertragung mutterländischer Gesetze, als auch die kulturelle Assimilation der Eingeborenen mit rechtlicher Gleichstellung und vollem Bürgerrecht. In den Vieilles Colonies und im Senegal wurde das eine nicht vom andern getrennt, während in Algerien der administrativen Integration keine assimilatorische Eingeborenenpolitik entsprach. Wir werden diese Unterscheidung und Ambivalenz im Auge behalten und jeweils die Frage stellen müssen: wer fordert Assimilation, was wird damit bezweckt, wer soll assimiliert werden? Wiederum bietet sich eine gewisse Parallele zum Begriff des Self-government an, insofern als der Frage, wem Selbstverwaltung zukommen solle, den Siedlern oder der Gesamtbevölkerung, in der französischen Konzeption die Frage entspricht: für wen soll die Assimilation gelten, nur für die Kolonialfranzosen oder auch für die Masse der Eingeborenen?

Um 1890 setzte die kritische Auseinandersetzung mit der Politik und Konzeption der Assimilation ein. Das algerische Rattachement wurde 1892 aufgegeben und durch eine Kombination von Parlamentsvertretung und lokalem Autonomiestatut ersetzt; die algerische Verwaltung war keineswegs populär, und es wurde davor gewarnt, sie auf das neu gewonnene Tunesien zu übertragen. Gouverneure und Kolonialoffiziere wie *Lanessan, Galliéni* und *Lyautey* gewannen die Einsicht, daß die »Pazifizierung« großer und dichtbesiedelter Gebiete mit traditionsbewußten Kulturen neuer Methoden bedurfte und daß die Herrschaft reibungsloser etabliert werden konnte, wenn man die

Mitarbeit der Bevölkerung zu gewinnen suchte, sich auf die bestehenden Institutionen und Autoritäten stützte und die zivilisatorische Einwirkung nur langsam und »indirekt« zur Geltung brachte. Von den Naturwissenschaften beeinflußt kamen zudem neue Theorien in Umlauf, die den fundamentalen Unterschied zwischen den Rassen, Zivilisationen und Mentalitäten ins Bewußtsein rückten und die Assimilation als illusionären Unsinn abtaten. Ohnehin stellte sich die Frage, ob eine Politik, die in den Vieilles Colonies mit ihrer alten Mischbevölkerung ohne eigenständige Zivilisation vielleicht angezeigt erschien und Erfolg versprach, auch für die neuen Kolonien in Indochina und Nordafrika gelten konnte. Die Assimilation schien dabei tatsächlich gefährliche Auswirkungen zu zeitigen; so wurde etwa auf Indien verwiesen, wo die westliche Erziehung die alte Gesellschaft zerstört habe und eine Schicht von Halbgebildeten herangewachsen sei, die sich bereits jetzt gegen die Kolonialmacht wende und deren Zukunft gefährde [69].

Die Assimilation wurde daher als Begriff und Konzeption bereits vor 1914 von der Assoziation abgelöst. Diese ist am besten faßbar in der Schrift von *Jules Harmand* « Domination et Colonisation » aus dem Jahre 1910, die noch die Kolonialdiskussion der Zwischenkriegszeit beeinflußt hat. *Harmand* verwendet die Begriffe in ihrer ursprünglichen Bedeutung: »Colonies« sind die reinen Siedlungsgebiete, während »Domination« die Herrschaft über Eingeborene fremder Zivilisation bezeichnen soll. Kolonien dieser Art sind auf Gewalt gegründet, gerechtfertigt nur durch die höhere Zivilisation der Kolonialmacht, und haben dieser zu dienen – sei es wirtschaftlich, sei es militärisch-politisch; die Eingeborenenbevölkerung ist unassimilierbar und wird die Fremdmacht nie ganz akzeptieren. *Harmand* lehnt daher administrative Integration und vorschnelle Assimilation ab: die Kolonien sollen ihre eigene Organisation haben, mit Statuierungsrecht und eigenen Zolltarifen. Eine Vertretung im Parlament komme nur der europäischen Minderheit zugute und konserviere zwangsläufig Sonderinteressen und Mißstände, insofern die Kolonialabgeordneten jeweils bloß « l'assimilation quant aux profits mais l'autonomie quant aux charges »forderten [70]!

Die Eingeborenenpolitik der Assoziation umreißt *Harmand* folgendermaßen:

« Cependant elle enseigne toujours la tolérance et le libéralisme dans l'autocratie; elle prescrit partout le respect scrupuleux des mœurs, des coutumes et des religions; elle substitue partout l'entr' aide à l'exploitation pure et simple des forces des indigènes et à l'usurpation de leurs biens et de leur propriété fonçière. Elle incite à leur développement intellectuel. Voulant rendre leur travail plus personnel et plus intéressé, elle tend à le rendre plus productif. Cherchant le rapprochement des esprits et leur union dans le rapprochement des intérêts, elle facilite la soumission.

Mais la politique d'association réaliste et sage réserve avec une inébranlable fermeté tous les droits de la domination et tient compte de toutes ses exigences. Elle n'entend pas du tout préparer et réaliser une égalité jamais impossible, mais établir une certaine équivalence ou com-

[69] Über die Diskussion vor 1914: *Raymond F. Betts,* Assimilation and Association in French Colonial Theory 1890–1914, 1961. *Martin Deming Lewis,* One Hundred Millionen Frenchmen: the »Assimilation« Theory in French Colonial Policy, in: Comparative Studies in Society and History, IV/1962, 2.

[70] *J. Harmand,* Domination et Colonisation, 1910. p. 348.

pensation de services réciproques. Bien éloignée de laisser s'énerver la domination, elle veut la renforcer en la rendant moins froissante et moins antipathique. » [71]

An Stelle der Übertragung mutterländischer Institutionen und kultureller Angleichung fordert *Harmand* also die Erhaltung bestehender administrativer und sozialer Strukturen, Respekt gegenüber Sitten und Religionen, Vorsicht in der Bodenpolitik und Verhinderung krasser Ausbeutung. Die Thesen erinnern an *Lugards* Indirect Rule und *Lyauteys* Konzeption des Protektorats. Die Erhaltung der vorhandenen Institutionen und kulturellen Lebensformen gewinnt – in einem bezeichnenden Frontwechsel – gegenüber dem assimilatorischen Versuch, einem fremden Volk die eigene Zivilisation aufzuzwingen, einen »liberalen« Anstrich, so daß die Assoziation als eine Form der »Zusammenarbeit« zwischen Kolonialmacht und Eingeborenen aufgefaßt werden konnte.

Gleichzeitig wird der instrumentale Charakter der neuen Konzeption deutlich: die Erhaltung bestehender Strukturen soll die fremde Herrschaft erleichtern und »erträglicher« machen. Denn die primäre Aufgabe der Kolonialmacht besteht in der Absicherung und Konsolidierung der Herrschaft: « Tout ce qui peut avoir pour effet de la consolider et de la garantir est bon, tout ce qui peut l'affaiblir et la compromettre est mauvaise ». Die Hebel der Macht dürfen denn auch nicht aus der Hand gegeben werden; die « sujets » sollen nicht in großem Umfang naturalisiert werden und weder ein Wahlrecht für die Lokalversammlungen erhalten noch die « fonctions d'autorité » in der Administration übernehmen können.

Harmand schrieb vor 1914 und konnte den herrschaftlichen Standpunkt noch offen und eindeutig zum Ausdruck bringen; nach dem Weltkrieg dagegen mußte man ihn verdecken und statt dessen den liberalen und reformerischen Aspekt herausstellen, auch wenn im Grunde das gleiche gemeint war. *Harmand* konnte auch von einer – mindestens auf absehbare Zeit – dauernden Herrschaft ausgehen und brauchte sich um die Zukunftsperspektive nicht zu kümmern; es war noch völlig unaktuell und blieb daher offen, ob die neue Konzeption der Assoziation letztlich doch auf eine Integration und Assimilation oder auf politische Autonomie im Sinne des britischen Self-government hinauslief.

Einer Erörterung der Zukunftsperspektive, die uns in besonderem Maße interessiert, war jedoch in der Zwischenkriegszeit kaum mehr auszuweichen. Es gilt nun, die Verwendung der Begriffe in der Kolonialdiskussion zu skizzieren und dabei ihrer inneren Ambivalenz nachzugehen.

Ein Bekenntnis zur Politik der Assimilation wurde nach 1919 nur noch selten expressis verbis abgegeben; sie erschien durch die Kritik der Vorkriegszeit, die Schwierigkeiten ihrer Realisierung, aber auch durch die Ausweitung des weltpolitischen Horizontes und die moderne Kultursoziologie und Ethnologie kompromittiert. Zu denjenigen jedoch, die sie offen in Anspruch nahmen, gehörten – darauf ist hier mit Nachdruck hinzuweisen – die farbigen Abgeordneten der Vieilles Colonies und Schwarzafrikas. Sie waren es, die sich zur Integration und Assimilation bekannten und Frankreich als ihre « patrie » bezeichneten. So wies etwa in der Kammerdebatte vom 21. Dezember

[71] *Harmand* a.a.O., p. 160.

1922 der Député von Guadeloupe *Boisneuf* darauf hin, daß er sein Parlamentsmandat der Assimilation verdanke. « Je dis simplement que l'assimilation doit être le but de la colonisation française ... la colonisation consiste à faire évoluer l'indigène de sa civilisation vers la civilisation française... C'est la fin et la justification de la colonisation ». *Blaise Diagne,* der schwarze Député-Maire von Dakar unterstützte ihn dabei: « C'est vrai pour les noirs, car nous n'avons pas derrière nous le passé que les jaunes ont... Ou bien progressivement vous allez donner des libertés à tous ces grandes domaines, au point qu'un jour vous leur aurez créé une personnalité propre et égoiste (!), c'est la colonisation à la façon de l'Angleterre... ou bien, partant de la colonisation qui a sa base dans la raison et le coeur, ... vous devez arriver progressivement à créer l'attirance, l'attraction vers le foyer central. » [72] Im gleichen Jahr distanzierte sich *Diagne* in einem offenen Brief an den Amerikaner *Marcus Garvey* von dessen Thesen eines afrikanischen Nationalismus und stellte ihnen eine Emanzipation innerhalb Frankreichs – als Franzosen – entgegen [73]. Als einige Jahre später, im Januar 1930, der ehemalige Generalgouverneur von Indochina, der Sozialist *Varenne,* im Parlament die Forderung vertrat, den Annamiten schrittweise Autonomie zuzugestehen und ihnen – z. B. durch entsprechenden Unterrichtsstoff – das Bewußtsein einer indochinesischen Nation zu geben, protestierte *Blaise Diagne:* « Eh bien non, il faut leur dire que nous avons une patrie commune ... il ne faut laisser subsister aucun espoir, que, par le fait de la création d'une autre patrie, d'une nouvelle patrie, elle puisse un jour se produire (elle = eine Abgrenzung zwischen annamitischer und französischer Jugend) Il n'y a pas deux patries. On n'a qu'une patrie... » Während der Sozialist *Varenne* also dem nationalen Emanzipationsanspruch der Elite Indochinas entgegenkommen wollte und die bisherigen Methoden kultureller Assimilation verurteilte, wurde diese vom Afrikaner *Diagne* verteidigt – selbst für den fernöstlichen Bereich: eine bemerkenswerte Umkehrung der Fronten! Es zeigte sich allerdings gleichzeitig eine gewisse Ambivalenz des Begriffes «patrie»: Als der Kolonialminister mit stereotypen Formulierungen vom Willen Frankreichs sprach, die Eingeborenen « aux devoirs des citoyens français » heranzuführen – und damit uneingestandenermaßen selbst assimilatorische Thesen vertrat, und dabei

[72] *J. O. Chambre,* 21. 12. 1922 p. 4408.

[73] « Nous, noirs français, nous sommes partisans de rester des Français, la France nous ayant donné toutes les libertés et nous confondant sans arrière-pensée avec ses propres enfants européens. Aucun de nous n'aspire à voir l'Afrique française livrée exclusivement aux Africains comme le demandent, sans autorité d'ailleurs, les noirs américains à la tête desquels vous vous placez.
Aucune propagande, aucune influence de noirs ou de blancs ne nous enlèvera le sentiment net que la France, seule, est capable de travailler généreusement à l'avancement de la race noire. L'élite noire française, qui a la responsabilité indigène de nos colonies, ne saurait accepter, sans manquer à son nouveau devoir, que les théories de séparatisme et d'émancipation révolutionnaire, auxquelles on donne votre nom, viennent jeter le trouble et le désordre où le calme et l'ordre sont des indispensables facteurs de la sécurité de tous.
Cela dit, nous reconnaisssons volontiers, que les conditions sociales qui sont imposées en Amérique aux noirs sont odieuses et que nos protestations sont solidaires des vôtres, aussi bien d'ailleurs que celles de tous les Français blancs, qui ne comprennent pas l'injustice des Américains blancs contre les noirs.» Brief vom 3. Juli 1922, in: Revue Indigène, 1922, p. 275, zit. *R. L. Buell,* The Native Problem in Africa, 1928, p. 81.

Diagne als Beweis für deren Bereitschaft anführte, entgegnete ihm dieser, er verstehe unter « patrie » nicht das Frankreich der Metropole, sondern « la plus grande France ». « Et cette France-là n'est pas nécessairement en Europe, elle est partout où la France se trouve. » [74]
Es interessiert uns hier nicht, wieweit der nicht unumstrittene *Diagne* als Bürger einer der privilegierten « quatre communes » und erfolgreicher Abgeordneter von der jungen senegalesisch-afrikanischen Elite als repräsentativer Sprecher anerkannt worden ist; man könnte ähnlich lautende Äußerungen beibringen, und zwar nicht nur aus den Vieilles Colonies und Schwarzafrika, sondern auch aus Algerien – ich denke an *Ferhat Abbas* – und selbst aus Indochina, obschon hier die Forderung nach Naturalisation und vollem Bürgerrecht oft opportunistischen Charakter hatte, da sich hinter ihr Autonomie oder Unabhängigkeit als eigentliches Ziel verbarg. Wichtiger scheint uns zu sein, daß der Wille zur Assimilation, den *Boisneuf* und *Diagne* so eindrücklich formulieren, zwar die Wirksamkeit und Prägungskraft französischer Erziehung und einen Erfolg der Mission civilisatrice aufzeigt, gleichzeitig aber auch einen Appell an die Metropole darstellte, diese recht lautstark proklamierte Mission zu erfüllen und deren Implikationen zu akzeptieren. *Diagne* – und er stand nicht allein – war bereit, auf eine « personnalité propre » im Sinne eines afrikanischen Nationalismus oder einer territorialen Selbstregierung zu verzichten, sofern die Assimilationspolitik glaubwürdig blieb und den Weg zur Emanzipation nicht nur für ihn persönlich, sondern für die ganze koloniale Bevölkerung eröffnete. Frankreich wurde »beim Wort genommen«, indem man eine Verwirklichung der Plus grande France forderte, die nicht nur auf eine endgültige Integration der Kolonien in das nationale Territorium und eine erweiterte Metropole, sondern auf eine effektive »nationale« Gemeinschaft abzielte und neben zivilisatorischem Einsatz und wirtschaftlicher Mise en valeur eine vielleicht langsame, aber doch stetige und von Paris konsequent betriebene Erweiterung des Bürgerrechts auf die sich emanzipierende farbige Bevölkerung bedeuten mußte.
Dies ist aber nicht oder nur in geringem Umfang erfolgt. Frankreich war zwar stolz auf die »Produkte« der Assimilation, hat diese aber in der Zwischenkriegszeit nicht vorangetrieben und politisch-institutionell wirksam werden lassen. Die Zahl der Naturalisationen blieb äußerst gering, sowohl in Indochina, Algerien als auch in Schwarzafrika. Lehnte man eine Naturalisation in globo aus begreiflichen Gründen ab, so hätte mindestens die individuelle gefördert werden müssen; sie blieb aber ein mühsamer Vorgang, den die Administration nicht erleichtert, sondern erschwert hat. 1936 gab es unter den 15 Millionen Einwohnern der AOF außerhalb der Vier Gemeinden keine 2500 Bürger schwarzer Hautfarbe! Verzicht auf das Personalstatut war weiterhin die unabdingbare Voraussetzung einer Bürgerrechtsverleihung, obschon 1916 im Senegal ein Präzedenzfall geschaffen worden war; man hat aber nicht daran angeknüpft, sondern ihn als verfehlt bezeichnet, etwa mit dem Argument, es sei juristisch widersinnig und unhaltbar, daß Wähler und Abgeordnete über Gesetze des Familien- und Erbrechtes mitentscheiden könnten, an das sie selbst nicht gebunden seien. Durch eine großzügige Naturalisierungspolitik, der eine Einbeziehung der gebildeten Eingeborenen in den kolonialen Verwaltungsdienst entsprochen hätte, hätte man in

[74] *J. O.* 28.–30. 1. 1930, p. 293.

Algerien und Schwarzafrika eine Chance gehabt, die Schicht der Emanzipierten im Sinne der « Plus grande France » an das Mutterland zu binden und die Emanzipation auf assimilatorischem Wege durchzuführen. Es ist kein Zufall, daß wichtige nationale Führer erst dann Nationalisten wurden und nationale Parteien formierten, nachdem sie enttäuscht das Scheitern ihrer Hoffnungen und Erwartungen hatten erleben müssen: dies war z. B. bei *Ferhat Abbas* nach den Blum-Violette-Reformen und für Schwarzafrika nach dem zweiten Weltkrieg der Fall.

Man wird Frankreich allerdings nicht gerecht, wenn man die zögernde Naturalisierungspolitik nur mit der konservativen Haltung der Administration und der Einflußnahme »kolonialistischer« Interessen erklärt; denn auch von liberaler und reformerischer Seite wurde seit der Vorkriegszeit die Assimilation und damit die großzügige Verleihung von Bürger- und Wahlrecht abgelehnt und im Zeichen der Assoziation auf die jeweils eigene Zivilisation und Tradtition verwiesen. Wir werden sehen, daß selbst die sozialistische Partei zwischen Assimilation und autonomistischen Thesen schwankte. In paradoxer Wendung kam somit eine eingeborenenfreundliche Haltung jenen Kreisen entgegen, die sich gegen jede Emanzipation wandten und an einer Auftechterhaltung des Status quo interessiert waren. Mit dem Ergebnis, daß kaum jemand – mit Ausnahme in der algerischen Frage und selbst dort nur recht zaghaft – energisch eine assimilatorische Naturalisierung mit ihren Implikationen im Bereich der Verwaltung und des Rechtswesens vertrat, so daß mangels echter Alternativen die Situation von 1939 kaum verschieden war von derjenigen von 1919.

Wir haben bereits auf die Ambivalenz des Begriffes Assimilation hingewiesen, insofern zwischen administrativer Integration und rechtlicher Gleichstellung der Kolonialfranzosen einerseits und assimilatorischer Eingeborenenpolitik unterschieden werden muß. Letzteres meinten die farbigen Abgeordneten und die Sozialisten, während es z. B. *Arthur Girault*, dem maßgebenden Spezialisten für Kolonialrecht in der Zwischenkriegszeit, nur um die Frage ging, wie eine Ablösung der Kolonien unter Führung der Kolonial-Franzosen vermieden werden könne. In seinen « Principes des Colonisation et de Législation coloniale », die 1927 in 5. Auflage erschienen sind, bekennt sich *Girault* zur Assimilation, die für die lateinische Rasse charakteristisch sei. Sie bedeute nicht sture Zentralisation und Uniformierung und lasse durchaus eine Anpassung an die Verschiedenheiten der Bevölkerung, die geographischen Entfernungen usw. zu und verlange eine »eklektische« Methode; Kolonien dürften keine Karikaturen des Mutterlandes werden. *Girault* erwähnt mehrmals Korsika, das ein Sonderstatut besitze und doch zum nationalen Territorium gehöre und seine Vertreter ins Parlament entsende. Ein berühmtes Wort parodierend meint er: « Un peu de réflexion éloigne de l'assimilation, mais beaucoup de réflexion y ramène. » [75]

Wir möchten ausnahmsweise zwei längere Stellen wiedergeben, um einen Einblick in die uns symptomatisch erscheinende Argumentation zu gewähren:

« Mais quand on réfléchit longtemps, on aperçoit sous les différences apparentes les ressemblances profondes. Aux colonies, comme en Europe, on a affaire à des hommes qui ont des passions humaines et qu'il faut gouverner par des moyens humains. Ces passions sont violentes chez les colons, étant donné l'ardeur ordinaire de leur tempérament, et il n'est au pou-

[75] Vol. I. 108, Anm. 1.

voir de personne de faire qu'elles n'existent pas. Pendant les premières années d'une colonie, ces colons, absorbés par la poursuite de la richesse, se soucient en général assez peu des libertés politiques. Mais plus tard, parmi les hommes nés dans la colonie, il y en a qui tournent leur activité vers la conquête de la popularité et du pouvoir. Ils deviennent chefs de parti et ils ont un programme. Or, le gouvernement métropolitain qui tient à conserver sa colonie doit s'efforcer d'empêcher un programme séparatiste de naître et d'obtenir l'approbation intime des habitants. Pour cela, il faut traiter les habitants des colonies avec justice, leur donner les moyens de défendre leur intérêts et sauvegarder leur amour-propre légitime. La politique d'assimilation c'est la soupape de sûreté qui empêche la urpture d'éclater: A l'homme que nous empêchons d'être le premier dans son pays, parce que son pays est une colonie, il faut offrir en échange la possibilité d'être le premier chez nous. Aux gens auxquels nous voulons interdire le patriotisme local, il faut inoculer l'amour de la patrie commune, le culte de l'Empire. La politique impérialiste, par laquelle les hommes d'Etat anglais s'efforcent actuellement de resserrer les liens qui unissent les différentes parties le l'Empire britannique, ressuscite sous un autre nom, de l'autre côté de la Manche, notre vieille politique d'assimilation dont nous cherchons actuellement à nous écarter. Au fond, c'est toujours cette politique qui a pour idéal un état de choses dans lequel il n'y aurait plus une *métropole* et des *colonies*, mais simplement la *Nation*, comme disait autrefois la France révolutionnaire, *l'Empire*, comme disent aujourd'hui les Anglo-Saxons. « Je n'aime pas ce mot de *colonies*, dit Kipling, l'Empire c'est nous tous. »

Au fond, nous abandonnons la politique d'assimilation parce que nous commençons seulement à connaître nos colonies; nous y reviendrons lorsque nous les connaîtrons mieux. Mais nous avons cru autrefois pouvoir atteindre d'un seul bond l'idéal lointain vers lequel les nations patientes s'acheminent lentement, et, découragés, nous lui tournons le dos momentanément. [76]

« La politique d'assimilation, ainsi dégagée des exagérations qui la compromettent mais dont elle ne doits pas être rendue responsable, apparaît comme étant à la fois très patriotique et très élevée. Elle ne sacrifie ni l'intérêt des colonies, ni celui de la mère-patrie. Elle ménage, au contraire, non seulement les besoins et les avantages matériels, mais aussi, ce qui est encore plus important, la dignité et les légitimes susceptibilités des parties en cause. L'assimilation est une formule assez large pour donner satisfaction aux *desiderata* de tous. Politique de concorde patriotique et de large fraternité, elle unit les cœurs en les élevant.

L'assimilation est le seul idéal possible là où l'autonomie est impracticable ou dangereuse, mais elle peut être poursuivie partout. Tempérée par une large décentralisation allant au besoin jusqu'au fédéralisme, (bezeichnenderweise verstanden als administrative Dezentralisation) elle procure tous les avantages de l'autonomie, mais il reste cette supériorité morale incontestable, qu' au lieu de diviser elle unit: ce Parlement unique, composé d'hommes parlant tous la même langue malgré la différence de leur origine, venus de toutes les parties du monde où flotte le même drapeau pour discuter les intérêts généraux de leur patrie commune, en est la manifestation éloquente et sensible. Là est le salut pour l'avenir. Si, au XVIIIe siècle, l'Angleterre avait accordé, suivant le conseil d'*Adam Smith*, le droit d'être représentées au Parlement à ses colonies d'Amérique, elle les aurait probablement conservées. L'établissement d'un Parlement fédéral est peut-être aujourd'hui le seul moyen qui lui reste de garder le Canada et l'Australie. En dehors d'une représentation commune, il n'y a place, en effet, que pour la séparation forcée ou amiable, pour l'assujettissement, qui pousse à la révolte une colonie déjà mûre, ou l'autonomie, dont l'émancipation est l'idéal. » [77]

Man erkennt, welche Variante der Assimilation hier gemeint ist. Assimilation ist für *Girault* die einzig mögliche Alternative zur »Autonomie« im Sinne der britischen Dominions, wobei mit der bezeichnenden Formulierung « garder le Canada » die

[76] I, 109.
[77] I, 105–106.

Föderativbestrebungen im Commonwealth überschätzt und schief interpretiert werden. Die britische Reichspolitik kann nur negativ, als Ablösung und Auflösung gesehen werden, dem der Franzose den «Parlement unique» als Ausdruck der vollzogenen Assimilation – trotz Sonderrechte und administrativer Dezentralisation – gegenüberstellt. *Girault* geht dabei eindeutig von den Colons und Kolonialfranzosen aus, die notwendigerweise ihre politischen Rechte verlangen und zufriedengestellt werden müssen; ihnen will er entgegenkommen: « il n'y a donc en raison aucun motif de distinguer et refuser aux colonies le bénéfice de la legislation jugée bonne pour la métropole. » [78] Und die Eingeborenen? Die Analogie zu den britischen Dominions trifft offenbar daneben, insofern als die Siedler in den französischen Kolonien – es ist ja nicht nur Algerien gemeint – nur eine verschwindende Minderheit bilden und einer Bevölkerung mit starker eigener Zivilisation gegenüberstehen.

In der Eingeborenenpolitik geht *Girault* von einer rapiden Zunahme der Bevölkerung aus und prophezeit, daß Frankreich zu Ausgang des 20. Jahrhunderts 100 Millionen Menschen zu regieren habe. Die Assimilation im Sinne einer baldigen Annahme der französischen Zivilisation bezeichnet er daher als « vieille chimère »; traditionelle Sitten müßten beachtet werden, aber stets mit einer « main de fer sous un gant de velours... Toute tentative de résistance doit être reprimée immédiatement et complètement » [79]. Trotz des Protektorates würden französische Waren und französische Ideen eindringen, und mit der Mise en valeur – *Girault* beruft sich auf *Albert Sarraut* – werde eine Zivilisation entstehen, die sich der europäischen annähere [80]. « On essayera d'élever les indigènes jusqu'à notre civilisation. » [81] Dank einer « collaboration des indigènes » – die sich offenbar von selbst versteht – « nous pourrons transformer complètement, au cours du XXe siècle, les pays que nous avons entrepris de civiliser. » [82] Ob diese Eingeborenenpolitik trotz der Ablehnung voreiliger Assimilation letztlich doch auf diese hinausläuft, bleibt unklar und muß bezweifelt werden, da *Girault* das herrschaftliche Element stark betont, die Integration, Parlamentsvertretung und rechtliche Angleichung nur für die Kolonialfranzosen in Aussicht nimmt und den Eingeborenen wenig Beachtung schenkt. Da sich diese kaum jemals wirklich assimilieren werden, bleibt ihnen nur die Unterwerfung und die Resignation: die Kolonialmacht wird sich bemühen, « obliger les indigènes à vivre en paix sous la domination française, en s'efforçant de leur en faire apprécier les avantages pratiques et d'améliorer leur condition matérielle » [83].

Dieses Ergebnis ist erstaunlich, auch wenn man in Rechnung stellt, daß die « Principes » erstmals 1894 erschienen sind und daher in mancher Hinsicht noch den Stempel der Vorkriegszeit tragen. *Girault* hat aber sein « Manuel » überarbeitet, lehrte Kolonialrecht an einer Universität und brachte es dennoch fertig, in einem dreibändigen Werk solch entscheidenden Fragen auszuweichen oder sie durch stereotype Formeln zu überdecken. Er plante wohl, was Bevölkerungszahlen und wirtschaftliche Fragen

[78] I, 74.
[79] I, 430.
[80] I, 432.
[81] I, 6.
[82] P. 431.
[83] Vol. IV (Algerien). 5. ed. p. 81.

betrifft, auf Jahrzehnte hinaus und konnte von einer »vollständigen Transformation« der kolonialen Sozialstruktur sprechen, begnügte sich aber dann mit einer « collaboration », die anscheinend eine eingehendere Erörterung der Eingeborenenpolitik und nähere Angaben über deren Endziel erübrigte.

Nicht unähnlich argumentierte auch *Albert Duchêne*, der langjährige Direktor für politische Angelegenheiten im Kolonialministerium, obschon er den Begriff Assimilation nicht unmittelbar verwendet. Er bezeichnete General *Mangins* Formel einer « nation de cent millions d'habitants » als « heureuse, presque classique », da die « patrie commune » in ihr enthalten sei [84]; denn Frankreich könne sich nicht mit den « fédérations délicates » nach Art der britischen Dominions befreunden. Die fundamentale Abgrenzung in der Rechtsstellung der Eingeborenen nach Citoyen, Sujet und Protégé kann *Duchêne* mit der Bemerkung übergehen, es handle sich nur um « simples prénoms et que Français est le nom de famille ». Selbst die Souveräne in den Protektoraten hätten eine « mentalité, une âme française » angenommen; der Kaiser von Annam z. B. sei in Frankreich erzogen worden. Die Assimilation entspreche der französischen Tradition, bedeute aber keine sture Angleichung an das Mutterland und öffne den Weg « vers l'autonomie, vers une autonomie spéciale, qui ne se peut comparer au ‹ self-government › des dominions britanniques mais qui n'en a pas moins son importance. Autonomie surtout administrative et budgétaire.» [85] Die französische Rechtsprechung werde zunehmend wichtiger, da auf die Dauer nicht zwei verschiedene Systeme nebeneinander bestehen könnten. Als Zukunftsperspektive erscheint also eine gewisse dezentralistische Auflockerung innerhalb einer Patrie commune. Seine Konzeption bleibt assimilatorisch, obschon er von der Repräsentation im Parlament nicht weiter spricht und auch die Eingeborenenfrage so weit bagatellisiert, daß nicht ersichtlich wird, ob er die Assimilation voranzutreiben gedenkt oder es bei einer bleibenden Herrschaft der Kolonialfranzosen und der Administration belassen will; die Ausführungen dieses in der Kolonialbürokratie wichtigen Mannes sind ausgesprochen dürftig. Sie reichen aber aus zur Feststellung, daß *Duchêne*, ebenso wie *Girault*, unter Assimilation etwas anderes versteht als die farbigen Abgeordneten und die Reformer.

Die Argumente gegen die Assimilation stammen aus der Vorkriegszeit und sind uns bereits bekannt: Frankreich habe es nicht mehr mit einigen kleinen Inseln und Küstenpositionen zu tun, die seit langem unter französischer Verwaltung stehen und wenig eigene Tradition besitzen; es sei Unsinn, von einer Assimilation der Bevölkerung Indochinas, Nordafrikas und selbst Schwarzafrikas zu reden; man müsse die Eigentradition dieser Völker akzeptieren und sich mit der Übertragung französischer Institutionen und Rechte zurückhalten; Voreiligkeit sei gefährlich und werde ungünstige Auswirkungen zeitigen. Wichtig für uns ist jedoch, daß auch die anti-assimilatorische Argumentation ambivalent ist und zur Rechtfertigung divergierender Positionen dienen kann.

Als der vielleicht schärfste Kritiker der Assimilation darf *Louis Vignon*, Professor an

[84] La politique coloniale de la France, 1928, p. 314.

[85] Organisation coloniale, in: La politique coloniale de la France. Conférences organisées par la Société des Anciens Elèves de l'Ecole libre des Sciences Politiques, 1934, p. 167.

der Ecole Coloniale gelten, der in seinem umfangreichen Buch « Un programme de politique coloniale, les questions indigènes » von 1919 mit wissenschaftlicher Gründlichkeit gegen diese « sottise française » vorgeht. *Vignon* fußt auf den soziologisch-ethnologischen Abhandlungen eines *Le Bon* und *de Saussure* und geht von den durch Rasse, Religion, Umwelt und Geschichte integrierten Gesellschaften der schwarzen, berbisch-arabischen und gelben Völkerschaften aus; die Eingeborenen seien nicht « attardés » sondern « d'autres hommes ». Die Annahme, diese zu Franzosen machen zu können, sei lächerlich, Assimilation desintegriere die traditionellen Strukturen und ergebe keine politique indigène. Mit erstaunlicher Offenheit berichtet *Vignon* über die Methoden der Eroberung: die Inbesitznahme sei auf Widerstand gestoßen, der mit Repression, Razzien und Zerstörungen gebrochen wurde; die Kolonisatoren hätten Alkohol und Krankheiten eingeführt und mit ihrem Superioritätsbewußtsein die Eingeborenen schonungslos ausgebeutet; Grund und Boden sei – z. B. in Algerien – enteignet worden, die Konzessionen im Kongo hätten katastrophale Folgen gezeitigt; europäische Industriewaren und Verfahrensmethoden zerstörten das einheimische Handwerk [86]. Kaum je sind in Frankreich – wenn wir von marxistischen Autoren absehen – die Auswirkungen imperialistischer Politik und die Folgen der Assimilation in dieser Weise dargelegt worden!

Der Assimilation stellt *Vignon* nicht die Assoziation entgegen, die eine Assimilationstendenz nur verschleiere, sondern das Protektorat als eine »Kunst«, die eingeborene Bevölkerung mittels ihrer eigenen Institutionen und Autoritäten zu regieren und langsam hinzuführen « vers un état social, politique, économique meilleur ... qui toutefois ne cessera pas de répondre à leur mentalité, demeurera conforme aux facultés évolutives de leur intelligence » [87]. Die traditionellen Herrscher, Chefs und Notabeln sollen mit Macht versehen werden und als Kader dienen, während sich die Kolonialmacht vor allem dem materiellen Bereich zuwendet: der Modernisierung der Landwirtschaft, dem Bau von Bewässerungsanlagen u. a. Besser als von Wahlrecht und ähnlichen westlichen »Errungenschaften« zu sprechen, sei eine Reform des Steuerrechts, die die Benachteiligung der Eingeborenen beseitige, *Vignon* hat offenbar das Protektorat *Lyauteys* in Marokko im Auge, vielleicht auch *Lugards* Indirect Rule. Der konservative Akzent ist deutlich, denn *Vignon* rechnet nicht nur mit sehr langen Zeiträumen, sondern wendet sich auch – ähnlich wie *Lyautey* und *Lugard* – scharf gegen die « évolués », die emanzipierte Schicht der Halbgebildeten. Die Schulung soll daher in den technischen Bereichen erfolgen, wobei *Vignon* davor warnt, « de favoriser le voyage en France des jeunes indigènes » [88]. Zukunftsfragen sind noch nicht aktuell. Ganz ähnlich wie *Harmand* lehnt er eine Lockerung des Herrschaftssystems und eine Verwendung von Eingeborenen im höheren Kolonialdienst ab: « Jamais ne les appelez aux situations d'administrateurs ou de juges qui sont essentiellement emplois de souveraineté, de domination, réservés aux seuls Blancs pour affirmer leur puissance politique. » [89] Er kritisiert jedoch die zu große Anzahl kleiner weißer Beamten, die z. B. in Indochina den Annamiten den Zugang zu den Verwaltungsstellen sperrten und

[86] P. 170 f.
[87] P. 212.
[88] P. 495.
[89] P. 268.

Mißstimmung erzeugten. *Vignon* hofft mit dem System des Protektorats und materiell-zivilisatorischer Hilfeleistung die traditionellen Autoritäten für die französische Sache zu gewinnen, rechnet aber doch mit einem latenten Konflikt; jedenfalls verrät er seine Skepsis, wenn er im Hinblick auf Indochina schreibt: « peut-être ... s'accomoderont-ils, dans quelques lustres (!) de notre présence » [90]. An anderer Stelle erwägt er sogar eine Ablösung: man werde Sorge tragen müssen,

« que le jour où, obéissant à une loi de nature, ils réclameront leur libération, celle-ci se fasse par degrés à l'amiable; puis encore qu'à ce moment ils soient suffisamment évolués, mûris, en équilibre, pour être à même, leurs tuteurs partis, de ‹ faire seuls ›, sans cris ni révolutions » [91].

Hier geht *Vignon* über *Harmand* hinaus und akzeptiert wenigstens die Möglichkeit einer Dekolonisation, wobei die Konzeption des Protektorates notwendigerweise nur auf Self-government und Unabhängigkeit hinführen kann. Es handelt sich für ihn aber erst um eine vage Möglichkeit in einer fernen Zukunft.

Die Thesen *Vignons* sind stark von Rassentheorien des ausgehenden 19. Jahrhunderts geprägt, herrschaftsbetont und sozial konservativ, aber man wird seine Polemik gegen die Assimilation doch als »positiv« beurteilen dürfen. Er möchte eine »positive« Eingeborenenpolitik formulieren, die die Ausbeutung, Mißstände und Desintegration als Folge der kolonialen Überlagerung soweit als möglich ausschaltet und die eigenwertigen Gesellschaften erneuert und fördert. Seine Konzeption des Protektorates mochte der Situation Indochinas und vor allem der Problematik Algeriens – er nimmt energisch gegen das Reformgesetz von 1918/19 Stellung [92] – kaum mehr genügen, zeitigte aber im Marokko *Lyauteys* positive Ergebnisse. Jedenfalls erweist sich *Vignons* Kritik an der Assimilation als Reformpolitik.

Die Ablehnung der Assimilation kann jedoch auch einen eindeutig »kolonialistischen« Akzent tragen und dient dann als zweckdienliche Argumentation gegen politische Reformen, insbesondere in der Frage der Naturalisierung und Bürgerrechtsverleihung. Diese ist vor allem in Algerien aktuell. Mit dem Hinweis auf die Rasse, Religion und gesellschaftlichen Strukturen der Muselmanen, die eine »vorzeitige« Assimilation ausschlössen, können sich die Colons und die ihnen nahestehenden Verbände und Organe in der Metropole gegen Naturalisierung »in globo« oder die Erweiterung der für das Bürgerrecht notwendigen Qualifikationen wenden. Französisches Recht und Vertretung im Parlament wird zwar von den Kolonialfranzosen in Anspruch genommen, ihre Ausweitung aber auf die Eingeborenen als »verfrüht« bezeichnet. Eine Naturalisation soll nur individuell erfolgen, als « récompense » für die der Kolonialmacht geleisteten Dienste, wobei die Administration dafür Sorge tragen wird, daß diese »großzügige Geste« nur »sicheren« Kandidaten und in Ausnahmefällen gewährt wird. Die Haltung der Algerienfranzosen werden wir weiter unten darlegen; hier sei als Beispiel *Jean Runner*, Les droits politiques des indigènes, 1927, genannt, der sich mit dem heftigen Widerstand der kolonialinteressierten Kreise gegen ein an sich bescheidenes Naturalisierungsgesetz solidarisch erklärt – und zwar mit der These: « Une nation souveraine, désireuse de conserver son rang, doit toujours garder le contrôle

[90] P. 314.
[91] P. 218.
[92] P. 537, Anm. 1.

de l'accès de la qualité de citoyen et ne pas laisser prostituer ce titre. »[93] Man möge den Eingeborenen eine Vertretung in den Lokalversammlungen gewähren, da diese ja doch nur konsultative Befugnisse hätten. Das Wahlrecht sei gefährlich und als ein europäisches Prinzip für die Kolonien, d. h. für die Eingeborenen, nicht geeignet. *Runner* hält die britische Politik in Indien und Westafrika für ebenso verfehlt wie die Schaffung des Volksrates in Holländisch-Indien[94] und kann behaupten: « La participation des indigènes de l'Indochine au gouvernement de leur colonie est donc assurée. »[95] Die Kritik an der Assimilationspolitik dient ihm dazu, sowohl die französische Naturalisierung als auch die britische Methode, Repräsentativorgane zu gewähren, abzulehnen und somit im »kolonialistischen« Sinn den Status quo gutzuheißen und eine politische Emanzipation der Eingeborenen zu verhindern.

Die meisten Publizisten distanzieren sich von der Assimilation und nehmen Begriff und Konzeption der Assoziation in Anspruch. Wie wird die von *Jules Harmand* 1910 skizzierte Methode in der Zwischenkriegszeit interpretiert? *Albert Sarraut* gibt in seiner « Mise en valeur » wiederum die maßgebenden Formulierungen[96]. Obschon er kategorisch das politische und wirtschaftliche Interesse der Kolonialmacht in den Vordergrund rückt[97], will er eine zeitgemäße und »liberale« Kolonialdoktrin schaffen, die einen neuen Ansatz bietet und der Emanzipation der Eingeborenen Rechnung trägt; die Mise en valeur wird nur Früchte tragen, wenn eine Assoziation, eine Zusammenarbeit zwischen Mutterland und Kolonialbevölkerung entsteht. Wie wird eine solche begründet? Die französische Kolonialpolitik – sagt *Sarraut* – werde von der Idee der Gerechtigkeit geleitet – eine der zahlreichen rhetorischen Wendungen dieser

[93] Es handelt sich um einen Gesetzesantrag der Regierung vom 24. 11. 1924, der die Naturalisierung administrativer Begutachtung entzogen hätte und automatisch jenen Eingeborenen zukommen ließ, die – unter Verzicht auf ihr Personalstatut – die französische Sprache beherrschten und ein Ausbildungsdiplom, die Ehrenlegion oder eine militärische Auszeichnung vorweisen konnten. Dazu *Runner:* « Ce projet démagogique, qui vient en grande partie consacrer les revendications de quelques agitateurs indigènes, a soulevé de vives discussions et provoqué de nombreuses critiques, en particulier de la part de M. Sambuc dans un rapport présenté au Comité des jurisconsultes de l'Union coloniale. M. Sambuc dénonce les dangers de ce droit à la naturalisation accordé aux indigènes et dont useront principalement ceux qui ne le feront pas dans un but désintéressé, et il ajoute:: ‹ Nous croyons que l'octroi de la qualité de citoyen français à nos sujets et protégés doit demeurer une faveur, une récompense exceptionelle, subordonnée à la libre et souveraine appréciation de l'autorité supérieure, et qu'il doit appartenir à celle-ci de se montrer plus ou moins libérale dans l'attribution de semblable récompense, selon les conditions de l'organisation et du développement de chaque colonie.› Dans la chronique coloniale de la Societé d'Etudes et d'Informations économiques, un article paru sur ce projet de loi critique principalement le caractère injustifié et trop marqué de faveur et de récompense accordé à cette naturalisation. L'auteur de l'article ajoute: ‹ Le grand reproche à faire à ce projet, c'est qu'il classe les titres des indigènes d'aprés nos idées et non d'après les leurs . . ., sauf de très rares exceptions individuelles, ces naturalisés automatiques ne seront jamais que de Français des deuxième zone; ce n'est intéressant ni pour eux, ni pour nous. › » P. 40.

[94] P. 136, 141 f.

[95] P. 92.

[96] Abgekürzt, aber mit gleichlautenden Formulierungen auch: L'oeuvre coloniale de la France, in: Etudes des Colonisation comparée, ed. Louis Franck, 1924, vol. I.

[97] « Je le répète et je le souligne, c'est un besoin de puissance politique et économique pour la métropole qui est à la base ce cette oeuvre d'expansion. » J. O. Sénat, 27. 2. 1920.

Jahre. Er will sich aber denjenigen gegenüber verwahren, die von einem unüberbrückbaren Graben zwischen weißer und farbiger Rasse ausgehen und im besten Falle autoritär-paternalistisch regieren möchten. Frankreich basiere auf der Erklärung der Menschenrechte und gehe aus von einem Rückstand der Nicht-Weißen, den aufzuholen Aufgabe und Pflicht der Kolonialmacht sei. Der Wert eines Individuums liege nicht in seiner Hautfarbe; ist dieses zu Höherem befähigt – wobei das Höhere offensichtlich die europäisch-französische Zivilisation bedeutet –, so dürfe ihm Frankreich den Aufstieg und die Vorteile dieses Aufstieges nicht versagen. « C'est sur ce fondement juridique et moral à la fois, que repose notre législation de la naturalisation française pour les indigènes. » [98] Der entscheidende Unterschied zur britischen Doktrin und den Thesen eines *Vignon* wird hier bereits greifbar: Obschon *Sarraut* keine Assimilation befürwortet und die Andersartigkeit der Eingeborenen unterstreicht, kommt er in seinem Bestreben, sich liberal und reformfreudig zu geben, zu Schlußfolgerungen, die eindeutig assimilatorischen Charakter tragen und zivilisatorisch wie politisch auf eine « patrie commune » zielen [99]. Diese Tendenz zeigt sich auch in den Bemerkungen zur Erziehungspolitik. Er wendet sich scharf gegen die Uniformität des Unterrichts, der auf die andersartige Zivilisation der Eingeborenen keine Rücksicht nimmt, und betont – das ist keineswegs originell – die praktischen Fächer. Die Schulen sollten in erster Linie die unteren Kader für die Verwaltung, die Kolonialarmee und die Wirtschaft ausbilden. Die französische Sprache müsse auf allen Stufen obligatorisch sein, von einem Unterricht in der Lokalsprache ist nicht die Rede. Den Befähigten will *Sarraut* dabei den Zugang zu allen Stufen der Erziehung ermöglichen; es gehe nicht an, « d'assigner à leur ascension intellectuelle une limite, une barrière, l'obstacle d'une défence » und ihnen zu erklären: « Tu n'iras pas plus loin, tu ne sauras pas davantage. « [100] (Diese Politik hat Belgien im Kongo bis nach dem Zweiten Weltkrieg befolgt!) Diese wenigen Bemerkungen charakterisieren die französische Schuldoktrin in der Zwischenkriegszeit: Während die Erziehung der Massen mehr instrumentalen Charakter hat und nützliche Kader – die auch billiger sind als Weiße – heranbildet, wird einer kleinen Elite der Zugang zu den höheren Schulen Frankreichs gewährt, an denen diese wenigen Eingeborenen zivilisatorisch-kulturell geprägt und für immer an das Mutterland gebunden werden. Die Naturalisation erscheint als ein Privileg der Elite, denn Frankreich « ouvre délibérément à quiconque, parmi ses protégés, mérite de la franchir, la porte de la cité française » [101]. *Sarraut* lehnt jedoch eine – wie er sagt – pseudoliberale Naturalisierung ab und befürwortet nur eine gewisse Lockerung der bestehenden Vorschriften; Verzicht auf das Personalstatut bleibt Conditio sine qua non. Es sei wichtiger, den « non-citoyen français » mehr politische Rechte in der Cité indigène zu geben, als eine falsch verstandene Assimilation voranzutreiben. Die Ausführungen *Sarrauts* sind jedoch recht dürftig, eine Eingeborenen-

[98] La mise en valeur, p. 101.

[99] « . . . considérant comme des frères plus jeunes les races qui se sont soumises à sa tutelle, la France les prend par la main, pour les conduire vers un autre avenir; elle les associe non pas seulement au partage des bienfaits, des fruits et des bénéfices, mais aussi aux obligations morales par quoi elles prennent conscience de leurs devoirs vis-à-vis de nous pour la garde et la commune défense du patrimoine solidaire », *J. O. Chambre*, 2. 7. 1920, p. 2666.

[100] P. 98.

[101] P. 101.

politik im Sinne des Protektorates oder der Indirect Rule liegen ihm aber fern und die eingeborenen Kader sind ihm bloße Hilfskräfte. Der Verweis auf die Cité indigène ist zudem problematisch, wenn gleichzeitig die junge Elite naturalisiert und damit der traditionellen Gesellschaft entzogen wird.
Die Vertretung der Eingeborenen in den Lokalversammlungen sei noch ungenügend. Der eingeborene Wahlkörper soll daher erweitert werden, damit eine eigentliche Repräsentation entstehe. Diese « institutions représentatives » bleiben aber beratende Gremien, und ihre Weiterentwicklung zu legislativen Körperschaften im britischen Sinne ist nicht vorgesehen – mit dieser Hereinnahme in die Konsultativinstitutionen und mit der angeblich bereits erfolgten Öffnung der Administration für Eingeborene scheint deren Ansprüchen Genüge getan [102], ein Verzicht auf Souveränitätsrechte lehnt *Sarraut* ausdrücklich ab [103]. Er möchte die Kolonien als Organismen mit eigenem Leben verstehen und die koloniale Verwaltung und Gesetzgebung beweglicher gestalten, will aber die »autonomie« ausdrücklich nur als administrative Dezentralisation verstanden wissen, die nicht nur Unabhängigkeit hinführe, sondern die Bande mit dem Mutterland noch enger knüpfe. Die « étroite dépendance politique » bleibe erhalten und damit auch die « conception maîtresse de l'unité nationale ».
Wie sollte sich auch « le lien familial » lockern, zu einem Zeitpunkt, wo die Verteidigung gegen außen und die Mise en valeur den Schutz und die Hilfe des Mutterlandes notwendig machten? Von Unabhängigkeit zu sprechen sei lächerlich, da sie ein Chaos zur Folge hätte und der Kolonialbevölkerung der « sens de nation » fehle. Die Eingeborenen seien sich dessen bewußt und « l'idée de l'indépendance, loin de les séduire, les effraie ». In Indochina sei dies trotz seiner großen historischen Vergangenheit im besonderen Maße der Fall, und das Wort Unabhängigkeit erscheine der Elite « comme une pure absurdité ». Und sollte dennoch die administrative Autonomie den Drang nach Unabhängigkeit wecken, so sei dies ein Problem, das erst « nos petits-neveux » beschäftigen werde [104]. *Sarraut* gibt zwar zu, daß Großbritannien großzügig Verfassungen gewähre und reformiere, tut dies aber als « libéralisme verbal » ab und unterstreicht dies noch mit dem Hinweis auf die rassische Diskriminierung der Briten. Frankreich habe keinen Separatismus zu befürchten, da die Kolonien durch ein « lien de gratitude » mit dem Mutterland verbunden seien.
Mit der Doktrin der Assoziation soll also ein »Mittelweg« zwischen Assimilation und politischer Autonomie im Sinne von Self-government beschritten werden. Sie will sich absetzen von einer Integration und Bürgerrechtsverleihung, wie sie in den Vieilles Colonies und in den Vier Gemeinden des Senegal nach 1916 erfolgt waren, und geht vom Vorhandensein einer zahlreichen Bevölkerung fremder Zivilisation aus, deren Sozialstrukturen und kulturellen Traditionen akzeptiert werden sollen, glaubt aber gleichzeitig, auch in Zukunft eine politische Emanzipation und Unabhängigkeitsbewe-

[102] Selbstgefällig hebt *Sarraut* das bereits Erreichte hervor: « Nous avons largement(!) ouvert les cadres administratifs, les emplois publics, aux auxiliaires indigènes. Nous avons multiplié les organismes représentatifs dans lesquels les populations peuvent par leurs délégués faire entendre leurs voix et s'unir à nous pour administrer le patrimoine commun. » L'oeuvre coloniale, p. 23.
[103] *J. O. Sénat,* 27. 2. 1920.
[104] P. 126.

gung umgehen oder verhindern zu können. In zwei Richtungen glaubt man dem Emanzipationsbedürfnis der Eingeborenen nachkommen zu können: Der von Frankreich ausgebildete und geprägten Elite gewährt man die Naturalisation und Bürger- bzw. Wahlrecht, zum andern aber befürwortet man eine gewisse Vertretung in den beratenden Gremien der Kolonien. Indem man beide Konzeptionen »kombiniert«, hofft man den Implikationen sowohl der Assimilation als auch der Autonomie entgehen zu können und dennoch eine bleibende Verbindung zwischen Mutterland und Kolonien sicherzustellen. Die assimilatorischen Elemente der »Assoziation« sind dabei nicht zu übersehen, sowohl im kulturellen wie im politisch-rechtlichen Bereich: die Kolonien bleiben Teile der Plus grande France, die ihren Ort politischer Entscheidungen in Paris hat und den Kolonien höchstens eine gewisse Dezentralisation und Interessenvertretung gewähren kann. Da das Eingeborenenelement sowohl im Parlament wie in den kolonialen Gremien in der Minderheit bleiben wird, ist eine Gefährdung der bisherigen Kontrolle durch das Mutterland nicht zu befürchten, und die Assoziation bleibt eine Verbindung ungleicher Partner. Voraussetzung für ihre Existenz und ihre Tragfähigkeit als eine Form der Dekolonisation bleibt zudem, daß die emanzipierte Elite sich mit der Naturalisierung begnügt und ihr politischer Anspruch mit dem Wahlrecht zum Pariser Parlament befriedigt ist, so daß sie auf effektive politische Mitentscheidung in den Kolonien, auf nationales Bewußtsein – außerhalb des französischen – und auf Unabhängigkeitsforderungen als einer « pure absurdité » zu verzichten bereit ist.

Diese Annahme mochte um 1920 trotz mancherlei nationalistischer Organisationen und Bewegungen in Nordafrika und Indochina noch zutreffen – in Schwarzafrika sogar bis in den Zweiten Weltkrieg – wurde aber der Situation um 1931, als *Sarraut* sich in der ebenfalls stark beachteten Schrift « Grandeur et Servitude coloniales » nochmals über Kolonialpolitik äußerte, nicht mehr gerecht. Er gibt zwar nun einen guten Aufriß der gefährdeten Position Europas – vor allem in Asien – und der farbigen Emanzipationsbewegung, schildert die Auswirkungen des Ersten Weltkrieges und die wirtschaftlichen Strukturveränderungen und ermahnt seine Landsleute, sich der Herausforderung gewachsen zu zeigen und sich der lebenswichtigen kolonialen Frage bewußt zu werden. Eigenartigerweise jedoch beurteilt *Sarraut* die nationalen Bewegungen und die Möglichkeit einer Ablösung der Kolonien weiterhin wie 1923 und benutzt die gleichen, bereits damals anzweifelbaren Formulierungen: die Kolonialvölker wollten gar keine Unabhängigkeit und wenn schon, dann würde dies erst die Nachkommen betreffen. Es bleibt unerfindlich, wie der angeblich logisch denkende Franzose von den eigenen Prämissen zu diesem Ergebnis gelangt – offenbar wagt er nicht, die Konsequenzen zu ziehen und klammert sich an die These einer bereits gegebenen oder jedenfalls künftig möglichen und bleibenden »Association« zwischen Mutterland und Kolonien.

Auch in den konkreten Fragen bleibt *Albert Sarraut,* ein Mann der älteren Generation, der aber noch in den 30er Jahren großes Ansehen genießt und 1937 die Nordafrika-Politik koordinieren soll [105], auf den Positionen von 1923. Das Hochschulstudium für Eingeborene will er z. B. an gewisse Bedingungen knüpfen und nur denjenigen gewähren « qui risquent le moins d'y trébucher et d'y chuter; l'enseignement supérieur

[105] Vgl. S. 322.

ne doit être distribué qu'à ceux qui sont en mesure de le recevoir et de l'absorber »[106]. Das klingt vernünftig und soziologisch »richtig«, besagt aber faktisch, daß das Hochschulstudium unter Kontrolle gehalten und die Kandidaten auf ihre Loyalität hin geprüft werden sollen. *Sarraut* gibt andererseits zu, daß die französisch geschulten Eingeborenen mehr als bisher in der Verwaltung verwendet werden müßten – ein Postulat, das in der Publizistik und im Parlament sehr häufig erhoben wird, dessen Realisierung aber am Esprit de corps des Kolonialdienstes und unter Druck der Beamtenverbände gescheitert ist – und stellt die Frage, ob man die Eingeborenen zu den « fonctions d'autorité » zulassen soll. *Jules Harmand* und *Louis Vignon* – um zwei repräsentative Beispiele zu nennen – haben die Frage entschieden verneint, während *Sarraut* sich 1931 gezwungen sieht, einen Schritt weiter zu gehen und die Möglichkeit im Prinzip zu bejahen. Er will sich dabei nicht auf die juristische Auseinandersetzung einlassen, ob Autoritätsfunktionen nur Franzosen und naturalisierten Eingeborenen gewährt werden können, und keine strikte Grenze ziehen, schränkt aber in anderer Hinsicht wieder ein. Der Zugang zu den Autoritätsfunktionen, d. h. den Spitzenpositionen der Kolonialverwaltung komme erst in Frage

« lorsque le fossé intellectuel et moral qui nous sépare encore des indigènes aura pu être comblé. Cela ne peut être obtenu du jour au lendemain par un brevet de naturalisation. En principe, objectivement, je ne vois pas d'obstacle à ce que les indigènes soient appelés dans une colonie à des fonctions d'autorité. En fait, ils en exercent déjà les grades inférieurs; mais les applications positives aux échelons supérieurs de la hiérarchie ne pourront se faire que lorsque nous disposerons de sujets ayant accepté depuis longtemps notre direction morale et s'étant eux-mêmes intégrés par le cœur et par l'esprit dans la nation française. Ces aspirations aux emplois supérieurs d'autorité recevront satisfaction dans un avenir certain, mais encore indéterminé dans sa date »[107].

Diese Sätze scheinen mir bezeichnend zu sein für die französische Kolonialkonzeption der Zwischenkriegszeit. *Sarraut* will sich reformerisch zeigen und geht einen Schritt über *Harmand* hinaus; er stellt aber assimilatorische Bedingungen und rückt dabei die effektive Gewährung von Autoritätsfunktionen in eine noch unbestimmte Zukunft. Es ist offensichtlich, daß sich hinter der Assoziation das Fernziel der Assimilation verbirgt; oder anders ausgedrückt: weil *Sarraut* von der « Plus grande France » als einer integrierten staatlichen Einheit ausgeht, muß er es zur Bedingung machen, daß nur der Eingeborene zu den Spitzenpositionen aufrücken kann, der wirklich Franzose geworden ist; ein Nicht-Franzose müßte die Einheit gefährden und das Instrument einer national-politischen Ablösungsbewegung werden. *Sarraut* verweist gleichzeitig auf die Zukunft, redet aber nicht davon, daß schon jetzt Eingeborene, die »im Herzen« Franzosen seien, Autoritätsfunktionen erhalten sollen; entweder bezweifelt er, daß es solche bereits gibt, oder er scheut sich, den entscheidenden Schritt zu tun, und glaubt noch warten zu können. Wenn aber im Jahre 1931 eine solch assimilierte Elite noch nicht bestand, wie konnte *Sarraut* annehmen, sie werde in Zukunft in Erscheinung treten, während er gleichzeitig nachdrücklich auf koloniale Emanzipationsbewegungen hinwies? Hier wird wieder deutlich, wie man sich in Paris fragwürdigen Hoffnungen hingab und mit rhetorischen Formeln der Entscheidung auszuweichen neigte.

Gleichzeitig zeigt sich ein Unterschied zum britischen Vorgehen. Auch Großbritannien

[106] *Sarraut,* Grandeur et servitude coloniales, 1931, p. 153.
[107] *Sarraut,* a.a.O., p. 163.

stellte Bedingungen: solche der »Zivilisierung«, der Bildung, der »Reife«, wobei sich Konservative und Liberale über den Zeitpunkt streiten mochten, wann Konzessionen gemacht werden mußten. Ein britischer Publizist würde aber niemals die Bedingung « intégré par le coeur et par l'esprit dans la nation » stellen, da das Problem der Einbeziehung der « Natives » in den oberen Verwaltungsdienst in der britischen Konzeption einen anderen Stellenwert besitzt: sie ist bezogen auf Self-government und soll gleichzeitig eine Elite zufriedenstellen und die nationale Emanzipation in geordnete Bahnen lenken. Eine gewisse Loyalität im Sinne einer Zusammenarbeit mit der Kolonialmacht mußte vorausgesetzt werden; in diesem Sinne hat sich die Zahl von Indern, Burmesen und Ceylonesen mit « fonctions d'autorité » gerade in der Zwischenkriegszeit stark vermehrt, während sie z. B. in Indochina gering blieb.

Eine ähnlich konservative Haltung zeigt *Sarraut* auch in der Frage der repräsentativen Körperschaften. Er befürwortet eine Erweiterung ihrer Befugnisse auf finanziellem Gebiet, wendet sich aber entschieden gegen ihre Ausweitung zu »Parlamenten« und gegen die Gewährung einer Verfassung; dahingehende Forderungen würden nur einige Intellektuelle, nicht aber die Masse stellen. Auch hier kann *Sarraut* auf die Zukunft verweisen [108]. Faktisch bejaht er damit eine Politik des Status quo, die sich mit den beratenden Gremien, in denen erst noch die Kolonialfranzosen dominieren, begnügt [109]. Es bleibt unklar, wie *Sarraut*, der sich durchaus als Liberaler fühlt und zudem feststellen muß, daß seine – an sich geringfügigen – Reformvorschläge von kolonia-

[108] « Les assemblées représentatives de formes variées que nous avons spontanément instituées ont rendu les services qu'on attendait d'elles. Elles ont joué un rôle éducateur au point de vue politique. Présentement, il est vrai, aucune d'elles n'a le caractère d'assemblée à pouvoir légiférant. Mais elles ne sont pas arrivées au terme d'une évolution elle-même conditionneé par les progrès de l'éducation politique de nos sujets et protégés.

Peut-on fixer ce terme?

Je me défie beaucoup de certaines individualités bruyantes qui, dans les parages du Quartier Latin, ou, au delà de nos frontières, dans des congrès internationaux, réclament pour leurs compatriotes le total exercice der droits politiques conduisant à une représentation régulière, et, pour leur pays, une Constitution. Ils ne représentent en fait que d'infimes minorités: la masse des indigènes est indifférente à leur agitation et considère que l'heure n'est pas venue des bouleversements préconisés par ces chefs sans partis. Mais si l'heure de parlements coloniaux n'est pas près de sonner, par contre, mon avis formel est que les Assemblées représentatives locales doivent évoluer rapidement vers uns statut plus libéral, notamment au point de vue financier. » *Sarraut*, a.a.O., p. 164 f.

[109] Ganz ähnlich äußert sich *Sarraut* auf dem radikalsozialistischen Parteikongress von 1931. Es geht ihm darum, den Parteivertretern die Wichtigkeit und Aktualität kolonialer Fragen vor Augen zu führen, und er nennt auch hier die « contre-offensive des énergies indigènes éveillées par le dynamisme européen ... des rumeurs d'orage montent de la multitude des races colonisées ». Compte-rendu, p. 356.

Eine liberale Politik dränge sich auf, und die Kolonien seien nicht einfach Absatzmärkte, sondern « entités vivantes ... des parties solidaires du territoire national que l'on doit ... promouvoir au même destin que toutes les parties du continent civilisateur », womit die integrationistische Tendenz zum Ausdruck kommt. Sarraut fordert für die Eingeborenen Zugang zur Administration und die Vertretung in den Repräsentativgremien, warnt aber gleichzeitig eigenartigerweise vor »überstürzten« Reformen: « Nous n'avons pas le droit de donner, du jour au lendemain, à certaines races indigènes, des pouvoirs ou des libertés, dont elles ne sauraient pas se servir. » p. 364. Als ob 1931 die »Gefahr« zu weitgehender Konzession bestanden hätte ...

listischer Seite als zu weitgehend abgelehnt werden, der kolonialen Emanzipationsbewegung gerecht zu werden hofft; offenbar glaubt er, daß Frankreich im politischen Bereich das Wesentliche bereits geleistet hat und sich vor allem der Mise en valeur, der Hebung des Lebensstandards der Massen und den zivilisatorischen Aufgaben zuwenden soll. Man wird vielleicht so formulieren dürfen: weil die Konzeption der Assoziation weder offen und konsequent eine Naturalisierungspolitik im Sinne der Assimilation, noch schrittweise Gewährung effektiver politischer Verantwortung, wie sie Großbritannien anstrebt, enthält [110], ergibt sich notwendigerweise eine Tendenz zu Entpolitisierung, ja der illusionären Annahme, weitere politische Rechte erst in der Zukunft gewähren zu müssen, ohne daß man sich darüber im klaren ist, welcher Art diese sein werden.

Der Begriff der Assoziation, wie ihn *Albert Sarraut* zu konkretisieren versucht hat, beherrscht die französische Kolonialdiskussion der Zwischenkriegszeit. Ein kurzer Hinweis auf andere, uns ebenfalls repräsentativ erscheinende publizistische Schriften soll das Gesagte verdeutlichen und einige Varianten veranschaulichen.

Stellvertretend für eine Unzahl ähnlicher Publikationen und Zeitschriftenaufsätze seien die « Commentaires sur la colonisation » des Wirtschaftsjournalisten *Robert Doucet,* 1926, genannt. Die Ablösungstendenz in der Kolonialwelt beträfen nur den britischen Bereich: Indien, Ägypten u. a. Großbritannien habe sich eben nicht auf die « collaboration » verstanden, wobei der anglophobe *Doucet* die britische Herrschaft in Indien mit der Ausbeutung alten Stils gleichsetzt. Die Kolonialvölker profitierten von Europa, aber « comprennent-ils? Toute la question est là . . . nous marchons vers l'inconnu » [111]. In den französischen Kolonien gebe es keine offene Revolte, « ni même mésintelligence sérieuse » zwischen Metropole und Eingeborenen! Da *Doucet* die Verleihung von Bürger- und Wahlrecht ablehnt, – man kenne die fragwürdigen Wahlmethoden – bleibt für ihn nur die Assoziation, die realistisch sei und darin bestehe « à n'avoir pas de principes ». Die Kolonialpolitik müsse wirtschaftlich orientiert sein und habe ihre Aufgabe in der Mise en valeur. Die Eingeborenen sollen gute Arbeiter werden, daher müsse man ihre « besoins légitimes » so weit als möglich befriedigen – d. h. also ihre Sicherheit, ausreichende Ernährung, Hospitäler und Schulen. Es sei völlig undenkbar, daß sich Kongolesen oder Sudanesen selbst regieren könnten – von Nordafrika und Indochina spricht *Doucet* aber nicht. Im übrigen bestehe die Möglichkeit, einer kleinen Elite den Zugang « dans la famille française par la porte de la naturalisation » zu gewähren [112], womit die Naturalisation als Mittel erscheint, eine politische Emanzipation zu verzögern, indem man die Elite jeweils neutralisiert. *Doucet* befürwortet, wie viele andere Publizisten eine Intensivierung der Kolonisation, da die Siedler als ein Instrument der Französisierung erscheinen und damit innerhalb einer Plus grande France eine wichtige Stellung einnehmen [113].

[110] *Sarraut* schreibt selbst: « Je repousse les systèmes de naturalisation en masse, comme les systèmes de self-government ou de suffrage universel conféré collectivement aux populations indigènes. » Grandeur et Servitude, p. 167.

[111] *Robert Doucet,* Commentaires sur la colonisation, 1926, p. 15.

[112] Ebd., p. 54.

[113] « implanter sur ces terres une population française aussi nombreuse que possible, à imprégner fortement nos sujets indigènes de nos idées, de nos sentiments et de notre culture », p. 11. « La Tunisie ne se francise pas parce que nos compatriotes y sont en minorité. », p. 23.

Man wundert sich nicht, daß *Doucet* eine Repräsentation aller Kolonien – sogar der Protektorate – im Parlament erwägt, jedoch mit einem auf die Franzosen beschränkten Wahlrecht; die Naturalisation habe man zu schnell vorangetrieben. (!) Es sei aber auch ein Kolonialparlament denkbar, mit etwa 50 Repräsentanten der Kolonialfranzosen, « auxqueles on pourrait peut-être (!) adjoindre, par la suite, quelques représentants de la population indigène désignés par une petite élite de notables » [114]. Man beachte die mehrfache Einschränkung! Der »kolonialistische« Charakter dieser Schrift liegt auf der Hand; bemerkenswerter ist, wie im Zeichen der Assoziation eine Integration der Kolonien postuliert und die eingeborene Bevölkerung kurzerhand der Herrschaft der Siedler ausgeliefert wird – in der Annahme wohl, daß auch künftig keine Emanzipationsbewegungen entstehen werden.

Besondere Beachtung verdient *Georges Hardy*, Chef des Erziehungswesens in Marokko 1919–1926, Direktor der Ecole coloniale 1926–1932 und Rektor der Akademie von Alger 1932–1937. Seine Schrift « Nos grands problèmes coloniaux » ist 1933 in der Reihe « Colin » erschienen und hat weite Verbreitung gefunden. Ähnlich wie *Sarraut* 1931 geht auch *Hardy* von der bedrohlichen Situation in den Kolonien aus, um dann gleich wieder einzuschränken und die nationalen Bewegungen für ungefährlich zu erklären [115]. Denn nur unter dieser Voraussetzung kann er eine Kolonialpolitik formulieren, die nicht zur Ablösung führt! In den Kapiteln über wirtschaftliche und soziale Fragen verbindet sich eine Kritik an den vorhandenen Verhältnissen mit sachlichen Reformvorschlägen, die von der großen Erfahrung und einem distanzierten Urteil des Wissenschaftlers zeugen. Man müsse von den traditionellen Institutionen und Autoritäten ausgehen, diese aber nicht einfach im konservativen Sinne zu erhalten suchen, sondern erneuern, modernisieren und emanzipieren. *Hardy* betont die Wichtigkeit der landwirtschaftlichen Ausbildung, der Einrichtung von Musterstationen und des Kampfes gegen die « exploitation de l'indigène par l'indigène » (z. B. Pachtsystem in Cochinchina, Corvée für Häuptlinge und Feudalherren) und gegen den Wucher – akzeptiert allerdings andererseits einen Arbeitszwang für den Anbau bestimmter Kulturen. Das traditionelle Kollektiveigentum dürfe nur langsam aufgelöst werden.

Hardy erkennt die Problematik der Kolonisation: « Toute la difficulté consiste donc à favoriser le colon européen sans léser l'indigène: propositions qui parfois ont paru antinomiques » [116]. Der Staat müsse kontrollierend einspringen im Hinblick auf Bodenrecht und Bodenkauf, Arbeitsverträge, Konzessionsgesellschaften u. a. *Hardy* kritisiert auch den Rassenhochmut vieler Weißer, die den Eingeborenen z. B. als « bicot » bezeichnen.

Die Ausführungen über politische Fragen und das Endziel französischer Kolonialpolitik sind weniger klar. So will *Hardy* keinen Gegensatz zwischen der Respektierung bestehender Sozialstrukturen und Traditionen und der schrittweisen Assimilation sehen [117]; er hat dabei offenbar Algerien im Auge und meint, daß die Siedler dazu

[114] P. 71.

[115] *Georges Hardy*, Nos grands problèmes coloniaux, 1933, p. 15, p. 146.

[116] *Hardy*, a.a.O., p. 178.

[117] « Cette conception du progrès dans le cadre original peut donc fort bien s'accorder avec l'assimilation. Ce que la plupart des coloniaux d'aujourd'hui condamnent, c'est l'assimilation brusque et totale, l'assimilation en masse. Mais ils admettent aisément(!) l'assimilation

bereit seien, sofern sich die Assimilation über eine ausreichend lange Zeitspanne erstrecke – eine optimistische Annahme, die außerdem die Frage offenläßt, ob die Muselmanen bereit sind, diesen von den Colons festgesetzten Zeitpunkt abzuwarten! Im übrigen orientiert sich *Hardy* an der Assoziation, die auf der Interessensolidarität zweier Gesellschaften beruhe, « qui laisseront aux uns et aux autres leur personalité, leurs institutions, leurs coutumes ». Es sei keineswegs ausgemacht, daß alle Kolonien dem Beispiel der britischen Siedlungskolonien und Dominions folgten und alle Kolonialherrschaft zur « scission » führen werde, denn die lange koloniale Überlagerung könne eine Annäherung und ein « désir de vie commune » ergeben. Man könne sich durchaus Systeme vorstellen

« également éloignés de la sujétion et de l'indépendance, propres à protéger les faibles ou les attardés sans nuire à leur développement ni à leur vrai liberté: et c'est vraisemblablement dans ces sortes de symbioses qu'il faut voir, pour les nations colonisatrices qui sauront se maintenir à la hauteur de leur tâche, les formules de l'avenir » [118].

Die Frage nach der Zukunft ist hier wenigstens gestellt, wobei es für die französische Haltung bezeichnend ist, sich gegen den Gedanken, eine künftige Ablösung akzeptieren zu müssen, zu stemmen und nach einem Ausweg aus dem Dilemma zu suchen: und es darf als symptomatisch gelten, daß auch ein Kenner kolonialer Fragen wie *Hardy* wenig Konkretes über diese »Symbiose« auszusagen vermag [119]. Den Übergang zu parlamentarischen Versammlungen hält er jedoch für verfrüht und sagt nicht, wie er sich die Repräsentation der Eingeborenen vorstellt und wie er sich die institutionelle Verbindung zwischen Metropole und Kolonien denkt. Dies aber mußten für die Zukunft die entscheidenden Fragen sein! Da *Hardy* nicht auf Self-government hinzielt und die Kolonialfranzosen auch außerhalb Algeriens politisch zu berücksichtigen gewillt ist und die legislative Gewalt dem Parlament von Paris reserviert, kommt er

par cas d'espèces – pour les individus qui se sont élevés au niveau de la culture et de la moralité européennes; ils admettent aussi l'assimilation comme fin suprême de la colonisation après une série d'étapes qu'il est dans l'intérêt de tous de ne point brûler. Il semble que, sur ces données, on puisse s'entendre et concilier toutes les aspirations, celles des tuteurs et des pupilles, des colonisateurs et des colonisés. » p. 51.

118 P. 210.

119 Ganz ähnlich äußert sich *Hardy* in seinem bekannten historischen Werk von 1937, « La politique coloniale et le partage de la terre au XIXe et XXe siècle » (Evolution de l'humanité). Es gebe in der Tat « des sociétés pupilles », die sich ihrer Persönlichkeit bewußt geworden seien – z. B. Indien, die Philippinen, der Irak – und die Unabhängigkeit verlangten. Meistens aber blieben die Unabhängigkeitsforderungen an der Oberfläche, auch etwa in Tunesien und Marokko. Die schweren Unruhen von Indochina und Holländisch-Indien bezeichnet *Hardy* als « troubles graves, mais qui sont restés sans lendemain »! Im Grunde handle es sich um « crises de croissance et d'accommodation mutuelle », nicht um « signes d'une rupture; il ne manque pas, dans nos pays européens, de provinces qui se sont longuement rebellées contre l'annexion et qui ont fini par se fondre parfaitement dans l'unité nationale. » So ergibt sich denn: «... il ne ressort nullement des faits acquis que la colonisation contemporaine, dans les possessions où domine le peuplement indigène, sente de sol se dérober sous ses pas. Que l'autorité européenne soit par endroits et par moments contestée et combattue, on doit en convenir; mais tout autorise à penser que, sauf catastrophes, elle est loin d'avoir épuisé toutes ses ressources de durée. A s'en tenir strictement au champ d'action coloniale, il est donc difficile d'admettre sérieusement un 'crépuscule de l'Europe' ou un 'déclin de la race blanche' » p. 464 f.

schließlich nur zum Status quo – im besten Falle zu einigen Reformen in der Zusammensetzung der konsultativen Gremien, die aber nicht darüber hinwegtäuschen können, daß die Zukunftsperspektiven der Assoziation, trotz aller rhetorischen Wendungen einer « collaboration » und « vie commune », unklar bleibt und vielleicht auch unklar bleiben mußte.

Etwas eingehender möchten wir auf das Buch « La plus grande France » von *Léon Archimbaud* aus dem Jahre 1928 hinweisen, das heute – wohl zu Recht – vergessen ist, aber in geradezu eklatanter Weise die Gemeinplätze und rhetorischen Formeln der Publizistik und parlamentarischen Diskussion dieser Jahre enthält und somit repräsentativen Wert besitzt. Dies um so mehr, als es sich beim Autor um einen bekannten radikalsozialistischen Abgeordneten handelt, der viele Jahre lang Rapporteur des Kolonialbudgets gewesen ist und sein Interesse an Übersee auch als Herausgeber einer Revue de Pacifique (1922–1936) gezeigt hat. Er will mit seiner Schrift für das größere Frankreich eintreten, eine « mentalité impériale » propagieren; er kritisiert die französische Schule, die den Kolonien zu wenig Beachtung schenke; er lobt hingegen die Komitees und Organisationen der kolonialinteressierten Gruppen. Kein Volk sei « capable, autant que le nôtre, de se faire accepter des indigènes, voire de se faire aimer par eux » [120], und es folgt auch gleich die übliche Polemik gegen die Angelsachsen, die die Eingeborenen ausgerottet hätten – in Australien noch im 19. Jahrhundert –, während Frankreich bereits in der Revolution die Egalité proklamiert habe [121]. Es kenne keine rassische Diskriminierung und sei auch nicht ausschließlich wirtschaftlich orientiert wie Großbritannien. « En matière coloniale, nous avons les mains nettes. Toutes les nations colonisatrices n'oseraient en dire autant « [122]. Solche Formulierungen sind bei der kolonialen Rechten üblich, wirken aber eigenartig bei einem sich sonst betont »revolutionär« gebenden Radikalsozialisten! *Archimbaud* beruft sich natürlich auf *Sarrauts* Mise en valeur, die seit dem Krieg zu einer dringlichen Aufgaben geworden sei, da es die finanzielle Situation Frankreichs nicht erlaube « d'acheter à n'importe quel prix sur les grands marchés mondiaux » [123]. Frankreich müsse möglichst autark werden und einen Absatzmarkt von « 100 millions » organisieren [124].

[120] *Léon Archimbaud*, La plus grande France, 1928, p. 10.

[121] Bezeichnend ist wieder die Parallele zwischen französischem Kolonialreich und Commonwealth: England habe im Völkerbund sechs Stimmen, Frankreich nur eine – « telle inégalité », p. 35.
Archimbaud vergleicht die Situation der Eingeborenen in den französischen Kolonien mit derjenigen in den Dominions (Indianer, Maoris u. a.) nicht aber zwischen französisch und britisch Westafrika, Indochina und Malaya usw.

[122] Ebd., p 23. « L'absence de tout esprit de lucre qui présida à l'acquisition de nos colonies ... nos guerres coloniales n'ont pas été inspirées par l'appetit du gain, par la volonté d'imposer aux indigènes nos cotonnades ou notre eau-de-vie ... Nos expéditions ont toujours(!) eu pour cause soit le massacre ... », p. 22.

[123] P. 161.

[124] « Aussi dirai-je sans hésiter que la France doit tirer de ses colonies le maximum de rendement ... nos industries ... seront moins sensibles aux à-coups de l'économie mondiale », p. 167. Der radikalsozialistische Parteikongreß vom Nov. 1922 in Marseille verlangt in einer Resolution, daß der Gesetzesvorschlag *Sarrauts* vor das Parlament komme, « considérant que la situation économique et financière de la France commande de nous affranchir, dans toute la mesure où cela se peut du tribut que nous payons à l'étranger pour les matières premières. » Compte-rendu, p. 229.

An der Kolonialverwaltung kritisiert er die Gepflogenheit, die Beamten von einem Bereich in den anderen zu versetzen, das unzureichende Kader des Ministeriums und den Papierkrieg... Schwierigkeiten mit den Eingeborenen gebe es kaum, vor allem nicht in Indochina:

« Quand au péril intérieur, qu'on me permette de dire qu'il n'existe pas... jamais la question indigène ne s'y est possée comme, par exemple, dans l'Inde anglaise, et il est certain (!) qu'elle ne se posera jamais ainsi. Sauf quelques jeunes écervelés dont l'avis n'a aucune valeur, les Annamites n'ont jamais demandé que la France évacuât l'Indochine. » [125]

Man habe die « générosité » sogar zu weit getrieben, und die Assimilation sei ein Fehler gewesen, nun aber ersetzt worden durch die « saine formule de l'association », die *Archimbaud* allerdings nicht konkretisieren kann: man müsse die Eingeborenen in ihrer eigenen Tradition entwickeln, vor Ausbeutung schützen, kurz, « on ne saurait trop recommander la prudence en matière indigène ». Energisch tritt er für die politischen Rechte der französischen Siedler ein, denen man – von Algerien abgesehen – das Wahlrecht verweigere: « Le colon, qui est en fait un ‹ sur-Français › est également un ‹ sous-Français ›, un citoyen de deuxième classe, déchu des droits imprescriptibles reconnus aux Français de la Métropole »; die Gouverneure sprächen stets nur von den Rechten der Eingeborenen, nicht aber von denjenigen der Siedler. « Avec un tel système, on arrivera bientôt à ce résultat paradoxal que les indigènes auront plus de droits que les Français, et que ceux-ci seront en partie gouvernés par ceux-là » (!) [126]. *Archimbaud* erhebt demnach die Forderung, allen Kolonien eine Repräsentation im Parlament zu geben, eine Forderung, die der assimilatorisch-zentralistischen Tradition der Radikalsozialisten entsprach und von der Partei 1927 auf ihrem Jahreskongreß in eine Resolution aufgenommen wurde [127]. Dem Antrag der Kommission, den algerischen Eingeborenen drei Députés zu gewähren, widersprach dabei der Parteidelegierte Algeriens [128]! Eine großzügige Naturalisierung lehnt *Archimbaud* ab: « notre but n'est pas de faire de l'indigène un Français métropolitain, mais un Français colonial, et nous devons le mettre à même, non de participer au gouvernement de la France, mais de collaborer à l'administration de son pays » [129]. Auch er hält die politischen Rechte der Eingeborenen mit ihrer Vertretung in den konsultativen Gremien für ausreichend berücksichtigt.

[125] La plus grande France, p. 48.

[126] P. 91.

[127] Paris Okt. 1927, Compte-rendu, p. 306 f.

[128] *Lombarde*, der Generalsekretär der Parteiorganisation von Alger, bittet um Rückweisung an die Kommission, wobei er sich natürlich des Argumentes des Personalstatutes bedient, das muselmanischen Abgeordneten erlauben würde, über das französische Eherecht mitzureden. Der Berichterstatter der Kommission entgegnet: im Krieg habe man auch nicht nach der Religion der Eingeborenen gefragt.
Ähnlich wiederum 1928 in Angers: die Parteikommission möchte den Eingeborenen eine bessere Vertretung in den lokalen Gremien geben: « L'indigène qui est le principal pourvoyeur de l'impôt doît être admis à surveiller la gestion des impôts », p. 300 f. Der algerische Delegierte *Weynn* antwortet mit « nous serons noyés... Souvenez-vous que les indigènes musulmans, après cent ans d'occupation, n'ont aucune instruction (Zwischenruf: A qui la faute?), aucune éducation politique. »

[129] P. 112.

Daß der Kolonialexperte der Radikalsozialisten die stereotypen Formulierungen der Rechten übernehmen kann, wirft ein eigenartiges Licht auf die Haltung einer Partei, die sich stolz zur Linken bekennt. Noch bemerkenswerter ist, daß *Archimbaud* im Schlußkapitel dann ungefähr das Gegenteil seiner bisherigen Ausführungen sagt, als ob es gelte, doch noch eine fortschrittliche Programmatik und Doktrin der Radikalsozialisten zur Geltung zu bringen. Jetzt heißt es nicht nur, daß Frankreich seit 1870 keine eigentliche Kolonialdoktrin besitze, sondern auch: « nulle part les indigènes n'ont une part sérieuse dans le gouvernement de leur pays », von « collaboration » und « association » zu reden sei « mauvaise plaisanterie ». Es beständen wohl konsultative Gremien, « mais leur rôle est généralement de pure façade »; die Mehrzahl der Mitglieder seien ernannt, ihre Voten ohne Bedeutung – « une telle parodie de représentation populaire n'est pas digne de la France » [130]. Die Politik der Assoziation werde zu Autonomie führen und diese sei das Fernziel der französischen Kolonialpolitik – wenn auch erst in hundert oder zweihundert Jahren. Autonomie bedeutet für ihn Lokalverwaltung, da die Siedler aller Kolonien im Parlament vertreten sein sollen, während er die Frage, ob auch die Eingeborenen eine entsprechende Repräsentation erhalten, kurzerhand als »verfrüht« bezeichnet. Die Zahl der Kolonialfranzosen müsse erhöht werden, die Auswanderung von 100 000 Franzosen sei tragbar für das Mutterland: « La politique indigène, qui est le gros problème actuel, se trouvait grandement facilitée » (!), denn es sei der kleine Colon, der dem Eingeborenen zeigte, was eine französische Familie sei, und die Funktion eines « missionaire de francisation » erfülle. Man wird *Archimbaud* etwa so interpretieren müssen: Je stärker die französische Minderheit ist, desto eher kann man den Eingeborenen eine Repräsentation in den Lokalverwaltungen und vielleicht sogar im Parlament gewähren [131].
Der Radikalsozialist *Archimbaud* vertritt also eine Konzeption der « Plus grande France » als dauernde Verbindung zu den Kolonien, wobei der Begriff der Assoziation dazu dient, sich zunächst auf eine Repräsentation der Kolonialfranzosen im Parlament zu beschränken und die Eingeborenen auf die Lokalversammlungen zu verweisen; der Siedler dient als ein Instrument zivilisatorischer Assimilation, ohne daß dieser auch die Gewährung politischer Rechte entsprechen würde. Die Eingeborenenfrage ist nicht aktuell, da die nationalistische Rhetorik die « générosité » Frankreichs herausstreicht und damit die Zuversicht stärkt, daß die Eingeborenen die französische Herrschaft auch in Zukunft bereitwillig akzeptieren werden [132]. Die problematischen Fragen werden jeweils mit einigen rhetorischen Wendungen umgangen.

[130] P. 186.

[131] Wenige Jahre später konnte *Archimbaud* dann aber als guter Radikalsozialist rhetorisch ausrufen:« Nous voudrions voir à la Chambre, assis à nos côtés, des députés jaunes et un plus grand nombre de députés noirs; ce jour-là nous aurions dignement continué la politique de 1793 et de celle 1848. « J.O. 31. 1. 1930, p. 324.

[132] Vgl. auch *Archimbaud* als Rapporteur am 22. 12. 1924: « Vous ne pouvez mettre des dépenses supplémentaires à la charge des colonies. Vous ne pourrez le faire que quand ces colonies auront des chambres délibérantes, quand elles pourront voter et contrôler leur dépenses. Nous restons dans la tradition démocratique française. Lorsque nous sommes arrivés en Indochine, nous avons trouvé des hommes sous la coupe des Chinois et exploités par leurs propres mandarins. Ces hommes ont connu la paix française ... Nous les considérons, nous républicains, comme des frères mineurs et demain, lorsqu'ils seront au même stade

Archimbaud erscheint uns repräsentativ für einen Großteil seiner Partei und jene vielen Abgeordneten der gemäßigten Linken, die sich wenig für die Kolonien interessierten und ihr Fortschritts-Credo eng mit einem nationalen Sendungsbewußtsein verbinden, dem das Schlagwort von der « Plus grande France » und der « mission civilisatrice » entsprach und es erlaubt, »zur Tagesordnung« überzugehen und sich näherliegenden Problemen zuzuwenden. Man könnte dies mit den britischen Schlagworten »trusteeship« und »schrittweise Gewährung von Self-government« vergleichen, die in ähnlicher Weise einem »Durchschnittsengländer« und seinen parlamentarischen Vertretern ein gutes Gewissen verschafften.
Daß einige Außenseiter sich intensiver um die Kolonialprobleme bemühten und bereit waren, die Implikationen einer Politik der »Linken« zu akzeptieren, soll nicht bestritten werden und läßt sich auch an einer Diskussion im Kreise der wichtigen « Ligue des Droits de l'Homme » aufzeigen [133]. Der Sozialist *Félicien Challaye* verlangte eine Resolution gegen den Kolonialismus als solchen, der wie der Krieg nicht reformiert, sondern nur abgeschafft werden könne; die Liga müsse sich zum Selbstbestimmungsrecht der Völker bekennen. Die Assimilation sei Ausdruck eines Rassenhochmuts, der anderen Völkern die eigene Zivilisation aufzwingen wolle. *Challaye* fordert Pressefreiheit, das Recht, sich politisch und gewerkschaftlich zu organisieren und will diese Reformen als Vorbereitung auf die künftige Unabhängigkeit der Kolonien verstanden wissen. Dieser Position des Self-government stellt *Maurice Viollette,* Abgeordneter einer sozialistischen Splitterpartei, Gouverneur Algeriens von 1925 bis 1927 und bekannt durch das mit seinem Namen verbundene Reformprojekt der Volksfrontregierung, die Assimilation entgegen. Er will die positiven Aspekte der Kolonisation beachtet wissen und warnt vor einem übereilten Rückzug: denn würden die Indochinesen dadurch sogleich die Freiheit zurückgewinnen? *Viollette* wendet sich scharf gegen die kapitalistische Ausbeutung und die unhaltbare Situation, daß annamitische Wissenschaftler nach ihrer Ausbildung in Paris von der Kolonialverwaltung auf unbedeutende Posten abgeschoben werden. Was wollten aber z. B. die Nordafrikaner? Und er gibt die Antwort: « être Français, mais pas suivant la mode des Français d'Algérie », sondern « suivant la mode des Français de France », also Beseitigung der Diskriminierung, rechtliche Gleichstellung, Akzeptierung der Elite! *Albert Bayet,* ein wichtiger Mann in der radikalsozialistischen Presse, fordert massive Vertretung der Eingeborenen in den « Assemblées représentatives », denn die Kolonialvölker müßten frei werden und souverän entscheiden können « s'ils entendent ou non rester nos associés ». Ein Vertreter der Sektion Hanoi polemisiert gegen die Assimilation; es sei unsinnig, immer wieder zu betonen, Frankreich werde in aller Zukunft in Indochina bleiben: « Il faut que vous vous mettiez dans l'esprit que l'Indochine, et probablement toutes les colonies, sont destinées à nous échapper un jour. » Ein anderer Redner verteidigt

de civilisation que nous, notre devoir sera de les émanciper. Voilà la tradition de la Révolution française. Le jour, je le répète, où ils seront arrivés au même stade de civilisation que nous, lorsqu'ils auront des assemblées délibérantes, qui voteront le budget, ils s'imposeront les charges qu'il leur plaira. » *J. O. Chambre*, 22. 12. 1924, p. 4712 f.

133 Congrès National 23.–25. 5. 1931, Compte-Rendu sténographique, 1931, p. 287–427: La Colonisation et les Droits de l'Homme. Vgl. auch *Th. Ruyssen,* Mitglied des Zentralkommitees, La Colonisation et le Droit, in: Les Cahiers des Droits de l'Homme, 1925, p. 489 f.

wiederum die Assimilation und fordert eine Eingeborenenvertretung im französischen Parlament: « Nous croyons à la vertu assimilatrice de notre race, à la force d'aspiration de la civilisation française. Nous croyons que les peuples colonisés par nous évolueront beaucoup plus rapidement vers leur indépendance, vers la liberté, qu'ils seront plus vite des hommes libres sur une terre libre, en recherchant leur annexion à la France. » Womit der Begriff Unabhängigkeit als vollzogene Emanzipation interpretiert und von der Assimilations-Konzeption in Anspruch genommen wird!
Diese Diskussion innerhalb der « Ligue des Droits de l'Homme » zeigt anschaulich, wie im Lager der französischen Linken die Meinungen auseinandergingen und zwei Möglichkeiten einer Dekolonisation erwogen wurden: neben einer nationalen Emanzipation und künftiger Gewährung von Unabhängigkeit die Assimilation innerhalb der Plus grande France. Wir werden sehen, daß selbst die sozialistische Partei in dieser Frage geteilter Meinung war. Im allgemeinen neigte jedoch auch die gemäßigte Linke dazu, sich der Entscheidung für eine der beiden an sich konsequenten Lösungen zu entziehen und sich mit einer Assoziation zu begnügen. Es wundert daher nicht, daß auch die Resolution als Ergebnis der erwähnten Diskussion unklar blieb, indem sie zwar von « peuples libres » sprach, aber nicht sichtbar machte, ob damit die individuelle Emanzipation innerhalb Frankreichs oder die nationale Unabhängigkeit gemeint war [134].
Um 1930 tauchte auch der Begriff des Föderalismus in der französischen Diskussion auf, offenbar im Zusammenhang mit dem Europa-Projekt *Briands*. Der Graf *de Fels*, der für sich in Anspruch nahm, den Begriff in Umlauf gesetzt zu haben, bezeichnete « les Etats-Unis Français » als « couronnement de l'Impérialisme français » [135]. Die Afrikaner wie *Blaise Diagne* seien wohl bereit zur Integration und Assimilation, nicht aber die Asiaten in Indochina, deren nationales Bewußtsein auf Eigenstaatlichkeit ziele; nur der Föderalismus könne diese Spannungen überbrücken und die Kolonien zu Gliedern machen « d'une patrie dont la France serait le noyau ». Hier bietet sich ein neuer Ansatz, insofern als eine lockere Bindung autonomer Gebilde in Erwägung gezogen wird. *De Fels* läßt sich aber nicht auf institutionelle Fragen ein und sagt nicht, ob das französische Parlament für Außenpolitik, Verteidigung u. a. zuständig bleiben wird, oder ob ein »Kolonialparlament« geschaffen werden soll, das den Kolonien Mitsprache an den Gesamtfragen verschaffen kann. Auch *Pierre Lyautey*, der Sohn des Marschalls und eifriger Publizist, propagiert die Etats-Unis français und stellt die bemerkenswerte Frage: « Quand dira-t-on d'un président d'Indochine ou de Tunisie, suivant l'expression employée dans le monde anglo-saxon: ‹ Celui-là est un des meilleurs hommes de l'Empire ›? » [136] Ist dieser Vergleich mit Großbritannien aber gerechtfertigt? Man hat den Eindruck, daß *Lyautey* die Dominions und die französischen Kolonien als Parallelen ansieht und damit das Commonwealth verkennt, insofern es als Vorbild einer Föderation erscheint. Jedenfalls wären die französischen Föderalisten keineswegs bereit, Indochina oder Tunesien und Marokko die Stellung von Dominions zu gewähren, denn sie halten an föderativen Institutionen fest, die den Vorrang der Metropole sicherstellen. Bezeichnenderweise erinnert *Lyautey* einmal mehr an das

[134] Congrés National, p. 427.
[135] Les Etats-Unis français, in: Revue de Paris 1. 6. 1930, p. 482.
[136] L'Empire colonial français, 1931, p. 525.

antike Rom, das den Vizekönigen in Ägypten und Syrien fast vollständige Unabhängigkeit gewährt und doch auch römisches Recht eingeführt habe; eine Gefährdung des Reiches sei erst mit der zu schnellen Assimilation der Barbaren erfolgt [137]. Wie die Föderativinstitutionen aussehen sollen, sagt *Lyautey* nicht – die Frage jedoch, wie der nationale Anspruch der Eingeborenen mit einer Führung durch die Metropole vereinbart werden kann, ist zentral und wird sich wiederum 1946 stellen, als von neuem von Föderation die Rede ist. Es wird nirgends gesagt, daß das Commonwealth – obschon es sich um britische Siedler handelt – keine Föderation ist und zwar weil es sich als unmöglich erwiesen hatte, institutionell den beiden Partnern gerecht zu werden. Frankreich will sich aber auf eine sehr von Imponderabilien abhängende Lösung nicht einlassen und hält an einem institutionell fixierten Rahmen fest. Zudem mißversteht Frankreich den Föderalismus als entwickelte und erweiterte lokale Autonomie, denn Metropole und Kolonien sollen nicht gleichgestellt und die Souveränitätskompetenzen sollen keinem übergeordneten Gremium übertragen werden, sondern man will die Entscheidungsbefugnisse des Pariser Parlaments aufrechterhalten und den Kolonien nur einen scheinbaren Anteil an den politischen Entscheidungen des Ganzen gewähren. Damit ist die Problematik der Union française und der föderalistischen Pläne der zweiten Nachkriegszeit bereits vorgezeichnet.

Es scheint uns angezeigt, zum Schluß auch die katholische Haltung kurz zu skizzieren. Wir können uns dabei auf das Buch « Le Droit de Colonisation » (1930) von *Joseph Folliet* stützen, der in katholischen Kreisen als anerkannter Spezialist für Kolonialfragen galt und der auch nach dem Zweiten Weltkrieg noch öfters in die Diskussion eingriff. Seine Thesen wurden übernommen oder bestätigt von der Parti démocrate populaire [138], von zahlreichen Publizisten und von der « Semaine Sociale » von 1930, die den Kolonien gewidmet war [139]; aber selbst die linkskatholische Zeitschrift « Esprit » ließ *Folliet* zu Worte kommen [140]. « Ce travail... est né d'une angoisse » [141]. Er, *Folliet*, sei seit seiner Jugend mit der kolonialen Situation vertraut und auch stolz auf die französischen Leistungen, aber er kenne auch nur zu gut das diskriminierende Verhalten französischer Soldaten und die Verachtung vieler Weißer gegenüber den Eingeborenen. Es sei peinlich « d'assister impuissant à des injustices, des abus dont certains sont odieux et d'autres stupides »; das französische Volk müsse sich als Ganzes verantwortlich fühlen, und « la France serait ‹ en état mortel › comme disait Péguy, si elle se bouchait volontairement les yeux et les oreilles ». Die Katholiken würden aber nur selten ihre Stimme gegen die Mißstände erheben: « dénonçons les abus! » [142]. Mit

[137] Ein Gleiches gilt auch für *E. du Vivier de Steel,* Avant la conférence franco-coloniale, in: Revue des deux mondes, 1. 9. 1933. Auch hier wird mit den Vereinigten Staaten und Brasilien verglichen und gesagt, daß jede Kolonie « doit devenir un Etat différent dans la conféderation », aber « elle est subordonnée à la francisation de l'âme indigène, à l'établissement, dans nos possessions, d'une plus grande proportion de Français », p. 162.

[138] *Ernest Pezet* im Namen der Fraktion in der Indochinadebatte vom 27. 6. 1930, *J. O. Chambre,* p. 2751 f.

[139] Semaine Sociale de France, Marseille 1930. Compte-rendu des cours et conférences.

[140] *Joseph Folliet,* Coup de barre, in: Esprit Dez. 1935 (Spezial-Nummer über Kolonisation).

[141] Le Droit de Colonisation, p. 7.

[142] P. 346. Bemerkenswert ein kurzer Aufsatz von *Emile Dermenghem,* Les catholiques et les

dem Rifkrieg sei diese Forderung unausweichlich gestellt worden; wenn aber die Kommunisten offen für die Aufständischen einträten, die Sozialisten schwiegen und die Rechte mit billigen Argumenten operiere, sei es für ihn schwer, eine beweiskräftige Legitimation der Kolonialpolitik zu geben.

Folliet zieht die katholische Lehre zu Rate und bemerkt, daß sie sich in neuerer Zeit kaum mit dem Kolonialproblem beschäftigt habe und daß erst seit dem Weltkrieg einige wenige Abhandlungen und Aufsätze erschienen seien. In den breiten historischen Ausführungen geht er von *Las Casas, Francesco Vittoria* und päpstlichen Verlautbarungen aus, lehnt die rassische wie wirtschaftliche Argumentation ab und übernimmt dann die Thesen des spanischen Völkerrechtlers, wonach die Güter dieser Welt der Menschheit zur Verfügung ständen und die koloniale Herrschaft legitim sei, solange die Eingeborenen die Ausbeutung nicht selbst übernehmen könnten. Auf die Ähnlichkeit zwischen der katholischen Argumentation und dem Dual Mandate Lord *Lugards* haben wir oben hingewiesen.

Folliet bespricht dann die Intervention « au nom de la charité » und die « action civilisatrice », deren Rechtfertigung in der These liegt: « La civilisation du monde est une civilisation chrétienne ». Damit ist für den Katholiken die Frage nach dem Eigenwert eingeborener Zivilisation und der Funktion des europäischen Einflusses geklärt: die Kolonialmacht erhält die Aufgabe, zu missionieren und zu zivilisieren...

Folliet lehnt mit Hinweis auf *Georges Hardy* die Assimilation ebenso ab wie eine « autonomie complète », da nämlich diese den zivilisatorischen Einfluß ausschließen würde. Es bleibt die « adaption », die in etwa der Assoziation entspricht. « Dans la civilisation indigène, on détruira ou réformera ce qui, au point de vue économique, est inviable et ce qui, au point de vue moral, s'oppose au droit naturel ou à la vérité philosophique et religieuse; on conservera tout le reste » [143]. Der Autor beruft sich auf *Vignon* und nimmt für sich den Protektoratsbegriff in Anspruch, macht aber nicht klar, wie die Bereitschaft, eine fremde Zivilisation mit ihren Institutionen und Glaubensüberzeugungen zu akzeptieren und zu erhalten, mit dem ausschließlichen Wahrheitsanspruch der christlich-katholischen Welt in Einklang gebracht werden kann; in der muselmanischen Zivilisation, in der Religion, Recht und Moral eine Einheit bilden, stände doch wohl das meiste mit der « vérité religieuse » in Widerspruch!

In seinen konkreten Vorschlägen erweist sich *Folliet* als Reformer: er kritisiert das bestehende Bodenrecht, lehnt – mit Hinweis auf die Goldküste und deren wirtschaftlichen Erfolge – die Zwangsarbeit ab, verlangt das Koalitionsrecht für die Arbeiterschaft und einen Ausbau des Schulwesens; auch sei die ärztliche Betreuung noch immer völlig unzureichend. *Folliet* will mit dem Begriff der « tutelle » ernst machen und meint, daß zu gegebener Zeit die Ablösung erfolge, entweder friedlich oder mit Gewalt. Er weist dabei auf einen wichtigen Aspekt hin: « La difficulté réside dans la fixation des moments où les puissances colonisatrices devront ‹ lâcher la corde › à leurs possessions; l'éducateur aura toujours tendance à juger son élève encore trop inexperi-

abus coloniaux, in: Vie intellectuelle, Nov. 1928. In der Metropole würde man erröten, wenn man richtig orientiert würde; die katholischen Zeitschriften berichteten nicht über die Mißstände.

[143] P. 322.

menté » [144]. Welches sind aber die Kriterien der »Reife«? Beschränkt sich seine Absicht auf die wirtschaftliche Situation und das Vorhandensein einer Bildungsschicht, die eine Übernahme der Regierung erlauben würde, oder wird die erfolgreiche Christianisierung zur Bedingung gemacht? In diesem Falle aber wäre an eine Ablösung überhaupt nicht zu denken gewesen, jedenfalls nicht in den am weitesten entwickelten Gebieten Nordafrikas und Indochinas.

Folliets Argumentation darf für die katholische Kolonialdoktrin der Zwischenkriegszeit als repräsentativ gelten. Sie war large genug, um sowohl von der Rechten wie von der Linken des politischen Katholizismus in Anspruch genommen zu werden: sahen sich die einen in ihrem katholischen Paternalismus bestätigt, so konnten sich die anderen auf die offene Darlegung gewisser « abus » und auf die Aufforderung zu Reformen berufen. Nach dem Zweiten Weltkrieg wird der neugegründete Mouvement Républicain Populaire daran anknüpfen können und auf der Basis dieser Thesen versuchen, eine zeitgemäße und sich zu Reformen bekennende Kolonialkonzeption zu formulieren.

Die sozialistische Partei

Wir haben darauf verzichtet, der Parteizugehörigkeit der einzelnen Publizisten eine besondere Beachtung zu schenken oder gar von Parteidoktrinen zu sprechen. Daß eine Verbindung besteht zwischen den kolonialistischen Kreisen und den bürgerlichen Rechtsparteien, liegt auf der Hand; die Parteien sind aber so wenig organisiert, daß sie für unsere Fragestellung keinen geeigneten Ansatzpunkt bieten. *Albert Sarraut* und *Léon Archimbaud* sind zwar wichtige Radikalsozialisten und bis zu einem gewissen Grade repräsentativ für ihre Partei, aber von einer radikalsozialistischen Kolonialdoktrin wird man kaum sprechen können. Bei den Sozialisten (SFIO) hingegen ist von der Partei auszugehen, da sie sich um ein Programm bemüht, Fraktionsdisziplin verlangt und sich deutlich gegen die bürgerliche Rechte und Mitte abzusetzen versucht.

Im Gründungsjahr der Partei, 1905, hat *Paul Louis,* ein wichtiges Parteimitglied, mit seiner Schrift « Le Colonialisme » die Partei auf einen doktrinär marxistischen Kurs festzulegen versucht, d. h. die koloniale Expansion wird ausschließlich wirtschaftlich erklärt, insofern das kapitalistische System in den unterentwickelten Ländern seine Produkte abzusetzen hofft und mit den Ausbeutungsprofiten seine inhärente Krise vorübergehend aufzuhalten vermag; die koloniale Herrschaft geht auf Kosten der Arbeiterschaft des Mutterlandes, drängt zu politischem Abschluß der unterworfenen Gebiete und verschärft die internationalen Spannungen; die Mission civilisatrice ist bloßer ideologischer Überbau, um die ganze Nation einspannen und parlamentarische Unterstützung erlangen zu können. Es gebe keinen Kompromiß und keine »sozialistische Kolonialpolitik«, da die Ausbeutung erst mit der Revolution und der Übernahme der Produktion durch das Proletariat zu Ende gehe.

[144] P. 343.

Dennoch zeigten sich bereits vor 1914 reformerische Ansätze. Die Partei konnte wohl gegen militärische Expeditionen protestieren und die Methoden wirtschaftlicher Ausbeutung anprangern, mußte sich aber auch die Frage stellen, ob ein schneller Rückzug der Kolonialmächte noch möglich war. Wäre die Folge davon nicht einfach eine Refeudalisierung? Sozialisten warnten vor einem « abandon prématuré » und waren bereit, eine Schutz- und Erziehungsfunktion des Mutterlandes zu akzeptieren [145]. *Jaurès,* dem es vor allem um einen Abbau der internationalen Spannungen ging, hat das Marokko-Abkommen von 1911 gutgeheißen. Es zeigte sich darin eine gewisse Annäherung an die Positionen der Labour Party.
Unmittelbar nach dem Ersten Weltkrieg wurden die Sozialisten auch in der Kolonialfrage vor die Entscheidung gestellt, entweder die *Lenin*'schen Thesen der Dritten Internationale zu akzeptieren oder mit den Kommunisten zu brechen. Auf dem Kongreß von Tours 1920, der die Spaltung der Partei herbeiführte, hat sich die Mehrheitsgruppe unter *Léon Blum* geweigert, die Emanzipation des europäischen Proletariats mit der Befreiungsbewegung der Kolonialvölker zu identifizieren, d. h. im Sinne von *Lenin* die nationale Opposition offen zu unterstützen und an der Subversion gegen das Mutterland mitzuwirken [146]. Es gelte, den Eingeborenen wirtschaftlich und sozial zu helfen und sie auf eine schrittweise politische Emanzipation vorzubereiten. Die Sozialisten gerieten damit in eine schwierige Lage: Während ihnen die Kommunisten Kompromißbereitschaft vorwarfen, polemisierten die bürgerlichen Parteien und die koloniale Presse gegen den angeblich doktrinären Antikolonialismus der sozialistischen Partei, der sich von den Kommunisten nur wenig unterscheide und Frankreichs Positionen in Übersee untergrabe. Um dieser nationalen Diskreditierung entgegenzutreten, hat der Sozialist *Nouelle* 1929 im Parlament erklärt: « Nous ne sommes pas anti-coloniaux! » [147]
Die Frage wurde akut während des Aufstandes *Abd-el-Krims* in Marokko. Die Kommunisten und die ihnen affilierten Organisationen traten offen für die Rebellen ein und konnten sich so als die einzigen Vorkämpfer für die koloniale Unabhängigkeit ausgeben, während die Sozialisten Taktik üben mußten und sogar die notwendigen Kriegskredite bewilligten. Die Unabhängigkeit werde – so wurde argumentiert – den Eingeborenen keine Vorteile bringen; es sei Aufgabe der sozialistischen Partei, mit dem marokkanischen Proletariat zusammen für wirtschaftliche, soziale und politische

[145] *R. Thomas,* Politique socialiste et problème colonial. Essai sur l'évolution de la politique coloniale du Parti Socialiste (SFIO) de 1905 à nos jours. Mémoire des Institut des Hautes-Etudes d'Outre-Mer, 1950 (Manuskript), ders. La politique socialiste et le problème colonial de 1905 à 1920, in: Revue française d'Histoire d'Outre-Mer 167/1961, p. 213 f.

[146] In der Motion des « Comité dit de Résistance Socialiste », unterzeichnet u. a. von Léon Blum, war die Haltung der Partei in den folgenden Jahren bereits vorgezeichnet: « Il ne cessera pas d'agir comme il l'a toujours fait, en faveur des populations indigènes que le système capitaliste livre à la conquête, à l'exploitation et à l'asservissement. Mais il se refuse à confondre le mouvement de révolte des peuples opprimés avec le travail de libération prolétarienne; il ne peut accepter une propagande qui tendrait à fausser la lutte de classes et à déchaîner une guerre de races également contraire à ses principes de fraternité et à sa volonté de paix. » Congrès National 25.–30. 12. 1920, Compte-rendu p. 589.

[147] *J. O. Chambre,* 25. 6. 1929, p. 2184.

Besserstellung einzutreten, nicht aber eine feudale Reaktionsbewegung zu unterstützen [148].

Wenn die sozialistische Partei die demagogische Forderung nach sofortigem Rückzug nicht übernahm, so hat sie doch energisch Mißstände, Ausbeutung, Fehler der Administration und fragwürdige Repressionsmaßnahmen im Parlament zur Sprache gebracht. Im Vordergrund standen die Arbeitsverhältnisse in Indochina und in Äquatorialafrika, wobei der Bau der Eisenbahnlinie Brazzaville–Ozean in der Tat ausreichend Gelegenheit gab: Die Afrikaner würden zur Arbeit geschleppt und seien zu Tausenden umgekommen; die Dörfer seien entvölkert, andere zur Strafe niedergebrannt worden. Die Administration überwache die Konzessionsgesellschaften nicht oder arbeite mit ihnen zusammen. Der « Populaire » gab im Juli 1927 ein Resumé des Kongo-Buches von *André Gide* [149]. Auch in Indochina werde die eingeborene Arbeitskraft rücksichtslos ausgebeutet, wobei der oben erwähnte *Nouelle* erklärte:

« Je termine en disant à tous les peuples qui souffrent dans notre domaine colonial que le parti socialiste fait sienne leur propre cause. Il fait sienne la cause des peuples arrièrés de l'Afrique tropicale et équatoriale soumis à la dure loi du travail forcé. Il prend en main la cause de peuples évolués de l'Asie et de Madagascar, qui justement réclament une autonomie toujours plus large ... Nous saluons les martyrs de la liberté quels qu'ils soient. » [150]

Die scharfen Repressionsmaßnahmen nach den Unruhen von 1930 lösten sozialistische Proteste aus; in Paris bildete sich z. B. ein « Comité d'Amnestie et de Défense des Indochinois et des Peuples colonisés », dem u. a. *André Malraux*, *Marius Moutet*,

[148] Im August 1925 faßte die SFIO eine entsprechende Resolution und erklärte sich als »adversaire de l'évacuation«. Der Parteikongreß vom Mai 1926 bestätigte dies, Compte-rendu, p. 21.
Als Beispiel für die Differenz der Positionen sei die Marokko-Diskussion im Parlament vom 21. 6. 1929 genannt. Für die Kommunisten erklärte *Marcel Cachin:* « Voilà la 25. année que l'impérialisme français a décidé de se saisir du Maroc. Au bout de 25 ans, il n'est pas encore arrivé à la soumission générale du pays ... » die »dissidents« seien mehr als 100 000 Mann stark und « résistent et défendent leur indépendance contre toute tentative de domination étrangère, les armes à la main. » In einem eigentlichen Krieg werde gegen freie Berber gekämpft. Die »Banque de Paris et des Pays-Bas« dominiere in Marokko ... « Nous disons que nous n'avons rien à faire au Maroc, qu'il faut l'évacuer, que vous y êtes exclusivement pour servir les grands intérêts du capitalisme » ... « aider les peuples à récouvrir leur liberté, leur indépendance », *J. O. Chambre*, p. 2134 f.
Der Sozialist *Rivière* protestiert gegen die ungenügende Berichterstattung der Presse und das Generalsregiemnt in Marokko: « En ma qualité de socialiste, je suis hostile à toutes les aventures coloniales ... Aussi bien, il ne peut être question de cette formule trop simpliste que l'on a développée: ‹ évacuer purement et simplement ›. Je puis affirmer également, au nom de bien des indigènes que nous avons interrogés, qu'ils s'estiment plus heureux qu'autrefois, que notre domination pour si peu qu'elle veille est encore préférable à celle des maghzen, des cheiks et de certains caïds. Nous sommes loin de la justice et de l'égalité, mais dans les régions que nous avons visitées, l'expropriation brutale n'existe plus ... Nous avons apporté également à ce pays un peu de sécurité et beaucoup d'hygiène ... Croyez-moi pour la pénétration rapide il ne peut y avoir qu'une méthode. Il faut apporter là-bas ce que nous avons de bien dans notre civilisation. Il faut construire ...» P. 2139 f.

[149] Voyage an Congo 1927.

[150] *J. O. Chambre*, 14. 6. 1929, p. 2099, wiederum 28. 1. 1930.

Félicien Challaye, Paul Rivet, Magdaleine Paz, Léon Werth und André Viollis[151] angehörten. Am 6. September 1933 wandte sich die Partei gegen die militärischen Aktionen in Marokko und forderte die Sektionen auf, Manifestationen « contre une politique de conquêtes coloniales » zu organisieren[152]. Ein Jahr darauf richtete sich « Le Populaire » gegen die repressive Politik des Generalresidenten in Tunesien, *Peyrouton*, der als Provokateur für die Unruhen verantwortlich sei und abberufen werden müsse[153].

Wichtiger ist für uns die Frage nach der Kolonialkonzeption der Partei. Wie sollte die proklamierte Emanzipation erfolgen – assimilatorisch oder mit der Unabhängigkeit als Ziel?

Ähnlich wie die Labour Party wurde sich auch die SFIO in den 20er Jahren der Notwendigkeit bewußt, die Stellungnahme der Partei zu spezifizieren und sich nicht mit einer allgemeinen Verurteilung des Imperialismus zu begnügen. *Pierre Renaudel*, eine wichtige Persönlichkeit, verlangte 1926 in « Vie socialiste » die « élaboration d'une doctrine socialiste », während die Partei eine Studienkommission einsetzte, deren Bericht auf dem Parteikongreß von Clermont-Ferrand 1926 als Diskussionsbasis diente. Darin wird der Kolonialismus als « capitalisme particulièrement oppressif et exploiteur » in der üblichen Weise abgelehnt, aber gleichzeitig betont, daß ein bloßer Rückzug nicht in Frage komme: einem solchen « nationalisme replié sur lui-même » könnten sich die Sozialisten nicht anschließen, denn es gehe um eine Entwicklung « de toutes les forces productives du globe »[154]. Die Argumentation richtete sich offenbar sowohl gegen den Vorwurf von rechts, « antinational » zu sein, als auch gegen die Tendenzen innerhalb der Partei und ihrer Mitgliederschaft, sich für die Kolonien und ihre wirtschaftliche Mise en valeur nicht zu interessieren. Der Bericht schlug eine internationale Organisation vor, deren Aufgabe es sein sollte, den Zugang zu den Rohstoffen, die wirtschaftliche Entwicklung und die Verteidigung zu kontrollieren, die großen Handelsstraßen zu internationalisieren und somit die koloniale Frage der Rivalität der Mächte zu entziehen; das Prinzip des Mandates sei wertvoll, obschon das vom Völkerbund gehandhabte System « un masque hypocrite impérialiste » darstelle. Die weiteren Ausführungen blieben aber vage, und es wurde nicht ersichtlich, ob das Mandatssystem zur späteren Unabhängigkeit führen würde oder ob damit nur eine internationale Kontrolle gewährleistet werden sollte, die die Assimilation nicht ausschloß. Ein offenes Bekenntnis zu einer Dekolonisation im Sinne späterer Unabhängigkeit gab *Léon Blum* am 10. Juni 1927 im Parlament ab – bezeichnenderweise als Antwort auf eine kommunistische Herausforderung:

« Nous n'admettons pas qu'il existe un droit de conquête, un droit de premier occupant au profit des nations européennes sur les peuples qui n' ont pas la chance d'être de race blanche ou de religion chrétienne. Nous n'admettons pas la colonisation par la force. Nous pensons que le but à poursuivre pour les peuples qui se trouvent en ce moment, en fait, comme c'est le cas de la France, détenir des territoires coloniaux, doit être de les rendre le plus tôt possible

[151] *Léon Werth* ist der Verfasser des Buches: Cochinchine, 1926, *André Viollis* Autor von: Indochine S. O. S., 1931.

[152] *Alfred Grosser*, La IVe République et sa politique extérieure, 1961, p. 112.

[153] Le Populaire, 7. 9. 34, 12. 9. und folgende Tage.

[154] Auszüge in Le Populaire 1. 5. 1926.

à l'indépendance entière. Nous aurons accompli ce que vous appelez notre mission civilisatrice le jour où nous aurons pu rendre les peuples dont nous occupons les territoires à la liberté et à la souveraineté. En revanche, en présence de situations de fait dont nous ne sommes pas comptables, auxquelles nous nous sommes toujours opposés, que nous avons toujours obstinément combattus, que nous combattrons encore en toute occasion, nous ne nous contentons pas de cette solution à la fois trop simple et trop périlleuse qui consiste, soit à prêcher l'insurrection et à faire appel à la guerre de races, soit à éxiger l'évacuation immédiate avec tous les périls qu'il comporterait et pour les colons et pour les indigènes eux-mêmes. » [155]

Nur wenige Tage später widersprach *Léon Blum* außerdem dem Afrikaner *Blaise Diagne,* als dieser eine parlamentarische Vertretung für die algerischen Eingeborenen verlangte: « En ce qui nous concerne, ce n'est pas dans le sens d'une représentation plus large des indigènes au Parlement français que nous voudrions qu'évoluât cette question. Je le dis, sinon comme une opinion de parti, du moins comme une opinion partagée par la plupart de mes camarades; nous désirerions que la législation coloniale s'acheminât de plus en plus nettement vers l'indépendance, vers le self-government, comme pour les Dominions » [156]. Dies war als prinzipielle Stellungnahme eindeutig, obgleich die Analogie zu den britischen Dominions schief lag, insofern als hier Siedler und nicht die Eingeborenen eine Selbstregierung erhalten hatten – was *Blum* sicher nicht meinte.

Die Gewährung von Self-government als Ziel einer sozialistischen Kolonialpolitik drängte sich vor allem in Indochina auf. Wir haben in einem anderen Zusammenhang den ehemaligen Generalgouverneur *Varenne* genannt, der sich 1929/30 gegen Integration und Assimilation aussprach. Im Pazifik würden die künftigen weltpolitischen Entscheidungen fallen:

« Il nous faut envisager pour l'Indochine un avenir peut-être un peu différent de ce que nous avions d'abord conçu. Il se forme dans ce creuset tropical une vaste confédération, une association de peuples, dont la France sera en quelque sorte le ciment, dont elle formera le lien d'unité, pour qui notre protection est pour de longues années encore, peut-être même pour toujours, indispensable. C'est une nation d'un type nouveau, qui grandit, qui demandera sa place à côté de la France, dans l'orbite de la politique française. » [157]

Einige Monate später, wiederum im Parlament, führt *Varenne* diese Gedanken weiter [158]. Seine These lautet: « A ces Asiatiques, je veux que la France puisse dire: vous avez une patrie, elle est en Asie, la France est en train de vous la créer, c'est l'Indochine française. » Moskau agiere mit seinem Emanzipationsprogramm, und von Indien bis Korea seien die Völker in Bewegung. Frankreich habe die Eingeborenen falsch behandelt und die Vorteile des Protektorates nicht wahrgenommen; Indochinesen würden nur in subalternen Positionen verwendet und miserabel bezahlt, Offiziere gebe es noch keine. Durch Verbote oder Behinderung der Gewerkschaften und Organisationen treibe man die Leute in den Untergrund; die Elite werde, wenn man sie nicht rechtzeitig zufriedenstelle, schließlich die volle Unabhängigkeit fordern. « Je vois l'avenir de l'Indochine dans une grande fédération indochinoise, dont la France resterait l'associée et l'animatrice. . . C'est là seulement que les Annamites pourront retrou-

[155] *J. O. Chambre,* p. 1841 f.
[156] *J. O. Chambre,* 11. Juli 1927, p. 2528.
[157] *J. O. Chambre,* 14. Juni 1929, p. 2066.
[158] Debatten vom 28.–30. 1. 1930 und 20. 6. 1930.

ver la patrie qu'ils croient avoir perdue. Nous les aiderons jusqu'à la plus large autonomie. L'indépendance totale? Je ne sais si elle viendra un jour ... [159]. Mit Gewalt könne man jedenfalls 20 Millionen Untertanen auf die Dauer nicht regieren. *Varenne* verweist auf die britische Politik in Indien und beantwortet einen Zwischenruf, das Experimentieren habe Großbritannien keine Vorteile gebracht, mit: « soyez tranquilles, ils (die Engländer) s'entendront plus vite avec les Hindous que nous avec les Annamites »; eine Art Simon-Kommission möge französische Reformen in Indochina vorbereiten. Wie der ehemalige Generalgouverneur die Zukunft Indochinas sieht, wird nicht klar, aber energisch richtet er sich gegen den bisherigen Immobilismus und fordert die nationale Verselbständigung und die Gewährung politischer Rechte im lokalen Bereich, in der Hoffnung, den indochinesischen Staat in irgendeiner Weise an Frankreich zu binden. Hier zeichnet sich eine Konzeption einer indochinesischen Föderation ab, die sich mit dem Mutterland assoziiert und diesem die Befugnisse der Außenpolitik und Verteidigung überläßt – eine Konzeption, die dann der Nachkriegspolitik von General *de Gaulle* zugrunde liegen wird.

Varenne wurde im Januar und Juni von *Marius Moutet*, dem Kolonialminister der Volksfrontregierung und der Jahre 1946–1947, unterstützt. Der Prozeß, der den Aktivisten der Unruhen von 1930 gemacht werde, sei ein Skandal, und mit der Repression treibe man die Elite in die Opposition. Mit Eingeborenengerichten täusche man niemanden, da jedermann in den Richtern nur « créatures de l'adminstration » sehe und die Urteile der Kolonialverwaltung zur Last lege. « Il faut opérer un redressement total » d. h. man solle die Indochinesen auf Selbstregierung vorbereiten.

« Avez-vous un programme qui puisse amener ce pays à l'indépendance sous son propre gouvernement, par des étapes que je vous demandais de fixer, et en suivant un programme jusqu' à sa réalisation? C'est une œuvre singulièrement difficile que d'acheminer un peuple d'Exrême-Orient vers la liberté. » [160]

Liberté wurde also von Sozialisten wie *Blum*, *Varenne* und *Moutet* anti-assimilatorisch verstanden; Dekolonisation sollte – mindestens im Falle Indochinas – nicht durch Integration, sondern durch künftige Unabhängigkeit oder größtmögliche Autonomie erfolgen. Von einer Vertretung im Parlament ist nicht die Rede, *Blum* hat sie selbst für Algerien ausdrücklich abgelehnt. Der Parteiführer *Léon Blum* hat aber am 8. Juli diese seine These wohlweislich nicht als offizielle Parteidoktrin ausgegeben und damit selbst bestätigt, daß innerhalb der Partei auch andere Meinungen und Konzeptionen vertreten wurden. Was Algerien anbelangt, so hat auch *Moutet* eine assimilatorische Naturalisationspolitik mit parlamentarischer Vertretung der Eingeborenen – in der gemäßigten Form eines Sonderwahlkörpers – vertreten. (Vgl. S. 375). Vor allem die nordafrikanischen Parteisektionen neigten zur Assimilation; ihre Mitgliederzahl war zwar gering, aber den Delegierten kam auf den Parteikongressen ein recht großes Gewicht zu, nicht zuletzt deshalb, weil die Mehrheit der Parteivertreter an Kolonialfragen wenig Interesse zeigte und dies den direkt Beteiligten überließ [161]. Da die Sektionen sich vorwiegend aus Europäern zusammensetzten – aus kleinen Beamten, Angestellten und Geschäftsleuten – lag ihnen eine Integration näher, die das fort-

[159] *J. O. Chambre*, 20. 6. 1930, p. 2603.
[160] *J. O. Chambre*, 27. 6. 1930, p. 2768.
[161] *Thomas*, p. 76.

schrittliche Credo, die Emanzipation der Eingeborenen, mit der Sicherstellung der eigenen Positionen verband. So erklärte z. B. 1926 die tunesische Sektion – im Hinblick auf einen nordafrikanischen Kongreß der Sozialisten – ihren Widerstand gegen eine »vorzeitige Evakuation« und verteidigte die positiven Leistungen der Kolonisation; die Europäer in Tunesien seien nun bereits alteingesessen und hätten sich um die wirtschaftliche Entwicklung des Landes große Verdienste erworben, « de telle sorte que ces Européens, transplantés, enracinés dans la colonie où ils ont fait ou feront souche, peuvent à bon droit se considérer désormais comme des enfants du pays ». [162] Damit war die Problematik der Siedler gekennzeichnet, die auch als Sozialisten einen Rückzug der Kolonialmacht ablehnen und auf eine Form der Integration zusteuern mußten. Man glaubte, das rassisch-zivilisatorische Problem in ein soziales zu verwandeln und hoffte auf ein aus beiden Gemeinschaften bestehendes klassenbewußtes Proletariat; dementsprechend verurteilte denn auch der nordafrikanische Kongreß der Sozialisten « les mouvements de xénophobie, de fanatisme et de nationalisme indigènes » [163].

Den stark divergierenden Positionen innerhalb der Partei entsprechend und nicht zuletzt auch mit Rücksicht auf die nordafrikanischen Sektionen hat sich der außerordentliche Parteitag vom Dezember 1927 für eine Politik der Differenzierung ausgesprochen: Für bestimmte Bereiche – offenbar war hier Algerien gemeint – sollte die volle Assimilation gelten, während in anderen Kolonien eine Form der Eigenstaatlichkeit vorbereitet werden sollte; im Falle Syriens wurde die Anerkennung der Unabhängigkeit in Aussicht genommen [164]. Damit war das Kolonialprogramm der Volksfront im Umriß gekennzeichnet.

In der Folgezeit bemühten sich die kolonialen Parteisektionen um eine Zusammenarbeit mit den nationalistischen Gruppen und unterstützten deren wirtschaftliche und soziale Forderungen in Presse und Lokalversammlungen; der Neo-Destur *Bourghibas* z. B. pflegte gute Beziehungen zur Zeitung « Tunisie socialiste » [165], der Nachfolger *Blaise Diagnes* als Abgeordneter der Quatre Communes des Senegal, war Mitglied der sozialistischen Partei, die somit in ihrer Organisation in gewisser Hinsicht das größere Frankreich widerspiegelte und sich dadurch von der Labourparty unterschied; britische Sozialisten mochten persönliche Beziehungen zu kolonialen Nationalisten unterhalten

[162] Renseignements coloniaux 1926, No. 2 bis p. 104.

[163] Renseignements coloniaux 1926, No. 5 bis p. 242.

[164] « Il ne demande pas l'évacuation pure et simple des colonies que la France occupe actuellement. La paix n'y gagnerait rien et ne pourrait même que se trouver menacée par l'explosion soudaine des révoltes ou des convoitises. Mais notre politique coloniale doit être adaptée à la diversité des types de colonies. C'est ainsi que pour certaines, elle doit viser à l'assimilation la plus complète, pour d'autres à l'institution des mandats exercés sous le contrôle effectif de la SDN orientés vers la constitution de Sociétés et d'Etats indigènes capables de se suffire à eux-mêmes. L'indépendance avec, pour corollaire, l'évacuation aussi prompte que possible des colonies, est le but qu'on doit assigner aux progrès de la colonisation ... (Die Partei) se prononce pour la reconnaissance de l'indépendance et de l'unité de la Syrie, constituée en un Etat libre, admis à la Société des Nations, libéré de toute occupation militaire et de toute tutelle. » Le Programme d'action immédiate du Parti Socialiste, voté au Congrès National extraordinaire de Paris (Déc. 1927), 1928, p. 47 f. Gonidec zitiert p. 90 eine offenbar aus Doriot, Le PC et les colonies, entnommene Resolution des Parteitages von 1927, doch ist uns ein Stellennachweis nicht gelungen.

[165] *Jacques Berque,* Le Maghreb entre deux guerres, 1962, p. 350.

und diesen, wenn sie in England ansässig waren, die Parteimitgliedschaft gewähren, schlossen an die Partei aber keine überseeische Organisationen an. Da die von den Weißen dominierten Sektionen der SFIO wohl die wirtschaftlichen, aber nur bedingt auch die politisch-nationalen Forderungen der Nationalisten vertreten konnten, kam es zu mancherlei Spannungen: die Sozialisten konzentrierten sich auf die soziale Emanzipation und warfen z. B. den bürgerlichen Nationalisten einen unzweckmäßigen und gefährlichen weil angeblich verfrühten Nationalismus vor.
Die Gesamtpartei hingegen beschäftigte sich anfangs der 30er Jahre kaum mit kolonialen Fragen. Erst mit dem Erfolg in den Wahlen von 1936 rückte die Kolonialpolitik in den Bereich konkreter Planung. Dabei haben sich wiederum die nordafrikanischen Delegierten besonders aktiv gezeigt; so kritisierte auf dem Kongreß vom Mai/Juni 1936 der Vertreter der tunesischen Sektion, daß Frankreich sich – im Zeichen eines angeblichen Protektorates – auf die alte Feudalität gestützt habe. Die Trennung der Gerichte und Handelskammern in französische und eingeborene Sektionen habe die Bildung zweier Blocks zur Folge gehabt, « qui s'opposent dans une incompréhension absolue »; man habe also einen Partikularismus gezüchtet, und dürfe sich nun nicht wundern, daß die Elite sich nationalistisch gebärde. Der tunesische Sprecher lehnte diesen rassisch-religiösen Nationalismus ab, weil er das europäische Proletariat ausschließe und die illusionäre Hoffnung erwecke, die nationale Befreiung werde eine Besserung der wirtschaftlichen Lage herbeiführen. Ein tunesisch-arabischer Nationalismus beschränkte in der Tat die SFIO-Sektion auf die europäische Minderheit und gefährdete die Integration. Konsequent assimilatorische Forderungen erhob der Delegierte von Constantine, *Tahrat:* er bezeichnete die « collaboration » als Hypokrisie,

« car il ne peut y avoir de collaboration loyale entre deux peuples traités différemment ... Actuellement les musulmans d'Algérie n'aspirent pas du tout à la ‹ libération ›, dont on a tant parlé dans certains milieux. Ce qu'ils réclament, avant tout, c'est l'égalité, c'est l'égalité entre Français et Musulmans ... Et je dois dire que les Fédérations algériennes sont unanimes à réclamer l'assimiliation progressive des populations musulmans » [166].

Tahrat lehnte doppelte Wahlkörper und eine etwaige Spezialvertretung der Eingeborenen im Parlament ab und bekannte sich zum Collège unique mit schrittweise erweiterter Wählerschaft; nur so könne ein Konflikt vermieden werden. Es versteht sich, daß diese Forderungen in klarem Gegensatz standen zu den Thesen *Blums* 1927.
Um im Moment der Regierungsübernahme ihren Willen zu Reformen zu dokumentieren und in der Hoffnung, die Nationalisten zur Zusammenarbeit zu gewinnen, richtete der sozialistische Kongreß ein Manifest an die Kolonialvölker:

« Le Congrès du Parti socialiste vous adresse l'expression de son active solidarité. Il connaît votre misère, il a la volonté d'y mettre un terme. Avec le Front Populaire au pouvoir, une ère nouvelle commence pour la France laborieuse aussi bien que pour les peuples qu'elle associe à ses destinées. Les espoirs qu'a soulevés la victoire du Front Populaire ne seront pas déçus ... »

Gleichzeitig wurde erstmals – wenigstens für Nordafrika – ein konkretes Programm verkündet: Für Algerien Rückkauf der großen Konzessionen, Gewerkschaftsrecht, Versammlungs- und Pressefreiheit, Amnestie, Abschaffung des Indigénats und Übernahme der Sozialgesetzgebung der Metropole; Abschaffung sogar des Generalgouvernements

[166] Compte-rendu p. 100 f.

und der Finanzdelegationen und damit «Rattachement» an das Mutterland, Vertretung im Pariser Parlament auf der Basis des Collège unique und Zugang der Muselmanen zu allen Beamtenstellen mit gleichem Gehalt. Für Tunesien eine Reform des Caidats, administrative Dezentralisation, stark erweitertes Wahlrecht für den Grand Conseil und Repräsentation der Kolonialfranzosen im Parlament. Für Marokko eine Reihe sozialer Reformen, Gewerkschafts- und Pressefreiheit [167]. Das für die Volksfront wichtige « Comité de vigilance des intellectuels anti-fascistes » vertrat ähnliche Forderungen [168].

Das an sich recht großzügige Kolonialprogramm der sozialistischen Partei 1936 versuchte also – sicher mit Recht – zu differenzieren: sollte für Algerien die Assimilation gelten, so war in Tunesien und Marokko eine stark erweiterte Vertretung der Eingeborenen in den Lokalversammlungen vorgesehen, man zielte hier also auf die Autonomie, wobei die Muselmanen schrittweise die Führung übernehmen sollten; den Kolonialfranzosen wurde eine Vertretung im Parlament in Aussicht gestellt, man hat aber offengelassen, wie sich beides in Einklang bringen ließe. An Unabhängigkeit war offenbar nicht gedacht. Von Indochina und Schwarzafrika war nicht die Rede.

Was konnte realisiert werden? Der Wahlerfolg der Volksfront und die Regierungsübernahme *Blums* haben in Nordafrika und Indochina bei den nationalen Organisationen erwartungsvolle Zustimmung gefunden und illusionäre Hoffnungen geweckt – wie andererseits schlimmste Befürchtungen bei den Kolonialfranzosen [169]. Die Regierung hat ihren Willen, einen Kurswechsel einzuleiten, recht deutlich zum Ausdruck gebracht: *Marius Moutet*, der seit langem zu den Sozialreformern zählte und öfters die Administration kritisiert und gegen Repressionsmethoden protestiert hatte, wurde Kolonialminister, *Hubert Deschamps*, ehemaliger Gouverneur in Madagaskar, Kabinettschef. Zum Staatssekretär für tunesische und marokkanische Angelegenheiten im Außenministerium ernannte *Léon Blum Pierre Viénot*, der unter *Lyautey* gearbeitet hatte und wegen seines aufgeschlossenen Wesens geeignet war, bei den Nordafrikanern Vertrauen zu gewinnen. Mehrere Generalgouverneure wurden ausgewechselt, nationalistische Führer amnestiert, repressive Dekrete zurückgenommen. *Moutet* rief im November die Generalgouverneure zu einer Konferenz zusammen und umriß in seiner programmatischen Eröffnungsrede eine « colonisation altruiste«, die sich auf die Aufgabe konzentrierte, « faire vivre et mieux vivre l'ensemble de ces populations coloniales »; die geforderte Mise en valeur erinnerte an Albert *Sarraut*. Politische Fragen und Reformen allerdings wurden kaum berührt, und man hat den Eindruck, als ob *Moutet*

[167] Compte-rendu p. 234 f. Vgl. auch Le Populaire 4. 11. 1936. Der Parteikongreß vom Juli 1937 in Marseille nimmt diese Forderung wieder auf.

[168] Zu den Mitgliedern gehören *Paul Rivet, Paul Langevin, Alain.* Das Comité richtet sich zunächst scharf gegen die koloniale Expansion der Vergangenheit. Syrien und Libanon sollen unabhängig werden, während in den anderen Bereichen durch ein stark erweitertes Wahlrecht eine »véritable représentation indigène« geschaffen werden soll, und zwar ausdrücklich mit dem Ziel »d'enlever à la minorité française son privilège d'avoir une représentation plus forte que la masse indigène «. La France en face du Problème colonial, 1936, p. 55.

[169] Z. B. der Artikel »Demain?« in: L'Afrique française, Mai 1936, p. 250 f. Es sei eine Regierung zu erwarten, die von abstrakten Theorien ausgehe und die Tatsachen verkenne; die Masse der Eingeborenen wolle aber nur Sicherheit, Gerechtigkeit und Wohlstand.

zunächst mit wirtschaftlichen und sozialen Maßnahmen auszukommen hoffte oder aber den Widerstand der Gouverneure in Rechnung zog und einer Diskussion auszuweichen wünschte [170].

Mancherlei Reformen sind in die Wege geleitet worden: eine Steuerreform und ein neues Arbeitsstatut in Indochina, zudem ein Dekret, das die Naturalisation erleichterte; Regelung der Frauen- und Kinderarbeit in der AOF; 1937 erhielten die AOF und Madagaskar Gewerkschaftsrecht, und Frankreich ratifizierte die Konvention zur Aufhebung der Zwangsarbeit; auch wurde die französische Sozialgesetzgebung auf Nordafrika übertragen, die aber in der Praxis nur teilweise wirksam geworden ist [171].

Im politischen Bereich stieß die Volksfront-Regierung schon bald auf einen hartnäckigen Widerstand, der einen Gutteil der vorgesehenen Reformen zum Scheitern brachte: Die Verträge mit Syrien und dem Libanon vom September und Dezember 1936, die nach dem Vorbild des britischen Abkommens mit dem Irak von 1930 die Unabhängigkeit und den Eintritt in den Völkerbund stipulierten, Frankreich aber gleichzeitig militärische Basen und eine privilegierte Position einräumten, stießen bei der Administration, den Militärs und den Kolonialfranzosen auf Ablehnung, und als endlich im Dezember 1938 die beiden Rapporteure des außenpolitischen Ausschusses des Senats vor einer Ratifizierung warnten, hat Außenminister *Bonnet* darauf verzichtet, die Verträge dem Senat zur Diskussion und Abstimmung vorzulegen [172]. *Viénot* hat die französische Haltung, die sich von der britischen deutlich unterschied, im März 1939 treffend gekennzeichnet:

« Pour la masse de l'opinion française, la France ‹ possède › la Syrie. Son devoir est de l'administrer, d'y sauvegarder les intérêts français. Mais on ne ‹ traite › pas avec des colonies, on les garde ... Pour la plupart des Français, en effet, notre mandat en Syrie n'est guère qu'une fiction. Notre devoir est de tenir ce que nous possédons et un règlement du genre que celui que nous avons été amenés à envisager apparaît comme une sorte de trahison. » [173]

Auch die *Blum-Viollette*-Reform für Algerien ist nicht zur parlamentarischen Beratung gelangt (vgl. S. 381). In Tunesien stellten sowohl der Neo-Destur als auch das regionale

[170] Text der Rede in der Revue du Pacifique 5/1936, p. 615 f. Dazu Le Populaire 11. 12. 1936. *Paz* schrieb denn auch in einem Artikel « Les problèmes coloniaux » über *Moutet:* « il a fait la pièce maîtresse de sa doctrine: l'aisance économique, ce gage de la satisfaction politique des populations coloniales«. Le Populaire 11. 12. 1936.
Die Tendenz, politische Reformen mindestens vorerst auszuklammern, zeigt sich auch in einer Stellungnahme *Moutets* im Parlament: « La colonisation, pour nous, c'est le développement même des masses qui habitent les colonies, par l'élévation de leur niveau matériel, social, économique, intellectuel et culturel. (Das Politische fehlt!) Dies verlange enorme Mittel. Die Zollpolitik verteure die Konsumwaren in den Kolonien und schaffe Unzufriedenheit, aber Moutet will doch am bisherigen Prinzip festhalten »que les colonies soient, dans une large mesure, pour la métropole un marché privilégié, c'est une nécessité«(!) Er wolle den Evolués entgegenkommen und für ihre Gleichberechtigung in der Administration eintreten, macht aber keine Andeutung über Reformen der Lokalversammlungen ... *J. O. Chambre* 15. 12. 1936.

[171] *P. F. Gonidec,* Droit de Travail des territoires d'Outre-Mer, 1958.

[172] *A. H. Hourani,* Syria and Lebanon, a political essay, 1946, p. 219 f. *Stephan H. Longrigg,* Syria and Lebanon under French Mandate, 1958, p. 218. Die Witwe Viénots zudem in: Le Monde 7. 3. 1958.

[173] Zit Grosser a.a.O., p. 27.

Comité du Rassemblement Populaire ähnliche Forderungen, wie sie die sozialistische Partei in ihrem Programm selbst verkündet hatte, aber *Viénot* sah sich einem Druck von rechts ausgesetzt, dem er im November 1936 nachgab, indem er erklärte: « L'installation de la France en pays de Protectorat a un caractère définitif » [174]. Im Frühling des folgenden Jahres führte der Staatssekretär in Tunis orientierende Gespräche und bezog am 1. März in einer Radioansprache Stellung: Er legte Mißstände und dringende Reformen offen dar und stellte den Tunesiern eine bessere Beteiligung an der Verwaltung, eine Reform des Grand Conseil und den Ausbau des Schulsystems in Aussicht; diese Reformen sollten allerdings im Rahmen des Protektoratsvertrages erfolgen und eine « effective et indissoluble solidarité franco-tunisienne » ergeben [175]. Während *Bourghiba* sich recht positiv äußerte, löste der Satz *Viénots* « certains intérêts privés des Français de Tunisie ne se confondent pas nécessairement avec l'intérêt de la France », der eine Überprüfung der Konzessionsverträge einiger großer Gesellschaften anzukündigen schien, einen Entrüstungssturm der Colons aus, die im Grand Conseil protestierten, auf ihre verbrieften Rechte pochten und sich als die legitimen Repräsentanten französischer Interessen in Tunesien ausgaben [176]; zur Konkretisierung der institutionellen Reformen ist es nicht mehr gekommen.

Auch die marokkanischen Nationalisten hofften auf französisches Entgegenkommen, aber die von der Volksfrontregierung eingesetzten Generalresidenten *Peyrouton* und *Nogués* begünstigten die Siedler und enttäuschten die Marokkaner [177]. Als General *Franco* im spanischen Teil liberale Zusagen machte, kam – paradoxerweise – das Frankreich der Volksfront in Rückstand, und als die Marokkaner ihre Forderungen steigerten und sehr energisch in Paris vortragen wollten, weigerte sich *Viénot*, eine Delegation des « Comité d'action marocaine » zu empfangen. Die Enttäuschung darüber entlud sich in Manifestationen in Casablanca, die der Generalresident wiederum mit der Verhaftung der Nationallisten beantwortete. Als Indochina von kommunistischer Seite Vorbereitungen zu einem »indochinesischen Kongreß« getroffen wurden, der ein Reformprogramm ausarbeiten sollte, griff der Generalgouverneur energisch ein und verhinderte die Manifestation. Im Bezug auf Schwarzafrika glorifizierte *Moutet* einmal mehr das volle Bürgerrecht der Quatre Communes des Senegal und bekannte sich zu der hier eingeleiteten Assimilationspolitik, machte aber keine Anstalten, sie auf den restlichen Senegal oder gar auf Westafrika auszudehnen [178]. Die angekündigte Untersuchungskommission

[174] Zit. *Jean Lacouture,* Cinq hommes et la France, 1961, p. 124. Für Nordafrika vor allem: *Ch. A. Julien,* L'Afrique du Nord en marche, 2. ed. 1952, p. 84 f; 156 f. *Roger Le Tourneau,* Evolution politique de l'Afrique du Nord musulmane 1920–1961, 1962, p. 79 f; 145 f.

[175] Rede im Auszug, in: Le Populaire 2. 3. 1937.

[176] *Berque,* p. 294. L'Afrique française schreibt 1937: « La Tunisie représente en somme un gros département »(!) p. 169.

[177] Vgl. *J. Ladreit de Lacharrère,* L'arrivée de M. Peyrouton, in: L'Afrique française, Juni 1936, p. 359 f. Der Generalresident habe allgemeine Zustimmung gefunden, nicht zuletzt weil er bei seiner Ankunft erklärte: « Je suis un colonial... il existe des articles d'ordre intellectuel qui ne sont pas d'articles d'exportation » – sich also gegen die Volksfrontregierung absetzte. – Überschwengliches Lob dann für General *Noguès,* in: L'Afrique française, Oct. 1936, p. 508 f.

[178] Vgl. Interview mit *Moutet,* in: Le Populaire 20. 10. 1936.

die die Kolonien bereisen und Vorschläge unterbreiten sollte, wurde erst im Dezember vom Senat gutgeheißen und gewann keine Bedeutung.
Diese wenigen Angaben müssen genügen, um zu zeigen, daß es der Volksfrontregierung – ähnlich wie der Labour Party 1924 und 1929 – nicht gelungen ist, ihre programmatisch angekündigte Reformpolitik, trotz eines gutgemeinten ersten Ansatzes und wertvoller Detailmaßnahmen, in die Tat umzusetzen. Nur wenige Monate standen zur Verfügung, und die Regierung war mit wirtschaftlichen und außenpolitischen Fragen vollauf beschäftigt. Vor allem waren die Sozialisten auf die parlamentarische Unterstützung der Radikalsozialisten angewiesen und besaßen im ohnehin konservativen Senat eine nur schwache Position. Die Radikalsozialisten aber waren für »revolutionäre« Reformen nicht zu haben. Bezeichnenderweise hatte sich das Wahlprogramm der Volksfront – im Unterschied zur sozialistischen Partei – auf die Einsetzung der Untersuchungskommission beschränkt. Einschneidende Reformen in den Kolonien wären nur gegen den energischen Widerstand der Colons durchzusetzen gewesen; dafür fehlte aber der Regierung die Macht, d. h. die parlamentarische Unterstützung. Die revolutionäre Linke mochte die halben Maßnahmen kritisieren und die Regierung zur Einlösung ihrer »Versprechen« auffordern [179], aber *Léon Blum* war nicht bereit, den revolutionären Weg einzuschlagen und blieb in seinen Aktionsmöglichkeiten beschränkt.
Die Folgen stellten sich alsbald ein: Die gemäßigten Nationalisten Nordafrikas und Indochinas, die von einer Volksfrontregierung großzügige Reformen erwartet hatten und zu einer zeitweiligen Zusammenarbeit bereit gewesen wären, fühlten sich brüskiert und sahen sich zur eigenen nationalistischen Agitation gezwungen, die sich nur verschärft gegen die Kolonialmacht wandte und nicht mehr von der Forderung nach Unabhängigkeit zurückschreckte.

Assimilation in Algerien? (1919-1939)

In den Vieilles Colonies hat Frankreich seine Politik der Integration und Assimilation schon in der französischen Revolution eingeleitet und 1946 zum Abschluß gebracht. Das Gebiet und die Bevölkerungszahl waren klein, die ehemaligen Sklaven ohne eigenen zivilisatorischen Hintergrund und rassisch stark gemischt: hier konnte das Experiment einer vollen Eingliederung in das ferne Mutterland erfolgreich sein. War die Assimilation auch in Algerien, der eigentlichen Siedlungskolonie Frankreichs möglich?
Frankreich hat das umfangreiche Territorium in langwierigen Kämpfen »pazifiziert« und noch 1871 einen Aufstand der Kabylen niederschlagen müssen; die staatliche Organisation mochte schwach ausgebildet gewesen sein – zudem unter türkischer Oberherrschaft –, aber die Bevölkerung gehörte dem arabisch-muselmanischen Kulturbereich Nordafrikas an und verfügte über eigene kulturell-zivilisatorische Strukturen und Traditionen, die sich in jeder Weise von denjenigen der Metropole unterschieden

[179] Z. B. *Daniel Guérin,* Au service des colonisés 1930–1953, 1954 (Artikel dieser Jahre). *Guérin* gehört zur trotzkistischen »Gauche révolutionaire«, die im Frühjahr 1938 aus der sozialistischen Partei ausgestoßen wurde.

und von Anfang an der Assimilation widerstanden. Frankreich ließ sich dennoch auf eine Politik der Integration ein: Algerien erschien als Verlängerung des Mutterlandes jenseits des Mittelmeeres und damit als Teil eines »Größeren Frankreich«, das für die Kolonisation geeignet war und in der Folgezeit einen mächtigen Siedlerstrom aufnahm. Die demokratische Republik von 1848 hat Algerien zum nationalen Territorium erklärt, in drei Departements geteilt und mit gewählten Generalräten und einer Vertretung im französischen Parlament wenigstens äußerlich dem Mutterland gleichgestellt. Die Dritte Republik hat nach dem Zwischenspiel Napoleons III. daran angeknüpft und 1881 sogar die einzelnen Verwaltungszweige direkt den entsprechenden Ministerien in Paris unterstellt. Die Sondersituation blieb aber bestehen: die Südterritorien wurden getrennt verwaltet, die algerischen Departements waren größer als die der Metropole und bereits 1896 mußten die « rattachements » wieder aufgehoben werden. Fortan war ein dem Innenministerium unterstellter Generalgouverneur für die Verwaltung verantwortlich; 1898 hat Algerien eigene beratende Ausschüsse – die Finanzdelegationen – und 1900 ein eigenes Budget erhalten: Den besonderen politischen und wirtschaftlichen Problemen konnte offenbar – und begreiflicherweise – die Pariser Bürokratie nicht gerecht werden.

Integration und Assimilation betrafen zudem – wie wir bereits oben erwähnten – nur die Franzosen bzw. naturalisierten Europäer und Israeliten in Algerien und nicht die autochtone Bevölkerung. Die Muselmanen waren « sujets » und nicht « citoyens », das Wahlrecht zum Parlament blieb auf Vollbürger beschränkt, die algerischen Abgeordneten vertraten somit die Interessen der Algerien-Franzosen. In den Finanzdelegationen [180] erhielten zwar auch die « sujets » eine Vertretung, die jedoch der geschlossenen Front der Siedler gegenüberstand und in ihrer Wirkungsmöglichkeit beschränkt blieb. Eine Naturalisation konnte beantragt werden, bedeutete aber den Verzicht auf das Personalstatut, d. h. die Unterstellung unter das französische Zivilrecht. Zu diesem Schritt, der einen Austritt aus der angestammten Gemeinschaft bedeutete, waren nur wenige Muselmanen bereit, ganz abgesehen davon, daß auch die Administration die Naturalisierung in keiner Weise erleichtert hat.

Die algerische Situation war somit 1914 gekennzeichnet durch eine gewisse Integration im administrativen Bereich und durch die Vertretung der französischen Bürger im Parlament, die als Siedler-Minderheit über einen ansehnlichen Teil des fruchtbaren Bodens verfügte und diesen mit den durch das Indigénat administrativ kontrollierten Arbeitskräften bebaute; damit war gleichzeitig auch die politische Kontrolle gewährleistet. Boden- und Arbeitsrecht, Schulpolitik u. a. wurden im Interesse der Siedler gehandhabt, und wenn sich die laizistische Dritte Republik im religiösen Bereich zurückhielt, so hatte der teilweise Verzicht, die Eingeborenen zivilisatorisch zu assimilieren, doch einen mehr instrumentalen Charakter, insofern er der Herrschaftssicherung diente.

Wie sollte die Zukunft gestaltet werden? Die Assimilation als Programm war zwar bereits vor 1914 in Verruf geraten und durch die Assoziation ersetzt worden, aber war

[180] Die beiden ersten Delegationen mit je 24 Mitgliedern (Colons und Nicht-Colons) wurden nur von den französischen Bürgern gewählt. Die dritte – die der Eingeborenen – zählte 21 Mitglieder (15 Araber und 6 Kabylen); von den 15 Arabern wurden 6 ernannt und 9 mit eingeschränktem Wahlrecht gewählt. Die Delegationen berieten separat.

im Falle Algeriens überhaupt noch ein anderer Weg als der der Assimilation möglich, wenn man nicht dem Beispiel Südafrikas folgen wollte und im Sinne eines sich vom Mutterland lösenden »Dominions« die Vorherrschaft der Siedler-Minderheit »für alle Zukunft« legal fixierte? Pläne in dieser Richtung, nämlich die administrative Autonomie zum politischen Self-government unter weißer Regie weiterzutreiben, tauchten bei den Algerienfranzosen ab und zu auf, und zwar dann, wenn es galt, dem Unwillen gegen Reformabsichten der Metropole durch die Androhung einer Rebellion Nachdruck zu verschaffen; es blieb aber bei Trotzreaktionen ohne größere Resonanz, denn der Algerienfranzose wollte ja Franzose bleiben und war sich sowohl der wirtschaftlichen und politischen Abhängigkeit gegenüber dem Mutterland als auch seiner letztlich gefährdeten Minderheitsposition bewußt. Die Frage nach der Zukunft und damit die Frage nach möglichen und notwendigen Reformen konzentrierten sich daher auf den engen Spielraum zwischen einer Verteidigung des Status quo einerseits und einer schrittweisen Assimilation andererseits, auch wenn dafür der Begriff der Assoziation verwendet wurde. Wenn in der Konzeption des Protektorates mindestens implicite eine spätere Unabhängigkeit oder wenigstens eine Regierungsübernahme durch die Eingeborenen enthalten war und eine solche Möglichkeit auch in Indochina und Schwarzafrika zumindest diskutiert werden konnte, so schien im Falle der Siedlerkolonie Algerien – das rechtlich gar keine Kolonie, sondern Teil Frankreichs war – eine Entkolonialisierung nur innerhalb des französischen Staates denkbar; also die Einbeziehung der muselmanischen Algerier in die französische Gemeinschaft, politische Gleichberechtigung in der Verwaltung und parlamentarische Vertretung. Diese mußte aber in der Konsequenz früher oder später mindestens zu einer Parität der Gemeinschaften, wenn nicht zu einem Übergewicht der Muselmanen führen. Reformvorschläge und Reformen tendierten von Anfang an auf eine offene oder verschleierte Assimilation und stießen dementsprechend auf den Widerstand der Algerienfranzosen, die ihre Minderheitspositionen verteidigten und ihren « noyautage » befürchteten. Diese innere Problematik der Assimilation als einer an sich liberalen Dekolonisationskonzeption müssen wir an den Reformversuchen der Zwischenkriegszeit aufzeigen [181].

In der Reformdiskussion, die kurz vor Ausbruch des ersten Weltkrieges von Einzelgängern der gemäßigten Linken in Gang gebracht, aber von « Le Temps » unterstützt wurde, sind u. a. folgende Forderungen erhoben worden: Steuergleichheit für Franzosen und Algerier, Lockerung des Indigénats, bessere Vertretung der Eingeborenen in den Gemeinderäten der Vollgemeinden, Eingeborenenvertretung in Paris entweder durch muselmanische Parlamentarier oder durch Bildung eines speziellen Gremiums für algerische und nordafrikanische Angelegenheiten [182]. Zwei Fragen waren sogleich heftig umstritten, da in ihnen die algerische Problematik in nuce enthalten war: Soll eine Naturalisierung ohne Verzicht auf das Personalstatut möglich gemacht werden? Sollen sich die Eingeborenen an der Wahl des Bürgermeisters beteiligen? Im Moment, da man im Zeichen einer Reform der algerischen Elite – oder bestimmten nach Beruf, Ausbildung, Einkommen oder Militärdienst qualifizierten Gruppen – entgegenzukommen

[181] Ich verweise auf die Arbeit meines Schülers *Wolfgang Ohneck*, Die französische Algerienpolitik 1919–1939, Diss. Heidelberg 1964, der ich wichtige Hinweise verdanke.

[182] *Charles-Robert Ageron*, Une politique algérienne libérale sous la troisième République (1912–1919) in: Revue d'Histoire moderne et contemporaine VI, 1959, April–Juni.

bereit war, mußte sich die Frage einer Naturalisation im Statut stellen – ohne sie bestand wenig Aussicht, die Zahl der « citoyens » zu erhöhen und den Algeriern die geforderte Gleichberechtigung zu verschaffen. Integration und Assimilation verlangten also eine »Differenzierung« des Begriffes »Assimilation«, indem auf eine volle Angleichung an französisches Recht verzichtet und die rassisch-religiöse Verschiedenheit der muselmanischen Algerier respektiert wurde. Die in der Tat nicht zu leugnenden juristischen Schwierigkeiten haben wir in einem früheren Zusammenhang erwähnt: War es möglich, daß innerhalb der République une et indivisible zwei Kategorien von Bürgern einander gegenüberstanden, solche mit und solche ohne Code civil? War es tragbar, daß muselmanische Abgeordnete im Parlament über Fragen des französischen Zivilrechts mitentschieden? Es mußte ja, mindestens für die Zukunft, mit einer großen Zahl solcher Abgeordneten gerechnet werden. Dieses Argument konnte auch von reformerisch gesinnten Franzosen nicht übergangen werden und hat die Reformpolitik der Zwischenkriegszeit in einem schwer abzumessenden Maße gehemmt.
Liberales Entgegenkommen mußte sich gleichzeitig in einer Erweiterung der algerischen Vertretung in den Finanzdelegationen, in den Bürgermeisterwahlen und in einer muselmanischen Interessenvertretung in Paris äußern, um so mehr als solche Reformen den Forderungen der »Jungalgerier«, der ersten lockeren Organisation junger und westlich d. h. französisch gebildeter Algerier entsprachen, die keine nationale Emanzipation, sondern ihre – assimilatorisch konzipierte – Gleichberechtigung in der französischen Gesellschaft anstrebten [183].
Die Diskussion vor 1914 zeigte jedoch bereits den heftigen Widerstand der Siedler gegen solche Reformen und Konzessionen. Die Naturalisation im Statut erschien als die Schleuse, die den Muselmanen die politische Emanzipation und den Zugang zur Macht öffnete und unter allen Umständen geschlossen bleiben mußte; sie mochte zunächst noch nicht allzu gefährlich sein, bedeutete für die Siedler aber eine ständige Bedrohung ihrer wirtschaftlichen, sozialen und politischen Interessen. Das gleiche galt für die Beteiligung der Nicht-Bürger an der Wahl des Bürgermeisters oder algerischer Abgeordneter für das Parlament: Das eine gefährdete die Siedlervorherrschaft im lokalen Bereich, das andere in der Interessenvertretung nach außen d. h. gegenüber der Metropole. Selbstverständlich bediente man sich der juristischen Argumentation und stellte den Verzicht auf das Personalstatut zur Bedingung jeder Naturalisation – wohl wissend, daß in diesem Falle die Zahl der Kandidaten klein bleiben würde. Man verteidigte damit gleichzeitig die französische Souveränität, die der muselmanisch-arabische Nationalismus angeblich bereits unterhöhlte, und spielte die eigene »nationale« Haltung aus gegen eine verräterische oder mindestens »unrealistische« – weil der algerischen Situation nicht entsprechende – Pseudoreformpolitik bestimmter Gruppen und Parteien des Mutterlandes. Dieser Widerstand der Algerienfranzosen, dem sich die Algerienverwaltung wenigstens teilweise anschloß, kam nach der Diskussion vor 1914 voll zur Geltung in der Auseinandersetzung um das Algeriengesetz vom Februar 1919.

[183] Ihr Programm von 1912 enthielt u. a. Erweiterung des Wahlrechts und der Vertretung in den algerischen Versammlungen, Repräsentation im Parlament, Bürgermeisterwahl, Naturalisation unter Beibehaltung des Personalstatuts. Dazu *Charles-Robert Ageron*, Le Mouvement »Jeune Algérien« de 1900 à 1923, in Etudes Maghrebines, Mélanges Charles André Julien, 1964.

Es war, ähnlich wie im Senegal, die Rekrutierung algerischer Soldaten und Arbeiter, die während des Krieges Reformen angezeigt erscheinen ließ. Frankreich führte 1912 trotz des Widerstandes der Algerienfranzosen die Wehrpflicht ein, rekrutierte die Algerier – offiziell auf freiwilliger Basis, faktisch unter Zwang – und mußte denn auch im November 1916 im Aurès-Gebirge einen Aufstand niederschlagen. Um das algerische Menschenpotential noch besser erfassen zu können, richteten die beiden Präsidenten der außenpolitischen Kommissionen des Senats und der Kammer *Clemenceau* und *Leygues* am 25. November 1915 einen Brief an den Ministerpräsidenten *Briand*, der ein recht weitgehendes Reformprogramm enthielt: Möglichkeit der Naturalisation im Statut, Erweiterung der Wahlkörper für Eingeborene und stärkere Vertretung in den Finanzdelegationen, Teilnahme an der Bürgermeisterwahl u. a. *Ohneck* hat sehr schön gezeigt, wie dieser Brief zunächst eine gewisse Diskussion in Gang brachte, daß aber erst die Regierung *Clemenceau* (November 1917), der auch *Leygues* angehörte, die Initiative ergriff, die schließlich zum Algeriengesetz vom 4. 2. 1919 führte, wobei die entscheidenden Reformen aber von der Regierungserklärung über Ausschußvorschlag, Regierungsentwurf und parlamentarische Beratung mehr und mehr entschärft worden sind, sei es, weil auch liberale Gruppen im Mutterland vor der Naturalisation zurückschreckten, sei es, weil man den Algerienfranzosen entgegenkam, um die Vorlage parlamentarisch durchzubringen [184]. Das Gesetz von 1919 erleichterte zwar die Naturalisation, insofern als bestimmte »Kategorien« der muselmanischen Bevölkerung ein Recht auf das französische Bürgerrecht erhielten, verlangte aber – und das war entscheidend – nach wie vor den Verzicht auf das Personalstatut; den « Non-citoyens » wurde ein Drittel der Gemeinderatssitze in den Vollgemeinden reserviert und ein erweitertes Wahlrecht für die Finanzdelegationen gewährt; an der Wahl der Bürgermeister waren fortan auch die eingeborenen Gemeinderäte beteiligt. Die Algerier sollten Zugang zu den Ämtern erhalten, allerdings nicht zu den « fonctions d'autorité », die weiterhin nur den Vollbürgern offenstanden. Das Gesetz, das auch der Generalgouverneur *Jonnart* befürwortete, wurde schließlich – bei schlecht besetzten Bänken – mit großer Mehrheit angenommen. « Le Temps » glaubte sagen zu können: « Elle (Frankreich) leur (den Muselmanen) ouvre les portes de la cité et permet à leurs représentants de s'asseoir à côté des citoyens français, même lorsque leur foi musulmane leur interdit la naturalisation intégrale. Et ce n'est là qu'un premier pas... » [185]. Das für die bürgerliche Mitte maßgebende Organ bekannte sich also offen zur Assimilation als der offenbar in Algerien einzig möglichen Politik liberaler Reformen, überschätzte aber dabei sowohl die Reform von 1919 als auch die bereits erreichte Integration und idealisierte damit die faktische Situation. In den folgenden Jahren konnte auf die Reform von 1919 hingewiesen werden, die angeblich den guten Willen Frankreichs dokumentierte und neue Konzessionen wenig dringlich erscheinen ließ. In Wirklichkeit jedoch ergab sich kein wesentlich neuer Ansatzpunkt: die Zahl der Naturalisationen blieb gering, in den Vollgemeinden, Departementsräten und Finanzdelegationen dominierten weiterhin die Siedler, die muselmanische Bevölkerung war im Parlament nicht vertreten und die Verwaltung zeigte sich siedlerfreundlich, da sie ihre Leute weit-

[184] *Ohneck*, Kap. B. I b–d.
[185] Zitiert bei *Ohneck*, a.a.O., p. 73; Le Temps 3, 2, 1919.

gehend aus Algerien selbst holte und die »nicht gewünschten Elemente« auszuschließen verstand. Die Annahme des »Temps«, es handle sich um einen ersten Schritt, dem weitere folgen würden, erwies sich als irrig, denn bis 1939 ist keine Reform im politischen Bereich von einiger Bedeutung mehr dazugekommen.

Das Gesetz von 1919 ist von den Algerienfranzosen abgelehnt worden, trotz seiner verwässerten Fassung. Die Teilnahme der Non-citoyens an der Bürgermeisterwahl blieb ein Stein des Anstoßes, andererseits hatte man Angst vor einem Andrang zur Naturalisation, der die « sécurité du colon » bedroht hätte. Die Position der Algerienfranzosen und die etwas gemäßigtere der bürgerlichen Rechte in der Metropole wird in einem Aufsatz der wichtigen « Revue des deux mondes » deutlich gemacht [186]. Das Gesetz von 1919 erscheint als « sentimentalisme erroné » gewisser Kreise, die von Algerien und den « affaires indigènes » nichts verstehen; der Panislamismus werde von Moskau und Berlin gesteuert und bedrohe die französische Präsenz in Algerien. Es sei unsinnig, den Forderungen der « Jeunes Algériens » entgegenzukommen, denn « inutile de vouloir assimiler ces hommes ». Indem der Autor die kleine Gruppe der Evolués der Masse gegenüberstellt, die angeblich nicht politische Rechte, sondern wirtschaftliche und soziale Besserstellung wünscht, kann er auch die bescheidenen Reformen von 1919 als verfrüht und gefährlich abtun; die Evolués seien im übrigen « pas encore français de cœur, et il est prématuré qu'ils soient considérés comme tels en droit » – wobei als Beweis dafür das geringe Interesse an einer Naturalisation unter Verzicht auf das Personalstatut und die Forderung nach einem arabischen Sprachunterricht aufgeführt wird! Die Algerienfranzosen « se jugent lésés par la politique indigène de la Métropole » und hätten sich zu einem Block zusammengeschlossen. Die Lockerung des Indigénat wird bedauert, eine Einschränkung der Pressefreiheit postuliert und eine energische Kolonisation befürwortet; dem gefährlichen Trend, Boden an Muselmanen zu verpachten oder zu verkaufen, müsse Einhalt geboten werden, etwa durch eine Sondersteuer und durch Freigabe des noch nicht verteilten Bodens [187]. Die Franzosen Algeriens hätten einen legitimen Anspruch auf größere Autonomie – « libertés indispensables » –:

« Débarrassons-nous de cette idéologie que nous fait tant de torts; elle n'a pas été sans influencer la naissance de la loi de 1919, mauvaise fée que nous avons introduite au chevet de la colonie, plus démagogique que libérale, elle risque de livrer la population indigène à l'avide tyrannie de quelques aventuriers politiques qui nous prépareraient, si nous n'avisions, un très sombre avenir. En politique indigène, il y a une belle formule, celle du général *Laperrine,*

[186] *H. de la Martinière,* Avant le voyage du président. La question indigène au lendemain de la guerre, in: La Revue des deux mondes, 15. 3. und 1. 4. 1922.
Ganz ähnlich auch Docteur *J. Gasser,* Senator von Oran und Mitglied der Académie des Sciences Coloniales, Le rôle social de la France dans l'Afrique du Nord, 1924: Kritik an der Regierung und Parlament, die algerischen Reformen erzwungen zu haben; die Algerienfranzosen hätten sich gegen die Konskriptionen gewandt im Hinblick auf die politischen Konsequenzen; scharf anti-assimilatorisch, Polemik gegen die Jeunes Algériens, Lob der Militärverwaltung u. a.

[187] 1924 und 1926 ist diesen Forderungen entsprochen worden, indem einerseits eine Residenzpflicht von 20 Jahren verlangt wird, bevor der Boden in volles Eigentum übergeht (Verkauf an Muselmanen wird so erschwert), andererseits die Aufteilung des Gemeindeeigentums erleichtert wird. Vgl. *Robert Favier,* L'évolution de la propriété rurale européenne en Algérie, in: Revue politique et parlementaire 163/1935.

vieil Africain; pourquoi ne pas nous y tenir: ‹ Ni humilier, ni exploiter l'indigène; se le concilier, en le faisant entrer comme collaborateur sincère dans une France prolongée à la grandeur de laquelle il participera. › »[188]

Diese Thesen sind deutlich: Jede Reform wird als »verfrüht« bezeichnet, wobei man die Assimilationsdoktrin einerseits als unrealistische Ideologie der Metropole abtut, sich aber gleichzeitig doch auf sie beruft, weil man bleibende Diskriminierung der Muselmanen nicht offen zu fordern wagt; der Evolué, dem aus Angst Verachtung entgegengebracht wird, erscheint als Gefahr, selbst wenn er sich assimiliert und damit Gleichberechtigung anstrebt. Die Algerienfranzosen sind nicht bereit, eine schrittweise Emanzipation und eine stufenweise Hereinnahme der Elite in die französische Gemeinschaft zu akzeptieren, sondern wollen den Status quo verteidigen; für sich selbst aber fordern sie größere Entscheidungsfreiheit, um sich vor Eingriffen der »Ideologen« der Metropole schützen zu können. Der Siedler als Träger der »Souveränität« soll gleichzeitig wirtschaftlich und politisch Förderung erfahren. Die »belle formule« beruft sich zwar auf die »collaboration«, bedeutet aber faktisch uneingeschränkte Siedlerherrschaft, die im besten Falle durch wohltemperierten Paternalismus etwas aufgelockert wird.

Läßt sich die Haltung der Algerienfranzosen, jedenfalls derjenigen, die zu Worte kommen und im französischen Parlament durch ihre eigenen Abgeordneten vertreten sind und von der kolonial-konservativen Rechten Unterstützung erhalten, relativ leicht fassen, so sind die Äußerungen der Mittelparteien und auch vieler Publizisten des Mutterlandes meist so allgemein gehalten, daß von einer eigentlichen Konzeption oder Doktrin kaum gesprochen werden kann. Die Parteien als ganzes zeigen sich zudem an der algerischen Frage wenig interessiert und überlassen diese den »Spezialisten«, die entweder direkt engagiert sind oder zu den Außenseitern gehören.

Für die Gruppen der Mitte war natürlich *Albert Sarraut* wichtig, der mit seinem Begriff der Assoziation und einer angeblichen Interessengemeinschaft zwischen Mutterland und Kolonien den bloßen Herrschaftsstandpunkt zu überwinden und seinem – zweifellos ernstzunehmenden – Reformwillen Ausdruck zu verschaffen hoffte. Die Ablehnung der Assimilation war nicht nur als ein Mittel gedacht, die Emanzipation zu verhindern oder die Gewährung politischer Rechte an die Muselmanen als »verfrüht« zu bezeichnen, sondern sie war reformerisch gemeint, insofern als die traditionellen Ordnungen und Sitten nicht unnötig zerstört, sondern respektiert werden sollten, um, wenn auch nur schrittweise, im Kontakt mit der Kolonialmacht modernisiert zu werden. *Sarraut* äußerte sich nicht direkt zur algerischen Frage, doch wird man etwa so interpretieren dürfen: Die Algerier sollen zwar mehr als bisher Einlaß in die Verwaltung finden und sogar « fonctions d'autorité » übernehmen können, dies aber erst in einer unbestimmten Zukunft; das Erziehungswesen soll ausgebaut werden, aber nicht überstürzt; man möge die Naturalisation erleichtern, aber nicht « en masse » und nur unter Voraussetzung kultureller Assimilation – jedenfalls nicht unter Beibehaltung des Personalstatuts.

Wie *Sarrauts* Begriff der Assoziation auf eine dauernde Integration Algeriens innerhalb der « Plus grande France » abzielte, zeigt eine Schrift von *Paul Hutin* aus dem Jahre 1933, der sich ausdrücklich auf *Sarraut*, aber auch auf *Vignon*, *Hardy* und

[188] *de la Martinière*, a.a.O., p. 682.
[189] Kolonialpublizist der linken Mitte, Mitarbeiter des »Temps«.

Pierre Mille [189] bezog [190]. Die Zeit sei vorbei, « où notre tâche consistait simplement à conduire », und eine effektive Interessengemeinschaft müsse angestrebt werden, u. a. durch Förderung gemischter Heiraten – eine These, die ein Algerienfranzose niemals gutgeheißen hätte. « L'Algérie est une terre où notre race doit s'enraciner fortement... avec la ferme volonté de leur (den Algeriern) assurer la place, toute la place qui leur revient, c'est-à-dire d'accueillir nos sujets musulmans dans la famille française » [191]. Die Missionen sollen als Instrument einer « assimilation morale » dienen, man möge politische Rechte gewähren und die Naturalisation erleichtern. Das klingt liberal und geht über konservative Thesen hinaus [192], aber auch *Hutin* geht auf die entscheidenden Fragen und Probleme nicht ein: obschon er Jurist ist und ein Buch über die « Association des Indigènes » in Algerien schreibt, sagt er nicht, ob er eine Naturalisation im Statut befürwortet und mit einer vollen Gleichberechtigung beider rassischen Gemeinschaften rechnet! Jedenfalls zeigt sich weder bei *Sarraut* noch bei *Hutin* eine Tendenz, im Interesse einer Integration der kleinen Schicht der Evolués mit relativ großzügigen Konzessionen entgegenzukommen, politisch zu »neutralisieren« und an Frankreich zu binden. Entweder glaubte man, es habe keine Eile damit, oder man schreckte vor den Konsequenzen der eigenen Thesen zurück, oder man fürchtete die Reaktionen der Algerienfranzosen...

Reformerisch wollte sich auch die radikalsozialistische Partei geben, aber was als konkretes Programm faßbar ist, beschränkt sich auf eine Vertretung der Non-citoyens im Parlament. Man dachte dabei an eine besondere Wahlkörperschaft, die den in der Partei gut vertretenen Algerienfranzosen weniger Angriffsflächen bot und gleichzeitig der Fédération des élus indigènes, der neuen gemäßigten nationalen Organisation der algerischen Nicht-Bürger unter Führung von Dr. *Bendjelloul,* entgegenkam [192].

Die Ambivalenz der sozialistischen Partei kennen wir bereits: Während sich *Léon Blum* und mit ihm ein Teil der Partei noch 1927 auf ein späteres Self-government festlegte und damit konsequent im Zeichen der Anti-Assimilation, aber in paradoxer Übereinstimmung mit den Siedlern und im Gegensatz zu *Blaise Diagne,* eine Vertretung der Eingeborenen im Parlament ablehnte (vgl. S. 361), traten der Algerienspezialist *Marius Moutet,* aber auch die algerische Parteisektion für eine schrittweise Assimilation ein, die es erlaubte, eine scharfe Kritik an den Colons und der Regierung, am Indigénat und anderen Ausnahmebestimungen mit einem Verbleiben Frankreichs in Algerien zu verbinden. Wahlrecht sollte einer immer breiter werdenden Elite gewährt werden, wobei *Moutet* zunächst noch recht gemäßigt von einem Doppelwahlkollegium ausging [194]. Zur Forderung der vollen Integration mit einer Naturalisation im Statut und zu dem Collège unique hat sich die Partei erst 1936 durchgerungen.

Für die innere Unsicherheit der sozialistischen Partei, aber auch für das geringe Interesse, das Algerien innerhalb der Partei fand, ist bezeichnend, daß das Algerienpro-

[190] La doctrine de l'Association des Indigènes et des Français en Algérie, 1933.

[191] P. 221.

[192] « En les élevant jusqu'à nous, nous saurons leur donner la liberté dans le cadre de nos lois et de nos institutions tout en respectant les leurs », zitiert bei *François Marsal,* Le domaine colonial français, 1929, p. 348.

[193] *Ohneck,* a.a.O., p. 115 f.

[194] *Ohneck,* a.a.O., p. 121 f.

gramm der Linken, das dann von der Volksfrontregierung realisiert werden sollte, nicht von der SFIO als Organisation, noch von einem Mitglied der Partei formuliert wurde, sondern von *Maurice Viollette*, der als Abgeordneter der kleinen Parti Républicain-socialiste eher dem linksbürgerlichen Lager radikalsozialistischer Provenienz zuzurechnen ist [195]. *Viollette*, Député von Eure et Loire 1902–1928, Senator bis 1940 und wieder Abgeordneter 1945–1955, hatte sich mit assimilatorischen Vorschlägen bereits an der Diskussion während des ersten Weltkrieges beteiligt und wurde nach dem Wahlerfolg des « Cartel des Gauches » 1925 Generalgouverneur Algeriens. Er trat dabei energisch gegen die kommunistische Agitation auf, hat aber gleichzeitig das Vertrauen der muselmanischen Algerier gewonnen, seine sozialreformerische Tätigkeit scheiterte jedoch, da er am 9. November 1927 von den Siedlern zur Demission gezwungen wurde; so ist z. B. sein Antrag, den eingeborenen Wöchnerinnen während eines Jahres Sozialunterstützung zu gewähren, von den Finanzdelegationen abgelehnt worden. 1928 machte er bemerkenswerte Reformvorschläge: Im Zeichen der kommenden Jahrhundertfeier solle das Mutterland Algerien einen Sonderkredit für das Schulwesen, Bewässerungsanlagen und Genossenschaften bewilligen, die Sozialversicherung auch in Algerien einführen, das Indigénat aufheben, die Eingeborenen in der militärischen Dienstpflicht den Bürgern gleichzustellen und in einem Sonderwahlkörper vier Abgeordnete ins Parlament bestimmen lassen (ein Abgeordneter pro Departement und ein Kabyle); der Präsident der Vollversammlung der Finanzdelegation solle künftig gewählt werden und nicht einfach mit dem Amt des Vorsitzenden der Siedlerdelegation verbunden sein. *Viollette* hat zudem 1931 sein Buch « L'Algérie vivra-t-elle? » veröffentlicht, das nicht wie üblich die algerische Situation beschönigt, sondern am konkreten Beispiel kritisch veranschaulicht. Die Expropriation von Grund und Boden der Muselmanen schreite fort, wobei deren Behausungen so miserabel seien, daß dafür nicht einmal Entschädigung geleistet würde, im Unterschied zum Fiskus, der « y pensait sérieusement ». Die Colons beklagten sich über einen Mangel an Arbeitskräften, zahlten aber minimale Löhne und sabotierten selbst bescheidene Ansätze zu einer Sozialgesetzgebung. Die ärztliche Betreuung und das Schulwesen seien völlig unzureichend, obschon die Algerienfranzosen 1930 einen Kredit des Mutterlandes mit dem fragwürdigen Argument, die algerische Autonomie werde damit gefährdet, abgelehnt hätten. Die Metropole übe nur eine theoretische Kontrolle aus, da sich die Finanzdelegationen unter Führung der Colons zu einem Parlament entwickelten und eine Art »Dominion« anstrebten, das die Herrschaft der Minderheit sanktionieren würde. *Viollette* tadelt die verächtliche Haltung gegenüber den Evolués und warnt: « Si la France commet la faute impardonnable de ne pas les comprendre et de ne pas les écouter, ils seront entraînés comme en Indochine dans un nationalisme exaspéré » [196]. Die Administration hintertreibe die Bürgerrechtsverleihung, und selbst die Naturalisierten würden nicht voll akzeptiert; Wahlrechtsfragen seien für die Siedler sämtlich unerwünscht.

Viollette trat andererseits energisch für die französische Kolonisation ein, jedoch nur für die kleinen und mittleren Siedler, weil diese arbeitsintensiver wirtschafteten, weniger Kapital benötigten und – vor allem – weil « notre établissement irréfra-

[195] Ausführlich wiederum *Ohneck*, p. 134, p. 150 f.
[196] L'Algérie vivra-t-elle p. 424.

gable » nur über « la maison française » erfolgen könne und im engen Kontakt mit den Eingeborenen « un renouveau de la mentalité indigène » einleite. Diese These mutet uns heute eigenartig an, war aber nicht unkonsequent innerhalb einer Konzeption der Assimilation, die auf eine Französisierung des Landes abzielte.

Viollette brachte am 3. Juli 1931 im Senat ein Reformprojekt ein, das die Forderungen von 1928 aufnahm und im Zeichen einer Gleichberechtigung von Franzosen und Eingeborenen Wahlrecht und Repräsentation auf neue Grundlagen stellte: Qualifizierte Gruppen der Muselmanen sollen unter Beibehaltung ihres Personalstatuts naturalisiert werden und im Collège unique gemeinsam mit den Vollbürgern die Wahlen zum Parlament bestreiten; eine neu zu schaffende vierte Sektion in den Finanzdelegationen soll bestimmte Berufe (Ärzte, Anwälte u. a.) umfassen, sich aber nicht rassisch, sondern nach Zensus konstituieren und somit den Gegensatz zwischen Muselmanen und Europäern überbrücken helfen. Dieser liberale Vorschlag, der – unter Ablehnung des allgemeinen Wahlrechtes – den Algerienfranzosen trotz scharfer Kritik viel Verständnis entgegenbrachte und ihre Vorherrschaft keineswegs gefährdet hätte, sicherte der Eliteschicht die Gleichberechtigung und effektive Mitwirkung an der politischen Entscheidung zu, durchbrach die Diskriminierung und versprach eine »Versöhnung« im Geiste einer fortschreitenden Assimilation [197]; und zwar dies um so mehr, als der ehemalige Generalgouverneur die Naturalisation im Statut forderte.

Es versteht sich, daß die Algerienfranzosen dieses Projekt entschieden ablehnten, nicht ohne persönliche Invektiven gegen *Viollette*, wobei sie einmal mehr den Begriff der Assimilation in ihrem Sinne auslegten und die Naturalisation im Statut als einen Widerspruch zum sakrosankten Grundsatz »Gleichheit aller vor dem Gesetz« interpretierten [198]. Wichtiger für uns, weil bezeichnend für die französische Algerienpolitik dieser Jahre, war die Tatsache, daß die Vorschläge weder im Senat diskutiert wurden, noch in der Publizistik oder bei den politischen Parteien auf Interesse gestoßen sind. Das Mutterland stand noch unter dem Eindruck des « Centenaire », das mit Ansprachen, Manifestationen und umfangreicher Publizistik der Propagierung der Algérie française gedient und kritische Stimmen im öffentlichen Bewußtsein »verdrängt« hatte. Man sprach von einem pazifierten, »ruhigen« Algerien, in dem zwischen Muselmanen und Europäern eine Atmosphäre der Zusammenarbeit und gegenseitigen Verständnisses herrsche, während man gleichzeitig, in zweckdienlicher Diskrepanz dazu, die panislamischen Strömungen und die kommunistische Infiltration hervorhob, die die Evolués ansteckten und die »ruhige Fortentwicklung« des Landes bedrohten.

Spannungen tauchten in der Tat auf: Hatten sowohl die Fédération des élus als auch die 1931 gegründete Vereinigung der Ulémas und vor allem auch ein Mann wie *Ferhat Abbas* die Vorschläge von *Viollette* begrüßt, sei es, daß sie sich selbst zur Assimilation bekannten, sei es, daß das Projekt als vorläufige Reform akzeptabel erschien, so gewann doch die nationale Emanzipation an Anhängern: Neben dem « Etoile nord-afri-

[197] « Nous pensons que le découpage entre indigènes et non-indigènes est dangereux, il faut s'efforcer de le faire disparaître du reste avec mesure et prudence, qu'il faut donc amalgamer, assimiler et non diviser », zit. *Ohneck* p. 200.

[198] *Viard*, Professor der Rechte an der Universität Alger und Abgeordneter des MRP nach 1945: « accorder la citoyenneté dans le statut, c'est briser définitivement le principe d'assimilation qui est la base de notre politique indigène en Algérie », zit. *Ohneck*, p. 204.

caine » *Messali Hadjs*, der bei zeitweiliger Anlehnung an die Kommunisten vor allem die algerischen Arbeiter im Mutterland organisierte und schon früh Unabhängigketi forderte, bekannten sich auch die Ulémas zum Islam und zur « Algérie, notre patrie »; 1933/34 kam es zu ersten Straßendemonstrationen, Streiks und zu den aufsehenerregenden anti-jüdischen Ausschreitungen von Constantine, die nicht nur die Algerienfranzosen, sondern auch die Regierung zur Verhärtung ihrer Positionen und zu repressiven Maßnahmen veranlaßten. Gleichzeitig standen aber Algerienfranzosen und Mutterland in einer scharfen wirtschaftlichen Auseinandersetzung: Die Weinproduzenten Algeriens und diejenigen der Metropole konkurrierten miteinander und warfen sich gegenseitig die besseren Produktionsbedingungen vor; polemisierten die Weinbauern des Südens gegen die Großgrundbesitzer Algeriens, deren Anbau eingeschränkt werden solle, so verwiesen die Colons auf ihre integrierte Gleichberechtigung oder drohten mit Autonomie oder gar Ablösung.

Viollette hat seine Anstrengungen für eine liberale Reformpolitik erst im März 1935 wieder aufgenommen. Er interpellierte im Senat an den Innenminister *Régnier*, in welcher Weise die Regierung die anläßlich des Centenaire den algerischen Muselmanen gemachten Versprechungen einzuhalten gedenke und entwarf ein pessimistisches Bild der wirtschaftlichen Lage: teilweise Hungersnot, Wucher und Mangel an Agrarkrediten, Nichtanwendung der Sozialgesetze, ungenügende « assistance médicale ». Er warnte von neuem vor den Selbständigkeitsbestrebungen der Verwaltung wie der Finanzdelegationen, die sich einer Kontrolle durch das Mutterland entzögen, kritisierte administrative Eingriffe in die Wahlen, ungeschicktes Vorgehen gegen die Ulémas u.a. Die Naturalisation qualifizierter Muselmanen im Statut belaufe sich zunächst nur auf einige hundert Wähler, und doch könne man so die Gleichberechtigung dokumentieren. Wenn Frankreich eine muselmanische Macht sein und bleiben wolle – was in der Tat von französischer Seite stets energisch in Anspruch genommen wurde, zum Teil polemisch gegen Großbritannien gerichtet –, dann müsse es Bürger mit muselmanischem Personalstatut akzeptieren. *Viollette* formulierte prägnant die Haltung der Algerien-Franzosen und das Dilemma des Mutterlandes:

« ... ces indigènes, quand ils protestent contre les abus qu'ils constatent, vous vous indignez; quand ils applaudissent, vous soupçonnez, et quand ils se taisent, vous redoutez ... Nous ne pouvons pas abandonner nos 6 millions de musulmans, bientôt 10 millions; il faut les rattacher à nous, il faut leur montrer que la patrie française est leur patrie, à eux comme elle est notre patrie à nous. Ces hommes nous disent ‹ nous n'avons pas de patrie, nous voulons la patrie française. Nous la voulons, nous vous la demandons. » [198a]

In der Senatsdebatte brachten die algerischen Senatoren die bekannten Argumente vor: Man leiste viel für die algerische Bevölkerung, die Massen seien nicht an politischen Rechten interessiert, die Evolués hingegen keineswegs frankreichfreundlich, die Vorschläge *Viollettes* so oder so verfrüht und anti-französisch: « Il faut crever cet abcès de la propagande pour le droit de cité avec le statut personnel. Il faut le vider à fond. . . » [199]. Aber auch der Innenminister *Régnier* stellte sich weitgehend hinter die Algerienfranzosen, wich auf wirtschaftliche Hilfeleistungen aus und erklärte, daß Frankreich mit den Reformen von 1919 das Mögliche bereits geleistet habe:

[198a] J. O. Sénat, Débats 22. 3. 1935, p. 381.
[199] Roux-Freissireng, Senator von Oran, zit. *Ohneck*, a.a.O., p. 225.

« Il ne faut pas nous demander d'aller plus loin, parce que c'est impossible ... j'ai trouvé une Algérie tès belle, très saine, très forte, agitée un peu à la surface, c'est entendu ... Pour cela il faut que l'autorité soit respectée ... si cela est nécessaire, elle (Frankreich) usera de la force. » [200]

Es folgte denn auch einige Tage später das Décret *Régnier*, das jeden, der Eingeborene zu Manifestationen, aktivem oder passivem Widerstand gegen die französische Souveränität provoziere, unter verschärfte Strafe stellte. *Viollette* fand im Senat kaum Unterstützung, nicht einmal von sozialistischer Seite und mußte seine Tagesordnung zurückziehen – sein Vorstoß war gescheitert! In der bürgerlichen Publizistik erschienen einige wohlgesinnte Aufsätze [201], « Le Temps » aber lehnte ab, und auch die radikale « Revue politique et parlementaire » vertrat die Position der Siedler [202].

Erst mit dem Wahlerfolg der Volksfront schien die Gelegenheit zu einer großzügigen Reform gekommen. Wir haben weiter oben das Aktionsprogramm des sozialistischen Parteikongresses vom Mai/Juni 1936 erwähnt, das über *Viollette* noch hinausgehend nicht nur die Naturalisation im Statut und das Collège unique für die Wahl zum Parlament, sondern sogar eine Aufhebung des Generalgouverneurs und der Finanzdelegationen, also eine vollständige Integration enthielt. In Algerien haben zudem die Volksfrontparteien einen erstaunlichen Erfolg erzielen können und drei der zehn Abgeordnetensitze gewonnen. *Léon Blum* nahm *Viollette* als Staatsminister in die Regierung auf und bekundete damit seinen Willen, mit der Reform Ernst zu machen. Die Sprecher der Algerier hegten ihrerseits große Erwartungen; sie fanden sich im Juni 1936 zu einem muselmanischen Kongreß zusammen und beschlossen eine Charte revendicative, die neben der Aufhebung aller Ausnahmegesetze und wirtschaftlich sozialer Maßnahmen ein « rattachement pur et simple à la France » unter Abschaffung der Finanzdelegationen, einen gemeinsamen Wahlkörper und das Bürgerrecht im Statut vorsah. Die nationalen Gruppen nahmen damit die von der sozialistischen Partei proklamierten Programmpunkte auf – die Forderung nach dem allgemeinen Wahlrecht ging allerdings darüber hinaus – und bekannten sich zur Assimilation und Integration, offenbar weil dies im Moment die einzige Möglichkeit schien, die neue Regierung beim Wort

[200] Zit. *André Nouschi*, La naissance du nationalisme algérien 1914–1954, 1962, p. 76.

[201] Z. B. XXX, L'Algérie et ses problèmes, in: Revue des deux mondes, 1935. Der Generalgouverneur stehe unter Druck der Regierung und der algerischen Abgeordneten und »ne peut songer à mettre en train la moindre réforme un peu profonde«; die Finanzdelegationen repräsentierten nur die Siedler und die muselmanischen Delegierten fühlten sich isoliert. Die Evolués seien von einer Psychose der politischen Gleichheit erfaßt und verzweifelten an der Zukunft, doch hätten die Algerien-Franzosen dafür kein Verständnis und würden ihnen Undankbarkeit vorwerfen. Die Verwaltung sei algerisiert und borniert; die Elite möge klein sein, aber »il faudrait être aveugle ou de mauvaise foi pour la traiter en quantité négligeable et ne voir en elle qu'une poignée d'ambitieux vulgaires et de déclassés«. Der Verfasser lehnt aber die Naturalisierung ab und verbleibt damit politisch auf dem Status quo.

[202] *Octave Dupont*, Les troubles en Afrique du Nord et les franchises indigènes en Algérie, in: Revue politique et parlementaire 164/1935. Bereits die Reformen von 1919 seien zu weitgehend gewesen, es wäre unsinnig, das Wahlrecht zu erweitern; nötig sei hingegen, die Autorität wieder zur Geltung zu bringen und die Agitation zu unterdrücken. Auf der Linie Viollettes liegt hingegen *Gaston Bouthoul*, Le »Malaise«algérien, in der bürgerlichen Revue de Paris 42/4, 1935.

zu nehmen und die Emanzipation und Gleichberechtigung ein mächtiges Stück voranzutreiben. Intern allerdings blieben Meinungsverschiedenheiten bestehen, denn neben den integrationsbereiten Elus und *Ferhat Abbas,* der noch 1936 das Vorhandensein einer algerischen Nation offen leugnete [203], gewann die Forderung nach einem algerischen Staat zusehends an Boden.

Der neue Kurs wurde sogleich sichtbar. Eine Delegation des muselmanischen Kongresses begab sich nach Paris und unterhielt sich mit *Blum, Viollette* und *Jules Moch;* kleinere Reformen kamen zustande: freies Reiserecht für die Algerier, Amnestie, Übertragung der neuen Sozialgesetze (40-Stunden-Woche, bezahlter Urlaub u. a. für die Arbeiter in den Städten) auf Algerien, Wahl des Vorsitzenden der Finanzdelegationen durch die Vollversammlung, Aufforderung an die Administration, Bürgerrechtsgesuche großzügig zu behandeln, Öffnung aller zivilen und militärischen Ämter für die Muselmanen, auch der Autoritätsfunktionen. Die Entscheidung jedoch über Erfolg oder Mißerfolg mußte im politischen Bereich fallen. Im Oktober kündigte die Regierung an, nächstens einen Gesetzesentwurf vorzulegen, « étendant le droit électoral à certaines catégories d'indigènes algériens »; vom Personalstatut war zwar nicht die Rede, doch war mit Vorschlägen im Sinne *Viollettes* zu rechnen. Am 30. Dezember wurde dann der berühmte *Blum-Viollette*-Entwurf eingebracht [204]. Bestimmte Kategorien der muselmanischen Bevölkerung sollen französisches Bürgerrecht unter Beibehaltung ihres Personalstatuts erhalten; nicht die algerischen Massen, sondern eine französische Elite und eine muselmanische Mittelschicht sollen also in den Kreis der Algerienfranzosen aufgenommen und in einem gemeinsamen Wahlkörper an den Wahlen zum Parlament beteiligt werden. Es gehe nicht an, « de continuer à traiter en sujets dépourvus des droits politiques essentiels les indigènes français qui se sont pleinement assimilés la pensée française et qui, cependant pour des raisons de famille ou de motifs religieux ne peuvent abandonner leur statut personnel ». Die anderen Fragen, wie die Reform der Finanzdelegationen und Gemeindebehörden, die Stellung des Generalgouverneurs und damit die volle Integration im Sinne des « rattachement », die von der sozialistischen Partei postuliert wurden, waren vorerst ausgeklammert. Das *Blum-Viollette*-Projekt nahm das wichtigste der Vorschläge *Viollettes* von 1931 und 1935 auf und gab ihnen das Gewicht eines von der Regierung eingebrachten Gesetzesvorschlages. Man rechnete mit ca. 20 000 muselmanischen Wählern, die weiterhin eine Minderheit gewesen wären unter den Vollbürgern und die Vorherrschaft der Siedler kaum bedroht hätten. Es ging also zunächst um eine Prinzipienfrage – die Emanzipation der muselmanischen Algerier durch das Bürgerrecht im Statut –, die für die Algerienfranzosen allerdings insofern von Bedeutung sein mußte, als eine solche Naturalisation – und nur eine solche! [205] – im Lauf der Jahre die Zahl der muselmanischen Bürger und Wähler ansteigen ließ und damit potentiell eine Gefährdung der Siedlerposition be-

[203] Die oft zitierten Formulierungen und die Gegenpositionen Ben Badis von den Ulémas bei *Julien,* p. 110 f. Nouschi p. 89.

[204] *J. O. Chambre* Doc. parl. 1936 Annexe 1596.

[205] Dies war man sich bewußt: z. B. *E. F. Gautier,* Menaces sur l'Afrique, in Revue de Paris 1934/5: « Ils (die Muselmanen) la (die Naturalisation) sollicitent et ils l'obtiennent éventuellement. Ce mouvement pourtant n'est pas de grande conséquence. Le Musulman qui sollicite la naturalisation accepte du même coup le code civil. Horrible impiété, puisqu'il renie ainsi le coran, seul code civil divin du Musulman . . . » P. 47.

deutete; es war zudem denkbar, daß sich schon bald Wahlkoalitionen zwischen den französischen Linksparteien und den muselmanischen Wählergruppen anbahnten, was eine völlig neue Machtkonstellation heraufbeschwor. Möglicherweise hätte so die Aufgliederung nach rassischen Gemeinschaften überbrückt werden können, so daß die volle Integration und politische Assimilation bei gleichzeitigem Respektieren der muselmanischen Zivilisation im privaten Bereich Wirklichkeit geworden wäre.

Der Widerstand der Algerienfranzosen setzte sogleich mit voller Energie ein. Bereits nach den Wahlen hatte sich ein « Rassemblement National » als ein Anti-Volksfront-Komitee gebildet, das unter Führung des Bürgermeisters von Oran, *Abbé Lambert*, radikale Töne anschlug. In den Finanzdelegationen, in der algerischen Presse, im Parlament und in den kolonialistischen Organen des Mutterlandes wurden Proteste vorgebracht, die sich zu einer Machtprobe steigerten durch die fast einmütigen Beschlüsse des Bürgermeister-Kongresses (Januar 1937) und im »Streik der Bürgermeister« vom März 1938, der die parlamentarische Beschlußfassung verhindern sollte. Neue Argumente traten kaum in Erscheinung: der Gesetzentwurf widerspreche dem französischen Recht, gefährde das französische Kolonisationswerk in Algerien und liefere die europäische Minderheit den muselmanischen Massen aus; in den Gemeinden würden alsbald die Eingeborenen dominieren; das Projekt sei ein Projekt der unter kommunistischem Einfluß stehenden Volksfrontregierung und « anti-français »; eine regelrechte Verschwörung gegen die Siedler sei im Gange. Die politische Radikalisierung der Algerienfranzosen zeigte sich in einer relativ starken Anhängerschaft der Parti socialiste français und der Parti populaire français mit ihren faschistischen und antisemitischen Tendenzen [206].

Die Agitation hatte Erfolg, denn weder die Regierung *Léon Blum* noch ihre Nachfolger vermochten die Reformvorlage im Parlament durchzubringen. Diese ging zwar an den Wahlrechtsausschuß der Kammer, der – erst! – am 4. März 1938 einem ersten Abschnitt zustimmte, blieb dann aber im parlamentarischen Getriebe stecken und ist nicht mehr zur eigentlichen parlamentarischen Beratung gelangt... Für dieses Scheitern sind in erster Linie die Radikalsozialisten verantwortlich zu machen, ohne deren Unterstützung die Vorlage im Parlament nicht durchzubringen war. Die Partei besaß keine einheitliche Meinung, aber sie tendierte zur Ablehnung. Wohl mochte der Unterstaatssekretär im Innenministerium *Auband*, der für die algerischen Angelegenheiten zuständig war, für das Gesetz eintreten, und auch *Albert Sarraut* setzte sein großes Ansehen in Kolonialfragen für die Vorlage ein, aber die Unterstützung erfolgte ohne große Überzeugungskraft; so hat z. B. Sarraut gleichzeitig die Konzeption eines « Etat algérien » angedeutet, die innerhalb eines Autonomiestatutes die Rechte und die Vertretung der Muselmanen erweitert hätte, aber im Widerspruch stand zum *Blum-Viollette*-Projekt [207]. Die Radikalsozialisten Algeriens jedoch, vor allem der Senator

[206] *Philippe Machefer*, Autour du problème algérien en 1936–38: La doctrine algérienne du PSF. Le PSF et le projet Blum-Viollette, in: Revue d'histoire moderne et contemporaine X/1963 (April–Juni) *Paul Guitard*, SOS Afrique du Nord (PPF) 1938.

[207] Ausführlich wiederum *Ohneck*, a.a.O., p. 283 f. Die Kolonialkommission der Partei unter Monnerville macht auf dem Parteikongreß vom Oktober 1936 den Vorschlag, die Integration unter Aufhebung der Finanzdelegationen voranzutreiben, befürwortet andererseits eine Zwangsnaturalisation im französischen Statut für bestimmte Kategorien der muselmanischen Bevölkerung.

Cuttoli, mochten sich von den Thesen der radikalen Rechten distanzieren, verteidigten aber in der entscheidenden Frage die Position der Siedler; so hat z. B. der sonst sehr kritische Abgeordnete *Guastavino* in der Wahlrechtskommission geschickt darauf hingewiesen, daß die parlamentarische Vertretung Algeriens künftig an die Sozialisten gehen werde [208]. Die Parteiführer maßen der algerischen Frage keine entscheidende Bedeutung bei und ließen es auf keine parteiinterne Auseinandersetzung ankommen; Fraktionsdisziplin war bei den Radikalsozialisten ohnehin nicht zu erreichen. Die Partei sah sich zudem in ihrer gesamten politischen Position nach rechts gedrängt und blieb in ihrer jakobinischen Tradition »national« und auf die Metropole ausgerichtet. Kein Geringerer als *Edouard Herriot* hat 1946 vor den Konsequenzen einer vollen Integration der Kolonien gewarnt: Frankreich wolle nicht Kolonie seiner Kolonien werden! Da in Algerien von nationalistischer Seite Protestaktionen durchgeführt wurden und die Algerienfranzosen nach der Verteidigung der Souveränität und der Präsenz Frankreichs in Algerien rufen konnten, waren die programmatisch progressiven, in Realität aber sehr gemäßigten Radikalsozialisten nur allzu schnell bereit, auf die *Blum-Viollette*-Reform zu verzichten, ja repressiv gegen die Nationalisten vorzugehen.

Ministerpräsident *Léon Blum* andererseits wollte die Koalition nicht aufs Spiel setzen und drängte, außen- und innenpolitisch voll in Anspruch genommen und hart bedrängt, nicht zur parlamentarischen Entscheidung. Das Parteiorgan « Le Populaire » trat allerdings entschieden für die Reform ein. Es sei höchste Zeit, daß Frankreich mit einer « assimilation totale et progressive » eine dauernde »Versöhnung« der muselmanischen Bevölkerung anstrebe: « il faut savoir si oui ou non, nous voulons conserver l'Algérie française. L'Algérie française ne restera française que si la France y conserve l'adhésion des populations musulmanes » [209]. Die Zeitung bezeichnete die Vorlage am 17. Januar als die « grande réforme », und auf dem Parteikongreß vom Juli 1937 wurde die Regierung sowohl von den algerischen Delegierten als auch vom Rapporteur für Kolonialfragen *Maurice Paz* zur Aktion gedrängt: Nicht einmal das *Régnier*-Dekret und das *Chautemps*-Zirkular seien außer Kraft gesetzt, die algerische Verwaltung müsse gesäubert werden; wiederum wurde volles Rattachement gefordert. Die Regierung verzichtete aber auf eine Erwiderung auf solche Vorwürfe von seiten der « militants ». Daß die bürgerlichen Parteien und ihre Presseorgane wie « Le Temps » oder die « Revue des deux mondes » die Reformen nicht unterstützten, ist nicht verwunderlich.

Das französische Kolonialsystem war im Jahre 1939 noch immer dasselbe wie 1919, trotz starker Wandlungen im wirtschaftlichen und sozialen Bereich und obschon die muselmanisch-algerische Emanzipationsbewegung sich in einer Reihe von Organisationen bemerkbar gemacht hatte, so daß Reformen dringend nötig gewesen wären. Wenn die Vorstöße während des Ersten Weltkrieges als Ergebnis wenigstens das Gesetz von 1919 gezeitigt haben, so sind die Reformbestrebungen der Zwischenkriegszeit am Widerstand der Algerienfranzosen und bürgerlichen Rechtskreisen in der Metropole gescheitert. Diese konnten einen Erfolg um so leichter erzielen, als sich die weitere Öffentlichkeit im Mutterland wenig um Algerien kümmerte und selbst die Linksparteien eine Reformpolitik ohne Nachdruck und ohne allzu großes Interesse unter-

[208] *Machefer,* a.a.O., p. 148.
[209] Le Populaire 7. 1. 1937, Interview Viollettes.

stützten. Frankreich mochte stolz sein, in Algerien zu stehen und sich in seinem Selbstbewußtsein bestätigt sehen, nahm aber seine Präsenz in Nordafrika als selbstverständlich an und übersah gern die dort sich abzeichnenden Krisenerscheinungen. In der Publizistik mochten in den ausgehenden 30er Jahren einige kritische Aufsätze erscheinen und vor einer Vernachlässigung der wirtschaftlichen, sozialen und politischen Probleme Algeriens warnen, verdichteten sich aber nicht zu einem Reformwillen, der breitere Kreise erfaßt hätte und parlamentarisch wirksam geworden wäre. Die Sozialisten haben sich nach langem Zögern und unklaren Positionen 1936 energisch engagiert und ein konsequentes Programm der Assimilation aufgestellt, waren aber nicht imstande, dieses in die Wirklichkeit umzusetzen.

In der Diskussion zeigte sich ein Zögern, sich offen zur Assimilation zu bekennen und deren Implikationen zu akzeptieren; man zog es vor, von Assoziation zu sprechen, die aber gerade im Falle Algeriens keine wirkliche Konzeption ergab und daher leicht in eine Verteidigung des Status quo einmündete. Die Begriffe wurden ober blieben mehrdeutig. Wir haben darauf hingewiesen, wie die Algerienfranzosen mit der Assimilation manipulierten, indem sie sie einerseits in Anspruch nahmen, wenn es galt, die eigenen Rechte zu verteidigen oder eine Naturalisation im Statut zu bekämpfen, andererseits ablehnten, wenn die Unassimilierbarkeit der Muselmanen gezeigt und die Sonderstellung Algeriens unterstrichen werden sollten. Viele Reformer kamen ihrerseits in Schwierigkeiten, wenn sie die liberale Einschätzung der eingeborenen Zivilisation forderten, in Algerien aber keine andere Reform möglich schien als eine solche, die letztlich doch auf Integration hinauslief. Die Naturalisation im Statut war als sinnvoller Ausweg aus diesem Dilemma gedacht, bot aber juristisch Schwierigkeiten und gab dem Gegner ein zugkräftiges Argument in die Hand.

Ähnliches galt für den Begriff der »Autonomie«. Ein Ansatz dazu war institutionell gegeben und entsprach einer praktischen Notwendigkeit, da Algerien nur schwer von Paris aus verwaltet werden konnte. Die Algerienfranzosen bedienten sich zeitweise der Forderung nach Autonomie, um freie Hand gegenüber Paris zu bekommen, und drohten mit Separation; andererseits schien eine algerische Autonomie einer Konzeption der Assoziation zu entsprechen, die auf Rattachement, volles Wahlrecht und Collège unique verzichtete und muselmanischen Emanzipationswünschen durch vermehrte Mitsprache im lokalen Bereich nachzukommen gedachte. Es blieb jedoch bei Ansätzen, da eine reformerisch konzipierte Politik der Autonomie das Problem der europäischen Minderheit kaum bewältigen konnte und daher konkrete Vorschläge, wie auf dieser Basis eine Dekolonisation erfolgen sollte, kaum gemacht werden konnten. Was blieb, waren vage Andeutungen und im besten Falle eine Art Kompromiß, der Algerien weiterhin als integralen Teil des nationalen Territoriums betrachtete und algerische Repräsentation im Parlament beließ und nur eine weitgehende administrative Dezentralisation gewährte: Frankreich hat diesen Weg 1947 mit dem Algerien-Statut zu gehen versucht – die inhärente Problematik der Siedlungskolonie blieb bestehen.

Faktisch blieb für Frankreich in Algerien kein anderer Weg offen als Integration und Assimilation. Dies hat sich bereits in der Zwischenkriegszeit gezeigt, da konkrete Reformvorschläge auf einer Konzeption der Assimilation beruhten und auch die Gegner der Assimilation der Sondersituation Algeriens Rechnung zu tragen gezwungen waren. Ob es möglich gewesen wäre, auf dieser Basis die muselmanischen Algerier nicht nur

momentan, sondern auch für die Zukunft zu befriedigen, wie dies in den Vieilles Colonies der Fall gewesen ist, ist natürlich nicht auszumachen. Es verdient aber Beachtung, daß in der algerischen Bildungsschicht bis in den Zweiten Weltkrieg hinein eine Bereitschaft zur Integration vorhanden war und die Annahme des *Blum-Viollette*-Projektes die Möglichkeit geboten hätte, die nationalen Forderungen zu »neutralisieren« und vielleicht auf eine Minderheit der Emanzipationsbewegung zu beschränken. Allerdings hätten Reformen der Naturalisation und des Wahlrechtes ohne Ergänzung in Algerien selbst und ohne eine Veränderung im Verhalten der Siedler nicht genügt; die Siedler aber hätten auch nach einer Annahme der Gesetzesvorlage ihren Widerstand nicht aufgegeben. Ebenso unbestreitbar ist andererseits, daß das Scheitern der Volksfrontregierung die algerische Elite schwer enttäuscht und die Integrationswilligen ins nationale Lager getrieben hat und damit den Weg zu der Forderung einer « République algérienne » freimachte, wie sie während des Zweiten Weltkrieges in Erscheinung trat.
Für uns ist wichtiger, daß Frankreich offenbar nicht anders konnte, als notwendig erscheinende Reformen innerhalb einer Konzeption der Integration und Assimilation zu postulieren, daß es aber nicht bereit war, diesen Weg auch wirklich zu gehen. Eine konsequente Politik der Integration hätte verlangt, die Naturalisation nicht zurückzuhalten, sondern großzügig zu handhaben, vielleicht sogar unter Zwang, wie es zeitweise *Ferhat Abbas* gefordert hatte; außerdem schrittweise Ausdehnung des Wahlrechtes und bereitwillige Hereinnahme von Algeriern in die Verwaltung, Armee und vielleicht sogar in die Regierung, wie dies mit dem Afrikaner *Diagne* erfolgte und nach 1945 fortgesetzt wurde. In letzter Konsequenz hätte sich Frankreich dafür entscheiden müssen, Algerien eine seiner Bevölkerung entsprechende parlamentarische Vertretung einzuräumen und mit einer großen Zahl muselmanischer Abgeordneter zu rechnen. Diese Zukunftsperspektive war in der Zwischenkriegszeit, ganz abgesehen vom Widerstand der Algerienfranzosen, noch nicht aktuell, wurde aber eigenartigerweise – oder bezeichnenderweise – auch nur selten diskutiert.
Zum Schluß noch ein an sich naheliegender Vergleich: die französische Algerienpolitik, die auf einer assimilatorischen Konzeption beruhte, darf nicht rundweg einer britischen Kolonialpolitik entgegengestellt werden, die auf Self-government abzielte. Vergleiche müssen sich auf annähernd vergleichbare Situationen beziehen. Nur im Falle Kenyas kann man die französische Politik mit dem britischen Vorgehen in eine sinnvolle Analogie setzen. In Algerien wie in Kenya lebten Minderheiten von Siedlern, die nach der Eroberung des Landes im Laufe des 19. Jahrhunderts einen Teil des Bodens konfisziert oder sonstwie erworben hatten, sie hatten diesen mit Hilfe der eingeborenen Arbeitskräfte wirtschaftlich erschlossen, fühlten sich als Bürger des Landes und waren daher entschlossen, ihre Minderheitsherrschaft gegen die aufkommenden Emanzipationsbewegungen mit allen Mitteln zu verteidigen. Jede Konzession mußte als Bedrohung der eigenen Existenz empfunden werden, indem sie weitere Konzessionen nach sich zu ziehen drohte und zu einem « noyautage » der Minderheit führen mußte. Dem Anspruch auf eine Mehrheit in den Finanzdelegationen, auf französische Bürger beschränktes Wahlrecht und entsprechende Vertretung im Parlament der Metropole entsprach in Kenya – in beiden Fällen als logische Folge der zugrunde liegenden Konzeption und Tradition – der Kampf um Representative und Responsible Government: sowohl in Algerien wie in Kenya mußten die Siedler ein Wahlrecht und eine Repräsen-

tation der Eingeborenen, dort im Parlament des Mutterlandes, hier im Legislative Council der Kolonie, im Prinzip ablehnen, um nicht einen Präzedenzfall zu schaffen und einen Weg freizugeben, der eines Tages zur vollen Gleichberechtigung beider Gemeinschaften unter dem Motto « one man one vote » führen würde. Es wäre ein leichtes zu zeigen, wie ähnlich Geisteshaltung und Argumentation gewesen sind. In beiden Fällen richtete sich der Widerstand in der Zwischenkriegszeit zunächst weniger gegen die noch schwachen nationalen Bewegungen als gegen das Mutterland und dessen reformerische Tendenzen und Gruppen, wobei in zweckdienlicher Ambivalenz einerseits wirtschaftliche Hilfe von seiten der Metropole erwartet wurde und andererseits Autonomieforderungen erhoben wurden, um sich gegen Eingriffe von »außen« zu schützen und die alleinige Verfügungsgewalt über die die Eingeborenen betreffenden Fragen zu bewahren. Es blieb bei Drohungen, da man sich der wirtschaftlichen und politischen Schwäche bewußt war, aber die Siedler erreichten doch mit ihrem Widerstand, daß das Mutterland auf Reformen im Sinne von Konzessionen an die nichteuropäische Bevölkerung verzichtete und trotz aller Kritik und anderslautenden Erklärungen die Herrschaft der Siedler nicht antastete. In beiden Fällen gab die Metropole aber die letzte Entscheidungsgewalt nicht aus der Hand und konnte sich damit die Zukunft vorbehalten – nämlich über den Kopf der Siedler hinweg um das Jahr 1960 den algerischen Muselmanen bzw. Afrikanern Unabhängigkeit zu gewähren. In der Zwischenkriegszeit konnte Großbritannien ebensowenig die »Entwicklung zum Selfgovernment» in Kenya vorantreiben wie Frankreich seine konsequente Assimilation in Algerien, da beide politischen Konzeptionen zwar liberal gedacht waren und auf eine Entkolonialisierung zielten, im Sonderfall der Siedlungskolonie aber notwendigerweise zu »farbigen Mehrheiten« führen mußten, zu denen man nicht bereit war. Man suchte nach Auswegen und Kompromissen in einer Assoziation oder Partnership zweier rassischen Gemeinschaften, doch blieben diese Thesen und Konzeptionen weitgehend »auf dem Papier« und erwiesen sich als wenig tragfähig; sie setzten, um Wirklichkeit zu werden, eine völlige Neuorientierung und eine Änderung der Haltung gegenüber den Eingeborenen voraus, die offenbar – von einer Minderheit abgesehen – europäischen Siedlern, die sich in einer gänzlich andersartigen Umwelt festgesetzt und ihren wirtschaftlichen wie sozialen Aufstieg mit Hilfe aber auch auf Kosten der Eingeborenen erkämpft haben und sich ihrer gefährdeten Minderheitsposition bewußt sind, nicht zumutbar oder psychologisch überhaupt nicht möglich sind.

Die »administration directe« in Westafrika

Wir haben die Indirect Rule Lord *Lugards* skizziert, die der britischen Verwaltung in Westafrika zugrunde lag, in der Zwischenkriegszeit auf weitere Gebiete übertragen und zu einer verbindlichen Doktrin ausgeformt wurde, in den ausgehenden 30er Jahren jedoch auf wachsende Kritik stieß, als zu konservativ erschien und nach dem Zweiten Weltkrieg mehr und mehr durch eine moderne Lokalverwaltung ersetzt wurde. Wie verwaltete Frankreich seine westafrikanischen Kolonien? Wie wurden die traditionel-

len Autoritäten beurteilt? Welche Bedeutung hatten Begriffe wie Assimilation und Assoziation im Hinblick auf die kolonialpolitischen Absichten in Westafrika?
Den Aufbau der französischen Verwaltung kennen wir. Innerhalb eines zentralistischen Systems besaß der Generalgouverneur der Afrique Occidentale Française (AOF) in Dakar, dem die Gouverneure der einzelnen Territorien direkt unterstellt waren, große Machtbefugnisse über Verwaltung und Streitkräfte, in der Finanz- und Steuerpolitik, aber auch im Justizwesen. Die Gesetzgebung erfolgte aber in Paris, während der Generalgouverneur ein Verordnungsrecht besaß, das ihm einen ansehnlichen Entscheidungsbereich überließ. Von den vier Gemeinden im Senegal abgesehen, hatten die Eingeborenen den Status des « sujet »; der Conseil Colonial, der seit 1920 nicht nur die Vier Gemeinden, sondern den ganzen Senegal repräsentierte, gewann wenig Bedeutung. Die Territorien waren aufgeteilt in « cercles », mit einem Commandant du Cercle an der Spitze, der jedoch nicht – wie der Name vermuten ließe – Offizier, sondern ziviler Administrator war und zum höheren Kolonialdienst gehörte. Seine Stellung entsprach derjenigen des District Commissioner im britischen Bereich. Die lokale Verwaltung erfolgte durch den Commandant, der weitab von Dakar über weite Gebiete und eine große Zahl von Eingeborenen « regierte ». *Robert Delavignette* hat diese Administratoren die « vrais chefs de l'Empire » bezeichnet und ihre schwierige Stellung und mannigfachen Aufgaben, aber auch die Faszination dieses verantwortungsvollen Berufes eindrucksvoll geschildert [210].
Die »Chefferie«, also das traditionelle Herrschaftssystem mit seinen vielfältigen Formen, die von Clan- und Dorfgemeinschaften über Stammesherrschaft bis zu eigentlichen Königreichen reichte, erfüllte zwar auch im französischen System eine wichtige Funktion, darf aber weder mit den großen Emiraten Nordnigerias noch mit den Native Authorities im allgemeinen gleichgesetzt werden [211]. Möglichkeiten und Ansätze zu einer analogen Entwicklung waren allerdings vorhanden gewesen: die Eroberung und Inbesitznahme des afrikanischen Hinterlandes in den 80er Jahren geschah ähnlich wie im britischen Bereich durch militärische Expeditionen, Vertragsabschlüsse mit eingeborenen Herrschern und Etablierung eines Systems von »inneren Protektoraten«. Neue Kämpfe, der Ausbau der Verwaltung und wirtschaftliche Interessen führten aber bald zu einer Aufhebung der noch bestehenden Selbständigkeit traditioneller Autoritäten, wobei es sich beim Reich des *Samory* im Sudan um eine fremde Dynastie – ähnlich wie bei den Fulanis Nordnigerias – handelte, so daß das französische Vorgehen als Befreiung der unterworfenen Völkerschaften gerechtfertigt werden konnte oder – wie im Falle des Königreiches Dahomey – aus zivilisatorischen Motiven notwendig erschien. Einige Dynastien blieben bestehen, doch handelte es sich meist um abgelegene, dünn besiedelte und wirtschaftlich minder wichtige Gebiete. Im übrigen aber wurden die größeren Herrschaftsbereiche zerschlagen, willkürlich aufgeteilt und durch einen

[210] Les vrais chefs de l'empire, 1939, Neuauflage 1946 mit dem Titel: Service Africain und englische Übersetzung: Freedom and authority in French West Africa, 1950. Das marxistische Gegenbild dazu bei *Jean Suret-Canale,* Afrique noire, vol. II. L'ère coloniale 1900–1945, 1964, p. 398–413.

[211] Le problème des chefferies en Afrique noire française. Notes et Etudes documentaires, Febr. 1959, Nr. 2508. *R. Cornevin,* L'évolution des chefferies traditionelles dans l'Afrique noire d'expression française, in: Recueil Penant 1961, p. 235 f, 379 f.

weitgehend direkten Verwaltungsapparat ersetzt; selbst wenn die Nachkommen alter Dynastien als « chefs de canton » Verwendung fanden, so waren sie dies nicht kraft eigener Autorität, sondern als »Beamte« der Kolonialmacht [212]. Noch nach dem Ersten Weltkrieg sind in einzelnen Fällen kurzerhand keine Nachfolger ernannt oder aus administrativen Nützlichkeitserwägungen alte größere Chefferien in Cantons aufgeteilt worden [213].

Im Bereich des Dorfes war man allerdings auf die Häuptlinge und Dorfvorsteher angewiesen – schon weil das französische Personal fehlte, um die Verwaltung vollständig mit Beamten der Metropole zu besetzen; die Chefs der Dörfer wurden zusammengefaßt und den Chefs de canton unterstellt [214]. Die Chefferie war aber in das System direkter Verwaltung eingebaut und wurde ein Glied dieser Verwaltung; der Chef diente dem Commandant als Ausführungsorgan im Bereich des Gesundheitswesens, des Straßenbaus u. a. Er zog die Steuern ein und lieferte sie an den Cercle ab, wobei ihm ein Teil als Besoldung verblieb. Die Chefferie erhielt jedoch – im Unterschied zur Native Authority – keine eigene Kasse und verfügte somit über keinen eigenen Bereich der lokalen Verwaltung; der Chef hatte auch keine jurisdiktionelle Gewalt. Was die Indirect Rule kennzeichnete – eine eigene Kasse und einen bestimmten Bereich für eingeborene Rechtsprechung – fehlte also im französischen System. *Delavignette* kommentierte die Situation: « Nous n'hésitons pas à élever un Noir aux fonctions de magistrat dans notre propre Droit. Mais nous hésitons à consacrer un Noir dans l'exercice de sa propre Coutume et nous préférons créer des jurisdictions artificielles qui n'ont d'indigène que le nom » [215]. Die Bürokratisierung zeigte sich auch in der Art der Ernennung: Wohl war man im allgemeinen bereit, den nach Gewohnheitsrecht zum Chef bestimmten Anwärter zu ernennen, sofern er vertrauenswürdig erschien und relativ gebildet und aufgeschlossen war, aber man hat sich keine allzu große Mühe gegeben, den legitimen Chef zu ermitteln und nur diesen anzuerkennen. Chefs wurden recht beliebig ein- und abgesetzt; oft galt die Tätigkeit in der Verwaltung als Befähigungsnachweis, aber auch Graduierte in der Armee, Postangestellte, Übersetzer und selbst Hausbedienstete haben als Chefs de canton gedient. Diese erhielten eine spezielle Ausbildung, die sich jedoch weniger auf afrikanisches Recht, Ethnologie u. a. als auf französisches Recht und Verwaltungsmethoden bezog [216], absolvierten ein Stage bei einem Kommandanten und konnten dann auch über stammesfremde Dörfer und Kantone eingesetzt werden.

Dieser Chef hatte somit mit dem traditionellen Chief der britischen Native Authority nur wenig gemein. Er büßte seinen religiös sanktionierten Charakter ein und war nicht

[212] « Il n'est pas le continuateur de l'ancien roitelet indigène ... Même lorsqu'il y a identité de personne, il n'y a plus rien de commun entre l'état de choses ancien et le nouveau. Le chef de canton, fût-il le descendant du roi avec lequel nous avons traité, ne détient aucun pouvoir propre. Nommé par nous, après un choix en principe discrétionnaire, il est et il est seulement notre auxiliaire. » Rapport eines Kolonialinspektors vom 5. 10. 1950, zit. *Cornevin*, p. 380.

[213] *R. L. Buell*, The native problem in Arfica, 1928, p. 988.

[214] In der AOF gab es 1939 bei 15 Millionen Einwohnern 118 Cercles, 2200 Chefs de canton und 48 000 Chefs de villages.

[215] *Delavignette*, Chefs de l'Empire, p. 153.

[216] Darüber *Buell*, a.a.O., p. 993.

mehr Inbegriff einer durch die Einheit der Lebenden und Toten integrierten Gemeinschaft, sondern wurde zum Vertrauensmann der Kolonialmacht, der weniger die Interessen der Gemeinschaft gegenüber der Administration als diese gegenüber den « sujets » vertrat. Oft leisteten denn auch die Eingeborenen nicht ihm, sondern einem »versteckten«, aber legitimen Chef Gefolgschaft. Daß die Chefs gefügsame Instrumente der Verwaltung und keine echten Sprecher der Eingeborenen waren, zeigte sich auch darin, daß sie in den Conseils stets hinter der Administration standen, was im Senegal zu latenten Spannungen zwischen ihnen und den von den afrikanischen « citoyens » gewählten Vertretern führte.

Es hat nun nicht an Anstrengungen und Verlautbarungen gefehlt, die Institution der Chefferie zu »afrikanisieren«, die direkte Verwaltung zu lockern und den Chef mehr als bisher in der afrikanischen Gesellschaft zu verankern. So hat der legendäre *Van Vollenhoven,* der bereits 37jährig Generalgouverneur Indochinas gewesen war und 1917 die AOF übernahm, dann aber aus Protest gegen die forcierte Rekrutierung, aber auch gegen die Ernennung *Diagnes* zum Hochkommissar von seinem Posten zurücktrat und an der Front gefallen ist, in seinem oft zitierten Zirkular vom 15. August 1917 die Bedeutung der afrikanischen Gesellschaft dem Verwaltungskader zum Bewußtsein gebracht.

« Avant de détruire les cadres de la société autochtone, il faut édifier ... l'heure est passée, en Afrique comme dans les autres continents du monde, où le commandement peut s'imposer et se maintenir contre le gré des populations. » [217]

Auf der Suche nach dem geeigneten Mittelsmann stoße man in neun von zehn Fällen auf den « chef traditionellement écouté ». « On peut les définir comme des fonctionnaires qui existent même quand ils n'ont pas d'attributions et dont l'autorité est reconnue même quand il n'y a eu ni investure ni délégations de pouvoirs. » In der Streitfrage, ob man den traditionell-legitimen oder den gebildetsten und aufgeschlossensten Kandidaten ernennen solle, entschied sich *Van Vollenhoven* – im Unterschied offenbar zur gängigen Praxis – für den ersteren, da nur dieser wirkliche Autorität besitze und von der Bevölkerung akzeptiert werde: « Il ne doit pas être celui qui plaît le plus à l'administrateur mais celui qui plaît le plus à la population. « Der Chef bleibt aber « intermédiaire », ja « fonctionnaire » – wenn auch besonderer Art – und ist nicht Träger eigener lokaler Gewalt:

« ... La règle qui détermine les attributions des chefs indigènes doit être la suivante: ils n'ont aucun pouvoir propre d'aucune espèce, car il n'y a pas deux autorités dans le cercle; l'autorité française et l'autorité indigène; il n'y en a qu'une! –
Seul le commandant de cercle commande; seul il est responsable. Le chef indigène n'est qu'un instrument, un auxiliaire. Il est vrai que cet auxiliaire n'est pas un simple agent de transmission et qu'il met au service du commandant de cercle non seulement son activité et son dévouement, mais encore sa connaissance du pays et l'influence réelle qu'il peut avoir sur les habitants de ce pays. Le chef indigène ne parle, n'agit jamais en son nom, mais toujours au nom du commandant de cercle et par délégation formelle ou tacite de celui-ci. Je pense que ce principe absolu est énoncé avec une suffisante netteté pour qu'il ne puisse ... donner lieu à aucune équivoque ... J'ai défini les raisons qui nous incitaient à recourir au concours des chefs ... Ces raisons ne s'inspirent pas de l'intérêt des chefs. Ceux-ci ne sont pas d'anciens souverains dont nous voulons ménager les trônes; les trônes ou bien n'existaient pas ou bien ont été

[217] Une âme de chef, 1920 enthält das Zirkular p. 38–50. Auszüge auch in Notes et Etudes p. 18.

renversés par nous et ne seront plus relevés. Ces raisons s'inspirent uniquement de l'intérêt des populations soumises à notre autorité. Entre nous et ces populations il doit y avoir un truchement: c'est le chef qui est ce truchement; non pas parce qu'il nous est imposé, mais parce que nous l'avons choisi, et nous l'avons choisi parce qu'il est le meilleur. »

In diesen scharf pointierten Sätzen, die ja gerade die Position des Chefs herausstellen sollen, wird der Unterschied zur Indirect Rule deutlich: Obwohl der Chief und die Native Authority auch im britischen System integraler Bestandteil der Verwaltung sind, so sollen sie doch nicht nur Delegierte und Ausführungsorgane sein, sondern eigenständige Autoritäten, die als solche von der Kolonialmacht nicht geschaffen, sondern nur anerkannt und verwendet werden. Dafür aber bringt der Franzose kaum Verständnis auf, widerspricht es doch der eigenen zentralistischen Staatsauffassung und letztlich der »Unteilbarkeit« der Souveränität.

Generalgouverneur *Carde* kritisierte 1929 wiederum die häufige Praxis, traditionelle Chefs durch Évolués zu ersetzen, und betonte andererseits die Nützlichkeit der seit 1919 entstandenen Conseils de Notables, die sogar (!) eigene Initiative entwickelt hätten [218]. Noch energischer unterstrich sein Nachfolger *Brévié* in seiner Eröffnungsrede vor dem Conseil de Gouvernement und in seinen Zirkularen vom September 1932 die Notwendigkeit einer Eingeborenenpolitik, die auf der afrikanischen Gesellschaft basiere und der besonderen Funktion des Chefs entspreche [219]. Die « cadres indigènes » seien unzureichend, da sich Frankreich der Illusion einer Administration directe hingebe, obwohl eine « action éducatrice » unmöglich sei, wenn ein einziger Europäer Tausenden von Eingeborenen gegenüberstehe. Man müsse mehr Takt zeigen. Geduld üben, Fehlleistungen in Kauf nehmen « et se persuader que nous n'aurions aucun profit à les remplacer par des sujets nouveaux dont la formation serait tout entière à entreprendre ». Die Chefs sollen nicht nur als « mandataires d'une administration » gelten, sondern auch als « représentants de collectivités éthniques », durch die man die Anliegen der Bevölkerung erfahre; das Dorf sei die « cellule sociale indigène », die sich im Chef personifiziere. Da dieser in der traditionellen Gesellschaft keineswegs bloßer Autokrat gewesen sei, müsse man die Notabeln heranziehen. *Brévié* betonte jedoch wie *Van Vollenhoven,* daß es sich nicht um die Errichtung kleiner Protektorate handle und daß die Chefs « excécuteurs d'ordes, des informateurs, des conseilleurs » blieben, womit er sich mindestens implicite gegenüber der Indirect Rule und den Native Authotrities distanzierte.

Man erkennt, wie die Generalgouverneure der Zwischenkriegszeit bemüht waren, der neuen ethnologischen Forschung gerecht zu werden, die Chefferie als Inbegriff afrikanischer Sozialstruktur zu verstehen und auch im Bereich der Erziehung, der Anbaumethoden usw. mehr als bisher auf traditionellen Institutionen, Gewohnheitsrecht und afrikanischen Sitten aufzubauen [219a]. Konnte aber der Chef wirklich Repräsentant seiner Gemeinschaft sein, wenn er doch nur Ausführungsorgan war und sich in der schwierigen Stellung »zwischen Hammer und Amboß« (Steuereinziehung, Impfzwang, Lieferung

[218] 30. 11. 1929, Documentation coloniale comparée 1929/II, p. 248.

[219] Discours d'Ouverture 1. 12. 1930. Documentation 1930/II, p. 350. Circulaires sur la Politique et l'Administration indigènes, Gorée 1932, Auszüge in Notes et Etudes, 19 f.

[219a] Ein Beispiel: *Yves Person,* Soixante ans d'évolution en pays kissi, in: Cahiers d'études africaines 1960, 1.

der Arbeitskräfte für öffentliche Arbeiten) als Instrument der Kolonialverwaltung unbeliebt machen mußte? Jedenfalls blieb er ein Quasi-Funktionär im Dienste der Administration directe. Dem entsprach auch z. B. das neue Statut für den Senegal von Januar 1935, das die « attributions administratives » des Chefs aufzählte [220]. Die Praxis ist den Anweisungen ohnehin nur teilweise gefolgt, denn diese wurden immer wieder erneuert, zuletzt noch durch die Verordnungen *Eboués* von 1941 (vgl. S. 417). Es mochte sich so in der Zwischenkriegszeit eine gewisse Annäherung zwischen dem britischen und französischen Bereich ergeben, die Kritik jedoch und die Anweisungen zielten in verschiedene Richtungen: Die Briten warnten vor einer Dogmatisierung und Überschätzung der Indirect Rule und kritisierten eine Vernachlässigung der Evolués, wogegen die Franzosen eine Einflußminderung der Funktionäre in der Administration directe und größeres Verständnis für die eigenwertige afrikanische Gesellschaft forderten.

Wie stellte sich die Zukunftsfrage? Für die Kolonialverwaltung und die meisten Afrikaspezialisten stand sie noch nicht zur Diskussion. Die Eingeborenenpolitik interessierte in Hinblick auf die konkreten Aufgaben, nicht aber als Frage nach dem Fernziel französischer Kolonialpolitik. Mise en valeur, soziale Maßnahmen, nach 1930 die Überwindung der Wirtschaftskrise, der Ausbau der ärztlichen Betreuung und des Schulwesens waren dringlicher als die Diskussion über eine mögliche Entkolonialisierung. Im Unterschied zu Indochina und Nordafrika gab es in Schwarzafrika noch keinen »nationalen« Widerstand, der die Kolonialmacht herausgefordert hätte. Wenn die britischen Leitbegriffe und Schlagworte – Trusteeship, Indirect Rule, Self-government – wenigstens programmatisch die Dekolonisation enthielten und einen künftigen Rückzug Großbritanniens anzukündigen schienen, so orientierte sich die französische Afrikadiskussion am Bild der Plus grande France und zielte offen oder verdeckt auf eine Integration und Assimilation.

Als Beispiel darf zunächst *Marcel Olivier* genannt werden, Gouverneur von Madagaskar 1924–1931, Direktor der Welt-Kolonialausstellung von 1931 und Verfasser einer stark beachteten Schrift « Six ans de politique sociale à Madagaskar » (1931), die *Albert Sarraut* mit einem Vorwort versah. *Olivier* geht von den aktuellen Agrarfragen aus und berichtet von seinen Anstrengungen, im umstrittenen Bereich des Bodeneigentums Ordnung und Stabilität zu schaffen; er tritt dabei energisch für eine europäische Kolonisation ein, die die dünn besiedelte Insel wirtschaftlich erschließen hilft und die Exportprodukte, auf deren Einnahmen Madagaskar angewiesen ist, liefert. Europäische und eingeborene Landwirtschaft seien komplementär und verdienten beide Förderung durch die Verwaltung: *Olivier* verlangt deshalb einerseits eine Ausweitung des Agrarkredites und des landwirtschaftlichen Erziehungswesens für die Eingeborenen, andererseits aber eine Bodensteuer und administrative Hilfe bei der Beschaffung von Arbeitskraft für die Siedler; ohne « pression » müßten neun Zehntel der europäischen Farmen aufgegeben werden! Er glaubt dabei an einen »natürlichen« Selektionsprozeß; während sich die tüchtigen eingeborenen Farmer trotz hoher Steuerbelastung halten könnten, würden « les incapables et les paresseux » automatisch zu Landarbeitern und somit für die Großbetriebe zur Verfügung stehen! *Olivier* gibt zu, daß nach dem Welt-

[220] Notes et Etudes p. 15.

krieg viel zu niedrige Löhne gezahlt worden seien, verteidigt aber dann sein im Mutterland heftig kritisiertes Dekret von 1926, wonach die zum Militärdienst ausgehobenen, aber nicht eingezogenen Eingeborenen zu Arbeiten im »öffentlichen Interesse« verpflichtet werden konnten. Wir können nicht näher darauf eingehen; für uns ist wichtig, daß ein an sich reformerisch gesinnter Gouverneur eine stärkere europäische Kolonisation offen fordert. Wenn man sich an die britische Westafrikapolitik erinnert, wird der Unterschied sogleich deutlich; und selbst in der Siedlungskolonie Kenya wurde zwar nach dem Weltkrieg die Einwanderung von Siedlern gefördert, dann aber bald als problematisch angesehen; wer in der Folgezeit die Siedler verteidigte und ihre Zahl zu erhöhen trachtete – im Interesse des Wite man's country – wies sich damit eo ipso als »kolonialistisch« aus und sah sich heftiger Kritik ausgesetzt. In der französischen Konzeption hingegen, die nicht mit der Problematik von Self-government in einer Plural Society konfrontiert wurde, sondern von der Plus grande France und integrierten Kolonien ausging, erschien das Siedlerelement als wertvolles Instrument zur zivilisatorischen Assimilation; sofern Platz und Boden vorhanden waren, konnte mit einer « Association » der rassischen Gemeinschaften gerechnet werden.

Als Reformer erweist sich *Olivier* auch in der Schulpolitik: Er tritt nicht nur für den energischen Ausbau des Schulwesens für Eingeborene ein, sondern auch für die Verwendung der Lokalsprache auf der untersten Stufe; damit wendet er sich gegen das bisherige, vor allem in Afrika geltende Dogma eines ausschließlich französischen Unterrichts. 1929 kam eine entsprechende Reform zustande. *Olivier* wendet sich auch gegen « la chimère de l'assimilation. Or, qui dit assimilation, dit destruction ». Künstliche Wiederbelebungsversuche seien allerdings unmöglich, nachdem die Kolonialmacht traditionelle Institutionen und Autoritäten zerstört habe und sogar die unteren Verwaltungsstellen mit europäischen Beamten besetze. Es gelte noch immer der Grundsatz, daß kein Eingeborener höher steigen dürfe als der niedrigste europäische Beamte; dies aber müsse die Evolués in die Opposition treiben. Er habe sich als Gouverneur um ein spezielles Beamtenkader für Eingeborene bemüht und zudem 1930 gewisse, bis dahin für Europäer reservierte Stellungen freigeben; der Widerstand gegen diese an sich bescheidene Reform sei aber noch immer stark!

Im engeren politischen Bereich begnügt sich *Olivier* mit dem Status quo. Er ist zwar bereit, den Wahlmodus für die Eingeborenenvertretung in den Délégations économiques zu ändern und die städtischen Evolués besser zu berücksichtigen, wendet sich aber entschieden gegen die Bestrebungen, die Delegationen in « Assemblées delibératives » umzuwandeln. Dies bedeute eine Politisierung, die vermieden werden müsse [221]. *Olivier* bejaht damit eine Entpolitisierung und betont denn auch deutlich den Vorrang wirtschaftlicher und sozialer Fragen [222]. Diese Tendenz ist um so bemerkenswerter, als Madagaskar bereits vor der französischen Inbesitznahme über eine eigene Verwaltung verfügte und in der zivilisatorischen Entwicklung Schwarzafrika zweifellos weit voraus war; in britisch Westafrika waren zudem längst Legislative Councils etabliert, die *Olivier* in Madagaskar noch 1931 für »verfrüht« hält. « Assemblées délibérati-

[221] P. 258. Er nennt den Vorschlag »un peu vite au besogne«. Ähnlich auch eine Erklärung vom 18. 5. 1926, zit. *Jean Runner,* Les droits politiques des indigènes des colonies, 1927, p. 70.

[222] P. 269.

ves » entsprechenen einer Konzeption des Self-government und scheinen unvereinbar zu sein mit einer Politik, die von der integralen Einheit des nationalen Territoriums ausgeht, mehr als eine gewisse Dezentralisation und Interessenvertretung nicht gewähren will und letztlich auf die Assimilation abzielt. *Olivier* mag eine solche Politik als zerstörerisch bezeichnen, sofern sie traditionelle Institutionen und Gebräuche überstürzt französisieren will, kann aber nicht umhin, sie doch als letztes Ziel französischer Kolonialpolitik auszugeben. « L'assimilation n'est qu'une fin lointaine » [223], « non pour provoquer une évolution mais pour marquer le terme » [224]. *Olivier* zeigt deutlich, daß eine an sich reformerisch gemeinte Ablehnung der Assimilation, die jedoch als Fernziel bestehen bleibt und nicht durch eine Konzeption des Self-Government ersetzt wird, beinahe notwendigerweise zu einem Immobilismus im institutionellen Bereich und zu Entpolitisierung führt [225].

Einen Ausweg sucht der hervorragende Afrikakenner *Henri Labouret.* Während er in seinen wichtigen Aufsätzen « A la recherche d'une politique indigène dans l'Ouest Africain » von 1930/31 [226] die Thesen *Bréviés* weiterführt, die unmittelbar politischen Fragen aber ausklammert, glaubt er 1935 der Assimilation eine Konzeption des Föderalismus entgegenstellen zu können [227]. Er gehört zu den wenigen, die in der Zwischenkriegszeit die innere Konsequenz einer assimilatorischen Naturalisierungspolitik aufzeigen: Eines Tages werden die ehemaligen Eingeborenen in den Wahlkörpern und im französischen Parlament zahlreicher sein als die europäischen Franzosen, und die Souveränitätsrechte der Plus grande France « passeraient entre les mains des nouveaux civilisés ». Auch die Naturalisation im Statut ist problematisch. Um eine politische Emanzipation der Eingeborenen dennoch zu ermöglichen – « tout en les maintenant dans une communauté française élargie » – biete sich eine föderalistische Lösung an. Die « sujets » könnten in der jeweiligen Kolonie schrittweise einen den Franzosen gleichberechtigten Status erhalten und somit mit diesen zusammen das Land verwalten. *Labouret* verweist dabei auf die britischen Dominions, übersieht aber, daß in den Dominions nicht von einer « Association » von Protektoratsmacht und Eingeborenen gesprochen werden kann. Er mißversteht zudem das Commonwealth, wenn

[223] Vgl. Documentation coloniale comparée 1930/II, p. 478 f.

[224] Six ans, p. 270.

[225] Eben diese Tendenz zeigt auch die Ansprache des Generalgouverneurs ad interium von Madagaskar, *Berthier,* vor den Délégations économiques et financières am 16. 10. 1929: « Quoi qu'en disent quelques partisans attardés des théories de l'assimilation, en faveur au siècle dernier, mais condamnées depuis par l'expérience et la doctrine, votre assemblée répond et suffit aux besoins présents de la Grande Ile. Sa constitution n'est certes pas parfaite, mais, dans l'intérêt bien compris de ce pays, elle doit évoluer dans son cadre actuel, en se gardant d'y introduire prématurément des éléments politiques qui ne pourraient, à mon avis, que nuire au développement harmonieux de Madagascar et même compromettre l'œuvre civilisatrice dont la France a assumé la charge. Aussi bien, nombre de bons esprits admettent aujourd'hui que les institutions politiques de la vieille Europe, prônées par les uns, critiquées par d'autres, ne répondent pas aux nécessités de la colonisation moderne. » Documentation coloniale comparée 1929/II, p. 339.

[226] In: L'Afrique française 1930/31. Als Sonderdruck herausgegeben vom Comité de l'Afrique française, 1931.

[227] L'Accession des Indigènes à la Citoyenneté française, in: L'Afrique française, 1935, p. 721 f.

er dieses als Föderation ausgibt. *Labouret* schlägt einen « fédéralisme progressif de la France et de ses possessions » vor innerhalb eines « Empire qui doit rester ‹ un et indivisible › ». In bemerkenswerter Weise gibt der anerkannte Afrikanist und Spezialist für koloniale Fragen, der zudem politisch rechts steht, zu, daß die Formel einer « nation de cent millions d'habitants » innerlich fragwürdig ist und Folgen impliziert, die Frankreich nie zugestehen kann; andererseits müsse man den neuen Bestrebungen der Évolués entgegenkommen, da sonst « des troubles éclateront et une séparation violente sera envisagée ». Damit widerspricht er den zahllosen Verlautbarungen kolonialistischer Kreise, die eine »Ruhe« im Kolonialreich behaupten, die höchstens von einer unbedeutenden Minderheit von »Agitatoren« gestört werde! Als Gegenstück zur Assimilation, aber auch zu einem bloßen Beharren auf den Status quo erscheint neu der Föderalismus, der mit der lokalen Autonomie, die den Eingeborenen einen eigenen Wirkungskreis bietet, ernst machen will, ohne gleichzeitig – im Unterschied zum Commonwealth, das fälschlicherweise als Beispiel dient – die institutionelle Einheit des Ganzen aufzubrechen. Nach dem Zweiten Weltkrieg wird Frankreich diesen Weg zu gehen versuchen, dabei aber auf die Schwierigkeit stoßen, koloniale Emanzipationsbestrebungen mit der Aufrechterhaltung der französischen Souveränität institutionell in Einklang zu bringen: Es war so lange leicht, von Föderalismus zu sprechen, als man es bei allgemeinen Thesen bewenden lassen konnte!

Einen Versuch, dem Dilemma zwischen Ablösung und Self-government einerseits, Integration und Assimilation andererseits zu entgehen, macht auch *Robert Delavignette*, der als repräsentativ gelten darf für eine Reihe jüngerer Administratoren und Afrikakenner, die, fasziniert von ihren Aufgaben und mit innerer Anteilnahme, sich um den schwarzen Erdteil und den Afrikaner als Menschen bemüht haben. Sein Buch « Les paysans noirs » von 1913 war programmatisch gemeint: Es gehe weniger um eine Steigerung der Exportproduktion als um die Frage, mit welchen Methoden die Nahrungs mittelerzeugung zur Hebung des lokalen Lebensstandards verbessert werden könne. « J'ai peur quand on parle de terre sans tenir compte des hommes de cette terre », sagt er sehr schön [228]. *Delavignette* steht unter dem Einfluß des Personalismus *Emmanuel Mouniers* und bemüht sich um den « Homme », den Menschen innerhalb seiner natürlichen Gemeinschaft. Die afrikanische Gesellschaft mit den ihr eigenen Werten müsse mit der modernen Welt in fruchtbare Berührung gebracht werden, um eine »Neue afrikanische Welt« aufzubauen. Dies wird in den Büchern « Soudan–Paris–Bourgogne » von 1935 und in « Les vrais chefs de l'Empire » weiter ausgeführt. Mit Abstraktionen wie Assimilation und Assoziation, direkter oder indirekter Herrschaft sei wenig anzufangen. So sehr *Delavignette* die sakrale Funktion des Chefs betont und die Eigenheit afrikanischer Rechts- und Religionsvorstellungen beschreibt, so warnt er doch vor einer bloßen Restauration der Chefferie; es könnte nicht die Aufgabe der Kolonialmacht sein, eine alte Feudalität zu erneuern und zu stützen. « Ce qu'il faut, c'est non pas les restaurer, mais les instaurer. Non pas les restaurer dans une féodalité qui se meurt, mais les instaurer dans une Afrique moderne qui naît » [229].

[228] « Pour le paysan noir, pour l'esprit africain, in: Esprit Nr. 39, 1935, p. 384. Ähnlich auch Sénégal et Niger, in: L'Afrique française, Aug. 1932, p. 481.

[229] Les vrais chefs de l'Empire, p. 141.

« Ce nouveau Monde n'est pas une construction idéologique, mais une réalité vivante, fruit d'une politique indigène expérimentale... Nous suscitons le Nouveau Monde Africain. Au nom de quelle idéologie arrêterait-on cette expérimentation: au nom de quel prétendu réalisme ignorerait-on nos réalisations? » [230] *Delavignette* richtet sich dabei an *Senghor* als den ersten Agrégé aus der AOF und den Repräsentanten eines neuen Afrika, das mit französischer Hilfe im Entstehen begriffen sei [231].

Ein politisches Zukunftsprogramm gibt *Delavignette* nicht, und es scheint ihm auch nicht dringlich zu sein; so wie er die Begriffe Assimilation und Assoziation als Abstraktionen ablehnt, so hält er auch nicht viel von Erörterungen über die institutionelle Regelung des Verhältnisses zwischen Mutterland und Kolonien. Er weiß zwar, wie wichtig es ist, der in Frankreich ausgebildeten Elite die Möglichkeit des sozialen Aufstiegs zu verschaffen, aber vorerst steht die wirtschaftlich-finanzielle Hilfe im Vordergrund. Kredite der Metropole sind dringend notwendig, an Stelle der seit der Krise erzwungenen Deflation und Sparmaßnahmen [231a]. Für die Zukunft schwebt ihm keine Unabhängigkeit afrikanischer Staaten vor, aber auch keine sture Integration, sondern eine noch nicht spezifizierte Form der Autonomie innerhalb eines größeren Ganzen. « Il y a heureusement une autre manière de franciser (!) l'Afrique que cette mise en départements, bien rangés, autour de Paris » [232]. Nach 1945 trafen sich *Senghor* und *Delavignette* auf der Suche nach einer solchen Communauté franco-africaine: « Fraternité dans la différence, est-ce donc si difficile à entendre? » [233] Zu hören nicht, wird man beifügen dürfen, aber zu institutionalisieren!

In der französischen Afrikapolitik mußte dem Erziehungswesen eine besondere Bedeutung zukommen, da die « mission civilisatrice » in erster Linie über die Schule erfolgte und nicht nur die Assimilation und Integration, sondern auch eine föderative Lösung im Sinne *Labourets* oder *Delavignettes* eine französisch geprägte Elite voraussetzte. Das koloniale Schulsystem war wie das der Metropole zentralisiert und wurde von Paris aus organisiert; die Staatsschule dominierte, im Unterschied zu Großbritannien – aber auch zu Belgien –, das den Unterricht weitgehend den Missionen überließ und nur finanziell unterstützte. Als Lehrkräfte fungierten in erster Linie Franzosen des Mutterlandes, und auch Lehrplan und Lehrstoff entsprachen weitgehend denjenigen der Metropole, was zu viel Kritik und Spott Anlaß gab. Der Unterricht wurde fast ausschließlich in französischer Sprache erteilt – Indochina und Madagaskar sind Ausnahmen –, angeblich weil zu viele Lokalsprachen beständen und der Zugang zur modernen Welt am besten durch das Erlernen des Französischen gewonnen werden könne, faktisch, weil die Sprache als Integrations- und Assimilationsinstrument diente. So sagte der Generalgouverneur der AOF, *Merlin*, im Jahre 1919 ganz offen:

« Il ne faut pas oublier, en effet, qu'une nation souveraine ne fixe définitivement la nationalité des peuples qu'elle fait entrer dans sa famille (!) qu'après leur avoir appris à parler sa

[230] P. 250.

[231] Senghor hat seinerseits seinen Beitrag zu La communauté impériale française, 1945, p. 57, Delavignette gewidmet.

[231a] Vgl. seine Kritik an den bisherigen Bemühungen: « des villages sans puits, sans abreuvoirs, devant la route aux camions, c'est du pharisaïsme métropolitain », Esprit p. 382.

[232] Les vrais chefs de l'Empire, p. 90.

[233] P. 260.

langue, à penser dans sa langue », und wiederum ein Jahr später: « Ce n'est que quand ils parleront notre langue qu'ils apprendront à penser en français et qu'ils seront définitivement acquis à notre culture. » [234]

Dies ließ an Deutlichkeit nichts zu wünschen übrig: Der Unterricht in der französischen Sprache sollte aus Afrikanern Franzosen machen, Franzosen schwarzer Hautfarbe zwar, aber geprägt durch die französische Kultur und damit bereit, sich als französische Bürger zu fühlen und sich zu Frankreich zu bekennen. Wie ein Bretone, Kelte oder Elsässer im lokalen Bereich sich seiner Muttersprache bedienen mag, aber nichtsdestoweniger Franzose ist und sein will, so sollte auch der Afrikaner durch die Prägungskraft der durch die Sprache vermittelten « civilisation » zum Franzosen werden und seine geistige wie politische Emanzipation innerhalb der Plus grande France finden. *Georges Hardy*, der Direktor der Ecole coloniale und Spezialist für koloniales Erziehungswesen, meinte das gleiche, auch wenn er mehr den instrumentalen Wert des französischen Unterrichts betonte: dieser solle « assurer la cohésion de notre Empire » und die Eingeborenen zu « sujets loyaux et reconnaissants » erziehen [234a].

Es versteht sich, daß eine so intensive kulturelle Erfassung sich auf eine Elite beschränken mußte. Generalgouverneur *Carde* hat dafür die Formel geprägt: « instruire la masse et dégager l'élite. » Die Massen sollten Anfangskenntnisse im Französischen, im übrigen aber einen mehr aufs Praktische ausgerichteten Unterricht erhalten, während die Bestqualifizierten von der Masse »abgelöst« und im Sinne einer Elitebildung französisiert wurden. Diese konnte über die Lycées bis zu den Hochschulen der Metropole führen; hier gab es keine Diskriminierung oder nach Rassen getrennte Institute, denn weiße und schwarze Schüler besuchten die gleichen höheren Schulen und hatten die gleichen Examina zu bestehen. Die Hochschulausbildung öffnete den Weg zu den Concours, den freien Berufen, aber auch zur politischen Laufbahn in der Metropole. Im Mutterland – allerdings nicht in den Kolonien selbst – wurde der gebildete Franzose schwarzer Hautfarbe sozial kaum diskriminiert, sondern als Gleichberechtigter akzeptiert.

Der Unterschied zum britischen Vorgehen und zur britischen Konzeption liegt auf der Hand. Es ist allerdings nicht so, daß Großbritannien – wie das für Belgien und Holland weitgehend der Fall gewesen ist – darauf verzichtet hätte, die Untertanen des Empire von Malaya bis Westafrika geistig und politisch zu prägen. Überzeugt von der Überlegenheit seiner Institutionen, übertrug es diese sukzessiv auf die Kolonien; britisches Recht ist noch heute in den unabhängigen Staaten wirksam. Auch die Erziehungsmethoden und oft auch der Lehrplan wurden übertragen. Das Ideal des Gentleman als Ausdruck britischer Lebensform und britischen Selbstverständnisses hat sich als eine starke prägende Kraft erwiesen, die durchaus mit derjenigen der « civilisation française » zu vergleichen ist. Der Intention nach aber handelte es sich um Verschiedenes. Großbritannien wollte nicht eine Elite von Asiaten und Afrikanern von ihrer Gesellschaft »ablösen« und aus ihnen Engländer im Sinne potentieller britischer

[234] L'Afrique française, 1920. Renseignements coloniaux, p. 32 und desgl. 1921, p. 100. Generalgouverneur *Carde* wiederum 1929: « Enseignons donc le français dans les petites classes; apprenons aux enfants à parler et écrire en bon français, afin qu'ils puissent penser en bon français. » Documentation coloniale comparée 1929/II, p. 251.

[234a] Zit.: *L. P. Mair*, Native policies in Africa, 1936, p. 213.

Bürger »machen«. Die Elite sollte im eigenen Bereich schrittweise die Führung übernehmen und Träger einer neuen Nation werden. Im Memorandum »Education in British Tropical Africa« von 1925, das als Direktive für die Erziehungspolitik in der Zwischenkriegszeit gedient hat, hieß es: "Education should be adapted to the mentality of the various peoples... training of the people in the management of their own affairs... It must include the raising up of capable, trustworthy public spirited leaders of the people, belonging to their own race". [235] Der Unterricht sollte denn auch in der Lokalsprache beginnen und keine forcierte Anglifizierung anstreben. Für den Verkehr im lokalen Bereich, das Erlernen von Lesen und Schreiben und für die erste Begegnung mit der modernen Zivilisation erschien die « vernacular language » als ein geeignetes Mittel. Kein Brite hätte gesagt, der Schüler müsse lernen »im Englischen zu denken«, um dadurch Glied der britischen »Familie« zu werden. In den höheren Schulstufen erfolgte der Unterricht natürlich in englischer Sprache, aber dies wurde weniger als Anglifizierung oder als Instrument assimilatorischer Einflußnahme interpretiert, denn als Möglichkeit, mit der Welt in Verkehr zu treten, Zugang zu den Wissenschaften zu gewinnen und aus der lokalen Isolierung herauszutreten und den Anschluß an die moderne Zivilation zu finden [236].

Die Vor- und Nachteile beider Erziehungssysteme, die ihrerseits durch die divergierenden politischen Konzeptionen einer künftigen Entkolonialisierung geprägt worden sind, brauchen wir hier nicht weiter zu erörtern. Kein Zweifel besteht an den großen Erfolgen Frankreichs, eine Elite nicht nur kulturell zu prägen, sondern auch politisch zu binden. Man wird gerade deshalb sagen dürfen, daß Frankreich die ihm gegebenen Möglichkeiten – vor allem in Schwarzafrika, aber nicht nur hier – nicht voll zu nutzen verstanden hat. Der Prozentsatz der eingeschulten Kinder blieb gering [237], Lehrkräfte und finanzielle Mittel standen bis 1946 nicht in ausreichendem Maße zur Verfügung. Frankreich hätte alles Interesse haben müssen, dem Erziehungswesen besondere Beachtung zu schenken. Dies hätte allerdings vorausgesetzt, daß sowohl in der Verwaltung als auch in der privaten Wirtschaft Posten und Aufstiegschancen offenstanden. Dem Verzicht auf lokale Repräsentationskörperschaften und der weitgehenden Entpolitisierung hätte eine Hereinnahme der Bildungsschicht in Wirtschaft und Staat entsprechen müssen. Dies ist aber in noch geringerem Maße geschehen als im britischen Bereich [238]. *Blaise Diagne* mochte Abgeordneter und sogar Unterstaatssekretär sein, der Guyanese *Eboué* Gouverneur werden, die Afrikanisierung der administrativen Kader

[235] Cmd. 2374 (1925) p. 4.

[236] Als Beispiel einer britischen Stellungnahme kann der berühmte, allerdings aus dem Jahre 1904 stammende Report of the Commission appointed by the Government of India to inquire into the condition and prospects of the University of Calcutta gelten. Die englische Sprache wird als »Pathway leading into a rich intellectual life« bezeichnet, doch bleibe die Muttersprache von größerer Bedeutung. "A man's native speech is almost like his shadow, inseparable from his personality ... it is through our vernacular, through our folk-speech, whether actually uttered or harboured in our unspoken thoughts, that the most of us attain to the characteristic expression of our nature and of what our nature allows us to be or to discern ..."

[237] 1939 waren 80 000 Kinder im Enseignement primaire – bei 2,7 Millionen im schulpflichtigen Alter, *Michel Devèze,* La France d'Outre-Mer, 1948, p. 61.

[238] Es stehen leider noch Untersuchungen über die Afrikanisierung der Kader aus.

blieb gering; zahlreiche untere Verwaltungsposten waren und blieben mit Franzosen besetzt und versperrten den Evolués den Aufstieg. Der Mangel an Posten und Aufstiegsmöglichkeiten, der eine rassische Diskriminierung in der kolonialen Gesellschaft entsprach, hat nicht nur Unwillen erzeugt – die in der Folgezeit der »nationalen« Opposition zugute gekommen ist –, Frustationsgefühle in Ressentiments verwandelt, sondern auch den am Status quo interessierten Kreisen in der Metropole das Argument geliefert, auf eine Verlangsamung in der Erweiterung des Schulwesens zu drängen [239]. Das gleiche gilt – wir haben bereits darauf hingewiesen – für die Naturalisierung, die nicht gebremst, sondern großzügig hätte erweitert werden müssen, wenn der Wille zur Integration und schrittweisen Assimilation glaubwürdig bleiben sollte. Da sich jedoch in der Ablehnung der Assimilation und deren Konsequenzen wie Naturalisation, Wahlrecht, Öffnung der Verwaltung, Vermehrung der Communes de plein exercice u. a. die Afrikakenner und Reformer mit den Kolonialfranzosen und »kolonialistischen« Interessenverbänden zusammenfanden und andererseits die Errichtung lokaler »Parlamente« nicht in Frage kam, weil diese mit einer Integration in die Plus grande France in Widerspruch zu stehen schienen, ergab sich – wir wiederholen – eine Tendenz zur Entpolitisierung und zum Immobilismus [240].

Lyautey und das Protektorat in Marokko

Das Protektorat als Instrument französischer Kolonialpolitik und als Konzeption und Doktrin, die sich grundsätzlich von Integration und Assimilation unterscheidet, ja im Gegensatz zu diesen steht, ist unlösbar mit der Person und dem Einfluß Marschall *Lyauteys* verbunden, dem bedeutendsten Prokonsuln Frankreichs [241]. 13 Jahre lang, von 1912 bis 1925, hat er in Marokko »regiert«, seine Erfahrungen und Vorstellungen schriftlich niedergelegt, einen Kreis von »Schülern« herangezogen und versucht, die Metropole zur Annahme und Fortsetzung seines Werkes zu verpflichten. *Lyautey* hatte

[239] Als Beispiel diene L'Afrique française; 1934, p. 720: « Au cours de l'année scolaire 1933–34, l'Ecole William Ponty a fourni 57 nouveaux instituteurs du cadre secondaire, 24 élèves à l'Ecole de Médecine et 5 à l'Ecole Vétérinaire. Elle a de plus recruté 80 nouveaux élèves par voie de concours.
L'Ecole des Pupilles Mécaniciens de la Marine a compté 45 élèves, dont 12 de 3e année ont obtenu le diplôme de sortie.
L'Ecole de Médicine de Dakar a recruté 22 élèves-médecins, 2 élèves-pharmaciens, 15 élèves sages-femmes, 15 élèves infirmières-visiteuses.
L'Ecole Vétérinaire de Bamako a recrute 5 élèves vétérinaires.
Ces divers établissements dispensent des formations techniques. Au-dessous d'eux existent des Enseignements Primaires et Professionnels fonctionnant au chef-lieu des diverses colonies. En 1934 les 8 écoles primaires supérieures ont été fréquentées par 930 élèves contre 974 en 1933. Par une mesure de prudence que l'on ne saurait trop louer, les effectifs ont été volontairement réduits cette année pour éviter que des jeunes gens, sans emploi à leur sortie, par suite de la diminution des débouchés offerts maintenant par le commerce, l'industrie et l'administration, ne deviennent des déclassés. »

[240] *Robert Delavignette,* L'Afrique noire française et son destin, 1962, p. 99.

allerdings Vorbilder, von denen er in Verehrung sprach, und er übernahm auch die legale Basis des Protektorates. Wir können von *Dupleix'* Vorgehen in Indien im 18. Jahrhundert und von einem Protektorat über Tahiti im Jahre 1843 und ebenso auch von fragwürdigen Verträgen mit afrikanischen Häuptlingen in den Jahren nach 1880 absehen, die von den Juristen als »protectorats intérieurs » bezeichnet werden, aber einen bloß fiktiven Charakter hatten und meist bald in eine »normale« Kolonialverwaltung mit ihrer Tendenz zur Administration directe überführt wurden; wichtiger sind die Protektoratsverträge mit Madagaskar, Indochina (bzw. mit dem Kaiser von Annam und den Herrschern von Kambodscha und Laos) und Tunesien, die zunächst deren Eigenstaatlichkeit anerkannten und nur eine französische Kontrolle etablierten, die diese Gebiete dem Zugriff fremder Mächte entzog und wirtschaftliche Einflußmöglichkeiten sicherstellte. Da dieses Vorgehen geringere militärische und finanzielle Mittel erforderte als eine Besetzung oder Annexion, erschien es als der geeignetere Weg, im Wettlauf um die »Verteilung der Welt« den französischen Herrschaftsbereich auszuweiten. Dies um so mehr, als auf diese Weise den Großmächten weniger Gelegenheit zum Eingreifen gegeben wurde und gleichzeitig auch die eigene, an kolonialen Eroberungen wenig interessierte Öffentlichkeit getäuscht oder doch zur Akzeptierung der Faits accomplis veranlaßt werden konnte [242].
Die anfänglichen Protektorate haben ihr Wesen allerdings schnell verändert. Als die Königin von Madagaskar gegen die Verträge protestierte und eine Rebellion eine langwierige »Pazifikation« notwendig machte, hat *Galliéni* die Herrscherin abgesetzt und 1896 die Insel in das Kolonialstatut überführt. In Indochina blieben zwar die Protektorate über Annam, Kambodscha und Laos formal bestehen, wurden aber bereits 1887 in der « Union indochinoise » weitgehend neutralisiert und in ihrer Verwaltungsstruktur – vor allem das Kaiserreich Annam – französisiert. Von einem Protektorat konnte nur noch im legalistischen Sinne gesprochen werden, um so mehr, als Indochina auch dem Kolonialministerium unterstellt wurde; die traditionellen Autoritäten waren fortan fast völlig ausgeschaltet, und der Kaiser von Annam trat politisch kaum mehr in Erscheinung. Erst 1945/46 besann man sich wieder auf das Protektoratsstatut und versuchte nun, Indochina mit Tunesien und Marokko zusammen als Etats associés der Union française einzugliedern. Tunesien hingegen blieb in einem spezifischen Sinne Protektorat, obschon der Vertrag von La Marsa (8. 6. 1883) Frankreich sehr weitgehende Kompetenzen übertrug [243] – Kompetenzen, die nur noch schwer mit dem Wesen des Protektorates in Einklang zu bringen waren – und obschon bald auch die tunesischen Institutionen und Autoritäten durch französische ersetzt oder umgangen

[241] Aus der umfangreichen Literatur über Lyautey nennen wir nur: *Jean Dresch,* Lyautey, in: Les techniciens de la colonisation, ed. *Ch. A. Julien,* 1947 und *Gen. Catroux,* Lyautey le Marocain 1955.

[242] Dies kann vor allem im Falle Tunesiens gezeigt werden, vgl. *J. Ganiage,* Les origines du protectorat français en Tunisie (1868–1881), 1959. Dazu auch die Bemerkungen *Henri Brunschwigs* Mythes et Réalités de l'Impérialisme colonial français 1871–1914, 1960, p. 53 f.

[243] Art. 1: Afin de faciliter au Gouvernement français l'accomplissement de son Protectorat, S. A. Le Bey s'engage à procéder aux réformes administratives, judiciaires et financiaires que le Gouvernement français jugera utiles.

wurden. Bezeichnenderweise ist in den 90er Jahren das Protektorat als Übergangslösung zur späteren Annexion verstanden worden [244].

Für die Konzeptionen *Lyauteys* war zudem die – bereits erwähnte – Auseinandersetzung mit der Assimilationspolitik wichtig, die sich vor und nach der Jahrhundertwende in einer scharfen Kritik an der algerischen Verwaltung, im Bestreben, Tunesien nicht zu »algerisieren«, aber auch in den neuen Methoden der »Pazifikation« in Indochina und Madagaskar äußerte: die militärischen Aktionen sollten ergänzt werden durch den Versuch, die eingeborene Bevölkerung zur Mitarbeit zu gewinnen, bestehende Institutionen und Autoritäten zu benutzen und in den zivilisatorischen Maßnahmen Zurückhaltung zu üben. Generalgouverneur *de Lanessan* hat mit seinen wichtigen Schriften starken Einfluß auf seine »Schüler« *Galliéni* und *Lyautey* ausgeübt.

Die französische Herrschaft in Marokko basierte auf dem Vertrag von Fez vom 30. März 1912, der das Ergebnis wirtschaftlich-konsularischer Interventionen, militärischer Aktionen und diplomatischer Abmachungen darstellte. Es war darin von einem »accord« zweier Staaten die Rede, wonach Frankreich dem Sultan den Schutz seiner Person und des Thrones zusagte und sich verpflichtete, « la situation religieuse, le respect et le prestige traditionnel du Sultan » zu gewährleisten, während sich andererseits der Sultan bereit erklärte, « d'instituer au Maroc un nouveau régime comportant les réformes administratives, judiciaires, scolaires, économiques financières et militaires que le Gouvernement français jugera utile d'introduire sur le territoire marocain » (Art. 1). Solche Maßnahmen sollten auf Vorschlag der französischen Regierung erfolgen, aber im Namen des Sultans erlassen werden. Der Staat Marokko wurde somit als solcher anerkannt, sein Territorium blieb außerhalb des « territoire national français ». Die Juristen mochten über die völkerrechtliche Stellung Marokkos und die sich daraus ergebenden Implikationen diskutieren [245], faktisch jedoch war eindeutig festgelegt, daß Frankreich nicht nur Außenpolitik, diplomatische Vertretung und Verteidigung übernahm, sondern – wie im Falle Tunesiens – auch die innere Struktur des Landes, mit Ausnahme der religiösen Belange, in seinem Sinne gestalten konnte; der Protektoratsbegriff wurde wiederum sehr weit gefaßt, was zu einer weitgehenden Verfügungsgewalt der Kolonialmacht führte. Wie sah *Lyautey* die französische Politik in Marokko?

> « La conception du Protectorat est celle d'un pays gardant ses institutions, se gouvernant et s'administrant lui-même avec ses organes propres, sous le simple contrôle d'une puissance européenne, laquelle substituée à lui pour la représentation extérieure, prend généralement l'administration de son Armée, de ses Finances, le dirige dans son développement économique. Ce qui domine et caractérise cette conception, c'est la formule: Contrôle opposée à la formule: Administration directe. » [246]

Kontrolle im Gegensatz zu einer Übernahme der Verwaltung durch Frankreich sollte also das Protektorat charakterisieren; die Ähnlichkeit mit der Indirect Rule liegt auf der Hand, obschon es sich im Falle Marokkos um ein ganzes Land, einen bestehenden Staat handelte, der sich angeblich weiterhin selbst regieren sollte und nur der fremden Kontrolle und Beeinflussung offenstand, während sich die Indirect Rule auf die Lokal-

[244] Einige Zitate bei *Gonidec*, p. 216.
[245] Z. B. *Gonidec*, p. 208 f.
[246] *Lyautey* l'Africain, textes et lettres du Maréchal *Lyautey* ed. *Pierre Lyautey*, vol. IV, 1919–1925, 1957, p. 28.

verwaltung bezog und die Native Authorities dem kolonialen Herrschaftsapparat eingefügt waren. Wichtig ist jedoch, daß der Konzeption nach die alten Institutionen und Autoritäten bestehen blieben und weiterhin als Verwaltungsorgane des Landes dienten, wobei die europäische Macht nur »Anweisungen« gab und eine Kontrolle ausübte, nicht aber die autochtone Ordnung durch einen eigenen Apparat und ein eigenes Rechtssystem ersetzte. Respekt gegenüber dem Bestehenden verband sich in beiden Fällen mit Nützlichkeitserwägungen, denn « nul régime ne permet davantage d'utiliser à notre profit les organismes locaux et d'en développer les ressources » [247]. Die Kolonialmacht trat nur »indirekt« in Erscheinung: wenn sie Reformen »anregte«, d. h. praktisch befahl, geriet sie nicht unmittelbar mit der Bevölkerung in Kontakt, sondern traf ihre Anordnungen im Namen der bestehenden Autoritäten und ließ sie durch deren Organe ausführen. Dieses System konnte nur funktionieren, wenn die Autorität und das Prestige des Sultans, der Paschas und Notablen erhalten blieb. Ähnlich wie *Lugard* und seine Nachfolger in Nigeria hat sich *Lyautey* in Marokko darum bemüht; er hat dem Sultan alle Ehre erwiesen, dessen repräsentative Stellung verstärkt und seine religiöse Position geachtet und auch persönlichen Umgang mit marokkanischen Notabeln gepflegt. Dies entsprach *Lyauteys* eigener Herkunft und Haltung: er, der einer alten katholisch-konservativen Familie Lothringens entstammte, blieb zeitlebens Monarchist und fühlte sich mit seinem ausgeprägten Sinn für Autorität, Hierarchie und Gefolgschaft von der »feudalen« Struktur Marokkos angezogen und sah seine »Mission« darin, dieses Land, das er in seiner Andersartigkeit liebte und um dessen Altertümer, Architektur und Kunst er sich bemühte, unter französischer Leitung zu modernisieren und zu »entwickeln«. Was konnte die Größe Frankreichs besser dokumentieren als eine so verstandene Herrschaft? Auch von seinen Mitarbeitern, die zu einem nicht geringen Teil aus den adligen Familien Frankreichs stammten, die wie ihr Chef der Republik und ihrem Parlamentarismus ablehnend gegenüberstanden und hier in Marokko nicht dem Regime, sondern Frankreich zu dienen gewillt waren, verlangte er Verantwortungsbewußtsein, Aktivität, Entschlußfreudigkeit, den Willen zur « réalisation », die für ihn der Inbegriff aller kolonialen Tätigkeit war, Verständnis für das Land und die ihnen anvertraute Bevölkerung, Kenntnis der fremden Sprache und den Willen, das Prestige und die Würde der althergebrachten Ordnung und deren Träger zu schützen und zu fördern, mit dem Ziel: « les amener à sentir les bienfaits de la domination étrangère et à l'accepter au lieu de la subir » [248]. Eingeborenenpolitik im Sinne des Protektorates hieß demzufolge:

[247] *Lyautey*, Paroles d'action (1900–1926), 3. ed. 1938, p. 172.

[248] Vgl. die eindrucksvolle Begegnung Hugo von Hofmannsthals mit *Lyautey:* »Auch das neue Frankreich, das ich hier wahrnahm, habe ich liebgewonnen. Der alte Marschall Lyautey kam mir mit einer großen Freundlichkeit entgegen. Er ging sehr schnell, ja lief eigentlich durch den großen Saal auf mich zu, nahm meine Hand in seine und sagte: « Monsieur, vous êtes chez vous – vous êtes dans votre maison, et voici pourquoi: je commande ici, je suis Lorrain, vos empereurs ce sont mes ducs, et je regarde la destruction de l'Autriche comme le crime le plus déplorable. » Dann stellte er mir mit außerordentlicher Grazie seine jungen Herren vor. Ich freue mich sehr, ihn und diese alle – eine Elite von jungen Offizieren und Beamten, von denen ich mich schon auf dem Schiff mit einem befreundete – in Rabat wiederzusehen.« Brief aus Marrakesch, 15. 3. 1924, Briefwechsel mit Carl J. Burckhardt, 1956, p. 182.

« Le désir et la faculté d'étudier les indigènes, de les comprendre, de pénétrer leurs institutions et leurs sentiments, leurs mobiles et leurs ambitions; ensuite, la volonté et la force de s'abstraire du préjugé européen. La politique indigène part de ce principe que, bonnes ou mauvaises, un peuple tient à ses coutumes et à ses institutions, et que les nôtres, fussent-elles meilleures, lui paraîtront odieuses si on prétend lui imposer le respect ou seulement l'usage; que notre civilisation, à notre gré si parfaite, l'étonne ou le choque et que, convaincus que nous soyons que son intérêt est de quitter la sienne pour la nôtre, il importe le l'y acheminer lentement à force de patience et de dextérité. » [249]

Lyautey hat Großbritannien bewundert, vor allem dessen Anpassungsfähigkeit, die lose Verwaltung und den geringen Bedarf an eigenem Personal [250]. Der Verwaltungsaufbau sollte dem Wesen des Protektorates und dem Vertrag von Fez entsprechen und unterschied sich grundlegend von jeder Administration directe und deren Integrationstendenzen. Der Sultan blieb formal Oberhaupt der autokratischen und theokratischen Regierung, hielt Hof, residierte in seinem Palast und übte seine religiösen Funktionen aus; Gesetze (Dahirs) und Strafurteile wurden in seinem Namen verkündet. Er ernannte Minister und Beamte, und zwar auch die französischen. Französische Gesetze waren nicht anwendbar, es sei denn, sie wurden in marokkanische Dahirs umgewandelt. Die effektive Gewalt allerdings lag bei Frankreich, beim Generalresidenten – « il dirige tous les services administratifs », heißt es lakonisch im Dekret vom 11. Juni 1912, das die Stellung des französischen Regierungsvertreters festlegte. Ein hoher französischer Beamter diente als Verbindungsmann zum Sultan und Maghzen und überwachte die marokkanischen Minister (Vizire), während im lokalen Bereich französische « Contrôleurs » hinter und neben den Paschas und Caids standen; die Gesetzesinitiative lag bei der Kolonialmacht, und die Ernennung der lokalen Beamten erfolgte auf deren Vorschlag! Noch wichtiger war, daß neben den auf den religiösen Bereich abgedrängten Viziren die sog. « Services néo-chérifiens » entstanden, d. h. technische Ministerien Landwirtschaft, Öffentliche Arbeiten, Finanzen, Gesundheitswesen und Post, die zwar formal ebenfalls marokkanische Ämter blieben, aber durchwegs mit französischen Beamten besetzt wurden und deren Direktoren einen Conseil des directeurs bildeten, der mit nur lockerer Beziehung zu Sultan und Maghzen regierte und verwaltete. In Tunesien war die Situation ähnlich.

Hier lag die Problematik des Protektorates; es wurden Tendenzen zu Administration directe sichtbar, die im lokalen Bereich ihre Entsprechung hatten, da, wenn nämlich die Paschas und Caids für die modernen und technischen Belange nicht vorbereitet waren, die Kontrolleure mehr oder weniger direkt eingreifen und verwalten mußten. Die traditionellen feudalen Institutionen und Autoritäten eigneten sich nicht für bestimmte Aufgaben einer modernen Verwaltung; während Großbritannien sich hier aber zurückhielt und sich weitgehend auf Ordnungsfunktionen beschränkte, drängte *Lyautey* zur Aktion und verlangte « le contrôle incessant » [251]. Konnten aber, wenn so intensiv »kontrolliert« wurde, Prestige und Autorität der marokkanischen Notabeln gewährleistet werden, oder wurde das Protektorat nicht dadurch zu einer Fiktion und das Bestreben, die traditionellen Autoritäten zu erhalten, zu einer bloßen « politique des

[249] Paroles d'action p. 469.

[250] A.a.O., p. 7. Zudem Ansprache in London vor der African Society, Journal des Débats 6. 12. 1928.

[251] Textes et lettres vol. I, 1953, p. 220.

égards », die schließlich entgegengesetzte Wirkungen zeitigen mußte, insofern als die Folge davon keine Modernisierung und Demokratisierung der traditionellen Verwaltung war, sondern eine »Refeudalisierung« [252], Bestätigung der Privilegien und eine defensive Reaktion gegen das von außen herangebrachte Neue? Wenn auf Eingriffe verzichtet und gleichzeitig die bisherige Herrschaftsschicht durch die Kolonialmacht gestützt wurde, dann konnte es zu einer Fixierung vorkolonialer Ausbeutungsmethoden kommen; dies wurde der Indirect Rule vorgeworfen und zeigte sich auch in Marokko deutlich im Bereich der großen Caids des Südens, vor allem des Paschas von Marrakesch, *el-Glaoui*. Bereits *Lyautey* hat ihn gegen Kritik gedeckt, da der Pascha sich ganz auf Frankreich einstellte, zum Sultan ein gewisses Gegengewicht bildete und auch Militär- und Verwaltungspersonal einzusparen erlaubte [253].

Dem Wesen des Protektorates hätte ein Bestreben entsprochen, die Notabelnschicht energisch zu modernisieren und eine französisch geschulte Elite in die Verwaltung einzusetzen. *Lyautey* sprach zwar von der Notwendigkeit, eine marokkanische Elite für den Verwaltungsdienst heranzubilden, beschränkte aber die mittlere und höhere Ausbildung auf Söhne aus Notabelnfamilien, hielt ihre Zahl bewußt klein und glaubte sie innerhalb muselmanischer Traditionen aufbauen zu können. Zugang zu den französischen Lycées sollte nicht die Regel sein, die Abschlußprüfung der Collèges musulmans war dem Baccalauréat nicht gleichwertig und das Institut des Hautes Etudes Marocaines war weniger eine Universität, als ein Forschungsinstitut und diente vor allem der Administration; das Studium in Frankreich wurde möglichst eingeschränkt [254]. Die wenigen Marokkaner mit französischer Abschlußprüfung konnten keine Marokkanisierung der Administration einleiten, um so mehr als die Notabeln des Maghzen die modernistische Elite ebenso mißtrauisch beobachteten wie das französische Beamtenkorps, auf dessen Widerstand bereits *Lyautey* gestoßen ist [255].

Die Ablehnung der kulturellen Assimilation – daher auch getrennte Schulsysteme –, die Annahme, ein eigenes marokkanisch-musulmanisches Erziehungswesen errichten zu können, das sich von innen her modernisiert und den modernen Aufgaben gerecht werde, und eine betonte Bevorzugung der Notabelnschicht, der ein deutliches Mißtrauen gegenüber der französischen Elite entsprach, die aus der Mittelschicht aufstieg, führten zu einer Verlangsamung des ganzen Modernisierungsprozesses, was zwar dem konservativen *Lyautey* und seinem Sinn für Traditionen entsprach, gleichzeitig aber auch das intendierte Werk gefährdete: da sich das Land modernisierte und wirtschaftlich entwickelte, aber noch in den 30er Jahren kaum über eigenes modernes Verwaltungspersonal und nur über wenige Akademiker verfügte, mußte sich der ohnehin vor-

[252] Der Feudalismus verliert aber gleichzeitig seinen ursprünglichen Sinn und verbindet sich mit Methoden des Nepotismus, Erpressung und bloßen wirtschaftlichen Ausbeutung. Vgl. *Berque*, Le Maghreb entre deux guerres, 1962, p. 42.

[253] Vol. IV, 14 f., 157 f. *Robert Montagne*, Révolution au Maroc, 1953, p. 143.

[254] Vgl. z. B. das Dokument von 1922, das *Hardy* in l'Afrique française, Aug. 1934 publiziert hat.

[255] Am 20. Mai 1921: Dès l'origine, j'avais notifié mon intention de voir les meilleurs, après études faites, faire un stage dans les divers services résidentiels. J'y suis revenu à plusieurs reprises, mais je me suis heurté là à une inertie pour ne pas dire à une répugnance, telles qu'il n'en a rien été fait. Vol. IV, 131.

handende Trend zur Administration directe noch verdeutlichen und zu einer Vermehrung der französischen Beamten führen.
Eine ähnliche Ambivalenz zeigte sich auch in der wichtigen Frage der französischen Kolonisation und ihrer politischen Vertretung. *Lyautey* hat für die wirtschaftliche Entwicklung Marokkos Großes geleistet, vor allem im Städtebau, im Ausbau der Kommunikationsmittel und Hafenanlagen und in der Erschließung der Rohstoffe, wobei er sehr zum Unwillen der Siedler und der kolonialen Wirtschaftskreise der Metropole die Ausbeutung des Phosphates nicht dem privaten Kapital überließ, sondern in staatlicher Regie betrieb und damit dem marokkanischen Staat wichtige Einnahmen sicherte. *Lyautey* war aber überzeugt, daß Marokko ohne französische Siedler als Agrarland wirtschaftlich nicht entwickelt und modernisiert werden konnte. Er wollte zwar auf keinen Fall ein zweites Algerien schaffen und polemisierte sogar gegen die Algerien-Mentalität der Siedler [256], er betonte auch, daß eine Expropriationspolitik alten Stils nicht in Frage komme [257] und versuchte die Einwanderung des »kleinen Weißen« – sowohl als Siedler wie als Beamter – zu bremsen, aber er glaubte an die Notwendigkeit des Colons als des modernen Agronomen, der die Bodenerträge steigert und mit gutem Beispiel vorangeht, und mußte daher für den europäischen Bodenerwerb die gesetzliche Grundlage schaffen. Dies geschah mit den Bodengesetzen vom April 1919 [258]. Das Ergebnis war oft recht fragwürdig, und es läßt sich bezweifeln, ob eine europäische Kolonisation mit einer Konzeption des Protektorates, wie sie *Lyautey* vorschwebte, überhaupt in Einklang zu bringen war. Es war jedenfalls kaum zu vermeiden – ganz abgesehen von der Schwierigkeit, eine europäische Eigentumsordnung einzuführen, von der Übervorteilung der Eingeborenen und von deren unzureichendem Schutz durch die Administration –, daß die so entstehende Schicht von Colons und Geschäftsleuten ihre politischen Ansprüche stellte und ihre Repräsentativkörperschaften im Sinne von Interessenvertretungen forderte. Dies zeigte sich vor allem nach dem ersten Weltkrieg. *Lyautey* appellierte zwar an die Initiative und Tüchtigkeit seiner Landsleute, verwies aber gleichzeitig auf das Protektoratsstatut, das keine Repräsentativvertretung zuließ. Der Conseil de Gouvernement von 1919, bestehend aus den Direktoren der Verwaltung und den Präsidenten der Handels- und Landwirtschaftskammern, sollte nur eine technisch-wirtschaftliche Koordinationsstelle sein, ohne politischen Charakter und natürlich auch ohne legislative Befugnisse [259]. Eine solche Einschränkung wurde aber von den Marokko-Franzosen, die weder eine parlamentarische

[256] Die Colons seien »imbus de la mentalité algérienne«, ohne Verständnis für den Stolz und die Rechte des Landes. Wobei *Lyautey* kritisch auf die Worte des Präsidenten der Landwirtschaftskammer von Casablanca verweist, vol. IV, 19.

[257] 5. 12. 1923, Paroles d'action p. 397.

[258] Das Kollektiveigentum der Stämme und Dörfer wurde legalisiert, gleichzeitig aber auch die Abtretung eines Teiles an den Staat zum Zweck der Kolonisation ermöglicht. Anderseits konnte mit Majoritätsbeschluß das Kollektiveigentum in privates aufgeteilt werden, wobei sich der Staat einen Teil reservierte.

[259] Am 24. 11. 1919: Eine Konsequenz des Protektorates sei, »»que les institutions politiques françaises n'ont pas de place au Maroc. Nos nationaux peuvent y avoir des organismes et une représentation professionelle, mais ne peuvent y avoir une représentation politique. Les revendications et les polémiques à ce sujet ne représentent donc que de l'encre gâchée et du temps perdu«. Paroles d'action p. 300. Nochmals in einer Abschiedsansprache vor dem Conseil de Gouvernement am 5. 10. 1925, p. 428.

Vertretung noch einen Legislative Council hatten, heftig kritisiert, entsprach jedoch *Lyauteys* Protektoratskonzeption, die ja auf der Fiktion eines weiterhin bestehenden fremden Staates beruhte, aber auch seiner autoritären und antiparlamentarischen Haltung. Da aber *Lyautey* den autoritären Charakter des vorkolonialen Marokko aufrecht erhielt und kein konstitutionelles Königtum anstrebte, entstand auch keine Repräsentativkörperschaft für Marokkaner.

Die Zukunftsvorstellungen *Lyauteys* sind aus den uns zugänglichen Quellen nicht mit voller Deutlichkeit zu fassen. Jedenfalls wandte er sich vehement gegen alle Versuche, das Protektorat nur als Übergangslösung zur Administration directe oder zu einer Integration nach dem Vorbild Algeriens zu verstehen; und er wußte nur allzu gut, daß man im Mutterland, nicht zuletzt im Parlament und in der Ministerialbürokratie, seiner Konzeption des Protektorates mißtrauisch begegnete und sie im Grunde nicht akzeptierte[260]. In der Verteidigung des Sonderfalls Marokko, der eine »Algerienpolitik« nicht zulasse, ging *Lyautey* sehr weit: so sprach er enthousiastisch von dem früheren souveränen Staat mit seinen Botschaftern in Paris, London und St. Petersburg, mit seinen reichen Kaufleuten, einer gebildeten Schicht und selbst mit einer blühenden Landwirtschaft (!), daß sich die Frage aufdrängte, wie denn Frankreich seine Herrschaft in Marokko noch legitimieren konnte[261]. Um seine Politik und Konzeption zu verteidigen, behauptete *Lyautey* zudem, das Protektorat funktioniere und sei nicht nur Fassade[262]. Nach innen, an die Verwaltungsorgane gerichtet, äußerte er sich hingegen sehr kritisch. So stellte *Lyautey* in seinem großartigen Exposé vom 18. November

[260] So protestiert *Lyautey* in einem Brief an den Ministerpräsidenten *Millerand* vom Juli 1920 gegen bestimmte Formulierungen des parlamentarischen Berichterstatters, der u. a. von der Errichtung eines »régime normal« sprach. « Que veut-on de plus? sous le nom de ‹ régime normal › n'est-ce pas simplement le régime électoral des départements français que l'on envisage? Je me permettrai de dire alors que, loin d'être un régime normal pour le Maroc, ce serait le régime le plus anormal. » Vol. IV, 48 ähnlich Paroles d'action p. 389.

[261] P. 172 f, 373, 398 vol. IV, p. 26.

[262] Wir zitieren den längeren Text aus dem Jahre 1916, da er gleichzeitig *Layauteys* Protektoratskonzeption enthält:« Le Maroc est un Protectorat. Mais ce mot, qui contient pourtant une doctrine coloniale grande et simple, est regardé le plus souvent comme une étiquette et non comme une vérité: on y voit, sinon un mensonge, du moins une formule théorique, une formule de transition, destinée à disparaître après des modalités successives. Et ce sentiment est tellement fort, qu'au Maroc comme ailleurs, avant la guerre, on résistait avec peine, et déjà presque sans conviction, à cette poussée, que beaucoup croient fatale, vers le gouvernement direct, vers l'annexion de fait précédant l'annexion légale. La guerre nous a fait une nécessité politique absolue de changer de voie; et cette expérience nouvelle, commencée dans un sentiment de prudence, a pleinement réussi. Le Protectorat apparaît ainsi, non pas comme une formule théorique et de transition, non pas même comme une formule, mais comme une réalité durable: la pénétration économique et morale d'un peuple, *non* par l'asservissement à notre force ou même à nos libertés, mais par une association étroite, dans laquelle nous l'administrons dans la paix par ses propres organes de gouvernement suivant ses coutumes et ses libertés à lui.

C'est dans ce sens que s'est orientée franchement et définitivement notre politique. On s'est attaché d'abord à rehausser le prestige personnel du Sultan, en faisant revivre autour de lui les anciennes traditions et le vieux cérémonial de la cour, à garantir scrupuleusement l'autonomie de son pouvoir religieux, à raffermir sa confiance et son autorité en l'associant à nos projets, en sollicitant ses réflexions et ses avis. La Maghzen a été associé plus étroitement chage jour au gouvernement. Son rôle, avant la guerre, s'était réduit insensiblement,

1920 [263] Theorie und Praxis des Protektorates gegenüber: Weder der Sultan noch die Vizire hätten irgendwelche Macht und würden an der Regierung nicht einmal beratend teilnehmen; die Beziehung zwischen Maghzen und Kolonialverwaltung sei bloß formal und politisch ohne Bedeutung. Auch im lokalen Bereich sei die Mitarbeit der Marokkaner oft nur noch eine Fiktion, « de fait, on arrive de plus en plus à l'administration directe ». *Lyautey* warnte eindrücklich davor. Der Weltkrieg habe eine neue Situation geschaffen, denn Tausende von Marokkanern hätten in Europa gekämpft oder gearbeitet, das Selbstbestimmungsrecht sei verkündet worden, und von Rußland, Ägypten, Tunesien und Algerien aus werde ein revolutionärer Widerstand propagiert, der auch in Marokko Gehör finde [264]. Die junge Generation empfinde ihre Ausschaltung aus den öffentlichen Angelegenheiten,

« ils en souffrent et ils en causent. De là à être accessibles, le jour venant, aux suggestions de revendication de leurs droits et aux aspirations hostiles, il n'y a qu'un pas. Ils sentiront de plus en plus ce qu'ils valent et leur force ... » Die Berber-Bevölkerung « n'a rien de l'inertie habituelle des Muselmans d'Orient. Elle est laborieuse, active, avide d'instruction, ouverte aux nouveautés. » Marokko werde bald übervölkert sein, und die Europäer würden eine verschwindende Minderheit bleiben: « Nous n'aurions donc qu'une digue bien fragile à opposer au raz de marée. Il n'y aurait pas de pire péril que de laisser l'immigration européenne se livrer à des imprudences qui se paieraient cher, que de laisser croître chez ce peuple les germes de mécontentement et de malaise. »

Lyautey will seine Untergebenen auf die Protektoratsidee festlegen und verlangt von ihnen eine entsprechende Einstellung: Bereitschaft zur Zusammenarbeit mit Sultan und Maghzen, Heranbildung eines jungen marokkanischen Regierungspersonals, das schrittweise die Franzosen ersetzen soll [265]; denn wenn die Elite nicht mitarbeiten könne, werde sie in die Opposition gedrängt und sich nationalistisch gegen Frankreich wenden. Algerien und Tunesien seien bereits unruhig, und es sei falsch, sich Illusionen hinzugeben. Frankreich müsse seine Rolle als Tuteur und « Grand Frère » spielen,

« en bénéficiant ainsi d'avoir à faire ici non pas à de la poussière, mais à une nation dont l'émancipation se fera sous notre tutelle, sous notre direction, à notre profit, et alors que ce serait une si périlleuse illusion d'imaginer que nous la tiendrons indéfiniment en mains avec notre mince et fragile pellicule d'occupation. »

Diese Formulierungen zeugen von einer erstaunlichen Weitsicht des Prokonsuls, selbst wenn man berücksichtigt, daß er in erster Linie an die Notabelnschicht als der künftigen Elite dachte und die mehr bürgerlichen Träger einer nationalen Emanzipation noch

et par la force même de nos habitudes administratives, à un simple droit de veto sur les projets qui lui étaient communiqués. Il possède aujourd'hui, en fait, un véritable droit d'examen et son initiative même est sollicitée dans bien des cas. Le Conseil des Vizirs est devenu une institution vivante, un organe normal de l'Administration. Tous nos projets y sont exposés, expliqués, dans leur esprit et dans leur tendance. L'administration des biens habous s'exerce de même sous le contrôle effectif d'un Conseil ...
Enfin partout, dans les provinces, on s'est efforcé de donner aux indigènes, non pas un pouvoir de façade, mais une part effective dans l'administration et une véritable autorité pour la garantie de leurs coutumes et de leurs libertés. » Rapport général sur la situation du Protectorat au Maroc vom 31. 7. 1914, 1916, p. XIII f.

[263] Vol. IV, 25 f.

[264] Vgl. auch Bericht vom 21. 12. 1920, p. 102 f.

[265] Wiederum am 20. 5. 1921, p. 131 f.

kaum berücksichtigte. Es waren die Unruhen und nationalistischen Strömungen in Asien und im Nahen Osten, die bereits auf Nordafrika übergriffen, die ihn nach dem ersten Weltkrieg veranlaßten, mit einer nationalen Emanzipation Marokkos zu rechnen. Bis dahin war er offenbar überzeugt gewesen, daß sich aus der Protektoratspolitik mit seiner « pénétration économique et sociale » eine « collaboration étroite » entwickelte und daß die Marokkaner Frankreich als ihre Schutzmacht auch in Zukunft akzeptieren würden [266]. Um 1920 aber war er bereit, den temporären Charakter des Protektorats in seine Zukunftsperspektive einzubeziehen, und 1926 soll er denn auch zu einem Freunde gesagt haben: « Il faudrait, avant dix années, repenser à l'indépendance du Maroc » [267]. Wie er sich die Ablösung im einzelnen gedacht hat, wissen wir nicht; *Lyautey* vertraute zweifellos auf die wirtschaftlichen und geistigen Verbindungen zwischen Marokko und Frankreich und wird mit bilateralen Verträgen gerechnet haben, die der ehemaligen Protektoratsmacht eine privilegierte Stellung einräumten. Die Frage war für ihn noch nicht aktuell und er hat sich in den späteren Jahren nicht mehr dazu geäußert. Für uns ist jedoch wichtig, daß ausgerechnet *Lyautey* – den man in dieser Hinsicht mit Lord *Milner* vergleichen könnte – angesichts der Emanzipationsbewegung im arabischen Raume vor Illusionen warnte und die Implikationen und Konsequenzen seiner Konzeption billigte. Indem er das Protektorat gegen Annexion und Integration absetzte und auch nicht auf den vagen Begriff der Assoziation vertraute, mußte er bereit sein, das Abhängigkeitsverhältnis zu befristen und ein künftiges Self-government der marokkanischen Nation in Rechnung stellen.

Waren aber das Mutterland und *Lyauteys* Nachfolger dazu bereit? Er selbst hatte 1920 ein teilweises Scheitern seiner Politik zugeben müssen und sich in den folgenden Jahren nur mühsam gegen den vielseitigen Druck durchzusetzen vermocht. Verzweifelt mußte er feststellen, daß den Franzosen die Administration directe « in der Haut sitze » [268]. Marokkanisches Personal, das die französischen Beamten hätte ablösen können, stand nicht zur Verfügung. In der Metropole mochte man stolz sein auf das Werk des großen Prokonsuln, man verstand aber seine Absichten nicht oder interpretierte sie als eine konservativ-antirepublikanische Politik, die zu gegebener Zeit »normalisiert« und von der »fortschrittlicheren« der Integration abgelöst werden mußte. Ein Kurswechsel in diesem Sinne bahnte sich unmittelbar nach dem Rücktritt des Marschalls an. Sein Nachfolger *Steeg*, ein vom Cartel des Gauches ernannter radikalsozialistischer Politiker, war Generalgouverneur von Algerien gewesen und übertrug algerische Verwaltungsmethoden auf Marokko; so hat er bezeichnenderweise zum neuen Direktor für Eingeborenenfragen einen Beamten aus Algerien ohne marokkanische Erfahrungen ernannt und *Lyauteys* Team schnell ausgewechselt [269]. *Steeg* war zudem ein Mann, der am Schreib-

[266] Vol. III, p. 68 (1918).

[267] Zit. *André de Peretti*, L'indépendance et la France, in Esprit 1947/4 p. 571. Im Jahre 1961 konnte die konservative Zeitschrift Paris-Match dies zum Ruhm Lyauteys umstilisieren: Photos, die das Abmontieren von *Lyauteys* Statue in Casablanca zeigten, erhalten den Text: « *Lyautey* avait prévu l'indépendance du Maroc et c'est grâce à sa ‹ Paix française › qu'au delà des anciennes querelles de tribus l'autorité royale y est aujourd'hui incontestée. » 19. 4. No. 629, p. 148.

[268] « Nous avons l'administration directe dans la peau, fonctionnaires venant de France, officiers venant d'Algérie. » Vol. IV, p. 30.

[269] *Rom Landau*, Moroccan Drama, 1900–1955, 1956, p. 133.

tisch entschied, und pflegte – im Unterschied zu *Lyautey* – weder den Umgang mit der Bevölkerung noch den Kontakt zu den marokkanischen Behörden. Die Zahl der französischen Beamten nahm nicht ab, sondern wuchs rapid an und betrug Ende 1928 14 412 – Großbritannien kam in Indien mit 4800 Beamten aus [270]! Dieses französische Beamtenkorps leistete in den folgenden Jahren zweifellos viel für die wirtschaftliche Entwicklung des Landes, belastete aber auch das Budget und versperrte den Marokkanern den Zugang zur Verwaltung. Das Erziehungswesen wurde nicht modernisiert – wie es einer radikalsozialistischen Kolonialpolitik entsprochen hätte – und versagte in der Ausbildung administrativer und technisch-wirtschaftlicher Kader. *Steeg* trieb zudem die Kolonisation bewußt voran – im Unterschied zu *Lyautey* [271] – und erklärte im Juni 1926 vor der Handelskammer von Rabat: « Nous devons assurer l'accroissement du peuple français par un développement méthodique de la colonisation » [272]. Nach algerischem Vorbild sollte dabei der kleine Siedler besondere Förderung erfahren [273]. Ein Gesetz von 1927 erleichterte die Expropriation [274], während die Administration die Siedler finanziell unterstützte und in der Steuerbelastung privilegierte [275]. Die marokkanische Wirtschaft hat davon profitiert, da die modernen Betriebe vorwiegend für den Export produzierten, aber die Diskrepanz zwischen dem europäischen und eingeborenen Sektor hat sich zusehends verschärft. Als die Europäer in der Wirtschaftskrise in Bedrängnis kamen, mußte der marokkanische Staat finanziell einspringen, und zwar mit Mitteln aus dem Budget, die zu einem ansehnlichen Teil aus dem Steuereingang der muselmanischen Bevölkerung stammten.

Die Marokko-Franzosen erhielten zudem vermehrte politische Mitsprache. *Steeg* schuf 1927 im Conseil de Gouvernement ein drittes Kollegium aus gewählten Vertretern der französischen Bürger; der Rat politisierte sich zusehends, maßte sich parlamentarische

[270] *André Colliez,* Notre protectorat marocain 1912–1930, 1930 p. 187.

[271] So verweist *Lyautey* z. B. am 5. 12. 1923 auf die 1000 Siedler mit 400 000 ha hin, »C'est bien quelque chose et ces chiffres augmentent tous les jours», – er muß sich verteidigen gegen den Vorwurf, die Kolonisation nicht zu fördern –, fügt dann aber sogleich bei: « Je compte essentiellement sur la population marocaine elle-même » und spricht von den »grands domaines bien cultivés«, die er 1908 angetroffen habe – Worte, die sich offensichtlich gegen die Kolonialfranzosen und ihre Argumente richten. Paroles d'action, p. 398.

[272] La Paix française en Afrique du Nord, 1926, p. 210.

[273] Landau p. 135; 1935 sind 840 000 ha in 3822 Betrieben in europäischer Hand, *Albert Ayache,* Le Maroc, 1956, p. 154. Dazu auch *M. M. Knight,* Marocco as a french economic venture, 1937, p. 66. *Berque,* p. 244, 249.

[274] *Knights* p. 58, 67. Text einer offiziellen Broschüre aus dem Jahre 1928 zit. *Ayache* p. 151 f. Kein geringerer als *Georges Hardy,* der enge Mitarbeiter *Lyauteys* schreibt 1937: « On prit soin d'interdire aux collectivités indigènes l'aliénation directe de leurs biens et de les placer sous la protection de conseils de tutelle. Mais, dans la pratique, l'usure, les ruses des spéculateurs, la tenacité des colons ont eu raison de toutes les précautions, et l'on peut se demander si, d'un point de vue d'humanité, il n'aurait pas été plus expédient de jouer franc jeu et d'opérer une fois pour toutes le départ entre le domaine de la colonisation et les terres réservées aux collectivités indigènes. » La politique coloniale et le partage de la terre aux XIXe et XXe siècles, p. 380.

[275] Betriebe mit modernen Anbaumethoden erhielten Steuererleichterungen – was die Siedler aber nicht hinderte, volle Steuerfreiheit zu fordern! Vgl. auch *Louis LeBarbier,* Le Maroc agricole, 1927, p. 147, 111.

Funktionen an und verlangte energisch die Berücksichtigung seiner Forderungen [276]. Diese Forderungen haben eindeutig kolonialistischen Charakter: administrative Förderung der Siedlung und wirtschaftliche Hilfe, Polemik gegen bescheidene Versuche einer marokkanischen Sozialgesetzgebung [277], Kritik am »weichen« Kurs der Residenten, straffere »Kontrolle« der Caids, Wiedereinführung der Kollektivstrafen u. a. [278]. Im gleichen Sinne verlangte die « L'Afrique Française » 1934 ein Verbot der von jungen Sozialisten in Paris herausgegebenen Zeitschrift « Maghreb » und die Übernahme der gesamten Strafjustiz durch die Protektoratsmacht:

> « Il est clair que notre politique indigène appelle un sérieux redressement. Il faut rétablir l'ordre dans la rue et surtout dans les esprits. Si l'on n'est pas fermement décidé à faire respecter la France et ses représentants, à reprimer sans faiblesse toute atteinte à l'autorité française, il faut renoncer à la politique coloniale et à l'expansion au dehors. » [279]

Die Marokko-Franzosen nahmen energisch gegen den Generalresidenten *Ponsot* Stel-

[276] *M. Flory,* La notion de protectorat et son évolution en Afrique du Nord, in: Revue juridique et politique de l'Union français, 1954, p. 473.

[277] *Colliez* p. 320 Anm., ähnlich für Tunesien: Robert Raynaud, Socialisme et colonies, in: Revue politique et parlamentaire 1925.

[278] Als Beispiel diene: « La Chambre d'Agriculture de Rabat, le 5 novembre 1927; l'Association des Agriculteurs et Eleveurs de Tadla et d'Oued-Zem, le 15 décembre 1927; l'Association des Colons de Sidi-Sliman, le 5 septembre 1928; les Colons du Nord du Maroc, le 29 septembre, ont protesté vigoureusement contre la politique suivie; enfin, l'Union des Associations du Maroc, comprenant 30 groupements adoptait, le 2 novembre 1928, l'ordre du lour suiv: VOEU considérant:
Que depuis plusieurs années il y a une recrudescense marquée de vols et de crimes commis au préjudice des Européens et surtout des indigènes;
Que les causes générales de cette inquiétante situation peuvent être attribuées:
1° A l'influence d'une certaine propagande s'exerçant en milieu arabe;
2° A la surveillance insuffisante des tribus par les caïds et les cheiks;
3° A une mauvaise éducation des chefs indigènes et à une action trop peu affirmée, dans certains cas, des contrôleurs civils;
4° A l'emploi d'une justice inadaptée à la mentalité des délinquants et à l'absence des moyens de répression;
5° A l'institution prématurée, en ce pays, de réformes sociales dont le caractère est mal interprété par les populations primitives du bled et qui sont causes d'abus excessifs;
6° « Enfin, peut-être aussi à l'absence d'une politique indigène rationelle et coordonnée.
Que la multiplicité des vols à main armée ou des crimes ferait vite retomber ce pays dans l'anarchie où il s'est complu durant des siècles.
Qu'un sentiment de révolte latente et de coups de mains est encore fortement ancré dans les moeurs des tribus de l'intérieur et qu'elles doivent être gouvernées en conséquence;
Que la sécurité des biens et des personnes constitue un élément primordial de pacification, de travail et de progrès.
L'Union des Associations Agricoles du Maroc demande instamment que, parmi les moyens à employer pour remédier à cet état des choses, figure le retour à la responsabilité collective des tribus l'extension de la compétence des caïds pour solutionner les délits de pacage, et trancher les différends concernant les contrats de travail, associations agricoles, etc..., le renforcement de l'autorité des Contrôles civils, lesquels devront mieux tenir en mains les chefs indigènes.
Et signale qu'il est indispensable d'arriver « à la pacification complète du Maroc », qu'il y a lieu de prendre des mesures immédiates pour la réorganisation militaire et administrative des régions dites d'insécurité ». Zit. Colliez, p. 318/319.

[279] P. 262.

lung, bildeten ein Koordinierungskommittee und verlangten für den Conseil de Gouvernement legislative Kompetenzen [280].

In unserem Zusammenhang ist von besonderer Wichtigkeit, daß in der Kolonialpublizistik die Konzeption des Protektorats entweder – mit der gleichzeitigen Forderung nach einer Administration directe [281] – offen abgelehnt, oder aber mehr und mehr umgedeutet und ihres Sinnes beraubt wurde. *André Colliez* z. B., der in seinem materialreichen Buch « Notre protectorat marocain 1912–1930 » drei Formen von Protektoraten unterscheidet, zählt Marokko zu den « protectorats d'administration », wo die Schutzmacht

« tient toutes les ficelles, manœuvre toutes les rouages, les gouvernants du pays n'ont plus que l'apparence de l'autorité: tout ce qu'ils font leur est suggéré, imposé parfois, mais c'est eux qui le font. Ils sont seuls à agir. » [282]

Colliez will damit nicht etwa den bestehenden Zustand kritisch analysieren, sondern zustimmend die französische Kolonialpolitik charakterisieren! Gar kein Verständnis für die Intentionen *Lyauteys* bringt der uns schon bekannte Spezialist für Kolonialrecht *Arthur Girault* auf, denn er begrüßt die Umwandlung des Protektorates in ein Kolonialstatut und fügt hinzu: « Qu'importe que plus tard ce protectorat se transforme ou non en annexion? L'essentiel est d'avoir non l'apparence, mais la réalité du pouvoir. » [283] *Doucet* bringt es 1926 in seinen « Commentaires » fertig, *Lyautey* « le maître des maîtres » zu nennen, dann aber sowohl eine intensivere Kolonisation als auch eine Vertretung des Protektorates im französischen Parlament (natürlich hätten nur die Franzosen Wahlrecht) zu fordern [284]. Ein anderes Beispiel: In einer Artikelserie des « Correspondant » wird einmal mehr die Interesselosigkeit der Öffentlichkeit an Empire-Fragen angeprangert und der Erfolg im Rifkrieg gefeiert, aber auch eine zielbewußte Berber-Politik gefordert und eine Französisierung des Marokkaners, um « à faire de lui un vrai Français »; die Klein-Kolonisation werde vernachlässigt, obschon sie allein eine »solide armature« abgeben könne. Als Ziel einer französischen Maghreb-Politik wird postuliert:

« d'assurer à notre race un champ d'expansion qui complète celui de l'Algérie et maintienne dans le monde nos traditions, notre langue et notre culture concurrencées dans les immenses domaines des mondes jaune, anglo-saxon et espagnol. » [285]

Im französischen Verständnis wird also das Protektorat Marokko ausdrücklich oder unausgesprochen Algerien angenähert. Obschon man sich immer wieder auf *Lyautey* beruft, hat man sich geistig von ihm entfernt und versteht auch seine Konzeption nicht mehr. Marokko und Tunesien werden nicht als Staaten, sondern als Kolonien behan-

[280] *René Thomasset,* Les problèmes marocains, in: Revue politique et parlementaire 167/1936. Zur Protesthaltung der Siedler 1934 *Berque,* p. 265 f.

[281] Z. B. XXX Réalités coloniales, 1934, p. 15: « Le Français ... est avant tout et surtout l'homme de l'administration directe. C'est sa voie naturelle, celle qui convient le mieux à son tempérament, à son caractère, à son destin. »

[282] P. 166. Man dürfe das Prestige des Sultans nicht zu sehr fördern, da er sich einmal gegen Frankreich wenden könnte; p. 498.

[283] Principes de colonisation et de législation coloniale I, 1927, 5. ed. p. 431.

[284] P. 50.

[285] *Roger Labonne,* Grandeur et Servitude marocaines, in: Le Correspondant 25. 12. 1928, 10. 1. 1929.

delt, die mindestens potentiell integrale Teile der Plus grande France sind und dementsprechend verwaltet werden müssen. Man gibt nicht nur offen zu, daß die marokkanischen Institutionen und Autoritäten nur noch Fassade sind, sondern ist oft geradezu stolz darauf, das Statut des Protektorats so geschickt den eigenen Zielen dienstbar gemacht und den Fiktionen zum Trotz eine weitgehende Administration directe aufgebaut zu haben. Man geht allerdings nicht so weit, die Annexion und Integration zu fordern, und läßt die Frage nach der Zukunft offen. Kein Wort mehr, daß das Protektoratsverhältnis eines Tages zu Ende gehen könnte – Frankreich ist in Marokko und wird in Marokko bleiben!

Die nationale Bewegung Marokkos, die im Dahir berbère von 1930 [286] einen geeigneten Ansatzpunkt für ihren Protest und ihre Forderungen fand und teils in der Notabelnschicht, teils in der Intelligenz der jüngeren Generation ihren Rückhalt hatte, wurde entweder nicht ernst genommen oder repressiv bekämpft. Das Comité d'action marocaine agitierte zunächst für eine »Rückkehr zum Protektorat«, forderte also noch nicht die Unabhängigkeit, sondern den Abbau der Administration directe, die Einsetzung marokkanischer Minister an Stelle der französischen Direktoren, einen gewählten Nationalrat, eine marokkanische Universität und wirtschaftlich-soziale Reformen. Der « Plan de réformes » von 1934 fand jedoch beim Generalresidenten *Ponsot* ein « nonrecevoir » [287]. Die Forderungen der Nationalisten mochten damals kaum realisierbar sein, hätten aber mindestens eine Verhandlungsbasis abgeben können. Frankreich ging jedoch nicht darauf ein, war zu keinem « Kompromiß » bereit und verteidigte den Status quo. Eine Entpolitisierung war auch hier die Folge, indem die marokkanische Elite weder in der Verwaltung des eigenen Landes Verwendung fand, noch eine Repräsentativkörperschaft erhielt, womit sie hätte politisch wirksam werden und ihre Forderungen zur Geltung bringen können.

Berque [288] hat mit Recht die in Algerien von *Ferhat Abbas* geführte Kampagne für eine Naturalisation im Statut mit dem marokkanischen Ruf nach einer Rückkehr zum Protektorat in Parallele gesetzt; entsprechend der völlig andersartigen staatsrechtlichen Situation wurden entgegengesetzte Forderungen vorgebracht, doch handelte es sich in beiden Fällen um eine Emanzipation der muselmanischen Elite und deren Forderung nach Gleichberechtigung und Freiheit. Man könnte hinzufügen, daß Frankreich aufgefordert wurde, die seit langem proklamierte und glorifizierte Politik auch wirklich voranzutreiben und die in ihr enthaltenen Implikationen zu akzeptieren: in Algerien rechtliche und politische Gleichheit – im Zeichen von Integration und Assimilation –, in Marokko hingegen ein echtes Protektorat, d. h. innere Autonomie unter maßgeblicher Beteiligung der Marokkaner an Regierung und Verwaltung. Frankreich ist jedoch in beiden Fällen vor den inneren Konsequenzen seiner eigenen Proklamationen zurückgeschreckt. So wie in Algerien die assimilatorischen Reformen scheiterten, so wurde in Marokko keinerlei Rückkehr zum Protektorat angebahnt. Wohl finden sich in der

[286] Darüber u. a. *Landau*, p. 142 f.

[287] *Ch. A. Julien*, L'Afrique du Nord en marche, 1952 p. 151 f. *R. Le Tourneau*, Evolution politique de l'Afrique du Nord Musulmane 1920–1961, 1962, p. 189 f. Der alte *Lyautey* hingegen hat anläßlich eines Bankettes eingeräumt: « Je dois le dire: il y a dans le plan de réformes marocaines quelque chose de justifié. » Catroux, Lyautey, p. 299.

[288] P. 83.

Publizistik der 30er Jahre einige kritische Aufsätze über die französische Marokko- und Tunesienpolitik [289], aber nicht einmal die Volksfrontregierung vermochte einen Kurswechsel herbeizuführen; General *Nogués* bemühte sich um einige liberale Maßnahmen und kam auch mit dem Sultan wieder ins Gespräch, sah sich aber dann zu repressivem Vorgehen und zur Verhaftung nationalistischer Führer gezwungen. Jedenfalls blieb die autoritäre Herrschaftsstruktur mit dem Protektorat als Fassade bis zu Kriegsbeginn bestehen.

Frankreich war stolz auf Marschall *Lyautey* und seine prokonsularischen Leistungen in Marokko. Man glorifizierte sein Werk, das mehr als Algerien und Indochina eine « réalisation française » zu sein schien, in der man Frankreichs Anspruch als Kolonialmacht dokumentiert und legitimiert sah. Man war stolz auf die Konzeption des Marschalls, die der kritischen Auseinandersetzung mit der Assimilation entsprach, die »zeitgemäßer« schien und großzügiger die Traditionen und den muselmanischen Charakter des Landes zu erhalten und zu erneuern versprach. Gleichzeitig jedoch konnte nicht verhindert werden, daß das Protektorat immer mehr zu einer bloßen Fassade wurde und die Kolonialmacht weitgehend direkt regierte. Dies lag z. T. in der Natur der Sache begründet, insofern als Frankreich nicht mit einer Politik des Gewährenlassens – wie etwa Großbritannien in den indischen und malayischen Fürstenstaaten – sich begnügte, sondern eine Mise en valeur anstrebte und z. T. auch leistete, die mit einer nur langsamen Modernisierung und Erneuerung der »mittelalterlichen« Sozial- und Verwaltungsstruktur schwer in Einklang zu bringen war und den Einsatz eines französischen Beamtenapparates erforderte. Frankreich konnte zudem seine zentralistische und bürokratische Tradition nicht verleugnen, bewußt oder unbewußt übertrug es algerische Verwaltungsmethoden auf die Protektorate und betrieb schließlich eine Kolonisation, die mit einem System »indirekter Herrschaft« kaum vereinbar war [290]. Marokko und Tunesien wurden einer Plus grande France zugeordnet – nicht institutionell, aber im französischen Selbstverständnis –, was eine Aufhebung des Protektoratsvertrages und eine eventuelle Unabhängigkeit von Marokko und Tunesien wenn nicht ausschloß, so doch als « abandon » erscheinen ließ, den Frankreich mit allen Mitteln zu verhindern entschlossen war. Das Protektorat hat in der Kolonialdiskussion der Zwischenkriegszeit keine Zukunftsperspektive, und es war nur symptomatisch, daß selbst jene Autoren, die konkrete Fragen kritisch beurteilten, und mancherlei Reformen befürworteten, sich nicht über die Zukunft und das Endziel einer französischen Politik äußerten. Self-government oder Unabhängigkeit, die an sich der Protektoratskonzeption entsprochen hätten – und wenn auch nur als

[289] Z. B. *Thomasset* a.a.O., der die Politik der »grands caids«, die Vernachlässigung des Erziehungswesens kritisierte und eine bessere Berücksichtigung der geschulten Elite in der Verwaltung forderte. Ähnlich auch XXX, Les progrès du Nationalisme marocain en milieu berbère, in: Revue politique et parlementaire 176/1938. *Robert Montagne*, Comment organiser politiquement l'Empire français, in: Politique étrangère 3/1938, p. 176 f. Für Tunesien z. B. *Frédéric de Richement*, L'avenir de la Tunisie, in: Revue politique et parlementaire 173/1937; ders. l'Islam et la nationalité française 173/1937.

[290] Wir haben gesehen, daß eine verstärkte Kolonisation allenthalben gefordert wurde. Selbst *F. Charles-Roux*, der *Lyautey* kannte und dessen Ruhm feierte, konnte schreiben: « Le champ qui s'y ouvre à la colonisation française est vaste. » Le maréchal *Lyautey* et le Maroc français, in: Revue politique et parlementaire 123/1925, p. 407.

Endziel in einer fernen Zukunft –, kamen nicht in Frage und waren tabu; man konnte von Assoziation oder Kollaboration sprechen, war aber nicht imstande, diese Begriffe näher zu konkretisieren. Erst nach dem zweiten Weltkrieg hat man versucht, die »Association« institutionell zu verankern, nämlich in der Form von innerlich autonomen Staaten, deren Außenpolitik und Verteidigung von den Instanzen der Union française gehandhabt wurden. Die Assoziierungsverträge kamen aber nicht zustande, da Marokko und Tunesien nun die Unabhängigkeit oder wenigstens die Anerkennung eines Rechtes auf Unabhängigkeit forderten, die Frankreich nicht zugestehen wollte. Bis zuletzt hat man versucht, an den Protektoratsverträgen nicht zu rütteln und institutionelle Bindungen aufrechtzuerhalten. Die schließliche Dekolonisation erfolgte nicht mit einer Überprüfung und Annullierung früherer Verträge, wie sie an sich der Konzeption des Protektorates entsprochen hätte und von Großbritannien bereits in der Zwischenkriegszeit eingeleitet worden war, sondern auf »Umwegen« – wir werden sehen, daß neue Begriffe wie Co-Souveränität und Interdépendence auftauchten –, jedoch mit keinem anderen Ergebnis als dem, das *Lyautey* bereits 1920 vorausgesehen hat.

Kolonialpolitik im Zweiten Weltkrieg

Nach der Niederlage 1940 mußten sich die Kolonien für oder gegen General *de Gaulle* entscheiden. Wenngleich dieser zunächst noch die Absicht gehabt zu haben scheint, sich einem *Noguès* in Marokko oder *Puaux* in Syrien zu unterstellen [291], richtete er doch am 27. Juni an Gouverneure und Militärs des Empire die Aufforderung « de faire partie du Conseil de défense de la France d'outre-mer qui a pour but d'organiser et de relier tous les éléments de résistance français dans l'Empire et en Angleterre » [292]. Im Kolonialreich also sollte sich das Freie Frankreich organisieren und den Widerstand fortsetzen – gemäß der These vom 18. Juni: « Cette guerre n'est pas tranchée par la bataille de France: cette guerre est une guerre mondiale. » Im Bewußtsein General *de Gaulles* und seiner Mitarbeiter gewannen die Kolonien, die vorher doch nur Anhängsel des Mutterlandes gewesen waren, eine neue Bedeutung, indem sie dem Freien Frankreich eine erste territoriale Basis verschafften, von welcher aus die Metropole zurückerobert wurde.

Die Aufforderung vom 27. Juni fand wenig Gehör. General *Catroux*, der Generalgouverneur von Indochina, wäre bereit gewesen, sich *de Gaulle* anzuschließen, war aber bereits am 25. Juni durch Admiral *Decoux* ersetzt worden; *Puaux* in Syrien, *Peyrouton* in Tunesien und *Noguès* in Marokko entschieden sich, nach einigem Zögern, für Vichy. Die Befürchtung, bei einem Anschluß an London einem Angriff deutscher und

[291] Telegramme vom 19. und 24. Juni an *Noguès:* « Tous ici vous considèrent comme devant être le grand chef de la résistance français. « *G. Vaucel,* Documents: La France d'outre-mer dans la guerre 1948, p. 135. Am 25. Juni an *Puaux* und *Mittelhauser:* « Je suis moi-même à vos ordres. « *Jaques Soustelle,* Envers et contre Tous, 1947, I. p. 56.

[292] *de Gaulle,* Mémoires de guerre, Vol. I Appel 1940–1942, 1954, p. 274.

italienischer Streitkräfte mehr oder weniger schutzlos ausgesetzt zu sein, spielte dabei ebenso eine Rolle wie die konservative politische Grundhaltung der hohen Militärs und Kolonialadministratoren, die traditionelle Anglophobie, die durch den Flottenangriff auf Mers-el-Kébir neue Nahrung erhielt oder die Tatsache, daß Marschall *Pétain*, der Sieger von Verdun, nun Staatsoberhaupt Frankreichs war. In Schwarzafrika schlossen sich *Cayla* in Madagaskar und *Boisson*, der Generalgouverneur der AEF, der zum Hochkommissar für ganz Afrika südlich der Sahara, mit Sitz in Dakar, ernannt wurde, Vichy an. *Boisson*, der zunächst gezögert hatte, gab am 4. Juli den Befehl, sich an den Waffenstillstand zu halten, und verbot jeden Versuch, « de constituer sur territoire représentation organisme illégal », also eine Verbindung mit dem Freien Frankreich aufzunehmen [293]. General *de Gaulle* gelang es hingegen, mittels einer Sondermission *Plevens* und *Larminats*, von Lagos aus Kamerun und Äquatorialafrika zu gewinnen. Dabei hat der schwarze, aus Guyana stammende Gouverneur des Tschad, *Eboué*, der von *Georges Mandel* im November 1938 von Guadeloupe nach Afrika versetzt worden war, eine rühmliche Rolle gespielt, da er sich früh für *de Gaulle* entschied und es damit dem Freien Frankreich erleichterte, in Afrika Fuß zu fassen. Er ist bald darauf zum Generalgouverneur ernannt worden und wurde in der Folgezeit – sicher mit viel Berechtigung – als Repräsentant einer erfolgreichen Assimilationspolitik Frankreichs gefeiert [294].

Wir schildern nicht die Ereignisse der »Rückeroberung« des Kolonialreiches. Die erste Aktion, der Versuch, mit einer britischen Flottenaktion gegen Dakar die AOF zu gewinnen, ist allerdings gescheitert, da *Boisson* Widerstand leistete und Dakar halten konnte. Im Juni 1941 jedoch erfolgte die Besetzung Syriens und des Libanons durch britische und französische Streitkräfte; General *Catroux* übernahm die Verwaltung im Namen des Freien Frankreich. Großbritannien schritt im Mai 1942 zur Aktion gegen Madagaskar, und im November erfolgte die alliierte Landung in Nordafrika. Indochina hingegen blieb bis 1945 unter japanischer Kontrolle.

Das Freie Frankreich sah sich also nach der Niederlage auf seine überseeischen Besitzungen verwiesen, fand dort einige Unterstützung und hoffte, mit Hilfe des Empire seinen Anspruch als Großmacht zur Geltung bringen zu können. Gleichzeitig erhielten jedoch die nationalen Bestrebungen in den Kolonien Auftrieb: Die Herrschaftsmacht war klanglos zusammengebrochen, und ihre Autorität war entsprechend geschwächt; die Wiedereroberung erfolgte vor allem durch amerikanische und britische Streitkräfte, und die Situation schien günstig, um nationale Forderungen anzumelden oder vielleicht sogar mit Gewalt durchzusetzen. Nach der Landung in Nordafrika stritten sich die Franzosen erst noch unter sich. Die intensive Propaganda von Kriegsgegnern und Alliierten verfehlte ihre Wirkung nicht: Während italienische, deutsche und spanische Radiostationen Nordafrika bearbeitet hatten, war in Indochina Japan als asiatische Gegenmacht zur europäischen Herrschaft aufgetreten; in der Levante und in Madagaskar agierten die Engländer, in Nordafrika dann vor allem die Amerikaner. Die wirtschaftlichen Schwierigkeiten traten hinzu und erleichterten den nationalistischen Organisationen, eine Massenbasis zu gewinnen: die Metropole fiel als Abnehmer und Liefe-

[293] *Soustelle*, p. 100.

[294] Vgl. darüber u. a. *de Gaulle*, p. 90 f. *Edgar de Larminat*, Chroniques irrévérencieuses, 1962, p. 121 f. *Jean de la Roche*, Le Gouverneur général Félix Eboué 1884–1944, 1957.

rant weitgehend aus, es kam zu Absatzproblemen einerseits, Preiserhöhungen und Schwarzem Markt andererseits. In den Gebieten, die London unterstellt waren, konnte zwar der Absatz der Kolonialprodukte sichergestellt werden, aber nur mit Preissenkungen – die französischen Preise der Vorkriegszeit hatten über dem Weltmarktniveau gelegen –, die den kolonialen Produzenten trafen. Eine forcierte Erzeugung, z. T. mit Zwangsmaßnahmen, und ein Mangel an Importwaren schufen zusätzliche Probleme [295]. Die nationalen Bewegungen haben die Situation auszunützen versucht und ihre Forderungen gesteigert und konkretisiert. An Stelle assimilatorischer Reformen – Erleichterung der Naturalisierung, Pressefreiheit, Wahlrecht, gleiche Sozialgesetze – und einer besseren Vertretung von Eingeborenen in der Verwaltung und den Repräsentativkörperschaften trat nun allenthalben die klare Forderung nach Unabhängigkeit, nicht nur in Syrien und Indochina, sondern auch in den nordafrikanischen Protektoraten und selbst in Algerien. Das algerische Manifest von *Ferhat Abbas* (Febr. 1943) kann dafür als repräsentativ gelten.

War das Freie Frankreich General *de Gaulles* bereit, auf diese weitgehende Forderungen einzugehen? Wie sollte die Nachkriegspolitik aussehen?

Zunächst einige Bemerkungen zur Kolonialpolitik Vichys. Sie steht noch heute im Zwielicht der großen innerfranzösischen Auseinandersetzung und hat noch keine objektive Darstellung gefunden. Es ist allzu einfach, die Verwaltung Vichys als eine Politik der rücksichtslosen Ausbeutung der eingeborenen Arbeitskräfte und der rassischen Diskriminierung zu charakterisieren, der gegenüber die Politik des Freien Frankreich als großzügige Reformpolitik abgehoben wird. Daß jedoch eher konservative Tendenzen, die das System Vichys als ganzes kennzeichnen, dominierten und daß kein eigentlicher Neuansatz erfolgte, wird man kaum bestreiten können. Vichy stand aber unter dem Druck der alliierten Propaganda, verfügte über nur geringe Machtmittel und mußte daher Konzessionen machen. So hat General *Dentz* den Nationalisten Syriens, die Streiks und Demonstrationen veranstalteten, im April 1941 die Unabhängigkeit nach dem Kriege versprochen und ein Kabinett mit einem Premierminister und Konsultativversammlungen gewährt. In Indochina hat der vielgeschmähte Admiral *Decoux* geschickt operiert und die französische Autorität wenigstens einigermaßen aufrechtzuerhalten verstanden, obschon japanische Truppen im Land standen und die japanische Botschaft und die Geheimpolizei Verbindung mit den Nationalisten aufnahmen und gegen Frankreich agierten: *Decoux* hat die Nationalisten einerseits überwacht und verfolgt, andererseits aber auch einen »lokalen Patriotismus« gefördert, das Prestige des Kaisers *Bao-Dai* zu heben versucht und mehr als bisher Annamiten in die Verwaltung aufgenommen [296]. In Algerien hingegen gab die Verwaltung dem traditionellen Antisemitismus der Siedler nach und hob das Loi Creminaux von 1870, das die algerischen Juden nationalisierte, auf; die nationalistische Opposition wurde unterdrückt und »wartete ab«. In Schwarzafrika kam eine rassische Diskriminierung ebenfalls stärker als bisher zum Zuge, sowohl in der Gerichtspraxis als auch in der Auflösung

[295] *Michel Devèze*, La France d'outre-mer, 1948, p. 170 f.

[296] *Paul Isoart*, Le phénomène national vietnamien, 1961, p. 310. Admiral *Decoux*, A la barre d'Indochine, 1949.

des Conseil Colonial und der gewählten Stadträte der Vier Gemeinden [297]. Andererseits hat Hochkommissar *Boisson* im August 1941 Verwaltungsdirektiven ausgegeben, die an ähnliche Verlautbarungen der Zwischenkriegszeit anknüpften und mit denjenigen Eboués durchaus verglichen werden können [298].

Die publizistischen Äußerungen sind nicht eben zahlreich. Einer Schrift « L'Empire français de demain » aus dem Jahre 1943 gab Marschall Pétain einen Brief als Vorwort bei [299]. Antisemitismus, Polemik gegen die Ausländer in den Kolonien und gegen die Volksfrontregierung bestimmen dabei den Tenor [300]. Die Assimilation wird natürlich abgelehnt, da sie entweder die Franzosen der Metropole in die Minderheit versetze oder aber ein Nichteinhalten der Versprechen zur Folge habe; « Citoyen français » könne nur ein Franzose, nicht aber ein Afrikaner oder Asiate sein. Ein Bürgerrecht des Empire wird erwogen, das individuell an die loyale Elite vergeben werden könne, die zudem vermehrt in « organismes mixtes » der einzelnen Kolonien vertreten sein soll. Der Verfasser konzentriert sich, im Sinne von *Guernier*, auf Afrika, das dazu bestimmt sei, « à devenir le premier champ d'exploitation et d'expansion de l'Europe » [301].

Mehr Beachtung verdient *René Maunier*, Mitglied der Kolonialakademie und des Internationalen Kolonialinstitutes, der im gleichen Jahr ein Buch « L'Empire français, propos et projets » veröffentlichte [302]. Er erwähnt zwar den Emanzipationswillen der Kolonialvölker, tut ihn aber mit den Worten: « un rève... pour demain » als unaktuell ab [303]; es geht ihm nicht darum, diesen Bestrebungen durch Konzessionen und Reformen entgegenzukommen oder zu kanalisieren. Sein Begriff des « Empire » meint die erweiterte französische Nation, einen französischen Staat mit 100 Millionen Einwohnern, « citoyens ou sujets, mais tous Français de droit », – womit mit einer hohlen Formel die alte Streitfrage der Naturalisation und die Problematik der Differenz zwischen Citoyen und Sujet beiseite geschoben wird [304]. *Maunier* bezeichnet das Empire auch als « une communauté, un organisme collectif, être vivant », das als Faktum also bereits vorhanden sei und nun rechtlich fixiert werden soll; es sei not-

[297] *J. Richard-Molard,* Afrique occidentale française 1952. *Philip Neres,* French speaking West Africa, 1962, p. 23. *Jean Suret-Canale,* Afrique noire, vol. II, 1900–1945, 1964.

[298] Trois directives de colonisation africaine. Hier heißt es z. B. « Coloniser, c'est essentiellement faire avancer les sociétés indigènes dans les voies que nous avons choisies pour elles... Ce sont à la fois les élites et les masses qui doivent nous suivre. » Im übrigen stehen Maßnahmen im Bereich der Ernährung, des Wohnungsbaues, der Ausbildung, der Agrarpolitik und Industrialisierung im Vordergrund. *Deschamps,* Méthodes et doctrines, p. 177 f. Der Originaltext war uns nicht zugänglich.

[299] *Jean Paillard,* L'Empire français de demain, 1943.

[300] Die antisemitische, antidemokratische und antibritische Haltung des Verfassers ist sichtbar bereits in zwei früheren Schriften des Verfassers: La fin des Français en Afrique noire, 1936 (gemeint ist die Einwanderung der Syrier und Libanesen) und Faut-il faire de l'Algérie un Dominion? 1938.

[301] P. 153.

[302] *Maunier* hat sich zudem mit z. T. wörtlich identischen Formulierungen geäußert im Sammelband »L'Empire et ses ressources« ed. Centre d'information interprofessionnel, 1942. Die Schrift von 1943 hat somit wenn nicht offiziellen, so doch repräsentativen Charakter.

[303] L'Empire et ses ressources, p. 17.

[304] P. 5. « Les colonies sont dépendances, intégrées à l'état qui font partie du territoire national. » P. 16.

wendig « déclarer l'unité de l'empire français en proclament ouvertement et solennellement, dans la Constitution, que le territoire national, et que, dès lors, l'Etat français, c'est l'empire français, les protectorats mis à part » [305]. Der Etat civil, Zollpolitik, Bergbau und Bodenrecht sollen vereinheitlicht werden, und zwar im Sinne einer « francisation ». Es handle sich dabei aber nicht um Assimilation, und es sei lächerlich, « déformations caricaturales » französischer Verhältnisse zu schaffen und Wahlen nach französischem Muster durchzuführen. *Maunier* nimmt gewisse Reformen, u. a. eine Lockerung des Indigénats, in Aussicht und will auch eine Naturalisation ermöglichen, aber nur unter der Bedingung « qu'ils sachent donc bien qu'être des Français, c'est vivre en Français, adopter nos mœurs et suivre nos lois ». An Stelle der Domination werde sich so eine Assoziation ergeben, der die Eingeborenen ihre Zustimmung geben würden, « en y prenant goût et les acceptant délibérement ». Wie bei *Paillard* zeichnet sich auch bei *Maunier* eine « vision d'une Eurafrique » ab, eine mehr oder weniger autarke Großraumwirtschaft; Hinweise auf Dr. *Wagemann*, Dr. *Funk* und Dr. *Ley* fehlen nicht [306]!

Paillard und *Maunier* nahmen also Thesen der konservativ-kolonialistischen Publizistik der Zwischenkriegszeit auf und führten sie weiter. Der postulierten Integration der Kolonien entsprach keine Assimilation der Eingeborenen im politischen Bereich, sie kam somit in erster Linie den Kolonialfranzosen zugute und sollte die wirtschaftliche Ausbeutung Afrikas im Interesse des Mutterlandes erleichtern. Liberale Reformen waren nicht ins Auge gefaßt und der herrschaftliche Gesichtspunkt Vichys kam deutlich zum Ausdruck. Neu war höchstens, daß die Integration der Kolonien auch in der Verfassung ihren Niederschlag finden sollte. Dieser Forderung kam ein Verfassungsentwurf Vichys entgegen, der jedoch im wesentlichen nur die bestehende Situation »legalisierte« [307].

Während es Vichy gelang, die französischen Kolonien dem Zugriff der Achsenmächte weitgehend zu entziehen und die Kontinuität der Herrschaft wenigstens äußerlich zu wahren, wurde Brazzaville zur Hauptstadt des Freien Frankreich. Hier hat *de Gaulle*

[305] Propos et projets, p. 59.

[306] P. 139. Im Text ist zwar von einem Dr. Funke die Rede, doch ist wohl der NS-Wirtschaftsminister Walter Funk gemeint.

[307] Titre VI. Die Regierung des Empire,
Art. 41
1. Die überseeischen Territorien, über die der franz. Staat in den verschiedenen Formen seine Souveränität ausübt oder seinen Schutz erstreckt, bilden das Empire.
2. Im Empire übt die Regierung ihre Autorität durch die Vermittlung hoher Beamter aus, die für die innere und äußere Sicherheit der von ihnen verwalteten oder kontrollierten Gebiete verantwortlich sind.
3. Das Empire wird durch besondere Gesetzgebung regiert.

Art. 42
1. Beim Präsidenten der Republik wird ein Conseil d'Empire errichtet, der berufen ist, Empfehlungen in den das franz. Überseegebiet betreffenden Fragen auszusprechen.
2. In den Teilen des Empire, wo die gesellschaftliche Entwicklung und die Sicherheit es gestatten, steht dem Repräsentanten des Staatsoberhauptes ein Konsultativrat zur Seite.
3. Durch Gesetz werden die Bedingungen festgelegt, unter denen sich die traditionelle Mitwirkung gewisser Kolonien an der nationalen Repräsentation vollzieht.

Zit. *Anspenger*, Anhang S. 453–454.

am 27. Oktober 1940 persönlich die Bildung eines « Conseil de Défense de l'Empire » verkündet. Da Vichy mit dem Feind kollaboriere, sei er die rechtmäßige Regierung Frankreichs in Übersee und werde mit den fremden Mächten über diesbezügliche Fragen verhandeln. Zu Mitgliedern des Rates wurden u. a. *Catroux, Muselier, Larminat, Eboué, d'Argenlieu* und *Leclerc* ernannt. Für die Kolonien schuf de Gaulle ein Hochkommissariat, das er zunächst *Leclerc,* dann *Larminat* anvertraute. Dem neuen Generalgouverneur der AEF, *Eboué,* kam die Aufgabe zu, Direktiven für die Verwaltung auszugeben und damit die Basis für eine Kolonialdoktrin des Freien Frankreich zu schaffen. Er hat im November 1941 eine Konferenz von fünfzig Gouverneuren, Administratoren, Missionaren und Fachleuten einberufen und ihnen seinen Rapport über « La nouvelle politique indigène pour l'Afrique équatoriale française » vorgelegt, der nach dreitägiger Debatte im wesentlichen angenommen wurde und als Zirkular an die Kolonialverwaltung ging [308]. Es ist zu beachten, daß Unruhen unter den Evolués, die volles Bürgerrecht verlangten und ihre Steuern nicht mehr bezahlten, mindestens den Anlaß zu dieser Konferenz und zu dieser auch für die Folgezeit wichtigen Verlautbarung *Eboués* Anlaß gegeben haben [309]. Es entsprach dem mindestens verbalen Reformwillen des Freien Frankreich, wenn *Eboué* in seiner Eröffnungsansprache den Begriff der « révolution » verwendete, um sich gegenüber bisherigen Fehlern, Routine und Vorurteilen, zu distanzieren. Die AEF kämpfe um ihre Existenz: es fehle an geschultem Personal und am notwendigen Material, die eingeborene Bevölkerung befinde sich in einer krisenhaften Situation; die Einwohnerzahl nehme in gewissen Gebieten sogar ab, z. T. als Folge der Wirtschaftspolitik und der Wanderungsbewegungen, z. T. aber auch, weil die afrikanische Gesellschaft ihre traditionellen Kader verloren habe und auseinanderbreche: « c'est une masse qui se désagrège et se disperse! » Die Mise en valeur sei aber nicht möglich ohne eine starke und gesunde Bevölkerung; im Notfalle müsse man sogar die Einwanderung fremdrassiger Arbeitskräfte in Betracht ziehen! *Eboué* nahm scharf gegen die Assimilation und die Administration directe Stellung:

> « Faire ou refaire une société, sinon à notre image, du moins selon nos habitudes mentales, c'est aller à un échec certain. L' indigène a un comportement, des lois, une patrie (!) qui ne sont pas les nôtres. Nous ne ferons son bonheur, ni selon les principes de la Révolution Française, ni en substituant nos fonctionnaires à ses chefs, car nos fonctionnaires penseront pour lui, mais non en lui. » [310]

Die traditionelle afrikanische Gesellschaft mit den ihr eigenen Institutionen halte und forme den Eingeborenen; Land und Stamm seien dessen « patrie », ohne das er nicht gedeihen und sich entwickeln könne. Afrikanisches Gewohnheitsrecht müsse so weit als irgend möglich zur Anwendung gelangen, und auch in zivilrechtlichen Angelegenheiten sollten die Eingeborenen selbst entscheiden: « Ils le feront beaucoup mieux que nous.» *Eboué* wandte sich, auf der Basis seiner Erfahrungen in Oubangi, gegen die Thesen, daß die afrikanischen Rechtsgepflogenheiten, Mißstände u. a. ein energisches Eingreifen der Kolonialmacht notwendig machten; diese Mißstände seien nicht so gravierend, und auch Gegenkräfte seien wirksam. Also: « Nous resterons des législateurs extrême-

[308] Ich verwende die Ausgabe von Rufisque 1948.
[309] *de la Roche,* p. 137.
[310] P. 7.

ment discrets... l'Afrique doit garder, en le perfectionnant, un droit africain.» [311] Noch immer würden Häuptlinge ein- und abgesetzt, obschon an sich eine Auswahl gar nicht bestehe, denn « le chef préexiste »! Die traditionellen Autoritäten dürften nicht als Beamte behandelt werden, sondern als eine Aristokratie, der Respekt gebühre; « je condamne donc toute tendance à uniformer les chefs. »

Eboués Ausführungen und Anweisungen waren von bestechender Prägnanz, aber nicht eigentlich originell; sie lagen nicht nur in einer Linie, die von *Vollenhoven* zu *Boisson* führte, sondern zeigten auch den Einfluß der britischen Indirect Rule. *Eboué* wollte den Häuptlingen jedoch keine eigenen Kassen geben und ging weniger von den Stämmen und staatlichen Gebilden aus als vom einzelnen Afrikaner, der innerhalb seiner eigenen Gesellschaft gefördert werden sollte. Die Thesen hatten zudem einen deutlich konservativen Akzent und kontrastierten eigenartig mit der gleichzeitigen britischen Diskussion: *Eboué* verteidigte eine Verwaltung mit Hilfe der Häuptlinge und Notabeln, ja er propagierte sie sogar als « revolutionären » Neuansatz, in einem Moment, da Großbritannien sich von der Indirect Rule abwandte und sich mehr als bisher auf die Evolués zu stützen beabsichtigte [312]. Eboué wußte allerdings, daß mit den traditionellen Autoritäten allein nicht mehr auszukommen war und daß vor allem in den Städten eine Schicht von Eingeborenen heranwuchs, die außerhalb der Stammesordnungen stand und von der Kolonialmacht besonders stark geprägt war; er wandte sich dabei gegen die Europäer, die den Evolués mißtrauten, anstatt sie zu akzeptieren und zur Eigenverantwortung zu erziehen. Er wollte die Alternative Citoyen-Sujet überwinden und den Eingeborenen primär auf die Angelegenheiten seines eigenen Landes verweisen:

> « Au lieu des conceptions vagues et mal adaptées qui paraissent associer certains indigènes au Gouvernement de toute la France ou de tout l'Empire, nous nous attacherons sans démagogie, et avec la certitude de bien faire, à les transformer d'abord en excellents citoyens de leur propre pays. » [313]

Diesem Ziel sollte ein « statut politique des évolués » dienen, womit die Verwaltung der Städte, die außerhalb des Eingeborenenrechts standen, Afrikanern übertragen werden könne; hier waren offenbar belgische Vorbilder aus dem angrenzenden Kongo wirksam.

Eboué hat seine Thesen in die Realität umzusetzen versucht und neben der Errichtung von Schulen und eines Arbeitsamtes sowohl den neuen Rechtsstatus des « Notable évolué » (29. Juli 1942) geschaffen als auch die ersten « communes indigènes » errichtet [314]. Die politische Zukunftsfrage stellte *Eboué* hingegen nicht, doch war dies allerdings auch nicht Sache des Gouverneurs. Die Naturalisation als Erwerb des vollen Bürger- und Wahlrechts zum französischen Parlament war für ihn – obschon selbst ein Produkt eben dieser Assimilation – nicht dringlich, denn wichtiger erschien ihm eine zivi-

[311] P. 27.

[312] Man beachte auch folgende Stelle: « Au lieu de laisser se former à notre contact une foule de prolétaires plus ou moins mal vêtus, parlant plus ou moins le français, nous ferons le bien en créant une élite, et d'abord l'élite des chefs et des notables. » P. 11. Dies entsprach etwa der britischen Haltung von 1920!

[313] P. 17.

[314] *Devèze*, p. 180. *Suret-Canale*, p. 586.

lisatorische und dann auch politische Emanzipation am Ort. Dazu gehörte auch ein rapider Ausbau des Schulwesens. Eboué dachte offenbar an autonome afrikanische Territorien innerhalb eines größeren französischen Ganzen, ohne sich darüber näher zu äußern. Dennoch hat das Zirkular des schwarzen Generalgouverneurs seine Wirkung nicht verfehlt und die Vorbereitungen des Freien Frankreich für die Verfassung der Union Française von 1946 mitbeeinflußt.

Mit der Invasion in Nordafrika im November 1942 und mit der Bildung des « Comité National Français de la Libération Nationale » in Alger am 3. Juni 1943 schien es möglich, ja sogar notwendig zu sein, die Richtlinien der Kolonialpolitik der Nachkriegszeit auszuarbeiten. Die Evolués waren in Bewegung geraten und meldeten ihre Forderungen an, während gleichzeitig die Vereinigten Staaten eine Internationalisierung der Kolonien befürworteten und ihren Anti-Kolonialismus mit besonderer Vehemenz gegen Frankreich richteten. Das Freie Frankreich mußte in dieser recht kritischen Situation versuchen, die integrale Einheit des « Empire » zu demonstrieren, sich als überseeische Großmacht auszugeben und gleichzeitig, mit der Ankündigung von Reformen, polemischen Angriffen und Eingriffen fremder Mächte entegegenzutreten [315]. General de Gaulle hat die Notwendigkeit von Reformen erkannt und veranlaßt, daß der Kommissar für die Kolonien, *René Pleven* im Herbst 1943 eine Expertenkommission einsetzte und der Überseeausschuß der Konsultativversammlung den Sozialisten *P. O. Lapie* aufforderte, einen Bericht vorzulegen; die Versammlung hat diesen am 13. Januar 1944 kurz beraten und angenommen [316]. *Lapie* war zuvor Gouverneur im Tschad gewesen und hatte *Eboués* Direktiven in seinen Verwaltungsinstruktionen zur Geltung gebracht; *de Gaulle* hat diese gelesen und soll von den Föderationsplänen *Lapies* beeindruckt gewesen sein [317].

Zwei Wochen später trat in Brazzaville die zweite Kolonialkonferenz zusammen (30. Januar – 8. Februar 1944), an der unter dem Vorsitz *Plevens* 18 Gouverneure, technische Spezialisten, Berater aus Tunesien und Marokko und Abgeordnete des « Parlamentes » teilnahmen. General *de Gaulle* unterstrich den repräsentativen Charakter der Konferenz, indem er mit einer « solennité voulue » [318] in mehreren Etappen über Dakar nach Brazzaville flog und dort die Tagung eröffnete. Er sprach von den « immenses événements qui boulversent le monde », erinnerte an die Mission civilisatrice Frankreichs und betonte die Notwendigkeit, « d'établir sur des bases nouvelles les conditions de la mise en valeur de notre Afrique », und die Pflicht der « puissance impériale », ihre Beziehungen zu Übersee neu zu regeln. Die Eingeborenen sollen an der Verwaltung der Territorien teilnehmen, die ihrerseits « s'intègrent dans la communauté française » [319]. *De Gaulle* brachte damit nicht nur den Begriff der Communauté

[315] *Pleven* sagt denn auch in seiner Eröffnungsansprache in Brazzaville deutlich, die Konferenz müsse vor allem dokumentieren « l'affirmation de notre foi en la mission de la France en Afrique... l'affirmation de notre volonté de prendre nous-mêmes, et surtout sans les partager avec aucune institution anonyme, les immenses mais exaltantes responsabilités qui sont nôtres, vis-à-vis des races qui vivent sous notre drapeau ». Conférence africaine française, ed. Ministère des Colonies 1945, p. 21.

[316] J. O. Ass. consult. Alger 13. 1. 1944, p. 13 f.

[317] Aus einem Gespräch mit *P. O. Lapie*. Zu den Plänen vgl. unten S. 431.

[318] Mémoires II, p. 184.

[319] Text der Ansprache in den Mémoires II, 555 f.

ins Spiel, sondern deutete auch – wenngleich in vagen Formulierungen – seine Kolonialkonzeption an: eine gewisse Autonomie innerhalb einer Plus grande France.
Wir gehen nur auf das Ergebnis der Konferenz ein und erwähnen zunächst die wirtschafts- und sozialpolitischen Empfehlungen. Die in Brazzaville versammelten Gouverneure beriefen sich – natürlich – auf das Zirkular *Eboués*, schenkten aber dem dynamischen Element mehr Beachtung als ihr schwarzer Kollege; die junge Generation, wurde gesagt, stehe im Gegensatz zur älteren und müsse berücksichtigt werden, denn « c'est celle là que nous ne devons pas décevoir parce qu'elle représente l'élément positif, l'élément moteur par excellence »[320].
Das politische Interesse komme im französischen System zu kurz und müsse geweckt werden, die « notables évolués » dürften nicht nur « enfants de patronage », sondern müßten « véritables citoyens » sein; hier zeigte sich ein Ansatz, die bisherige Entpolitisierung zu überwinden. Im Unterschied zu *Eboué* wurde die Notwendigkeit betont, das afrikanische Gewohnheitsrecht in kritischen Fragen – Stellung der Frau, Mitgift, Polygamie – zu modernisieren und zu reglementieren, und auch in der Justiz wurde « l'intervention constante de l'Administration » empfohlen; ein gemeinsames Strafrecht für ganz Französisch-Afrika müsse vorbereitet werden. Dem Ausbau des Erziehungswesens wurde besondere Beachtung geschenkt, was eine großzügige Planung, Bau von Schulgebäuden und eine rapide Ausbildung von Lehrkräften bedinge. In Afrika solle eine Medizinhochschule nach dem Vorbild derjenigen Hanois entstehen, aber – im Gegensatz zu den weitergehenden Planungen Großbritanniens – noch keine afrikanische Universität. Die postulierten Reformen im sozialen Bereich muten recht bescheiden an, da im Zeichen der Kriegsanstrengungen die volle Ausbeutung der afrikanischen Ressourcen, auch der Arbeitskraft, im Vordergrund stand: das Indigénat sollte nur schrittweise und die Zwangsarbeit erst nach dem Kriege abgeschafft werden; es war sogar eine Arbeitsverpflichtung an Stelle der militärischen Dienstpflicht – nach dem umstrittenen Vorbild Madagaskars – vorgesehen! Eine Industrialisierung wurde zwar befürwortet, aber nur zaghaft; wenn auch die Zollsätze den Interessen der einzelnen Kolonien besser als bisher angepaßt werden sollten, so blieb als Leitbild doch eine von Paris aus gesteuerte und primär an den Bedürfnissen der Metropole orientierte Wirtschaftspolitik des Empires. Im Gegensatz zu *Eboué* – oder: trotz *Eboué* – trat die Mehrheit der Gouverneure für die Assimilation ein. Dies zeigte sich nicht nur in der klaren Forderung, daß alle Erziehung in der französischen Sprache erfolgen müsse und die Verwendung der Lokalsprachen strikt (« absolument »!) zu verbieten sei, sondern auch in der allgemeinen Zielsetzung der Eingeborenenpolitik:

> « Le problème consistait donc à rechercher les méthodes les plus sûres pour faire évoluer cette masse indigène dans le sens d'une assimilation de plus en plus poussée aux principes qui constituent le fond commun de la civilisation française. »[321]

Einmal mehr erwies sich die Tradition stärker als alle gegenläufigen Tendenzen, und von neuem wurde der fundamentale Unterschied zur britischen Konzeption sichtbar! Auch in ihren politischen Empfehlungen und Thesen stand die Konferenz von Brazzaville in der « imperialen Tradition » der Zwischenkriegszeit, insofern als die Kolonien

[320] Gouverneur *Saller*, der vom wichtigen *Laurentie* unterstützt wird, Conférence, p. 85.
[321] P. 39.

mit einer großzügigen Gesamtregelung »endgültig« in den französischen Staat integriert werden sollten. Es ging nicht um eine künftige Ablösung, sondern – umgekehrt – um eine Dekolonisation im Zeichen der Integration. Was *de Gaulle* mit dem Begriff « Communauté » andeutete, führte *Pleven* in seiner Eröffnungsansprache näher aus:

« Nous lisons de temps à autre que cette guerre doit se terminer par ce qu'one appelle un affranchissement des peuples coloniaux (wiederum ein Hinweis auf die antikoloniale Haltung der Vereinigten Staaten).Dans la grande France coloniale, il n'y a ni peuples à affranchir ni discriminations raciales à abolir. (!) Il y a des populations qui sentent Français et qui veulent prendre et à qui la France veut donner une part de plus en plus large dans la vie et les institutions démocratiques de la communauté française. Il y a des populations que nous entendons conduire, étape par étape, à la personnalité, pour les plus mûres aux franchises politiques, mais qui n'entendent connaître d'autre indépendance que l'indépendance de la France. » [322]

In diesen Worten waren nicht nur konkrete Empfehlungen der Konferenz, sondern auch die allgemeine Programmatik und Problematik der französischen Kolonialpolitik unmittelbar nach dem zweiten Weltkrieg enthalten: Man sah sich veranlaßt, den antikolonialen Verlautbarungen zu antworten und – im Unterschied zur Zeit vor 1939 – den Willen zur Entkolonialisierung zu dokumentieren, bagatellisierte diese aber gleichzeitig, indem man mit einer wohlklingenden Phrase behauptete, es gebe im französischen Herrschaftsbereich gar keine Völker, die befreit werden müßten oder befreit werden wollten, weil sie französisch fühlten und Franzosen zu bleiben gedächten [323]. Obschon allenthalben Unabhängigkeitsforderungen angemeldet wurden, hatte man die nationalen Aspirationen nicht ernst genommen – die Worte *Plevens* erinnern dabei an *Sarrauts* Formel « l'indépendance les effraye » – und der Emanzipationsanspruch auf den individuellen Bereich reduziert: es gibt keine Völker, die frei werden wollen, sondern höchstens Individuen, die Gleichberechtigung und Freiheit beanspruchen; diese Art von Freiheit jedoch gewährte Frankreich bereits oder konnte sie künftig innerhalb der französischen Gemeinschaft konzedieren und damit die Dekolonisation zum Abschluß bringen. Freiheit im Sinne von nationaler Freiheit, also außerhalb Frankreichs unter Inanspruchnahme eigener Souveränitätsrechte stand außer Diskussion: Unabhängig, d. h. Träger der Souveränität konnte nur Frankreich als Ganzes sein. In einem entscheidenden und oft zitierten Passus, der allen weiteren politischen Reformvorschlägen zugrunde lag, hieß es mit ungewöhnlicher Offenheit:

« Les fins de l'oeuvre de civilisation accomplie par la France dans les colonies écartent toute idée d'autonomie, toute possibilité d'évolution hors du bloc français de l'Empire; la constitution éventuelle, même lointaine (!) de selfgovernments dans les colonies est à écarter. » [324]

Die in der französischen Publizistik seltene Verwendung des englischen Wortes Selfgovernment zeigt an, daß sich dieses – bezeichnenderweise – keinen äquivalenten Ausdruck im Französischen hat und daß man sich in Brazzaville ausdrücklich gegen die

[322] P. 22.

[323] Ganz ähnlich äußerte sich *Pleven* einige Monate später im Vorwort zu einer Sondernummer der Zeitschrift »Renaissances« (Oktober 1944): « Les colonies françaises, comme les autres provinces de France(!) veulent aider à rebâtir la maison française. Elles souhaitent, et leur espoir ne sera pas déçu, que les plans des architectes de la Constituante leur y ménagent un logis où elles seront à l'aise. » P. 8.

[324] P. 32.

britische Politik und Konzeption absetzen wollte [325]. Was Frankreich also an Reformen und an politischen Freiheiten und Rechten zubilligte, konnte nur innerhalb des nach Übersee erweiterten französischen Staates erfolgen! Die Autonomie der Kolonien unter Heranziehung der Eingeborenen konnte demgemäß nicht als Vorstufe zum vollen Selfgovernment im britischen Sinne verstanden werden, sondern bedeutete nicht mehr als eine erweiterte Form administrativer Dezentralisation.

« On veut que le pouvoir politique de la France s'exerce avec précision et rigueur sur toutes les terres de son Empire. On veut aussi que les colonies jouissent d'une grande liberté administrative et économique. On veut également que les peuples coloniaux éprouvent par eux-mêmes cette liberté et que leur responsabilité soit peu à peu formée et élevée afin qu'ils se trouvent associés à la gestion de la chose publique dans leur pays. » [326]

Diese « grande liberté administrative » bezog sich zudem auf die Kolonie als solche, wobei die Gouverneure mehr an eine Ausweitung ihres eigenen Kompetenzbereiches dachten als an eine « Autonomie der Afrikaner ». Diese kamen sozusagen indirekt in den Genuß der »Freiheit« und »Verantwortung« und wurden auch nur « associé », d. h. beigezogen bei der Verwaltung ihres Territoriums.

« Les attributions ... des Assemblées seraient délibératives pour le vote du budget et l'établissement des programmes de travaux neufs, consultatives dans toutes les matières ressortissant aux pouvoirs de législation et de règlement reconnus au Gouverneur. » [327]

Diese administrative Autonomie unter Beiziehung der Eingeborenen sollte nun allerdings völlig neu geregelt werden, und zwar durch die Schaffung von « assemblées représentatives » in den einzelnen Territorien, mit einem sehr breiten Wahlrecht für die Afrikaner, aber mit getrennten Wahlkörpern für Franzosen und Eingeborene.
Die afrikanischen Abgeordneten sollten also ein Budgetrecht erhalten und somit eine effektive Mitsprache an der Verwaltung; die legislativen Befugnisse aber bleiben weiterhin in Paris, und auch die Exekutive sollte weiterhin ausschließlich vom Gouverneur ausgeübt werden. Den Eingeborenen soll zwar – wir kennen die Forderung bereits aus der Zwischenkriegszeit – ein besserer Zugang zu den Beamtenstellen gesichert werden, doch wurde gleichzeitig betont, daß « les cadres de commandement et de direction ne peuvent pas admettre que des citoyens français » [328]; dies schloß zwar Afrikaner nicht aus – sofern sie sich unter Verzicht auf ihr Personalstatut naturalisieren ließen –, zeigte aber doch deutlich an, daß Frankreich die eigentlichen Machtpositionen nicht aus der Hand zu geben bereit war und nicht viel mehr gewährte als die administrative Dezentralisation der Departements. Geringe politische Selbstverwaltung hat andererseits in der liberalen französischen Konzeption ihre Entsprechung und Ergänzung in der Repräsentation der Kolonien im Parlament des Mutterlandes. Wie stellte sich die Konferenz von Brazzaville zu dieser Frage?
Es wurde zunächst eine koloniale Vertretung in der verfassunggebenden Versammlung befürwortet: Aus der These, daß die neue Verfassung im Unterschied zu derjenigen

[325] *Pleven* betont sogar ausdrücklich, daß man sich in Brazzaville nicht der britischen Konzeption annähern wollte, »notamment le mot Commonwealth a été délibérement écarté«. P. 80.
[326] P. 32.
[327] P. 35.
[328] P. 37.

von 1875 die « France d'outre-mer » einbeziehen müsse, nicht zuletzt um die untrennbare Einheit der « Plus grande France » zu dokumentieren, ergab sich die Forderung nach einer Repräsentation aller Kolonien in der Assemblée constitutionnelle. Damit wurde erstmals der Grundsatz aufgestellt, daß die Kolonien über die Verfassung des Mutterlandes mitbestimmen sollten und zwar nicht nur deren französische Bürger, sondern auch die eingeborene Bevölkerung! Die Repräsentation müsse « adéquate à l'importance des colonies dans la communauté française » sein, eine Formel, die zwar »liberal« klang, faktisch aber bedeutete, daß die Zahl der überseeischen Abgeordneten willkürlich und nicht etwa in einem ähnlichen Verhältnis zur Bevölkerung wie in der Metropole festgelegt wurde. Damit zeichnete sich eine Problematik ab, die die Konstituante beschäftigen und die Verfassung von 1946 belasten sollte.

In der Frage, ob diese eine Vertretung der Kolonien im französischen Parlament enthalten müsse, waren die Meinungen geteilt. In der Schlußresolution der Konferenz wurde sie abgelehnt: eine bloße Erhöhung der Vertreterzahl ergebe keine befriedigende Lösung; vorzuziehen sei ein « Parlement colonial, ou, préférablement, Assemblée fédérale ». Deren Aufgabe sei es, die untrennbare Einheit « du monde français » mit der « liberté locale de chacun des territoires » in Einklang zu bringen; die – allerdings außerordentlich wichtige – Abgrenzung der Befugnisse zwischen dem Pariser Parlament, der Assemblée fédérale und den Territorien wurde einer späteren Entscheidung überlassen. Der koloniale Föderalismus, wie er hier erstmals in einem »offiziellen« Dokument auftauchte, wurde aber nicht von allen Teilnehmern befürwortet: so bemerkte einer der Gouverneure, daß für die eine und unteilbare Republik nur eine verstärkte Vertretung im Parlament in Frage komme [329]. Dieser integrationistischen These hielt *Laurentie*, der spätere Direktor für politische Angelegenheiten im Überseeministerium, mit einigem Recht entgegen, daß die Kolonien im künftigen Parlament nur eine Minderheits-Vertretung bekämen – man spreche ja von 40–50 Abgeordneten innerhalb der etwa 500köpfigen Konstituante – und daher enttäuscht sein werden. Eine proportionale Vertretung, die eine Gewichtsverlagerung oder gar eine Majorisierung der Metropole ergeben würde, stand außer Diskussion. Bis jetzt hatte man dieser Frage keine Beachtung geschenkt und sich wenig Rechenschaft über die innere Konsequenz einer zu Ende geführten Integration und Assimilation gegeben; nun aber, da man eine großzügigere Reform diskutierte, konnte ihr nicht mehr ausgewichen werden: war Frankreich bereit, den Kolonien, und somit den Eingeborenen, in absehbarer Zeit eine proportionale Vertretung im Parlament zu gewähren?

Als eine Art Ausweg aus dem sich abzeichnenden Dilemma tauchte die « représentation fédérale » auf. Handelte es sich aber um einen echten Föderalismus? Die Konferenz von Brazzaville nahm als selbstverständlich an, daß diese föderative Versammlung nur konsultativen Charakter erhalten werde [330]; konnte aber damit den Kolonien und insbesondere den Eingeborenen Genüge getan werden? Die für Franzosen bezeichnende Unklarheit über das Wesen des Föderalismus zeigte sich etwa im Votum eines Gouverneurs, der die Assimilation als die spezifisch französische Konzeption bezeichnete und eine « politique d'assimilation » befürwortete, wenn auch gemildert und

[329] P. 82.
[330] P. 73, 79.

nicht uniform, « aboutissant à l'idée de fédération »! Praktisch postulierte er nur eine administrative Dezentralisation, die aber als Föderalismus ausgegeben wurde [331]. Eine echte Föderation jedoch mußte eine Aufteilung der Souveränität zwischen Bund und Glieder und damit die Gleichberechtigung der Metropole und der Kolonien innerhalb eines übergeordneten Ganzen, das insbesondere Außenpolitik, Verteidigung, Währungs- und allgemeine Wirtschaftspolitik übernahm, beinhalten – eine Konzeption mit weitreichenden Konsequenzen, die mit der einen und unteilbaren Republik nicht in Einklang zu bringen war und dem Verhältnis von Mutterland und Kolonien kaum gerecht werden konnte.

Die Grundtendenz der Empfehlungen von Brazzaville war eindeutig: ein echter Wille zur Neugestaltung der Beziehungen zwischen Mutterland und Kolonien, aber keine Gewährung von Self-government – auch nicht als Fernziel; administrative Autonomie in den Territorien, Einführung des Wahlrechts für die Eingeborenen, Repräsentation in der Konstituante, andererseits Schaffung einer Assemblée für das überseeische Frankreich. Die Verfassungsbestimmungen der Vierten Republik waren hier, was Schwarzafrika anbelangt, vorgezeichnet. Aber auch deren Problematik: Welche Bedeutung erhielt das föderalistische Element? War eine « personnalité politique » der Territorien möglich, wenn man deren Befugnisse auf ein vages Budgetrecht beschränkte und im Grunde über eine administrative Dezentralisation nicht hinausging? War man wirklich bereit, die bisherige Entpolitisierung aufzugeben und den Eingeborenen einen Teil der politischen Entscheidung zu überlassen? Wohin sollte die innere Dynamik der Verfassungswirklichkeit führen? Entweder blieben die lokalen Versammlungen unwirksam, dann befriedigte man die Evolués nicht, oder aber sie gewannen an politischer Relevanz und wurden zu Vorformen von Parlamenten – dann aber war ein Konflikt mit der unteilbaren Republik und einer Metropole, die sich die Souveränitätsrechte vorbehielt, unvermeidbar.

Es verdient zudem Beachtung, daß die Eingeborenen an dieser für ihr künftiges Schicksal wichtigen Konferenz nicht beteiligt waren. Gouverneure, Parlamentarier und Spezialisten versuchten die Nachkriegspolitik festzulegen und Reformen vorzubereiten, ohne aber mit den maßgebenden Sprechern der eingeborenen Bevölkerung zu verhandeln oder diese wenigstens zur Beratung heranzuziehen. Ein Vergleich mit dem britischen Vorgehen drängt sich auf: London arbeitete mit Kommissionen, in denen Eingeborene mitwirkten, und wenn die Kolonialverwaltung auch den Ausschlag gab und letztlich entschied, so wurde doch ein Konsensus angestrebt und eine bloße Oktroyierung vermieden. Kein Zufall auch, daß in Brazzaville die glorreiche französische Kolonialtradition mehrmals herausgestellt und an *Brazza, Galliéni* und *Lyautey* erinnert wurde. Die Verschiedenheit des Vorgehens hing mit der Divergenz der Grundposition zusammen: die Konferenz von Brazzaville beschäftigte sich letztlich mit der Verfassung des Mutterlandes, während analoge Konferenzen oder Kommissionen im britischen Bereich die Reformen einzelner Kolonien vorbereiteten. Diese hatten ihre eigenen Verfassungen, die sich schrittweise auf das künftige Self-government hinentwickelten,

[331] Er forderte die Umwandlung des Empire français in einen Etat fédéral, aber »le domaine politique« müsse Sache »de la France« bleiben, und auch er geht von der einen und unteilbaren Republik aus! P. 77.

während die französischen Territorien oder Kolonien ihre Rechtsstellung aus der Verfassung Frankreichs erhielten.

Der an sich wichtigen Frage, ob die Elite der Eingeborenen mit den in Brazzaville diskutierten Zukunftsplänen einverstanden war und sich mit administrativer Dezentralisation und einem Mitspracherecht in Budgetfragen begnügte, wurde wenig Beachtung geschenkt, obschon die angestrebte Neuordnung nicht nur als eine Übergangslösung, sondern als mehr oder weniger endgültige Regelung gedacht war, der das Element der Dynamik, der Weiterentwicklung, weitgehend fehlte. Selbst für Schwarzafrika galt die offenbar als selbstverständlich vorausgesetzte Zustimmung der Evolués nur noch bedingt. Die Konferenz von Brazzaville wurde zwar als Ausdruck einer neuen Haltung und als hoffnungsvoller Ansatz zu einer Entkolonialisierung begrüßt, und auch bei den Eingeborenen war eine Bereitschaft zur Integration in ein größeres Frankreich und selbst zur kulturellen Assimilation noch vorhanden [332]. *Fily Dabo Sissoko* lehnte diese allerdings in seinem Rapport, den er der Konferenz vorlegte, bereits ab: Sie sei richtig gewesen für die Vieilles Colonies, aber für Afrika sei sie unmöglich, allein schon die Zahl der Eingeborenen stelle ein Hindernis dar – die rechtlich vollzogene Assimilation wäre ein « péril pour le colonisateur » –, und auch die zivilisatorischen Niveauunterschiede seien zu groß. *Sissoko,* selbst ein Produkt der Assimilation, der souverän über die französische Geistergeschichte verfügte, betonte die Gefahr, daß die Elite von den Massen getrennt werde und bekannte sich zur eigenen afrikanischen Vergangenheit [333].

Sissoko äußerte sich zwar nicht zu politischen Fragen, doch ist eine mindestens latente Distanzierung gegenüber den Empfehlungen von Brazzaville, die ja u. a. die Ausschließlichkeit des Französischen als Unterrichtssprache enthielten, nicht zu übersehen. Das gleiche galt für *Senghor,* der als Offizier der französischen Armee in deutsche Gefangenschaft geraten war und noch vor Brazzaville in einem Beitrag zu einer Schrift mit dem vielsagenden Titel « Communauté impériale française » seine Thesen darlegte [334]. Er skizziert darin die Ambivalenz der Begriffe Assimilation und Assoziation und sucht deren Antinomie zu transzendieren, und zwar in der seither oft zitierten Formel « assimiler, non être assimilés »: Der Kulturkontakt der kolonialen Überlagerung müsse verstanden werden als eine Möglichkeit, das zu assimilieren, was die eigene autochthone Zivilisation befruchten werde. Die Dekolonisation durch proportionale Vertretung im französischen Parlament lehnt *Senghor* ab, weil er die Unmöglichkeit erkennt » de noyer (!) dans un quelquonque Palais-Bourbon, les représentants des métropolitains sous les flots de députés coloniaux qui s'appuieraient sur 70 millions d'individus ». Er befürwortet demgegenüber ein Empire-Bürgerrecht, das einerseits die Bestellung legislativer Körperschaften in den einzelnen Kolonialbereichen (Antillen, AOF, Nordafrika u. a.), andererseits aber auch die Wahl von Vertretern zu einem « Parlement fédéral » erlauben würde, das u. a. für Außenpolitik und Verteidigung zuständig wäre; die « unité de l'Empire » wäre somit in einer Communauté mit einem eigenen, die verschiedenen Zivilisationen umfassenden geistigen Gehalt gewähr-

[332] P. 91.

[333] P. 100 f. Sissokos Beitrag wieder abgedruckt in: Renaissances, Okt. 1944. (Sissoko war Chef de canton in der AOF).

[334] *Robert Lemaignen, Léopold Sédar Senghor, Prince Sisowath Youtévong,* La Communauté Impériale Française, 1945.

leistet [335]. *Senghor* skizzierte damit ein föderatives System, das mit den Vorschlägen von Brazzaville manche Ähnlichkeit hatte, aber auch darüber hinausging: Die einzelnen Kolonien sollten nicht nur administrative Dezentralisation, sondern politische Eigenständigkeit und Autonomie erhalten, das »Reichsparlament« andererseits nicht nur beratende Funktion, sondern Souveränitätsbefugnisse. Wir werden sehen, daß Frankreich zu einem solchen Föderalismus nicht bereit war.
Wir wollen die Bedeutung der Konferenz von Brazzaville in keiner Weise schmälern. Sie dokumentierte nicht nur den Reformwillen des Freien Frankreich, sondern legte auch Empfehlungen vor, die von der Konstituante aufgenommen wurden und der französischen Kolonialdiskussion 1944–1946 eine Basis und Zielrichtung gegeben haben.
Obwohl die Kriegsanstrengungen Schwarzafrikas mit allen Mitteln forciert wurden, um die Position Frankreichs im Kreis der Alliierten zu stärken, und die afrikanische Bevölkerung einer schweren Belastung ausgesetzt war, bezeugte eine Reihe von Gesetzen den reformerischen Einfluß von Brazzaville: Am 1. April 1944 wurden für ganz Schwarzafrika die Corvé und Naturalienleistungen abgeschafft, im Juli wurde ein vereinheitlichtes Strafrecht erlassen und im August die Bildung von Berufsverbänden autorisiert; in Dakar arbeitete gleichzeitig eine Konferenz einen großangelegten Erziehungsplan aus, der 50 000 Elementarschulen, 200 Oberschulen und 75 Ecoles Normales zur Ausbildung von 50 000 Lehrkräften vorsah [336].

Die Konferenz von Brazzaville war zwar als allgemeine Kolonialkonferenz gedacht, richtete ihr Augenmerk aber vorwiegend auf Schwarzafrika und behandelte weder die Probleme Nordafrikas noch diejenigen Indochinas. Wie kamen das Freie Frankreich und General *de Gaulle* den Emanzipationsbewegungen in den arabischen und fernöstlichen Gebieten entgegen? In welcher Form gedachte man das Verhältnis zum Mutterland in der Nachkriegszeit zu gestalten?
Den Syrern und Libanesen hat – wie erwähnt – bereits Vichy die Unabhängigkeit nach Kriegsende versprochen, und General *Catroux* erklärte im Augenblick des Einmarsches britisch-französischer Truppen im Juni 1941:

« Je viens mettre fin au régime du mandat et vous proclamer libres et indépendants. Vous serez donc désormais des peuples souverains et indépendants ... votre indépendance et votre statut souverain seront garantis par un traité dans lequel nos relations mutuelles seront définies. » [337]

Dem Drängen Großbritanniens nachgebend proklamierte das Freie Frankreich im September und November die Unabhängigkeit beider Länder, versuchte aber den Begriff der Unabhängigkeit einschränkend zu interpretieren und sich vertraglich eine privilegierte Position zu verschaffen. Als im August 1943 die Wahlen einen Erfolg der nationalen Kandidaten brachten und die libanesische Regierung volle Souveränität beanspruchte und von sich aus die Verfassung änderte, wurde diese vom französischen Hochkommissar aufgehoben und die Regierung im November verhaftet. Die

[335] P. 84 f.
[336] *Ansprenger*, p. 63 f. Devèze, p. 185.
[337] *Gonidec* p. 242 f. Dazu: *A. Layton Funk, Charles de Gaulle,* The crucial years 1943–1944, 1959; p. 196.

Hoffnung, Verträge nach dem Vorbild des britisch-irakischen Abkommens von 1930 abschließen zu können, hat sich als trügerisch erwiesen, nicht zuletzt infolge der ablehnenden Haltung der Alliierten und der arabischen Bewegung: Was vor 1939 verpaßt wurde, war 1944 nicht mehr nachzuholen, und eine bereits proklamierte Unabhängigkeit nachträglich wieder zurückzunehmen, erwies sich als unmöglich. Die Gelegenheit, die starken Sympathien und kulturellen Bande der syrischen und libanesischen Oberschicht zu Frankreich zu nutzen, ist am Versuch, bestimmte Rechte vertraglich zu sichern, gescheitert.

In Nordafrika stand auch eine verklausulierte Unabhängigkeit noch nicht zur Diskussion [338]. Nach der Besetzung Tunesiens im Mai 1943 wurde sogar, allerdings auf Betreiben von General *Giraud*, der Bey verhaftet und dann abgesetzt; wichtiger als die Anklage auf Kollaboration mit der Achse scheint die Tatsache gewesen zu sein, daß *Moncef Bey* – zur Zeit Vichys! – selbstherrlich, d. h. ohne Zustimmung des Generalresidenten das Kabinett *Chénik* eingesetzt hatte! Wohl erklärte *de Gaulle* bei seiner Ankunft in Tunis am 27. Juni 1943

« Il faut organiser dans l'empire, sur des bases plus larges et plus justes, la collaboration de la souveraineté avec le loyalisme de millions d'hommes qu'il a la charge de guider; » [339]

was dies aber bedeuten sollte, blieb unklar, ja, es wurde zunächst einmal die Administration directe auf dem Dekretwege noch verdeutlicht (Juli 1943 – März 1944), indem man Kompetenzen des Beys der französischen Verwaltung übertrug. Dem tunesischen Nationalismus unter Führung *Bourghibas* und des Gewerkschaftsführers *Ferhat Hached* kam Frankreich im September 1945 mit nur geringfügigen Reformen entgegen, und im August 1946 wurden die Mitglieder eines Nationalkongresses in Tunis, der die Unabhängigkeit als Motto ausgab, verhaftet; die Folge davon war ein dreitägiger Generalstreik. Einige Reformen im wirtschaftlich-sozialen Bereich konnten die Nationalisten natürlich nicht befriedigen.

In Marokko kündigte allein schon die Ernennung *Gabriel Puaux's* zum Generalresidenten einen konservativen Kurs an. Die Partei der Istiqlal (= »Unabhängigkeit«) reichte am 11. Januar 1944 dem Sultan, dem Vertreter Frankreichs und den alliierten Autoritäten ihr für die Folgezeit wichtiges Manifest ein, das in Ablehnung des Protektorates die Unabhängigkeit forderte; Marokko sei zwar auf die französische Hilfe in Verwaltung, Wirtschaft und Verteidigung angewiesen, doch müsse die »collaboration« auf der Basis der Unabhängigkeit erfolgen. *Puaux* jedoch zog die Repression vor und verhaftete die politischen Führer. Sozialrechtliche und wirtschaftliche Reformen im Jahre 1944 zeigten, wie in Tunesien, eine Tendenz zur Entpolitisierung, ohne jedoch ihr Ziel, eine Neutralisierung der Opposition, zu erreichen.

Die algerische Situation war komplizierter. *Ferhat Abbas* hatte kurz nach der alliierten Landung am 22. Dezember 1942 eine Botschaft an die « autorité responsable », also die Amerikaner und Franzosen gerichtet, und zu einer Konferenz über politische Reformen aufgefordert. Als keine Antwort erfolgte, wurde am 10. Februar 1943 das berühmte Manifest du peuple algérien veröffentlicht, in dem *Ferhat Abbas* die Kultur

[338] Für die Ereignisse in Nordafrika geben die oben genannten Bücher von *Julien* und *Le Tourneau* Zusammenfassungen. Wir verzichten auf Einzelnachweise.

[339] Mémoires II, 95.

und freiheitliche Tradition Frankreichs nicht verleugnete, der Assimilation aber den Prozeß machte. « Appliquée automatiquement aux uns et refusée aux autres (elle) a réduit la société musulmane à la servitude la plus complète. » Man habe den Boden konfisziert und die Araber in jeder Weise diskriminiert: Verwaltung, Armee und Presse seien in der Hand der europäischen Minderheit. Nun aber verlange die unterdrückte Mehrheit « sa place au soleil ». Eine neue Politik sei dringend nötig geworden, denn « l'heure est passée où un musulman algérien demandera autre chose que d'être und Algérien musulman ». Damit wurde ein Selbstbestimmungsrecht in Anspruch genommen und eine algerische Verfassung auf der Basis des allgemeinen Wahlrechtes postuliert. Eine im Ton etwas gemilderte Ergänzung zum Manifest sprach von der politischen Autonomie Algeriens « en tant que nation souveraine », ohne jedoch ein noch zu bestimmendes Kontrollrecht Frankreichs auszuschließen. In diesem algerischen Manifest kann man heute die Ausgangspunkte zum späteren Konflikt erkennen, insofern als *Ferhat Abbas*, der als eher gemäßigter Nationalist bis zum Krieg eine Assimilationspolitik befürwortet hatte, nun die nationale Parole aufnahm und seinerseits von der « algerischen Nation » zu sprechen begann [340]. Damit aber war die Frage nach dem Verhältnis zwischen arabischer Mehrheit und europäischer Minderheit in neuer Form gestellt, und Algerien war als integraler Teil des nationalen Territoriums problematisch geworden. Die « nationale » Forderung machte es dem an sich reformbereiten General *Catroux* unmöglich, das Manifest als Diskussionsbasis zu akzeptieren. Die gewählten Muselmanen der Finanzdelegationen weigerten sich daraufhin am 22. 9. 1943, an den Sitzungen teilzunehmen, was wiederum *Catroux* veranlaßte, die muselmanische Sektion aufzulösen und deren Präsidenten *Ferhat Abbas* zu verhaften.

Unruhen in Algerien legten jedoch eine französische Initiative nahe. Einem Rat *Catroux'* folgend, sprach General *de Gaulle* am 12. Dezember 1943 in Constantine von notwendigen Reformen und kündigte gleichzeitig die Verleihung des Bürgerrechts an bestimmte Kategorien der muselmanischen Bevölkerung an, und zwar ohne Verzicht auf das Personalstatut. Eine Ordonnanz vom 7. März ergänzte das Versprechen noch: alle übrigen Muselmanen erhielten als « Français musulmans » die gleichen Rechte der Franzosen, ohne « citoyens » zu werden [341]. Sonderbesteuerung, Indigénat u. a. waren damit abgeschafft. Das allgemeine Wahlrecht war eingeführt, wenn auch in seiner Bedeutung eingeschränkt durch die Etablierung getrennter Wahlkörper: in dem einen sollten die neuen muselmanischen Bürger (etwa 60 000, vor allem Notabeln, Beamte, dekorierte Veteranen u. a.) gemeinsam mit den ca. 450 000 Nicht-Muselmanen wählen, im andern die restlichen etwa 1,6 Millionen Algerier. Der zweite Wahlkörper erhielt ein Anrecht auf zwei Fünftel der Sitze in den Finanzdelegationen und in den kommunalen Körperschaften. Bemessen an der Politik der Vorkriegszeit und in Anbetracht des heftigen Widerstandes der Algerienfranzosen waren dies sehr weitgehende Reformen: Frankreich akzeptierte endlich die Naturalisierung unter Beibehaltung des Personalstatuts und gab damit den Weg frei zu einem verstärkten Anwachsen der muselmanischen Vollbürger; faktisch allerdings wurde nur das *Blum-Viollette*-Projekt reali-

[340] Über *Ferhat Abbas* ausgezeichnet *Jean Lacouture,* Ferhat Abbas ou la recherche d'une patrie, in: Cinq hommes et la France, 1961, p. 284 f.

[341] Text der Rede von Constantine in den Mémoires II, 548 f.,die Ordonnanz II, 557 f. Dazu auch General *Catroux,* Dans la bataille de la méditerranée 1940–1944, 1949, p. 434 f.

siert. Und wenn auch alle Algerier administrativ gleichgestellt und auch wahlberechtigt wurden, so sicherten die Zusatzbestimmungen über die getrennten Wahlkörper doch weiterhin eine Vorherrschaft der Algerienfranzosen: sie verfügten im ersten Wahlkörper über die Mehrheit, konnten die muselmanischen Bürger »neutralisieren« und behielten auch ihre Kontrolle in den Finanzdelegationen.

Die Reformen vom März 1944 standen zudem im Zeichen der Assimilation. Ein anderer Weg kam im Moment kaum in Frage, um so weniger als man an die liberalen Projekte und Vorschläge der Zwischenkriegszeit anknüpfen konnte. Gleichzeitig zeigten sich aber auch die Schwierigkeiten und Grenzen der assimilatorischen Konzeption, die, konsequent vorangetrieben, die Position der Siedler gefährdete und sehr weitgehende Folgen, auch im Hinblick auf das Parlament in Paris, zeitigen würde. War man aus an sich nur zu begreiflichen Gründen nicht bereit, die Konsequenzen zu akzeptieren, so mußte man zu Sonderbestimmungen Zuflucht nehmen und damit die Opposition und das Mißtrauen der Muselmanen herausfordern.

Die Nationalisten waren zudem bereits über die Assimilation hinausgegangen und forderten nun die innere Autonomie, wenn nicht die Unabhängigkeit. *Ferhat Abbas* hatte erfolgreiche Verbindungen mit den anderen nationalen Organisationen, auch mit *Massali Hadj*, aufgenommen und im März 1944 die neue Partei « Les Amis du Manifeste et de la Liberté » ins Leben gerufen, die sich programmatisch auf eine « république fédérée à une République française, rénovée, anticoloniale et antiimpérialiste » festlegte. Kurz, die von General *de Gaulle* angekündigten und eingeleiteten Reformen und die Forderungen von *Ferhat Abbas* bewegten sich auf zwei verschiedenen Ebenen mit entgegengesetzten Zielen!

Zu einer Entfremdung gegenüber Frankreich haben auch die Ereignisse in Sétif beigetragen. Als anläßlich der Siegesfeiern vom 8. Mai 1945 – in einer Atmosphäre zunehmender Spannungen zwischen Muselmanen und Europäern – die Ordnungskräfte gegen eine nationalistische Demonstration vorgingen, antwortete die durch die wirtschaftliche Notlage ohnehin unruhig gewordene algerische Bevölkerung mit blutigen Repressalien gegenüber den französischen Siedlern [342]. Die Verwaltung griff mit militärischen Aktionen ein, die mehrere Tausend Tote kosteten, löste die neue Partei auf und verhaftete *Ferhat Abbas*. Die Algerienfranzosen begrüßten die Repression und die vorübergehende Ausschaltung der Opposition, das Mutterland hielt das scharfe Vorgehen für notwendig, und selbst die Kommunisten stimmten den brutalen Maßnahmen gegen das angeblich »faschistische Komplott« zu.

Diese kurzen Hinweise sollten die Situation Nordafrikas in den Jahren 1942–1946 in Erinnerung rufen. Das Freie Frankreich General *de Gaulles* wollte reformerisch erscheinen, hatte aber kein konkretes Programm oder klare Richtlinien für eine Nachkriegspolitik entwickelt. Wir wissen denn auch nichts von einer vorausgehenden Diskussion und Planung. Frankreich stand in der Defensive gegenüber seinen Alliierten und gegenüber der arabischen Nationalbewegung und war in seiner Reformpolitik durch den Anspruch und die Notwendigkeit, die Empire-Positionen zu halten und die Integrität des nationalen Territoriums zu verteidigen, eingeschränkt. Vor oder kurz

[342] Der Versuch einer objektiven Schilderung der Ereignisse bei *Robert Aron*, u. a. Les origines de la guerre d'Algérie, 1962, p. 91–151.

nach der Landung in Nordafrika erfolgte keine programmatische Erklärung, die die Nationalisten angesprochen und eine neue Vertrauens- und Verhandlungsbasis geschaffen hätte; die Rede von Constantine war – dies darf nicht übersehen werden – bereits eine Antwort auf das algerische Manifest und die nationalen Manifestationen. Bei den Reformen hat man an Bestrebungen der Vorkriegszeit angeknüpft oder ist auf den wirtschaftlich-sozialen Bereich ausgewichen. Auch in den Protektoraten Tunesien und Marokko war weder die innere Autonomie noch Self-government geschweige denn die Unabhängigkeit Ziel der französischen Politik; auch hier ging man von einer »unlösbaren Bindung« an Frankreich aus und geriet darüber mit der nationalen Emanzipationsbewegung in Konflikt. Da die Nationalisten im Unterschied zur Vorkriegszeit offen die Unabhängigkeit oder mindestens das Recht auf Unabhängigkeit forderten, mußten sie als Sezessionisten und Agitatoren erscheinen und repressiv bekämpft werden.

Während sich das Freie Frankreich in Brazzaville mit der Zukunft Afrikas und mit der Stellung der Kolonien innerhalb einer neuen Verfassung auseinandersetzte und sich nach der Landung in Nordafrika mit dessen Problemen konfrontiert sah und einen »Neubau des Empire« ankündigte, haben sich die Widerstandsorganisationen der Metropole auffallend wenig mit der Zukunft der Kolonien beschäftigt. Und zwar nicht weil es an Zeit und Möglichkeit gefehlt hätte, denn über institutionelle, wirtschaftliche und sozialpolitische Fragen wurde intensiv diskutiert. Im Gegensatz jedoch zum Freien Frankreich in London und Algier, das von Anfang an im Empire seine Stütze fand, und konkreten Kolonialfragen nicht ausweichen konnte, war das Interesse der inneren Résistance auf die Neugestaltung des Mutterlandes konzentriert[343]. Obschon im Widerstand die Linke dominierte und viel von Strukturreformen die Rede war, prägte eine traditionelle und nationale Haltung die Äußerungen zur künftigen Kolonialpolitik: man berief sich nicht nur auf die zivilisatorischen Leistungen der Vergangenheit und auf die »Treue« der Eingeborenen in der Stunde der Not, und man polemisierte nicht nur gegen eine Politik des « abandon » der Vichyregierung – im Hinblick auf Indochina! –, sondern man betonte auch die Bedeutung der überseeischen Besitzungen für Frankreichs Stellung als Großmacht: « L'Empire demain redonnera à la France son éclat et sa puissance ». Im Zeichen der « France de 100 millions » wurde sogar eine intensive Siedlungspolitik befürwortet, selbst in Tunesien und Marokko! Politisch wurde die Integration befürwortet: Zugang der Eingeborenen zu den Ämtern, soziale Reformen und eine gewisse lokale Autonomie, aber dies alles innerhalb eines größeren Frankreich; die koloniale Repräsentation im Parlament sollte erweitert werden und erschien als Ausdruck einer »progressiven« Haltung. Ähnlich wie die Konferenz von Brazzaville lehnte auch die Résistance eine Konzeption des Self-government oder gar der nationalen Selbstbestimmung energisch ab, ohne sich allerdings die Frage zu stellen, ob die postulierte Integration konstitutionell befriedigend gelöst und dem Emanzipationswillen der Kolonialvölker Genüge getan werden konnte.

In der Publizistik des Freien und dann befreiten Frankreich wurde in den Jahren 1944 und 1945 die künftige institutionelle Verbindung zwischen Mutterland und Kolo-

[343] *Henri Michel,* Les courants de pensée de la Résistance, 1962, p. 407 f.

nien recht lebhaft diskutiert. In der Konsultativversammlung von Alger hat man sich damit allerdings kaum befaßt: die oben genannte Debatte vom 13. Januar 1944 – kurz vor Brazzaville – war ausgesprochen dürftig. Für uns sind die föderalistischen Pläne von Wichtigkeit, die in dieser Diskussion zur Sprache kamen. Wir haben den Sozialisten *P. O. Lapie* bereits erwähnt, der als einer der ersten sowohl in seinem Bericht an die Konsultativversammlung als auch in Zeitschriftenaufsätzen energisch für eine föderalistische Dekolonisation eintrat [344]. Als »Schüler« *Eboués,* wie er sich selbst bezeichnet, gab er die Assimilation auf und hielt es für die Aufgabe Frankreichs »de créer à l'indigène une Patrie qui, un jour, prendra sa place dans le concert des nations« [345]. Als wohl einziger französischer Sprecher akzeptierte *Lapie* somit das Recht auf Selbstbestimmung und die Möglichkeit einer künftigen Ablösung. Um aber dieser Möglichkeit eine Basis zu schaffen und gleichzeitig den Kolonien eine Bindung an Frankreich akzeptabel zu gestalten, postulierte er die Föderation. Diese sollte – so lauteten seine Vorschläge – Kolonien und Protektorate umfassen und über ein eigenes Parlament und eine eigene Regierung verfügen. Allerdings sagte er gleichzeitig, daß Frankreich »regieren« werde, indem ihm innerhalb der Föderation die Souveränitätskompetenzen wie Außenpolitik, Verteidigung, Haute Justice u. a. zukommen müßten [346]. Damit wurde jedoch die Problematik auch einer ernst gemeinten französischen Föderationskonzeption deutlich: Wie konnte Frankreich innerhalb der Föderation weiterhin bestimmte Souveränitätsrechte ausüben? Oder: konnte man von Föderation sprechen, wenn das Mutterland nicht in der größten Einheit »aufgehen« und die entscheidenden Befugnisse nicht aus der Hand geben wollte oder konnte?

Wir sahen, daß in Brazzaville die föderative Formel diskutiert und auch in die Schlußresolution aufgenommen wurde. *René Pleven* hatte sich ihrer bereits am 13. Januar in der Konsultativversammlung bedient und emphatisch erklärt: « L'heure est venue d'exposer, de fouiller la conception fédérale », dabei befürwortete *Pleven* – offenbar ohne sich des Gegensatzes bewußt zu sein – in Brazzaville eindeutig eine Integration und Assimilation! General *de Gaulle* benutzte die Formel ebenfalls, und zwar auf einer Pressekonferenz in Washington am 10. Juli 1944: « Je crois que chaque territoire sur lequel flotte de drapeau français doit être représenté à l'intérieur d'un système à forme fédérale. Dans lequel la métropole sera une partie et où les intérêts de chacun pourront se faire antendre. » [347]Mit der föderalistischen These konnte man der amerikanischen Kritik entgegentreten und ein Dekolonisationsprogramm ankündigen, ohne die Konzeption der Plus grande France aufgeben zu müssen. War man aber zur Konkretisierung gezwungen, so war die Quadratur des Zirkels nicht zu lösen: entweder war die Föderation »echt«, und die Metropole ging darin auf, oder Frankreich beharrte

[344] Vgl. S. 419.
[345] Pour une Politique coloniale nouvelle, in: Renaissances, Nov. 1943.
[346] 13. Jan. 1944 in der Ass. consultative, aber auch in: Les déserts de l'action, 1946, p. 251. "The new French colonial policy is this: a clearer realization than ever before that the colonizing nation's sole aim is to transform the colonized areas into states which will some day be its own equals ... All French colonies must some day be freed from their link to France, if such is their wish ..." Um die Bindung »angenehm« zu gestalten, habe er die föderative Lösung vorgeschlagen. The New Colonial Policy of France, in: Foreign Affairs Oct. 1944, p. 105.
[347] *Charles de Gaulle,* Disours et Messages 1940–1946, 1946, p. 454.

auf seiner Führungsposition und die Föderation mußte mehr oder weniger fiktiven Charakter bekommen. Dies soll an zwei Beispielen gezeigt werden.

Ein « Essai d'une organisation constitutionelle de la Communauté française » legte der Dekan der juristischen Fakultät von Algier, *Paul-Emile Viard,* später ein wichtiger MRP-Abgeordneter der Konstituante, vor [348]. Der offenbar von *de Gaulle* übernommene Begriff der « Communauté » soll einerseits die Vielfalt der Kolonien, Protektorate und Mandate mit ihren divergierenden Rechtsstatuts, andererseits die Einheit des Ganzen zum Ausdruck bringen. Die künftige Verfassung dürfe nicht von einem auf die Metropole beschränkten Begriff Frankreichs ausgehen, sondern « de la France dans son ensemble »; es gelte nun « monter l'organisme souverain de toute la France ». *Viard* stellt den Vergleich mit Großbritannien an und erkennt durchaus – im Unterschied zu vielen französischen Verlautbarungen der Zwischenkriegszeit –, daß künftig das Dominionstatut auch für die Nicht-Siedlungskolonien gelten werde, betont aber, daß eine politische Unabhängigkeit « apparaîtrait inadmissible aux esprits français »; sie basiere auf Imponderabilien, die zu akzeptieren « notre esprit trop logicien a du mal à saisir ». Frankreich sei psychologisch nicht bereit, die Zentralgewalt anderswo als in Paris zu sehen, und zwar als souverän entscheidender Faktor. Ähnlich wie *Pleven* in Brazzaville behauptet auch *Viard* – ohne die Lage in Nordafrika und Indochina auch nur zu erwähnen –, die Eingeborenen dächten nicht daran

> « à se faire une vie politique indépendante de celle de la mère-patrie. Nous ne relevons aucun indice (!) en ce sens et, bien plus, nous ne relevons aucune trace sérieuse du désir de mettre sur pied un système comparable à celui d'un dominion ... »

Für Frankreich liege die Vertretung im Parlament nahe, doch sei eine vollständige Integration im Sinne politischer Gleichberechtigung unmöglich, da sich die Entscheidung aufdränge: wenn diese beim französischen Parlament verbleibt, was für ihn selbstverständlich ist, so würde aus dem imperialen Parlament doch nur ein bedeutungsloser Kolonialrat.

Viard suchte daher eine Zwischenlösung: die Kolonien sollten an der Ausübung der Souveränität beteiligt werden und eine Vertretung im Senat erhalten; eine Reservation von einem Viertel oder einem Drittel aller Sitze ergeben « un équilibre heureux »! Die Kolonien würden an der Wahl des Präsidenten der Republik mitwirken können, und eine entsprechende Lösung ließe sich auch für die Protektorate und Mandate finden. Andererseits sei eine weitgehende Dezentralisation notwendig, indem nämlich der Generalgouverneur aus der angeblich engen Kontrolle durch die Pariser Bürokratie gelöst werden und direkt als Vertreter des Präsidenten der Republik fungieren müsse. Die Assemblées du pays dürften jedoch keine legislativen Kompetenzen erhalten, und die Außenpolitik, Armee, Justiz, das höhere Schulwesen, aber auch die « grands services publics » verblieben bei der Metropole.

Dieser recht wichtige »Essai« zeigt ähnliche Tendenzen wie die Vorschläge von Brazzaville und nimmt Elemente der Verfassung von 1946 voraus. Um eine föderative Communauté handelte es sich nicht, weil trotz einem Statuierungsrecht für die Kolonien die Souveränität des mutterländischen Parlamentes gewahrt wurde und die Vertretung der Kolonien im Senat mehr fiktiven Charakter hatte; die postulierte « vie locale assez

[348] In: Renaissances Oct. 1944.

libre » blieb ebenfalls fragwürdig, da den Territorien nur geringfügige Befugnisse konzediert wurden. Von einem Wahlrecht der Eingeborenen und ihrer Vertretung war nicht die Rede, da der Algerien-Franzose *Viard* in erster Linie die Kolonialfranzosen berücksichtigen und befriedigen wollte.
Eine »echte« Föderation entwarfen zwei nach Amerika übergesiedelte Franzosen im Frühling 1945 [349]. Die « Union fédérale des Nationalités françaises » soll, nach dem Vorbild der Vereinigten Staaten, aus fünf Föderationen (wovon eine die Metropole wäre!), sechs Provinzen und zwei Territorien – geographisch zusammengefaßte Kolonien – bestehen und zwei dem Senat und dem Repräsentantenhaus nachgebildete Kammern erhalten, die eine Bundesregierung mit einem eigenen Premierminister bestellen und über Außenpolitik, Polizei, Handel u. a. entscheiden. Bundessprache soll französisch sein; jeder Einwohner erhält zwei Bürgerrechte, das der eigenen Föderation und das der Union. Die Begriffe Autonomie und Self-government im Sinne einer möglichen Ablösung zu verstehen, sei gleichbedeutend mit der Reduzierung Frankreichs auf die europäische Metropole, « c'est accepter le vieillesse, demain la mort ». Womit wiederum sichtbar wird, wie sich die Föderationsprojekte mit dem im Freien Frankreich kultivierten nationalen Bewußtsein und Großmachtanspruch verbinden: eine Föderation scheint der Notwendigkeit von Reformen und den Emanzipationsbewegungen zu entsprechen, ohne den französischen Führungsanspruch in Frage zu stellen. Da die Autoren jedoch von einer vollen Gleichberechtigung der Teilstaaten ausgehen, müssen sie die Souveränitätsrechte des französischen Parlamentes dem neuen Bundesgremium übertragen, in dem die Metropole keine Mehrheit besitzen würde. Dazu aber war Frankreich selbstverständlich nicht bereit, und so blieb nichts anderes übrig, als nach Kompromißlösungen Ausschau zu halten, die dann aber eo ipso den Charakter von Quasi-Föderationen annahmen.
Die föderalistische Diskussion hat Auftrieb erhalten durch die Ereignisse in Indochina. Trotz der japanischen Okkupationstruppen und antifranzösischer Propaganda hatte sich die französische Administration unter Admiral *Decoux* halten können; das Prestige der Kolonialmacht war zwar geschwächt und unterhöhlt, bei der bäuerlichen Bevölkerung aber noch nicht eigentlich in Frage gestellt. Die nationalistischen Kräfte organisierten sich jedoch unter kommunistischer Führung auf chinesischem Boden, und im Mai 1941 wurde die »Unabhängigkeitsfront Vietnams« – die Viet Minh – ins Leben gerufen, die sich als nationale Sammelbewegung ausgab und den Kampf gegen französische und japanische »Faschisten« proklamierte [350]. Im Sommer 1944 begann sie, mit Guerilla-Aktionen in den abgelegeneren Gebieten Tonkings ihre Machtpositionen aufzubauen. Aber auch das französische Oberkommando bereitete sich auf das Ende der japanischen Herrschaft vor. Japan schlug deshalb am 9. März 1945 zu und übernahm, nachdem *Decoux* ein Ultimatum abgelehnt hatte, die Macht. Einen Tag später wurde ein unabhängiges Vietnam ausgerufen, wobei Kaiser *Bao Dai* den Protektoratsvertrag mit Frankreich von 1885 desavouierte und mit den Japanern kollaborierte. Die französische Administration brach zusammen, antifranzösische Manifestationen, Plünderun-

[349] *De la Roche, Jean Gottmann,* La fédération française, 1945. Montréal 1945. (Das Manuskript sei am 6. 3. 1945 in New York abgeschlossen worden.)
[350] Darüber *Ph. Devilliers,* Histoire du Viêt-Nam de 1940 à 1952, 3. ed. 1952. Isoart a.a.O., p. 318 f.

gen und Verfolgungen setzten ein; was an die Kolonialmacht erinnerte, wurde entfernt. Die Viet Minh bauten ihrerseits ihre Positionen aus, organisierten eine Befreiungsarmee und riefen am 13. August – zwei Tage vor der japanischen Kapitulation – zum allgemeinen Aufstand auf. Am 25. August dankte *Bao Dai* ab, am 29. August formierte *Ho Chi Minh* in Hanoi eine provisorische Regierung, und am 2. September wurde die Unabhängigkeit Vietnams proklamiert; am gleichen Tag demonstrierten 200 000 Indochinesen auch in Saigon im Zeichen der errungenen Unabhängigkeit.
General *de Gaulle* hatte am 8. Dezember 1943 in Alger erklärt:

« A ces peuples qui ont su affirmer leur sentiment national et leur sens de la responsabilité politique, la France entend donner au sein de la communauté française un statut politique nouveau où, dans le cadre de l'organisation fédérale indochinoise, les libertés des divers pays de l'Union seront étendues et consacrées. » [351]

Das Freie Frankreich gab damit seine Bereitschaft bekannt, nach dem Kriege die verfassungsrechliche Stellung Indochinas neu zu regeln und den einzelnen Bereichen eine gewisse Autonomie zu gewähren; im übrigen aber war die Erklärung – ganz im Stile *de Gaulles* – vage und enthielt keine Angaben über die Indochina zukommenden Souveränitätsrechte noch über die Rechte der Eingeborenen. Weder in Alger noch in Paris hatte man sich mit dem künftigen Statut Indochinas beschäftigt. Die Probleme Schwarzafrikas und Nordafrikas schienen zunächst naheliegender und die Verhandlungen mit den Alliierten und die Vorbereitungen für die militärische Wiedereroberung standen ohnehin im Vordergrund, ohne daß aber der Versuch gemacht worden wäre, den Ereignissen durch eine programmatische Erklärung vorzugreifen. Erst am 24. März 1945 – als Antwort auf die japanische Machtübernahme und zur Vorbereitung der alliierten Aktion – verkündete die französische Regierung, daß

« la fédération indochinoise formera, avec la France et avec les autres pays de la communauté, une Union française, dont les intérêts à l'extérieur seront représentés par la France. L'Indochine jouira, au sein de cette Union, d'une liberté propre ».

Über die föderativen Organe der Union werde die Konstituante befinden; an der Spitze der indochinesischen Föderation soll ein Generalgouverneur stehen, mit französischen und indochinesischen Ministern; ein Staatsrat werde ein Budgetrecht erhalten und über Gesetze beraten können [352].
Was besagte diese Erklärung? Zum ersten Male tauchte der Begriff der Union française auf [353], die Indochina zusammen mit der Metropole und anderen Ländern des Empire – es war an Tunesien und Marokko gedacht – eingehen werde; dabei wurde allerdings gleichzeitig klargestellt, daß in dieser Union Frankreich für die Außenpolitik verantwortlich blieb. Mit der « liberté propre « Indochinas war offenbar eine weitgehende Autonomie gemeint, die aber durch den Hinweis auf den Generalgouverneur, die französischen Minister und die bloß beratende legislative Gewalt des Staatsrates

[351] Zit. *Isoart*, p. 321.

[352] Text der Erklärung bei *Ali Maatern,* Colonialisme, Trusteeship, Indépendance, 1946, 224 f.

[353] *Paul Mus* berichtet, wie er den Begriff vorgeschlagen habe, um das koloniale Abhängigkeitsverhältnis in eine »paritätische Assoziation« zu verwandeln, und wie schließlich *Laurentie,* der politische Direktor im Überseeministerium, zugestimmt habe, Le Destin de l'Union française 1954, p. 83 f.

präjudiziert wurde: im Sinne einer klaren Kontrollgewalt der Kolonialmacht. Die Erklärung vom 24. März hat somit ähnliche Bedeutung wie die Resolution von Brazzavillle, insofern als man über eine allgemeine Verlautbarung hinausgehend, versucht hat, die konkrete Frage nach dem künftigen Status Indochinas und dessen Verhältnis zu Frankreich mindestens im Umriß zu beantworten. Die Autonomie Indochinas, das nicht den Kolonien, sondern den Protektoraten zugeordnet wurde, sollte offenbar weiter gehen als die der kolonialen Territorien; doch blieb die enge institutionelle Bindung an die Kolonialmacht, nicht nur innerhalb der Union mit Sitz in Paris, sondern auch in der Verwaltung Indochinas. Man kann auch hier einen Vergleich mit der britischen Politik in Indien, Burma und Ceylon ziehen, die bereits vor dem Kriege Semi-responsible Government erhalten hatten und deren Dominionstatut nun nicht nur versprochen war, sondern sich 1945 auf dem Weg zur Realisierung befand. Demgegenüber wirken die Konzessionen an Indochina bescheiden, zumal diese nicht durch die – noch näher festzulegende – Beteiligung an der Union française ausgeglichen wurden: denn es waren weder ein Self-government und die Unabhängigkeit noch eine wirkliche innere Autonomie bei größtmöglichster Eliminierung der Kolonialmacht als künftige Möglichkeit vorgesehen. Letzteres hätte in Indochina ihre Wirkung nicht verfehlt und vielleicht eine echte Verhandlungsbasis ergeben; die Erklärung vom 24. März hingegen blieb hinter den Ereignissen zurück, nachdem bereits am 11. März in Hanoi die Unabhängigkeit ausgerufen und die Republik Vietnam proklamiert worden war [354].

In französischen Kreisen jedoch hat die Verlautbarung starken Widerhall gefunden. Man verwies mit Genugtuung auf die amerikanischen Pressekommentare, die den Willen Frankreichs zur Dekolonisation hervorhoben, dabei jedoch die Erklärung vom März falsch interpretierten [355]. Die Gefahr eines Trusteeship für Indochina schien abgewendet zu sein [356]. *Henri Laurentie,* der ehemalige Hochkommissar in Äquatorialafrika und nun Direktor für politische Angelegenheiten im Überseeministerium, sprach von einem « acte fondamental qui transforme décidément et d'un coup toutes les notions du droit colonial français » [357]. Eine Revolution habe die Kolonialbevölkerung ergriffen, die die europäischen Mächte zwinge « d'être résolument anti-colonialistes » [358]. Es brauche Phantasie, die bisherige Stagnation zu durchbrechen; die Union

[354] Man beachte auch den paternalistischen Ton und völlig vagen Inhalt einer Botschaft *de Gaulles* an Indochina vom 15. August 1945: »Der Feind hat kapituliert. Indochina wird frei sein. In dieser entscheidenden Stunde wendet sich das Mutterland an seine Kinder der indochinesischen Union, um sie seiner Freude, Anteilnahme und Anerkennung zu versichern. Durch ihre Haltung gegenüber dem Feinde und durch die Treue zu Frankreich haben die Söhne Frankreichs(!) gezeigt, daß sie einer größeren und freieren nationalen Existenz würdig sind. Im Augenblick, da Frankreich Indochina wiederfindet, erklärt es sich feierlich bereit, die Vorkehrungen, die es zum Wohle aller getroffen hat, zu verwirklichen. Es lebe die indochinesische Union; es lebe Frankreich.« Keesings Archiv der Gegenwart 1945, S. 373.

[355] Zitate bei *Em. de Curton,* Vers une union fédérale française, in: Renaissances 1945/10 Die Washington Post meint z. B.: « L'Indochine sera le premier dominion de l'Union », stellt also die postulierte Union française dem Commonwealth gleich!

[356] *Jacques Ponchelet,* Union française ou Trusteeship, a.a.O., p. 57 f.

[357] L'Union française, in: Renaissances 1945/10, p. 54. Vgl. auch Notes sur une philosophie de la politique coloniale française, in Renaissances Oct. 1944, p. 14.

[358] Les colonies françaises devant le monde nouveau, in: Renaissances 1945/15, p. 4.

française sei die tragfähige Konzeption, da sie sowohl den Weg zur Autonomie («particularisme ») als auch zur vollen Assimilation eröffne[359]. *Laurentie* zeigte einen starken Reformwillen, setzte aber die Mitarbeit der Indochinesen voraus und richtete sein Interesse dann auf wirtschaftliche und soziale Fragen[360]. Eine ähnliche Haltung, wenn auch mit anderen Schlußfolgerungen, nahm der Direktor der Ecole coloniale und liberale Afrikakenner, *Robert Delavignette,* ein. In einem Aufsatz « L'Union française » grenzt er, mit dem Hinweis auf bisherige Verlautbarungen, die französische Politik gegen das britische Vorgehen ab, und spricht von « une voie toute nouvelle et très différente du Dominion britannique »; Frankreich gehe vom Bürgerrecht aus und gewähre dies nun ohne Verlust des Personalstatus. Es gebe keine Kolonien im alten Sinne mehr, da die geplante Union française als « organisme commun » eine gemeinsame Basis zwischen Mutterland und Überseebereich schaffe: « Demain nous serons tous les indigènes d'une même Union française. »[361] Es handle sich um eine organische Einheit, die die lose Union künftig in eine « Unité » auszubauen erlaube[362]; wie diese künftige Integration erfolgen soll, sagt *Delavignette* allerdings nicht.
Auch die politischen Parteien begannen sich mit der Union française zu befassen. So schlug der richtige Sozialist *André Philip* eine zweite Kammer, einen « Conseil supérieur de la communauté française » vor, der, je zur Hälfte von der Metropole und den Kolonien gebildet, die Entscheidungsgewalt in den die Union betreffenden Fragen erhalten sollte[363]. Ähnlich sprach der MRP-Abgeordnete *François de Menthon* von einer föderalen Repräsentation: ein Rat der Union erhielte hierbei konsultative Kompetenzen und wäre Vorstufe zu einer « intégration de l'Empire dans une Union française »[364]. Auf dem Parteikongreß des MRP von 1945 rapportierte der Abgeordnete und Arzt aus dem Kamerun *Aujoulat;* von Brazzaville und den Thesen seines Parteikollegen *Viard* ausgehend postulierte er eine koloniale Parlamentsvertretung, kombiniert mit Lokalversammlungen. Die französische Souveränität wurde nicht in Frage gestellt und das Ganze als « Communauté française » bezeichnet[365].

Wir haben zu zeigen versucht, wie man sich in Alger und dann in Paris 1944–1945 mit der künftigen Kolonialpolitik zu beschäftigen begann und eine Neugestaltung des Verhältnisses zwischen Mutterland und Kolonien anstrebte. Man war sich bewußt geworden, daß die Institutionen, Konzeptionen und Verhaltensweisen der Vorkriegszeit die Emanzipationsbewegung in Asien und Afrika nicht mehr aufhalten konnten;

[359] « Par ces deux exemples, Indochine et Antilles, on aperçoit bien quel pourra être, selon leur penchant, le destin des autres parties de l'Union. Les unes évolueront sans doute vers le particularisme sans pour autant cesser d'être solidaires, tandis que les autres tendront davantage à être assimilées. Les deux solutions seront ouvertes: un avenir prochaine nous indiquera vers laquelle, ici et là, on s'oriente », L'Union française, p. 55. Ähnliche Formulierung auch in Anniversaire de Brazzaville, in: Renaissances 1945/9, p. 112.

[360] Vgl. Précisions sur la politique coloniale, in: Marchés coloniaux 29. 12. 1945.

[361] L'Union française, in: Esprit Juli 1945, p. 232.

[362] L'Union française et le problème constitutionnel, in: Politique 1945/19, p. 420.

[363] Thèses pour servir à une discussion sur la future Constitution, in: Cahiers politiques, Aug. 1954.

[364] Vers la Constitution de la IVe République, a.a.O.

[365] Rapport du Docteur *Aujoulat* sur la politique coloniale, gedr. als Broschüre 1945.

der amerikanische und russische Antikolonialismus verlangte ebenfalls eine Überprüfung bisheriger Positionen. Gleichzeitig sollte aber auch mit und durch das Kolonialreich die Größe Frankreichs dokumentiert und der Anspruch als Weltmacht behauptet werden. Kein geringerer als *Gaston Monnerville,* der farbige Abgeordnete aus Guyana und künftige Präsident des Rates der Republik erklärte am 15. Mai 1945, wenige Tage nach der Kapitulation Deutschlands, in der Assemblée consultative: « Sans l'Empire, la France ne serait aujourd'hui qu'un pays libéré. Grâce à son Empire, la France est un pays vainqueur. » [366] Die Bedeutung, die der Anschluß Äquatorialafrikas an das Freie Frankreich General *de Gaulles* im neugewonnenen nationalen Selbstverständnis einnahm, wird hier deutlich.

Die alte Streitfrage – Assimilation oder Assoziation – hat jedoch ihre Relevanz eingebüßt, und neue Begriffe wie Communauté, Union française, Föderation wurden geprägt, um als Leitideen für eine französische Dekolonisation zu dienen. Frankreich wollte dabei nicht den britischen Weg einschlagen und seine Kolonien schrittweise in die Unabhängigkeit entlassen, sondern eine seiner Tradition und seinen Aspirationen gemäße Lösung finden. Der Kolonialismus sollte überwunden werden, indem man die Untertanen zu Vollbürgern erhob und politische Einheiten schuf, die innerhalb der neuen Verfassung Frankreichs verankert wurden. Man zeigte sich beweglich genug, um für die Vieilles Colonies, Schwarzafrika, Indochina, die nordafrikanischen Protektorate und Algerien eine ihren Voraussetzungen entsprechende Ordnung zu suchen – doch nur innerhalb eines institutionalisierten Ganzen. Die Plus grande France, die bisher mehr ein Postulat gewesen war und ein koloniales Herrschaftsverhältnis ideologisierte, sollte nun Wirklichkeit werden, indem Frankreich die einzelnen Teile des Kolonialreiches im Zeichen einer proklamierten Dekolonisation eingliederte, die angeblich nicht auf Abhängigkeit, sondern auf Gleichberechtigung beruhte und somit eine Lösung für die Zukunft zu versprechen schien.

Neue Probleme und Schwierigkeiten stellten sich: Sowohl mit der konsequenten Integration wie mit einem echten »Föderalismus« drohte eine Gewichtsverlagerung von der Metropole zu den Kolonien, die das Muterland nicht akzeptieren konnte oder wollte, was somit zu einer Vielfalt von Kompromiß- und Zwischenlösungen führte. Und schließlich war keineswegs ausgemacht, ob die Kolonialvölker, deren Emanzipation im Zweiten Weltkrieg einen so mächtigen Auftrieb erfahren hatte, überhaupt bereit waren, sich einer Union française anzugliedern und damit auf ihren nationalen Anspruch und die Rechte eines unabhängigen Staates zu verzichten.

Die Union Française

Da die Konferenz von Brazzaville die Beteiligung der Kolonien an der Konstituante befürwortet hatte, löste diese Frage keine weitere Diskussion aus; die Regierung setzte im September 1945 die koloniale Vertretung auf 63 Abgeordnete fest, nachdem sie den

[366] Zit. *Alfred Grosser,* La IVe République et sa politique extérieure 1961, p. 27.

weitgehenden Vorschlag einer Kommission unter Vorsitz des Westinders *Monnerville* abgelehnt hatte. Mit Ausnahme der Vieilles Colonies wurden die Repräsentanten in zwei Wahlkörpern – Bürger und Nicht-Bürger – gewählt [367]; von den 63 Abgeordneten waren 38 Autochthone. Diese agierten meistens innerhalb der Linksparteien des Mutterlandes, die Algerier hingegen waren – da *Ferhat Abbas* und seine Freunde im Gefängnis saßen – durch gemäßigte Nationalisten (z. B. Dr. *Bendjelloul)* und zwei Kommunisten vertreten. Obwohl die koloniale Repräsentation zahlenmäßig keineswegs proportional zur Bevölkerung war, unterstrich sie doch den letztlich assimilatorischen Kurs des Neuen Frankreich: Mutterland und Kolonien (Indochina war an der Konstituante nicht beteiligt) sollten künftig eine Einheit bilden, und zwar auf der Basis der Gleichheit; die « sujets » wirkten mit an der Ausarbeitung der Verfassung, die auch den Status der Kolonien festlegen würde; Muselmanen konnten über den « statut civil français » mitsprechen. *Deschamps* hat die Entscheidung vom September 1945 mit dem 4. August 1789 verglichen, an dem das Feudalregime des Ancien Régime sein Ende gefunden hatte [368].

Wir gehen nicht auf die Etappen der Konstituante ein. Es sei nur darauf hingewiesen, daß die Verfassungskommission eine Abordnung des Überseeausschusses unter Vorsitz von *Marius Moutet,* in dem die Autochthonen stark vertreten waren, anhörte; die Parteien hatten ihrerseits Vorschläge ausgearbeitet. Außerdem rapportierte der Senegalese *Senghor* am 11. April 1946 vor der Nationalversammlung über die die Union française betreffenden Abschnitte der geplanten Verfassung; die Versammlung hat diesen nach eingehender Diskussion am 19. April zugestimmt [369].

Von Anfang an zeigte sich die Notwendigkeit eines Kompromisses zwischen assimilatorischen und föderalistischen Tendenzen, zwischen rechtlicher Gleichstellung und starker Parlamentsvertretung einerseits und einer Kombination von lokaler Autonomie und »föderalen Institutionen« andererseits. Das Mißtrauen gegenüber einem echten Föderalismus als einer Vorstufe der Ablösung blieb bestehen [370]. *Senghor* betrachtete den Kompromiß als gelungen; Juristen hingegen weisen auf innere Widersprüche hin. Mit energischem Willen wollte man den Status des « sujet » beenden und die Rechtsgleichheit proklamieren. Art 44 des Verfassungsprojektes legte denn auch fest: « Tous les nationaux et ressortissants français de la métropole et des territoires d'outre-mer jouissent des droits de citoyen. » [371] Dies bedeutete einen entscheidenden Schritt über die Vorkriegszeit hinaus, um so mehr als von einem Verzicht auf das Personalstatut

[367] Das Wahlrecht war begreiflicherweise noch an bestimmte Voraussetzungen gebunden; in der AOF zählte man bei einer Bevölkerung von 17 Millionen 117 700 Wahlberechtigte.

[368] *Franz Ansprenger,* Politik im schwarzen Afrika, 1961, p. 65. *Hubert Deschamps,* Methodes et Doctrines coloniales de la France, 1953, p. 186.

[369] Aus der umfangreichen Literatur nennen wir nur: *Pierre Lampué,* L'Union française d'après la Constitution, 1947; *François Borella,* L'évolution politique et juridique de l'Union française depuis 1940, 1958.

[370] So sagte der für Überseefragen wichtige Abgeordnete *Boisdon* in der Verfassungskommission: « Le but doit être d'éviter un fédéralisme qui pourrait aboutir à dissocier l'Empire. Une chambre fédérale entraînerait dans des voies inconnues et peut-être dangereuses. » Zit. *Henri Culman,* Union française, 1950, p. 79.

[371] Juristisch war noch nicht klar, um was für ein Bürgerrecht es sich handelte, vgl. *Lampué* p. 11; Borella p. 40.

nicht die Rede war und die sich im Algerien-Erlaß vom 7. März 1944 ankündigende Politik auf alle Untertanen – selbstverständlich mit Ausnahme der Protektorate Nordafrikas und auch Indochinas – erweitert wurden. Der Tendenz nach war auch dieser Schritt eindeutig assimilatorisch. Die Konstituante stellte daher diese Bürgerrechtsgewährung gebührend heraus: Frankreich werde damit wirklich zu einem Pays de cent millions habitants, beende jede rassische Diskriminierung (*Marius Moutet*) und damit den kolonialen Imperialismus. « Le fait principal, le fait capital de la Constitution de 1946 sera la reconnaissance des Droits de l'homme et du citoyen », betonte auch *Senghor* [372], jedoch nicht ohne darauf hinzuweisen, daß dieser Prinzipien-Erklärung die konkreten Verfassungsbestimmungen und die gelebte Wirklichkeit entsprechen müßten [373]!

Ein Ende der kolonialen Herrschaft proklamierte auch der wichtige Art. 41: « La France forme avec les territoires d'outre-mer d'une part, et avec les états associés d'autre part, une union librement consentie. » Als Territorien galten dabei die Kolonien Schwarzafrikas und Madagaskar, während die Vieilles Colonies und Algerien als « départements d'outre-mer » zur Metropole gerechnet wurden; mit « états associés » waren Tunesien, Marokko und Indochina gemeint. Mit dieser Unterscheidung sollte den unterschiedlichen Rechtsstatuten und dem jeweils anders gelagerten Verhältnis zum Mutterland Rechnung getragen werden: die Departements sind integrale Teile des Mutterlandes und erscheinen fortan als überseeische Provinzen, die Territorien erhalten eine gewisse Autonomie, während die Protektorate als Staaten akzeptiert werden und nur locker an das Mutterland gebunden bleiben. Der Art. 41 enthielt jedoch den Grundsatz der »freiwillig« eingegangenen Verbindung, ging also von zwei gleichberechtigten Partnern aus, die sich zu einer »Union« zusammenschließen. Die Zustimmung der überseeischen Departements und auch der Territorien jedoch wurde stillschweigend vorausgesetzt [374]! In Art. 114 hieß es zudem: « La République française une et indivisible (!) reconnaît l'existence de collectivités territoriales ... les communes, les départements, les territoires et fédérations d'outre-mer »; im Unterschied zu Art. 41 wurden hier die überseeischen Territorien zu integralen Teilen Frankreichs erklärt, und zwar als einer »einen und unteilbaren Republik«: sie wurden also kurzerhand integriert!

Ihre lokale Autonomie beschränkte sich denn auch auf eine administrative Dezentralisation. Die Territorien erhielten zwar gewählte Versammlungen mit Budgetrecht, nicht aber legislative Befugnisse: die Gesetzgebung blieb weiterhin dem Parlament vorbehalten. Dennoch glaubte man, den Weg zur « personnalité politique », von der die Konferenz von Brazzaville gesprochen hatte, eröffnet zu haben; dem Motto *Senghors* entsprechend – « assimiler, non d'être assimilé » – werde sich die afrikanische Bevölkerung ihrer eigenen Zivilisation und Tradition entsprechend entwickeln können. *Sen-*

[372] J. O. 11. 4. 1946, S. 1713.

[373] Vgl. auch *Senghors* Aufsatz »Défense de l'Afrique noire« (abgeschl. 1. 5. 1945), in: Esprit Juli 1945. Trotz Brazzaville habe sich konkret noch wenig verändert. Afrika verlange für die Territorien mehr als eine nur konsultative Versammlung, zudem gleiches Recht in der Ernennung der Beamten, Abschaffung des Indigénats und der Zwangsarbeit. Diesen Forderungen ist die Konstituante im wesentlichen nachgekommen!

[374] Ein Vertreter Madagaskars weist kritisch darauf hin: « Il ne saurait être question d'une union librement consentie, sans qu'au préalable soient remplies les conditions requises d'une adhésion libre et éclairée. » 11. 4. J. O., p. 1718.

ghor hat die überseeischen Territorien als Teile der Republik akzeptiert, gleichzeitig aber die Möglichkeit, zu gegebener Zeit sich entweder für die volle Integration oder für die Autonomie und Assoziation zu entscheiden, aufrechtzuerhalten versucht: « Les peuples de l'Union pourront se développer librement: ils auront la possibilité de s'acheminer selon leurs vœux et leur génie propre, soit vers l'assimilation et l'intégration, soit vers l'association et la fédération ... La porte reste ouverte sur l'avenir. » [375] Dies aber war eine recht weitherzige Interpretation; jedenfalls hätte ein Statuswechsel für die afrikanischen Territorien eine Verfassungsänderung bedingt – eine Quelle des Mißverständnisses war damit gegeben.

Zu Mißverständnissen und Meinungsverschiedenheiten konnte oder mußte künftig auch die Vertretung im Parlament Anlaß geben. Über den Grundsatz einer solchen Vertretung war man sich – im Unterschied zu Brazzaville – einig, wobei allerdings die Ausführungsbestimmungen – faktisch aber entscheidende Fragen wie die Zahl der Abgeordneten, Wahlrecht, getrennte Listen oder nicht – der Gesetzgebung überlassen wurden; daß eine der Bevölkerungszahl proportionale Vertretung nicht möglich war, dessen war man sich bewußt, und auch Autochthone wie *Senghor* haben sich dieser Einsicht nicht verschlossen. « Pour compenser cette inégalité, on leur donne des libertés locales. » [376] Eine Untervertretung im Parlament sollte also kompensiert werden durch den Ausbau der lokalen Autonomie – ein naheliegender und vernünftig wirkender Kompromiß. Waren jedoch diese « libertés locales » innerhalb der République une et indivisible möglich? Konnten die Afrikaner sich mit dieser Untervertretung zufrieden geben, wenn sie im eigenen Bereich keine legislativen Befugnisse und keine eigentliche Exekutivgewalt erhielten? In der Folgezeit hat die Kritik hier eingesetzt: die Untervertretung sei diskriminierend, und auch im lokalen Bereich werde die « personnalité politique » nicht gewährt.

Heftig diskutiert wurden die Einsetzung und die Kompetenzen eines « Conseil de l'Union française », der den Überseegebieten als eine zusätzliche Vertretungskörperschaft dienen sollte. Die Diskussion wurde jedoch völlig verfälscht, weil sich hinter der Auseinandersetzung um die Institutionen der Union française die allgemeinere und für die Erste Konstituante entscheidende Frage: Einkammersystem oder Zweikammersystem? verbarg. Die Linke trat im Zeichen ihres traditionellen »revolutionären Republikanismus« für das erstere ein, während die bürgerliche Mitte und Rechte die zweite Kammer als Gegengewicht und retardierendes Moment befürwortete. Die Überschneidung zweier an sich völlig verschiedener Probleme ergab die paradoxe Situation, daß ausgerechnet die Linksparteien und die autochthonen Abgeordneten den Rat der Union mit nur geringfügigen Kompetenzen ausstatten wollten. *Senghor* berief sich auf die Verfassung von 1795 und sprach von der »reaktionären zweiten Kammer«, während *Aimé Césaire*, der Dichter und Député von Martinique kommunistischer Observanz, behauptete, die kolonialen Abgeordneten seien in erster Linie an einem starken und demokratischen, d. h. linksgerichteten Mutterland interessiert; der Rat der Union als ein neuer Senat werde ein Instrument der Reaktion sein und müsse verhindert werden [377]. Der kommunistische Vorschlag ging vom demokratischen Prinzip und der loka-

[375] *Senghor* als Rapporteur, p. 1714.
[376] Vorbemerkung der Verfassungskommission Annexe 885, p. 851.
[377] 11. 4. J. O., p. 1719.

len Autonomie aus und war integrationistisch konzipiert, ohne allerdings eine spätere Umdeutung im Sinne eines Rechtes auf Selbstbestimmung auszuschließen; jedenfalls sollte der Rat der Union nur konsultative Befugnisse erhalten [378]. Eindeutig ambivalent war die Haltung der Sozialisten. Der oben erwähnte Abgeordnete *P. O. Lapie* formulierte von neuem seine Thesen zur Föderation: im Rahmen der Union française « tous les peuples et toutes les collectivités ont droit à l'indépendance et à l'épanouissement de leur civilisation et de leur langue, de leur culture et de leur vie spirituelle »; sozialistische Republiken sollten entstehen, die sich im Zeichen von Liberté, Egalité und Fraternité freiwillig mit Frankreich verbinden und eine Art Commonwealth bilden würden [379]. In ihrem Verfassungsentwurf berief sich die SFIO zwar auf das föderalistische Prinzip, wollte aber entsprechende Institutionen erst in Zukunft ins Auge fassen – offenbar weil die Linkspartei im Moment einen Rat der Union mit legislativen Kompetenzen nicht akzeptieren konnte [380]! Umgekehrt polemisierten die Sprecher des MRP, der in der Verfassungskommission durch den Algerienfranzosen *Viard* vor einer Desintegration gewarnt und eine integrationalistische Lösung vertreten hatte, gegen die zu geringen Kompetenzen des Rates der Union; er müsse mindestens an der Wahl des Präsidenten der Republik beteiligt sein und sich durch seinen « avis » beim Parlament Gehör verschaffen können [381]. In ähnlicher Weise hat auch *René Pleven* von den Widerstandsdemokraten die zweite Kammer durch eine föderative Konzeption der Union française aufzuwerten versucht; der vorgeschlagene Rat sei nur eine Karikatur, der den Hoffnungen von Brazzaville keineswegs entspreche, er müsse bestimmte legislative Befugnisse erhalten; der Verfassungsentwurf verhindere zudem eine lebendige Entwicklung – « nous sommes dans un siècle de nationalisme » [382].

Die Entscheidung fiel im Sinne der Linksparteien: der Conseil de l'Union erhielt nur konsultative Kompetenzen und mußte nicht einmal obligatorisch angehört werden. Die Linke – auch die Kommunisten – und die überseeischen Abgeordneten glaubten zwar mit ihrem Verfassungsentwurf das Ende des Kolonialismus proklamieren zu können, verhinderten aber, daß die Union française einen eigenen Gesetzgebungsbereich er-

[378] Art. 50 des kommunistischen Entwurfes: « La république française proclame solenellement que seule l'application conséquente des principes de la démocratie aux peuples et aux populations des territoires d'outre-mer créera les conditions propices au développement rapide de ces peuples et populations vers un régime de liberté, dans une amitié féconde avec la nation française. » Annexe 20. Der Begriff der Liberté war hier bezeichnenderweise ambivalent!

[379] 20. 3. 1946, J. O., p. 932 f.

[380] « Nous ne dissimulons pas notre désir de voir ce conseil de la communauté française évoluer peu à peu vers un organisme fédéral au fin et à mesure que les différentes assemblées de territoires se constitueront plus solidement. Un jour viendra où la représentation des territoires d'outre-mer (im Parlament) ... pourra être supprimée et des fonctions non plus consultatives mais délibératives pourront être données au conseil de l'Union française. Ceci ne nous paraît pas possible pour l'instant ...» Documents 1945–46 Annexe No. 444, p. 59 f. Mit einigem Recht konnte *Pleven* auf *Lapie* als einem Mitglied der SFIO und den Kommunisten *Mercier* hinweisen, die in Algier eine richtige Assemblée fédérale gefordert hätten. J. O. 11. 4., p. 1721.

[381] 19. 4. 1946 J. O., p. 2065 f. Auch *Coste-Floret* hatte am 15. 4. das Zweikammersystem stark betont, p. 1846

[382] 19. 4. 1946, p. 2062.

hielt, der sich von Anfang an als föderative Instanz hätte entwickeln können. Das erste Verfassungsprojekt wurde im Referendum vom 5. Mai 1946 vom französischen Volk abgelehnt; in Übersee haben die Autochthonen zugestimmt, wogegen die Kolonialfranzosen mehrheitlich der Nein-Parole gefolgt sind.

Kam die erste Assemblée constituante mit ihren Verfassungsvorschlägen nicht zum Ziele, so hat sie doch einige wichtige legislative Entscheidungen getroffen:

Am 12. März 1946 wurde die Integration der Vieilles Colonies zum Abschluß gebracht, und zwar auf Drängen der Autochthonen unter Führung *Césaires;* noch bestehende Ungleichheiten und Sonderregelungen entfielen, andererseits galten die neuen wichtigen Sozialgesetze fortan auch in den überseeischen Departements. Einen Monat später, am 11. April, hob die Konstituante die Zwangsarbeit auf und schuf einen Investierungsfonds für die überseeischen Territorien (FIDES), der aus Mitteln des mutterländischen Budgets bestand und in den folgenden Jahren sowohl die Mise en valeur wie die zivilisatorische Entwicklung energisch voranzutreiben erlaubte.

Vor allem aber stimmte die Konstituante am 7. Mai 1946 einem Gesetzesantrag des Senegalesen *Lamine-Guèye* zu, wodurch allen « sujets » das volle französische Bürgerrecht verliehen wurde; die aus Ablehnung des ersten Verfassungsprojektes entstandene Unsicherheit war damit beendet. Diese « Loi Lamine-Guèye », die selbstverständlich das Indigénat aufhob und den ehemaligen Untertanen die bürgerlichen Rechte und Freiheiten zusicherte, darf als die Lex Caracalla Frankreichs bezeichnet werden: der »primitive« Afrikaner im Busch erhielt volles französisches Bürgerrecht. Das Gesetz mochte sich aus der konkreten Situation vom Mai 1946 zwangsläufig ergeben, bedeutete aber doch den Höhepunkt und Abschluß einer langen Entwicklung und zeigte die Stärke der assimilatorischen und integrationistischen Konzeption der französischen Kolonialpolitik unmittelbar nach dem Zweiten Weltkrieg.

Vor und während der zweiten Konstituante traten die nationalistischen Emanzipationsbewegungen stärker als bisher in Erscheinung und drangen ins Bewußtsein der Metropole. Eine Amnestie in Algerien setzte *Ferhat Abbas* frei und ermöglichte einen durchschlagenden Erfolg seiner Partei bei den Wahlen zur zweiten Konstituante: von den 15 Abgeordneten des muselmanischen Wahlkörpers waren 13 von den Amis du Manifeste; diese protestierten gegen die doppelte Wahlkörperschaft und forderten einen Etat algérien, föderativ mit Frankreich verbunden – womit das föderalistische Programm auch von nationaler Seite aufgenommen wurde. Auch in Madagaskar stand die Wahlpropaganda der eingeborenen Führer bereits unter dem Motto der »Unabhängigkeit«, wenn auch im Rahmen einer Union française; der Aufstand von 1947 kündigte sich an. In Schwarzafrika kam es zu wirtschaftlichen und sozialen Anpassungsschwierigkeiten – z. T. als Folge der Aufhebung der Zwangsarbeit und des Indigénats –, Arbeitsverweigerungen, Streiks u. a. Während die Kolonialfranzosen ihre Plantagen und Unternehmungen bedroht und ihre persönlichen Positionen gefährdet sahen, gewannen auch hier die nationale Bewegung an Gewicht; mit dem Rassemblement Démocratique Africain (RDA) entstand 1946 die wichtige überregionale Organisation. Die Ablehnung des ersten Verfassungsprojektes durch die Kolonialfranzosen hatte zudem die »farbigen« Abgeordneten enttäuscht und mißtrauisch gemacht. Die am 2. Juni erfolgten Wahlen zur zweiten Konstituante ergaben aber im kolonialen Bereich – mit Ausnahme Algerien – keine wesentliche Verschiebung. Im Gesamtergebnis jedoch war der MRP zur stärksten Partei aufgerückt, während Kommunisten und Sozialisten an Position verloren hatten. Den 13 Abgeordneten des Amis du Manifeste fiel dabei die Funktion eines »Züngleins an der Waage« zu; es kam sogar dazu, daß ein Vorschlag zur « Liberté de l'enseignement » mit Hilfe der algerischen Abgeordneten abgelehnt wurde! Viele Abgeordnete der Rechten und Mitte empfanden diese Entscheidung als Warnung vor einer konsequent durchgeführten, d. h. proportionalen Vertretung der Kolonien im Parlament. Auch die Ereignisse in Indochina im Frühling und Sommer 1946 (vgl. S. 454) dämpften die Reformbereitschaft und gaben den Rechtsparteien Auftrieb.

Die autochthonen Abgeordneten sahen sich so in die Verteidigung gedrängt und organisierten sich im Juli zu einer « Inter-groupe », einer interfraktionellen Gruppe, unter Vorsitz von *Lamine-Guèye,* dem senegalesischen Vizepräsidenten der Kommission für die überseeischen Territorien. Die von der Inter-groupe ausgearbeiteten Vorschläge wurden von der eben erwähnten Kommission übernommen und dann sogar in nur leicht modifizierter Form dank der Unterstützung durch die Sozialisten und Kommunisten auch vom Verfassungsausschuß mit schwacher Mehrheit akzeptiert. Die Vorschläge sind aufschlußreich für die damalige Haltung der afrikanischen Politiker [383]. Scharf verurteilt wurde der Kolonialismus als solcher und jedes unilaterale Vorgehen, das den ehemaligen Kolonien durch ein französisches Referendum, aber ohne besondere Befragung der »Eingeborenen« eine Verfassungslösung aufzudrängen versuche. Demgegenüber wurde das Selbstbestimmungsrecht – « la liberté de se gouverner euxmêmes » – proklamiert! Die föderalistische Union française müsse von den « nations et peuples » gebildet werden, die sich aus eigenem Willen mit der Metropole verbinden; die afrikanischen Territorien erscheinen nicht von vornherein als Teile der Republik, sondern als Partner der Union. Die überseeische Bevölkerung soll zudem das Recht eingeräumt bekommen, innerhalb der kommenden 20 Jahre über ihren Status selbst zu befinden: « Les peuples de l'Union Française auront la faculté de choisir, dans le cadre de cette Union, soit un statut d'Etat libre lié à la France par un traité international, soit une intégration complète à la République ». Der Übergang zum Status des assoziierten Staates, der für die Protektorate und Indochina vorgesehen war, sollte also auch Schwarzafrika und Algerien offenstehen. Die Konstituante sei im übrigen – hieß es – gar nicht zuständig, das Verhältnis der ehemaligen Kolonien zum Mutterland festzulegen; die Institutionen der Union wie der Territorien müßten einer gesonderten konstituierenden Versammlung vorbehalten bleiben, in der die Überseegebiete ein Übergewicht hätten. Die Tendenz dieser Vorschläge ist deutlich: die autochthonen Abgeordneten lehnten es ab, vom Mutterland eine Verfassung oktroyiert zu bekommen und wollten sich nicht ein für allemal auf einen bestimmten Status festlegen; ein Statuswechsel soll vorbehalten bleiben, und zwar als Ausdruck eines anerkannten Rechtes auf Selbstbestimmung. Der Grundsatz der freien Zustimmung wird ernst genommen und eine mehr oder weniger lockere Föderation gleichberech-

[383] Text bei *Daniel Boisdon,* Les institutions de l'Union française, 1949, p. 41–42, teilweise auch bei *Borella* p. 44.

tigter Partner postuliert [384]. In diesen Vorschlägen sind sowohl *Sissokos* und *Senghors* Thesen von 1944/45, als auch *Ferhat Abbas'* Konzeptionen des algerischen Staats und die Forderungen der Nationalisten Madagaskars enthalten, kündigte sich aber gleichzeitig auch der schrittweise Übergang *Senghors* von der föderativen Republik zu Konföderation an.

Dieser von der Inter-groupe ausgehende Entwurf der Verfassungskommission ist u. E. unverdientermaßen in Vergessenheit geraten. Er hatte seine innere Berechtigung und enthielt im Moment, da die Nationalisten bereits Eigenstaatlichkeit forderten, aber gegen den Vorwurf, die Ablösung anzustreben, prostestierten, ein Dekolonisationsprogramm, das die Autonomieforderungen mit den Interessen der Interessen des Mutterlandes vielleicht in Einklang zu bringen und vor allem eine bewegliche Anpassung an die sich schnell wandelnde Situation erlaubt hätte. Man ist geneigt, hier einen Vergleich mit der britischen Politik nach 1945 zu ziehen. Großbritannien rechnete ebensowenig wie Frankreich mit einem baldigen Self-government oder der Unabhängigkeit der afrikanischen Kolonien, war aber bereit, die Selbstbestimmung als ein an sich gerechtfertiges Fernziel zu akzeptieren. Dominionstatut und Commonwealth würden in etwa dem Status des Etat associé und der Union française im Vorschlag der Inter-groupe entsprechen, und die Bereitschaft der Afrikaner, den territorialen Status mit der Möglichkeit eines späteren Statuswechsels zu akzeptieren, wäre in Parallele zu setzen mit den von England praktizierten Übergangsregimes.

Etwa gleichzeitig mit den Abgeordneten der Inter-Groupe traten auch die kolonialistischen Gruppen vermehrt in Aktion. Ihre Haltung und Forderungen sind greifbar in den vom Comité de l'Empire an die Regierung gerichteten Eingaben [385] oder in der Zeitschrift « Marchés Coloniaux », die das Erbe von « L'Afrique Française » übernommen hatte. Bereits am 12. März 1945 z. B. hatte das Komitee den Vorschlag eines Conseil consultatif impérial gemacht, dessen Zusammensetzung die Vormachtstellung der Metropole jedoch nicht gefährdete und überdies den Kolonialfranzosen eine maßgebende Rolle einräumte: Vertreter des Mutterlandes, Repräsentanten der Kolonialfranzosen und Eingeborene sollten sich im Verhältnis 2 : 2 : 1 gegenüberstehen [386]! Im Juli gleichen Jahres hat das Komitee gegen die vorgesehene Vertretung der Kolonien in der Konstituante Stellung bezogen: nur die französischen Bürger dürften ein Wahlrecht erhalten, denn

> « l'intrusion d'éléments indigènes non citoyens, se substituant aux colons, qui ont fondé et développé l'empire, et aux indigènes qui, par leur mérite ou leur degré d'évolution, ont accédé à la citoyenneté, marquerait un ébranlement de tout édifice impérial qui fait la force et la fierté de la France » [387].

Die autochthonen Abgeordneten strebten die Unabhängigkeit an und gefährdeten die französische Souveränität; unhaltbar sei vor allem das Collège unique, das eine Majori-

[384] Auch der Rapporteur *Coste-Floret* (MRP) mußte mit dem Hinweis auf den möglichen Statuswechsel betonen, der Entwurf »s'inspire beaucoup plus nettement de la conception fédéraliste« Documents II, 350, 295.

[385] L'Action du Comité de L'Empire français. Principales interventions auprès des pouvoirs publics (Oct. 44–Mars 46).

[386] P. 40.

[387] 16. Juli 1945, p. 54.

sierung der Siedler heraufbeschwöre. Damit waren die Positionen bezogen. Mit der Devise « Maintenir l'Empire » [388] wurde gegen jede Politik des »abandon« protestiert, wie sie sich mit der Gewährung der Unabhängigkeit für Syrien oder mit den Verhandlungen mit *Ho Chi Minh* ankündige:

« La France ne peut renaître qu'en rejetant une fois pour tout la guenille de masochisme dont elle persiste à s'affaiblir depuis sa transitoire défaite de 1940. » [389]

Die bestehenden Wirtschaftsstrukturen wurden selbstverständlich gegen den « étatisme » verteidigt, vor »zu schneller« Industrialisierung wurde gewarnt, ein Trusteeship für Kamerun und Togo abgelehnt [390]. Die Zeitschrift « Marchés Coloniaux » verzichtete auf die Konzeption einer « France de cent millions d'habitants », d. h. auf die Assimilation im Bürgerrecht, und befürwortete eine administrative Dezentralisation, ohne jedoch eine effektive Mitwirkung der Eingeborenen in der Lokalverwaltung vorzusehen; es handelte sich also um die Anti-Assimilation kolonialistischer Prägung [391]! Selbstverständlich kritisierte « Marchés Coloniaux » das erste Verfassungsprojekt und forderte jeden « colonial » auf, beim Referendum vom 5. Mai 1946 mit »nein« zu stimmen [392]. Dabei wurde geschickt argumentiert: Die Untervertretung der Kolonien sei Hypokrisie und nicht lange aufrechtzuerhalten; der Proporz jedoch würde eine überseeische Mehrheit ergeben, und « nous nous serions suicidés. Merci ». Die Parteistreitigkeiten der Metropole fänden ihren Widerhall im Sudan und in Laos ... Für die imperialen Angelegenheiten solle die « chambre fédérale » zuständig sein – womit auch die kolonialistische Rechte den Föderalismus in Anspruch nimmt und die ohnehin schon vorhandene Konfusion in der Verwendung dieses Terminus noch verschärft. « Il faut reprendre toute la structure de l'Union française sur la base fédérale. » [393] Eingeschränktes Wahlrecht und Doppelwahlkollegium sowohl im lokalen Bereich wie für die Wahlen zur Chambre fédérale könnten die Interessen der Kolonialfranzosen sicherstellen. Die Zeitschrift verlangte sogar die sofortige Aufhebung des Bürgerrechtsgesetzes vom 7. Mai 1946 und wollte die Vertretung im Parlament nur für die französischen Bürger im bisherigen Sinne (also unter Verzicht auf das Personalstatut) gelten lassen [394]! Gegen dieses Gesetz und gegen das Collège unique richtete sich auch ein Manifest mehrerer Kolonialverbände; die Eingeborenen wünschten nur Gerechtigkeit und Ordnung und seien an Wahlrecht und parlamentarischer Repräsentation völlig desinteressiert [395].

[388] Leitartikel des Chefredakteurs *René Moreux* in der 1. Nummer vom 17. 11. 1945.

[389] 25. Jan. 1946, p. 101; Mit der Überschrift: « La France ne traitera en Indochine qu'avec des interlocuteurs loyaux. »

[390] 26. Jan. 1946, p. 75.

[391] *Claude Vion,* Politique impériale et décentralisation, in: Marchés Coloniaux 26. 1. 1946, p. 77.

[392] *René Moreux* am 27. April 1946, p. 389.

[393] ders. Refaire la Constitution de l'Empire 4. 5. 1946, p. 411. Repenser toute notre politique coloniale et refaire la Constitution de l'Empire, 25. 5. 1946, p. 493 f.

[394] Pour un statut de l'Union française, 13. 7. 1946, p. 689.

[395] In der Nr. vom 1. Juni 1946. Das Manifest ist unterzeichnet von: Académie des Sciences coloniales, Comité de l'Afrique française, Comité de l'Empire français, Comité de l'Océanie française, Journal de la Marine marchande, Ligue maritime et coloniale, Marchés coloniaux.

Scharf wurde gegen das Verfassungsprojekt der Inter-groupe, dessen Urheber als ein « syndicat des séperatistes honteux » [396] bezeichnet werden, Stellung bezogen:

« La primauté métropolitaine disparaîtrait; l'empire serait pulverisé dans un délai de vingt ans. Satisfaction serait donnée au séparatisme cher à certains représentants qui entendent faire prévaloir leur programme d'émancipation totale. » [397]

Separatismus wurde zum Stichwort, mit dem man die Nationalisten kompromittierte und die Bereitschaft zum Entgegenkommen als Politik des « abandon » diskreditierte und mit kommunistischem Einfluß in Verbindung brachte. Entsprechende Thesen und Forderungen vertraten auch die « Etats généraux de la colonisation française », die im August 1946 in Paris getagt haben [398]. Man wird von einer regelrechten Gegenoffensive sprechen dürfen, deren Ton geradezu provozieren mußte. Die Formel einer « Union française à forme fédérative » kann nicht darüber hinwegtäuschen, daß hier Positonen der Vorkriegszeit verteidigt wurden.
Dem von rechts inszenierten Widerstand gegen den vom Verfassungsausschuß akzeptierten Text glaubte sich auch die Regierung nicht verschließen zu können. Der MRP-Abgeordnete *Coste-Floret* vertrat zwar den Vorschlag vor der Konstituante, doch bat der sozialistische Überseeminister *Moutet* – nach einer Intervention *Edouard Herriots* – die Versammlung, den die Union française betreffenden Teil des Verfassungstextes zunächst auszusondern und einen Regierungsentwurf abzuwarten; einzig eine – ganz ungewöhnliche – Intervention der Regierung bot die Möglichkeit, im letzten Moment noch die von links kommenden Vorschläge aufzuhalten und das Empire zu »retten«! Selbstverständlich haben die autochthonen Abgeordneten, unterstützt von den Kommunisten, protestiert; da jedoch die Sozialisten nach rechts rückten und sich dem MRP näherten, wurde die Linke geschwächt und mußte Konzessionen machen. Die zweite konstituierende Nationalversammlung hat am 29. September 1946 mit 440 gegen 106 Simmen den im wesentlichen auf dem Regierungsentwurf basierenden neuen Text angenommen: die Rechte und die Radikalsozialisten haben ihn abgelehnt, wäh-

[396] 14. 9. 1946, p. 944.

[397] Les partis et l'Union française, 10. Aug. 1946. Vgl. auch eine Eingabe des Comité de l'Empire français an Überseeminister *Moutet* vom 12. 3. 1946, in: L'action ..., p. 87 f. « Le projet aboutirait, en effet, à exclure les Français des assemblées locales souveraines (!), et à introduire les autochtones dans la gestion de la souveraineté française. » Es folgt ein unsinniger Vergleich mit den Commonwealth!

[398] Darüber *Ansprenger*, p. 69 f. Inhalt der Resolution der »Etats généraux« bei Devèze, p. 266. Hier heißt es u. a.: « L'accession à la citoyenneté française ne pouvait être une mesure d'ordre collectif, étendant obligatoirement à tous les habitants de l'Empire des droits, dont le plus grand nombre ne comprendrait ni le sens, ni la grandeur, ou que certains même écarteraient délibérément, mais un fait individuel largement ouvert à tous ceux qui sont en état d'en saisir la portée morale, sociale et politique ... Les agitations provoquées par quelques évolués autonomistes considérés par on ne sait quelle ironie comme les représentants authentiques des populations d'Outre-Mer, alors qu'ils ne sont généralement que l'expression de féodalités du passé ou de tyrannies de demain, ne doivent pas faire oublier l'aspiration des masses autochtones à la paix française dans l'ordre et le travail. » Die Generalstände « émettent en conséquence le voeu que le Gouvernement français, qui a pour mission essentielle de garantir la pérennité des intérêts supérieurs du pays et de la civilisation dans les territoires de l'Empire français(!), y maintienne au-dessus des partis, des contingences locales et temporaires, le principe sacré de la souveraineté française. »

rend der MRP, die Sozialisten und selbst die Kommunisten, aber auch die afrikanischen Abgeordneten ihre Zustimmung gaben; Stimmenthaltung übten die Gruppe von *Ferhat Abbas* und die Vertreter von Madagaskar [399].
Aus der lebhaften Diskussion in der zweiten Konstituante können wir nur wenige Gesichtspunkte kurz zur Spache bringen. Genannt werden muß vor allem das berühmte Votum *Herriots* vom 27. August, mit dem dieser im Hinblick auf die Vorschläge des Verfassungsausschusses die »Notbremse« zog [400]. In *Herriot* war die Dritte Republik repräsentiert: fortschrittlich und liberal in der Programmatik, zurückhaltend in der Ausführung, patriotisch im alten Sinn; die radikalsozialistische Partei hatte zudem intern starke Verbindungen zu den kolonialistischen Kreisen und war seit 1945 ohnehin nach rechts gerückt. *Herriot* verteidigte denn auch einleitend mit eindrücklicher Rhetorik die koloniale Vergangenheit und rief Männer wie *Ferry, Brazza, Galliéni* und *Eboué* in Erinnerung. Reformen im Kolonialreich seien notwendig, aber der Entwurf der Verfassungskommission mit seinem « fédéralisme acéphale et anarchique » sei unannehmbar; die Konferenz von Brazzaville habe eine viel stärkere Zentrale in Aussicht genommen (symptomatischer Zwischenruf: « la Conférence de Brazzaville est dépassée! »). Die Interessen der Metropole würden nicht berücksichtigt, und von der nationalen Verteidigung sei auch nicht die Rede: Frankreich könne niemals Dakar und andere strategische Positionen aufgeben. Der Import von Rohstoffen und Nahrungsmitteln aus den Kolonien sei lebenswichtig; schließlich habe Frankreich 1938 einen kolonialen Exportanteil von 28 % zu verzeichnen gehabt. Die enge Verbindung im Erziehungswesen dürfe nicht gelöst werden. Der Vorschlag des Ausschusses stipuliere faktisch ein Recht zur Sezession, insofern als die Territorien zu gegebener Zeit über ihren Status frei bestimmen sollen; die Metropole gewähre aber ihren Provinzen kein Recht zur Sezession! Die Erteilung des vollen Bürgerrechts an alle Untertanen mit gleichzeitiger Vertretung im Parlament sei problematisch und werde unhaltbare Implikationen zeitigen:

> « Combien y aura-t-il de citoyens dans les territoires d'outre-mer? Selon beaucoup, il y en aura plus que dans les territoires de la métropole. Ainsi les citoyens des territoires d'outre-mer seront plus nombreux que les citoyens de la métropole. Comme le disait de façon plaisante et profonde à la fois un de mes amis, la France deviendrait ainsi la colonie de ses anciennes colonies. » [401]

Was *Herriot* als Sprecher der Mitte und der Rechten – und vielleicht als Sprecher der ganzen französischen Bevölkerung – im Auge hat, liegt auf der Hand: die überseeischen Departements und Territorien waren integrale Teile des nationalen Territoriums, denen kein Recht auf Selbstbestimmung zuerkannt werden konnte, weder jetzt noch künftig; die neue Verfassung muß die Integration als endgültig fixieren und jede Möglichkeit, die nationale Einheit eines Tages »aufzubrechen«, unterbinden. Aber auch die konsequente Integration bedrohte die Präponderanz der Metropole. Was blieb, war eine angebliche Föderation, die sowohl die Vorherrschaft des Mutterlandes als auch die

399 Eine gute Schilderung dieser recht komplexen Vorgänge bietet *Boisdon*, p. 33 f.
400 *Ansprenger*, p. 71.
401 J. O. 27. 8. 1946, p. 334.

Position der Kolonialfranzosen in den Territorien sicherstellte; ihre Institutionen mußten so »manipuliert« werden, daß die Entscheidungsgewalt letztlich bei der Metropole verblieb!
Diese kolonialistische Umdeutung des Föderalismus wurde bei den Abgeordneten der Rechten noch deutlicher sichtbar. In den Territorien müsse die Mitsprache der « minorités françaises » gewährleistet sein; das Collège unique aber werde die Weißen künftig eliminieren. Das französische Bürgerrecht impliziere auch bestimmte Pflichten, die mit dem Personalstatut nicht in Einklang zu bringen seien: notwendig sei daher ein besonderes Bürgerrecht der Union, « avec possibilité d'acquérir la citoyenneté française totale (!) comme la loi le prévoit actuellement si certaines conditions sont remplies ». Da im Parlament nur Bürger vertreten sein dürften, schaffe man die Assemblée de l'Union française. Er und seine Freunde – sagt *Malbrant*, der weiße Abgeordnete aus dem Tschad – orientierten sich « vers la formule pleinement fédérale qui doit constituer le terme ultime de l'évolution territoriale et politique du monde français » [402]. Mit der föderativen Formel können die Eingeborenen aus dem französischen Parlament ausgeschlossen und auf einen Rat der Union verwiesen werden, der vielleicht einige weitere Befugnisse erhalten, aber niemals die französische Souveränität und die Kontrolle der Metropole in Frage stellen würde.
Im neuen Entwurf der Verfassungskommission, der wenig verändert in den Verfassungstext überging, wurde diesen Einwendungen von rechts Rechnung getragen. Damit aber erhielt der Föderalismus ein kolonialistisches Stigma: die « Etats généraux de la Colonisation française » und die Diskussion im Parlament haben gewissermaßen die föderative Lösung kompromittiert. Die autochthonen Abgeordneten sahen sich in die Defensive gedrängt und verlangten nun die Integration und die assimilatorische Gleichstellung im Rechtsstatut. Da man mit dem Föderalismus im Sinne der Inter-groupe nicht durchdringen konnte, wurde der Hebel jetzt bei der Integration angesetzt [403]. Die Algerier mit *Ferhat Abbas* und die Abgeordneten Madagaskars allerdings, deren Forderungen auf Eigenstaatlichkeit innerhalb der Union française lauteten, hielten an ihren ursprünglichen Positionen fest. *Senghor* jedoch meinte, daß für einen wirklichen Föderalismus die Voraussetzungen noch nicht gegeben seien. Metropole und Kolonien müßten sich um eine « assimilation » bemühen, um gemeinsam « une nouvelle civilisation, dont le centre sera Paris » zu schaffen [404]. Ähnlich argumentierten der Kommunist *Angeletti* [405] und der Fellow-traveller *Pierre Cot* [406]. Treuebekenntnisse gegenüber Frankreich wurden abgelegt – auch von *Ferhat Abbas* [407]; niemand in Afrika strebe eine Sezession an. Was man wolle und verlange, seien gleiche Rechte im Sinne einer Integration. « Nous marchander l'intégration, que nous demandons, dans la

[402] J. O. 18. 9. 46, p. 3793.
[403] Diese Schwenkung gut bei *Deschamps*, Méthodes et doctrines, p. 195.
[404] P. 3791, 18. 9.
[405] P. 3787.
[406] P. 3817.
[407] « ... nulle part mieux qu'en France je n'ai senti la douceur de vivre ... Personne ne demande à la France de partir. Nous avons besoin de la France ... Les intérêts de la France, personne ne songe à les trahir. » p. 3820.

famille française, c'est une conception qui nous choque et nous révolte.» [408] *Senghor* bezeichnete *Herriots* Intervention als « racisme » und Diskriminierung [409]. Man könne nicht die afrikanischen Territorien zu Teilen der République une et indivisible erklären und die damit gegebenen Implikationen in weiteren Bestimmungen zu umgehen versuchen; man verlange auch keine proportionale Repräsentation; im Kriege habe man jedenfalls nicht zwischen Franzosen erster und zweiter Klasse unterschieden.
Die Doppelwahlkörper, die in der ersten Konstituante noch kaum zur Diskussion gestanden hatten, wurden nun scharf angegriffen; man diskriminiere, wenn man jeweils einige hundert Europäern gleichviel Bedeutung beimesse wie Hunderttausenden von Eingeborenen. Man konnte auf die Etats généraux de la colonisaiton hinweisen, um den reaktionären Widerstand und die Bestrebungen, einen Schritt zurückzugehen, nachzuweisen. Die strittige Frage des Double Collège hat beinahe zu einem Bruch geführt [410] und die Metropole zu einem Kompromiß gezwungen: Für die Bestellung der Lokalversammlungen im Senegal sollte das Collège unique gelten. Mehr als in der ersten Konstituante – ganz im Sinne der Inter-groupe – wurde auch der Übergangscharakter der Verfassungsbestimmungen und damit die Möglichkeit eines künftigen Statuswechsels betont, vor allem natürlich die eines Übergangs zum Etat associé. Die Union française müsse als freier Zusammenschluß erscheinen [411]. Hinweise auf die UNO-Charta fehlten nicht.
Ein kurzer Hinweis auf den an sich bekannten Text der Verfassung der Vierten Republik ist nicht zu umgehen. Dabei ist für uns vor allem ein Teil der Präambel wichtig:

> La France forme avec les peuples d'outre-mer une Union fondée sur l'égalité, des droits et des devoirs, sans distinction de race ni de religion.
> L'Union française est composée de nations et de peuples qui mettent en commun ou coordonnent leurs ressources et leurs efforts pour développer leurs civilisations respectives, accroître leur bien-être et assurer leur sécurité.
> Fidèle à sa mission trationnelle, la France entend conduire les peuples dont elle a pris la charge à la liberté de s'administrer eux-mêmes et de gérer démocratiquement leurs propres affaires; écartant tout système de colonisation fondé sur l'arbitraire, elle garantit à tous l'égal accès aux fonctions publiques et l'exercice individuel ou collectif des droits et libertés proclamés ou confirmés ci-dessus [412].

Diese Formulierungen basierten weitgehend auf dem Verfassungsentwurf der Intergroupe, schränkten diesen aber auf bezeichnende Weise ein. So verkündete Frankreich das Ende des Kolonialismus, aber nur den auf Willkür basierenden – was selbstverständlich eine recht beliebige Interpretation zuließ. Die Bürgerrechtsverleihung wurde bestätigt und die individuelle Emanzipation damit abgeschlossen. Das Mutterland übernahm die Aufgabe, die Kolonialvölker « à la liberté de s'administrer » zu führen, doch

[408] *Yacine Diallo* aus Guinea, p. 3814. *Diallo* geht sehr weit mit seinen Thesen: « Il faut espérer que l'Union française sera réalisée et que les territoires de la France d'outre-mer deviendront un jour des provinces françaises. Voilà à quoi nous rêvons. » *Sissoko* ähnlich p. 3820.
[409] 27. 8. 1946, p. 3334.
[410] Vgl. das Interview *Ansprengers* mit *Lamine-Guèye*. *Ansprenger*, p. 72.
[411] Vor allem der Kommunist *Angeletti* am 18. 9., p. 3787 und *Césaire* p. 3797. *Houphouet Boigny* am 19. 9., p. 3849.
[412] Text in: Von der Dritten zur Vierten Republik, Berner Quellen zur Neueren Geschichte 14/15, 1950, p. 130.

blieb offen, ob damit die volle Integration oder die Eigenstaatlichkeit gemeint war. Von einem Selbstbestimmungsrecht war jedenfalls nicht mehr die Rede.
Man hat auf einen inneren Widerspruch innerhalb der Präambel hingewiesen: während der dritte Absatz in die Zukunft gerichtet ist, werden in den zwei ersten die « nations et peuples » genannt, die mit Frankreich eine Gemeinschaft bilden; die Kolonien sollen im Sinne der Inter-groupe als Partner erscheinen, die angeblich freiwillig die Bindung mit Frankreich eingegangen sind. Hier werden sich Meinungsverschiedenheiten ergeben: während die Metropole auf den dritten Abschnitt verweist und die französische Führungsaufgabe hervorhebt, möchten die kolonialen Abgeordneten bereits als »dekolonisiert« verstanden werden, die über ihr Schicksal frei verfügen [413].
Zunächst einmal gelten sowohl die überseeischen Departements als auch die Territorien als Teile der französischen Republik, die mit den ehemaligen Völkerbundmandaten und den assoziierten Staaten die Union françaisie bilden. Art. 60 lautet: « L'Union française est formée, d'une part de la République française qui comprend la France métropolitaine, les départements (Vieilles Colonies und Algerien) et territoires d'outre-mer (Schwarzafrika und Madagaskar), d'autre part des territoires (Togo und Kamerun) et des Etats associés (Marokko, Tunesien, Vietnam, Laos, Kambodscha). » Über die innere Ordnung der assoziierten Staaten wird in der Verfassung natürlich nichts ausgesagt, die Territorien jedoch sollen ihr eigenes Statut und gewählte Versammlungen erhalten; das Wahlrecht wird einem besonderen Gesetz vorbehalten. Die gesetzgebende Gewalt in den Territorien verbleibt beim Parlament, die Exekutive beim Gouverneur.
Art. 75 eröffnet einen Statuswechsel: « Les status respectifs des membres de la République et de l'Union française sont susceptibles d'évolution », der Übergang zum Etat associé ist also möglich. Dies bedeutet eine Konzession an die autochthonen Abgeordneten. Da jedoch ein Parlamentsbeschluß notwendig ist, liegt die Entscheidung nicht bei den Gliedern, sondern beim Parlament.
Die Union als Ganzes verfügt über drei Organe: den Präsidenten (identisch mit dem Präsidenten der Republik), den Haut-Conseil und die Assemblée. Der Haut-Conseil ist aus Delegierten der französischen Regierung (die Territorien werden hier nicht ausgesondert) und den Delegierten der assoziierten Staaten zusammengesetzt. Die Assemblée hingegen besteht je zur Hälfte aus Abgeordneten der Metropole und solchen der überseeischen Departements, der Territorien und Assoziierten. Hier wird plötzlich die eine und unteilbare Republik aufgespalten, und selbst die assimilierten Departements werden zu Übersee gerechnet – und zwar, um auf diese Weise die Bedeutung der Metropole zu unterstreichen!
Die Kompetenzen der Assemblée (Art. 71) sind rein konsultativ und überdies auf ein Minimum beschränkt: die Versammlung der Union erhält weder legislative Befugnisse für überseeische Gebiete betreffende Fragen noch die obligatorische Konsultation; Parlament und Regierung entscheiden darüber, was sie der Assemblée vorlegen wollen; diese kann zwar Vorschläge einreichen, doch ist das Parlament daran in keiner Weise gebunden – es ist nicht einmal zu einer Stellungnahme verpflichtet. Alle so oder so

[413] Den inneren Widerspruch betont vor allem *Borella*, p. 51 f. *Lampué* versteht die ganze Präambel als Zukunftsprogramm, p. 17.

gelagerten Bestrebungen, der Assemblée der Union weiterreichende Kompetenzen zu geben und damit einen Ansatz zu einer Föderation zu schaffen, sind gescheitert [413a]. Andererseits bleiben die überseeischen Territorien im Parlament vertreten; hier haben sich die kolonialistischen Tendenzen, wie sie von den Etats généraux de la colonisation repräsentiert wurden, nicht durchgesetzt. Die Zahl der Abgeordneten und die Art der Wahl werden dabei einem Gesetz vorbehalten; die Verfassung entscheidet nicht über Collège unique oder Double Collège, schließt aber auch weder das eine noch das andere aus. Wir haben bereits erwähnt, daß in dieser scharf umstrittenen Frage den autochthonen Abgeordneten einige Konzessionen gemacht werden mußten.

Wie sind die Verfassungsbestimmungen von 1946 zu beurteilen? « L'Union française est la solution française du XXe siècle » schrieb *Henri Culman* [414]. In der »historischen Perspektive« wird man vorsichtiger formulieren: Die Union française war der Versuch einer der französischen Staats- und Kolonialtradition entsprechenden Dekolonisation. Von der Konferenz der Gouverneure in Brazzaville ging der Weg über die Diskussion in Alger und Paris 1944–1945 zu den beiden Konstituanten von 1946. Im Zuge der Reformbestrebungen war man bereit, sowohl den Emanzipationsbewegungen als auch dem internationalen Anti-Kolonialismus entgegenzukommen; eine Entkolonialisierung wurde proklamiert und eingeleitet.

Die Dekolonisation wurde aber nicht als schrittweise Entlassung der Kolonien in die Unabhängigkeit und als Anerkennung eines nationalen Anspruches konzipiert, sondern als Emanzipation innerhalb eines institutionalisierten Ganzen, das von Frankreich getragen wurde und ganz auf Frankreich orientiert blieb. Die alte Vorstellung einer

[413a] *Coste-Floret* als Rapporteur versucht, die föderalistischen Elemente hervorzuheben und spricht von einem »ébauche d'assemblée fédérale« und einem »embryon du gouvernement fédéral«, 18. 9., p. 3786. Demgegenüber warnt *Gaston Monnerville,* der kurz darauf zum Präsidenten des Rates der Republik gewählt worden ist, davor, Versprechen zu machen und dann nicht zu halten. Es handle sich um »plus une facade qu'une réalité«.

Excusez-moi de vous dire que nous avons déjà subi l'épreuve d'une assemblée consultative et que nous n'avons aucune envie de recommencer. Une expérience a suffi pour que nous ne voulions pas donner à une assemblée qui devrait apparaître à la métropole et aux populations comme un organisme définitif, comme le premier pas vers la réalisation de réformes tant sollicitées et tant promises, l'apparence d'un « ersatz » d'assemblée.

Envoyez à l'Assemblée de l'Union des délégués métropolitains, dans des conditions qu'une loi organique ou une loi constitutionelle pourra déterminer, donnez à cette Assemblée pouvoir de traiter les questions, mais donnez lui vraiment le pouvoir délibérant et politique dont elle a besoin, sinon nous savons ce qui arrivera. Votre assemblée émettra des avis qui seront suivis ou qui ne seront pas suivis. Elle aura une tribune qui permettra à ses délégués d'outre-mer de poser des questions.

Croyez-moi, mesdames, messieurs, si, les questions étant traitées à l'Assemblée de l'Union, des délibérations étant prises puis transmisses à l'Assemblée souveraine, celle-ci ne suit pas l'Assemblée de l'Union et laisse les textes dans des cartons verts, le malaise sera créé. Il ira s'aggravant. Une fois de plus, on dira – pensée injuste, mais qui se vérifie, hélas! dans les faits –: « La France a encore promis et n'a pas tenu. »

Ne permettez pas qu'on dise cela. Voilà, à mons sens, ce qui paraît très grave dans le projet qui nous est soumis. (*Applaudissements sur divers bancs à gauche et à l'extrême gauche.*)

J. O. 18. 9., p. 3809. – Genau dies wird eintreffen! Dennoch behauptet Lampué: « Tout indique que le constituant a entendu donner une grande importance à cette assemblée. », p. 33.

[414] L'Union française, 1950, p. 5.

Plus grande France war noch immer lebendig und sollte im nationalen Selbstverständnis die Großmachtintentionen legitimieren. Das Empire wurde zur Union française, die « Indigènes » wurden zu »Autochtones«. Während in der Dritten Republik die Kolonien außerhalb der Verfassung geblieben waren, galt diejenige von 1946 für die Metropole und den Überseebereich; die Kolonien erhielten ihren Sonderstatus innerhalb des größeren Ganzen durch die Verfassung zugewiesen und wurden sogar – wie die afrikanischen Territorien – zu integralen Teilen der Republik. Da die Kolonien mit eigenen Abgeordneten in der Konstituante vertreten waren und der Verfassungstext in einem Referendum von den Bürgern angenommen wurde, konnte das Ende der kolonialen Herrschaftsstruktur proklamiert werden. Man gewährte zudem allen Untertanen das volle französische Bürgerrecht, französische Gesetze erhielten damit auch im Überseebereich allgemeine Gültigkeit; im Parlament waren die ehemaligen Untertanen durch gewählte Abgeordnete vertreten. Diesem Vorgehen lag die assimilatorische Tradition und Konzeption Frankreichs zugrunde.

Gleichzeitig zeigten sich aber auch die Grenzen einer solchen Integration. Die Franzosen des Mutterlandes wollten nicht »Kolonien der ehemaligen Kolonien« werden und konnten daher keine der Bevölkerungszahl proportionale Vertretung im Parlament konzedieren, auch nicht als Zukunftspostulat. Im lokalen Bereich bedrohte das allgemeine Wahlrecht im Collège unique die französischen Minderheiten. Die sofortige Anwendung gewisser Gesetze erschien als unsinnig und mußte untragbare Kosten verursachen. Und schließlich stellte sich die Frage, ob die Autochthonen die Assimilation und Integration überhaupt guthießen und selber anstrebten. In manchen Bereichen war die Bereitschaft dazu zweifellos vorhanden, in anderen aber verlangten repräsentative Sprecher der Bevölkerung bereits ein Selbstbestimmungsrecht, politische Autonomie und Eigenstaatlichkeit. Die Diskrepanz zwischen dem, was Frankreich in Aussicht nahm oder als selbstverständliche Voraussetzung einer jeden Verhandlung ansah, und dem, was die Emanzipationsbewegung als Ziel ihrer Agitation ausgab, war besonders groß in Algerien: Während die Verfassung die algerischen Departements als Teile der Republik aufführte, postulierte die Partei von *Ferhat Abbas* einen autonomen « Etat algérien »!

Das Ergebnis mußte ein Kompromiß sein, insofern als prinzipiell die Entkolonialisierung proklamiert, in den Ausführungsbestimmungen jedoch die dominierende Stellung der Metropole aufrechterhalten wurde. Das evidente Beispiel dafür war das trotz allgemeinem Bürgerrecht eingeschränkte Wahlrecht; die überseeischen Territorien erhielten gewählte Versammlungen, aber nur geringe Befugnisse und wurden weiterhin von Paris aus regiert; den ehemaligen Protektoraten wurde zwar die Eigenstaatlichkeit zuerkannt, jedoch unter der Voraussetzung, daß die Souveränitätsrechte bei der Union und damit indirekt beim Mutterland verblieben; die überseeischen Abgeordneten bildeten nur eine Minderheit im Parlament, ohne daß als Ausgleich den Zentralorganen der Union wichtige Kompetenzen übertragen wurden. Man lockerte zwar die traditionelle Depolitisierung, aber keineswegs so weitgehend, wie es den Verlautbarungen des Mutterlandes entsprochen haben würde.

Der Versuch, den Umbau des Empires in eine Union française als »Föderalisierung« auszusprechen, kann nicht überzeugen und führt zu einer »babylonischen Sprachverwirrung« (*Ansprenger*). Die Union française war keine echte Föderation, und die De-

kolonisation erfolgte im wesentlichen auf dem Wege der Integration; die assimilatorische Tradition und nicht der Föderalismus dominierte in der Union française.
Die Verfassungsbestimmungen der Vierten Republik kann man als den Versuch interpretieren, den inneren Konsequenzen beider Möglichkeiten einer Dekolonisation zu entgehen und in einem Kompromiß zu versöhnen: Weder vollständige Integration mit ihren untragbar erscheinenden Implikationen, aber auch keine Anerkennung des Rechtes auf Selbstbestimmung, das einen möglichen Austritt aus dem französischen Staatsverband einschließen würde. Art. 75 sah zwar einen Statuswechsel vor, doch wurde er – bezeichnenderweise – im französischen Selbstverständnis der folgenden Jahre kaum jemals ernst genommen und mehr oder weniger vergessen; die Integration der überseeischen Departements und Territorien erschien als endgültig, und jeder Statuswechsel drohte als Vorstufe einer Sezession die « présence française dans le monde » zu gefährden.
Glaubte das Mutterland, mit der Verfassung von 1946 eine mehr oder weniger endgültige Lösung des Kolonialproblems gefunden zu haben, so verstanden die überseeischen Abgeordneten als Träger der Emanzipationsbewegung den Kompromiß nur als Zwischenstufe und Übergang – entweder zur vollständigen Integration oder zur echten Föderation oder gar Konföderation. Ihre Agitation erfolgte – dem Wesen des Kompromisses von 1946 gemäß – auf beiden Ebenen.
Wie weit hat die Union française – oder besser das Mutterland – diesen sich zum Teil überschneidenden Forderungen entsprechen können und die notwendige Anpassungsfähigkeit bewiesen, um die eingeleitete Entkolonialisierung ohne Bruch zu Ende zu führen?

Indochina — Tunesien — Marokko

Trotz anti-französischer Ausschreitungen in Saigon nach der Kapitulation Japans haben britische und französische Truppen im Herbst 1945 Cochinchina zurückgewonnen, die Verwaltung neu etabliert und eine »Pazifierung« eingeleitet. Anhänger des Viet Minh terrorisierten allerdings weiterhin »Kollaborateure«, d. h. Indochinesen, die mit Frankreich zusammenarbeiteten; die gebildete Schicht, vor allem die junge Generation der Intellektuellen begann sich einer solchen »Kompromittierung« zu entziehen und wartete ab. Nur mit einer sehr großzügigen Reformpolitik hätte einige Aussicht bestanden, die notwendige Vertrauensbasis zu schaffen. So oder so fiel die Entscheidung jedoch zunächst in Tongking. In der Phase administrativer Desorganisation – sogar chinesische Truppen sind « als Befreier » einmarschiert – hat der Viet Minh sich zu behaupten vermocht und seine Zellenorganisation ausgebaut. « Le peuple entier communiait dans la nouvelle mystique de Coc Lap » (Unabhängigkeit) [415]. Obschon sich der Viet Minh als Sammelbewegung aller nationalen Kräfte ausgab, bekämpften sich um

[415] *Devilliers*, Histoire de Viêt-Nam, p. 177. Die umfangreiche Memoiren- und Kriegsliteratur führen wir nicht auf. Von den Darstellungen sind neben *Isoart*, a.a.O., wichtig: *Ellen I. Hammer*, The Struggle for Indochina, 1954, zudem *Borella*, a.a.O.

die Jahreswende 1945/46 kommunistische und antikommunistische Gruppen in Hanoi. *Ho Chi Minh* sah sich außenpolitisch isoliert und wirtschaftlich-finanziell bedrängt und ging auf Verhandlungen ein; am 6. März 1946 unterzeichnete er und *Sainteney*, der Vertreter *Leclercs*, in Tonking eine Übereinkunft, worin Frankreich « la République de Viêt-Nam comme un Etat libre, ayant son Gouvernement, son Parlement, son armée et ses finances, faisant partie de la Fédération indochinoise et de l'Union française » anerkannte. Dies bedeutete eine sehr weitgehende Konzession: zwar nicht Unabhängigkeit im vollen Sinne, aber Eigenstaatlichkeit mit eigener Armee und die Anerkennung von *Ho Chi Minh* als Regierungschef. Dieser hat andererseits seinen Anspruch, für ganz Indochina zu sprechen, aufgeben und in den Einmarsch französischer Truppen in Hanoi einwilligen müssen; das Abkommen vom 6. März verstand er zweifellos nur als Übergangslösung. Auf französischer Seite war die Haltung nicht einheitlich: während *Leclerc* und *Sainteney* angesichts der asiatischen Emanzipationsbewegung und auch der schwachen eigenen Kräfte zur Zusammenarbeit mit dem Viet Minh bereit waren, sah die Administration in Saigon unter Admiral *d'Argenlieu* im Abkommen vom 6. März nur eine in kritischer Situation gemachte Konzession, die, wenn irgend möglich, wieder zurückgenommen oder umgangen werden sollte, jedoch keinesfalls die Wiederherstellung einer effektiven französischen Kontrolle verhindern durfte. Eine Atmosphäre des Mißtrauens kennzeichnete bereits die Konferenz von Dalat (17. April–11. Mai 1946), bei der vor allem die Föderation Indochinas zur Diskussion stand: gehörte Cochinchina dazu oder blieb die Kolonie zunächst unter französischer Herrschaft? Frankreich suchte der Föderation weitgehende Kompetenzen zu übertragen – mit einem Hochkommissar als Chef der Exekutive – und verfügte auch in der Union française über eine dominierende Position, während *Ho Chi Minh* von einer bereits erreichten Unabhängigkeit ausging, eine eigene diplomatische Vertretung in Paris beanspruchte und die Föderation nur als wirtschaftliche Koordination verstand.

Ho Chi Minh wurde nach Paris eingeladen, um über die indochinesisch-französische Gemeinschaft zu verhandeln; kein geringerer als Ministerpräsident *Bidault* hat ihn offiziell und mit festlichem Aufwand empfangen. Währenddessen jedoch ging *d'Argenlieu* – nach sorgfältiger Vorbereitung, aber ohne Zustimmung der Pariser Regierung – zur Initiative über und rief am 1. Juni eine Republik Cochinchina aus, die den Viet Minh in Tonking und Annam isolieren sollte: ein fragwürdiges Manöver, gegen das *Ho Chi Minh* natürlich heftig protestierte und das die sich lange dahinziehenden Verhandlungen in Fontainebleau belastete. Die Positionen versteiften sich. Die kommunistischen Führer der Republik Vietnam hofften ein bilaterales Abkommen zweier unabhängiger Staaten auszuhandeln, während Frankreich von der Union française ausging und Vietnam nur die Stellung eines assoziierten Staates innerhalb der Union einzuräumen bereit war. « Notre conception de l'Union française – sagte der Vertreter Frankreichs – n'est pas celle d'une alliance, mais celle d'Etats étroitement unis par des organes communes » [416]. *D'Argenlieu* trat von neuem dazwischen, indem er auf einer zweiten Konferenz in Dalat die Beteiligung von Kambodscha, Laos und Cochinchina an der Föderation Indochina zu regeln suchte, ohne dazu den Viet Minh eingeladen zu haben. Die Konferenz von Fontainebleau scheiterte; nur einen « Modus vivendi »

[416] Devilliers zit. p. 296.

konnten *Ho Chi Minh* und der sozialistische Überseeminister *Marius Moutet* am 14. September unterzeichnen, der die entscheidenden Punkte wie die « Indépendance » und die Stellung Cochinchinas jedoch unberührt ließ. In Hanoi gewannen unterdessen die radikalen Elemente unter Führung des Vizepräsidenten *Giap* an Boden und versuchten jede Übereinkunft mit Frankreich zu verhindern: Sabotage- Boykott- und Terroraktionen gegen französische Zivilisten und Militärs, aber auch gegen die antikommunistischen Tonkinesen wurden fortgesetzt, und die nicht-kommunistischen, nationalistischen Gruppen wurden nach und nach ausgeschaltet. Saigon wiederum war entschlossen, « de donner une dure leçon » und ließ am 23. November den Hafen Haiphong bombardieren; dies hat den Angriff des Viet Minh in Hanoi vom 19. Dezember ausgelöst: der Indochinakrieg begann.

Es wäre vielleicht möglich gewesen, nach den ersten militärischen Erfolgen Frankreichs in Tonking mit *Ho Chi Minh* zu verhandeln und eine Koalitionsregierung für ganz Vietnam zu bilden. Ob es gelungen wäre, auf diese Weise die Kommunisten zu neutralisieren, bleibt dahingestellt; allerdings hätte der Versuch einen Verzicht auf das Conchinchina-Experiment und die Anerkennung einer Unabhängigkeit der Republik Vietnam bedingt. General *Leclerc* scheint sich in dieser Richtung bewegt zu haben, nicht zuletzt, weil er die ungeheuren Schwierigkeiten eines Dschungelkrieges erkannte [417]. Auch die sozialistischen Ministerpräsidenten *Blum* und *Ramadier* zeigten Interesse an einer solchen »Lösung«. Admiral *d'Argenlieu* hingegen und die Mittel- und Rechtsparteien des Mutterlandes lehnten sie ab; der Überfall in Hanoi hatte den Viet Minh endgültig kompromittiert und ließ jede Verhandlungsbereitschaft als Verrat an den legitimen Interessen Frankreichs erscheinen. Eine Kompromißpolitik war das Ergebnis: *d'Argenlieu* wurde durch den radikalsozialistischen *Bollaert* ersetzt, der den Auftrag erhielt, die indochinesischen Staaten zur Annahme des assoziierten Status im Sinne der Verfassung zu bewegen und Verhandlungen mit »möglichen Partnern« einzuleiten. Als *Ho Chi Minh* sich im März–April 1947 nochmals verhandlungswillig zeigte – *Mao* war in China noch nicht zur Herrschaft gelangt –, enthielten aber die französischen Bedingungen faktisch eine Aufforderung zur Kapitulation und wurden daher zurückgewiesen. Mit der Ausbootung der Kommunistischen Partei aus der Regierung vollzog die französische Politik zudem eine Schwenkung nach rechts. *Bollaert* erklärte am 15. Mai: « La France restera en Indochine et l'Indochine au sein de l'Union française »; der Viet Minh könnte nicht mehr alleiniger Verhandlungspartner sein. Das »Experiment Bao Dai« schien schließlich einen Ausweg zu bieten ...

Wir gehen nicht auf den Indochinakrieg ein. Er wurde auf französischer Seite mit modern ausgerüsteten Elitestreitkräften, vom Viet Minh mit den Methoden des »revolutionären« Krieges nach chinesischem Vorbild geführt und weitete sich mehr und mehr zu einer Auseinandersetzung zwischen der westlichen Welt und dem kommunistischen Block aus; er fand seinen Abschluß – nach der spektakulären Niederlage Frankreichs von Dien Bien Phu – mit der Genfer Konferenz vom Juli 1954, die sich auf eine vorläufige Teilung des Landes einigte.

Im Mutterland stand der Krieg in Indochina jahrelang im Mittelpunkt der parteipolitischen und ideologischen Auseinandersetzung. Verlangte die Linke Verhandlungen mit

[417] Vgl. die Dokumente in *J. R. Tournoux*, Secrets d'Etat, 1962, p. 453–457.

Ho Chi Minh, so weigerte sich die Rechte, in eine Politik des « abandon » einzutreten (vgl. S. 480). Die instabilen Regierungen vermochten keine einheitliche Politik zu führen und überließen der Administration in Saigon die Entscheidung; der Armee wurde keine ausreichende Rückendeckung gewährt, und auf den Einsatz der regulären Truppen hat man verzichtet. Mehrmals wurde erklärt, der Krieg sei bereits gewonnen; Intrigen in Paris und Saigon, Verrat und Korruption degradierten die blutige Auseinandersetzung in Asien zu einem « guerre pourrie », der an den Kräften des Mutterlandes zehrte und so oder so beendet werden mußte, um so mehr als es nicht gelungen war, von vietnamesischer Seite eine ausreichende Unterstützung zu bekommen, um den Kampf gegen die kommunistische Infiltration und den Dschungelkrieg erfolgreich führen zu können.

Wir müssen jedoch kurz die französische Haltung und Politik gegenüber dem nichtkommunistischen Vietnam während des Krieges skizzieren. Wir sagten bereits, daß Frankreich von der Verfassung von 1946 auszugehen versuchte, die für die Staaten Indochinas den Status assoziierter Mitglieder innerhalb der Union française vorsah: innere Autonomie also, aber keine Souveränität nach außen; Außenpolitik und Verteidigung stand der Union zu, in der Frankreich dominierte. In diesem Sinne umschrieb *Bollaert* am 15. Mai 1947 die Union française

« comme un ensemble harmonieux de territoires qui, conscients de leur solidarité, acceptent dans leur propre intérêt d'adhérer à une communauté plus large ... La France désire que ces restrictions à la souveraineté soient aussi minimes que possibles. Si elle entend réserver sa place sur le plan fédéral elle ne veut plus intervenir dans l'administration interne des Etats ».
Und einige Zeit später:« L'Union française ne peut avoir qu'une armée comme elle ne peut avoir qu'une diplomatie. » [418]

Eine eigene Armee aber hatte Frankreich bereits am 6. März 1946 *Ho Chi Minh* zugestanden. War es möglich, einen Krieg gegen den Viet Minh, der sich mit der Gloriole der Unabhängigkeits- und Befreiungsbewegung umgeben konnte, zu führen, ohne dem Partner eben diese Unabhängigkeit zuzugestehen? Der Kaiser *Bao Dai*, der 1945 sowohl mit den Japanern als auch mit dem Viet Minh zeitweise kollaboriert hatte, verstand es, diese seine starke Position mit Nachdruck zu vertreten; es war für ihn, der vom Gegner als »Puppe der Kolonialmacht« diffamiert wurde, zudem eine Prestigefrage, daß Frankreich das »magische« Wort « indépendance » akzeptierte. Die französische Regierung ihrerseits aber wollte es vermeiden, mit Rücksicht auf Nordafrika und auch in der Angst, den Weg zur Union française zu verbauen, mußte aber schließlich doch nachgeben. Nach mühseligen Verhandlungen erkannte Frankreich am 5. Juni 1948

« solennellement l'indépendance du Viêt-Nam, auquel il appartient de réaliser librement son unité. De son côté, le Viet-Nam proclame son adhésion à l'Union française en qualité d'Etat associé à la France. L'Indépendance du Viêt-Nam n'a d'autres limites que celles que lui impose son appartenance à l'Union française » [419].

Damit aber hatte die »babylonische Sprachverwirrung« auch den Begriff Unabhängigkeit erfaßt!

[418] Zit. *Borella*, p. 356.
[419] Zit. *Borella*, p. 358.

Noch immer behielt sich die innenpolitisch unter Druck von rechts stehende französische Regierung Diplomatie und Außenpolitik vor und wollte auch in der Frage Cochinchinas nicht nachgeben, und es verstrichen wiederum Monate, bis Frankreich im Abkommen *Auriol - Bao Dai* vom 8. März 1949 Vietnam die volle legislative und jurisdiktionelle Gewalt, eine eigene Armee und eigene Diplomatie konzedierte und nach einer Pseudo-Abstimmung in Cochinchina in dessen Anschluß einwilligte; noch immer stand aber dieses Vietnam innerhalb der Union française, in der das Mutterland die außenpolitische Führung beanspruchte. Frankreich glaubte aber nun eine endgültige Regelung getroffen zu haben, und Präsident *Auriol* konnte am 3. Januar 1951 erklären: « La lutte pour l'indépendance du Viêt-Nam n'a plus de raison d'être, cette indépendance est realisée. » [420] In Indochina aber war man anderer Meinung und drängte nun auf »volle Unabhängigkeit«. Kambodscha forderte Verhandlungen auf bilateraler Basis nach Vorbild des Commonwealth, während im Oktober 1953 in Saigon ein nationalistischer Kongreß unter tatkräftiger Mitwirkung Bao Dais erklärte: « Le Viêt-Nam indépendant ne saurait participer à l'Union française sous sa forme actuelle. » Erste Verhandlungen müßten infolge hartnäckigen Widerstandes des rechtsorientierten Parlamentes aufgeschoben werden; Hochkommissar *Dejean* stellte im Januar 1954 mit dem Hinweis auf die Präambel der Verfassung neue Unterredungen in Aussicht, aber erst im April war Paris soweit, Beziehungen auf bilateraler Ebene in Aussicht zu nehmen und « l'indépendance totale du Viêt-Nam et sa souveraineté pleine et entière » anzuerkennen. Im Juni – nach Dien Bien Phu und der Genfer Konferenz! – kam endlich der Assoziierungsvertrag zustande, der gemeinsame Gremien vorsah, jedoch von der vollen Gleichheit der Partner ausging und Vietnam damit außerhalb der Union française stellte; die späteren Konventionen waren bilaterale Abkommen.

Die Dekolonisation in Indochina ist durch Waffengewalt erzwungen worden und war nicht das Ergebnis einer vom Mutterland geplanten und schrittweise realisierten Politik. Frankreich glaubte mit der Erklärung vom 24. März 1945 eine großzügige Formel gefunden zu haben, hatte aber die Stärke des Emanzipationswillens nach der japanischen Besetzung unterschätzt. Vielleicht hätte sich die Konzeption der Union française als tragfähig erwiesen – wenigstens für einige Jahre –, wenn Paris von Anfang an die volle Autonomie Indochinas, besser: der drei Staaten Vietnam, Kambodscha und Laos akzeptiert und darauf verzichtet hätte, mit seinen Föderationsplänen die Konzessionen, zu denen es im Abkommen mit *Ho Chi Minh* gezwungen worden war, wieder zurückzunehmen oder zu umgehen. Man wird allerdings der Politik Frankreichs nur gerecht, wenn man die politische wie psychologische Schwierigkeit sieht, mit einer Republik Vietnam unter kommunistischer Führung verhandeln zu müssen; jeder Kompromiß schien hier sinnlos. Die Situation Indochinas unterschied sich in dieser Hinsicht grundlegend von derjenigen Burmas oder Indonesiens. Eine Konzessionsbereitschaft, wie sie *Leclerc* und die Linkskreise in der Metropole befürworteten, war von vornherein kompromittiert, und sowohl die Administration in Saigon als auch die kolonialkonservativen Parteien in Frankreich hatten gute Argumente, weitere Verhandlungen mit dem Viet Minh zu sabotieren und eine Lösung mit Waffengewalt erzwingen zu wollen. Dabei ergab sich dann die paradoxe Situation, daß man *Bao Dai* das gewähren

[420] Zit. *Borella*, p. 360.

mußte, was man *Ho Chi Minh* 1946 verweigert hatte; man ließ sich in einen blutigen Krieg ein, weil man die « présence française » aufrechterhalten und den Anspruch des Viet Minh auf Unabhängigkeit nicht anerkennen wollte, kam aber nicht umhin, während des Krieges eben diese Unabhängigkeit dem nicht-kommunistischen Indochina zu gewähren. Diese Konzession aber erfolgte erst nach vielen Monaten mühsamen Verhandelns, widerwillig und auf amerikanischen Druck, so daß die Chance, dadurch die Unterstützung der Massen und auch der nicht-kommunistischen, aber nationalen Elite zu gewinnen, und dem Viet Minh eine eigentliche Alternative entgegenstellen zu können, vertan wurde. Schließlich blieb nichts anderes übrig, als den ursprünglichen Kolonialkrieg in einen anti-kommunistischen Kreuzzug umzustilisieren, den Frankreich stellvertretend für die Freie Welt führe.

Parallel zu Indochina verlief die Auseinandersetzung Frankreichs mit der Emanzipationsbewegung in Tunesien und Marokko, erreichte aber dort ihren Höhepunkt und Abschluß erst einige Zeit nach dem Abkommen von Genf. Die Ausgangslage und die französische Politik waren in beiden Bereichen ähnlich: Als rechtliche Basis bestand noch immer das Protektorat mit seiner Fiktion eines tunesischen bzw. marokkanischen Staates. Es war aber eine relativ starke Siedlerminderheit ansässig, die vom Mutterland nicht einfach »geopfert« werden konnte und zudem, einflußreich sowohl in der lokalen Administration als auch in Paris, eine Reformpolitik zu hintertreiben versuchte. Die muselmanische Nationalbewegung war in schneller Expansion begriffen, erhielt Rückendeckung und Unterstützung von den arabischen Staaten des Nahen Ostens und drängte seit dem Zweiten Weltkrieg auf Unabhängigkeit oder jedenfalls auf volle innere Autonomie; gefordert wurde dabei die Annulierung des Protektoratsvertrages, Anerkennung der tunesischen und marokkanischen Souveränität, anschließend ein bilateraler Vertrag, um die französischen Interessen zu berücksichtigen. Frankreich hielt jedoch am Protektorat fest und gewährte nur intern einige Reformen, die die Nationalisten nicht befriedigten und erst noch von den Siedlern, mindestens teilweise, sabotiert wurden. Es setzten Versuche ein, eine Art Co-Souveränität zu etablieren und die Kolonialfranzosen unmittelbar an Parlament und Regierung beider Staaten zu beteiligen: Frankreich suchte im Moment, da sich eine Entwicklung zum Selfgovernment abzeichnete, den privilegierten Status der Siedler auf einem neuen Weg – oder Umweg – zu garantieren: es versteht sich, daß dieses nur allzu durchsichtige Vorgehen, das auch mit dem Begriff des Protektorates kaum in Einklang zu bringen war, entschieden abgelehnt wurde und schließlich scheiterte [421].

Eine breite Agitationswelle in Tunesien im Sommer 1946 beantwortete Paris im Februar 1947 mit der Einsetzung eines neuen Generalresidenten und im Sommer mit bescheidenen Reformen: Tunesier und Franzosen sollten zukünftig paritätisch im Ministerrat vertreten sein, dessen Vorsitz ein Tunesier einnahm; faktisch aber blieben die politischen Entscheidungen und die Administration in französischer Hand. *Bourghiba* konnte 1949 nach Tunis zurückkehren und formulierte dann im April 1950 in Paris seine Forderungen: eine homogene tunesische Regierung bei gleichzeitiger Abschaffung

[421] Wir verweisen von neuem auf *Julien,* a.a.O., *Le Tourneau,* a.a.O., *Borella,* a.a.O. Zudem: Maroc et Tunesie, Sondernummer von La Nef, März 1953.

des Generalresidenten und seiner Verwaltungsorgane; Wahl einer Konstituante auf der Basis des allgemeinen Wahlrechts; die « legitimen Interessen » Frankreichs sollten vertraglich geregelt werden.
Der für die Protektorate zuständige Außenminister *Robert Schuman* wollte entgegenkommen und erklärte am 11. Juni 1950 in Thionville, der neue Generalresident habe den Auftrag, « de conduire la Tunisie ... vers l'indépendance qui est l'objectif final pour tous les territoires au sein de l'Union française »; dieses Ziel sei zwar nur in Etappen erreichbar, müsse aber durch den Abbau der Administration directe vorbereitet werden [422]. Damit war – ähnlich wie in Indochina – erstmals offiziell das Wort « indépendance » gefallen, obschon die Unabhängigkeit nur innerhalb der Union française gelten sollte und daher unklar blieb. Dennoch reagierte die tunesische Presse positiv, und auch *Bourghiba* zeigte einiges Entgegenkommen; an der neuen Regierung *Chénik*, die die Verhandlungen mit Frankreich aufnehmen sollte, war sogar der Parteisekretär des Neo-Destur beteiligt. Die Reformen vom Februar 1951 gingen aber nicht sehr weit: die französischen »Berater« neben den tunesischen Ministern wurden abgezogen; die Tunesier drängten zur nächsten Etappe, zur homogenen Regierung.
Damit setzte die Gegenbewegung der Siedler mit voller Energie ein, indem sie dem Generalresidenten offen ihr Vertrauen versagten und mit einer Art Rebellion drohten. Aber auch der Generalresident in Marokko *Juin*, und der Generalgouverneur Algeriens *Naegelen* und in der Regierung der rechtsstehende Minister *Martinaud-Déplat* opponierten [423]. Die französische Regierung, die sich nach dem Ausscheiden der SFIO auf die Parteien der Rechten stützte, kapitulierte, und es war wiederum *Robert Schuman*, der am 15. Dezember in einem Brief den Kurswechsel bekannt gab: Paris weigere sich

> « écarter leur participation (gemeint waren die Siedler) au fonctionnement des institutions politiques. Le gouvernement est fortement attaché à ce principe qui lui paraît seul susceptible d'assurer par une association féconde franco-tunisiennne le développement harmonieux de ces institutions » [424].

Dies aber bedeutete die Co-Souveränität: die Franzosen in Tunesien sollten wahlberechtigt und in der Regierung vertreten sein und somit zu Mitträgern der Souveränität werden. Und um den neuen, härteren Kurs zu unterstreichen, traf der Generalresident *de Hautecloque* an Bord eines Kriegsschiffes ein! Der eher konservative Historiker *Le Tourneau* hat diese Situation mit Recht mit derjenigen der Jahre 1936–1938 verglichen, als die Siedler eine Reformpolitik blockierten und der Regierung in Paris ihren Willen aufzwangen. Kein Geringerer als *Robert Schuman* selbst hat in einem sensationellen Zeitschriftenaufsatz dargelegt, wie er als verantwortlicher Außenminister die eigentliche Entscheidungsgewalt eingebüßt habe: Da die Residenten und das Beamtenkorps sich mit den Siedlern identifizierten, die Regierung aber einen Kompromiß mit der parlamentarischen Rechten suchen müsse, sei die hierarchische

[422] *Le Tourneau*, p. 119. Schuman betonte am 19. Juli vor dem Rat der Republik: « nous ne pouvons pas indéfiniment maintenir cette administration directe exercée par les Français. C'est là précisément l'objet de nos réformes. » Zit. La Nef, p. 160.
[423] *Jean Lacouture*, Cinq hommes et la France, 1962, p. 148.
[424] *Le Tourneau*, p. 122.

Befehlsgewalt in den Protektoraten verlorengegangen [425]. Die Funktionskrise der Vierten Republik, die an der Algerienfrage scheitern sollte, kündigte sich an!
Die Tunesier protestierten und versuchten, den Streit mit Frankreich vor die UNO zu bringen. Da sich der Bey weigerte, das Kabinett *Chénik* zu entlassen, wurden am 18. Januar 1952 *Bourghiba* und weitere Neo-Destur-Führer, im März sogar *Chénik* verhaftet – und zwar ohne Wissen des dafür zuständigen *Schuman* [426]! Aller Wahrscheinlichkeit nach waren es französische Gegenterroristen, die im Dezember *Ferhat Hached*, den tunesischen Gewerkschaftsführer, ermordeten. *De Hautecloque* hingegen konnte behaupten: « Les nationalistes savent que la partie a été jouée et qu'ils l'ont perdue. Les Tunisiens qui oublient facilement ont déjà oublié le nom de *Bourghiba.* » [427]
Im Jahre 1954 erfolgte ein neuer Versuch zu Reformen, aber es blieb bei der paritätischen Vertretung in der tunesischen Versammlung und damit bei der Co-Souveränität. Obschon diese Konzessionen den Siedlern zu weit gingen und letztere Paris einer Politik des « abandon » beschuldigten, konnte der Neo-Destur nun von der « duperie perpétuante du régime de co-souveraineté » sprechen [428]. Sabotageaktionen, Attentate und die Überfälle der Fellagh setzten ein ...
Es war *Mendès-France*, der den Ausbruch der blutigen Auseinandersetzung verhindert hat. Rasch entschlossen begab er sich am 31. Juli nach Tunis, besuchte den Bey und erklärte:

> « L'autonomie interne de l'Etat tunesien est reconnue et proclamée sans arrière-pensée par le Governement français ... c'est pourquoi nous sommes prêts à transférer à des personnes et à des institutions tunisiennes l'exercice interne de la souveraineté. » [429]

Von der Co-Souveränität war nicht mehr die Rede, Paris zeigte sich bereit, die innere Verwaltung den Tunesiern zu übergeben und behielt sich nur die Souveränitätsrechte nach außen vor. *Mendès-France*, der eine großzügige, mit Wirtschaftshilfe gekoppelte Dekolonisation einzuleiten gedachte, wurde aber vorzeitig gestürzt [430]. Nicht er, sondern sein Nachfolger *Edgar Faure* handelte mit *Bourghiba*, der aus der Verbannung direkt nach Prais gebracht worden ist, die Konventionen vom 3. Juni 1955 aus, in denen Tunesien die innere Autonomie erhielt. Da aber Frankreich bereits am 5. November Marokko die volle Unabhängigkeit gewähren mußte, aktivierten auch die Tunesier ihre Agitation und wurden am 20. März 1956 – trotz des Widerstandes des sozialistischen Ministerpräsidenten *Guy Mollet* [431] – unabhängig.

[425] Im stark beachteten Vorwort zu Maroc et Tunisie, La Nef, p. 7 f.
[426] Dies behauptet *Jaques Fauvet*, La IVe République, 1959, p. 208.
[427] Zit *Borella*, p. 412.
[428] Zit. *Gonidec*, p. 276.
[429] Zit. *Le Tourneau*, p. 134.
[430] *Mendès-France* soll in einer geheimen Zusammenkunft mit *Bourghiba* etwa folgendes gesagt haben: « Nous sommes décidés à faire de la Tunisie le champ d'une expérience – pilote de la décolonisation à l'amiable. Tant sur le plan des institutions que de l'aide financière, nous allons vous aider à montrer qu'une émancipation peut se faire dans la coopération. Aussi bien resterez-vous ‹ en tête du peloton ›, dans lequel viendront s'insérer tour à tour le Maroc, les pays d'Afrique noire, voire l'Algérie ...» Zit. *Lacouture*, p. 162.
[431] *Lacouture*, p. 167.

Im Unterschied zum Bey von Tunis, der sich politisch im Hintergrund hielt, beteiligte sich der Sultan von Marokko aktiv an der nationalen Emanzipation. Er war es, der am 10. April 1947 in Tanger in einer die Protektoratsmacht herausfordernden Rede Marokko als arabisches Land bezeichnete und die arabische Liga begrüßte, ohne Frankreich auch nur zu erwähnen. Paris beantwortete die Herausforderung mit der Ernennung *Juins* zum Generalresidenten: Der aus Algerien stammende Marschall, dessen Stärke ohne Zweifel nicht in der Diplomatie lag und der handgreifliche Methoden vorzog, sollte Reformen in Richtung einer inneren Autonomie einleiten; wenn der Sultan jedoch Widerstand leiste, so könne seine Absetzung in Erwägung gezogen werden [432]! *Juin* versuchte den Istiqlal zu umgehen und sich auf andere Kräfte zu stützen. Der Sultan gab im Oktober 1950 seine Forderungen bekannt: sie erscheinen uns heute recht gemäßigt und hätten zweifellos eine Verhandlungsbasis geboten. Paris zeigte sich jedoch reserviert. Im folgenden Jahr stießen Juin und der Sultan zusammen: der Generalresident verlangte eine offene Desavouierung des Istiqlal, führte Berberstämme heran, um den Sultan unter Druck zu setzen und zwang diesen am 25. Februar zur Kapitulation. Die nationalistische Agitation versteifte sich; die Residenz zeigte nur wenig Reformbereitschaft und hoffte zudem, den Istiqlal ausschalten zu können [433]. Der Sultan gab von neuem sein Interesse an einem Abkommen mit Frankreich bekannt, fand aber in Paris kein Gehör; die abschlägige Antwort wurde erst nach Monaten erteilt [434]. Die Ermordung *Hacheds* in Tunesien löste Streiks und Manifestationen in Casablanca aus, die Todesopfer forderten. Hunderte von Nationalisten wurden verhaftet, liberale Siedler ausgewiesen. Nationalisten und Administration klagten sich gegenseitig der Provokation an, während sich gleichzeitig in der Metropole eine heftige Diskussion entzündete: unterstützte die Linke die nationale Bewegung mit scharfen Protesten gegen die repressiven Maßnahmen der Administration, so verlangte die Rechte ein energisches Vorgehen und wandte sich gegen eine Politik »voreiliger« Konzessionen. Als Ausweg aus einer völlig verfahrenen Situation wurde nun sowohl in Paris als auch in Pariser Rechtskreisen die »Aktion el Glaoui« eingeleitet. Trotz eines ausdrücklichen Gegenbefehls der Regierung (!) gewährte man dem Pascha von Marrakesch und traditionellen Rivalen des Sultans agitatorischen Spielraum und hinderte ihn auch nicht daran, ein regelrechtes Ultimatum an den Sultan zu richten und seinerseits Berberstämme aufmarschieren zu lassen. Am 19. August 1953 wurde der Sultan abgesetzt und deportiert.

Sein Nachfolger zeigte sich zwar gefügiger und unterzeichnete die ihm vorgelegten Erlasse, fand aber bei der Bevölkerung nur wenig Rückhalt. Die erhoffte Normalisie-

[432] *A. Juin,* Le Maghreb en feu, 1957, p. 72.

[433] Man beachte die Direktiven, die *Boyer de Latour,* der erste Mitarbeiter *Juins* am 8. März 1951 ausgibt: « but général ... de créer au début des assemblées locales ... pour arriver, dans un délai plus long(!), au sommet de la pyramide à une assemblée délibérante. » Bemerkenswert sind auch folgende Bemerkungen: eine Generation habe nicht ausgereicht, eine marokkanische Elite heranzubilden. Oder: « le nationalisme devient intolérable dès qu'il devient anti-français. »(!) Vérité sur l'Afrique du Nord 1956, p. 12 f. Dabei kann *de Latour* erst noch von »conservatisme stupide« im oberen Beamtenkorps der Generalresidenz sprechen, p. 141.

[434] *Le Tourneau,* p. 232; gute Zusammenfassung auch bei *Fauvet,* La IVe République, p. 217 f, 293 f.

rung der gespannten Situation in Marokko stellte sich nicht ein. Der abgesetzte Sultan erschien nun als Märtyrer und als Symbol der Unabhängigkeitsbewegung. Die Thronfrage blockierte alle Verhandlungen mit Frankreich, Terror und Gegenterror setzten ein . . .

Nach ergebnislosen Demarchen für eine Kompromißlösung mußte die französische Regierung im Oktober 1955 in eine Rückkehr des verbannten Sultans einwilligen und – ähnlich wie mit Bourghiba – direkt mit ihm verhandeln. In einer Vereinbarung mit dem Außenminister *Pinay* vom 6. November erklärte sich der Sultan bereit, mit einer neuen Regierung demokratische Reformen einzuleiten « et de conduire avec la France les négociations destinées à faire accéder le Maroc au statut d'Etat indépendant uni à la France par les liens permanents d'une indépendance librement consentie et définie. » [435] Frankreich hat damit seine früher so hartnäckig vertretene Position, nur innere Autonomie, aber niemals Unabhängigkeit gewähren zu können und seine »permanenten Interessen« in Marokko unter allen Umständen zu verteidigen, sang- und klanglos aufgeben müssen.

Dabei tauchte ein neuer Begriff – die Interdépendance – auf. Er fand sich auch in der Unabhängigkeitserklärung für Marokko vom 2. März 1956 und im tunesischen Protokoll vom 20. März. Hier hieß es:

« Dans le respect de leur souveraineté la France et la Tunisie conviennent de définir ou de compléter les modalités d'une interdépendance librement réalisée entre les deux pays, en organisant leur coopération dans les domaines où leurs intérêts sont communs, notamment en matière de défense et de relations extérieures. » [436]

Sehr ausführliche Konventionen sind mit Tunesien und Marokko abgeschlossen worden, die – neben den Übergangsbestimmungen – die militärischen Fragen, die wirtschaftlichen Beziehungen und die Rechte der Franzosen betreffen. Aber was war die Interdépendance? Es sollte mit ihr nicht so sehr die Unabhängigkeit sozusagen »im Nebensatz« wieder zurückgenommen werden, wie das bis jetzt mit dem Hinweis auf die Union française intendiert worden war, sondern sie sollte vielmehr die Ablösung in den Augen der französischen Öffentlichkeit attraktiver erscheinen lassen: indem man den Eindruck erweckte, man etabliere eine neuartige, aber doch bleibende Verbindung mit Tunesien bzw. Marokko, kaschierte man die widerwillig gewährte Unabhängigkeit, in der Hoffnung, daß diese so der öffentlichen Meinung akzeptabel erschien. Insofern ist die Interdépendance symptomatisch für die allgemeine Haltung Frankreichs gegenüber seinen nordafrikanischen Protektoraten nach dem Zweiten Weltkrieg.

In der Zwischenkriegszeit war – wie wir gesehen haben – der Begriff des Protektorats unklar, und es ist auch seine Gültigkeit für die Zukunft kaum je ernsthaft diskutiert worden. Daß das »Schutzverhältnis« einmal zu Ende gehen könnte, wurde kaum gesehen. Man zog es vor, mit Begriffen und Formeln wie Assoziation, Zusammenarbeit, Gemeinschaft von Franzosen und Muselmanen zu operieren, die eine dauernde und unlösbare Verbindung zwischen Mutterland und Protektorat anzeigten und den französischen Herrschaftsanspruch dokumentierten. Selbst die Mandatsgebiete in der Levante erschienen als »legitime Besitzungen«, die Frankreich nicht aus der Hand geben dürfe, ohne sich selbst aufzugeben. Während Großbritannien das Protektorats- und Mandats-

[435] Zit. *Le Tourneau*, p. 247.
[436] Zit. *Gonidec*, p. 278.

statut benutzte, um Ländern wie Ägypten und dem Irak die formelle Unabhängigkeit zuzugestehen, und sich auf bilaterale Verträge beschränkte, die ihm Militärbasen, eine Kontrolle der Außenpolitik und einen mindestens indirekten Einfluß in der Innenpolitik gewährleisteten, hat Frankreich diese Form imperialer Herrschaft stets abgelehnt. Die Argumentation war nie besonders stichhaltig. Frankreich konnte zwar auf die relativ starken Siedlergruppen in Tunesien und Marokko hinweisen – nicht aber in Syrien und im Libanon –, die eine andere Ausgangslage schufen und eine viel engere Verbindung mit dem Mutterland notwendig machten; wirtschaftliche Interessen und strategische Fragen waren aber für London mindestens ebenso wichtig wie für Paris. Der Unterschied in der Haltung lag tiefer begründet: für das französische Selbstverständnis blieb das Wort »Unabhängigkeit« tabu, auch für die Protektorate. Leitbild war auch hier die größere, institutionell fundierte und gesicherte Einheit eines größeren Ganzen unter Führung Frankreichs.

Nach dem Zweiten Weltkrieg schuf man die Union française, die für die Protektorate den Sonderstatus des assoziierten Staates vorsah, der über eine innere Autonomie verfügen sollte, Außenpolitik, Verteidigung, Währungsfragen u. a. aber den übergeordneten Gremien der Union überließ, womit Frankreich seine Chance gewährt sah, weiterhin und zwar auf Jahrzehnte hinaus als eine nach Übersee erweiterte Großmacht auftreten zu können. Auch die linksgerichteten Nordafrikakenner glaubten an die Möglichkeit einer solchen institutionalisierten Einheit. So hoffte etwa *Robert Montagne* 1948 auf einen Eintritt Marokkos in die Union française [437], während *Ch. A. Julien* – als Sozialist – in einer föderalistischen Lösung so enge Beziehungen zwischen Frankreich und den Protektoraten für möglich hielt, daß diese auf die Unabhängigkeit verzichteten [438]. *François Mitterand* war noch 1954 dieser Meinung [439]. Daß eine solche Lösung von vornherein illusionär war, wird man allerdings keineswegs behaupten dürfen, denn sowohl *Bourghiba* als auch der Sultan von Marokko waren im Grunde frankophil und an der technischen und wirtschaftlichen Hilfe des Mutterlandes interessiert. Frankreich hätte aber relativ kurzfristig weitreichende Reformen konzedieren und einer Revision der Protektoratsverträge entgegenkommen müssen. Es hat sich aber wenig bemüht, Tunesien und Marokko den Status eines assoziierten Staates erstrebenswert zu machen und verharrte auf den Protektoratsverträgen. Manöver wie die Co-Souveränität und die Absetzung des Sultans führten zu einer « impasse », zur Versteifung der Fronten, schließlich zu Terror und Gegenterror. Bezeichnend ist auch, daß selbst liberale Publizisten die Formel der « Interdépendance » bereitwillig aufnahmen und sich noch in dieser späten Phase der Hoffnung hingaben, die Verbindung zwischen

[437] Marocco between East and West, in: Foreign Affairs Jan. 1948, p. 360.

[438] Crisis and reform in French North Africa, in: Foreign Affairs April 1951, p. 455. *Julien* hält die Regierungsthese, nur innerhalb des Protektorates diskutieren zu wollen, für fragwürdig, nachdem sogar Lybien unabhängig geworden sei.

[439] Vgl. auch die Erklärung des Ministers *Pierre July* über die neue Marokko-Politik: Frankreich wolle eine »dauernde Union zwischen Frankreich und Marokko« schaffen und diesem den Status eines »souveränen Staates« verleihen, bedinge sich aber als Verhandlungsbasis die »dauernde französische Anwesenheit ... gleichmäßige Vertretung ihrer Interessen und die vollständige Aufrechterhaltung der Verantwortlichkeit Frankreichs auf dem Gebiet der Verteidigung und der auswärtigen Angelegenheiten« aus. Keesings Archiv der Gegenwart, 1. 10. 1955.

Mutterland und den ehemaligen Protektoraten institutionalisieren zu können [440]. Man hat dabei den Vergleich mit dem Commonwealth gezogen und den Anschein erweckt, als ob Frankreich seit langem etwas ähnliches anstrebe – nämlich eine Art Kompromiß zwischen voller Unabhängigkeit und föderalistischen Institutionen [441]. Auf diese innerfranzösische Diskussion über die Union française und die Kolonialprobleme in den Jahren 1946–1955 ist noch näher einzugehen.

Die Revision der Union française und die innerfranzösische Kolonialdiskussion (1946-1955)

Man wird nicht behaupten können, daß die Union française ihre Aufgabe erfüllt und das geleistet hat, was die Verfassungsgeber von 1946 mit ihr beabsichtigt hatten: den Umbau des Kolonialreiches in eine institutionalisierte Union, die die Emanzipationsbewegungen mit den »permanenten Interessen« der Kolonialmacht in Einklang brachte. Die Gründe für das Scheitern sind zahlreiche: eine unvorhergesehene Beschleunigung und Aktivierung der Emanzipation, die alle Kompromisse untragbar erscheinen ließ und immer energischer auf die volle Unabhängigkeit abzielte; »Unabhängigkeit« wurde zum Leitwort der Emanzipation und diente gleichzeitig als Integrationsfaktor der noch nicht stabilisierten Gesellschaftsstrukturen und Staatskörper; der West-Ost-Konflikt, der die Bewegung weitertrieb und den sozialrevolutionären Ansätzen innerhalb der nationalistischen Organisation Rückhalt bot; die gemäßigten Führer sahen sich von »links« unter Druck gesetzt und mußten ihre Forderungen steigern; die Rolle der UNO, die nicht nur programmatisch einen Anti-Kolonialismus verkündete, sondern auch kleinen und schwachen unabhängigen Staaten die Möglichkeit gab, auf der »weltpolitischen Bühne« zu agieren. Es wäre aber falsch, die Gründe nur außerhalb des Entscheidungsbereiches sehen zu wollen. Frankreich selbst hat wenig getan, um die Institutionen der Union zum Tragen zu bringen und deren überseeischen Mitgliedern das Gefühl zu geben, an der Willensbildung des Ganzen beteiligt zu sein und die eigenen Ansprüche gegenüber der Metropole wirkungsvoll zur Geltung bringen zu können. In Paris war man allzu sehr mit anderen Dingen beschäftigt, die Öffentlichkeit und die Mehrzahl der Parlamentarier zeigte weiterhin ein nur geringes Interesse an überseeischen Belangen. Es schien einfacher und bequemer, sich auf die einmal fixierte rechtliche Ordnung festzulegen, als den wachsenden Forderungen der ehemaligen Untertanen schrittweise zu entsprechen, sei es innerhalb der Institution der Union française, sei es

[440] Z. B. *G. P. Johannot,* Les conditions d'une durable « Présence Française » au Maroc, in: Revue politique et parlementaire, 1955/217. Man müsse mutig vorgehen im Sinne der Präambel der Verfassung und den Weg zur Unabhängigkeit zeigen, p. 219.

[441] *Ives G. Brissonière,* La notion d'interdépendance, in: Revue de défense nationale, Juli 1956, p. 847 f. Er deutet den Begriff und glaubt einen »sens précis« zeigen zu können. Les « traits d'une association France-Tunisie-Maroc se dessinent ... une diplomatie concertée et une défense commune, voilà les deux piliers et aussi les deux tests de l'interdépendance ».

durch eine großzügige Verfassungsinterpretation oder gar durch Verfassungsänderung. Nur dies aber hätte den angeblichen Partnern das Bewußtsein gegeben, mit dem Mutterland eine echte Gemeinschaft einzugehen, die den Verzicht auf den Status eines formell unabhängigen Staates aufwog oder gar als vorteilhaft erscheinen ließ.

Die »Union« zwischen der französischen Republik und den assoziierten Staaten kam über einen ersten Ansatz nicht hinaus. Mit Kambodscha, Laos und der Republik Vietnam *Bao Dais* wurden zwar – wenn auch erst nach mühseligen Verhandlungen – mit der Formel einer « indépendance dans le cadre de l'Union française » Vereinbarungen getroffen, die einen Beitritt zur Union enthielten, aber bereits in den Verträgen von 1953/54 hat man davon abrücken müssen: Frankreich mußte eine eigene Außenpolitik und die Armee konzedieren und sich mit bilateralen Abmachungen begnügen. Die nordafrikanischen Protektorate hingegen sind überhaupt nicht Mitglieder der Union geworden. Die französischen Juristen mochten zwar diskutieren, ob die Protektoratsverträge den automatischen Eintritt als Etats associés überhaupt erlaubten – die Frage wurde anfänglich bejaht, später abgelehnt –, doch mußte so oder so eine aktive Mitwirkung an den Institutionen der Union vertraglich geregelt werden. Abkommen dieser Art sind aber nicht einmal diskutiert worden, und zwar, weil weder die Protektorate noch die Metropole sich an einem Eintritt in die Union française sonderlich interessiert zeigten! Die Nationalisten gingen von einem Recht auf Unabhängigkeit aus und sahen im Status des assoziierten Staates in erster Linie einen Verzicht auf diese Unabhängigkeit; während das Protektorat im Prinzip zeitlich begrenzt war, war die Union française als dauernde Einrichtung gemeint; ein Austritt war in der Verfassung nicht vorgesehen. Diese erschien zudem als oktroyierte, von Frankreich geprägte Ordnung, die nicht auf voller Gleichberechtigung der Partner beruhte; an Stelle eines Eintrittes in eine bestehende Union zogen die Nationalisten daher das Verhandeln am Runden Tisch vor [442]. Frankreich wiederum sah in den Protektoraten seine Herrschaftsrechte verankert und drängte nicht auf die in der Verfassung vorgesehenen Assoziierungsverträge. Ein aktives Auftreten indochinesischer und nordafrikanischer Politiker war weder der Regierung noch den Generalresidenten willkommen, und nachdem sich in Indochina der Status eines Etat associé nur als kurzfristige Durchgangsstufe zur vollen Unabhängigkeit erwiesen hatte, fürchtete man eine »Ansteckungsgefahr« für Nordafrika. Als der Sultan von Marokko anläßlich eines Besuches in Paris sein Interesse an der Union française zeigte, soll dies einigen Kreisen ein zusätzliches Argument geliefert haben, ihn abzusetzen [443]!

Der Haut Conseil ist denn auch nur dreimal zusammengetreten; das erste Mal – bezeichnenderweise – erst im Jahre 1951! « Le Gouvernement français témoigna aucune hâte à se faire ‹ assister › par cet organe » schreibt *Gonidec* [444]. Bestrebungen von indochinesischer Seite, den Rat als beratendes Organ an den Entscheidungen in der Überseepolitik mitwirken zu lassen, ist nicht entsprochen worden. Die Abwertung des Piasters im Mai 1953 ist sogar ohne Konsultation der assoziierten Staaten erfolgt und hat die Krise der Union beschleunigt [445].

[442] Dazu *Borella*, p. 395 f.
[443] *Borella*, p. 400.
[444] P. 381.
[445] *Borella*, p. 370.

Ähnliches galt für die beiden anderen Organe der Union française. Präsident *Auriol* hat die ihm gegebenen Wirkungsmöglichkeiten nicht voll ausgenutzt und z. B. keine Reisen in das ehemalige Kolonialreich unternommen. Die Assemblée de l'Union française hat zwar regelmäßig getagt und zweifellos manche positive Arbeit geleistet; Regierung und Parlament haben jedoch ihre Rolle möglichst einzuschränken versucht. Die an sich durchaus qualifizierte Versammlung ist für die Gesetzgebung und die Administration der überseeischen Gebiete unzureichend herangezogen worden, während andererseits deren eigene Vorschläge beim Parlament liegen blieben. Die ohnehin nur geringfügigen Kompetenzen der Assemblée sind nicht erweitert worden [446]. Man versteht so, daß die »farbigen« Abgeordneten der Territorien sich enttäuscht zeigten und ihre Aktivität einerseits ins Pariser Parlament und andererseits in die Lokalversammlungen verlegten, mit dem Ziel, nach einer Erweiterung der territorialen Autonomie an der »Ausübung der Souveränität« mitbeteiligt zu werden [447].
In der Assemblée und im Parlament, auf Parteikongresssen und in Parteiprogrammen, in speziellen Studiengruppen und in der Publizistik wurde Kritik an der Union française vorgebracht und Revisionen diskutiert. Ohne konkretes Ergebnis jedoch. Unterdessen ging die Entkolonialisierung weiter und erfolgte schließlich außerhalb der Verfassung von 1946. Der gaullistische Abgeordnete *Dronne* brachte im Namen des RFP (Rassemblement du Peuple Français) im Juli 1953 einen Revisionsantrag ein [448]. Die Union – heißt es – existiere nur auf dem Papier, der Präsident werde nicht von der Union gewählt, die Assemblée habe keine effektive Macht und der Haut Conseil sei untätig; man müsse der Union eigene Minister mit einem besonderen Kompetenzbereich geben und die assoziierten Staaten an der Wahl des Präsidenten beteiligen – kurz die Union solle einen « caractère fédéral » erhalten. 1955 waren es die Indépendants d'Outre-Mer, die unter Führung *Senghors* einen neuen Vorstoß unternahmen [449]. Die Verträge in Indochina hätten den Rahmen der Union bereits gesprengt, und eine ähnliche Entwicklung zeichne sich in Nordafrika ab; Art. 75 sehe zwar für die afrikanischen Territorien einen Statuswechsel vor, doch sei dies eine « formule hypocrite », solange Regierung und Parlament selbst geringfügige Reformen ablehnten. Schwarzafrika verlange nicht den Status eines assoziierten Staates, der sich in Indochina als Mißerfolg erwiesen habe, sondern einen « status d'état intégré – par étapes – dans une République fédérale française ». Die eine und unteilbare Republik von 1789 entspreche nicht mehr der Situation von 1955; die assimilatorische Integration sei unvereinbar mit dem afrikanischen Anspruch auf Selbstverwirklichung und ohnehin praktisch undurchführbar, doch wüßten die Autochthonen andererseits, daß für die kleinen und wirtschaftlich schwachen Einheiten Afrikas die Unabhängigkeit im vollen Sinne

[446] Z. B. *Georges Boussenot,* ehemaliger Ageordneter von Réunion und Madagaskar, L'Assemblée de l'Union française: son rôle, l'élargissement de ses pouvoirs, in: Revue politique et parlementaire Jan. 1953, p. 29. *Lamine Guèye,* Etapes et perspectives de L'Union française, 1955, p. 65.

[447] *Georges Boussenot,* Un danger pour l'Assemblée de l'Union française: « Les élites autochtones ont tendance à lui préférer – parcequ'elle n'a que des pouvoirs consultatifs – les assemblées locales aux pouvoirs restreints mais effectifs. » In: Marchés Coloniaux 15. 3. 1952.

[448] J. O. Assemblée Nationale 1953, Documents Annexe 6506.

[449] J. O. Ass. Nat. 1955, Documents Annexe 10 398.

undenkbar sei; Interdependenz sei das Motto des 20. Jahrhunderts. Durch eine Verfassungsänderung soll eine Konföderation mit den assoziierten Staaten errichtet und andererseits die Republik föderativ umgestaltet werden, und zwar derart, daß für die Außenpolitik, Verteidigung und Wirtschaftsplanung föderale Gremien zuständig sind, während die Territorien intern eigene Parlamente und Regierungen erhalten. *Senghor* erläuterte seine Thesen gleichzeitig in einem Aufsatz in « La Nef » [450]. Diese Vorschläge waren an sich bemerkenswert und konsequent: während in Indochina und Nordafrika die Anerkennung von Unabhängigkeit und Souveränität Voraussetzung für eine neue Bindung an Frankreich sein mußte, bevor diesem eine privilegierte wirtschaftliche und militärische Position eingeräumt werden kann, tendierte Schwarzafrika auf eine innere Autonomie bei gleichzeitiger Beteiligung an den föderativen Gremien; damit wäre die Gleichberechtigung erreicht und doch eine Balkanisierung vermieden worden.

War aber das Mutterland zu einer solchen einschneidenden Verfassungsrevision bereit? Die Assemblée de l'Union française diskutierte vom März bis Juli 1955 den Rapport des Abgeordneten *Alfred Bour*, während das Parlament am 24. März nach einiger Diskussion die Revision des Titels VIII der Verfassung vorzubereiten beschloß. Es verging jedoch ein Jahr, bis *Paul Coste-Floret* (MRP) am 5. Juli 1956 seinen Bericht vorlegte, und die « Commission du suffrage universel » brauchte nochmals mehrere Monate, um dazu Stellung zu nehmen; sie erstattete Bericht am 26. März 1957, doch ist es nicht mehr zu einer parlamentarischen Beschlußfassung gekommen ...

Wir können die unzähligen Vorschläge, Rapports und Aufsätze nicht einzeln anführen und beschränken uns auf einige zusammenfassende Feststellungen [451]:

Recht eigenartig – vielleicht auch spezifisch französisch – mutet uns heute der legalistische Charakter der Diskussion an: mit juristischen Argumenten wird der Um- oder Neubau der Institutionen erwogen und der Kompetenzbereich zwischenUnion und Territorien und zwischen Union und Parlament neu abgegrenzt, um durch Kompromiß die divergierenden Ansprüche und Interessen auszugleichen. Außerhalb der Diskussion bleibt dabei die Möglichkeit, daß auch in Schwarzafrika eines Tages unabhängige Staaten entstehen könnten [452].

450 Pour une solution fédéraliste, in: La Nef 9/1955. « Contre le courant centrifuge de l'Etat associé une seule solution: La République française ... c'est parce que nous voulons rester dans la cité française, mais dans notre quartier avec notre église et notre école, que nous préférons, comme terme ultime de notre évolution, à l'Etat associé, l'Etat intégré dans la République française », in: Marchés coloniaux 4. 4. 1953, p. 1006. « Le Fédéralisme est la vérité du XXe siécle et l'avenir de l'Union française », in: Marchés coloniaux 17. 9. 1955.

451 Einen Überblick gibt *Alain Coret*, Le problème de la réforme du titre VIII de la constitution de 1946, in: Revue juridique et politique de l'Union française 1956/1 p. 87–142. Eine Reihe von Vorschlägen auch im Anhang zum Rapport *Bour*, Assemblée de l'Union française 1955 Annexe 104. Dazu neben Borella p. 315 auch *P. Lampué*, Pour une réforme de l'Union française, in: Cahiers de la République 1959/7.

452 Als Beispiel sei wiederum *Boussenot* genannt, der dem Autonomiestreben der autochtonen Elite volles Verständnis entgegenbringt und Reformen der Union fordert, gleichzeitig aber von der These ausgeht: « la France d'Outre-Mer constitue le complément nécessaire de la France continentale » – wirtschaftlich und militärisch! Ohne Übersee werde Frankreich wie einst Spanien zur sekundären Macht. « Et c'est précisément parce que la France

Die Assimilation und konsequente Integration steht nicht mehr auf dem Programm und ist kein Ansatzpunkt mehr für eine progressive Reformpolitik; eine Vermehrung der überseeischen Abgeordneten im Parlament wird nicht mehr vorgeschlagen, sei dies, weil die Metropole sich der Konsequenzen einer solchen Vermehrung bewußt geworden ist, sei es, weil auch die afrikanischen Sprecher andere Ziele verfolgen; die Rechte kann zudem auf die sozialen und finanziellen Auswirkungen der assimilatorischen Gesetze von 1946 verweisen und hofft, mit der Gewährung von Autonomie den Weg zu territorialen Sonderregelungen (Sozialgesetzgebung, Lohn- und Steuerfragen) ebnen zu können.

Die einen fordern eine Verfassungsänderung, die anderen wollen sich mit Anpassungen begnügen, um den in jedem Falle mühsamen und zeitraubenden Prozeß einer Revision zu umgehen. In oft stereotypen Wendungen wird die Übertragung von effektiv konsultativen Befugnissen oder sogar von Entscheidungskompetenzen für bestimmte Fragen auf die Assemblée der Union gefordert, andererseits die Erweiterung des Kompetenzbereiches der Territorialversammlungen. Es stößt jedoch auf Schwierigkeiten, den Territorien legislative Gewalt und eigene Regierungen zuzugestehen, da dies den Rahmen einer administrativen Dezentralisation sprengen würde. Kann die eine und unteilbare Republik legislative Befugnisse an die »Provinzen« abgeben? Der Weg zur Loi Cadre von 1956 ist hier vorgezeichnet.

Es versteht sich, daß wiederum viel von Föderalismus die Rede ist. Von links bis rechts nimmt ihn jedermann in Anspruch. Interessenlage und geistige Haltung sind verschieden, doch dient die föderalistische Formel stets dem gleichen Ziel: das Entstehen unabhängiger afrikanischer Staaten zu vermeiden. Was aber wird unter Föderalismus verstanden? Wir haben den Vorschlag eines »echten« Föderalismus von seiten der Indépendants d'Outre-Mer genannt. Es geht, was die Spitze anbelangt, darum, bestimmte Fragen wie Außenpolitik, Verteidigung, Wirtschaftsplanung u. a. der Zuständigkeit des französischen Parlamentes zu entziehen und den Gremien der Union zu übertragen, in der die überseeischen Gebiete wenn nicht proportional zur Bevölkerung, so doch stark vertreten sein mußten; besondere Minister wären dem Parlament der Gemeinschaft verantwortlich. Der Sozialist *Oreste Rosenfeld* tritt z. B. für eine solch konsequente Lösung ein [453], wird aber bezeichnenderweise von der eigenen Partei nicht gedeckt [454]. Das Mutterland ist nicht bereit, eine so weitgehende und weitreichende Reform ins Auge zu fassen, ergäben sich damit doch ähnliche Konsequenzen wie bei einer vollständigen Integration: nämlich eine Einbuße an der eigenen Entscheidungsfreiheit und die Gewichtsverlagerung auf Instanzen, in denen die »farbigen« Abgeordneten eine starke Minderheit oder gar eine Mehrheit bilden! Folglich strebt man wie 1946 einen Kompromiß an, der zwar mit juristischer Spitzfindigkeit umrissen wird, aber doch gerade juristisch fragwürdig bleiben muß. Wenn die letzte Entscheidung bei der

d'outre-mer doit demeurer, rester indéfiniment (!) soudée à la France métropolitaine qu'il convient de donner à la première non pas seulement l'impression, mais l'assurance qu'elle ne sera jamais l'enfant pauvre dont on daignera, à Paris, écouter d'une oreille distraite et par intermittence l'exposé des doléances et des aspirations.» L'Assemblée de l'Un. fr. son rôle, l'élargissement de ses pouvoirs, in Rev. polit. et parl. Jan. 1953, S. 35.

[453] Cahiers de la République 1940/10, p. 35 f.

[454] Siehe S. 472.

Metropole und beim Parlament liegt und liegen soll, kann niemals ein »echter« Föderalismus entstehen. Es zeugt von der schwierigen Lage, in der sich Frankreich befindet, aber auch von einem mangelnden Verständnis für den Föderalismus als solchen, wenn in zahlreichen Fällen das Modewort Föderalismus in unzulässiger Weise bereits für eine administrative Dezentralisation in Anspruch genommen wird. Dies ist sogar bei *Pierre-Henri Teitgen,* dem durchaus reformbereiten Verfassungs- und Union-française-Spezialisten des MRP der Fall, wenn er den Begriff verwendet für « une large autonomie des territoires dans l'unité de la République, l'achèvement politique de la décentralisation administrative »[455]; dies kann wohl für die von *Coste-Floret* vorbereitete Loi Cadre gelten, hat aber mit Föderalismus wenig zu tun.

Als weiteres Beispiel sei der bedeutende Jurist und Föderalismus-Spezialist *Georges Scelle* genannt[456], der den Versuch von 1946, in der Verfassung der Metropole eine föderative Struktur zu begründen, kurzerhand als « hypocrisie impérialiste » bezeichnet; es sei ebenso lächerlich gewesen, Madagaskar oder Dahomey zum « territoire française » zu erklären, wie die Versammlung der Union française nur für überseeische Fragen und nicht auch für Fragen der Gemeinschaft als solcher zuständig zu machen; sie sei denn auch keineswegs ein « parlement fédéral ». *Scelle* will aber auch aus politischen Gründen die eigentlichen Entscheidungen der Metropole vorbehalten und der Assemblée nur beratende Befugnisse zugestehen – alle Parlamente hätten als bloß konsultative Gremien begonnen! Er versucht zudem, juristisch plausibel zu machen, daß der Begriff des Föderalismus keine « égalité des compétences » impliziere, wobei er auf die pan-amerikanische Union und das frühere Commonwealth hinweist. Wie aber kann ein Kenner des Föderalismus diese Organisationen als Föderationen bezeichnen und als Vorbild für Frankreich ausgeben? Das Commonwealth bietet doch nur dann ein Vorbild, wenn man auf institutionelle Bindungen zu verzichten bereit ist und auf eine von den Mitgliedern anerkannte Führungsfunktion des Mutterlandes vertraut. Gerade dies aber will Frankreich nicht, ja, die föderalistischen Pläne sollen eine solche faktische Unabhängigkeit gerade verhindern. Wenn Vertreter Indochinas oder *Bourghiba* eine Umwandlung der Union française in ein Commonwealth postulieren[457], so will sich Frankreich nicht mit informellen oder bilateralen Abmachungen begnügen, son-

[455] J. O. Assemblée de l'Union française. Juli 1955, p. 678. Vgl. auch den Aufsatz von *René Galbrun* (Inspecteur de la France d'OM) in: Revue politique et parlementaire, 1956/1, p. 70. Oder eine journalistische Formulierung: Es gelte « de trouver la formule de coopération fédérale qui comporterait, dans chaque territoire, un degré d'autonomie ou d'intégration variable et qui doit faire une unité indivisible de la grande République française », *Pierre Paraf,* Nouveaux rendez-vous africains, in: Revue politique et parlementaire 1955/217, p. 140.

[456] Le Fédéralisme et l'Union française, in: Revue politique et parlementaire 1948/14.

[457] Der Vietnamese *Bun Kinh* erklärte am 7. Juli 1955 in der Assemblée der Union française: « Nous ne pensons pas que l'Union française puisse évoluer, dans l'avenir, vers une Confédération », da die allgemeine Abneigung gegen überstaatliche Institutionen viel zu stark sei; man wolle nicht die Freiheit der Entscheidung an bestimmte Gremien in Paris abgeben, *Gonidec,* p. 355. König *Norodom Sihanouk* von Kambodscha postulierte demgemäß eine Umwandlung der Union française in ein Commonwealth, Dokumente *Bour,* p. 11. *Bourghiba* erklärt am 12. März 1954: « L'Union française doit s'acheminer petit à petit vers la formule du Commonwealth britannique, c'est-à-dire l'union d'Etats dotés de la souveraineté. » Zit. *Coret,* p. 108.

dern eine institutionelle Lösung anstreben [458]. Einige Autoren versuchen dem Dilemma auszuweichen, indem sie die jetzt fällige Reform der Union als eine vorläufige bezeichnen, da die »echte« Föderation erst in Zukunft verwirklicht werden könne; diese rückt dann aber in weite Ferne und läßt die Argumentation als Alibi erscheinen.

Es ist schwer und bedürfte einer eingehenden Untersuchung, die Haltung der französischen Parteien zur Kolonialfrage nach dem Zweiten Weltkrieg im einzelnen zu schildern. Die Parteien sind keineswegs in sich geschlossen; sogar im disziplinierten MRP zeichnet sich ein linker und ein rechter Flügel ab, und sogar *Georges Bidault* stellt sich schließlich so sehr in Gegensatz zu seiner Partei, daß er ausgeschlossen werden muß. Noch frappierender jedoch ist die Inkongruenz zwischen Parteiprogramm, Kongreßresolution und publizistischer Stellungnahme einerseits und der Haltung der Partei als Mitglied einer Regierung andererseits; und zwar nicht nur im Sinne eines Unterschiedes zwischen Opposition und verantwortlicher Regierungspartei – also gewissermaßen zeitlich gestaffelt –, sondern sehr oft auch gleichzeitig, insofern als die Politik der Minister von maßgebenden Abgeordneten der gleichen Partei kritisiert wird. Wir müssen uns daher mit einigen Andeutungen begnügen und können nur die Grundzüge der innerfranzösischen Diskussion skizzieren.

Die kommunistische Partei ist in unserem Zusammenhange von eher geringem Interesse. Sie war nach der Befreiung zunächst Mitglied der Regierung und hat – nicht zuletzt im Interesse einer eventuellen Machtübernahme – auf eine allzu lautstarke Unterstützung der kolonialen Emanzipationsbewegungen verzichtet, indem sie die Nationalisten als feudal bürgerliche Reaktionäre oder, wie bei den Unruhen von Sétif 1945, als Faschisten apostrophierte und auf einen gewissen Ausgleich mutterländischer und kolonialer Interessen drängte. Sie hat z. B. die Indochina-Erklärung vom 24. März akzeptiert und auf den Viet Minh mäßigend einzuwirken versucht: das Recht auf Selbstbestimmung dürfe nicht in jedem Falle zur Ablösung führen und schließe bestimmte Formen der Zusammenarbeit nicht aus. Die kommunistische Partei hat in den Konstituanten jeweils die Positionen der farbigen Abgeordneten übernommen, die Union française schließlich aber gutgeheißen [459]. Nach dem Ausscheiden aus der Regierung *Ramadier* 1947 fällt jedoch jegliche Rücksicht weg, und die kommunistische Partei kann offen für die sofortige Gewährung von Unabhängigkeit eintreten und den nationalistischen Parteien ihre Unterstützung zusichern. Bemühungen um einen Ausgleich und Übergangslösungen werden nun als kolonialimperialistische Versuche »entlarvt«,

[458] Mit fragwürdigen Argumenten muß ein Unterschied zur britischen Situation behauptet werden. So heißt es in einem wichtigen Artikel: « Dangereux serait un simple démarquage de la politique du Royaume-uni, qui grâce à des liens économiques plus forts que les nôtres (!?), une administration indirecte plus respectueuse des cadres locaux, a pu, en Afrique Occidentale poursuivre une politique en faveur de l'établissement d'Etats africains indépendants. » *René Servoise,* Introduction aux problèmes de la politique française, in: Politique étrangère 1954/4 (Sondernummer über Probleme des überseeischen Frankreichs). Die Behauptung des wirtschaftlich versierten Autors ist offensichtlich unzutreffend – um so mehr, als Servoise betont, daß Frankreich noch immer beim Pacte colonial stehe; wenn schon, dann wäre die These im entgegengesetzten Sinne stichhaltiger!

[459] *Alfred Rieber,* Stalin and the French Communist Party 1941–1947, 1962, p. 314 f. Für Indochina auch *Hammer,* Struggle for Indochina, p. 201 .

die Emanzipationsbewegungen im Interesse des französischen »Monopolkapitals« und des amerikanischen Verbündeten zu unterdrücken und die bisherige Ausbeutung unter einem neuen Deckmantel fortzusetzen. So stellt sich die Partei nicht nur hinter *Ho Chi Minh* und protestiert gegen den Indochinakreig, sondern fordert auch offen zu Desertion und Sabotage auf. [460]

Selbstverständlich nimmt sie energisch Stellung gegen die blutige Repression des Aufstandes in Madagaskar 1947, das scharfe Vorgehen gegen das RDA 1949 und die Nordafrika-Politik, vor allem die Absetzung des Sultans von Marokko, Stellung und versucht sie propagandistisch auszuwerten. Der Algerienkrieg verschafft den Kommuneue Möglichkeiten der Agitation, obschon sie sich im Hinblick auf die recht zwiespältige Haltung der Arbeiter- und Wählerschaft einiger Zurückhaltung befleißigen müssen und den Erwartungen der algerischen Nationalisten nicht ganz zu entsprechen vermögen.

Interessanter und problematischer ist die Haltung der sozialistischen Partei. Sie ist nun verantwortliche Regierungspartei oder Koalitionspartner der linken Mitte und kann sich »nationalen« Belangen weniger denn je verschließen. Sie hat ihre Anhängerschaft zudem weniger in proletarischen als kleinbürgerlich-bäuerlichen Kreisen, die zwar an wirtschaftlichen und sozialen Reformen interessiert sind und sich zu einem »progressiven« Programm bekennen, nicht aber eine Politik des »abandon« befürworten. Die Partei muß zudem Konzessionen an die Koalitionspartner machen und oft eine Politik sanktionieren, die ihren eigenen Thesen widerspricht. Doktrinär knüpfen die Sozialisten zunächst an die Vorkriegszeit an. Die Partei – heißt es – kämpfe gegen den ausbeuterischen Kolonialismus und trete für das Recht auf Selbstbestimmung und die Emanzipation ein. Die Voraussetzung für eine sofortige Unabhängigkeit seien aber meist noch nicht gegeben, und ein zu früher Rückzug würde den alten feudalen oder den neuen bürgerlich-kapitalistischen Kräften den Weg freigeben, die Massen zu unterdrücken; möglicherweise werde dann auch nur eine andere Macht an die Stelle Frankreichs treten [461]. Die vorläufige Aufrechterhaltung der Herrschaft wird wie vor 1939 mit den zivilisatorischen Leistungen legitimiert:

> « La détention des territoires jadis colonisés n'est plus admissible que dans la mesure où la fonction colonisatrice se résout en fonction civilisatrice et éducatrice. Elle ne peut être poursuivie contre la volonté du peuple colonisé. Elle tend à le conduire jusqu'à la capacité de se gouverner librement. C'est alors, c'est quand elle cesse, qu'elle trouve rétroactivement sa jusification politique et morale. » [462]

[460] Als Beispiel diene die Erklärung von Mme. *J. Vermeersch* (Gefährtin von *Thorez)* im Parlament am 27. 1. 1950: « Nous poursuivrons notre lutte contre la guerre au Viêt-Nam. Nous lutterons pour l'indépendance complète du peuple du Viêt-Nam, nous lutterons pour le retour du corps expéditionnaire. Nous poursuivrons avec tout le peuple la bataille contre l'envoi des troupes et du matériel de guerre ... la lutte armée du peuple vietnamien contre l'impérialisme français aide considérablement le mouvement ouvrier et démocratique en France. La victoire du peuple viêtnamien contre l'agresseur sera la victoire du peuple de France. » Zit. *Isoart*, p. 382 f.

[461] Z. B. *E. Cohen-Hadria,* Le fait colonial: in: Revue socialiste 1947/14, p. 307. Wenn Frankreich Tunesien verlassen würde – 1947! –, wer würde sich in Bizerta festsetzen?

[462] *Léon Blum* im Populaire vom 5. 12. 1949.

Léon Blum glaubt demgemäß bereits 1946, und zwar im Hinblick auf Indochina sagen zu können: « Le vieux système colonial... est aujourd'hui chose révolue! » [463] Orientiert sich der alte Parteiführer wie in der Zwischenkriegszeit an einer eigentlichen Unabhängigkeit [464], so verweisen andere Sozialisten auf die Union française, die ein Verbleiben der ehemaligen Kolonien innerhalb eines größeren Frankreich ermöglichen soll. Beliebt ist dabei das Argument, die Unabhängigkeit sei obsolet geworden und entspreche nicht den zeitgemäßen Tendenzen zum Zusammenschluß. Kein Geringerer als *Senghor* sagt im Nationalrat der Partei: « La réalité d'aujourd'hui n'est pas l'indépendance mais l'interdépendance. » [465] Die Forderung nach Unabhängigkeit kann damit als « séparatisme » verurteilt werden – wobei sich, wie etwa bei *Alduy*, sozialistisches Credo eigenartigerweise mit nationalistischer Argumentation verbindet:

« C'est là que réside tout le probléme: dans la conciliation entre le principe du droit des peuples à disposer d'eux-mêmes et la condamnation actuelle du séparatisme... sécession, mortelle pour la France, illusion pour les pays. » [466]

Als Ausweg erscheint die Föderation, zu deren eifrigen Protagonisten gerade *Alduy* in den Jahren 1947–1949 gehört [467]. Die Union française als « création continue » müsse gemäß der Präambel der Verfassung den Autonomiebestrebungen entgegenkommen und die volle Gleichberechtigung der Partner realisieren; die Souveränität liege bei der gesamten Union und erstrecke sich damit auch über die Metropole [468]. Die Konzeption der echten Föderation ist, wie oben erwähnt, 1955 vom Kolonialexperten der Partei, *Oreste Rosenfeld*, wieder aufgenommmen worden, nicht aber von der Partei als solcher. Diese spricht zwar in ihren Resolutionen von « fédéralisme », meint damit aber die Union française nach der Verfassung von 1946 und gibt nach 1950 den Terminus auf [469]! Die Revisionsforderungen lauten nun: Anerkennung der « souveraineté et indépendance dans le cadre de l'Union française » für die assoziierten Staaten, wobei die Bedeutung dieser in sich widersprüchlichen Formel nicht näher erläutert wird; Statuswechsel der Trusteegebiete, aber auch Madagaskars, in assoziierte Staaten gemäß

[463] Déclaration ministérielle vom 23. 12. 1946, in: Année politique 1946, p. 545.

[464] Vgl. seine Indochina-Erklärung vom 10. 12. 1946, zwei Tage vor seiner Investur als Ministerpräsident, im Populaire 10. 12. 1946, zit. Isoart, p. 372.

[465] Conseil National 19.–22. 3. 1947, Le Populaire 20. 3. 1947. Dazu auch die Resolution des Parteikongresses vom Juli 1948: Le socialisme a toujours adopté une attitude de compréhension et de sympathie à l'égard des aspirations des peuples d'outre-mer vers la réalisation de leur indépendance. Toutefois, il estime que dans un monde placé sous le signe de l'interdépendance, seule la réalisation d'un système politique à tendance fédérale est de nature à sauvegarder les droits essentiels des collectivités... L'interdépendance sans organisation fédérale doit faire normalement le jeu des forces traditionnelles d'aggression ou de neocapitalisme autochtone...» Le Populaire, 6. Juli 1948.

[466] *Paul Alduy*, L'Union française, mission de la France, in: Revue socialiste 299/1948, p. 21.

[467] Außer dem eben erwähnten Aufsatz « Le problème colonial à la lumière du socialisme » in: Revue socialiste 1947/7. Pour une structure politique de L'Union française, in: Esprit (Sondernummer) 1949/7. *Alduy* auch auf dem Parteikongreß von 1949, Le Populaire 18. 7. 1949.

[468] Die Lokalversammlungen und die Assemblée de l'Union française sollen legislative Kompetenzen erhalten, die Union zudem eine eigene Exekutive, L'Union française. 86.

[469] Auf dem Parteikongreß lehnt *Guy Mollet* den Begriff »fédération« offen ab: « Le terme d'association serait bien préférable. » Le Populaire 5. 7. 1955.

Art. 75; Collège unique und Vermehrung der communes mixtes in den afrikanischen Territorien; bessere Kompetenzausscheidung zwischen den territorialen Versammlungen und der Assemblée der Union [470]. 1956 wird aber gleichzeitig auch hinzugefügt, daß die Souveränität des Parlaments nicht angetastet und keine Politik des « abandon » eingeleitet werden dürfe. Im übrigen sind die sozialistischen Thesen recht vage und konventionell, weil sich innerhalb der Partei ein Rechtskurs durchsetzt und die Diskrepanz zwischen ihren programmatischen Erklärungen und ihrer effektiven Politik als Regierungspartei nicht allzu deutlich in Erscheinung treten soll.

Die Problematik einer sozialistischen Politik hat sich vor allem in der Indochinafrage gezeigt. Die Partei möchte 1946 zu einem Agreement mi *Ho Chi Minh* gelangen, aber kann sie dessen Forderungen nach voller Eigenstaatlichkeit akzeptieren? Wie kann sich zudem der bejahrte und nicht allzu energische Überseeminister *Moutet* gegen die in Paris und Saigon inszenierte Agitation durchsetzen, wenn diese beim Ministerpräsidenten *Bidault* Rückendeckung findet? Selbst eine Kabinettskrise hätte wenig Erfolg gezeitigt... *Leon Blum* hat kurz vor der Regierungsübernahme ein Abkommen mit dem Viet Minh « sur la base de l'indépendance » befürwortet, ist dann aber bereits am 23. Dezember durch die Ereignisse in Hanoi in eine Zwangslage versetzt worden, aus der ein Ausweg schwer zu finden war, sofern dieser nicht nur rhetorischen Charakter tragen, sondern auch parlamentarische Unterstützung finden sollte. Der dem rechten Flügel zuzurechnende *Ramadier* wird als Ministerpräsident liberale Erklärungen abgeben, dem Verhandlungsangebot *Ho Chi Minhs* aber unannehmbare Forderungen entgegenstellen; während die « militants », aber auch « Le Populaire » sich gegenüber dem Experiment *Bao Dai* reserviert verhalten [471], muß die Partei die Politik der Regierungen, an der sie selbst beteiligt ist, parlamentarisch decken; und wenn sie auch weiterhin

[470] Conseil National du Parti socialiste, ayant pouvoir de congrès, 24.–25. 1. 1953, Annexe II Bour p. 27. Der Kongreß vom Juni 1956 nimmt folgende Resolution an: « En même temps que l'élargissement des attribuations des assemblées territoriales il est nécessaire de réaliser une meilleure organisation du travail législatif, notamment en dotant l'Assemblée de l'Union française de pouvoirs effectifs étendus, ... sans toutefois mettre en cause la souveraineté du Parlement. Opposé à toute politique dite ‹ d'abandon ›, le parti socialiste proclame que sur tous les plans doit être poursuivi une politique d'évolution...» Le Populaire 2. 7. 1956.

[471] Le Populaire 6. 6. 1948, 29. 10. 1948, O. *Rosenfeld* in Le Populaire 21. 1. 1949. Parteikongreß von 1950 « La SFIO a fait des réserves les plus expresses. *Bao Dai* ne peut pas être considéré comme représentant qualifié du peuple viêtnamien. » Le Populaire 13. 7. 1950, Isoart, p. 384.

Der Parteikongreß vom Mai 1950 verlangt einstimmig »que soient ouvertes sans tarder des négociations entre le Gouvernement de la République (an dieser Regierung sind die Sozialisten beteiligt!) et les représentants qualifiés de la Nation tunisienne afin de fixer la date de la suppression du protectorat et les étapes successives du passage de la Tunisie au stade d'un Etat souverain et indépendant... et de conclure simultanément un traité d'association entre la République française et la Tunisie pour coordonner sur un pied d'égalité leur action sur le plan de la défense nationale, de la politique extérieure, des relations économiques et culturelles.«. Text im Rapport von 1951. Im Juli 1953 ist von einer »autonomie interne d'un Etat Tunisien« die Rede, Rapports p. 103. Ein Jahr darauf lehnt *Julien* die Co-Souveränität ab, da die Marokkaner die innere Souveränität beanspruchten. « Nous devons dire avec netteté que le Maroc a droit à sa souveraineté et à son indépendance. » Le Populaire 5. 7. 1954.

Verhandlungen mit dem Viet Minh befürwortet, so kann sie doch nicht gegen verstärkte militärische Anstrengungen opponieren ... In der Politik gegenüber Tunesien und Marokko treten die Sozialisten in ihren Kongreßresolutionen frühzeitig für die Autonomie und dann auch für das Recht auf Unabhängigkeit mit anschließenden bilateralen Verhandlungen ein, machen aber ihre Thesen nicht zur Bedingung für eine Regierungsbeteiligung [472] und müssen zuwarten, bis die Radikalsozialisten *Mendès-France* und *Edgar Faure* den Kurswechsel vollziehen!

Unbehelligt von Regierungsverantwortung, parlamentarischen Möglichkeiten und von der Stimmung in der Wählerschaft kann sich die intellektuelle Linke zur Kolonialpolitik äußern und mit Vehemenz gegen den Immobilismus der Vierten Republik auftreten. Die « Temps modernes » *Sartres,* der « France-Observateur » *Claude Bourdets,* der linkskatholische « Esprit » und später auch der « Express » mögen weltanschaulich auf sehr verschiedenen Positionen stehen, bilden aber mit ihrem Anti-Kapitalismus und Anti-Kolonialismus, mit ihrer Distanz gegenüber den Parteien und ihrer vom Geist der Résistance getragenen Polemik gegen das »System« der Vierten Republik und deren Verharren im Status quo in den überseeischen Fragen eine gemeinsame Front. Bei den « Temps modernes » und bei « France-Observateur » ergibt sich dabei eine weitgehende Annäherung an kommunistische Thesen: Frankreich vertrete und verteidige eine Politik der kapitalistischen Ausbeutung, wobei die interessierten Wirtschaftsgruppen sich sowohl in den Kolonien als auch in der Administration und im Parlament durchgesetzt hätten und die Reformen hintertrieben und sabotierten. *Claude Bourdet* z. B. glaubt in einem stark beachteten Aufsatz « Les maîtres de l'Afrique du Nord » die engen Verbindungen zwischen Colons, Industrie und Banken aufzeigen und den politischen Einfluß bestimmter Persönlichkeiten nachweisen zu können [473]. Sie seien in erster Linie für die Zwangslage in Madagaskar, das Scheitern der Verhandlungen mit *Ho Chi Minh* und die Verzögerungsmanöver in Nordafrika verantwortlich. Die sich daraus ergebenden Folgerungen liegen auf der Hand: konsequenter und vollständiger Kurswechsel, sozialistische Reformen, Anerkennung des Rechtes auf Autonomie und Unabhängigkeit, Verhandlungen mit den Nationalisten, so lange es noch Zeit ist und diese dazu bereit sind.

Die Zeitschrift « Esprit » geht nicht ganz so weit und zeigt sich in ihren Thesen gemäßigter. Frankreich weigere sich – sagt *J. M. Domenach* –, die weltpolitische Situation zu akzeptieren und habe den Anschluß verpaßt; man müsse mit *Ho Chi Minh* verhandeln und sowohl die Protektorate als auch Madagaskar in assoziierte Staaten umwandeln.

> « Ce réflexe d'infériorité et de peur dont notre politique en matière d'Union française porte la marque. Craignant à chaque instant la sécession, nous resserrons les liens jusqu'au moment où ils risquent de rompre. « [474]

Es gelte, mit den Exponenten der nationalistischen Bewegung einen « plan progressif d'émancipation » auszuarbeiten. Demnach befürwortet *Domenach* eine föderalistische Lösung, die mit derjenigen *Alduys* Ähnlichkeit besitzt [475]. Wichtig sei das « régime

[472] *Grosser,* p. 115.
[473] In: Temps modernes, Juni 1952.
[474] *Grosser,* p. 115. De l'Empire à la Communauté des Peuples, in: Esprit 1949/7, p. 1085.

transitoire » der Union française, die auch für die afrikanischen Territorien den Statuswechsel vorsehen und sich schrittweise dem Vorbild des Commonwealth annähern müsse. Dieses habe vordemonstriert, wie Unabhängigkeit mit politischer, wirtschaftlicher und kultureller Zusammenarbeit in Einklang gebracht werden können. « Notre seule chance de grande puissance est d'y accéder à notre tour » [476]. Nur eine großzügige Dekolonisation, getragen von der Bereitschaft zu innerer Erneuerung, biete eine echte Alternative zum zögernden Verhalten der Vierten Republik, das entweder in den Kolonialkrieg einmünde oder zur Kapitulation zwinge.

Die Radikalsozialisten stehen in der Vierten Republik »rechts« – obschon unter *Mendès-France* die »revolutionär-fortschrittliche« Tradition der Partei noch einmal durchbricht und vorübergehend den Kurs der Partei bestimmen kann. Ein konservativer, wenn nicht reaktionärer Kurs dominiert auch, oder gerade in ihrer Kolonialpolitik. Die Partei ist an der Ausarbeitung der Verfassungsbestimmungen für die Union française kaum beteiligt gewesen und hat die Vorlagen beider Konstituanten abgelehnt; es war der Radikalsozialist *Herriot,* der schließlich den Vorschlag des Verfassungsausschusses zu Fall brachte und damit die Voraussetzung schuf, daß die Interessen der Metropole besser gewahrt wurden, nicht ohne dabei *Gaston Monnerville,* der die Vorschläge der « Inter-groupe » unterstützt und föderalistische Tendenzen vertreten hatte, zu übergehen und zu desavouieren. Starke Wirtschaftsinteressen kommen innerhalb der Partei zum Zuge und geben ihr »kolonialistisches« Gepräge: *Luc Druand-Reville* ist Senator von Gabun, Mitglied der Académie des Sciences Coloniales und »Experte« der Partei für Afrika und die Union française, daneben ist er aber an mehreren Kolonialgesellschaften beteiligt und geradezu ein Exponent des »Überseekapitalismus«; *René Mayer,* Ministerpräsident 1953, hat Verbindung zu den *Rothschilds* und den « grandes affaires », ist Abgeordneter von Constantine und übernimmt die Positionen der Algerienfranzosen; *Henri Borgeaud* vertritt Algerien im Senat in den Jahren 1946–1959 und fungiert lange Zeit als Vorsitzender der RGR-Fraktion; der Abgeordnete *Georges Blanchette* gehört zu den reichsten und einflußreichsten Männern Algeriens; der Président administratif der Partei 1948–1955, *Martinaud-Déplat* ist in Tunesien engagiert und steht auf dem rechten Flügel; Senator *Antoine Colonna* gilt als der wichtigste Sprecher der französischen Groß-Colons in Tunesien.

Man wundert sich daher nicht, daß *Druand-Reville* auf dem radikalsozialistischen Parteikongreß von 1949 als Rapporteur für das überseeische Frankreich auftritt und dabei kolonialistisch-konservative Thesen darlegt [477]. Er beginnt sein Plädoyer mit

[475] In: Temps modernes, Juni 1952. In der gleichen Nummer auch *Claude Gérard,* Pacte colonial et démocratique. Eine Assemblée fédérale als »sénat fédéral«, mit den assoziierten Staaten eine lockere Bindung im Sinne einer Konföderation mit einem Haut Conseil als Organ und einem stellvertretenden Ministerpräsidenten als Chef der Exekutive.

[476] P. 1093. In der gleichen Nummer auch *Jean Lequiller,* L'exemple anglais. « Indépendance contre ou avec nous, unité sans ou avec nous: c'est la question » schreibt *Bertrand d'Astray* im Hinblick auf den Viet Minh bereits 1947, Pour un Lyautey socialiste, in Esprit, Febr. 1947. « Il faut créer un précédent heureux pour notre volonté d'Union française. » *André de Peretti,* L'indépendance marocaine et la France, in Esprit 1947/4, p. 571.

[477] Parteikongreß 1949. Rapport: La politique de l'Union française.

dem üblichen Lob der kolonialen Vergangenheit Frankreichs[478], zitiert *Jules Ferry* und steht zu dessen Argumenten: einige Mißbräuche könnten das große Werk nicht aufwiegen, und Frankreich sei weiterhin auf Rohstoffe und einen Exportmarkt angewiesen. Seit 1945 aber herrsche eine geistige Konfusion, und Anti-Kolonialismus sei Mode geworden. Die Ideologie und Demagogie sei gefährlich, « surtout par l'esprit d'abandon qui y préside »; mit diesem Stichwort können alle Reformbestrebungen kompromittiert werden. Eine Polemik gegenüber Rußland und den Vereinigten Staaten fehlt selbstverständlich nicht, und auch die britische Kolonialpolitik erscheint weiterhin als « moins spécifiquement humain » und nur auf Ausbeutung ausgerichtet. Die kolonialen Nationalisten sind kleine Minderheiten von « évolués », deren Status die Konferenz von Brazzaville fälschlicherweise gehoben habe, und die nun ihren « racisme indigène » gegen Frankreich richteten. Die Revolte in Madagaskar und *Ho Chi Minh* werden als Beispiele angeführt. « Qu'on y prenne garde: l'abdication sur un seul point entraînerait le naufrage général ». Ohne seinen überseeischen Besitzungen sei Frankreich nur noch eine Macht wie Polen und Portugal. « Le Parti Radical qui a de la grandeur de la France une notion fondamentale, s'est mis avec le président *Herriot*, une fois déjà (Hinweis auf Herriots »Notbremse«), de la route des démolisseurs de la souveraineté française. » Es folgt u. a. ein Lob des Radikalsozialisten *Bollaert*, « inventeur de la solution de l'agonissante question d'Indochine », d. h. *Bao Dais*. Der Rapporteur polemisiert gegen die Assimilation, obschon diese früher einmal den Radikalsozialisten als liberal und fortschrittlich erschienen war: es sei ein Unsinn gewesen, 1946 den Autochthonen politische Rechte und eine Vertretung im Parlament einzuräumen, da die « évolués » bereits neue Freiheiten, Autonomie oder gar Unabhängigkeit forderten. Die Gleichheit habe man so interpretiert, daß sie die Herrschaftsposition des Mutterlandes gefährde; als Beispiel dient das Collège unique in den afrikanischen Territorien. Die Arbeitsgesetzgebung habe zur Einschränkung der Produktion geführt, weitere Projekte seien « effarant » gewesen und hätten nur durch ein Eingreifen der Radikalsozialisten wenigstens abgeschoben werden können. *Druand-Reville* ist in der Tat persönlich an erfolgreichen Verzögerungsmanövern beteiligt gewesen, so daß der Code Moutet von 1947 erst 1952 in Kraft treten konnte[479].
Die Parteikongresse der folgenden Jahre bewegen sich auf der gleichen Linie, obschon die allgemeinen Ausführungen im Ton mehr der « radikalsozialistischen » Tradition angepaßt sind. Scharf bleibt aber die Ablehnung jeder Politik des « abandon »:

« Notre pays dépend dans sa chair de ses peuples d'Outre-Mer ... l'Afrique du Nord est la dernière chance de la France ... sans ces trois pays ... nous aurions perdu notre rang de grande puissance ... il s'agit pour nous d'une question de vie ou de mort ... Il faut qu'on sache bien, en Afrique comme au dehors que nous n'abandonnerions rien de nos droits essentiels ... Nous demeurerions. »[480]

[478] *Druand-Reville* im Juli 1953 vor der Académie des Sciences morales et politiques: « Peut-on sans injustice accuser la France de colonialisme, alors que toute son action coloniale prouve que ... elle n'est jamais intervenue outre-mer pour asservir, pour dominer mais bien pour pacifier, pour libérer, pour promouvoir ...» Zit. *Robert de Montvalon*, Ces pays qu'on n'appellera plus colonies, 1956, p. 10.
[479] *Gonidec*, Droit de travail, p. 47 f.
[480] Kongreß 1950. Rapport de l'Union française par *Paul Devinat*, p. 6, 15.

Während Marokko noch lange auf Frankreich angewiesen sei, habe dieses « acquis des droits imprescriptibles ». Ein Minimum (!) « d'autodétermination » sei notwendig, ohne daß jedoch der Protektoratsvertrag in Frage gestellt werden dürfe[481]. *Roche* macht dabei einen ingeniösen Vorschlag einer marokkanischen Föderation auf natio-ethnischer Basis: Neben dem Maghzen, der für die Angelegenheiten der Marokkaner verantwortlich wäre, stände die französische Gemeinschaft unter einem Hochkommissar; darüber sollte ein vom Präsidenten der Union française ernannter Generalgouverneur stehen, der Marokko in der Union française und in den internationalen Gremien vertreten würde[482]. Was hier als Reformpolitik 1953 vorgeschlagen wird, ist eine Variante der Co-Souveränität, die den Siedlern mindestens indirekt eine dominierende Position sichern und Marokko fest an das Mutterland binden würde; vom Sultan ist dabei überhaupt nicht die Rede! Wieweit *Roche* an der Absetzung des Sultans beteiligt war, muß hier offen bleiben; die Partei deckt jedenfalls das Manöver und beglückwünscht *Roche* zu seinem Einfluß in Marokko [483]. Die Opposition gegen die Tunesienpolitik von *Mendès-France* geht von *Borgeaud, Colonna* und *Martinaud-Déplat* aus, wobei es letzterer am 10. August 1954 im Parlament zu einer scharfen Polemik gegen *Bourghiba* und die Möglichkeit von Verhandlungen kommen läßt, um die Rede von Karthago zu torpedieren [484]. *René Mayer* distanziert sich gegenüber der von *Mendès-France* angekündigten Reformpolitik in Tunesien und erreicht dessen Sturz im Februar 1955. Es ist allerdings der Radikalsozialist *Edgar Faure,* der in Tunesien und Marokko die Politik von *Mendès-France* weiterführt und zum Abschluß bringt, d. h. die volle Unabhängigkeit gewähren muß, die er zwei Jahre zuvor noch als undiskutabel betrachtet hatte [485]. Es kennzeichnet aber die parteiinterne Situation der Radikalsozialisten, daß *Martinaud-Déplat* bei der Kampfabstimmung über die Konventionen mit Marokko vom 8. Oktober 1955 gegen *Faure,* also den Ministerpräsidenten der eigenen Partei Stellung bezogen hat [486]!

Albert Sarraut fungiert als Präsident der Assemblée der Union und kann auf dem Parteikongreß von 1951 seine alten Thesen von 1922 wieder aufnehmen: die Allgemeinheit habe ein Anrecht auf die Ausbeutung der Bodenschätze, womit die Kolonisation als « agent de la civilisation » gerechtfertigt wird [487]. Frankreichs Aufgabe liege, heißt es ein Jahr später, in der « intégration de l'Afrique à l'Europe », eine bequeme Formel, die wenig besagt, aber radikalsozialistischen Leitbildern entspricht [488]. Man sei aber in Schwarzafrika zu schnell vorgegangen und habe den Afrikanern Rechte gegeben, die sie nicht verstünden [489]; demzufolge ist denn auch von « la primauté du social

[481] Kongreß 1953, Rapport de *Henri Caillaret:* Afrique du Nord et Union française.
[482] Le rencontre est possible, p. 128–137. Ausführlicher in Perspectives marocaines, 1953.
[483] *Grosser,* p. 132.
[484] J. O. Ass. Nat., p. 4047 f.
[485] Quelques réflexions sur le problème du protectorat, in: La Nef, p. 224.
[486] J. O. Ass. Nat., p. 4977.
[487] Kongreß 1951, *Albert Sarraut:* « La doctrine radicale et l'Union française », p. 2.
[488] Z. B. « Nous constituerons ainsi un ensemble Europe-Afrique, une République française qui serait à la fois Européenne et Africaine. » *Andre Marie,* ehemaliger Ministerpräsident, « La structure de l'Union française ne peut être que fédérale », in: Marchés coloniaux 23. Juli 1956, p. 1682.
[489] Kongreß 1950, p. 17.

et de l'économique sur la politique » die Rede [490]. Ab 1952 glauben auch die Radikalsozialisten eine Reform der Union française befürworten zu müssen, im Sinne von erweiterten Kompetenzen an die Lokalversammlungen und die Assemblée der Union; die Partei entwickelt aber keine eigene Konzeption und schenkt dieser Frage keine besondere Beachtung. Was die radikalsozialistische Partei zur Kolonialdebatte dieser Jahre beiträgt und was ihre Haltung charakterisiert, entspricht also entweder den Wirtschaftsinteressen ihrer Mitglieder oder geläufigen Thesen, die aus der Vorkriegszeit stammen, nun aber in eine Politik des Immobilismus einmünden und den Weg zu rechtzeitigen Reformen verbauen.

Interessant wäre es, die Figur und Rolle von *Mendès-France* näher zu beleuchten, doch muß ein Hinweis auf *François Mitterand* genügen, der zwar den Widerstandsdemokraten angehörte, dem Mendèsisme aber nahestand und oft auch gemeinsam mit diesem genannt wurde. *Mitterand* attackiert 1953 in seiner Schrift « Aux frontières de l'Union française », der *Mendès-France* ein Vorwort beisteuert, die französische Überseepolitik: Er tritt für Verhandlungen mit *Ho Chi Minh* ein und weist auf den Widerspruch hin, Laos, Kambodscha und Bao Dai die Unabhängigkeit und eigene Armee zu gewähren und sogar einen indochinesischen Nationalismus gegen den Viet Minh zu fördern, gleichzeitig aber eben diese Konzessionen Tunesien und Marokko zu verweigern und repressiv gegen die Nationalisten vorzugehen. Damit treibe man diese in die Arme der Kommunisten und begebe sich der Möglichkeit, mit einem Mann wie *Bourghiba* rechtzeitig ein Abkommen zu schließen. *Mitterand* will Tunesien « souveraineté » – verstanden als innere Autonomie – zugestehen und postuliert eine doppelte Nationalität, die den Tunesien-Franzosen Wahlrecht und eine gewisse Vertretung im tunesischen Parlament gewährleisten würde. Die Republik Tunesien würde weiterhin der Union française angehören, « même si elle n'y adhère pas explicitement »; dabei bezeichnet *Mitterand* die « structure fédérale » auch als « seul obstacle au développement excessif des aspirations à l'indépendence intégrale comme aux empiètements d'une envahissante tutuelle », ohne aber diese föderative Struktur näher zu umreißen. Die Protektorate sollen jedoch nicht in assoziierte Staaten im Sinne der Verfassung umgewandelt werden , denn « l'exemple du Viêt-Nam serait fâcheusement contagieux. Tout ce qui a été fait à Saigon va dans un sens exactement opposé à l'Union français » [491]. *Mitterand* will also unter formaler Beibehaltung des Protektoratsvertrages in bilaterale Verhandlungen eintreten, die innere Autonomie konzedieren und für Frankreich oder für gemeinsame Gremien nur die Außenpolitik, Verteidigung u. a. reservieren. Er kann sich 1953 darauf berufen, daß selbst *Bourghiba* nicht mehr fordert. *Mendès-France* hat – wie wir kurz erwähnten – eine entsprechende Politik 1954 mit seiner Karthago-Rede einzuleiten versucht, gerade noch rechtzeitig und sicher auch mit einigem Erfolg. Während aber *Bourghiba* die innere Autonomie nur als Übergangslösung betrachtete, glaubten *Mitterand* und *Mendès-France*, eine mehr oder weniger endgültige Regelung treffen zu können. Bezeichnenderweise ist denn auch von einer « France eurafricaine » die Rede:

« Du Congo au Rhin, la troisième nation-continent s'équilibra autour de notre métropole [492] ... assouplir la République unitaire (im Hinblick auf die afrikanischen Territorien),

[490] Kongreß 1952.
[491] Condition d'une négotiation, in Maroc-Tunisie von La Nef 1953, p. 216.
[492] Aux frontières, p. 35.

empêcher la création d'Etats associés, fédérer les Etats protégés (Tunesien und Marokko) telle est l'oeuvre à accomplir. Celle qui entraînera vers un destin quatre-vingt millions d'hommes. » [493]

Großzügige Konzessionen sollen also die Voraussetzung schaffen für eine neue Form der Plus grande France. Die Tatsache, daß maßgebliche Sprecher der links-bürgerlichen Opposition noch 1954–1955 glauben, in Tunesien und Marokko den Weg zur Unabhängigkeit vermeiden und institutionelle Bindungen an das Mutterland aufrecht erhalten zu können, zeigt eindrücklich, wie stark die Tradition und Konzeption des »Größeren Frankreich« die französische Dekolonisationsdiskussion beeinflußt und das Einverständnis in eine mögliche Ablösung erschwert hat. Es ist auch kein Zufall, daß *Mitterand* das britische Vorgehen mißversteht und daraus falsche Folgerungen zieht. Er setzt die Gewährung von Self-government an *Nkrumah* 1951 in Parallele zu der von ihm konzipierten Nordafrikapolitik, insofern als auch im Kabinett der Goldküste drei britische Minister verblieben sind, die die imperiale Kontrolle sicherstellen; während aber London weiß, daß es sich nur um eine Übergangslösung zum vollen Dominionstatut handeln kann, glaubt *Mitterand* darin eine dauernde Bindung zu erkennen, die er in abgewandelter Form auch in Tunesien und Marokko etablieren möchte! Diese Annahme aber mußte sich als Illusion erweisen und mußte Politiker wie *Mitterand* und *Mendès-France* dem Vorwurf aussetzen, entweder ein Doppelspiel zu treiben oder mit illusionären Hoffnungen eine Politik unnötiger Verzichtleistung und des « abandon » zu befürworten.

Die Kritik der Rechten konnte hier einsetzen. Ihre Argumente liegen auf der Hand, und wir können uns kurz fassen, um so mehr, als wir auf General *de Gaulle* und seine Anhänger in einem späteren Zusammenhang eingehen wollen. Was sich mit den Etats généraux de la Colonisation française von 1946 und der Aktivität des Comité de l'Empire ankündigte, wurde nach Inkraftsetzung der Verfassung mit angepaßter Frontstellung weitergeführt: Kampfansage an jede Konzessionspolitik und Verteidigung der « présence française ». Das Stichwort « abandon » prägt die Diskussion und dient als zugkräftiges Argument: die Rechte wirft der Regierung, den Linksparteien und Intellektuellen vor, aus Schwäche, Parteiinteresse oder ideologischer Befangenheit mit ihrer angeblich liberalen Reformpolitik Stück für Stück des ehemals mächtigen Kolonialreiches aufzugeben, den »sezessionistischen« Nationalisten entgegenzukommen und sich mit ihrer Politik des « abandon » des Landesverrates schuldig zu machen; die Mitte und Linke muß sich daraufhin gegen diesen Vorwaurf verwahren und ihre Reformpolitik als einzig noch verbleibende Möglichkeit ausgeben, eben diesen « abandon » zu verhindern. Es ist schwer auszumachen, ob und wieweit die Rechte mit ihrer massiven Polemik konkrete wirtschaftliche Interessen vertritt, ob sich eine allgemein konservativ-reaktionäre Haltung auch in der Kolonialfrage auswirkt oder ein traditioneller Nationalismus den Ausschlag gibt. Parteipolitisch wird die Rechte vor allem von den « Indépendants et Paysans » vertreten, es ist aber daran zu erinnern, daß es sich dabei mehr um eine Sammelbewegung handelt, in der z. B. ein Mann der nationalen Rechten wie *Paul Reynaud* mehrmals aus der Reihe springt, nicht nur in seiner Befürwortung

[493] Paradoxes et promesses de l'Union française, in: La Nef 1955, p. 231. Eine ähnliche Position wie Mitterand vertritt auch General *Catroux*, l'Union française, son concept, son état, ses perspectives, in: Politique étrangère 1953/3.

der europäischen Einigung, sondern auch in der Kolonialpolitik. Als Publikationsorgane der kolonialinteressierten Kreise dürfen « France-Outremer » und « Marchés coloniaux » gelten.
In ermüdender Wiederholung wird an das historische Werk Frankreichs erinnert, seine überseeischen Gebiete mit Hilfe von Administratoren, Missionaren, Siedlern und Geschäftsleuten zivilisiert und zur Prosperität geführt zu haben; diese Aufgabe sei noch nicht zu Ende geführt, Frankreich habe noch immer eine « mission civilisatrice ». Die Kolonialfranzosen nähmen dabei eine Schlüsselstellung ein und müßten in ihren Wirkungsmöglichkeiten verteidigt werden. Nur so könne sich Frankreich eine politische, wirtschaftliche und kulturelle Großmachtposition erhalten. Ein stereotyper Anti-Amerikanismus verbindet die politische Rechte mit den Intellektuellen von links, wenn auch mit z. T. entgegengesetzen Argumenten: die Amerikaner hätten die Wiederinbesitznahme Indochinas hintertrieben, unterstützten direkt und indirekt die nationale Opposition und wollten sich die von Frankreich aufgegebenen Wirtschaftspositionen aneignen. Gleichzeitig wird die koloniale Emanzipation bagatellisiert; es handle sich um eine Minderheit von verräterischen Agitatoren, die weder repräsentativ für die Massen noch fähig seien, Verantwortung zu tragen. Es sei völlig verfehlt, dieser Pseudo-Elite Konzessionen machen zu wollen, die nur als Schwäche ausgelegt würden und neue Forderungen brächten. Das Mutterland, vor allem natürlich die Parteien der Linken, störten mit ihren abstrakten Thesen das an sich gute Einvernehmen zwischen Eingeborenen und Europäern und bereite so den « abandon » vor. Die Rechte hat von Anfang an dem Abkommen mit *Ho Chi Minh* mißtraut, das Vorgehen der Administration in Saigon gutgeheißen und für das Scheitern der Verhandlungen in Fontainebleau und den Beginn der blutigen Auseinandersetzung allein den Viet Minh verantwortlich gemacht. Der Krieg gegen die »Verräter« solle mit vollem Einsatz geführt werden, Verhandlungen mit dem Viet Minh seien sinnlos, Kaiser *Bao Dai* müsse die französische Präsenz und die französischen Interessen gewährleisten. Frankreich verteidige in Indochina nicht nur sich selbst, sondern die westliche Zivilisation.
Das ganze Instrumentarium der Argumentation findet sich in einer Schrift « Mission de la France en Asie » (1956) von *Frédéric Dupont*, der als ehemaliger Präsident des Pariser Munizipalrates, als Minister für assoziierte Staaten und Rapporteur des Militärbudgets zu den in Kolonialfragen einflußreichsten Persönlichkeiten der Rechten gehört [494]. Er habe das Buch geschrieben – so sagt er –, um die französische Armee in Nordafrika vor einem ähnlichen Schicksal wie in Indochina, nämlich vor mangelhafter Unterstützung, Mißachtung und Verrat, zu bewahren – womit er das problematische Verhalten der Armee im Algerienkrieg gewissermaßen vorwegnimmt und legitimiert. Er legt die fehlende nationale Einheit, die parlamentarischen Intrigen, die kabinettsinternen Spannungen und Schwächen der Regierung dar und bezichtigt nicht nur die Kommunisten, sondern auch die Sozialisten und Links-Intellektuellen des Doppelspiels, des Verrats und der « lâcheté ». So hätten die Sozialisten z. B. Verhandlungen mit dem Viet Minh gefordert, das Experiment *Bao Dai* verzögert und anti-französisches Mißtrauen geweckt; die Armee sei systematisch diffamiert worden. Der Bericht über

[494] Die Argumente finden sich bereits in Faut-il rester en Indochine? in: Revue politique et parlementaire 1950.

Folterungen, den der hervorragende Indochina-Kenner *Paul Mus* in « Témoignage Chrétien » 1950 veröffentlicht hat, dient als Beispiel eines « masochisme de certains intellectuels dégénérés » [495].Das Genfer Abkommen und die Politik von *Mendès-France* seien Ausdruck dieses verwerflichen Defätismus, der sogar von « Le Monde » gedeckt worden sei. Lächerlich mute die Konferenz von Bandung an, wo sklavenhaltende Staaten Frankreich anklagten, schamlos seien aber auch die Amerikaner, « qui ont exterminé les Indiens ... nous traiter de colonialistes ». Die Polemik trifft auch die Engländer, die Indien verhungern ließen, während französische Ingenieure mit den Ersparnissen des Mutterlandes in Indochina Fabriken (!) und Straßen gebaut hätten. Mit entsprechender Vehemenz wird auch in der tunesischen und marokkanischen Frage Stellung bezogen, vor allem als Paris 1954 auf die Co-Souveränität verzichtet und den Weg zur inneren Autonomie und Unabhängigkeit freigibt. So heißt es etwa in einer Resolution des ersten Parteitages der Indépendants vom Dezember 1954:

« L'Afrique du Nord est le prolongement de la France. La France ne se conçoit pas sans elle ... Le Congrès demande aux élus de s'opposer à la politique actuelle du Gouvernement en Afrique du Nord, parce que, sous le couvert de réformes qui tirent de l'équivoque leur apparente audace, cette politique ne laissera en définitive derrière elle que désespoir et abandon. » [496]

Roger Duchet, der Generalsekretär und einflußreichste Parlamentarier der Partei, wird diese Politik der « France Indépendante » (Name des Parteiorgans) im Parlament zur Geltung zu bringen wissen und dafür sorgen, daß es nicht bei programmatischen Verlautbarungen verbleibt [497]. Der ehemalige Generalresident in Marokko, *Gabriel Puaux*, will nicht nur 1954 an der « Cogestion » festhalten, sondern behauptet auch, daß die Masse der Einwohner mit einer Lösung, die Frankreichs Interesse gewährleistet, einverstanden sei, und nur « les paranoïques resteront irréductibles » [498]. Zu diesen Para-

[495] P. 350.

[496] Zit. *Grosser*, p. 134.

[497] Vgl. Pour le Salut public, Tribune libre Nr. 32, Juli 1958 (Artikel aus »France indépendante»), z. B. am 5. Juni 1956 gegen die Regierung Mollet: « Mais à côté de lui (*Lacoste* in Algerien), en Tunisie et au Maroc, M. *Savary* fait une politique d'abandons. La contradiction est flagrante. Elle ne peut pas durer. L'œuvre de M. *Savary* se juge à ses résultats: ils sont désastreux. La déclaration commune franco-marocaine du 2 mars a concédé l'indépendance, au mépris des principes voulus et proclamés en octobre dernier par le gouvernement et l'Assemblée, au mépris des traités dont le respect avait été affirmé, au mépris de la place et des droits de la collectivité française au Maroc, au mépris de l'honneur et des intérêts de la France. L'accord plus récent sur l'indépendance constitue une odieuse comédie ... La politique de M. Savary détruit l'Afrique du Nord. Elle détruit aussi la France. Elle prolonge celle que pratique M. *Mendès-France*, dont il fut, avant et pendant Genève, le fidèle collaboraeur. » p. 33.

[498] Essai de psychanalyse des protectorats nord-africains, in: Politique étrangère 1954/1, p. 27. Vgl. auch Deux aspects des mouvements politiques en Afrique du Nord, in: Marchés Coloniaux 7. 4. 1951. Das Protektorat sei überlebt, man müsse neue Formen suchen. « Mais la nécessaire évolution ne doit pas s'accomplir sous la direction des Destouriens, vieux ou neufs. Elle sera l'œuvre des Tunisiens formés à notre école, nourris de notre esprit, de ceux que n'aveuglent ni d'égoistes ambitions, ni de cyniques appétits, et qui ne conçoivent pas l'avenir de leur pays sans une présence française. » Als ob die Nationalisten, allen voran ein *Bourghiba*, nicht durch französische Schulen gegangen und von französischer Kultur geprägt wären! Es war zudem allzu billig, jeden, der die Présence française nicht im gewünschten Sinne akzeptierte, kurzerhand als Egoisten und Zyniker abzutun.

noikern wäre natürlich auch *Bourghiba* zu zählen! Faktisch bedeuten diese Thesen *Puaux'*, daß energisch »durchgegriffen« werden soll – in der fragwürdigen Annahme, auf diese Weise die nationalistische Opposition zum Schweigen bringen und dem einsetzenden Terror ein Ende setzen zu können. Als ein weiteres Beispiel kann die Parlamentsdebatte vom 6.–7. Oktober 1955 dienen, in der die Rechte die Marokkopolitik *Edgar Faures* zu blockieren versucht. Ein Abgeordneter wendet sich polemisch gegen den Ministerpräsidenten: « Vos directives? Discussion avec l'Istiqlal, pression sur nos amis, mollesse et lâcheté avec nos adversaires, négociation, concession, rétrocession, abandon, continuelle incapacité qui permettra un jour au peuple de France de se réveiller parqué dans la métropole. » Die Regierung bereite einen Rückzug « à l'Anglaise » (!) vor: « Vous êtes ... favorable à l'abandon ... Ne croyez-vous pas qu'en voilà assez, que l'heure de la résistance est venue ... et qu'il faut en finir avec l'impuissance française après la défaite d'Indochine. »[499] Ein anderer Abgeordneter spottet über die Formel einer « indépendance à sens unique », die eine « sécession » vorbereite, obschon neun Zehntel der Franzosen in Marokko diese Politik für falsch hielten. Der abgesetzte Sultan habe Reformen abgelehnt, während der neue bereit sei « constituer un gouvernement auquel participeraient des Français, créant ainsi la véritable communauté franco-marocaine », d. h. die Co-Souveränität mit französischer Vorherrschaft[500]. Die Vereinigten Staaten und Rußland, die arabische Liga und selbst Großbritannien bedrohten die strategischen Interessen Frankreichs. Beim arabischen Nationalismus handle es sich um bloßen « fanatisme », *el Glaoui* hingegen sei ein guter Freund Frankreichs; die Regierung jedoch verhandle mit einer « poignée d'assassins ». *Frédéric Dupont* polemisiert von neuem gegen « Témoignage chrétien » und *François Mauriac*, und spricht von einer « désertion d'une partie des élites intellectuelles françaises »[501].

Man gewinnt den Eindruck, daß ein geradezu krankhafter Chauvinismus den Blick auf die Wirklichkeit zu versperren drohte. Einflußreiche Sprecher der bürgerlichen Rechtsparteien – von der extremen Rechten ganz zu schweigen –, waren fasziniert von « la France seule », dessen Größe und Macht gefährdet erschien, weil sich eine Welt gegen Frankreich verschworen hatte. Zwar war das Interesse an den zahlreichen Mitbürgern in Tunesien und Marokko, die nicht einfach »geopfert« werden konnten, verständlich, und der Versuch lag nahe, deren Rechte und Interessen zu verteidigen und repressiv gegen die anti-französischen Umtriebe vorzugehen. Aber wie konnten sich ernsthafte Politiker der Illusion hingeben, zu einem Zeitpunkt, da Großbritannien einen Großteil seiner imperialen Positionen bereits aufgegeben hatte und der arabische Nationalismus immer bedrohlichere Ausmaße annahm, in Tunesien und Marokko, deren Protektoratsstruktur auf die Unabhängigkeit angelegt war, die konfliktgeladene Spannung ohne sehr weitgehende Reformen lösen und mit repressiven Mitteln die feierlich angerufene « collaboration franco-musulmane » realisieren zu können? Weder die wirtschaftlichen Interessen noch die Wirksamkeit der Kolonialfranzosen in- und außerhalb des Parlaments scheinen uns hierfür eine ausreichende Erklärung zu liefern. Es rächte sich jetzt, daß eine eigentliche Konzeption der Entkolonisierung, die den französischen

[499] J. O. Ass. Nat. 6. 10., p. 4814.
[500] J. O. 7. 10., p. 4876.
[501] J. O. 8. 10., p. 4930.

Rückzug als sinnvollen Abschluß der Expansion mit einbezog, im Grunde fehlte. Thesen und Vorstellung von der « Plus grande France », die in den vagen Begriffen der Assoziation und Kollaboration weiterlebten und in der Union française institutionalisiert werden sollten, ließen die Anerkennung der Souveränität selbst bei den Protektoraten nicht nur als Macht- und Prestigeeinbuße, sondern als Verlust nationalen Territoriums und als Auflösung des größeren Frankreichs erscheinen, gegen die sich der traditionelle Nationalismus weiter Kreise der französischen Öffentlichkeit vehement aufbäumte.

Zum Schluß sei wiederum die Haltung des katholischen Frankreich gestreift, obschon sie weder aus Äußerungen des Klerus oder einer Stellungnahme der parlamentarischen Abgeordneten noch allein aus der Publizistik greifbar ist. Im Unterschied zur Zwischenkriegszeit erweist sich die katholische Diskussion zur Kolonialfrage nach 1946 als außerordentlich lebendig und zeigt alle Varianten von »rechts« bis »links«. Der Mouvement Républicain Populaire tritt 1945 als erste katholische Massenpartei neu auf den Plan und bildet mit seinem sozialen Reformanspruch zusammen mit den Kommunisten und Sozialisten die Koalitionsregierung des « Tripartismus ». Die Partei rückt jedoch schrittweise nach rechts, hat im Bürgertum ihre hauptsächlichste Wählerbasis und sieht sich gezwungen, mit den Parteien von rechts Kabinette zu bilden; Tendenzen nach links bleiben aber innerhalb der Partei lebendig, auch wenn sie infolge der Fraktionsdisziplin nach außen wenig sichtbar werden. Wir erwähnten oben den Abgeordneten von Kamerun, Dr. *Aujoulat,* der auf dem Parteikongreß von 1945 für den Rapport zur Kolonialpolitik verantwortlich war, gegen kolonialistische Ausbeutung Stellung bezog und Reformen forderte. Der MRP war an der Ausarbeitung der Verfassung und der die Union française betreffenden Abschnitte aktiv beteiligt und trat in den folgenden Jahren energisch für einen föderalistischen Umbau der Union ein: Die Assemblée müsse erweiterte Befugnisse erhalten und später die Stellung einer « assemblée délibérante » einnehmen können; der Haut-Conseil solle endlich in Funktion treten, wobei die französischen Außen- und Verteidigungsminister den Charakter von Ministern der Union erhalten würden – so schreibt etwa Überseeminister *Coste-Floret* 1948 [502]. Der Parteikongreß des gleichen Jahres befürwortet eine Dezentralisation in Afrika und tritt für das allgemeine Wahlrecht ein, in zwei Wahlgängen, aber mit dem Collège unique [503]. Ein Ausschuß der Partei will im Sinne des Art. 75 der Verfassung den Territorien die Entscheidung, ob sie assoziierte Staaten werden wollen oder eine volle Integration vorziehen, überlassen [504]. Manche dieser Thesen und Erklärungen sind vor allem an die Militants gerichtet und sollen die Reformhaltung der Partei unter Beweis stellen, bringen aber faktisch wenig Neues und wirken oft konformistisch. So publiziert *Georges Le Brun-Kéris,* der 1951–1958 im Generalsekretariat der Partei für Afrikafragen verantwortlich ist, 1953 eine Schrift mit dem Titel « Mort des colonies? », die zwar den »Mandatscharakter« und damit die zeitliche Befristung der kolonialen Herrschaft herausstellt, einen baldigen Rückzug und die Gewährung der Un-

[502] Construire l'Union française, 1948, p. 26.

[503] P. 35. Dazu *Coste-Floret,* p. 27.

[504] *Dr. Aujoulat,* La vie et l'avenir de l'Union française, 1947, p. 19 (Rapport eines Parteiausschusses).

abhängigkeit jedoch als »verfrüht« bezeichnet; dies wird mit fragwürdigen Hinweisen auf die Wirtschaftsentwicklung Indiens und Pakistans seit 1947 und dem « obscurantisme musulman » begründet. Der Verfasser hält die Formel « indépendance dans le cadre de l'Union française » für besonders geeignet, die nationale Emanzipation mit französischen Interessen in Einklang zu bringen, will aber für Tunesien keine Lösung gelten lassen, die nicht die « présence française » sicherstellt; auch Marokko bedürfe noch lange Zeit der französischen Kontrolle [505]. Selbstverständlich spricht *Le Brun-Kéris* von einer föderativen Lösung in Afrika, macht aber keine konkreten Angaben; konkret und entschieden ist nur seine Ablehnung der innerafrikanischen Zusammenschlüsse und der Grands Conseils [506]! Andererseits ist aber darauf hinzuweisen, daß die Arbeitsgesetzgebung in Übersee Dr. *Aujoulat*, dem Staatssekretär im Überseeministerium von 1948 bis 1952, zu verdanken ist [507]. Der MRP hat es zudem verstanden, mit den von *Senghor* geführten « Indépendants d'Outre-Mer » ein Apparentement einzugehen und hat durch *Aujoulat* 1954/55 deren Forderung auf eine großzügige Reform des Titel VIII der Verfassung, und zwar im Sinne einer wirklichen Autonomie der Territorien mit eigenen Regierungen, energisch unterstützt [508]. Die Loi Cadre von 1956 ist von Überseeminister *Teitgen* vorbereitet worden [509]. Eine Diskrepanz zwischen programmatischen Erklärungen und effektiver Leistung als Regierungspartei zeigt sich aber auch beim MRP. Wir haben Außenminister *Robert Schuman* genannt, der 1950 entgegen dem allgemeinen Tabu von einer Unabhängigkeit für Tunesien spricht, dann aber dem Druck von rechts nachgibt und die Co-Souveränität aufnimmt (vgl. S. 459). In ähnlicher Weise tritt der Parteikongreß von 1953 für einen Ersatz des Protektorates durch einen Assoziierungsvertrag ein [510], ohne daß aber die Minister der Partei den Willen oder die Möglichkeit gehabt hätten, dieser Resolution Folge zu leisten. Der MRP hat gegen die Absetzung des Sultans von Marokko nicht protestiert, später jedoch die Nordafrikapolitik von *Mendès-France* und *Edgar Faure* unterstützt.

Spannungsgeladen ist die »Kolonialdebatte« im außerparteilichen Raum, wobei alle Positionen vom linksintellektuellen Anti-Kolonialismus von « Témoignage chrétien » und « Esprit » über « La Croix » bis zum konservativ-konformistischem Patriotismus von « La France catholique » zur Sprache gelangen [511]. Man wird geradezu von einer Gewissenserforschung sprechen dürfen, die sich nicht auf eine theoretische Erörterung über das Recht zur Kolonisation beschränkt, sondern um eine Stellungnahme zu den Ereignissen in Indochina, Tunesien, Marokko und später Algerien ringt. Dahinter steht ein Kurswechsel Roms und der für die Missionen verantwortlichen Orden: Die katholische Kirche will sich von den Kolonialmächten lösen und als universale, auch nicht notwendigerweise an die europäische Zivilisation gebundene Institution auftreten, die den Emanzipationsbewegungen wohlwollend, wenn nicht fördernd entgegenkommt,

[505] P. 120, 124.

[506] P. 103.

[507] *Ansprenger*, p. 90.

[508] J. O. Ass. Nat. 8. 4. 1954, p. 1925–1927.

[509] *Ansprenger*, p. 91.

[510] *Grosser*, p. 124.

[511] Ich entnehme einige Angaben der Arbeit von *Claude Francescani*. « L'opinion catholique et la décolonisation depuis la fin de la deuxième guerre mondiale. » Diplôme d'études, Faculté des Lettres, Paris 1959 (Manuskript).

die dabei den einheimischen Klerus in verstärktem Maße heranzieht und den Kontakt zur katholisch erzogenen Elite zu pflegen gewillt ist [512]. Diese Politik hat in der Enzyklika Evangelii Praecones vom 2. 6. 1953 ihren Niederschlag gefunden. Papst Pius XII. hatte bereits 1951 in einer Botschaft an die Katholiken Madagaskars von « votre patrie » und « votre pays » gesprochen. Großes Aufsehen erregte dann vor allem eine Erklärung der apostolischen Vikare von Madagaskar vom November 1953, in der es u. a. hieß: « Nous reconnaissons la légitimité de l'aspiration à l'indépendance comme aussi de tout effort constructif pour y parvenir. » Diese von Rom nicht dementierte Verlautbarung ist von links begrüßt, von der französischen Administration verurteilt und von katholisch konservativen Kreisen als unverantwortliche Demagogie abgetan worden [513]. So kann denn 1957 in einem protestantischen Verlag ein Buch mit dem vielsagenden Titel erscheinen: « Le Vatican contre la France d'Outre-Mer? », das der katholischen Kirche den Vorwurf macht, die Emanzipation als Trumpf auszuspielen und systematisch die französischen Positionen in Übersee zu untergraben. Schriften wie die des Jesuitenpaters *Michel:* « Le devoir de décolonisation » (1954) oder die von *Robert de Montvalon:* « Ces pays qu'on n'appellera plus colonies » können hier nur eben erwähnt werden.

In dieser Diskussion führen nicht nur die Linksintellektuellen von « Témoignage chrétien » eine scharfe Sprache. Auch *Joseph Folliet,* der als katholischer Kolonialspezialist der Zwischenkriegszeit oben erwähnte worden ist (vgl. S. 355), erklärt sich 1946 nach einer Reise « humilié en tant que Français et en tant que Chrétien » und tritt für Verhandlungen mit *Ho Chi Minh* ein. In « Témoignage chrétien » protestiert *Paul Mus* am 2. 8. 1949 mit dem bereits genannten Artikel « Non, pas ça » gegen Folterungen in Indochina und die völlig einseitige Informationsweise der französischen Presse – was *Mus* von rechts den Vorwurf des Landesverrates eingetragen hat. Nach den Unruhen und Repressionen in Casablanca 1952 greift auch der Schriftsteller *François Mauriac* in die Diskussion ein, zunächst im « Figaro », dann regelmäßig in den « Bloc-notes » des « Express ». *Mauriac* präsidiert zudem ein « Comité France Maghreb », dem bekannte katholische Persönlichkeiten wie *Coste-Floret, Folliet, Delavignette, Madaule* und *Domenach,* aber auch der Senegalese *Diop* angehören. Die Protektoratsverträge müßten aufgehoben und Verhandlungen mit den Nationalisten angestrengt werden; die Absetzung des Sultans sei ein Skandal. Die Nordafrikapolitik Frankreichs bedürfe einer entschiedenen Neuorientierung, die frei sei vom Druck der Wirtschaftsinteressen und dem der Kolonialfranzosen, so daß eine »brüderliche Zusammenarbeit« mit den ehemaligen Kolonien begonnen werden könne. Die bisherige, von Selbstgerechtigkeit nicht freie Haltung und auch das Zugeständnis von Mißständen sind für den katholischen Intellektuellen keine tragfähige Argumentation. Er sieht sich – im Indochinakrieg und dann vor allem in der algerischen Frage – in einem Gewissenskonflikt zwischen den Grundfragen christlicher Existenz: Glaube gegen Politik, Kirche gegen Staat, Individuum gegen Nation.

[512] Zahlreiche Dokumente und Angaben bei *François Méjan,* Le Vatican contre la France d'Outre-Mer, 1957.

[513] *Méjan,* p. 163. Aus der Reaktion der französischen Presse in Tananarive: « Les Français de ce pays ne tolèrent pas que quiconque que ce soit par démagogie temporelle ou par démagogie spirituelle mette en danger la position de la France à Madagascar. »

Schwarzafrika und die Loi Cadre (1946-1956)

Die Verfassung von 1946 hat Schwarzafrika integriert, jedoch den Territorien keine Departementsstruktur – wie den Vieilles Colonies –, sondern einen Sonderstatus verliehen, der eine administrative Dezentralisation und mit den gewählten Territorialversammlungen auch eine politische Mitwirkung der ehemaligen Eingeborenen gewährleisten sollte. Es handelte sich dabei um eine Art Kompromiß zwischen einer vollen Assimilation mit entsprechender Parlamentsvertretung, die nicht möglich und nicht angezeigt erschien, und einem Autonomiestatut, das als Vorstufe der « sécession » der französischen Konzeption einer Plus grande France widersprach.
Auch innerhalb der Territorien mußten zunächst Kompromisse eingegangen werden – ganz abgesehen davon, daß das in der Verfassung vorgesehene Statut nicht zustande kam (!) und die Institutionen auf Gesetzes- und Dekretweg etabliert worden sind. Das Wahlrecht war auf bestimmte Kategorien der Bevölkerung beschränkt [514], was im Hinblick auf den Bildungsstand der Afrikaner notwendig erschien, mit der Übertragung des vollen Bürgerrechtes auf alle « sujets » jedoch nur schwer in Einklang zu bringen war. Das gleiche galt für die doppelten Wahlkörper – Citoyens mit französischem Statut und Citoyens mit Lokalstatut wählten getrennt –, mit denen der kleinen Minderheit der Kolonialfranzosen innerhalb der Territorien eine privilegierte Position eingeräumt wurde [515]; die wirtschaftliche und soziale Bedeutung dieser Minderheit mochte an sich eine solche Privilegierung rechtfertigen, mußte aber der afrikanischen Elite als diskriminatorische Zurücksetzung und als Versuch, das koloniale Herrschaftsverhältnis aufrecht zu erhalten, empfunden werden. Faktisch allerdings haben die beiden Collèges innerhalb der Territorialversammlungen recht gut zusammengearbeitet.
Deren Kompetenzbereich war jedoch klein. Die Gesetzgebung blieb vollständig dem Parlament vorbehalten, und selbst im lokalen Rahmen hatten die lokalen Versammlungen weder ein Vorschlagsrecht noch die ausführende Gewalt: diese stand allein dem Überseeministerium und dem Gouverneur als dem alleinigen Chef der Exekutive zu. Da der gesamte Beamtenapparat ihm unterstand, ergab sich nur bedingt eine »lokale Administration«. Die Versammlungen besaßen ein Budgetrecht und somit einige Entscheidungsbefugnisse in der Verwendung der Finanzmittel; die Bürokratie machte aber ihren Einfluß geltend und überließ den »Parlamenten« einen nur geringen Spielraum; ein Großteil der Ausgaben waren zudem von vornherein festgelegt, was die Diskussion des Budgets oft zur Fiktion werden ließ [516].
Hinzu kommt, daß die Verfassung wohl eine vollständige Gleichberechtigung in der Ämterbesetzung proklamiert, die Administration es aber verstand, die »Afrikanisierung« zu bremsen und insbesondere die « fonctions d'autorité » weiterhin den Franzo-

[514] *Borella* zählt p. 185 u. a. auf: Beamte, Militärs, Leute mit einem Automobilführerschein, Notables évolués. Voraussetzung war in jedem Falle die Fähigkeit, entweder Französisch oder Arabisch lesen zu können, was der Administration ein politisch nicht uninteressantes Kontrollrecht einräumte.

[515] Das Doppelwahlkollegium galt nicht in Senegal.

[516] *Teitgen* (MRP) wies im Parlament am 20. 3. 1956 darauf hin, daß der Senegal im vergangenen Jahr ein Budget von 6 Mrd. gehabt habe, davon seien 5,5 bereits festgelegt. J. O. Ass. Nat., p. 1074.

sen zu reservieren. Frankreich war zwar – mit Recht – stolz darauf, daß Afrikaner im französischen Parlament saßen, in der UNO-Delegation vertreten waren und sogar Minister werden konnten und wurden, doch darf dies nicht darüber hinwegtäuschen, daß die koloniale Administration sich nur langsam änderte und der Unterschied zur Vorkriegszeit nicht allzu groß war. Auch in der Privatwirtschaft schritt die Afrikanisierung der Kader nur zögernd voran [517].

Es versteht sich, daß die Territorialversammlungen dennoch eine wichtige Funktion erfüllt haben. Das Wahlrecht hat im französischen Schwarzafrika Eingang gefunden, wobei die Zahl der Wahlberechtigten 1951 von 1¼ auf 5 Millionen [518] erweitert wurde und auch der Anteil der Afrikaner laufend anstieg; 1952 erhielt auch Togo das Collège unique. Obschon die Administration in die Wahlen eingriff und sogar Wahlfälschungen vorkamen [519], konnten die Versammlungen dennoch eine gewisse Kontrollfunktion ausüben und Forderungen vorbringen, die die Verwaltung nicht einfach übergehen durfte. Afrikanische Politiker wurden mit den parlamentarischen Spielregeln vertraut gemacht und mit den komplexen Fragen einer modernen Administration konfrontiert. Die Afrikaner konnten zudem ihre Interessen im Pariser Parlament zur Geltung bringen. Schwarzafrika blieb zwar eindeutig untervertreten [520], aber die Parteien des Mutterlandes haben sich um die überseeischen Abgeordneten bemüht und in labilen Mehrheitsverhältnissen deren Unterstützung gesucht. Die Wahlen zum Parlament und zu den Territorialversammlungen schufen zudem für die afrikanischen Parteien ein bisher nicht vorhandenes Betätigungsfeld [521]. Haben sich die farbigen Politiker vor und unmittelbar nach dem Zweiten Weltkrieg meist den Parteien der Metropole, vor allem den Sozialisten angeschlossen, so entstanden nun die eigenen afrikanischen Parteien. Es genügt, hier das 1946 in Bamako gegründete Rassemblement Démocratique und den Bloc Démocratique Sénégalais (Abspaltung von der SFIO 1948) zu nennen. Das RDA als erste überterritoriale Partei mit Massenbasis unter Führung von *Houphouet-Boigny* schloß sich im Parlament zunächst den Kommunisten an, löste sich dann aber nach den Unruhen an der Elfenbeinküste 1949 – unter maßgeblicher Mitwirkung von *François Mitterand* – und beteiligte sich an den Regierungskoalitionen; *Houphouet-Boigny* wurde 1956 Minister. Sein politisches Programm wandelte sich nach und nach von einer weitgehenden Autonomie zur Integration in die Republik, während der BDS

517 Von afrikanischen Abgeordneten wurde immer wieder geklagt, daß ihre Landsleute trotz vorzüglicher Ausbildung nur schwer eine Anstellung in privaten Unternehmen fänden. Z. B. *Senghor:* « Mais le drame, c'est que nos ingénieurs ne sont pas placés. J'ai mis trois ans pour procurer un emploi en Afrique à deux ingénieurs de mon territoire sortis de l'école supérieure d'électricité dont la valeur est bien connue. » J. O. Assemblée nationale 22. 3. 1956, p. 1193.

518 *Kenneth Robinson,* French Africa and the French Union, in: Africa to-day, ed. Haines 1955, p. 325.

519 *Ansprenger,* p. 101 f. *Claude Bourget,* Les élections Outre-Mer, in: Temps modernes, Aug. 1951.

520 43 Abgeordnete repräsentierten eine Bevölkerung von 30 Millionen: ein Abgeordneter kam in Übersee auf 520 000 Einwohner, in der Metropole auf 79 000. Die überseeische Repräsentation (Algerien und die Weißen inbegriffen) machten 13 % des Parlamentes aus. Bei proportionaler Repräsentation hätte Algerien 100, die restl. Überseegebiete 400 Abgeordnete erhalten. *Borella,* p. 187 f.

521 *Ansprenger,* p. 115 f.

Senghors in gewisser Hinsicht den entgegengesetzten Weg einschlug, indem er zunächst die Integration akzeptierte, dann aber die Föderation forderte und schließlich zur Konföderation überging. Jedenfalls bot die Verfassung der Vierten Republik nur eine vorübergehende »Lösung« der Entkolonialisierung, und die afrikanischen Politiker verlangten bald erweiterte Befugnisse für die Territorien, sowohl legislativer als auch exekutiver Art. Von Unabhängigkeit war allerdings noch nicht die Rede, jedoch von einer echten Selbstverwaltung und effektiver Mitwirkung an den politisch-administrativen Entscheidungen. Kolonialverwaltung und Mutterland haben aber wenig Interesse gezeigt, diesem an sich verständlichen Anliegen zu entsprechen. Paris war zu wirtschaftlicher Hilfeleistung bereit, glaubte aber an der administrativen Dezentralisation festhalten zu müssen und zögerte, den Territorien legislative Gewalt und Regierungsbefugnisse zu übertragen. Als z. B. *Senghor* und *Aujoulat* (MRP) im April 1954 die Regierung aufforderten, in einer großzügigen Reform der Union française den Territorien legislative Kompetenzen zu gewähren, antwortete der Überseeminister ausweichend, Titel VIII der Verfassung könne wohl ergänzt werden, aber « il s'agit de conserver l'intégrité de l'organisation centrale de la République, tout en permettant aux territoires de régler eux-mêmes les affaires d'intérêt local » [522], d. h. die Einheit der Republik mit einer Dominanz des Parlamentes und der zentralen Administration blieb eine conditio sine qua non. Wie aber konnte man so die – gemäßigten – Indépendants d'Outre-Mer zufriedenstellen? Die Regierung stand zudem unter Druck von rechts [523]; erst 1956 ist die überfällige Reform in der Loi Cadre zustande gekommen.

Während die Verfassung von 1946 das Verhältnis des Mutterlandes zu seinen afrikanischen Kolonien neu regelte, das Bürgerrecht verlieh und eine Demokratisierung einleitete, kam die Modernisierung der Lokalverwaltung nur mühsam voran. « Contrairement aux Anglais, les Français ont construit les superstructures avant la base » [524]. Und selbst im britischen Bereich blieb die Umwandlung der Native Authorities in ein Local Government nach 1945 hinter der politischen Entwicklung an der Spitze zurück. Wenn Frankreich den Territorien die legislative Gewalt verwehrte und die afrikanischen Politiker auf das Parlament verwies, so wäre es an sich naheliegend gewesen, die Gemeindeverwaltung auszubauen und den Afrikanern unmittelbar administrative Befugnisse zu gewähren. Faktisch hätte dies eine rapide Vermehrung der Vollgemeinden – also französisches Gemeinderecht mit allgemeinem Wahlrecht und gewähltem Bürgermeister – bedeutet (Vollgemeinden waren nur Dakar, Saint-Louis und Rufisque). Ein entsprechendes Gesetz ist in der Tat bereits 1948 eingebracht worden, aber erst 1955 (!) zur Annahme gelangt. Die Zahl der Vollgemeinden wurde damit auf 26 in der AOF

[522] J. O. Ass. Nat. 9. 4. 1954, p. 2027.

[523] Der Innenminister *Martinaud-Déplat* (vgl. S. 477) beruft sich in der Debatte denn auch auf die République une et indivisible und erklärt: « Le Gouvernement tient donc à proclamer solenellement (!) que toute atteinte à l'un quelconque des éléments de la République française mettrait en cause les principes même de sa souveraineté nationale et qu'il ne saurait, en aucun cas, en accepter la discussion.» P. 2017.

[524] *Hubert Deschamps*, L'éveil politique africain, 1952, p. 92. Der Hochkommissar in Madagaskar *Chevigné* soll schon 1947 in einer Ansprache auf das Fehlen einer »vie municipale« hingewiesen haben. Während man Afrikaner als Abgeordnete nach Paris entsende, blieben ihnen die lokalen Angelegenheiten verschlossen. *Henri Labouret*, Colonisation, Colonialisme, Décolonisation, 1952, p. 119.

und 6 in der AEF erhöht; die afrikanischen Politiker und Parlamentarier haben sich – ähnlich wie ihre Kollegen in der Metropole – der Bürgermeisterposten bemächtigt und dadurch ihre Parteipositionen gefestigt[525].
Wie war die traditionelle Chefferie mit Bürgerrechtsverleihung, Wahlrecht, Territorialversammlungen und Vollgemeinden zu vereinbaren? *Eboués* Zirkular von 1941, das die Administration anhielt, die echten Chefs zu suchen und zur Mitarbeit zu gewinnen, hat sich zweifellos schnell als überholt erwiesen. Die emanzipierte Elite rückte in den Vordergrund. Die Verfassung von 1946 sprach nicht von Chefs, und in den Territorialversammlungen hatten sie – im Unterschied zum britischen Bereich – keine eigene Vertretung. Versuche, die Häuptlinge und Notablen in das neue Wahl- und Repräsentationssystem einzubauen, sind nicht gemacht worden. Im Senegal wurde 1947 die allgemeine Wahl bei der Bestellung des Chef de village eingeführt, auf Kosten der Notablen und unter Verlust des spezifischen Charakters des afrikanischen Häuptlings[526]. Einige Chefs haben sich zweifellos den neuen Gegebenheiten angepaßt, im allgemeinen aber wurden sie Repräsentanten eines konservativen, wenn nicht reaktionären Kurses, gerieten in Konflikt mit den Evolués und wurden von der nationalistischen Presse als »Lakaien der kolonialistischen Administration« bezeichnet[527]. Chefs haben sich sogar zu « Syndicats » zusammengetan, um ihre Rechte und Ansprüche – und ihre Gehaltsforderungen – besser vertreten zu können! Andererseits glaubten die afrikanischen Politiker doch mit den traditionellen Autoritäten rechnen zu müssen und waren auf eine mindestens passive Mitarbeit der Chefs angewiesen. Sie beteiligten sich sogar an der Ausarbeitung eines neuen Statuts. In einer Vorlage von 1949 sollten die Chefs nach Gewohnheitsrecht gewählt und von der Verwaltung nur bestätigt werden; « toute atteinte à l'autorité légitime du chef coutumier sera punie »; er sollte besser besoldet werden, dafür aber französisch oder arabisch lesen und schreiben können[528]. Den afrikanischen Politikern lag daran, den Beamtencharakter zu lockern und den Chef als echten « intermédiaire » zwischen Bevölkerung und Verwaltung zu verstehen. Gewohnheitsrecht und allgemeines Wahlrecht mußten in Einklang gebracht werden, sagte *Senghor:* « Il n'y a plus de chefs countumiers à proprement parler, mais des chefs autochtones, à moitié fonctionarisés. Telle est la réalité dont il nous faut parler si nous voulons réorganiser la chefferie sur des bases saines, c'est-à-dire légales et efficaces en même temps. » Auch dieser Gesetzesvorschlag ist parlamentarisch nicht durchgedrungen, wobei sich die Frage stellt, ob allein schon die Tatsache, daß *Senghor* als Rapporteur fungierte, genügte, um die Administration und die Rechtsparteien zur Ablehnung zu veranlassen? Erst nachdem die Loi Cadre die Kompetenz, über die Chefferie zu befinden, den Territorien übertragen hatte, sind neue Statuten erlassen worden. *Sekou-Touré* schaffte die Chefferie in Guinea bereits im Dezember 1957 ab, während sich in den anderen Gebieten Zwischen- und Übergangslösungen einspielten; in den küstenfernen und wirtschaftlich schwachen Regionen kommt den Chefs auch heute noch eine nicht zu unterschätzende Bedeutung zu.

[525] *Ansprenger*, p. 241 ff. *L. Gray Cowan*, Local Government in Westafrica, 1955, p. 112 f.
[526] Le probléme des chefferies en Afrique Noire française. Notes et Etudes documentaires Nr. 2508, 1959, p. 16.
[527] *Deschamps*, L'eveil, p. 97. *Labouret*, Colonisation, p. 184 f.
[528] *Deschamps*, p. 99. *Ansprenger*, p. 120.

Im sozialen Bereich stand natürlich das Arbeitsrecht im Vordergrund. Die ersten Maßnahmen von 1944 – Syndikatsrecht und Arbeitskontrolle – und das Verbot jeder Zwangsarbeit vom 11. April 1946 haben wir oben bereits genannt. Der Code Moutet des sozialistischen Überseeministers vom Oktober 1947, in dem das Prinzip gleicher Löhne für gleiche Arbeit im Mutterland und Übersee verankert wurde, ist jedoch – infolge massiven Drucks interessierter Kreise, vor allem des Comité de l'Empire français – von *Moutets* Nachfolger zunächst suspendiert worden. Die Arbeitgeber verwiesen auf die geringe Produktivität des afrikanischen Arbeiters, die auswärtige Konkurrenz und die angeblich demoralisierenden Folgen massiver Lohnerhöhungen und prophezeiten einen scharfen Produktionsrückgang [529]. Die Administration scheint diese Thesen gedeckt zu haben, obschon die Löhne afrikanischer Arbeiter minimal waren und zwischen Weißen und Afrikanern noch immer diskriminierend unterschieden wurde. Es war wie erwähnt *Dr. Aujoulat*, der 1952 dem Code du Travail parlamentarisch zur Annahme verholfen hat. Der Code enthielt neben dem Gewerkschaftsrecht, dem Verbot der Zwangsarbeit und dem »gleichen Lohn für gleiche Arbeit« die 40-Stunden-Woche, die obligatorische Sonntagsruhe, bezahlten Urlaub u. a.; Ausführungsbestimmungen ließen eine Anpassung an die afrikanischen Verhältnisse zu. Dieses bemerkenswerte Arbeitsrecht entsprach weitgehend demjenigen des Mutterlandes und ergab sich aus der Ausweitung des Bürgerrechtes auf alle « sujets ». *Ansprenger* hat es »das letzte Denkmal der Assimilationspolitik » – Assimilation im liberal-progressiven Sinne – genannt [530].

Das Erziehungswesen in Afrika hat nach 1945 großzügige Förderung erfahren. Die Konferenz von Brazzaville hatte sie gefordert, die Union française und die Bürgerrechtsverleihung machten sie dringlich. Die Grundschulung wurde rapid ausgebaut, die Zahl der Lycées und Collèges in kurzer Zeit vervielfacht [531]. Das Mutterland stellte über die FIDES Mittel für den Bau von Schulhäusern zur Verfügung. Unterrichtssprache blieb – außer in Madagaskar – ausschließlich französisch. Auch hier folgte man den Direktiven Brazzavilles und bestätigte gleichzeitig die assimilatorischen Tendenzen der Verfassung von 1946. Die afrikanischen Politiker haben jedoch kaum Änderungswünsche vorgebracht und haben auch nach der Unabhängigkeit die französische Amtssprache beibehalten; trotz Négritude und dem Ruf nach Afrikanisierung waren sie von der französischen Schule und Kultur zu sehr geprägt, ganz abgesehen von den praktischen Schwierigkeiten, die sich bei einem Verzicht auf das Französische ergeben hätten.

In Dakar entstand 1950 das Institut des Hautes Etudes, das 1957 zur ersten Voll-Universität des französischen Schwarzafrika ausgebaut wurde. Im Vergleich zu Britisch-Westafrika ist der Übergang zur Hochschulausbildung später erfolgt, da man es vorzog, die afrikanische Elite an den Universitäten der Metropole auszubilden, obschon

[529] « Il est des cas où il faut se battre jusqu'à la mort. Car l'application de ces textes qui va en Afrique élever les prix de revient déjà exorbitants, risque d'avoir des conséquences irréparables. Demain il faudra se battre au Parlement ... contre l'extension de nouvelles mesures sociales généreuses en apparence mais qui ruineraient le pays. » *Jean Foulon*, Les Français sont un peu fous, in: Climats, 28. 5. 1952.

[530] *Ansprenger*, p. 236.

[531] *Ansprenger*, p. 108 ff., *Hailey*, African Survey 1956, p. 1193 f. *Deschamps*, p. 87.

die Gefahr, die Studenten ihrer angestammten Zivilisation zu entfremden, immer wieder – nicht zuletzt von konservativer Seite – hervorgehoben wurde. Aufschlußreich ist, daß ausgerechnet *Senghor* den Bau der Universität Dakar kritisierte und darin nur eine Prestigepolitik des Mutterlandes sehen wollte.

Einige Bemerkungen noch zur Wirtschaftspolitik. Man kann auch hier von der Verfassung ausgehen, die in ihrer Präambel eine Koordination der wirtschaftlichen Anstrengungen postulierte und damit einen Großraum visierte, der der traditionellen Konzeption der Plus grande France entsprach und durch den Zweiten Weltkrieg neue Aktualität erhalten hat; denn das durch Zollunion und Zollpräferenzen, Währungskonvertibilität, Devisenpool und Stabilisierungsabkommen für bestimmte Produkte konstituierte « Grand Ensemble » sollte nicht nur einen gesicherten Absatzmarkt gewährleisten, sondern auch und vor allem den Mangel an Dollar ausgleichen helfen und Frankreich eine gewisse wirtschaftliche Unabhängigkeit gegenüber den Vereinigten Staaten ermöglichen [532]. Wie bereits nach dem Ersten Weltkrieg und ganz ähnlich wie Großbritannien 1945, war auch die Vierte Republik bestrebt, die Mise en valeur mächtig voranzutreiben, um in den überseeischen Besitzungen einen Ausgleich zur geschwächten wirtschaftlichen Position in Europa zu finden. Diesmal allerdings bleibt es nicht bei programmatischen Erklärungen; das Frankreich der Nachkriegszeit hat trotz des großen Investierungsbedarfes in der Metropole gewaltige Mittel zur Entwicklung Afrikas eingesetzt. Und zwar vorwiegend aus eigenen Budgetmitteln. Für jedes Territorium sollte ein Zehnjahresplan ausgearbeitet werden, bei dem die FIDES das Kapital zur Verfügung stellte, und die Kreditgewährung überprüfte. Diese Pläne wurden allerdings weitgehend in Paris vorbereitet und in den Lokalversammlungen nur zur Stellungnahme vorgelegt; und auch im Direktorium der FIDES waren autochthone Fachleute der Territorien kaum vertreten. Die zentralistische Konzeption eines von Paris aus gesteuerten « Grand Ensemble » zeigte sich daher auch in der Wirtschaftsplanung und unterschied sich vom britischen Vorgehen, das zwar von ähnlichen Erwägungen ausging, die Entwicklungsprogramme aber vorwiegend in den einzelnen Gebieten selbst ausarbeiten ließ und sich daher weniger dem Vorwurf aussetzte, die Ziele der Entwicklungsplanung von den Bedürfnissen des Mutterlandes her zu bestimmen.

Die Investierungskredite wurden in erster Linie zum Ausbau der Infrastruktur verwendet: Im Bau von Hafenanlagen, Straßen, Flugplätzen, Eisenbahnen, Staudämmen und Elektrizitätswerken ist in kurzer Zeit Imposantes geleistet worden. Die FIDES stellte Mittel aber auch für Schulen, Spitäler und Forschungsinstitute zur Verfügung [533]. In

[532] Die wirtschaftliche Bedeutung der Überseegebiete für die Metropole war in der Tat groß. Outre-Mer erspare Frankreich 250–300 Mill. Dollar im Jahr, sagt *Moussa*. 1954 stammten 26 % der Importe aus den Überseegebieten (ohne Indochina), während 31 % der Exporte dahin gingen. *Pierre Moussa,* Les changes économiques de la communauté franco-africaine, 1957, p. 27, 34.

[533] *Ansprenger* gibt p. 105 eine Aufstellung für den Zeitraum 1947–1957 (Zahlen = Mrd. Franken des Mutterlandes)

	AOF	AEF
Infrastruktur	109,82	47,89
Soziale Investierungen	40,85	16,13
Produktive Investierungen	59,59	18,28

der Folgezeit ist das Gewicht auf die Landwirtschaft und die gewerblich-industrielle Erzeugung verlagert worden. *Moussa* hat für das Jahr 1955 die gesamte französische »Entwicklungshilfe« auf 171 Mrd. Franken – davon 72,2 Mrd. für die überseeischen Territorien –, errechnet, etwa 1/5 aller öffentlichen Investierungen [534]! Bei der privaten Investierung standen, neben sehr intensiver Bautätigkeit in Städten wie Dakar und Abidjan, der Bergbau und die traditionelle Exportproduktion im Vordergrund; die Erzeugung und Ausfuhr von Erdnüssen, Kakao, Kaffee, Kautschuk, Holz und Bananen sind in kurzer Zeit sprunghaft angestiegen. Der Handel erfolgte in erster Linie mit der Metropole, die zwar über dem Weltmarkt liegende Preise bezahlte, andererseits aber die Überseegebiete zwang, ihre Importe – ebenfalls zu überhöhten Preisen – aus Frankreich zu beziehen: dies gab auf beiden Seiten zur Kritik Anlaß, kennzeichnete aber eine spezifisch französische Situation, die sich z. T. über die Unabhängigkeit hinaus erhalten hat [535].

Die Industrialisierungsbemühungen blieben gering, selbst in der Verarbeitung der lokalen Rohstoffe. « La résistance de l'économie française à l'industrialisation des pays d'outre-mer apparaît comme un fait. » [536] Die überseeischen Gebiete sollten in erster Linie Rohstoffe und Nahrungsmittel liefern, Industriewaren aber aus dem Mutterland beziehen. Eine Möglichkeit, die eigene Produktion durch entsprechende Zollpolitik zu fördern, bestand kaum. Die afrikanischen Politiker und linksorientierte Publizistik des Mutterlandes haben daher immer wieder – nicht ganz zu Unrecht – den Vorwurf erhoben, daß Frankreich weiterhin den Pacte colonial aufrechterhalte und die Investierungsmittel aus dem Budget nicht den eigentlichen Bedürfnissen der afrikanischen Territorien gemäß einsetze, so daß die ohnehin weitgehend monopolisierten Handels- und Kapitalgesellschaften zusätzliche Gewinne erzielten [537]. Dennoch ist die umfangreiche »Entwicklungshilfe« auch von afrikanischer Seite mit viel Lob bedacht worden und hat zweifellos die politische Atmosphäre entspannt. Sie hat die afrikanischen Führer auch erkennen lassen, daß sie weiterhin auf französische Hilfe angewiesen waren und nicht vorschnell einen Bruch mit dem Mutterland heraufbeschwören durften. In der Metropole andererseits begann man sich die Frage zu stellen, ob diese umfangreiche

[534] *Moussa,* p. 125 f.

[535] So macht der Unterausschuß »Intégration métropole-Outre-Mer in einem Bericht an das Commissariat général du Plan darauf aufmerksam, daß die Abnahme afrikanischer Produkte zu überhöhten Preisen 1952 den Betrag von 12,5 Mrd. ausgemacht habe. Anderseits weist der – französische – Präsident des Grand Conseil der AOF 1953 kritisch darauf hin, daß die Importe aus Frankreich 40 % über Weltmarktpreisen lägen – wie soll sich die AOF gegen afrikanische und asiatische Konkurrenz halten können. « La fidélité de l'AOF n'est menacée que par les hauts prix français. » Le Monde 29. 4. 1954, zit. *René Servoise,* Introduction aux problèmes de la République française, in: Politique étrangère 1954/4, p. 394, 403. *Moussa* schätzt die Belastung der »pays d'outre-mer« auf 20 Mrd., p. 83.

[536] *Moussa,* p. 123. 1957 sollen AOF und Togo für 940 Mill. Tomatenkonserven (!) eingeführt haben, aber nur für 230 Mill. Werkzeugmaschinen, *Robert de Montvalon,* in: Dokumente 1958/14, p. 367.

[537] Z. B. *Senghor* in der Assemblée nationale am 8. 4. 1954, p. 1913. Linkspublizistik: *Marcel Willemns,* Un bilan de la colonisation française: L'économie de l'Afrique noire, in: Temps modernes 1955/10. *J. Dresch* (Prof. an der Sorbonne), Questions Ouest-Africaines, in Revue politique et parlementaire 199/1949.

und kostspielige Investierung in Afrika aus staatlichen Mitteln noch sinnvoll und zu verantworten sei, wenn man politisch gleichzeitig den Rückzug antreten mußte!
Eine Revision der Union Française ist nicht erfolgt, aber die Ereignisse schritten weiter und eine Entscheidung mußte getroffen werden. Wollte man Unruhen und Konflikte in Schwarzafrika vermeiden, so mußte den wachsenden Forderungen der überseeischen Abgeordneten in der einen oder der anderen Form nachgekommen werden. Diese Einsicht scheint sich sowohl in Regierungskreisen als auch bei den Parteien um das Jahr 1955 durchgesetzt zu haben. Nachdem die Entkolonialisierung Indochinas, Tunesiens und Marokkos, die bis dahin im Vordergrund des Interesses gestanden hatten, »gelöst« war, trat Schwarzafrika in den Mittelpunkt der Diskussion: konnte wenigstens hier durch rechtzeitige Konzessionen eine blutige Auseinandersetzung und eine Ablösungsbewegung verhindert werden? Ab 1954 ließ zudem die algerische Frage alle anderen Bereiche als sekundär erscheinen. Innenpolitisch erleichterte der Anschluß *Houphouet-Boignys* an die Partei *Plevens* und *Mitterands* eine Reformpolitik, während die Bandung-Konferenz von 1955 und nicht zuletzt auch die britische Politik in Westafrika eine französische Initiative nahelegten. Mit *Nkrumah* war 1951/52 erstmals ein führender afrikanischer Nationalist Premierminister einer Kolonie geworden! In der Vergangenheit hatte man sich zwar in Französisch-Afrika wenig für den britischen Bereich interessiert, und die afrikanischen Politiker haben die britische Konzeption des Self-government keineswegs als nachahmenswert empfunden: Sprachschwierigkeiten, Ausbildung in Paris, Vertretung im Parlament ergaben – von den schlechten Kommunikationsverhältnissen längs der Küste ganz abgesehen – eine vorwiegend »französische« Blickrichtung. Das Aufrücken der Goldküste aber in die letzte Phase vor der Unabhängigkeit wirkte als Signal, das auch im französischen Afrika gehört wurde. Die Parteiführer konnten nun auf das Vorbild der Goldküste verweisen oder wurden von »links« her unter Druck gesetzt, ihre Forderungen zu steigern, während Paris bedacht sein mußte, den Rückstand rechtzeitig aufzuholen: die französische Antwort auf die Herausforderung mochte anders lauten als die britische, mußte aber doch so viel eigene Anziehungskraft ausüben, um der Konkurrenz gegenüber zu bestehen und den »liberalen« Charakter der französischen Afrikapolitik glaubwürdig machen zu können. Überseeminister *Defferre* hat in der Parlamentsdebatte über die Loi Cadre auf diese Herausforderung hingewiesen [538].
Besonders dringlich waren Konzessionen zunächst in Togo, das als ehemaliges Völkerbundsmandat dem Trusteeship der UNO unterstand und als « Territoire associé » einen Sonderstatus genoß. Es bestand die Gefahr, daß die rapide Entwicklung an der Goldküste eine Attraktion auf Togo ausüben und Anschlußbestrebungen auslösen würde. Die UNO bedrängte zudem Frankreich; wollte dieses sein Gesicht wahren oder gar Togo der Einflußnahme des Trusteeshipcouncils entziehen, so mußte es relativ kurzfristig Autonomie gewähren. Im April 1955 wurden die Kompetenzen der Territorialversammlung erweitert und ein Kabinett mit afrikanischen Politikern gebildet. Damit war der entscheidende Schritt, der von den afrikanischen Abgeordneten längst gefordert worden war, getan. Togo ging auch weiterhin jeweils einen Schritt voraus und beschleunigte damit rückwirkend wiederum die Entwicklung in den übrigen fran-

[538] J. O. Ass. nat. 21. 3. 1956, p. 1108 f.

zösischen Territorien. So wurde Togo im August 1956 zur « République autonome » erklärt, deren Kompetenzen im März 1957 erweitert wurden. Frankreich leitete Verhandlungen ein über eine Beendigung des Trusteeship und gewährte Togo im Februar 1958 die volle innere Autonomie; *Sylvanus Olympio*, der Führer der nationalistischen Partei, wurde Ministerpräsident. Damit erhielt Togo noch vor dem Ende der Vierten Republik einen Status, wie ihn General *de Gaulle* in der Communauté vorsehen sollte! Die afrikanischen Abgeordneten haben selbstverständlich die Gelegenheit benutzt, auf die politischen und psychologischen Rückwirkungen der Reformen in Togo aufmerksam zu machen: « Il s'agit ... de ne pas donner raison à ceux qui pensent que l'on gagne davantage à être hors de la République que dans le sein de la République. » [539] Es bleibt dennoch fraglich, ob Frankreich den entscheidenden Schritt in der Dekolonisation Schwarzafrikas rechtzeitig getan hätte, wenn in den Parlamentswahlen vom Januar 1956 nicht eine Koalition der Linken erfolgreich gewesen wäre. Es war die Regierung *Guy Mollet*, die den Immobilismus durchbrach. Der energische Überseeminister *Deffere* (SFIO) hat die von der vergangenen Regierung vorbereitete Vorlage in erstaunlich kurzer Zeit durch Kabinett, Ausschuß und Parlament gepeitscht, unterstützt und beraten von *Houphouet-Boigny* als Minstre délégué à la Présidence du Conseil. *Defferre* sagte mit Recht: « En agissant vite, nous ne serons pas à la remorque des événements. Il existe actuellement Outre-Mer un certain malaise, et il importe de le dissiper par une action efficace pour rétablir un climat de confiance. » [540] Es galt, die Initiative zurückzugewinnen, um die Reform nicht als Erfolg der Opposition erscheinen zu lassen und dabei die Glaubwürdigkeit einzubüßen. Dies ist in weitgehendem Maße gelungen.

Die Neuerungen des Rahmengesetzes – Loi Cadre – vom 23. Juni 1956 und der Ausführungsdekrete vom Frühling 1957 waren kurz folgende: Allgemeines Wahlrecht und « collège unique » für alle Wahlen; die Interessenvertretung der Kolonialfranzosen ist damit sowohl in Paris als auch in den Territorialversammlungen eindeutig geschwächt worden, obschon es einzelnen Franzosen gelungen ist, auf « autochthonen Listen » plaziert und gewählt zu werden – die politische Entscheidung aber ging an die Afrikaner über. Die Territorialversammlungen erhielten erweiterte Befugnisse und konnten nun bindende Beschlüsse fassen; neu war vor allem aber die Einführung des Ministerrates, der, von der Assemblée gewählt und mit Exekutivgewalt ausgestattet, zwar der Versammlung nicht direkt verantwortlich, von deren Zustimmung aber doch abhängig war. Als Vorsitzender des Ministerrates fungierte der Gouverneur – der Paris direkt unterstellt blieb –, und nur der Vize-Präsident war Afrikaner [541]. Dies bedeutete einen ent-

[539] J. O. Ass. nat. 29. 1. 1957, p. 367, ähnlich *Mamadou Dia* (Senegal) am 30. 1. 1957, p. 423.

[540] Am 1. 3. 1956 zit. *Borella*, p. 268, « Ne laissons pas s'acréditer l'idée inexacte que notre Parlement ne s'occupe des peuples d'OM que quand le sang coule. Prouvons que nous savons agir autrement que sous la conduite des événements. » *Defferre* am 21. 3. J. O. 1108. Es wird allerdings einmal mehr festgestellt, daß sich offenbar nur wenige Abgeordnete für überseeische Fragen interessieren, 20. 3. 1956, p. 1079.

[541] Diese eigenartige Lösung basiert auf einem Kompromiß zwischen Regierungsentwurf, die die Ernennung der Hälfte der Mitglieder durch den Gouverneur vorsah und den Forderungen der Afrikaner nach einem verantwortlichen Kabinett. *Africanus*, L'Afrique noire devant l'indépendance, 1958, p. 13–18. Ein Beispiel afrikanischer Kritik am Regierungsvorschlag bietet auch *Apithy* im Combat 29. 1. 1957.

scheidenden Schritt zur Parlamentarisierung; es konnte vorausgesehen werden, daß sich die Stellung des Gouverneurs in eine formal-repräsentative verwandelte und der Vizepräsident zum verantwortlichen Ministerpräsidenten des Territoriums aufrückte, um so mehr, als er der Chef der stärksten Partei sein würde [542].

Dem Bestreben, den Territorien nun wirklich eine gewisse Autonomie zu geben, entsprach die Trennung der « services d'état » von den « matières locales » – die Territorien sollten ein eigenes Beamtenkader erhalten, das ihnen und nicht der Pariser Administration unterstand. Der Kompetenzbereich der « services d'état », über die der Gouverneur verfügte, war jedoch recht weit gezogen: nicht nur Außenpolitik, Armee und allgemeine Sicherheit, Währungs- und Zollfragen, sondern auch wirtschaftliche Planung und überterritoriale Kommunikationsmittel, Höheres Erziehungswesen und Radiostationen (und damit Propaganda!). Von einer vollen Autonomie im Inneren konnte also nur bedingt gesprochen werden, um so mehr, als dabei auf indirekte Weise weitere Befugnisse vorbehalten blieben. Zu erwähnen ist außerdem eine Anstrengung, die « africanisation des cadres » zu beschleunigen, die – wie wir oben schon festgestellt haben – trotz der Verfassung von 1946 wenig vorangekommen war. Der bisherige Grundsatz eines gleichberechtigten Zuganges bei gleichen Voraussetzungen (System des Concours) hat sich – ähnlich wie früher im Indian Civil Service – diskriminierend ausgewirkt, insofern als die Kandidaten des Mutterlandes sprachlich und auch wegen den besseren Bildungsmöglichkeiten im Vorteil waren. Die Reformen von 1956/57 setzten daher eine Bevorzugung der Afrikaner und Madegassen fest; die Ecole Nationale de la France d'Outre-Mer entwickelte sich schnell zu einem Ausbildungszentrum für die afrikanischen Beamtenkader.

Die Loi Cadre verblieb an sich innerhalb der Verfassung und realisierte in gewisser Hinsicht das, was seit langem als französische Afrikapolitik proklamiert, in den Jahren 1946–1956 aber nicht voll zur Auswirkung gekommen war. Frankreich stellte seinen Reformwillen unter Beweis. Der Übergang zur « semi-autonomie » mit afrikanischen Parlamenten und Regierungen war vollzogen, und die Wirksamkeit der autochthonen Politiker erstreckte sich denn auch auf die Territorien. Die künftige Entwicklung hingegen blieb – mindestens im Prinzip – noch offen: ob die Loi Cadre Vorstufe einer föderativen Republik oder der vollen Eigenstaatlichkeit und damit einer Konföderation sein würde, war noch nicht entschieden.

Man wird wiederum auf die Parallele zur britischen Westafrikapolitik hinweisen dürfen. Die Goldküste und Nigeria waren auf dem Wege zur Unabhängigkeit, doch behielt London zunächst noch Kontrollmöglichkeiten in der Hand: britische Minister saßen im Ministerrat und der Gouverneur verfügte über Reservatsrechte. Diesen entsprachen historisch betrachtet die « services d'état » der Loi Cadre. Die Einschränkung der Souveränität erfolgte dort jedoch in grundsätzlich anderer Weise: bei der afrikanischen Regierung und in der Stellung des Gouverneurs, während Frankreich von der einen und unteilbaren Republik ausging und den an sich weiterhin zum nationalen Territorium gehörenden Gebieten zwar eine gewisse politische Autonomie gewährte, die Souveränitätsrechte jedoch noch immer dem Parlament vorbehielt. Eine weitere Parallele bietet sich an: Die Loi Cadre schuf in den Territorien selbst eine Situation, die

[542] *Maurice Duverger*, in: Le Monde, 6. 2. 1957.

mit dem Representative Government in den britischen Kolonien verglichen werden könnte, nämlich eine gewählte Legislative, der ein ernannter Gouverneur und eine parlamentarisch nicht-verantwortliche Regierung gegenüberstanden. In beiden Fällen mußten sich Konflikte einstellen, die in der Folgezeit zur Parlamentarisierung drängten.

Wenn man das britische und französische Vorgehen vergleicht, so gewinnt ein viel diskutierter und heute noch höchst aktueller Aspekt der Loi Cadre eine besondere Bedeutung: die sog. Balkanisierung Französisch-Schwarzafrikas. Von Brazzaville 1944 über die Verfassung von 1946 bis zur Reform von 1956/57 kamen die Bemühungen um Dezentralisation und Autonomie in erster Linie den Territorien zugute. Die großen administrativen Einheiten der AOF und AEF blieben zwar bestehen und waren für wichtige Aufgaben mit überterritorialem Charakter zuständig, verloren aber zusehends an Bedeutung. Auch die Loi Cadre hatte die Territorien im Auge und verstärkte deren « personnalité politique »; es wurde sogar ausdrücklich erklärt, daß die Stellung der Generalgouverneure modifiziert werden müsse, « en vue de les transformer en organes de coordination ». Folglich sind denn auch die Befugnisse der Grands Conseils nicht erweitert worden, und es entstand ein Ministerrat weder in Dakar noch in Brazzaville. Die bisherigen administrativen Aufgaben wurden entweder den Territorien oder direkt der Administration in Paris übertragen; die « services d'état » wurden ebenfalls direkt dem Überseeministerium unterstellt. Während die Territorien zu administrativ und politisch bedeutsamen Zentren wurden, »degenerierten« die Föderationen zu bloßen Koordinationsstellen.

Dieses Aufbrechen der bisherigen Großeinheiten ist insbesondere im Senegal heftig kritisiert worden. *Senghor* hat das Schlagwort von der Balkanisierung Schwarzafrikas geprägt und am 29. Januar 1957 im Parlament sein Protest-Votum vorgebracht [543]: Er konnte dabei auf die einmütige Stellungnahme des Grand Conseil der AOF, mehrerer Territorialversammlungen und des afrikanischen Gewerkschaftsbundes verweisen; es handle sich um eine « opération Oudinot », d. h. um den Versuch der Kolonialadministration, die administrative Kompetenzen in sich zu vereinigen und dabei – im Hinblick auf die « services d'état » der Territorien – mit der einen Hand etwas zu geben und mit der anderen wieder zurückzunehmen. Es sei nicht einzusehen, warum Aufgabenbereiche wie die Post, Radio, Erziehungswesen u. a. nach Paris gezogen würden, statt sie den Föderationen zu überlassen. Und warum habe man diesen keinen Ministerrat gegeben? Paris habe offenbar die Absicht, « de balcaniser l'Afrique noire ». In eindrücklichen Worten warnte *Senghor* vor einem Schritt, der sich nicht nur gegen Afrika richte, sondern auch die « communauté franco-africaine » in Frage stelle [544].

[543] Im gleichen Sinn auch *Mamadou Dia* (später Ministerpräsident des Senegal): « il existe des fédérations (AOF, AEF). Nous demandons tout simplement que l'on tienne compte de ces réalités et qu'on ne démantèle pas ces fédérations. » J. O. 30. 1. 1957, p. 398.

[544] J. O. 29. 1. 1959, p. 372 f. « La République une et indivisible » au sens de l'Etat unitaire et centralisateur – c'est par là que je vais terminer – a été, au XIXe siècle, une exigence nationale: Elle a fait la force de la France, et les volontaires avaient raison d'aller à la bataille à Valmy en criant: Vive la Nation!
Mais nous sommes aujourd'hui en 1957, au XXe siècle, à l'heure où les états et les empires les plus forts sont de structure fédérale: USA, URSS., Inde, Canada, Brésil, Allemagne

Die Balkanisierungsthese *Senghors* entsprach seiner Gesamtkonzeption: Der kulturell und politisch assimilierte Intellektuelle, der seiner « négritude » bewußt geworden war, trieb keine anti-französische Politik; er wollte eine afrikanische Selbstbestimmung im kulturellen wie politischen Bereich, aber in enger Verbindung mit dem früheren Mutterland. Die Konzeption dieser Verbindung mochte variieren und schrittweise von einer Integration in die République une et indivisible zur Konföderation abgeändert werden, wenn nur das Prinzip der Gleichberechtigung gewahrt blieb. Dieses aber wurde verfälscht, wenn der Metropole eine Vielzahl kleiner und wirtschaftlich schwacher afrikanischer Territorien gegenüberstanden; nur größere Einheiten, die mehrere Territorien umfaßten, konnten wirkliche Partner bilden [545].

occidentale, Yougoslavie et, plus près de nous l'Angleterre qui va donner l'indépendance à la Gold Coast au sein du Commonwealth, lequel à cessé d'être britannique.
Fédérer effraye certains membres de l'Assemblée. Mais, mes chers collègues, fédérer n'est pas séparer. Fédérer, au sens éthymologique du mot, c'est lier, mais sans étouffer, on l'oublie trop souvent.
S'accrocher au mythe de la « République une et indivisible » car c'est un mythe, sans quoi il y aurait dans cette Assemblée trois cents députés noirs et arabo-berbères (Très bien! très bien! au centre.), s'accrocher à ce mythe c'est, je le crains, travailler à l'abaissement de la France. C'est pratiquer l'immobilisme le plus stérile.
Je vous dis que la France est un arbre vivant: ce n'est pas du bois mort promis à la cognée. Quand vous aurez disloqué les fédérations d'Afrique noire, craignez que les territoires ne se tournent l'un vers Lagos, l'autre vers Accra ...
M. *Sourou-Migan Apithy*, rapporteur. Mais non!
M. *Léopold Sedar Senghor*. Mon cher collègue, je vous écoute ... Craignez, dis-je, que si l'on balcanise les fédérations d'Afrique noire, les territoires ne se tournent l'un vers Lagos, l'autre vers Accra, un troisième vers Rabat.
Dakar et Brazzaville, avouez-le, sont tout de même plus françaises, puisque c'est de la France que vous avez souci. Quand les enfants ont grandi, du moins en Afrique noire, ils quittent la case des parents et construisent à côté une case, leur case, mais dans le même carré.
Le carré France, croyez-nous, nous ne voulons pas le quitter. Nous y avons grandi et il y fait bon vivre. Nous voulons simplement, monsieur le ministre, mes chers collègues, y bâtir nos propres cases, qui élargiront et fortifieront en même temps le carré familial, ou plutôt l'hexagone France. » (Applaudissements sur plusieurs bancs au centre).

545 *Senghor* sagte in einem Interview: « Nous estimons que préconiser l'autonomie des territoires, c'est ne pas vouloir cette autonomie. En effet les ‹ Européens › pensent que 43 Millions de Français ne peuvent résoudre les grands problèmes politiques et économiques qui se posent en 1957. Comment 3 millions de Soudanais ou simplement 600 000 Mauritaniens le pourraient-ils? Dans le cadre d'une république fédérale française, une AOF de 20 millions d'habitants en face de la métropole peut constituer un ensemble équilibré et faire épanouir sa personnalité. Une Côte d'Ivoire ou un Sénégal de 2 millions d'habitants ne le peuvent pas. C'est pourquoi nous considérons que la loi cadre est une régression dans la mesure où elle balcanise les fédérations d'Afrique noire. Cependant cette loi cadre peut être un instrument d'émancipation si les Africains le veulent » Le Monde 2. 2. 1957 Vgl. auch *André Blanchet*, l'itinéraire de partis africains depuis Bamako, Tribune libre Nr. 31, 1958, p. 86: « Dans la République fédérale française il faudra que règne un certain équilibre; or, en face d'une métropole de 44 millions d'habitants, une AOF de 20 millions et une Algérie de 10 millions d'habitants, c'est encore trop faible.» Zudem das Gespräch zwischen *Senghor* und *Teitgen*, Ce que veulent les Africains, in: France-Forum, Dez. 1957, p. 16 f.

Diese Konzeption *Senghors* schloß nicht aus, daß der Senegal ein konkretes Interesse an der Aufrechterhaltung der AOF – oder mindestens eines Teiles davon – hatte. Dakar war ihr natürliches Zentrum und seit langem administrativer und wirtschaftlicher Mittelpunkt eines großen Gebietes; die Balkanisierung mußte daher den Senegal empfindlich treffen. Ebenso verständlich war die Opposition der Elfenbeinküste, die in Abidjan ihr eigenes Zentrum hat, über ein eigenes wirtschaftliches Einzugsgebiet verfügt und verkehrstechnisch andere Interessen im Auge hat. Der Gegensatz zwischen dem Senegal und der Elfenbeinküste fand seine Entsprechung in den beiden Parteien: der Convention Africaine *Senghors* und *Dias* einerseits und dem Rassemblement Democratique Africain *Houphouet-Boignys* andererseits. So hat denn auch *Gabriel Lisette* im Namen des RDA am 29. Januar der Loi Cadre zugestimmt – und zwar auch im Hinblick auf die AOF-Dekrete [546]. Die « vastes ensembles » – sagte er – müßten sich auf die « réalités » stützen; ein eventueller Zusammenschluß sei künftigen Entscheidungen der Territorien zu überlassen. *Houphouet-Boigny* hingegen hat energisch gegen die Großeinheiten agiert – innerhalb der AEF nahm das an der Küste gelegene und wirtschaftlich relativ reiche Gabun eine entsprechende Haltung ein – und sich auf eine direkte »Association« mit Frankreich festgelegt, in der nicht unbegründeten Annahme, auf diese Weise nicht als »Milchkuh« für die ärmeren Territorien des afrikanischen Hinterlandes dienen zu müssen und trotzdem in Paris die eigenen Belange zur Geltung bringen zu können. Die Föderations-These *Senghors* gewann jedoch innerhalb der RDA an Boden, wurde von *Sekou-Touré* in Guinea übernommen und im September 1957 in Bamako von einem Parteikongreß bestätigt; im Winter 1958 hat die Elfenbeinküste schließlich mit Dakar gebrochen . . . [547]

Uns interessiert vor allem die Haltung Frankreichs. Es stellte sich die Frage, ob Paris die Balkanisierung gefördert hat, um nicht afrikanischen Großgebieten, sondern einer Vielzahl von Territorien gegenüberzustehen, die finanziell vom Mutterland abhängig blieben und vielleicht sogar gegeneinander ausgespielt werden konnten? Eine eindeutige Antwort kann leider nicht gegeben werden [548]. Indem *Guy Mollet* den Führer der damals stärksten afrikanischen Partei, *Houphouet-Boigny*, ins Kabinett aufnahm, war eine antiföderative Lösung bereits vorgezeichnet, um so mehr, als auch die afrikanischen Sozialisten unter Führung des Senegalesen *Lamine-Guèyes* wenig Interesse an Föderativregierungen zeigten [549]. Bei der Vorbereitung der Loi Cadre – noch vor *Def-*

[546] J. O., p. 371. Auch *Diawadou Barry* (Abgeordneter von Guinea) spricht von den « inutiles gouvernements généraux et leurs organismes de renforcement que sont les grands conseils. Les premiers ne devraient plus être depuis longtemps déjà que de simples organismes de coordination. » J. O. 20. 3. 1956, p. 1071. *Barry* nimmt damit den Begriff der Koordination vorweg!

[547] Darüber ausführlich *Blanchet,* L'itinéraire, p. 82 ff.

[548] Der gut informierte *Africanus* berichtet: « Tout, ou presque, y poussait: les Assemblées Territoriales qui se font les interprètes de tous les particularismes ancestraux ou récents; les hommes politiques, les Gouverneurs et les Chefs de services locaux, mûs par le goût de l'action et des responsabilités ou par la simple vanité d'être ‹ les premiers en Province, plutôt que les seconds à Rome ›; les représentants des intérêts privés qui pensaient, non sans raison s'assurer plus facilement d'un pouvoir plus proche d'eux et plus facilement maniable; le Ministère de la France d'OM, enfin, qui, sentant son existence menacée a cherché des consolations dans la multiplication de ses enfants . . .» P. 76.

[549] *Blanchet,* p. 95 f.

ferre – soll die Administration geteilter Meinung gewesen sein: *Cornut-Gentille*, der Generalgouverneur in Dakar habe sich gegen, *Chauvet* in Brazzaville hingegen für Beibehaltung der AOF und AEF ausgesprochen [550]. *Pierre-Henri Teitgen* (MRP), der an der Ausarbeitung der Vorlage maßgeblich beteiligt war und im Januar 1957 als parlamentarischer Berichterstatter fungierte, erklärte bereits am 20. März 1956, eine Reform müsse im Territorium und nicht auf Föderationsebene einsetzen: « Il faut que le territoire soit l'unité politique et administrative »; nur so sei es möglich, « d'engager (toute la population) dans la belle entreprise d'une démocratie locale »; eine « dissociation des Fédérations » dränge sich daher auf [551]. Die kolonialistische Rechte hat sich gegen *Senghor* gestellt, weil Großeinheiten die Ablösungsbewegung erleichtern würden [552]. Paris dachte sogar daran, die Insel Madagaskar in Territorien mit eigenen Parlamenten und Regierungen aufzugliedern – es gelang jedoch den Politikern Madagaskars, diesen Schritt zu verhindern und die Einheit der Insel aufrechtzuerhalten. Da die Anhänger der Föderation gleichzeitig die pan-afrikanische Idee propagierten, erschien die Balkanisierung als geeignetes Mittel, einer Blockbildung in Afrika vorzubeugen und die autonomen Territorien direkt an Frankreich zu binden und ihnen einen Verzicht auf bestimmte Souveränitätsrechte wie Außenpolitik und Verteidigung nahezulegen. Die Nachteile einer Balkanisierung hat man in Paris entweder nicht erkannt oder aber gehofft, sie durch das Fortbestehen übergeordneter und von der Metropole kontrollierter Institutionen überbrücken zu können [553].

Die französische Politik unterschied sich hier eindeutig von der britischen. London hat sich vor und dann vor allem nach dem Zweiten Weltkrieg energisch bemüht, innerhalb seines Kolonialbereiches größere, föderative Einheiten zu errichten: in Westindien, Malaya und Ostafrika. In Westafrika wurde Nigeria schrittweise von einer administrativen Einheit zu einer echten Föderation umgeformt. Mochte auch die Hoffnung mitspielen, sich zunächst auf den konservativen Norden stützen und damit die Gewährung von Self-government aufschieben zu können, so hat sich Großbritannien doch einer Balkanisierung energisch widersetzt und einen lebensfähigen Großstaat in die Unabhängigkeit entlassen; es wäre gerade in Nigeria ein Leichtes gewesen, die koloniale Einheit in autonome Einzelterritorien aufzulösen. London hat das Self-government zwar erst den Regionen zugestanden, gleichzeitig aber auch die zentralen Instanzen ausgebaut und die Kolonie erst »entlassen«, nachdem die Föderation etabliert war. Da Großbritannien die künftige Unabhängigkeit akzeptiert hatte, mußte es an eigenstän-

[550] P. 85.

[551] J. O., 20. 3. 1956, p. 1075.

[552] Die Rechte applaudiert z. B. den gegen *Senghor* gerichteten Äußerungen. J. O., 30. 1. 1957. Ein Repräsentant der Rechtsparteien wie *Roger Duchet* bezeichnet den « fédéralisme » von Bamako als »le moyen le plus sûr de briser l'Union française et de perdre la France«. *Blanchet*, p. 131.

[553] Eine Kommission der Assemblée der Union Française hat in ihrem Bericht Ende 1956 die Konzeption einer Föderation scharf kritisiert: weder historische, ethnische noch wirtschaftliche Gründe legten eine solche nahe. Die Gefahren einer Balkanisation wurden bagatellisiert, da die Institutionen der Republik »garantissent tout ensemble aux territoires la gestion de leurs propres affaires et la participation à la vie d'une grande puissance«. Zit. *Colin Newbury*, The Government general and political change in French West Africa, in: African Affairs No. I. St. Antony's Papers No. 10, ed. *K. Kirkwood*, p. 1961; p. 56.

digen Gebieten interessiert sein, die wirtschaftlich auf eigenen Füßen stehen konnten. Es ist daher kein Zufall, daß gerade die kleinen und wirtschaftlich schwachen Kolonien der britischen Entkolonisierungspolitik besondere Schwierigkeiten bereiteten und in der innerbritischen Diskussion auch stets vernachlässigt wurden. Man nahm an, daß jene Gebiete, die nicht föderiert werden und auch nicht an eine größere Einheit angegliedert werden konnten, sich mit innerer Selbstverwaltung zufrieden geben und aus eigenem Antrieb ihre Vertretung nach außen der ehemaligen Kolonialmacht übertragen würden. Als sich diese Annahme als Täuschung erwies, blieb nichts anderes übrig, als auch den Klein- und Kleinst-Einheiten die volle Unabhängigkeit zu gewähren ... Frankreich hingegen hat sich nicht um föderative Zusammenschlüsse bemüht, da es von der institutionalisierten Einheit der Union française ausging, in der gerade die kleinen Territorien ihren Platz und ihr Sonderstatus erhielten. Je kleiner und schwächer die Einheiten, desto größere Aussicht bestand, ein Auseinanderbrechen der Plus grande France in autonome und später unabhängige Staaten verhindern zu können. Wenn wir heute in Europa die Balkanisierung des ehemaligen französischen Schwarzafrikas beklagen und mit dem Stammesbewußtsein und dem Machtanspruch der afrikanischen Politiker zu erklären versuchen, so geht dies an der Tatsache vorbei, daß Frankreich in seiner Dekolonisationspolitik diese Balkanisierung in keiner Weise zu verhindern, ja im eigenen Interesse zu fördern versucht hat.

Die afrikanischen Parteiführer und Abgeordneten – sogar *Sekou-Touré*! – haben die Loi Cadre als Ganzes positiv aufgenommen [554]. Sie haben zwar in der parlamentarischen Beratung Ergänzungsanträge eingebracht und mochten in Einzelfragen anderer Meinung sein, aber selbst der kritische *Senghor* hat den Umfang der « services d'état » im wesentlichen gutgeheißen [555]. Es wurde mit Befriedigung aufgenommen, daß das Parlament den konservativ-kolonialistischen Anträgen auf eine Vertagung der Entscheidung, die sich vehement gegen das Collège unique und den Ministerrat in den Territorien richteten [556], nicht entsprach. Die Afrikaner gaben einmal mehr ein Treuebekenntnis zu Frankreich ab, wiesen aber auch mit aller Deutlichkeit darauf hin, daß die Loi Cadre nur als eine Etappe zu weiterer Autonomie und nicht etwa als endgültige Fixierung des Verhältnisses zwischen Afrika und dem Mutterland verstanden werden dürfe. *Senghor* sprach von der « deuxième étape vers l'autonomie des territoires d'outremer »; jedes Territorium benötige ein « statut constitutionnel », also eine eigene Verfassung und damit Anerkennung seiner Staatlichkeit. Die Loi Cadre sei von einem

[554] *Ansprenger*, p. 249. Kritisch nur die radikalen Studentenorganisationen (FEANF), die die Loi Cadre als »un leurre« abtaten. *Blanchet*, p. 120.

[555] *Senghor* wendet sich allerdings dagegen, daß das Radio zum »service d'état« erklärt worden sei; das Argument mit dem Staatsmonopol sei nicht stichhaltig, Frankreich wolle sich das Propagandainstrument vorbehalten. 31. 1. 1957. Die Universität Dakar sei aus bloßen Prestigegründen gebaut worden. « Nous préférions que l'on envoyât nos étudiants en France, dans les universités françaises. » (!) 31. 1. 1957, J. O., p. 445.

[556] *René Malbrant*, weißer Abgeordneter vom Tschad, z. B., polemisiert gegen das Collège unique; die investierten Kapitalien seien bedroht; zum Glück spreche man noch nicht davon, die paritätische Repräsentation auch in Algerien aufzugeben. J. O., 20. 3. 1956, p. 1080. Hinweis auf Algerien wiederum 30. 1. 1957. *André Roger Sanglier* (Kolonialfranzose aus Madagaskar) richtet sich ebenfalls gegen das Collège unique; wie wollte sich die Regierung gegen subversive Propaganda schützen? Ist man dazu bereit oder treibe man Harakiri?

Parlament, in dem Übersee unterrepräsentiert sei, oktroyiert worden. Man müsse Titel VIII der Verfassung revidieren, denn « la loi cadre va être très bientôt dépassée par les événements », Ziel sei eine « Union confédérale, composée d'Etats indépendants librement associés » [557]. Obschon die Afrikaner häufig den Begriff der « République fédérale » verwendeten, stellte sich die Argumentation zusehends außerhalb der Republik und orientierte sich an der Unabhängigkeit. Sie konnten dabei das von Frankreich in Tunesien und Marokko in Umlauf gesetzte Schlagwort einer « indépendance » aufnehmen, um die Bereitschaft zum Ausdruck zu bringen, eng mit Frankreich zusammenzuarbeiten und vielleicht sogar – im Bewußtsein der eigenen wirtschaftlichen Schwäche – bestimmte Souveränitätsrechte der Metropole zu überlassen. In der erwähnten Resolution des Parteikongresses von Bamako (September 1957) erschien die Loi Cadre « comme un pas irréversible dans la marche vers l'émancipation des populations africaines ». Die Unabhängigkeit wurde als « droit inaliénable » bezeichnet und im Zeichen der Indépendance eine « association librement consentie » gefordert. Es war von einem Etat fédéral mit eigenem Parlament und eigener Regierung die Rede [558], doch wird man sich fragen müssen, ob die afrikanischen Politiker noch ernsthaft damit rechneten, Frankreich werde seiner Verfügungsgewalt in Außenpolitik, Verteidigung u. a. an eine föderative Instanz abgeben. Senghor, der keinen Bruch mit Frankreich heraufbeschwören wollte, akzeptierte die sich dem Mutterland stellende Problematik und erklärte sich bereit, auf eine Mitbestimmung in der Außenpolitik zu verzichten, sofern die innere Autonomie weitergeführt und in wirtschaftlichen Fragen eine effektive Zusammenarbeit ermöglicht würde; allerdings nur als Übergangslösung [559]. Im Moment sei für die Afrikaner die « égalité » der Partner und die Anerkennung eines Rechtes auf Selbstbestimmung und Unabhängigkeit entscheidend.

Daß es den Afrikanern gerade um dieses Recht auf Unabhängigkeit ging, wurde man sich auch in Frankreich mehr und mehr bewußt. In der parlamentarischen Beratung der Loi Cadre allerdings war zwar von der Notwendigkeit eines künftigen Ausbaus der Autonomie, nicht aber von der Eigenstaatlichkeit der Territorien oder gar von einem möglichen Austritt aus dem französischen Staatsverband die Rede gewesen [560]. Es wurde nicht einmal entschieden, ob gemäß Art. 75 der Verfassung ein Statuswechsel der Territorien zum assoziierten Staat in Betracht gezogen werden solle. *Borella* sagt mit gutem Recht, daß man mit der Loi Cadre einer Gesamtreform ausweichen wollte [561].

Manche glaubten denn auch, das afrikanische Problem für längere Zeit »gelöst« zu haben, da man den afrikanischen Führern das gewährt hatte, was sie seit langem for-

[557] *Senghor,* Pour une communauté franco-africaine, in: Cahiers de la République 1957/7.

[558] Texte der Resultation im Anhang zu *Blanchet,* p. 187. Eine ähnliche Äußerung von *Lisette,* Vizepräsident der RDA, Après Bamako, in: Cahiers de la République 1957/10, p. 33.

[559] Im genannten Gespräch zwischen *Senghor* und *Teitgen,* Ce que veulent les Africains, in France-Forum Dez. 1957. Die Metropole könne einen echten Föderalismus nach dem Vorbild der USA oder der Schweiz nicht akzeptieren, solange sie die finanziellen Lasten nicht nur des Ganzen, sondern auch der Territorien trage.

[560] J. O., 30. 1. 1957, p. 408.

[561] P. 270.

derten [562]. In der Administration sollen sogar die Pessimisten mit einer »Schonfrist« von mindestens drei Jahren gerechnet haben [563]. Aber schon im Jahre 1957 zeichnete sich ein Haltungswechsel ab. *Maurice Duverger* z. B. erklärte am 6. Februar 1957 in « Le Monde », die mit der Loi Cadre eingeleitete Politik habe Frankreich virtuell bereits föderativ umgestaltet; man solle die Öffentlichkeit nicht weiter täuschen [564]. Man sprach von einer Föderation [565], obschon man sich der Unbestimmtheit des Begriffes bewußt geworden war [566] und ihn immer häufiger durch den der « Communauté franco-africaine » ersetzte. Und wenn bis jetzt das Wort « Indépendance » von französischer Seite konsequent vermieden worden ist, so zwangen nun die Ansprüche der Afrikaner – wie sie etwa in Bamako zu Tage getreten sind –, aber auch die Unabhängigkeit Ghanas, das Tabu zu durchbrechen. Es sei notwendig – hieß es jetzt etwa –, das Recht auf Unabhängigkeit zu proklamieren, da man nur so das latente Mißtrauen der Afrikaner beschwichtigen könne [567]. Über die Form dieser Gemeinschaft waren die Meinungen geteilt, doch setzte sich langsam die Einsicht durch, daß der französische Legalismus, der eine im Flusse befindliche Bewegung voreilig institutionell zu fixieren versuchte, sich als Fehler erwiesen habe und aufgegeben werden müsse. Es schien nur noch eine lose Konföderation möglich zu sein. So gab z. B. *Oreste Rosenfeld* (SFIO) seine

[562] *P. Lampué,* Pour une réforme de l'Union française, in: Cahiers de la République, 1957/7.

[563] *Blanchet,* p. 126.

[564] La peur des mots, in: Le Monde, 6. 2. 1957.

[565] Z. B. Senator *Léon Hamon* (MRP), Sur le pont d'Abidjan, in: Revue politique et parlementaire 1958/224. Man solle eine klare Situation schaffen und den bisherigen Vizepräsidenten die Leitung der territorialen Regierung übernehmen lassen; zudem sei eine »orientation fédérale« notwendig, denn sonst »nous laisserions les mystiques(!) s'orienter ailleurs – vers l'indépendance et l'exemple du Ghana: L'incapacité du Parlement français de réaliser cette réforme du titre VIII dont on parle depuis des années, ne peut du reste que produire un effet déplorable«. P. 329. Dergl. La mise en place des pouvoirs politiques en Afrique Noire, in: Cahiers de la République 1957/7. Zudem: *Mauric H. Lenormand,* La loi-cadre et la réforme constitutionelle vues à travers quelques structures fédérales contemporaines«, in: Revue politique et parlementaire 1957/223.

[566] Z. B. weist *Teitgen* darauf hin, in: France-Forum, p. 20.

[567] Z. B. *Georges Chaffard* in Le Monde, 30. 1. 1957: Er lehnt die Thesen *Senghors* und *Houphouet-Boignys* ab und postuliert die offene Anerkennung des »droit à l'indépendance«; erst dann könne man »sur une base d'égalité ... une solution finale de type confédéral très élargi« vorbereiten. Wichtig zudem die bereits genannte Schrift von »Africanus«. Der gut informierte Autor analysiert die französische Hemmung, sich mit der Unabhängigkeit der afrikanischen Territorien auseinanderzusetzen: « Deux erreurs égarent ici une bonne partie de l'opinion française. La première est de confondre indépendance et sécession; la seconde est de croire qu'il est possible de contrarier et de retarder longtemps, par l'artifice des lois, ce que nos propres principes, et la nature des choses nous commandent non seulement d'accepter mais encore de conduire avec intelligence et décision, jusqu'à son terme. » P. 57. Diese Barriere müsse genommen werden, bevor etwas Neues entstehen könne, das nicht zuletzt auf technische Hilfe und gegenseitigem Interesse beruhe. Die Loi Cadre sei eine zu ängstliche Konzession gewesen, und man wäre besser vom Status Togos ausgegangen. Eine lose Föderation könne noch immer entstehen. « Ainsi conçue l'indépendance politique des pays d'outre-mer ne s'oppose nullement à la constitution d'un vaste monde français, organisé comme une association vivante de peuples divers jouissant chacun de leur autodétermination et liés les uns aux autres moins par la force contraignante des lois ou des traités que par la claire conscience des avantages de leur communauté. » P. 61.

frühere föderative Konzeption bewußt auf, da die « organes fédérateurs » nicht vorhanden seien: die öffentliche Meinung sei dagegen, daß Souveränitätsrechte aus der Hand gegeben wurden, während sich die Afrikaner seit Bamako nicht mehr mit einer untergeordneten Stellung begnügten. Die neue Ordnung müsse mehr konföderativen Charakter tragen, wobei den Institutionen das gleiche Schicksal drohe wie der Union française, wenn sie nicht zuvor am Runden Tisch mit den Beteiligten ausgehandelt worden seien [568].

Damit aber rückte das britische Commonwealth in den Horizont der Diskussion und wurde ziemlich unvermutet zum Vorbild einer französischen Afrikapolitik. Es sollte sich allerdings um ein «Commonwealth à la française» handeln, d.h., Frankreich wollte sich nicht mit bloß informellen Bindungen begnügen, sondern die « Communauté franco-africaine » wiederum mit Institutionen ausstatten [569]. So hat z. B. *François Mitterand* am 3. Februar 1958 in einem parlamentarischen Antrag die Regierung aufgefordert, eine Konferenz einzuberufen « en vue de la création d'une communauté franco-africaine et de la détermination de ses institutions fondamentales » [570]. Auf der Basis der Anerkennung eines Rechtes auf Unabhängigkeit und der vollen « égalité » der Partner sollte also am Runden Tisch die kommende Gemeinschaft ausgearbeitet werden; man war bereit, die volle Autonomie zu gewähren und beschränkte sich auf eine Konföderation, aber man hoffte doch immer auf eine größere Einheit mit eigenen Institutionen, in der Frankreich weiterhin eine Führungsfunktion zukommen würde. Damit war aber die Communauté General *de Gaulles* in der Konzeption bereits vorweggenommen – der Umsturz vom Mai 1958 hat den Weg zur Realisierung freigegeben! In der Afrikadiskussion der letzten Monate der Vierten Republik fällt zudem auf, daß auch die kolonialistische Rechte ihre bisherigen Föderalismus-Thesen aufgab und auf die neuen Formel wie »Recht auf Unabhängigkeit, Communauté franco-africaine, französisches Commonwealth« einschwenkte. So schrieb z. B. die Zeitschrift « France-Outremer »:

> « Ce que l'on envisage ici, c'est l'affirmation du principe de l'egalité dans la situation des contractants, dont l'accord, entièrement libre, doit fonder la future communauté. C'est dire que l'on estime désirable, pour la solidité même de la construction, que par une décision préalable au vote des dispositions finales, chacun des partenaires puisse se considérer comme indépendant au moment où il engage son avenir. » [571]

Man scheint sich also klar geworden zu sein, daß bloßer Widerstand gegen die Dekolonisation sinnlos geworden war und einseitig festgesetzte Lösungen von den Afrikanern so oder so mißtrauisch betrachtet wurden und keine Stabilisierung ergaben. Nachdem mit der Loi Cadre die politische Entscheidung auf die afrikanischen Politiker über-

568 Problèmes constitutionels, in: Cahiers de la République 1957/10, p. 39.

569 Neben dem eben genannten »Africanus« und *Chaffard* auch *Blanchet*, p. 138, 156. Ders. Commonwealth et Union Française, in: Marchés tropicaux (neuer Name für Marchés coloniaux), 31. 8. 1957. R. de Lacharrière, Revision constitutionelle et fédérale. Théories et Illusions, in: Le Monde, 25. 10. 1957.

570 *Blanchet*, p. 141. Der Senegalese *d'Arboussier*, Präsident des Grand Conseil der AOF beruft sich auf *Mitterands* »Table ronde«; »sur un plan paritaire« könne ein Etat fédéral de la Communauté franco-africaine« entstehen. Le Monde, 12. 4. 1958.

571 Zit. *Blanchet*, p. 139. Im gleichen Sinne auch ein Leitartikel der Marchés tropicaux: Vers une Communauté franco-africaine, 16. 11. 1957.

gegangen war, mußte man rechtzeitig den »Anschluß« gewinnen, um in bilateralen Verhandlungen Rechte und Pflichten der Partner auszuhandeln; nur so gelangte man zu einer neuen Rechtsbasis, und nur so bestand Aussicht, wenigstens die wirtschaftlichen Positionen zu sichern.

Waren diese im übrigen so wichtig, wie man bis dahin geglaubt hatte? Frankreich mußte ja weiterhin für den laufenden Haushalt der afrikanischen Territorien und deren wirtschaftliche Entwicklung aufkommen. Lohnten sich aber diese Aufwendungen für Frankreich, dessen eigener industrieller Ausbau gewaltige Investierungskapitalien benötigte, wenn die afrikanischen Macht- und Kontrollpositionen ohnehin aus der Hand gegeben werden mußten? Hier hat der sog. « Cartierismus », den man auch als »Antikolonialismus der Rechten« bezeichnet hat, seinen Ausgangspunkt.

Die Frage, ob sich Kolonien »rentierten«, d. h. in Anbetracht der großen militärischen und administrativen Aufwendungen der Herrschaftsmacht einen wirtschaftlichen Gewinn einbrachten, war keineswegs neu; die liberalen Nationalökonomen des frühen 19. Jahrhunderts, *Hobson* in seiner Imperialismuskritik oder *Grover Clark* in seinen Untersuchungen zu den « Balance sheets of Imperialism » von 1936 hatten sie gestellt und verneint. Die rechts-bürgerlichen Parteien Europas haben jedoch stets diese wirtschaftliche Argumentation mit Gegenthesen beantwortet und als ungehörig und antinational zurückgewiesen: ohne Kolonialreich könne man nicht Großmacht sein. Wirtschaftlich bedürfe insbesondere Frankreich eines überseeischen Absatzmarktes, da seine Industriegüter über den Weltmarktpreisen lagen und wenig konkurrenzfähig seien. Seit der Wirtschaftskrise hatte sich diese Abhängigkeit vom zollgeschützten Markt noch verstärkt, und nach dem Zweiten Weltkrieg boten Dollarknappheit und Handelsbilanzschwierigkeiten zusätzlich Argumente, um Kolonien wirtschaftlich und national als lebenswichtig ausgeben zu können.

Die Gewährung der Unabhängigkeit an Tunesien und Marokko ließ erste Zweifel aufkommen: Kolonisten und Geschäftsleute strömten zwar, gezwungen oder freiwillig, in die Metropole zurück und interessante Positionen waren nicht mehr zu halten, aber die Handelsbeziehungen brachen keineswegs ab, ja sie erweiterten sich noch dank der Auslandskredite, die die unabhängigen Länder erhielten. Der Verlust von Kolonien traf wohl die direkt interessierten Wirtschaftskreise schwer, national mochten sich hingegen Vorteile ergeben; ansehnliche Staatsausgaben entfielen, außerdem standen die bis dahin in die Kolonien abfließenden Kapitalien der wirtschaftlichen Expansion im Mutterland zur Verfügung. Hatte nicht das Beispiel Hollands bisherige Thesen Lügen gestraft? So brachte die Wirtschaftszeitschrift « L'Entreprise » im November 1955 eine Untersuchung mit dem bezeichnenden Titel: « Une économie prospère sans colonie: les Pays-Bas. » Ausgerechnet Holland, dessen Wohlstand auf der Ausbeutung der immensen Reichtümer Indonesiens zu beruhen schien, zeigte seit 1948 einen sensationellen Wirtschaftsaufschwung und trotz Bevölkerungszunahme einen starken Anstieg der Reallöhne. Die Aufgabe des Kolonialreiches habe nicht eine Katastrophe bedeutet, wie man prophezeit hatte, sondern Holland vor eine »Lebensfrage« gestellt und zur beschleunigten Industrialisierung gezwungen; Kapitalien flossen nicht wie früher ab, sondern standen zur Verfügung. Es fehlte auch nicht der Hinweis, daß Holland als Kolonialmacht verpflichtet gewesen wäre, die Kriegsschäden zu beheben und mit umfangreichen Investierungen und Hilfsmaßnahmen das Lebensniveau der Eingeborenen zu erhöhen, während das unabhängig gewordene Land « ne peut plus exiger d'aide économique. Les relations entre l'ancienne métropole et la jeune République ne sont plus à base de dons: elles sont à base de contrats ». Politisch seien zwar die Beziehungen aufs äußerste gespannt, aber die großen Gesellschaften erzielten weiterhin Gewinne; ihr Anteil am Nationaleinkommen Hollands sei zwar gesunken « mais c'est un revenu net ». Das Beispiel Hollands zeigte also, daß man ohne Kolonien wirtschaftlich nicht nur existieren, sondern die eigene Entwicklung beschleunigt vorantreiben konnte.

Diesen Thesen hat der bekannte Journalist *Raymond Cartier* mit einer Aufsatzfolge « En France noire » in der Zeitschrift « Match » vom August-September 1956 zu ungewöhnlicher Popularität verholfen [572].

In Form eines Reiseberichtes und belegt mit eindrücklichen Beispielen wurde hier eine bestimmte These aufs entschiedenste vertreten: Das französische Afrika ist arm, bringt wenig Nutzen und kostet immense Summen; das wenige, das Afrika produziert, wie den Kaffee der Elfenbeinküste, muß Frankreich zu einem künstlich gestützten Preis übernehmen – « les territoires pauvres coûtent parce qu'ils ne produisent rien et la riche Côte d'Ivoire coûte parce qu'elle produit quelque chose. » Frankreich zahlt zudem die Verwaltung, die Streikräfte, die Flugplätze und Radiostationen und stellt durch die FIDES die Investierungsmittel zur Verfügung. *Cartier* versäumt natürlich nicht, einige der zahlreichen Fehlinvestierungen der Entwicklungshilfe vor Augen zu führen (Brücken ohne Straßenanschluß, Betonmarkthallen, die nicht benutzt werden u. a.). Der politische Ertrag dieser Hilfe sei überdies noch gering: Die Afrikaner erwarteten sie und spotteten darüber, und die kommunistische Partei finde ihre Anhänger zudem in den am weitesten entwickelten Gebieten. Ergebnis also: « Nous avons modérément besoin de l'Afrique. Elle a immensément besoin de nous. » Ist es nicht vorteilhafter, die Milliarden in der Metropole zu investieren als in fern abliegenden Bereichen, die politisch unsicher sind und sich von Frankreich lösen wollen? « Le précédent du Maroc parle: tant de villes, de mines, de travaux publics tirés de la substance française et perdus! » Mit den überseeischen Investierungen seit 1946 hätte man die Metropole modernisieren können – manch eine französische Provinzstadt benötige ein neues Gymnasium dringender als ein mittelafrikanischer Marktflecken! *Cartier* weist ferner auch auf das Beispiel Hollands, der Schweiz, Schwedens und der Bundesrepublik hin, und er warnt die Afrikaner: « Etes-vous absolument sûrs que l'intérêt égoiste de la France soit de vous garder à tout prix? » Afrika möge die Autonomie erhalten, aber es sei paradox und untragbar, daß Frankreich die Ablösung selbst bezahle. Es habe ein Interesse, in Afrika zu bleiben, « mais pas à n'importe quel prix »; man setze sich der Erpressung aus, wenn man den Eindruck erwecke, daß die wirtschaftliche Existenz und die nationale Zukunft von einem Verbleiben in Afrika abhänge. Entwicklungshilfe sei auch künftig zu gewähren, aber nur als Ergebnis harter Verhandlungen und nie ohne den Gewinn gewisser politischer Vorteile.

Man erkennt, wie hier eine illustrierte Zeitschrift mit hoher Auflage, aber auch mit nicht zu übersehendem politischen Einfluß, die »Umwertung der Werte« in die Wege leitete oder – da eine im Gang befindliche Diskussion aufgenommen wurde – popu-

[572] In den Nummern vom 11. 8.; 18. 8. und 1. 9.

larisierte. Noch im Indochinakrieg hatte der gleiche *Cartier* im gleichen « Match » die traditionelle These der wirtschaftlichen wie machtpolitischen Notwendigkeit von Kolonien vertreten. Der Umschwung erfolgte in dem Augenblick, da an Stelle der bisherigen Kolonialpolitik mit vorwiegend privaten Investierungen die Entwicklungshilfe trat, deren Mittel aus dem staatlichen Budget stammten und unmittelbar kaum Gewinne abwarfen. Da das Verbleiben in den Kolonien ohnehin zeitlich befristet war und enorme Kosten verursachte, konnte es »national« vorteilhaft sein, die Entkolonialisierung zu akzeptieren oder gar voranzutreiben. Da die ehemaligen Kolonien auch als unabhängige Staaten auf Finanzhilfe angewiesen sind, bestand die Aussicht, sich den Pflichten einer Kolonialmacht zu entziehen und andererseits die Entwicklungshilfe politisch auszuwerten.
Die Thesen Cartiers haben in Frankreich eine rege Diskussion ausgelöst. Der ehemalige Finanzinspektor der AOF, *Jean Ehrhard,* bestätigte sie in seiner stark beachteten Schrift « Les destins du colonialisme « 1957. Eine rein ökonomische Untersuchung komme zum Ergebnis, daß « loin de conduire à un étalement, un souci égoïste des seuls intérêts économiques métropolitains inspirerait un repliement. Ainsi, on affirme souvent que privée de l'Outre-Mer la France ne serait qu'une Espagne. Au point de vue strictement économique il serait plus exact de dire que la France aurait pu devenir une Suisse, une Suède, une Norvège, ou une Allemagne, pays dans lesquels depuis dix ans le revenu par tête a dépassé ou rattrapé le niveau atteint par la France » [573]. Der Autor kann so gegen den Antikolonialismus der Linksintellektuellen polemisieren und mit dem Hinweis auf die Entwicklungshilfe Frankreich die Berechtigung eines guten Gewissens bescheinigen, zerpflückt aber mit ökonomischer Argumentation die bis dahin sakrosankten Thesen der kolonialistischen Rechten. Politisch befürwortet *Ehrhard* einen lockeren föderativen Aufbau im Sinne *Senghors,* der den Territorien eine sehr weitgehende Autonomie und Selbstverwaltung »aufzwingt«, womit auch eine zweckentsprechende Entwicklungspolitik ermöglicht würde; über deren Formen macht *Ehrhard* in einem zweiten Teil interessante Ausführungen.
Das Buch *Ehrhards,* das in den Pariser Ministerien einigen Eindruck gemacht haben soll [574], erhielt jedoch sein Gegenstück in *Pierre Moussas* « Les chances économiques de la Communauté franco-africaine », das mit großem Aufwand an statistischem Material die wirtschaftlichen Vorteile der überseeischen Gebiete zu zeigen versucht, die Budgetausgaben für tragbar hält und einem « concept dynamique de l'ensemble français » das Wort redet [575].
Die Afrikaner zeigten sich begreiflicherweise besorgt und wandten sich scharf « contre le défaitisme de *Raymond Cartier* ». Nun waren sie es, die – in einer paradox-amüsanten Umkehr der Fronten – Frankreich an seine Verantwortung und Aufgabe in Übersee erinnerten; die Beziehungen zwischen Metropole und Afrika dürften nicht allein auf wirtschaftlichen Erwägungen basieren. Als französische Bürger verdienten die ehemaligen Untertanen ein besseres Los als in dem Moment, da die Herrschaft un-

[573] 3. Aufl. 1958, p. 53.
[574] Dies wird vom gut informierten *Blanchet* behauptet, L'itinéraire des partis africains depuis Bamako, 1958, p. 176.
[575] Cahiers de la Fondation Nationale des Sciences Politiques, 1957.

rentabel geworden sei, in die Unabhängigkeit gestoßen zu werden [576]. *Senghor* nahm geradezu die Parolen der »Kolonialisten« auf: »Die Berufung Frankreichs ist nicht die Berufung Hollands ... Ich bin entsetzt über die Idee, Frankreich könnte sich aus Afrika zurückziehen!« [577] *Cartier* hat in der Tat den Afrikanern klar gemacht, daß künftig sie mehr auf Frankreich angewiesen sein würden als umgekehrt.

Der Einfluß des « Cartierismus » als eines »Antikolonialismus von rechts« auf die französische Öffentlichkeit ist schwer abzumessen. Politiker der Linken, Gewerkschaftler und Intellektuelle mochten ansprechbar sein für die Thesen, daß das Mutterland die Investierungskredite, die mit zweifelhaften Ergebnissen nach Afrika fließen, dringend benötige [578], andererseits aber fiel es schwer, dies offen zum Ausdruck zu bringen, da die Verweigerung der Entwicklungshilfe und ein Rückzug aus Rentabilitätserwägungen als »kolonialistisch« interpretiert werden konnten, und den bisherigen Anti-Kolonialismus der Linken kompromittieren mußte. So schrieb *André Blanchet*, der liberal gesinnte Afrikakorrespondent von « Le Monde » in einem Artikel mit der Überschrift « Condamnés à l'indépendance »:

»So lebhaft auch die Versuchung des Egoismus sein mag, die afrikanischen Länder tatsächlich zur Unabhängigkeit zu ›verurteilen‹, so wäre es doch einer großen Nation unwürdig, auch nur scheinbar ihren ehemaligen Kolonien die Wahl zwischen einem bestimmten politischen Statut und dem Verzicht auf jede materielle Hilfe aufzuerlegen.« [579]

Nicht nur *Senghor*, sondern auch *Blanchet* mußte sich nun also des nationalen Argumentes bedienen!

Es besteht wohl kein Zweifel, daß der Cartierismus auf das französische Bürgertum und nicht zuletzt auch auf die nicht direkt interessierten Wirtschaftskreise seine Wirkung nicht verfehlte. Vielleicht läßt sich mit ihm auch die erstaunlich geringe Opposition gegen die Afrikapolitik General *de Gaulles* erklären. Als aber *de Gaulle* trotz des Mißerfolges der Communauté aus politischen Gründen und im Interesse eines französischen Einflusses in Schwarzafrika weiterhin für sehr umfangreiche Finanz- und Entwicklungshilfe aufkam, wuchs das Unbehagen und Mißvergnügen in der Öffentlichkeit. *Raymond Cartier* hat dieser Stimmung in seinen Artikeln « Attention, la France dilapie son argent » wiederum Ausdruck verliehen [580]. Die Wirtschaftslage Frankreichs – schrieb er – zeige Schwächezeichen; viele hätten das Gefühl, Frankreich « endosse des responsibilités trop lourdes pour ses épaules » und gefährde zugunsten einiger Prestigeerfolge seine Zukunft. Das deutsche Wirtschaftswunder schreite weiter voran, während die USA ihre gigantische Entwicklungshilfe abzubauen trachteten, obschon diese 1962 nur 4 % des Budget ausmache gegenüber fast 9 % in Frankreich. Die Mittel stammten zudem aus den nur begrenzt zur Verfügung stehenden Investierungskapitalien; halb Frankreich aber sei »unterentwickelt«. *Cartier* möchte die Entwicklungshilfe beschränken auf 1 % des Sozialproduktes. Diese Artikel haben wiederum Diskussionen

[576] U. a. der wichtige Abgeordnete *Lisette* auf dem Kongreß von Bamako, *Blanchet*, p. 178.
[577] 30. 8. 1958, zit. *Ansprenger*, p. 259.
[578] *Blanchet* erwähnt einen Gewerkschaftsführer, p. 176. Eine sozialistische Gegenposition bei *J. Ries*, L'heure de la lucidité IV, conséquences de la colonisation pour les métropoles, in: Revue socialiste 1957, p. 261 f.
[579] *Ansprenger*, p. 259.
[580] Paris-Match, 19. 2. und 7. 3. 1964.

ausgelöst, weil sie einem weit verbreiteten Unbehagen entsprachen und gleichzeitig die Problematik im nationalen Selbstverständnis Frankreichs offenbarten: gegenüber General *de Gaulle,* der in traditioneller Weise mit der Wirtschaftshilfe Einfluß- und Machtpositionen in Übersee zu halten oder auszubauen versucht, vertrat *Cartier* einen Rückzug auf das « Hexagone » der Metropole, die in einer Phase ihres eigenen wirtschaftlichen und sozialen Umbruchs die »Entwicklungsgelder dringend benötigte und zunächst im Innern die Voraussetzungen für einen zeitgemäßen Macht- und Führungsanspruch schaffen sollte.

Die Communauté

Die Communauté von 1958 als eine letzte Etappe in der Dekolonisation Französisch-Schwarzafrikas ist – wenn auch vorgeprägt durch die Situation und die bereits geführte Diskussion – so sehr das persönliche Werk General *de Gaulles,* daß es angebracht erscheint, seine Stellungnahme zur Kolonialfrage in Erinnerung zu rufen. Wir blicken dabei zurück auf die Konferenz von Brazzaville, wo *de Gaulle* in seiner Eröffnungsansprache vom 30. Januar 1944 die Bedeutung der imperialen Macht und Aufgabe hervorhob, jedoch auch eine Reform der bisherigen Herrschaftsstrukturen ankündigte; die afrikanischen Territorien sollten künftig an der Gestaltung ihrer eigenen Angelegenheiten mitwirken können, um zusammen mit der Metropole die « Communauté française » zu bilden. Einige Monate später war in der Indochina-Erklärung vom 24. März 1945 von einer föderativen Lösung die Rede. *De Gaulle* ist in der Folgezeit dieser, zunächst allerdings erst in vagen Umrissen greifbaren Konzeption treu geblieben. Als er nach seinem Rücktritt als Präsident der provisorischen Regierung an die Gründung des Rassemblement du Peuple Français (RPF) ging, machte er in der programmatischen Rede von Bayeux (16. Juni 1946) einige nähere Ausführungen:

»Die Zukunft der 110 Millionen Männer und Frauen, die unter unserer Fahne leben, liegt in einer Organisation föderativen Typs, der die Zeit nach und nach eine festere Form geben wird. Aber schon unsere neue Verfassung muß einen Anfang in dieser Richtung machen und die kommende Entwicklung in die richtigen Bahnen lenken.« [581]

Eine zweite, indirekt gewählte Kammer würde zusammen mit Repräsentanten der Wirtschaftsverbände und anderer Organisationen und mit Vertretern der afrikanischen Territorien den »Großen Rat der französischen Union« bilden, der befugt ist, über alle Gesetze und Probleme zu beraten, die die Union interessieren: Budget, auswärtige Beziehungen, innere Probleme, Landesverteidigung, Wirtschaft, Verkehrsverbindungen«. In einem starken und über den Parteien stehenden Staatschef, der gleichzeitig als Präsident der Union française fungiert und an dessen Wahl auch die Überseegebiete beteiligt sind, verkörptert sich die föderative Struktur ... Die Linie führt von hier zur Verfassung von 1958 und zur Communauté: mit dem Wahlmodus des Präsidenten wird das bisherige koloniale Abhängigkeitsverhältnis aufgegeben, ohne daß jedoch die Ent-

[581] *Gilbert Ziebura,* Die V. Republik, Frankreichs neues Regierungssystem, 1960, p. 35.

scheidungsgewalt aus der Hand gegeben würde – selbst im konsultativen Gremium der Union hätte das Mutterland eine Mehrheit.
Man wird in diesem Zusammenhang auf Professor *René Capitant* hinweisen dürfen, der damals zum engsten Kreis um *de Gaulle* gehörte und 1946 einen Entwurf « pour une constitution fédérale » [582] vorlegte.
De Gaulle hat in einer Pressekonferenz vom 24. April 1947 seine Thesen von Bayeux wieder aufgenommen: Überseegebiete seien für Frankreich « une question vitale » und dem Mutterland kämen daher auch die Souveränitätskompetenzen zu; die Autonomie der Territorien könne daher nur eine administrative sein; wichtiger als die Vertretung im Parlament seien die Assemblées der Union mit beratender Funktion und der die Republik mit der Union verbindende gemeinsame Präsident [583]. Die kritisch-ablehnende Haltung gegenüber der Verfassung von 1946 und den sie tragenden Parteien zeigte besonders deutlich ein Rapport des RPF aus dem Jahre 1950, in dem mit konservativ-kolonialistischer Argumentation gegen die Bürgerrechtsverleihung und das eingeschränkte Wahlrecht der Afrikaner polemisiert wurde; nur mit dem allgemeinen Wahlrecht – wenn auch auf zwei Stufen – könne man die ländliche Bevölkerung repräsentieren, während das « double collège » die Interessen der Kolonialfranzosen und der Metropole sicherstellt – offenbar sollten mit einem allgemeinen, aber indirekten Wahlrecht die Evolués und die afrikanischen Politiker überspielt werden! Die Territorien würden « dans le cadre de la souveraineté française » ein eigenes Statut erhalten, mit dem Ziel einer künftigen föderativen Union; vor zu schnellen Schritten wurde jedoch gewarnt. Als Institutionen der Föderation waren, wie in der Rede von Bayeux, zwei Kammern geplant: einerseits das Parlament mit Abgeordneten der überseeischen Territorien und andererseits eine Versammlung der Union, deren dritte Sektion die Territorien stellten. Zusammen bilden die beiden Kammern das « parlement fédéral ». Als Exekutivrat war ein Haut Conseil vorgesehen, der die französischen Minister und die Delegierten der assoziierten Staaten umfassen würde; es war dabei aber nur von « assister » die Rede, die eigentliche Macht sollte beim Präsidenten liegen [584].
Die Gaullisten versuchten, der Vierten Republik eine föderalistische Konzeption entgegenzustellen. Wir haben oben den Abgeordneten *Dronne* genannt, der am 10. Juli 1953 eine entsprechende Revision des Titel VIII beantragte (vgl. S. 466), aber auch *Jacques Soustelle* sprach 1954 von einem « bloc français dont la structure fédérale sera pour tous une garantie suprême » [585]. Die Kombination von lokaler Dezentralisation mit einer Konzentration auf die präsidiale Spitze, die die Einheit des Ganzen garantierte, wurde als föderative Lösung ausgegeben, doch konnte auch eine Polemik gegen das »System«, das weiterhin eine assimilatorische Politik treibe und damit den Emanzipationswillen der überseeischen Völker verkenne, nicht darüber hinwegtäuschen, daß auch der Gaullismus einem « fédéralismus verbal » huldigte und weder

[582] Pour une constitution fédérale, 1946.
[583] *Charles de Gaulle,* Le RPF, Conférence de presse, 24. 4. 1947. Als Broschüre gedruckt.
[584] L'Union française, Problèmes politiques, économiques et sociaux relatifs à l'Union française. Rapport approuvé par les assises nationales du Peuple français. Juni 1950.
[585] De l'Empire à la République fédérale, in: Jours de France, 16. Dez. 1954.

von einer wirklichen « égalité » der Partner ausging, noch in irgendwelcher Form ein Recht auf Unabhängigkeit zu akzeptieren bereit war.
Der Vierten Republik wurde eine Politik des « abandon » vorgeworfen. Die gaullistische Bewegung mochte intern uneinheitlich sein und sich in einen »rechten« und »linken« Flügel aufspalten, sie war aber in jedem Fall und im Kern nationalistisch. Eine programmatische Parteibroschüre der Action Républicaine et Sociale (ARS), der Nachfolgeorganisation des RPF, der u. a. Persönlichkeiten wie *Debré, Soustelle* und *Chaban-Delmas* angehörten, zeigt das mit besonderer Deutlichkeit [586]. Sie steht unter dem Motto « La France ne partira pas ». Fremde Mächte – visiert sind die Vereinigten Staaten – und die UNO mischten sich in die Angelegenheiten Indochinas und Nordafrikas ein und versuchten, Frankreich aus seinen Überseepositionen zu verdrängen. Ohne diese sei jedoch die französische Großmachtstellung gefährdet, und nur der Rückhalt in der Union française werde es Frankreich erlauben, sich an europäischen oder atlantischen Einigungsbewegungen zu beteiligen.

« La France, en intégrant plus fortement l'Union française, aura moins à craindre que les intégrations européennes et atlantiques ne se fassent à son détriment. Elle y pourra prétendre à son rang et à une influence conformes à son passé et à sa virtualité ... l'ARS pense que le gouvernement ne devrait pas hésiter à mettre un terme aux menées de nos adversaires et aux doutes qui se sont emparés de nos amis, en faisant connaître avec la plus grande fermeté que la France est decidée quoiqu' il arrive, à demeurer dans tous les pays et sur toutes les positions de l'Union française. »

Die konkreten Vorschläge zu einer Revision bleiben hingegen vage. Der « fédéralisme avec discernement » zielt offen auf eine Integration ab: die Bande seien unauflöslich, die Republik bleibt « une et indivisible par essence ». Die Assoziierung der Protektorate solle auf keinen Fall zur Unabhängigkeit und zu bilateralen Konventionen führen, sondern die Protektorate in einen von Frankreich bestimmten Rahmen einfügen.
Die Stellungnahme der Gaullisten zu den kolonialen Fragen der Jahre 1950–1958 war damit vorgezeichnet: rücksichtslose Opposition gegen die Regierungen der Vierten Republik, die den Indochinakrieg nicht mit voller Energie führten und in Nordafrika von Konzession zu Konzession schritten. So verlangte z. B. der Conseil National des ARS am 23. Februar 1952 « une lutte en Indochine poursuivie par tous les moyens et avec toute la fermeté nécessaire » [587]. In Nordafrika mochte *de Gaulle* auf seine persönlichen Beziehungen zum Sultan von Marokko bauen, die gaullistischen Politiker jedoch wandten sich gleichzeitig scharf gegen dessen Rückberufung. Die Verhandlungen mit Tunesien, hieß es im Januar 1955, sollten « aboutir à tracer le cadre d'institutions qui fixeraient indissolublement un lien organique entre la France et la Tunisie » [588]. Die bilateralen Konventionen hielt Senator *Debré* für verfehlt, denn « faute de savoir exactement ce que doit être la nouvelle Union française, les projets

[586] Eléments d'un programme de L'ARS, Bour Annexe V, p. 37 f., Herbst 1952.
[587] Zit. *Grosser*, La politique extérieure, p. 140.
[588] Regierung und Parlament sollen »déterminer, préalablement à toute convention, les institutions de l'Union française nécessaires à l'établissement de liens organiques définitifs, non seulement entre la France et la Tunisie, mais également entre la France et les autres Etats et territoires de l'Union française«, zit. in Eléments d'un programme, p. 14.

de convention franco-tunesienne risquent d'amener la sécession de la Tunisie, de ruiner la position de la France au Maroc » [589]. Die Gaullisten stemmten sich also gegen die von *Edgar Faure* in einer bereits kritisch gewordenen Situation zum Abschluß gebrachte Dekolonisation in Tunsien und Marokko, indem sie recht vage auf eine Union française renovée verwiesen, die unlösbare Bindungen an das Mutterland und somit eine französische Kontrolle von Außenpolitik, Verteidigung u. a. enthalten würde! *Michel Debré* schrieb auch das Vorwort zu einer im November 1957 vom ehemaligen Vizepräsidenten des Comité national de la Résistance, *M. Blocq-Mascart,* verfaßten Schrift, in dem er einmal mehr sowohl gegen eine europäische Integration, die Frankreich der Vorherrschaft Deutschlands ausliefern würde, als auch gegen die Vierte Republik polemisierte, deren einzige »Leistungen« in einem « abandon de la France d'outre-mer » lägen: die französische Nation aber werde nicht resignieren und, getragen von Armee und den Übersee-Franzosen, unter Führung General *de Gaulles* rebellieren [590]! *Blocq* selbst nahm ein von anderer Seite in den Jahren 1954–1956 ausgearbeitetes Föderationsprojekt auf, demzufolge sowohl Metropole wie Überseedepartements und Territorien in einem Verhältnis von 34 zu 21 in einem Senat der Föderation repräsentiert sein sollten; die Exekutivgewalt läge bei einem Präsidenten, der von einem erweiterten Wahlkollegium gewählt, dem Senat aber nicht verantwortlich wäre; die zu einer Gruppe zusammengefaßten Territorien erhielten eigene Regierungen mit entsprechendem Kompetenzbereich. Dieses an sich nicht uninteressante Projekt, das deutlich auf *de Gaulle* zugeschnitten war, stand aber in einem viel zu krassen Widerspruch zur unitarischen Tradition der Metropole, als daß es irgendeine Chance gehabt hätte, ernsthaft diskutiert zu werden. Die überseeischen Gebiete blieben zudem im Senat der Föderation und im Wahlkörper für die Bestellung des Präsidenten unterrepräsentiert, so daß das alte Problem weiter bestand: Die Metropole mochte mit gutem Recht auf sein politisches und wirtschaftliches Übergewicht pochen und eine Übervertretung beantragen, konnte sich aber dem Vorwurf, nur einen »unechten« Föderalismus« zubilligen zu wollen und eine »kolonialistische« Domination anzustreben, nicht entziehen.

Der krankhaft gereizte Nationalismus der Gaullisten, der in jeder Konzessionsbereitschaft nur « abandon », nationale Schwäche und Kapitulation sehen wollte und an unlösbaren »Bindungen«, also faktisch an der Aufrechterhaltung einer größtmöglichen Kontrolle durch das Mutterland festhielt, schien nach dem Umsturz vom Mai 1958 keine Ausgangsbasis für eine »liberale« Überseepolitik zu bieten. Es zeigte sich jedoch bald, daß General *de Gaulle* die extremistischen Positionen seiner Gefolgsleute nur bedingt teilte und sich flexibel genug zeigte, um auf die im Gang befindliche Dekolonisation einzuschwenken und diese »zum guten Ende« zu führen. Er konnte sich dabei auf seine seit 1944 mehrmals vertretene These einer « communauté » beziehen und

[589] Les idées, les faits, Mai 1955. – In der Debatte über die Ratifikation der französisch-tunesischen Konventionen bringt *Dronne* eine »motion préjudicielle« ein, die auf »l'institution de liens de caractère fédéral entre la Tunisie et la France dans le cadre d'une union française renovée« abzielt. Zit. *Coret,* Le problème de la réforme du titre VIII de la constitution de 1946, in: Revue juridique et politique de l'Union française, 1956/1, p. 114.

[590] La prochaine république sera-t-elle républicaine? Tribune libre Nr. 23, 1948. Text des Verfassungsprojektes im Anhang. Über dessen Entstehung siehe *Blanchet,* Itinéraire, p. 133 f.

auf sein gewaltiges Prestige bauen, das er in Afrika besaß und ihm den Weg zu einer Kooperation mit den afrikanischen Politikern ebnete. Diese hatten die Verfassungskrise benutzt, um weitere Forderungen anzumelden und « faits accomplis » zu schaffen. So hatte bereits am 2. Mai ein Kongreß von Parteiführern Madagaskars einen « Etat républicain associé à la France » gefordert, während *Sekou-Touré* am 7. Juni eine föderative Lösung umriß, in der den afrikanischen Territorien »vollständige innere Autonomie zugesprochen wurde. Entsprechende Forderungen stellte auch das neugegründete Rassemblement Africain *Senghors*, nämlich eine

« République fédérale réunissant la France, les groupes de territoires et les territoires non groupés sur la base de la libre coopération, de l'égalité absolue et du droit à l'indépendance, les groupes de territoires et les territoires non groupés étant dotés d'un gouvernement central autonome, responsable devant l'Assemblée législative et ayant tous les attributs de la souveraineté interne, excepté le contrôle de la diplomatie, de la défense, de la monnaie, de l'enseignement supérieur et de la magistrature, réservé au gouvernement de la République fédérale. » [591]

Senghor und *Dia* wiesen in einem Memorandum vom 9. Juli 1958 darauf hin, daß die Formel »Föderative Republik« in Afrika »fast magische Kraft« gewonnen habe; die Verfassung der Fünften Republik müsse daher eine föderative Republik ergeben, allerdings bei einem »leichten und dynamischen« Föderalismus. Neben dem Präsidenten als Exekutivorgan sollte nicht ein Bundesparlament, sondern eine Art »Kontaktversammlung« stehen, die nur geringfügige Legislativbefugnisse erhalten würde und zur « Kohäsion » dienlich wäre. Die Verfassung müßte außerdem den Territorien das Recht auf Selbstbestimmung – also auch verfassunggebende Gewalt und die Möglichkeit der Unabhängigkeit – zuerkennen [592]. Senghor vollzog damit den Übergang von der Föderation zur Konföderation mit der Bereitschaft, die Souveränität nach außen dem französischen Präsidenten zu überlassen, ohne aber auf Eigenstaatlichkeit und das Recht, zu gegebener Zeit auch über diese letzte Bindung an Frankreich zu befinden, zu verzichten. Die Anerkennung dieses Rechtes auf Unabhängigkeit – das man keineswegs sofort in Anspruch zu nehmen beabsichtigte, da man sich der wirtschaftlichen Schwäche und Abhängigkeit bewußt war – wurde zu einer conditio sine qua non, da nur sie den kolonialen Status durchbrach und den prinzipiellen Anspruch auf Gleichberechtigung befriedigen konnte [593].

In gewisser Hinsicht nahm *Senghor* hier die spätere Communauté voraus. General *de Gaulle* jedoch hatte sich zunächst die « vaste et libre communauté », die er in einem « message d'amitié » vom 13. Juli ankündigte, offenbar anders vorgestellt. « Un grand ensemble politique, économique et culturel » sollte auf föderativer Basis organisiert werden, das den afrikanischen Territorien zwar vermehrte innere Autonomie zugestand, aber bleibenden Charakter tragen sollte, um somit Frankreichs Weltmachtposition auch für die Zukunft sicherzustellen [594]. Dieser Konzeption hat der am 30. Juli veröffentlichte und dem beratenden Verfassungskomitee vorgelegte Regie-

[591] *Gonidec*, p. 323 f.
[592] *Ziebura*, p. 252.
[593] Für dies und das folgende vor allem *Ansprenger*, p. 261 ff.
[594] *André Passeron*, De Gaulle parle, 1962 (Auszüge aus Reden 1958 – 1962), p. 450.

rungsentwurf entsprochen [595]. Die Glieder der Föderation sind nicht als Staaten anerkannt, und es bleibt eine Überseevertretung im Senat des Mutterlandes; die Afrikaner wurden zudem vor eine definitive Option gestellt, da die Regierungsvorlage kein prinzipielles Recht auf Unabhängigkeit und damit die Möglichkeit eines Statuswechsels enthielt. Die Communauté galt in ihrer sehr vagen Form nur für die ehemals assoziierten Staaten [596].

Die Absichten der Regierung sind vorzeitig »durchgesickert« und lösten bei den Afrikanern Enttäuschung, Protesterklärungen und weitergehende Forderungen aus. Bereits am 27. Juli nahm die Partei *Senghors* – über ihn selbst hinausgehend – auf einem Kongreß in Cotonu die « indépendance immédiate » in ihre Schlußresolution auf [597]. *Tsiranana* als Regierungsvorsitzender Madagaskars verlangte die »unabhängige Republik, die sich freiwillig mit Frankreich föderiert« [598], während *Sékou-Touré* die Anerkennung eines « droit à l'indépendance » forderte und eine afrikanische Vertretung im französischen Parlament ablehnte [599]. *Senghor* konnte in « Le Monde » am 31. Juli mit einigem Recht darauf hinweisen, daß der Regierungsentwurf der neuen Verfassung hinter derjenigen von 1946 zurückbleibe, insofern als Art. 75 wenigstens die Möglichkeit eines Statuswechsels – zum Etat associé –enthalten hatte. Die gemeinsamen Angelegenheiten dürften nicht von Regierung und Parlament der Metropole entschieden werden. « C'est un recul sans équivoque. On croirait qu'on fait tout pour provoquer la rupture. » [600]

Eine besondere Arbeitsgruppe innerhalb des beratenden Verfassungskomitees versuchte den Afrikanern entgegenzukommen und schlug – unter tatkräftiger Mitwirkung der MRP-Abgeordneten *Teitgen* und *Coste-Floret* – einen Sonderartikel vor, der den afrikanischen Territorien die Möglichkeit zubilligte, sich für den Status eines unabhängigen Staates innerhalb einer Konföderation zu entscheiden [601]. Hier aber intervenierte *de Gaulle* am 9. August persönlich und legte sein Veto ein: Eigenstaatlichkeit komme nicht in Frage, die Afrikaner sollen im Referendum vor die schwerwiegende Entscheidung gestellt werden, entweder die Sezession mit allen ihren schwerwiegenden Folgen

[595] Zur Entstehung der Verfasser neben *Ansprenger* und *Gonidec*, p. 323 f., auch *Gilles Néra*, La Communauté, 1960, p. 9 f., *Marcel Merlé*, La Constitution et les problèmes d'outre-mer, in: Revue française de Science politique März 1959, *Victor Silvera*, Passé de l'Union française et avenir de la Communauté, in: Revue juridique et politique de l'Union française, 1958, *Antoine Azar*, Genèse de la Constitution du 4. 10. 1958, 1961.

[596] Dies gilt auch für das Eingreifen *de Gaulles* vom 9. August: »Ensemble fédéral« mit den afrikanischen Territorien, »une plus vaste Communauté« mit den »autres Etats«, *Passeron* p. 451.

[597] Zit. *Ziebura*, p. 256; postuliert werden Verhandlungen mit Frankreich »über eine multinationale Konföderation freier und gleicher Völker«. Dazu ausführlich *Ansprenger*, p. 330.

[598] Le Monde, 23. 7. 1958.

[599] Le Monde, 24. 7. 1958.

[600] Auszug bei *Ziebura*, p. 257: »Ich stelle fest, daß eine Option beiseite gelassen worden ist: die Option für die Unabhängigkeit in der Form des assoziierten Staates. Nirgends ist die Rede vom Recht auf Selbstbestimmung.« Ausführlicher auch in Fédération et Confédération: Marchés tropicaux, 30. 8. 1958.

[601] Auch der bekannte Jurist *Georges Vedel* tritt in Le Monde vom 23. 7. für eine grundsätzliche Anerkennung der Unabhängigkeit und für frei ausgehandelte Verträge mit den afrikanischen Regierungen ein. Ähnlich auch *Marcel Merle* in Le Monde vom 14. 8.

– vor allem wirtschaftlicher Art – oder die Föderation in der vorgeschlagenen Form zu wählen! *De Gaulle* wollte also nicht nur eine viel straffere und bleibende Verbindung an Frankreich schaffen, sondern die Lösung auch mit dem drohenden Hinweis auf die Konsequenzen einer Unabhängigkeit erzwingen, während die Afrikaner begreiflicherweise gerade dieser Entscheidung auszuweichen hofften und sich den Weg zur Unabhängigkeit mit Assoziierungsverträgen – und wirtschaftlicher Hilfe! – nicht verbauen wollten. *Coste-Floret* mußte zugestehen: »Es ist eine schwere Sache, daß die Überseegebiete ihre Unabhängigkeit nur erlangen können, wenn sie beim Referendum mit Nein stimmen. Es wäre besser, ihnen diese Möglichkeit auch bei einem Ja zu eröffnen.« [602]

Das Verfassungskomitee strebte einen Ausgleich an und übernahm nun, um nicht zwischen Föderation und Konföderation wählen zu müssen, für die Verbindung Frankreichs zu Afrika den an sich für die assoziierten Staaten vorgesehenen Begriff der Communauté. Deren Mitglieder wurden als Staaten bezeichnet, und ihre Instanzen an der Spitze näher umschrieben. Wenn das Komitee jedoch den Afrikanern jeweils nach fünf Jahren einen Statuswechsel zugestehen wollte – und zwar auch denjenigen eines unabhängigen Staates innerhalb der Communauté –, so hat die Regierung diese Konzession wenigstens teilweise wieder zurückgenommen, indem lakonisch festgestellt wurde, daß ein afrikanischer Mitgliedstaat im Moment einer Unabhängigkeitserklärung aus der Communauté ausscheide – dies aber hieß, daß er auf französische Wirtschaftshilfe verzichten mußte [603]!

Die Afrikareise *de Gaulles* ist nicht weiter zu schildern [604]. Trotz des brüskierenden Verhaltens *Sékou-Tourés* und oppositioneller Manifestation im Senegal war sie ein spektakulärer Erfolg. *De Gaulle* hat die Afrikaner als »Partner« angesprochen und mit eindrücklicher Rhetorik die große Zukunft einer Gemeinschaft mit Frankreich umrissen, aber auch « toutes les conséquences » in Erinnerung gerufen, die ein Nein im Referendum nach sich ziehen würde [605]! Das Ergebnis ist bekannt: mit Ausnahme Guineas haben alle afrikanischen Territorien und Madagaskar ihre Zustimmung zur Verfassung der Fünften Republik und damit ihren Beitritt zur Communauté erklärt.

Der Weg zum Vorentwurf der Regierung bis zur Annahme der Verfassung zeigte, wie schwer es dem gaullistischen Frankreich gefallen ist, das Selbstbestimmungsrecht der afrikanischen Territorien und damit ein mögliches Ausscheiden aus dem französischen Staatsverband zu akzeptieren. Das Referendum war zunächst mehr als ein geschickter Schachzug gedacht, die »Freiwilligkeit« des Beitritts zur Communauté zu proklamieren, gleichzeitig aber mit massivem Druck eine dauernde Integration zu erzwingen. Nur widerwillig hat man sich dann auf die Möglichkeit eines Statuswechsels eingelassen. Die

[602] *Ansprenger*, p. 271 f.

[603] Art. 86/87 der Verfassung, *Ziebura* p. 132, *Ansprenger* p. 269 f. Auch *Michel Debré* zieht in einer bedeutenden Rede vom 27. 8. über den Verfassungsentwurf Assoziierungsabkommen nur für die Staaten Asiens oder des weißen Afrikas in Erwägung, *Ziebura* p. 109. Ich kann *Ansprenger* nicht folgen, wenn er p. 272 f. behauptet, daß *de Gaulle* in Brazzaville unter dem Einfluß *Bogandas* die These einer »entwicklungsfähigen Communauté« akzeptiert hätte.

[604] *Ansprenger*, p. 271 f.

[605] *Passeron*, p. 457.

Kritik an der Union française, die Revisionsbestrebungen, die Loi Cadre und die Diskussion der Jahre 1957/58 haben den Weg zur Communauté geebnet, doch hat erst der Staatsstreich von 1958 die Möglichkeit einer Verfassungsrevision eröffnet, der auch die afrikanischen Nationalisten ihre Zustimmung nicht versagten. Das ungemeine Prestige *de Gaulles* in Afrika hat dabei eine nicht zu übersehende Rolle gespielt.

Der Titel XII der neuen Verfassung und der Erlaß vom 19. Dezember hat die Institutionen der Communauté festgelegt [606]: Die Assemblées territoriales mußten zunächst über ihren Status (Department, Territorium im bisherigen Sinn oder Etat-Membre) befinden und haben sich erwartungsgemäß für die dritte Möglichkeit entschieden; sie gaben sich demzufolge eigene Verfassungen und wurden der Gesetzgebung der Metropole entzogen. Die innere Autonomie war nun vollständig, das Überseeministerium verschwand, die bisherigen Services d'Etat wurden der Communauté übertragen, an deren Spitze der Präsident der Republik, also General *de Gaulle* stand. In ihm als « arbitre » sollte sich die Gemeinschaft gleichberechtigter Mitglieder manifestieren. Ein Senat (180 Vertreter für die Metropole und Algerien, 114 für Übersee) diente als »Legislative« der Communauté », erhielt aber nur beratende Kompetenzen, während im Conseil exécutif die Ministerpräsidenten der Mitgliedstaaten zusammentraten: die Minister der Metropole sind dabei gleichzeitig auch Minister der Communauté, parlamentarisch aber nicht deren Gremien, sondern dem französischen Parlament verantwortlich.

Die Communauté war in der Tat »mehr als eine Konföderation, weniger als ein Bundesstaat« [607]. Das Prinzip der Gleichheit war verkündet und eine gemeinsame Behandlung der von den afrikanischen Mitgliedern »delegierten« Kompetenzen und Angelegenheiten postuliert. Verfügten die afrikanischen Staaten nun über eine volle innere Autonomie, so entschied die Metropole – wenn nicht legal, so doch faktisch – weiterhin über Außenpolitik, Verteidigung, Wirtschaftsplanung, Rohstoffpolitik u. a. Auch die Tatsache etwa, daß im Conseil exécutif über Berlin diskutiert wurde, konnte nicht darüber hinwegtäuschen. Die Inegalität der Partner ließ sich nicht überbrücken, denn Frankreich war aus begreiflichen Gründen nicht bereit, die Verfügungsgewalt über die Außenpolitik aus der Hand zu geben und einem Gebilde wie dem Exekutivrat zu übertragen – ganz abgesehen davon, daß der Präsident der Communauté schließlich General *de Gaulle* war!

Frankreich glaubte mit dem positiven Ausgang des Referendums eine dauerhafte Lösung gefunden zu haben. Die neue institutionalisierte Gemeinschaft schien auf freier Zustimmung der Beteiligten zu gründen, während Paris mit der Finanzhilfe über ein Instrument verfügte, das Sezessionsbewegungen untunlich erscheinen ließ. Der Senat gewann zwar kein eigentliches Gesicht, der Conseil exécutif hingegen tagte 1959 mehrmals. Einige bemerkenswerte Entscheidungen wurden getroffen: Die französische Sprache wurde zur allgemeinen Amtssprache, die Marseillaise zur Nationalhymne und die Trikolore zur Fahne aller Beteiligten erklärt; man schuf eine « Nationalité de la République française et de la Communauté »und bereitete ein gemeinsames Budget vor; der diplomatische Dienst und die Armee sollten als Angelegenheiten der Gemein-

[606] *Ziebura* gibt den Text p. 115 f. u. 262 f. Dazu u. a. auch *Ch. Massa*. Die französische Verfassung vom 5. 10. 1958 und die überseeischen Gebiete, in: Europa-Archiv 1959/4.

[607] *Marcel Prélot,* zit. *Ansprenger,* p. 270.

schaft umorganisiert werden, ein Generalsekretariat diente als Koordinationsstelle [608]. Die Juristen konnten an die Interpretation der Verfassungsartikel und der neuen Institutionen gehen!

Die alte Problematik angeblich föderativer Institutionen hat sich jedoch von neuem gezeigt. Während die Metropole ihre Souveränitätsrechte nicht aus der Hand zu geben bereit war, strebten die afrikanischen Staaten eine Mitwirkung an den politischen Entscheidungen des Ganzen an und fühlten sich zurückgesetzt. Es war z. B. paradox, daß im Unterschied zur Vierten Republik keine Afrikaner im französischen Kabinett saßen, obschon die französischen Minister gleichzeitig als Exekutivorgane der Communauté fungieren sollten! Die Administration blieb defensiv, ein wirklich franko-afrikanischer diplomatischer Dienst entstand nicht. Die Organe der Wirtschaftshilfe, aber auch einzelne französische Ministerien verkehrten direkt mit den afrikanischen Staaten und verstärkten so deren Eindruck, weiterhin von Paris aus dirigiert zu werden.

Weitere Faktoren sprachen gegen die Dauerhaftigkeit der Communauté. Paris hat die Unabhängigkeitsentscheidung Guineas mit dem sofortigen Abzug der Verwaltungsorgane und der Einstellung der Finanzhilfe beantwortet, um die anderen afrikanischen Staaten davon abzuhalten, *Sékou-Touré* nachzufolgen, aber auch in der Erwartung, daß sich die Existenzunfähigkeit des kleinen und schwachen Landes erweisen würde [609]. Guinea aber hat anderweitig Hilfe erhalten und sich einzurichten verstanden: Die Tatsache, das *Sékou-Touré* in der UNO auftreten konnte und als Staatschef vom Präsidenten der Vereinigten Staaten offiziell empfangen wurde, hat auf die afrikanischen Führer geradezu als Herausforderung gewirkt. Den Trusteegebieten Togo und Kamerun mußte *de Gaulle* auf den 1. Januar 1960 die volle Unabhängigkeit zusagen, ohne daß aber – im Unterschied zu Guinea – die technische und finanzielle Hilfe aufgekündigt wurde. Mit der völkerrechtlichen Sondersituation der ehemaligen Völkerbundsmandate war also ein neuer Präzedenzfall geschaffen, der die Desintegration der Communauté beschleunigte.

Es waren vor allem die Senegalesen, die den eingeschlagenen Weg weitergehen wollten. *Senghor* hat bereits am 1. Oktober 1958 die Communauté als Vorstufe und als Mittel zur Erreichung voller Unabhängigkeit bezeichnet. Das britische Commonwealth wurde zum Vorbild und zur Parole, um die äußere Souveränität mit einer engen Zusammenarbeit mit Frankreich zu verbinden und in bilateralen Absprachen wirtschaftliche Hilfe in Anspruch nehmen zu können [610]. Von der neugegründeten Mali-Föderation (Senegal und Sudan) ging die neue Initiative aus. Im Herbst 1959 stellten die beiden Mitglieder der Communauté den Antrag auf volle Unabhängigkeit und auf Verhandlungen über einen Transfer der Zentralkompetenzen, ohne jedoch, wie es Art. 86 der Verfassung bestimmte, aus der Communauté auszuscheiden. Paris zeigte sich enttäuscht, abei

[608] Einen guten Aufriß der Geschichte der Communauté bietet *Yves Guéna*, Historique de la Communauté, 1962, p. 88 f.

[609] Bezeichnend sind die spöttischen Bemerkungen de Gaulles über Guinea; man werde sehen »s'il arrive qu'un Etat s'y constitue réellement«, Pressekonferenz 23. 10. 1958, *Passeron*, p. 462.

[610] Le Monde, 1. 10. 1958, ähnlich Vers l'indépendance dans l'amitié, in: Cahiers de la République 1958/16, p. 52 f., und L'indépendance nominale, terme ultime de notre évolution dans le cadre de la Communauté, in: Marchés tropicaux 23. 5. 1959. *Dia* am 7. 7. 1959.

de Gaulle war bereit, sich auf die neue Situation einzustellen: Der Drang nach Selbstbestimmung und Unabhängigkeit sei allzu stark geworden und müsse als psychologischer Faktor in Rechnung gestellt werden, erklärte er in einer Pressekonferenz vom 10. November 1959. Er ließ dabei durchblicken, daß Frankreich zu weiterer Hilfeleistung bereit sei, und distanzierte sich sowohl gegenüber einer konservativen Haltung, die die Zeichen der Zeit nicht sehen wolle, als auch gegenüber dem Cartierismus, der die Ablösung der ehemaligen Kolonien voranzutreiben bereit sei [611]. Auf einer Tagung des Conseil exécutif in Saint-Louis erklärte sich General *de Gaulle* zum großen Erstaunen vieler afrikanischer und mutterländischer Politiker [612] bereit zu Verhandlungen und unterstrich in Dakar am 13. Dezember das Recht Malis auf « la souveraineté internationale »; Mali werde dazu gelangen, « avec l'accord et l'aide de la France » [613]. Damit hat *de Gaulle* das gewährt, was *Sékou-Touré* ein Jahr zuvor vergeblich gefordert hatte, ohne sich dabei an die Verfassung zu klammern, in der eine Unabhängigkeit innerhalb der Communauté nicht vorgesehen war – und zwar, weil *de Gaulle* selbst entsprechende Bestimmungen zu verhindern gewußt hatte [614]! Im April 1960 wurden die Accords zwischen Frankreich und Mali unterzeichnet. Es handelte sich nun um bilaterale Verträge zweier souveräner Staaten, die sich zu »freiwilliger Kooperation« bereit fanden. Der Präsident der Republik wurde als Oberhaupt der « Communauté renovée » anerkannt; die Staatschefs sollten zu periodischen Beratungen zusammenkommen. Damit war Frankreich faktisch beim Status des Commonwealth angelangt.

Es war abzusehen, daß weitere Staaten dem Beispiel Malis folgen würden. Madagaskar und die vier Staaten der ehemaligen AEF wurden noch im Laufe des Jahres 1960 unabhängig und Mitglieder der UNO. Der Ministerpräsident der Elfenbeinküste *Houphouet-Boigny*, der Gegner *Senghors*, proklamierte daraufhin, verärgert über das Nachgeben *de Gaulles*, seinen Willen zu einer einseitigen Unabhängigkeit und zwang Paris zu bilateralen « accords de coopération », in denen die Communauté nicht einmal genannt wurde. Somit hat sich auch die « Communauté renovée » im institutionellen Bereich als Chimäre erwiesen. Es blieb die « Coopération », also die umfangreiche technische und finanzielle Hilfe, die Paris nun unabhängig gewordenen Staaten entgegen früheren Thesen weiterhin zu leisten bereit war und ist. Das Druckmittel der Finanzhilfe hat sich als unwirksam erwiesen, um die Dekolonisation aufzuhalten, leistete und leistet aber gute Dienste, um in der nachkolonialen Ära die französische Präsenz in Afrika aufrechtzuerhalten.

[611] *Passeron*, p. 465.

[612] *Walter Schütze*, Bilanz und Perspektiven der französisch-afrikanischen Gemeinschaft, in: Europa-Archiv 1960/5, p. 163.

[613] *Passeron*, p. 469.

[614] Der Versuch *Néras*, diese Unabhängigkeitsbewegung mit der Communauté in Einklang zu bringen und in den Verfassungstext hineinzuinterpretieren, kann uns nicht überzeugen. P. 85 f.
»Was wir wollen ist eine fortschreitende, aber kurzfristige Umwandlung der Gemeinschaft in eine multinationale Konföderation.« *Ziebura*, p. 277. Präsident *Tsiranana* von Madagaskar im Nov. 1959: « La Communauté doit être un ensemble très élastique tendant à devenir une sorte de Commonwealth où chaque pays sera indépendant, bien que solidaire des autres. « zit. *Guéna*, p. 138.

Ähnlich wie Großbritannien hat auch Frankreich die einmal vollzogene Dekolonisation ideologisch überhöht und in das nationale Selbstverständnis integriert: Der unblutige Rückzug aus Schwarzafrika wurde nun zu einem Zeichen liberaler Verhaltensweise, die seit jeher die französische Kolonialpolitik gekennzeichnet habe. Die Entkolonialisierung ist aber keineswegs so verlaufen, wie sie ursprünglich geplant und erhofft worden war. Ein »Commonwealth« ist in der britischen Konzeption angelegt, nicht aber in der französischen. Bis zuletzt hat man sich in Paris gesträubt, das britische Vorgehen als vorbildlich anzuerkennen. Frankreich war willens, seinen eigenen Weg zu gehen und sich nicht auf schrittweise Gewährung von Self-government und damit Akzeptierung einer künftigen Unabhängigkeit einzulassen. Es war bereit, das koloniale Herrschaftsverhältnis zu lockern und umzuformen, nicht aber, den die Metropole und die ehemaligen Kolonien umspannenden institutionellen Rahmen zu sprengen. Dieses Bestreben lag der Konferenz von Brazzaville und der Verfassung von 1946, der Loi Cadre und der Communauté von 1958 zugrunde. Man könnte vom »roten Faden« der französischen Dekolonisation sprechen. Bis zuletzt ist die alte Vorstellung eines »größeren Frankreich mit 100 Millionen Einwohnern« lebendig geblieben, die sich vom lockeren Gefüge des Commonwealth abhob und dem französischen Großmachtsanspruch zu entsprechen schien. Entkolonialisierung sollte möglich sein, ohne die Einheit des Ganzen aufzubrechen. Die Gewährung von administrativer Autonomie, verbunden mit Bürgerrechtsverleihung, Wahlrecht und Parlamentsvertretung bedeutete eine Art Kompromiß, der sowohl den Emanzipationsbestrebungen der überseeischen Nationalisten als auch den »lebenswichtigen« Interessen des Mutterlandes entgegenkommen sollte. Mit der Loi Cadre und der Communauté war zwar endgültig die assimilatorische Integration aufgegeben worden, nicht aber die Hoffnung einer institutionellen Einheit des ehemaligen Empire, das unter französischer Führung über eine einheitliche Außenpolitik, Verteidigung und Wirtschaftspolitik verfügte und nach außen hin als geschlossener Block auftreten konnte. Der vor 1939 geläufige Begriff der Assoziation wurde nach dem Zweiten Weltkrieg von dem der Föderation abgelöst, um eine bleibende Verbindung von Metropole und Überseebereich zu postulieren. Es zeigte sich aber bald, daß für Frankreich nur ein »unechter« Föderalismus tragbar war – und zwar nicht nur, weil die Ungleichheit der Partner allzu offensichtlich war, sondern auch, weil eine »echte« Föderation die Übertragung der Souveränitätsrechte auf die gemeinsamen Gremien verlangt hätte und damit gerade das nicht leisten konnte, was Paris mit seinen Föderationsthesen anstrebte: nämlich ein institutionalisiertes Ganzes, das äußerlich den Dekolonisationsforderungen entsprach, die Entscheidungsbefugnisse der Metropole in Fragen der Außenpolitik und Verteidigung u. a. aber unangetastet ließ. Union française und Communauté konnten daher wohl als Übergangslösungen wertvolle Dienste leisten, waren aber keine endgültige Antwort auf den Emanzipationsanspruch der ehemaligen Kolonialvölker. Dieser Einsicht hat man sich in Paris bis zuletzt verschlossen; schrittweise wurden jedoch die institutionellen Bindungen so gelockert, daß der Übergang zum »informellen« Commonwealth ohne Bruch erfolgen konnte. Dieses war aber nicht wie das britische seit langem als Ziel französischer Kolonialpolitik proklamiert und als notwendiger Abschluß eines langwierigen, aber von der Metropole intendierten Emanzipationsprozesses, den man bis zuletzt glaubte aufhalten oder in eine andere Richtung lenken zu können. Zweifellos sind die politischen und wirtschaftlichen Bindungen noch kaum lebensfähiger afrikanischer Staaten eng, die französische Zivilisation ist noch immer »kulturelle Heimat« vieler Evolués und die assimilatorischen Anstrengungen früherer Jahrzehnte tragen weiterhin Früchte, doch wird man ein der britischen Commonwealth-Konzeption entsprechendes Einheitsbewußtsein vergeblich suchen. Die hat Frankreich wohl die Anpassung an die weltpolitische Situation der nachkolonialen Ära erleichtert und zu keinen sentimentalen Reaktionen verleitet, ist aber historisch gesehen paradox – wenn auch erklärlich –, insofern als ja gerade Frankreich bis zuletzt an der »unlösbaren Einheit« von Metropole und Überseebereich festzuhalten versucht hatte.

Von der « Algérie française » zur « République algérienne »

Wir kennen die Problematik einer Dekolonisation in Algerien. In einem Bereich, der nicht nur rechtlich seit langem zum Territorium der Republik gehörte, der keine Kolonie war und vom Innenministerium verwaltet wurde, sondern auch im nationalen Selbstverständnis als ein integraler Bestandteil des Mutterlandes empfunden wurde, bot sich zunächst nur die schrittweise Integration und Assimilation an – im Sinne einer politischen Gleichberechtigung der muselmanischen Bevölkerung innerhalb Frankreichs. Reformbestrebungen in der Zwischenkriegszeit, vor allem das Blum-Viollette-Projekt, hatten sich auf dieser Linie bewegt, waren aber nicht zur Verwirklichung gelangt. Das Freie Frankreich unter *de Gaulle* hat sie wieder aufgenommen und mit dem Erlaß vom 7. März 1944 bestimmten Kategorien der Muselmanen volles französisches Bürgerrecht ohne Verzicht auf das Personalstatut gewährt. In der Zwischenzeit aber hatte sich die algerische Emanzipationsbewegung endgültig von Assimilations- und Integrationsthesen gelöst und sich nationalen Forderungen zugewandt: Ausgerechnet *Ferhat Abbas*, der noch in den 30er Jahren als Kronzeuge der Assimilationsbereitschaft vieler algerischer Evolués gegolten hatte, war Urheber des algerischen Manifestes vom Februar 1943, das sich entschieden gegen die Integration wandte und die Bildung eines algerischen Staates verlangte, der wohl mit Frankreich assoziiert, im Innern aber autonom sein sollte und der auf dem Selbstbestimmungsrecht der algerischen Bevölkerung beruhen müsse. Die Vorherrschaft der französischen Siedler war damit in Frage gestellt, da sowohl in einer konsequenten Integration als auch in einem autonomen, auf demokratischem Wahlrecht beruhenden algerischen Staat die Minderheit der Algerienfranzosen von der muselmanischen Bevölkerung »überschwemmt« werden und ihrer privilegierten Positionen verlustig gehen mußten. Paris stand somit von vornherein zwischen zwei Fronten, im Kreuzfeuer einander entgegengesetzten Thesen und Forderungen: derjenigen der Nationalisten und der der Siedler. Dies hat sich bereits beim Erlaß vom 7. März gezeigt, die von den Algerienfranzosen als Gefährdung des »élément français« und gefährliche Konzessionsbereitschaft[615], von den Algeriern hinge-

[615] Als Beispiel für die kolonialistische Polemik im Mutterland diene der Sorbonne-Professor *Bernhard Lavergne*, der rückblickend schreiben kann: « Ainsi les dés étaient jetés. L'improviste, sans nulle consultation préalable du pays, était posé dans notre politique, un prin-

gen als ungenügend und als integrationistische Reform, die dem nationalen Anspruch nicht entspreche, abgelehnt wurde. Aus dieser Konfliktsituation hat sich in den folgenden Jahren kein Ausweg als gangbar erwiesen, und die Vierte Republik ist schließlich am Widerstand zweier Gegner, die mit allen ihnen zur Verfügung stehenden Waffen zu kämpfen bereit waren, zugrunde gegangen.

Da die institutionelle Neuordnung Algeriens im Kompetenzbereich der Nationalversammlung lag, mußte sich die provisorische Regierung zunächst auf wirtschaftlich-soziale und administrative Reformen beschränken [616]. Generalgouverneur *Chataigneau*, der an der Ausarbeitung des *Blum-Viollette*-Planes mitgewirkt hatte, unternahm energische Anstrengungen zur Förderung der muselmanischen Landwirtschaft, hob die Löhne der algerischen Arbeiter und leitete ein Industrialisierungsprogramm ein; ein besonderes Interesse galt dem noch immer stark vernachlässigten Erziehungswesen [617]. Im September 1945 wurden die Finanzdelegationen durch die Finanzversammlungen (22 Europäer gegen 15 Muselmanen) ersetzt, Algerier wurden zu höheren Beamten ernannt. Die Pläne des Generalgouverneurs zielten auf eine algerische Versammlung ohne doppeltes Wahlkollegium, wobei sich, bei schrittweise erweitertem Wahlrecht, das Machtverhältnis langsam von den Europäern auf die Muselmanen verschoben hätte [618]. *Chataigneau* forderte damit aber die Algerienfranzosen heraus und wurde im Februar 1948, unter Mitwirkung von *René Mayer*, dem radikalsozialistischen Abgeordneten von Constantine und späteren Ministerpräsidenten, abberufen.

Die verfassunggebenden Versammlungen haben sich mit Algerien nur beiläufig beschäftigt und dessen Statut einem Sondergesetz vorbehalten. Wir haben oben (S. 438 f.) die Haltung der muselmanischen Abgeordneten skizziert, die in der ersten Konstituante der Gruppe der « Elus », unter Führung Dr. *Benjellouls*, in der zweiten den « Amis du Manifeste et de la Liberté » *Ferhat Abbas* angehörten. Ihre Anträge waren dementsprechend diametral entgegengesetzt. *Benjelloul* strebte im Sinne der Assimilation die volle Gleichberechtigung der Algerier an: Bürgerrecht mit Personalstatut, Collège unique bei allen Wahlen, Beseitigung diskriminatorischer Bestimmungen, Abschaffung des Generalgouvernements und der Communes mixtes, Angleichung der algerischen Verwaltung an die des Mutterlandes [619]. In eklatantem Gegensatz dazu forderte *Ferhat Abbas*

cipe entièrement nouveau qui, toujours, avait été rejeté par notre opinion publique et par le Parlement et qui allait compromettre, boulverser même, toute notre politique algérienne, grever d'une lourde hypothèque notre politique coloniale toute entière. » Une révolution dans la politique coloniale de la France, 1948, p. 130. Die Schrift *Lavergnes* enthält das ganze Instrumentarium der algerisch-französischen Argumentation: Assimilation ist unmöglich, das algerische Manifest aber eine Herausforderung, einen algerischen Nationalismus gibt es nicht, die Colons zahlen gute Löhne u. a.

616 Aus der umfangreichen Algerienliteratur nennen wir folgende Gesamtdarstellungen: *Thomas Oppermann*, Die algerische Frage, 1959 (mit Bibliographie); *M. K. Clark*, Algeria in turmoil. A history of the rebellion, 1960. *Thankmar Münchhausen*, Ziele und Widerstände der französischen Algerienpolitik von 1945–1958. Diss. Heidelberg 1962. (Msk.)

617 Im Jahre 1945 gingen von 1,2 Millionen muselmanischen Kindern im schulpflichtigen Alter nur 100 000 zur Schule, gegenüber 200 000 Kindern aus europäischen Familien. *Münchhausen*, p. 94.

618 *Münchhausen*, p. 97–100.

619 Documents de l'Assemblée Nationale 1946. Annexe Nr. 376: « L'Algérie musulmane qui revendique depuis si longtemps ses droits à la vie et son intégration définitive dans la

in der zweiten Konstituante im Sinne des algerischen Manifestes mit der Formel « ni assimilation, ni nouveaux maîtres, ni séparatisme » die autonome algerische Republik mit eigenem Parlament, eigener Regierung und sogar mit eigener Flagge [620]. Obschon *Ferhat Abbas* sich zu Frankreich bekannte und – wenigstens zunächst – innerhalb der Union française zu bleiben versprach, hat diese Inanspruchnahme des Selbstbestimmungsrecht und das Bekenntnis zu Algerien als der « patrie » der Muselmanen außerhalb Frankreichs in der Konstituante einen Sturm der Entrüstung ausgelöst und die algerischen Abgeordneten dem Verdacht des »Separatismus« und des nationalen Verrates ausgesetzt. Die Thesen *Benjellouls* und *Ferhat Abbas* enthielten jedoch die beiden – einander entgegengesetzten – Möglichkeiten einer Dekolonisation, die mit der Konzeption der Union française an sich gegeben waren: Entweder volle Integration nach dem Vorbild der Vieilles Colonies – folglich konsequente Gleichstellung der Europäer und Muselmanen im Bürgerrecht – oder Anerkennung der Eigenstaatlichkeit der »Kolonie« wie bei den nordafrikanischen Protektoraten und Indochina bei gleichzeitigem föderativen Anschluß als assoziierte Staaten. Die beiden Flügel der algerischen Nationalbewegung haben dadurch, daß sie gewissermaßen die französische Konzeption beim Wort nahmen, Frankreich vor die Alternative gestellt: Entweder war Algerien integraler Bestandteil der Republik, oder aber war es in Anbetracht seiner muselmanischen Bevölkerung ein Sonderbereich, der nicht wie die Vieilles Colonies voll integriert werden konnte – dann aber schien sich die Formel eines Etat associé anzubieten. Frankreich war jedoch 1946 nicht bereit, eine dieser innerlich konsequenten, für das Mutterland aber mit äußerst schwerwiegenden Folgen verbundenen »Lösungen« zu akzeptieren. Volle Integration mit einer zur Bevölkerungszahl proportionalen Repräsentation im Parlament hätte die Metropole zur « colonie de ses colonies » werden lassen, die Anerkennung eines autonomen algerischen Staates aber den Weg zur Ablösung freigemacht. In jedem Fall aber war die Machtstellung der Siedler und, direkt oder indirekt, die « souveraineté française » bedroht. Es versteht sich, daß nicht nur die Algerienfranzosen, sondern auch die kolonialinteressierte Rechte des Mutterlandes gegen die algerischen Thesen protestierten. So verwies z. B. das Comité de l'Empire français am 14. Februar 1946 in einem Schreiben an die Regierung auf die « inquiétude » der französischen Bevölkerung Algeriens, die als « minorité, fatalement submergée par les vagues successives de nouveaux électeurs » bedroht sei und den Eindruck habe, « d'être abandonné par l'opinion métropolitaine » [621]. *René Moreux*, Chefredakteur von « Marchés coloniaux » wandte sich am 30. März gegen *Benjellouls* Integrationsforderungen [622], andererseits am 13. Juli gegen *Ferhat Abbas:* Allgemeines Wahlrecht ohne doppelte Wahlkörper in einem algerischen Parlament würde die 17 europäischen Abgeordneten den 137 muselmanischen ausliefern – « cela nous ne l'accepterons *Jamais*, même à l'échéance lointaine. Il faut que là-dessus, il

métropole ... l'Algérie aura la même administration départementale et communale et les mêmes cadres administratifs que ceux existant en France. » P. 374, *Dr. Benjelloul* am 8. März in der Ass. Nat. J. O., p. 646.

[620] *Gabriel Esquer*, Histoire de l'Algérie (1830–1957), 1957, p. 84 f.

[621] L'action du Comité de l'Empire français, p. 86.

[622] Un nouvel édit de Caracalla ne résoudrait rien, in: Marchés coloniaux 20. 3. 1946, p. 293.

n'y ait aucun doute »[623]. Die Linke mochte sich von solch kolonialistischen Thesen distanzieren und den Forderungen algerischer Abgeordneter einige Unterstützung gewähren, konnte sich aber der Problematik dieser Situation nicht verschließen und war keineswegs bereit, die konsequente Entkolonialisierung zu befürworten, die nicht nur das französische Bevölkerungselement in Algerien in Bedrängnis bringen, sondern darüber hinaus das Mutterland vor die schwerwiegende Entscheidung stellen würde, sich entweder von muselmanischen Abgeordneten »regieren« zu lassen oder aber einer zukünftigen Ablösung eines Teils des nationalen Territoriums zustimmen zu müssen.
Die Entstehung des Algerien-Statutes von 1947 ist hier nicht im einzelnen darzulegen[624]. Da nicht nur die Partei von *Ferhat Abbas*, sondern auch die Fédération des élus *Benjellouls* nun ein autonomes Algerien anstrebten, verzichteten selbst die Sozialisten auf ihre bisherige assimilatorische Politik. Algerien sollte ein eigenes Statut und eine Art Parlament erhalten, ohne jedoch der Repräsentation in der Nationalversammlung verlustig zu gehen; Gesetze des Mutterlandes sollten weiterhin unter bestimmten Bedingungen auch in Algerien gültig sein; doppelte Wahlkollegien waren vorgesehen[625]. Der Regierungsentwurf folgte den sozialistischen Vorschlägen und wurde zudem vom Ausschuß des Innern, der über eine knappe Mehrheit von Kommunisten, Sozialisten und muselmanischen Abgeordneten verfügte, zu deren Gunsten abgeändert; natürlich opponierten die Algerienfranzosen und die Rechtsparteien, wobei sich die Fronten in bemerkenswerter Weise verschoben, insofern, als es nun die Algerienfranzosen waren, die eine möglichst geringe Autonomie wünschten: Sie wandten sich nicht nur gegen den Begriff des »Statuts« als solchen, sondern wollten auch die Befugnisse der algerischen Versammlung auf eine bloße Beratung des Budgets einschränken und damit weitgehend »entpolitisieren« – in der Annahme offensichtlich, daß selbst bei einer paritätischen Vertretung die Interessen der Siedler nicht mehr voll zur Geltung kommen und daher besser dem mutterländischen Parlament überantwortet würden! Im übrigen waren sie vor allem an der Zusammensetzung der Wahlkörper interessiert: Im Gegensatz zu bisher sollten im ersten Wahlkollegium ausschließlich Europäer wählen, um eine schrittweise »Invasion« und eine Koalition der Muselmanen beider Collèges« zu verhindern; die Rechte forderte zudem eine Zweidrittelmehrheit in der algerischen Versammlung, die den Siedlern eine Art Vetorecht einräumte. Die Regierung *Ramadier*, die mit dem Ausscheiden der Kommunisten auf die Unterstützung der Radikalen angewiesen war, mußte, um eine Verabschiedung überhaupt zu ermöglichen, nachgeben und u. a. eine Zweidrittelklausel akzeptieren. Das Statut wurde am 27. August mit 320 gegen 88 Stimmen (darunter Abgeordnete der bürgerlichen Rechtspartei wie *Pinay*, *Laniel*, *Reynaud*) bei 186 Stimmenthaltungen (u. a. die Kommunisten) gutgeheißen und trat am 20. September in Kraft.
Das Algerienstatut sollte einen Kompromiß darstellen zwischen voller Integration und wirklicher Autonomie, lehnte sich aber recht eng an die bisherige Ordnung an. Algerien als eine Gruppe überseeischer Departemente bleibt Teil der einen und unteilbaren Re-

[623] Notre Algérie, in: Marchés coloniaux 13. 7. 1946, p. 691.
[624] *Pierre Lampué*, Le Statut de l'Algérie, in: Revue juridique et politique de l'Union français 1947.
[625] Assemblée Nationale, Annexe zum 6. 2. 1947.

publik und kann daher weder legislative Gewalt noch eine eigene Regierung erhalten; der von Paris ernannte Generalgouverneur übt die Exekutivgewalt aus. Die algerische Versammlung ist äußerlich zwar von den Finanzdelegationen verschieden, hat aber ebenfalls nur geringe Befugnisse; den Siedlern ist die doppelte Wahlkörperschaft, die paritätische Repräsentation und zudem die Zweidrittelklausel zugestanden worden. Das hart umkämpfte Statut hat zudem nicht die erwartete Bedeutung erlangt, da Generalgouverneur *Naegelen* zur systematischen Wahlbeeinflussung und offenen Wahlfälschung überging, nachdem die Nationalisten in den Gemeindewahlen einen eindeutigen Erfolg erzielten und für die Wahlen zur algerischen Versammlung eine Einschüchterungskampagne aufzogen. Das muselmanische Wahlkolleg erhielt dadurch eine gefügige Mehrheit, verlor aber an Repräsentationsgewicht, was den Nationalisten erst recht in die »außerparlamentarische« Opposition trieb. Administration und Siedler zeigten ein geringes Interesse an der Versammlung, die wenig eigene Initiative entwickelte und die ihre vom Statut anvertrauten Aufgaben – Regelung der Beziehungen zwischen Kultus und Staat, Organisation des Arabisch-Unterrichtes, Aufhebung der gemischten Gemeinden – nicht oder nur mit großer Verspätung erfüllte.

In Frankreich glaubte man jedoch eine reformerische Algerienpolitik formuliert zu haben und wandte sich anderweitigen Fragen zu. Im Überseebereich stand in den folgenden Jahren ohnehin die Auseinandersetzung in Indochina im Mittelpunkt des öffentlichen Interesses. Man begnügte sich mit der These »Realisation des Statuts« und postulierte eine Interessengemeinschaft zwischen europäischer und muselmanischer Bevölkerung, die mindestens im Entstehen begriffen sei. Die Vierte Republik hatte in den Jahren 1948–1954 keine klare Algerienkonzeption. Dabei zeichnete sich in Algerien eine gefährliche Polarisierung der politischen Kräfte ab, insofern, als sich der Block der Algerienfranzosen und *Messali Hadj's* MTLD (Mouvement du Triomphe des Libertés Démocratiques) mit radikalisierenden Tendenzen gegenüberstanden. Eine rapide Bevölkerungszunahme beschleunigte zudem auf dem Lande und in den Städten die Proletarisierung oder besser « Clochardisation » (*Germaine Tillon*), während die noch immer schmale, sich aber schnell verbreitende Bildungsschicht nur geringe Entfaltungsmöglichkeiten in Verwaltung und Wirtschaft besaß und sich daher in zunehmendem Maße extremistischen Parolen zugänglich zeigte. Am 1. November 1954 hat eine kleine, vom MTLD abgespaltene Geheimorganisation den Aufstand ausgelöst.

Wir skizzieren hier weder die innere Organisation der Aufständischen und die Art ihrer Kampfführung noch die französischen Gegenmaßnahmen und die Algerienpolitik der schnell aufeinanderfolgenden Regierungen; der Algerienkrieg hat die Krise der Vierten Republik zusehends verschärft, wobei diese mangels stabiler und handlungsfähiger Mehrheiten zur Immobilität verdammt war [626]. Wir wenden uns einigen Aspekten der innerfranzösischen Algeriendiskussion zu, an der sich mit zunehmender Intensität alle Parteien und Gruppen beteiligten und die daher mit der Dreyfus-Affaire verglichen worden ist.

Relativ einheitlich und unproblematisch war die Haltung der bürgerlichen Rechtsparteien. *Roger Duchet* hatte 1949 die zahlreichen Gruppen der « modérés » zu einer

[626] *Münchhausen* gibt die beste Darstellung. Einen ausgezeichneten Aufriß bietet auch *Jacques Fauvet,* La IVe République 1959, Kap. V.

disziplinierten Fraktion der »Unabhängigen und Bauern« zusammengeführt, die mit ihren etwa 100 Abgeordneten eine wichtige Position im parlamentarischen Kräftespiel einnahm. *Duchets* Schrift « Pour le Salut public » zeigt uns einmal mehr den wenig differenzierten Nationalismus der traditionellen Rechten, der sich, in die Defensive gedrängt, gegen jede « politique d'abandon » wendet; nach dem Scheitern in Indochina und der Ablösung Tunesiens und Marokkos spielt Frankreich in Algerien seine letzte Karte als überseeische Macht aus – Konzessionen sind gleichbedeutend mit einem « déclin de la France ». Die Welt scheint sich gegen Frankreich verschworen zu haben: *Nasser* und der internationale Kommunismus, aber auch Großbritannien und die USA versuchen Frankreich aus dem Maghreb zu verdrängen. Hinter Algerien liegt die Sahara, « gonflé de richesses ... qui fera, de nous, demain une grande puissance moderne » [627]. Frankreich müsse, mit dem Rücken zur Wand, den Algerienkrieg mit letztem Einsatz führen – und im Mutterland gleichzeitig energisch gegen die verräterische kommunistische Partei und den um sich greifenden Defaitismus vorgehen. Chef dieser « parti de la défaite » und Repräsentant der « intelligentia de gauche » schien wiederum *Mendès-France* zu sein, « toujours là lorsque la Patrie est humiliée » [628]. Den tumultösen Empfang des Ministerpräsidenten *Mollet* in Alger am 6. Februar 1956 interpretierte *Duchet* als « sursaut de patriotisme » – der Ruf nach der Notstandsregierung und dem »starken Mann« wurde laut.

Relativ eindeutig war auch die Haltung der kommunistischen Partei [629]. Sie hatte in den Jahren 1944–1947 lavieren müssen, konnte aber 1954 ihre Solidarität mit dem FLN zum Ausdruck bringen, gegen den Algerienkrieg protestieren und sofortige Verhandlungen mit den »authentischen Vertretern der algerischen Nation« fordern. Die innenpolitische Konstellation – von der Rücksichtnahme auf die sowjetische Außenpolitik ganz abgesehen – zwang die Kommunisten jedoch zu einer größeren Zurückhaltung; um sich nicht völlig zu isolieren und Volksfrontmanöver zu begünstigen, hat die kommunistische Partei der Regierung *Mollet* zunächst die Unterstützung nicht versagt und ihr im März 1956 sogar Vollmachten zugestanden. Es blieb ein gewisses Mißtrauen gegenüber dem Pan-Arabismus der FLN-Führer, und die Parole »Unabhängigkeit« wurde relativ spät aufgenommen. Die Partei mußte zudem aus Rücksicht gegenüber dem Patriotismus der französischen Arbeiterschaft vorsichtig agieren, um so mehr, als das Verhältnis zwischen algerischen und französischen Arbeitern gespannt blieb und die blutige Auseinandersetzung des FLN mit der Konkurrenzpartei *Messali Hadj's* eine positive Einstellung zu den algerischen Aufständischen erschwerte. Die kommunistische Partei trat wohl für den FLN ein und organisierte Manifestationen – z. B. gegen den Einsatz von Reservisten –, hütete sich aber, die Einheit und Stärke der eigenen Organisation aufs Spiel zu setzen.

Energisch engagiert haben sich hingegen die Linksintellektuellen. Das »algerische Volk« erhob sich gegen seine kapitalistischen Ausbeuter. Parolen wie Assimilation und Integration hätten sich als systematische Täuschungsmanöver erwiesen – « à cette violence seule la violence pouvait répondre, des Algeriens ont pris les armes » [630]. Die Existenz

[627] Tribune libre Nr. 32, Juli 1958 (Aufsätze aus »France-Indépendante«), p. 81, 110.
[628] P. 135.
[629] *Rieber*, p. 320 f.
[630] L'Algérie n'est pas la France: Temps modernes Nov. 1955, p. 577.

einer Million Franzosen auf algerischem Boden brauchte nicht in Rechnung gezogen zu werden, da man diese mit dem kolonialen Ausbeutungssystem identifizierte und die revolutionäre Aktion zu dessen Beseitigung guthieß. Die Methode der Repression – insbesondere der Folterung – haben in der geistigen Auseinandersetzung selbstverständlich eine besondere Rolle gespielt und auch über die Linksseite hinaus eine Gewissenserforschung ausgelöst, mit einer Flut von Reportagen, Erlebnisberichten und scharfsinniger Auseinandersetzung mit dem Problem der Gewalt und des Terrors; der Terror des FLN hingegen wurde entweder bagatellisiert oder als Kampfmittel in der Revolution des Unterdrückten legitimiert. *Jean-Paul Sartre* hat ein offenes Bekenntnis zum Terror der Aufständischen abgegeben. Scharf war die Polemik gegen die sozialistische Partei, die das Proletariat verraten habe und Handlangerdienste für die Faschisten leiste.

Für die Radikalsozialisten und Sozialisten war es in der Tat schwierig, eine befriedigende Antwort auf die Herausforderung durch den Algerienkrieg zu geben. Bisherige Positionen erwiesen sich als überholt. Beide Parteien suchten nach einem Kompromiß, lavierten zwischen entgegengesetzten Positionen und wurden schließlich durch interne Fraktionskämpfe geschwächt.

Als der Aufstand losbrach, war *Mendès-France* Ministerpräsident, *François Mitterand* Innenminister. Ihre ersten Reaktionen sind bekannt: *Mitterand* unterschied am 5. November zwischen den nordafrikanischen Protektoraten und Algerien; mit den tunesischen und marokkanischen Nationalisten müsse und könne man verhandeln, bei den Aufständischen in Algerien jedoch « la seule négotiation c'est la guerre. L'Algérie c'est la France; des Flandres au Congo, une seule loi, une seule nation, un seul Parlement » [631]. Ebenso unmißverständlich erklärte *Mendès-France* am 12. November:

« On ne transige pas lorsqu'il s'agit de défendre la paix intérieure de la nation, l'unité, l'intégrité de la République. Les départements d'Algérie constituent une partie de la République française. Ils sont français depuis longtemps et d'une manière irrévocable ... Jamais la France, aucun Gouvernement, aucun Parlement français, quelles qu'en soient d'ailleurs les tendances particulières, ne cédera sur ce principe fondamental. » [632]

Damit war eine klare Ausgangsposition bezogen. Indem man Algeriens Status als den eines untrennbaren Teils des nationalen Territoriums bestätigte und die Existenz eines algerischen Nationalismus leugnete (was den Nordafrika-Kenner *Ch. A. Julien* zu einer Replik veranlaßte [633]), schloß man Verhandlungen mit den Aufständischen aus und verlegte sich auf eine repressive Unterdrückung. Für die Reformer *Mendès-France* und *Mitterand* galt es, die muselmanische Bevölkerung mit anderen Mitteln »zurückzugewinnen«. Verschiedene Maßnahmen dazu – freie Wahlen im Sinne des Algerien-Statutes, Zugang der Muselmanen zu den Ämtern, zahlreiche Verwaltungsreformen, energischer Einsatz im wirtschaftlichen und sozialen Bereich – waren von ihnen bereits

[631] Le Monde 6. 11. 1954.

[632] J. O. Assemblée Nationale, p. 4961.

[633] « Il serait temps d'envisager quelques mesures simples et efficaces. *M. Mitterand* a tort d'affirmer qu'il ne doit pas y avoir de nationalisme algérien. Le nationalisme est la forme comprimée du patriotisme. Du moment qu'il existe des frontières il est impossible que les aspirations à la liberté et à l'égalité ne puissent pas se traduire sous une forme nationale. » Témoignage Chrétien 12. 11. 1954, zit.: *Claude Extier,* La Gauche hebdomadaire 1914–1962 (Reihe Kiosque), 1962, p. 209.

vor dem 1. November postuliert worden [634]; eine Wandlung in der Geisteshaltung des Mutterlandes schien besonders dringlich zu sein, um die bisherigen Versprechen glaubwürdig zu machen. Der *Mendès-France* nahestehende « Express » wandte sich am 13. November gegen die « complexes d'infériorité des intellectuels de gauche à l'égard du messalisme » und meinte:

« Il y a encore quelques chances de faire des peuples européen et musulman en Algérie une communauté française... Si l'on proclame l'Algérie française, il ne faut pas traiter les Français musulmans comme des musulmans quand il s'agit de leurs droits, et comme des Français quand il s'agit de leurs devoirs... Ou bien on donnera tout son contenu au titre de citoyen français octroyé aux indigènes, on facilitera leur accès aux responsabilités politiques et aux fonctions publiques. Ou bien ils chercheront l'indépendance... » [635]

Im Unterschied zu den Algerienfranzosen und den Rechtsparteien des Mutterlandes, die zunächst nur die Wiederherstellung der »Ordnung« im Auge hatten, glaubte *Mendès-France*, militärische, politische und wirtschaftliche Maßnahmen gleichzeitig fördern zu können; als Ziel der Reformpolitik in Algerien wurde die Integration proklamiert. Man war sich zwar der Unklarheit des Begriffes bewußt geworden, und später ist sogar ein eigener Ausschuß eingesetzt worden, um ihn zu definieren (!) [636], aber offenbar stand kein anderer zur Verfügung, wenn man die Möglichkeit eines autonomen algerischen Staates ausschließen wollte. Man konnte zwar im Sinne des Status administrative Dezentralisation gewähren, mußte sich aber in erster Linie um eine konsequente Angleichung der beiden Gemeinschaften bemühen, nicht ohne daher den Muselmanen im Erziehungswesen, in der Verwendung der arabischen Sprache u. a. entgegenzukommen. Eine solche Politik konnte aber, wenn überhaupt, nur langsam Früchte tragen. War sie nach Ausbruch des Aufstandes noch möglich und gegen den offenen oder verdeckten Widerstand der Algerienfranzosen durchzusetzen?

Der maßgebliche Repräsentant einer Integrationspolitik wurde *Jacques Soustelle*, den *Mendès-France* im Januar 1955 zum Generalgouverneur ernannt hat. *Soustelle*, der in der Zwischenkriegszeit zur intellektuellen Linken gehört hatte, sich 1940 *de Gaulle* anschloß und nach 1946 Führer der gaullistischen Partei wurde, war mit den traditionellen Kategorien »rechts« und »links« schwer zu fassen und muß wohl in erster Linie als Nationalist begriffen werden. Da er im « Express » die Inaktivität der Regierung heftig angegriffen hatte und für Reformen eingetreten war, erschien er den Siedlern zunächst als Mann der Linken und stieß auf mißtrauische Ablehnung [637]. Die Integration, die der Nachfolger von *Mendès-France*, *Edgar Faure*, zum Regierungsprogramm erklärt hatte [638], wurde von ihm in mehreren Ansprachen erläutert und zu Ende seiner Amtszeit im Memorandum vom 7. Januar 1956 dargelegt. Algerien sollte seine Origi-

[634] *Münchhausen*, p. 149 f.

[635] Zit. in La Gauche hebdomadaire, p. 210.

[636] *Münchhausen*, p. 182, 185.

[637] Vgl. *Soustelles* eigenen Bericht: Aimée et souffrante Algérie, 1956.

[638] »Unser Ziel ist es, innerhalb kurzer Zeit zu einer vollständigen Integration Algeriens zu gelangen, zu einer Integration, die seine eigene Originalität und Persönlichkeit auf Gebieten wie der Sprache und der Religion respektieren wird, die aber allen Einwohnern ohne Diskriminierung der Rechte und Pflichten, die Gelegenheiten und Verpflichtungen zuerkennen wird, die sich mit der Qualifikation der französischen Bürger verbinden.« Keesing's Archiv der Gegenwart, 1. 10. 1955.

nalität behalten, aber nur als Provinz Frankreichs; das Generalgouvernement sollte abgeschafft, die algerische Versammlung aufgelöst werden; allgemeines und gleiches Wahlrecht und vor allem das Collège unique würden die muselmanische Bevölkerung der europäischen gleichstellen und ihr eine starke Vertretung im Parlament sichern [639]. Das war in der Tat eine konsequente Integration, wie sie bis dahin auch von links nicht postuliert worden war, insofern sie die bisherige Privilegierung der Europäer beseitigte und die muselmanischen Algerier mit den Franzosen der Metropole gleichstellte. Diese Version der Algérie française brachte zudem den nationalen Anspruch *Soustelles* in Einklang mit seinem Reformwillen und erlaubte es, sowohl gegen die Anhänger des Status quo als auch gegen jede « politique d'abandon » aufzutreten.

Soustelles Reformpläne sind denn auch zunächst auf den Widerstand der Algerienfranzosen gestoßen.« L'annoce des réformes donne les plus grands espoirs aux agitateurs », erklärte General *Aumeran* als Abgeordneter Algers. Der Generalgouverneur wurde jedoch gleichzeitig mit der « réalité algérienne » konfrontiert, und unter dem Eindruck der FLN-Massaker mußte er die militärische Repression in den Vordergrund rücken; da auch die gemäßigten algerischen Nationalisten – nicht zuletzt unter dem Druck des FLN-Terrors – die Integration ablehnten, wurde *Soustelle* mehr und mehr mit seiner Politik der « Algérie française » zum Sprecher der Siedler, die ihrerseits die Integration als Parole aufnahmen, um einer Politik der Verhandlungen eine Alternative entgegenzustellen. Unterdessen hatten sich allerdings die Wege von *Mendès-France* und *Soustelle* getrennt. Die Mendesisten – vor allem auch der « Express » – gaben die Konzeption der Integration auf und lenkten schrittweise auf eine Politik der Verhandlungen ein. Ein « interlocuteur valable » müsse sich aus freien Wahlen ergeben, selbst auf die Gefahr hin, daß Nationalisten gewählt würden; mit ihnen solle dann das weitere Vorgehen und die Neuordnung Algeriens innerhalb eines noch unklaren Autonomiestatutes ausgehandelt werden [640]. « Regagner la confiance perdue » stand wiederum im Zentrum einer « Note sur l'Algérie » vom Februar 1956 [641]. *Mendès-France* schlug daher eine Amnestie, Freiheit der Presse, Säuberung des Beamtenapparates, Expropriation des Großgrundbesitzes, Anhebung der Löhne für Muselmanen, Zusage finanzieller Hilfe vor, um die Interessengemeinschaft deutlich zu machen und « cette coopération réciproquement nécessaire » zu erzielen. Die entscheidende Frage, ob mit dem FLN verhandelt werden solle, blieb allerdings unbeantwortet: was sollte geschehen, wenn die Algerier die Wahlen sabotierten und die Anerkennung eines unabhängigen algerischen Staates weiterhin als conditio sine qua non forderten? War *Mendès-France* bereit, über die 1956 lancierte föderative Lösung hinauszugehen [642]?

Damit ist gleichzeitig auch die Problematik der sozialistischen Algerienpolitik umrissen. Die Front Républicain hatte die Wahlen vom 2. Januar 1956 gewonnen, und zwar mit Algerien-Thesen, die denjenigen der Mendesisten entsprachen. Sie wollte zwar den « guerre imbécile et sans issue » (*Guy Mollet*) beenden und wurde darin von « Témoignage Chrétien » und « France-Observateur » unterstützt, war aber nicht be-

[639] Aimée et souffrante Algérie, p. 36, 93 f., 108 f., 246.

[640] Auf dem Parteikongreß der Radikalsozialisten im Nov. 1955. Programme d'action, Algérie. Exposé de PFM. 3–6 Nov. 1955.

[641] Cahiers de la République 1956/1.

[642] Sauver l'Algérie française. Le dossier du parti radical 1955–1957, hg. v. der Partei, p. 24 f.

reit, sich mit der extremen Linken zu verbinden, da sie nicht als « parti de l'abandon » erscheinen wollte. Die SFIO akzeptierte weder ein Recht auf Ablösung und den FLN als alleinigen Sprecher der Muselmanen, noch die Integration im Sinne *Soustelles.* Die Sozialisten konnten an Thesen der Zwischenkriegszeit anknüpfen, wenn sie – an sich ja durchaus mit einigem Recht – auf die wirtschaftlich-sozialen Probleme auswichen und auf die Problematik der Unabhängigkeit, mit der allein diese Schwierigkeiten auch nicht ausgeräumt werden könnten, verwiesen. *Mollet* erklärte noch auf dem Parteikongreß von 1957:

« L'indépendance ne résoud rien ni pour les européens balayés par un état religieux, ni pour les musulmans tombant sous la direction d'une dictature féodale(!) ... Il est faux que les socialistes aient proclamés un prétendu droit des peuples à disposer d'eux-mêmes sans réserves ... Le droit du peuple algérien existe dans la mesure où il ne viole pas le droit d'autres peuples (gemeint sind die französischen Siedler) ... Le seul problème à résoudre en Algérie est de permettre que deux peuples d'origines différentes coexistent sans se déchirer.» [643] In der Investiturrede *Mollets* vom 31. Januar 1956 heißt es denn auch: « C'est donc maintenir et renforcer l'union indissoluble entre l'Algérie et la France métropolitaine ... C'est en même temps reconnaître et respecter la personnalité algérienne et réaliser l'égalite politique totale de tous les habitants de l'Algérie. » [644]

Wie *Mendès-France* forderte auch *Mollet* wirklich freie Wahlen mit dem Collège unique – begleitet von Verwaltungsreformen und wirtschaftlicher Hilfe –, um so die « discussion » über ein zukünftiges Algerienstatut zu eröffnen. Ziel war eine Demokratisierung Algeriens, das offenbar eine erweiterte Autonomie – mit legislativen und exekutiven Kompetenzen – erhalten sollte, um der « personnalité algérienne », d. h. der muselmanischen Bevölkerung gerecht zu werden, ohne die Siedler zu vertreiben.

Die Politik *Mollets* nach dem 6. Februar und die Haltung seines Algerien-Ministers *Lacoste* sind innerhalb des Front Républicain und innerhalb der sozialistischen Partei auf heftige Kritik gestoßen. *Mendès-France* trat aus der Regierung aus und fand Gefolgschaft in einer Gruppe wichtiger sozialistischer Politiker (*Daniel Mayer, André Philipp, Gaston Defferre*), die auf den Parteikongressen Sonderresolutionen einbrachten und den Ministerpräsidenten der eigenen Partei zum Kurswechsel zu zwingen versuchten; sie haben jedoch die Führungsposition *Mollets* nicht ernsthaft gefährden können und wurden schließlich aus den Führungsgremien der Partei ausgeschlossen [645]. Die Auseinandersetzung, die auch in der « Revue socialiste » ausgetragen wurde [646],

[643] Bericht in Le Populaire 1. 7. 1957. Der Sekretär der Eisenbahnergewerkschaft (CGT–FO) hielt einem algerischen Gewerkschaftler entgegen, es sei falsch « prétendre que la lutte de l'Algérie pour l'indépendance nationale est intimement liée à la libération du peuple algérien ». Die französische Arbeiterschaft würde auf seiten der Algerier stehen, wenn sie « avaient conscience qu'en donnant l'indépendance à l'Algérie, le peuple algérien jouirait d'un mieux être ... Mais le sentiment qu'éprouve le travailleur français, c'est de voir le travailleur algérien se débarassant de certains maîtres pour retomber sous le joug d'une féodalite indigène » (1956). Zit. *Georges Fischer,* Syndicats et décolonisation, in: Présence africaine Oct. 1960, p. 32.

[644] Zit. *Münchhausen* p. 241.

[645] *Daniel Ligou,* Histoire du Socialisme en France 1871–1961, 1962, p. 616 ff.

[646] *Jean Ries,* Sekretär der Fédération von Tunis, bringt 1957 in seinem Aufsatz L'Heure de la lucidité I, Perspectives socialistes en Afrique du Nord II beinahe sämtliche Argumente der kolonialen Rechten vor! Im Jahrgang 1958 widersprechen mehrere Autoren, *Ries* nochmals 1958.

bezog sich allerdings weniger auf die Endzielvorstellungen [647] als auf die im Moment viel wichtigere Methode des Vorgehens und die Möglichkeiten einer baldigen Beendigung des blutigen Krieges: Wann und mit wem sollte verhandelt werden? Während die parteiinterne Opposition die sofortige Aufnahme von Verhandlungen forderte, in der Hoffnung, dadurch repräsentative Gruppen der algerischen Nationalisten, wenn nicht sogar den militärisch geschwächten FLN zum Einlenken bewegen und eine Kompromißlösung ermöglichen zu können, bestanden *Mollet* und *Lacoste* auf einem Waffenstillstand – also faktisch auf der Kapitulation des FLN – und wollten erst dann in politische Verhandlungen eintreten. *Guy Mollet* hatte zudem am 6. Februar die entschlossene Haltung der Algerienfranzosen selbst erlebt und glaubte vorsichtig lavieren und der Armee weitgehend freie Hand lassen zu müssen, um nicht einen Putsch der Siedler und der Armee auszulösen. Die nachfolgenden Regierungen, die parlamentarisch auf Unterstützung von rechts angewiesen waren, gingen von ähnlichen Voraussetzungen aus. Paris geriet immer mehr in Abhängigkeit von Algerien und konnte schließlich den Umsturz doch nicht verhindern.

Der Versuch Frankreichs, die Dekolonisation seines Überseebereichs innerhalb des eigenen Staatenverbandes zu vollziehen, hatte in Algerien zweifellos seine besondere Berechtigung; im Hinblick auf die Siedler schienen andere Wege gar nicht denkbar, sie blieben außerhalb der Diskussion und wurden nur von den Kommunisten und einigen Linksintellektuellen – und auch sie gingen nur langsam auf diese Positionen ein – postuliert. Wenn aber die Forderung eines Rechts auf Unabhängigkeit und auf einen eigenen Staat Tabu war und bleiben mußte, ergab sich als Alternative nur die volle Integration, wie sie am konsequentesten von *Soustelle* vertreten wurde. Die Sozialisten etwa haben einen Kompromiß gesucht, nämlich in einer algerischen Autonomie, die in sich voll demokratisiert wäre, aber innerhalb des französischen Staatsverbandes verbleiben würde. Ob es aber gelungen wäre, mit einer dieser »Lösungen« – sofern man sie rechtzeitig und konsequent realisiert hätte – den algerischen Nationalismus aufzufangen, kann nicht beantwortet werden; so oder so jedoch mußte sich die europäische Minderheit bedroht fühlen und eine Emanzipation der Algerier zu verhindern suchen. Dies ist ihr lange Zeit weitgehend gelungen. In den Jahren 1957–1958 stand Frankreich schließlich vor der unangenehmen Alternative, entweder den Krieg mit großem Einsatz und großen Verlusten fortzusetzen, mit wenig Aussicht auf einen eigentlichen »Sieg« und einer sehr vagen, wenn nicht illusionären Hoffnung, die Algérie française retten zu können, oder aber die Möglichkeit eines unabhängigen Algeriens zu akzeptieren, in der nicht weniger vagen – und sich in der Folgezeit als weitgehend ebenso illusionär erweisenden – Hoffnung, in bilateralen Verhandlungen die Interessen der Siedler im künftigen Algerien aufrechterhalten zu können. Die eine Alternative stand im Mittelpunkt der Auseinandersetzungen und wurde von der Administration, den

[647] Z. B. *Defferre:* « Il propose la négociation accompagnée d'un changement de méthodes et mêmes d'objectif. Celui-ci doit être l'élaboration d'un statut de très large autonomie instituant la création d'un gouvernement et d'un parlement algérien ... Tout le monde, en principe, est opposé à l'abandon ... La vraie politique de présence française est celle qui permet, grâce à des réformes amenées à temps, de rétablir la fraternité entre autochthones et Européens ... L'indépendance de l'Algérie ne répond pas à la situation particulière de ce pays. Elle ne répond pas non plus à l'intérêt véritable des populations. » Bericht über den Parteikongreß in: Le Populaire, 29. 6. 1957.

Algerienfranzosen und der Armee vertreten. Zur anderen gelangten neben der Gruppe um *Mendès-France* und einigen dissidenten Sozialisten zwei der einflußreichsten Publizisten Frankreichs: *Maurice Duverger* und *Raymond Aron*. Beide waren mit der traditionellen Parteiterminologie nicht zu fassen, und beide bemühten sich, auch eine Frage wie die algerische einer bloß französischen Perspektive zu entziehen und einem weltpolitischen Horizont einzuordnen.

Duverger ging in seinem stark beachteten Artikel in « Le Monde » vom 25. Januar 1957 vom Beispiel Englands aus, das im 18. Jahrhundert die Emanzipationsbewegung seiner amerikanischen Kolonien nicht rechtzeitig erkannt, dann aber daraus gelernt und in der Folgezeit Unabhängigkeit im Rahmen des Commonwealth gewährt habe. Indochina komme ein entsprechender Erfahrungswert zu:

« La question n'est pas de savoir si l'on est pour ou contre l'Algérie française... il s'agit de savoir si cette forme d'Algérie française est viable. Cette question-là est réglée. Le mouvement de libération nationale qui remue l'Afrique et l'Asie est irréversible. Les anciennes colonies se transforment tôt ou tard en Etats nationaux... la seule question véritable est celle des liens que ces nouveaux Etats conservent avec les ex-métropoles. »

Frankreich stehe vor der Entscheidung, entweder noch einige Jahre lang veraltete Strukturen aufrechtzuerhalten, oder rechtzeitig neue zu errichten « dans le cadre d'un Commonwealth français ». Die öffentliche Meinung sei der Herausfordernung »Dekolonisation« noch nicht gewachsen und ziehe es vor, als Sündenböcke Rußland, Großbritannien, Ägypten u. a. für die eigenen Schwierigkeiten verantwortlich zu machen; die zahlreichen Enttäuschungen hätten einen Minderwertigkeitskomplex erzeugt, der sich nun in einem verkrampften Nationalismus entlade... *Duverger* äußert sich nicht näher über seine Art »Lösung« und zeigt sich reichlich optimistisch, analysiert aber die französischen Reaktionen richtig und verweist seine Landsleute eindringlich auf das weltweite Phänomen der kolonialen Emanzipation, die bisherige Thesen als obsolet erscheinen lassen. Ganz ähnlich wie *Duverger* argumentiert auch der bekannte Nationalökonom aus dem *Mendès-France*-Kreis, *Alfred Sauvy* [648].

Viel wichtiger war das Erscheinen von « La tragédie algérienne » *Raymond Arons* im Juni 1957. Mit der dem Verfasser eigenen Brillanz werden die Tabus, Thesen und angeblichen Alternativen der bisherigen Algerienpolitik in Frage gestellt. Frankreich müsse sich mit einem algerischen Staat vertraut machen: die Integration sei allein schon demographisch nicht möglich, da die muselmanische Bevölkerung rapid zunehme und eine proportionale Vertretung im Parlament das ohnehin schwache Regime ruinieren werde – von den wirtschaftlich-sozialen Problemen ganz abgesehen. « Indépendance » sei ein magisches Wort geworden. Die Regierungsthese – zuerst Waffenstillstand, dann freie Wahlen – möge liberal klingen, gehe aber an der Problematik vorbei, insofern als diese Wahlen wahrscheinlich den Nationalisten eine Mehrheit sichern werden. Wahlen oder direkte Verhandlungen, Autonomiestatut oder ein anderer

[648] Au sud rien de nouveau, in: Le Monde 11. u. 14. 5. 1957. « L'émancipation des peuples qui n'ont pu être suffisamment assimilés est dans la ligne la plus sûre de l'histoire et ne fait que suivre le processus d'affranchissement dont nous avons pris la tête en 1789. » Der Slogan »perdre l'Afrique« entspreche einer malthusianischen Geisteshaltung, nicht aber einem sich erneuernden Frankreich. « Une forme de domination de peuples est morte, tant pour des raisons économiques que politiques. La révolte de certains pays n'est que l'effet de notre retard à comprendre une situation nouvelle. »

Kompromiß würden so oder so zur Unabhängigkeit führen, da nach den Präzedenzfällen in Tunesien und Marokko kein anderer Ausweg mehr denkbar sei. « Les liens avec l'Algérie ne sont pas indissolubles. En reconnaissant la personnalité algérienne, on cesse d'exclure l'Etat algérien. En reconnaissant l'Etat algérien on n'exclut plus l'indépendance de l'Algérie »[649]. Die wirtschaftliche Argumentation sei nicht stichhaltig, da der eventuelle Verlust des algerischen Marktes verschmerzt und die Investierungsmittel in der Metropole eingesetzt werden können; Holland habe ein Beispiel wirtschaftlicher Anpassung geliefert. Daß die Algerienfranzosen das eigentliche Problem darstellen, weiß natürlich auch *Aron*; er glaubt auf dem Verhandlungswege einiges erreichen zu können, im Notfalle aber bleibe nur noch eine vom Staat bezahlte Rücksiedlung der europäischen Bevölkerung. Algerien kann für *Aron* auch nicht mehr den Ausweis einer Großmachtposition liefern, denn

« la grandeur de puissance, la France ne la possède plus, elle ne peut plus la posséder... C'est par le refus de reconnaître les conditions de la richesse de l'avenir, de la grandeur que les Français risquent de précipiter leur décadence »[650].

Die Bedeutung dieser Schrift lag einmal in der Konsequenz, mit der *Aron* bisherige Tabus sprengte, zum anderen – und vor allem – in der Tatsache, daß hier kein engagierter Linksintellektueller, sondern ein prononcierter Antikommunist und um sachliche Argumente bemühter Soziologe und Politologe auf die « liens indissolubles » mit Algerien verzichtete und die Anerkennung eines unabhängigen algerischen Staates als unumgänglich erachtete – nicht aus Sympatie zum FLN oder im Zeichen einer Revolutionsideologie, sondern als nicht zu umgehende, wenn auch schmerzliche Konsequenz einer weltpolitischen Konstellation. *Aron* hat sozusagen den « abandon » auch im Lager der Rechten spruchreif gemacht, wobei, ähnlich wie im Falle Schwarzafrikas, dem « Cartierismus » eine wichtige Rolle zukam.

Daß im Laufe des Jahres die wiederholten Versprechungen der Regierung, die militärische Pazifikation stehe unmittelbar vor dem Abschluß, an Glaubwürdigkeit verloren hatten und die Alternative einer Unabhängigkeit Algeriens diskussionsfähig wurde, zeigte auch ein »Bericht hoher Beamter«, der im Januar 1958 an die Öffentlichkeit gelangte[651]. Der FLN solle von den Verhandlungen nicht ausgeschlossen werden, da nur ein von dieser radikalsten Gruppe unterzeichnetes Abkommen einige Aussicht auf Bestand habe und nur so auch dessen Einfluß geschmälert werden könne. Frankreich solle einen algerischen Staat und die »Berufung zur Unabhängigkeit« anerkennen und unter Umständen eine Interimsregierung aus Muselmanen, Algerienfranzosen und Vertretern Frankreichs einsetzen: die Europäer in Algerien und die Algerier in Frankreich sollten eine doppelte Staatsangehörigkeit erhalten, eine gemeinsame Verteidigungsorganisation könne primäre französische Interessen garantieren. Ähnlich lautete die Stellungnahme einer Reihe von Professoren[652].

[649] P. 32.
[650] P. 72.
[651] *Oppermann*, p. 123 f. *Münchhausen*, p. 328.
[652] Bericht in Le Monde vom 20. 3. 1958. Nachdem die Gelegenheit zur vollen Integration vertan worden sei und Marokko und Tunesien bereits unabhängig sind, sei es illusionär, von etwas anderem als der künftigen Unabhängigkeit Algeriens auszugehen. Entweder gewährt Frankreich diese Unabhängigkeit in Verhandlungen oder Algerien wird sie sich mit

Solche Thesen mußten den Algerienfranzosen und den mutterländischen Exponenten einer « Algérie française » als defaitistische und verräterische Haltung erscheinen. *Jacques Soustelle* hat *Aron* mit der Streitschrift « Le drame Algérien et la décadence française » geantwortet, die bereits im Titel den polemischen Ansatz deutlich macht[653]: *Aron* gebe sich objektiv, verkenne aber das algerische Problem vollständig; es sei eine fragwürdige und moralisch unhaltbare Position, eine Provinz aufgeben zu wollen, wenn sie der Nation mehr koste als einbringe, auf einen Transfer der Bevölkerung einzuwilligen und den Verlust der Heimat mit Geld abgelten zu wollen; wie könne man von Kolonialismus sprechen, wo doch alle Einwohner französische Bürger seien; was soll mit den zahlreichen Muselmanen geschehen, die sich für Frankreich entschieden hätten und an dessen Seite kämpften? *Aron* liefere sie offenbar ohne Wimpernzucken dem FLN-Terrorismus und dem Hunger aus, « c'est cela qu'on ose de présenter comme la sagesse et même du courage »[654]. Für *Soustelle* ist aber die nationale Perspektive entscheidend. Vehement wendet er sich gegen *Arons* These eines kontinentalen Frankreich und einer Beschränkung auf das « Hexagone européen ». Die Sahara eröffne neue Möglichkeiten, sich aus der amerikanisch-arabischen Abhängigkeit zu befreien; nach dem Verlust Indochinas, Tunesiens und Marokkos müsse Algerien gehalten werden, denn

> « au delà d'une certaine dose il y a danger de mort ... abandonner l'Algérie, c'est condammer la France à la décadence; sauver l'Algérie c'est donner le coup d'arrêt à l'affreux processus de dégradation, c'est rendre à notre pays, à son peuple, à sa jeunesse leurs chances et leur avenir. »[655]

Die Thesen *Arons* und *Soustelles* zeigen in deutlicher Ausprägung nicht nur zwei ganz verschiedene Temperamente und entgegengesetzte Konzeptionen einer Algerienpolitik – die ohne Rücksicht auf die parlamentarischen Möglichkeiten formuliert wurden, sondern auch die Divergenzen des nationalen Selbstverständnisses, wie sie für das Frankreich nach 1945 bestimmend gewesen sind und sich in der Algerienfrage zuspitzten: Das von der Niederlage 1940 schwer getroffene Land ging an seinen Wiederaufbau und leitete einen Modernisierungsprozeß ein, stellte aber gleichzeitig auch die Frage nach der « grandeur » im machtpolitischen Bereich. Was aber hieß « grandeur » nach dem Zweiten Weltkrieg? Konnte ein Frankreich, das sich der »demütigenden« Abhängigkeit von den Vereinigten Staaten bewußt war, seinen »Kolonialbesitz« einfach aufgeben und sich am Ende sogar von terroristischen Nationalisten eine »Provinz«, einen von jeher integrierten Teil des nationalen Territoriums entreißen lassen? War die Billigung eines solchen Verlustes nicht der Ausweis für politische wie moralische Dekadenz?

Gewalt und ohne Frankreich erringen ... Als Verhandlungsbasis müsse daher das Recht auf Unabhängigkeit akzeptiert werden und ebenso die Anerkennung des FLN als wichtigstem Sprecher der Muselmanen. Auf dieser Basis werden auch die Nationalisten bereit sein, die Rechte und Interessen, vor allem eine faire Behandlung der Siedler, zu gewährleisten. Das Dokument ist unterzeichnet von mehreren Professoren des Collège de France und der Sorbonne.

653 Tribune libre, 6. Aug. 1957. Daraufhin wiederum *Aron* mit L'Algérie et la République, Tribune libre Nr. 33, Juli 1958.

654 P. 45.

655 P. 68 f.

Oder aber die « grandeur » und das nationale Interesse mußten neu interpretiert werden. *Aron* und *Duverger* sahen die noch verbleibenden Chancen Frankreichs in dessen Bereitschaft, sich von einem engen und nationalen Souveränitätsdenken zu lösen und sich auf die Interdependenz der modernen Welt einzustellen; dies aber hieß, die Dekolonisationen rechtzeitig zu akzeptieren, die wirtschaftliche und soziale Erneuerung im Innern voranzutreiben und neue Formen der « grandeur » und der « présence française dans le monde » zu suchen.

Die Vierte Republik war an der algerischen Frage gescheitert. General *de Gaulle* aber hat sich die Rückkehr zur Macht mit Hilfe der Armee und der Putschisten Algers erkämpft. Die algerische Frage einer »Lösung« entgegenzuführen, wurde zu seiner dringlichsten und schwierigsten Aufgabe. *De Gaulle* hatte den Immobilismus des »Systems« angeprangert und eine Erneuerung Frankreichs in Aussicht gestellt, hatte aber kaum je konkret zur Zukunft Algeriens Stellung bezogen oder eine eigene Konzeption erläutert. Die Haltung des Generals in den Jahren 1958–1961, die uns hier interessiert, ist nicht leicht aufzuzeigen, da zwischen den eigentlichen Absichten, offengehaltenen Möglichkeiten und Täuschungs- oder Verschleierungsmanövern schwer abzugrenzen ist, zumal *de Gaulle* zwar zahlreiche und lange Reden hielt, sich in den entscheidenden Äußerungen aber « sibyllinisch » gab, so daß die von ihm geprägten Formeln divergierende Interpretationen zuließen [656].

Die ersten Verlautbarungen nach der Machtübernahme haben einen integrationistischen Klang und erinnern an die Thesen *Soustelles.* In einer Ansprache in Alger sprach *de Gaulle* am 4. Juni von den « Français à part entière »: in Algerien gebe es fortan nur noch Franzosen mit gleichen Rechten und Pflichten, die alle im angekündigten Verfassungsreferendum wahlberechtigt sein würden, und zwar « dans un seul et même collège »; mit den so gewählten Abgeordneten « nous verrons comment faire le reste » [657]. Algerien wird gleichzeitig als « organiquement une terre française aujourd'hui et pour toujours » bezeichnet [658]; seine Bevölkerung kann denn auch nicht wie diejenige der afrikanischen Territorien im Referendum die Unabhängigkeit wählen – ein « Oui » soll als Bereitschaft zur Erneuerung « dans le cadre français » interpretiert werden, während die Möglichkeit eines « Non » überhaupt nicht in Erwägung gezogen wird [659]. Die unter dem Schutz der Armee durchgeführte Abstimmung, aber auch die Wahlen zur Nationalversammlung vom 13. Dezember fielen trotz FLN positiv für Frankreich aus [660] und verschafften *de Gaulle* eine Ausgangsbasis für das weitere Vorgehen.

Der General verwirklichte zunächst also das, was bis dahin wohl angekündigt worden war oder proklamierten Bestrebungen konsequenterweise entsprochen hätte: volles Wahlrecht der Muselmanen ohne Rücksicht auf das Personalstatut, Collège unique,

656 Außer *Münchhausen* auch *Thomas Oppermann,* Die Endphase des Algerienkonfliktes 1929–1962, in: Zeitschrift für ausländisches öffentliches Recht und Völkerrecht, Bd. 23, 1963/1. *Louis Terrenoire,* De Gaulle et l'Algérie, 1964. *Robert Buron,* Carnets politiques de la guerre d'Algérie, 1965.

657 *André Passeron, De Gaulle* parle, 1962, p. 150 f.

658 6. Juni, *Passeron,* p. 154.

659 29. August, *Passeron,* p. 164 f.

660 P. 167, 80 % der eingeschriebenen Wähler haben gewählt, davon 90 % Oui.

starke parlamentarische Vertretung (60 Abgeordnete!) mit muselmanischer Mehrheit. *De Gaulle* ging also weit über das Algerienstatut von 1947 hinaus und holte in gewisser Hinsicht nach, was die innerlich schwache Vierte Republik versäumt oder gegen den Widerstand der Algerienfranzosen nicht hatte durchsetzen können! Diese Reformen schienen auf eine Integration im Sinne *Soustelles* zu zielen, entsprachen aber faktisch viel mehr der sozialistischen Konzeption; denn *de Gaulle* hat es trotz vielseitiger Aufforderung bewußt vermieden, die Parole « Algérie française » [661] aufzunehmen und sich offen zur Integration zu bekennen – was zu den immer schärfer werdenden Friktionen zwischen General *de Gaulle* und den Algerienfranzosen Anlaß gab. Er wollte sich offenbar einen anderen Weg offen halten; Ziel war nicht die bloße Integration Algeriens in das Mutterland, sondern ein anderes neues Algerienstatut: volle Gleichberechtigung und Demokratisierung in Algerien als Voraussetzung für eine Autonomie, die den Muselmanen ihren Anteil an der Regierung und Verwaltung sicherte, ohne die französischen Interessen zu beeinträchtigen und ohne Algerien aus dem « cadre français » herauszulösen.

Um die Basis für diese Lösung zu schaffen, bezeichnete General *de Gaulle* – zum großen Erstaunen und Ärger sowohl der Algerienfranzosen wie der Armee – den Kampf der Aufständischen als « courageux » [662]; und wenn er auch die Aktionen der Armee mit Energie vorantrieb, so wollte er doch den Weg zur Versöhnung und zum Waffenstillstand nicht versperren in der Hoffnung, den FLN zu einer Minderheit stempeln oder gar zum Schweigen bringen zu können. Gleichzeitig distanzierte er sich deutlich vom « Comité du salut public », leitete eine Säuberung der Verwaltung ein und ersetzte im Dezember den Generaldelegierten *Salan* durch einen Zivilisten. Gleichen Zielen diente auch der am 3. Oktober 1958 angekündigte « Plan de Constantine » für die wirtschaftliche Entwicklung Algeriens, der ebenfalls Versäumtes aufholen und eine neue Vertrauensbasis zur muselmanischen Bevölkerung schaffen sollte.

In den Direktiven für die Wahlen betonte *de Gaulle* die Freiheit der Parteien und die Notwendigkeit einer « véritable compétition », da nur sie das politische Vakuum fülle und die effektiven politischen Kräfte hervortreten lasse [663]; der Staatschef war bereit, wenn nicht dem FLN, so doch den anderen nationalistischen Organisationen eine Mitwirkung an den Wahlen zu ermöglichen. Am 23. Oktober ging er zudem auf die einige Tage zuvor von *Ferhat Abbas* bekannt gegebene Bereitschaft zu einem Waffenstillstand ein und prägte die sensationell wirkende Formel einer « paix des braves », die die Aufständischen mit einem Niederlegen der Waffen erhalten könnten [664]; auf die politischen Verhandlungen wollte *de Gaulle* allerdings noch nicht eingehen. Er sprach hingegen von der « personnalité » Algeriens, das in einer « association étroite » mit Frankreich einer neuen Zukunft entgegengehen könne [665]. Diese Begriffe und Formeln stießen bei den Algerienfranzosen auf heftigen Widerspruch, da sie von der Inte-

[661] »Vive l'Algérie française« hat er ausnahmsweise verwendet, *Passeron*, p. 156.

[662] Bereits in der ersten Ansprache vom 4. Juni: »un combat dont je reconnais moi, qu'il est courageux.« P. 152.

[663] *Passeron*, p. 173.

[664] P. 175.

[665] « Je crois que les solutions futures auront pour base la personnalité courageuse de l'Algérie et son association étroite avec la métropole française. » *Passeron*, p. 176

gration einer « Algérie française » abrückten und auch nicht mehr von Algerien als eine « terre française » auszugehen schienen; Algerien wurde auch bereits deutlich gegen die Metropole abgesetzt [666]. Die Thesen blieben aber vage und bezogen sich auch auf ein von Frankreich geführtes und beherrschtes Ganzes. In auffallender Diskrepanz zu diesen Formulierungen, die auf einen Status des »assoziierten Staates« hinauszulaufen schienen, hat Premierminister *Michel Debré* auf seine Integrationsthesen noch nicht verzichtet [667].

Im Jahre 1959 hat *de Gaulle* die »Pazifikation« weitergeführt, die Armee für seine Politik zu gewinnen versucht und dann mit seiner Erklärung vom 16. September den entscheidenden Schritt zur Lösung des algerischen Problems getan [668]. Mit den afrikanischen Staaten sei die Communauté errichtet worden, die algerische Frage aber harre noch immer der Antwort; die bisherigen Parolen hätten sich als steril erwiesen und eine Lösung sei nur zu erwarten « par les libres choix que les Algériens eux-mêmes voudront faire de leur avenir ... Compte tenu de toutes les donnés algériennes, nationales et internationales, je considère comme nécessaire que ce recours à l'autodétermination soit dès aujourd'hui proclamé ». In spätestens vier Jahren könnten die Algerier über ihr Schicksal in einem Referendum befinden, indem sie vor die Entscheidung gestellt würden, entweder die Sezession, volle Integration oder, als dritte Möglichkeit, ein « gouvernement des Algériens par les Algériens » zu wählen, « appuyé sur l'aide de la France et en union étroite avec elle, pour l'économie, l'enseignement, la défense, les relations extérieures ». Mit dieser Erklärung anerkannte Frankreich erstmals ein Selbstbestimmungsrecht der Algerier und damit ein Recht zur Ablösung: kein anderer als *de Gaulle* hatte somit auf die traditionelle und bis dahin beinahe als undiskutabel gehaltene Grundthese – Algerien als untrennbarer Teil des nationalen Territoriums – verzichtet! Er machte Ernst mit der « personnalité algérienne » und der Liquidierung der « Algérie de Papa » [669], die eben nicht einfach mit einer anderen französischen Provinz verglichen werden könne und sich eigenständig entwickeln müsse. Algerien wurde dabei, wenn nicht Tunesien und Marokko, so doch den afrikanischen Territorien angenähert und vor eine ähnliche Entscheidung gestellt: im Unterschied zum August 1958, als die Möglichkeit, sich im Referendum gegen Frankreich zu entscheiden, nur für Schwarzafrika galt, sollte künftig auch Algerien auf der Basis eines nationalen Selbstbestimmungsrechtes über sein Verhältnis zu Frankreich entscheiden können. Ganz ähnlich wie im Falle Schwarzafrikas im Jahre 1958 wies *de Gaulle* nun auch bei Algerien auf die Folgen einer Sezession hin: Die Unabhängigkeit sei möglich, bedeute jedoch den Rückzug der Franzosen aus Algerien und damit « une misérable, épouvantable et affreux chaos politique ». Die Assoziation mit Frankreich hingegen würde eine französische Hilfeleistung in der Periode des Aufbaus, andererseits aber auch die Abgabe oder die »gemeinsame« Ausübung gewisser Souveränitätsrechte bedeuten; die Konzeption der Communauté wurde damit – man hat dies in der Literatur viel zu wenig beachtet –, auf Algerien ausgeweitet. *De Gaulle*

[666] Dezember 1958, p. 180.
[667] Einige Zitate bei *Alain Savary*, Nationalisme algérien et grandeur française, Tribune libre, Nr. 54, Januar 1960, p. 137 f.
[668] *Passeron*, p. 201 f.
[669] P. 194.

machte im übrigen einige Einschränkungen: Die Entscheidung durch das Referendum sollte erst nach einer Übergangsfrist – nach Abschluß der militärischen »Pazifikation« – gefällt werden, um Frankreich die Möglichkeit zu geben, den extremen Nationalismus einzudämmen, und mit wirtschaftlicher Hilfeleistung eine profranzösische Stimmung zu schaffen. Die Sahara sollte Frankreich vorbehalten bleiben, im Falle der Sezession aber wurde ein « regroupement » » der Algerienfranzosen – also eine Teilung des Landes – oder die Rücksiedlung der Europäer ins Mutterland in Aussicht genommen.

General *de Gaulle* hat damit seine Position bezogen. Er hat das Selbstbestimmungsrecht akzeptiert, weil offenbar mit dem bisherigen System der Wahlen keine Lösung zu erwarten war und die internationale Verflechtung des Algerienproblems einen solchen Schritt notwendig zu machen schien: *de Gaulle* betonte zudem den nationalen Emanzipationswillen in Algerien und den weltgeschichtlichen Faktor der Dekolonisation, dem sich Frankreich nicht entziehen könne. Er konnte zudem mit einiger Berechtigung darauf hinweisen, daß militärisch die Schlacht gewonnen sei, daß aber andererseits mit den bisherigen Methoden und Parolen eine endgültige Befriedung, die Verhinderung eines neuen Aufstandes oder auch nur die Unterdrückung neuer Terror- und Sabotageaktionen nicht zu erreichen sei. Weitere Konzessionen drängten sich daher auf. Zunächst sollte aus den « négociations » nur ein Waffenstillstand, faktisch eine Kapitulation des FLN, hervorgehen, nicht aber ein politisches Abkommen; der FLN wurde auch nicht als alleiniger oder wenigstens als primärer Sprecher der algerischen Bevölkerung akzeptiert. Die Gespräche in Melun, Ende Juni 1960, bei denen Frankreich nicht mehr als seine Bedingungen vorbrachte, nicht aber »verhandelte«, sind jedoch gescheitert, so daß General *de Gaulle* einschwenken und nachgeben mußte. In Evian konnte die Anerkennung der FLN als Sprecher der Algerier nur noch notdürftig – durch die Einsetzung einer provisorischen Regierung – verdeckt werden. Aus der « Algérie algérienne », dem Gegenstück zur « Algérie française », wurde die « République algérienne » [670], und von einem autonomen, »föderativ mit Frankreich verbundenen« Algerien ohne Souveränität nach außen führte der Weg schließlich zum souveränen und unabhängigen Staat [671], der nur bilateral die Rechte der französischen Siedler u. a. zu garantieren versprach. Ton und Argumentation paßten sich entsprechend an: Wenn Frankreich vorher von seinen Rechten und Interessen ausgegangen war, so betonte es jetzt die lebenswichtige Bedeutung der französischen Hilfe für das unabhängige Algerien. In Analogie zu Schwarzafrika wurde nun gesagt: Algerien sei mehr auf Frankreich angewiesen als Frankreich auf Algerien; nur Frankreich könne Algerien die umfassende Finanzhilfe leisten, die es in Zukunft benötige [672]. Frankreich drohte mit seinem Rückzug und auch mit der Ausweisung der algerischen Arbeiter in der Metropole [673], um den

[670] Erstmals im Sept. 1960, *Passeron*, p. 266.

[671] Pressekonferenz 11. 4. 1961, *Passeron*, p. 287.

[672] « Ils décideront d'un destin algérien qui soit uni au destin de la France. Cela est utile à la France certes, mais cela est nécessaire à l'Algérie. La France est prête à apporter fraternellement son concours. » Juli 1960, *Passeron*, p. 243. Vgl. zudem die Ansprache vor Offizieren am 10. 12. 1960. *Terrenoire*, p. 209.

[673] *Passeron*, p. 250 f. Wiederum am 11. 4. 1961: « Si les populations algériennes veulent, en définitive, se laisser mener à une rupture avec la France, telle que nous n'ayons plus

FLN zum Nachgeben zu zwingen und möglichst weitreichende vertragliche Zusicherungen zu erhalten. Einige Abstriche an den ursprünglichen Erwartungen erwiesen sich aber als notwendig – selbst die Sahara, die Paris aus den Verträgen heraushalten sollte, mußte am Ende als Teil des algerischen Territoriums anerkannt werden; die Drohung mit einem « regroupement » und einer Teilung des Landes hat wenig Eindruck gemacht; Frankreich konnte auch die These, daß zwischen Waffenstillstand und Referendum eine bestimmte Frist liegen müsse, nicht aufrechterhalten und mußte auch das « préalable » des FLN, das Recht auf Unabhängigkeit, akzeptieren.

Man hat verschiedentlich behauptet, daß General *de Gaulle* ein unabhängiges Algerien von Anfang an gewollt oder doch als unvermeidbar in Kauf genommen habe; diese These basierte nicht zuletzt auf nicht bestätigten Äußerungen aus dem Jahre 1957, wo von der späteren Unabhängigkeit die Rede gewesen sein soll [674]. Je nach Standort konnte dies dann als staatsmännische Weitsicht oder als verräterischer Opportunismus und hinterhältiges Verhalten gegenüber seinen Freunden und gegenüber der Armee interpretiert werden. Wir möchten aber doch meinen, daß die Algerienpolitik *de Gaulles* sich schrittweise entwickelt hat und ständig in Beziehung zur inneren und äußeren Konstellation stand. Wenn ihm ursprünglich offenbar ein Autonomiestatut innerhalb des französischen Staatsverbandes vorgeschwebt hatte, das liberal genug war, um die Zustimmung einer Mehrheit der muselmanischen Bevölkerung zu finden, so ist er unter dem Eindruck des nicht mehr zu leugnenden Emanzipationswillen der muselmanischen Bevölkerung [675] auf die Sebstbestimmung eingeschwenkt, um wie im Falle Schwarzafrikas einen algerischen Staat zu schaffen, der wenigstens mit seiner Außenpolitik, Verteidigung und allgemeinen Wirtschaftspolitik im französischen Machtbereich verblieb. Erst in der Schlußphase hat *de Gaulle* – wiederum ähnlich wie bei der Communauté – die Indépendance voll akzeptiert und mit dem »erpresserischen« Mittel der technischen und finanziellen Hilfe die unmittelbaren nationalen Interessen – vor allem die Sahara – zu verteidigen versucht; wieweit dabei die Verärgerung *de Gaulles* über die Haltung der Algerienfranzosen, über deren Manifestationen und Putschversuche und schließlich über den Terror der OAS eine Rolle spielte, wird schwer auszumachen sein. Eine wesentliche Bedeutung kam zweifellos auch der Absicht zu, den

aucune part à prendre à leur sort, nous n'y ferons aucune opposition. Naturellement nous cesserons aussitôt d'en gouffrer dans une entreprise désormais désespérée nos ressources, nos hommes, notre argent. Nous inviterons à quitter les territoires intéressés ceux de nos nationaux qui s'y trouveront et qui courront vraiment trop de risques. Inversement nous reverrons chez eux ceux des Algériens vivant en France qui cesseraient d'être Français.» P. 291.

674 Le Monde 9. 9. 1957, zit. *Oppermann*, Die algerische Frage, p. 123.

675 In einer Ansprache an Offiziere vom Dez. 1960 sagte *de Gaulle:* « Du fait de l'insurrection même, la population de cette Algérie qui est en très grande majorité musulmane le fait que cette insurrection, et tout ce qui s'y rattache, se passent dans un monde nouveau, dans un monde qui ne ressemble plus du tout au monde que j'ai connu, moi, quand j'étais jeune. Il y a, vous savez bien, tout ce contexte d'affranchissements qui passe d'un bout à l'autre du monde, qui est passé sur notre Afrique Noire, qui est passé sur tout ce qui était naguère les empires, sans exception, et qui ne peut pas ne pas avoir des conséquences considérables ici. » *Passeron*, p. 273.

algerischen Krieg mit großen Opfern zu beenden, um freie Hand zu bekommen für eine aktivierte »unabhängige« Außenpolitik. Im Hinblick auf die erwähnte Auseinandersetzung zwischen *Soustelle* und *Aron* hat sich General *de Gaulle* somit schrittweise von *Soustelle* abgewandt und die Thesen *Raymond Arons* aufgenommen; die « grandeur » Frankreichs lag nicht in Algerien und in der Weiterführung eines letztlich erfolglosen Widerstandes, sondern in einer konsequent zu Ende geführten Dekolonisation – selbst auf Kosten der Algerienfranzosen –, die der weltpolitischen Konstellation entsprach und gleichzeitig wieder außenpolitischen Spielraum eröffnete.

Zum Vergleich

Die Dekolonisation einer anti-kolonialen Macht: Die Vereinigten Staaten auf den Philippinen

Die Amerikaner haben sich stets als antikoloniale Macht verstanden. Als ehemalige Kolonie, die ihr nationales Selbstbewußtsein und Selbstverständnis in einem Unabhängigkeitskrieg gegen eine europäische Kolonialmacht gewonnen hat, mißtrauten die Vereinigten Staaten von jeher der kolonialen Expansion Europas und stellten sich auf die Seite der ihre Freiheit verteidigenden oder ihre Emanzipation erkämpfenden Völker. Historisch gesehen wird man allerdings eine gewisse Parallele ziehen dürfen zwischen der europäischen Ausbreitung in Übersee und der Besitznahme des nordamerikanischen Kontinentes, die auf einer vorwärtsdrängenden Siedlungsbewegung und technischen Erschließung beruhte, aber auch von Eroberungen begleitet war und erst 1890 mit dem Wegfall der legendenumsponnenen »Frontier« ihr »offizielles« Ende fand. Die Nordwest-Ordonnanz von 1787 wird man dabei als »Dekolonisationsdoktrin« verstehen dürfen, derzufolge die neugewonnenen Gebiete zwar zunächst »kolonial« verwaltet, dann aber auf der Basis der vollen Gleichberechtigung schrittweise in die Union eingegliedert wurden; sie hatte somit Integrations- und Assimilationscharakter und wurde ein letztesmal wirksam bei der Verleihung der Statehood an Alaska und Hawaii in den Jahren 1959 bzw. 1960. Obschon sich der Kongreß die Entscheidung über die Aufnahme eines Territoriums als Staat und damit über den Abschluß der Dekolonisation vorbehielt – wobei die amerikanischen Parlamentarier mit ähnlichen Argumenten über den »Reifegrad« diskutierten wie die britischen – und obschon die Territorien sich zeitweise beklagten, von Washington wie Kolonien regiert und ausgebeutet zu werden, hat sich in Amerika keine Kolonialmentalität herausgebildet; der Prozeß der territorialen Erweiterung ist nicht als koloniale Expansion verstanden worden.

Mit dem als Befreiungsaktion für Kuba inszenierten und proklamierten spanisch-amerikanischen Krieg aber wurden die Vereinigten Staaten Kolonialmacht: Amerika eroberte und annektierte ein tausende Meilen entferntes pazifisches Inselreich mit einer zahlreichen andersrassischen und kulturell eigenständigen Bevölkerung und geriet damit in den Konfliktbereich der europäischen und asiatischen Großmächte. Noch widerspruchsvoller war, daß eine koloniale Aufstandsbewegung gegen das tyrannische Spanien, die die Amerikaner als Befreier begrüßt und die Republik proklamiert hatte, in langwierigen schweren Kämpfen niedergeschlagen werden mußte, bevor die neue Kolonialmacht ihre Herrschaft antreten konnte! Hätte nicht eine einflußreiche Gruppe von Imperialisten die Eroberung und Annexion mit Zielstrebigkeit und Energie betrieben, so wäre man versucht anzunehmen, daß sich die Vereinigten Staaten in einer »absence of mind« – im Sinne *Seeleys* – als asiatische Kolonialmacht etabliert haben [676].

[676] Wir nennen nur die neuesten Gesamtdarstellungen: *Garel A. Grunder* and *William E. Livezey*, The Philippines and the United States, 1951. *Georges Fischer*, Un cas de décolonisation, Les Etats-Unis et les Philippines, 1960. *Whitney T. Perkins*, Denial of Empire, The US and its Dependencies, 1962.

Der starke Widerstand gegen die Annexion – insbesondere im Senat – ist bekannt; das neue Selbstbewußtsein der Großmacht, die aus dem engeren Bereich der westlichen Hemisphäre in die Weltpolitik hinausdrängte, illusionäre Erwartungen in Business-kreisen, von den Philippinen aus einen Zugang zum Chinahandel erhalten zu können, und ein zivilisatorisches Sendungsbewußtsein hatten nur knapp die Oberhand gewonnen. *Rudyard Kipling* hat sein berühmtes Gedicht »The White Man's Burden« vom Februar 1899 für die Amerikaner geschrieben! Die imperialistischen Kräfte Amerikas liefen den europäischen parallel; der Unterschied lag in der Stärke des Widerstandes gegen die koloniale Expansion und im Widerwillen, mit dem führende Politiker wie *McKinley* und *Taft* der Annexion zustimmten. Man könnte sagen, daß die Vereinigten Staaten ihre Stellung als Kolonialmacht nur mit schlechtem Gewissen angetreten haben. Mit einem ausgeprägten Anti-Kolonialismus, der sich leicht mit einem Desinteresse an weltpolitischer Aktivität überhaupt verbinden konnte, mußte denn auch in Zukunft gerechnet werden. Es war kein Zufall, daß Amerika sich in der Folgezeit nur ungern als Kolonialmacht bezeichnete und für seine überseeischen Besitzungen Ausdrücke wie »dependencies, dependent territories« u. a. vorzog.

Die Notwendigkeit, den anti-imperialistischen Kräften im Kongreß Konzessionen zu machen, zeigte sich bereits in den ersten Verlautbarungen zur Philippinenpolitik. So nahm der Senat am 14. Februar 1899 eine Resolution an, wonach die Philippinen nicht als integraler Teil des nationalen Territoriums annektiert werden sollten und somit in Zukunft keine Statehood erhalten konnten; die Bevölkerung sollte auf lokale Autonomie vorbereitet und zu gegebener Zeit über ihr Schicksal mitbestimmen können [677]. *Taft*, der erste Generalgouverneur, meinte im Januar 1900, die Philippinen »might be developed into a self-governing people« [678]. In der berühmten Instruktion *Elihu Roots* vom 7. 4. 1900 an eine Kommission, die den Übergang von der Militär- zur Zivilverwaltung und den institutionellen Ausbau der Kolonie vorbereiten sollte, hieß es: Man möge eine fremde zentralisierte Bürokratie vermeiden und den Philippinos in Anlehnung an das amerikanische Vorbild Wahlrecht und eine breite Lokalverwaltung geben, unter weitmöglichster Verwendung der Eingeborenen; die amerikanischen Maßnahmen und Institutionen sollen eine Basis bilden für ein »just and effective government« und individuelle Rechte und Freiheiten garantieren. Diese Instruktionen sagten zwar nichts aus über den künftigen Status der Kolonie, dürfen aber als liberal gelten. Die demokratische Partei unter *Bryan* hat sich sogar auf einen eindeutig anti-imperialistischen Kurs festgelegt und in die Wahlkampagne von 1900 die sofortige Unabhängigkeit für die Philippinen aufgenommen. Dies wäre in Europa damals zweifellos nicht möglich gewesen.

Das Ziel der republikanischen Administration 1900–1912 umschrieb Taft in einem Bericht an Präsident *Roosevelt:*

"... the national policy is to govern the Philippine Islands for the benefit and welfare and uplifting of the people of the Islands and gradually to extend to them, as soon as they shall

[677] *Perkins*, p. 198. Bemerkenswert auch, daß man die imperiale Herrschaft mit nicht-kolonialen Methoden ausüben möchte. So lobte die erste Philippinen-Kommission unter Vorsitz Schurmans das britische System der Kronkolonie, verwies dann aber auf das amerikanische Territorium-System als »nicht-kolonial», ohne den Unterschied deutlich machen zu können.

[678] *Grunder-Livezey*, p. 63.

show themselves fit to exercise it, a greater measure of popular self-government... What should be emphasized in the statement of our national policy is that we wish to prepare the Filippinos for *popular* self-government. This is plain from Mr. McKinley's letter of instructions and all of his utterances. It was not at all within his purpose or that of Congress which made his letter a part of the law of the land that we were merely to await the organization of a Philippine oligarchy or aristocracy competent to administer the government and then turn the Islands over to it... Another logical deduction from the main proposition is that when the Filippino people as a whole show themselves reasonably fit to conduct a popular self-government, maintaining law and order and offering equal protection of the laws and civil rights to rich and poor, and desire complete independence of the United States, they shall be given it." [679]

Diese Verlautbarung ist wichtig: Die USA fühlten sich frühzeitig verpflichtet, die Unabhängigkeit der Philippinen im Prinzip zu akzeptieren und die eigene Herrschaft auf diese Weise zu legitimieren; die Eingeborenen müssen sich aber vorher als »fit« erweisen und über einen bestimmten »Reifegrad« verfügen – wobei selbstverständlich Amerika als Kolonialmacht darüber entscheidet, wann dies erreicht ist und wann die zahlreichen Bedingungen für Self-government erfüllt sind [680]. Die amerikanische Argumentation unterscheidet sich hier nicht wesentlich von der britischen und kommt ins Zwielicht der Hypokrisie: Man räumte »großzügig« die Unabhängigkeit als Möglichkeit ein, stellte aber gleichzeitig mehr oder weniger unerfüllbare – und vor allem beliebig interpretierbare – Bedingungen und nahm so mit der rechten Hand wieder zurück, was die linke gewährt hatte! Der Hinweis auf das »popular government« verdeutlicht dies noch. Es waren paradoxerweise – besser bezeichnenderweise – die Republikaner, die eine demokratisierte Willensbildung in den Philippinen zur Voraussetzung für weitere Schritte in Richtung auf Self-government machten; nach außen hin hatte dies einen liberalen Anstrich, bedeutete aber faktisch, daß die Emanzipationsbewegung sich verzögerte und das Self-government in weite Ferne rückte. Dabei blieb erst noch die Frage offen, ob die Kolonialmacht ihrerseits den verlangten Demokratisierungsprozeß förderte oder – bewußt oder durch bloße Fixierung einer bestimmten Sozialstruktur – verhinderte; wir werden sehen, daß gerade dieser Aspekt in der Beurteilung der amerikanischen Philippinen-Politik starke Beachtung verdient.

Amerika machte allerdings ernst mit seiner Erklärung, frühzeitig Wahlen einzuführen und die Philippinen an der Verwaltung zu beteiligen. Bereits 1907 fanden – mit einem Bildungstest – Wahlen zu einer Assembly statt, die einige legislative Befugnisse erhielt und der neuen nationalistischen Partei eine Plattform verschaffte. Die Exekutive blieb natürlich in amerikanischer Hand: Der Generalgouverneur verfügte nicht nur über ein Vetorecht, sondern ernannte auch die Mitglieder der Kommission mit teils legislativen, teils exekutiven Aufgaben; vier der fünf Mitglieder waren aber Philippinos. Die Vereinigten Staaten betrieben also recht frühzeitig eine Politisierung ihrer Kolonie, die sich von den britischen, holländischen und französischen Herrschaftsformen in Südost-Asien wesentlich unterschied.

Unter der demokratischen Administration wurde der Unterschied noch größer. Die neue Regierungspartei bekannte sich seit 1900 zu einer frühzeitigen Unabhängigkeits-

[679] *Grunder-Livezey*, p. 85.
[680] Über konkrete Bedingungen, wie sie Gouverneur *Forbes*, *Wilson* und *Taft* deklarierten, vgl. *Perkins*, p. 218.

erklärung [681], und der Philippinen-Ausschuß legte im März 1912 einen Gesetzesantrag vor, um den Philippinen sofort die innere Autonomie zu gewähren und die volle Unabhängigkeit für das Jahr 1921 in Aussicht zu nehmen [682]. Hier kündigte sich die Politik des »time-table« an, d. h. die Fixierung eines bestimmten Zeitpunktes, an dem das Versprechen auf Selbstregierung eingelöst werden mußte. Die Vereinigten Staaten haben dies als einzige Kolonialmacht später auch praktiziert – im Unterschied zu England, das die Frage von »time-tables« zwar diskutiert, aber bis zuletzt immer wieder abgelehnt hat. Der Antrag ist allerdings nicht zur Diskussion gelangt, *Wilson* war trotz anti-imperialistischer Verlautbarungen nicht bereit, einen Unabhängigkeitsantrag einzubringen. Der neue Gouverneur *Harrison* verlas aber am 6. Oktober 1913 eine Erklärung *Wilsons*, in der »the ultimative independence of the Islands« demonstrativ als Ziel der amerikanischen Politik proklamiert wurde. Auch in der Präambel der – bereits 1914 eingebrachten – Jones-Act von 1916 hieß es: „It is, as it has been the purpose of the people of the US to withdraw their sovereignty over the Philippine Islands and to recognize their independence as soon as a stable government can be established therein." Man beachte: Die Demokraten begnügten sich mit einem »stable government«! Die amerikanische Haltung in der Philippinen-Frage ist aber nur bedingt mit der parteipolitischen Front gleichzusetzen. Das Verhältnis zur Außenpolitik überhaupt und damit zum Isolationismus hat stets eine wichtige – und spezifisch amerikanische – Rolle gespielt: So hat damals z. B. der Freund *Theodor Roosevelts*, der einflußreiche nationalistisch-interventionistische Senator *Lodge*, den Verzicht auf die Philippinen als unvereinbar mit der nationalen Ehre bezeichnet, während der nicht minder nationalistische, aber isolationistische Senator *Borah* für den Rückzug plädierte [683]! Die Akte selbst brachte entscheidende Reformen: Beide Häuser der Legislative wurden nun mit einem erweiterten Wahlrecht gewählt; der Gouverneur erhielt ein Vetorecht, und im Konfliktfall stand dem amerikanischen Präsidenten die Entscheidung zu. Die Ernennung auch der höchsten Beamten bedurfte der Zustimmung des philippinischen Senates – eine Konzession, die sich an das amerikanische Vorbild anlehnte, im kolonialen Bereich aber ganz ungewöhnlich war und die Verfügungsgewalt des Gouverneurs entscheidend einschränken mußte. Neu war ein Staatsrat, bestehend aus den Chefs der Verwaltungsdepartements. Diese »Verfassung« könnte man historisch in eine Parallele zu den britischen Reformen in Indien 1918/1919 setzen: den Philippinen sollte in weitem Maße Self-government zugestanden werden, ohne die amerikanische Kontrolle aus der Hand zu geben. Ähnlich der amerikanischen Verfassung erhielt die Assembly weitgehende Legislativgewalt, jedoch wurde gleichzeitig durch Gewaltentrennung die Position des Generalgouverneurs gestärkt: Er ernannte die Departmentschefs – also die Minister – und erhielt das Recht, oder besser die Pflicht, die Administration zu überwachen. Man hat also das amerikanische Präsidialsystem auf eine Kolonie übertragen,

[681] Die Partei änderte allerdings ihre Haltung merklich. Während sie 1905 und 1908 vom Vorbild Cubas ausging, hieß es 1912: »We favor an immediate declaration on the nation's purpose to recognize the independence of the Philippine Islands as soon as a stable government can be established." Plattform der Partei im Anhang zu: *W. Cameron Forbes*, The Philippine Islands, 1928, P. 569.

[682] *Perkins*, p. 221.

[683] *Perkins*, p. 225 f.

womit sich eine bemerkenswerte Parallele zur eigenen Kolonialzeit ergab. Das System hat jedoch bereits zur britischen Zeit, d. h. in der kolonialen Situation, nicht befriedigend funktioniert: der Gouverneur war eben nicht der vom Volk gewählte und von einer Partei getragene Präsident, sondern von der Kolonialmacht eingesetzt und damit eine fremde Instanz; der Konflikt zwischen der philippinischen Legislative und der ihr nicht verantwortlichen Exekutive und dem Gouverneur war im System angelegt.

Harrison allerdings ist diesem Konflikt durch Nachgeben ausgewichen und hat die *Jones*-Act gemäß der Präambel und nicht den erhaltenen Direktiven entsprechend gehandhabt. Er hat die Einsetzung von Philippinos in der Verwaltung energisch vorangetrieben, mit den philippinischen Führern – vor allem mit *Osmena*, dem Sprecher der Assembly – legislative Maßnahmen vorbesprochen und auf Inanspruchnahme seiner Rechte weitgehend verzichtet. Da die nationalistische Partei die Legislative beherrschte, Patronage betrieb und somit eine indirekte Kontrolle über die Administration ausübte, genoß die Insel um 1920 eine weitgehende Autonomie, wobei gleichzeitig das »Präsidialregime« parlamentarische Züge annahm.

Dieses Gewährenlassen zeigte allerdings Schattenseiten: Unstimmigkeiten und Korruption in der Verwaltung, Defizit im Haushalt, die Gefahr eines drohenden Zusammenbruches der Nationalbank, der Eisenbahn- und staatlicher Industriebetriebe. Harrison hielt dies für Übergangserscheinungen im Zuge der Übergabe der Regierungsverantwortung an die Philippinen; Self-government sei eben mit einem bestimmten Ausmaß von Inefficiency verbunden. Als Antwort auf eine philippinische Mission, die von *Wilson* eine Anerkennung der nationalen Selbstbestimmung verlangt hatte, erklärte der Präsident im Dezember 1920 vor dem Kongreß, die Philippinen hätten nun das gewünschte »stable government« und es sei jetzt die Pflicht der USA, frühere Versprechen einzulösen [684]. Dieser Schritt entsprach dem Antikolonialismus seiner Partei und der von *Wilson* in Versailles eingenommenen Haltung, hatte aber in der europäischen Kolonialpolitik dieser Jahre kaum Parallelen – selbst wenn man in Rechnung stellt, daß *Wilson* im Kongreß keine Mehrheit mehr besaß und keine Aussicht auf Annahme entsprechender Resolutionen bestand!

Die Republikaner *Harding* und *Coolidge* haben die Philippinenpolitik *Wilsons* nicht fortgesetzt. Isolationismus in der Außenpolitik und »back to normalcy« bedeuteten für sie nicht schon die Unabhängigkeit der Kolonien. General *Wood*, ein ehemaliger Gouverneur von Puerto Rico, präsentierte den neuen Kurs – ein Verwaltungsfachmann von Format, der durchaus mit den großen britischen Generalgouverneuren zu vergleichen ist. *Wood* hielt sich äußerlich an die Jones-Akte, nahm die Reservatsrechte und die volle Exekutivgewalt in Anspruch und säuberte die Verwaltung; daß hier Positives geleistet wurde, haben auch philippinische Politiker anerkannt. Die in der »Verfassung« angelegte Konfliktsituation jedoch war nicht mehr zu umgehen: Es kam zu wiederholten Reibungen zwischen Assembly und Regierung, nationalistischen Führern

[684] "Allow me to call your attention to the fact that the people of the Philippine Islands have succeeded in maintaining a stable government ... I respectfully submit that this condition precedent having fulfilled, it is now our liberty and our duty to keep our promise to the people of the Philippine Islands by granting them the independence, they so honorably covet." Zit. *G. Kirk*, Philippine Independence, 1936, p. 48. Dazu auch *Francis Burton Harrison,* The cornerstone of Philippine Independence, 1922, p. 287 f.

und dem Generalgouverneur; 1923 traten die Philippinen sogar aus dem Staatsrat aus. Weder General *Wood* noch Präsident *Coolidge* zeigten sich bereit, auf philippinische Autonomieforderungen einzugehen und eine Liberalisierung des Regimes in die Wege zu leiten. Die Voraussetzungen für die Unabhängigkeit seien nicht erfüllt – hieß es –, weder im Bereich der Außenpolitik und der Wirtschaft noch in bezug auf die demokratische Regierungsform, wobei der schulmeisterliche Ton, mit dem die Kriterien aufgezählt wurden, den Herrschaftsanspruch kaum verdecken konnte [685]. Erst *Henry Stimson* ist es 1928/1929 gelungen, das Gespräch mit den philippinischen Politikern wieder aufzunehmen und sie zum Wiedereintritt in den Staatsrat zu bewegen; er berücksichtigte die nationalistische Partei bei der Ernennung von Ministern, und kam einem Responsible Government nahe, indem er amerikanische Eingriffe in die Verwaltung tunlichst vermied und sich auf gewisse Souveränitätsrechte und Kontrollbefugnisse beschränkte [686].

Auch die Diskussion in der Publizistik bewegte sich in dieser Richtung. Zwar traten nur wenige Autoren für die baldige Gewährung von Unabhängigkeit ein, doch es gab andererseits auch nicht viele Befürworter eines repressiven Kurses; zu letzteren gehörten natürlich die Manila-Amerikaner [687]. Von liberaler Seite rief man die zahlreichen Versprechungen in Erinnerung und unterzog z. B. auch die Kategorien, mit denen der »Reifegrad« als Voraussetzung für die Unabhängigkeit bemessen werden, der Kritik: Es sei der Standard etwa der südamerikanischen Staaten erreicht, für die Abwehr eines Großangriffes seien auch die europäischen Kleinstaaten nicht gerüstet; die nationale Bewegung sei echt und nicht nur die Sache einer Minderheit! So wurde denn z. B. ein Autonomiestatut vorgeschlagen, mit einem späteren Plebiszit über die Unabhängigkeit. Die Reformbereitschaft ging über das hinaus, was wir aus dem europäischen Bereich kennen, und bereitete den Boden vor für die Diskussion der Jahre 1930–1934 [688].

Einige Aspekte der amerikanischen Kolonialpolitik verdienen besondere Erwähnung: Es entsprach den liberalen Direktiven von 1900, den Philippinen wichtige Funktionen in der Lokalveraltung zu überlassen. Das amerikanische System ist aber weder mit der

[685] Die beiden Briefe *Coolidges* vom Februar 1924 und April 1927 im Anhang zu *Forbes*, p. 548 f., 557 f.

[686] *Henry L. Stimson*, On active service in peace and war, 1948. Future Philippine policy under the Jones Act, in: Foreign Affairs April 1927. *E. E. Morison*, Turmoil and Tradition. A study of the life and times of *Henry L. Stimson*, 1960, Kap. 17. *Maximo M. Kalow* (Philippine), Governor *Stimson* in the Philippines, in: Foreign Affairs, April 1929. Auch *Quezon* zollt *Stimson* hohes Lob in: The Good fight, 1946, p. 140.

[687] *Nicholas Roosevelt*, The Philippines. A treasure and a problem, 1926. Thema: »a thankless burden», das Amerika aber nicht aufgeben könne. *Forbes* 1928 in vol., 418 f. »Kolonialistisch« der Sekretär der amerikanischen Handelskammer auf den Philippinen: "solution ... is a very simple one. First, the stability of the Government which existed ... has been destroyed by Philippino administration, so that independence not only can with entire honor be postponed indefinitely, but ought to be postponed. Second a brief act should follow, nullifying all local laws that infringe upon the power of the Governor General and that link legislative and executive authority mischievously together." *Walter Robb* in: Current History 19 (1923–1924), p. 287.

[688] Z. B. *Raymond Leslie Buell*, What about the Philippines, in: Atlantic Monthly 1924. *Ch. C. Batchelder*, Philippine independence, in: Foreign Affairs 1924/3. *Stephan P. Duggan*, The future of the Philippines, in: Foreign Affairs Oct. 1926.

britischen Indirect Rule noch mit französischen Methoden vergleichbar. Für die »Indirect Rule« fehlten die Voraussetzungen, da eingeborene Herrscher mit eigener Verwaltung seit der spanischen Zeit nicht mehr bestanden; die bestehende Notablenschicht war jedoch nicht zerschlagen und durch eine neue Verwaltung ersetzt worden. Die Sozialstruktur hatte sich durch kulturelle »Assimilation« aus einer Überlagerung der malayischen Bevölkerung durch die spanische Verwaltung ergeben und besaß manche Ähnlichkeit mit Südamerika. An die Stelle der losen Clan- und Dorfstruktur der vorspanischen Zeit mit den für ihren eigenen Bedarf produzierenden Bauern war eine Grundbesitzer-Aristokratie mit »feudalem Charakter« getreten – die bekannten »caciques«, die über abhängige Pächter und Landarbeiter verfügten und ihre Herrschaftsposition durch unmittelbaren Einfluß, Drohung und Kreditgewährung zu Wucherzinsen aufrechterhielten. Die amerikanische Kolonialmacht hat keinen Versuch einer Agrarreform unternommen; einige Kredithilfen, Schutzgesetze und Genossenschaften brachten nur wenig Erfolg. Mit der rapiden Expansion der Cashcrops, vor allem des Zuckers, dehnte sich sogar der durch Kapitalgesellschaften betriebene Großgrundbesitz weiter aus und erreichte selbst die traditionellen Reisgebiete [689]. Agrarunruhen gehörten denn auch zum Bild der Philippinen, von der spanischen Zeit bis zur Huks-Revolte unserer Tage!

Indem die Amerikaner die Lokalverwaltung der Schicht der Caciques weitgehend überließen und sehr früh schon eine Legislative Assembly schufen, haben sie deren Machtstellung eher noch verstärkt; die Grundbesitzer fungierten als Bosse der nationalistischen Parteien, manipulierten die Wahlen und konnten jenen Maßnahmen, die ihren Interessen zuwiderliefen, energischen Widerstand leisten. Vielleicht hat man hier Self-Government zu früh gewährt, um so mehr als die große Masse der Bauern, Pächter und Arbeiter vom Wahlrecht ausgeschlossen blieb: eine gewisse Parallele zu Britisch-Westindien drängt sich auf (vgl. S. 134). Die liberal gemeinte amerikanische Kolonialpolitik hatte hier ihre Grenzen, und es ließe sich fragen, ob das paternalistische System der Holländer – mindestens der Intention nach – mehr für den indonesischen Bauern geleistet hat als der amerikanische Verzicht, die »feudale« Sozialstruktur in Frage zu stellen. Faktisch hatten Kolonialmacht und philippinische Oberschicht viele gleichlaufenden Interessen und waren beide am Status quo ausgerichtet. Die Nationalisten mochten die Unabhängigkeit fordern und scharf gegen die USA Position beziehen, rekrutierten sich aber aus der Grundbesitzer-Oberschicht und ließen keine sozialrevolutionäre oder auch nur demokratische Massenbewegung zu; 1934/35 wurde die von Pächtern und Taglöhnern getragene Skdal-Bewegung blutig unterdrückt. Hier liegt ein wesentlicher Unterschied zur Nationalbewegung in Indien und vor allem zu Indochina und Indonesien, der auch mit der Unabhängigkeit dieser Länder nicht verschwunden ist.

Die Probleme der Sozialstruktur haben in unserem Zusammenhang um so mehr Gewicht, als gerade die Amerikaner eine Demokratisierung der Willensbildung zur Voraussetzung der Unabhängigkeit gemacht haben. Wie aber sollte diese Bedingung jemals erreicht werden, wenn die Kolonialmacht ausgerechnet die feudal-bürgerlich-kapitalistische Oberschicht stützte?

[689] *James S. Allen*, Agrarian tendencies in the Philippines, in: Pacific Affairs März 1938. *Leopold T. Ruiz*, Farm tendency and cooperation in the Philippines, in: Far Eastern Quarterly Febr. 1945. *Felix M. Kessing*, Cultural trends in the Philippines, ebda.

Die Amerikaner haben andererseits das Erziehungswesen und damit ein Instrument der sozialen Emanzipation sehr schnell und energisch ausgebaut und unterschieden sich darin wesentlich von den europäischen Kolonialmächten. Die Ausgangsbasis war allerdings günstig, indem die Kolonialmacht eine spanisch sprechende Elite vorfand und an die spanische Verwaltung anknüpfen konnte. In der Zwischenkriegszeit wurde ein relativ hoher Anteil der schulpflichtigen Kinder schulisch erfaßt, 1938 flossen 20 % der nationalen und lokalen Ausgaben in das Erziehungswesen. In Manila bestanden Fachschulen und eine Universität, eine ansehnliche Zahl von Philippinos studierte in den USA [690]. Der Unterricht erfolgte allerdings ausschließlich in englischer Sprache, da ein Mangel an spanisch sprechenden Lehrkräften bestand und außerdem die Überzeugung vorherrschte, daß vor allem das Englische den Zugang zur modernen Zivilisation und zur amerikanischen Gedankenwelt aufschließe. Amerika zeigte sich hier bedeutend weniger anpassungsfähig als die britische Kolonialmacht. Eine kulturelle Assimilation im französischen Sinne ist jedoch nicht erzielt worden, eher eine Desintegration der malayisch-spanischen Kulturbasis mit Übernahme fragwürdiger Aspekte des American way of life; die Verwendung einer Fremdsprache hat im übrigen die schulische Erfassung der bäuerlichen Bevölkerung erschwert und kam somit indirekt wieder der herrschenden Oberschicht zugute. In ihrer Konzeption und Methode nahm die amerikanische Erziehungspolitik eine Sonderstellung ein, insofern als sie sich sowohl vom vorsichtigen, mehr auf den Zweck ausgerichteten Vorgehen der Briten als auch von der assimilisatorischen Eliteschulung der Franzosen unterschied. Das amerikanische Erziehungswesen in den Philippinen sollte ausdrücklich politischen Charakter tragen und die Philippinen zur politischen Verantwortung und sogar zum nationalen Bewußtsein hinführen: In den Schulzimmern hingen Bilder der Nationalhelden, und die Nationalhymne wurde gelehrt – die spezifisch amerikanische Haltung liegt auf der Hand!

Bemerkenswert ist auch die früh begonnene und konsequent vorangetriebene Besetzung der Verwaltungskader durch Philippinos. Betrug der Anteil der amerikanischen Beamten im Jahre 1914 noch 24 % – vor allem Lehrkräfte –, so war er 1932 auf 2 % reduziert. Faktisch war die ganze Administration, bis hinauf zu den »Staatssekretären« und den Spitzen der Ministerien, von Philippinos besetzt; selbst den obersten Gerichtshof präsidierte ein Philippine [691]. Hier gingen die Vereinigten Staaten zweifellos viel weiter als die europäischen Kolonialmächte.

Wirtschafts- und Zollpolitik hingegen waren »kolonialistisch«: Die Kolonie sollte Produzent von Nahrungsmitteln und Rohstoffen sein und andererseits als Absatzmarkt dienen. Die Amerikaner investierten in den Cash crops für den Export – Zucker, Tabak, Kokos, Kopra, Hanf –, beherrschten den Handel, das Bankwesen und die Schiffahrt, waren aber an einer Industrialisierung nicht interessiert [692]. Das Pro-Kopf-Einkommen war höher als in anderen Gebieten Südostasiens, die öffentliche Entwicklungsinvestierung hingegen geringer [693]. Da sich der philippinisch-amerikanische Handel seit

[690] *Pauline Crumb Smith,* A basic problem in Philippine education, in: Far Eastern Quarterly Febr. 1945. Kritisch auch *Jose A. Lansang,* The Philippine-American Experiment: A Philippine View, in: Pacific Affairs 1952. *Fischer,* p. 23 f.

[691] *Fischer,* p. 41 f.

[692] Guter Überblick bei *Kirk,* p. 55 f.

[693] *Fischer,* p. 21.

1909–1913 zollfrei abspielte, richtete sich die philippinische Produktion einseitig auf die USA aus. 1930 gingen 79 %, 1933 sogar 87 % des Exportes nach den Vereinigten Staaten; vom Zucker, dessen Produktion von 356 000 t 1921 auf 1 Mill. t 1932 anstieg, gingen 94 % nach Amerika. 60 % der staatlichen Einnahmen stammten aus Steuern auf Zucker. Die Nahrungsmittelproduktion hingegen blieb stationär; den Pächtern wurde oft sogar verboten, Nahrungsmittel anzubauen.

Es versteht sich, daß bei zollfreier Einfuhr der Aufbau einer eigenen Industrie kaum möglich war. Die Zollpolitik sollte zwar ursprünglich der philippinischen Produktion helfen und als Ausweis des amerikanischen Goodwill dienen – sie stieß denn auch auf den Widerstand der amerikanischen Produzenten [694] –, stand aber in der Folgezeit in einem eklatanten Widerspruch zu angeblich intendierten Vorbereitungen für Self-government. Wie war Unabhängigkeit oder auch nur innere Autonomie möglich, wenn man wirtschaftlich auf den amerikanischen Markt angewiesen blieb? Die philippinischen Mitglieder der Legislative haben dieses Dilemma erkannt und daher auch scharf gegen den Zolltarif Stellung bezogen [695]! Die amerikanische Zollpolitik hatte eine gewisse Ähnlichkeit mit der französischen. In einer Reichskonzeption, die die Kolonien als Teile des nationalen Territoriums verstand und ständig näher an die Metropole zu binden versuchte, war der freie Handel »logisch« und systeminhärent, nicht aber im amerikanischen System – ganz abgesehen davon, daß die USA sich als Sachwalter der Open door ausgaben und in der Zwischenkriegszeit heftig gegen britische, holländische und französische Versuche protestierten, in ihren Kolonien die Amerikaner durch Zoll- und Investierungsgesetzgebung zu benachteiligen. Während die Kolonialmacht im politischen Bereich Self-government anstrebte, schuf sie gleichzeitig eine sehr weitgehende wirtschaftliche Abhängigkeit [696]. Das Argument, die Philippinen seien wirtschaftlich noch zu unselbständig und daher noch nicht »reif« für die Unabhängigkeit, besaß wenig Glaubwürdigkeit, denn Amerika hatte dieses System der Abhängigkeit selbst durchgesetzt und auch in den 20er Jahren keine Anstrengungen gemacht, der philippinischen Wirtschaft wenigstens schrittweise eine Anpassung an den internationalen Markt zu ermöglichen.

Aus dieser eigenartigen Diskrepanz zwischen Self-government im politischen und einer Art »Assimilation« im wirtschaftlichen Bereich – Diskrepanz auch zwischen Ideologie und politischen Zielen einerseits, wirtschaftlicher Struktur andererseits – ergab sich nach Ausbruch der Wirtschaftskrise jene verwirrende Bewegung, die 1934 zum Autono-

[694] *Perkins*, p. 213.

[695] *Kirk*, p. 59.

[696] *Paul V. McNutt*, amerikanischer Hochkommissar und erster US-Botschafter in den Philippinen hat die Situation beschrieben: "In the Philippines the national economy was geared before the war entirely and completely to export trade. And 95 % of that export trade was with the US. Except for rice and fish which are locally consumed, 98 % of all other products in the Philippines, amounting to 260 Mill. Doll. in 1941, is produced for export ... And I might and should say here and now that we, the US managed it that way. We are responsible for the sole dependency of the Philippine on the American market. Our businessmen and our statesmen in past years allowed the Philippines to become a complete economic dependency of the US to a greater degree than any single State of the Union is economically dependent on the rest of the US." In Hearings 15. 2. 1946, zit. *Shirley Jenkins*, Philippines, in: The Development of Self-rule and Independence in Burma, Malaya and the Philippines, ed. *J. Cady*, 1948, p. 98.

miestatut und zur Zusage der Unabhängigkeit führte. Einige Wirtschaftsgruppen glaubten sich bereits in den 20er Jahren durch die Konkurrenz philippinischer Importe bedroht und strebten daher die Aufhebung der Zollfreiheit an: Es waren dies die amerikanischen Zuckerproduzenten in Cuba und auf dem Kontinent, bestimmte Farmer-Organisationen und die Seilindustrie; die Gewerkschaften, die ohnehin stets für die Unabhängigkeit eingetreten waren, schlossen sich dem an, um der Einwanderung philippinischer Arbeiter nach Kalifornien einen Riegel vorzuschieben. Eine Zollmauer konnte aber nur errichtet werden, wenn die Philippinen zum Ausland wurden, d. h. Unabhängigkeit erhielten! So hieß es denn:

"They (die Philippinen) are hanging like a millstone about the necks of the cotton producers and the peanut, bean and corn producers of the US. Let us give them their independence and get rid of the Philippine Islands now ... and hereafter when their cheap and inferior stuff comes in to swamp our American farmers we can put a tariff on it and preserve the home market for our American home people." [697]

Da jede radikale Lösung für die Philippinen eine wirtschaftliche Katastrophe bedeuten mußte, begann sich eine paradoxe Kehrtwendung der Fronten abzuzeichnen: Während sich die reinen Wirtschaftsinteressen mit dem traditionellen Anti-Kolonialismus und mit isolationistischen Tendenzen verbinden konnten, mußten sich die konservativen Imperialisten gegen die nationalistische Argumentation stellen und sich den pro-philippinischen Liberalen nähern, die zwar für die Unabhängigkeit eintraten, die Kolonie aber wirtschaftlich nicht einfach ihrem Schicksal überlassen wollten. *Stimson* schrieb bereits im Januar 1929

"that what I would fear was that when the dilemma was presented between tariff against the Philippines on one side and independence on the other, the American Congress remembering the long continued demands for immediate independence by the Filipinos would at the behest of the American special interest give the Filipinos immediate independence and disregard the real harm and cruelty which this could do to them" [698].

Die Timberlane-Resolution vom Februar 1928, die die zollfreie Zuckereinfuhr auf 500 000 t beschränken wollte, wurde zwar abgelehnt, aber nach Ausbruch der Krise konnte die Bewegung nicht mehr aufgehalten werden – trotz gegenläufiger Interessen der Manila-Amerikaner, der amerikanischen Exportindustrie und der Administration! Die wirtschaftliche Argumentation stand dabei auf schwachen Füßen, denn der philippinische Handel fiel im amerikanischen Gesamthandel faktisch nicht ins Gewicht. Gegen die *Hawes-Cutting* Akte hat Präsident *Hoover* sogar ein Veto eingelegt (Januar 1933), weil die Übergangsfristen zu kurz seien und die wirtschaftliche Selbständigkeit nicht erreicht werden könne; die Motivierung sei egoistisch, das Gesetz bringe keine Freiheit, sondern »new and enlarged angers to liberty and freedom itself« [699]. *Hoover* aber wurde durch eine Koalition der Demokraten mit den Republikanern der Farmer-Gebiete überstimmt. Nicht nur *Hoover* und *Stimson* haben die Vorlage abgelehnt, sondern auch die philippinische Assembly, der die relativ kurzfristige Beseitigung der Zollvorteile als wirtschaftlich untragbar erschien. Dies ergab die wohl einzigartige Situa-

[697] Senator *Heflin* am 9. 10. 1929, zit. *Kirk*, p. 96. Bei *Kirk* auch weitere Beispiele.
[698] On active service, p. 147.
[699] Text des Veto im Anhang zu *Kirk*, p. 227 f. *Hoover*, Memoiren, 1952, III, p. 332–3.

tion, daß ein vom Parlament des Mutterlandes verabschiedetes Gesetz zur Gewährung von Unabhängigkeit – allerdings mit Übergangszeit und Reservatsrechten – von den Nationalisten abgelehnt worden ist!

Die Philippinen haben dabei auf die Präsidentschaft *Roosevelts* spekuliert und von einem Demokraten weitgehende Konzessionen erhofft. *Roosevelt* hatte sich zwar von einem Imperialisten und Interventionisten im karibischen Raum zu einem Anti-Imperialisten und Befürworter der »Politik der guten Nachbarschaft« entwickelt; wenn er noch 1922 *Wood* unterstützte und die Unabhängigkeit der Philippinen »for many« years to come" ablehnte [700], so hat er 1932 in einer seiner Wahlreden, wenn auch in wenig verpflichtender Form, die traditionelle Haltung der demokratischen Partei wieder aufgenommen [701]. Die Unterzeichnung der Unabhängigkeitsbill nannte der Präsident 1935 »one of the happiest events in my office« [702], und während des Zweiten Weltkrieges hat er die amerikanische Politik gerne auch als Vorbild für die europäischen Kolonialmächte ausgegeben. 1934 aber konzedierte er den Philippinen nur eine minimale Änderung der Gesetzesvorlage und »wohlwollende Berücksichtigung später auftauchender wirtschaftlicher Fragen« [703]. Die Philippinen haben daher die Akte – als ein Kompromiß gegenläufiger Interessen – gutgeheißen.

Einige Hinweise auf die Diskussion in Kongreß und Publizistik scheinen in unserem Zusammenhang angebracht [704]. Die Argumentation der Wirtschaft liegt auf der Hand: drängten die Farmer-Organisationen und Gewerkschaften auf sofortige Unabhängigkeit und kurze Übergangsfristen, minimale Einfuhr- bzw. Einwanderungsquoten und baldige Aufhebung der Zollfreiheit, so verwiesen die Manila-Amerikaner und Exportverbände auf ihre Investierungen in den Philippinen und verlangten, offensichtlich im Bestreben, die Unabhängigkeit als solche ad calendas graecas zu verschieben, 20 bis 30jährige Übergangsfristen [705]. Es kennzeichnet die amerikanische Haltung, daß im Kongreß kaum jemand offen gegen die Gewährung der Unabhängigkeit aufzutreten wagte – im Gegensatz zu Europa, wo das Wort »Unabhängigkeit« noch tabu war!

Es versteht sich – auch dies ist spezifisch amerikanisch –, daß sich sowohl die an der Unabhängigkeit interessierten Wirtschaftsgruppen als auch die anti-kolonialen Demokraten der moralischen Argumentation bedienten, an die anti-koloniale Tradition Amerikas appelierten und auf die Einlösung früherer Versprechen drängten. Senator *King* erklärte im Senat: "The Declaration of Independence is the basis of our political institutions, and it is the lodestar by which our political policies must be concerned." [706] Sein Kollege *Broussard* ergänzte: "There is no place in this Republic for a

[700] *F. R. Dulles,* The Anti-Colonial policy of F. R. Roosevelt, in: Political Science Quarterly 1955, p. 2 f.

[701] In Salt Lake City am 17. 9. 1932: "The American people are interested in Philippine independence which the Democratic platform favorably endorses." Zit. *Kirk,* p. 117.

[702] Public Papers ed. *Rosemann,* IV, p. 494.

[703] A.a.O., III, p. 119.

[704] Alle Positionen werden direkt oder indirekt sichtbar in den Hearings beider Häuser des Kongresses 1930 und 1932.

[705] Die philippinisch-amerikanische Handelskammer versandte Propagandamaterial an Firmen und Zeitungsredaktionen »asking them to oppose Philippine Independence« Hearings des Senates 1930, p. 180 f.

[706] 72. Congress 2. sess., p. 311, 341.

dependent colony. We repudiated the colonial idea when we separated from the British Empire ... We have no legal or moral right to hold the Filipinos as dependent people. Not being an integral part of the Nation and our country not an Empire with dependent colonies." [707] Hielten die Befürworter die Bedingungen für die Unabhängigkeit für erfüllt, so bezeichneten die – meist aus dem republikanischen Lager – stammenden Gegner die Gewährung für verfrüht: Die Philippinen hätten noch zu wenig administrative Praxis und zu viele Analphabeten; die Ablösung werde nur von einer Minderheit gewünscht. Die Argumentation unterschied sich hierin nicht wesentlich von der europäischen. Wie die Diskussion über die Bedingungen und Voraussetzungen der Unabhängigkeit instrumentalen Charakter erhielt, zeigt sich am Beispiel des Schulwesens: Am relativ hohen Schulungsgrad der philippinischen Bevölkerung konnte nieman zweifeln; je nachdem jedoch, ob man nun mit Südamerika oder mit Europa verglich, ergaben sich divergierende Schlußfolgerungen! Es ist selbstverständlich schwer abzuwägen, wieweit im konkreten Fall die moralisch-politische Argumentation ernst gemeint war oder bloß wirtschaftliche Interessen ideologisierte.

Wichtig war auch eine »get rid of«-Stimmung, die weniger pro-philippinisch als isolationistisch motiviert erscheint. Warum sollte sich Amerika um die Philippinen kümmern, wenn diese die Unabhängigkeit wollten? Amerika hatte eigene Probleme genug, und die Philippinen kosteten mehr als sie einen wirtschaftlichen Vorteil bringen konnten [708]. Die Gegner der Unabhängigkeitsakte verwiesen auf die amerikanischen Interessen im Pazifik; die Unabhängigkeit der Philippinen werde ein machtpolitisches Vakuum erzeugen und Japan zum Angriff verlocken; der amerikanische Generalstab sei an den Militärbasen interessiert. Die Neutralisierung der Inseln wurde diskutiert, als einseitiges Schutzversprechen, aber abgelehnt [709]. Die Gegenseite erwies sich aber als stärker: Die Philippinen seien eine Belastung für die amerikanische Sicherheit, weil sie die Vereinigten Staaten in einen pazifischen Krieg gegen Japan verwickeln könnten; bereits *Theodor Roosevelt* habe ja die Philippinen als die Achillesverse Amerikas bezeichnet. Folglich: "the sooner we clear out of the Philippines the better" [710]. Die Isolationisten vertrauten auf den japanischen Friedenswillen oder überließen die Verteidigung des Archipels kurzerhand den angeblich stärker interessierten Kolonialmächten [711].

[707] 71. Congress 1. sess., p. 4326, 4587.

[708] Z. B. *Tucker,* A balance sheet of the Philippines, in: Harvard Business Review 1929.

[709] *Nicholas Roosevelt,* Philippine independence and peace in the Pacific, in: Foreign Affairs April 1930.

[710] Senat Hearings 1930, p. 64 f.; 1932, p. 52.

[711] Eine eigenartige Verbindung von konservativ-kolonialistischer Haltung und Isolationismus zeigte *Henry Cabot Lodge:* Es sei lächerlich, wie die USA die Philippinen als »our equals» behandle, englische Sprache und amerikanisches Recht aufzwänge und Macht an die Mestizen abgebe; mit dem System der »responsibility without authority« habe gerade noch ein Genie wie General *Wood* umzugehen verstanden. "We are doing the Filipinos more harm than good ... the Philippines at present do us more harm than good ..." Die amerikanischen Kapitalisten investierten wenig und strategisch seien die Inseln »the weakest link in our chain of national defence«. Als Alternative bleibe nur »govern or get out« – und da Amerika nicht herrschen wolle, so sei der Rückzug die einzige Lösung. Die europäischen Kolonialmächte hätten bereits genug Besitzungen, ein Verkauf an Rußland oder Japan sei diplomatisch nicht möglich – so bleibe denn nur die Abgabe an Deutschland: "Another

Stimson, ein Gegner der Unabhängigkeitsakte, wäre hier zu nennen, der sich scharf gegen die »selfish interests which want to get rid of the Philippines« richtet, das Inselreich aber als wichtigen strategisch-politischen Außenposten betrachtet, der nicht dem japanischen Zugriff ausgesetzt werden dürfe [712]. Er glaubte im »Dominionstatus« eine Lösung gefunden zu haben, die den Philippinen volle Autonomie und amerikanische Zollkonzessionen gewährte, den Vereinigten Staaten aber die Außenpolitik und Verteidigung vorbehielt. *Quezon* schien im Gespräch sogar eine Zusage dafür gegeben zu haben [713]. Diese Konzeption hat aber in Amerika nur wenig Anhänger gefunden, da sie weder den Wirtschaftsinteressen noch der Haltung der Isolationisten entsprach und damit die »unnatürliche Koalition« gesprengt hätte [714]. Das gleiche galt für den von Senator *Vandenberg* eingebrachten Vorschlag, die Unabhängigkeit sofort zu gewähren, aber mit einer 10jährigen Übergangszeit für die wirtschaftliche Anpassung [715].

Ein weiterer Aspekt ist interessant: *Nicholas Roosevelt* prophezeite im Senatsausschuß Rückwirkungen der philippinischen Unabhängigkeit auf die europäischen Kolonialgebiete: die Emanzipationsbewegungen würden stimuliert und könnten Unruhen – z. B. in Niederländisch-Indien – auslösen [716]. Dieses Argument gegen die Unabhängigkeit wurde aber entschieden zurückgewiesen, und im Bericht des Ausschusses hieß es:

"To give weight to such a theory would be to recognize an unsound philosophy or policy repugnant to the very best traditions of our Nation ... The finest pages of our history are those recording the conflicts that have followed our own departure from colonial dependency ..." [717]

Amerika dürfe im Gegenteil seine solidarische Haltung mit den Kolonialvölkern nicht aufgeben und seine eigene Tradition nicht verleugnen – und zwar nicht zuletzt um des amerikanischen Prestiges in Asien willen: "There are in Asia 600 Millionen peoples who believe in the altruism and fairness of America .... They are watching with confidence but with earnestness America's promise to help the Philippine people." [718] Bereits *Harrison* hatte seine und *Wilsons* Politik mit dem Argument verteidigt, Amerika

Teutonic Power in the Far East would probably be a pacifying factor." Our Failure in the Philippines, Shall we govern or get out?, in: Harper's Magazine, Jan. 1930.
Der Engländer Sir *Frederick White* nimmt in der Pacific Affairs 1934 gegen die Neutralisationsvorschläge Stellung. »The Philippine as a pawn in the game.« Japan werde Möglichkeiten langsamer Intervention finden; zu welchem Zeitpunkt wird Amerika eingreifen? Der bekannte Völkerrechtler *Quincy Wright* antwortet *White:* A pawn approaches the eighth square. A.a.O., Sept. 1934, mit typisch isolationischen Argumenten: Die Philippinen und Guam »are not now assets to America's Far Eastern diplomacy«, sondern »serious liabilities«. Ohne die Philippinen seien die USA einem japanischen Angriff entzogen, da die Aleuten und Hawaii zu weit weg seien. Großbritannien und Frankreich müßten im Eigeninteresse die Verteidigung der Philippinen übernehmen.

712 On active service (Tagebucheintragung vom 10. 2. 1932), p. 149.
713 A.a.O. (6. 1. 1929), p. 147, 149.
714 Als Anhänger dieser Konzeption gibt sich *Theodore Roosevelt* (Sohn des Präsidenten *Theodore Roosevelt*), der Gouverneur von Puerto Rico und der Philippinen gewesen war, in seinem Buch: Colonial Policy, 1937, p. 187 f.
715 73. Congress 2. sess., p. 5097 f.
716 Senate Hearings 1930, p. 347.
717 Zit. *H. B. Hawes*, Philippine Uncertainty, an American Problem, 1932, p. 208.
718 Repräsentantenhaus Hearings 1932, p. 123 f., 163.

müsse im Moment, da Asien von einer anti-kolonialen und anti-europäischen Bewegung erfaßt werde »clean hands« haben [719]. Im Zweiten Weltkrieg suchten sich dann die Vereinigten Staaten unter *F. D. Roosevelt* diesen Anti-Kolonialismus dienstbar zu machen und setzten sich auch entschieden von den europäischen Kolonialmächten ab. In den Jahren 1930–1932 nahmen sogar die Gegner der Unabhängigkeitsakte diese Argumente auf: Weil Amerika eine Demokratisierungs- und Befreiungsaufgabe in Asien habe, müsse es in den Philippinen bleiben und sein Werk zu Ende führen [720].

Die Vereinigten Staaten sind in der Phase des imperialistischen Ausgreifens Europas ebenfalls zur Expansion geschritten und Kolonialmacht geworden. Das nationale Bewußtsein identifizierte sich aber nicht mit dem Kolonialreich, das »schlechte Gewissen« führte zur Fiktion einer nur vorübergehenden Herrschaft, und die Dekolonisation war – mindestens den Verlautbarungen nach – von Anfang an ein Element der amerikanischen Konzeption. Wir sahen, daß der Aufbau repräsentativer Institutionen, die »Filippinisation« der Verwaltung und auch das Schulwesen in höherem Maße gefördert wurden als in Indonesien oder Indochina. Paternalistisch war die amerikanische Philippinenpolitik nicht – ja sie gewährte der halbfeudalen Oberschicht weitgehende Mitsprache und schuf damit neue Probleme [721], ganz abgesehen von der wirtschaftlichen Abhängigkeit. Die Amerikaner haben die Unabhängigkeitsakte von 1934 als Ausweis ihrer antikolonialen Gesinnung auszugeben versucht und sich mit der Gloriole des Befreiers geschmückt. "I trust they (die Philippinen) will see in it the fulfilment of a magnanimous policy untained by selfishness." Dies konnte sogar Senator *Hawes* schreiben [722]. In Wirklichkeit ist die Dekolonisation unter dem Druck von Wirtschaftsinteressen durchgesetzt worden, die sich um die Zukunft der befreiten philippinischen Bevölkerung herzlich wenig kümmerten. Obschon der traditionelle Anti-Kolonialismus eine nicht zu übersehende Rolle spielte, bleibt die an sich paradoxe Tatsache bestehen, daß die Entkolonialisierung von 1934 »kolonialistischen Charakter« hatte. Man darf mit *Malcolm* sagen: "Paradoxically it was America that declared its independence from the Philippines and not the Philippines had obtained their independence." [723]

Die Akte von 1934 hat zwar den Philippinen die Unabhängigkeit zugesagt, aber erst nach einer Übergangsfrist von 10 Jahren; die Verfassung [724] wurde von einer konstituierenden Versammlung ausgearbeitet und von den philippinischen Wählern durch ein Referendum gutgeheißen; Außenpolitik und Verteidigung blieben jedoch bei den USA, ihre Flagge war weiterhin die amerikanische und die Beamten wurden auf den amerikanischen Präsidenten vereidigt. Die Vereinigten Staaten konnten intervenieren und

[719] *Cornerstone*, p. 343.

[720] Senate Hearings 1930, p. 283, 407.

[721] Wenn im Bericht der Bell-Kommission von 1951, die die Bedingungen für eine amerikanische Wirtschaftshilfe festlegen sollte, nicht nur ein Kampf gegen Korruption und Nepotismus, sondern auch eine Fiskal- und Agrarreform, Minimallöhne für Landarbeiter u. a. gefordert wird, so hat dies einen gewissen Hypokrisie-Charakter, da nun vom unabhängigen Staat in relativ kurzer Zeit das verlangt wird, was Amerika als Kolonialmacht nicht vermocht oder gar nicht versucht hatte. *Fischer*, p. 317.

[722] Senator *Hawes*, The Philippine Independence Act, in: Annals of the American Academy of Political and Social Science 168/1933, p. 154.

[723] *G. Malcolm*, The Commonwealth of the Phillippines, 1936, p. 100.

[724] Text im Anhang zu *Malcolm*, p. 435 f.

besaßen ein Veto im Parlament; der amerikanische Kongress blieb legislativ zuständig für Fragen des Handels und des Zolles. Das Übergangsregime erhielt zwar den Namen »Commonwealth« und sollte damit an das Self-government der britischen Dominions erinnern [725], doch kann die eingeschränkte philippinische Autonomie damit nicht verglichen werden. Dennoch wurde eine erstaunlich reibungslose Zusammenarbeit zwischen Kolonialmacht und Nationalisten ermöglicht – sicher nicht zuletzt deshalb, weil das Datum der Unabhängigkeit fixiert war.
Auch zollpolitisch sah die Unabhängigkeitsakte ein Regime des Übergangs vor: zunächst noch freier Handel, wenn auch mit fixierten Quoten für die philippinischen Produkte, später dann ein steigender Exportzoll bis zur Aufhebung des Zollvorteils 1946. Im Interesse der amerikanischen Exporteure blieben aber die Einfuhren in die Philippinen zollfrei, selbst in der zweiten Hälfte der Übergangszeit! Hier ging z. B. Großbritannien weiter, das z. B. 1921 schon eine gewisse Tarifhoheit gewährte, die die britische Textilindustrie schwer geschädigt hat. Der amerikanische Landwirtschaftsminister *Wallace* legte außerdem im Juni 1934 Zuckerquoten fest, die weit unter der philippinischen Produktion lagen, was schwerwiegende Absatzprobleme zur Folge hatte; ähnliches galt auch für die Kokosnuß. Die New York Herald Tribune kritisierte:

"The iniquity of this act lies not only in its injustice, but in its cynicism. The ink was scarcely dry on the signature of the new independence bill, which specially safeguards the Filipinos against the arbitrary closing of the American markets for Philippine products, when the Senate passes this measure which violates the basic principle underlying the independence bill ... With one hand Congress offers independence in a form not desired by the Filippinos and with the other it destines them to ruin." [726]

Da nur 6 % der Zuckerquote raffiniert eingeführt werden durften, waren die Möglichkeiten für eine Industrialisierung begrenzt; den Versuchen der philippinischen Regierung, öffentliche Mittel zur Industrialisierung einzusetzen, standen die Amerikaner kritisch gegenüber, teils weil das Prinzip des »free enterprise« auf das Entwicklungsland übertragen werden sollte, teils im Interesse der eigenen Exportwirtschaft; Zollschutz erschien ebenfalls als untunlich [727]. Diese zugunsten der amerikanischen Wirtschaft getroffenen Maßnahmen, die wenig Entgegenkommen bezeugten, haben eine rechtzeitige Anpassung der philippinischen Wirtschaft weitgehend verhindert und standen daher in einem krassen Gegensatz zum Sinn der Übergangsphase! Es tauchte denn auch bald die Frage auf, ob der Termin 1946 eingehalten werden könne, wobei prophilippinische Autoren eine Verlängerung der wirtschaftlichen Anpassungsperiode vorschlugen [728]. 1938 sah eine philippinisch-amerikanische Kommission das Jahr 1960 vor, wodurch sich die 1930/32 abgelehnte Möglichkeit einer Verbindung von Unabhängigkeit und Beibehaltung der Präferenzen wieder eröffnete [729]. Andererseits wurde die Abhängigkeit vom amerikanischen Markt als Argument verwendet, um das Unabhängigkeitsversprechen rückgängig zu machen. So forderte der Hochkommissar *McNutt* am 14. Mai 1939 in einer Rundfunkansprache eine »realistic reexamination« des gan-

[725] *Malcolm*, p. 134.
[726] Zit. *Kirk*, p. 134 f.
[727] *Fischer*, p. 218 f.
[728] *Kirk*, p. 214 f. *Ralston Hayden*, The Philippine in transition, in: Foreign Affairs Juli 1936.
[729] *Fischer*, p. 148.

zen Komplexes: Außenpolitik, Zoll, Immigration, Währungsfragen sollten bei Amerika verbleiben, die Philippinen hingegen Präferenzen erhalten – dies unter Beibehaltung des Quotensystems und unter Berücksichtigung der amerikanischen Produzenten [730]!

Die eigenartige Diskrepanz zwischen Freiheitsideologie, politischer Weitsicht und wirtschaftlicher Interessenverflechtung zeigte sich von neuem in der letzten Phase der Entkolonisierung. Präsident *Truman* proklamierte am 4. Juli 1946 die Unabhängigkeit der Philippinen und löste damit das Versprechen von 1934 ein, das während des Krieges mehrfach bestätigt worden war. Die befreite Kolonie erhielt jedoch die dringend benötigten Wiederaufbaukredite (400 Mill. Doll.) nur unter recht belastenden Bedingungen: Im Trade Act von 1946 (Bell Bill) wurde zwar die Anpassungsfrist bis 1974 verlängert, und der philippinische Export nach USA quotenmäßig begrenzt, der Import aus Amerika wurde jedoch (bis 1954) zoll- und quotenfrei belassen. Die Folge davon waren nicht nur eine viel zu große Einfuhr von Luxus-Konsumgütern, sondern auch der Verlust an staatlichen Einnahmen und eine Verzögerung der Industrialisierung. Ja noch mehr: die Vorkriegsexporteure, vorwiegend Amerikaner, wurden privilegiert und die Amerikaner zudem den philippinischen Bürgern legal gleichgestellt, um ihnen beim Abbau der Rohstoffe eine günstige Ausgangsposition zu schaffen; diese Privilegierung bedurfte sogar eines Amendements der philippinischen Verfassung [731]! Obschon Vertreter der Administration und auch Außenminister *Byrnes* deutlich gemacht haben, daß die Vereinigten Staaten selbst für die philippinische Abhängigkeit vom amerikanischen Markt verantwortlich und an einer gesunden Entwicklung des Inselreiches interessiert seien, bestand der Kongreß auf seinen Bedingungen [732]. Es versteht sich, daß dieses Trade Agreement in den Philippinen auf entscheidende Ablehnung stieß und als Neo-Imperialismus, d. h. als Versuch, die politische Unabhängigkeit durch wirtschaftliche Bindungen zu ersetzen, interpretiert wurde; ein Gutteil des Goodwill, den die Proklamation von 1946 den Amerikanern eingebracht hatte, ging damit wieder verloren. Ähnlich im militärischen Bereich: dem Versuch der Philippinen um militärische Hilfe gegen die kommunistisch kontrollierten Huks wurde erst entsprochen, als die Philippinen im

[730] *Fischer*, p. 164. *Paul V. McNutt*, The Philippines: asset or liability, in: Annals ... 215/1941.

[731] In der Verfassung war die Ausbeutung der Naturvorkommen (Holz, Wasser, Öl, Mineralien) nur für philippinische Bürger oder Kapitalgesellschaften mit mindestens 60 % philippinischer Beteiligung vorgesehen. Das Amendment stellte die amerikanischen Bürger den philippinischen gleich und hob die Bestimmung für die Gesellschaften auf!

[732] Überspitzt und einseitig sagte Senator *Tydings*, Vorsitzender des Senatsausschusses für die philippinischen Fragen: "The truth of the matter is that most of the people, outside the Filipinos, who favor this bill are fundamentally opposed to Philippine independence. Many of them have told me so ... Their whole philosophy is to keep the Philippines economically even though we lose them politically ...", zit. *Abraham Chapman*, American policy in the Philippines, in: Far Eastern Survey 5. 6. 1946, p. 168. *Jenkins* urteilt: "In spite of this recognition of the shortsightedness of past economic policy, the legislation adopted by the US-Congress in 1946 to regulate trade with the Philippine Republic simply sought to perpetuate the previous relationship. This represented a real victory for the economic interests with holdings in the Philippines – a reverseal of the situation at the time of the passage of the Independence Act, when these American group fearing competition from Philippine products were wielding more influence." A.a.O., *Cady*, p. 98 f.

März 1947 den USA militärische Basen zur Verfügung stellten – zu Bedingungen, die die nationale Empfindlichkeit reizen mußten [733].
Erst nach 1955 sind die wirtschaftlichen Beziehungen und die militärischen Abmachungen auf eine mehr oder weniger bilaterale Basis gestellt worden – die Vereinigten Staaten mußten den anti-kommunistischen Regierungen entgegenkommen und im Zeichen der Bandung-Konferenz und der chinesischen Herausforderung Reste des ehemaligen Kolonialstatus abbauen. Etwas überspitzt möchte man sagen, daß Amerika erst zu diesem Zeitpunkt seine Dekolonisation zu Ende geführt hat, mehrere Jahre nach dem britischen, holländischen und französischen Rückzug aus dem weiten Bereich Süd-Ostasiens!

Das mißlungene »Commonwealth«: Holland in Indonesien

Die Stellung Hollands in Südostasien ist mit derjenigen Belgiens in Afrika zu vergleichen: Hier wie dort verfügte ein westeuropäischer Kleinstaat ohne machtpolitische Aspirationen über ein großes Kolonialreich mit großer wirtschaftlicher Potenz und konzentrierte seine kolonialpolitischen Anstrengungen auf eine systematische Ausbeutung. Die wirtschaftlichen Erfolge sind nicht zu leugnen; die Gewinnung agrarischer Exportprodukte und Mineralien, aber auch die administrative Kontrolle wurden intensiver betrieben als im britischen oder französischen Empire. Die holländische Verwaltung in Indonesien und die belgische im Kongo wurden von englischen und französischen Spezialisten bewundert und als Vorbild für ihre eigenen Anstrengungen betrachtet. Nachahmenswert erschienen aber auch manche Aspekte der Eingeborenenpolitik: Die Sozialpolitik des Katanga-Bergbaus z. B., aber auch die holländischen Bestrebungen, eine Desintegration der indonesischen Dorfstruktur aufzuhalten und den eingeborenen Bauern technische Beratung und Kreditkassen zur Verfügung zu stellen. Sowohl Holländisch-Indien als auch der belgische Kongo schienen von Emanzipationsbewegungen verschont zu bleiben – Holland fühlte sich bis zum Ausbruch des Zweiten Weltkrieges absolut sicher in Indonesien, ähnlich wie Belgien im Kongo noch in den 50er Jahren. In beiden Kolonialreichen gelang die Dekolonisation jedoch nicht, weil wirtschaftliche Ausbeutung und sozialer Paternalismus die politischen Fragen völlig in den Hintergrund rückten und eine schrittweise Ablösung weder vorgesehen noch vorbereitet wurde. Eine Parallele findet sich schließlich darin, daß die holländische und belgische Kolonialverwaltung, die lange als vorbildlich galten, heute ausgesprochen negativ beurteilt werden.

Die Diskrepanz zwischen dem kleinen Holland und dem indonesischen Archipel, dessen Bevölkerung bereits 1940 70 Millionen zählte, macht verständlich, daß besondere Formen der Indirect Rule in der holländischen Administration und Kolonialkonzeption von jeher eine besondere Rolle spielten. Es lag nahe, Verwaltungspersonal zu sparen und die bestehenden Institutionen und Autoritäten der eigenen Herrschaft dienstbar

[733] *Fischer*, p. 173; *Chapman*, p. 169.

zu machen. Die ostindische Kompanie hat im 18. Jahrhundert mit indonesischen Fürsten Protektoratsverträge abgeschlossen und sie zur Ablieferung bestimmter Produkte gezwungen; im 19. Jahrhundert wurden im berüchtigten »Kultursystem« *Vandenboschs* die lokalen Regenten und die Dorfaristokratie als Exekutiv- und Zwangsorgane verwendet. In der »ethischen Politk« nach 1900 sollte einerseits das Dorf erhalten und gefördert, und andererseits die bis dahin nur lose Kontrolle der Inselwelt ausgebaut werden; ähnlich wie Großbritannien in Malaya mit dem Protektorat, operierte Holland in den Outer-Islands mit dem »kurzen Kontrakt«.

Im Grundgesetz Holländisch-Indiens hieß es in Art. 118: "in so far as the circumstances admit it, the native population will be left under the immediate leadership of its own heads, appointed or recognized by the Government" [734]. Dieser Grundsatz brachte das holländische System in die Nähe des britischen. Die »Indirect Rule« erfolgte dabei auf zwei Ebenen. Auf »Regierungsebene« war Indonesien in Regierungsland und Eingeborenen-Staaten aufgeteilt; von diesen lagen vier auf Java, die übrigen 265 in den Outer-Islands. Es handelte sich dabei um meist kleinere Herrschaftsbereiche mit nur einigen 10 000 Untertanen. Im Unterschied zu den Protected States in Britisch-Malaya, die juristisch ihre Eigenstaatlichkeit behielten, waren die indonesischen Eingeborenen-Staaten Teile des holländischen Territoriums; formell wurde die Verwaltung zwar von den eingeborenen Autoritäten ausgeübt, faktisch aber »regierte« der holländische Beamte [735]. Das ungemein dicht besiedelte Regierungsland Javas (93 % der Insel) war seinerseits in Bezirke gegliedert, deren 76 »Regenten« zwar ernannt wurden, vorwiegend aber aus der lokalen Aristokratie stammten und »ein erbliches koloniales Beamtentum« [736] bildeten. Dem Regenten zur Seite stand der holländische Resident, in Analogie zum britischen District Officer. Der hervorragende Kenner kolonialer Verhältnisse, *Furnivall,* hat jedoch einen wesentlichen Unterschied deutlich gemacht: der britische Kolonialbeamte sei in erster Linie Magistrat, der die Anwendung der Gesetze überwacht und Steuern einzieht, direkte Eingriffe aber möglichst vermeidet, während der Holländer unmittelbar verwaltet, »positiv« wirken will und paternalistisch den Eingeborenen wie unmündigen Kindern gegenübertritt. [737]

In den 20er Jahren wurde die Kontrolle gelockert und die »Indirect Rule« durch Regentschaftsräte demokratisiert, in denen der Regent nur noch den Vorsitz innehatte: Sein Prestige war dadurch geschmälert. ohne daß jedoch die europäisierte Schicht Zugang zu diesem Amt erhalten hätte; den vielfältigen Anforderungen einer modernen Verwaltung konnte ohnehin nicht mehr voll entsprochen werden, so daß sich eine Krise der Indirect Rule und eine Spannung zwischen traditioneller Oberschicht und jungen westlich geschulten Elitegruppen abzeichneten, wie dies auch in Westafrika der Fall war. Die untere Ebene betraf das Dorf, für das eine Wohlfahrtspolitik Sorge tragen sollte. Hygienische Maßnahmen, Straßenbau, Verbesserung des landwirtschaftlichen Anbaus, Errichtung von Elementarschulen sollten innerhalb und mit Hilfe der tradi-

734 *Rupert Emerson,* Malaysia. A study in direct and indirect Rule, 1937, p. 412.

735 darüber allgemein *Emerson.*

736 *Harry L. Benda,* Tradition und Wandel in Indonesien, in: Geschichte in Wissenschaft und Unterricht 1/1963, p. 48.

737 *J. S. Furnivall,* Netherlands India. A study of plural economy, 1939, p. 260. *G. H. Bousquet,* La politique musulmane et coloniale des Pays-Bas, 1939, p. 95.

tionellen Dorfstruktur erfolgen, indem man die Zwangsbefugnisse des Dorfoberhauptes zur Durchsetzung der Reformen verwandte. Im Zeichen des holländischen Paternalismus erschien der »leichte Zwang« als legitimes Mittel, und auch die Zwangsarbeit innerhalb des Dorfes blieb bestehen. Zweifellos ist beträchtliches geleistet worden, vor allem konnte die Konfrontation der sich bis dahin selbst tragenden Wirtschaft des Dorfes mit der kapitalistischen Produktionsweise und der von außen eindringenden Geld- und Marktwirtschaft gemildert werden. Wir haben in einem früheren Zusammenhang bereits auf *Furnivall* hingewiesen, der als britischer Beamte in Burma britische und holländische Methoden verglichen hat und zu einem sehr positiven Urteil gelangt ist: Da sich Großbritannien in Burma – vor allem in Unterburma – auf Law and Order beschränkte und der individualistisch orientierten Geldwirtschaft und Produktion freien Spielraum gewährte, sei eine katastrophale Desintegration der eingeborenen Sozialstruktur verursacht worden, während der holländische Paternalismus mit seinem legal fragwürdigen »leichten Zwang« die soziale Anpassung erleichtert und Positives für den indonesischen Bauern geleistet habe [738]. *Emerson* hingegen beurteilte 1937 das System kritischer. Die Autorität des lokalen Oberhauptes sei fragwürdig und Korruption häufig [739]. Ein offizieller Bericht aus dem Jahre 1941 bezeichnete die Dorfvorsteher »almost exclusively an instrument of the government« [740]; in der Tat erhielten traditionelle Autoritäten innerhalb des Kolonialsystems einen autoritären Charakter, büßten an echtem Ansehen und Repräsentationskraft ein und konnten kaum als Instrument einer »Demokratisierung« dienen.

Die wirtschaftlichen Auswirkungen waren ebenfalls zwiespältig. Der Erwerb von Grundbesitz war Nicht-Indonesiern untersagt, womit dem Vordringen der Europäer und Chinesen bis zu einem gewissen Grade Einhalt geboten wurde; mit Beratung und »leichtem Zwang« konnte die Produktion des indochinesischen Bauern gesteigert werden [741]. Den Hauptanteil bestritt jedoch die kapitalmäßig und technisch gut ausgerüstete europäische Plantage – auf gepachtetem Staatsboden oder von Indonesiern gepachtetem Grundeigentum –, die sich gleichzeitig die Zwangsstruktur des Dorfes dienstbar machen konnte [742]. Die Verschuldung des indonesischen Bauern an chinesische Geldgeber und damit die Degradierung zum Pächter auf eigenem Boden konnte nicht verhindert werden, und zwar nicht zuletzt deshalb, weil die Bevölkerungszahl geradezu sprunghaft anstieg – von 37,7 Mill. 1905 auf 60,7 Mill. 1930! Der Lebensstandard der indonesischen Bevölkerung hat sich daher selbst in der Prosperitätsphase vor 1930 nicht gehoben [743]. Die Weltwirtschaftskrise hat sich katastrophal ausgewirkt. Die Abhängigkeit vom Weltmarkt, aber auch die beherrschende Stellung, die Europäer und Chinesen im Wirtschaftsleben einnahmen, haben bei der indonesischen Intelligenz ein Gefühl der Frustration erzeugt und einen Anti-Kapitalismus als einziges Mittel gegen die »Entfremdung« wachgerufen.

[738] *Furnivall*, p. 381 f., p. 467.
[739] *Emerson*, p. 433 f.
[740] *George McTurnan Kahin*, Nationalism and Revolution in Indonesia, 1952/1959, p. 16.
[741] *Furnivall*, p. 322, 319.
[742] *Bousquet*, p. 93.
[743] »they were rather worse off in 1930 than in 1913«, *Furnivall*, p. 401.

Indirect Rule und paternalistische Bestrebungen verbanden sich mit herrschaftlichen Elementen auch in der holländischen Kulturpolitik. Holland machte wenig Anstrengungen zu einer kulturellen Assimilation, denn es ging von der Andersartigkeit und Selbständigkeit der indonesischen Kultur und Zivilisation aus. Das einheimische Recht – adat – wurde nicht nur intensiv erforscht, kodifiziert und in Leiden den angehenden Kolonialbeamten gelehrt, sondern auch in Indonesien angewendet. Im religiösen Bereich herrschte weitgehende Toleranz, die Tätigkeit der Missionen war gering, der Islam genoß Bewegungsfreiheit, die holländische Haltung war proislamisch, obschon der Versuch, die religiöse Bewegung von der Politik zu trennen, gescheitert ist [744]. Die holländische Sprache wurde nicht als Instrument kultureller Einflußnahme benutzt – eine Zurückhaltung, die bezeichnenderweise vor allem einem französischen Beobachter unverständlich erschien [745]. Als Umgangssprache diente neben den Eingeborenensprachen und dem Holländischen ein »Bazar-Malayisch«, das den Verkehr erleichterte, aber keine kulturelle Funktion besaß. Ob dies dem Kolonial-Holländer dazu gedient hat, sich gegen die Eingeborenen abzusetzen und dem Indonesier den gesellschaftlichen Aufstieg zu erschweren, bleibe dahingestellt.

Holland verzichtete auf eine Okzidentalisierung und versuchte, die westlich geschulte Schicht der Indonesier als Träger des Nationalismus möglichst klein zu halten. Dem Erziehungswesen wurde kein großes Interesse geschenkt, und noch 1940 wurde der Anteil der Analphabeten mit 93,6 % angegeben. Es gab zwar ein technisches (1919), juristisches (1924) und medizinisches College (1926), doch blieb die Zahl der indonesischen Studenten relativ gering [746]. Da die höheren Schulen zudem hohes Schulgeld verlangten, waren sie in erster Linie Europäern und Chinesen zugänglich. Die Berufschancen für die westlich geschulten Indonesier waren dazuhin schlecht, da sie bei der Verwaltung der Plantagen, Handel und Industrie nur in den unteren Positionen verwendet wurden, während die öffentliche Verwaltung entweder den lokalen Notablen oder den Holländern reserviert blieb; in der Armee und Polizei genossen zudem die anti-nationalistischen Eurasier ein weitgehendes Monopol. Im Oktober 1940 waren von den 3039 höheren Beamten nur 221 Indonesier [747]. Es kam zu der paradoxen Situation, daß die Zahl der westlich Ausgebildeten klein war, und daß dennoch sehr viele von ihnen keine entsprechende Stellung finden konnten – auch diese Frustration kam dem Nationalismus zugute [748].

Der Ausbau repräsentativer Organe begann mit dem Ersten Weltkrieg. Der Anstoß ging dabei, wie bei den Lokalräten des Dezentralisations-Gesetzes von 1903 von den Holländern in Indonesien aus, die eine gewisse administrative Autonomie und erweiterte Bewegungsfreiheit gegenüber dem Mutterland beanspruchten. Diese Tatsache erinnert eher an eine Siedlungskolonie. 1918 wurde ein Volksraad mit konsultativen Kompetenzen eröffnet; von den 39 Mitgliedern waren 15 Indonesier, zum Teil gewählt, zum

[744] Neben *Bousquet Harry J. Benda,* The crescent and the rising sun, 1958.

[745] *Bousquet,* p. 129.

[746] 1935/36 sind von 1020 Studenten 516 Indoneser, *Bousquet,* p. 137. Allgemein *Furnivall,* p. 364 f.

[747] *Kahin,* p. 34.

[748] *Furnivall,* p. 250 f.; *Kahin,* p. 33; *J. M. van der Kroef,* Economic origins of Indonesian nationalism, in: South Asia in the World today, ed. *Ph. Talbot,* 1950.

Teil ernannt. Die neue holländische Verfassung von 1922 entfernte die Worte »colonies and possessions in other parts of the world« und erklärte Niederländisch-Indien zu einem integralen Bestandteil des Königreiches – ein Schritt, den Großbritannien nie getan hat und der eher an Frankreich erinnert. Die Indonesier waren denn auch holländische Bürger mit Wahlrecht am Wohnort; ebenso wie die Kolonial-Holländer im Volksraad repräsentiert waren, so war ein indonesischer Kommunist 1933–1940 Mitglied des holländischen Parlamentes [749]. Das neue Grundgesetz für Indonesien 1925 legte die Autonomie der Kolonie fest, schränkte die Reservatsrechte der Krone ein und übertrug dem Volksraad Budgetrecht und legislative Kompetenzen. Es ist jedoch bezeichnend für das Gewicht der konservativen Kräfte, daß das Grundgesetz hinter den Vorschlägen einer Kommission, die aus ausgezeichneten Kennern Indonesiens bestand, zurückblieb und daß die zweite Kammer ihren retardierenden Einfluß zur Geltung bringen konnte [750].

Der neue Volksraad von 1927 hatte 60 Mitglieder, 38 gewählte und 22 ernannte. Von den 38 gewählten waren 20 Indonesier; als Wahlkörper dienten die Lokalräte, die ihrerseits zu einem ansehnlichen Teil aus Beamten bestanden [751]. Holland ließ allerdings – im Unterschied zu Großbritannien – seinen Beamten weitgehende Freiheit in der politischen Stellungnahme und duldete sogar offene Kritik an der Regierung; einen geschlossenen Block der Officials gab es daher nicht. Andererseits blieben der Regierung natürlich Möglichkeiten der Beeinflussung und »Lenkung«. Die Lokalräte repräsentierten zudem das ländliche Indonesien, während die Stadträte, vor allem derjenige Batavias, die Holländer faktisch privilegierten und auch nach holländischem Muster »regierten« [752]. Die kleine, aber wichtige Mittelschicht der Städte und die europäisch geschulte Intelligenz waren somit unterrepräsentiert und kamen im Volksraad nicht voll zur Geltung; die Regierung erkannte die Diskrepanz und hat zeitweilig nationalistische Führer zu Mitgliedern des Volksraades ernannt.

Die Befugnisse des Volksraades waren – vom Vetorecht des Gouverneurs und dem von der Regierung ernannten Vorsitzenden des Rates abgesehen – legislativ, die Exekutive jedoch blieb holländisch und direkt dem Haag verantwortlich; nur ein Ressort, das der Erziehung, wurde mit einem Indonesier besetzt. Dabei zeichnete sich die uns bekannte Problematik des Representative Government ab, insofern als der Volksraad zwar offen kritisieren, aber keine Regierungsverantwortung übernehmen konnte und andererseits der nationalen Opposition eine Propagandaforum verschaffte. Man wird

749 *A. Vandenbosch*, Indonesia, in: The new World of South East Asia, ed. *Lennox Mills,* 1949, p. 87.

750 *E. Moresco* (ehemaliger Vizepräsident des Indienrates), The new Constitution of the Netherlands Indies, in: Asiatic Review April 1927. Moresco behauptet zudem, daß 1925 das Kolonialministerium die Hälfte der Sitze im Volksraad den Eingeborenen zuteilen wollte, das Parlament aber abgelehnt habe, p. 221.

751 *Alexandre von Arx,* L'évolution politique en Indonésie de 1900 à 1942, 1949, gibt p. 322 einige Zahlen, 1939 waren von den 2288 Wählern (!) 1000 ernannt, von den 1452 Indonesier 515 Offizial oder ernannte Wähler.

752 Dank eines hohen Steuerzensus und des Holländischen als Wahlqualifikation waren fast nur Holländer wahlberechtigt. Batavia mit seinen 530 000 Einwohnern 1948 hatte nur 12 749 Wähler, davon 8563 Holländer, 3468 Indonesier und 718 Asiaten, *Vandenbosch* in *Mills,* a.a.O., p. 90.

den Volksraad mit den Délégations financières des französischen Kolonialbereiches vergleichen dürfen, insofern als die Kolonial-Holländer eine Verfügungsgewalt über das Budget und Mitsprache in der Wirtschaftspolitik erhielten. Der ursprüngliche Common Roll wurde sogar zugunsten rassisch getrennter Wahlkörper aufgehoben: In dem Augenblick, da eine europäisch gebildete indonesische Mittelschicht entstand, die die Zensusqualifikationen erfüllte, führte die Kolonialmacht eine getrennte Repräsentation ein, die selbstverständlich nur als Diskriminierung im Interesse der Herrschaft verstanden wurde und somit einer anti-holländischen Kampagne Nahrung gab.

Was waren die Zukunftsperspektiven? Wie gedachte Holland der nationalistischen Bewegung zu begegnen? Richtete es sich auf ein späteres Self-government ein oder strebte es eine engere Verbindung zum Mutterland an?

In Holland hat man sich darüber offenbar nicht allzu viele Gedanken gemacht. Der pragmatische Sinn der Niederländer mochte sich mit solchen noch wenig akut erscheinenden Fragen nicht befassen; wichtiger ist wohl, daß Holland keine eigentliche Reichskonzeption- und ideologie entwickelt hat und sich somit auch nicht veranlaßt sah, eine mögliche Dekolonisation zu postulieren. Während Großbritannien die eigene Herrschaft mit der Entwicklung zum Self-government legitimierte und Frankreich seine zivilisatorische Mission pries und eine dauernde Verbindung zwischen Mutterland und überseeischen Territorien anstrebte, hielt sich Holland zurück.

Der große Islamist *Snouck Hurgronje* hatte zu Beginn des Jahrhunderts im Geiste eines liberalen Reformismus eine fortschreitende Verwestlichung Indonesiens prophezeit, auf deren Basis durch den Ausbau des Erziehungswesens, die Hereinnahme der Eingeborenen in die Verwaltung und politische Autonomie eine enge und bleibende Assoziation zwischen Holland und Indonesien entstehen würde [753]. Nach dem Ersten Weltkrieg jedoch verlor sich dieser Glaube an eine Assoziation oder Assimilation. *Van Vollenhoven*, der in Leiden die Verwaltungselite ausbildete, ging von den beiden verschiedenen Zivilisationen aus; wenn er 1922 für liberale Reformen eintrat und wenn die holländische Beamtenschaft im lokalen Bereich die »reintegration of Indonesian life« intensivierte [754], so blieb diese Politik doch ohne Ziel oder erhielt eindeutig konservativen Charakter, insofern als die vielgepriesene Indirect Rule gegen den neuen Nationalismus ausgespielt wurde und der bürokratische Apparat die künftige Herrschaft Hollands sicherstellen sollte [755].

In der Publizistik fand die Zukunftsfrage wenig Interesse. Oft wurde von einer künftigen Autonomie gesprochen, ohne daß aber ausreichend zwischen administrativer Autonomie unter holländischer Führung und politischer Autonomie als Vorstufe zu einem indonesischen Self-government unterschieden wird [756]. *Kat Angelino* spricht in seinem großangelegten Werk von einem »Greater Netherlands Commonwealth«, einer Gemeinschaft von Völkern mit verschiedener Zivilisation, ohne aber näheres auszusagen und institutionelle Möglichkeiten zu diskutieren [757]. *Hendrik Colijn*, Führer der »anti-revolutionären« (d. h. konservativen) Partei Hollands und Ministerpräsident

[753] *Benda*, The crescent and the rising sun, p. 26 f.
[754] *Robert van Niehl*, The emergence of the modern Indonesian elite, 1960, p. 248 f.
[755] *Benda*, p. 36, 65, 69.
[756] Hinweis auf eine Reihe von Schriften bei *Bousquet*, p. 147.
[757] *A. D. A. De Kat Angelino*, Colonial policy, vol. II, The Dutch East Indies, 1931, p. 651 f.

der Jahre 1933–1939, kritisierte 1928 energisch die Institution des Volksraads. Indonesien sei lediglich eine geographische Einheit und müsse einen föderativen Aufbau erhalten; da Responsible Government oder auch nur die Hereinnahme von Indonesiern in die Exekutive undenkbar oder untunlich seien, könne der Volksraad nur ein Ort für polemische Kritik sein. *Colijn* schlug zwei autonome Provinzen Java und Sumatra vor, die ihrerseits territorial aufgegliedert würden. Die Indonesier könnten in der Provinz-Administration politische Rechte und unmittelbare Verantwortung erhalten; die allgemeinen Fragen sollten außerhalb der provinzialen Befugnisse und holländischer Kontrolle vorbehalten bleiben [758].

Es läßt sich zweifellos vieles zugunsten eines föderativen Aufbaus des Archipels sagen, und ein breiter Zuständigkeitsbereich der lokalen Selbstverwaltungsinstitutionen wäre sicher nützlich gewesen. Ein Mann wie *Colijn* orientierte sich aber offenbar nicht an einem von den Provinzen ausgehenden Prozeß des Self-government für Indonesien, wie er der britischen Konzeption für Indien längst zugrunde lag, sondern glaubte, die indonesische Emanzipationsbewegung auf die Provinzen abdrängen und in der Zentrale die koloniale Herrschaft auf unbestimmte Zeit aufrechterhalten zu können [759]. Wieweit die administrativen Dezentralisationsbestrebungen der 30er Jahre mit ihren Provinzräten und -regierungen gerade dieses Ziel verfolgten, können wir nicht beurteilen.

In Indonesien selbst wurde die Zeitschrift »De Stuw« Sprachrohr einer kleinen Gruppe von Intellektuellen, die sich gegenüber der offiziellen Politik scharf distanzierten und eine autonome Republik forderten, die nur lose – wohl in Anlehnung an das britische Commonwealth – mit dem Mutterland verbunden bleiben sollte; solche Thesen erschienen aber in den 30er Jahren zu radikal und fanden wenig Anklang. Wichtiger war eine Sammelbewegung konservativer Kräfte: Als Reaktion auf die Unruhen von 1926/27 wurde 1929 der »vaderlandische Club« gegründet – eine für Kolonial-Europäer typische Organisation –, der sein repressives Vorgehen gegen die nationalistischen »Unruhestifter« offen befürwortete und eine unauflösbare Verbindung mit Holland proklamierte. Einer der Führer des Clubs erklärte 1939 im Volksraad, die »ethische Politik« sei überlebt, da die indonesische Gesellschaft wirtschaftlich niemals selbständig werden könne und innerhalb einer imperialen Wirtschaft der straffen holländischen Führung bedürfe [760]. Die konservative Regierung *Colijn* vertrat diese Thesen, so daß Generalgouverneur *de Jonge* (1931–1936), ein ehemaliger Direktor der Royal Dutch, erklären konnte: “We have ruled here for three hundred years with the wip and the cub, and we shall still be doing it in another three hundred years.” [761] Wer »Unabhän-

[758] *Bousquet*, p. 133 f. *A. Arthur Schiller*, The Formation of Federal Indonesia 1945–49, 1955, p. 15 f.

[759] *Bousquet* begrüßte die Föderationspläne als eine Politik des »divide et impera«. Holländer hingegen lehnten diese Interpretation ab oder sprachen sich, wie etwa *van Vollenhoven*, gegen eine Föderationsstruktur aus, *Schiller*, p. 17 f.

[760] *Justus M. van der Kroef*, Colonial Indonesia: Conservatism reconsidered, in: Journal of East Aisatic Studies, Jan. 1957, p. 39. Ein weiteres Beispiel konservativer Haltung der frühere holländische Finanzminster *Treub*, Dutch rule in East Indies, in: Foreign Affairs Jan. 1930.

[761] Zit. *Leslie H. Palmer*, Indonesia and the Dutch, 1962, p. 35.

gigkeit« forderte, konnte des Verrates angeklagt werden [762]. Holland war vor dem Zweiten Weltkrieg nicht bereit, den Weg zum Self-government einzuschlagen. 1936 wurde im Volksraad von sehr gemäßigten Indonesiern die Einberufung einer Konferenz beantragt, die im Sinne eines 10-Jahres-Planes den Ausbau des Self-government – und dies innerhalb der holländischen Verfassung – beraten möge. Eine gewisse Zusammenarbeit mit den Nationalisten wäre hier möglich gewesen, doch hat die holländische Regierung den Vorschlag 1938 strikt zurückgewiesen; es sei besser, die administrative Dezentralisation voranzutreiben als eine grundlegende Reform der politischen Struktur einzuleiten [763].

Man wird hier daran erinnern müssen, daß Ceylon seit 1931, Burma seit 1935/1937 ein Semi-Responsible Government besaßen, mit eigenen Regierungen, die einer gewählten Legislative verantwortlich waren. Die Philippinen haben 1934 die zeitlich fixierte Zusage für Unabhängigkeit erhalten. Holland wollte jedoch keine Ablösung in Erwägung ziehen. Indonesien »gehörte« Holland, war Teil des nationalen Territoriums und eine Quelle des holländischen Reichtums. Die Kolonialkonzeption Hollands stand sozusagen zwischen derjenigen Englands und derjenigen Frankreichs, aber ohne eigene Vorstellung über eine künftige Entkolonialisierung. Vage wurde von einer Verbindung zweier autonomer Bereiche unter der holländischen Krone gesprochen, im Grunde jedoch verteidigte man einfach den Status quo und wich der Zukunftsfrage aus. Die paternalistische Politik mochte positive Leistungen aufweisen, mußte aber den Nationalisten als sturer Kolonialismus erscheinen, der keinen revolutionären Weg sichtbar werden ließ und somit zu einer radikalen Haltung provozierte.

Auch nach Ausbruch des Zweiten Weltkrieges und selbst nach der japanischen Invasion sah sich die Regierung zu keiner flexibleren Haltung veranlaßt. Ein neuer indonesischer Antrag im Volksraad (Wihowo-Resolution vom Febr. 1940), eine imperiale Konferenz möge ein verantwortliches parlamentarisches System vorbereiten, wurde – nach der Invasion – mit dem Argument abgelehnt, die Zuständigkeit dafür liege beim holländischen Parlament, das zur Zeit aber nicht aktionsfähig sei [765]. Selbst der bescheidene Vorschlag, die Offizial-Bezeichnung »Inlander« durch »Indonesier« und Holländisch-Indien« durch »Indonesien« zu ersetzen, wurde zurückgewiesen – daß die Indonesier auf einen solchen taktischen Mißgriff scharf reagierten, kann man sich vorstellen [766]! Die im September 1940 eingesetzte Kommission unter Vorsitz *Vismans* erstattete ihren Bericht erst im Dezember 1941: Indonesier und Europäer sollten völlig gleichgestellt werden; der Archipel sollte Autonomie erhalten, mit einem Reichsrat als übergeordnete Instanz [767]. Diese Vorschläge waren aber zu unbestimmt und kamen zu spät, um noch Wirkung haben zu können. Die Japaner sind von vielen Indonesiern als Befreier begrüßt worden, und ein Großteil der nationalistischen Opposition zeigte sich zur Zusammenarbeit mit der japanischen Besatzungsmacht bereit.

[762] *Bernhard H. M. Vlekke*, Nusantara, A History of Indonesia, 5. Aufl., 1959, p. 391. Die Visman-Kommission konnte denn auch feststellen, daß in den Hearings niemand die Unabhängigkeit fordere!

[763] *Vlekke*, p. 395; *von Arx*, p. 332.

[765] *Vandenbosch-Mills*, p. 97; *J. M. Pluvier*, Dutch-Indonesian Relations 1940/1941, in: Journal Southeast Asian History, März 1965.

[766] A.a.O.

[767] *Jan. O. M. Broeck*, Indonesia and the Netherlands, in: Pacific Affairs Sept. 1943.

Die holländische Exilregierung in London bewegte sich zunächst auf der bisherigen Linie: nach dem Kriege werde eine Konferenz mit Vertretern Hollands, Indonesiens und Surinams über die Zukunft beraten – bis dahin könne keine Entscheidung gefällt werden. Außenminister *van Kleffens* wandte sich noch im Oktober 1942 in den »Foreign Affairs« scharf gegen den amerikanischen Anti-Kolonialismus und dessen Phrasen von Demokratie, Unabhängigkeit und Selbstbestimmung, "as if these were constant values for all times and for all circumstances ... we still are blind to what the world really needs" [768]. In Südostasien seien die Voraussetzungen für unabhängige Nationen gar nicht gegeben, und im übrigen habe der Volksraad legislative Gewalt »for practically all Indian affairs«. Die holländische Kolonialpolitik halte sich an die Atlantic Charta, behauptete der Außenminister, obschon er gleichfalls betonte, daß der indonesische Archipel »part of the Kingdom of the Netherlands« bleiben werde und nur die Verfassung Indonesiens und dessen Stellung innerhalb des Königreiches zur Diskussion stände.

Kurz darauf, am 6. Dezember, sah sich die holländische Exilregierung jedoch gezwungen – wahrscheinlich unter amerikanischem Druck –, in einer Erklärung Königin Wilhelminas Stellung zur Nachkriegspolitik zu nehmen. Es heißt da u. a.:

"I am convinced, and history as well as reports from the occupied territories confirm me in this, that after the war it will be possible to reconstruct the Kingdom on the solid foundation of complete partnership, which will mean the consummation of all that has been developed in the past. I know that no political unity nor national cohesion can continue to exist which ist not supported by the voluntary acceptance and the faith of the great majority of the citizens. I know that the Netherlands more than ever feels its responsibility for the vigorous growth of the Overseas Territories and the Indonesians recognize in the ever increasing collaboration the best guarantee for the recovery of their peace and happiness. The war years have proved that both peoples possess the will and the ability for harmonious and voluntary co-operation ... I visualize, without anticipating the recommendations of the future conference, that they will be directed towards a Commonweatlh in which the Netherlands, Indonesia, Surinam and Curaçao will participate, with complete self-reliance and freedom of conduct for each part regarding its internal affairs, but with the readiness to render mutual assistance ...

It is my opinion that such a combination of independence and collaboration can give the Kingdom and its parts the strength to carry fully their responsibility, both internally and externally. This would leave no room for discrimination according to race or nationality; only the ability of the individual citizens and the needs of the various groups of the population will determine the policy of the government." [769]

Diese Erklärung, die an gewisse Diskussionsvorschläge der Zwischenkriegszeit anknüpfte und dann der Indonesien-Politik nach 1945 zugrunde lag, enthielt die holländische Dekolonisationskonzeption. Die neue Sprachweise des Zweiten Weltkrieges wird sichtbar, insofern als anti-imperialistische Formulierungen als notwendig erschienen und von einem partnerschaftlichen Verhältnis die Rede war. Man verwandte nun den Begriff des »Commonwealth«, um die Verbindung von »Unabhängigkeit« und Zusammenarbeit zum Ausdruck zu bringen, meint aber nicht den britischen Reichsverband, sondern eine Form der Föderation, in der die einzelnen Reichsteile innere Auto-

[768] *E. N. van Kleffens,* The democratic future of the Netherlands Indies, in: Foreign Affairs Oct. 1942, p. 87.

[769] Zit. u. a. in *van Mook,* The stakes of democracy in Southeast Asia 1950, p. 180 f.

nomie erhielten, Außenpolitik, Verteidigung und wohl auch Zoll- und Währungsfragen aber von übergeordneten Reichsgremien entschieden werden. Man vergleicht daher die holländische Konzeption besser mit der französischen und der späteren Union française mit ihren assoziierten Staaten. Die mit der Föderationsstruktur aufgeworfenen Fragen wurden in der Erklärung vom Dezember 1942 nicht beantwortet und späteren Konferenzen überlassen. War Holland wirklich bereit, die Souveränität nach außen föderativen Instanzen zu übertragen? Wie sollte die Autonomie Indonesiens aussehen? Hatte man die Absicht, eine indonesische Regierung zu akzeptieren, oder glaubte man, über Vetorecht und besondere Machtbefugnisse des Gouverneurs den holländischen Einfluß sicherstellen zu können?

Es wäre falsch, die königliche Erklärung und ähnliche Verlautbarungen [770] nur vom späteren Mißerfolg her beurteilen zu wollen. Im Vergleich zur konservativen und wenig flexiblen Haltung der Vorkriegszeit waren hier zumindest das Prinzip und die Leitidee einer großzügigen Reformpolitik proklamiert worden, die den Forderungen gemäßigter Nationalisten entsprachen und somit ein Entgegenkommen der Holländer anzuzeigen schienen. Es darf auch nicht übersehen werden, daß *van Mook*, der an der Formulierung der Erklärung vom 6. Dezember beteiligt gewesen ist und in den folgenden Jahren eine sehr wichtige Rolle spielte, aus der Stuw-Bewegung stammte und somit einer liberalen Politik aufgeschlossen war [771]. Unter »normalen« Verhältnissen und unter der Voraussetzung, daß Indonesien auch während des Krieges unter holländischer Herrschaft geblieben wäre, bestand durchaus die Aussicht, etappenweise eine Emanzipation Indonesiens durchzuführen und auf dem Verhandlungsweg neue Beziehungen zur ehemaligen Kolonialmacht herstellen zu können.

Die japanische Besetzung hat aber eine vollständig neue Situation geschaffen, deren Tragweite und Implikationen von der holländischen Exil-Regierung nicht erkannt oder in nur unzureichendem Maße in Rechnung gestellt worden sind [772]. Ähnlich wie in Indochina haben die Japaner nicht nur die Kolonialverwaltung beseitigt und damit das Prestige der europäischen Macht entscheidend geschwächt, sondern auch eine systematische anti-holländische Propaganda inszeniert und den indonesischen Nationalismus ihren eigenen Zwecken dienstbar zu machen verstanden. Sie befreiten die nationalistischen Führer aus den holländischen Gefängnissen, ein Repräsentativrat unter *Sukarno* wurde gebildet, eine indonesische Armee aufgestellt und Jugendverbände mit breiter Massenwirkung ins Leben gerufen; Japan hat im Oktober 1944 die Unabhängigkeit versprochen und mit einer Verfassungskommission die Republik Indonesien vorbereitet, die am 17. August 1945, wenige Tage vor der japanischen Kapitulation, von *Sukarno* und

[770] Z. B. *George H. C. Hart* (Vorsitzender des Wirtschafts- und Finanzausschusses), The Netherlands Indies and her neigbours, in: Pacific Affairs März 1943: »a nation of Indonesian, Dutch and Chinese citizens is emerging ... full partnership in fact, no more and no less ... strong Indonesian nation«. P. 21 f. *H. van Mook*, Past and future in the Netherlands Indies, Rede vor dem Institut of Pacific Relations 18. 5. 1945. Der amtierende Generalgouverneur spricht von einem Kabinett unter dem Generalgouverneur, p. 15. Amerikanische Kritik an der Erklärung von *Raymond Kennedy*, Dutch Charter for the Indies, in: Pacific Affairs, Juni 1943.

[771] *David Wehl*, The Birth of Indonesia, 1948, p. 29.

[772] Für das Folgende außer *Kahin*, *Wehl*, *van Mook* und *Palmer* auch *Alastair M. Taylor*, Indonesian Independence and the United Nations, 1960.

Hatta ausgerufen wurde. Die Bevölkerung hat diesen Schritt begeistert begrüßt. Kurzfristig wurde eine Verfassung angenommen und ein Kabinett eingesetzt; japanische Waffen dienten zur Ausrüstung von wenigstens rudimentären Streitkräften. Ganz ähnlich wie Frankreich in Indochina, sah sich auch Holland in dem Augenblick, in dem es die Vorkriegsposition zurückgewinnen wollte, mit dem Fait accompli einer proklamierten Republik konfrontiert, deren Machtbasis zwar noch begrenzt war, die aber selbstverständlich den Anspruch stellte, ganz Indonesien zu repräsentieren, und beherrscht wurde von der jungen und radikalen Generation von Nationalisten, die vor dem Kriege eine Kollaboration mit der Kolonialmacht abgelehnt und mehrere Jahre in der Verbannung verbracht hatte.

Van Mook hatte mit einer starken nationalen Bewegung, nicht aber mit einer bereits etablierten Republik gerechnet. Wie die französische Regierung stellte sich auch die holländische die Frage, ob und in welcher Form sie diese Republik anerkennen sollte. Die zurückkehrende Kolonialmacht verfügte zudem über nur geringe eigene Truppen und war auf alliierte Hilfe angewiesen. Lord *Mountbatten,* der Oberkommandierende dieser Front, war aber – was holländische Historiker nur allzu gerne übersehen – Repräsentant einer ausgesprochen liberalen Politik und kam in Burma den Nationalisten sehr weit entgegen; begreiflich daher, daß er nicht bereit war, starke militärische Kräfte in Indonesien einzusetzen und den offenen Kampf gegen die Republik aufzunehmen. Die Engländer anerkannten diese sogar de facto und forderten Holland zu direkten Verhandlungen auf. Holland hingegen wollte in der Republik ein von Japan eingesetztes Regime sehen, dessen Regierungsmitglieder als Kollaborateure und Verräter verhaftet werden sollten und keineswegs als legitime Partner zu betrachten waren, mit denen man das künftige Statut Indonesiens aushandeln konnte. *Van Mook* gab im November 1945 eine entsprechende Erklärung ab: Holland anerkenne die indonesischen Aspirationen auf eine nationale Existenz und sei zu freundschaftlicher Zusammenarbeit innerhalb des »Commonwealth« bereit; Indonesier sollten im Volksraad eine beträchtliche Mehrheit erhalten und einen Ministerrat unter Vorsitz des Generalgouverneurs bilden [773]. Diese Erklärung konkretisierte diejenige vom 6. Dezember und bedeutete gegenüber der Vorkriegszeit einen entscheidenden Schritt, war aber 1945 bereits durch die Ereignisse überholt. Denn von der bestehenden Republik Indonesien war nicht die Rede, da Holland offiziell keine Notiz von ihr genommen hatte. *Van Mook,* der das Mutterland in Indonesien vertrat, stand dazu noch unter Druck seiner eigenen, konservativen Regierung [774].

[773] Keesing's Archiv der Gegenwart, 5. 11. 1945, *Palmer,* p. 49.

[774] *Visman,* der Vorsitzende der Kommission von 1940, erwähnte zwar die japanische Propaganda, sprach dann aber abschätzend von der »so-called Republic Indonesia«, die in keiner Weise repräsentativ sei, »pure nationalism is safe in the hands of the Dutch«. The situation in Java (Ansprache in New York, Nov. 1945), p. 11. Noch deutlicher wird eine konservative Haltung sichtbar in dem Bericht Indonesia, 1950, des holländischen Ministerpräsidenten im Exil (1940–1945), *P. S. Gerbrandy.* Nach ihm war die Republik »only a form of words ... had no following among the population«. Bereits vor dem Kriege »a free State had existed in the Indies«, p. 135 f. *Gerbrandy* polemisiert scharf gegen *van Mook, van der Plas* und *Logemann,* die von der Struw-Bewegung hergekommen und für die Politik des Verzichtes nach 1945 verantwortlich seien. Über die Verhandlungen zwischen England, *van Mook* und Indonesien vgl. zudem *Idrus Nasir,* Diajadiningrat, The beginnings of the Indonesian-Dutch negotiations and the Hage-Veluwe talks, 1958.

Wir können die nun folgenden mühsamen Verhandlungen mit ihren zahlreichen Vorschlägen und Gegenvorschlägen, die wenig wirksamen Agreements, die Intervention der Vereinigten Nationen und die beiden »Polizeiaktionen« Hollands nicht skizzieren und beschränken uns auf einige Aspekte der holländischen Politik.
Holland mußte in Verhandlungen mit der Republik eintreten und auch das Recht Indonesiens akzeptieren, zu einem späteren Zeitpunkt selbst über sein Schicksal zu befinden, d. h. der geplanten Verbindung mit Holland zuzustimmen oder die Unabhängigkeit zu wählen. Holland beanspruchte jedoch, zunächst alleiniger Souverän im Archipel zu sein, während die Republik auf ihre faktische Existenz verwies und nur bilateral verhandeln wollte. Erst nachdem Frankreich am 6. März 1946 die Republik *Ho Chi Minhs* als Teil einer Föderation Indochinas anerkannte, akzeptierte Holland die indonesische Republik als Glied einer Föderation. Diese stimmte ihrerseits zu und verzichtete damit – mindestens vorläufig – auf ihren Anspruch, als souveräne Republik den ganzen Archipel zu vertreten.
Holland versuchte in der Konferenz von Manilo auf Celebes, die nicht von der Republik kontrollierten Outer-Islands in die Hand zu bekommen und autonome Regierungen zu installieren, die innerhalb der Föderation gleichberechtigt neben der Republik stehen sollten. Ein traditionelles Mißtrauen gegenüber Java und der Lokalpatriotismus konnten bei diesem holländischen Manöver in Dienst genommen werden, um Gegenkräfte gegen die Republik »hochzuspielen« und deren Führungsanspruch zurückzudrängen. Holland würde so in der Föderation Indonesien und in der vorgesehenen Union nicht nur eine maßgebliche Rolle spielen, sondern sogar eine weitgehende Entscheidungsgewalt ausüben. Die Parallelen zur Situation Indochinas und zu den Bestrebungen der französischen Regierung, die Republik *Ho Chi Minhs* zu neutralisieren, sind frappant!
Im Abkommen von Linggadjali (27. 3. 1947) mußte Holland die De-facto-Herrschaft der Republik gegenüber Java und Sumatra anerkennen, die sich ihrerseits bereit erklärte, mit zwei anderen Republiken eine Föderation einzugehen, die sich dann mit Holland verbinden würde. Es entstand aber keine Vertrauensbasis, und jeder der beiden »Partner« versuchte Machtpositionen im Bereich des andern aufzubauen. Holland verhängte eine Wirtschaftsblockade und entschloß sich nach Regierungsübernahme der katholischen Partei zur ersten »Polizeiaktion«, die am 21. Juli 1947 ausgelöst und mit dem Waffenstillstand vom 17. Januar 1948 beendet wurde. Eine Interims-Regierung der Föderation wurde am 9. März 1948 einseitig angekündigt und bestand aus dem Generalgouverneur und mehrheitlichen holländischen Departementschefs: Die Republik sollte die von Holland festgesetzten Bedingungen akzeptieren, bevor die eigentliche Regierung der »Vereinigten Staaten Indonesiens« gebildet würde. Holland wollte zudem die Republik nur paritätisch mit den anderen autonomen Territorien eingliedern und nach Möglichkeit in der Übergangsphase gänzlich »liquidieren«.
Die Republik durchschaute diese Manöver und pochte auf das eklatante Übergewicht Javas, das eine paritätische Repräsentation ausschließe; die anderen Territorien wurden zudem als Produkte des holländischen »Neo-Kolonialismus« abgetan. Auf ein kurzfristiges Ultimatum folgte am 19. Dezember 1948 schließlich die zweite holländische »Polizeiaktion«, mit der zwar die wichtigsten Städte Javas und Sumatras besetzt, nicht aber der Guerilla-Krieg beendet werden konnte. Die UNO intervenierte nun nachdrücklicher, und die Vereinigten Staaten, die bis dahin zu vermitteln versucht hat-

ten, nahmen offen gegen Holland Stellung. Am 1. August 1949 wurde das Feuer eingestellt, und nach einer Round-Table-Konferenz wurde im Haag am 2. November ein Abkommen unterzeichnet, in dem Holland sich verpflichtete, bis zum Jahresende sein ganzes indonesisches Kolonialreich – mit Ausnahme West-Guineas – an die Vereinigten Staaten von Indonesien zu übertragen, die aus der Republik und 15 weiteren autonomen Territorien entstehen und ihrerseits Partner einer holländisch-indonesischen Union werden sollten; die »Partner« waren aber unabhängige souveräne Staaten, obschon sie die holländische Königin als Head of the Union anerkannten. An Stelle der am 6. Dezember 1942 proklamierten Föderation war nun in der Tat eine Art Commonwealth entstanden.

Dieses nicht-britische Commonwealth hat sich jedoch nicht als lebensfähig erwiesen und wurde von Indonesien, wo die Republik nach Abzug der Holländer erwartungsgemäß sehr schnell ihren Führungsanspruch zur Geltung bringen konnte, bereits 1954 gekündigt. Großbritannien hatte Indien, Burma und Ceylon bereits während des Krieges nicht nur Autonomie, sondern volle Selbst-Regierung nach Abschluß der Feindseligkeiten in Aussicht gestellt. Dies war der entscheidende Grund, warum nach 1945 trotz schwerer Spannungen und zahlreicher Zusammenstöße eine erstaunlich reibungslose Dekolonialisierung möglich gewesen war. Die Labour-Regierung hat die Übergangsphasen verkürzt und durch rechtzeitiges Einschwenken eine Vertrauensbasis geschaffen, die einen geordneten Transfer of power erlaubte und den ehemaligen Kolonien ein Verbleiben im Commonwealth als vorteilhaft erscheinen ließ. Selbst im Falle Burmas hat sich in der frühen nachkolonialen Aera eine recht gute Zusammenarbeit zwischen Mutterland und Kolonie ergeben. Frankreich und Holland hingegen sahen sich im Zweiten Weltkrieg ebenfalls gezwungen, ein Entkolonialisierungsprogramm zu formulieren, glaubten aber auf Selbstbestimmungsrecht und Unabhängigkeitsforderungen nicht eingehen zu müssen und sich mit recht vagen Zusagen einer Autonomie innerhalb eines föderativen Ganzen begnügen zu können, in dem ihr eigener politischer und wirtschaftlicher Einfluß gewahrt bleiben würde. Frankreich und Holland hatten insofern das Mißgeschick, als gerade ihr Kolonialbereich von Japan besetzt wurde und ihnen somit die Voraussetzungen, die zur Realisierung ihres Programmes notwendig waren, entzogen waren. Der Unabhängigkeits- und Machtanspurch der revolutionär-nationalen Republiken, denen sich die beiden zurückkehrenden Kolonialmächte gegenüber sahen, war nicht oder nur schwer in Einklang zu bringen mit einem föderativen System, das nur eine gewisse Autonomie, nicht aber die Souveränität noch außen konzedieren konnte. Während England in Burma relativ leicht – wenn auch zögernd und durch die Umstände gezwungen – nachgeben konnte, da es das Prinzip der Unabhängigkeit längst akzeptiert hatte und nur die Art und Weise des Transfer of power zur Diskussion stand, lag es für Frankreich und Holland nahe, zu manövrieren und Gegenkräfte »hochzuspielen«, um die Sprengkraft der auf volle Unabhängigkeit pochenden Republiken neutralisieren zu können; Verhandlungen mit den revolutionär-nationalen Kräften schienen von vornherein die vorgesehene Lösung zu kompromittieren und einen Verzicht auf die ehemalige Kolonie zu beinhalten. Nachträglich hat sich gezeigt, daß nur mit einem rechtzeitigen Agreement eine schrittweise Machtübergabe möglich gewesen wäre, die den Interessen der Kolonialmacht entsprochen hätte. Ähnlich wie *Mountbatten* in Burma und *Leclerc* im Tonkin scheinen *van Mook* und auch der sozialistische Überseeminister *Logemann* nach anfänglichem Zögern zu diesem Ergebnis gekommen zu sein:

"There is only one realistic approach from our side, alongside of which all else is pure fantasy; and that is that if we wish to solve this problem in a way which will stand the critiscism of world history, then we must, with all the earnestness and sincerity that is in us ... aim at cooperation with the nationalistic group of Sjahrir and therewith to reach agreement. There is no other way."[775]

Aber weder *Leclerc* noch *van Mook* und *Logemann* konnten sich bei ihren eigenen Regierungen durchsetzen, während England das Glück hatte, in der kritischen Übergangsphase eine Labour-Regierung zu besitzen. Im Unterschied zu Indien und Burma konnte in Indochina und Indonesien keine Vertrauensbasis entstehen. Beide Seiten standen sich mißtrauisch gegenüber, versuchten sich gegenseitig zu überspielen und griffen schließlich zu den Mitteln der Sabotage, des Terrors und der militärischen Aktion. Eine militärische Eroberung Indonesiens wäre Holland ohne Zweifel gelungen, eine eigentliche Pazifierung und Stabilisierung hingegen kaum; die japanische Besetzung hatte wie in Indochina den Nimbus der unbesiegbaren Kolonialmacht gebrochen und revolutionär-nationale Stimmen geweckt, die nicht so leicht wieder zum Schweigen gebracht werden konnten. Frankreich hat den Indochinakrieg auf sich genommen, Holland hingegen hat unter dem Druck der Vereinten Nationen »kapituliert«. In beiden Fällen ist der Transfer of power einseitig erzwungen worden, wobei die Kolonialmacht nicht nur ihre politische, sondern auch die wirtschaftliche Position größtenteils eingebüßt hat.

Der belgische Paternalismus im Kongo

Der ehemals belgische Kongo liegt geographisch zwischen Britisch Westafrika und Britisch Ostafrika; während der westliche Teil über Leopoldville Zugang zum Atlantik hat und eine ähnliche wirtschaftliche Struktur besitzt wie der vormals französische Kongo, grenzt Katanga als Bergbaukombinat – vor allem Kupfer, Gold, Diamanten und Uran – nach Osten unmittelbar an Nordrhodesien an. Diese Zwischenlage hat die belgische Kolonialpolitik stark beeinflußt. In seiner kolonialen Haltung stand Belgien aber auch »zwischen« Frankreich und Großbritannien: Manche Aspekte seiner Administration und Doktrin sind eher mit dem französischen Bereich, andere mit dem britischen zu vergleichen. Die »Originalität« Belgiens lag ähnlich wie diejenige Hollands darin, sich weder von der Integration noch von einer Entwicklung zum Selfgovernment leiten zu lassen und sich der Hoffnung hinzugeben, mit Hilfe eines konsequenten Paternalismus eine Dekolonisation umgehen zu können und sich dank eines viel gerühmten Empirismus nicht auf eine »unaktuelle« Diskussion über Methoden und Endzielvorstellungen einlassen zu müssen.

Es ist bekannt, wie Belgien sozusagen wider Willen Kolonialmacht geworden ist: Ein eigenwilliger König beteiligte sich als »Privatperson« an der Aufteilung Afrikas,

[775] 2. Mai 1946, zit. *Wolf*, p. 38.

erwarb eine Kolonie und fungierte als Herrscher über »seinen« Freistaat Kongo; erst als die rücksichtslose Ausbeutung eine internationale Protestwelle auslöste und Belgien kompromittierte, mußte dieses 1908 das Erbe des Königs antreten. Belgien hat sich dann allerdings schnell mit der Stellung einer wichtigen Kolonialmacht »abgefunden«, es war stolz auf seinen König und ging energisch an die Mise en valeur des an Rohstoffen reichen Kongo. Es hatte keine überseeisch-kommerzielle Tradition wie Holland und Frankreich, keine Reichskonzeption und keine Missionsidee; Belgien war eine Industrienation, die sich für die wirtschaftliche Erschließung interessierte und sich für soziale Fragen aufgeschlossen zeigte. Die pragmatisch begründete, in mancher Hinsicht auch fragwürdige Verbindung zwischen einer kapitalistisch-industriellen Gesellschaft mit der katholischen Mission im »primitivsten« und zivilisatorisch am weitesten zurückgebliebenen Gebiet Afrikas prägte die belgische Kongopolitik.

Zur Wirtschafts- und Sozialpolitik genügen hier wenige Angaben [776]. Ähnlich wie in Frankreich ist sich auch Belgien im Ersten und dann wieder im Zweiten Weltkrieg der Bedeutung seiner Kolonie bewußt geworden, allerdings nicht als Rekrutierungsgebiet für Soldaten und Arbeitskräfte, sondern als Quelle seines Reichtums, und als Devisenspender [777]. Kolonialminister *Louis Franck* (1919–1924) hat die Mise en valeur beschleunigt, wobei das Schwergewicht in den Bergbauprovinzen Katanga und Kasai lag, wo, bedingt durch das Erbe des Freistaates und durch den großen Kapitalbedarf des Bergbaus und der Verkehrserschließung, wenige Großkonzerne (Société générale, Union Minière, Brufina, Forminière u. a.) die kongolesische Wirtschaftsentwicklung kontrollierten. Der belgische Staat war jedoch selbst an den Gesellschaften beteiligt, die Administration war auf die Einnahmen aus Dividenden angewiesen und daher an einer hohen Profitrate interessiert; etwa 40–50 % der Einnahmen bestanden zudem aus den Steuern der Konzerne [778]. Es versteht sich, daß diese in Belgien wie in Leopoldville an der Formulierung der Kongopolitik mitbeteiligt waren, doch wird erst eine spätere historische Forschung Form und Richtung dieser Einflußnahme aufdecken können. Der Zweite Weltkrieg bedeutete für Belgien wie für den Kongo eine große Chance und gab dem Bergbau erneut starken Auftrieb, der dank des immensen Rohstoffbedarfs der amerikanischen Industrie auch nach dem Krieg anhielt. Belgien ging dabei frühzeitig dazu über, lokale Industrien anzusiedeln und zu fördern, und startete 1949/50 einen Zehn-

[776] Aus der allgemeinen Literatur seien genannt: *Alan P. Merriam*, Congo; Background of Conflict, 1961. *Georges Brausch*, Belgian Administration in the Congo, 1961. *Ruth Slade*, The Belgian Congo, some recent changes, 1960. Reisebericht *Basil Davidsons*, Erwachendes Afrika (The African Anwakening), 1957. *Michel Merlier*, Le Congo de la colonisation belge à l'indépendance, 1962 (ganz »links«). *René Cornevin*, Historie du Congo-(Léopoldville), 1963.

[777] Z. B. « La guerre a déchiré 'le voile du mystère de l'Afrique. Le Congo nous est apparu dans toute sa haute signification nationale... N'avions-nous plus de territoire, de ports, de trésors? Eh! oui, puisque, là-bas, d'incalculables richesses, dix millions de noirs (man beachte die Art der Aufzählung), une terre immense, riche et féconde, des ports dans une des plus belles rades du monde... qu'il était la chair de notre chair et que désormais quoi que l'on fît, il serait impossible que la Belgique vécut sans sa grande possession équatoriale. » *Jacques Crokaert* (Sekretär des Congrès Colonial Belge), Le développement économique du Congo belge pendant la guerre, in: Colonisations comparées, 1926, p. 207.

[778] *Merriam*, p. 37.

jahresplan, der nicht nur den Ausbau des Verkehrsnetzes und der Energieversorgung zum Ziele hatte, sondern auch große Mittel für den Städtebau, die Eingeborenensiedlungen und das Schulwesen zur Verfügung stellte.

Der Kongo hat auch einige Großkonzessionen für Plantagen erteilt. Leverhulme – d. h. der spätere Unileverkonzern – hatte zunächst mehrmals diesbezügliche Anträge an die Kolonialverwaltung Britisch-Westafrikas gerichtet, war aber abgewiesen worden, weil London sich auf die afrikanischen Produzenten festgelegt hatte und Plantagen als unvereinbar mit der Indirect Rule hielt. Belgien hingegen gewährte Einlaß [779]. Eigentliche Siedlungspolitik erfolgte jedoch nur in bescheidenem Umfang; die Colons machten 1955 nur etwa 10 % der etwa 190 000 Europäer aus und konzentrierten sich auf die Provinzen Kibu und Katanga. Nach dem Zweiten Weltkrieg war die Verwaltung mit der Abgabe von Siedlerboden zurückhaltender, um den aus Ostafrika bekannten Zusammenstoß mit den Afrikanern, die Errichtung von Reservaten und den politischen Mitspracheanspruch der Siedler zu vermeiden [780]. Die Eingeborenen lieferten zwar Baumwolle für den Export, bauten aber vor allem Nahrungsmittel für den lokalen Konsum an.

Die Montanindustrie, der Bau und Betrieb der Kommunikationsmittel und die Plantagen hatten einen hohen Bedarf an Arbeitskräften. Der Kongo aber war dünn besiedelt, und da sich die Produktion zudem noch auf wenige Bezirke konzentrierte, reichte die lokale Arbeitskraft nicht aus; allein in Katanga standen bereits 1924 80 000 Afrikaner im Produktionsprozeß. Die Versorgung mit Arbeitskräften war daher in den 20er Jahren Hauptgegenstand der Diskussion [781]. Afrikaner wurden in entfernten Gebieten von Rekrutierungsbureaus und mit »Hilfe« der Administration angeheuert, oft auf sehr fragwürdige Weise. Die üblichen sozialen Auswirkungen stellten sich ein: während sich Dörfer entleerten und sozial desintegrierten, siedelten sich die aus der Stammesordnung herausgerissenen und ohne Vorbereitung in den industriellen Prozeß aufgenommenen Arbeiter in den Bergbaukombinaten an. Die Verwaltung versuchte einzugreifen: So sollte nur ein bestimmter Prozentsatz der Eingeborenen abwandern und die Rekrutierung nur dann erfolgen dürfen, wenn bestimmte Voraussetzungen gegeben waren; neue Konzessionserteilungen sollten vom Vorhandensein von Arbeitskräften abhängig gemacht werden. Dies hat vor allem die Union Minière veranlaßt, durch Bau von Siedlungen und soziale Wohlfahrtsmaßnahmen der Fluktuation der Arbeitskräfte zu begegnen und diesen samt ihren Familien einen ständigen Wohnsitz zu erteilen. Hier ist vor und nach dem Zweiten Weltkrieg große Aufbauarbeit geleistet worden, der auch von

[779] Selbstverständlich waren und sind die Briten stolz darauf, die Konzessionsgesuche abgelehnt zu haben und so dem Trusteeship gerecht geworden zu sein.

[780] *Hailey*, Survey 1956, p. 45.

[781] *Buell*, Native policy vol. 2, p. 534. Die offiziellen Berichte geben die Mißstände zu: Es sei notwendig »repeupler les collectivités menacées«. »Gaspillage inadmissible ... l'abus existe dans l'emploi des non-adultes ... mortalité effrayante«.Häuptlinge würden bezahlt für ihre Hilfe bei der Rekrutierung, was zu Mißständen führe. Documentation coloniale comparée 1929/1, p. 15, 19, 45. In der Krise wurden die Arbeitslosen nach Hause geschickt, »une attitude arrogante. Ils furent immédiatement soumis à une surveillance étroite«, Rapport 1932, Documentation coloniale 1933/1, p. 14. Kritik an den veralteten Methoden mit ihrem Verschleiß an Arbeitskraft auch bei Generalgouverneur *Ryckmans*, Documentation coloniale, 1936/1, p. 15.

sonst kritischen Beobachtern die Anerkennung nicht versagt wurde [782]. Der Unterschied zu den z. T. trostlosen Verhältnissen in Rhodesien war frappant. Daß schnelle Expansion und hohe Profitrate bei niedrigen Löhnen diese Sozialpolitik erleichtert haben, ist ebenso klar wie deren paternalistischer Charakter: die Gesellschaft baute Siedlungen, Schulen und Spitäler, ließ aber keine eigentlichen Gewerkschaften zu und kontrollierte somit die soziale und politische Tätigkeit der afrikanischen Arbeitskräfte.

Die Kongoregierung ist dem Beispiel der Bergbaugesellschaften gefolgt und hat in den 50er Jahren nicht nur ein respektables Programm zum Bau von Cités Africaines – vor allem in den Außenbezirken von Leopoldville – eingeleitet, sondern auch die medizinisch-soziale Betreuung ausgebaut [783]. Der rapiden Bevölkerungszunahme der Städte konnte sie allerdings nicht folgen [784]. Es besteht kein Zweifel, daß die belgische Verwaltung in diesem Bereich Vorzügliches geleistet hat und in mancher Hinsicht den anderen Kolonialmächten voraus war.

Von belgischer Seite wurde und wird gern betont, daß es im Kongo – im Unterschied zu Britisch-Ostafrika – keine Colour Bar gab. In der Tat war kein Beruf nur den Weißen vorbehalten, und anders als in Rhodesien haben die Montangesellschaften recht früh mit der Ausbildung qualifizierter Arbeitskräfte begonnen. Lokomotiven erhielten beim Übergang von Rhodesien nach Katanga schwarzes Personal! Ähnlich verhielt es sich auch im administrativen Bereich. Die Aufstiegsmöglichkeiten allerdings waren begrenzt, und zwar durch die Ausbildungsbasis einerseits, die faktische Coulour Bar andererseits; es blieb ungeschriebenes Gesetz, daß alle wichtigen Posten von Europäern besetzt wurden und keine »Aufweichung« durch Hereinnahme von Schwarzen erfolgte. Im sozialen Bereich herrschte eine strenge, durch Verordnungen teilweise auch legalisierte Rassentrennung: in den Wohnquartieren, Verkehrsmitteln, Cafés und natürlich im persönlichen Verkehr. Wer von Brazzaville über den Kongo setzte, dem fiel der Unterschied auf: dort « citoyens français », hier moderner Städtebau und fortschrittliche Wohlfahrt, aber strikte Colour Bar [785]. Erst um das Jahr 1954 begannen Kolonialminister, Generalgouverneure und nicht zuletzt König Baudouin sich gegen die Rassentrennung zu wenden und ihre Landsleute zur »Zusammenarbeit« mit den Afrikanern aufzurufen. Verordnungen wurden abgeändert, Schulen integriert u. a. [786]. Diese Entdiskriminierung setzte also recht spät ein, stieß bei den Weißen auf Widerstand und stand im Kontrast zu der rapiden Bildung einer afrikanischen Mittelschicht, die z. B. 1954 mit der von der Verwaltung geförderten « Association des Classes Moyennes Africaines » organisatorisch Gestalt annahm.

Auch in der Schulpolitik ging Belgien einen eigenen Weg. Es überließ ähnlich wie Großbritannien das Erziehungswesen weitgehend den Missionen, intensivierte es aber bewußt. Der Kongo hatte bereits 1946 eine Schulungsrate von 56 %, 1958 lag der

[782] Z. B. *W. M. Macmillan,* Africa emergent, p. 174; *Basil Davidson,* a.a.O., ders. auch Enlightened colonialism: the Belgian Congo, in: Reporter 27. 1. 1955; *John Gunther,* Inside Africa, 1953, p. 672.

[783] *Brausch,* p. 7.

[784] Leopoldville hatte 1939 40 000 Einwohner, 1945 100 000, 1955 300 000 und 1960 400 000 Einwohner.

[785] Vgl. z. B. den Bericht eines holländischen Journalisten in: African Affairs 1949/50, p. 120.

[786] Gute Übersicht bei *Brausch,* p. 19. Die entscheidenden Maßnahmen erfolgen erst Jan. bis August 1959.

Prozentsatz bei 77,5 % gegenüber nur 34,8 % in den französischen Territorien [787]. Das Erziehungswesen blieb aber weitgehend auf die unterste Stufe beschränkt [788]. Arbeitskräfte und die unteren Kader für Wirtschaft und Verwaltung sollten ausgebildet werden. An der Spitze standen die zahlreichen Assistants médicaux und die Assistants agronomes, ohne daß jedoch der Schritt zum Arzt oder Agronomen gemacht worden wäre. Ein Hochschulstudium in Europa sollte nach Möglichkeit verhindert werden, und erst 1954 und 1956 hat der Kongo zwei eigene Universitäten erhalten. 1957/58 waren 110 Studenten eingeschrieben. Der Unterschied zur britischen und französischen Politik ist hier besonders auffallend, da diese eine Elite heranzuziehen versuchten und frühzeitig auch die Hochschulausbildung freigegeben haben. Frankreich ging dabei von der kulturellen Assimilation, England mehr von der Selbstverwaltung aus, während Belgien sich auf die wirtschaftliche Entwicklung konzentrierte, die aus sozialen Gründen zunächst einer breiten Basis »zivilisierter Afrikaner« bedurfte, bevor »zu gegebener Zeit« der Zugang zur höheren Bildung eröffnet werden sollte. In der belgischen Publizistik ist daher auch die Polemik gegen Halbbildung, die »arroganten« Intellektuellen und die Gefahr einer Auflösung der afrikanischen Gesellschaft besonders häufig anzutreffen. Behutsames Vorgehen entsprach einer paternalistischen Haltung. Wenn aber so oft der Unterschied zwischen afrikanischer und europäischer Zivilisation hervorgehoben und auch die Rückständigkeit des Kongo betont wurde, so stand dies in einem eigenartigen Widerspruch zur Situation in Französisch-Äquatorialafrika und vor allem zu der Tatsache, daß die belgischen Missionen frühzeitig afrikanische Priester herangebildet haben und Rom einen autochthonen Bischof eingesetzt hat: Kongolesen waren also befähigt genug, um eine katholisch-theologische Ausbildung (z. T. in Rom) zu absolvieren, nicht aber um Arzt, Agronom oder Ingenieur zu werden! Die politischen Ziele der viel gelobten belgischen Erziehungspolitik liegen daher auf der Hand: Afrikaner waren als industrielles und administratives Kader notwendig, durften aber die Herrschaft nicht gefährden. Die westlich geschulte Elite aber war stets der Kern der Opposition und Träger der Emanzipation und drohte dazu noch die Colour Bar in Frage zu stellen. Noch im Jahre 1955 konnte *Henri Depage* in einer von der Kolonialakademie herausgegebenen Abhandlung, in der er einleitend die Ruhe im Kongo kritisch beurteilte und sich fragte, ob man « l'échéance de l'échec » nicht einfach zeitlich hinausgeschoben habe und « s'il ne faut pas redouter de terribles réveils », die Hochschulausbildung zunächst auf Pädagogik, Naturwissenschaften, Medizin und Agronomie beschränken, denn

« il n'est souhaitable ni d'enseigner le Droit dans un pays où le Droit n'a pas encore pris forme (!), ni de donner actuellement à des indigènes une profession – celle d'advocat – dont on peut dire qu'elle ne vit parfois que des revendications d'autrui (!); et en ce qui concerne les sciences appliquées (Ingenieurberufe), de donner à des indigènes une profession qui doit normalement les placer dans une position de commandement sur un nombre considérable d'ouvriers noirs que le travail condamne à vivre ensemble dans des agglomérations concentrées. » [789]

[787] *Brausch*, p. 10.
[788] *Merriam*, p. 44.
[789] *Henri Depage*, Contribution à l'élaboration d'une doctrine visant à la promotion des indigènes du Congo belge, ed. Académie Royale des Sciences Coloniales N. S. V., 2, 1955, p. 19.

Die schwarzen Kongolesen sollten also weder zu Juristen noch zu Ingenieuren ausgebildet werden, obschon sich Leopoldville und Elisabethville zu modernen Städten entwickelt hatten und in einigen Gebieten des Landes eine industrielle Gesellschaft im Entstehen begriffen war. Den Afrikanern sollte also gerade zu den beiden Berufen der Zugang verweigert werden, die in erster Linie die oberen Kader in Wirtschaft, Verwaltung und Politik stellten! Zudem wurde später, als die Kongolesen politisch aktiv wurden und einen Anteil an den Führungsfunktionen beanspruchten, diese Forderung mit dem Argument abgelehnt, jene Kader seien noch gar nicht vorhanden. Daß man die wirtschaftliche Mise en valeur, das Schulwesen und sogar die Heranbildung unterer technischer Kader weiter vorangetrieben hatte als andere Kolonialmächte, und daß gleichzeitig die Bildungsmöglichkeiten und damit der soziale Aufstieg willkürlich begrenzt worden waren, in der Hoffnung, so die »Ruhe und Ordnung« im Kongo besser und länger wahren zu können als die von »Agitatoren« geplagten Nachbarn – dieser paradoxen Situation wurde man sich erst 1959/60, d. h. dann, als man die Unabhängigkeit gewährte, bevor der Kongo über eigene Ärzte, Anwälte und Ingenieure verfügte, bewußt [790].

Eine Art Mittelstellung zwischen Frankreich und Großbritannien nahm auch die eigentliche Verwaltung ein. Die Charte Coloniale von 1908 hatte den Kongo zum nationalen Territorium erklärt, doch blieb die Kolonie einer speziellen Gesetzgebung unterworfen. Diese erfolgte durch königliches Dekret und lag somit beim Kolonialministerium. Der Generalgouverneur konnte eine Ordonnance-Loi erlassen, die aber innerhalb von sechs Monaten durch eine Dekret bestätigt werden mußte. Eine starke Zentralisationstendenz kam auch darin zum Ausdruck, daß das belgische Parlament u. a. für die Erteilung von Konzessionen und das Auflegen von Anleihen zuständig war und dem jährlichen Kongo-Budget seine Zustimmung geben mußte – eine Regelung, die weder Frankreich noch England kannten. Dem Parlament wurde zudem ein jährlicher Bericht vorgelegt, der aber kaum diskutiert wurde [791]. Die belgischen Parlamentarier zeigten genausowenig Interesse für Kolonialpolitik wie ihre britischen und französischen Kollegen.

Neben dem Generalgouverneur stand der Conseil de Gouvernement, der nach seiner Reorganisation 1947 die Spitzen der Verwaltung, 16 Repräsentanten der Wirtschaftsgruppen (Handelskammer, Siedler, Angestellte u. a.), einige ernannte Notablen und 8 Repräsentanten der afrikanischen Interessen umfaßte; letztere waren erst ab 1951 Kongolesen. Dieser Conseil, der bis zu einem gewissen Grade eine Interessenvertretung der Europäer war, trat jährlich nur für wenige Tage zusammen und hatte lediglich beratende Funktion; das gleiche galt für die sechs Provinzräte. Sie lassen sich daher eher mit den Institutionen Französisch-Afrikas als mit den Legislative Assemblies Britisch-Afrikas vergleichen. Die weniger wichtigen Kolonialversammlungen hatten im französischen System jedoch ihre Ergänzung im Wahlrecht und in der parlamentarischen Vertretung seiner weißen und schwarzen Bürger, während im Kongo auch die Belgier

[790] Z. B. *Francis Moheim,* Le problème des cadres au Congo, in: La Revue générale belge, April 1960.

[791] *Marzorati* über die Verfassungsentwicklung in: L'évolution politique du Congo belge, 1952, p. 19.

ohne Wahlrecht blieben. Die Kolonialverwaltung wollte sich offensichtlich nicht dem Druck der Siedler und der Bergbauunternehmen aussetzen und konnte sich damit auch dem Vorwurf, die Afrikaner zu diskriminieren, entziehen. Bis zum Zweiten Weltkrieg mochte der Unterschied zur Situation im britischen und französischen Bereich nicht allzu groß gewesen sein; als aber Frankreich und England nach 1945 strukturelle Reformen gewährten, die die Afrikaner in die Verwaltung und die politische Verantwortung heranführten und den Weg zu eigenen Regierungen freigaben, Belgien hingegen sich mit sekundären Maßnahmen begnügte, entstand hier eine Diskrepanz der Entwicklung, die schließlich 1960 zum Scheitern der Dekolonisation führte.
Der Obere Verwaltungsdienst war bis in die 50er Jahre für Europäer reserviert [792]. Am 1. Januar 1960 zählte man in Katanga nur 33 höhere afrikanische Beamte, darunter 17 in der Landwirtschaftsabteilung und 7 im Gesundheitsdienst. In Leopoldville waren drei Attachés de cabinet und einige Bürgermeister von Vorortsgemeinden Afrikaner, in der Force publique gab es zehn Adjutanten, aber keine schwarzen Offiziere. Selbst wenn man nur mit der AEF vergleicht, ist der Unterschied auffällig.
In der Eingeborenenverwaltung übernahm Belgien nach dem Ersten Weltkrieg die Indirect Rule. Bis dahin hatte man wohl Häuptlinge als Stützen der Verwaltung anerkannt, aber ohne System und Umsicht; rebellierende Stämme wurden aufgelöst, andere durch die Provinzaufteilung gespalten oder, indem man Klanführer zu Häuptlingen ernannte, aufgesplittert – von der Dezimierung durch Zwangsarbeit, Abzug der Arbeitskräfte u. a. ganz abgesehen. Die Zahl der Einheiten hatte sich 1917 auf 6095 erhöht und schuf eine geradezu anarchische Situation [793]. Vor allem *Louis Franck* bemühte sich dann nach dem Kriege um die Einsetzung des »richtigen« Häuptlings auf der Grundlage eingehender Berichte, um die Festlegung neuer Grenzen und der Jurisdiktionsgewalt, und um das Recht der Steuererhebung zur Bestreitung von Ausgaben im Dorf [794]. Zu kleine Einheiten wurden zu einem »Secteur« mit einem Häuptlingsrat zusammengeschlossen; jeder Secteur sollte sein eigenes Gericht, seine Schule und seine sanitären Dienste erhalten. Außerhalb der industriellen Zentren konnte auf diese Weise eine gewisse Stabilisierung erreicht werden. Ein Vergleich mit Nordnigeria wäre jedoch verfehlt, da nur im Mandatsgebiet Ruanda-Urundi größere und festorganisierte Stammesstaaten bestanden. Im Kongo zeigten sich denn auch ähnliche Probleme wie in Südnigeria oder im französischen Bereich: viele Einheiten waren zu klein und die Häuptlinge zu »primitiv«, um den Anforderungen einer modernen Verwaltung zu genügen. Bestrebungen, die Söhne der Häuptlinge zu schulen, sind auf den Widerstand der Mission gestoßen [795]. Versuche, die Chefferie in eine modernisierte Lokalverwaltung umzuwandeln, die auch den europäisch geschulten Afrikaner berücksichtigte, sind erst 1957 erfolgt, also gut 10 Jahre später als im französischen und britischen Bereich. Wiederum fällt auf, wie spät die Kritik an der bisherigen Politik einsetzte, dann aber recht

[792] *Brausch*, p. 30.
[793] *Buell*, vol. 2, p. 482; *Hailey*, Survey 1956, p. 222.
[794] Quelques aspects de notre politique indigène au Congo, in: Etudes de Colonisation comparée, Bd. I, 1924, p. 94 f.
[795] *Brausch*, p. 52 f.

unvermittelt das gänzliche Versagen der bisher angeblich so erfolgreichen Methoden angeprangert wurde [796].

Einen an sich interessanten Versuch machte Belgien ab 1931 mit der Errichtung der Centres extra-coutumiers, die den ihrer Stammesordnung entrissenen Massen einen neuen Zusammenhalt verschaffen sollten; mit ihrem Rat aus ernannten Vertretern der verschiedenen Stämme und einem ebenfalls ernannten Häuptling scheinen sie recht gut funktioniert zu haben, sind aber in den 50er Jahren von den Cités africaines abgelöst worden. Das 1957 erlassene »Statut des villes« grenzte die europäischen Stadtteile von den afrikanischen ab; im Dezember erfolgten im Kongo die ersten Wahlen zur Bestellung afrikanischer Bürgermeister in den Cités africaines.

Nach all dem wundert es kaum, wenn wir vergeblich nach einer belgischen Doktrin der Dekolonisation suchen, und zwar bis weit in die Zeit nach dem Zweiten Weltkrieg hinein. In der kolonialen Publizistik und in den offiziellen Verlautbarungen war davon kaum je die Rede, und man ist geneigt, von einer ausgesprochenen Depolitisierung der Kolonialpolitik zu sprechen. An ein mögliches Ende der belgischen Herrschaft zu denken, schien lächerlich, da der riesige Kongo mit seiner wenig zivilisierten afrikanischen Bevölkerung auf viele Jahrzehnte hinaus die europäische Verwaltung benötigte; Belgien leistete die Mise en valeur wie die zivilisatorische Aufgabe in scheinbar vorbildlicher Weise und hatte die ehemalige Ausbeutung längst durch eine paternalistische Eingeborenenpolitik ersetzt, die ihren Zweck erfüllte und die Herrschaft legitimierte. Im Zeichen der Indirect Rule ist von *Louis Franck* als dem repräsentativen Sprecher der frühen 20er Jahre eine Assimilation abgelehnt worden: Es gehe um den Schutz und die Entwicklung bestehender Institutionen, um die Heranbildung »besserer Afrikaner« und nicht um die fragwürdige Verpflanzung europäischer Zivilisationselemente nach Afrika [797]. In der Unterstufe der Schulen wurde ähnlich wie im britischen Bereich die Eingeborenensprache verwendet, und das ganze Erziehungswesen war nicht auf eine assimilierte afrikanische Elite angelegt; der Kongo war zwar Teil des nationalen Territoriums, kannte aber die Institution der Nationalisierung nicht, und die Colour Bar hielt die rassische Abgrenzung aufrecht. Andererseits war weder von einem White man's country im Sinne Ostafrikas noch von einem Self-government die Rede. Die Indirect Rule wurde nicht so sehr als Mittel einer zukünftigen Selbstverwaltung verstanden, sondern mehr instrumental als Schutz der autochthonen Gesellschaft und blieb ge-

[796] Generalgouverneur *Pétillon* sagte 1952 im Conseil de Gouvernement: « Notre ancienne conception de l'administration indirecte ... aussi timide et mitigée qu'elle ait été dès le départ, n'a cessé de s'atténuer. Sous la pression des circonstances économiques et des situations de guerre, avec le souci louable de faire plus vite et mieux, nous avons voulu tout prendre en main et diriger la masse congolaise, bon gré mal gré, vers un bonheur conforme à nos concepts. » Zit. *Hailey* p. 223. « Nous avons tout demandé aux chefs indigènes sans leur donner les moyens, et nous leur avons enlevé le prestige et l'autorité en mettant des clercs instruits devant les chefs illettrés ... Die Jahresberichte 1949 und 1951 hätten betont, daß ein Großteil der Häuptlinge ihrer Aufgabe nicht mehr gewachsen sei – »nous avons perdu 30 ans«. So *G. Moulaert,* Notre politique indigène in der konservativ-kolonialen Revue coloniale belge vom 1. 2. 1954, p. 81 f.

[797] A.a.O., p. 85, »développer au Congo une civilisation africaine«, p. 129.

wissermaßen entpolitisiert [798]. Kein Geringerer als der Herzog von Brabant – der spätere König *Leopold III.* – hat am 25. Juli 1933 im Senat dem belgischen Kolonialsystem den Vorwurf gemacht, die eingeborene Bevölkerung nur als « un outil de la production » zu betrachten. Das höhere Interesse der Kolonie verlange aber

« le relèvement moral et matériel de l'indigène. Prenons contact avec lui. Cherchons à le connaître. Rencontrons-le résolument sur le plan humain où nos solidarités s'affirment et où nos intérêts se confondent »;

der Herzog forderte gleichzeitig eine intensive Förderung der eingeborenen Landwirtschaft [799]. Sein Sohn, König Baudouin, hat diese Ermahnung 1955 wieder aufgenommen.

Als repräsentativ für die offizielle belgische »Kolonialdoktrin« der 30er Jahre darf der Generalgouverneur von 1934–1947, *Pierre Ryckmans*, gelten. In der stark beachteten Schrift « Dominer pour servir » (1931) legte er unter dem Stichwort « faire connaître les Noirs » die verschiedenen Aspekte der afrikanischen Gesellschaft dar und versuchte, bei den Lesern im Mutterland Verständnis und Unterstützung für die von der Wirtschaftskrise schwer getroffene Kolonie zu gewinnen: Es sei z. B. eine pardoxe Verkennung der Situation, durch eine weitere Erhöhugn der Steuern die notwendigen Mittel für die Mise en valeur erhalten zu wollen. Auch Anleihen belasteten die künftige Entwicklung des Kongo. Der belgische Staat solle die sogenannten Souveränitätsausgaben übernehmen, denn « la Force Publique ne défend pas le Congo; elle défend au Congo l'Empire de la Belgique!» [800] Da *Ryckmans* keine Direkthilfe aus dem Budget erwartete, hoffte er auf diesem Wege größere Mittel für die Investierung und zivilisatorischen Aufgaben frei zu bekommen. 1956 stellte der Reformer *Van Bilsen* die gleiche Forderung von neuem [801].

Ryckmans wandte sich 1934 recht deutlich gegen die Ansprüche der Siedler, kritisierte den allzu häufigen Wechsel des Kolonialministers, aber auch das Unverständnis vieler Kolonialbeamter für die komplexe und schwierige Situation der Häuptlinge; er befürwortete einen energischen Ausbau des Erziehungswesens und trat der gängigen Polemik gegen die angebliche Arroganz der Evolués entgegen [802]. *Ryckmans*' Stellung und Bedeutung in Belgien könnte man mit derjenigen *Albert Sarrauts* in Frankreich vergleichen. Es ist dabei bezeichnend, daß die Zukunftsfrage und die Möglichkeit von Repräsentativinstitutionen überhaupt nicht gestellt wurde; es genügte ein Appell an das

[798] In einem Handbuch für Administration habe er, *Louis Franck*, die Frage gestellt: « Que faisons-nous au Congo? Et j'ai répondu: 'Nous y poursuivons un double but: répandre la civilisation, développer les débouchés et l'action économique de la Belgique. » A.a.O., p. 87.

[799] Zit. *Georges Hardy*, La politique coloniale et le partage de la terre aux XIXe et XXe siècles, 1937, p. 347.

[800] P. 223.

[801] A propos des budgets coloniaux (1956), wieder abgedruckt in: Vers l'indépendance du Congo et du Ruanda-Urundi, 1958, p. 63 f.

[802] « A la colonie, le Blanc est le fort et le Noir est le faible ». La Politique coloniale, 1934, p. 17.

eigene Land, seiner Herrschaftsaufgabe im Sinne der »Bürde des Weißen Mannes« nachzukommen [803].

Der Zweite Weltkrieg hat in Belgien, im Unterschied zu Großbritannien und Frankreich, keine eigentliche Kolonialdiskussion ausgelöst [804]. Die Wege trennten sich. Der Kongo erlebte eine Phase der Prosperität – nicht zuletzt dank der Uranfunde, die den Bau der amerikanischen Atombombe ermöglichten –; eine nationale afrikanische Opposition bestand noch nicht. Kolonialminister *Godding* förderte von 1945–1947 energisch die Sozialreformen – Betriebsräte, Fonds du Bien-Entre Indigène, Cités Africaines, Aufforderung an die Kongolesen, eigene Gruppen und Clubs zu bilden und eine afrikanische Presse ins Leben zu rufen [805]. Generalgouverneur *Ryckmans* sagte im Juli 1946: « La masse des indigènes est mal logée, mal nourrie, illettrée; vouée à la maladie et à la mort précoce » – eine Formulierung, die dann sein Stellvertreter Pétillon aufnahm, um die großen Aufgaben kenntlich zu machen, dabei aber auf den Widerspruch kolonialistischer Kreise stieß [806]. Eine Emanzipation müsse an der Basis beginnen, und erst wenn die Massen zivilisiert seien, könne politische Verantwortung an die Kongolesen abgegeben werden – mit anderen Worten: *Ryckmans* verschob die Probleme auf die nächste Generation. Die Herrschaftsstruktur stand nicht zur Diskussion, die belgische Kongopolitik blieb weiterhin entpolitisiert [807]. « Le problème politique ne se pose pas encore », sagte *Ryckmanns* noch 1948 und grenzte damit den Kongo offenbar gegen den britischen und französischen Kolonialbereich ab [808].

1948 wurde eine « Charte de mérite civique » eingeführt, die den an Zahl schnell zunehmenden Evolués einen Sonderstatus zwischen demjenigen des Eingeborenen und dem des Europäers verlieh. Ein Immatrikulationsgesetz von 1952 gab dem Evolué zudem die Möglichkeit, rechtlich dem Belgier gleichgestellt zu werden. Es handelte sich um Maßnahmen mit assimilatorischem Charakter, die viel Ähnlichkeit haben mit dem

[803] Ähnlich auch *Alfred Moeller,* La politique indigène de la Belgique au Congo, in: Journal of the Royal African Society, Juli 1936.

[804] Z. B. *Van der Kerken,* La politique coloniale belge, 1943, beschränkt sich auf einige Kritik am administrativen Aufbau, an der Wirtschafts- und Finanzpolitik. Zudem *Van der Linden,* L'évolution du Congo belge (1940–1947), Académie des sciences coloniales, 1948.

[805] *Brausch,* p. 66.

[806] *R. Brasseur,* Situation des Indigènes, in: La Revue coloniale belge, 15. 12. 1949, p. 742.

[807] *Robert Godding,* Developments in the administration of the Belgian Congo, in: Colonial Administration by European Powers, RIIA, 1947: "The main principle has been, from the beginning, material and spiritual improvement of native conditions of life." P. 47. Es folgen dann breite Ausführungen über wirtschaftlich-soziale Fragen, aber nur wenige Zeilen über politische Probleme. *Ryckmans* richtet sich bei seinem Rücktritt als Generalgouverneur an seine Mitarbeiter: « S'il m'eût fallu laisser un dernier message, je vous dirais que la fonction de l'Etat est de faire et de garantir le bonheur des hommes et que la prospérité d'un pays est la prospérité de la masse de ses habitans, et que la Belgique aura réussi son œuvre coloniale quand, à l'ombre de notre drapeau, nos indigènes vivront heureux. » Zit. Principles et Methods of Colonial Administration, Colston Papers, 1950, p. 49. *Brausch* verweist p. 64 auf eine Senatskommission des Jahres 1947, die ausführlich über wirtschaftlich-soziale und zivilisatorische Fragen berichtet, politische Fragen aber kaum berührt. Entsprechend auch *Pierre Wigny,* Que ferons-nous au Congo? Société belge d'Etudes et d'Expansion, Dez. 1947.

[808] Neubearbeitung von »Dominer est Servir«, 1948, p. 74.

Statut des Evolués von 1942 in der AEF und mit der französischen Naturalisationsgesetzgebung im allgemeinen. Wie bei der Naturalisation mußte auch bei der Immatrikulation der Antrag vom Afrikaner ausgehen, worauf die Verwaltung den »Zivilisationsgrad« des Antragstellers überprüfte – mit dem Ergebnis, daß auch im Kongo die Zahl der auf diese Weise rechtlich assimilierten Afrikaner gering blieb. Im Unterschied zu Französisch-Schwarzafrika waren im Kongo mit der Immatrikulation keine politischen Rechte verbunden, da ja auch der Belgier kein Wahlrecht besaß.

Die Kongodiskussion der Jahre 1950–1955, an der sich nicht nur der Kolonialminister *Pierre Wigny*, der Schöpfer des 10-Jahres-Planes, Administratoren und Universitätsdozenten, sondern auch Generalgouverneur *Pétillon* und selbt der König (Rede in Leopoldville vom 17. Mai 1955) beteiligten, ergab folgende Aspekte und Thesen [809]:

Die vielgerühmte und angeblich spezifisch belgische Haltung eines « patient empiricism » [810] schien manchen Autoren nicht mehr zu genügen. Belgien benötigte eine »Doktrin», hieß es nun; es müsse der Verwaltung ein Ziel gesteckt und der kongolesischen Elite eine Zukunft, « une espérance », eröffnet werden. « Où en sommes-nous au Congo? Ayons la franchise de reconnaître que nous ne sommes pratiquement nulle part » [811]. Im Vergleich zu Frankreich und England läßt sich hier von einer Phasenverschiebung von etwa 10 Jahren sprechen.

Die politische Emanzipation des Kongo – « dans la mesure de ses capacités » – tauchte nun zwar als Thema auf, sollte aber zunächst im lokalen Bereich beginnen. Es sei ein Fehler gewesen, Afrikaner in den Conseil de Gouvernement und in die Provinzräte zu ernennen, während sie an der Lokalverwaltung noch nicht beteiligt seien [812]. Das Statut des Villes von 1957 sollte dazu verhelfen.

Noch immer sah man sich gezwungen, den politischen Anspruch der Kongo-Belgier zurückzuweisen; die Belgier waren unruhig, nicht die Schwarzen [813]! Die Diskussion erinnert hier an die britisch-ostafrikanische der 20er Jahre. Und man verglich denn auch gern den Kongo mit Rhodesien oder Kenya, nicht mit Westafrika, und konnte somit die autokratische Kolonialverwaltung als das geeignete Mittel bezeichnen, die Interessen der Eingeborenen zu wahren.

[809] Einige Publikationen und Aufsätze: L'évolution politique du Congo belge. Etudes coloniales Fasc. 1. Institut de Sociologie Solvay. Compte rendu des Journées Interuniversitaires d'Etudes Coloniales 29.–30. Dez. 1952 (versch. repräsentative Autoren). *Antoine Rubbens*, L'apprentissage de la démocratie au Congo belge, in: Revue politiquez Dez. 1953. *G. Marzorati* (Gouv. v. Ruanda-Urundi 1926). The political organization and the evolution of african society in the Belgian Congo, in: African Affairs 53/1954. *Pierre Ryckmans*, Belgian »Colonialism«, in: Foreign Affairs Oct. 1955.
Pierre Wigny, L'avenir politique du Congo, in: Revue générale belge, Juin 1951. Methods of Government in the Belgian Congo, in: Africain Affairs 50/1951. Le destin politique du Congo belge, in: Revue générale belge, 15. 3. 1955.

[810] Mehrmals verwendet z. B. von *Guy Malengreau* (Universität Löwen), in: Africa to-day, ed. *Haines*, p. 337, 354.

[811] *Malengreau*, La participation des indigènes à la vie politique, in L'évolution . . ., p. 27. "I doubt very much whether we have any principles.", *Wigny*, Methods, p. 310. «Le problème est à peine abordé. », *Wigny*, Le destin, p. 747.

[812] Die Chefferies seien stark reformbedürftig – aber « on ouvre toutes grandes (!) les portes des Conseils supérieurs de la Colonie », *Pierre Deschamps*. L'éducation démocratique d'un peuple, in: Revue générale belge, 15. 3. 1955, p. 785.

[813] Z. B. *Marzorati*, The political organization . . ., p. 111.

Die »offiziellen« Bestrebungen, die Colour Bar zu beseitigen, haben wir bereits erwähnt. Selbst der König und der Generalgouverneur forderten die Weißen auf, ihre Haltung zu ändern. Administrative Maßnahmen folgten. Die kolonialistischen Kreise hatten nun ein Interesse, ihre Aufgeschlossenheit und ihre Bereitschaft zur »Zusammenarbeit« unter Beweis zu stellen [814].

Eine « Communauté belgo-congolaise » wurde propagiert [815]. Die Konzeption blieb vage, verfolgte aber eine integrationistische Tendenz. Man orientierte sich offenbar an den französischen Überseeterritorien von 1946, die eine gewisse administrative Autonomie erhalten hatten, ohne die Souveränität in Frage zu stellen. Diese Thesen wurden vor allem von Generalgouverneur *Pétillon* vorgetragen, dann aber von Kolonialminister *Buisseret* übernommen, obschon dieser noch im Oktober 1954 vor « mesures précipitées, mal étudiées » warnte und sich auf die wirtschaftliche Entwicklung konzentrieren wollte – « le reste viendra » [816]. *Pierre Wigny* hielt zwar eine Ablösung für möglich, aber nicht für unabwendbar: So wie in Belgien Flamen und Wallonen zusammenlebten, so könne eine Gemeinschaft von Belgiern und Kongolesen entstehen. *Wigny* wollte diesen das belgische Bürgerrecht verleihen, was weder eine weitgehende Autonomie noch den vorläufigen Verzicht auf das Wahlrecht ausschließe – Kinder hätten ja auch noch kein Wahlrecht! Kongolesische Wahlen und eine kongolesische Legislative standen noch in weiter Ferne, auch für *Wigny* [817], obschon die Afrikaner im nachbarlichen Brazzaville seit Jahren ihre Territorialversammlung besaßen und ihre Abgeordneten ins Parlament wählten.

Die sozialistische Partei Belgiens, die sich bisher wenig um den Kongo gekümmert hatte, legte im Sommer 1956 auf einem außerordentlichen Parteitag Richtlinien fest. Als Ziel wurde die « gestion autonome » genannt, die durch schrittweise Demokratisierung, Einheitslisten und Aufhebung der Diskriminierung erreicht werden sollte. Es war

[814] Die Revue coloniale belge heißt ab 1. Jan. 1957: Belgique d'Outre-Mer. Bewußt werden auch Fotos von gutgekleideten Kongolesen und von Zusammenkünften von Weißen und Schwarzen gezeigt.

[815] *Pétillon* am 17. Juni 1955 bei der Eröffnung des Conseil de Gouvernment: « Cette communauté belgo-congolaise ... tout le monde aujord'hui la souhaite ... Il ne s'agit pas seulement d'assimiler à nous et d'intégrer dans nos institutions et notre vie un nombre, d'année en année plus important, d'individus d'élite ... il faut que nous offrions, en l'organisant de telle manière qu'ils l'acceptent d'enthousiasme, une possibilité d'association. » Revue coloniale belge Juli 1955, p. 528. Wiederum: « nous devons chaque jour avec prudence continuer de façonner la communauté fraternelle que nous voulons construire, communauté de Belges d'Afrique et de Belges d'Empire ... cela impliquera de grands boulversements psychologiques ... l'ancien et fécond paternalisme ne sera plus de mise. » Zit. Revue coloniale belge, 1. 9. 1956, p. 656. *Marzorati:* »préparer une Union belge«, zwei Gemeinschaften mit interner Autonomie und darüber eine Union mit eigenen Institutionen, L'évolution ..., p. 14.

[816] Zit. *Van Bilsen*, Vers l'indépendance 1958, p. 275.

[817] « Il arrivera un jour(!) où les Noirs d'Afrique voteront », Revue générale belge 1955, p. 760. « Les jeunes générations sont-elles mûres pour siéger, dès à présent dans des assemblées délibératives ... Il faut savoir prendre son temps. » Belgique d'Outre-Mer Avril 1957, p. 288. *Georges Hostelet* hält sich in seinem Buch L'œuvre civilisatrice de la Belgique au Congo de 1885–1953, 1954, in bezug auf politische Reformen ganz zurück und postuliert nur vage einige Conseils, vor allem auf lokaler Ebene, p. 369 f.

von einer « fédération future » die Rede, doch lag diese auch für die Sozialisten in so weiter Ferne, daß es noch nicht notwendig erschien, sich damit näher zu befassen [818]. Hatte der Kongo aber Zeit, um die Autonomie von unten her vorzubereiten? Kein Geringerer als *Pierre Ryckmans* stellte die Frage: "Will 30 years of peaceful progress be given to us?" Belgien dürfe keine Fehler begehen, »we are no longer quite free to set the peace of progress according to reason only. Yet I am full of hope.« [819] *Ryckmans* dürfte aber eher eine Ausnahme darstellen, denn die anderen Autoren stellten die Frage nicht und schienen die »afrikanische Revolution« außerhalb des Kongo nicht zu sehen oder aber zu bagatellisieren [820]. Belgien war überzeugt, außerhalb des allgemeinen Dekolonisationstrends zu stehen und im Kongo seine angeblich noch immer erfolgreiche paternalistische Politik fortsetzen zu können. « Notre charte de 1908 contient tout ce que propose San Francisco. Les politiques coloniaux anglaise et française sont surtout remarquables par des cuisants et onéreux échecs. » [821] – dies scheint eine verbreitete Meinung gewesen zu sein. Deshalb konnte auch Kolonialminister *Buisseret* an 2. November 1954 zu einem amerikanischen Journalisten sagen:

"We have temporarily postponed political reforms, as we believe that economic expansion and efforts to improve the social structure should come first. We believe that this policy is bound to create the fundamental conditions for peaceful coexistence in the framework of economic and social progress." [822]

Im Dezember 1955 und Februar 1956 entwarf jedoch der Dozent am Kolonialinstitut in Antwerpen, *J. J. van Bilsen,* ein klar umrissenes Reformprogramm [823]. Mit Nachdruck verwies er auf die internationale Lage und die Emanzipationsbewegungen in Afrika, denen sich Belgien nicht entziehen könne. Der bisherige Paternalismus reiche nicht mehr aus, und der Anschluß an die Entwicklung müsse rechtzeitig hergestellt wer-

818 Congo. Positions socialistes (1885–1960), 1961. Parti socialiste belge. Congrès extraordinaire 30. 6.–1. 7. 1956. Programme pour le Congo et le Ruanda-Urundi.

819 Belgian »Colonialism«, p. 101.

820 Es war offensichtlich eine gezielte Politik der »Revue coloniale belge« über das restliche Afrika möglichst wenig zu berichten. So wird z. B. 1956/57 nur eine Inhaltsangabe der Loi-Cadre und ein wenig besagender Bericht über die Unabhängigkeitsfeiern Ghanas gegeben; 1958 wird über die Reise General *de Gaulles* nicht berichtet! In der Oktober-Nr. 1956 skizziert *Harold Ingrams* vom britischen Colonial Office über die Verfassungsentwicklung im britischen Bereich; dabei dreht eine redaktionelle Vorbemerkung den Sinn völlig um, indem sie den Anschein erweckt, als ob *Ingrams* nur von Gebieten mit relativ alter Zivilisation, also nicht von Afrika gesprochen hätte ...

821 *G. Moulaert,* Une politique congolaise nouvelle, in: Revue coloniale belge, 1. 10. 1956, p. 746, mit dem beliebten Hinweis auf die Mißerfolge des britischen Erdnußprojektes in Tanganyika und des französischen Office du Niger. Der Professor am Kolonialinstitut in Brüssel, *Maurice Verstaete,* findet die Loi-Cadre »d'une hardiesse extrême ... elle instaure brusquement une démocratie politique«. Für den Kongo sei das französische Vorgehen »peut-être perniceux«. Nouvelle orientation de la politique française d'Outre-Mer, in: Problème d'Afrique Centrale Nr. 32, 1956, p. 84.

822 Zit. *Brausch,* Einleitung p. 2.

823 Un plan de trente ans pour l'émancipation politique de l'Afrique Belge, zuerst erschienen in den Dossiers de l'Action Sociale Catholique. Wir benutzen den Wiederabdruck in Vers l'indépendance, 1958, p. 163 f. Hier auch der Aufsatz »Des bourses pour Africains«, mit dem Hinweis, daß aus dem Kongo und aus Ruanda-Urundi z. Zt. nur etwa zwei Dutzend Afrikaner in Belgien studierten, gegenüber 1300 aus der AOF in Frankreich.

den. Dazu seien nicht nur politische Institutionen notwendig, selbst an der Zentrale, sondern auch eine in die Zukunft weisende Planung, vor allem eine »Eliteplanung«. Statt sich an die Tatsache zu klammern, daß der Kongo noch nicht reif sei für eine politische Emanzipation, müsse man die Grundlage dazu schaffen und den Prozeß zu beschleunigen suchen. Tausenden von Afrikanern werde aber die Weiterbildung in den Schulen und der Zugang zu den Ämtern verwehrt. *Van Bilsen* postulierte daher einen Spezialfonds aus belgischen Mitteln, um fähigen Kongolesen eine höhere Schulbildung in Belgien zu ermöglichen. Er erkannte auch, daß Belgien im Vergleich zu Frankreich wenig assimilisatorische Anziehungskraft ausübte, hoffte aber auf eine kongolesische Föderation, die sich lose mit Belgien verbinden würde. Hier wurde erstmals im Prinzip eine künftige Unabhängigkeit des Kongo akzeptiert und mit Hilfe des „timing" eine sich auf 30 Jahre erstreckende Dekolonisation gefordert, womit *Van Bilsen* nicht nur die Voraussetzung für einen geregelten Transfer of power schaffen wollte, sondern auch die Glaubwürdigkeit der belgischen Anstrengungen unterstrich und so die Mitarbeit der Kongolesen zu gewinnen hoffte. Der bisherige Paternalismus war hier wirklich durchbrochen und programmatisch eine den besonderen Bedingungen des Kongo gemäße Entwicklungspolitik entworfen.

Der Aufsatz *van Bilsens,* der aus der heutigen Sicht einen Einschnitt in die belgische Kongopolitik kennzeichnet, stieß jedoch in kolonialistischen Kreisen auf heftigen Widerspruch. Die wichtige « Revue coloniale belge » versuchte ihn totzuschweigen [824], andererseits polemisierte sie gegen « l'ahurissante proposition de fixer à un delai de trente ans l'émancipation politique de la colonie » [825]. « L'écho du Katanga » spricht von « prépositions insanes », die von der Bereitschaft zeugten « à ouvrir les bras aux fossoyers » [826]. Aber auch Kolonialminister *Buisseret* rechnete *van Bilsen* zu den unverantwortlichen Strategen, die Daten fixieren«. Dreißig Jahre erschienen also als eine viel zu kurze Übergangszeit für die von Belgien angeblich so ernsthaft inaugurierte Emanzipation – eine These und Haltung, die um so mehr verwundert, als ja ausgerechnet *Ryckmans* ebenfalls von 30 Jahren sprach und sich dabei noch fragte, ob Belgien überhaupt mit einer solch langen »Schonfrist« rechnen könne.

Van Bilsens « Plan de trente ans » drängte auch die Kongolesen zur Stellungnahme. Im Juli und August 1965 erschienen das « Manifeste de Conscience Africaine » *(Iléo)* und das Contremanifest der Abako *(Kasavubu),* in denen parlamentarische Institutionen mit legislativen Kompetenzen und ein Emanzipationsplan gefordert wurden; Fristen von 30 Jahren galten sogar für die Kongolesen annehmbar [827].

Dies wäre wohl der Moment gewesen, das Gespräch mit den ersten Organisationen der Evolués aufzunehmen und den Rahmen einer schrittweisen Emanzipation abzustek-

[824] Sie gibt am 15. 4. 1956 nur eine kurze Inhaltsangabe, ohne Stellung zu beziehen, p. 265. In Kleinstdruck wird zudem von einer Veranstaltung in Brüssel berichtet, auf der unter dem Vorsitz *Wignys Van Bilsen* seine Thesen vortrug. P. 273.

[825] *G. Moulaert,* Une politique congolaise nouvelle, 1. 10. 1956, p. 745. Dieser Artikel bezieht sich jedoch auf *Van Bilsens* oben genannte Thesen zur Übernahme der »dépenses de souveraineté«.

[826] Zit. Revue coloniale belge, Nov. 1956, p. 863 f.

[827] Das Manifest als Dokument I gedruckt in der Dokumentensammlung La Crise Congolaise (1. 1. 1959–15. 8. 1960), Chronique de politique étrangère XIII, Juli-November 1960, p. 439 f.

ken; auch ein Lumumba ist damals dazu bereit gewesen [828]. Kolonialminister und Generalgouverneur nahmen aber das Manifest nicht zur Kenntnis, entwickelten aber auch keine eigene Initiative: der Administration schien keine besondere Dringlichkeit geboten.

Trotz einiger Maßnahmen zum Abbau der Colour Bar, des Statut des Villes und neuer Conseils, trotz einer beginnenden Hochschulbildung und Afrikanisierung der Kader erwiesen sich bald auch die progressiven Vorschläge und Zeitvorstellungen eines *van Bilsen* als nicht mehr ausreichend. 1956 verabschiedete das französische Parlament die Loi Cadre, die in Brazzaville eine afrikanische Regierung etablierte; Ghana wurde ein Jahr darauf sogar unabhängig. 1958 kamen mehrere Hundert Kongolesen zur Weltausstellung nach Brüssel – ein Ereignis, das wesentlich zur Bildung erster Ansätze eines kongolesischen »Nationalbewußtseins« beigetragen hat. Am 24. August stellte General *de Gaulle* den Afrikanern jenseits des Kongo-Flusses die Wahl zwischen lockerer Bindung an Frankreich und voller Unabhängigkeit anheim. Im Dezember schließlich fand in Accra die Pan-Afrikanische Konferenz statt, an der *Lumumba* als gefeierter Repräsentant des Mouvement National Congolais teilnahm. Die Zeit, da der Kongo außerhalb der revolutionären Emanzipationsbewegung stand, ging offensichtlich zu Ende, und in Belgien wurde man sich dieser Tatsache bewußt [829].

Allerdings, erst nach den Parlamentswahlen von 1958 wurde von der neuen christlichsozialen Regierung eine Kommission zur Vorbereitung politischer Reformen im Kongo eingesetzt, die ihren Bericht im Dezember erstattete. Der zum Kolonialminister avancierte *Pétillon* anerkannte zwar die Dringlichkeit eines neuen Ansatzes und sprach sogar von einer « décolonisation », mußte aber unter dem Einfluß konservativer und kolonialer Kreise gleich wieder einlenken: Die Hoffnung der Regierung werde auf den 18. Oktober (zur 50-Jahr-Feier des belgischen Kongostaates) eine großzügige Erklärung und das Versprechen künftiger Unabhängigkeit abgeben, die als Grundlage für das Gespräch mit den Kongolesen dienen würde, hat sich nicht erfüllt [830]; die Erklärung wurde für den 13. Januar in Aussicht genommen. Unterdessen aber kam es zu den Unruhen vom 4.–7. Januar 1959. In den afrikanischen Vorstädten von Leopoldville wurden Europäer belästigt, Häuser geplündert, Schulhäuser und Missionsgebäude in Brand gesteckt. Die Force Publique und belgische Truppen mußten eingreifen, kongolesische Führer wurden verhaftet.

Die Unruhen von Leopoldville, die wirtschaftliche, soziale und politische Ursachen hatten, können mit denjenigen an der Goldküste 1948 und mit denjenigen an der Elfenbeinküste 1949 verglichen werden. Wie damals die britische und französische, so ist nun die belgische Verwaltung überrascht worden und zeigte sich erstaunt über das Ausmaß

[828] Vgl. *Patrice Lumumba*, Le Congo, terre d'avenir, est-il menacé? 1961. (Das Ms. ist Ende 1956 abgeschlossen worden.) Hier werden konkrete Vorschläge gemacht, im Unterschied zu den vagen Ausführungen belgischer Autoren. Zudem der Brief *Lumumbas* an *Brausch*, a.a.O., p. 78.

[829] »Le Soir« schreibt allerdings am 17. 12. 1958, zwei Wochen vor den Unruhen in Leopoldville: « Mais que représente le Mouvement National Congolais? Deux fois rien. Seulement dans les centres urbains du Congo, il existe quelques poignées d'intellectuels d'évolués, de clercs qui croient avoir quelque chose à dire ... Est-ce un mal? Ils font leur apprentissage. » Zit. Belgique d'Outre-Mer, Jan. 1959, p. 7.

[830] *Van Bilsen*, L'indépendance du Congo, 1962 (Aufsätze der Jahre 1958–1961), p. 40.

der angestauten Konflikstoffe und der zum Ausbruch gelangten anti-europäischen Stimmung. Die Unruhen gaben gleichzeitig das Zeichen zu einem Kurswechsel und leiteten somit die Entkolonialisierung ein. Wenn aber Großbritannien und Frankreich noch Zeit und Möglichkeit hatten, Autonomie und Unabhängigkeit etappenweise zu gewähren und die Entwicklung zu »kontrollieren«, geriet Belgien nun in Zeitdruck und glaubte, das Versäumte mit großen Schritten nachholen zu müssen.

Eine Woche nach den Unruhen, am 13. Januar, erfolgte wie vorgesehen die Erklärung des Königs, in der es u. a. hieß: « ... notre ferme résolution est aujourd'hui de conduire sans atermoiements funestes, mais sans précipitation inconsiderée, les populations congolaises à l'indépendance dans la prospérité et la paix » [831]. Die Regierung gab ihrerseits – auf der Grundlage eines Expertenberichtes [832] – ihr Reformprogramm bekannt:

« La Belgique entend organiser au Congo une démocratie, capable d'exercer les prérogatives de la souveraineté et de décider de son indépendance... La réalisation de l'objectif final sera poursuivie sans désemparer avec la collaboration de tous les habitants du Congo. Le pouvoir de décision leur sera progressivement laissé dans les domaines de plus en plus vastes et dans les formes démocratiques, au fur et à mesure de la transformation des institutions qui s'accomplira de manière progressive mais accélérée... Au terme de l'évolution, il est souhaitable, dans l'intérêt des deux pays, que des liens d'association soient maintenus entre le Congo et la Belgique qui en décideront librement à ce moment. » [833]

Die bestehenden Conseils sollten umgebaut werden und schrittweise legislative Befugnisse erhalten; die künftige Übergabe der Exekutivgewalt hingegen war erst vage angedeutet.

Die beiden Erklärungen vom 13. Januar 1959 proklamierten die Unabhängigkeit als Ziel der belgischen Kongopolitik: das bedeutete zweifellos die Entscheidung. Fristen für die Übergangsphase waren allerdings nicht genannt, was *van Bilsen* zu kritischen Bemerkungen veranlaßte [834]. Belgien hoffte im übrigen auf eine Form der Assoziation zwischen Kongo und dem Mutterland, vielleicht in Anlehnung an die französische Communauté. Daß der Kongo im Moment noch nicht zur Übernahme der Regierungsgewalt bereit war und daß die versäumten Jahre relativ kurzfristig eingeholt werden müßten, lag auf der Hand. Gewährte die afrikanische Revolution jedoch Belgien –

[831] Es heißt in der Erklärung weiter: « Dans un monde civilisé, l'indépendance est un statut qui réunit et garantit la liberté, l'ordre, le progrès. Elle ne se conçoit que moyennant: Des institutions solides et bien équilibrées. Des cadres administratifs expérimentés, une organisation sociale, économique, financière, bien assise, aux mains de techniciens éprouvés, une formation intellectuelle et morale de la population sans laquelle un régime démocratique n'est que dérision, duperie et tyrannie. C'est à la réalisation de ces conditions de base que nous sommes attachés et que nous entendons tous nous consacrer...» La Crise congolaise, p. 453.

[832] Le Rapport du Groupe de travail, in: Belgique d'Outre-Mer Febr. 1959, p. 79 f. Es ist mehrmals von Autonomie die Rede, anderseits – wie bei General *de Gaulle* – von der Möglichkeit, später zwischen Unabhängigkeit und Assoziation zu wählen. Ein »véritable conseil exécutif« ist erst für eine spätere Phase eingeplant, ebenso die zweite Kammer nicht »avant de longues années«.

[833] La Crise congolaise, p. 454 f.

[834] *Van Bilsen* möchte ein »engagement solennel et un timing«, La Belgique devant le problème du Congo, in: Revue générale belge, Febraur 1959, p. 83.

und dem Kongo! – diese Frist, um das Versäumte aufzuholen und den Transfer of power ordnungsgemäß zu vollziehen?
Die belgische Reaktion war zwiespältig. Während die Sozialisten applaudierten und die Société générale – die Repräsentantin der Wirtschaftsinteressen im Kongo – sich abwartend verhielt, meldeten die Siedlerorganisationen ihre Vorbehalte an [835]. In Kolonialkreisen verwies man zudem auf die noch fehlenden afrikanischen Kader und glaubte sich damit beruhigen zu können [836]. Minister *Van Hemelriyk* betonte denn auch auf einer Pressekonferenz « que la Belgique ne se desaisira du pouvoir que dans la mesure où les nouvelles institutions congolaises seraient capables de respecter les engagements publics et privés » [837]. Und dies sei noch lange Jahre nicht der Fall! Andererseits zeigte sich nun plötzlich eine starke Tendenz zur Selbstkritik, und zwar gerade im Hinblick auf die bisherige Entpolitisierung [838].
In der Euphorie ihrer bisherigen Erfolge und getragen von einer schnell umsichgreifenden Bewegung betrieben die Abako *Kasavubus* und der Mouvement National Congolais *Lumumbas* eine Politik des « surenchère » und verschärften rasch ihre Forderungen; bereits war von Unabhängigkeit für die Jahre 1960 oder 1961 die Rede. Belgien gab diesem wachsenden Druck nach, sei es, weil es den Glauben an die bisherige Politik verloren hatte, sei es, daß es neue Unruhen, die zur Gewaltanwendung zwingen würden, unter allen Umständen vermeiden wollte [839]; und nur so bestand die Aussicht, in einem unabhängigen Kongo die wirtschaftlichen Interessen garantieren und eine geregelte Verwaltung aufrechterhalten zu können. So wurden denn in schneller Folge die bisher geplanten Fristen verkürzt.
Der Kolonialminister kündigte am 16. Oktober 1959 die baldige Wahl beider legislativer Kammern und die Bildung einer – im Januar noch nicht vorgesehenen – Regierung unter dem Vorsitz des Generalgouverneurs an. Das Parlament werde die Verfassung ausarbeiten, während gleichzeitig zwischen Kongo und Belgien die « institutions communautaires » festgelegt würden [840]. Die vorgesehene, gegenüber früher bereits

[835] Vgl. Stellungnahme der Fedalcol vom 17. 1. 1959, in: Congo 1959, Documents belges et africains, 1960, p. 26 f. Die Siedlergruppe droht mit Widerstand, p. 29.

[836] Z. B. »aucun terme n'est fixé ... le mot indépendance n'a pas été précisé«. Der König »met les Congolais en garde contre une précipitation qui pourrait provoquer le désordre, l'appauvrissement et la tyrannie ... Le Congo actuel n'a ni la structure économique ni l'équipement industriel et routier ni la fortune publique, ni les cadres sociaux, ni l'armature administrative qui sont indispensables pour assurer l'indépendance, même au sens où on l'entend aujourd'hui ... Rien n'existe encore dans ce pays qui soit un facteur d'autonomie ...» *Daniel Ryelandt,* Souveraineté et indépendance, in: Belgique d'Outre-Mer Febr. 1959, p. 75 f.

[837] Zit. Belgique d'Outre-Mer April 1959, p. 238.

[838] « Nous avons systématiquement(!) tenue à l'écart les problèmes politiques parce que nous étions persuadés que la politique ... risquait d'être un élément de désordre plutôt qu'un facteur d'émancipation. « *Louis Ameye,* Le temps de la conscience, in: Belgique d'Outre-Mer, Febr. 1959, « Les troubles de Léo ont réveillé la Belgque trop sûre d'elle-même et de l'excellence de sa politique congolaise », *Etienne de la Vallée Poussin,* La Belgique en présence de ses responsabilités, in: Belgique d'Outre-Mer, März 1959, p. 145.

[839] Es ist zu beachten, daß der amtierende Gouverneur im August vor einer »position intenable« im Bas-Congo warnt und eine klare Stellungnahme und eine Abkürzung der Fristen verlangt, Congo 1959, p. 149.

[840] Chronique congolaise, p. 456 f. Congo 1959, p. 168 f.

stark verkürzte Übergangsfrist von vier Jahren mußte dennoch auf der Konferenz vom Januar-Februar 1960 aufgegeben werden [841]. Die Entscheidung, bereits am 30. Juni die Unabhängigkeit zu erklären, beruhte zwar äußerlich auf einem Kompromiß mit noch radikaleren Forderungen der Kongolesen, bedeutete aber faktisch eine Kapitulation Belgiens. Die Regierung war an einer guten Atmosphäre interessiert, vertraute auf den guten Willen der Kongolesen und wollte einem Mißerfolg bzw. einen Abbruch der Verhandlungen verhindern. Die sozialistische Partei hatte zudem bereits gegen das Entsenden von Truppen Stellung bezogen. Brüssel wollte nun die Unabhängigkeit eher zu früh als zu spät proklamieren, in der Hoffnung, daß in den Wahlen eine relativ gemäßigte Regierung an die Macht kam, mit der die Probleme des Transfer of power ausgehandelt werden konnten; Belgien glaubte zudem, nur so seine wirtschaftlichen Positionen im Kongo halten zu können. Mühsam wurde ein ausführliches Protokoll mit unzähligen Bestimmungen ausgearbeitet, das den Übergang zur Unabhängigkeit erleichtern und die belgischen Interessen sicherstellen sollte [842]. Die Dekolonisation und vor allem der entscheidende Schritt vom Kolonialstatut zur Unabhängigkeit lassen sich aber nur schwer in Paragraphen fixieren! Legalistisch mutet auch die kategorische Ablehnung an, eine provisorische Regierung zu bilden wie es Kasavubu forderte; ähnlich wie im britischen Bereich wäre durch die Hereinnahme von Afrikanern in die Regierung unter Vorsitz des Gouverneurs der Übergang weniger abrupt erfolgt. So aber installierte sich – gerade noch knapp vor dem 30. Juni – ohne Vorbereitung, ohne Erfahrung und nur mit unzulänglichem Kader, eine kongolesische Regierung, die sogleich mit der Meuterei der Force Publique konfrontiert wurde. Das im Grunde keineswegs so schwerwiegende Ereignis hätte dann nicht eine solch entscheidende Bedeutung erlangt und hätte vielleicht nicht zum Zusammenbruch der Ordnung und damit zum Scheitern der belgischen Dekolonisation im Kongo geführt.

Der Begriff »Paternalismus« wird oft mißbräuchlich verwendet, kann in diesem Falle aber dazu dienen, die belgische Kongopolitik zu charakterisieren, selbst wenn man in Rechnung stellt, daß er massive Wirtschaftsinteressen ideologisierte und dazu diente, die koloniale Herrschaft so lange als möglich aufrechtzuerhalten. Der belgische Paternalismus konnte zweifellos Leistungen und Erfolge aufweisen, hat sich aber für eine Kolonialpolitik in der Arena der Dekolonisation als nicht tragfähig erwiesen. Die wirklichen und scheinbaren Erfolge schienen dem Kongo eine Ausnahmesituation einzuräumen, bedeuteten aber faktisch im besten Falle eine Fristverschiebung. Belgien glaubte auf eine eigene »Doktrin« verzichten und sich mit der These begnügen zu können, dank seiner wirtschaftlichen und zivilisatorischen Aufbauarbeit in absehbarer Zeit nicht zu politischen Reformen und zur Abgabe der Verantwortung an die aufsteigende Schicht der Evolués gezwungen zu werden. Das Kolonialstatut des Kongo mochte der Situation der Vorkriegszeit entsprechen, nahm aber nach 1945 eindeutig einen entpolitisierten Charakter an. Belgien beschränkte sich auf einige konsultative

[841] Text der Verhandlungen bei *Georges H. Dumont,* La Table ronde belgo-congolaise, Jan.-Febr. 1960, 1961.

[842] Positive Beurteilung der Table Ronde z. B. Belgique d'Outre-Mer, März 1960, oder *L. Moyersaen,* Vizepräsident der Kammer, La Table Ronde et l'avenir d'un grand Etat indépendant au centre de l'Afrique, in: Revue générale belge, April 1960, p. 8.: »plan réfléchi ... couronnement d'une œuvre constructive«.

Gremien ohne effektive Bedeutung, führte keine Wahlen durch und übertrug Kongolesen nur mit großer Zurückhaltung verantwortliche Positionen in der Verwaltung, obgleich im französischen Bereich schon Afrikaner im Parlament saßen und selbst als Minister fungierten und in den britischen Territorien sogar der Übergang zum Responsible Government vollzogen wurde. Es bleibt auch dann eine Diskrepanz, wenn man berücksichtigt, daß der Kongo nicht zu Westafrika, sondern zu Äquatorialafrika gehört, das weniger weit entwickelt ist und enge Beziehungen zu Ostafrika unterhält. Der Umfang des Kongo, die Künstlichkeit seiner Grenzen und das damit verbundene Fehlen eines Zusammengehörigkeitsgefühles der zahlreichen Stämme mochten ein langsames Vorgehen rechtfertigen und besondere Probleme stellen. Andererseits aber war gerade der Kongo in der wirtschaftlichen und sozialen Entwicklung sehr weit fortgeschritten, stand mitten in einer Art industrieller Revolution und verfügte wie kaum ein anderer afrikanischer Staat über eine breite Schicht von seßhaften Arbeitern und unterer technischer Kader in Industrie und Verwaltung [843]. Insofern bestanden im Kongo günstigere Voraussetzungen für eine erfolgreiche Dekolonisation als in anderen Gebieten Afrikas. Vor allem muß es rückblickend paradox erscheinen, daß ausgerechnet hier der Ausbau und der Zugang zum höheren Bildungswesen bewußt eingeschränkt wurden und Afrikaner kaum die Möglichkeit erhielten, in der Administration Erfahrung zu sammeln, um schrittweise politische Verantwortung übernehmen zu können.
Der belgische Paternalismus, der sich weigerte, die afrikanische Emanzipationsbewegung zur Kenntnis zu nehmen, geriet gegenüber Großbritannien und Frankreich in einen Rückstand von etwa 10 Jahren: die Situation in Westafrika und die britischen und französischen Anstrengungen und Zielsetzungen um das Jahr 1946 lassen sich mit denjenigen Belgiens im Kongo 1956 vergleichen [844]. Der Zusammenstoß beider Entwicklungstrends erfolgte etwa 1958, als Ghana unabhängig geworden war und General *de Gaulle* die Communauté proklamierte, während im Kongo eben gerade erste Lokalwahlen stattgefunden hatten und eine legislative Versammlung noch gar nicht vorhanden war. Es ist nicht gelungen, den Rückstand kurzfristig einzuholen oder gar, wie Belgien ursprünglich hoffte, die Ablösung in Etappen zu vollziehen. Der Transfer of power ohne die dazu notwendige Vorbereitung ist gescheitert.

Doktrin und Realität der Assimilation: Portugal in Afrika

Anders als Belgien, das spät Kolonialmacht geworden ist, als hochindustrialisierter westeuropäischer Staat den Kongo wirtschaftlich erschloß und mit seinem Paternalismus die Dekolonisation zu umgehen hoffte, fühlte Portugal sich im angrenzenden Angola als älteste imperiale Macht, die über lange Erfahrung und ein eigenes Reichs-

[843] *Davidson*, p. 132 f., 149 f.

[844] Man könnte anführen: Ausbau des Hochschulwesens und Beginn der Afrikanisierung der Kader. Umbau der Indirect Rule in modernisierte Lokalverwaltung. Autonomie, aber noch nicht Unabhängigkeit. Auf afrikanischer Seite die Formierung der nationalen Parteien und Organisationen.

bewußtsein verfügte und eine bleibende assimilatorische Verbindung zwischen Mutterland und Überseebesitzungen geschaffen hat, die sich der Emanzipationsbewegung in Asien und Afrika entzog. Entsprach aber die Wirklichkeit dem Ideal? Bereits im 16. Jahrhundert hat der große Camões das Reich und die universale Zivilisationsidee des katholischen Portugal besungen, obschon er selbst die brutale Wirklichkeit kolonialer Herrschaft erlebt hatte.

Die heutige portugiesische Kolonialpolitik ist ein integraler Bestandteil des Estado *Salazars* und muß im Zusammenhang der national-faschistischen Revolutionen des 20. Jahrhunderts gesehen werden [845]. Im letzten Jahrhundert war das Interesse an den Kolonien gering, und Portugal wäre infolge politischer Instabilität und wirtschaftlicher Schwäche auch gar nicht fähig gewesen, mit den großen imperialistischen Mächten in Konkurrenz zu treten. Die traditionelle Anlehnung an England erlaubte es Portugal, sich in den Restbestandteilen seines einstmaligen ostasiatischen Reiches (in Goa, Timor, Macao) zu behaupten und sich am fernöstlichen Handel zu beteiligen, während die afrikanischen Besitzungen (Sao Thomé, Angola, Mozambique) nach dem Ende des Sklavenhandels an Bedeutung verloren haben und stagnierten. In den 90er Jahren hat Portugal allerdings das Hinterland einbezogen und die afrikanische Arbeitskraft als Reichtumsquelle zu »erschließen« begonnen. Damit hat es sich aber, ähnlich wie Leopold II. im Kongo, vor der Weltöffentlichkeit kompromittiert und wurde Objekt scharfer Anklagen, nicht zuletzt von seiten britischer Kolonialreformer [846]. Die afrikanischen Besitzungen wurden sogar Objekt von Teilungsplänen zwischen den Großmächten.

Die Republik (1910–1926) war durchaus kolonialbewußt, verfügte über eine Reihe profilierter Gouverneure und versuchte mit Dekreten und Zirkularen die Eingeborenenpolitik zu liberalisieren [847]. Viel ist allerdings nicht erreicht worden. Die Kontraktarbeit als neue Form der Zwangsarbeit blieb bestehen und diente sowohl dem öffentlichen Sektor als auch den privaten Unternehmungen; ein Teil der schlecht ausgewählten und unzureichend bezahlten Beamten war korrupt und an der Ausbeutung beteiligt. Mit belgischem und britischem Kapital wurden ein verhältnismäßig großes Eisenbahnnetz und Hafenanlagen gebaut, die aber vor allem dem kongolesischen, rhodesischen und südafrikanischen Export dienten. Während portugiesisches Privatkapital nur in unzureichendem Umfange zur Verfügung stand, verschuldeten sich die Kolonien in den Jahren relativer Prosperität durch Anleihen und gerieten in der Wirtschaftskrise an den Rand des Bankrotts. Administrativ hat die Republik die Dezentralisation gefördert und den Gouverneuren eine recht weitgehende Verfügungsgewalt übertragen: Im Zeichen der neuen finanziellen Autonomie durften momentane Überschüsse für künftige Entwicklungsarbeiten zurückgehalten werden, statt sie wie bisher an das

[845] Mangels ausreichender portugiesischer Sprachkenntnisse sind wir vor allem auf nicht-portugiesische Literatur angewiesen, wohlwissend, daß diese sich meist scharf gegen Portugal richtet: *James Duffy,* Portuguese Africa, 1959 (abgek. Duffy I), ders. Portugal in Afrika, 1962 (abgek. Duffy II), *Thomas Okuma,* Angola in ferment, the background and prospects of Angolan nationalism, 1962, Angola, a symposium, Views of revolt, 1962. Eine pro-portugiesische Darstellung: *F. C. C. Egerton,* Angola in perspective, 1957. Zudem *Eduardo Mondlane,* Mozambique, in: Africa in the modern world, ed. Stillman, 1955. *Hermann Jung,* Schwarz oder Weiß in Angola?, in: Außenpolitik 8/1961.

[846] Duffy II, 134 f.

[847] Duffy I, 246 f.

Mutterland oder an defizitäre Nebenkolonien abzugeben. Ob diese Politik administrativer Dezentralisation und Autonomie später zu politischen Reformen im Sinne des Self-government geführt hätte, ist schwer zu sagen. Unweigerlich wäre jedenfalls das Problem rassischer Gemeinschaften aufgetaucht.

Nach dem Ende der Republik 1926 ist mit dem autoritären Regime Salazars ein anderer Kurs eingeschlagen worden. Die »nationale Revolution« stellte einen portugiesischen Nationalismus in den Mittelpunkt ihrer ideologischen Legitimierung. Der Estado Novo richtete sich gegen die demokratisch-parlamentarische Kräftezersplitterung, postulierte die nationale Einheit und suchte mit einer nationalen Union eine das Regime stützende Massenbewegung aufzubauen. Der Staat wurde ideologisch überhöht und das Regime institutionell auf die Exekutive ausgerichtet. Dem Kolonialbereich kam dabei eine besondere Bedeutung zu, insofern als Portugal zahlreiche über die Welt verstreute Territorien besaß und sich damit als Großmacht ausgeben konnte – »o país dos quatro Impérios ... com províncias em quatro partes do mundo«. So hieß es denn:

»Wir müssen im portugiesischen Volk den Traum des Jenseits-der-Meere, das Bewußtsein und den Stolz des Reiches lebendig erhalten. Afrika ist mehr als ein Land zur Ausbeutung ... Afrika ist für uns eine moralische Rechtfertigung und die Raison d'être als Macht; ohne sie würden wir eine kleine Nation sein, mit ihr sind wir ein großes Land.« [848]

Portugal erscheint als das zivilisierende Volk par excellence: Portugiesen haben die großen Entdeckungen gemacht und weite Gebiete erschlossen und kolonisiert, vor allem aber zivilisiert und christianisiert; Portugal ist nicht ausgezogen, um nach Rohstoffen zu suchen, sondern um Licht in die Dunkelheit der heidnischen Welt zu tragen. Das Volk des *Camões* hat seine überseeischen Besitzungen nicht wie andere Mächte ausgebeutet, sondern zivilisiert, »o Império português – projecção no mundo da latinidade e da cristandade« [849]. Das national-autoritäre Regime Salazars berief und beruft sich auf diese Tradition, propagierte die Reichsidee durch eine reiche Publizistik, wissenschaftliche Publikationen und internationale Kongresse und benutzte sie zur Legitimierung und Festigung der eigenen Macht.

Das portugiesische Reich sollte sich dabei von den übrigen unterscheiden. Die überseeischen Besitzungen seien nicht – hieß und heißt es – Kolonien im üblichen Sinne und somit Objekt einer mehr oder weniger paternalistischen Herrschaft, sondern integrale Teile Portugals, besser: Teile einer pan-lusitanischen Gemeinschaft, die das kontinentale Portugal und das überseeische Portugal umfaßt. An Stelle der bisherigen Dezentralisation und kolonialen Verwaltungsautonomie trat unter *Salazar* die Zentralisation und Integration. Die neue Konzeption fand in der Kolonialakte von 1930 – *Salazar* war selbst Kolonialminister! – ihren Niederschlag, die ihrerseits in die neue Verfassung von 1933 aufgenommen wurde. In Art. 2 heißt es:

»Es ist die eigentlichste Aufgabe der portugiesischen Nation, seine historische Funktion zu erfüllen, überseeische Herrschaftsbereiche zu besitzen und zu kolonisieren, die eingeborene

[848] Leitartikel in O mundo português, zit. *Duffy I*, p. 276; vgl. auch O pensamento do Ministro das Colónias Dr. Armindo Monteiro, 1934.

[849] Der Überseeminister Moreira kann behaupten, Portugal habe bei der Gewinnung seiner Überseegebiete nie (!) Gewalt angewendet, außer in Verteidigung seiner natürlichen Rechte – wobei er diese im Sinne Vittorias versteht als legitimer Anspruch, in allen Ländern zu reisen, sich aufzuhalten und Handel zu treiben! Portugal's stand in Africa, 1962, p. 156.

Bevölkerung zu zivilisieren und ihren moralischen Einfluß auszuüben gemäß des Padroado im Osten.«

Die Besitzungen in Afrika und Asien sind wie das kontinentale Portugal mit den Inseln Madeira und den Azoren Teil des portugiesischen Territoriums und konstituieren (Art. 3) »das portugiesische Kolonialreich«.

Trotz der rechtlichen Integration wurde eigenartigerweise der Begriff der »Kolonie« aufrechterhalten, wodurch – symptomatisch – die Verbindung zwischen einer postulierten Reichseinheit und einem Herrschaftsverhältnis zum Ausdruck kam. Der Verwaltungsaufbau hat denn auch autoritäre Prägung[850]. Der Kolonialminister »regiert« mit Dekreten und einer straff gegliederten Bürokratie. Der Reichsrat bzw. der Rat für überseeische Provinzen in Lissabon, aber auch die Räte in den Kolonien mit ihren ex officio ernannten Mitgliedern haben nur beratende Funktion und wenig Bedeutung. Das autoritäre System hat die organisierte Opposition ohnehin ausgeschaltet und läßt nur eine schmale Basis für die Diskussion zu; in Übersee wird der Verkehr mit dem Ausland scharf überwacht und die koloniale Realität – im Unterschied zu allen anderen Kolonien – der kritischen Beobachtung fremder Journalisten soweit wie möglich entzogen.

Dieser zentralistisch-autoritäre Verwaltungsaufbau hat durch den Zweiten Weltkrieg nur geringfügige Änderung erfahren. So wie sich das Regime halten konnte und sich der neuen außenpolitischen Situation anzupassen verstanden hat, so konnte auch die große Herausforderung des Zweiten Weltkrieges von Portugiesisch-Afrika ferngehalten werden. 1950/51 wurde der Begriff der »Kolonie« durch »Provinzen in Übersee« ersetzt und damit die Integration mindestens legal vervollständigt: Portugal bildete fortan, so hieß es in den offiziellen Verlautbarungen und in der Publizistik, eine unauflösbare Einheit, in der die überseeischen Provinzen denjenigen des Mutterlandes völlig gleichgestellt seien. Was Frankreich in Algerien und 1946 in den afrikanischen Kolonien – wenn auch in lockerer Form und mit Sonderbestimmungen – versucht hatte, führte Portugal konsequent zu Ende: mit dem Federstrich einer Verfassungsänderung wurde das Kolonialstatut beseitigt und damit angeblich der Dekolonisationsprozeß durch Integration und Assimilation vorweggenommen. Seither gab es für Portugal offiziell keine Kolonialprobleme mehr! Eingriffe und Angriffe der UNO konnten nun zurückgewiesen werden, da diese kein Recht hatte, sich mit den inneren Verhältnissen eines Mitgliedstaates zu befassen. Portugal weigerte sich 1955, seine Überseegebiete als „non-selfgoverning territories“ anzuerkennen und dem Trusteeship Council Bericht zu erstatten, und protestierte gegen eine Diskussion im Sicherheitsrat oder in der Generalversammlung. Ein Beispiel:

"The fact remains that my country does not practice any type whatever of colonialism within the Portuguese nation. Portugal has been for centuries a unitary nation, and it has always been recognized as such by the international community. We are a multiracial nation, as many other nations; our land and our people are dispersed over several continents, as is also the case with other nations, but we comprise only one unit, completely independent

[850] Wird betont von Armindo Monteiro (damals Botschafter in London), Portugal in Afrika, in Royal African Society Journal 38/1939, p. 265 f.

and solid – politically, juridically and socially – one country with the same strong national feeling."[851]

Die Dekolonisation durch Integration ist in Frankreich – abgesehen von den Vieilles Colonies – daran gescheitert, daß Millionen Afrikaner hätten kulturell assimiliert werden müssen, und daß es notwendig geworden wäre, ihnen volle politische Rechte und somit eine zur Bevölkerungszahl proportionale Repräsentation im Parlament zu gewähren. Dadurch hätte sich aber nicht nur der Übergang der Verwaltungsbefugnisse an die ehemaligen Untertanen, sondern auch eine Machtverlagerung innerhalb des »Größeren Frankreichs« ergeben, die die Metropole nicht zu akzeptieren bereit war. Frankreich hat durch territoriale Autonomie, doppelte Wahlkörper und eine Untervertretung im Parlament den Konsequenzen seiner Integrationspolitik zu entgehen versucht, mußte aber bald erkennen, daß diese Art von Kompromiß seine Übersee-Bürger nur kurze Zeit befriedigen konnte und in der Folge eine Konfliktsituation geschaffen hat. Wie hat sich Portugal verhalten? Es liegt auf der Hand, daß das autoritäre Regime die Problematik verdeckt: Da die politischen Rechte der Bürger im Mutterland beschränkt sind, das Parlament nur akklamatorische Funktion und keine politische Entscheidungsgewalt hat und die überseeischen Provinzen nur über beratende Körperschaften verfügen, ist es relativ leicht, die Gleichstellung aller »Untertanen« zu proklamieren. Die Opposition im Mutterland wird zudem ebenso unterdrückt wie die afrikanische Emanzipationsbewegung! Solange sich die politischen Rechte der Portugiesen auf eine Pseudo-Wahl des Präsidenten der Republik und die Bestellung des Parlamentes – jedoch ohne Alternativlösung – beschränken, wäre an sich ein volles Wahlrecht aller afrikanischen Bürger denkbar, ohne daß sich die bestehende Herrschaftssituation wesentlich verändern würde.

Portugal hat diesen Weg jedoch nicht beschritten – wenigstens bis vor kurzem –, sondern eine eigene Lösung gefunden, indem es rechtlich zwischen »zivilisierten« und »unzivilisierten« Portugiesen unterschied. Als Kriterium galt selbstverständlich die europäische Lebensform portugiesisch-christlicher Prägung, so daß eo ipso alle Weißen und auch die recht große Zahl von Mischlingen als »zivilisiert« anerkannt werden konnten und damit »mündig« waren. Die Eingeborenen hingegen, mit ihrem besonderen Rechtsstatut des «Indígena«, galten als »unmündig« und mußten ihre Zivilisiertheit unter Beweis stellen, bevor sie als »Assimilados« volle Rechte erhielten und den weißen Portugiesen gleichgestellt wurden. Gemäß einem Dekret von 1954 mußte der Kandidat mindestens 18 Jahre alt sein, fließend Portugiesisch sprechen können, seinen Militärdienst absolviert haben, über genügend Mittel zum Unterhalt seiner Familie verfügen, europäische Lebensweise angenommen und auf Stammesrecht verzichtet haben. Wenn die Administration den Antrag genehmigte, so war der nun Assimilierte nicht mehr der Eingeborenensteuer und der Arbeitsverpflichtung unterworfen, sondern er zahlte die Steuern der Weißen, erhielt das Wahlrecht und bekam Zugang zu den Ämtern. In diesem System zeigte sich eine Ähnlichkeit mit der französischen Unterscheidung zwischen Citoyens und Indigènes und dem Vorgehen bei der Naturalisierung – und so wie die

[851] Dr. *Vasco Vieira Garin*, portugiesischer Vertreter in der UNO, im Januar 1961, zit. *Okuma*, p. 108.

französische, so hat auch die portugiesische Administration den Akt der Assimilierung eher erschwert als erleichtert [852].

Die Portugiesen waren – noch viel ausgeprägter als die Franzosen – stolz auf diese Unterscheidung zwischen Indígenas und Assimilados. Portugal stelle damit unter Beweis, daß es jede rassische Diskriminierung ablehne, da es ja eine mehrrassische Gesellschaft besitze oder aufbaue; es unterscheide sich darin grundsätzlich von allen anderen Kolonialmächten, vor allem aber von den Angelsachsen. Der portugiesische Kolonisator habe rassisch nie diskriminiert, sei legale und illegale Verbindungen mit schwarzen Frauen eingegangen und unterscheide nicht zwischen Rassen, sondern nach Zivilisationsstufen; er habe die christliche Zivilisation nach Asien und Afrika gebracht und so eine Brücke zwischen rassisch verschiedenen Völkern gebaut. Gern wird auf Brasilien, aber auch auf Goa und Macao mit ihren mehrrassischen Gesellschaften verwiesen – in Afrika sei Portugal auf dem Wege zum gleichen Ziel.

"A multi-racial society is therefore possible, be it Portuguese–American as in Brazil, or of Portuguese-Asiatic stock as in Goa, or still, as we find in Angola and Mozambique, based on Portuguese-African nationalism." [853]

Rassenmischung wird folglich wenn nicht offiziell befürwortet, so doch gutgeheißen und ideologisiert: Mischlinge erscheinen als besonders geeignete Werkzeuge für die Durchdringung des Hinterlandes und als Bindeglied zwischen afrikanischer und europäischer Zivilisation.

Als Beispiel für diese Argumentationsweise kann der damalige Unterstaatssekretär im Überseeministerium und frühere Direktor des Kolonialinstituts *Adriano Moreira* dienen, der eine historisch-soziologisch-philosophische Rechtfertigung der portugiesischen Afrikapolitik versucht hat [854]. Er wendet sich einleitend gegen Theorien in der Art von *Spengler* oder *Toynbee*, die von der Gleichwertigkeit und Selbstgesetzlichkeit der Kulturen ausgingen und in einer Rassendiskriminierung enden würden; politisch ergebe sich daraus eine Kampfsituation und führe zu einem Rückzug Europas aus Afrika. Portugal hingegen sei überzeugt von der Rassen- und Kulturbeeinflussung und basiere auf den gleichen Voraussetzungen wie die Menschenrechtserklärung, insofern es bestimmte Aspekte fremder Zivilisation als im Widerspruch zur Menschheit stehend ablehne ... Das von der katholischen Kirche geleitete Zivilisationswerk sei nicht agressiv und zerstörerisch, sondern bereite eine universale Kultur vor, die – das wird implizite suggeriert – europäisch-christlich-katholischen Charakter tragen wird. Die portugiesische Assimilationspolitik

"is a policy of cultural integration and cultural inter-penetration, and not the aggressive expansion of the dominant group. Where the policy of assimilation does imply the substitution of one set of cultural patterns by another, it is merely in those fields in which maintenance of human dignity demands a degree of intervention that is now being proclaimed in universal declarations of the rights of man as the common duty of mankind".

[852] Dies bestätigt auch *Egerton* p. 253. Die Ausstellung des Zertifikates kostete dem Antragsteller zudem eine ansehnliche Summe. *Duffy* II, p. 165. Das Dekret von 1954 scheint die Qualifikation eher eingeengt als erweitert zu haben, *Hailey*, Survey p. 233.

[853] *Salazar* im Parlament am 30. November 1960, in: Portugal 1960/6, p. 359.

[854] Vortrag in Coimbra, 18. 3. 1960, engl. Übersetzung in: African Affairs 59/1960. Wiederabgedruckt unter dem Titel: Political Unity and the Status of Peoples, in: Portugal's stand in Africa, 1962.

Portugals Politik der mehrrassischen Gemeinschaften nimmt somit den Weltstaat voraus und erweist sich als die einzig zeitgemäße und zukunftsträchtige Doktrin. Keine andere Kolonialmacht hat sich so sehr wie Portugal mit der Assimilation identifiziert, diese ideologisiert und zur Legitimierung seines Herrschaftsanspruches verwendet [855]. Frankreich als die lateinische Schwesternation – hat sich wohl zeitweise offen zur Assimilation bekannt und hat auch später noch assimilatorische Tendenzen und Hoffnungen nicht verleugnen können, es hat sich aber mindestens seit dem Ersten Weltkrieg davon distanziert und sich auf eine »Association« autonomer Gebilde mit verschiedenrassischer Bevölkerung innerhalb eines »Größeren Frankreichs« beschränkt – und zwar nicht zuletzt deshalb, weil es die Problematik des Assimilationsbegriffes erkannte und an der Möglichkeit einer Realisierung zweifelte. Wir müssen uns daher fragen: Was hat Portugal in Afrika erreicht? Wie sah die Realität aus?

Es gab weder eine legale Colour Bar noch eine sichtbare faktische Rassentrennung; auch kritische Beobachter haben dies zugestehen müssen. Es herrschte eine völlig andere Atmosphäre als in den britischen Kolonien oder im belgischen Kongo. Man muß dabei vor allem mit Ostafrika und Zentralafrika vergleichen, da die Zahl der Weißen – Siedler und Geschäftsleute – relativ groß war und sich somit durchaus das Problem mehrrassischer Gemeinschaften stellte. Verkehrsmittel, Cafés usw. standen beiden Rassen gleicherweise zur Verfügung, Mischlinge waren legal und sozial anerkannt, und selbst die Assimilados wurden weitgehend akzeptiert; Afrikaner erhielten Posten in der Verwaltung, Assimilierte von den Kapverdischen Inseln rückten bis in die Spitzen der Behörden auf. Portugal konnte mit einigem Recht von einer Cultural Bar sprechen, die sich grundlegend von der Colour Bar der anderen Kolonialmächte unterschied.

Dies kann aber nicht über die Tatsache hinwegtäuschen, daß die Assimilados und somit rechtlich den Weißen gleichgestellten Afrikaner eine verschwindende Minderheit ausmachten [856]. Die Statistik zeigt ein ganz anderes Bild, als es die offiziellen Verlautbarungen und die Publizistik glaubhaft zu machen versuchen. Die Assimilados fielen kaum ins Gewicht, und selbst nach dem Zweiten Weltkrieg hat sich trotz Missionstätigkeit und Schule das Tempo der Assimilierung nicht wesentlich beschleunigt, und zwar nicht zuletzt deshalb, weil die Administration – wie bereits erwähnt – diesem Prozeß in keiner Weise nachgeholfen hat. Wenn sich die Portugiesen auf ihre vielhundertjährige Tätigkeit als Missionare und Zivilisationsbringer beriefen, so war das Ergebnis

855 Als Beispiel diene der Nationalökonome *A. J. Cardoso*, der in seiner Schrift, Angola your neighbour, Johannisburg 1950, schreiben kann: "It is a fact commented upon by everybody that in the Portuguese colonies, whether localized in Africa, Asia or Australasia, a peaceful atmosphere has prevailed now for centuries, in startling contrast to the state of affairs at present observed in the same continents, in territories governed by other nations.
This fact is the outcome of our policy of assimilation of native peoples, markedly realistic and based upon an experience of long centuries of civilizing action by means of which we are gradually raising them to our level so that in time we will make them all as Portuguese as the Portuguese of the Mother-Country distinct from these only in their colour ..." aus: The Imperialism Reader, ed. *L. Snyder*, 1962, p. 497.

856

1950	Gesamtbevölkerung	Zivilisierte	Weiße	Mischlinge	Inder	Schwarze
Angola	4,145 000	135 355	78 826	26 335		30 039
Mozambique	5,782 000	92 619	48 813	25 165	12 673	4 353

Hailey, Survey, 1956, p. 232.

dürftig! Die Assimilierten konzentrierten sich zudem auf die Städte, die in den letzten Jahren stark gewachsen waren und ohnehin einen portugiesischen Charakter trugen und von der weißen Bevölkerung dominiert wurden: Wenn sich hier Schwarze und Weiße auch viel leichter als anderswo in Afrika mischten, so wurde doch gleichzeitig der Unterschied zwischen Stadt und Hinterland deutlicher und damit eine für ganz Afrika geltende Problematik noch akzentuiert. Durch die Assimilierung wurde die kleine aufsteigende Schicht »absorbiert«, durch Ämter befriedigt und von der Mehrheit der afrikanischen Bevölkerung getrennt; der Statuswechsel diente als Sicherheitsventil. Eine große und schnell wachsende Zahl von Assimilados hingegen hätte diesen Eigengewicht gegeben und die Herrschaft der Weißen über kurz oder lang bedroht.

Die Doktrin der Assimilation hätte erwarten lassen, daß sich Portugal trotz seiner zweifellos geringen finanziellen Mittel energisch um das Erziehungswesen kümmerte, um die von ihm proklamierte mehrrassische Gemeinschaft baldmöglichst zu verwirklichen [857]. Dies war aber nicht der Fall, und noch 1955 lag der Prozentsatz der Analphabeten bei 98 %, also bedeutend höher als in den anderen Kolonialgebieten. Die Unterstufe war getrennt: in einem Ensino de adaptação sollten die Kinder der nichtassimilierten Afrikaner eine rudimentäre Schulbildung erhalten und vor allem die portugiesische Sprache erlernen; der Unterricht war Sache der Missionen und erfolgte mit Hilfe zahlreicher afrikanischer Lehrkräfte. Die staatliche Elementarschule hingegen war für Weiße, Mischlinge und Assimilados reserviert, so daß Kinder von Nichtassimilierten nur in einer Missions-Elementarschule Unterricht nach europäischen Maßstäben erhalten konnten; dieser aber war mit Studiengebühren verbunden und somit nur wenigen zugänglich. Auch die Oberschulen und Gymnasien stellten erschwerende Bedingungen, z. B. ein Höchsteintrittsalter, das für viele junge Afrikaner prohibitiv war. Kein Wunder also, daß sich 1960 selbst im Licéu Salazar in Laurenço Marques unter 1000 Schülern nur 30 Afrikaner befanden [858]. Die Hochschulausbildung erfolgte in Portugal, doch zählte man 1961 nur etwa 40 schwarzfarbige Studenten.

Dieses Schulsystem hat gewisse Ähnlichkeit mit dem französischen, insofern als ein weitgehend integrierter und dem Lehrplan des Mutterlandes folgender Unterricht den Kolonial-Europäern eine vollwertige Ausbildung ermöglichte und gleichzeitig eine schmale afrikanische Elite kulturell assimilierte; zweifellos mit einigem Erfolg. Die assimilierte Schicht blieb denn auch lange Zeit einigermaßen immun gegenüber nationalen Emanzipationsbewegungen. Gerade das französische Beispiel hat aber gezeigt, daß zu gegebener Zeit die kulturelle Prägung durch das Mutterland einen afrikanischen Nationalismus nicht mehr verhindern konnte.

Die These einer im Aufbau befindlichen mehrrassischen Gesellschaft hat im übrigen die Ausbeutung der afrikanischen Arbeitskraft und die Aufrechterhaltung der Zwangsarbeit keineswegs verhindert. Die überwiegende Mehrheit der Afrikaner blieb der autoritären Verfügungsgewalt der Administration ausgeliefert. Man diskriminierte angeblich nicht nach rassischen Gesichtspunkten, und man schuf auch keine Reservate,

[857] Außer Duffy I und II vom gleichen Verfasser auch ein guter Überblick: Portuguese Africa (Angola und Mozambique): some crucial problems and the role of education in their resolution, in: Journal of Negro Education 1961/3.

[858] Duffy II, p. 176.

sondern »zivilisierte«; und da zur europäischen Zivilisation die regelmäßige Arbeit gehört, wurden die Afrikaner zur »zivilisierenden Arbeit« verpflichtet: "Natives are encouraged to work, idleness being considered the worst social evil" [859]. Wer nicht den Nachweis erbringen konnte, mit der Bestellung seines Bodens ausreichend beschäftigt zu sein oder einen festen Arbeitskontrakt zu haben oder wer seine Steuern nicht bezahlt hatte, konnte zu öffentlichen Arbeiten aufgeboten oder zu angeblich freiwilligen Kontraktarbeiten gezwungen werden. Dies charakterisierte das Wirtschaftssystem Portugiesisch-Afrikas: die Tätigkeit der Rekrutierungsagenten, offener und verdeckter Zwang, geringe Löhne und schwere Strafen bei Kontraktbruch stellten eine krasse Ausbeutung der afrikanischen Arbeitskraft dar. Frankreich hat die Zwangsarbeit zwar erst 1946 abgeschafft, aber die Corvée diente längst nur noch für öffentliche Arbeiten und hatte stark an Bedeutung verloren; die Briten arbeiteten mit der Kopfsteuer, um die Afrikaner zur Annahme bezahlter Arbeit zu zwingen. Portugal ging aber weit darüber hinaus [860]. So wurden Kontraktarbeiter auch den privaten Unternehmern und den Plantagen zur Verfügung gestellt, ja die Administration belieferte – nach Verträgen – auch die Südafrikanische Union mit Arbeitern und erhielt dafür 10 Sh. pro Mann. Unnötig zu betonen, daß der »zivilisierende Wert« dieses Systems zweifelhaft war! Portugal hat sich mit dem Mangel an Arbeitskräften zu rechtfertigen versucht, gleichzeitig aber erfolgte eine massenweise Abwanderung in die benachbarten Bergbauzentren, wo trotz Colour Bar höhere Löhne bezahlt und die afrikanischen Arbeiter besser behandelt wurden.

Eine positive Eingeborenenpolitik konnte trotz aller Beteuerung auf dieser Grundlage nicht aufgebaut werden. Die Häuptlinge blieben Werkzeuge einer direkten Verwaltung und waren in das System der Zwangsarbeit eingeschaltet. Das Statut des Indígena machte im übrigen die Kolonialsituation nur allzu deutlich: eingeschränkte Bewegungsfreiheit, Identifikationskarte, Administrativjustiz, Körperstrafen, Zwangsanbau von Baumwolle u. a. Man kann dies mit dem französischen Indigénat vergleichen, das jedoch zweifellos weniger hart war und auch 1946 abgeschafft worden ist, während Portugal das Eingeborenenstatut 1954 erneuert hat.

Wir haben keine Anhaltspunkte, wieweit die offizielle Afrikapolitik in Portugal kritisiert worden ist, da das autoritäre Regime eine eigentliche Diskussion unterband. Es ist lediglich bekannt geworden, daß *Henrique Galvão*, ein Inspektor der Kolonialverwaltung, 1947 in einem Bericht das System der Zwangs- und Kontraktarbeit heftig kritisiert hat [861]. Über die Kolonialkonzeption der Oppositionskreise ist wenig bekannt. Die schweren Unruhen vom März 1961 haben – ähnlich wie diejenigen in Leopoldville – Portugal aufgeschreckt und auch die Blicke des Auslandes nach den portugiesischen Kolonien lenken lassen. Das beliebte Bild einer »Oase des Friedens, wo im Unterschied zum restlichen Afrika die Normalität herrscht« [862], war nicht mehr aufrecht-

[859] *José de Almada*, Portuguese Colonial Administration, in Colonial Administration by European Powers, ed. RIIA 1946, p. 80.

[860] Lebendige Schilderung bei *Davidson*, p. 250 f.

[861] Duffy II, p. 15, 186. Galvão wurde beim Versuch, eine Anti-Salazar Organisation aufzubauen, im Dezember 1952 verhaftet, entkam 1959 nach Südamerika und trat mit der Santa Maria-Affaire ins Interesse der Weltöffentlichkeit.

[862] Dr. *Fernandes*, Vorsitzender des Exekutivkomitees der Nationalen Union in einer Rede in Laurenço Marques vom 28. 10. 1960, in: Portugal 1961/1, p. 23.

zuerhalten, obschon eine blutige Repression die Ruhe wiederherstellen konnte, die Grenzkontrolle und die Zensur verschärft wurden und die Regierung die Unruhen als eine von außen inszenierte, vor allem von Ghana betriebene und kommunistisch gefärbte Intervention darstellte.

Parallel zu der Repression und dem fortdauernden Kampf gegen die terroristische Infiltration im nördlichen Grenzgebiet erfolgten einige Reformmaßnahmen. Nachdem bereits am 30. Juni 1960 die speziellen Strafbestimmungen bei Kontraktbruch annuliert worden waren, ist am 2. Mai 1961 der Zwangsanbau für Baumwolle aufgehoben, und am 12. Juni ein neues Munizipalgesetz erlassen worden. Mit der Aufhebung des Eingeborenenstatuts von 1954 am 6. September desselben Jahres sind die bisherigen Abgrenzungen zwischen »zivilisierten« und »unzivilisierten« Bewohnern beseitigt und damit legal die volle Gleichberechtigung von Europäern und Afrikanern in Portugiesisch-Afrika proklamiert worden. In gewisser Hinsicht erinnert dies an die Erteilung des französischen Bürgerrechts 1946. Portugal konnte einer kritischen Weltöffentlichkeit entgegenhalten, daß es die mehrrassische Gemeinschaft in vollem Umfange realisiert hatte. Der Realitätswert dieser Verfassungsänderung bleibt jedoch fraglich, da das Arbeits- und Wirtschaftssystem nicht plötzlich geändert werden kann; neuere Industriebetriebe scheinen sich allerdings bereits seit einiger Zeit auf frei angeworbene Arbeitskräfte umgestellt zu haben [863]. Die neue Ordnung von 1961 ist zudem nicht das Ergebnis einer innerportugiesischen Diskussion, sondern im wesentlichen eine Reaktion auf die antiportugiesische Welle des Auslandes und auf die »Inquisition« der UNO.

Portugal gedenkt seine afrikanischen Positionen zu halten und sieht sich zu keinem Kurswechsel veranlaßt. Offiziell hat es vollständig dekolonisiert und verteidigt seine Provinzen gegen äußere Angriffe oder eine »innenpolitisch«-revolutionäre Agitation. Die mehrrassische Gesellschaft wird sowohl der Apartheid-Politik Südafrikas als auch der Gewährung von Self-government und Unabhängigkeit nach englischem und französischem Beispiel entgegengehalten. Der afrikanische Nationalismus erscheint als Nonsense, da – gemäß der üblichen Begründung – die Grenzen künstlich gezogen seien, das nationale Bewußtsein fehle und das Prinzip der Selbstbestimmung zu neuen Stammeskämpfen führen müsse [864]. »Self-determination« ist nach *Salazar* »the brilliant principle of political chaos in human societies« [865]. Seit der Katastrophe im Kongo sieht sich Portugal natürlich in seinen Prognosen bestätigt. Während die anderen Kolonialmächte schwächlich und opportunistisch den angeblichen »winds that blow in Africa« nachgegeben hätte, bleibe Portugal seiner historischen Aufgabe treu und verteidige in Afrika die europäisch-christliche Zivilisation »which the West seems to have forgotten« [866].

[863] *Davidson* betont die Rolle amerikanischer Unternehmungen.

[864] "Africa cannot purely and simply transform colonial territories into independent states. Africa cannot from its tribes construct a mosaic of small republics without means of independent life and each incapable of living with the others around it." *Fernandez,* The Presence of Portugal in Africa, in: Portugal 1960/4, p. 258.

[865] Am 30. 6. 1961, in: Portugal 1961/3, p. 129. Der Kolonialminister *Moreira* bezeichnte die Unruhen von 1961 »a plan intended to destroy in months a multicultural and multiracial achievement that has endured for centuries.« Portugal's stand, p. 171.

[866] *Augusto de Castro,* Chefredaktor von »Diario de Notícias«, in: Portugal 1961/4, p. 216 f.

Die Administration verstärkt ihren Widerstand durch eine energisch vorangetriebene Einwanderung und neue Formen der Siedlungspolitik. Die europäische Bevölkerung in Angola und Mozambique ist in den letzten Jahren stark angewachsen, in Angola allein von 44 083 im Jahre 1940 auf 78 826 1950, 109 568 1955 und ca. 175 000 1961 [867]. Der Staat lockt Siedler an und setzte 1961 besondere Siedlungs-Agenturen ein: "We proclaim the high priority of settlement by people from continental Portugal" [868] – dies ist sozusagen die portugiesische Antwort auf die Herausforderung durch den afrikanischen Nationalismus und die terroristische Infiltration von außen. Die Administration hat einen Mehrjahresplan ausgearbeitet und mit Hilfe staatlicher Finanzmittel einen ausgesprochenen Wirtschaftsboom ausgelöst, der mindestens das Gesicht der Städte schnell verändert. Mit dem europäischen Element sollen zudem die Widerstandskräfte für den Fall eines äußeren Angriffes gestärkt werden. Diese Einwanderung hat aber Spannungen zwischen den Rassen mit sich gebracht: Die Immigranten sind fremd in der spezifisch portugiesischen Kolonialatmosphäre, sie leben mehr oder weniger abgesondert in vorwiegend weißen Stadtteilen und konkurrieren mit den Afrikanern in deren wichtigen Aufstiegsberufen (Taxifahrer, Hotelpersonal, untere Angestellten- und Beamtenschaft). Die Verwaltung hat vor solchen Tendenzen warnen müssen, die allzu offensichtlich mit der Raison d'être der mehrrassischen Afrikapolitik im Widerspruch stehen. Seit den Unruhen ist die weiße Minderheit in eine Defensivposition gedrängt, um so mehr als Portugal unter schwerem außenpolitischem Druck steht und bei den früheren Verbündeten Großbritannien und Amerika kaum mehr Unterstützung findet. Sollte ein offener oder verdeckter Angriff daraus folgen, so wird sich eine engere Anlehnung an das Beispiel Südafrikas und Süd-Rhodesiens nicht vermeiden lassen.

Wir lassen die Frage unbeantwortet, ob es Portugal gelingen wird, die von ihm proklamierte Politik einer mehrrassischen Gemeinschaft kurzfristig so zu intensivieren, daß sie in der afrikanischen Bevölkerung Rückhalt findet und somit die assimilatorische Dekolonisation zu einem erfolgreichen Ende führen kann, oder ob die New York Times recht behält, die am 11. Februar 1961 schrieb:

"Governments cannot stop clocks or turn them back. This is 1961, not 1861 or 1561. Portuguese policy has been based on the belief that African nationalism would stop at the border of Angola and Mozambique, or be stopped. King Cantue had as much chance of stopping the tide from coming in." [869]

[867] *Okuma*, p. 7.

[868] Aus einer Ansprache *Moreiras* vom 28. 8. 1961, Portugal's stand, p. 185.

[869] Zit. *Okuma*, p. 116.

Schlußbemerkung

Die historische und politologische Forschung hat begonnen, den vielschichtigen Prozeß der Dekolonisation in ihren Fragenbereich einzubeziehen. Wir haben in der vorliegenden Arbeit einen vor allem den Historiker interessierenden Aspekt einer eingehenden Untersuchung unterzogen. Es galt, der europäischen Diskussion über die Zukunft der Kolonien seit dem Ersten Weltkrieg nachzugehen und die den Zukunftsvorstellungen zugrunde liegenden Konzeptionen, Thesen und Hoffnungen aufzuzeigen. Wenn man den Kolonialismus als Herrschafts- und Überlagerungssystem versteht, so bedeutet die Entkolonialisierung nicht einfach den Rückzug der Kolonialmacht, sondern die Etablierung neuer Beziehungen zwischen Kolonialmacht und Kolonie auf der Basis von Statusgleichheit und Selbstbestimmung. An Stelle eines Herrschaftsverhältnisses treten Gleichheit und Freiheit. Diese beiden Begriffe lassen aber verschiedene Interpretationen zu: Entweder man nimmt den Ausgangspunkt beim Individuum und versteht die Dekolonisation als Emanzipation und rechtliche Gleichstellung des einzelnen innerhalb eines Staats- und Gesellschaftskörpers, der Mutterland und ehemalige Kolonien umfaßt, oder man geht von den Gemeinschaften aus und begreift die Emanzipation als Erlangung eigenstaatlicher Unabhängigkeit. Integration und Assimilation stehen der nationalen Befreiung gegenüber; die ehemaligen Untertanen werden entweder als gleichberechtigte Bürger akzeptiert und stimmen dieser Form der Emanzipation zu, oder sie bilden einen unabhängigen Staat.

Die Divergenz in der Kolonialpolitik Großbritanniens und Frankreichs spiegelt den Unterschied der beiden Konzeptionen wider und läßt sich zurückführen auf das besondere nationale Selbstverständnis, wie es sich im 17. und 18. Jahrhundert herausgebildet hat und dann durch den Abfall der englischen Kolonien in Amerika und die Französische Revolution mit einer kolonialen Emanzipationsbewegung konfrontiert wurde. Wie läßt sich koloniale Herrschaft mit dem eigenen Freiheitsverständnis und -anspruch in Einklang bringen? Während das britische Freiheitsbewußtsein von der korporativen Freiheit ausgeht und einerseits eine im Recht gesicherte staatsfreie Sphäre und andererseits eine durch Repräsentation ermöglichte Beteiligung an der politischen Willensbildung und -entscheidung anstrebt, so ist die revolutionäre Egalité et Liberté auf den zentralistischen Staat bezogen und zielt auf die demokratische Eingliederung des von allen korporativen Bindungen befreiten Individuums in die durch das Parlament repräsentierte nationale Gemeinschaft. So hat England seinen Kolonien bereits im Ancien Régime ein hohes Maß von Autonomie gewährt und kam im 19. Jahrhundert den kolonialen Emanzipationsforderungen durch »schrittweise Gewährung von Self-Government« nach; im 20. Jahrhundert wurde diese, zunächst an den Siedlungskolonien ausprobierte Form der Dekolonisation auf den asiatischen und afrikanischen Bereich ausgeweitet und hat im lockeren, nicht-institutionalisierten Gebilde des Commonwealth seinen »logischen« Abschluß gefunden. Frankreich hingegen ging aus von einer Plus grande France und glaubte dem Emanzipationsbedürfnis durch kulturelle Assimilation, administrative Gleichschaltung und die Gewährung von Bürgerrecht und einer Vertretung im mutterländischen Parlament entsprechen zu können. Die Integration der Vieilles Colonies galt als Vorbild, und die Hoffnung auf ein institutionalisiertes Ganzes, das die Kolonialvölker auf eine nationale Emanzipation verzichten ließ, blieb bis in die Endphase der Dekolonisation lebendig.

Es wäre allerdings verfehlt, von einer frühen Bereitschaft zur Entkolonialisierung und einer zielstrebigen, ethisch begründeten Politik der Dekolonisation ausgehen zu wollen. Wir haben zu zeigen versucht, wie jeweils die Kolonialmacht durch eine bestimmte Konstellation veranlaßt wurde, auf eine Herausforderung, die entweder einen internationalen Ausgangspunkt hatte oder in der Agitation der nationalen Emanzipationsbewegung beruhte, zu antworten. Konzessionen und Reformen mochten widerwillig gewährt werden, erfolgten aber – bewußt oder unbewußt – gemäß bestimmter Grundkonzeptionen und intendierten einen entsprechenden Umbau der Reichsstruktur. Die rethorischen Formeln genügten nicht, um den konkreten Problemen einzelner Territorien gerecht zu werden; Variationen mußten akzeptiert und Kompromisse geschlossen werden. Wir haben außerdem gezeigt, daß die Grundbegriffe und Dekolonisationsthesen keineswegs so eindeutig waren, wie es publizistische Verlautbarungen vermuten ließen, und daß die Kolonialmächte lange zögerten, die Implikationen ihrer eigenen Thesen zu akzeptieren. So hat z. B. Großbritannien lange geglaubt, das oftmals angerufene Self-government im Sinne von verantwortlicher Regierung und Dominionstatut auf die Siedlungsgebiete beschränken und sich in Asien und Afrika mit innerer Autonomie begnügen zu können. Frankreich andererseits schreckte vor den schwerwiegenden Folgen einer konsequenten Integration zurück, hoffte aber dennoch, die Ablösung zu vermeiden und die Plus grande France institutionell sicherzustellen.

Die kleineren Kolonialmächte konnten in ihren Verwaltungsmethoden eigene Wege gehen, mußten sich aber doch für den einen oder anderen Weg der Dekolonisation entscheiden. Die Vereinigten Staaten haben sich schon früh einerseits auf die Integration, andererseits – vor allem im Falle der Philippinen – auf die Gewährung von Unabhängigkeit eingestellt. Im Gegensatz dazu glaubt Portugal, mit einer konsequenten Assimilation sein afrikanisches Dekolonisationsproblem lösen zu können. Holland und Belgien waren lange überzeugt, ohne Zukunftsperspektive auszukommen und sich mit der wirtschaftlichen Erschließung begnügen zu können; sie mochten darin Tüchtiges leisten, gerieten aber in Gefahr, die schrittweise Anpassung an den Emanziaptionsprozeß zu verpassen und haben mangels administrativ-politischer Vorbereitung im Moment der nicht mehr zu vermeidenden Ablösung ihr eigenes koloniales Aufbauwerk gefährdet.

Wir haben die Entkolonialisierung der verschiedenen Mächte skizziert und verglichen, ohne aber eine Systematisierung anzustreben oder gar die Frage aufzurollen, welche Konzeptionen und Methode sich besser bewährt hat. Was wäre der Maßstab einer solchen Beurteilung? Es ist verlockend, die Politik der neuen Staaten und die Denkweise ihrer Führungsschichten auf das koloniale Erbe zurückzuführen, doch übersieht man leicht, daß die Einwirkung und die Prägungskraft des Kolonialregimes je nach Territorium verschieden erfolgte. Allgemein wird man sagen können, daß die europäischen

Kolonialmächte zu spät mit den Vorbereitungen ihres Rückzuges begonnen haben und nur sehr widerwillig auf ihre paternalistisch-autokratische Herrschaftsstruktur verzichteten. Eine Politisierung sollte verhindert werden, und die Eingeborenen sind nur zögernd in die Administration und den Bereich politischer Entscheidungen einbezogen worden. Auch die liberalen Kolonialreformer glaubten »Zeit zu haben« und rechneten mit viel längeren Übergangs- und Anpassungsfristen; die ungemeine Beschleunigung des Dekolonisationsprozesses durch den Zweiten Weltkrieg und den anschließenden West-Ost-Gegensatz konnte allerdings nicht vorausgesehen werden. Mit dem Hinweis auf die noch nicht vorhandene »Reife« für die Unabhängigkeit konnte man den Rückzug der Kolonialmacht verzögern, geriet dann aber in der Spätphase der Dekolonisation in das Dilemma, Kolonien die Unabhängigkeit zu geben, die noch nicht über das notwendige administrative Kader verfügten. Diese Feststellung besagt jedoch nicht, daß die Entkolonialisierung »zu früh« erfolgt ist, denn die Kolonialmächte hatten meist gar nicht mehr die Möglichkeit, länger zu verbleiben, wenn sie nicht eine weitere Zuspitzung der ohnehin schon gespannten Situation und damit den Ausbruch von Unruhen heraufbeschwören wollten, die eine erfolgreiche Dekolonisation erst recht gefährdet hätten.

Die Dekolonisation ist durch zahlreiche Faktoren beschleunigt worden, hatte aber seinen Ausgangspunkt in dem durch die Kolonialmacht ausgelösten Modernisierungsprozeß, der seinerseits wiederum nur einen Ausschnitt darstellte des welthistorischen Vorganges einer Vereinheitlichung der Welt im Zeichen der modernen Technik und der sie begleitenden und bedingenden geistigen wie sozialen Revolution. Die koloniale Überlagerung hat selbst die Kräfte geweckt und in Bewegung gesetzt, die zu gegebener Zeit zur Emanzipation führten. Wie sich Europa seit dem Ersten Weltkrieg auf diesen Emanzipationsprozeß eingestellt hat und die Kolonialmächte der Herausforderung begegneten, war das Thema dieser Arbeit, die damit gleichzeitig einen Beitrag zum Verständnis dieses faszinierenden Vorganges sein möchte.

Namensverzeichnis

GPSR Compliance

The European Union's (EU) General Product Safety Regulation (GPSR) is a set of rules that requires consumer products to be safe and our obligations to ensure this.

If you have any concerns about our products, you can contact us on ProductSafety@springernature.com

In case Publisher is established outside the EU, the EU authorized representative is:

Springer Nature Customer Service Center GmbH
Europaplatz 3
69115 Heidelberg, Germany

Batch number: 10577878

Printed by Printforce, the Netherlands